ENCYCLOPÉDIE THÉORIQUE ET PRATIQUE

DES

CONNAISSANCES CIVILES ET MILITAIRES

PARTIE CIVILE

COURS DE CONSTRUCTION

PREMIÈRE PARTIE

TOURS. — IMPRIMERIE DESLIS FRÈRES

6, Rue Gambetta, 6

ENCYCLOPÉDIE THÉORIQUE ET PRATIQUE

DES

CONNAISSANCES CIVILES ET MILITAIRES

PUBLIÉE SOUS LE PATRONAGE DE LA RÉUNION DES OFFICIERS

PARTIE CIVILE

COURS DE CONSTRUCTION

DESTINÉ AUX CONDUCTEURS ET EMPLOYÉS DES PONTS ET CHAUSSÉES, AGENTS-VOYERS,
ARCHITECTES, GARDE-MINES, EMPLOYÉS DES COMPAGNIES DE CHEMINS DE FER, ENTREPRENEURS,
MAITRES OUVRIERS (CHARPENTIERS, MENUISIERS, SERRURIERS, MAÇONS,
TAILLEURS DE PIERRES, ETC.) ET A TOUTES LES PERSONNES S'OCCUPANT DE TRAVAUX
A UN TITRE QUELCONQUE.

PAR

GUSTAVE OSLET

Ingénieur des Arts et Manufactures
Chef des travaux graphiques à l'École centrale

PREMIÈRE PARTIE

MATÉRIAUX DE CONSTRUCTION
ET LEUR EMPLOI

PARIS
H. CHAIRGRASSE FILS, ÉDITEUR
25, RUE DE GRENELLE, 25

COURS

DE

CONSTRUCTION

PREMIÈRE PARTIE

NOTIONS GÉNÉRALES SUR LES PRINCIPAUX MATÉRIAUX DE CONSTRUCTION
ET LEUR EMPLOI

CHAPITRE IER

BOIS

SOMMAIRE

§ I. DÉFINITIONS ET NOTIONS GÉNÉRALES.

1. On donne le nom de bois à la substance compacte, dure et solide qui compose la racine, la tige et les branches des arbres et des arbrisseaux.

2. Quant à sa composition, le bois offre à considérer trois parties :

1° La *cellulose*,
2° La *matière incrustante*,
3° La *cuticule*.

3. 1° La *cellulose* constitue la charpente solide de toutes les plantes ; elle est composée de carbone, d'oxygène et d'hydrogène dans les proportions convenables pour faire de l'eau. Elle forme la partie fondamentale de la paroi primaire des cellules végétales et de leurs couches d'accroissement.

4. La paroi de toutes les jeunes cellules est formée de cellulose seulement.

5. La formule chimique de la cellulose est $C^{12} H^{10} O^{10}$ (1).

C'est un principe caractérisé par sa solubilité dans l'acide sulfurique concentré, et son insolubilité dans la potasse caustique.

6. Les analyses faites sur le chêne et le frêne ont donné, comme proportions : cellulose 2/5, matière incrustante 2/5 et cuticule 1/5.

7. 2° La *matière incrustante* est de composition variable avec chaque nature de bois ; elle est très riche en carbone, et contient un petit excès d'hydrogène sur la quantité nécessaire à la composition de l'eau. C'est elle qui colore en noir l'acide sulfurique dans lequel on plonge un morceau de bois ; elle s'y dissout rapidement.

8. 3° La *cuticule*, formée probablement par l'extérieur des cellules, fait partie de l'épiderme et ne renferme pas de cellulose.

Insoluble dans l'acide sulfurique concentré et dans la potasse, elle est très soluble dans l'eau de chlore.

9. Le bois contient en outre moyennement 0,015 de matières étrangères, qui, lors de la combustion, donnent naissance aux cendres.

10. Les bois verts, suivant qu'ils sont plus ou moins compacts, peuvent renfermer de 37 à 48 p. 100 d'eau. Cette proportion peut se réduire à la moitié après un an de coupe.

Le bois peut perdre cette quantité d'eau sans que sa nature soit altérée.

11. Le bois exposé à l'influence alternative ou simultanée de l'air, de l'eau et

(1) Cette formule signifie 12 équivalents de carbone, 10 équivalents d'hydrogène et 10 équivalents d'oxygène.

de la lumière, s'altère peu à peu, perd de sa cohésion et finit par se convertir en une poudre brunâtre. Il peut se conserver indéfiniment dans l'air sec, ou lorsqu'il est constamment dans l'eau.

12. Le bois est très hygrométrique. On arrive difficilement à le dessécher complètement, même en le séchant dans une étuve à 130°. Sorti de l'étuve, et conservé dans un local sans feu pendant un an, il peut reprendre 10 p. 100 d'eau.

13. La cohésion du bois augmente avec la dessiccation. Cependant, lorsque le bois ne renferme que 10 p. 100 d'eau il est cassant.

14. La densité des bois est très variable, selon leur essence et l'état de dessiccation. Entre l'écorce du chêne-liège, dont le poids du mètre cube est 240 kilos, et le gaïac, dont la densité moyenne est 1330 kilos, nous trouvons toutes les densités intermédiaires pour les diverses essences considérées.

D'une manière générale, on peut dire que la plupart des bois sont plus légers que l'eau.

15. Avant de passer à la structure des bois, il nous reste quelques mots à dire de l'action des acides sur le bois.

Le chlore blanchit le bois sans le dissoudre.

L'acide nitrique bouillant et concentré le jaunit, détruit sa cohérence, et le transforme en acide oxalique.

L'acide chlorhydrique le noircit sans le rendre soluble.

L'acide sulfurique concentré et chaud, carbonise le bois. A froid, cet acide le transforme en gomme.

Une dissolution de potasse chaude et concentrée dissout le bois et le transforme en une liqueur brune.

§ II. STRUCTURE DES BOIS.

16. La structure de la tige varie suivant les grandes divisions du règne végétal. On peut s'en faire facilement une idée, pour ce qui concerne la plupart de nos végétaux ligneux, en examinant la coupe transversale d'une bûche de bois à brûler. Au centre de cette bûche, existait d'abord un petit canal rempli d'une matière molle nommée *moelle*. Cette moelle occupe tantôt un grand espace, comme dans le sureau, tantôt un très petit espace, comme dans le chêne. Autour de cette moelle s'est formé le bois, composé d'un certain nombre de couches figurant des cercles (*fig*. 1).

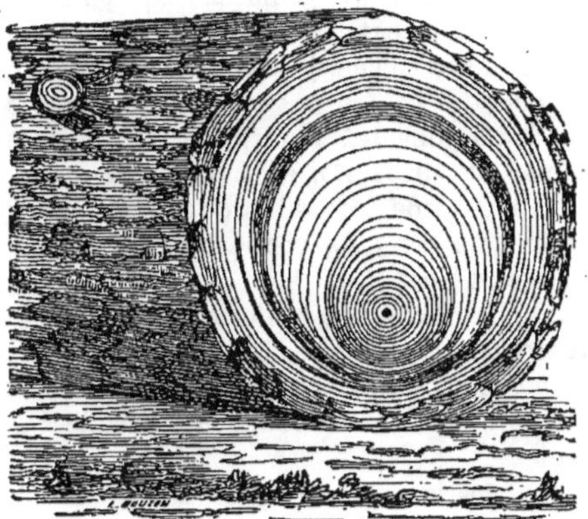

Fig. 1.

Les cercles du bois sont traversés par des lignes qui partent du centre et s'écartent comme les rayons d'une roue ; on les nomme *rayons-médullaires*. Ils font communiquer le centre avec les parties extérieures de la tige. Autour du bois, se trouve l'écorce, composée également d'un certain nombre de couches.

17. D'après ce qui précède, en regardant la section d'un arbre, nous avons à considérer trois parties principales :

L'écorce,

Le bois,

La moelle.

18. L'écorce se compose de trois parties :

1º Écorce.
{ Épiderme,
{ Enveloppe subéreuse,
{ Liber.

19. Le bois se compose aussi de trois parties, savoir :

2º Bois.
{ Cambium,
{ Aubier,
{ Bois parfait.

20. 3º Enfin la moelle, qui existe seule, et qui occupe le centre de l'arbre.

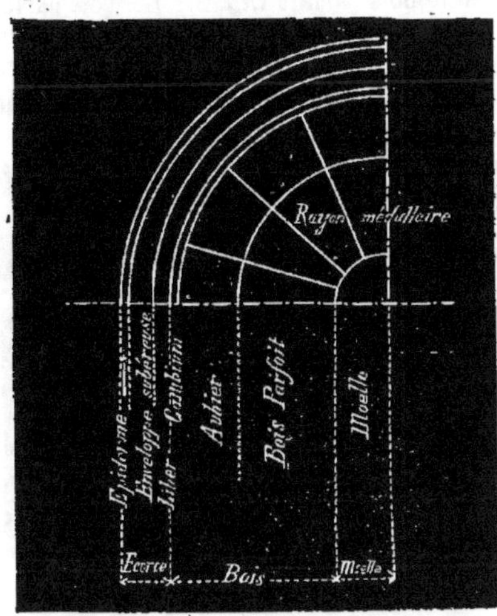

Fig. 2. Coupe d'une tige.

21. Le dessin théorique ci-contre (*fig*. 2) nous montre la position de ces différentes parties, les unes par rapport aux autres.

Ecorce.

22. La première couche de l'écorce est formée de fibres très longues et très tenaces. On lui a donné le nom de *liber*, parce qu'elle est formée de lames rappelant les feuillets d'un livre.

23. L'*enveloppe subéreuse* est de nature cellulaire, ordinairement peu développée. Dans le chêne-liège, cette enveloppe est très épaisse et fournit la matière dont on fabrique les bouchons.

24. L'*épiderme* est formé de deux couches : l'épiderme proprement dit, qui est la partie intérieure, et la cuticule, qui recouvre l'épiderme proprement dit.

Sur les tiges un peu anciennes, l'épiderme, et souvent les couches sous-jacentes, se trouvent détruits et remplacés par un tissu adventif que l'on appelle *péri-derme*.

Bois.

25. La première couche à considérer est le bois parfait (*fig. 3*). Le bois parfait entoure la moelle. C'est la partie la plus dure et la plus résistante de la tige, et c'est la seule employée dans les constructions.

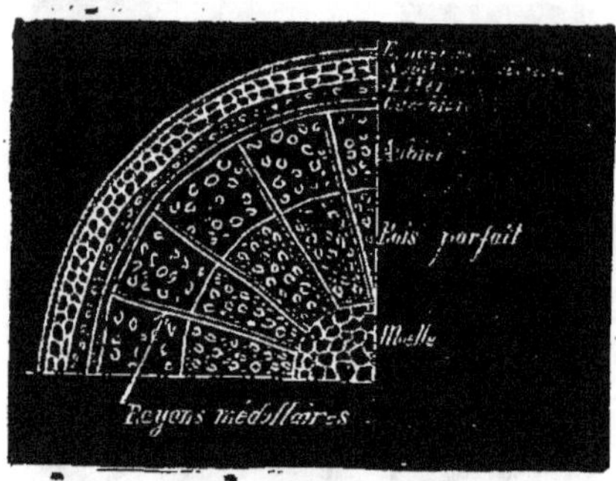

Fig. 3. Coupe d'une tige de chêne montrant la structure des différentes parties.

26. Les différents faisceaux du bois sont séparés par les *rayons médullaires*, qui se prolongent depuis la moelle jusqu'à l'écorce. Ces lames ou rayons, composés de cellules, établissent une communication facile entre l'écorce et les parties centrales de la tige. Par leur intermédiaire, la sève descendante pénètre dans le bois.

Aubier.

27. L'aubier est un bois imparfait dont, chaque année, la couche la plus intérieure devient bois. C'est du bois encore jeune dont les fibres sont moins fortes, moins serrées et d'une teinte plus claire. La sève circule plus facilement dans l'aubier que dans le bois parfait.

L'aubier s'altère à l'humidité; il se laisse facilement attaquer par les vers qui rongent le bois parfait.

Cet aubier est un vice considérable, lorsqu'il existe encore dans les bois employés pour les constructions.

28. *Cambium*. Entre l'écorce et le bois, se trouve une couche de matière celluleuse, très distincte dans les jeunes tiges, au printemps, et qui fournit les éléments destinés à l'accroissement du bois et de l'écorce ; c'est le *cambium*.

Moelle.

La moelle est formée de tissu cellulaire.

Cette partie de la tige ne participe point au développement des autres couches ; elle conserve son même diamètre, tandis que les zones qui l'entourent continuent presque indéfiniment à s'accroître. Souvent même, elle disparaît, et, à la place, on trouve un vide, ce qui prouve que ses fonctions cessent de bonne heure d'être indispensables.

29. Les racines ne renferment pas ordinairement de moelle. La moelle étant composée de cellules très allongées, elle permet à la sève de circuler très facilement.

Dans les jeunes arbres, la moelle est très molle; dans les vieux, elle devient très dure.

Croissance de l'arbre.

30. Le cambium est destiné à la croissance de l'arbre. La sève montante produit une couche fibreuse du coté de l'aubier, et une couche très mince du coté du liber.

En même temps que l'aubier se forme, une autre partie de cet aubier, près du bois, se transforme en bois parfait.

Chaque année, il se forme une nouvelle couche de bois dans l'intervalle qui sépare le bois de l'écorce.

Il se forme aussi une nouvelle couche d'écorce dans le même intervalle ; mais le nombre des couches de l'écorce est moindre que celui des couches du bois, parce que, intérieurement, elle s'incorpore au bois et que, extérieurement, il s'en détache une partie.

La division des couches du bois étant bien marquée, elle peut suffire pour déterminer l'âge des arbres. Ci-contre (*fig.* 4), la coupe d'un tronc de chêne de cinq ans où il est facile de compter les cinq couches annuelles formées.

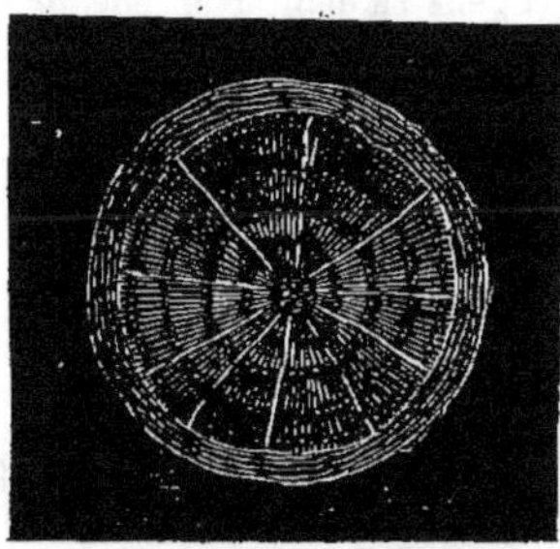

Fig. 4. Coupe d'un tronc de chêne de 5 ans, montrant les 5 couches annuelles formées.

31. Pour les tiges du palmier et du bambou, par exemple, l'accroissement en diamètre résulte de la formation de nouveaux faisceaux fibreux qui prennent place à coté des anciens.

32. Dans l'érable, l'accroissement en diamètre résulte de la formation annuelle d'une double couche d'écorce et de bois dans l'espace occupé par le cambium.

33. Dans un arbre, à une racine correspond généralement une branche.

Les branches sont formées par des fibres qui dévient et sortent du tronc.

Le nœud est formé par des fibres déviées, qui, au lieu de sortir, continuent perpendiculairement et se croisent.

§ III. — CLASSIFICATION DES BOIS.

34. Nous nous occuperons seulement des bois employés comme matériaux de construction, sans nous étendre trop sur les applications industrielles des diverses essences.

35. Les bois peuvent être rangés en *cinq classes*, savoir :

I. — Bois durs, comprenant le chêne, le hêtre, le châtaigner, le frêne, le noyer, l'orme.

II. — Bois blancs, comprenant l'acacia, l'aune, le bouleau, le charme, l'érable, le peuplier, le tremble, le platane, le tilleul.

III. — Bois fins, comprenant le buis, le cormier ou sorbier, le cornouiller, le merisier, le poirier, le pommier.

IV. — Bois résineux, comprenant le pin, le sapin, le mélèze.

V. — Bois exotique, comprenant le gaïac.

Description sommaire de chaque essence. — Principaux caractères de chaque famille.

I. — BOIS DURS

Chêne.

36. Le chêne appartient à la famille des *cupulifères.*

37. *Caractères principaux de cette famille.* Arbres ou arbrisseaux à fleurs monoïques ; les mâles en chatons, les femelles solitaires, ou réunies en chatons ; l'involucre foliacé, coriace ou ligneux, quelquefois hérissé d'épines, forme une sorte de coupe à la base du fruit ou même l'enveloppe complètement.

38. Le chêne appartient essentiellement à l'Europe centrale. On en connaît une soixantaine d'espèces différentes qui sont loin d'avoir la même valeur.

Les principales espèces employées sont les suivantes :

Chêne pédonculé (chêne blanc).

Chêne rouvre (chêne commun de Bourgogne).

Chêne noir.

Chêne des Vosges.

Chêne vert ou yeuse.

Chêne-liège.

39. *Chêne pédonculé ou chêne blanc.* Le chêne pédonculé, ou chêne blanc, est le chêne le meilleur et le plus apprécié. La feuille est étroite, très découpée et d'une couleur vert clair. Chaque gland est unique à l'extrémité d'un long pédoncule. L'écorce est fine, lisse, de couleur gris

blanchâtre. Les fibres de ce bois sont blanches, droites, élastiques et très résistantes.

La couleur du bois est jaune clair ou blanc sale.

Fig. 5. Chêne commun.

En vieillissant, il prend une couleur rosée, surtout s'il est exposé à l'action de l'eau.

Ce chêne pousse très droit. Les branches ne commencent qu'à une grande hauteur au dessus du sol.

Le chêne pédonculé a des racines pivotantes. Il devient très gros et très haut : végétation hâtive, fleurit vite. Il ne porte de glands qu'à l'âge de soixante ans. Par suite des gelées, il peut y avoir absence de glands.

Le chêne blanc est plus commun en France que le chêne vert. Il perd ses feuilles à l'automne. C'est le chêne des plaines et des vallées. Le chêne rouvre est le chêne des montagnes.

Le chêne pédonculé fournit, plus que tout autre, les longues pièces de charpente. Il peut se débiter en bois de sciage pour la menuiserie; il est bon pour la fente.

Fig. 6. Chêne vert.

40. *Chêne rouvre.* Le chêne rouvre ou chêne de Bourgogne se distingue du précédent par les différences suivantes :

La couleur des feuilles est plus foncée; les glands se trouvent réunis par bouquets de cinq à six à l'extrémité du pédoncule.

L'écorce, au lieu d'être lisse et grise, est rugueuse et plus foncée que celle du chêne blanc. Les fibres sont moins élastiques et moins résistantes que celles du chêne pédonculé; très souvent, elles sont rebours ou entrelacées.

Le bois est aussi de couleur plus foncée que le chêne blanc. Les branches sont moins hautes, et il pousse moins droit. Cette variété est employée pour la menuiserie et la charpente.

41. *Chêne noir.* Le chêne noir présente une écorce rugueuse; les fibres sont souvent rebours. Le bois de couleur foncée est dur. Ce chêne présente, à un degré plus élevé, tous les défauts du chêne commun. Il croît dans le midi de la France, pousse moins haut que les précédents et a beaucoup moins d'intérêt.

Fig. 7. Feuilles crenelées du chêne.

42. *Chêne des Vosges.* Le chêne des Vosges présente une écorce rugueuse. Les fibres sont moins dures et moins résistantes que celles du chêne blanc et du chêne rouvre. Il est recherché pour la menuiserie et se comporte bien aux alternatives de sécheresse et d'humidité.

43. *Chêne vert ou yeuse.* Parmi les différentes espèces de chêne vert ou yeuse, les unes ont les feuilles petites, les autres ont de grandes feuilles; elles sont ovales ou plus allongées.

Les chênes verts croissent plus lentement que les chênes blancs et restent plus petits. Ils ne fournissent pas de pièces de charpente d'un aussi fort équarrissage.

L'aubier du chêne vert est blanchâtre. Le bois est de couleur brune, bien plein

et pores petits. Il est dur, pesant, très fort et peut prendre un beau poli. Il résiste mieux à la pourriture que le chêne blanc, mais il se fend facilement en séchant.

Il croît dans le midi. Il se conserve bien dans l'eau et à l'air. Sa grande dureté permet de l'employer pour la fabrication de dents d'engrenages, des cames, des poulies et partout où l'on a besoin de bons frottements.

44. *Chêne-liège.* Le chêne liège, espèce particulière, comme le chêne vert, aux contrées méridionales, nous fournit le liège.

Cette matière est l'enveloppe subéreuse de l'écorce, très développée dans le chêne-liège et que l'on peut enlever tous les huit ou dix ans, sans que la végétation de l'arbre en souffre.

Fig. 8. Feuilles crénelées du chêne.

Le liège est formé de cellules longues et plates. C'est à l'âge de cinq ans que le liège se produit; on ne peut l'enlever que lorsque l'arbre est assez gros. La première couche exploitée est de mauvaise qualité. La deuxième peut être employée pour la confection des bouchons. Les ouvriers font des coupes en long et en travers de l'écorce et soulèvent les parties ainsi sectionnées, qui se détachent facilement.

On peut exploiter le chêne-liège jusqu'à l'âge de 110 à 115 ans.

Le chêne-liège ne diffère de l'yeuse que par son écorce épaisse, tendre et élastique.

Le chêne-liège ne devient jamais assez gros pour fournir de belles pièces de charpente ou de construction.

45. Il existe encore d'autres espèces qui ne doivent pas nous occuper, mais qu'il est bon de citer.

Le chêne-kermès, arbrisseau toujours vert, sur les branches duquel on trouve le kermès, insecte voisin de la cochenille, et qui produit une couleur solide, d'un rouge assez vif, connue sous la dénomination de graine écarlate.

Le chêne d'Alep fournit la noix de galle.

Le quercitron, grand arbre de l'Amérique septentrionale, fournit une matière colorante, jaune, très employée en teinture.

Hêtre.

46. Même famille que le chêne.

Le hêtre rivalise avec le chêne pour l'élévation de la tige et l'étendue du feuillage ; mais il est très inférieur comme qualité de bois et n'est guère employé dans les grandes constructions.

Le hêtre devient assez gros, pousse vite et très droit.

Le bois est brun clair, veiné de parties brillantes plus claires que le bois. Le grain de ce bois, qui n'a pas de fibres apparentes, se rapproche de celui du noyer, mais ne peut se polir comme celui-ci.

Il se conserve assez bien sous l'eau ; à l'air, il se laisse attaquer facilement par les vers.

Le hêtre est très employé dans les arts. Il n'offre pas une résistance comparable à celle du chêne. Son élasticité est minime. Il casse trop net, a peu de durée, se coupe bien et se travaille parfaitement au tour. Chauffé avec ses copeaux, il durcit.

Peu sujet à se gercer quand il est sec, on l'emploie beaucoup pour la fabrication

Fig. 9. Hêtre.

des meubles, tables épaisses, établis, mesures de capacité, etc.

Châtaignier.

47. Le châtaignier est très voisin du hêtre au point de vue des caractères botaniques.

Le bois de châtaignier est pesant, élastique, d'une grande force et d'une grande durée. On en retrouve de très belles applications dans la charpente de vieux châteaux.

Les châtaigniers parviennent souvent à une grosseur prodigieuse.

Les fibres sont moins dures, mais plus flexibles que celles du chêne. Le bois est blanc, un peu jaunâtre ; il a beaucoup d'analogie avec celui du chêne, mais il est moins dur et plus souple.

Fraîchement coupé, on le distingue du chêne par l'absence de rayons médullaires; il n'est pas maillé et donne du bois de fort équarrissage.

Fig. 10. Châtaignier.

Il s'altère à l'humidité, mais se conserve très bien au sec.

Le châtaignier est léger et résistant, peu sujet aux attaques des vers, mais il pourrit dans la maçonnerie. Il ne doit pas être employé où il y a des alternatives de sécheresse et d'humidité.

C'est un arbre dont les fruits sont entourés d'une enveloppe verte, épineuse, renfermant un fruit sec, d'une couleur brune, foncée, dans l'intérieur duquel sont contenues une ou plusieurs amandes blanches. Il est employé pour faire des lattes, des échalas, des manches d'outils et des cercles.

Frêne.

48. Famille des jasminées.

Caractères principaux de cette famille. Arbustes, arbrisseaux ou arbres à feuilles opposées, à fleurs disposées en grappes, à corolle régulière manquant quelquefois; deux étamines, un style, ovaire à deux loges, fruit capsulaire ou charnu.

Fig. 11. Frêne.

Le frêne est un des plus grands arbres de nos forêts. Son tronc est droit, son écorce unie et cendrée. Ses fleurs, dépourvues de calice et de corolle, sont, les unes hermaphrodites, les autres unisexuées.

Les fibres de ce bois sont très résistantes, très flexibles et très droites.

Son bois est dur, pesant, souple, élastique, blanc veiné de jaune. Il est moins dur que le chêne, mais il se fend moins.

Il présente des couches alternatives dures et tendres. Le seul défaut qu'on lui reproche, c'est d'être promptement piqué par les vers.

C'est un bois très recherché des tourneurs. Il est employé pour la carrosserie, le charronnage et la fabrication des manches d'outils.

C'est sur le frêne commun que l'on trouve les cantharides.

Une autre espèce, le frêne à fleurs, moins élevé que le précédent, porte des fleurs pétalées et d'une odeur suave. Il produit, en plus grande quantité que le frêne commun, un suc désigné sous le nom de manne.

Noyer.

49. Famille des juglandées.

Caractères principaux de cette famille. Arbres à feuilles alternes, à fleurs monoïques, les mâles disposés en chatons, les femelles réunies en petit nombre à l'extrémité des rameaux, fruit drupacé.

Il existe trois sortes de noyers.

Noyer blanc, ou noyer commun, noyer noir d'Auvergne et noyer cendré.

Le noyer commun est originaire de la Perse. De tout temps, il a été connu dans l'Europe tempérée.

Le noyer noir et le noyer cendré sont deux espèces américaines, très répandues dans les parcs et les promenades publiques.

Les feuilles du noyer sont peu découpées. Les fibres sont très fines et résistantes. Elles sont plus foncées vers le cœur.

Le bois est gris brun, lorsqu'il est sec; mouillé, il est plus foncé, très agréablement veiné, dur, liant, grain fin. Le noyer se coupe très bien dans tous les sens.

Il est employé de préférence pour l'ébénisterie, la fabrication des modèles, les panneaux de voitures, la sculpture, la fabrication des sabots, la monture des fusils et la fabrication des meubles.

Les fruits, avant leur parfaite maturité, sont mangés sous le nom de *cerneaux*.

On en tire de l'huile. Le brou fournit une couleur brune.

Le seul défaut du noyer blanc est d'être un peu tendre et sujet à la piqûre des vers.

Orme.

50. Famille des ulmacées.

Il existe deux sortes d'orme. L'orme ordinaire et l'orme tortillard. L'orme tortillard est la meilleure espèce.

Fig. 12. Orme.

Les feuilles de l'orme varient beaucoup; les unes sont fort grandes et les autres sont très petites. Les unes sont rudes au toucher et les autres sont très douces.

L'écorce de l'orme ordinaire est lisse. Les fibres tiennent le milieu entre celles du chêne et celles du frêne.

Le bois est rougeâtre, mais cette couleur varie avec l'âge. Jeune, il est jaune clair; plus tard, il devient rouge brun dans le cœur.

L'orme pousse droit, devient fort; mais, comme qualité, il est inférieur au chêne et au frêne. Il a cependant beaucoup d'analogie avec ce dernier. Il est employé pour la carrosserie et la confection des roues.

L'écorce de l'orme tortillard est raboteuse et le tronc est recouvert de petites bosses. Les fibres sont ondulées et re-bours.

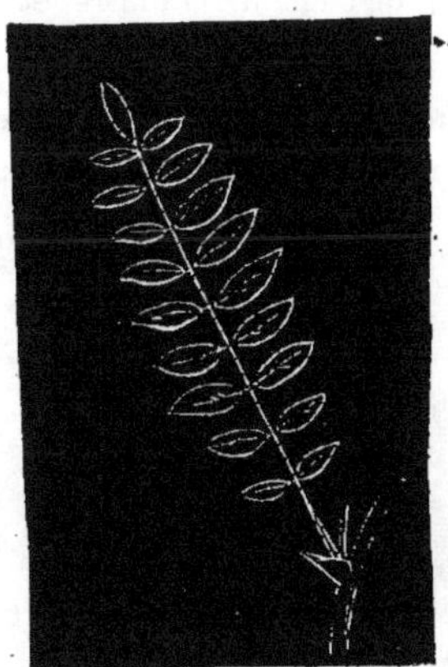

Fig. 13. Feuille dentée de l'orme.

Le bois, arrivé à l'état de bois parfait, est dur, liant et de couleur rouge ; l'aubier est blanc jaunâtre.

Dans l'orme tortillard, l'aubier est plus dur que le bois parfait. Les feuilles sont grandes, rudes et d'une couleur vert foncé. Il est employé pour le charronnage et est très recherché pour les pièces percées de trous.

L'orme a presque la résistance du chêne et n'est pas sujet à éclater.

II. — BOIS BLANCS

Acacia.

51. Le faux acacia, ou le robinia, appartient à la famille des légumineuses papilionacées. Il ne doit pas être confondu avec l'acacia vrai, lequel appartient à la tribu des mimosées.

La couleur du bois est jaune, avec des veines brunes ou verdâtres. Son grain est serré, mais assez fin pour prendre le poli.

Le bois est dur, nerveux, résistant et quelque peu flexible. Il s'éclate et se fend très facilement. Il s'altère difficilement au contact de l'air et de l'eau, ce qui explique son emploi dans les constructions navales. Il sèche bien, et n'est pas trop sujet à se gercer. Il n'est pas attaqué par les insectes.

Fig. 14. Feuille composée pennée de l'acacia.

Il est employé pour pilotis, pour la fabrication des roues de voitures de luxe, pilons, mortiers etc... Comme cet arbre devient très gros, il pourrait fournir de très bonnes pièces de charpente ; mais, rarement, parvient-il à une grosseur convenable, parce que les branches s'éclatent par le poids du givre ou de la neige et par les efforts du vent, ce qui oblige à couper la partie supérieure et à le tenir bas de tige.

Aune.

52. Famille des bétulinées.

Caractères principaux de cette famille. — Arbres et arbrisseaux à feuilles caduques ; fleurs monoïques, les mâles et les femelles réunies à la base de bractées écailleuses et formant des chatons cylindriques ou ovoïdes.

La couleur du bois est blanc roussâtre. Son accroissement est très prompt, surtout dans les endroits humides. Il peut s'élever jusqu'à 20 mètres.

Fig. 15. Aune.

Son bois léger et tendre est plus dur que le peuplier. Il se pourrit vite à l'air, mais il résiste mieux à l'humidité où il se conserve sans altération. Il est employé pour pilotis, grillages de fondations, pour la fabrication des sabots et des corps de pompes. Les boulangers l'emploient comme bois de chauffage. L'écorce sert aux tanneurs et aux teinturiers.

Ce bois est facile à travailler, mais il a le défaut d'être aisément piqué par les vers.

Bouleau.

53. Le bouleau appartient à la même famille que l'aune. C'est celui de nos arbres forestiers qui craint le moins les basses températures.

Son bois de couleur jaunâtre et son écorce, qui chaque année se déchire et s'enroule sur elle-même, sont employés à une infinité d'usages par les peuplades qui habitent l'extrême nord de l'Europe.

Fig. 16. Bouleau.

Le bois est léger mais trop mou pour supporter les assemblages. Il donne au cuir l'odeur propre au cuir de Russie et peut avantageusement remplacer le peuplier.

La sève, très abondante au printemps, donne, comme l'érable, une espèce de sucre.

Le bois de bouleau est très recherché par les boulangers pour chauffer les fours.

Parmi les diverses espèces de bouleaux, on peut citer :

Le bouleau blanc, le bouleau nain, le bouleau canot.

Le bouleau nain est commun en Laponie. Le boulot canot, ou à canots, vient du Canada où il est employé pour la fabrication des canots.

Charme.

54. Famille des cupulifères.

Le charme se développe très facilement. Son bois est blanc, dur, lourd, d'un grain fin et serré. Il se fend par le séchage. Quand le charme est fort sec, il est cassant. Il est aussi estimé que le hêtre pour la fabrication du charbon de bois.

Fig. 17. Charme.

Il fournit très rarement de grosses pièces de charpente. Il est employé par les charrons. On en fait des vis de pression, des cames, des masses à fendre, des maillets. Il est aussi très employé comme bois à brûler.

Érable.

55. Famille des acérinées.

Dans cette famille sont rangées les différentes sortes d'érables : érable champêtre, érable sycomore, érable plane, érable à sucre.

L'érable champêtre n'est recherché que pour son bois qui est de couleur blanchâtre, d'un grain serré, rempli de petits nœuds. Il est très employé par les ébénistes et les menuisiers. Plusieurs variétés de l'érable sont utilisées comme placage. La sève de l'érable à sucre est sucrée. Au Canada, on perfore les tiges avec une tarière, dès les premiers jours du printemps, et chaque arbre fournit environ 115 litres de suc, dont on extrait, par les procédés ordinaires, 2 à 3 kilos de bon sucre cristallisé.

Les feuilles de l'érable plane secrètent aussi une manne sucrée. Le bois de tous ces arbres est excellent pour le chauffage. Il reçoit, en outre, beaucoup d'applications dans l'industrie.

Peuplier.

56. Famille des salicinées.

Caractères principaux de cette famille. — Arbres et arbrisseaux à feuilles caduques; fleurs dioïques et disposées, les femelles comme les mâles, en chatons cylindriques; pour fruit, une capsule.

Nous avons à considérer trois espèces de peupliers :

1° Peuplier blanc, ou de Hollande, connu dans le commerce sous le nom de grisard.

2° Peuplier noir, très répandu en France, dans les terrains humides.

3° Peuplier d'Italie, espèce inférieure, comme bois à celui des espèces précédentes.

Le peuplier blanc, ou de Hollande, croît facilement partout et pousse au loin des racines traçantes.

Le dessous des feuilles est recouvert d'un duvet blanc.

Les fibres se détachent difficilement par le frottement ou par le choc.

Son bois, doux, liant, à grain fin, très

serré, est très employé dans la menuiserie. Il se coupe bien à l'outil. Il est susceptible de prendre un beau poli. On l'emploie également pour la fabrication des sabots et des ustensiles de ménage.

Fig. 18. Peuplier franc.

Le peuplier noir a des feuilles lisses, d'un vert très foncé; les fibres se détachent aussi difficilement par le frottement ou par le choc. Son bois est blanc, très léger, ferme et résistant. Il est plus solide que le peuplier blanc et le peuplier d'Italie.

Les couches annuelles sont peu visibles.

Il est employé en menuiserie et en carrosserie et sert aussi comme voliges dans la couverture.

Les bourgeons du peuplier noir sont enduits au printemps d'une résine visqueuse.

Le peuplier d'Italie pousse vite; son bois est léger et poreux. Il est remarquable par la position des branches, qui

commencent très près du sol et sont serrées contre le tronc. Il est employé pour les ouvrages grossiers, caisses d'emballage, voliges, etc.

Tremble.

57. Même famille que le peuplier.

Le tremble doit son nom à la mobilité de ses feuilles portées sur de longs pé-

Fig. 19. Tremble.

tioles. Son bois mou, très tendre et peu résistant, n'est employé que pour les ouvrages grossiers.

Le tremble ressemble beaucoup au peuplier; il croît dans les terrains humides.

Platane.

58. Famille des platanées.

Autrefois, cette famille était comprise dans celle des amentacées.

Les platanes se divisent en deux espèces : le platane d'Orient et le platane d'Occident.

Le platane d'Orient est originaire de l'Asie Mineure et de la Grèce. Son enve-

Fig. 20. Platane.

loppe subéreuse se détache chaque année par larges plaques minces.

Son bois un peu tendre, léger, contenant peu d'aubier, mais dont le grain est très fin, se coupe très bien à l'outil. Il est susceptible de recevoir un beau poli. Ce bois bien sec ne travaille plus.

Il existe entre ce platane et le hêtre une certaine ressemblance. Le platane se pique des vers assez facilement.

Le platane d'Occident peut être travaillé par les menuisiers et les tourneurs. Ce bois est plein, très dur, très liant et fort lourd, même quand il est sec.

Il se coupe fort net, porte bien les moulures et même la vis. Il nous est venu du Canada, ou il est très employé pour le charronnage.

Le platane est employé avantageusement pour les ouvrages plongés constamment dans l'eau.

Tilleul.

59. Famille des tiliacées.

Cette famille se rapproche, par ses caractères botaniques, de la famille des malvacées.

Il existe trois espèces de tilleuls :

Tilleul à petites feuilles, tilleul à larges feuilles, ou tilleul de Hollande, et tilleul argenté.

La première variété croît dans les bois; les deux autres sont cultivées comme arbres d'ornement.

Le bois du tilleul est tendre et léger, uni, de couleur rougeâtre et d'un grain très fin. Il se travaille facilement dans tous les sens et se tourmente peu à l'humidité.

Il est employé par les sculpteurs et sert à la fabrication des modèles.

Le liber est utilisé pour la confection des nattes. Le bois de tilleul est trop mou pour faire de bons assemblages de charpente; il s'amincit considérablement en se desséchant.

III. — BOIS FINS

Buis.

60. Famille des euphorbiacées.

La plupart des euphorbiacées renferment des principes âcres, extrêmement dangereux; ce sont des herbes, arbrisseaux ou arbres à suc généralement laiteux.

Dans le buis, les fibres sont peu marquées, le bois est jaune, dur, compacte, serré, pesant et peu altérable; il se travaille bien dans tous les sens, donne de bons frottements et dégage une odeur particulière.

Le meilleur buis vient d'Espagne ou du Levant.

Il est employé pour la gravure sur bois. Les feuilles sont souvent substituées au houblon dans la fabrication de la bière.

Cormier ou sorbier.

61. Famille des rosacées. — Tribu des pomacées.

Le bois du cormier est de couleur rougeâtre; il est lourd, d r, fin et résistant. Ce bois est susceptible d'un beau poli. Il se coupe facilement, mais il est sujet à se tourmenter en se desséchant. Il est souvent attaqué par un gros vér.

Fig. 21. Sorbier.

Il rend des services inappréciables dans toutes les circonstances où il s'agit d'obtenir des pièces en état de résister à de grands frottements.

Ce bois est employé pour la fabrication des dents d'engrenages, des cames, des glissières, et, en général, pour les petites pièces qui doivent être très dures.

Cornouiller.

62. Famille des caprifoliacées.

Caractères principaux de cette famille. — Arbrisseaux à feuilles opposées, fleurs en corymbe, calice adhérent avec l'ovaire, corolle à 4 et 5 lobes ou à 4 et 5 pétales, étamines en même nombre, un style, fruit variable, baie, capsule.

Il existe deux sortes de cornouillers. Le cornouiller mâle et le cornouiller sanguin.

Le premier est remarquable par la dureté de son bois. Il est fort recherché pour la confection des échelons d'échelles, dents d'engrenages et manches d'outils de travail des métaux à chaud.

Le bois est blanc roussâtre; le cœur en vieillissant devient brun.

Le cornouiller est plus dur que le cormier; souple, raide et difficile à couper.

Le cornouiller sanguin est inférieur, comme bois, au cornouiller mâle. Il doit son nom à la teinte presque sanguinolente que prennent ses rameaux en vieillissant.

Merisier et cerisier.

63. Famille des rosacées. — Tribu des amygdalées.

Caractères principaux de cette famille. — Ovaire simple, libre, surmonté d'un seul style; fruit drupacé, feuilles simples, tige ligneuse.

Le bois est rougeâtre; il est susceptible d'un beau poli. Dans l'eau de chaux ou dans l'acide azotique, il prend une couleur rouge plus foncée.

Le bois du cerisier est employé par les tourneurs; celui du merisier est employé par les luthiers et les ébénistes.

Ces deux essences sont quelquefois employées comme charpente.

Le bois du merisier est plus compact que celui du cerisier et supporte mieux l'assemblage ; mais il est sujet à la vermoulure.

Poirier et pommier.

64. Famille des rosacées. — Tribu des pomacées.

Caractères principaux de cette famille. — Plusieurs ovaires uniloculaires, soudés entre eux et avec le calice.

Le bois du poirier, de couleur rougeâtre, est très dur, très fin, pesant, serré, uni et très égal ; il se coupe bien dans tous les sens. Il est recherché par les sculpteurs et les modeleurs et sert pour une infinité de petits ouvrages.

Ce bois est susceptible d'un beau poli ; teint en noir, il imite et remplace parfaitement l'ébène.

Il doit être employé très sec, car il diminue beaucoup de volume en se desséchant.

Le pommier est inférieur comme qualité. C'est un bois très résistant, mais qui se rabote et qui se polit mal.

Il sert à faire des manches d'outils, des mandrins, etc.

IV. — BOIS RÉSINEUX

Pin.

65. Famille des conifères. — Tribu des abiétinées.

Caractères principaux de cette famille. — Arbres et arbrisseaux à feuillage vert, tronc ramifié et présentant un ensemble pyramidal, fleurs monoïques ou dioïques, disposées le plus souvent en chatons ; chatons mâles constitués par des étamines nombreuses insérées sur l'axe, sans bractées qui les séparent ; chatons femelles formés par des écailles dont chacune porte un ou plusieurs ovules. Pour fruit un cône.

Les principales espèces connues et employées dans les constructions sont :

Le pin de Russie, pin de Norwège, pin de Suède, pin de Prusse, pin des Landes, pin Sylvestre, pin Laricio.

Fig. 22. Pin Laricio.

Le pin conserve ses feuilles en hiver ; les fibres poussent droites, avec une section circulaire qui diminue de la base au sommet.

Le bois du pin est blanc et léger ; il présente des couches alternatives dures et tendres ; les couches dures sont résineuses.

Les pins supportent le froid moins facilement que les sapins ; ils croissent de préférence dans le Nord.

De la plupart des espèces, on retire de la résine, de l'essence de térébenthine et de la colophane.

Les pins se conservent bien sous l'eau ; employés comme pilotis, leur durée n'est que de cinq à six ans pour les parties exposées à l'air ; ils pourrissent et se piquent des vers.

Les pins fournissent de très belles pièces de charpente.

Page 11. Les figures 13 et 14 ont été interverties.

Sciences générales.

Sapin.

66. Même famille que le pin.

Il y a deux espèces de sapins : le sapin argenté ou sapin commun, et le sapin élevé ou épicéa.

Ces deux espèces conservent leurs feuilles en hiver ; les fibres poussent droites, avec une section circulaire, qui diminue de la base au sommet.

Le bois de sapin est uni, homogène, léger, très élastique, très sonore ; il se rabote parfaitement, mais il est trop spongieux pour qu'il soit possible de le polir.

Le sapin commun doit le nom de sapin argenté à la teinte blanchâtre que présente le dessous de ses feuilles. Il est connu sur toutes les hautes montagnes de l'Europe. Sa tige atteint souvent 40 mètres d'élévation.

Le sapin commun fournit l'essence de térébenthine et l'épicéa, la poix improprement appelée poix de Bourgogne.

La résine que contient le sapin empêchant l'action destructive de l'humidité, il dure longtemps.

Le sapin est moins résineux que le mélèze ; il est employé pour les grosses pièces de charpente. Refendu sur maille, il sert aux luthiers.

Mélèze.

67. Même famille que le pin et le sapin.

Le mélèze a beaucoup d'analogie avec le sapin.

Il se distingue de ce dernier par sa couleur rouge et ses veines foncées, par son grain plus fin et plus serré.

Le mélèze présente des couches alternatives tendres et dures et contient plus de résine que le sapin.

Le mélèze peut atteindre une grande hauteur, 40 mètres et au-dessus. C'est,

avec le cyprès chauve, le seul conifère qui se dépouille de ses feuilles en hiver.

Le mélèze est considéré comme étant

Fig. 23. Mélèze.

impérissable dans l'eau ; il est très employé comme fortes pièces de charpente.

V. — BOIS EXOTIQUE

Gaïac.

68. Famille des rutacées.

Caractères principaux de cette famille. — Calice monosépale à cinq divisions ; quatre ou cinq pétales souvent en partie soudés ; huit à dix étamines, ovaire à 4 ou 5 loges ; style simple ; stigmate simple ou à 5 lobes.

Dans le gaïac, on ne distingue ni les fibres ni les couches annuelles.

Le bois est gras, dur, lourd, d'une couleur brun foncé. C'est l'un des bois les plus durs que l'on connaisse.

Le gaïac prend difficilement l'humidité, mais il éclate facilement ; il possède une odeur particulière.

Il est employé pour faire des coussinets pour paliers et de petites poulies.

§ IV. — INDICES DE LA BONNE QUALITÉ DES BOIS, PRINCIPAUX DÉFAUTS DES BOIS.

69. La bonne qualité des bois peut se reconnaître aux différents indices suivants :

Absence de nœuds. — Régularité des couches. — Rectitude des fibres. — Couleur. — Odeur. — Son. — Élasticité des copeaux. — Ténacité des fibres.

70. La présence des nœuds indique toujours une déviation des fibres ; moins il y en a, plus l'arbre est apprécié.

71. Si les couches annuelles sont bien régulières, l'arbre n'est pas sujet à être déformé par la suite.

Il faut que le bois soit dur. Lorsque l'arbre a crû irrégulièrement, la dureté est inégale.

72. La couleur peut aussi donner un bon renseignement pour reconnaître une bonne nature de bois. Il faut cependant être praticien et faire la comparaison avec des bois d'échantillons.

73. Lorsqu'un arbre est fraîchement abattu, on doit lui trouver une odeur assez fraîche. Si la sève est fermentée, l'odeur est nauséabonde, ce qui indique que l'arbre a souffert.

Quand un arbre est abattu depuis un certain temps, l'odeur caractéristique peut disparaître ; il est facile de la faire revenir en mouillant les copeaux.

74. Le son a aussi une importance. Si l'arbre est défectueux, le son est sourd.

75. Les bois de bonne qualité doivent donner des copeaux souples. Dans le cas contraire, l'arbre est trop vieux ; on dit qu'il est *sur le retour*.

76. Les bois de bonne qualité ne doivent pas se laisser pénétrer par l'eau. On trouve souvent des chênes qui poussent à l'humidité et dont le bois est gras et poreux : ils absorbent alors une certaine quantité d'eau.

77. Un dernier indice pour reconnaître la bonne qualité des bois est de polir la surface en passant le rabot ; si après ce rabottage le bois est brillant, et qu'une goutte d'eau versée sur la surface ne pénètre pas dans les pores, ce dernier peut être considéré comme bois de bonne qualité.

Défauts des bois.

78. Les principaux défauts des bois, au nombre de onze, sont les suivants : Aubier. — Double aubier. — Roulure. — Nœuds. — Gélivures. — Gerces. — Torsion. — Cadranure. — Vermoulure. — Ulcères. — Carie.

79. Pour reconnaître les défauts dont nous allons parler, il faut que l'arbre soit abattu et en partie débité. Ces défauts deviennent plus sensibles à mesure que l'arbre est plus sec. Il en est même qu'il est très difficile de reconnaître quand les arbres sont fraîchement abattus et encore remplis de sève, ou quand ce sont des bois flottés que l'on retire de l'eau.

80. *Aubier.* — Le premier défaut à considérer est l'aubier. Lorsqu'il existe dans les bois à mettre en œuvre, il doit être enlevé complètement.

81. *Double aubier.* — Il peut y avoir

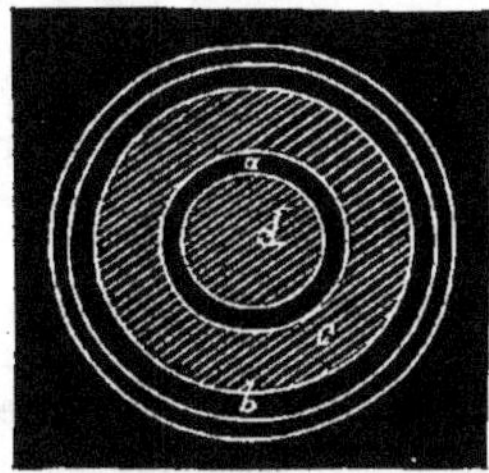

Fig. 24.

a. — Double aubier.
b. — Aubier ordinaire.
c. — Bon bois.
d. — Cœur.

un double aubier (*fig.* 24) situé entre deux zones de bois parfait. Ce double aubier se produit sur des bois malades. C'est un vice qui doit faire refuser les pièces qui en sont atteintes.

Souvent le double aubier consiste en une couronne de bois tendre et imparfait qui environne le centre de l'arbre. Les terrains secs et maigres donnent généralement, comme produit, des arbres à double aubier.

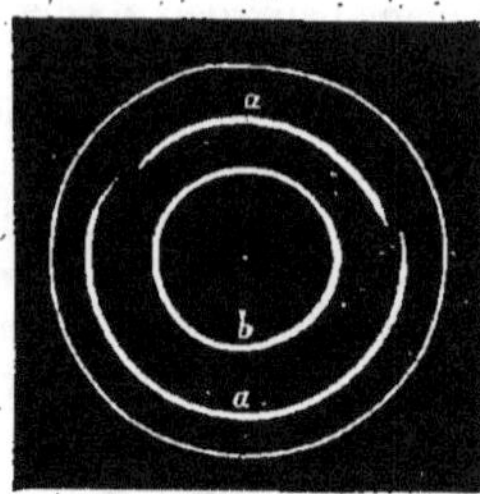

Fig. 25.

a. — Roulure partielle.
b. — Roulure occupant toute la circonférence.

82. *Roulure.* La roulure (*fig. 25*) est un vide circulaire existant dans l'intérieur de l'arbre, et formant des cercles concentriques qui ne sont pas adhérents les uns aux autres. Si le vide ainsi formé n'occupe qu'une portion de la circonférence, ce n'est pas un défaut grave. Si ce vide s'étend sur la moitié de la circonférence, il peut diminuer beaucoup la résistance. Les fentes circulaires produites par la roulure s'ouvrent de plus en plus à mesure que l'arbre se dessèche.

Quand un arbre *roulé* doit être débité, la roulure constitue un grand défaut. Ce défaut est moindre si l'arbre est employé entier.

La roulure est un vice essentiel. La sève et l'eau, en s'amassant dans les fentes produites, donnent naissance à un commencement de pourriture.

La roulure peut être occasionnée par la séparation de l'écorce et du bois ; c'est la cause la plus importante capable de la produire.

Les fortes gelées peuvent aussi déterminer la roulure.

83. *Gélivures.* — On donne le nom de gélivure (*fig. 26*) à des fentes qui partent du centre et se dirigent vers la circonférence, mais sans l'atteindre. Les gélivures sont occasionnées par la gelée de la sève qui fait céder les fibres du bois.

Fig. 26.

Les gélivures sont un inconvénient pour les pièces de bois destinées au sciage et à certains ouvrages de fente.

Il arrive assez souvent que la roulure et la gélivure se trouvent réunies dans un même corps d'arbre.

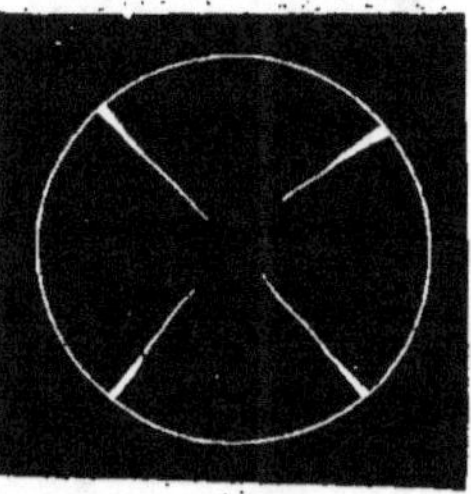

Fig. 27.

84. *Gerces.* — Les gerces (*fig. 27*) sont des fentes qui partent de la circonférence et se dirigent vers le centre. Elles proviennent presque toujours de la dessiccation trop prompte des arbres.

85. *Torsion ou bois tors.* — Le bois tors est celui pour lequel les fibres, au lieu d'être droites, sont tellement torses, qu'elles décrivent des hélices autour de l'arbre.

Pour les ouvrages de fente c'est un défaut, peu important cependant si cette torsion n'est pas exagérée.

La torsion des fibres peut être produite par de grands vents.

86. *Nœuds.* Les nœuds sont formés par des fibres qui sortent du tronc. Le nœud peut ou ne pas nuire à l'arbre ou être vicieux. Le nœud sain provient des branches qui ne sont pas mortes; il ne donne pas lieu à une diminution du prix de l'arbre. Les nœuds vicieux proviennent de branches mortes avant l'abatage. Il peut arriver que la pourriture sèche se mette à l'intérieur du tronc, à l'endroit même du nœud, et que ce dernier soit attaqué par les vers.

Il y a alors pour l'arbre une grande dépréciation.

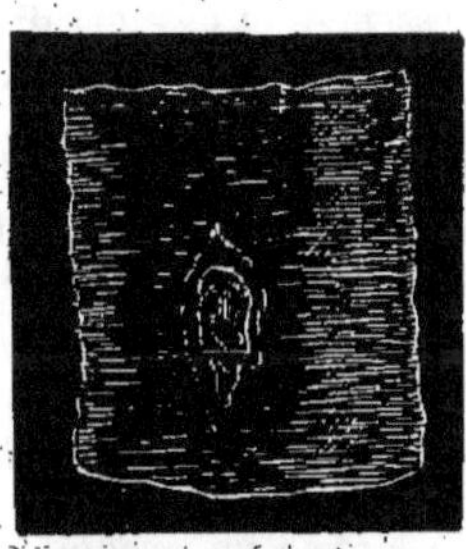

Fig. 28. Nœud pourri sur un tronc d'arbre.

Quand, dans une pièce de bois équarrie, on rencontre un nœud pourri (*fig.* 28), il est bon de le sonder avec une tarière pour s'assurer si la pourriture est profonde ou superficielle.

87. *Cadranure.* La cadranure (*fig.* 29) est un défaut résultant d'une gélivure et d'une gerce. Ce sont des fentes partant du centre et pouvant atteindre la circonférence.

Il y a cependant une différence qui permet de ne pas confondre la cadranure avec la gélivure.

La cadranure ne se rencontre que dans les vieux arbres desséchés. Elle peut provenir d'un commencement d'altération et de pourriture du cœur de l'arbre.

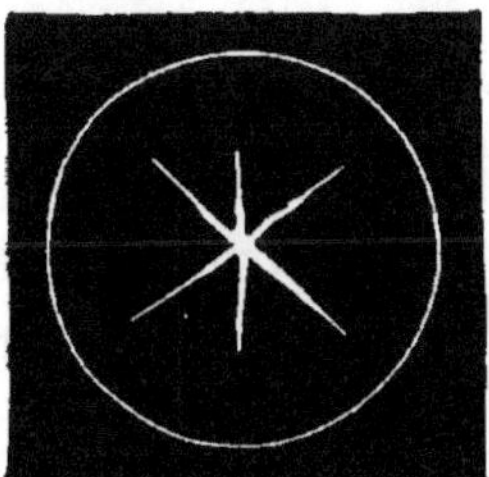

Figure 29.

Cette altération du bois est beaucoup plus grave que la gélivure.

Le bois atteint de cadranure ne peut servir comme charpente. On ne peut l'employer qu'aux travaux de sciage ou de fente, en ayant toutefois la précaution d'enlever la partie du cœur qui est altérée.

88. *Vermoulure.* C'est l'attaque du bois par les vers. La vermoulure peut se produire dans l'aubier ou dans le bois parfait. Un nœud vicieux peut être le point de départ de la vermoulure.

Il est donc très important, avant d'employer le bois, de bien l'examiner et de refuser celui qui contiendrait encore de l'aubier ou des nœuds vicieux, la vermoulure pouvant se produire une fois le bois façonné.

89. *Ulcères.* C'est un défaut de l'arbre sur pied. Ces ulcères sont produits par la fermentation de la sève ; ils indiquent toujours un bois de mauvaise qualité.

90. *Carie.* La carie se manifeste par des excroissances végétales qui poussent sur la pièce de bois. Ce sont des champignons qui, en se formant, attirent la vermoulure.

Défauts visibles, l'arbre étant sur pied.

91. Les défauts de l'arbre, lorsqu'il est sur pied, sont moins faciles à reconnaître que sur un arbre équarri et en partie débité.

Néanmoins, il existe quelques signes extérieurs capables de faire soupçonner des défectuosités internes.

Par exemple : l'aspect galeux et terne de l'écorce, les taches, l'existence de champignons et lichens, les chancres, les nœuds pourris, les parties attaquées par les vers, les cicatrices des branches enlevées, les écoulements de substance, pourriture au pied, etc., sont autant d'indices qu'il sera bon d'examiner de près afin de prévoir les défauts intérieurs.

§ V. — ABATAGE EN FORÊT. — OUTILS EMPLOYÉS TRANSPORT DES BOIS.

92. Avant de parler de l'abatagé des bois, il est bon de dire quelques mots de l'aménagement des forêts.

93. Presque tous les arbres de nos forêts appartiennent soit au groupe des amentacées, soit à celui des conifères. Le bois étant devenu rare en Europe par suite de l'accroissement de la population et du développement des cultures alimentaires et industrielles, on a dû régler l'exploitation des forêts encore existantes de manière à rendre le produit aussi considérable et, en même temps, aussi régulier que possible ; c'est ce qui constitue l'aménagement.

94. Les bois portent le nom de *taillis*, jusqu'à ce que les arbres qui les composent aient atteint l'âge de trente ans. Passé cet âge et jusqu'à quarante ans, on les nomme *hauts taillis* ou *quarts de futaie ;* depuis quarante ans jusqu'à soixante, *demi-futaies ;* depuis soixante jusqu'à cent vingt, *jeunes futaies*, et au-dessus, *hautes futaies*.

95. Les domaines forestiers sont ordinairement partagés en un certain nombre de *coupes* dont chacune est exploitée à son tour, de telle sorte que lorsqu'on arrive à la dernière, la première exploitée a eu le temps de se régénérer et de prendre tout son accroissement.

96. Les taillis sont généralement mis en coupe vers l'âge de vingt-cinq à trente ans : ils se repeuplent par les jets provenant des souches, aussi bien que par l'ensemencement naturel.

97. Les ordonnances prescrivent qu'à chaque coupe, il soit réservé, par hectare de *taillis*, cinquante arbres, dits *bali-* veaux, destinés à croître en futaie et à fournir des bois de construction.

On appelle *baliveaux modernes* ceux qui ont survécu à deux coupes et qui ont au moins cinquante à soixante ans ; *baliveaux anciens* ceux qui ont vu déjà trois coupes et plus.

98. Les futaies s'exploitent à cent quarante ou cent soixante ans, suivant la nature des essences et des terrains.

Abatage des bois en forêt.

99. En dehors des bois de l'État et de ceux des communes, les exploitations en futaies commencent à devenir rares en France.

On accorde la préférence à l'exploitation des bois *taillis*, qui donne un produit en matière moitié moindre, mais qui, d'un autre côté, donne un produit en argent plus que double.

Dans ces conditions, si l'exploitation des forêts était faite par des particuliers, il est incontestable que, par la force des choses, on verrait bientôt le bois de chauffage diminuer et les bois de construction manquer complètement.

100. Les coupes peuvent se faire de deux manières :

1° A *tire et aire*, c'est-à-dire en abattant tous les arbres, sauf un certain nombre réservés par les règlements ;

2° Par *éclaircies*, méthode plus productive, mais plus compliquée, qui consiste à opérer successivement dans le même endroit une série de coupes dont les deux premières s'appellent *coupe sombre* et *coupe claire*.

Une troisième méthode est la coupe en *jardinant*, c'est-à-dire par pieds isolés marqués d'avance pour être abattus.

Cette méthode est employée de préférence pour les arbres résineux.

101. Au point de vue de la main-d'œuvre, il y a avantage, en général, à abattre les bois une fois la culture des champs terminée, c'est-à-dire en hiver.

Si l'on veut recueillir l'écorce pour les tanneurs, il faut abattre les arbres pendant la montée de la sève, vers le mois de juin.

On n'est assuré de la durée des bois que lorsqu'ils sont abattus hors sève.

En général, l'exploitation des bois pour les taillis doit être terminée vers le milieu d'avril ; vers le 15 mai, pour les futaies.

Travail de l'abatteur et du bûcheron.

102. *Abatage des taillis.* — L'abatage des taillis est une opération des plus facile, mais qui exige cependant quelques précautions.

Les ouvriers commencent par abattre les arbres sur une certaine étendue de terrain, allant toujours devant eux. Ils ne doivent pas abattre les arbres à la *serpe*, mais se servir de la *cognée*. Avec cet outil, il coupent plus près de terre.

103. Les arbres abattus doivent, autant que possible, tomber les uns sur les autres, afin de ne pas embarrasser ceux qui restent sur pied. Les ouvriers doivent avoir grand soin de ne pas endommager les baliveaux, et d'éviter d'encrouer les arbres des ventes voisines.

104. La serpe est réservée pour couper les petites branches une fois l'arbre à terre.

105. L'arbre étant abattu, si l'on doit conserver la souche pour la pousse des rejets, il est indispensable que l'écorce qui reste sur cette souche ne soit ni détachée, ni enlevée. Les ouvriers, pour obtenir ce résultat, doivent se servir d'outils parfaitement affilés.

106. Ces quelques précautions observées, le travail de l'abatteur et du bûcheron peut se diviser en quatre parties :
1° Abatage de l'arbre avec la cognée ;
2° Séparation des branches du tronc ;
3° Débitage du tronc ;
4° Arrangement du bois débité, fagots.

107. L'abatage d'un arbre à la cognée consiste simplement à faire une entaille

Fig. 30. Bûcheron abattant un arbre à la cognée.

assez profonde dans le pied de l'arbre (*fig.* 30). Nous reviendrons sur ce travail à la cognée en parlant de l'abatage des gros arbres.

L'arbre une fois tombé, le bûcheron en détache les branches en se servant de la *cognée* pour les plus grosses et de la *serpe* pour les petites. Si le brin est menu, un seul coup suffit pour le couper; s'il est plus gros, on le coupe de deux coups de serpe donnés sur les faces opposées, ce qui forme une gueule à un bout et un coin à l'autre. C'est ce bout qu'on nomme la coupe.

Le bois débité pour la corde à charbon se mesure entre la gueule et la coupe.

Fig. 31. Bûcheron coupant les branches avec la serpe.

108. A mesure que le bûcheron ébranche les arbres (*fig.* 31), il met la rame de côté afin de l'exploiter ultérieurement pour la fabrication du charbon de bois, des cotrets, des fagots et, enfin, des bourrées.

109. Le tronc de l'arbre étant mis à nu, est débité par deux bûcherons suivant les longueurs adoptées par les différents pays.

110. La plupart des bûcherons, pour débiter le bois en bûches, se contentent de placer le tronc en travers sur d'autres arbres; ce procédé est incommode. Ils se servent le plus souvent d'un chevalet très simple composé de morceaux de branches abattues précédemment.

L'arbre est placé sur ce chevalet dans la direction *a b* (*fig.* 32). Pour le débiter

ils se servent d'une scie nommée *passe-partout*.

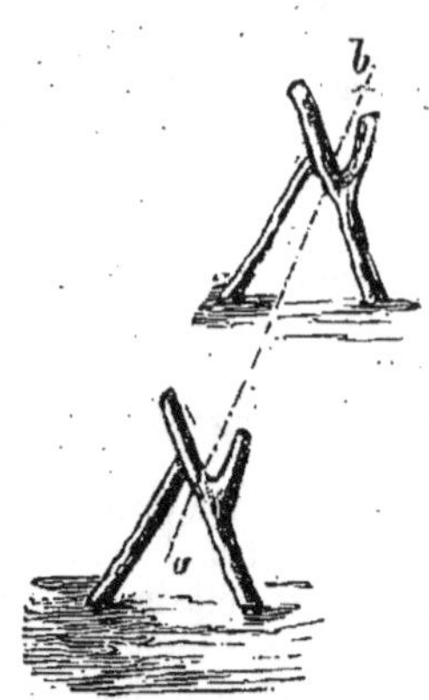

Figure 32.

Cordage du bois.

111. *Corder* le bois, c'est le ranger en pile de la forme d'un parallélipipède en couchant les bûches les unes sur les autres (*fig.* 34).

Avant de commencer ce travail, il faut, en premier lieu, fixer la longueur d'une corde. Pour cela, on choisit un terrain uni; on enfonce en terre, à coup de masse, deux piquets AB espacés de huit pieds l'un de l'autre et ayant une hauteur de quatre pieds au-dessus du sol. C'est entre ces deux piquets que l'on range le bois, primitivement débité à la longueur demandée par le commerce.

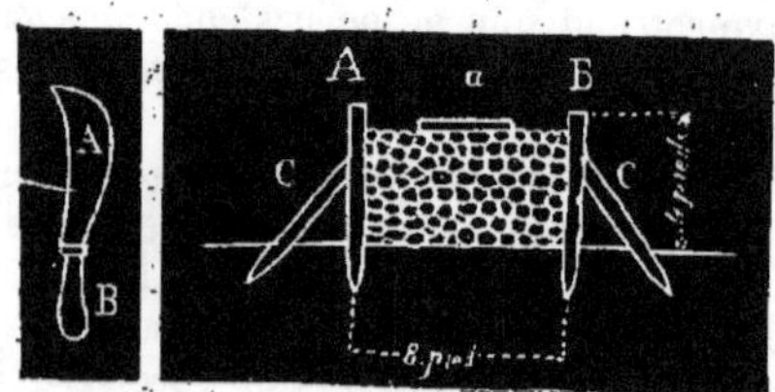

Fig. 33.   Figure 34.

Afin d'éviter le renversement des poteaux par la charge du bois, on les maintient par deux pièces de bois inclinées C que l'on enfonce également en terre.

Une fois la corde terminée, on dit qu'elle est levée. Pour l'indiquer, les bûcherons ont l'habitude de placer une bûche en travers et perpendiculairement aux autres. Cette bûche est représentée en *a* dans le croquis ci-contre.

Quand, en travaillant le bois de corde, le bûcheron trouve des bûches qui, par leur forme spéciale ou leur bonne qualité de bois, peuvent se vendre plus avantageusement que le bois à brûler, il doit les mettre de côté.

Les rames, ou branches qui ne peuvent servir comme bois cordé, sont employées pour la confection des fagots, des cotrets et d'autres usages qu'il est inutile d'énumérer ici.

Outils employés.

112. Ils sont très peu nombreux. Les principaux sont :

1° Une serpe ;
2° Une cognée ;
3° Un passe-partout.

113. La *serpe* (*fig.* 33) est composée d'une

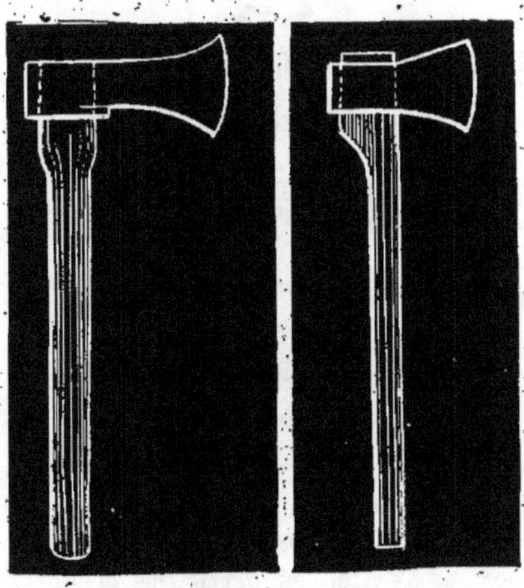

Figure 35.   Figure 36.

lame en fer A fixée dans une poignée en

bois B. Elle sert à couper les petites branches.

114. La *cognée* (*fig.* 35 et 36) sert à attaquer les arbres par le pied. Elle sert aussi à débiter les branches qui sont trop grosses pour être coupées à la serpe. La cognée, étant destinée à faire des entailles profondes, doit avoir un taillant étroit. Elle doit couper les fibres du bois et non les briser. C'est pourquoi on donne au taillant une forme courbe. De cette façon, elle glisse légèrement à chaque coup, ce qui la fait agir un peu à la façon des scies et des couteaux. Les figures 35 et 36 indiquent les deux formes principales que peuvent prendre les cognées.

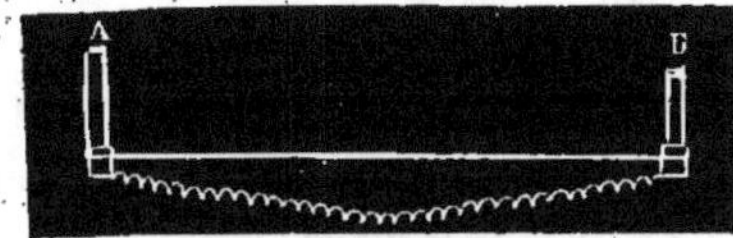

Figure 37.

115. Le *passe-partout* (*fig.* 37) sert à débiter le tronc de l'arbre. C'est une simple lame de scie terminée aux extrémités par une douille rivée dans laquelle on passe deux poignées en bois A et B.

Cette scie est manœuvrée par deux hommes.

La forme courbe que l'on donne à l'outil a pour but de prolonger la durée de la lame, les dents du milieu travaillent plus que celles des extrémités. Les bois à scier étant des bois verts, la forme

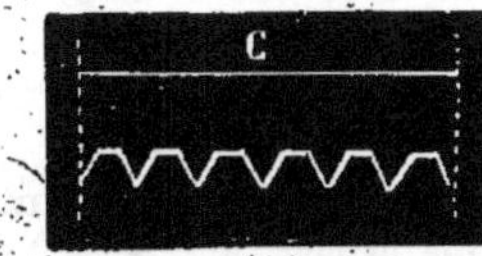

Figure 38.

des dents doit être spéciale. Elle est indiquée en C (*fig.* 38). Comme la lame doit scier pendant son aller et pendant son retour, il faut lui donner des dents également inclinées vers les extrémités de la lame. L'inclinaison qui paraît la plus convenable varie entre 50 et 60°.

Pour refendre les troncs d'arbres ou

Figure 39.

débiter les souches, les bûcherons se servent encore d'un coin indiqué (*fig.* 39).

Abatage des gros arbres employés dans les constructions.

116. Avant d'abattre un arbre, il faut l'examiner sur pied, voir de quel côté il penche, se rendre compte où est le plus grand poids des branches et décider comment on veut qu'il tombe.

117. En coupant un arbre, on doit prendre toutes les précautions nécessaires pour qu'il ne se brise pas dans sa chute et pour qu'il ne nuise ni aux bûcherons ni aux objets qui sont dans le voisinage.

118. Comme il est plus économique d'enlever les branches d'un arbre lorsqu'il est abattu, s'il n'y a pas de sous-bois faible à ménager, on laissera les branches. Ces dernières amortissent le choc et préservent le tronc dans sa chute.

Dans le cas où il y a intérêt à conserver les branches intactes, il suffira de les enlever d'un seul côté, et de faire tomber le tronc du côté des branches coupées. Ceci fait, on attache au faîte de l'arbre une corde qui doit servir à le diriger dans sa chute.

Ces préparatifs effectués, il faut abattre l'arbre avec la cognée. Le bûcheron fait d'abord une entaille A (*fig.* 40). Cette entaille est pratiquée du côté où l'arbre doit tomber et doit atteindre en profondeur les deux tiers du diamètre de cet arbre.

Le bûcheron fait ensuite une contre-entaille B qui doit retrouver la première. L'arbre tombe de lui-même quand il ne

reste plus assez de matière pour le tenir en équilibre.

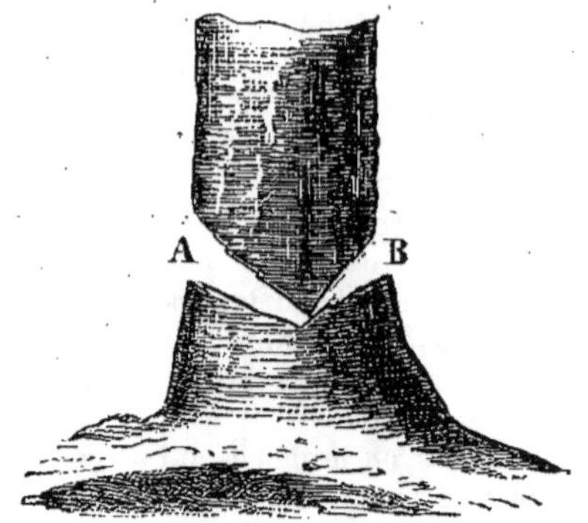

Fig. 40. Abatage d'un tronc d'arbre à la cognée.

Il faut avoir soin de peser sur la corde directrice pour l'amener dans la direction choisie.

119. Une autre manière d'abattre est de *pivoter les arbres*. Elle consiste à faire autour du tronc une fouille assez grande, à couper les racines de manière à ne laisser qu'un pivot (*fig.* 41).

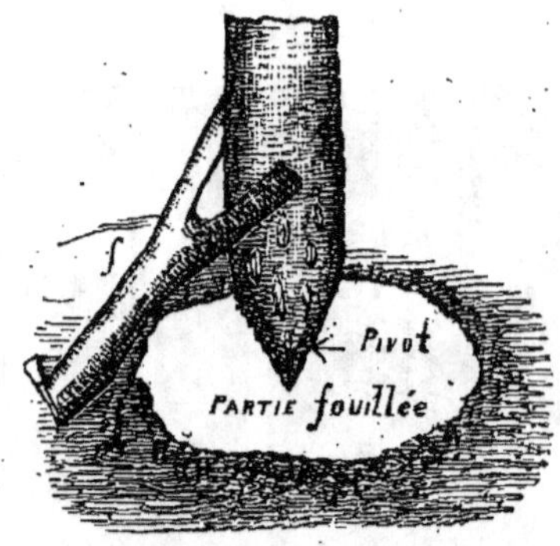

Figure 41.

Ce procédé n'est pas aussi expéditif que le précédent, mais il a l'avantage de pouvoir prélever l'entaille sur les racines et permet d'éviter, en partie, les risques de fente du tronc.

On ne doit employer cette deuxième méthode que lorsque la souche n'est pas destinée à produire des rejets et que les arbres à abattre présentent des racines peu enfoncées dans le sol. Pour faire tomber l'arbre sur le plat, et empêcher que les branches ne se rompent en tombant, on place une fourche *f* du côté où l'arbre penche. On se sert également d'un guidage et de cordes attachées au faîte de l'arbre pour le diriger lorsqu'il tombe.

120. Il existe une autre méthode qui consiste à attaquer directement le tronc et à le scier à une certaine hauteur en se servant du passe-partout. Pour que la scie puisse avancer assez loin dans le tronc, on est obligé de soulever un peu l'arbre à l'aide de *coins*. Cette méthode évite les éclats, mais demande de la part des bûcherons beaucoup plus de soins.

Transport des bois.

121. Nous mettrons de côté le transport des bois de chauffage pour ne nous occuper que du transport des bois de charpente.

122. On distingue les bois de charpente en bois de brin, qui est simplement équarri, et bois de quartier, c'est-à-dire qui a été refendu à la scie.

123. Trois cas peuvent se présenter :

1° Lorsqu'il faut un certain nombre de pièces pour faire un chargement ;

2° Lorsqu'une pièce est assez longue pour qu'on ne puisse en placer qu'une dans la longueur de la voiture ;

3° Enfin, lorsque les pièces sont trop grosses et trop longues pour qu'elles puissent être transportées par un chariot ; on emploie alors un véhicule, de forme spéciale, nommé *fardier*.

124. Dans le premier cas, la chose est bien simple. Les pièces de bois étant courtes, on les place dans une charrette ou sur des chariots de roulage, en ayant soin, toutefois, de bien les ranger pour en mettre le plus possible dans chaque voiture.

Lorsque les pièces sont plus longues que la charrette employée, on les charge en biais, de telle sorte que le gros bout passe vers la droite du limonier et que le petit bout, qui traverse diagonalement l'essieu, dépasse de beaucoup la voiture.

125. On peut aussi voiturer, de la même façon, des poutres assez fortes en les plaçant dans la charrette et en relevant ensuite l'extrémité comme l'indique la figure 42.

Figure 42.

Une pièce *a*, placée en travers, est destinée à recevoir le bout des madriers. Ces madriers prennent alors la direction AB.

126. Quand on doit voiturer une grosse pièce de bois de charpente et qu'elle se

Fig. 43. Fardier destiné à transporter les bois d'un fort équarrissage.

trouve sur le penchant d'une colline ou d'une montagne, les abatteurs ont soin de la faire tomber sur la partie élevée de cette montagne, afin que la chute soit moins forte et que la pièce soit moins exposée à être endommagée. Ensuite, on la fait descendre en la posant sur des rouleaux en bois, puis en la remuant avec des leviers. Quand le terrain le permet, il est préférable de la faire traîner par des bœufs ou par des chevaux jusqu'au bon chemin, où elle est alors chargée sur un fardier.

127. Le fardier, représenté figure 43, se compose :

1° De deux grandes pièces de bois A et B, dont les extrémités les plus minces servent de brancards ;

2° D'une paire de roues montées sur un train mobile pouvant se déplacer dans un sens ou dans l'autre sur les pièces de bois A et B. Ce mouvement permet d'équilibrer le poids à transporter et de soulager la charge que doit porter le limonier ;

3° De deux pièces de bois C et D formant treuil et servant à soulever l'arbre à l'aide d'une chaîne E ; une corde F maintient la pièce de bois dans la position définitive qu'elle doit occuper pendant le transport ;

4° Enfin, une pièce H sur laquelle peut appuyer le gros bout de l'arbre.

Quand on charge une pièce de bois sur un fardier, il faut toujours mettre l'extrémité la plus lourde du côté du limonier.

§ VI. — DÉBITAGE, DESSICCATION, PLOYAGE, CONSERVATION DES BOIS.

128. Les bois d'œuvre, quand ils sont abattus et dépouillés de leurs branches, sont parfois expédiés tels quels. Ils sont alors nommés *bois en grume*. Seulement, lorsque l'écorce ne doit pas être utilisée, il est préférable de l'enlever en forêt, pour ne pas avoir à payer des frais de transport qui augmentent sensiblement le prix de revient.

S'il s'agit, au contraire, de bois dont on ne doit pas utiliser l'aubier, il convient de l'équarrir à quatre arêtes et de donner à la pièce ainsi équarrie les dimensions demandées par l'acheteur.

Il y a donc intérêt à laisser en grume les bois qui doivent faire un petit trajet, et à équarrir à quatre arêtes les pièces qui doivent être expédiées au loin.

L'équarrissage de la pièce de bois ou *billé*, sur quatre ou huit faces, sert à mettre en évidence les vices extérieurs, quelquefois cachés par l'écorce, et permet de prévoir le parti que l'on peut en tirer.

129. Avant de débiter une pièce de bois, il est important de tenir compte des considérations suivantes :

Dans tous les arbres, le cœur est plus ou moins altéré. Il faut éviter de le comprendre dans les belles planches.

Plus les faces d'une planche débitée sont normales à la direction des rayons médullaires, plus elle est exposée à se voiler et à se fendre.

Les planches sciées parallèlement à cette direction sont plus durables et se comportent mieux. Ce mode de débit est le meilleur et le plus apprécié. On le nomme *débit sur maille*.

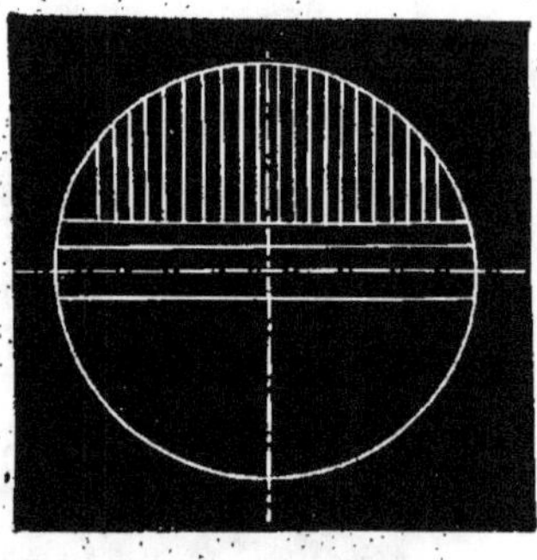

Figure 44.

En pratique, il sera bon de comprendre le cœur de l'arbre dans un ou deux madriers (*fig.* 44) et de continuer à débiter cet arbre, soit par des planches parallèles, soit par des planches perpendiculaires aux madriers qui comprennent le cœur. Ce procédé ne vaut pas le débit sur maille, mais il s'en rapproche beaucoup.

Cet exposé fait, il nous reste à parler de la manière économique d'utiliser une pièce de bois.

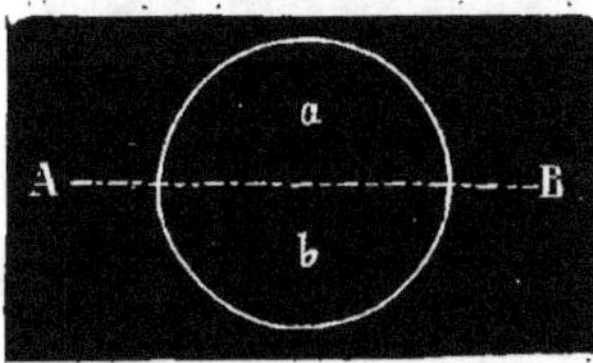

Figure 45.

130. Le premier moyen de débiter un arbre, c'est de le fendre en deux par un seul trait de scie, AB (*fig.* 45), passant par l'axe de la pièce, ou deux traits de scie, AB et CD, comme l'indique la figure 46.

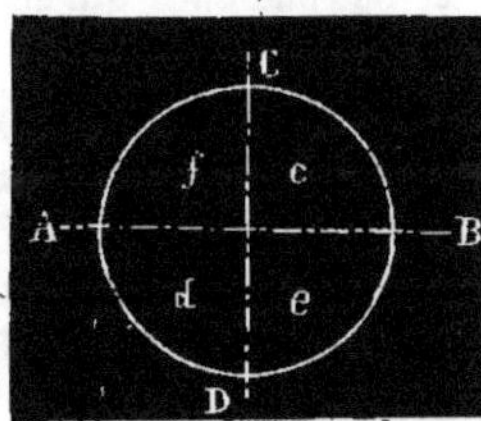

Figure 46.

131. D'après les expériences de Duhamel Dumonceau, si nous laissons ces deux pièces ainsi fendues pendant un temps

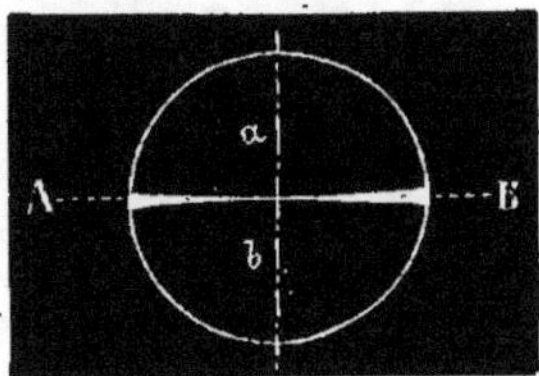

Figure 47.

assez long sans les employer, qu'arrive-t-il?

Les faces sciées qui, primitivement, étaient planes, comme l'indiquent les figures 45 et 46, sont devenues courbes, de telle sorte qu'en les appliquant l'une sur l'autre, elles laissent entre elles des espaces représentés par les figures 47 et 48. Ces espaces pouvant être considérés comme autant de fentes, il n'est pas étonnant que les parties ainsi sectionnées ne soient, après ce temps, très peu fendues.

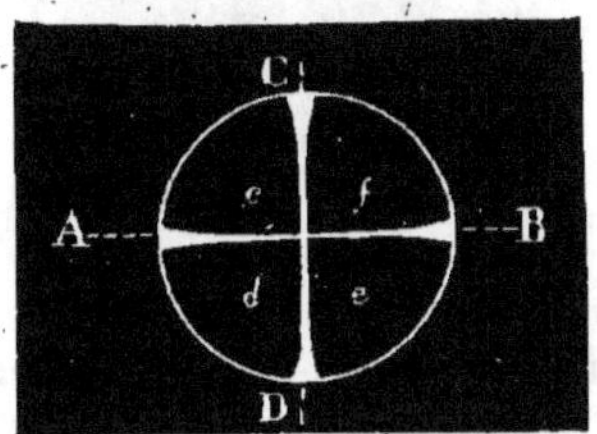

Figure 48.

132. D'après ce qui précède, pour éviter les fentes qui pourraient se produire ultérieurement, une fois l'arbre abattu il sera bon, pour les bois qui sont destinés à être débités en deux ou en quatre morceaux, de les scier aussitôt l'abatage.

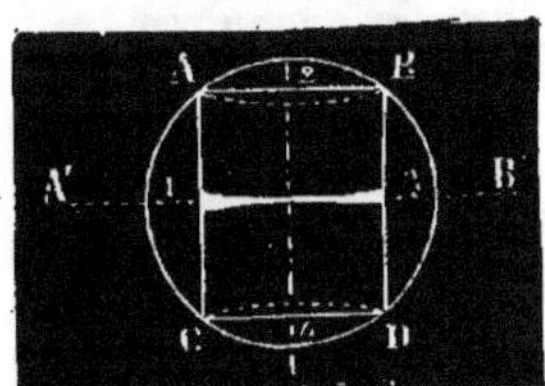

Figure 49.

Si nous débitons un arbre suivant les lignes AC, CD, DB, BA (*fig.* 49), les parties enlevées 1, 2, 3, 4 constituant le jeune bois, c'est-à-dire le bois formé en dernier lieu et par conséquent le plus contractible, le rétrécissement qui se produira une fois le trait de scie donné dans la direction AB sera moins grand et, par suite, les deux parties juxtaposées laisseront entre elles moins de vide.

Ceci nous montre, d'après la figure 49, que dans une pièce de bois carrée, refendue à la scie par une ligne A'B', les faces qui répondent au cœur deviennent convexes, et les faces opposées, concaves.

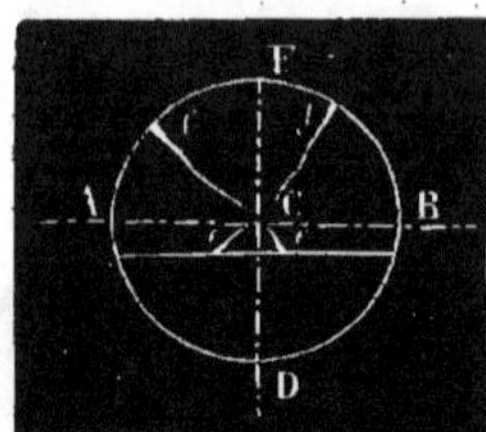

Figure 50.

133. Si nous débitons le bois suivant la ligne AB (*fig.* 50), il résulte, d'après les expériences de Duhamel Dumonceau, que dans la partie AFB contenant le cœur il se forme des fentes *f*, et que dans la partie ADB il ne s'en forme pas. Ce qui peut se résumer en disant :

Une pièce de bois contenant le cœur d'un arbre est plus exposée à se fendre qu'une pièce qui ne le contient pas.

134. Les bois se fendent plus facilement dans la direction du centre à la circonférence que dans toute autre.

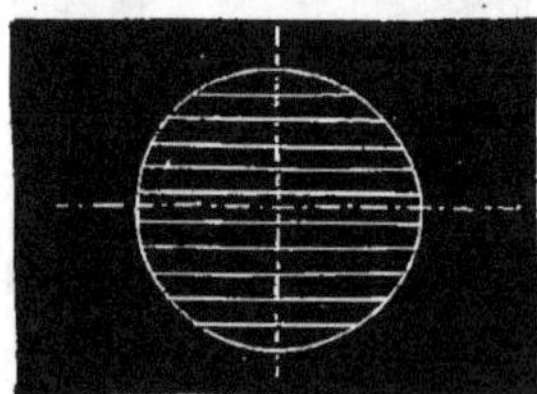

Figure 51.

D'après ce qui précède, si nous scions un arbre comme l'indique la figure 51, le corps de cet arbre étant encore vert, les planches ainsi débitées et séchées, mises les unes sur les autres, ne se touchent pas sur toute la surface, il est vrai, mais il se produira peu de fentes.

135. Si nous donnons deux traits de scie, AB et CD (*fig.* 52), la planche ainsi détachée ABDC (*fig.* 53) restera parfaitement droite et la contraction se portera sur

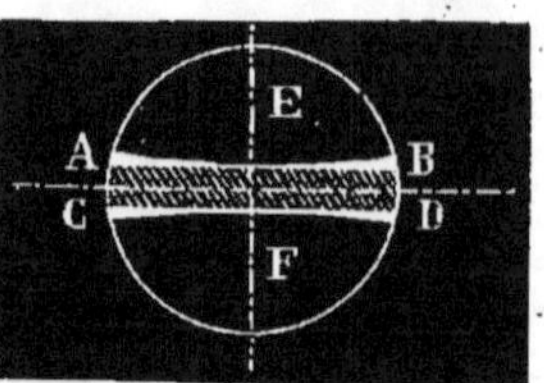

Figure 52.

les deux parties restantes E et F (*fig.* 52).

136. Si nous voulons, en débitant un arbre, avoir quelques pièces de bois épais-

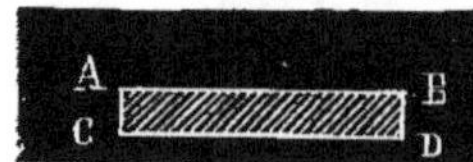

Figure 53.

ses pour lesquelles la maille est sans importance, et des planches qui se vendent

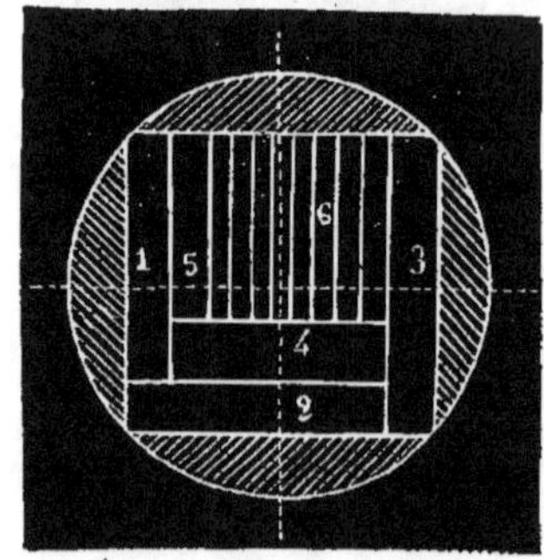

Figure 54.

mieux quand elles sont sur maille, il faudra procéder comme l'indique la figure 54. Nous aurons cinq fortes pièces 1, 2, 3, 4, 5, et une série de planches 6. Dans ce cas, c'est l'épaisseur de la planche qui est vers le cœur de l'arbre.

Ainsi débitées, elles ne se voilent plus.

137. Si le débit d'un arbre doit nous donner des planches de diverses longueurs;

il sera bon de le scier comme l'indique la figure 55. On prend un large madrier

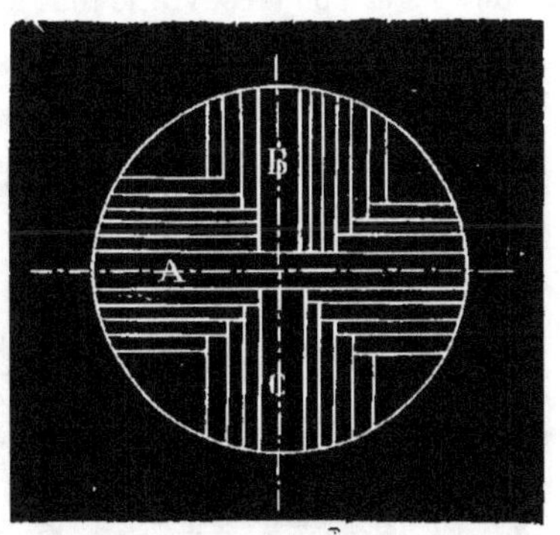

Figure 55.

au centre A, puis deux autres B,C, perpendiculaires au premier ; ensuite, on débite le reste en planches en ayant soin de croiser les joints.

138. Une autre manière de débiter le bois est indiquée (*fig.* 56). On enlève d'abord les quatre parties portant le n° 1, que l'on nomme *équarrissage*, puis les parties numérotées 2, qui portent le nom

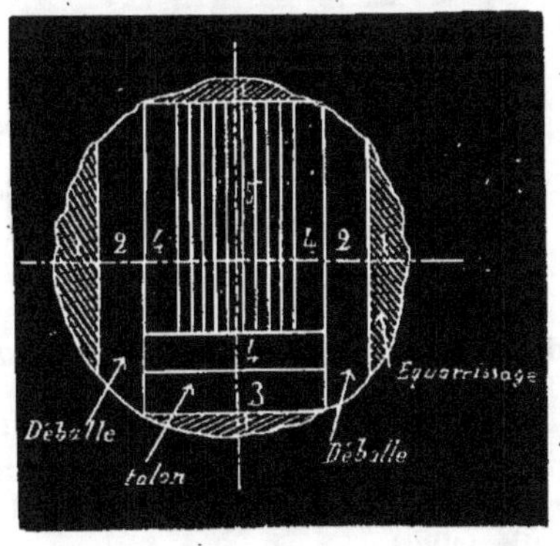

Figure 56.

de *déballe*, la partie numérotée 3, qui se nomme *talon*, et enfin les parties marquées 4, qui peuvent être employées comme madriers. Il ne reste plus que la partie

centrale 5, que l'on refend en planches de différentes épaisseurs.

Cette manière de procéder nous donne une bonne utilisation de la matière.

139. On ne peut indiquer à l'avance une règle générale à suivre pour le débit des bois. Les exemples que nous donnons ci-dessus ne sont que des principes. L'ouvrier doit, dans chaque cas, chercher la coupe qui convient aux pièces à utiliser.

Dessiccation.

140. La dessiccation a pour but d'enlever au bois l'eau libre qu'il renferme. La proportion d'eau absorbée varie avec la saison. Un arbre en contient davantage au moment de la montée de la sève et beaucoup moins en hiver. La quantité d'eau libre que retiennent les bois varie avec la porosité de ces bois. Le peuplier blanc et le peuplier noir sont les essences qui en absorbent le plus. Viennent ensuite le mélèze, le peuplier d'Italie, le sapin, le chêne et enfin le charme, qui est celui des bois qui en contiennent le moins.

141. *Dessiccation naturelle.* — Pour qu'une pièce de charpente résiste longtemps, il faut qu'elle soit préalablement séchée ; si elle ne remplit pas cette condition, elle se pourrit et est attaquée par les vers. En examinant la dessiccation naturelle, on remarque qu'elle se produit très lentement. La présence de l'écorce la retarde encore. Buffon a pris une pièce de bois de chêne de 0^m,35 de longueur sur 0^m,11 de largeur et 0^m,13 d'épaisseur ; il l'a exposée à l'abri et pas au soleil, pour obtenir la dessiccation naturelle. Cette dessiccation n'a été effectuée complètement qu'au bout de sept ans. En examinant la manière dont elle s'est faite, on trouve les résultats suivants :

Le bois a perdu le quart de l'eau qu'il contenait au bout de onze jours ; le deuxième quart après deux mois ; le troisième quart au bout de dix mois et le dernier quart a mis près de six ans.

Il a remarqué que la dessiccation était proportionnelle aux surfaces, c'est-à-dire que, pour deux pièces de bois ayant même volume mais n'ayant pas même surface, la dessiccation se fait en raison de la surface exposée.

142. Pour obtenir un séchage rapide, on emploie le *flottage*.

Ce procédé consiste à faire séjourner le bois dans l'eau, afin que celui-ci remplace l'espace occupé par la sève, puis à faire évaporer cette eau.

Les bois flottés dans l'eau dormante doivent y séjourner trois mois ; dans l'eau courante, deux mois ; dans l'eau chauffée à une température variant de 30 à 40 degrés, il ne faut que dix jours.

Le bois ainsi flotté est exposé à l'air, et la dessiccation se fait en sept ou huit mois.

Le bois flotté, n'ayant plus de sève, est employé pour l'ébénisterie ; il se fend moins.

143. Pour sécher le bois, on peut employer deux procédés :

1° Des hangars pour les bois de prix ; 2° le système d'empilage pour les bois de moindre valeur.

1° Le hangar dans lequel on expose les bois à la dessiccation doit remplir certaines conditions. Il doit être couvert et fermé. Il faut y ménager des ouvertures pour l'entrée et la sortie de l'air. Le sol doit être à l'abri de l'humidité ; il peut être composé d'une couche de béton sur laquelle on ajoute une couche d'asphalte assez épaisse. On peut aussi faire un faux plancher un peu surélevé. Le courant d'air passant entre le sol et le faux plancher est favorable pour activer le séchage. Nous donnons ci-contre la coupe d'un hangar pour la dessiccation naturelle (*fig.* 57).

2° Le procédé d'empilage consiste à faire sur le sol une aire asphaltée sur laquelle on déposera les pièces de bois. On peut aussi placer directement sur le terrain de mauvaises poutres en bois qui prennent l'humidité et garantissent ainsi les pièces ou planches que l'on veut sécher (*fig.* 58).

On empile les bois comme l'indique la figure 58 et l'on recouvre le tout d'un

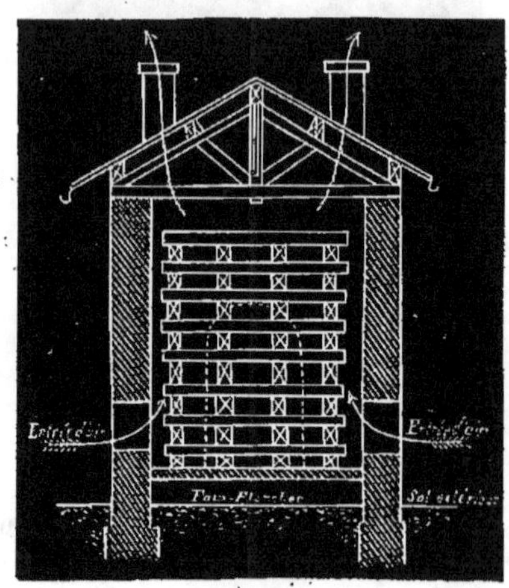

Figure 57.

toit très simple composé de planches. Pour que l'air circule bien, on doit mettre

Fig. 58. Empilage des bois à l'air libre.

des tasseaux entre chaque pièce de bois, de manière à bien les isoler.

144. *Dessiccation artificielle.* — Les procédés indiqués précédemment étant très longs, on a recours à la dessiccation artificielle.

Pour arriver à un séchage complet, il faut atteindre une température de 135° environ. A cette température, le bois commence à se décomposer. La pièce ainsi séchée diminue de volume. Inversement, cette pièce reprend ses dimensions primitives quand on lui rend son humidité première.

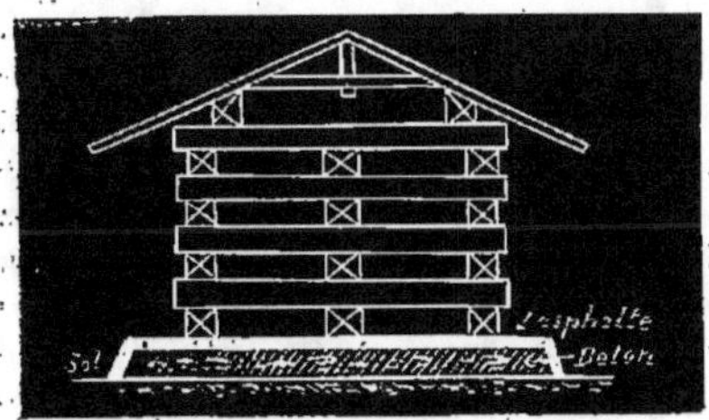

Fig. 59. Empilage des bois à l'air libre.

Après la dessiccation, la longueur ne varie pas d'une manière sensible, tandis que la section varie beaucoup, surtout dans le sens circonférentiel.

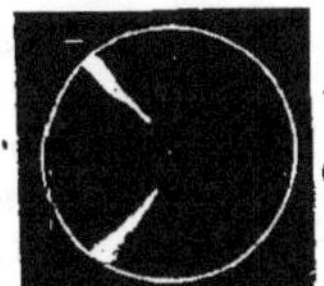

Figure 60.

Avec l'action progressive du séchage, il se produit des fentes d'autant moins profondes qu'elles seront plus larges à la circonférence (*fig.* 60 et 61).

Figure 61.

Le but de la dessiccation artificielle est d'obtenir rapidement et presque sans frais, au moyen d'une installation facile et applicable à toutes les industries, des bois séchés dans de meilleures conditions que par un empilage de plusieurs années.

En employant ce système de séchage artificiel, il devient inutile d'approvisionner pendant de longues années des bois que l'incendie ou les insectes peuvent détruire.

De plus, le bois ainsi séché diminuant notablement de poids, les frais de transport et de douane, qui représentent un chiffre assez considérable, se trouvent de beaucoup diminués.

Pour sécher les bois artificiellement, on emploie des étuves.

Ces étuves consistent essentiellement en un espace clos, en maçonnerie, muni d'un foyer spécial pour la production de la fumée et des gaz chauds qui l'accompagnent et qui complètent son action ; d'une disposition variable de supports et de conduits de circulation, qui font pénétrer la fumée et les gaz chauds dans toutes les parties des bois à dessécher ; de cheminées d'appel, à régulateurs et à carneaux d'évaporation, placées autour de l'espace clos, et dont le nombre et la position varient avec l'importance et les dimensions de l'étuve adoptée.

La dépense pour le chauffage des étuves n'est pas bien grande. On emploie de vieux morceaux de bois, de la sciure, des souches, etc.

145. Il est inutile de nous étendre davantage sur le séchage artificiel du bois. Il nous suffit de constater qu'il est préférable de le sécher avant de le transporter et de l'employer.

Quant à la construction de l'étuve, on devra s'adresser à un constructeur spécial qui fixera les dimensions à lui donner suivant l'importance de l'exploitation.

Ployage et Conservation des bois.

146. *Ployage.* Pour courber les bois, on emploie plusieurs procédés qui ont tous pour but l'attendrissement des bois par la chaleur.

En opérant ainsi, on se propose deux choses : 1° dessécher ces bois plus rapidement, 2° les attendrir pour leur faire prendre la courbure qui convient pour l'usage auquel on les destine.

Les tonneliers font dans leurs futailles un feu de copeaux qui attendrit les douves et, par ce moyen, ces douves deviennent assez souples pour se ployer et se rendre à la courbure nécessaire sans être exposées à se rompre. On peut ainsi, avec le secours du feu, redresser les bois courbés ou courber ceux qui sont droits.

Figure 62.

147. *Attendrissement des bois par l'action directe du feu.* — La première méthode employée consistait à poser la pièce AB (*fig.* 62) qu'on voulait courber, sur une barre de fer CD. L'extrémité B était maintenue par un morceau de fer K fixé en terre. L'autre extrémité A était chargée d'un poids P que l'on augmentait suivant l'épaisseur de la pièce de bois et l'amplitude de la courbure qu'elle devait prendre.

On allumait du feu sous le madrier en ayant soin de modérer la flamme pour ne pas brûler le bois à courber. Un homme devait arroser le dessus. Par ce procédé très simple, et en augmentant plus ou moins le poids P, on arrivait à faire prendre à la pièce de bois la courbure demandée.

148. *Attendrissement des bois par l'eau bouillante.* — Ce procédé consistait à mettre les bois à attendrir dans une grande cuve en cuivre dans laquelle on faisait bouillir de l'eau. Cette cuve devait être fermée par un couvercle.

Les bois employés au sortir de la cuve étaient très souples. Ils se prêtaient avec facilité à tous les contours qu'on voulait leur faire prendre, sans qu'il s'en détachât aucun éclat; mais ces bois, exposés au soleil, perdaient de leur poids. Ils prenaient un retrait considérable et la qualité paraissait très altérée. Cette façon d'opérer est défectueuse; il faut éviter de l'employer.

149. *Attendrissement des bois par la vapeur d'eau.* — Ce procédé doit être préféré aux précédents. Les bois, ne recevant aucune action directe du feu ou de l'eau, ne sont ni brûlés ni pénétrés par l'eau bouillante, qui dissout la substance gélatineuse et altère leurs qualités.

On se sert d'une chaudière à la suite de laquelle se trouve une grande caisse fermée.

Cette caisse contient les bois à attendrir et reçoit de la chaudière la vapeur nécessaire à cette opération.

Les bois retirés de la caisse s'attendrissent assez pour se prêter aux contours qu'on veut leur faire prendre.

On consomme peu de combustible et, aussitôt les pièces de bois introduites dans la caisse, un seul homme suffit pour entretenir la chaudière.

On a employé aussi pour le même but des étuves au sable humecté d'eau bouillante.

150. *Conservation des bois.* — Pour bien conserver les bois, il faut, autant que possible, les mettre dans un endroit sec, afin d'éviter la pourriture humide, qui consiste en une décomposition produite par la seule influence des agents atmosphériques.

La pourriture fait d'autant plus de progrès que les corps qui en sont susceptibles sont placés dans un lieu chaud et humide, parce que cette position est la plus favorable à la fermentation et, par conséquent, à la putréfaction.

151. Avant de mettre les bois en œuvre, il sera bon de prendre toutes les précautions nécessaires pour les préserver de l'humidité et de l'action destructive de l'acide carbonique en les couvrant d'une toiture étanche et en les isolant du sol. On peut ainsi laisser agir sur eux les variations de température, tout en les garantissant des courants d'air, de la pluie et du soleil.

Il a cependant été remarqué que les bois tenus au sec et exposés au grand air, comme sont les charpentes des maisons, sont dans une position très favorable pour leur conservation, lorsqu'on a soin d'entretenir les couvertures en bon état. Les bois qui sont toujours dans l'eau, ou renfermés dans la glaise ou le sable humide, ne pourrissent jamais, de quelque qualité qu'ils soient.

Pour les bois employés dans l'intérieur des constructions, et surtout pour ceux qu'il est impossible de visiter après leur emploi, il faudra adopter un mode spécial de conservation; car ces derniers, sous l'action de la chaleur, de l'acide carbonique et des alternatives de sécheresse et d'humidité, subissent un véritable dépérissement.

La première manière de conserver les bois, préalablement bien séchés et exempts d'aubier, est de les recouvrir d'une couche de goudron ou, de préférence, d'une couche de peinture à l'huile.

Pour les bois encore verts, il faut les laisser sécher sur place avant de donner la couche de peinture, afin d'éviter la pourriture sèche, qui se produirait très vite.

152. Les enduits dont on recouvre les bois produisent deux effets très différents : ils peuvent empêcher qu'ils ne soient pénétrés par la pluie, ou que l'humidité qui serait dans le bois ne s'en échappe.

La pluie pénètre le bois et l'altère peu à peu. Tôt ou tard, suivant sa bonne ou sa mauvaise qualité, il tombe en pourriture.

Il faut donc se servir d'enduits imperméables à l'eau.

153. Un procédé très simple pour conserver les pieux ou les poteaux consiste à en brûler le bout qui doit entrer en terre.

En opérant ainsi, qu'arrive-t-il? On consume une partie de l'aubier et on recouvre le bois d'une couche de charbon; mais la substance charbonneuse qui recouvre le bois, étant très hygrométrique, n'empêche pas l'action de l'humidité qui, en pénétrant dans la pièce, pourrit l'aubier. Ce qui agit dans ce cas comme agent conservateur, c'est la chaleur qui, en enlevant au bois une certaine quantité de l'humidité qu'il retient et en le débarrassant en partie de sa substance gélatineuse, le durcit.

Les pieux enfoncés en terre et préalablement brûlés peuvent pourrir très rapidement au niveau du sol. Pour prévenir ce dépérissement, il faudra brûler la partie des pieux qui doit être en terre jusqu'à 0ᵐ,30 au-dessus du terrain.

Certaines compagnies de chemins de fer, avant d'employer les bois, les carbonisent au gaz, procédé consistant à promener la pièce de bois sur un bec de gaz allumé. On brûle ainsi la surface sur un quart de millimètre d'épaisseur environ.

Le procédé de carbonisation partielle que nous venons d'indiquer ne suffit pas pour les grosses pièces. Le feu, ne pouvant pas exercer son action assez profondément, permet à la fermentation interne de se produire. Il faut donc, pour bien conserver les bois, pénétrer la masse tout entière afin que les germes de la fermentation ne puissent plus se développer.

Figure 63.

154. *Conservation des bois par le sulfate de cuivre.* — C'est le docteur Boucherie qui, le premier, a eu l'idée d'employer une dissolution de sulfate de cuivre pour la conservation des bois. Le premier procédé consiste à utiliser la force d'ascension de la sève, l'arbre étant sur pied, pour lui faire entraîner dans sa course ascendante une certaine quantité de cette dissolution. On fait dans l'arbre une saignée horizontale *ab* (*fig*. 63), puis on enveloppe cet arbre d'un morceau de cuir ou de toile imperméable qui servira de récipient.

Le sulfate de cuivre, versé dans cette poche, est entraîné par la sève et, au bout de deux mois, on le trouve dans les branches hautes. On peut alors abattre cet arbre et le débiter.

155. On peut également faire la même opération sur un arbre qui vient d'être abattu. La sève, continuant son mouvement pendant un certain temps, entraînera encore la dissolution de sulfate de cuivre.

Lorsque l'arbre est débité, ce procédé n'est plus possible. On se sert alors de grandes chaudières parfaitement étanches. Le bois placé dans ces chaudières, hermétiquement fermées, on fait le vide. Une grande partie de la sève sort du bois; on refoule alors du sulfate de cuivre en disso-lution, avec des pompes donnant une pression de sept à huit atmosphères. Sous l'influence de cette pression qui se produit à l'intérieur du bois, le sulfate de cuivre entre dans les pores et remplace la sève. Le tableau suivant donne les proportions du liquide absorbé et du sel de cuivre que l'on peut faire entrer dans le bois.

NATURE du bois.	Poids du mètre cube.	Poids du liquide absorbé par mètre cube de bois.	Poids du sulfate de cuivre solide fixé dans l'intérieur.
	kilos.	kilos.	kilos.
Hêtre.	747	430	8,6
Pin maritime.	5S9	461	9,2
Charme.	737	610	12,2
Peuplier.	589	690	12,4

Les matières injectantes employées pour conserver le bois ne pénètrent que ceux qui sont mous et spongieux et l'aubier des bois durs.

Pour détruire les germes de la putréfaction, on a employé avec succès l'acide phénique, le chlorure de zinc, l'acide sulfurique, etc... On fait aussi usage des sels de fer pour empêcher la pourriture et les vers.

§ VII. — CUBAGE DES BOIS.

156. *Cubage d'un arbre sur pied.* — Pour cuber un arbre sur pied, le procédé le plus simple est de faire monter un homme sur cet arbre jusqu'à une hauteur suffisante pour qu'il puisse prendre la circonférence de la partie haute. Il lancera ensuite une ficelle au bout de laquelle il aura attaché une pierre ou un objet lourd quelconque, de manière à constituer un fil à plomb. Cette ficelle descendue à terre donnera la hauteur de l'arbre. Pour avoir la circonférence, l'homme placé en haut choisira un endroit uni; il passera autour de l'arbre un ruban divisé et aura ainsi le développement cherché.

On mesure ensuite la circonférence du pied à $1^m,50$ ou 2 mètres au-dessus de terre, car c'est à cette hauteur que le tronc commence à perdre l'évasement donné par le voisinage des racines et à devenir régulier. Pour en trouver le cube, on prendra la moyenne des deux circonférences mesurées, et la longueur de la ficelle donnera la hauteur. Avec ces données, on opère comme suit : supposons, par exemple, que la circonférence en haut soit $0^m,98$, en bas $1^m,40$, et la longueur de la ficelle 14 mètres.

Quel est le cube de l'arbre ?

Prenons la moyenne des deux nombres donnant les circonférences. Nous aurons :

$$\frac{0^m,98 + 1^m,40}{2} = 1^m,19.$$

Nous connaissons le développement de la circonférence moyenne : 1^m,19, et la hauteur : 14 mètres.

Il faut donc trouver la surface de la section moyenne de l'arbre dont le développement de la circonférence est 1^m,19. Cette surface est donnée par πr^2; il faut trouver r.

La circonférence $2\pi r = 1^m,19$, d'où :

$$r = \frac{1,19}{2\pi} = \frac{1,19}{2 \times 3.1416} = 0^m,19.$$

La surface de la section considérée ayant 0^m,19 de rayon est donnée par

$$\pi r^2 = 3,1416 \times \overline{0,19}^2 = 3,1416 \times 0,0361 = 0^{m2},1134.$$

Le cube de l'arbre sera donc 0,1134 $\times$ 14 mètres $= 1^{m3},60$ environ.

Moyen de trouver la hauteur et, par suite, le cube d'un arbre en se servant du dendromètre.

157. Le dendromètre est un instrument qui sert à trouver la hauteur d'un arbre, cet arbre étant encore sur pied.

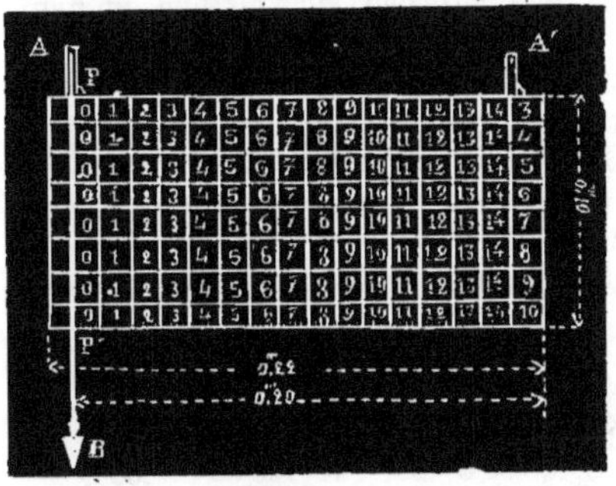

Figure 64.

Le plus simple consiste dans une planchette ayant 0^m,10 de largeur, 0^m,22 de longueur et 0^n,01 d'épaisseur (fig 64).

A l'un des angles, en A, fixé à la pinnule P, se trouve un fil à plomb AB qui, suivant l'inclinaison donnée à la ligne visuelle, s'écartera de la ligne PP′ et marquera un point sur l'arête inférieure, qui est divisée en centimètres et millimètres.

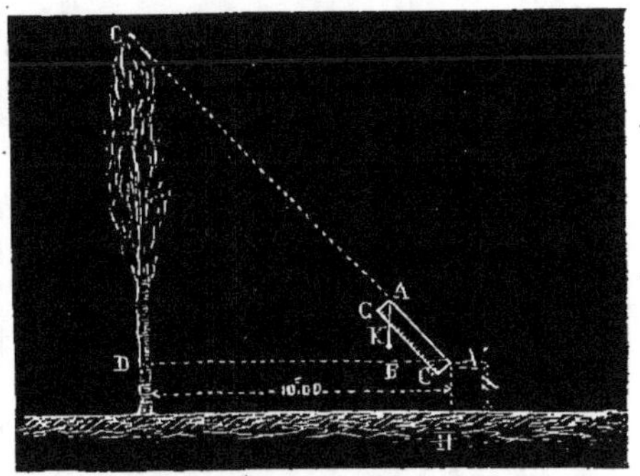

Figure 65.

158. Pour se servir de cet instrument, on opère de la manière suivante :

L'appareil est placé à une certaine distance du pied de l'arbre, à 10 mètres, par exemple. Il s'agit de déterminer la hauteur de l'arbre CD (*fig.* 65). L'opérateur étant en H, à 10 mètres du pied de l'arbre, vise le haut de cet arbre avec la planchette et suivant la direction A′A. Le fil à plomb AB prend la direction verticale et coupe en K l'arête inférieure de la planchette. En considérant les deux triangles A′DC et AcK, nous remarquons que ces triangles sont semblables. De plus, ils ont A′D = 10 mètres et Ac = 0^m,10. Donc A′D = 100 Ac. Par suite, CD = 100 cK. Ce qui revient à dire que l'arbre aura autant de mètres en hauteur que la verticale AK marquera de centimètres sur l'arête inférieure de la planchette. De plus, il faudra ajouter au nombre trouvé la hauteur h = A′H, dont il n'a pas été tenu compte.

159. Si l'arbre est incliné, ce qui arrive assez souvent, comme le dendromètre ne donne que la projection verticale, laquelle est alors plus courte que le tronc, on corrige le résultat en multipliant par le rapport de AK à cK.

En effet, les deux triangles AKc et A'CD, étant semblables, donnent les relations :

$$\frac{CA'}{CD} = \frac{AK}{cK}. \text{ D'où : } CA' = CD \times \frac{AK}{cK}$$

On fait alors coïncider la direction du dendromètre avec celle de l'arbre.

160. La hauteur de l'arbre étant déterminée, il suffira de connaître la circonférence moyenne et, par le petit calcul indiqué précédemment, on en trouvera facilement le cube.

La circonférence au pied est facile à mesurer. Pour la circonférence au sommet, on peut la déterminer à peu près exactement en cherchant de combien le diamètre diminue à mesure qu'on s'élève d'un mètre. On aura ainsi assez exactement le diamètre en haut sans avoir besoin de monter jusqu'au faîte de l'arbre. Le diamètre étant mesuré à 2 mètres de terre, si l'on veut négliger l'épaisseur de l'écorce, il suffira de retrancher $0^m,04$; avec un peu d'habitude, en examinant un arbre au pied et prenant le diamètre à la base, on en déduit sans beaucoup d'erreur le diamètre probable à la partie haute.

Ces méthodes sont toutes approximatives

Cubage des bois de charpente. Bois en grume.

161. Le but du cubage des bois de charpente est de déterminer le volume utilisable d'une pièce de bois en tenant compte, autant que possible, du déchet donné par l'écorce, par l'aubier, par les irrégularités, par les flaches, etc...

Soit à trouver le volume d'une bille de bois en grume. Si cette bille est droite et assez régulière, on pourra, en la décomposant en tronçons de 1 mètre de longueur, par exemple, et prenant successivement le diamètre moyen de chaque division ainsi formée, trouver facilement le cube total en additionnant les cubes partiels de chaque tronçon considéré. Mais cette méthode ne tient pas compte de l'écorce et de l'aubier, parties non utilisées dans les bois de charpente.

Pour avoir approximativement le volume du bois parfait et afin de tenir compte du déchet donné par ces deux matières, on emploie les méthodes suivantes :

162. 1° *Méthode au 1/4 de circonférence sans réduction.* — Supposons une bille de bois en grume ayant 3 mètres comme développement de circonférence moyenne. On divise ce nombre par 4, ce qui donne :

$$\frac{3^m,00}{4} = 0^m,75,$$

et l'on considère ces $0^m,75$ comme étant le côté du carré de section moyenne.

Si l'arbre à 10 mètres de hauteur, le cube sera donné par

$$0^m,75 \times 0,75 \times 10^m,00 = 5^{m3}\,621.$$

Le nombre $5^{m3},621$ est le volume brut de la pièce supposée équarrie.

163. 2° *Méthode au 1/5 déduit.* — Prenons les mêmes données : 3 mètres de circonférence moyenne et 10 mètres de hauteur. Pour cette deuxième méthode, au lieu de diviser par 4, on enlève le 1/5 en divisant par 5 le nombre exprimant la circonférence moyenne, et l'on divise par 4 les 4/5 restants, ce qui revient à prendre le 1/5 de la circonférence moyenne et à considérer ce 1/5 comme le côté du carré de la section moyenne de l'arbre, ce qui donne :

$$\frac{3^m,00 - 0^m,60}{4} = 0^m,60,$$

et pour le cube :

$$0^m,60 \times 0^m,60 \times 10^m,00 = 3^{m3},600.$$

Il y a une différence assez sensible entre cette méthode et la précédente.

164. 3° *Méthode au 1/6 déduit.* — Dans ce cas, en prenant toujours les mêmes données, on doit prendre le 1/6 du nombre exprimant la circonférence moyenne, ce qui donne 0ᵐ,50, le retrancher de 3 mètres, et diviser le reste par 4. Le nombre ainsi obtenu est considéré comme le côté du carré de la section moyenne :

$$\frac{3^m,00 - 0,50}{4} = 0^m,625,$$

et pour le cube :

$$0^m,625 \times 0^m,625 \times 10^m,00 = 3^{m3},906.$$

165. 4° *Méthode au 1/12 déduit.* — On retranche également le 1/12 de la circonférence moyenne. On prend le 1/4 du reste et, multipliant ce quart par lui-même, puis par la longueur de la bille, on obtient le volume au 1/12 déduit, lequel doit représenter sensiblement le volume de la pièce équarrie, sans aubier, que l'on peut tirer de la bille considérée.

166. Ces méthodes donnent évidemment des approximations qui peuvent être suffisantes pour le cubage des bois en grume.

La méthode à préférer parmi celles que nous venons d'indiquer est la méthode au 1/6 déduit. Elle tient un compte plus exact de l'épaisseur de l'écorce et de la couche d'aubier.

Cubage des bois équarris.

167. Le cubage des bois équarris est beaucoup plus délicat. L'équarrissage n'est pas toujours à vives arêtes. Il y a, de plus, des vices et des défauts. Si la pièce est destinée à servir de poutre ou de toute autre pièce de construction, on peut ne pas attacher une bien grande importance aux flaches, encoches et inégalités des dimensions des faces.

Le cube commercial sera le cube résultant de ses plus grandes dimensions.

A Paris, on livre les bois par équarrissages multiples de 0ᵐ,03 et par longueurs multiples de 0ᵐ,25. Ce mode de cubage est appelé cubage par 0,03 et 0,25 pleins. Tout ce qui excède les plus grands multiples de 0ᵐ,03 sur l'équarrissage et de 0ᵐ,25 sur la longueur n'est pas compté dans le calcul du cube.

168. Une autre méthode, qui est employée en province, est la méthode à la ficelle. Elle consiste à mesurer le diamètre et à prendre pour équarrissage de la pièce le multiple de 0ᵐ,03 ou de 0ᵐ,02 immédiatement inférieur au 1/4 de ce contour.

Pour les pièces équarries, destinées à être débitées, on fera bien, afin d'éviter les contestations nombreuses qui peuvent résulter d'un cubage assez difficile à faire, de les demander sciées et de les payer comme telles.

§ VIII. — CLASSIFICATION DES BOIS EMPLOYÉS DANS LE COMMERCE.

169. Dans le commerce, les bois prennent les dénominations suivantes :

1° bois en grume, 2° bois équarris, 3° bois de fente, 4° bois de sciage.

170. 1° Les bois en grume sont ceux qui conservent leur écorce et qui, après l'abatage, sont vendus tels quels.

171. 2° Les bois équarris sont dépourvus de leur écorce et d'une partie de leur aubier.

Pour équarrir les bois, on emploie la scie ou la cognée. L'équarrissage à la scie coûte plus cher et demande plus de temps que le travail à la cognée. Celui-ci consiste simplement à faire des entailles, de distance en distance, pour limiter les parties à enlever, puis il suffit de donner quelques coups de cognée dans le sens des fibres pour enlever la matière comprise entre deux entailles consécutives.

Les bois destinés à la charpente sortent, en général, des forêts avec un équarrissage de ce genre qui laisse paraître l'aubier sur chaque arête. On enlève ainsi au bois la partie inutilisable, et l'aubier qui reste préserve la bille de bois contre les détériorations qu'elle peut subir pendant son transport. Ces pièces peuvent être employées directement, en ayant soin, toutefois, d'enlever le reste de l'aubier, ce qui produit des *flaches*.

On équarrit en général à 8 pans, sur 5 mètres de longueur, le pied des gros bois. Parfois, on les équarrit à 4 faces sur toute leur longueur.

172. Les bois de fente se préparent en forêt avec les chênes rouvres; assez rarement avec les chênes pédonculés, les sapins, les châtaigniers et les hêtres.

Le principal produit de ce travail est le *merrain*, employé en grande quantité pour la fabrication des tonneaux.

Les bois de fente fournissent les lattes, les douves de tonneaux, les échalas, les rais pour roues de voitures, etc.

173. 4° Les bois de sciage sont les plus employés dans l'industrie.

Ce sont des bois équarris sciés.

174. *Tableau des dimensions des bois équarris et sciés du commerce.*

	DÉSIGNATION.	ÉPAISSEUR.	LARGEUR.	LONGUEUR.
		m.	m.	
	Battants..	0,108	0,33	3 mètres et au-dessus.
	Petits battants.	0,075	0,23	»
	Gros battants.	0,110	0,32	»
	Membrures.	0,081	0,16	2 à 4 mètres.
	Chevrons.	0,081	0,081	2 à 3 —
Chêne	Doublettes.	0,055	0,33	2 à 4 —
	Echantillons.	0,035	0,24	»
	Entrevous.	0,027	0,24	»
	Feuillet.	0,022	0,24	»
	Id.	0,013	0,24	»
	Panneau.	0,216 à 0,243	0,020 à 0,022	»
	Volige.	0,216 à 0,243	0,013 à 0,015	»
	Madriers (blancs et rouges)..	0,08	0,22	De toutes longueurs, variant de 33 en 33 centimètres à partir de 2 mètres,
	Poutres.	0,30	0,40	
	Id.	0,24	0,30	
	Poutrelles..	0,14	0,20	
	Feuillet dit 5 traits.	0,010	0,22	
Sapin	— 4 —	0,014	»	»
du	— 3 —	0,018	»	»
Nord.	Planche dite 2 —	0 027	»	»
	— 1 —	0,034	»	»
	— 1 —	0,041	»	»
	— 1 —	0,054	»	»
	Chevron 2 traits bas.	0,08	0,08	»
	Planches 5/4.	0,034	0,22	»
	Basting.	0,065	0,17	»

ÉQUARRISSAGE.

	DÉSIGNATION.	ÉQUARRISSAGE.	LONGUEUR.
	Planches..	0,027 / 0,31 à 0,32	3ᵐ,63 à 3ᵐ,96.
	Id.	0,03 / 0,31 à 0,39	Id.
	Madriers..	0,054 / 0,31 à 0,32	Id.
	Feuillet.	0,013 × 0,32	Id.

174 *bis.* Les entrevous sont destinés à l'établissement des planchers et des toitures.

175. Les échantillons, doublettes, membrures, planches et battants sont employés en menuiserie.

176. Les panneaux, voliges et feuillets sont utilisés en menuiserie et en ébénisterie. Ils seront, autant que possible, débités sur maille avec des bois de chêne exempts de nœuds, de fentes et présentant un beau grain.

Bois de charpente.

177. Les dimensions des bois de charpente n'ont rien de régulier. Ces bois, sans destination spéciale, sont en général débités à la longueur et aux équarrissages que les arbres permettent d'obtenir. Cependant, à Paris, on désigne les bois de charpente comme suit :

Chêne ordinaire, pièces de bois variant de 0^m,10 à 0^m,30 d'équarrissage; longueur 2 à 10 mètres.

Petit arrimage, pièces de bois variant de 0^m,31 à 0^m,40 d'équarrissage; longueur 4 à 12 mètres.

Gros arrimage, pièces de bois variant de 0^m,41 à 0^m,60 d'équarrissage; longueur 4 à 12 mètres.

§ IX. — DENSITÉ DES BOIS.

178. Plusieurs moyens ont été employés pour trouver la pesanteur spécifique d'une essence de bois; mais les résultats sont toujours approximatifs.

179. D'après les expériences de M. Marcus Bull, il existe le plus ordinairement, dans un stère de bois cordé, 56 p. 100 de plein et 44 p. 100 de vide. Le bois de coupe retenant encore environ 25 p. 100 d'eau, il faudra prendre les 3/4 des nombres obtenus pour avoir le poids du bois parfaitement sec.

180. A l'aide de ces données, il nous sera facile, en consultant le tableau ci-dessous, de trouver le poids du stère des différents bois séchés à l'air.

Exemple : Quel est le poids d'un stère de bois cordé (chêne de Lorraine sec)? Le tableau ci-dessous nous donne 643 kilogrammes comme poids du mètre cube. Comme il n'y a que 56 p. 100 de plein, ce nombre 643 se réduit à 360 kilogrammes pour le poids du stère de bois de coupe.

Pour avoir le poids du même stère parfaitement sec, il faut prendre les 3/4 de ce nombre, ce qui donne 270 kilogrammes.

181. *Poids du mètre cube des principales essences de bois (le poids du mètre cube d'eau à + 4° étant 1000 kilos).*

DÉSIGNATION DES BOIS.	POIDS du mètre cube.	DÉSIGNATION DES BOIS.	POIDS du mètre cube.
	kil.		kil.
Acajou.	560 à 910	Cèdre des Indes.	1314
Acacia.	785 à 800	— du Liban.	600
Aune.	510 à 800	Cyprès.	598
Alisier.	875		
		Erable.	557 à 643
Bouleau.	700	Ebène.	1120 à 1210
Buis de France.	900	Ecorce de liège.	240
— de Hollande.	1320		
		Frêne.	670 à 840
Chêne ordinaire. { vert.	930 à 1170		
{ sec.	643 à 914	Grenadier.	1350
— de Provence.. { vert.	1220	Gaïac.	1328 à 1342
{ sec.	1015		
— de Champagne { vert.	988	Hêtre.	714 à 885
{ sec.	643		
— de Lorraine. . { vert.	930	If.	800
{ sec.	643	If de Hollande.	771
Châtaignier.	685	If d'Espagne.	814
Charme.	757		
Cormier.	900	Marronnier d'Inde.	657
Cornouiller.	761	Merisier.	714 à 857

DÉSIGNATION DES BOIS.	POIDS du mètre cube.	DÉSIGNATION DES BOIS.	POIDS du mètre cube.
	kil.		kil.
Mélèze	657	Peuplier d'Italie	393
		— de Hollande	528 à 614
Noyer	600 à 920	Pin du Nord	814 à 828
		— rouge	650
Orme	743 à 942	— fraîchement coupé	910
Oranger	700		
Olivier	680	Sapin	460 à 671
		— jaune	671
Prunier	870	— fraîchement coupé	890
Platane	650	Sassafras	482
Poirier	657 à 730		
Pommier	730 à 800	Tremble	538
Peuplier blanc	529	Tilleul	600
— ordinaire	383	Thuya	557 à 571

§ X. — RÉSISTANCE DES BOIS

Notions préliminaires.

182. Les bois résistent beaucoup plus à la compression qu'à la traction. Dans le sens des fibres, la compression est plus forte. Si nous prenons comme exemple un poteau reposant sur une pièce de bois placée horizontalement, ce poteau s'incrustera dans cette pièce. On est obligé, pour éviter cette pénétration, d'interposer une semelle métallique pour répartir la pression sur une plus grande surface.

183. Dans les constructions, on emploie de préférence le bois de chêne et le bois de sapin. Le chêne convient principalement pour résister à la flexion, et le sapin est d'un bon emploi pour poteaux et arbalétriers. Toutefois, dans les constructions provisoires de peu d'importance, on peut employer le bois de peuplier.

184. Pour une pièce de bois qui travaille à la traction, les nœuds ne donnent pas de résistance supplémentaire. Il faut faire en sorte qu'ils soient placés dans la direction des fibres qui se compriment.

185. Dans les limites où l'on charge le chêne, le coefficient est le même pour la traction et la compression.

Le chêne supporte à la traction un effort de 6 à 8 kilogrammes par millimètre carré, tandis qu'il ne supporte que 4 à 5 kilogrammes à la compression.

En général, on ne doit pas faire supporter à une pièce de bois plus du sixième ou du huitième de la charge de rupture.

186. Pour un bois rond, la pièce équarrie qui offre le maximum de résistance doit avoir comme section le rectangle, construit de la manière suivante :

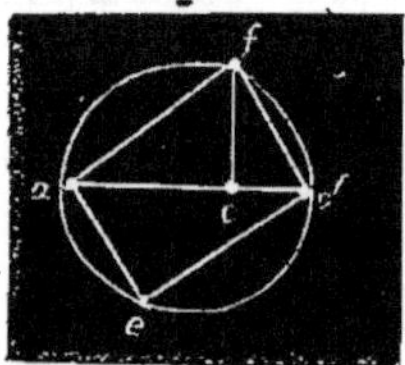

Figure 66.

On prend le tiers du diamètre *ad* en *c* par exemple (*fig.* 66). On élève en ce point une perpendiculaire *cf* sur *ad*. On joint *fa* et *fd*, puis, par le point *d*, on mène une parallèle à *fa*, ce qui donne le point *e*; on joint *ea*; on a ainsi le rectangle cherché.

187. *Tableau des coefficients d'élasticité, des charges de rupture et de sécurité des bois de chêne, sapin et peuplier.*

CHARGE PAR MILLIMÈTRE CARRÉ.	CHÊNE		SAPIN		PEUPLIER	
	Extension.	Compression.	Extension.	Compression.	Extension.	Compression.
A. Produisant la rupture..	8	4,5	4	4	1,25	2
B. Limite d'élasticité.	2	»	2	»	1	»
C. Limite supérieure de sécurité. . . .	0,8	0,45	0,4	0,4	0,125	0,2
Rapport $\frac{C}{A}$	0,10	0,10	0,10	0,10	0,10	0,10
Rapport $\frac{C}{B}$	0,40	»	0,20	»	0,125	»
Coefficient d'élasticité..	$12,10^9$	$12,10^9$	$1,10^9$	$1,10^9$	$0,5.10^9$	$0,5.10^9$
Valeur de 1 correspondant à C.	0,00066	0,00040	0,00040	0,00040	0,00065	0,00040

188. *Limite d'élasticité.* — Au delà d'une certaine limite de tension, les allongements permanents, jusque-là presque insensibles, croissent rapidement, et l'on dit que la tension sous laquelle ces allongements permanents commencent à se manifester d'une manière sensible exprime la limite d'élasticité de la matière et, pour un certain nombre de substances, on a déterminé ces chiffres dits de limite d'élasticité.

Aussi, dans les constructions, pour ne point altérer la forme des matériaux, on ne charge pas jusqu'à la limite d'élasticité, mais seulement environ jusqu'à moitié de cette limite.

Les matériaux pour lesquels la limite d'élasticité a pu être déterminée ne devront pas supporter plus de la moitié de la charge correspondant à cette limite. Ceux pour lesquels on n'a pu déterminer que le nombre correspondant à la rupture seront chargés d'une fraction de ce poids égale au plus au 1/5 de la charge de rupture.

189. *Coefficient d'élasticité.* — Pour tous les matériaux, il est à peu près le même à la traction et à la compression, surtout dans les limites où ils sont chargés ordinairement.

Les déformations par unité de longueur sont en raison inverse des coefficients d'élasticité.

Or, le coefficient d'élasticité du sapin est 1×10^9,

Celui du peuplier est égal à $0,5 \times 10^9$.

Donc, à charges égales, une pièce de bois de peuplier se déforme deux fois plus qu'une pièce de bois de sapin.

190. Dans la pratique, il faut considérer que la résistance du bois ne peut que s'amoindrir par suite de l'altération inévitable de la matière et que, d'ailleurs, pour que la solidité soit assurée, il faut que l'effort soit supporté sans aucune fatigue.

191. Ces quelques principes posés, nous nous occuperons :

1° De la résistance des bois à la flexion ;

2° de la résistance des bois à la compression.

1° Résistance à la flexion.

192. La flexion est, de toutes les déformations que peut subir une pièce de bois chargée, celle qui donne lieu aux phénomènes les plus apparents. Dans les constructions, par exemple, les poutres des planchers et des combles montrent immédiatement, par les flèches qu'elles prennent sous l'action de leurs charges, que certaines réactions moléculaires sont mises en jeu pour y résister, et cette déformation est d'autant plus visible que l'on cherche davantage à économiser la matière dans toutes les pièces transversales de ce genre. Depuis longtemps, en effet, des règles empiriques ont fixé leurs dimensions minimum pour presque tous les cas de la pratique.

On a essayé plusieurs fois de faire la théorie des phénomènes de la flexion.

Les premières règles que l'on connaisse sont dues à Galilée, à Mariotte et à Leibnitz. Elles reposaient sur cette hypothèse que les fibres allaient en s'allongeant de la face concave qui ne subissait elle-même aucune modification dans sa longueur.

193. L'expérience suivante, faite par Duhamel Dumonceau, prouve suffisamment que cette hypothèse était fausse.

Figure 67.

Il prit une pièce de bois de saule de 0^m,935 de longueur (*fig.* 67), la plaça sur deux appuis par ses extrémités, puis en mesura les flèches pour diverses charges et même pour les charges voisines de celles qui produisent la rupture. Il fit ensuite dans cette pièce des entailles au tiers, à la moitié, aux trois quarts de son épaisseur, à partir de la face supérieure.

Il remplaça par des planchettes en bois de chêne très dur la matière enlevée par le trait de scie, et recommença les mêmes déterminations.

Si les fibres s'allongeaient à partir de la face concave, la matière enlevée par la scie eût augmenté la flexibilité de la pièce et diminué sa résistance à la rupture. Il n'en a rien été, car la flexibilité n'avait pas même augmenté sensiblement quand on étendait le trait de scie aux trois quarts de la pièce.

En supprimant les cales en bois dur, on vit les bords de la fente se rapprocher et la courbure augmenter d'une façon notable.

On pouvait donc déjà conclure de ces expériences qu'une véritable compression se réalisait du côté de la face concave de la pièce. En effet, de ce côté, les fibres de cette pièce soumise à l'expérience s'incrustèrent dans la planchette de bois dur.

Dans une première expérience, la charge a été pour la rupture de 275 kilos, l'entaille étant faite au tiers de la hauteur, et une pièce identique non entaillée avait supporté 262 kilos jusqu'à rupture.

En entaillant une autre pièce sur la moitié de sa hauteur, il a trouvé 271 kilos, et en poussant cette entaille jusqu'aux trois quarts, ce nombre s'est réduit à 265 kilos.

Si l'entaille est faite au-dessous, le bois cédera plus facilement.

D'autres expériences ont été faites par MM. Dupin et Dulcan.

M. le baron Ch. Dupin, pour confirmer ce fait, prit une pièce de bois sur laquelle il avait tracé des lignes verticales et la plaça sur deux appuis distants de 2 mètres (*fig.* 68).

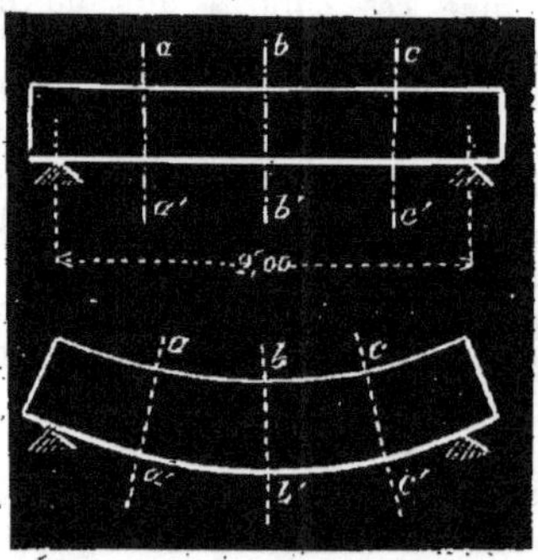

Figure 68.

En la courbant à l'aide d'un poids appliqué en son milieu, il vit que les lignes restaient normales aux faces, et il en conclut, en se reportant aux expériences précédentes faites par Duhamel, que si la face supérieure se contracte, la face inférieure, au contraire, s'allonge dans une certaine proportion dans la partie convexe.

M. Dulcan a mesuré ces nouvelles longueurs ab, bc, $a'b'$, $b'c'$, et il a vu que l'allongement de la partie convexe était égal au raccourcissement de la face concave. Il devait donc exister, dans la pièce soumise à l'expérience, certaines lignes longitudinales formant une suite de files de molécules dont la longueur n'avait pas changé.

Il existe, en effet, des lignes pour lesquelles il n'y a ni allongement ni raccourcissement. Elles forment une couche de fibres comprises entre la couche concave et la couche convexe, et elle a été nommée couche des fibres neutres.

D'autres expériences ont été faites par MM. Dupin et Richard, mais nous croyons inutile de les énumérer ici, les précédentes étant suffisamment concluantes.

Calcul d'une pièce de bois soumise à la flexion.

194. *Remarques.* — Pour les planchers en bois, il est bon, en pratique, de donner aux solives une hauteur comprise entre deux et trois fois la largeur, $h = 3l$ (*fig.* 69).

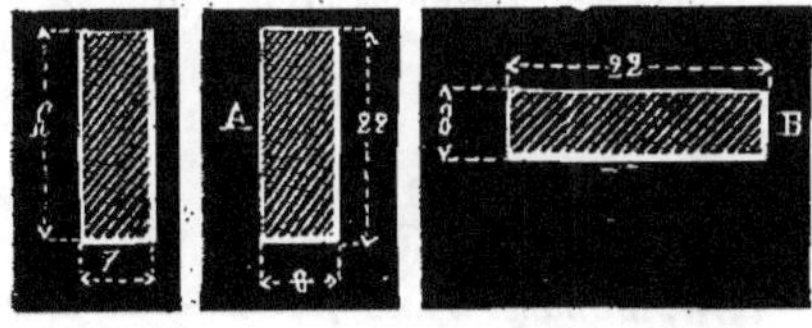

Fig. 69.   Fig. 70.   Fig. 71.

On diminue le cube en augmentant la hauteur, mais la solive est exposée à se voiler si elle n'est pas maintenue latéralement par la maçonnerie.

Le bois de chêne peut-être, sans inconvénients, enfermé dans la maçonnerie. Il n'en est pas de même du sapin. Quand on construit avec ce bois, il faut prendre les dispositions nécessaires pour qu'il puisse être aéré et jamais enfermé dans la maçonnerie.

195. *Encastrement.* — Pour qu'une barre soit encastrée dans un mur il faut que l'extrémité qui y pénètre y soit maintenue de manière à n'éprouver aucun mouvement, quelle que soit la charge qu'on applique sur l'autre partie de la barre.

On obtient difficilement l'encastrement complet dans les constructions de bâtiments.

196. *Encastrement partiel. — Solives.* — Dans la construction des planchers, la longueur de pénétration, variant de $0^m,30$ a $0^m,50$, ne suffit pas pour assurer complètement l'encastrement. Il faut donc, en général, considérer les barres comme si elles étaient posées librement sur deux points d'appui.

Cependant, si dans les constructions bien faites, et surtout bien surveillées, les poutres sont placées avec soin et si elles sont bien scellées dans la maçonnerie, on peut considérer l'encastrement comme partiel et, dans ce cas, on peut admettre qu'on augmente la résistance des poutres d'environ un tiers.

Pour les planchers ordinaires des maisons d'habitation à Paris, on admet généralement, dans les calculs, le poids de 280 à 300 kilos par mètre carré y compris la surcharge de 70 à 80 kilos pour personnes et meubles.

Comment faut-il placer une pièce de bois, travaillant à la flexion, pour en obtenir le maximum de résistance?

197. Supposons trois pièces de bois A, B, C (*fig.* 70, 71, 72), ayant même longueur, 4 mètres par exemple; même section et, par conséquent, même volume. Ces trois pièces peuvent, dans une construction, prendre les positions indiquées par les figures 70, 71 et 72. D'après les calculs de résistance faits pour ces trois pièces on a trouvé :

Pièce (A) posée de champ, et ayant 4 mètres de longueur, pourra porter une charge uniformément répartie de 620 kilos.

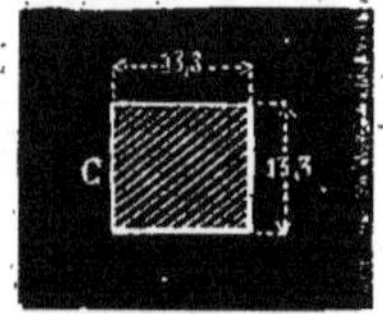

Figure 72.

Pièce (B) posée à plat ne porte plus que 189 kilos.

Pièce (C) posée sur l'un des côtés du carré portera 320 kilos.

Ce qui précède nous montre que, pour trois pièces de bois ayant même longueur, même section et même cube, la plus grande résistance est obtenue par la pièce A placée de champ.

Par conséquent, dans une construction, quand nous aurons le choix et l'emplacement nécessaire pour mettre de champ les pièces soumises à la flexion, nous en obtiendrons le maximum de résistance.

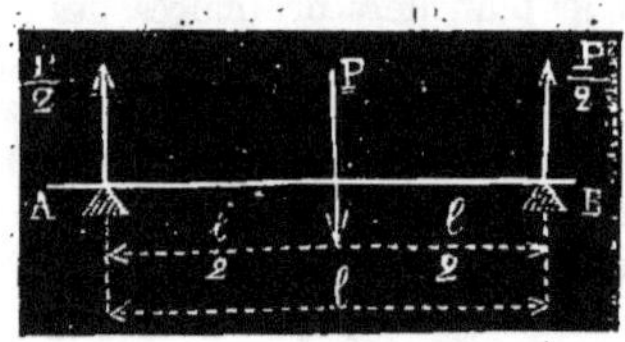

Figure 73.

Ces remarques indispensables étant faites, revenons au calcul d'une solive en bois soumise à la flexion.

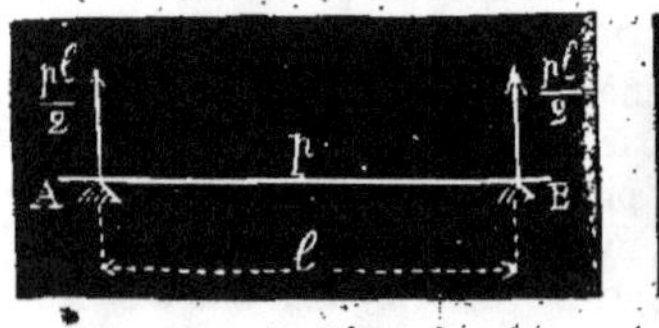

Figure 74.   Fig. 75.

Supposons une pièce de bois AB (*fig.* 73) faisant partie d'un plancher et chargée :

1° D'un poids P au milieu de sa longueur, que nous désignerons par l ;

2° Ou d'un poids p (*fig.* 74), uniformément réparti par mètre de longueur de poutre.

198. La formule relative à la flexion est la suivante :

$$(1) \qquad \mu = \frac{1}{8}\, p l^2 = \frac{RI}{v}.$$

Dans cette formule, μ est le moment fléchissant ; p, un poids uniformément réparti par unité de longueur ; l, longueur de la pièce, entre les supports ; $\frac{RI}{v}$, la somme des moments des forces moléculaires développées dans la section du milieu de la poutre.

De la formule (1) on tire :

$$\mu = \frac{RI}{v};$$

$$\text{D'où (2)} \quad R = \frac{v\mu}{I}$$

$$\text{Et (3)} \quad \frac{I}{v} = \frac{\mu}{R}.$$

Nous aurons donc par la suite à faire usage des trois formules (1) (2) (3).

Explication de la formule (1)

$$\mu = \frac{1}{8}\, p l^2.$$

199. *Moment d'une force.* — Le moment d'une force est le produit de cette force par son bras de levier.

Soit une poutre posée sur deux appuis A et B (*fig.* 73) et chargée en son milieu d'un poids P. Chacun des appuis portera la moitié du poids P et exercera sur la poutre, de bas en haut, une pression verticale égale à $\frac{P}{2}$. Les forces qui sollicitent la poutre sont donc dans ce cas :

1° La force P ;

2° Les deux réactions des appuis, égales chacune à $\frac{P}{2}$.

Soit encore une poutre posée sur deux appuis A et B (*fig.* 74) et chargée d'un poids uniformément réparti p par mètre de longueur. Le poids total uniformément réparti sur la longueur l est $p \times l$, et chacun des points d'appui portera $\dfrac{pl}{2}$ et exercera, par suite, sur la poutre, une pression verticale de bas en haut égale à $\dfrac{pl}{2}$.

200. *Moment fléchissant.* — Le moment fléchissant en un point est égal au produit de la hauteur de la poutre par la force de tension ou de compression des fibres extrêmes.

On appelle *moment fléchissant* μ, en un point d'une poutre, la somme algébrique des produits qu'on obtient en considérant toutes les forces qui agissent sur la pièce depuis le point considéré jusqu'à l'une des extrémités de la poutre et en multipliant chacune de ces forces par son bras de levier par rapport au point en question.

Dans le premier cas (*fig.* 73) le moment fléchissant est, par rapport au milieu de la poutre :

$$\mu = \frac{Pl}{4}.$$

Dans le second cas (*fig.* 74), le moment fléchissant est, par rapport au milieu de la poutre :

$$\mu = \frac{pl}{2} \times \frac{l}{2} - \frac{pl}{2} \times \frac{l}{4} = \frac{pl^2}{8}.$$

201. Dans ces deux cas, le point milieu de la poutre est celui où le moment fléchissant est maximum, et cela arrive nécessairement toutes les fois que les forces sont symétriques par rapport à l'axe de la pièce. Dans les cas où les forces ne seraient pas symétriques, on diviserait la poutre en un certain nombre de parties égales. On chercherait ensuite le moment fléchissant en chacun des points de division, et on prendrait le plus grand.

202. Il nous reste les deux formules

$$(2) \quad R = \frac{v\mu}{I},$$

$$(3) \quad \frac{I}{v} = \frac{\mu}{R}.$$

Le moment fléchissant μ est donné par la formule (1). R est un coefficient de résistance. Ce coefficient peut atteindre, pour les bois, $0^{kg},600$ par millimètre carré ; mais, comme ces derniers sont susceptibles de cacher des défauts qui peuvent diminuer leur résistance, il sera bon de prendre, pour R, une valeur comprise entre $0^{kg},2$ et $0^{kg},4$ par millimètre carré. Cependant, pour les bois de chêne et de sapin de bonne qualité employés dans les constructions, R peut varier de $0^{kg},4$ à $0^{kg},6$ par millimètre carré.

I est un moment d'inertie. Pour une pièce de bois de forme rectangulaire (*fig.* 75) dont la hauteur est b et la largeur c, le moment d'inertie est exprimé par la formule $I = \dfrac{1}{12} bc^3$.

Le rapport $\dfrac{I}{v}$ qui est donné dans le tableau de résistance des bois ci-après, est le rapport du moment d'inertie I à la distance v de la fibre la plus allongée ou la plus raccourcie à la ligne des fibres invariables.

Dans le cas de la pièce (*fig.* 75), cette pièce étant symétrique par rapport à un axe horizontal,

$$v = \frac{b}{2}.$$

Exemple de calcul d'une solive en bois chargée d'un poids p uniformément réparti par mètre de longueur de solive.

203. Supposons une solive en bois (chêne ou sapin), chargée d'un poids de 380 kilogrammes par mètre de longueur, posée sur deux appuis A et B distants entre eux d'une longueur de 4 mètres (*fig.* 76).

La formule (1) donne :

$$\mu = \frac{p l^2}{8}.$$

dans laquelle $p = 380$, $l = 4$ métres.

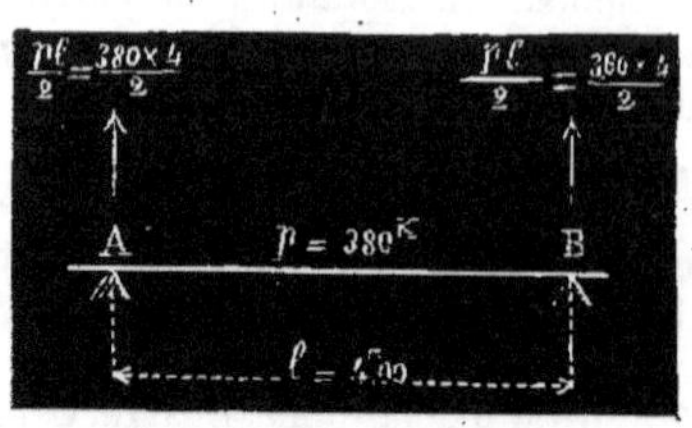

Figure 76.

En remplaçant, nous avons :

$$\mu = \frac{380 \times 4^{m}\overline{00}^2}{8} = \frac{6080}{8} = 760.$$

Les autres formules sont :

$$R = \frac{v\mu}{I}, \qquad (2)$$

$$\text{ou} \quad \frac{I}{v} = \frac{\mu}{R}. \qquad (3)$$

Remplaçons dans la formule (3) μ par la valeur trouvée $\mu = 760$ et R, en supposant $R = 0^{kg}.6$ par millimètre carré ou $R = 0^{kg},6 \times 10^6$ par mètre carré, nous aurons

$$\frac{I}{v} = \frac{760}{0^k,6 \times 10^6} = 0,001267. \qquad (3)$$

Cette valeur de $\frac{I}{v}$ étant obtenue, il nous reste à déterminer l'équarrissage de la pièce : hauteur et largeur. Donnons-nous, par exemple, la hauteur, soit $0^m,28$, et proposons-nous de déterminer la largeur. Pour cela, nous cherchons dans le tableau ci-dessous la valeur de $\frac{I}{v}$ correspondant à 28 centimètres et nous trouvons :

$$\frac{I}{v} = 0,000130$$

C'est la valeur de $\frac{I}{v}$ pour une poutre de $0^m,28$ de hauteur et de $0^m,01$ de largeur. Donc, en divisant le $\frac{I}{v}$ trouvé en (3) par le $\frac{I}{v}$ ci-dessus, nous aurons la largeur cherchée :

$$\frac{0,001267}{0,000130} = 0^m,10 \text{ environ}$$

La solive cherchée aura donc $\frac{0^m,28}{0^m,10}.$

NOTA : Si les dimensions trouvées ne correspondent pas exactement aux dimensions adoptées dans le commerce, on prendra l'échantillon qui s'en rapproche le plus, mais par excès.

204. *Tableau de la résistance des bois à la flexion.*
(Dans ce tableau le coefficient R a été pris égal à 600 000.)

HAUTEUR des bois.	MOMENT D'INERTIE de la section transversale I.	VALEUR de $\frac{I}{v}$.	CHARGE TOTALE DE SÉCURITÉ UNIFORMÉMENT RÉPARTIE dont on peut charger le bois de chêne ou de sapin en barres de champ de $0^m,01$ d'épaisseur pour les portées de :							
			$1^m,00$	$2^m,00$	$3^m,00$	$4^m,00$	$5^m,00$	$6^m,00$	$7^m,00$	$8^m,00$
m.			kil.	kil.	kil.	kil.	kil.	kil.	kil.	kil.
0,06	0,000 000 180	0,000 006	28	14	8	5	3	2	•	»
0,08	0,000 000 427	0,000 010	47	22	14	9	6	3	1	»
0,10	0,000 000 833	0,000 016	76	37	23	16	10	7	4	2
0,12	0,000 001 440	0,000 024	114	56	34	24	19	12	8	5
0,14	0,000 002 287	0,000 023	153	74	47	32	24	17	12	8
0,16	0,000 003 413	0,000 043	204	99	64	45	33	25	19	12
0,18	0,000 004 860	0,000 054	257	125	81	58	43	32	24	19

HAUTEUR des bois.	MOMENT D'INERTIE de la section transversale I.	VALEUR de $\frac{I}{v}$	CHARGE TOTALE DE SÉCURITÉ UNIFORMÉMENT RÉPARTIE dont on peut charger le bois de chêne ou de sapin en barres de champ de $0^m,01$ d'épaisseur pour les portées de :							
			1m,00	2m,00	3m,00	4m,00	5m,00	6m,00	7m,00	8m,00
m.			kil.	kil.	kil.	kil.	kil.	kil.	kil.	kil.
0,20	0,000 006 667	0,000 067	319	157	101	72	54	41	32	24
0,22	0,000 008 873	0,000 080	382	188	121	87	66	51	40	30
0,24	0,000 011 520	0,000 096	458	225	146	105	80	62	49	38
0,26	0,000 014 647	0,000 113	539	266	173	115	95	74	61	46
0,28	0,000 018 293	0,000 130	621	306	200	145	111	87	70	56
0,30	0,000 022 500	0,000 150	717	354	231	168	129	102	82	66
0,32	0,000 027 307	0,000 170	813	402	262	191	147	117	94	76
0,34	0,000 032 753	0,000 193	923	456	298	218	168	134	108	89
0,36	0,000 038 880	0,000 216	1032	511	334	245	189	150	123	100
0,38	0,000 045 727	0,000 240	1150	570	370	270	210	170	140	110
0,40	0,000 053 333	0,000 266	1250	600	400	300	230	180	150	125
0,45	0,000 075 940	0,000 337	1610	800	520	385	300	240	200	165

205. Le tableau précédent donne le poids total de sécurité, uniformément ré·parti, dont. on peut charger les bois de chêne ou de sapin, en barres de champ de $0^m,01$ d'épaisseur et dont les hauteurs sont indiquées dans la première colonne.

Dans. le cas où l'on aurait à se servir constamment de ce tableau, il pourrait être intéressant de le compléter, c'est-à-dire que, connaissant la charge que peut porter une solive de hauteur donnée et d'une épaisseur de $0^m,01$, il s'agit de trouver ce que pourra porter la même solive pour les longueurs indiquées, variant de 1 à 8 mètres, et des épaisseurs de 2, 4, 6, 8, etc.., centimètres.

Prenons comme exemple, dans ce tableau, une solive de $0^m,22$ de hauteur; nous trouvons la charge qu'elle peut supporter sur une longueur variant de 1 à 8 mètres et ayant toujours $0^m,01$ d'épaisseur.

Pour compléter le tableau, nous pouvons calculer le poids que pourra supporter cette même solive si son épaisseur devient 2, 4, 6, 8..., 22 centimètres, et nous aurons le tableau suivant :

206. *Tableau complété.*

HAUTEUR en centimètres.	LARGEUR en centimètres.	MOMENT D'INERTIE de la section transversale I.	VALEUR de $\frac{I}{v}$.	CHARGE TOTALE DE SÉCURITÉ UNIFORMÉMENT RÉPARTIE pour les portées de :							
1	2	3	4	1m,00	2m,00	3m,00	4m,00	5m,00	6m,00	7m,00	8m,00
				5	6	7	8	9	10	11	12
22	1	0,000 008 873	0,000 080	382	188	121	87	66	51	40	30
»	2	»	»	764	376	242	174	132	102	80	60
»	4	»	»	1528	752	484	348	264	204	160	120
»	6	»	»	2291	1128	726	522	396	306	240	180
»	8	»	»	3056	1504	968	696	528	408	320	240
»	10	»	»	3820	1880	1210	870	669	510	400	300
»	12	»	»	4584	2252	1452	1044	792	612	480	360
»	14	»	»	5348	2632	1694	1218	924	714	560	420
»	16	»	»	6112	3008	1936	1392	1056	816	640	480
»	18	»	»	6876	3384	2178	1566	1188	918	720	540
»	20	»	»	7640	3760	2420	1740	1320	1020	800	600
»	22	»	»	8404	4136	2662	1914	1452	1122	880	660

207. La première ligne horizontale de 1 à 12 est connue. La deuxième ligne donne ce que peut supporter une solive de 0^m,22 de hauteur et 0^m,02 d'épaisseur. Pour obtenir les nombres de cette deuxième ligne, il est facile de voir qu'il suffit de multiplier par 2 tous les nombres de la première ligne. En effet, le premier nombre 382, multiplié par 2, donne 382 $\times$ 2 = 764. La troisième ligne est obtenue en multipliant 382 par 4, et 382 $\times$ 4 = 1528. En continuant ainsi à multiplier le nombre 382 par 2, 4, 6, 8, 10... 22, nous obtiendrons tous les nombres de la colonne verticale 5. Il en sera de même pour les autres.

En opérant ainsi pour tous les nombres du tableau de la résistance des bois, donné précédemment, le lecteur pourra se faire une série de tableaux que nous ne pouvons exposer ici, à cause de leur trop grand développement, et qui pourront rendre des services et éviter bien des calculs.

208. A l'aide des tableaux ainsi formés, on peut trouver directement, sans calcul, la solive qui convient pour une charge donnée.

Exemple : Quelles sont les dimensions d'une solive en bois capable de porter une charge de 1056 kilogrammes uniformément répartie sur une longueur de 5 mètres.

Le tableau partiel indiqué ci-dessus nous montre que cette solive doit avoir, comme équarrissage, 22 $\times$ 16.

209. Nous avons vu le calcul d'une pièce de bois posée sur deux appuis de niveau, et chargée uniformément sur sa longueur ; mais il peut se présenter d'autres cas qui, en apparence, sont plus compliqués et qu'il nous sera facile de ramener au cas simple énoncé ci-dessus, en opérant de la manière suivante :

1° *Supposons une pièce de bois posée sur deux appuis et chargée d'un poids permanent P au milieu de sa longueur fig.(77). Il suffit de doubler la charge P et* de la supposer uniformément répartie, ce qui revient au calcul déjà indiqué.

2° *Soit une pièce encastrée par une extrémité et chargée à l'autre extré-*

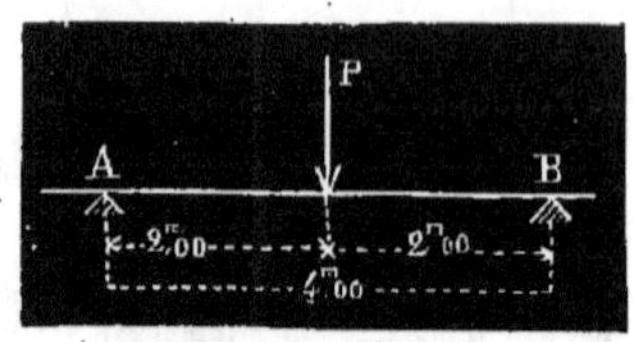

Figure 77.

mité d'un poids unique P (fig. 78) (cas de solives en bois supportant un balcon).

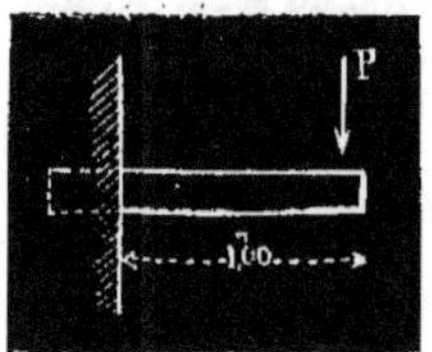

Figure 78.

Dans ce cas, il faut quadrupler la charge et la supposer uniformément répartie sur une barre de même longueur, posée à ses deux extrémités.

3° *Soit une pièce encastrée par une extrémité et chargée uniformément dans toute sa longueur.* Il faut doubler la charge et la supposer uniformément répartie sur une barre de même longueur posée à ses deux extrémités.

4° *Pièce encastrée par ses deux extrémités et chargée uniformément.* Il faut multiplier la charge par 0,66 et la supposer uniformément répartie sur une barre de même longueur, simplement posée.

5° *Pièce posée librement sur deux appuis et chargée :*

1° D'un poids P (en kilogrammes) uniformément réparti ;

2° D'un poids Q (en kilogrammes) distant des appuis des quantités l et l'' (en mètres).

L longueur totale de la pièce, exprimée en mètres.

La valeur de $\frac{I}{v}$ est, dans ce cas,

$$\frac{I}{v} = \frac{l\,l''}{7\mathrm{L}}\left(\mathrm{Q} + \frac{\mathrm{P}}{2}\right)$$

Cette valeur de $\frac{I}{v}$ étant connue, on procède comme il a été indiqué précédemment.

2° Résistance à la compression.

210. Les bois, suivant leurs essences et leur provenance, présentent des résistances à l'écrasement qui varient dans des limites très étendues, du simple au double environ. Des bois de sapin et de chêne ont donné jusqu'à 500 kilogrammes, et même plus, pour la charge d'écrasement par centimètre carré, tandis que des bois médiocres peuvent faire descendre ce chiffre à 200 kilogrammes, et même au-dessous.

211. COMPRESSION. — EXTENSION. — Pour de faibles efforts, les phénomènes de compression et d'extension sont parfaitement corrélatifs.

Entre ces deux phénomènes, l'état ordinaire du corps n'est qu'un terme moyen, et l'on comprend que ce corps puisse se comprimer de la même manière qu'il s'étirait précédemment.

Les phénomènes de la compression sont bien plus difficiles à observer que ceux de l'extension. Si le corps sur lequel on opère est long, il fléchit au lieu de se comprimer.

212. Pour la résistance des bois, nous avons à nous occuper simplement de la compression.

Les seules expériences que nous ayons sur cette matière sont des expériences de rupture.

D'après les expériences de *Hodgkinson* et de *Rondelet*, on a :

	CHÈNE.	SAPIN.
Charge pratique par mètre carré	$0,4 \times 10^6$	$0,4 \times 10^6$
Charge de rupture par mètre carré.	$4,5 \times 10^6$	$4,5 \times 10^6$

Dès que les pièces ont une hauteur plus grande que le double de la plus petite dimension transversale, on peut constater qu'il y a, dans la plupart des cas, flexion transversale.

213. Pour la résistance à l'écrasement, Rondelet prescrit de ne pas donner aux pièces une longueur qui dépasse dix fois le diamètre de la base, et de prendre pour mesure une charge de 50 kilogrammes par centimètre carré de base.

Si le poteau, au lieu d'être rond, est rectangulaire, il faut prendre la racine carrée de la surface de la base pour obtenir le côté moyen qui doit servir de guide pour la longueur. Rondelet ajoute que la charge pratique permanente ne doit pas dépasser le 1/7 de la charge d'écrasement. D'autres constructeurs ont abaissé ce chiffre à 1/10.

214. *Poteaux en bois à section carrée.* Soit c le côté, l la longueur du poteau. La formule qui donne la charge de rupture est :

$$\mathrm{P} = \frac{24200 - 506\,\dfrac{l}{c} + 2{,}74\left(\dfrac{l}{c}\right)^2}{\dfrac{l}{c} + 40{,}9}$$

La charge de sécurité est le $\frac{1}{7}$ de la charge de rupture. Cette formule est l'interprétation du tableau suivant, dû aux expériences de Rondelet.

VALEURS DE $\frac{l}{c}$	CHARGE de rupture.	CHARGE de sécurité.
12	350	50
24	210	30
36	140	20
48	70	10
60	35	5
72	17,5	2,5

215. M. *Hodgkinson* est arrivé à la formule :

$$P = 2562\, c^2 \left(\frac{c}{l}\right)^2 \text{(chêne)}$$

216. Lorsque le poteau est rectangulaire, il suffit de remplacer c^2 par ab et $\frac{c}{l}$ par $\frac{a}{l}$, a étant le plus petit côté et b le plus grand.

Ces formules sont applicables depuis $\frac{l}{c} = 1$ jusqu'à $\frac{l}{c} = 35$.

217. Pour le sapin, on a :

$$P = 1800\, c^2 \left(\frac{c}{l}\right)^2 \text{(poteaux carrés)}$$

$$P = 1800\, ab \left(\frac{a}{l}\right)^2 \text{(poteaux rectangulaires)}.$$

Le nombre 1800 est une moyenne. On peut prendre 2140 pour le sapin rouge et 1600 pour le sapin peu résistant.

218. Le tableau suivant donne la résistance des bois à l'extension et indique l'effort de rupture et la sécurité pratique par millimètre carré.

219. *Tableau de la résistance des bois à l'extension.*

DÉSIGNATION DES BOIS.	EFFORT DE RUPTURE.	SÉCURITÉ PRATIQUE par millimètre carré.
	kil.	kil.
Acajou	5,60	0,56
Buis	14,00	1,40
Chêne fort, sens des fibres	8,00	0,80
Chêne faible, sens des fibres	6,00	0,60
Chêne, perpendiculairement aux fibres	1,60	0,16
Frêne	12,00	1,20
Frêne des Vosges	6,78	0,678
Hêtre	8,00	0,800
Orme	10,40	1,04
Orme des Vosges	7,00	0,70
Pin sylvestre des Vosges	2,48	0,248
Poirier	6,90	0,69
Peuplier, perpendiculairement aux fibres	1,25	0,125
Sapin des Vosges	4,00	0,4
Sapin	8,00 à 9,00	0,8 à 0,9
Sapin, parallèlement aux fibres glissement	0,42	0,042
Tremble, parallèlement aux fibres glissement	0,57	0,057
Tremble	6,00 à 7,00	0,6 à 0,7

220. Dans les tableaux qui suivent et qui donnent les charges pratiques que l'on peut faire supporter avec sécurité à des poteaux en chêne ou en sapin à section carrée, nous adoptons, pour charge pratique par centimètre carré, les nombres suivants :

221. *Tableau nᵒ 1* (page 53), chêne faible et sapin faible, 40 kilogrammes par centimètre carré. Ce tableau donne les charges pratiques que l'on peut faire supporter, en toute sécurité, à des poteaux en chêne ou en sapin sur des portées variant de 2 à 10 mètres et des équarrissages de 0ᵐ,10 à 0ᵐ,30 carrés. Les éléments de ce tableau devront être employés pour les charpentes et pour les constructions ne nécessitant pas des bois de premier choix et de très bonne qualité.

222. Les tableaux nᵒ 2 (page 54) et nᵒ 3 (page 54) seront réservés pour les bois de très bonne qualité (chêne et sapin), pouvant résister à 60 kilogrammes par centimètre carré, pour le chêne fort, et à 50 kilogrammes par centimètre carré, pour le sapin fort.

Tableau n° 1.

223. *Charges pratiques des poteaux en bois à section carrée pour les hauteurs suivantes :*

CÔTÉ du carré en centimètres.	HAUTEUR DES POTEAUX (chêne et sapin faibles 40 kilos par centimètre carré).								
	2 mètres	3 mètres.	4 mètres.	5 mètres.	6 mètres.	7 mètres.	8 mètres.	9 mètres.	10 mètres.
	kil.	kil.	kil.	kil.	kil	kil.	kil.	kil.	kil
10	2 300	1 650	1 000	»	»	»	»	»	»
11	3 000	2 200	1 450	»	»	»	»	»	»
12	3 900	2 800	1 950	1 250	»	»	»	»	»
13	4 900	3 500	2 600	1 300	»	»	»	»	»
14	5 000	4 400	3 300	2 400	»	»	»	»	»
15	7 100	5 400	4 000	3 100	2 300	»	»	»	»
16	8 300	6 500	5 000	3 800	2 900	»	»	»	»
17	9 700	7 700	5 950	4 600	3 600	»	»	»	»
18	11 000	8 900	7 000	5 500	4 300	3 500	»	»	»
19	12 700	10 300	8 200	6 400	5 100	4 200	»	»	»
20	14 300	11 800	9 500	7 600	6 200	5 000	»	»	»
21	15 850	13 400	11 000	9 000	7 200	6 000	5 000	»	»
22	17 900	15 100	12 500	10 300	8 400	6 900	5 700	»	»
23	»	16 800	14 100	11 600	9 600	8 000	6 700	»	»
24	»	18 500	15 800	13 100	10 900	9 100	7 700	6 000	»
25	»	»	17 800	14 900	12 400	10 400	8 800	7 500	»
26	»	»	»	16 800	14 000	11 800	10 000	8 400	»
27	»	»	»	19 000	16 000	13 300	11 300	9 600	8 500
28	»	»	»	»	17 700	15 000	12 800	10 800	9 400
29	»	»	»	»	»	16 700	14 500	12 200	10 700
30	»	»	»	»	»	18 700	16 000	14 000	12 000

224. *Calcul d'un poteau en bois de chêne pouvant porter une charge de 9 600 kilogrammes et ayant 9 mètres de hauteur.*

Nous trouvons, dans la colonne 9 mètres, le nombre 9600 kilogrammes, ce qui correspond à un équarrissage de 27/27.

225. *Quel est le poids que peut supporter avec sécurité un poteau carré de 20/20, ayant une longueur de 7 mètres ?*

Cherchez dans la première colonne le nombre 20 et suivez la ligne horizontale jusqu'à la colonne 7 mètres. Vous trouverez que le poids répondant à la question est 5000 kilogrammes.

226. Si le poteau est rectangulaire, on calcule d'abord la charge d'un poteau carré dont l'équarrissage serait le plus petit côté de sa section, et ensuite on multiplie le résultat par le rapport des deux dimensions de la section transversale.

Soit un poteau de chêne faible de 4 mètres de hauteur dont l'équarrissage est de 20/25.

On cherche la charge d'un poteau carré de 20/20 à 4 mètres et l'on trouve 9500 kilogrammes. On multiplie ensuite 9500 kilogrammes par le rapport $\frac{25}{20} = 1,25$.

$9500 \times 1,25 = 11875$ kilogrammes.

Ce résultat donne la charge que peut supporter un poteau rectangulaire de 20/25 ayant 4 mètres de hauteur.

Si l'on a, par exemple, un poteau de $0,36 \times 0,36$ et 8 mètres de hauteur, cet équarrissage ne se trouvant pas dans le tableau, on opère comme suit :

Si toutes les dimensions d'un poteau (hauteur et côtés de sa section transversale) sont réduites à moitié, la charge totale est réduite au quart. On cherche donc la résistance d'un poteau carré de $0^m,18$ de côté et de 4 mètres de hauteur, ce qui, d'après le tableau n° 1, donne 7000 kilogrammes.

Par suite, la charge correspondant au poteau de 8 mètres de hauteur et de $0,36 \times 0,36$ est quadruple de la précédente. Donc, $7000 \times 4 = 28000$ kilogrammes.

Tableau n° 2.

227. *Charges pratiques des poteaux en bois à section carrée pour les hauteurs suivantes :*

CÔTÉ du carré en centimètres.	HAUTEUR DES POTEAUX (chêne fort 60 kilos par centimètre carré).								
	2 mètres.	3 mètres.	4 mètres.	5 mètres.	6 mètres.	7 mètres.	8 mètres.	9 mètre.	10 mètres.
	kil.	kil.	kil.	kil.	kil.	kil.	kil.	kil.	kil.
10	3 500	2 400	1 500						
11	4 500	3 200	2 100						
12	5 900	4 200	2 900	1 850					
13	7 400	5 300	3 800	2 700					
14	8 900	6 600	4 900	3 500					
15	10 600	8 000	6 000	4 500	3 400				
16	12 500	9 700	7 350	5 600	4 400				
17	14 500	11 500	8 800	6 800	5 400				
18	16 500	13 300	10 500	8 100	6 400	5 000			
19	19 000	15 400	12 200	9 600	7 700	6 200			
20	21 500	17 600	14 300	11 400	9 200	7 500			
21	23 800	20 000	16 500	13 400	10 800	8 800	7 350		
22	26 900	22 600	18 700	15 400	12 500	10 300	8 500		
23		25 200	21 100	17 500	14 500	12 000	10 000		
24		28 000	23 800	19 700	16 400	13 700	11 500	9 600	
25			26 700	22 300	18 500	15 600	13 200	11 200	
26				25 200	21 000	17 700	15 000	12 700	
27				28 000	23 900	20 000	17 000	14 500	12 700
28					26 600	22 500	19 300	16 300	14 200
29						25 000	21 600	18 400	16 000
30						28 000	24 000	21 000	18 000

Tableau n° 3.

228. *Charges pratiques des poteaux en bois à section carrée pour les hauteurs suivantes :*

CÔTÉ du carré en centimètres.	HAUTEUR DES POTEAUX (sapin fort 50 kilos par centimètre carré).								
	2 mètres.	3 mètres.	4 mètres.	5 mètres.	6 mètres.	7 mètres.	8 mètres.	9 mètres.	10 mètres.
	kil.	kil.	kil.	kil.	kil.	kil.	kil.	kil.	kil.
10	2 900	2 100	1 300						
11	3 700	2 700	1 800						
12	4 900	3 500	2 500						
13	6 200	4 400	3 200	2 300					
14	7 400	5 550	4 100	3 000					
15	8 800	6 700	5 000	3 750	2 900				
16	10 400	8 200	6 200	4 700	3 700				
17	12 100	9 600	7 400	5 700	4 500				
18	13 750	11 150	8 800	6 800	5 400	4 200			
19	15 850	12 900	10 200	8 000	6 400	5 200			
20	17 900	14 700	11 900	9 500	7 700	6 300			
21	19 800	16 200	13 800	11 200	9 050	7 400	6 200		
22	22 400	18 900	15 600	12 800	10 500	8 600	7 100		
23		21 000	17 500	14 600	12 000	10 000	8 300		
24		24 000	19 800	16 400	13 700	11 400	9 500	8 000	
25			22 200	18 600	15 500	13 000	11 000	9 300	
26				21 000	17 500	14 800	12 500	10 600	
27					19 900	16 700	14 200	12 100	10 600
28					22 200	18 800	16 100	13 600	11 700
29						20 850	18 000	15 400	13 300
30						23 300	20 000	17 500	15 000

CHAPITRE II

DES MÉTAUX EN GÉNÉRAL

SOMMAIRE

§ I. — DÉFINITIONS PRÉLIMINAIRES ET NOTIONS GÉNÉRALES.

229. On désignait autrefois, sous le nom générique de *métal,* un corps absolument opaque, bon conducteur de la chaleur et de l'électricité, et doué d'un éclat particulier auquel on a donné le nom d'*éclat métallique.*

230. Cette définition ne tient compte que des caractères physiques, lesquels ne suffisent pas pour bien distinguer les métaux des métalloïdes et qui, de plus, ne sont pas rigoureusement vrais. Les deux propriétés chimiques suivantes serviront à les faire reconnaître plus exactement.

231. Les métaux peuvent s'unir à l'oxygène en donnant au moins un composé basique; au contraire, ils ont fort peu de tendance à se combiner avec l'hydrogène.

232. Les métaux suffisamment amincis deviennent transparents; dans certains cas, lorsqu'ils sont ramenés à un grand état de division, ils sont dépourvus de l'éclat métallique. A cet état, ils perdent la propriété de bons conducteurs de la chaleur et de l'électricité.

233. Les métaux peuvent être malléables ou cassants. Ceux qui sont malléables se transforment facilement en feuilles, soit en les battant au marteau, soit en les passant entre les deux cylindres d'un *laminoir*. La compression que subit le métal, par cette opération, qu'on désigne sous le nom d'*écrouissage*, change ses propriétés physiques. Le métal ainsi laminé, perdant une portion de la chaleur nécessaire pour maintenir ses molécules dans un état d'équilibre stable, devient plus dur et plus cassant. Pour obvier à cet inconvénient et pouvoir laminer un métal plusieurs fois, on le *recuit*, opération qui consiste, en le réchauffant avant un deuxième laminage, à faire reprendre aux molécules leur première position d'équilibre.

§ II. — DES MINERAIS.

234. Dans la nature, les métaux se trouvent très rarement isolés ou, comme on dit, à l'*état natif*. Ceux qui n'ont qu'une très faible affinité pour l'oxygène et qui ne peuvent éprouver aucune altération de la part des agents atmosphériques, comme l'or, l'argent et le platine, se trouvent à l'état natif.

235. Les métaux sont presque toujours masqués par des corps étrangers, ou combinés avec d'autres substances, ce qui oblige à leur faire subir des traitements mécaniques ou chimiques.

233. Les traitements mécaniques séparent les métaux des corps avec lesquels ils sont mélangés. Les traitements chimiques les isolent des combinaisons dans lesquelles ils sont engagés.

237. Les substances qui renferment les métaux sont appelées *minerais*. Il n'est pas rare de trouver deux métaux dans un même minerai. Les matières pierreuses ou terreuses qui les accompagnent sont nommées *gangues*. Si la gangue est abondante, on dit que le minerai est pauvre ; il est riche dans le cas contraire.

238. Les métaux étant généralement plus lourds que les gangues, il sera facile, avec un peu d'habitude, d'en juger la richesse métallique par la densité.

239 Un minerai doit satisfaire aux conditions suivantes :

1° Il doit être suffisamment abondant pour donner lieu à une exploitation régulière et suivie.

2° Il faut que ses combinaisons avec des substances étrangères ne rendent pas les opérations trop difficiles et ne donnent pas lieu à des produits altérés. C'est ainsi que les pyrites de fer, quoique très abondantes, ne peuvent être employées. L'argile renferme également du fer, mais ne peut être considérée comme un minerai.

§ III. — PRÉPARATIONS PRÉLIMINAIRES DES MINERAIS.

240. Les minerais, suivant l'état dans lequel ils se trouvent, doivent subir certaines opérations mécaniques ou chimiques.

241. Les opérations mécaniques sont au nombre de trois : le *triage*, le *cassage*, le *lavage*. Ces trois opérations ont pour but de séparer le métal d'une grande partie de sa gangue. Par ce procédé, on enrichit le minerai et on diminue les frais de transport.

242. Les opérations chimiques sont au nombre de trois : la *calcination*, le *grillage*, le *rôtissage*. Le but de ces trois opérations est d'éliminer, par la chaleur, une partie plus ou moins considérable des substances combinées en même temps qu'elles préparent le minerai pour les opérations subséquentes en le rendant plus poreux et plus facilement pénétrable par les gaz réducteurs.

243. Il est bon de déterminer d'avance la richesse d'un minerai : on fait assez généralement des essais par la voie sèche, quelquefois par le lavage ; enfin, par la voie humide pour les minéraux compliqués.

244. Nous trouvons dans la métallurgie une des plus importantes applications de la chimie.

I. — Des agents et réactifs employés dans les procédés métallurgiques.

245. Les réactifs qui servent dans les procédés métallurgiques sont peu nombreux ; il faut, avant tout, qu'ils soient économiques.

246. Les agents principaux sont :

1° *La chaleur* produite par un combustible qui varie suivant les opérations à faire ; elle facilite les actions chimiques et les changements d'état.

2° *Le charbon* et les matières minérales ou végétales hydrocarbonées, qui ont un double but : produire de la chaleur et réduire un grand nombre d'oxydes. Le charbon, en se combinant avec quelques métaux, modifie leurs propriétés.

3° *L'air atmosphérique*, considéré comme agent indispensable de la combustion, est employé comme oxydant. Cette dernière action est opposée à celle du charbon ; elle est tantôt utile, tantôt nuisible.

4° *L'eau*, employée comme moyen d'oxydation ou comme dissolvant.

5° Quelques métaux sont employés comme dissolvants : le mercure à froid, le plomb à chaud pour l'or et l'argent ; d'autres, pour réduire certains sulfures.

6° On emploie aussi quelques oxydes métalliques qui servent, soit comme oxydants, soit pour former des composés fusibles.

7° Certaines substances terreuses : *silice, alumine, chaux, magnésie*, sont employées comme fondants pour former, avec les gangues, des composés fusibles. Ces substances exercent des actions très énergiques les unes sur les autres et aussi sur les oxydes ; elles servent à la formation des laitiers et des scories.

8° Des substances alcalines, telles que les *cendres* et la *potasse* servent à rendre fusibles les matières étrangères

II. — Des combustibles.

247. Les combustibles employés sont tous carbonés et d'origine végétale. Les principaux sont : le *bois*, la *tourbe*, les *lignites* et la *houille*. Toutes ces substances, en brûlant, produisent une flamme plus ou moins vive. Pour obtenir une très haute température, la combustion des matières volatiles étant nuisible, il faut les séparer par une carbonisation ou une distillation préalable, ce qui donne, comme combustibles métallurgiques les plus employés, le charbon de bois ou de houille et le coke.

§ IV. — APPAREILS MÉTALLURGIQUES. — FOURNEAUX.

248. On donne le nom de *fourneaux* aux appareils dans lesquels on expose les minerais à l'action de la chaleur.

249. Les fourneaux sont de formes variables ; ils se composent presque tous d'un massif extérieur et d'un revêtement intérieur en contact avec les matières en traitement. Ils doivent être traversés par des courants d'air indispensables à la combustion. Ces courants d'air sont tantôt naturels, tantôt produits par une machine soufflante, ce qui permet de classer les fourneaux en *fourneaux à courants d'air naturels* et *fourneaux à courants d'air forcés*.

250. On doit ménager, dans la construction des fourneaux, les orifices nécessaires à l'introduction du combustible et du minerai, les ouvertures demandées par les diverses manipulations et celles qui permettent d'établir les courants d'air pour la bonne marche de l'opération.

251. La construction des fourneaux métallurgiques présente des difficultés sérieuses. Les matériaux employés doivent résister à l'action prolongée d'une chaleur très intense, ce qui réclame l'emploi de matériaux réfractaires, au moins à l'intérieur du fourneau. Cette enveloppe intérieure se nomme *chemise réfractaire*. Il faut, de plus, combattre les effets des dilatations et contractions successives qui se produisent. On se sert, à cet effet, d'un système de plaques de fonte et de barres de fer que l'on nomme *armatures*.

252. Les fourneaux doivent, autant que possible, être éloignés de toute cause d'humidité, afin d'éviter la disjonction des parties dont ils sont composés. La forme et les dimensions à leur donner ont aussi une influence sur le succès des opérations.

253. Les fourneaux sont classés suivant le mode d'action que la combustion doit exercer sur les substances à traiter.

1° *Fourneaux à cuve*. Dans ces fourneaux, les matières sont mélangées avec le combustible. Cette première classe comprend les *bas fourneaux*, les *fourneaux à manche* et les *hauts fourneaux ;* ils sont employés pour les opérations de réduction et pour la fusion des métaux.

2° *Fourneaux à réverbère*. Dans ces fourneaux, on évite le contact du combustible et des matières à traiter (*fig.* 79).

3° *Fourneaux de galère* (*fig.* 80), cor-

nues, creusets. L'emploi de ces fourneaux, des cornues et des creusets permet d'éviter le contact des matières à traiter avec les produits chauds de la combustion. On les emploie aussi pour la distillation et la fusion.

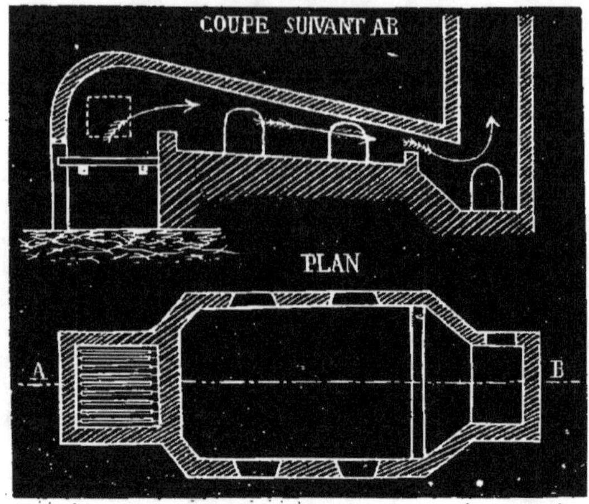

Figure 79. — Four à réverbère.

Dans les fourneaux à cuves, qui sont généralement de forme prismatique ou cylindrique, le chargement se fait par une ouverture supérieure nommée *gueulard*. On y introduit le minerai mélangé au combustible. Tous ces fourneaux sont

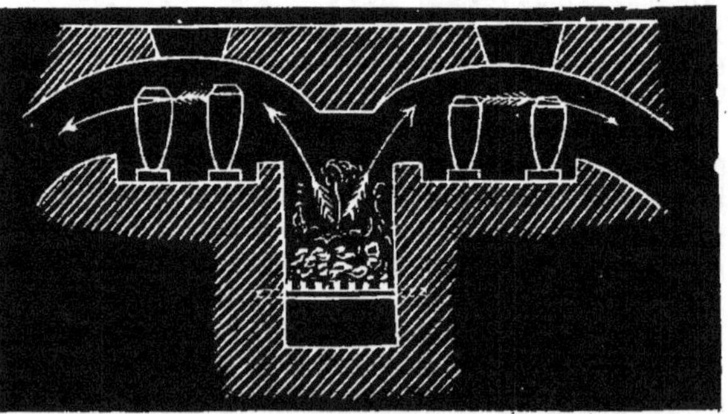

Figure 80. — Four gaière pour la fusion de l'acier.

à courant d'air forcé. A la partie inférieure, se trouve une cuve ou *creuset*, où se rassemblent les produits de l'opération. Ces produits sortent par des trous de coulée ménagés dans des embrasures. Les bas fourneaux se composent d'un simple vide recevant une *tuyère* par le haut ou d'un mur contre lequel on fait un tas de minerai, ce mur comprenant une cheminée. Ils sont spécialement employés pour les opérations d'affinage.

Dans les fourneaux à réverbère, le courant d'air est naturel et activé par le tirage d'une cheminée. On peut exercer, sur la flamme et sur le feu une action immédiate ; de plus, éloigner ou rapprocher les matières du point de chauffe à l'aide de portes latérales disposées à cet effet. Ils sont généralement employés pour effectuer les oxydations. Quand il

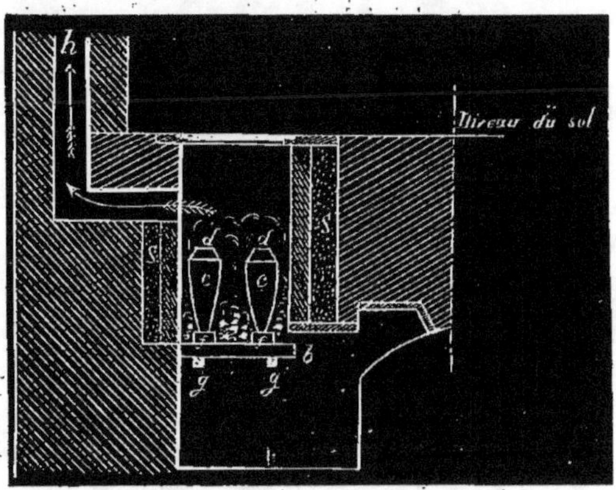

Figure 81. — Fourneau à vases clos.
Légende.

c. — Creusets.
f. — Fromages.
d. — Couvercles.
h. — Cheminées.

b. — Barreaux de grille.
g. — Supports.
s. — Sable réfractaire.

s'agit d'obtenir la simple fusion d'un métal, on se sert de *creusets*. Chaque creuset est posé sur un *fromage* dans un fourneau dont la marche est réglée par des *registres* (*fig.* 81) ; il est muni d'un couvercle et placé au milieu du combustible. Ce procédé sert pour la fusion de l'acier ; il a le désavantage de consommer beaucoup de charbon. Le *fromage* sur lequel on pose le creuset a pour but d'éviter le contact direct du fond et des barreaux de la grille du foyer.

I. — Procédés métallurgiques.

254. Ces procédés sont assez variés, mais peuvent cependant se ranger en deux catégories : *Procédés par voie sèche, procédés par voie humide.* Les premiers sont de beaucoup les plus employés.

255. Nous avons donc à étudier d'une manière succincte : *Procédés par voie sèche comprenant :* 1° grillage et cémentation, 2° fusion, liquation, cristallisation 3° distillation, sublimation.

Procédés par voie humide comprenant : 1° dissolution et précipitation, 2° amalgamation, 3° macération.

256. L'opération principale est le grillage, qui a pour but, en élevant les minerais au rouge sans atteindre leur point de fusion, de séparer les matières chimiquement combinées, et de préparer ces minerais en les rendant plus poreux. Dans quelques cas peu nombreux, le but du grillage est purement mécanique ; il rend les matières à traiter plus faciles à briser. Le plus souvent, on se propose, par le grillage, de séparer, par la volatilisation, quelques-uns des principes constituant le minerai et susceptibles d'être enlevés en nature, comme l'eau, l'acide carbonique combiné avec les terres ou les oxydes métalliques. Quelquefois, le but du grillage est d'oxyder certaines substances et de les transformer en gaz, comme le soufre, le phosphore, l'arsenic.

Dans ce dernier cas, on est obligé de répéter plusieurs fois la même opération pour faire pénétrer l'action oxydante de l'air jusqu'au centre des morceaux de minerai.

257. Nous avons à considérer trois sortes de grillage :

1º Grillage à l'air libre, 2º grillage entre murs ou grillage encaissé, 3º grillage dans des fourneaux de différents genres.

1º Le *grillage à l'air libre* est une opération très simple. Sur une aire bien dressée, on dispose, en les stratifiant, des couches successives de combustible (houilles de qualités inférieures) et de minerais. On dispose ainsi un tas en forme de pyramide quadrangulaire tronquée, au bas duquel on ménage des carneaux qui permettent l'accès de l'air et servent à régler le feu. Pour terminer ce tas, on place à sa partie supérieure des déchets de minerai, de la terre, de l'argile humectée. Dans l'espèce de croûte ainsi formée, on perce des trous pour la conduite de l'opération. On met le feu à l'une des extrémités ; ce feu se propage latéralement, et, au fur et à mesure qu'il y a des parties grillées, on coupe la masse par tronçons.

Ce mode de grillage est employé de préférence pour les minerais de fer pyriteux ou bitumineux. Dans ce cas, il faut peu de combustible, le soufre et le bitume continuant l'opération dès qu'elle est commencée. Ce travail, suivant le volume des tas qui peut atteindre 5000 quintaux métriques, dure de six à douze mois. Afin d'éviter l'action fâcheuse de la pluie et du vent, il sera bon d'abriter le tas une fois terminé. En grillant des minerais pyriteux, on peut retirer du soufre liquide qui vient se condenser dans des poches préparées pour le recevoir.

2º Le grillage entre murs est employé pour les *schlichs* ou minerais pulvérulents, qu'il serait difficile de brûler en tas à l'air libre (*fig.* 82).

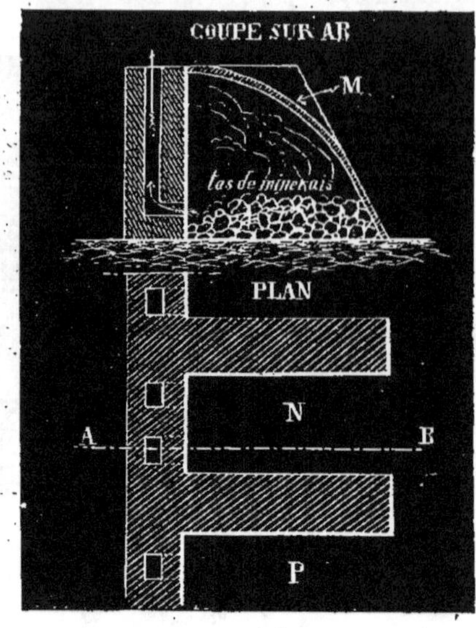

Figure 82

Légende :

M. — Couverte en déchets, terre et argile.
N. — Emplacement du minerai.

P. — Grillage entre murs, pour minerais pulvérulents.

3º Les fourneaux employés pour effectuer le grillage des minerais sont différents suivant les substances et la grosseur des minerais. Pour les minerais de fer, on les grille dans des fours analogues aux fours à chaux. Ce sont des fours *coulants*, c'est-à-dire qu'on retire le minerai par des ouvreaux inférieurs à mesure qu'il est grillé.

258. Le fourneau à réverbère fournit le meilleur grillage, surtout quand il y a nécessité d'oxyder le minerai, ou quand on a des minerais très fins à soumettre à une forte chaleur. Ces fours permettent de régler le feu et, en même temps, de brasser la matière.

259. Les minerais, une fois grillés, sont disposés avec le combustible dans des fourneaux de fonte. Ces fourneaux sont de différentes natures suivant les minerais à traiter et la température que nécessite l'opération.

260. On désigne sous le nom de *produits utiles* les métaux qu'il s'agit d'obtenir; *demi-utiles*, ou *demi-produits* ceux que l'on doit travailler une deuxième fois pour obtenir le produit définitif; enfin, *produits stériles* ceux qui comprennent les substances terreuses qui sont rejetées sous le nom de *laitiers* et *scories*. Ces matières, en se séparant des métaux, occupent la partie supérieure par suite de leur moindre densité.

II. — Cémentation.

261. La cémentation consiste à chauffer les métaux au rouge, et même au rouge blanc, au sein d'une matière pulvérulente nommée *cément*, pour combiner, sans fusion, cette matière avec le métal. Exemple : carbone et fer pour la fabrication de l'acier cémenté.

262. On peut aussi faire l'opération inverse. Par exemple, si l'on chauffe de la fonte de fer dans une poudre d'oxyde de fer, il se produit ce qu'on appelle l'*adoucissage* de la fonte. Le carbone disparaît et s'associe à l'oxyde de fer; la fonte est ainsi décarburée par cémentation.

III. — Fusion.

263. On effectue la fusion pour arriver à différents résultats.

264. La *fusion simple* consiste à faire passer un métal de l'état solide à l'état liquide, soit pour couler la matière dans des moules, soit pour la *liquater*.

265. *Fusion d'alliage* ou fonte d'alliage, qui consiste à fondre deux métaux pour en faire un alliage.

266. *Fonte crue*, employée pour séparer les matières métalliques de leurs gangues. Pour faciliter l'opération, si la gangue n'est pas fusible, on emploie des fondants.

267. *Fusion oxydante* effectuée pour séparer diverses substances ayant, pour l'oxygène, des affinités différentes; on fond ces matières au contact de l'air. Cette opération prend, dans certains cas, le nom d'*affinage*.

268. *Fusion réductive*, ou *fonte de réduction*. Cette fusion se fait au contact d'agents réducteurs : carbone et oxyde de carbone.

269. *Fusion* ou *fonte de précipitation*. Cette opération a pour but d'agir par une précipitation sur une matière fondue.

Elle s'effectue sur des sulfures pour isoler certains éléments.

270. *Liquation*. La liquation consiste à séparer deux métaux qui forment un alliage en chauffant cet alliage à une température suffisante pour fondre l'un d'eux et laisser l'autre sous forme d'une matière spongieuse nommée *carca*. En martelant ce carca, on achève la liquation. Pour cette opération, on emploie le plus souvent les fours à réverbère.

271. *Cristallisation*. La cristallisation consiste à séparer deux substances, dont l'une est interposée en faible proportion dans une matière cristallisable. La substance en plus grande proportion cristallise seule.

IV. — Distillation. — Sublimation.

272. La sublimation consiste à recueillir des matières volatilisées à l'état solide. C'est l'inverse de la distillation. Une distillation simple consiste à extraire le mercure du cynabre à l'état naturel. La fabrication du zinc est une distillation composée. La séparation de l'arsenic et du sulfure d'arsenic des roches qui les renferment donne un exemple de sublimation simple. Une sublimation composée a pour but d'obtenir l'arsenic par la réduction de l'acide arsénieux à l'aide du charbon.

V. — Procédés par voie humide.

273. *Dissolution et précipitation*. Ce

procédé ressemble beaucoup à un travail de laboratoire. On cherche à obtenir le sel soluble, puis on précipite le métal, soit à l'état d'oxyde, soit à l'état métallique.

274. *Macération.* Ce procédé consiste en une simple exposition à l'air et à la pluie pour suroxyder les métaux et les débarrasser de certains corps étrangers, but analogue au grillage.

275. *Amalgamation.* L'amalgamation est un procédé qui tend à se restreindre à cause du prix du mercure

---

CHAPITRE III

FER, FONTE, ACIER

SOMMAIRE

§ I. DÉFINITIONS ET NOTIONS GÉNÉRALES.

I. — Fer.

276. Le fer est un des métaux les plus abondamment répandus dans la nature. Ses nombreuses et importantes applications en font un des métaux les plus précieux. Le fer se rencontre rarement à l'état métallique; il existe le plus souvent combiné, soit avec l'oxygène, soit avec le soufre. Son extraction remonte à la plus haute antiquité. Sa production n'est devenue très active que depuis un temps peu éloigné.

Le fer métallique est d'un gris bleuâtre; poli, il possède beaucoup d'éclat. Il a une odeur et une saveur distinctes mais faibles.

277. Il se trouve dans les arts sous trois états :

1° *Fer doux;* 2° *fonte;* 3° *acier.* Dans les deux derniers métaux, il est combiné à du carbone et à du silicium.

278. Le fer doux contient toujours une

petite quantité de carbone dont l'affinage n'a pu le priver complètement.

279. Le fer pur possède une texture cristalline qui varie suivant la forme qu'on lui a donnée. Quand on observe la cassure d'un morceau de fer de 0^m,03 d'équarrissage, il a l'éclat métallique. Sa structure est à grains indéterminés.

Quelquefois il présente des facettes brillantes qui indiquent un fer mal affiné et cassant. Les fers phosphatés, par exemple, présentent de larges facettes blanches et miroitantes. Le fer à texture fibreuse est ordinairement plus recherché, ce qui tient à ce qu'il possède une ténacité beaucoup plus grande. C'est le plus tenace de tous les métaux.

280. La densité du fer varie de 7,6 à 7,9. On admet généralement 7700 kilos comme poids d'un mètre cube. Le fer à texture grenue a une densité plus grande que le fer à texture fibreuse. La densité diminue avec l'étirage rapide et augmente avec le forgeage.

281. Le fer pur n'est pas très dur ; les fers mal affinés, ou carburés, sont très durs.

282. Dans le commerce, on distingue les fers en *fers forts*, qui se laissent forger et courber à froid et à chaud, et en *fers rouverains*, qui cassent à froid ou à une température plus ou moins élevée. Les *fers forts* peuvent se subdiviser en *fer fort dur*, *fer fort mou* et *fer demi-fort*.

283. Le *fer fort dur* est le meilleur à cause de sa ténacité ; il est très résistant au feu, par suite de la plus forte proportion de carbone qu'il renferme. Il est employé de préférence pour la fabrication de l'acier de cémentation et pour tous les objets qui réclament une grande résistance.

284. Le fer fort mou est plus ductile que le précédent, plus facile à produire mais moins résistant. Il se travaille bien à froid et à chaud.

285. Le fer demi-fort ne casse ni à chaud ni à froid ; il a les mêmes qualités que les précédents à un degré moindre.

286. Les fers *rouverains* se divisent également en deux catégories : les *fers métis* et les *fers tendres*.

287. Les fers métis sont rendus cassants à chaud par la proportion notable de soufre et d'arsenic qu'ils renferment. Ils présentent une cassure plus foncée et plus terne que les autres fers. Ces fers sont presque insoudables.

288. Les fers tendres ou fers cassants à froid doivent cette propriété à la présence du phosphore ; leur cassure est à grains plats, blancs et brillants. Ils sont très lamelleux et se travaillent bien à froid et à chaud.

289. Les fers brûlés, obtenus par une suite de chaudes trop répétées ou mal conduites, cassent à froid, renferment beaucoup de silicium et pas de carbone : cassure lamelleuse, légèrement bleuâtre et brillante, très cristalline.

290. Le fer est très malléable, surtout le fer dur. Il prend le rouge sombre à 700 degrés, le rouge blanc à 1300 degrés. Comme, à cette température, le fer se ramollit et peut se souder à lui-même, on lui donne le nom de *blanc soudant*. On utilise cette curieuse propriété que possède le fer de se souder à lui-même pour réunir deux pièces de ce métal. Il suffit, en effet, d'en chauffer les deux extrémités au *blanc soudant*, ou *blanc suant* comme disent les forgerons, parce que l'oxyde qui s'est produit perle à la surface du métal comme des gouttelettes de sueur à la surface de la peau ; puis de les frapper fortement avec le marteau.

L'oxyde fondu est éliminé par le choc, et les deux parties métalliques décapées se soudent facilement.

291. Lorsqu'on craint la présence de cristaux dans une pièce forgée, on trempe cette pièce dans l'eau froide ; c'est ce qu'on appelle *faire revenir le fer*. La pièce ainsi trempée reprend de la ténacité. Il ne faut pas que le fer soit trop carboné ou trop phosphoré, car, dans ce cas, la trempe donne de la dureté et le fer est rendu cassant.

292. Lorsqu'on chauffe le fer au contact de l'air, il se forme de *l'oxydule* qui s'écaille en *battitures*. Si la chaude est très prompte, le fer n'est pas altéré dans ses propriétés. Si la chaude est plus lente, la quantité d'oxyde est plus considérable et le fer est dit *brûlé*.

293. Si l'on chauffe le fer à l'abri de l'air, au contact du charbon, il y a combinaison, sans fusion. Il y a, comme on dit, *cémentation* et formation d'acier qui contient 1 à 1,5 de carbone pour 100 parties. Si le contact était plus prolongé, il se formerait de la fonte.

294. L'air et l'oxygène secs sont sans action sur le fer à la température ordinaire. A l'air humide, ce métal s'oxyde rapidement et se recouvre de *rouille*, surtout si l'air contient de l'acide carbonique.

295. Chauffé au rouge, le fer s'oxyde promptement au contact de l'air, et se recouvre à sa surface d'une pellicule noire que le moindre choc suffit pour faire tomber. Ces fragments de pellicules portent le nom de *battitures de fer*.

296. Très peu de *soufre* (0,004) altère le fer. Les fers phosphatés sont très cassants à froid, mais se travaillent parfaitement à chaud ; 0,007 de *phosphore* rendent le fer cassant.

297. *L'arsenic* rend le fer dur et aigre. L'action de l'arsenic sur le fer est peu connue ; il exerce cependant une action fâcheuse. On croit qu'il empêche le fer de se souder en rendant sa surface savonneuse.

298. Le *cuivre* rend le fer rouverain.

299. Le *manganèse* augmente sa dureté et sa malléabilité sans diminuer sa ténacité.

300. Le fer est magnétique. Sa dilatation linéaire, de 0 à 100 degrés, est de 1/846. Le fer se combine, par voie sèche, en plusieurs proportions avec le carbone.

301. Les fers du commerce renferment au plus 1/2 p. 100 de carbone ; une plus grande quantité donne des fers aciéreux et, lorsque la proportion atteint 1 à 2 pour 100, il prend le nom *d'acier*.

302. La fonte peut contenir de 2 à 5 pour 100 de carbone.

303. Le fer est facilement attaqué par les acides. Avec les acides chlorhydrique et sulfurique étendus d'eau, il se dégage de l'hydrogène. L'acide sulfurique concentré produit, à chaud, un dégagement d'acide-sulfureux. L'acide azotique, au maximum de concentration, n'exerce aucune action sur ce métal. L'acide du commerce, au contraire, l'attaque avec violence en dégageant des vapeurs rutilantes.

304. Le fer décompose très rapidement l'eau au rouge. L'hydrogène se dégage et l'oxygène s'unit au fer pour donner de l'oxyde magnétique.

305. Le fer ayant une grande affinité pour l'oxygène, réduit, tant par voie sèche que par voie humide, un grand nombre d'oxydes métalliques, tels que ceux d'argent, de cuivre, de plomb.

II. — Fonte

306. Les fers qui renferment plus de 2 p. 100 de carbone prennent le nom de *fontes*. La ténacité des fontes est environ le quart de celle du fer forgé. De 0 à 100°, la fonte se dilate de 1/90ᵏ.

307. Dans les fontes, on distingue la *fonte grise*, la *fonte blanche* et la *fonte truitée grise* ou *blanche*.

308. La cassure de la fonte grise est écailleuse ; son grain est d'autant plus fin que la couleur s'éclaircit. La fonte blanche a une cassure lamelleuse, fibreuse ou grenue. La fonte grise est moins fusible que la fonte blanche ; elle est un peu élastique et conserve plus ou moins l'empreinte d'un coup de marteau. Elle est douce à la lime. La fonte blanche est très cassante, peu élastique, résiste à tous les outils et ne peut se travailler.

309. La densité de la fonte grise est 7,2 ; celle de la fonte blanche 7,5. La fonte grise fond à 1200°, la fonte blanche à 1100°.

310. La fonte en fusion augmente de volume au moment de sa solidification; ensuite, elle se contracte en se refroidissant. Le retrait de la fonte blanche est beaucoup plus considérable que celui de la fonte grise.

La fonte grise coule doucement, se fige lentement et, lorsqu'elle est refroidie, sa surface est unie et convexe. La fonte blanche coule vivement, se fige promptement et, refroidie, elle présente une surface raboteuse et concave.

311. Chimiquement, la fonte est une combinaison de fer et de carbone, avec une quantité variable de *silicium*. Elle peut renfermer du soufre et du phosphore.

Dans la fonte blanche, la totalité du carbone qu'elle renferme est en dissolution. Dans la fonte grise, au contraire, une partie seulement du carbone est en dissolution; l'autre est interposée par petits feuillets de graphite, ce qui lui donne sa teinte grise.

312. Les fontes grises s'obtiennent toujours à des températures plus élevées que les fontes blanches et, comme l'affinité du carbone pour le fer augmente avec la température, elles contiennent plus de carbone dissout. Comme elles refroidissent lentement, il ne reste de carbone combiné que la quantité qui peut se dissoudre à la température de solidification, le reste se séparant à l'état de feuillets de graphite. La fonte blanche se refroidissant très promptement, le carbone n'a pas le temps de se séparer et reste dans la masse. C'est ce qui explique pourquoi, quand on refroidit brusquement la fonte grise, elle devient blanche.

313. Dans la fonte grise, la quantité de carbone combiné varie de 0,75 à 0,90 p. 100 et la quantité de carbone libre, de 3,15 à 4,60 p. 100.

314. Les fontes contiennent d'autant plus de silicium que la température a été plus élevée.

315. Le soufre diminue la fluidité des fontes et tend à les faire passer au blanc; il rend les fontes souffleuses, cassantes, mais plus fusibles.

316. On remarque encore, dans les fontes, que la proportion de silicium augmentant, celle du carbone libre augmente aussi.

Le silicium altère les fontes en rendant leur affinage plus difficile.

317. Les fontes manganésifères sont recherchées et présentent des avantages pour la fabrication des aciers.

318. Le cuivre augmente la dureté de la fonte; il est nuisible dans la fonte destinée à la fabrication du fer.

319. Le phosphore, en petite quantité dans la fonte, la rend plus fusible et ralentit sa solidification brusque. Cela explique pourquoi les fontes qui sont un peu phosphoreuses, s'emploient pour la fabrication des ustensiles de ménage. Dans certains cas, le phosphore rend la fonte plus cassante et impropre à la confection d'objets qui exigent une grande ténacité.

320. L'arsenic, en petite quantité dans la fonte, y joue à peu près le même rôle que le cuivre. Sans lui nuire considérablement, il la rend impropre à la fabrication du fer ou de l'acier.

La fonte contenant de l'arsenic et chauffée au rouge, laisse dégager l'odeur caractéristique de ce corps.

III. — Acier

321. Nous appellerons *acier* du fer carboné qui jouit plus ou moins de la propriété de la *trempe* et qui ne renferme pas plus de 1 à 2 p. 100 de carbone. On y rencontre souvent des quantités moindres encore de silicium, de phosphore et d'azote. Ses qualités physiques sont peu différentes de celles du fer, et il peut se travailler de la même manière. Il a la propriété de se tremper, c'est-à-dire que si, après l'avoir porté à la chaleur rouge, on le refroidit brusquement par l'immersion dans l'eau froide, il acquiert une grande dureté et devient alors propre à la confection des outils. On peut dire que l'acier est d'autant plus dur qu'il est plus carburé, et plus fortement trempé.

322. Les qualités de l'acier dépendent de la pureté du fer, de la proportion de carbone combiné et de l'intimité de cette combinaison.

Les substances étrangères, phosphore, soufre, silicium, ont plus d'influence sur la mauvaise qualité de l'acier que sur celle du fer; elles augmentent sa dureté, mais le rendent cassant.

323. La ténacité de l'acier croît jusqu'à une certaine limite avec la carburation. Après cette limite, la ténacité décroît.

La ténacité et la malléabilité dépendent aussi de son homogénéité.

On dit qu'un acier est dur et qu'il a du ressort, lorsqu'il est à la fois dur et tenace. Il a alors du corps et du nerf. L'acier se soude plus difficilement que le fer, et si la température est trop élevée, il se brise sous le marteau. Lorsqu'il est cassant, on le dit *sec*.

324. Quand l'acier est bien homogène, il prend la trempe uniformément. De bonne qualité, il doit présenter un grain fin et uniforme; ni fibres, ni nerfs.

325. L'acier a une couleur plus blanche que le fer. Sa structure est toujours grenue. Il est plus malléable que ce dernier métal, mais il est moins ductile. Il est très sonore. Sa densité varie de 7 80 à 7,84.

§ II. — DES MINERAIS DE FER. — PRÉPARATIONS MÉCANIQUES. PRÉPARATIONS CHIMIQUES.

326. On donne le nom de *minerai* à un composé naturel renfermant une quantité de métal telle qu'on puisse l'en retirer avec profit.

327. Comme le fer est un métal relativement bon marché, le minerai doit en contenir au moins 25 p. 100 et, de plus, s'y trouver à l'état d'oxyde. La présence du soufre et du phosphore rendrait l'extraction désavantageuse, s'il s'agissait de se procurer le métal pur.

328. Les minerais de fer qu'on exploite sont, le plus généralement, des peroxydes de fer, comme le fer oligiste, l'hématite rouge, l'hématite brune, le péroxyde de fer argileux anhydre, et l'hydrate de péroxyde de fer argileux.

329. Le fer se trouve dans tous les terrains et constitue un très grand nombre d'espèces que nous pouvons grouper comme suit:

1° *Minerais oxydulés* comprenant: fer magnétique, franklinite, ilménite ou fer titané.

2° *Minerais oxydés* comprenant: fer oligiste, hématite rouge, fer oxydé rouge.

3° *Minerais hydratés* comprenant: gœthite, hématite brune, hématite jaune argileuse, minerais hydratés globulaires, limonites.

4° *Minerais carbonatés* comprenant: fer carbonaté spathique, fer carbonaté lithoïde, fer carbonaté schisto-bitumineux, fer carbonaté oolithique.

5° *Minerais silicatés* comprenant: *la chamoisite.*

I. — Minerais oxydulés.

330. *Fer magnétique.* Le minerai de fer oxydulé ou magnétique est le plus riche de tous les minerais de fer; il renferme de 70 à 72,41 p. 100 de métal. Pur, sa couleur est gris acier, quelquefois bleuâtre foncé. Sa poussière est d'un gris noirâtre sans mélange de rouge. Les taches veloutées et de couleur brune qu'on y rencontre souvent indiquent la présence du manganèse.

Il agit sur l'aiguille aimantée sans être préalablement chauffé. Il se trouve cristallisé ou en masses grenues et lamellaires, par filons et amas, au voisinage des terrains éruptifs. Cassure conchoïde, gangue quartzeuse. Densité : 5,10.

Ce minerai est rare en France ; il est plus répandu en Suède, en Sibérie et aux Indes. Il est difficile à réduire. Bien traité, il donne un fer de très bonne qualité.

331. *Franklinite.* La franklinite est un minerai de fer assez rare. On ne le rencontre qu'aux États-Unis.

Sa couleur est gris noirâtre, sa poussière présente des reflets rougeâtres.

Il renferme 45,16 p. 100 de fer ; de plus, une proportion très notable de zinc et de manganèse. On en retire d'abord du zinc et le résidu est traité comme minerai de fer. Il donne des fontes très manganésées.

332. *Ilménite ou fer titané.* Minerai arénacé renfermant de l'oxyde de fer, du manganèse et de l'acide titanique. On le trouve à l'état de sable au bord de la mer, dans le voisinage des volcans, en Norwège, dans l'île de la Réunion, dans la Nouvelle Zélande. La gangue est toujours siliceuse. La richesse en fer est très variable.

II. — Minerais oxydés.

333. *Fer oligiste.* Le fer oligiste, le fer micacé, l'hématite rouge, le fer oxydé rouge compact, granulaire ou terreux sont très abondants dans la nature. Ce sont différentes variétés du peroxyde de fer anhydre. Le fer oligiste se rencontre souvent en cristaux de forme cubique. Sa cassure est fibreuse, quelquefois lamelleuse à éclat métallique. Son gisement le plus remarquable est à l'île d'Elbe. On en rencontre également dans les Alpes et dans les Pyrénées. Il se trouve en amas dans les terrains de transition et dans les terrains éruptifs. Sa couleur est gris acier. Sa poussière est noire avec des reflets rougeâtres. La gangue est quartz-

zeuse, rarement manganésifère. Il n'agit pas sur l'aiguille aimantée. Il donne du très bon fer, mais souvent altéré par la présence du sulfate de baryte. Il renferme 69,84 p. 100 de fer. Densité variant de 5 à 5,20.

Le fer micacé ne diffère du précédent qu'en ce que les cristaux sont très petits et se présentent sous la forme de paillettes hexagonales.

334. *Hématite rouge.* Lorsque le fer oligiste se trouve en amas concrétionnés, il constitue les *hématites.* Cassure matte, rayonnée ; poussière toujours rouge. Il n'agit sur l'aiguille aimantée qu'après grillage. Gangue souvent argileuse, quelquefois calcaire et pouvant renfermer du manganèse.

335. *Fer oxydé rouge.* Les principales variétés exploitées sont : fer oxydé rouge, hématite renfermant 50 p. 100 de fer ; fer oxydé rouge compacte, renfermant 45 p. 100 de fer ; enfin, fer oxydé rouge ocreux renfermant 40 p. 100 de fer.

Le fer oxydé forme des masses compactes, sans éclat, à cassure grenue ou terreuse, quelquefois en grains accolés, sphériques, aplatis, et à cassure souvent fibreuse. C'est du peroxyde de fer amorphe, mélangé de gangue. On le trouve dans les terrains de transition et dans les terrains secondaires.

III. — Minerais hydratés.

336. Le peroxyde de fer hydraté est encore plus répandu que le peroxyde de fer anhydre.

Les hydrates de peroxyde n'attirent l'aiguille aimantée qu'après grillage. Cassure en général mate et jaune. Poussière jaune caractéristique. Eau combinée pouvant atteindre 16 p. 100. Fréquemment manganésifère. Gangue argileuse et rarement calcaire. Densité 3,9.

337. *Gœlhite.* Ne renferme qu'un seul équivalent d'eau. Couleur brune très claire. Poussière jaune. Structure cristalline, renfermant 62,9 p. 100 de fer

338. *Hématite brune.* Hydrate à trois équivalents d'eau. Cassure fibreuse de couleur brune, souvent noire. Taches brunes veloutées, données par la présence du manganèse. La gangue est formée par des silicates argileux renfermant souvent de l'oxyde de manganèse. L'hématite brune provient de la décomposition des carbonates de fer. Se réduit facilement, ce qui lui fait donner le nom de mine douce. Elle se rencontre dans les terrains de transition, dans les Pyrénées, l'Ariège, les Alpes, dans le Harz et en Westphalie. C'est un minerai très recherché qui contient 40 p. 100 de fer.

339. *Hématite jaune argileuse.* La proportion d'eau est variable, mais plus grande que dans l'hématite brune. Couleur jaune, parties tendres et dures. Gangue variable siliceuse, argileuse, quelquefois calcaire. Richesse et pureté variables. Se rencontre entre le lias et le terrain houiller. On en trouve en Belgique dans le calcaire carbonifère.

340. *Minerais hydratés globulaires.* Ce sont des grains isolés ou réunis. Ils se rencontrent dans le lias calcaire jurassique et dans les terrains d'alluvion. *Minerai hydraté oolithique* appartenant à la formation oolithique, où il se trouve en couches composées de petits grains réunis par un ciment calcaire ou ferrugineux. Minerai peu riche contenant de l'acide phosphorique et donnant de mauvaises fontes. Il est connu dans le Luxembourg sous le nom de *Minette*.

341. *Minerai hydraté miliolithique.* Il se trouve sous forme de petits grains disséminés dans des terres argileuses, quelquefois agglutinés par une pâte ferrugineuse. Ce minerai est ordinairement de bonne qualité. On le trouve dans les crevasses des terrains tertiaires ou des terrains d'alluvion.

342. *Minerai hydraté pisolithique.* Il se rencontre sous forme de grains de la grosseur d'un pois. Ces grains sont formés par des couches concentriques et présentent un vide au centre. Quelquefois collés entre eux, ils forment de véritables rognons. Par des lavages successifs, on les sépare de l'argile dont ils sont imprégnés. La teneur en phosphore est moindre que dans les deux variétés précédentes. Ce minerai se trouve assez abondamment dans le Jura, en Champagne, dans le Périgord, dans la Franche-Comté, en Bourgogne, dans le Berry.

Il renferme 33 p. 100 de fer.

343. *Limonites.* Ce sont des minerais oxydés hydratés en roches de formation récente, compactes ou terreux en fragments irréguliers. Couleur brune tirant un peu sur le jaune.

Ils sont souvent désignés sous le nom de minerais des prairies. Ces minerais contiennent du phosphate de fer; ils sont assez riches en fer et renferment du manganèse. Ils donnent du fer tendre et de mauvaise qualité, employé pour la fabrication des fontes de moulage de première fusion.

On trouve ces minerais dans les Landes, en Belgique et en Westphalie, et, en général, dans tous les pays plats.

IV. — Minerais carbonatés.

344. *Fer carbonaté spathique.* Le fer carbonaté spathique se rencontre dans les terrains primitifs et de transition. Aspect lithoïde, quelquefois structure lamelleuse. Il cristallise en rhomboèdres comme le fer oxydulé. Pur, il est blanc nacré; exposé à l'air et, par suite d'un commencement de décomposition, sa couleur devient brun rouge. Sur des charbons ardents, il change de teinte. Après grillage, il est magnétique. En contact avec l'acide nitrique, il se produit une très faible effervescence. On le trouve souvent associé à la baryte sulfatée, à la galène, aux pyrites de fer et au cuivre. Il renferme toujours une certaine proportion de carbonaté de manganèse ou de magnésie, plus rarement du carbonate de chaux.

Exposé pendant un certain temps à l'air

humide, il se décompose lentement; l'oxygène et une partie de l'acide carbonique se portent sur la magnésie pour former du bicarbonate de magnésie soluble. Chauffé à la chaleur blanche, il se dégage un mélange d'acide carbonique et d'oxyde de carbone; il reste, comme résidu, du peroxyde de fer et de l'oxyde magnétique.

Il contient au plus 40 p. 100 de fer. On le trouve dans le Dauphiné, dans les Pyrénées, en Saxe, en Bohême et en Styrie. Il convient particulièrement, à cause de son manganèse, à la fabrication des fers à acier.

345. *Fer carbonaté lithoïde* (terreux ou des houillères). Il ressemble à du calcaire compact ou à des argiles endurcies. Grande pesanteur; grillé, il prend une couleur rouge et attire fortement l'aiguille aimantée.

On le trouve constamment dans les terrains houillers, tantôt en couches, tantôt en rognons.

Lorsqu'il se trouve par couches minces et très régulières, il est pauvre et ne contient que 20 à 24 p. 100 de métal; en rognons, la proportion varie de 35 à 45 p. 100.

Il est souvent coquillé, et on y trouve des empreintes de fougères et de poissons. Il accompagne toujours la houille. Ce minerai contient ordinairement du carbonate de chaux, de magnésie et de manganèse, mais en proportion beaucoup moindre que le fer spathique. Très répandu en Angleterre et dans le bassin houiller de Saint-Étienne.

346. *Fer carbonaté schistobitumineux.* Il se présente sous l'aspect de larges bandes noires, et renferme beaucoup de houille. La proportion de fer peut atteindre 60 p. 100. Les gisements principaux sont en Écosse et en Westphalie.

347. *Fer carbonaté oolithique.* Beaucoup de ressemblance avec les minerais hydratés oolithiques. Couleur verdâtre donnée par la présence du silicate de fer.

On le trouve en couches puissantes dans le lias. L'Angleterre en possède des *gisements très importants.*

V. — Minerais silicatés. *Chamoisite.*

348. La *chamoisite* est un hydro-silicate de fer compact. Couleur verdâtre ou gris foncé. Cassure inégale, quelquefois grenue et presque terreuse. Contient de 46 à 47 p. 100 de fer métallique. Densité de 3 à 3,4. Se trouve en couches peu étendues, mais très épaisses, dans le calcaire coquiller grisâtre. La chamoisite produit d'excellents fers.

349. En général, les minerais en morceaux sont plus riches en fer que les minerais menus. La valeur métallurgique d'un minerai n'augmente pas toujours avec la teneur en fer; elle dépend aussi de la formation des mélanges que l'on doit faire dans l'usine.

Les minerais oxydés se travaillent mieux et se réduisent plus facilement que les minerais oxydulés. Les minerais poreux se traitent bien; il n'en est pas de même des minerais durs et compacts.

350. Parmi les substances étrangères autres que les gangues que l'on trouve dans les minerais, les unes, comme le soufre, le phosphore, l'arsenic, le cuivre, le zinc, sont nuisibles; d'autres, au contraire, comme le manganèse et le titane, sont utiles.

351. Certains minerais très riches ne contiennent pas de gangue, et on est obligé d'en ajouter ou de les mélanger avec d'autres minerais plus pauvres. Dans quelques cas, les gangues sont fusibles par elles mêmes; dans d'autres, il faut ajouter aux minerais des gangues fusibles qui prennent alors le nom de *fondants.*

352. Le fer forme, avec le soufre, plusieurs combinaisons qui portent le nom de *pyrites.* On en distingue trois espèces : pyrite jaune, pyrite blanche et pyrite magnétique. Il existe aussi des arséniates de fer et du fer phosphaté.

Nous croyons inutile de nous étendre

davantage sur les minerais de fer pour passer de suite aux diverses préparations de ces minerais.

Préparations mécaniques.

353. La première opération est le triage. Ce triage se fait presque toujours à la mine, rarement à l'usine. C'est une classification des minerais par qualité et par grosseur. Il est pratiqué sur tous les minerais, sauf sur les minerais granulés, limoneux ou arénacés. Pour ces derniers et pour les minerais en roche souillés de terre, on doit leur faire subir l'opération du lavage afin de les débarrasser des matières terreuses. Une deuxième opération à effectuer après le triage, c'est le cassage. Le cassage peut se faire :

1° Pour préparer les minerais au lavage; c'est alors un cassage au bocard.

Les bocards ne sont autre chose que des séries de pilons sous lesquels on casse le minerai. Ces pilons sont mus par des cames donnant une levée de 0^m,30 à 0^m,35. On peut casser le minerai et le laver en même temps en plaçant en avant une grille et en faisant couler un filet d'eau (*fig.* 83) au travers du minerai.

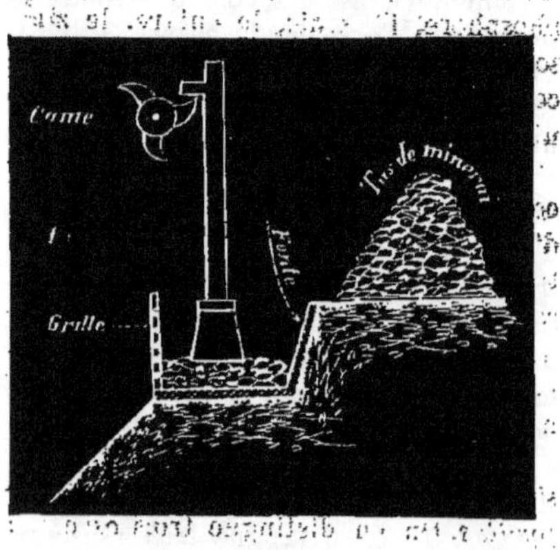

Figure 83.

2° Pour faciliter le traitement métallurgique, le minerai étant trop compact et en morceaux trop volumineux, on est obligé de diviser ces morceaux en se servant d'une massette en fer aciéré, fixée à l'extrémité d'un manche élastique.

354. *Lavage.* — Deux sortes de lavages; le lavage à bras et le lavage mécanique. Le lavage est effectué pour isoler les grains de minerai de la terre qui les entoure, ou pour débourber des minerais en morceaux plus volumineux dont les fissures sont remplies de terre. Lorsque la terre est peu adhérente, il suffit de placer le minerai dans un bac rempli d'eau. On remue le minerai, la terre argileuse se détache et reste en suspension; il suffit alors de décanter. Dans certains cas, on emploie des bacs étagés (*fig.* 84). Dans

Figure 84.

ces bacs, on place le minerai et on fait couler l'eau d'un bac dans l'autre, de manière à entraîner la matière terreuse avec cette eau.

Un autre procédé très simple consiste à mettre le minerai à laver dans un seau en bois ou en fer percé (*fig.* 85) et de suspendre ce seau à l'extrémité d'une perche fichée en terre, au-dessus d'une fosse remplie d'eau. On profite de la flexibilité de cette perche pour faire osciller ce seau dans l'eau, afin de délayer et d'entraîner au fond de la fosse les parties terreuses et argileuses.

355. *Lavage mécanique.* — La préparation mécanique des minerais a pour but, comme son nom l'indique, de séparer, par des procédés mécaniques, la plus grande partie possible des gangues ou matières stériles qui se trouvent mélangées avec les minerais.

Généralement, les minerais de fer ne sont soumis qu'à un simple débourbage. Lorsqu'on a un certain volume d'eau à sa disposition, et qu'il y a une grande quantité de minerai à débourber, on emploie des machines qui portent le nom de *patouillets*, et auxquelles sont annexés des bocards pour concasser les minerais en roche.

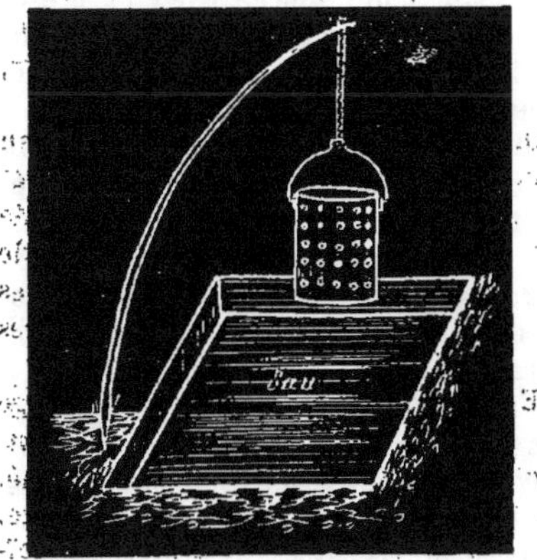

Figure 85.

Le lavage mécanique convient pour enlever les terres argileuses qui adhèrent fortement.

356. Le *patouillet* le plus simple, consiste en une auge en bois A (*fig.* 86) au centre de laquelle se trouve l'arbre d'une roue hydraulique B. Sur cet arbre, sont fixées des pelles en fer, *p*, et entre ces pelles des barres également en fer et repliées, *b*, qui servent à remuer le minerai dans l'auge. La longueur de cette auge varie de 2 à 2ᵐ,50; le rayon des bras est de 0ᵐ,80. La roue fait de 10 à 15 tours par minute.

L'eau qui sort du patouillet est bourbeuse. Avant de la rendre au cours d'eau, on est obligé de l'envoyer dans des bassins d'épuration, où elle laisse déposer une grande partie de la boue qu'elle renferme.

357. Le patouillet primitif a été abandonné pour faire place au lavoir portatif de M. Dufournel. Ce lavoir représenté (*fig.* 87) est construit tout en fer. Il se compose d'une première partie, demi-cylindrique, de 1 mètre de diamètre et 1ᵐ,50 de longueur; d'une deuxième partie formée de deux troncs de cône opposés par leur petite base; d'un troisième tronçon, de

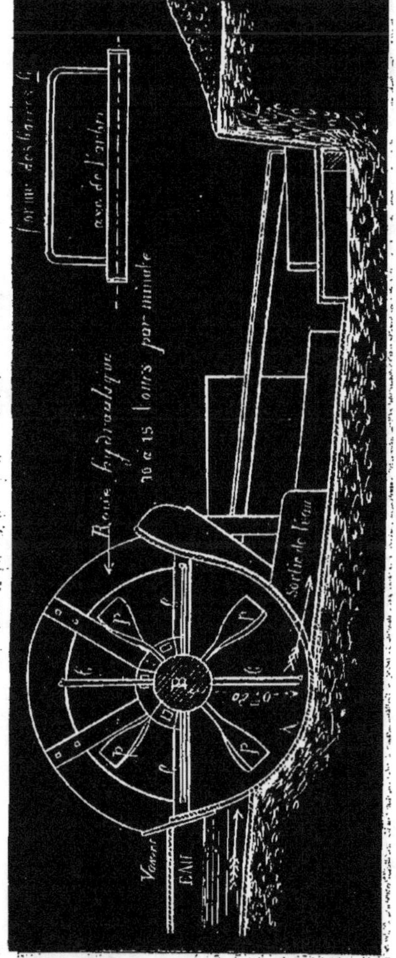

[Figure 86. — Patouillet coupe en long].

2ᵐ,40 de longueur, où se meut une hélice; enfin, d'une dernière partie dans laquelle se trouve une roue à godets.

Le minerai arrive d'un côté et l'eau du côté opposé.

Dans le premier demi-cylindre (1) le minérai est remué par des bras en fer P ; il

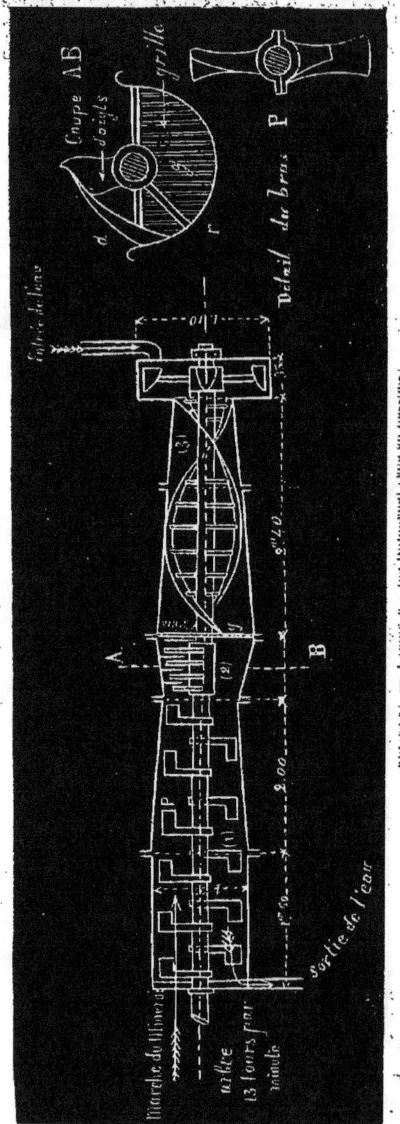

se rend ensuite dans le tronc de cône (2). Les cailloux qui s'accumulent en cet endroit sont pris par une sorte de main dont les doigts sont nettoyés dans leur mouvement par des décrottoirs, d. Il existe une grille, g, au devant de laquelle se trouve un râcloir r qui tourne avec l'arbre et qui nettoie cette grille. Au delà dans la partie (3), se trouve l'appareil finisseur, composé d'une hélice.

On emploie environ 2 mètres cubes d'eau pour 1 mètre cube de terre. Ce patouillet est mû par une locomobile de la force de 3 à 4 chevaux pour 25 mètres cubes de terre lavée en douze heures. Ces 25 mètres cubes de terre rendent de 6 à 7 mètres cubes de minerai lavé.

Enfin, on emploie aussi, pour le lavage des minerais de fer, un tambour ou *trommel* dont l'axe est horizontal ou incliné. Ce trommel est à claire-voie et porte, dans le premier cas, une cloison hélicoïdale tournant dans une cuve pleine d'eau. On charge le minerai brut à une extrémité et il sort débourbé à l'autre bout. Ce lavage est continu et ne dépense que très peu d'eau.

Préparations chimiques.

358. La première opération chimique à faire subir aux minerais de fer est une calcination ou un grillage.

On calcine les minerais de fer hydratés en roche, pour en chasser l'eau, et les minerais de fer carbonatés spathiques et lithoïdes pour en expulser l'eau, l'acide carbonique et les matières bitumineuses qu'ils peuvent renfermer. Quand les minerais renferment de petites quantités de pyrites, celles-ci perdent une partie de leur soufre dans cette opération et se transforment ensuite, lorsqu'on les laisse exposées pendant un certain temps à l'action des agents atmosphériques, en sulfate de fer qui est entraîné par l'eau.

359. Le grillage influe sur les opérations subséquentes. Il doit être fait d'une manière égale et convenable. Le grillage lent est meilleur que le grillage précipité. Dans ce dernier cas, il est inégal et le minerai est fritté, ce qui le rend impossible à fondre. Après un grillage bien fait, le minerai est plus friable, plus poreux et il se laisse plus facilement pénétrer par les gaz réducteurs. Le grillage peut se faire de deux manières, soit en tas, soit dans des fours à cuve ayant une grande analogie avec les fours à chaux.

360. Nous avons vu précédemment comment on opère pour le grillage des minerais en tas. Il nous reste à dire quelques mots du grillage des minerais dans les fours.

I. — Fours de la Voulte (Ardèche).

361. Ces fours se construisent au nombre de trois ou quatre, côte à côte, de préférence adossés à une colline. De cette manière, on profite de la rampe naturelle pour monter à la partie supérieure et le chargement est beaucoup plus facile. Ces fours, de forme ovoïde (*fig.* 88), ont l'avantage de concentrer la chaleur. Pour les construire, on place un poteau au centre; ce poteau P porte un gabarit en bois qui, en tournant, donne la forme ovoïde demandée. Les matériaux employés ne sont pas de premier choix. Ce sont des briques demi-réfractaires, ou des briques réfractaires mal cuites et faites avec des matériaux inférieurs. Au bas des fours se trouvent des ouvertures destinées à retirer le minerai grillé. A la partie haute du four, on protège la maçonnerie par des plaques en fonte de 4 à 5 centimètres d'épaisseur. Les *ouvreaux*, o, ou portes de déchargement, sont également fermés par des plaques de fonte. Il faut avoir soin de mettre des armatures, *a*, pour maintenir le four et empêcher les dislocations des maçonneries. Le chargement se fait par couches alternatives de minerai et de charbon. On jette au fond du four une couche de bois auquel on met le feu, puis une couche de houille. La houille bien enflammée, on verse une couche de minerai en gros morceaux. Ce minerai ayant atteint la

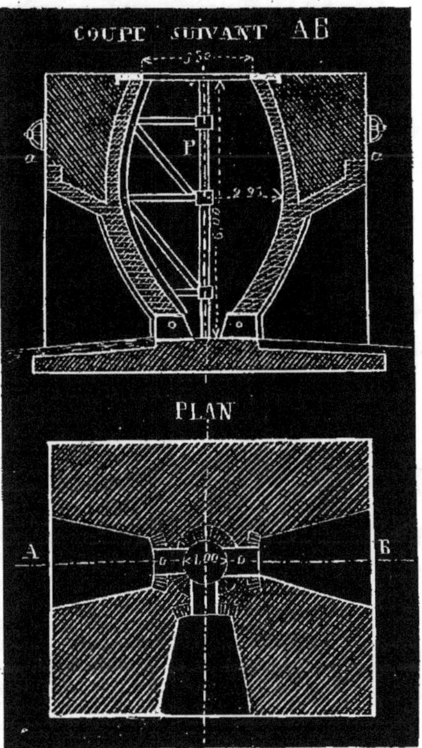

Figure 88. — Fours de la Voulte (Ardèche).

température du rouge sombre, on ajoute une autre couche de houille et ainsi de suite, de manière à compléter le chargement. Il faut que la température soit peu élevée et ne dépasse pas le rouge; sans cela, l'oxyde de fer réagirait sur les gangues et formerait avec elles des scories fusibles. La quantité de charbon nécessaire varie de 3 à 5 p. 100 du poids du minerai à griller.

II. — Fours d'Alais.

362. A Alais, on a fait des fourneaux disposés de la même manière. Pour faciliter la descente du minerai grillé, on a placé au fond du four un cône en fonte, C (*fig.* 89).

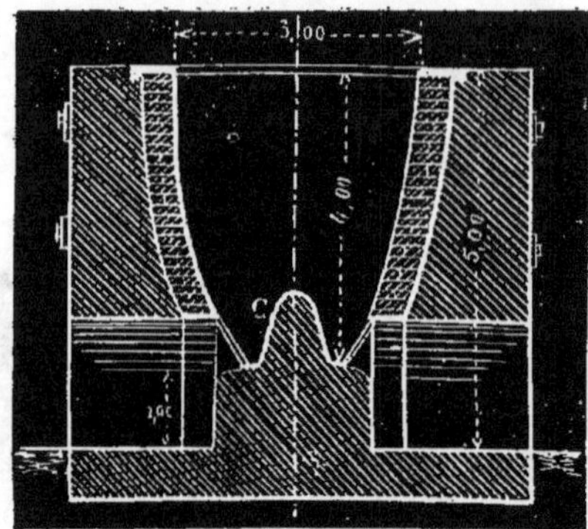

Figure 89. — Fours d'Alais (coupe).

La partie inférieure du four étant à 1 mètre au-dessus du sol, le minerai grillé peut tomber directement dans des vagonnets en tôle et être transporté facilement. On peut, avec ce four, griller 10 tonnes de minerai en vingt-quatre heures. Un seul ouvrier suffit pour conduire deux fours. Le combustible employé est le dixième du poids du minerai traité. La main-d'œuvre est de 0 fr. 65 à 0 fr. 75 par tonne de minerai grillé.

III. — Fours Gers.

363. Ces fours (*fig.* 90) reposent sur une couronne annulaire en fonte soutenue par des colonnes également en fonte. Ils sont formés d'une paroi en briques réfractaires, recouverte extérieurement d'une enveloppe en tôle, et sont complètement libres par le bas, ce qui rend le déchargement très facile à faire. Des ouvertures sont pratiquées dans la paroi même du four pour l'introduction de l'air. Dans l'axe se trouve un double cône en fonte permettant également l'entrée de l'air par le centre. Ces fours peuvent atteindre 13 mètres de hauteur et un diamètre, au ventre, de 7 mètres.

364. En Suède, on a disposé des fours de manière à pouvoir employer la vapeur d'eau. Le tuyau de vapeur, placé horizontalement, traverse le bas de la cuve et envoie de la vapeur au milieu de la masse.

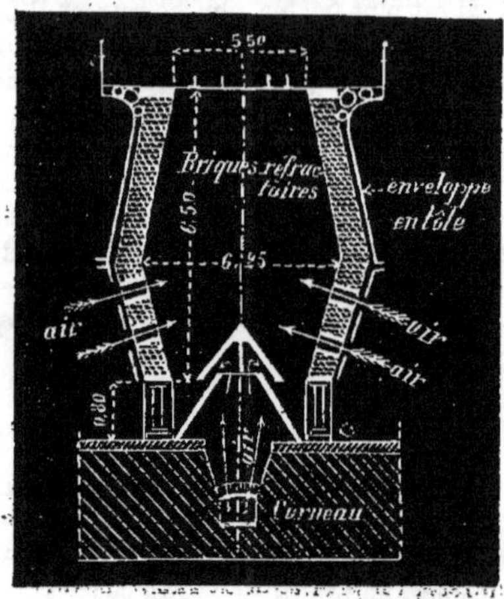

Figure 90. — Fours de Gers (coupe).

Pour protéger ce tuyau, on place au-dessus un cône en fonte afin d'éviter son contact avec les matières à traiter.

365. Dans certains cas, on utilise, pour griller les minerais, les gaz venant des hauts fourneaux.

Le four employé a une forme cylindrique en haut et s'évase par le bas.

Un carneau annulaire reçoit les gaz d'un haut fourneau et les envoie dans la masse de minerai.

366. Les minerais menus ou en grains ne peuvent être bien grillés que dans des fours à réverbère.

367. Quand on doit griller un mélange de minerais menus et de minerais en morceaux, il faut avoir soin de mettre les minerais menus contre la paroi du four et les morceaux plus gros au centre.

368. Le grillage des minerais doit se faire au fur et à mesure des besoins. Lorsqu'ils sont grillés longtemps avant de les employer, ils tombent en poussière et perdent leurs qualités.

369. Le grillage n'est pas la seule opération chimique à considérer. Après le grillage, on soumet le minerai à la macération, opération qui consiste à le laisser par couches de $0^m,15$ à $0^m,20$ d'épaisseur au contact de l'air et de la pluie pendant un temps assez long, quelquefois un ou deux ans.

Les minerais carbonatés magnésifères, ainsi exposés, permettent à la magnésie de se transformer en bicarbonate.

370. Les pyrites sont ramenées, par la calcination, à l'état de protosulfure qui s'effleurit et qui est entraîné par les eaux pluviales, de sorte que la qualité du minerai s'améliore en proportion du temps qu'il est resté exposé à l'air.

§ III. — PHÉNOMÈNES CHIMIQUES DU TRAITEMENT DES MINERAIS DE FER. — RÉACTIONS DANS LES DIFFÉRENTS FOURNEAUX.

I. — Réduire l'oxyde par le charbon.

371. Lorsqu'ils sont grillés, tous les minerais de fer se trouvent à l'état d'oxyde. Ces oxydes sont unis à des substances étrangères qu'il faut enlever ainsi que l'oxygène. C'est au moyen du carbone et en opérant à haute température que l'on réduit l'oxyde; mais, quand le fer est à l'état naissant, il a une grande affinité pour le carbone et tend, après la réduction, à se carburer plus ou moins.

II. — Rendre la gangue fusible en formant un silicate multiple.

372. En sacrifiant du fer, on obtient un silicate plus fusible et le fer ne se carbure pas. Le fer métallique réduit se trouve encore mélangé à la gangue. Cette dernière s'oppose à la réunion des particules du métal. Si elle est très fusible, en comprimant la masse, cette gangue se sépare et les particules de fer peuvent se réunir. Si, au contraire, elle est réfractaire, le fer aurait le temps de se carburer et on produirait de la fonte.

373. Les minerais de fer sont le plus souvent accompagnés de *silice* et d'*argile*, matières à peu près infusibles; mais, si l'on consent à sacrifier une portion de l'oxyde de fer pour le laisser se combiner à la silice, il se formera un silicate double d'alumine et de fer très fusible. Dès lors, il ne sera plus nécessaire d'avoir une haute température pour obtenir du fer. Ceci peut se faire avec des minerais très riches. Si l'on veut avoir tout le fer du minerai, il faut éviter le passage de l'oxyde dans les silicates, qui sont moins fusibles, mais le fer se carbure. Il faut que l'oxyde se réduise avant la formation des silicates.

374. Il suffit alors de donner au silicate d'alumine une autre base, la *chaux*, qui le rend fusible. Il se forme un silicate double, mais ce silicate étant bien moins fusible que celui du fer, la température doit être plus élevée dans le fourneau. Comme l'oxyde se réduit au rouge naissant, le fer est ramené à l'état métallique bien avant la formation des silicates et il ne peut plus entrer en combinaison avec la silice qui, du reste, a une base puissante, la chaux, pour se saturer. Pendant ce temps, le fer passe à l'état de fonte fusible qui se sépare facilement des gangues.

III. — Comment a lieu la réduction de l'oxyde par le charbon, celui-ci passant à l'état d'oxyde de carbone.

375. L'oxyde de fer se réduit en présence du charbon sans fusion. On avait observé que, durant la réduction, la désoxydation se propageait de la surface au centre des morceaux de minerai, en changéant d'abord le peroxyde en oxyde inférieur semblable au fer oxydulé, et que, pour cela, il suffisait d'une faible chaleur. On admettait qu'il fallait un contact intime entre l'oxyde et le charbon. Malgré cela, la réduction centrale des morceaux s'expliquait difficilement.

Après de nombreux essais, on a pensé que c'était l'oxyde de carbone et non le carbone solide qui opérait la réduction, et que, dans ce cas, le charbon ne devait être considéré que comme matière première servant à préparer simplement et économiquement le gaz réducteur.

Cette nouvelle théorie facilite singulièrement l'explication des phénomènes dans les fourneaux de réduction.

IV. — Réduction dans un creuset brasqué.

376. On désigne sous le nom de *creusets brasqués*, des creusets dont les parois intérieures sont garnies d'une couche de charbon.

On peut les considérer comme des creusets de charbon munis extérieurement d'une enveloppe d'argile réfractaire. Ils sont solides, toujours exempts de gerçures, faciles à réparer, et ils jouissent des mêmes propriétés que les creusets de charbon massif sans en avoir les inconvénients. La difficulté de se procurer des morceaux de charbon entièrement exempts de fissures a fait remplacer les creusets de charbon par des creusets brasqués.

377. *Comment se fait la réduction dans un creuset brasqué?* — En préparant ce creuset, il reste toujours de l'air et de l'oxygène. Si l'on élève à la température rouge, la brasque transforme en oxyde de carbone l'oxygène qui est renfermé dans l'appareil; c'est en présence de ce gaz que l'oxyde se réduit à la surface. Mais, en se réduisant, il se produit de l'acide carbonique en quantité égale à l'oxygène enlevé. Cet acide carbonique formé ne tarderait pas à neutraliser les propriétés réductives des gaz, mais, en contact avec la brasque, il se transforme en oxyde de carbone en doublant de volume. Chaque fois que cette transformation a lieu, le volume de l'oxyde de carbone augmente, et la réduction va en croissant.

Il faut que les molécules d'acide carbonique puissent être ramenées assez promptement au contact de la brasque; il en est de même pour l'oxyde de carbone au contact de l'oxyde. Ces mouvements sont produits par les différences de température et par l'augmentation de volume de l'acide carbonique transformé en oxyde de carbone.

378. Le temps qu'exige la réduction dépend de trois choses :

1° De la nature de l'oxyde;

2° De la masse;

3° De la température.

V. — Action de l'acide carbonique sur le fer réduit.

379. L'acide carbonique n'a aucune action sur les corps oxydés au maximum. L'oxyde de carbone agit d'autant plus facilement que l'oxygène est moins retenu et qu'il y a moins d'acide carbonique. Enfin, l'acide carbonique oxyde le fer à la même température que l'oxyde de carbone réduit l'oxyde de fer.

380. La température du creuset et l'action de l'oxyde de carbone sur l'oxyde, enlevant une partie des principes, désagrègent l'oxyde de fer et le rendent perméable aux gaz sur une seconde couche, et ainsi de suite jusqu'au centre.

Mais la partie réduite contient de l'acide carbonique en assez grande quantité, produit par la réduction.

Si, pour une cause quelconque, il se formait du fer métallique, il serait promptement suroxydé par l'acide carbonique. Il s'ensuit que le fer reste d'abord à l'état d'oxyde magnétique, puis l'oxyde de carbone continue à agir et le mélange des gaz contient beaucoup d'oxyde de carbone et peu d'acide carbonique ; par suite, le fer métallique n'est plus suroxydé et l'oxyde magnétique se réduit.

VI. — Réactions dans les fourneaux à courants d'air forcé.

381. Dans ces fourneaux, les gaz réducteurs ont un courant énergique et tel que la réduction aurait encore lieu quand même l'acide carbonique ne serait plus transformé en oxyde de carbone. La chaleur se produit dans l'intérieur du fourneau et au lieu même où l'oxyde est réduit.

382. Lorsqu'on brûle du charbon dans un fourneau à courants d'air forcé, l'oxygène est incomplètement transformé en acide carbonique ; il y a une zone inférieure où il existe de l'acide carbonique et de l'oxygène ayant échappé à la réaction ; c'est une zone oxydante. Au-dessus, l'acide carbonique se transforme en oxyde de carbone ; puis il se forme une zone où l'on trouve de l'oxyde de carbone et un peu d'acide carbonique ; enfin, à la partie haute, on trouve simplement de l'oxyde de carbone.

383. La masse supérieure est portée au rouge par la chaleur des gaz. Cette masse tout entière s'écrase et le mélange de charbon et d'oxyde de fer se trouve dans de bonnes conditions pour être réduit. Il faut soustraire le métal réduit à la zone oxydante inférieure.

Emploi des hauts fourneaux.

I. — Disposition. — Dimensions. — Construction. — Mode de chargement.

384. La disposition des hauts fourneaux est telle que le fer, à l'état naissant, puisse se carburer aussitôt sa réduction opérée, et échapper, par la fusion, à l'oxydation de la zone inférieure.

Il faut donc dans un haut-fourneau :

1º Réduire le métal ;

2º Carburer ce métal ;

3º Séparer, par voie de fusion, les matières terreuses contenues dans le lit de fusion.

II. — Disposition des hauts fourneaux.

385. La capacité d'un haut fourneau se compose de quatre parties distinctes continues, ayant une verticale pour axe commun (*fig.* 91) :

1º la *cuve* C ;

2º les *étalages* E.

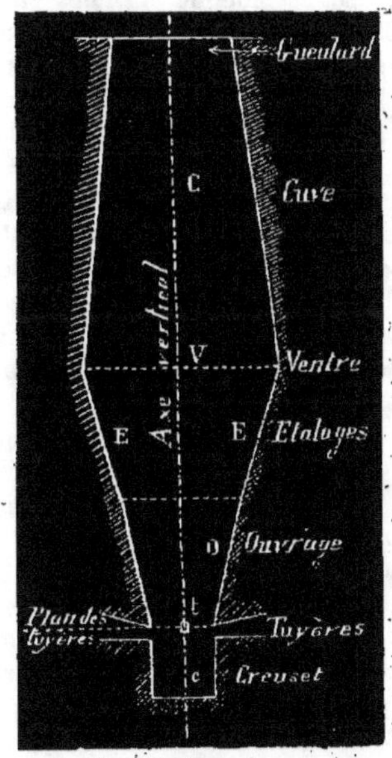

Figure 91. — Coupe théorique d'un fourneau.

Ces deux parties ont la forme de deux troncs de cône adossés par leur base la plus large, et sont reliées par une courbe douce.

On donne à cette partie du fourneau,

formant le plan de séparation des étalages et de la cuve, le nom de *grand ventre* V.

Immédiatement au-dessous des étalages se trouvent :

3° L'*ouvrage*, O, capacité à section circulaire ou polygonale.

Cette partie du haut-fourneau reçoit les *tuyères*, *t*, des machines soufflantes qui amènent l'air dans le fourneau ;

4° Enfin, le *creuset*, *c*, placé au bas du fourneau et ayant la forme d'un parallélipipède rectangle. Ce creuset est placé au-dessous des tuyères et reçoit le laitier et la fonte provenant de la réduction des minerais.

Le plan de séparation de l'ouvrage et du creuset est nommé *plan des tuyères*.

386. Il existe encore d'autres parties qu'il est bon de citer et qui sont indiquées dans la coupe verticale d'un haut fourneau (*fig.* 92).

La partie extérieure du creuset, *c'*, porte le nom *d'avant-creuset*. Cet avant-creuset est fermé par un petit mur incliné ou *dame*, *d*, recouvert d'une plaque de fonte par-dessus laquelle s'écoulent les *laitiers*. La dame porte aussi un trou de coulée *a*. La face opposée à la dame porte le nom de *rustine*.

La pierre réfractaire taillée en prisme qui se trouve au-dessous et un peu en avant de la paroi de l'ouvrage porte le nom de *tympe* T.

Les ouvertures qui permettent l'introduction de l'air dans le fourneau se nomment *tuyères*, *t*. On donne le nom de *costières* aux faces de l'ouvrage sur lesquelles sont placées les tuyères.

387. Dans les fourneaux qui n'ont qu'une tuyère, on appelle *contrevent* la paroi qui lui fait face.

388. Enfin, à la partie haute du fourneau, se trouve le *gueulard* G, ouverture pratiquée à la partie supérieure de la cuve et qui sert à l'introduction du mélange des minerais, du fondant et du combustible.

389. Le devant du fourneau est évidé

et forme, en se réunissant aux murs latéraux de l'avant-creuset, une *embrasure*, *e*, ou niche terminée par deux angles obtus. La voûte de l'embrasure de travail est ordinairement plate et soutenue par plusieurs barres de fer qu'on nomme *marâtres*. Les tuyères, et souvent la rustine, présentent des embrasures analogues.

Dans certains cas, on supprime le massif en maçonnerie situé au-dessous des étalages et on supporte la partie supérieure du haut fourneau sur des colonnes en fonte, ce qui rend les abords du fourneau et le service plus faciles. Une disposition de ce genre est indiquée (*fig.* 93 et 94) pour le haut fourneau de Mertzwiller (près Niederbronn), dont le dessin a été extrait du portefeuille de l'École centrale.

Dimensions des différentes parties d'un haut fourneau.

390. Les dimensions des hauts fourneaux dépendent du volume d'air qu'on y lance à la fois, de la nature du minerai et de celle du combustible, de la quantité et de la qualité de la fonte que l'on veut obtenir.

391. Pour fondre des minerais friables et terreux qui se tassent facilement, il faut employer des fourneaux peu élevés. On peut augmenter la hauteur en employant des minerais en gros morceaux et compacts. Les grands fourneaux sont plus faciles à conduire que les petits.

La hauteur d'un fourneau se mesure du fond du creuset au gueulard.

392. En tenant compte des considérations précédentes et de la difficulté de donner des règles théoriques, nous pouvons, en nous basant sur les faits qui nous sont donnés par l'expérience, admettre les hauteurs suivantes pour les fourneaux :

Charbons de bois légers, 6 à 8 mètres de hauteur ; c'est un minimum.

Charbons de bois résineux ou mêl.s, de 8 à 10 mètres.

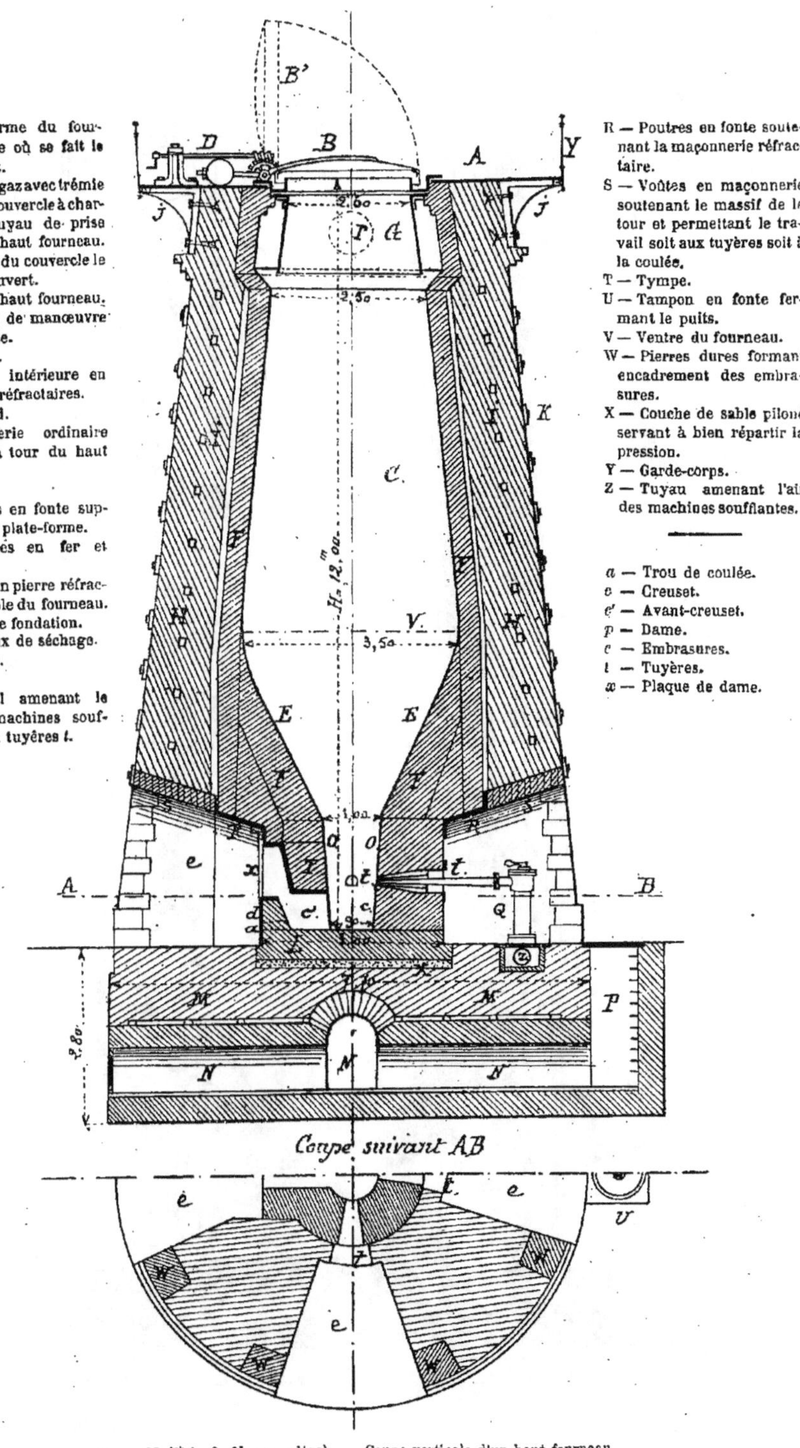

A — Plate-forme du fourneau, partie où se fait le chargement.

B — Prise de gaz avec trémie conique et couvercle à charnière; p tuyau de prise des gaz du haut fourneau.

B' — Position du couvercle le gueulard ouvert.

C — Cuve du haut fourneau.

D — Appareil de manœuvre du couvercle.

E — Étalages.

F — Chemise intérieure en matériaux réfractaires.

G — Gueulard.

H — Maçonnerie ordinaire formant la tour du haut fourneau.

I — Vides,

J — Consoles en fonte supportant la plate-forme.

K — Armatures en fer et fonte.

L — Massif en pierre réfractaires. — Sole du fourneau.

M — Massif de fondation.

N — Carneaux de séchage.

O — Ouvrage.

P — Puits.

Q — Appareil amenant le vent des machines soufflantes aux tuyères t.

R — Poutres en fonte soutenant la maçonnerie réfractaire.

S — Voûtes en maçonnerie soutenant le massif de la tour et permettant le travail soit aux tuyères soit à la coulée.

T — Tympe.

U — Tampon en fonte fermant le puits.

V — Ventre du fourneau.

W — Pierres dures formant encadrement des embrasures.

X — Couche de sable piloné servant à bien répartir la pression.

Y — Garde-corps.

Z — Tuyau amenant l'air des machines soufflantes.

a — Trou de coulée.

c — Creuset.

c' — Avant-creuset.

p — Dame.

e — Embrasures.

t — Tuyères.

x — Plaque de dame.

Figure 92 (*Éch.* 0m,01 par mètre). — Coupe verticale d'un haut fourneau.

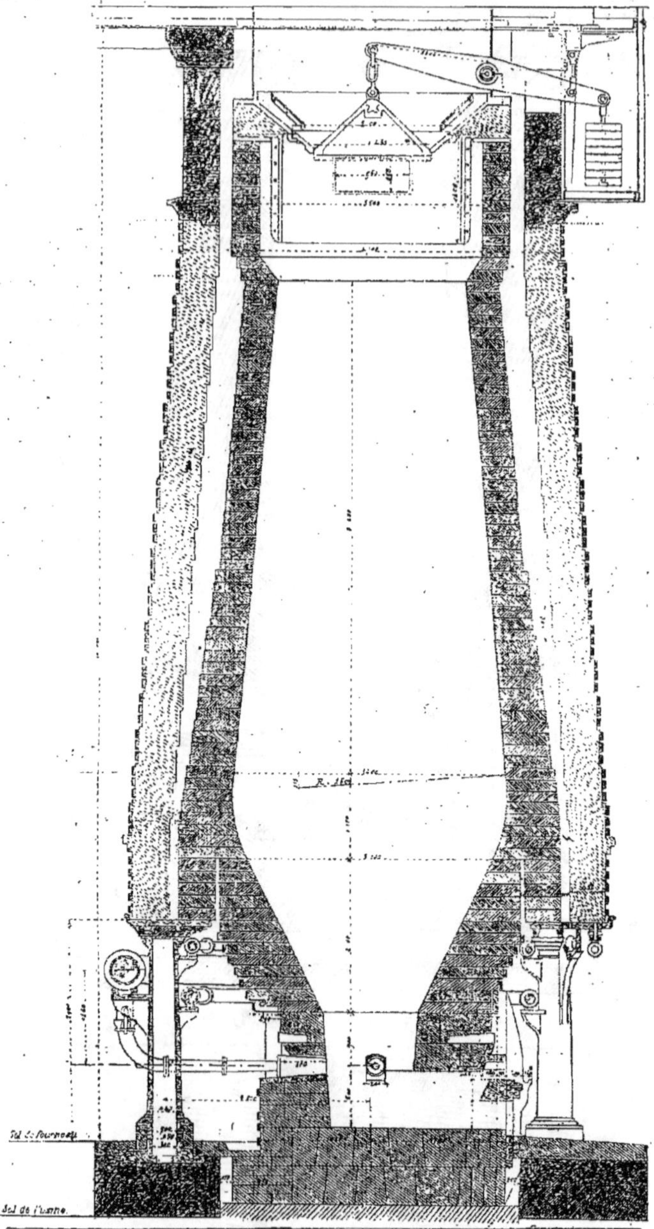

Figure 93. — Haut fourneau de Mertzwiller, près Niederbronn (coupe verticale).

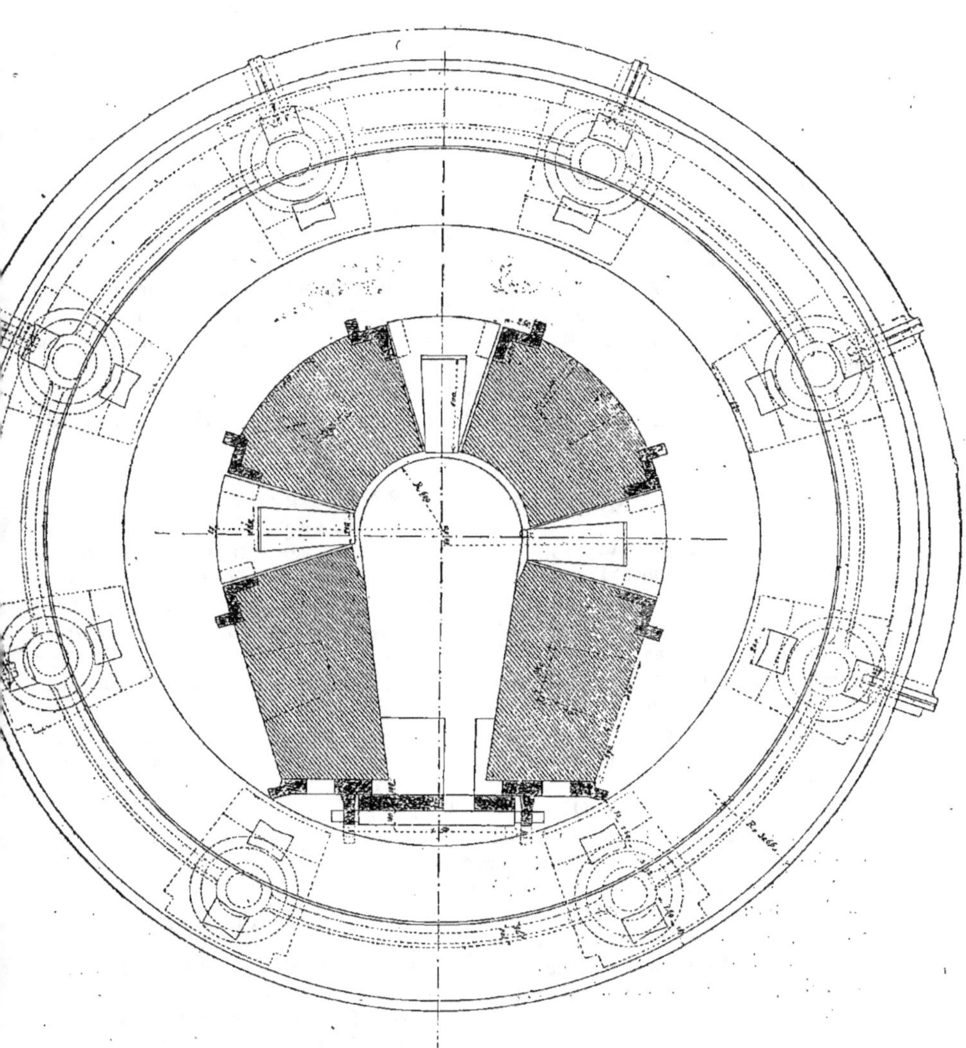

Figure 94. — Haut fourneau de Mertzwiller, près Niederbronn (plan).

Charbons de bois durs et mélangés de coke, de 10 à 15 mètres de hauteur.

Coke et anthracite, de 13 à 17 mètres; c'est un maximum.

On a construit des hauts fourneaux de 21 et même de 31 mètres, mais c'est trop.

Hauteur et diamètre du ventre.

393. La position du ventre en hauteur est importante. Si le ventre est trop haut, on brûle plus de combustible et les minerais y arrivent sans être réduits.

Le diamètre au ventre varie du 1/4 au 1/3 de la hauteur totale. La hauteur du ventre au-dessus de la sole varie du 1/5 au 1/3 de la hauteur totale. Elle est plus grande pour les fourneaux au coke que pour ceux au charbon de bois, et augmente à mesure que les minerais à traiter sont plus réfractaires.

Dimensions du gueulard.

394. Quand on diminue le gueulard, on concentre la chaleur et l'on consomme moins de combustible, mais c'est un obstacle à la sortie des gaz. Quand le combustible est abondant et d'une faible valeur, on élargit le gueulard et l'on agrandit la capacité de la cuve. Le gueulard ne doit, dans aucun cas, avoir une largeur moindre de 0,40 à 0,50 du diamètre au ventre; il est préférable d'aller jusqu'aux 4/5 de ce diamètre. Pour le coke, on prend ordinairement le 1/3. Quand le minerai contient du zinc, il y a intérêt à élargir la partie haute du fourneau, afin que le dépôt d'oxyde de zinc aux environs du gueulard ne gêne pas pour la prise des gaz et le chargement. Il est plus avantageux, dans ce cas, de prendre des fourneaux moins élevés.

Cuve.

395. La hauteur totale de la cuve varie des 2/3 aux 4/5 de la hauteur totale du fourneau. L'inclinaison, sur la verticale, des génératrices de cette cuve est de 2 degrés 1/2 à 5 degrés.

Dimensions de l'ouvrage.

396. C'est dans l'ouvrage que s'opère la fusion. En général, il faut donner des dimensions transversales faibles, et d'autant plus petites que la température doit être plus élevée.

La hauteur de l'ouvrage est comprise entre le 1/5 et le 1/6 de la hauteur totale pour les petits fourneaux, et entre le 1/6 et le 1/8 pour l'emploi du coke.

Il faut un ouvrage moins large et plus haut pour obtenir la fonte grise. On diminue la hauteur pour la fabrication des fontes d'affinage. Dans le cas de minerais fusibles et faciles à réduire, on peut élargir l'ouvrage pour favoriser le passage du vent, et même, dans certains fourneaux, on confond l'ouvrage avec les étalages.

397. La largeur de l'ouvrage, c'est-à-dire le côté du carré équivalent à la section au niveau des tuyères, varie de $0^m,45$ à $0^m,55$ pour fonte grise et $0^m,55$ à $0^m,70$ pour fonte blanche. Pour les grands fourneaux au coke, on peut avoir $0^m,70$ et même atteindre $1^m,20$.

Les ouvrages sont toujours évasés par le haut pour faciliter la descente des charges. On donne, en général, un fruit variant du 1/10 au 1/20 de la hauteur de l'ouvrage.

Cet évasement doit être moins grand pour la fonte grise que pour la fonte blanche.

Inclinaison des étalages.

L'inclinaison des étalages est variable avec la nature des minerais employés. Dans le cas de minerais réfractaires, il faut une inclinaison moindre pour les retenir et favoriser la réduction. L'angle avec l'horizontale est, en général, compris entre 55 et 70 degrés.

Dimensions du creuset.

398. Le creuset doit pouvoir contenir la fonte produite dans l'intervalle de deux coulées et une certaine couche de laitier. Sa largeur est la même que celle de l'ouvrage. Sa hauteur, limitée par la position des tuyères, varie suivant la grandeur du fourneau, entre 0ᵐ,50 et 1 mètre. On le fait un peu plus haut pour la fonte grise que pour la fonte blanche.

399. La *tympe* se place généralement au niveau des tuyères. Il y a intérêt à ne pas la faire descendre plus bas afin de ne pas gêner le travail avec le *ringard* qui se fait dans le creuset. Pour empêcher la sortie du vent que donnent les tuyères, on est obligé de faire un bouchage en argile

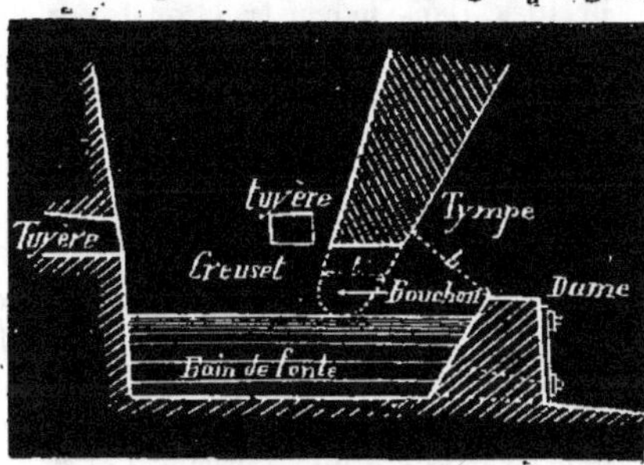

Figure 95.
Charbon de bois : *l* = 0ᵐ,30
Coke : *l* = 0ᵐ,60 à 0ᵐ,80.

et sable réfractaire. Ce bouchage est indiqué en *l* (*fig.* 95). On doit nécessairement le refaire après chaque coulée. La largeur *l* de la tympe dépend de l'épaisseur des parois. Elle peut être de 0ᵐ,30 pour les fourneaux au charbon de bois et atteindre 0ᵐ,60 à 0ᵐ,80 pour les hauts fourneaux au coke.

La largeur de l'avant-creuset est aussi une dimension importante à connaître; elle est environ les deux tiers du diamètre du creuset.

Tuyères.

400. Les tuyères sont en nombre variable suivant les dimensions des hauts fourneaux.

S'il n'y en a qu'une, on la place sur la costière de droite ou de gauche; on la met rarement sur la rustine.

S'il y a deux tuyères, on en place une sur chaque costière; s'il y en a trois, on place la troisième sur la face opposée à la tympe. Le nombre des tuyères peut atteindre 4 ou 6. Dans ce cas, elles sont réparties sur la circonférence du fourneau. On a essayé de mettre deux étages de tuyères, mais on a obtenu un mauvais résultat; la zone d'oxydation se trouve plus élevée et le travail se fait mal.

Dans certains cas d'engorgement, on a été obligé de placer une tuyère dans la poitrine du fourneau, mais elle est très gênante pour opérer les diverses manœuvres.

Construction
des hauts fourneaux.

401. La construction des hauts fourneaux est importante et difficile.

On distingue trois parties principales : 1° fondations, 2° enveloppe extérieure ou tour, 3° chemise intérieure.

Fondations.

402. Les fondations dépendent du terrain sur lequel on doit élever le haut fourneau. Si ce terrain est compressible, on doit rendre les tassements réguliers, employer les pilotis surmontés d'un grillage en fortes charpentes, et sur ce grillage placer une couche de béton d'au moins 1 mètre d'épaisseur. Le massif inférieur de soubassement peut se faire avec des pierres dures ou *libages* résistant bien à la compression. En général, on donne aux fondations la forme d'un parallélipipède qui doit dépasser de 0ᵐ,25 à 0ᵐ,30 la maçonnerie de la tour. Il n'y a aucun inconvénient à employer la pierre calcaire. On arase le massif des fondations à une hauteur qui se déduit de la cote du creuset au-dessus du sol. Il est bon de placer le fond du creuset un peu élevé pour avoir une hauteur de chute assez grande afin de faciliter l'écoulement de la fonte liquide.

On devra réserver, dans le massif des fondations, de petits carnaux de séchage (*fig.* 96) voûtés pour aérer ce massif et

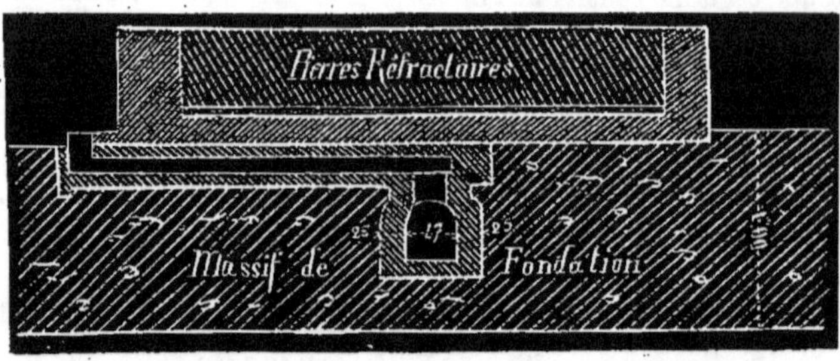

Figure 96.

pouvoir, à l'aide d'un petit puits placé latéralement, pomper l'eau qui pourrait s'accumuler dans la maçonnerie.

Tour.

403. C'est sur la partie précédemment décrite que l'on place la tour du fourneau. Cette tour est destinée à soutenir la chemise intérieure ainsi que la masse de matière introduite dans le fourneau. Elle sert de plus à conserver la chaleur.

La maçonnerie de la tour, par suite des pressions qu'elle reçoit et des effets de dilatation et de contraction qu'elle subit, tend à pousser au vide; il faut donc la maintenir et la consolider par des armatures en fer. Les tours des hauts fourneaux ont des formes très diverses. Une des plus usitées est la forme tronconique. Dans certains cas, on a fait un dé présentant un léger fruit jusqu'au niveau du ventre et une partie tronconique au-dessus.

Matériaux.

404. Pour la construction de la tour des hauts fourneaux, on a employé des grès ordinaires, des granits et des briques de bonne qualité. Souvent, les pierres calcaires sont nécessaires pour former les têtes de voûtes et les angles des embrasures dans le cas où le reste de la tour est en briques. Dans la construction de certains fourneaux, on a utilisé le moellon et les enveloppes métalliques en fonte et tôle.

Chemise réfractaire.

405. Pour la construction de cette maçonnerie intérieure, il faut employer des briques réfractaires de premier choix et dont l'épaisseur varie de $0^m,10$ à $0^m,15$. C'est de la qualité de ces matériaux que dépend la durée du fourneau. Le revêtement réfractaire est formé d'assises horizontales. Il faut laisser un vide entre cette maçonnerie et celle de la tour pour permettre la dilatation. Ce vide peut être rempli par des matières qui, si la dilatation est grande, s'écraseront facilement, sans détériorer les parties voisines

La chemise réfractaire est moins épaisse au gueulard qu'au ventre. A la partie haute, cette épaisseur peut varier de $0^m,40$ à $0^m,60$, et au ventre, elle peut atteindre de $0^m,60$ à $0^m,80$.

406. Les fondations terminées, on continue la construction par la chemise réfractaire. Pour cela, on place au centre du fourneau un mât bien vertical autour duquel on construit, à l'aide d'une série de moises, le gabarit ayant la forme adoptée. Ce gabarit, en tournant autour de cet axe vertical, donne bien exactement le profil et facilite beaucoup la construction. On commence la pose des briques en mettant sous la première assise un coulis réfractaire (mélange de terre réfractaire cuite et crue). On continue la pose des briques en ayant soin de les tremper dans un coulis clair identique au précédent. On assujettit chaque brique à sa place à l'aide d'un maillet.

Construction de la sole.

407. La sole peut se faire, soit en briques réfractaires, soit en pierres réfractaires. La forme admise ordinairement est un carré ou un octogone. Elle est établie dans un espace vide laissé en construisant les fondations du fourneau. Cette sole repose sur une couche de sable de 0^m,05 d'épaisseur bien piloné. La hauteur du massif au-dessus du sable peut varier de 0^m,60 à 1^m,20.

La pierre employée est de la pierre de Huy. Elle est formée d'éléments globuleux et se taille difficilement. Si le fourneau est petit, on peut faire la sole avec une seule pierre carrée de 0^m,70 à 0^m,75 de côté. Les pierres, avant d'être employées, doivent être bien sèches et avoir perdu leur eau de carrière. Pour les grands fourneaux, on est obligé de construire la sole avec plusieurs morceaux de la même pierre. Il faut éviter les joints dans le creuset et dans l'avant-creuset. On a employé du grès réfractaire pour construire la sole; il se taille bien et peut s'appareiller facilement.

Les soles des hauts fourneaux se font aussi en briques réfractaires. On peut les placer de champ ou à plat. La fonte en fusion peut passer entre les joints et faire soulever le massif. Pour remédier à cet inconvénient, on a donné aux deux extrémités des briques la forme de queue d'aronde.

Construction du creuset.

408. Si le fourneau comporte un creuset et un avant-creuset, l'appareillage se fait assise par assise. Les matériaux employés sont la pierre de Huy, le grès, ou les briques réfractaires.

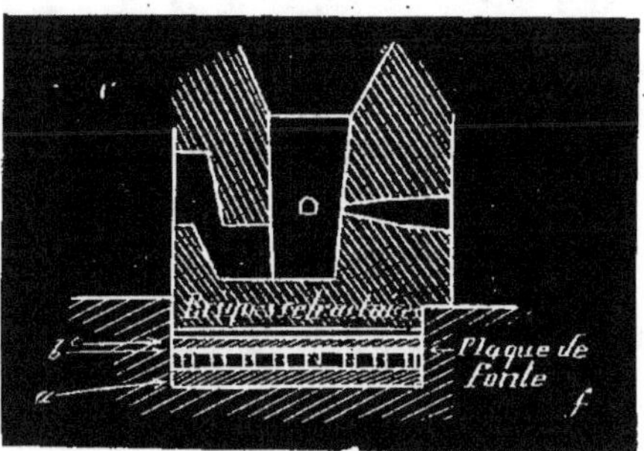

Fig. 97. — Fondation du creuset.

Pour faire les fondations de ce creuset, on place au fond une première assise composée de deux ou trois rangées de briques réfractaires de qualité inférieure a (*fig.* 97); au-dessus, une autre assise b, dans laquelle on laisse de petits canaux de 0^m,10 à 0^m12 de côté. L'air peut circuler dans ces galeries qui débouchent dans les embrasures. Sur cette assise de briques, on met une plaque de fonte f, puis une nouvelle assise de briques c; enfin, des briques réfractaires placées de champ avec des joints croisés et le plus petits possible. Cette dernière assise constitue le fond du creuset.

409. Pour que l'écoulement de la fonte liquide dans la halle de coulée se fasse bien, il faut ménager une pente de 0^m,03 par mètre. Si la halle de coulée a 30 mètres de longueur, le fond du creuset doit être placé à une hauteur de 1 mètre au-dessus du sol de l'usine.

Ouvrage et Étalages.

410. L'ouvrage est appareillé en pierre de Huy ou en briques réfractaires par assises de 0^m,15 d'épaisseur et d'un modèle spécial. On doit ménager, en le construisant, les ouvertures nécessaires pour les tuyères. Pour former la tympe, on emploie des briques d'une hauteur double ou triple des autres. Cette tympe construite, on continue par assises horizontales jusqu'à la base de la cuve. Une partie délicate à faire est le raccordement de cette cuve et des étalages. On continue souvent la maçonnerie derrière les étalages, et, dans certains cas, on réserve un vide de 3 centimètres pour permettre la dilatation. De cette manière, ces derniers peuvent se dilater sans entraîner la cuve. Ce mode de construction est, indiqué dans le haut fourneau de Mertzviller dont nous donnons le dessin.

Embrasure de travail.

411. Dans l'embrasure de travail, on pratique une porte de la largeur du creuset. A la partie haute de cette porte sont placées des *marâtres*.

Dame.

412. La dame peut être en fonte ou en briques réfractaires. Elle fait un angle de 60 degrés avec l'horizontale (*fig.* 98). Pour

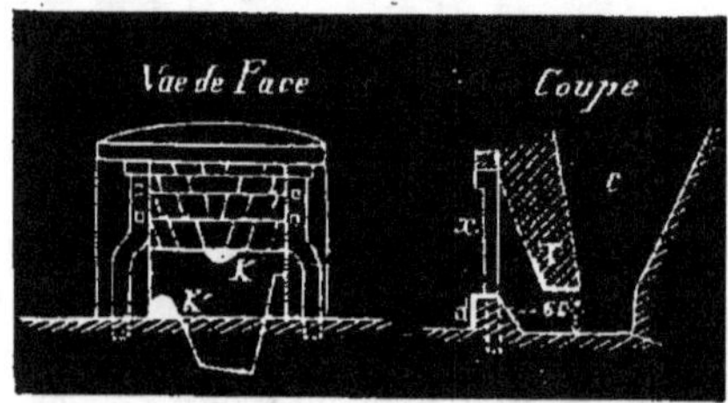

Fig. 98. — K, Trou de coulée des laitiers. — K', trou de coulée de la fonte liquide. — C, Creuset. — T, Tympe. — d, Dame. — x, Plaque de dame.

garantir la pierre de dame, on place en avant une plaque de fonte x d'une épaisseur de 0ᵐ,04 à 0ᵐ,05 que l'on enfonce en terre et dans laquelle sont ménagés deux trous : l'un pour la coulée de la fonte K', l'autre pour l'écoulement des scories. K.

Plates-formes

413. Les plates-formes sont recouvertes de plaques de fonte et munies d'un garde-corps en fonte ou en pierre. Dans les hauts fourneaux au bois, on entoure la plate-forme par des murailles dites *batailles*. Ce sont des murs percés de fenêtres et recouverts d'un toit. La cheminée du fourneau passe à travers ce toit. Quand on place autour du gueulard la provision de matières pour la nuit, la plate-forme doit être plus grande et peut atteindre 3 à 4 mètres de côté ou de diamètre.

Précautions pour le séchage des maçonneries.

414. Dans la construction des hauts fourneaux, il sera bon de s'occuper du moyen de séchage des maçonneries. On peut ménager de 0ᵐ,50 en 0ᵐ,50 de petits canaux circulaires, horizontaux et verticaux, de 0ᵐ,10 de côté, communiquant avec l'intérieur et l'extérieur par d'autres canaux, de manière à donner une issue à l'humidité enfermée dans les maçonneries.

Armatures.

415. Les armatures employées pour maintenir les hauts fourneaux varient suivant leur forme. Pour les hauts fourneaux tronconiques, on emploie les armatures circulaires. Ce sont des cercles placés sur la surface de la cuve à des distances plus ou moins rapprochées et alternés avec les trous de séchage. Le serrage est automatique, le cercle tendant à descendre et le fourneau étant conique. Les cercles glissent sur des génératrices en fer, nommées *cornettes*, placées sur le cône. Les cornettes ont l'avantage de s'appuyer sur toutes les assises. Pour que le cercle s'applique bien sur le cône, on lui donnela forme conique. Ce cercle en fer n'est pas d'une seule pièce. La *figure* 99 indique comment sont réunies deux extrémités à l'aide d'équerres e fixées chacune sur un bout de l'armature par des rivets et réunies entre elles par un fort boulon b. Le fer employé comme armature est du fer plat de $0^m,08$ sur $0^m,01$.

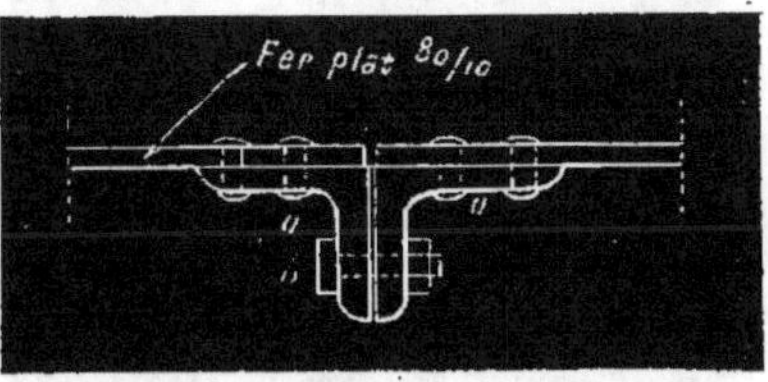

Figure 99.

416. Une autre disposition (*fig.* 100) a été employée pour rendre les joints extensibles. Elle consiste à relier les deux

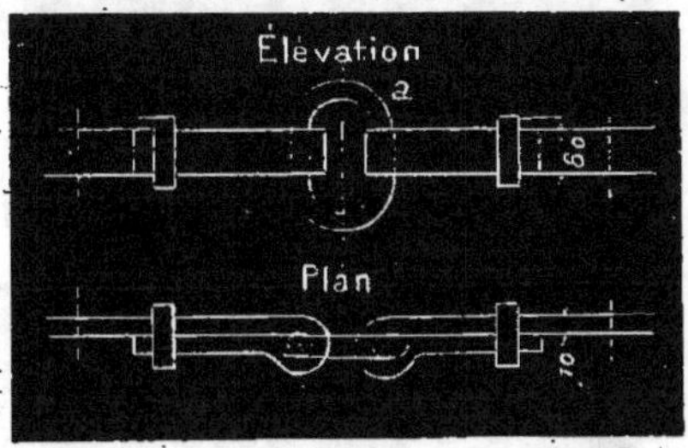

Figure 100.

extrémités des cercles d'armature par un anneau ovale a qui peut s'allonger d'une certaine quantité.

417. Cette disposition a encore été modifiée. Il faut trouver un moyen de serrage que l'on puisse régler suivant les besoins. Pour obtenir ce résultat, on emploie la disposition indiquée figure 101 : on refoule à la forge l'extrémité de l'un des fers plats, de manière à y former un talon ; l'autre extrémité présente un talon en sens inverse, et entre les deux on place une clavette c et une contre-clavette d, qui permettent de serrer à volonté les deux extrémités des cercles d'armature. Deux anneaux ou frettes f maintiennent les cercles et empêchent les joints de s'ouvrir. On a aussi employé des boulons au lieu de frettes (*fig* 102). On doit laisser du jeu entre le boulon et le

talon. De distance en distance, on retient les cercles avec des crochets fixés dans la

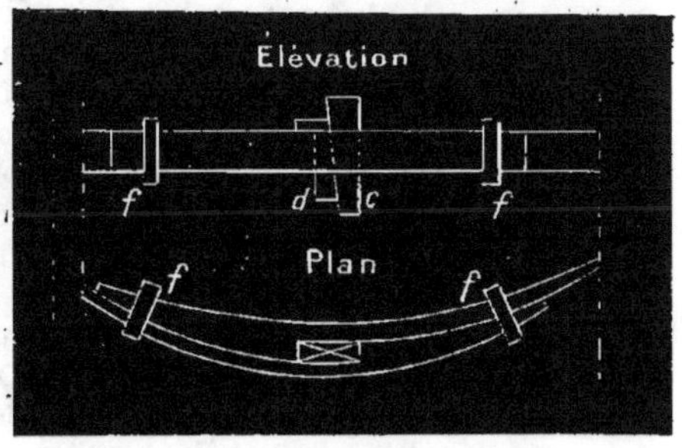

Figure 101.

maçonnerie, pour les empêcher de descendre (*fig.* 103).

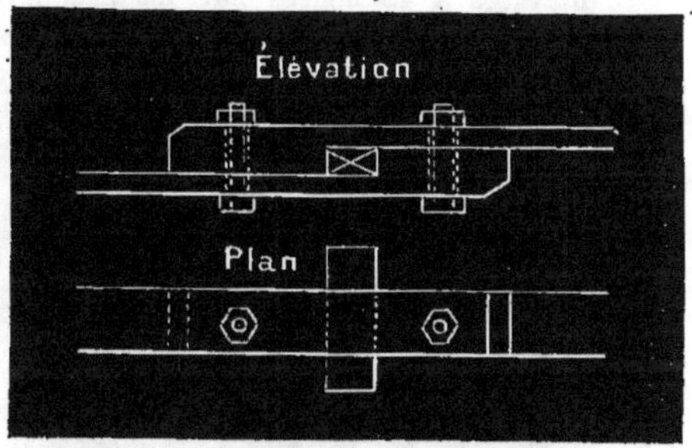

Figure 102.

418. Dans certains cas on a employé une enveloppe composée de tôles rivées

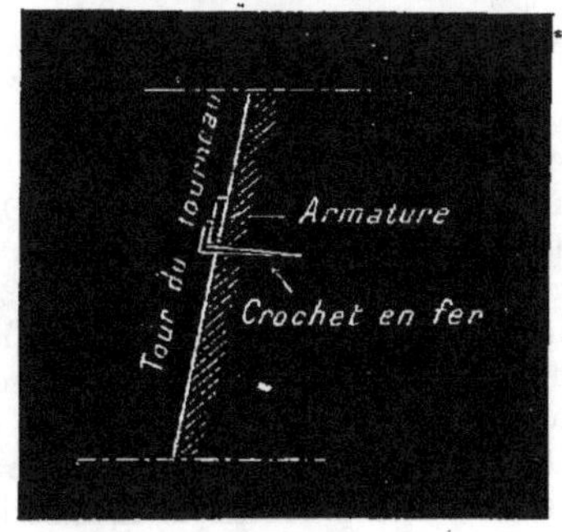

Figure 103.

et entourant complètement la cuve du fourneau. Il faut, pour utiliser ce système, prendre des précautions. Si l'enveloppe en tôle n'est pas à une certaine distance de la maçonnerie, elle peut se bosseler, puis crever. On doit ménager un intervalle d'au moins 0^m,05 à 0^m,06 et le remplir non pas de sable, mais d'une manière friable comme la craie. Par suite des dilatations produites, cette craie s'écrase sans faire éclater l'enveloppe.

419. Pour les hauts fourneaux à tour carrée, les armatures sont différentes. On emploie des barres en fer carré ou des *tirants* se clavetant dans des boucliers en fonte. Ces tirants sont espacés verticalement de 0^m,80 à 1 mètre. Pour éviter la poussée, on est obligé de mettre des armatures à 45 degrés sur les premières et aboutissant au milieu des faces (*fig.* 104, 105 et 106). Le fer carré employé

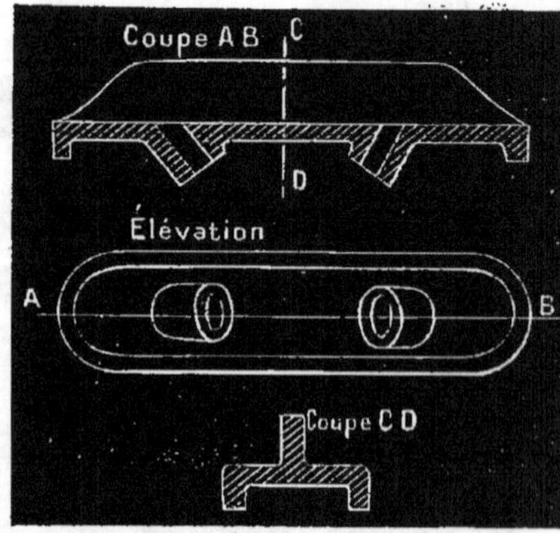

Fig. 105 — Détail des armatures A.

sont rendues rigides par de fortes nervures et portent des parties renflées des-

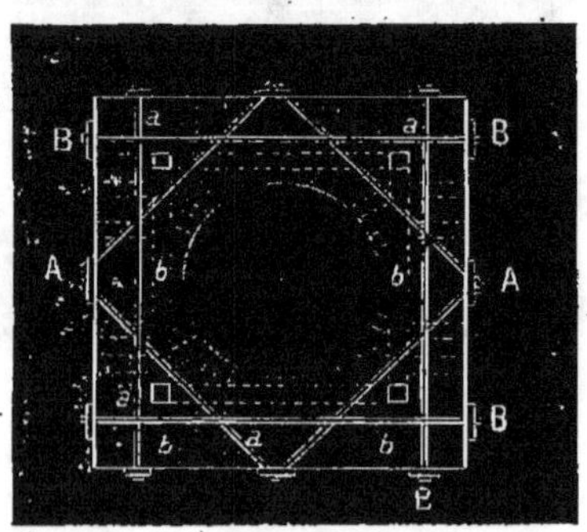

Fig. 104. — Plan d'un haut fourneau carré indiquant les armatures et les canaux de séchage. — *a*, Armatures. — *b*, Canaux de séchage.

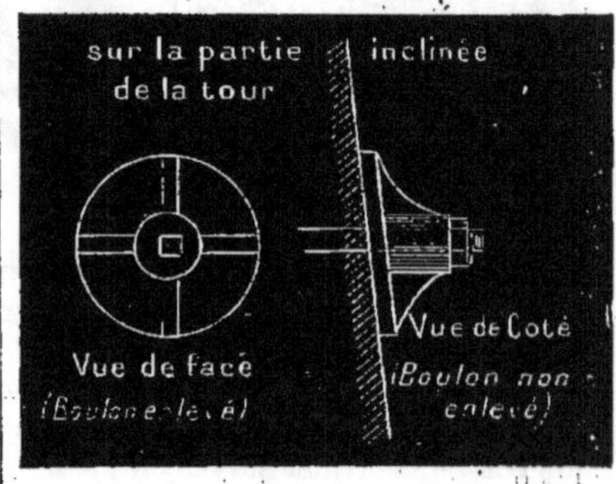

Fig. 106. — Détail des armatures B.

est du fer 0,^{m}05 de côté; les boucliers en fonte ont 0^m,60 de diamètre. On doit laisser un certain vide autour du tirant pour le rendre indépendant de la maçonnerie. Ces tirants se placent dans le joint de deux assises et le serrage peut se faire au moyen d'une clavette ou d'un écrou. On arrête définitivement ce serrage quand la dilatation produite par la mise en feu s'est opérée. Les tirants diagonaux doivent être reliés, deux à deux, sur des plaques en fonte à rebords. Ces plaques tinées à recevoir les écrous ou les clavettes de serrage, ce qui est indiqué dans les détails des figures 104, 105 et 106.

Mode de chargement des hauts fourneaux.

420. On charge les hauts fourneaux de manière à stratifier les minerais, les fondants et le combustible. Cette disposition

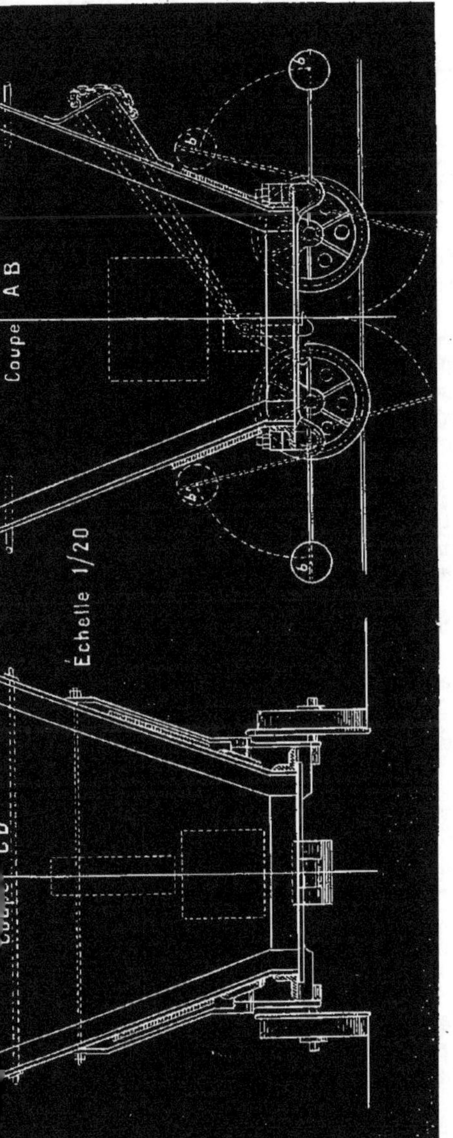

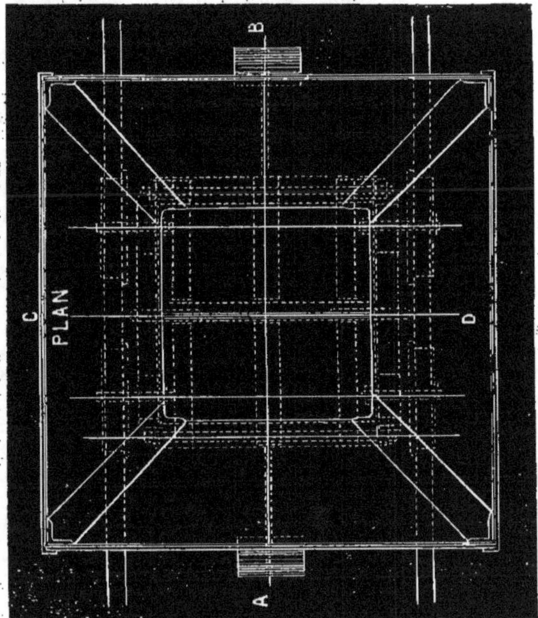

Figure 108.

Fig. 107 et 108. Wagonnet à soupapes pour chargement de haut fourneau (Poids : 570 kilogrammes).

est avantageuse pour la réduction. Les gaz, en montant, traversent des couches successives de minerai et de charbon, et il se produit une série de transformations en oxyde de carbone (co) et en acide carbonique (co^2). . .

-. Les couches ainsi versées dans le haut fourneau ne restent pas longtemps horizontales ; les interstices disparaissent par la fusion, le charbon diminue de volume et les matières s'éboulent des parois vers le centre.

L'ordre rigoureux est dérangé; c'est ce qui explique qu'il se brûle plus de charbon et qu'il se réduit moins de métal que n'indique la théorie.

421. Les appareils employés pour verser le combustible et le minerai dans les hauts fourneaux ont des formes très variées. Ces matières premières sont amenées sur la plate-forme par des monte-charges de différents systèmes, puis transportées près du gueulard à l'aide de brouettes ou de wagonnets. Nous donnons (fig.) 107 et 108) le plan et deux coupes

d'un wagonnet à soupapes pour chargement de hauts fourneaux. Ce dessin est la
représentation des wagonnets perfectionnés et construits par MM. J. Lanet
et Cⁱᵉ dans leur usine de Saint-Chamond.

§ IV. — PRODUITS RÉFRACTAIRES.

422. Nous avons à nous occuper de la
fabrication des matériaux réfractaires
dont on fait usage pour la construction
des hauts fourneaux. Un haut fourneau
peut nécessiter de 80000 à 150000 kilogrammes de briques réfractaires.

En premier lieu, il est bon de connaître,
avant de les fabriquer, le rôle que doivent
jouer les briques et matériaux réfractaires
dans la construction d'un haut fourneau.

1° Il faut que ces matériaux résistent
aux plus hautes températures sans se
fondre et même sans se ramollir sensiblement.

2° Conserver leurs formes et leurs dimensions sous l'action du feu.

3° Ils ne doivent pas, étant soumis à
des températures très élevées, se fendiller,
s'exfolier et devenir friables.

4° Ne pas éclater par suite de variations
brusques de température en passant du
froid à la chaleur rouge, Il faut, de plus
qu'ils soient très résistants et qu'ils puissent supporter de fortes pressions, sans
être poreux et perméables aux matières
fondues. Enfin qu'ils résistent à l'action
corrossive des oxydes, des cendres, etc...

423. Il est bien difficile de trouver des
matériaux répondant à toutes ces données. Le carbone pur satisfait à peu près
à toutes ces conditions, mais des parois en
diamant s'useraient encore très vite. La
plombagine, n'étant pas trop chargée de
cendres fusibles, est dans le même cas,
mais n'est pas assez répandue pour être
employée en grande quantité. On peut,
néanmoins, s'en servir pour la fabrication de petits creusets et la faire entrer,
en faible proportion, dans la composition
des pâtes pour creusets et pour briques.

L'anthracite est une matière réfractaire qui éclate au feu.

Le graphite des cornues à gaz est réfractaire ; il a l'inconvénient de renfermer
trop de cendres fusibles.

Le coke et le charbon de bois sont aussi
réfractaires, mais ils sont trop poreux. La
poudre de charbon, mélangée avec de l'eau
gommée, forme la *brasque légère*. En y
ajoutant un peu d'argile, on obtient la
brasque forte employée pour la confection des creusets réfractaires.

La *silice* et le *quartz* purs sont réfractaires et infusibles aux températures
métallurgiques. Ce dernier ne prend pas
de retrait, mais n'est pas facile à employer.

L'alumine pure est infusible et supporte
bien les hautes températures.

La chaux pure est aussi infusible, mais
elle est friable et s'exfolie en paillettes.
C'est dans un creuset taillé dans la chaux
que l'on fond le *platine*.

La chaux ne peut servir à faire des
briques ; elle s'hydrate et se carbonate trop
vite.

La magnésie est infusible, mais se réduit facilement en paillettes qui tombent
sur les bains et peuvent les gâter.

L'acide titanique et certains titanates
paraissent infusibles. On en fait des gar-
nitures réfractaires.

424. *Pierres réfractaires.* — Avant
de les employer, il faut les essayer au feu.
La fusibilité dépend beaucoup de l'état
d'agrégation des composants.

Le *granit*, en masse, résiste à une température assez élevée. S'il est réduit en
poudre fine, il est beaucoup moins réfractaire. Il existe des silicates de chaux et
d'alumine très fusibles.

Les matériaux naturels ont l'inconvénient de décrépiter au feu et d'éclater. Certains grès, comme les grès du Morvan, sont réfractaires. Les grès de Fontainebleau ne le sont pas. Nous pouvons encore ajouter la pierre de *Huy* (Belgique), qui sert à la construction des creusets de hauts fourneaux. Comme pierres réfractaires, nous pouvons citer certaines roches magnésiennes ; les *roches feldspathiques*, le *gneiss*, etc... *L'ardoise* l'est un peu, mais pas assez pour être employée.

Briques réfractaires.
Leur fabrication.

425. Avant de parler de la fabrication des briques, nous devons dire quelques mots des *argiles réfractaires*. Il est assez difficile de reconnaître ces argiles, l'analyse faite sur ces matières indiquant peu de chose. Il est possible de les essayer en se servant du chalumeau. On peut aussi mettre une petite brique d'argile dans un feu de forge et voir comment elle se comporte. Une briquette d'argile à arêtes vives, placée dans un creuset et chauffée à une haute température, doit conserver sa forme au bout d'un certain temps, et les arêtes doivent rester bien vives.

426. La résistance au feu d'une argile doit être accompagnée de la propriété plastique qui augmente avec l'*alumine* et diminue avec la *silice*. Plus les argiles sont plastiques, plus elles prennent de *retrait* au feu. L'alumine augmente le retrait.

CARACTÈRES PHYSIQUES.

427. Les argiles réfractaires coupées en morceaux se polissent en passant l'ongle sur la surface coupée. Les argiles sèches sont tenaces et absorbent énergiquement l'eau. La couleur est très variée : blanche, grise, rouge, ardoise, brunâtre et même noire. Ces différents tons s'expliquent par la présence de matières organiques ou bitumineuses et des oxydes. La meilleure argile doit être blanche.

Les argiles réfractaires ne doivent pas faire effervescence avec les acides ; car alors elles contiendraient du calcaire. La présence dans les argiles de plusieurs substances étrangères augmente leur fusibilité.

MATIÈRES PREMIÈRES EMPLOYÉES POUR LA FABRICATION DES BRIQUES RÉFRACTAIRES.

428. Les matières que l'on emploie pour la fabrication des briques réfractaires sont : les *terres alumineuses* et le *quartz*, les premières aussi pures que possible. Dans cet état, les terres alumineuses sont douces au toucher ; elles sont très tenaces, lorsqu'elles sont sèches. Couleur gris blanchâtre, quelquefois légèrement rose.

Quel que soit leur état, ces terres doivent être essayées : placées dans un creuset et exposées au feu de forge, elles ne doivent ni fondre ni se fendiller. Les terres alumineuses rouges ne doivent pas être employées pour la fabrication des briques réfractaires.

429. La terre doit être emmagasinée dans un endroit sec.

Cette terre à briques est mélangée avec une autre matière qui a la propriété de ne pas être altérée à une température élevée, et qui compense l'effet du retrait. Cette matière est le *quartz*. Le meilleur quartz est celui des carrières. Quelquefois, il renferme de l'oxyde de fer et de l'oxyde de manganèse, que l'on met de côté par un triage à la main pour former le *quartz gris* destiné à la fabrication des briques demi-réfractaires. On peut encore employer le *quartz* qui se trouve en morceaux isolés à la surface des terrains primitifs. On utilise aussi le sable de rivière et les déchets de vieilles briques, mais en faibles proportions.

PRÉPARATION DES MATIÈRES.

430. Le quartz est chauffé au blanc dans des fours à chaux ou à réverbère, puis on l'étonne dans l'eau froide, où il est agité pour délayer l'oxyde de fer, répandu à la surface.

Ainsi préparé, il constitue ce que l'on nomme la *terre grillée*.

On procède au triage pour séparer le *quartz gris*. On fait aussi le triage des vieilles briques pour en extraire et rejeter les parties vitrifiées.

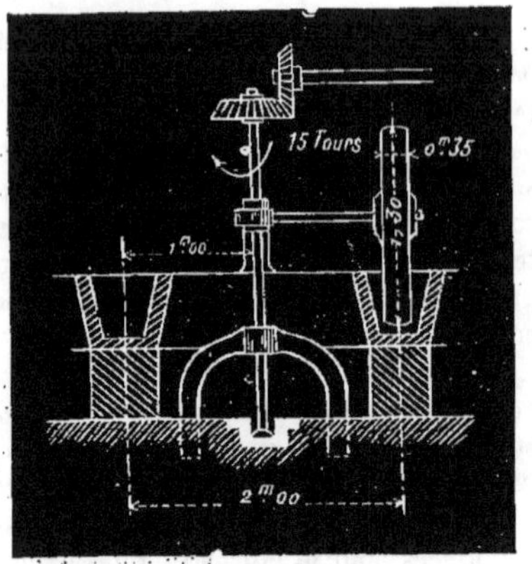

Les matières sont pulvérisées au moyen d'une roue en fonte, ou *molleton*, tournant dans une auge également en fonte et supportée par un massif en maçonnerie (*fig.* 109). Le *molleton* a 1ᵐ,30 de diamètre et 0ᵐ,35 de largeur ; il pèse 1800 kilogrammes, et fait 15 tours par minute. L'auge a 2 mètres de diamètre d'un axe à l'autre. La matière pulvérisée est criblée dans un tamis dont les mailles ont 0ᵐ,002 de côté.

Deux hommes ayant les matières à leur disposition peuvent broyer, en 12 heures, 65 hectolitres de terre alumineuse (pesant 112 kilogrammes) ou 12 à 15 hectolitres de quartz suivant le grillage (pesant 150 kilogrammes l'hectolitre), ou 25 à 30 hectolitres de vieilles briques (pesant 100 kilogrammes l'hectolitre).

On peut broyer 7 à 8 tonnes par force de cheval et par jour.

Depuis plusieurs années, on emploie beaucoup les broyeurs perfectionnés, permettant d'obtenir la terre à des grosseurs

variables et l'argile en grains de la grosseur d'une tête d'épingle.

Quand on utilise les sables quartzeux, on est obligé de les laver dans l'eau pure ou acidulée pour les débarrasser des matières calcaires.

431. Les matériaux ainsi préparés sont transportés à la briqueterie (*fig.* 110), qui doit contenir :

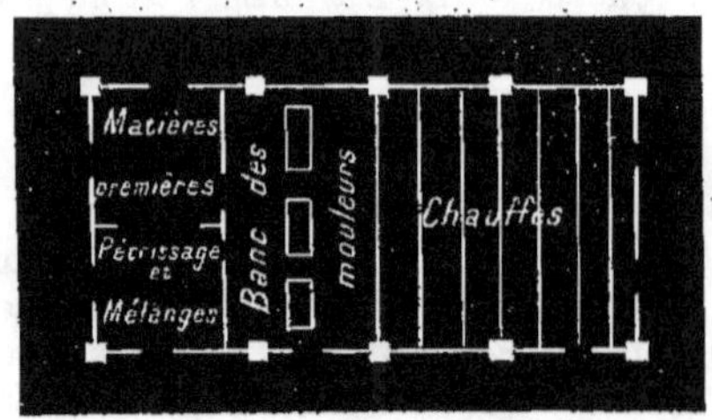

Fig. 110. — Disposition d'une briqueterie.

1° Un emplacement très sec et bien abrité, pour le dépôt des matières premières ;

2° Un emplacement pour faire le mélange et le pétrissage ;

3° Un emplacement pour les bancs des mouleurs et le premier séchage ;

4° Des *chauffes* pour dessécher les briques et les préparer à la cuisson ;

5° Des fours pour la cuisson des briques.

Pour une briqueterie qui doit produire de 25 à 30000 kilogrammes de briques par mois, il faut une surface de 600 mètres carrés, soit 20 mètres sur 30 mètres.

Les matières, bien préparées, se mettent dans des caisses en bois, fermées par le haut ; au bas, se trouve une vanne pour la distribution.

432. Les *chauffes* consistent en plaques de fonte placées sur le sol et chauffées par des canaux souterrains (*fig.* 111). Ces plaques présentent des rebords servant à retenir une couche de sable fin, répandu à la surface. C'est sur ce sable fin, chauffé, qu'on place les briques à sécher. La chauffe est en contre bas du sol.

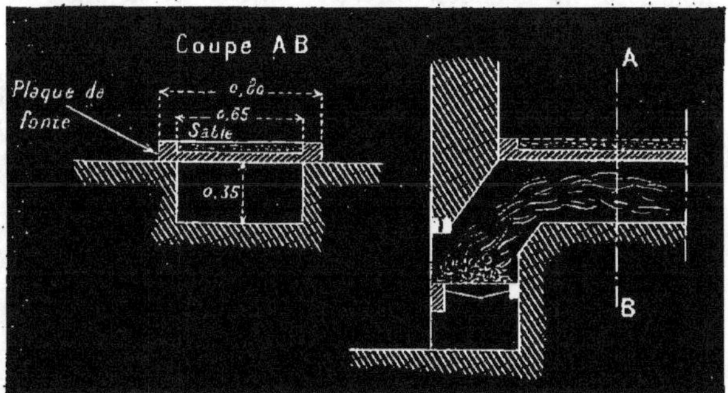

Figure 111.

PROPORTIONS DES MÉLANGES.

433. Les mélanges se font après essais qui déterminent les proportions. A la Voulte, on se sert des terres de bonne qualité venant de Bolène, et les mélanges employés sont les suivants :

	TERRE crue 1er choix.	TERRE grillée.
	hectolitres.	hectolitres.
Briques 1re qualité extra (pour creusets de hauts fourneaux)...	2	5
Briques 1re qualité extra (cuve de hauts fourneaux)......	2	4
Briques 1re qualité extra (dimensions ordinaires pour construction de fours à réverbère)............	2	3 sable blanc
Briques 2e qualité....	3	2
Briques 3e qualité 3 hectolitres de terre crue 2e choix........		2

A Andennes (Belgique), où l'on fabrique de très bonnes briques réfractaires, on employait, il y a quelques années, les mélanges suivants : 3 hectolitres de terre crue, 9 hectolitres de terre grillée et jamais de débris, ou 6 hectolitres de terre grillée à l'état de farine et 3 hectolitres à l'état de sable.

Pour les briques de deuxième qualité, on employait 3 hectolitres de terre grillée, 3 de terre crue et 3 de vieux débris.

Dans le pays de Galles, on fabrique des briques avec du silex presque pur, auquel on ajoute, comme matière agglomérante, 1 p. 100 de chaux. Il faut éviter l'humidité afin d'empêcher la chaux de s'hydrater, ce qui ferait perdre sa cohésion à la brique.

434. Les briques réfractaires sont jointoyées avec un coulis composé de terre crue, de terre grillée et de sable. Ce coulis doit être un peu moins réfractaire que la brique. Les joints ont $0^m,002$ d'épaisseur. Les briques sont humidifiées et on applique le mortier avec une brosse. On pose la brique en la faisant glisser pour chasser l'excès de mortier. Le retrait que prend la brique pendant la cuisson est compensé par l'épaisseur du mortier.

PRÉPARATION. — MARCHAGE.

435. Les matières mélangées sont déposées sur le sol. On en fait un tas circulaire ; au centre de ce tas, on réserve un creux dans lequel on verse de l'eau. On mélange bien à la pelle ; cette opération terminée, on saupoudre de mélange sec à l'aide d'un tamis et l'on procède au *marchage*. On marche en glissant le pied, ce qui produit une sorte de corroyage, jusqu'à ce que les matières soient bien mélangées. Ce travail est très pénible pour les hommes. On a cherché à lui substituer des procédés mécaniques qui ne sont pas satisfaisants. La pâte, ainsi préparée, ne doit pas adhérer aux doigts et doit casser net, sans s'allonger, quand on la tire

MOULAGE.

436. La terre à briques ainsi obtenue, on procède au moulage proprement dit. Sur le sol de l'usine, on établit une fon-

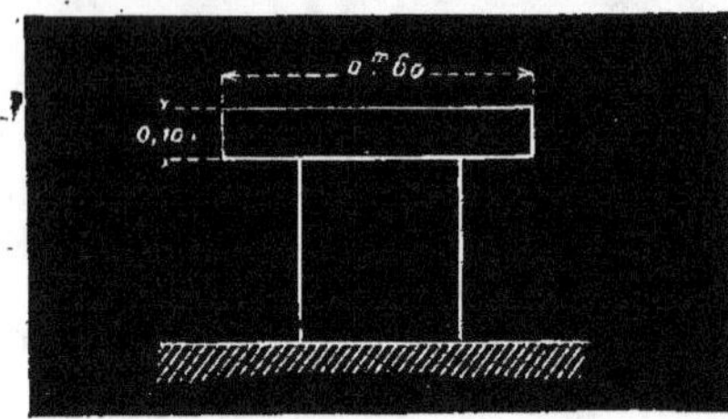

Figure 112.

dation en bois (*fig.* 112) ; au-dessus, on place un madrier à plat en bon chêne, de 0m,60 sur 0m,10, dépassant les fondations et formant table.

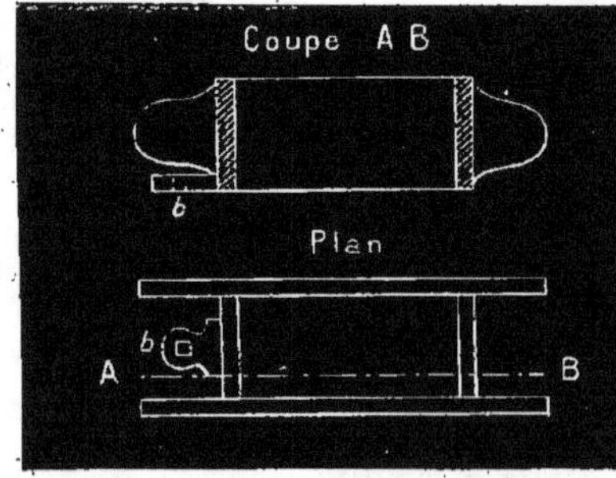

Figure 113.

Le moule à briques (*fig.* 113) est fixé sur cette table au moyen du boulon *b*. Ce moule est aussi maintenu par une pièce courbe en fer passant sur les *anses* (*fig.* 114), et fixée à l'aide de coins *m*. Dans ce moule, de forme rectangulaire, on met la pâte. On frappe cette pâte avec un maillet et on arase le dessus à l'aide d'un fil de cuivre.

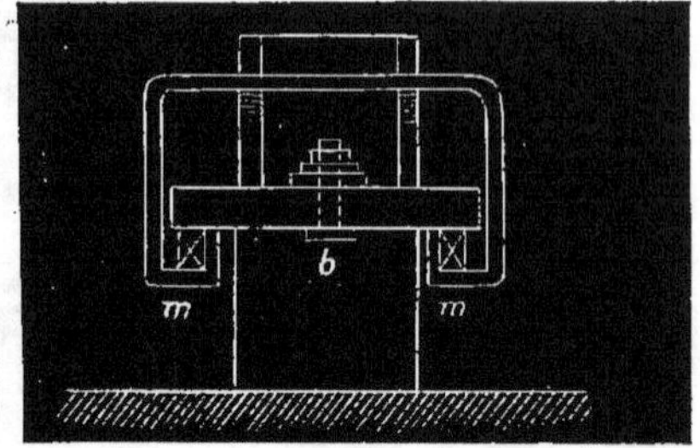

Figure 114.

SÉCHAGE.

437. Les briques ainsi préparées, on démoule près des chauffes et on les laisse sécher en empêchant les rayons de soleil de pénétrer sur ces briques. C'est ce qui constitue le premier séchage. Ce séchag dure de 6 à 8 jours, puis on place les briques sur les chauffes en commençant l'empilage près de la cheminée. Lorsqu'elles sont sèches, on procède au coupage pour leur donner la forme déterminée. En Belgique, le séchage se fait en 25 jours. La brique comprimée se réduit des 2/3 de son épaisseur en employant des moules en métal.

La brique qui se réduit de 1/3 est bonne.

COUPAGE.

438. Les coupeurs se servent d'un établi formé par une table de chêne portée sur des pieds également en chêne. Sur cette table se trouve fixée une pièce de bois de 10 centimètres d'équarrissage *p* (*fig.* 115) ; vis-à-vis, se trouve une autre pièce *p'*, de forme conique.

On commence par déterminer l'épaisseur. On met la brique à dresser entre deux règles en fer *r* et *r'*, de hauteur déterminée; on serre avec un coin *s*, jusqu'à ce que cette brique ait la largeur voulue ; puis, avec un couteau à deux poignées, on enlève tout ce qui excède la hauteur des règles en fer.

Pour remplacer le coin en bois, on a employé un appareil à vis (*fig.* 116).

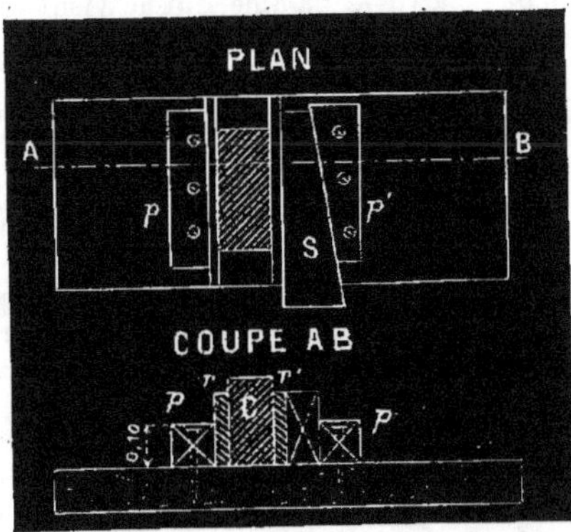

Fig. 115. — C, Brique à couper. — S, Coin de serrage.

La brique est, comme on dit, *tirée d'épaisseur*. Pour obtenir les briques

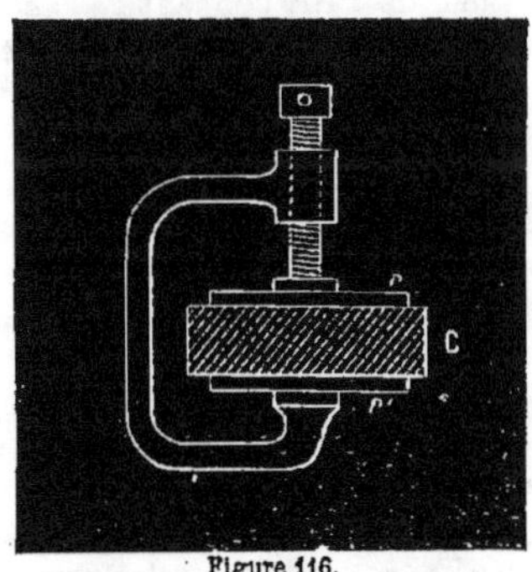

Figure 116.

spéciales pour la construction de la cuve, on est obligé de faire un panneau de la forme voulue et c'est sur ce panneau qu'on promène le couteau.

PERSONNEL D'UNE BRIQUETERIE.

439. La fabrication de 25 à 30000 kilogrammes de briques par mois exige un personnel composé de 6 à 7 pétrisseurs, 2 mouleurs et 2 découpeurs. Ces ouvriers font, en outre, la manœuvre et la cuisson.

Fours à cuire les briques.

440. Les fours à poteries, s'ils étaient en matériaux réfractaires, conviendraient bien pour cuire les briques de petites dimensions. Les fours employés ordinairement sont circulaires ou rectangulaires. Ces derniers sont les plus économiques ; ils sont plus commodes à charger et contiennent plus de briques. Le dôme des fours circulaires est en matériaux réfractaires ; la sole est en argile bien damée.

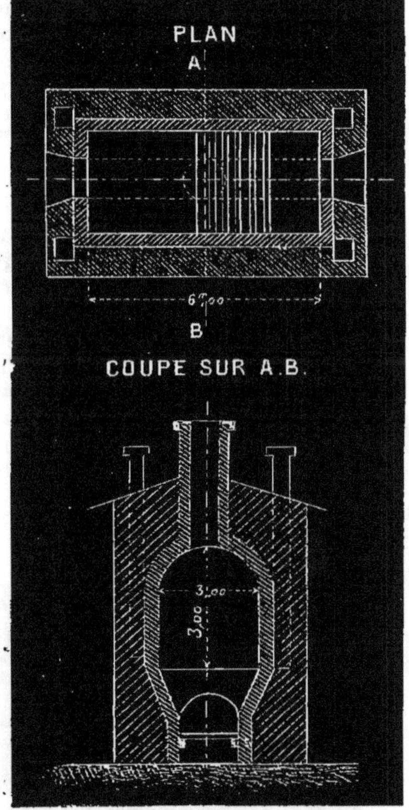

Figure 117.

Ce four est entouré de maçonnerie en briques ordinaires avec *chape* supérieure en bon mortier bien lissé à la truelle.

Nous reviendrons sur les détails des fours à briques et sur leur construction dans la fabrication des briques ordinaires employées pour le bâtiment.

441. On doit placer les briques de champ et laisser entre elles des intervalles pour la circulation de la flamme. Il faut prendre beaucoup de précautions, commencer par un feu doux, puis porter le feu au rouge blanc, laisser refroidir progressivement et avec les mêmes précautions. La durée de la cuisson varie de 4 à 5 jours. On peut cuire 30000 kilogrammes de briques en une fois et l'on consomme 35 p. 100 de ce poids comme charbon.

Dans les fours circulaires, la chaleur n'est pas aussi bien utilisée que dans les fours rectangulaires.

FOURS RECTANGULAIRES.

442. On chauffe les deux côtés du four à l'aide de quatre cheminées aux angles de ces fours (*fig.* 117). Ces cheminées sont munies de registres qui permettent de distribuer uniformément la température. La longueur de ces fours varie de 5 à 6 mètres, la largeur et la hauteur peuvent atteindre 3 mètres. Mêmes précautions pour la chauffe que pour les fours circulaires. En 8 ou 10 jours, on peut cuire 51000 kil. de briques en employant 25 p. 100 de ce poids, en charbon. Le déchet n'est que de 6 p. 100.

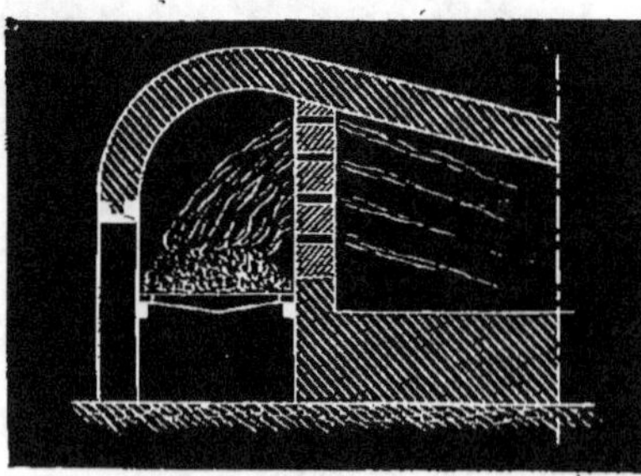

Fig. 118. — Four à réverbère (Liège).

En Belgique, on emploie les fours à ré-verbère. On construit sur le pont de chauffe un mur percé de trous. Ce mur doit répartir la flamme, qui ne vient pas directement sur la sole (*fig.* 118).

Combustibles métallurgiques

443. Avant de nous occuper des différents corps employés comme combustibles, il est utile de donner une définition des deux mots *Combustible* et *Combustion*.

444. Un corps capable de brûler à l'air avec flamme et dégagement de chaleur, le bois par exemple, donne naissance au phénomène qu'on nomme *Combustion*.

Comme le bois renferme du carbone et de l'hydrogène, il se produit une réaction chimique par cette combustion. Ce carbone et cet hydrogène, en s'unissant à l'oxygène de l'air, donnent de l'acide carbonique et de l'eau. Par suite de cette transformation, le bois abandonne la chaleur qui lui a été donnée par les rayons solaires.

En un mot, les corps simples ou composés, qui peuvent fournir une combustion avec l'oxygène de l'air sont appelés *corps combustibles*.

Par suite, les combustibles employés en métallurgie doivent satisfaire aux conditions suivantes :

1° Se trouver abondamment dans la nature, et à des prix relativement peu élevés ;

2° Une fois la combustion commencée, elle doit s'entretenir facilement d'elle-même.

BOIS.

445. Le bois fraîchement coupé peut renfermer en moyenne 40 p. 100 d'eau.

Par suite d'une exposition de deux ans à l'air, ce nombre peut se réduire à 25 p. 100.

D'après la moyenne de 25 expériences,

on peut admettre, pour la composition du bois, les nombres suivants :

Carbone (C)	51,21	pour cent
Hydrogène (H)	6,23	pour cent
Oxygène (O)	41,45	pour cent
Azote (Az)	1,10	pour cent
Total	99,99	pour cent

CENDRES. — LEUR COMPOSITION.

446. Les cendres sont représentées par le nombre 1,77 p. 100 en moyenne. Il y a beaucoup plus de cendres dans les petites branches et dans l'écorce en particulier que dans les rondins et les quartiers. D'après M. Berthier, si, dans le tronc d'un arbre, il y a 0,004 p. 100 de cendres, dans les branches, il y en aura 0,022 et dans l'écorce 0,012.

Les cendres renferment de 7 à 15 p. 100 de potasse et de 14 à 46 p. 100 de chaux. Elles contiennent aussi du carbonate de magnésie, du phosphate de chaux et de la silice libre ou combinée avec la chaux ou la potasse.

Nous pouvons donc considérer les cendres comme des matières minérales alcalines, pouvant donner des *sels de potasse* avec les végétaux terrestres et des *sels de soude* avec les végétaux marins.

PRODUITS DE LA DISTILLATION DU BOIS.

447. Si nous chauffons graduellement le bois jusqu'à une température de 140 à 150 degrés, ce bois perd toute son eau hygrométrique; en chauffant encore, il passe à l'état ligneux. Si la température atteint 200 degrés, il commence à roussir et à s'altérer. De 200 à 300 degrés il y a commencement de décomposition; enfin, si la température augmente encore, la décomposition est complète.

Distillé en vase clos, le bois produit des hydrogènes carbonés, de l'acide pyroligneux, une sorte de goudron, et donne, comme résidu, un corps beaucoup plus riche en carbone que le bois.

Les bois durs donnent, après combustion, un résidu solide formé d'un charbon dense. Dans les bois tendres, au contraire, le carbone se consume en même temps que les gaz combustibles

Carbonisation du bois. Fabrication du charbon de bois.

448. Le produit obtenu par la carbonisation conserve la structure du bois et contient les cendres de ce bois. Le bon charbon résultant de cette carbonisation doit être noir, plus léger que l'eau, brûler sans flamme, sonore et à cassure conchoïde. Il ne doit pas tacher les doigts ni s'écraser trop facilement. Pour avoir toutes ces qualités, il doit provenir de bois sains et pas trop jeunes.

La carbonisation réussit mieux après quelques mois de dessiccation. On doit couper en mars, avril et mai, les bois de feuillage, et, en janvier, février et mars, les bois résineux. Vers 250 à 300 degrés, il est presque pyrophorique, et il s'enflamme spontanément à l'air vers 360 degrés. Des charbons de bois préparés à une température de 1500 degrés, par exemple, s'allumeraient difficilement.

Le charbon de bois du commerce renferme en moyenne de 3 à 5 p. 100 de cendres.

La densité des charbons varie suivant les bois employés, leur âge, la nature du sol, le climat, etc. Le jeune bois est plus pesant que le vieux.

Les différentes parties d'un arbre ne donnent pas des charbons de même densité.

Le chêne, le charme, l'orme, le noyer et l'érable étant des bois durs, leurs charbons sont dits charbons durs. Le bouleau, le tilleul, l'aune, le tremble et le peuplier sont des bois tendres et fournissent des

charbons légers. Le mélèze, le pin et le sapin donnent des charbons intermédiaires.

Le poids du mètre cube varie de 140 à 180 kilogrammes pour les charbons de bois tendres; de 180 à 220 kilogrammes, pour le charbon de bois résineux; de 220 à 280 kilogrammes, pour les charbons de bois durs, et, enfin, de 300 à 350 kilogrammes, pour les charbons de chêne vert.

Ce charbon est très-hygrométrique et peut absorber à l'air de 5 à 12 p. 100 d'eau.

FABRICATION.

449. La carbonisation du bois doit marcher avec lenteur et à une température aussi peu élevée que possible. Les bûches doivent avoir toutes à peu près les mêmes dimensions variant de $0^m,12$ à $0^m,32$ de tour et $0^m,90$ à 1 mètre de longueur. La fabrication du charbon de bois, pour être économique, doit se faire directement en forêt.

CARBONISATION DES BOIS EN MEULES.

450. La forme ordinaire des meules est un tronc de cône dont la hauteur est généralement égale au rayon de la base. Les diamètres au pied varient de 9 à 12 mètres, et le cube de 16 à 44 stères.

Pour construire une meule, on doit choisir un endroit sec et abrité du vent. On prépare une aire, ou *faulde* sèche, et non sujette aux inondations. Le terrain ne doit être ni trop meuble, ni trop léger et perméable, ni trop argileux. On arrive à de bons résultats en composant le terrain artificiellement. Dans ce cas, on peut employer une couche de sable en ayant soin de laisser une certaine inclinaison du centre à la circonférence. Les fauldes qui ont déjà servi sont meilleures que les nouvelles.

L'emplacement étant arrêté et bien déterminé, on élève au centre un mât autour duquel doit se former la meule; puis, autour de ce mât, on range les bûches couchées ou droites (*fig.* 119).

Dans d'autres cas (*fig.* 120), on place au centre trois piquets entretoisés par des

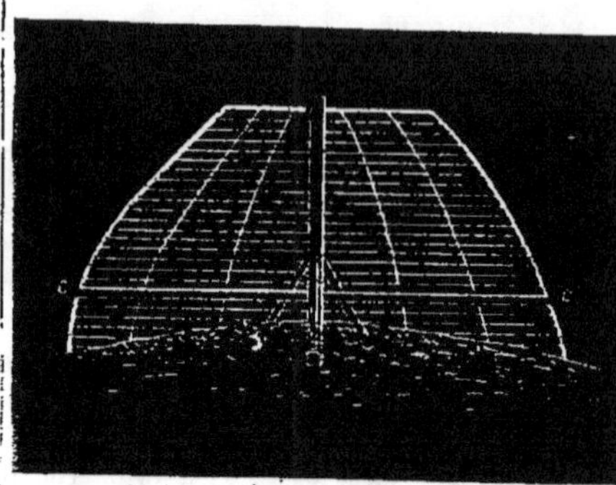

Fig. 119. — Coupe d'une meule. (Bûches couchées.)

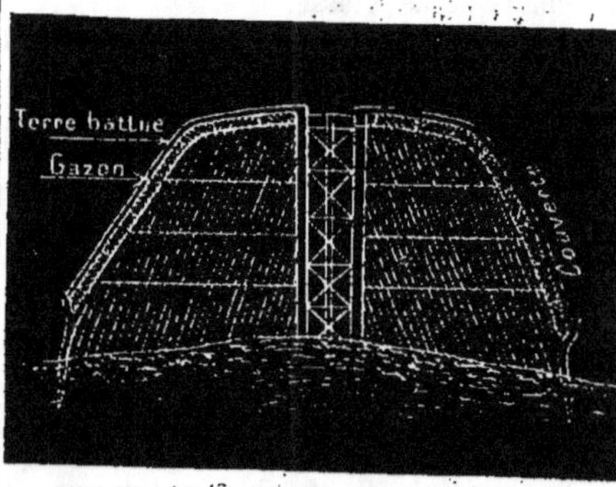

Fig. 120.

rondins ou par des moises servant d'entretoises; ces trois piquets forment une sorte de cheminée. Quand on n'emploie qu'un mât au centre, on est obligé de réserver des carneaux c à la partie basse (*fig.* 119). La meule, une fois constituée, on la surmonte d'une couverte composée de mottes de gazon, retenues par des piquets en bois à la partie basse de la meule. Ce gazon est superposé par couches annulaires, comme l'indique la figure 120. Au-dessus du gazon, on bat de la terre mélangée de fraisil, de manière à former une croûte imperméable à l'air. Au bas de la meule, entre le sol et la première couche de gazon, on laisse une ceinture libre pour l'échappement des gaz. Sans cette précaution au commencement de l'opération, la meule pourrait éclater par le haut.

451. Pour mettre le feu aux meules à trois mâts, on jette par la cheminée du charbon allumé et des fumerons. S'il n'y a qu'un mât, on introduit, par les carneaux de la partie basse, une perche allumée; puis, lorsque l'humidité ou la *suée du bois* est dissipée, on achève de couvrir la meule. Il se dégage de la vapeur d'eau, ce qui produit des condensations le long de la couverte.

Il faut arriver le plus vite possible à cette suée et, pendant qu'elle s'opère, s'il se forme des crevasses dans la couverte, il faut les reboucler. On reconnait que la suée est terminée, quand la croûte extérieure se dessèche et lorsque la fumée qui sort par les carneaux du bas est claire. L'ouvrier ferme alors la ceinture libre et la cuisson du noyau commence. L'entretien de la meule est très-minutieux; les vents gênent beaucoup. On est parfois obligé d'abriter avec des claies en osier. Au bout de six à huit jours, la masse est incandescente; c'est le *grand feu*. Toute la meule paraît rougeâtre dans l'obscurité. Dans certains cas, l'ouvrier est obligé de percer quelques trous au sommet pour amener le feu en haut de la meule. Quand la fumée est claire et bleuâtre, il fait d'autres trous en descendant. La combustion achevée, la meule s'affaisse; il faut avoir soin de reboucher les nouvelles crevasses qui peuvent se former dans la croûte extérieure; c'est ce qu'on appelle rafraîchir la couverte. Dès lors, le refroidissement commence et dure six à huit

jours. Après ce temps, le charbonnier éventre la meule et étale le charbon.

S'il reste encore quelques points en ignition, on les éteint avec de l'eau; mais il faut, autant que possible, éviter ce procédé.

L'opération, pour de petites meules, dure de 6 à 14 jours et peut atteindre un mois pour les plus grandes.

452. Après la transformation du bois en charbon, le volume est considérablement diminué. Une bûche de 325 millimètres de circonférence et de 0^m,90 de longueur se réduit de 11 centimètres sur la circonférence et de 8 centimètres sur la longueur. Les volumes sont dans le rapport de 27/11. Le produit en volume est, en général, le tiers du bois employé. Comme poids, le charbon ne dépasse jamais 25 0/0 du bois qui sert à le fabriquer.

Fabrication du charbon roux ou ligneux.

453. Dans certains pays, on emploie le bois lorsqu'il a subi une torréfaction simple ou une demi-carbonisation. Il prend alors le nom de *bois desséché*, *ligneux* ou *charbon roux*. Cette carbonisation incomplète est opérée dans le but de perdre, le moins possible, les matières combustibles. Il faut arrêter l'opération quand l'acide pyroligneux cesse de se produire.

La composition du charbon roux est la suivante :

Carbone..	. . . 71,42	pour cent
Hydrogène.	. . 4,85	pour cent
Oxygène .	. . 22,91	pour cent
Cendres..	 0,82	pour cent

454. Pour fabriquer ce charbon, on se sert de bûchettes de 0^m,16 de longueur et de 5 à 6 centimètres de diamètre. On forme, dans la forêt même, des pyramides tronquées (*fig.* 121) traversées par un petit fossé recouvert de plaques de fonte percées. Au dessus de celui-ci, on construit, avec des pièces de bois couchées, une sorte de voûte ayant 0ᵐ,50 de dia-

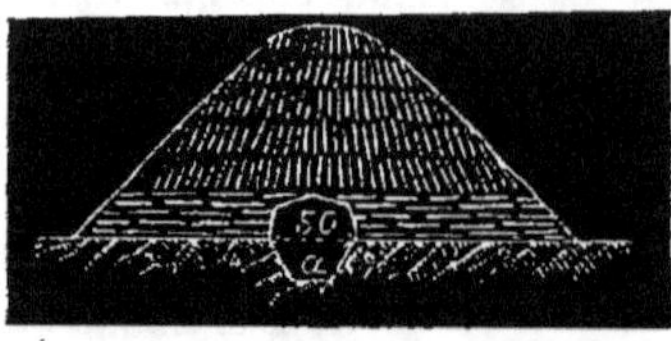

Fig. 121. — Fabrication du charbon roux. (Coupe d'une meule.)

mètre. Le dessus de la meule est terminé par des bûches placées verticalement. A l'une des extrémités se trouve une grille sur laquelle on dépose du menu bois enflammé. La combustion est activée par un ventilateur qui envoie l'air dans le fossé *a*. Cet air, en favorisant la carbonisation, permet aux produits chauds de se répandre dans la masse par les insterstices laissés entre les plaques de fonte.

455. Pour transformer 30 stères de bois en charbon roux, on doit en brûler 3 stères. Après cette calcination, le bois a perdu de 40 à 45 0/0 de son poids.

Un autre procédé consiste dans l'emploi de chambres ou galeries en maçonnerie à la partie basse desquelles se trouvent des tuyaux en fonte percés de trous. Pour chauffer ces chambres, on utilise les chaleurs perdues des fours à puddler ; le bois placé immédiatement au-dessus se calcine.

Tourbe.

456. La tourbe est une matière spongieuse composée de végétaux entrelacés dont il est facile de distinguer la structure. Sa composition se rapproche beaucoup de celle du bois, mais elle est souvent mélangée à des matières terreuses. Elle se forme journellement dans les terrains humides et marécageux. Sa couleur varie du brun au noir, suivant la profondeur à laquelle elle se trouve et suivant

l'état de décomposition. Celle du fond des marais, qui est la plus estimée, est noire.

457. On distingue trois espèces de tourbe :

1° La *tourbe compacte* ou *limoneuse,* c'est la plus commune, elle est employée de préférence pour le chauffage.

2° La *tourbe fibreuse ;*

3° La *tourbe pisciforme.*

Ces différentes variétés peuvent renfermer jusqu'à 80 0/0 d'eau.

Transformées en briquettes de 0ᵐ,25 sur 0ᵐ,15 et 0ᵐ,10 d'épaisseur et desséchées à l'air, elles en contiennent encore de 30 à 40 0/0.

La proportion de cendres peut atteindre 30 0/0 ; elles fournissent à l'analyse des quantités importantes d'acide phosphorique.

La tourbe bien desséchée, renfermant plus de carbone et d'hydrogène libre que le ligneux, a une puissance calorifique plus grande, variable avec les matières minérales qu'elle contient.

Avant son utilisation, la tourbe doit être comprimée ; elle présente alors une densité assez forte, pouvant varier de 700 à 1,400 k. le mètre cube.

458. *Procédés de desséchement.* Ces procédés sont au nombre de trois :

1° Exposition à l'air sous des hangars ;

2° Au moyen d'une pression ;

3° En se servant des étuves.

459. La dessiccation à l'air dure trois mois, dix mois et même un an, ce qui exige une mise de fonds considérable. La tourbe perd, après ce temps, 60 0/0 de son volume.

En employant les presses hydrauliques on obtient d'assez bons résultats, mais ce travail est très-dispendieux. La troisième méthode est celle des étuves chauffées à 100 degrés. On doit, préalablement, laisser la tourbe pendant six semaines se dessécher à l'air, puis la transporter dans les étuves où elle reste de 8 à 9 jours. Après ce séchage, son volume est réduit de moitié. Cette méthode est la plus expéditive.

460. *Propriétés de la tourbe*. La tourbe ainsi desséchée donne un combustible qui brûle lentement, à cause des parties terreuses qu'elle renferme, en dégageant une odeur empyreumatique très-désagréable, due à la présence de matières animales. Par la distillation, on obtient les mêmes produits qu'avec le bois et presque toujours un peu d'ammoniaque.

461. *Composition*. Les cendres supposées enlevées, la tourbe renferme 60 0/0 de carbone, 1,7 d'hydrogène libre et 38,3 d'eau et d'azote. Dans les cendres, on rencontre de la chaux, de la silice, de la potasse, de l'alumine et de l'oxyde de fer. D'après M. Berthier, il existe aussi du sulfate de chaux. Le charbon et les cendres répandent alors une forte odeur sulfureuse.

La tourbe, pour être employée dans les opérations métallurgiques, doit être carbonisée.

462. *Carbonisation de la tourbe*. La carbonisation en meules est économique mais difficile, à cause de la combustibilité du charbon qui se trouve incinéré par la présence de l'air qui entre par les crevasses. Le retrait est énorme.

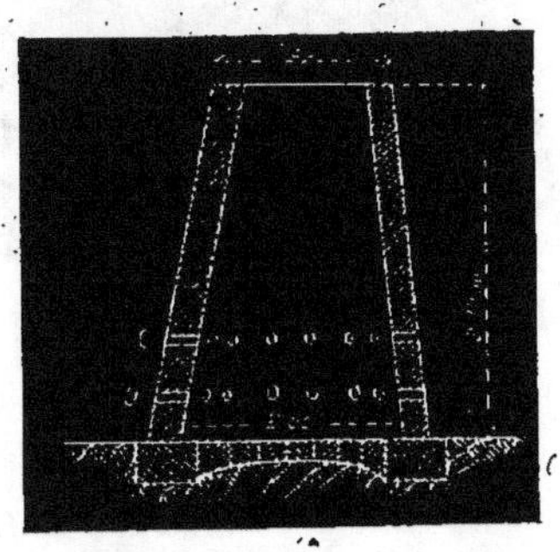

Fig. 122.

463. Dans les Vosges, on emploie un four cylindrique pouvant contenir 5 mètres cubes environ (*fig.* 122). Ce four est construit en maçonnerie et le fond est pavé. Des ouvraux *o* sont répartis sur la surface et servent à régler le feu. De temps en temps, on enfonce un ringard dans la masse pour former cheminée et activer le tirage. La carbonisation dure environ 48 heures.

Comme perfectionnement, on se sert d'un four en briques (*fig.* 123) ayant la forme d'une cornue verticale à section circulaire. La partie inférieure est rétrécie et retient la tourbe. La partie supérieure est fermée par une plaque de fonte surmontée d'une capacité terminée par une deuxième plaque également en fonte et formant ajutage. Les produits de la combustion circulent dans des conduits ou carneaux latéraux ménagés dans la brique. La tourbe est chauffée par les gaz du combustible et par les produits de sa propre distillation. Un tuyau communiquant avec la cornue recueille le goudron qui sert aussi à alimenter la grille.

Toute la masse étant calcinée, on retire la grille par une ouverture latérale, à l'aide d'une tige en fer *t* et la matière tombe dans des wagonnets.

Le poids du mètre cube de charbon ainsi obtenu varie de 230 à 310 kilos et la teneur en cendres est de 5 à 50 0/0. La tourbe calcinée contient donc généralement beaucoup de cendres. Elle est légère, très-poreuse et brûle en dégageant une odeur désagréable due à la présence d'une grande quantité de matières volatiles. Sa dureté est augmentée par une forte proportion de produits terreux.

Ce charbon, étant obtenu à une température relativement basse, est mauvais conducteur de la chaleur. Il est très-combustible, mais brûle lentement. Employé en métallurgie pour le réchauffage du fer, il est souvent mélangé avec le charbon de bois.

Lignites.

464. Par leur aspect et leur nature ils se rapprochent tantôt des houilles

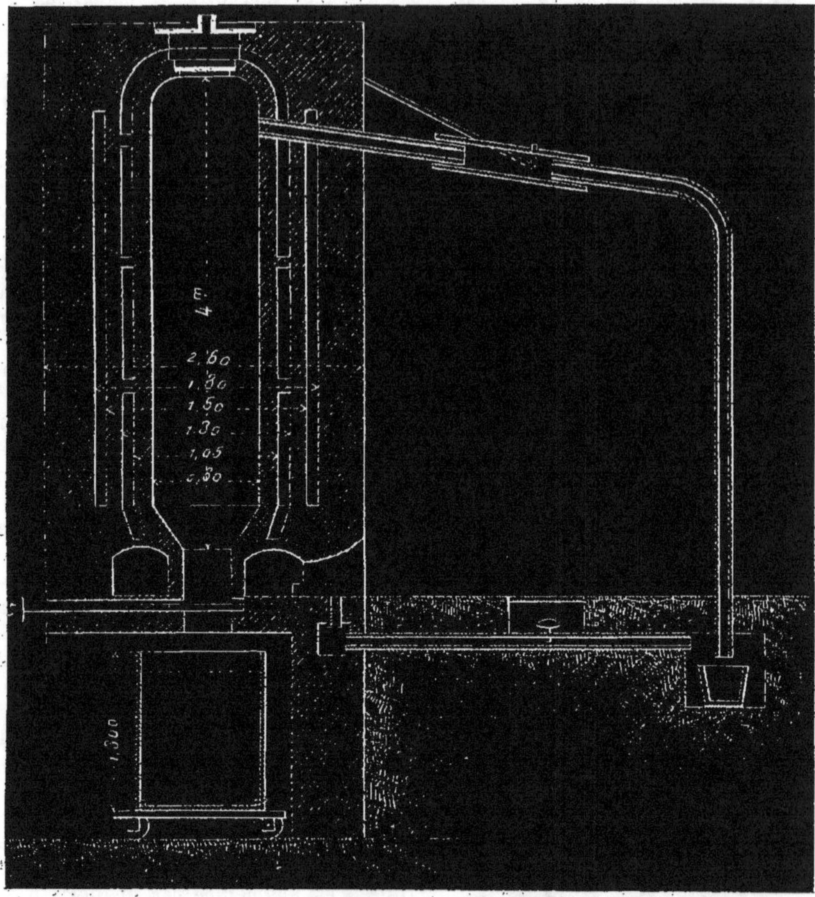

Fig. 123. — Four de Crony. — Carbonisation de la tourbe.

proprement dites, tantôt des bois légèrement altérés; enfin, ils ressemblent souvent à des tourbes compactes.

465. Dans les lignites, dont la formation se rapproche le plus de l'époque actuelle, on trouve encore des parties qui
présentent des traces d'organisation végétale et qui lient ces combustibles au bois
fossile et aux tourbes.

Ce sont des combustibles que l'on
trouve dans les terrains tertiaires.

466. On distingue les *lignites proprement dits*, les *lignites ligneux* et les
lignites terreux.

467. Les lignites ordinaires présentent la structure de la houille. Ils donnent, en brûlant, une flamme très-longue
et répandent une odeur désagréable ana-

logue à celle de la tourbe; peu d'eau interposée. Ils ne fondent pas au feu et sont d'un bon usage pour les feux de grille ou pour le chauffage des gazogènes. Ils servent aussi pour les évaporations, le chauffage des chaudières, la cuisson de la chaux et de la brique. Température de combustion peu élevée. Les lignites ligneux ont la structure du bois et renferment de l'eau hygrométrique. Les lignites terreux sont très-peu employés. Beaucoup de variétés sont sulfureuses; la proportion de soufre peut atteindre 10 pour cent.

Ils contiennent rarement 75 0/0 de carbone et 5 à 6 0/0 d'hydrogène; la proportion d'oxygène dépasse presque toujours 20 0/0.

Anthracite-Houilles et Cokes.

468. L'*anthracite* et la *houille* appartiennent, par leur gisement, aux terrains de transition et aux terrains secondaires. La plus grande partie des houilles se trouve exploitée dans une formation qui constitue la partie supérieure des terrains de transition, et que, pour cette raison, on nomme *terrain houiller*. L'anthracite, au contraire, qui est un combustible très-sec, se trouve à la partie inférieure des mêmes terrains.

Anthracite.

469. L'anthracite est noir, tirant sur le gris, éclat vitreux, cassure conchoïde. Il peut être considéré comme une houille très maigre, ne tachant pas les doigts, décrépitant au feu et se réduisant souvent, en petits fragments sous l'action de la chaleur, il brûle difficilement, avec une flamme bleue, faible et très-chaude, sans se coller ni se ramollir.

Les variétés qui décrépitent au feu ne peuvent être employées pour fondre les minerais de fer dans les hauts fourneaux.

Les différentes espèces sont utilisées pour le chauffage des chaudières à vapeur, la cuisson de la chaux et, en général, dans les foyers à fort tirag.

Les anthracites contiennent au moins 90 0/0 de carbone, 2 à 3 0/0 d'hydrogène, et 2 à 3 0/0 d'oxygène.

Houille.

470. La houille est d'un noir brillant, cassure lamelleuse.

Elle brûle avec une flamme blanc rougeâtre ou bleuâtre, en répandant de la fumée. La proportion de cendres est très-variable; elle atteint et dépasse même 20 0/0. Ces cendres contiennent de l'argile, de l'oxyde de fer, du carbonate de chaux, quelquefois du sulfate et du phosphate de chaux.

L'oxyde de fer est dû à la présence des py ites et du carbonate de fer. Les houilles qui contiennent de la pyrite de fer diminuent de valeur. Elles sont d'un usage restreint, à cause de l'action corrosive du soufre. Par suite de la décomposition de la pyrite, elles peuvent s'enflammer spontanément à l'air. La quantité de carbone est comprise entre 75 et 90 0/0; la proportion d'oxygène et d'hydrogène ne dépasse pas 15 à 20 0/0. Elles renferment aussi du soufre dans la proportion de 1 à 3 0/0.

471. Les houilles ont la propriété de se ramollir et de se coller sous l'action de la chaleur. Plus il y a d'hydrogène en excès sur l'oxygène, plus elles sont collantes.

472. Les nombreuses variétés connues peuvent se classer comme suit:

1° *Houilles sèches à courte flamme* ou *houilles anthraciteuses;*

2° *Houilles grasses fortes et dures* ou *houilles grasses à courte flamme;*

3° *Houilles grasses très-collantes* ou *houilles maréchales;*

4° *Houilles grasses à longue flamme;*

5° *Houilles sèches à longue flamme.*

473. 1° Les houilles sèches à courte

flamme se rapprochent bea coup de l'anthracite ; elles contiennent 90 0/0 de carbon , 4 0/0 d'hydrogène et 4 0/0 d'oxygène. La flamme est peu abondante, de couleur. blanchâtre en comm nçant, puis bleue. Elle; donnent un coke pul érulent et sont employées crues dans les hauts fourneaux. Sur des grilles, elles ne brûlent bien qu'en grande quantité.

On les trouve en Éc s et dans le pays de Galles.

474. 2° Les houilles grasses et dures sont surtout estimées pour la fabricati n du coke. Leur couleur est d'un beau noir, éclat gras. Le produit de leur carbon sation est eu boursouflé, dense et doué d'une forte cohésion. On les emploie avec avantage pour la fusion des minerais de fer.

Elles proviennent de Rochebelle, près Alais.

475. 3° Les houilles grasses maréchales s'agglutinent au feu, ce qui les rend précieuses pour le feu de forge et le chauffage des fours à réverbère à haute température. Sur les grilles, elles brûlent très mal. Elles donnent un coke très-boursouflé qui convient moins bien aux opérations métallurgiques que le coke dense et dur.

Composition .

Carbone	87
Hydrogène libre	4
Eau de constitution et azote . .	9

Ces houilles conviennent également pour la fabrication du gaz d'éclairage, parce qu'elles fournissent beaucoup de produits gazeux chargés de carbures d'hydrogène en quantité suffisante pour assurer le pouvoir éclairant.

Les gisements les plus importants sont à Rive-de-Gier (Grande-Croix) et dans le bassin de Saint-Etienne.

476. 4° Les houilles grasses à longue flamme donnent un coke boursouflé. Elles sont moins collantes que les houilles maréchales et d'un bon emploi pour le chauffage sur grille et la fabrication du gaz.

477. 5° Les houilles maigres, ou houilles sèches à longue flamme, se rapprochent beaucoup des lignites ; elles donnent une flamme très-abondante et, après carbonisation, un coke à peine fritté **et** n'ayant pas de consistance.

Pouvoir calorifique beaucoup plus faible que celui des variétés précédentes.

Elles sont employées dans les cas où il ne faut pas une température trop élevée et, pour cette raison, ne servent pas dans les hauts fourneaux. On les trouve à Blanzy et dans les environs.

Les houilles deviennent sèches, soit par diminution d'hydrogène et d'oxygène, soit par accroissement d'oxygène et diminution de carbone.

D'après M. Regnault, la densité de la houille varie de 1,29 à 1,46, cette densité allant en augmentant avec la proportion de carbone.

Les houilles renferment peu d'eau hygrométrique, au plus de 2 à 3 0/0.

Carbonisation de la Houille. Fabrication du Coke.

478. Les houilles, chauffées à une haute température et à l'abri de l'air, donnent, à la distillation, des gaz combustibles, de l'eau souvent ammoniacale, des huiles empyreumatiques, et laissent un résidu charbonneux nommé *coke*.

479. Le coke est donc le produit de la carbonisation de la houille. Il est très-employé dans les travaux métallurgiques. Il se présente en masses poreuses comme la pierre ponce. Il est d'autant plus dur que les cavités des pores sont moins larges. Son éclat est demi-métallique, sa couleur est gris de fer, gris noirâtre ou gris argentin exempt de tache de rouille ou noires. Il attire l'humidité, mais moins que le charbon de bois. Il peut contenir jusqu'à 50 0/0 d'eau hygrométrique. Sa densité varie avec sa teneur en cendres et le mode de fabrication. Le coke des fours pèse d 40 à 45 k. l'hectolitre. Celui des cornues à gaz pèse de 30 à 35 k. l'hectolitre. Sa composition est assez analogue à celle du charbon de bois. Il renferme de 0,75 à 0,90 de carbone, de 0,03 à 0,15 de cendres, de l'eau hygrométrique en quantité variable.

Pour les opérations métallurgiques il ne doit pas renfermer plus de 12 à 14 0/0 de cendres.

La pyrite de fer contenue dans les houilles se retrouve dans le coke à l'état de proto-sulfure. Le coke, en brûlant, se convertit en acide carbonique. Il a souvent une odeur d'acide sulfureux, lorsque les houilles dont il provient sont pyriteuses.

Fabriqué dans les fours à coke, il est lourd et dur, brûle difficilement et doit être employé dans de grands foyers pouvant produire un fort tirage. Au contraire, le coke des cornues à gaz est léger et spongieux. Il brûle mieux et s'emploie dans les foyers ordinaires.

480. On doit laver les houilles destinées à la fabrication du coke afin de diminuer, autant que possible, la proportion de cendres souvent augmentée par les matières terreuses.

481. Le coke étant moins combustible que le charbon de bois, la carbonisation de la houille se fait beaucoup plus facilement et exige moins de soins que celle du bois. Les méthodes employées à cet effet varient suivant que la houille est grasse ou sèche, en gros morceaux ou menue, et s'exécutent soit en plein air, soit dans des fours.

CARBONISATION EN TAS ET EN MEULES.

482. La carbonisation en tas est abandonnée aujourd'hui. Cette opération est difficile à mener, le déchet est considérable et le coke obtenu inférieur comme qualité.

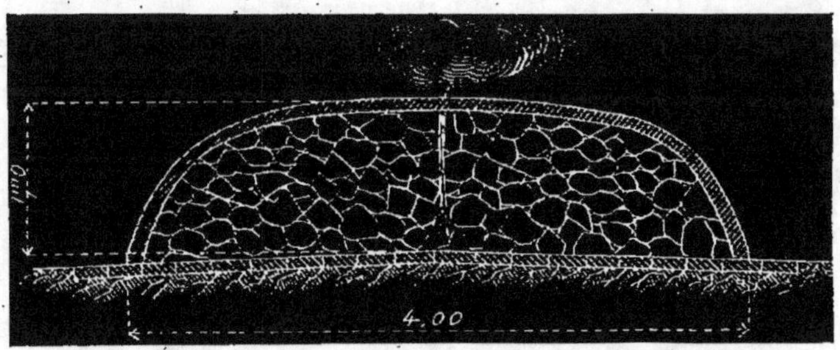

Fig. 124. — Carbonisation de la houille. — Tas de Staffordshire.

L'emploi des meules existe encore dans le Staffordshire et au sud du pays de Galles. La houille est disposée comme l'indiquent les (fig. 124 et 125). Ce sont des tas circulaires, à peu près semblables à ceux déjà décrits pour la calcination du bois, mais moins élevés. On place les plus gros morceaux au bas et vers le centre. Ensuite, on ne fait pour ainsi dire que jeter le charbon, de manière à former une meule. Pour empêcher que la combustion soit trop rapide, on recouvre le tout de menue houille ou de menu coke. On met le feu au centre en laissant une sorte de cheminée. Quand toute la masse est bien allumée, on achève de couvrir le tas avec de la houille menue, et on ménage des ouvertures, que l'on bouche et que l'on débouche à volonté, de manière à ralentir ou à accélérer l'opération.

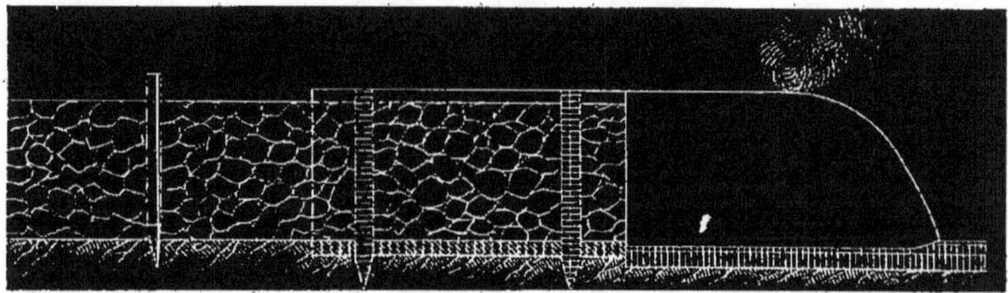

Fig. 125. — Carbonisation de la houille. — Tas du Staffordshire.

La carbonisation achevée, on éteint le coke encore incandescent, en l'arrosant d'eau en assez grande quantité.

Le procédé le plus généralement suivi dans le Staffordshire consiste à élever, au milieu d'une aire, une petite cheminée en briques présentant un grand nombre de jours (*fig.* 126). Les briques sont placées de champ; les jours sont p·us grands au bas qu'à la partie supérieure. Cette cheminée A a environ 1ᵐ,50 de haut; elle est surmontée d'une petite couronne en tôle

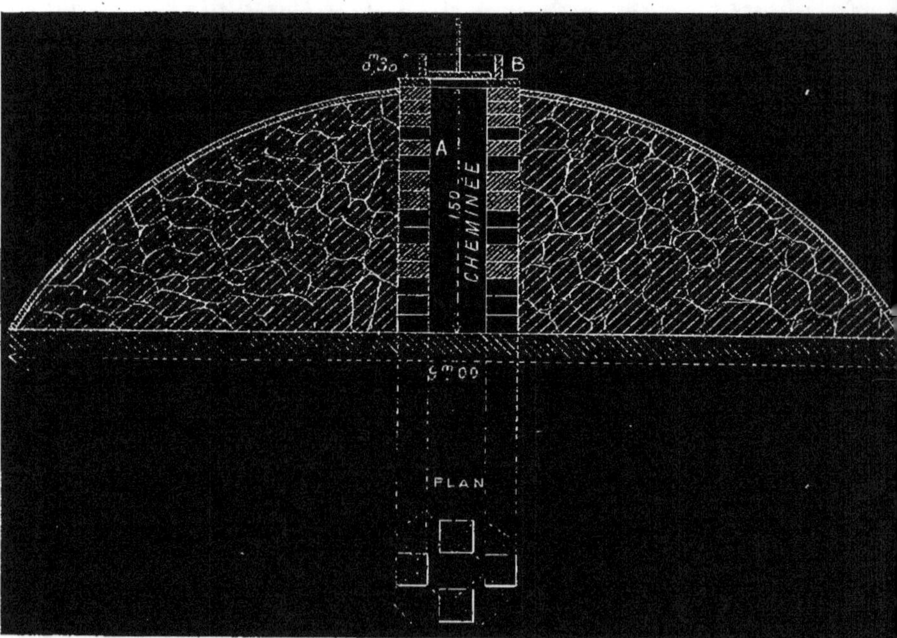

Fig. 126. — Carbonisation de la houille en roches. — Meules de Staffordshire.

ou en fonte B de 0ᵐ,30 de hauteur, munie d'un registre qui sert à régler le tirage. La houille est disposée comme précédémment et le travail est le même.

CARBONISATION DE LA HOUILLE DANS DES FOURS OUVERTS.

483. Comme type nous donnons (*fig.* 127) le croquis du four Schaumbourg employé à Sarrebrück. La sole A est formée par des briques placées de champ. La longueur dans œuvre atteint 11ᵐ,50 et la largeur 2ᵐ,50. Il existe dans la maçonnerie de petites cheminées c ayant 0ᵐ,16 de côté espacées de 0ᵐ.70 d'axe en axe et aboutissant dans de petits carneaux horizontaux c'.

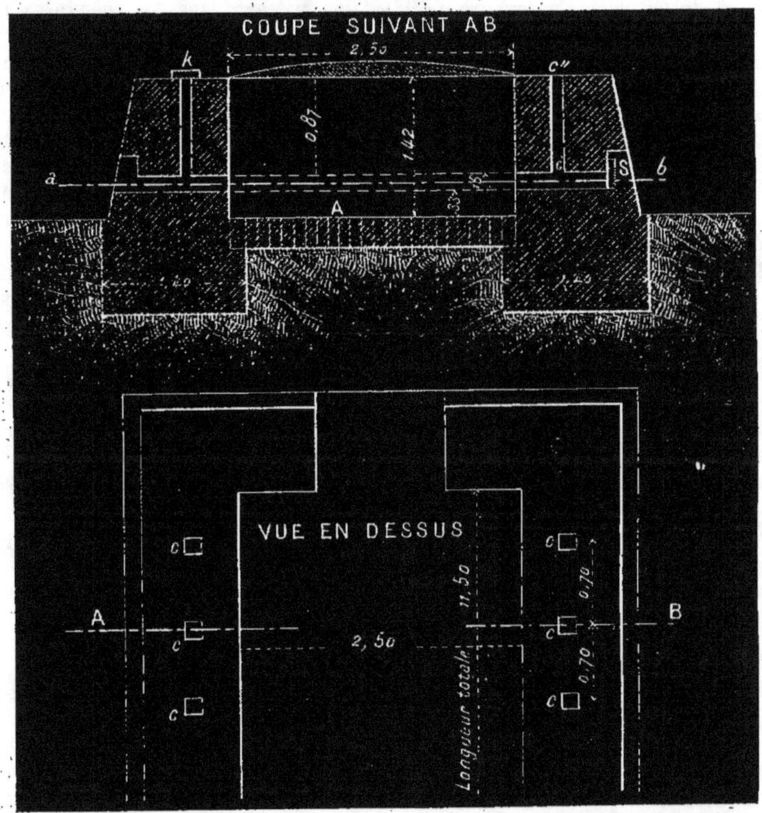

Fig. 127. — Fabrication du coke. — Four Schaumbourg.

484. *Chargement du four.* Le chargement se fait en disposant directement sur la sole une couche de houille menue sur une hauteur de 0ᵐ,39; puis, on place une perche en bois qui traverse le four en passant par les deux carneaux a et b. On opère ainsi pour tous les carneaux horizontaux.

On complète le chargement et l'on recouvre la surface d'une couverte en argile et en terre battue. Cette couverte terminée, on enlève les perches; celles-ci laissent des parties vides qui servent de cheminées de tirage.

485. *Allumage du four.* Pour allumer ce four, on place une brique *k* sur toutes les cheminées verticales et une brique *s* en avant de chaque carneau *b*, puis on allume du feu dans l'embrasure *a*; il se produit alors un fort tirage. Au bout d'un certain temps, on débouche en *s* et l'on bouche en *c^v* et en *a*; ceci fait, on allume du feu en *s*. On répète cette opération de temps en temps pour changer les courants et bien carboniser toute la masse. Ce travail dure de 6 à 9 jours, plus 3 ou 4 jours pour le chargement et le déchargement. Chaque four peut contenir 13,400 k. de houille produisant 8,760 k. de coke, soit un rendement de 65 pour cent

Le défournement est très-pénible, il faut arracher le coke au moyen de fourgons.

Ces fours sont disposés parallèlement les uns aux autres en laissant entre eux, pour les diverses manipulations, un espace de 15^m,00. Ils donnent un coke très-dense, surtout à la partie inférieure. La main-d'œuvre étant très-considérable, ils sont presque abandonnés aujourd'hui.

Carbonisation de la houille dans les fours fermés.

486. Il y a quelques années, les mines de houilles à coke étaient très-restreintes, à cause des impuretés et de la difficulté d'enlever les matières terreuses; mais, depuis l'emploi du lavage méthodique, on a des produits beaucoup plus purs et l'on arrive à fabriquer du coke de densité suffisante, avec des houilles considérées comme très-médiocres, en se servant des fours fermés.

Le type est le four de boulanger ordinaire, sauf la forme.

On chauffe à une température assez élevée pour enflammer la houille. Le charbon est placé par couches horizontales jusqu'à la naissance de la voûte. La chaleur agit par contact et par rayonnement. L'espace laissé libre entre la dernière couche de houille et la clé de la voûte permet aux gaz combustibles de s'enflammer dans cette partie. L'air nécessaire arrive par des ouvertures ménagées dans les portes et les produits de la carbonisation passent dans des cheminées pratiquées à la partie supérieure. La carbonisation commence par la partie haute et descend progressivement. La vapeur d'eau produite fendille la masse et facilite la propagation de la chaleur. Souvent, la calcination est inégale dans les diverses parties; il y a même, dans certains cas, incinération de la couche supérieure et la couche inférieure est imparfaitement carbonisée.

La marche des fours à coke est difficile à conduire et réclame beaucoup de soins.

Le nombre des systèmes de fours fermés étant très-considérable, il nous est impossible de les étudier tous. Nous nous arrêterons aux deux exemples suivants:

487. *Fours Smet.* Ces fours sont représentés (*fig.* 128). Les gaz sortent par des ouvertures situées au milieu de la voûte, puis descendent dans des carneaux placés sous la sole. Les gaz produits dans la partie A chauffent les piédroits de droite *d*, puis la sole A et s'en vont dans la cheminée.

Pour le dernier four, on est obligé, afin de chauffer les deux côtés, de faire faire aux gaz une seconde circulation.

A chaque extrémité des carneaux *c*, se trouve un tampon de nettoyage. Dans les portes des fours, il existe de petites ouvertures permettant de suivre l'opération.

Lorsqu'on est obligé de carboniser des charbons gonflant beaucoup, on doit prendre certaines précautions pour éviter les dislocations des maçonneries.

Pour former les piédroits, on emploie des briques à languette (*fig.* 129) et, pour les assises horizontales, on donne aux briques un épaulement de chaque côté (*fig.* 130).

Le chargement est de 2,000 à 3,000 k.
de houille. La carbonisation se fait en

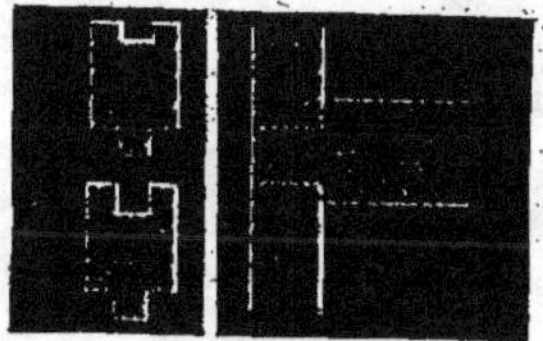

Fig. 129. — Fig. 130.

24 heures. Le rendement est bon et ne
diffère du rendement théorique que de 2
à 4 0/0.

488. Nous donnons (*fig.* 131, 132, 133
et 134) les croquis des fours à coke employés à l'usine de la Providence, à Hautmont (Nord) et actuellement en marche.

Leur construction exige un appareil
spécial et des briques réfractaires dont le
nombre et les dimensions sont indiqués
ci-dessous et les croquis figure 135.

NOMBRE ET DIMENSIONS DES BRIQUES
EMPLOYÉES POUR LA CONSTRUCTION
D'UN FOUR A COKE.

MARQUES	NOMBRE	DIMENSIONS		
a	900	0 200	$\times$ 0.130	$\times$ 0:065
b	170	0.300	$\times$ 0.200	$\times$ 0 100
c	36	0.400	$\times$ 0.200	$\times$ 0.100
d	536	0.300	$\times$ 0.150	$\times$ 0 100
e	4	0 550	$\times$ 0.200	$\times$ 0 150
f	8	0 430	$\times$ 0 300	$\times$ 0.100
f^2	8	0.450	$\times$ 0.300	$\times$ 0.100
g	2	0,500	$\times$ 0.120	$\times$ 0.100
g^2	2	0 500	$\times$ 0 160	$\times$ 0,100
h	9	0.430	$\times$ 0 250	$\times$ 0.180
h^2	2	0.440	$\times$ 0 180	$\times$ 0.100
h^3	2	0.440	$\times$ 0.200	$\times$ 0 180
i	3	0.650	$\times$ 0.236	$\times$ 0.150
j	232	0.250	$\times$ 0.118	$\times$ 0.150
k	8	0.450	$\times$ 0.100	$\times$ 0.150
l	6	0.550	$\times$ 0 225	$\times$ 0.150
m	4	0 550	$\times$ 0 118	$\times$ 0.150
n	2	0.460	$\times$ 0 460	$\times$ 0 100
o	4	0.600	$\times$ 0.330	$\times$ 0.180
p	4	0.225	$\times$ 0 150	$\times$ 0.100
q	24	0 370	$\times$ 0.220	$\times$ 0.100
r	700	0.280	$\times$ 0.110	$\times$ 0.055
s	2	0.650	$\times$ 0.315	$\times$ 0.100
s^1	4	0:650	$\times$ 0.305	$\times$ 0.100
s^2	2	0.650	$\times$ 0.295	$\times$ 0.100
t	16	0.310	$\times$ 0 275	$\times$ 0.100
t^2	16	0.300	$\times$ 0.275	$\times$ 0.100
u	4	0.400	$\times$ 0.100	$\times$ 0.100
g^1	4	0.500	$\times$ 0 140	$\times$ 0.100
h^1	9	0.450	$\times$ 0 250	$\times$ 0 180

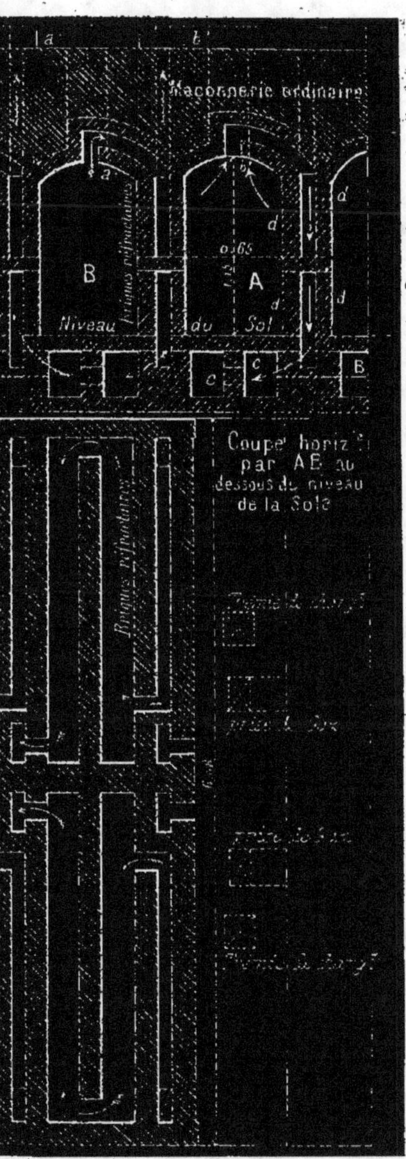

2°. — Four Smet. — Coupe verticale par une prise de gaz.

Le prix de chaque four varie de 800 à
1,300 fr.

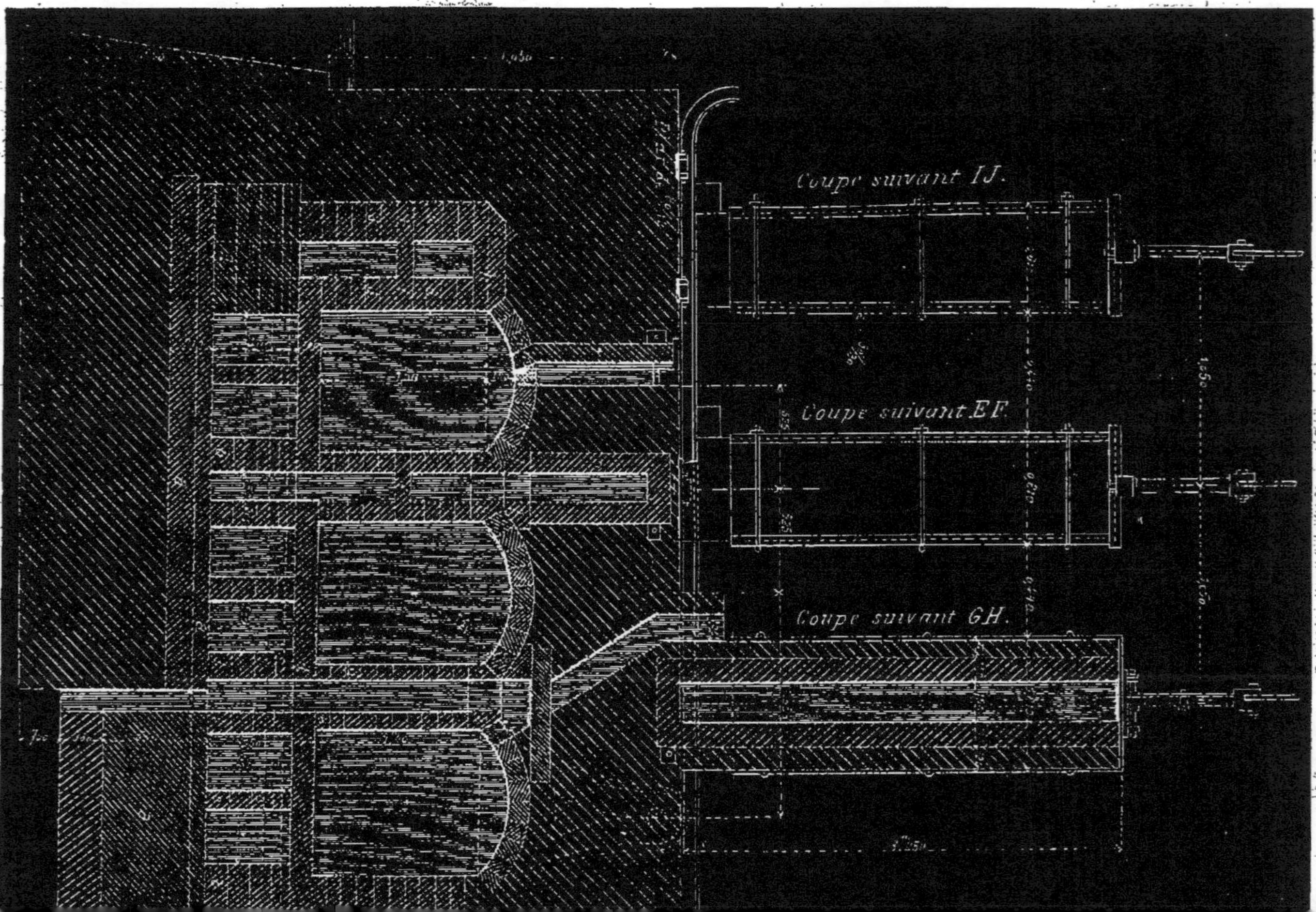

Fig. 131. — Fours à coke (coupe).

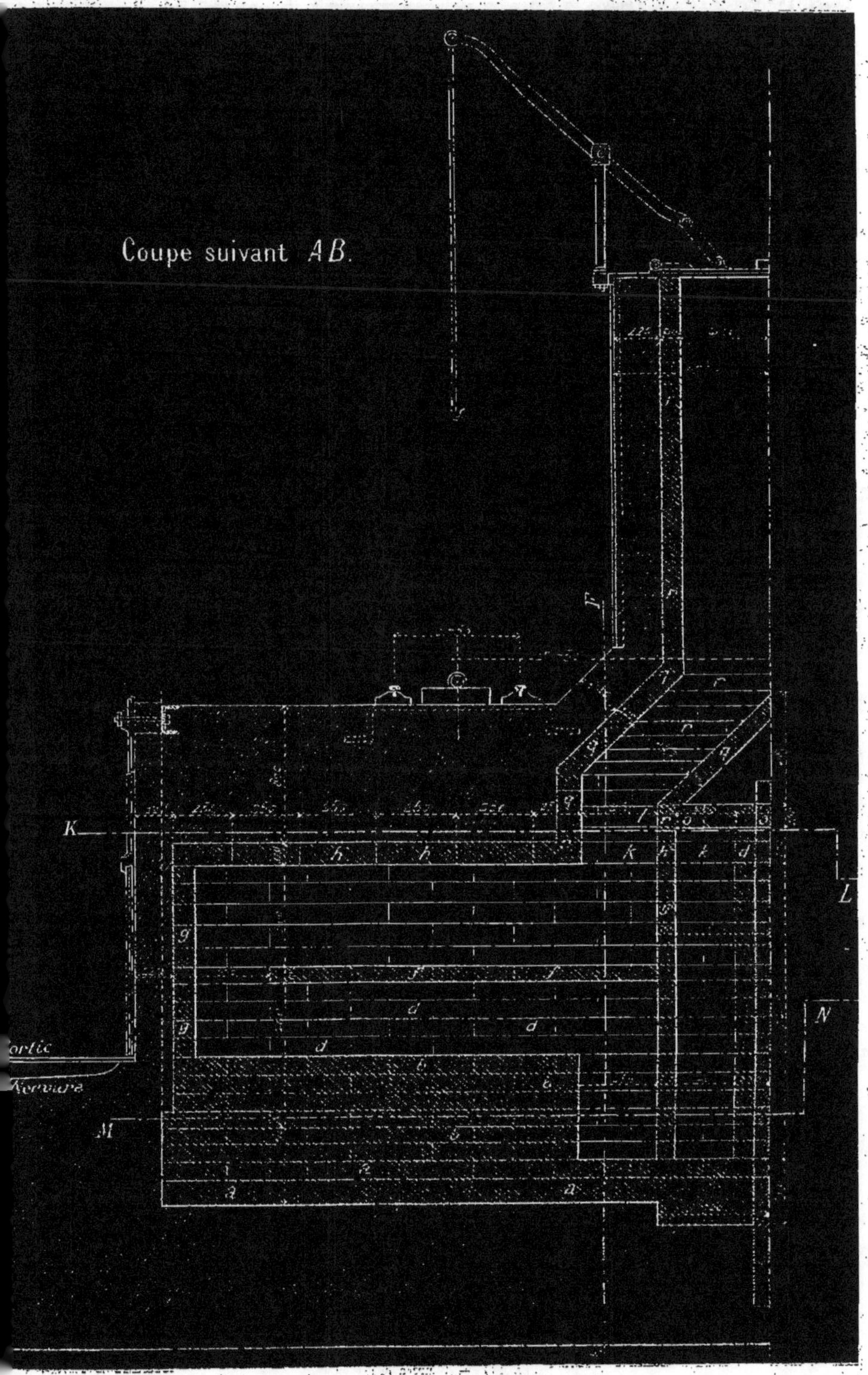

Fig. 132. — Fours à coke (coupe).

Fig. 133. — Fours à coke (coupe).

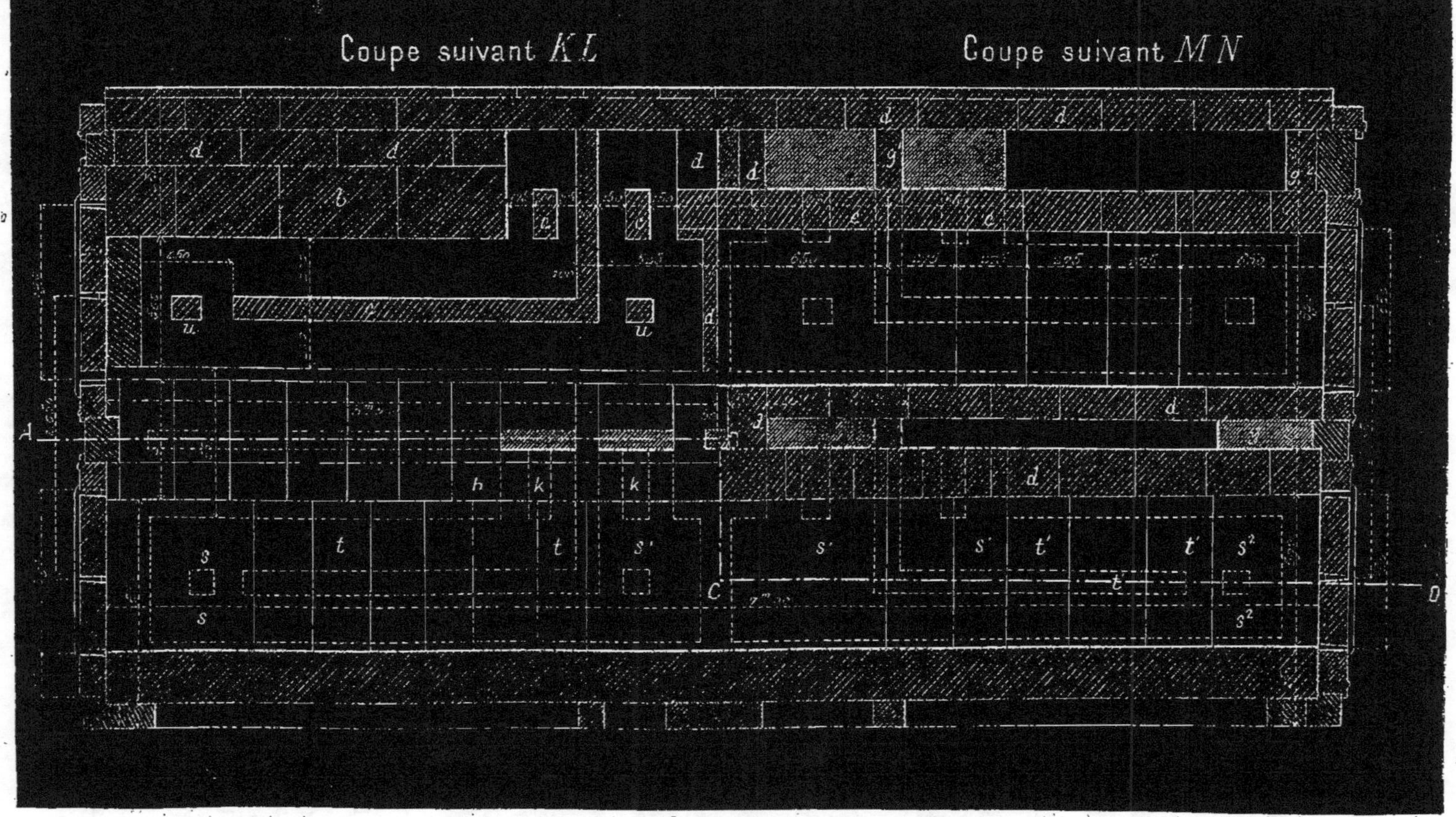

Fig. 134 — Fours à coke (coupes).

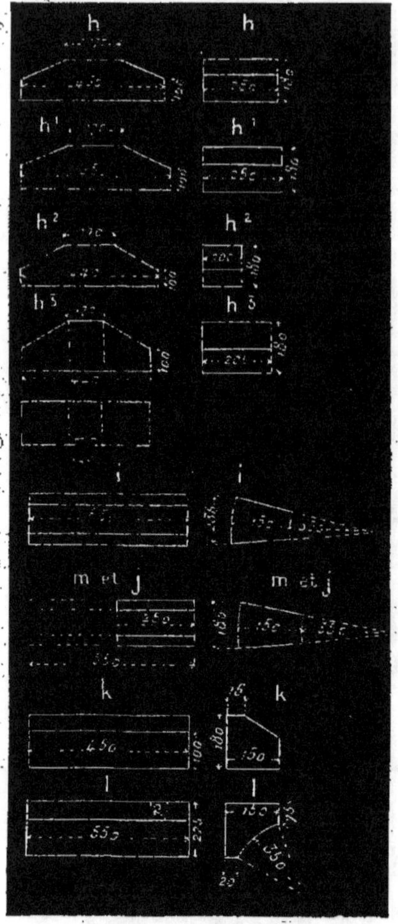

Fig. 135.

Dans les anciens fours à coke, le chargement se fait par la même porte que le défournement. Dans les nouveaux, la charge se fait au moyen d'un petit chemin de fer établi sur la voûte même des fours et dont les rails sont figurés dans les diverses coupes ci-jointes. Sur ces rails circulent des wagonnets qui versent le charbon par une trappe *A* (*fig.* 133) que l'on ferme bien hermétiquement, le chargement terminé.

489. Les figures 136, 137 et 138 donnent un exemple d'un wagonnet pour chargement de fours à coke (MM. Lanet et Cie, constructeurs à Saint-Chamond).

Il faut en moyenne 48 heures pour opérer la calcination complète du charbon.

Les fours à coke sont toujours accouplés ; dans l'usine dont nous venons de parler ils sont au nombre de 30, à côté les uns des autres.

490. *Défournement.* Dans les anciens fours, il se faisait au moyen de ringards à crochets. Ce travail étant très-pénible pour les ouvriers, on lui a substitué un procédé mécanique qui, le plus souvent, consiste en une défourneuse à vapeur. Cette défourneuse, portée sur un chariot, a son moteur spécial, et la transmission de mouvement nécessaire pour la manœuvre du poussoir. Avec cet appareil, le défournement se fait d'un seul coup. La défourneuse se meut sur des rails et vient se placer en face de chaque porte de four. Le poussoir chasse devant lui tout le coke et, par un renversement de mouvement, reprend sa position primitive. Ceci fait, on passe au four suivant et ainsi de suite.

491. *Extinction.* Le coke ainsi défourné et encore incandescent, se trouve en tas sur le sol de l'usine. Il faut procéder à l'extinction.

On emploie deux moyens pour éteindre le coke :

1° L'eau, qui a l'inconvénient de charger le coke d'humidité et d'augmenter son poids ;

2° L'étouffement par des cendres. Ce procédé est le meilleur, mais exige beaucoup de temps.

Emploi du coke dans les foyers métallurgiques.

492. Dans un haut-fourneau, il faut deux fois plus de coke que de charbon de bois pour produire le même effet. Pour fondre de l'acier ou de la fonte, il faut

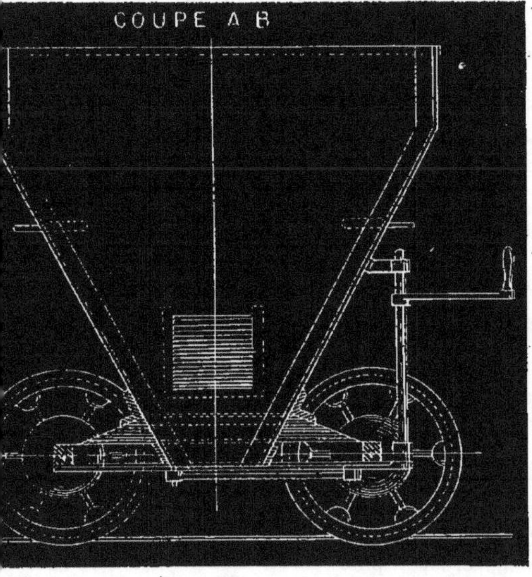

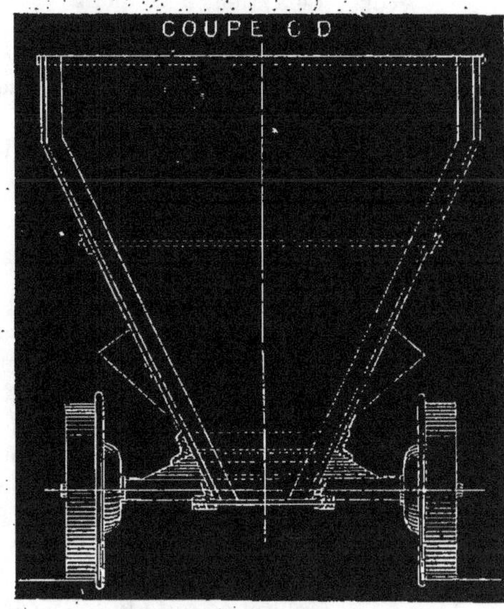

Fig. 136 et 137 — (Coupes.) Wagonnet à tiroir pour chargement d'un four à coke. — Volume : = 2ᵐᶜ 19J. — Poids : = 870 kilogr.

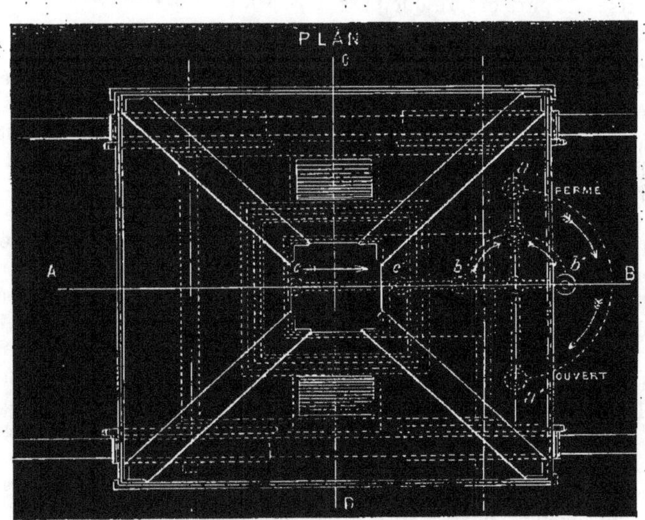

Fig. 138. — Plan.

trois fois plus de charbon de bois que de coke. Cela tient à ce que le charbon de bois favorise la transformation de l'acide carbonique (CO^2) en oxyde de carbone (CO). Il est donc bon à employer pour les réductions. Le coke, donnant moins d'oxyde de carbone, est préférable pour la fusion.

Fondants.

493. Dans le traitement des minerais de fer, il faut non seulement fondre le métal, mais encore que les matières mélangées à l'oxyde de fer puissent former des composés fusibles, afin que la séparation complète ait lieu. De là, la nécessité d'ajouter à la matière ferrugineuse des substances susceptibles d'opérer la fusion des gangues, et qui, pour cette raison, sont désignées sous le nom de *fondants*.

Le résultat de cette fusion porte le nom de *laitiers*.

494. Lorsque les gangues et les produits ferrugineux traités renferment à la fois de la *silice* et diverses bases, lorsque ces produits sont purs ou presque purs, il est évident qu'il n'est pas utile d'ajouter des fondants. Si, au contraire, on rencontre, comme gangue, du *quartz* ou de la *silice*, de l'*alumine* et pas de *chaux*, et, enfin, si l'on trouve différentes bases, telles que la *magnési*, l'oxyde de *manganèse*, l'*alumine*, la *chaux* et pas de *silice*, il faut, dans ces différents cas:

1° S'il y a de la *silice* et de l'*alumine*, ajouter un *calcaire*;

2° S'il y a du *calcaire* et peu de *silice*, ajouter du *quartz* ou de l'*argile*.

495. Les fondants calcaires portent le nom de *Castine*; les fondants siliceux portent le nom d'*Herbue*.

496. La détermination des proportions de ces matières est la base du calcul d'un lit de fusion. Il faut toujours essayer d'obtenir, par un mélange convenable de minerais, un silicate très-fusible, mais il arrive souvent que la quantité de fondant à ajouter est telle, qu'on doit se contenter d'un silicate moins fusible, pour ne pas trop augmenter la dépense. La nature des parois du fourneau doit aussi nous préoccuper. Si les matériaux employés sont très-siliceux et que l'on mette un fondant basique, ces parois peuvent être fortement altérées.

Marche
des hauts-fourneaux.

Séchage.

497. Avant de mettre un haut-fourneau en activité, on doit commencer par le sécher. Cette opération exige beaucoup plus de soins si la tour et la cuve sont complètement construites à neuf. On commence par nettoyer le creuset et l'avant-creuset, puis on fait un feu doux pendant plusieurs jours dans les embrasures du fourneau sur des grilles provisoires, en ayant soin de diriger la flamme dans les carneaux des piliers de cœur.

On peut diviser ce travail en deux parties:

1° Sécher la tour;

2° Sécher le revêtement réfractaire.

On emploie à cet effet des fagots, de la tourbe, des grésillons de coke ou du combustible menu. Il y a intérêt à ne pas précipiter cette opération. Il faut la suivre de près et bien s'assurer que la maçonnerie de la tour sèche lentement et uniformément.

On procède ensuite au séchage de la maçonnerie réfractaire en installant un petit foyer dans l'embrasure de coulée. On commence par faire, à l'entrée de l'avant-creuset, avec des fagots ou de la tourbe, un feu doux qu'on entretient pendant plusieurs jours. On forme ensuite, à l'aide d'un certain nombre de barres de fer appuyées par une extrémité contre a rustine et soutenues en dehors du fourneau, une grille provisoire sur laquelle en brûle du bois sec ou de la houille. Si le creuset sur lequel on opère est en pierre de Huy, on met, contre la sole et ce creuset, un placage en briques réfractaires pour garantir la pierre contre l'action trop brusque de la chaleur. Ce placage est enlevé avant la mise en feu. Pour sécher la partie supérieure, il faut rapprocher la grille du centre de la cuve. La flamme, par suite du tirage, continue son action sur les briques des diverses assises.

Autrefois, on poussait le chauffage assez fort pour porter au rouge la partie inférieure du haut-fourneau. On profitait ensuite de cette température pour la mise en feu. Cette pratique est mauvaise; elle est abandonnée aujourd'hui. Il est préférable de laisser refroidir les maçonneries et de procéder ensuite au chargement.

Il faut de 25 à 30 jours pour terminer complètement le séchage. Si le fourneau qu'on veut mettre en feu a déjà servi et si la chemise réfractaire a été seule reconstruite, la dessiccation s'opère beaucoup plus rapidement.

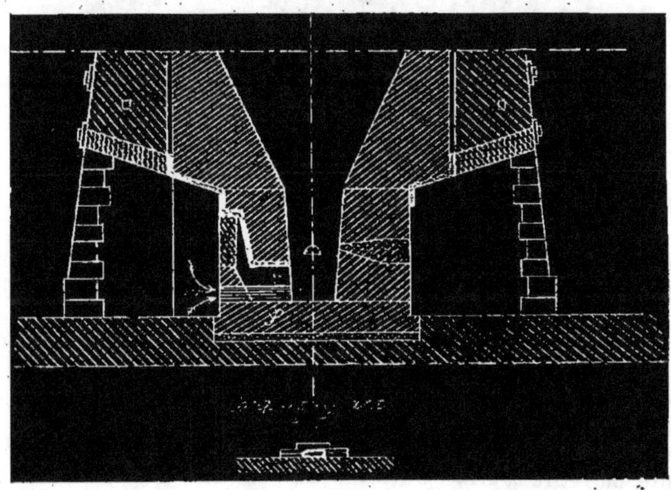

Fig. 139.

Mise en feu.

498. Pour mettre en feu, on dispose sur la sole un petit conduit c (*fig.* 139) formé par des briques réfractaires posées à sec. Ce conduit est destiné à laisser entrer l'air dans le fourneau. On remplit ensuite le creuset de bois plus ou moins sec, jusqu'aux tuyères. On ajoute souvent au-dessus un peu de houille ou du charbon léger. Si l'on se sert de coke dur, on est obligé de brûler plus de bois pour bien l'allumer.

On continue à mettre du coke dans le fourneau par le gueulard. Il doit être descendu au panier, à l'aide d'une corde et d'une poulie, et ne doit pas être jeté. Quand le fourneau est à moitié rempli, on achève le chargement en versant ce combustible avec des appareils, en ayant soin de le bien disposer par couches horizontales et d'éviter les tassements inégaux.

499. Dans certains cas, on continue le chargement de la cuve jusqu'au gueulard. Dans d'autres, on en arrête la hauteur au ventre du fourneau. On commence alors à mettre les premières charges de minerai.

500. Supposons le cas d'un remplissage complet au coke. On met le feu au creuset en laissant le gueulard ouvert pour la sortie des gaz; quand le gueulard est fermé, ils s'échappent par les carneaux. Lorsque le tirage se fait par le haut, on bouche toutes les ouvertures de la partie inférieure avec du sable, en ne laissant entrer l'air que par le petit carneau décrit précédemment. On règle le feu en ouvrant plus ou moins ce carneau. On le laisse couver pendant 24 heures, puis, comme les cendres finissent par obstruer le fourneau, il faut faire ce que l'on appelle une *grille*. On installe en travers des tuyères une série

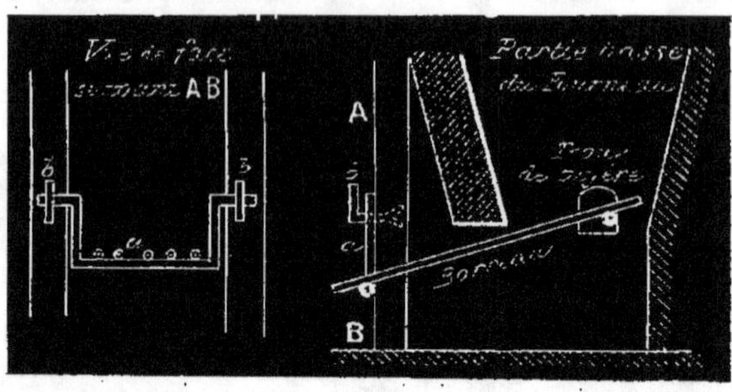

Fig. 140.

de barres de fer, de manière à former une grille provisoire (*fig.* 140.) Il faut enlever toutes les cendres et le mâchefer qui se trouvent sur le creuset. Il se produit alors un fort tirage, et la température est assez élevée pour que les barreaux se plient et atteignent le rouge blanc. On doit remplacer les barreaux tordus. Au bout d'une demi-heure, on retire la grille provisoire et on laisse tomber toute la masse sur la sole. On bouche l'avant-creuset avec du sable, en laissant une petite ouverture pour l'entrée de l'air. Si cette opération a été bien faite, on doit trouver au gueulard les matières descendues uniformément, et le coke ne doit pas avoir brûlé plus d'un côté que de l'autre. Le vide ainsi formé, est rempli par la première charge de minerai.

501. Dans certains cas, lorsque la masse commence à s'affaisser à la partie supérieure, on jette encore quelques mesures de charbon. D'autres fois, on charge immédiatement des laitiers bien fusibles et, souvent, une petite quantité du lit de fusion. On ouvre alors l'avant-creuset, et on fait pendant quelques jours de nouvelles grilles, afin d'activer la combustion. Chaque grille dure environ une heure. On laisse écouler entre les premières un assez long intervalle, et on accélère les dernières quand le fourneau est assez chaud. Souvent on ne fait pas ces grilles, et on se contente d'ouvrir l'avant-creuset, lorsqu'on ne charge que des laitiers très-fusibles.

Dès qu'on s'aperçoit, par l'écoulement des laitiers aux tuyères, que les premières charges de minerai vont arriver, on s'empresse de préparer la *dame*, ordinairement en sable damé recouvert, à l'intérieur, d'une plaque de fonte blanche par-dessus laquelle s'écoulent ces laitiers.

On retire ensuite la plaque de fonte intérieure, placée pour soutenir, pendant le damage, le sable dont on fait alors sécher la surface, en attirant sur le devant quelques charbons enflammés. On a soin de garnir tout l'intérieur de l'avant-creuset d'une couche de fraisil humide, dont l'effet est d'empêcher la première fonte qui y arrive d'adhérer au sable, lequel n'est pas encore suffisamment échauffé. Ensuite, on remplit le creuset et l'avant-creuset de quelques mesures de charbon que l'on serre fortement sous la tympe pour ne pas laisser à la flamme un passage trop facile. On augmente progressivement la quantité de minerai, par exemple de 10 p. 100; puis, quand on a fait 10 charges, on augmente encore, en laissant constante la proportion de charbon, jusqu'à l'allure normale, et la qualité de fonte à obtenir.

A ce moment, on peut commencer à envoyer le vent, en soufflant avec de petits busillons de 4 à 5 centimètres donnant une faible pression. Les premières coulées donnent presque toujours des fontes noires, épaisses, qu'on met de côté pour le moulage en deuxième fusion dans un *cubilot*.

Quantité de combustible.

502. Un haut-fourneau fait ordinairement ce que l'on appelle une campagne.

Pour les petits fourneaux au charbon de bois, la durée de la campagne est limitée par le temps où l'on a de l'eau motrice en quantité suffisante ; elle est ordinairement de neuf mois. Dans le cas contraire, elle peut aller à deux ou trois ans, et même plus. Les fourneaux au coke, dont la soufflerie est généralement alimentée par une machine à vapeur, fournissent des campagnes de plusieurs années. On en a vu marchant huit à dix ans de suite et même plus.

Il faut déterminer, pour l'approvisionnement, la quantité de coke nécessaire pour cette campagne. Les proportions de combustible dépendent du volume de la cuve et du mode de chargement. Le fourneau étant en allure normale, on met une série de couches ou charges de charbon, alternées avec le minerai et les fondants.

503. Pour l'emploi de minerais riches dans des fourneaux ayant de 4^m à 4^m50 au ventre, une charge communément employée est de 900 à 1.000 k. de coke. Lorsque les dimensions atteignent 5^m50 au ventre, on va jusqu'à 4 mètres cubes, ce qui fait de 1.600 à 1.800 k. On peut arriver à 3 et même à 4 tonnes.

504. En se servant du charbon de bois, les charges employées sont beaucoup plus faibles. En Franche-Comté, pour des minerais en grains rendant 48 p. 100, on met 120 k. de charbon de bois, ou 6 hectolitres à la fois, le diamètre au ventre étant $2^m,50$.

En Westphalie, pour un diamètre au ventre de $3^m,00$, la proportion est de 8 1/2 à 9 hectolitres.

505. En résumé, nous pouvons dire que les charges de coke varient de 2 à 4 mètres cubes, et les charges de charbon de bois arrivent rarement à un mètre cube, les fourneaux étant beaucoup plus petits.

Les charges trop faibles ont l'inconvénient, lorsqu'on emploie des minerais menus, de laisser tamiser ces minerais à travers le combustible. En général, les fortes charges sont avantageuses pour le bon fonctionnement.

Théorie du haut-fourneau.

506. Supposons un haut-fourneau en marche normale. Nous pouvons distinguer cinq zones dans la hauteur de la cuve représentée (*fig.* 141). Le minerai est primitivement soumis à une température qui va graduellement en croissant. Il se sèche, se dépouille des matières volatiles, perd son eau d'hydratation et de mouillage et enfin subit une calcination dans le haut du gueulard. Nous appellerons *zone de calcination*, la partie du fourneau pendant laquelle le minerai subit cette opération. Cette zone part du gueulard et s'étend jusqu'au point où la réduction commence.

Nous appellerons *zone de réduction* la partie où s'opère la réduction du minerai. Vient ensuite la *zone de carburation*, qui dure jusqu'au moment où le minerai fond, et qui se termine où la *zone de fusion* commence. La zone de fusion se termine au niveau des tuyères. Au dessous de cette ligne de partage, se trouve la *zone de liquation* où se fait la séparation du métal fondu et du laitier.

Phénomènes chimiques et calorifiques.

507. Si, dans l'ouvrage d'un haut-fourneau rempli d'un mélange incandescent de combustible et de minerai, un courant

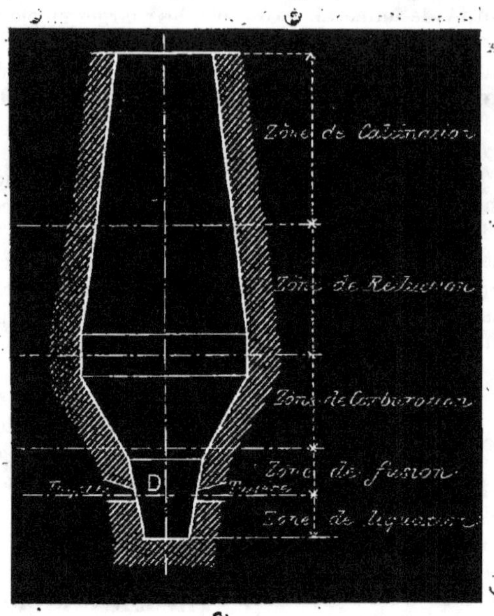

Fig. 141.

d'air ascendant se répand bien uniformément sur toute la section et de bas en haut, que cet air ait un certain volume, une pression et une température données, il se combinera avec le carbone pour former de l'acide carbonique (CO_2) en développant une quantité de chaleur considérable.

Cet acide carbonique rencontrant, à mesure qu'il s'élève dans l'ouvrage et dans les étalages, du charbon incandescent, se transforme en oxyde de carbone, en même temps que par le fait de cette transformation, il se produit une notable absorption de chaleur.

508. L'oxyde de carbone rencontrant, à la partie supérieure des étalages et dans la cuve, de l'oxyde de fer suffisamment échauffé, le réduit, en passant, à l'état d'acide carbonique.

Ce gaz se trouve donc à la base et en haut du fourneau: en bas, il résulte de la combustion directe du charbon aux dépens de l'oxygène de l'air; en haut, de la combustion de l'oxyde de carbone aux dépens de l'oxygène de l'oxyde de fer.

Comme nous l'avons indiqué précédemment, si nous suivons la colonne descendante, nous voyons qu'à la partie supérieure le minerai est desséché et déshydraté, sans éprouver d'altération. Dès qu'il a atteint une température suffisante dans la partie inférieure de la cuve, l'oxyde de carbone le réduit, repassant à l'état d'acide carbonique qui s'ajoute à celui que dégage la castine.

Dans les étalages, la chaux commence à réagir sur la gangue, en même temps que le fer réduit se transforme en fonte en s'unissant avec du carbone et de petites quantités de silicium. Cette fonte, mêlée aux silicates, arrive dans l'ouvrage, ou règne la température la plus élevée. C'est dans la zone où se produit l'acide carbonique que la fusion complète s'opère. Les matières, en arrivant dans le creuset, se séparent suivant leurs densités respectives, la fonte gagnant le fond, tandis que le laitier surnage et finit par déborder, s'écoulant du fourneau par la dame.

509. Quand, dans la cuve, une portion de l'oxyde de fer des minerais échappe à la réduction par l'oxyde de carbone, et qu'elle est réduite dans les étalages par du charbon, cela tient à ce que les charges ne descendent pas dans le fourneau d'une manière parfaitement régulière. Une portion de minerai arrive dans les étalages sans avoir été en contact avec l'oxyde de carbone; il s'unit avec la silice. Il faut alors, pour le réduire, une température considérable et l'intervention du charbon.

510. La conversion de l'acide carbonique en oxyde de carbone produit un abaissement de température très notable. Cette température primitivement de 2232 degrés tombe à 780 degrés, par suite de cette transformation dans le courant d'air qui traverse le fourneau. La combustion de la moitié du charbon vis-à-vis de la tuyère produit donc une température énorme; tandis que la combustion de l'autre moitié détermine une absorption considérable de la chaleur latente, et un abaissement correspondant dans la température du foyer.

511. Dans les hauts-fourneaux alimentés par le coke, la partie de l'appareil où s'opère la transformation complète de l'oxygène en oxyde de carbone, paraît plus éloignée de la tuyère que dans les fourneaux au charbon de bois. Les ouvrages de ces derniers sont aussi généralement moins élevés que ceux des fourneaux à coke.

512. Les fourneaux au coke dépensent environ deux fois plus de combustible que ceux au charbon de bois. Pour la même quantité de minerai, la température sera toujours plus élevée dans une tranche quelconque des premiers que dans la tranche correspondante des seconds. Il en résulte que si nous employons le coke, la réduction commencera très-près du gueulard, presque aussitôt après l'introduction du minerai dans le fourneau, et qu'elle se terminera à peu près au milieu de la cuve, tandis que cette limite se trouvera très près du ventre dans les fourneaux au bois.

513. La dépense plus grande en employant le coke s'explique comme suit:

1° Le charbon de bois est susceptible, toutes choses égales d'ailleurs, de transformer l'acide carbonique en oxyde de carbone plus rapidement que le coke. Il en résulte que la zone qui correspond à la zone de fusion et qui est pour ainsi dire une zone oxydante, parce qu'il y existe de l'oxygène libre et de l'acide carbonique, a toujours une étendue notablement plus grande dans les fourneaux au coke que dans ceux au charbon de bois;

2° La fonte ou fer carburé, en traversant la zone oxydante, s'oxyde en partie. Lorsque la combustion a lieu aux dépens de l'oxygène libre, il se produit un dégagement de chaleur considérable. Lorsqu'elle a lieu par la transformation de l'acide carbonique en oxyde de carbone, il n'en résulte aucun effet calorifique sensible. Donc, plus il y aura de fer oxyde devant la tuyère, plus la température de la colonne gazeuse ascendante sera élevée après la transformation complète de l'acide carbonique en oxyde de carbone. La proportion d'oxyde de carbone, contenue dans les gaz, sera en raison inverse de la quantité d'oxyde de fer formé, puisque l'acide carbonique décomposé par le fer ne donne qu'un volume égal au sien d'oxyde de carbone, tandis qu'il double de volume, lorsqu'il passe à l'état d'oxyde de carbone en dissolvant du carbone. D'un autre côté, l'oxyde de fer formé se trouvant dans les laitiers à l'état de silicate, il y a nécessairement réaction entre cet oxyde et le carbone de la fonte ou les fragments de charbon mêlés avec le laitier, et l'expérience montre que cette réaction produit de l'oxyde de carbone dont la formation est accompagnée d'une absorption considérable de chaleur qui passe à l'état latent.

514. Ceci dit, passons au travail des ouvriers fondeurs, et des dispositions à prendre pour le mélange des minerais.

Travail courant du haut-fourneau.

515. Les différentes espèces de minerais et les fondants sont disposés dans une halle près du haut-fourneau. C'est dans cette halle que se font les dosages de minerais et de castine.

Il existe trois manières de préparer les charges. La première, ou *méthode des lits de fusion*, consiste à préparer la quantité pour 24 heures. Supposons, par exemple, que l'on prenne M kilos d'un minerai A, N kilos d'un minerai B et une proportion P de castine. Sur une aire, préalablement disposée dans la halle, on fait une couche du minerai A; au dessus, une couche du minerai B; enfin, une dernière couche formée par la castine. Il est évident que si l'on prend successivement des tranches verticales du tas ainsi formé, on aura toujours le minerai et le fondant dans les proportions demandées.

Une deuxième méthode consiste à mettre les proportions dans un wagonnet placé sur une bascule; on pèse directement les minerais qui composent le lit de fusion. Ce deuxième procédé est bon à employer quand on opère sur un grand nombre de minerais, ou quand on doit changer le lit de fusion.

Enfin, on peut encore préparer une brouettée d'un minerai, puis une brouettée d'un autre minerai et une de castine, puis verser successivement chacune d'elles directement dans le haut-fourneau, en ajoutant ensuite la proportion convenable de charbon. Cette dernière manière d'opérer est la meilleure ou la plus mauvaise, suivant qu'elle est bien ou mal appliquée. Les chargeurs doivent prendre beaucoup de soins pour verser régulièrement et former des couches bien horizontales.

516. A mesure que les matières du fourneau descendent, il faut en ajouter par le gueulard; c'est ce que l'on appelle faire une *charge*. Le nombre de ces charges est très-variable, suivant les fourneaux. Dans certaines usines on en fait de 25 à 30 en 24 heures. En Autriche, on va jusqu'à 120 en 24 heures. Il y a des fourneaux où l'on fait 2 à 3 coulées dans le même temps; les ouvriers chargent presque continuellement.

Lits de fusion.

517. On doit déterminer, par tâtonnements et par calcul, le mélange qui donnera le laitier fusible. Tous les minerais que l'on reçoit dans une usine doivent être essayés et analysés. On fait un petit tableau indiquant les proportions de chaque matière trouvée, puis on en effectue le total. On sait comment la répartition s'opère dans la fonte et dans le laitier; il sera facile d'en déduire la quantité X de fer passant dans la fonte. On sait aussi que la proportion de manganèse trouvée se divise en deux portions: une qui reste dans la fonte, une autre qui se retrouve dans le laitier. On arrive ainsi à connaître le poids P de fonte que l'on pourra obtenir pour un poids P' que contiendront les charges

Travail au bas du haut-fourneau. — Travail des fondeurs.

518. Les fondeurs doivent veiller à la régularité du soufflage, vérifier la pression et la température du vent aux différentes tuyères. Le poids de l'air injecté dans le haut-fourneau varie avec la production. En général, on injecte de 5 à 5 mètres cubes 1/2 d'air sec par kilog. de combustible brûlé, en comprenant les pertes de vent par les tuyères ; c'est plus qu'il ne faut théoriquement. Quant à la pression, on adopte généralement les nombres suivants, en tenant compte des combustibles employés :

Charbon de bois, 3 à 6 centimètres de mercuré ;
Coke léger de 6 à 10 ;
Coke dur de 10 à 20 ;
Anthracite de 30 à 40.

La quantité de vent à envoyer dans le fourneau se règle par le diamètre des *busillons*.

Les ouvriers occupés au bas du fourneau doivent recevoir la fonte, les laitiers, préparer la coulée, hâler les laitiers et prévenir les *chargeurs*.

519. *Comment se fait la coulée ?* Peu de temps avant la coulée, le fondeur attire avec son *ringard* tout le laitier dans l'avant-creuset ; quelques instants après, il arrête le vent ; ayant ensuite nettoyé les costières avec son ringard, il enlève à l'aide d'une sorte de râble le charbon et le laitier qui surnagent dans l'avant-creuset. Dès que le bain de fonte est à découvert, il place sous la tympe un tampon d'argile, de laitier dur ou une plaque de fonte garnie de terre bien séchée, pour empêcher le contenu du fourneau de passer en partie dans l'avant-creuset. On perce alors dans l'un des angles inférieurs de la dame, avec un ringard pointu, sur la tête duquel on frappe à grands coups de marteau, un trou par lequel la fonte s'écoule et que l'on rebouche ensuite avec un tampon d'argile. On modère la sortie de la fonte avec un disque en fer au bout duquel on met une masse de laitiers que l'on enfonce dans le trou de coulée. On coule la fonte sur le sol de l'usine, soit en une seule *gueuse*, soit en un grand nombre de petits gueusets plats suivant le mode d'affinage qu'on doit lui faire subir.

520. Pour les petits fourneaux ne dépassant pas 2000 kil. à chaque coulée, on emploie une seule rigole de 2 à 3 mètres de longueur. Pour les coulées plus importantes, on fait dans le sable, sur le sol de l'usine, des rigoles où la fonte vient couler. Chaque rigole donne une gueuse de fonte du poids de 50 kilos environ. Quelquefois on la coule en coquille, c'est-à-dire dans une rigole en fonte, et on jette de l'eau par dessus pour la refroidir brusquement, ce qui la blanchit et la rend plus facile à affiner.

521. Quand on coule la fonte dans des lingotières, il faut avoir soin de les badigeonner à l'eau de chaux, pour éviter l'adhérence du métal. Ce procédé donne des lingots plus propres, moins imprégnés de sable, mais il a l'inconvénient de tremper plus ou moins la fonte d'une manière superficielle, ce qui est mauvais pour la fonte de moulage et l'aspect de la cassure des lingots. En général, dans les hauts-fourneaux au coke, on fait deux coulées en 24 heures.

522. Nous donnons (*fig.* 142) la disposition de deux hauts-fourneaux en plan avec les dimensions des halles de coulée qui correspondent à chacun d'eux. Cette disposition est adoptée dans une usine du Nord, à Hautmont.

Enlèvement des laitiers.

523. Dans la plupart des fourneaux au charbon de bois, on a soin de recouvrir les laitiers dans l'avant-creuset, de quel-

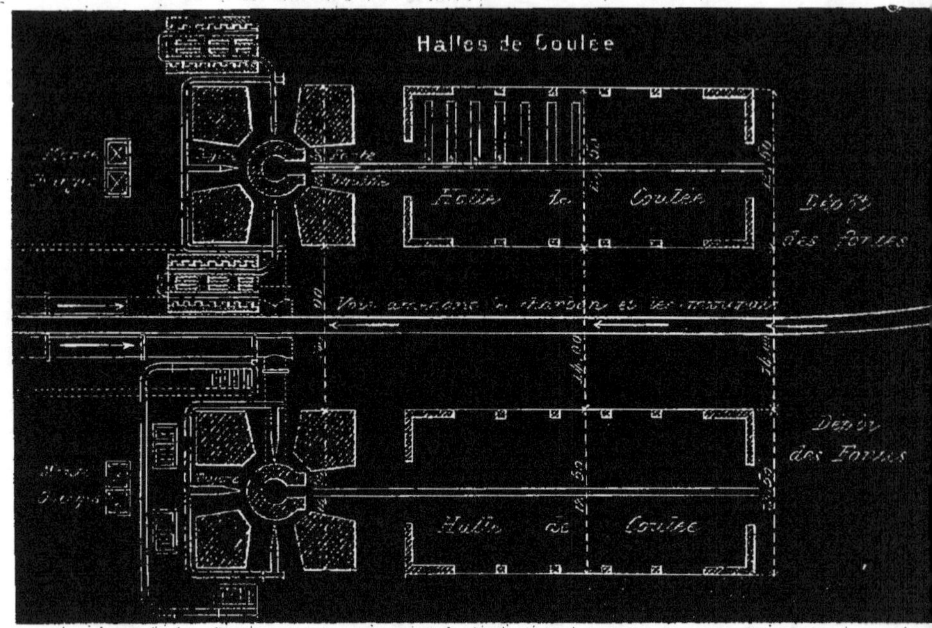

Fig. 142. — Plan de deux hauts-fourneaux.

ques pelletées de fraisil, de telle sorte qu'ils y soient encore assez fluides pour s'écouler naturellement par dessus la dame. Souvent, dans les fourneaux au coke, les laitiers restent visqueux. Il faut alors nettoyer fréquemment l'avant-creuset à l'aide de longs ringards en fer et *hâler* le laitier au moyen d'une pelle et d'un crochet en fer, ce qui est un travail très-pénible.

524. On peut aussi, pour enlever ces laitiers (*fig.* 143), mettre deux ringards en croix et retirer ainsi une grande partie de ces matières visqueuses.

Dans certains cas, les laitiers sont reçus dans des rigoles placées sur les côtés où ils se refroidissent. Ils sont ensuite enlevés dans des wagonnets dont nous donnons un type (*fig.* 144, 145 et 146) pour être emmenés au dehors de l'usine. On moule quelquefois les scories au sortir de la coulée, afin d'en faire des briques pour constructions communes.

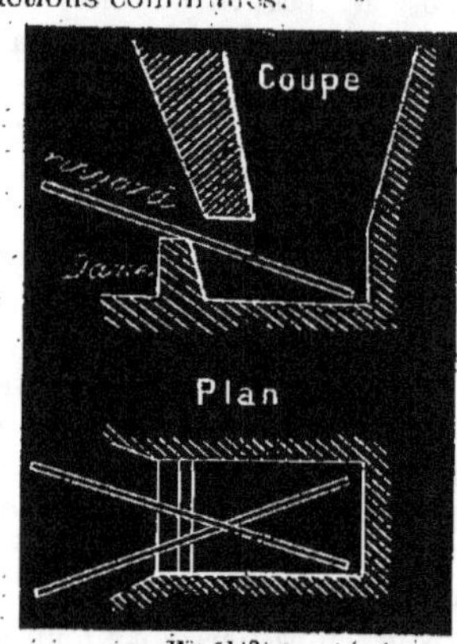

Fig. 143.

Personnel d'un Haut-Fourneau.

525. Les ouvriers se relèvent par poste.

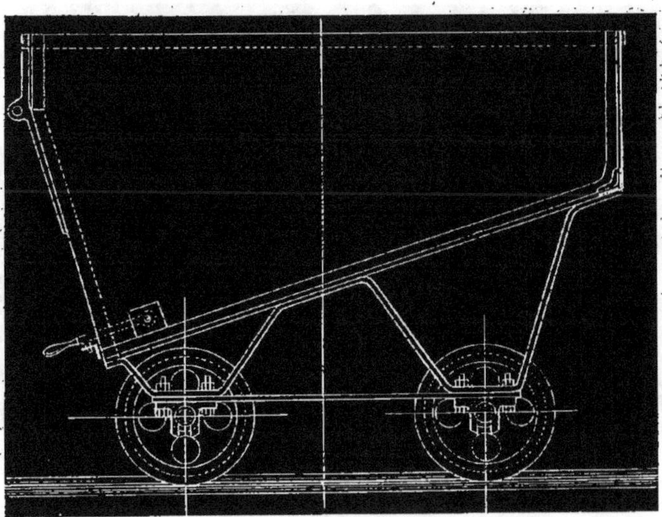

Fig. 144. — Wagonnet pour transport de laitiers et scories, déblais, etc. — Volume du Wagonnet 1m3,531 ; poids 550 kilos. (Coupe par *a b* du plan.)

Au moment de la coulée, les ouvriers de deux postes sont réunis. On distingue 1° les *fondeurs* ordinairement au nombre de deux : un fondeur et un aide. 2° Les *chargeurs* au gueulard, deux pour les fourneaux moyens, et 4 ou 5 pour les grands. Il faut aussi un certain nombre de manœuvres pour amener les charges au gueulard.

Les fondeurs sont payés au mois, et les chargeurs à la tonne de fonte produite, *avec prime en raison* de la production.

526. *Caractères d'une bonne allure.* La marche des hauts-fourneaux est susceptible de se déranger, pour des causes diverses. Il est facile de s'en rendre compte par la nature des produits et la consommation de combustible.

527. Un même fourneau peut produire plusieurs espèces de fonte. On peut faire varier le poids de la charge du combustible et du minerai, le dosage du lit de fusion, la pression du vent, le poids du vent lancé par minute, la température de ce vent, le nombre des tuyères, la distance des tuyères opposées. On peut enfoncer plus ou moins ces tuyères dans le fourneau et, par ce fait, faire varier les dimensions de l'ouvrage. Tous ces moyens sont

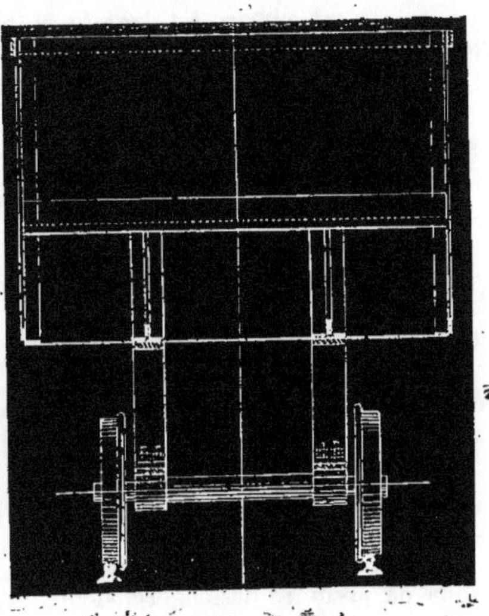

Fig. 145. — Coupe par *c d* du plan.

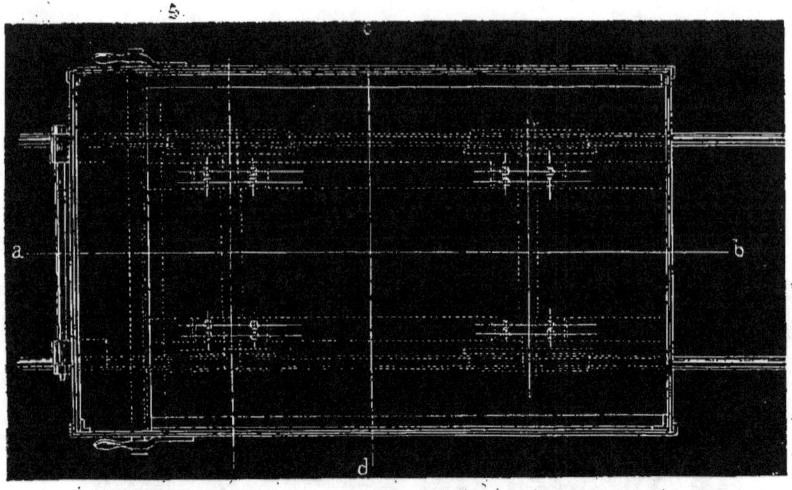

Fig. 146. — Vue en plan du wagonnet.

employés pour bien conduire le fourneau et faire varier son allure.

528. Les termes de bonne allure sont relatifs à des caractères généraux et spéciaux. Il y a deux allures principales bien caractérisées :

1° *Allure normale;*

2° *Allure crue.*

Dans le premier cas, le minerai se réduit bien régulièrement; dans le second, certaines parties échappent à la réduction.

Une allure normale se reconnaît à la bonne fluidité des laitiers, à leur composition homogène et au peu d'oxyde de fer qu'ils renferment.

529. Les tuyères doivent être libres. En regardant par le trou des busillons, on doit trouver un foyer incandescent et voir traverser des gouttelettes de laitier et de fonte très-éclatantes et non rougeâtres, ce qui indiquerait une réduction imparfaite et des engorgements. Il ne doit pas y avoir de parties sombres, ni de matières scoriacées qui, en s'attachant aux parois, annoncent un refroidissement.

La descente des charges doit être très-régulière et conserver l'horizontalité. Au gueulard, la flamme doit s'élever uniformément et sans trop de vivacité.

Si la flamme est trop vive et de couleur bleuâtre, on dit que le feu est aux charges. Si la flamme, cantonnée dans quelques points seulement, est languissante c'est que le haut fourneau manque de vent et que la masse est trop comprimée.

Enfin, la présence de flamme sous le pont de tympe indique un engorgement.

530. Les tuyères sont plus ou moins claires, suivant la nature de la fonte. Si la température est très-élevée et si les tuyères sont brillantes, on obtient de la fonte grise. Si la température est moins élevée, on a de la fonte truitée; enfin, si l'aspect aux tuyères est relativement sombre, on obtient de la fonte blanche lamelleuse.

531. Quand les minerais sont fusibles et purs, on peut marcher en fonte blanche sans danger.

Si les minerais sont réfractaires, on risque de produire des engorgements, et les charges descendent obliquement.

532. Lorsque le fourneau produit la température la plus basse possible, on a de la fonte blanche grenue, peu fusible. Avec les minerais de l'île d'Elbe, qui sont très-fusibles, on peut marcher en fonte blanche grenue.

533. L'aspect des laitiers donne encore un bon renseignement pour connaître l'allure. A mesure que la température est plus élevée dans l'ouvrage, les laitiers sont moins fluides. Les fontes grises donnent un laitier visqueux (verre fondu) coulant avec lenteur, et se refroidissant de même. Il peut se tirer en fils très longs.

Si l'allure est sèche (trop chaude), on obtient de la fonte noire très graphiteuse, chargée de métaux étrangers: consommation plus grande de charbon; les laitiers sont tellement visqueux qu'ils retiennent des gouttes de fonte.

534. A la fonte truitée, correspondent des laitiers plus fluides se refroidissant vite et s'étirant en fils courts. A la fonte blanche lamelleuse, correspondent des laitiers très-fluides se refroidissant très-vite et ne s'étirant pas.

Production des différentes espèces de fonte.

535. D'après ce que nous venons de dire, nous voyons qu'un haut-fourneau en allure normale peut produire de la fonte grise, de la fonte blanche ou une fonte intermédiaire.

536. Les fontes grises se distinguent en plusieurs variétés.

Fonte grise n° 1. Gros grains, paillettes de graphite en grande quantité. Si la proportion de graphite est trop forte, on donne à cette fonte le nom de fonte noire.

Fontes grises n° 2, 3 et 4. Les numéros de la fonte augmentent à mesure que le grain diminue.

Dans la fonte grise n° 4, les grains sont tellement fins qu'elle forme une espèce de pâte grisâtre, ce qui lui a fait donner le nom de petit gris.

Fonte n° 5, ou fonte grise truitée. Fonte dont la pâte est grise et parsemée de petits réseaux blancs. C'est une fonte intermédiaire.

537. Les fontes blanches sont rayonnées ou fibreuses.

Cassure blanche, couleur uniforme, fibres rayonnantes du centre du gueuset.

Quand les fibres augmentent et se transforment en lames, c'est la fonte lamelleuse ou spéculaire ; fonte très-carburée et manganésée. Quand les lames sont assez grandes pour former des facettes, on obtient la fonte miroitante ou spiegeleisen.

Il existe aussi des fontes blanches d'allure crue : fontes blanches grenues, et fontes blanches froides. En général, aspect mat, pouvant devenir caverneuses, grain blanc, peu de fluidité au moment de la coulée.

Fonte blanche truitée. Intermédiaire entre la fonte blanche grenue et la fonte grise truitée.

538. *Fontes rubanées.* Il y a deux natures de fonte dans le même morceau: zones tranchées de gris et de blanc. Ces fontes sont intermédiaires entre les fontes grises et les fontes blanches lamelleuses.

Les allures normales ne peuvent donner des fontes grenues ou caverneuses.

539. Supposons un haut-fourneau en allure normale et produisant de la fonte n° 3. Si nous diminuons seulement le poids de la charge du minerai, l'allure deviendra plus chaude, la température de la zone de fusion augmentera ; par suite, la fonte prendra plus de carbone et de silicium et nous produirons de la fonte n° 2 ou n° 1. Si, au contraire, on augmente la charge, l'allure devient moins chaude, le grain de la fonte produite est moins gros, la fonte n° 3 passe au n° 4 ou au n° 5. Dans ce cas, il commence à passer de l'oxyde de fer dans le laitier; l'allure se pique et se rapproche de l'allure crue.

540. *Allure crue.* Dans l'allure crue les tuyères sont moins claires que dans l'allure normale. Il passe des grumeaux sombres de minerais non réduits et non fondus. Le laitier produit est très-fusible et se refroidit facilement; il peut renfermer jusqu'à 10 0/0 et même 15 0/0 d'oxyde de fer.

La flamme qui sort au geulard est plus blanche et plus riche en oxyde de carbone.

Cette allure peut être obtenue par une surcharge du minerai ou une trop grande activité du haut-fourneau.

On ne peut obtenir que des fontes blanches grenues ou des fontes blanches truitées. Quand on envoie un trop grand poids d'air, l'allure qui en résulte est dangereuse et très coûteuse; on produit des fontes froides et l'on brûle plus de combustible. Le fourneau peut s'engorger par le bas, le vent ne passe plus; il se forme un *loup* et il faut alors démolir complètement toute la partie inférieure.

Dans certains cas, on utilise l'allure crue pour produire des fontes blanches économiques en employant peu de combustible. Ces fontes sont froides, peu carburées, quelquefois sulfurées.

Cette allure crue peut aussi se produire accidentellement, soit par suite de pertes aux tuyères, soit encore par des chutes ou descentes irrégulières des charges.

541. *Aspect de la fonte à la coulée.* La fonte grise d'allure normale coule lentement sans jeter beaucoup d'étincelles; elle est très-fluide et se refroidit doucement. Vue de près, on trouve à sa surface une pellicule sombre d'autant plus épaisse que la fonte est plus grise. Après le refroidissement, la surface de la gueuse est unie et convexe.

Si l'allure a été très-chaude, on trouve à la surface, après refroidissement, une pellicule de graphite assez épaisse. Cette fonte coulée dans des moules ne les remplit pas bien: on lui donne le nom de fonte *limailleuse*.

La fonte grise moins chaude produit plus d'étincelles à la coulée, et la pellicule de graphite est à peine sensible.

542. La fonte blanche coule mieux que la fonte grise. Elle est plus fluide; elle donne à la coulée un véritable nuage d'étincelles et la surface paraît être en ébullition. Il se produit des fentes formant de longues bandes noires moirées. Elle a un peu l'aspect du bouillon gras; elle se refroidit plus vite que la fonte grise.

543. *Aspect des laitiers.* Les laitiers de hauts-fourneaux au coke coulant en allure normale, peuvent s'étirer en fils, s'ils ne sont pas trop calcaires. Si la quantité de chaux atteint 50 0/0, ils peuvent fuser à l'air. S'ils sont alumineux, ils ont un peu l'apparence de la porcelaine et sont souvent vitreux. Pour les fontes n° 1 et n° 2, les laitiers sont souvent complètement blancs.

Pour la fonte n° 3, les laitiers sont gris jaunâtre et leur couleur au centre est plus foncée.

Les laitiers de fontes blanches sont de couleur claire, généralement brunâtre ou verdâtre. (La teinte olive tient à la présence du sulfure de manganèse.)

Les laitiers de fontes truitées sont bruns quelquefois assez foncés, et moins compactes que ceux des fontes grises. Dans les hauts-fourneaux au charbon de bois, les laitiers normaux ont l'apparence du verre, couleur noire violacée, vus en masses.

Engorgements, réparations, suspensions de travail.

544. Lorsqu'il se forme des dépôts ou des engorgements dans l'intérieur d'un fourneau, il faut élever la température intérieure, ce qui se fait, soit en diminuant les charges, soit en y lançant de l'air chaud, s'il était soufflé à l'air froid. Lorsqu'il y a lieu de réparer une des parois de l'ouvrage ou du creuset, on arrête le vent après la coulée, et on soutient les matières dans le fourneau, en faisant une grille au-dessus de la paroi que l'on veut réparer. On la détruit alors et on la remplace le plus rapidement possible. Cette opération devient très-compliquée, si la paroi est située au-dessus du niveau des tuyères. Ce travail est, dans tous les cas, beaucoup plus facile pour les fourneaux portés par des colonnes que pour les autres. Il arrive quelquefois qu'un chômage de huit à dix jours est nécessaire. Dans ce cas, on bouche le gueulard et les tuyères, après avoir fait la coulée, puis on remplit l'avant-creuset de charbon, par dessus lequel on dame une couche de fraisil. Lorsque le chômage doit durer plus longtemps, il faut ne charger que du combustible jusqu'à ce que la dernière charge de minerai soit arrivée dans le creuset. On ferme alors toutes les ouvertures et on ajoute toutes les semaines un peu de combustible au gueulard pour remplacer celui qui s'est consumé par les infiltrations d'air.

544 *bis. Mise hors feu.* La dégradation des parois intérieures et, notamment, l'élargissement de l'ouvrage, les engorgements, le manque de matières premières, de combustible ou de force motrice, les crues d'eau, peuvent obliger à mettre le fourneau hors feu. Pour cela, on réduit peu à peu la quantité de minerai, on ajoute des fondants très-fusibles pour dissoudre autant que possible les dépôts, on laisse les charges s'affaisser dans le fourneau. Lorsque celles-ci sont presque au niveau des tuyères, on nettoie le creuset, on enlève la dame et les tuyères, puis on laisse refroidir.

Machines soufflantes.

545. Les machines soufflantes servent, comme leur nom l'indique, à lancer l'air destiné à alimenter les fourneaux métallurgiques.

546. Une soufflerie se compose :

1° De la machine soufflante ;

2° Des tuyaux et des conduites ;

3° Du régulateur ou réservoir à vent ;

4° Des appareils à air chaud ;

5° Des porte-vent.

Si l'on veut envoyer de l'air avec peu de pression et une faible vitesse, on se sert de ventilateurs.

Ventilateurs.

547. Les *ventilateurs* consistent généralement en ailettes, droites ou courbes, en tôle, montées sur un croisillon dont l'axe est animé d'une grande vitesse de rotation, et elles sont renfermées dans un tambour (*fig.* 147). La vitesse varie de 600 à 1,000 tours par minute. L'air aspiré arrive par une ouverture centrale autour de l'axe de la roue à palettes.

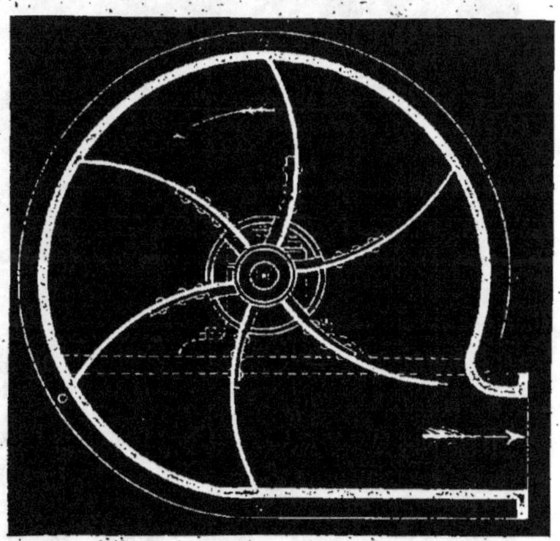

Fig. 147.

On communique ordinairement le mouvement aux ventilateurs à l'aide d'une courroie sans fin. Le tambour se construit fréquemment, les deux plaques latérales et la plaque de fond, en fonte ; l'enveloppe circulaire, en tôle. Pour faciliter l'écoulement du vent, ou arrondit les coudes quand il est impossible de les éviter et on emploie des buses d'un très-grand diamètre, 8 à 12 centimètres.

La dépense d'air fournie est proportion-

Paichère
Coupe et Détails
de la partie A
Étranguillon
Aspirateurs
Coupe
Verticale
Arbre
Trompe Cataiane
Bucle
Bourec
Sertinelle
Canoni Bourec
trop plein
Réservoir
Tablier
Air
Eau
Plan

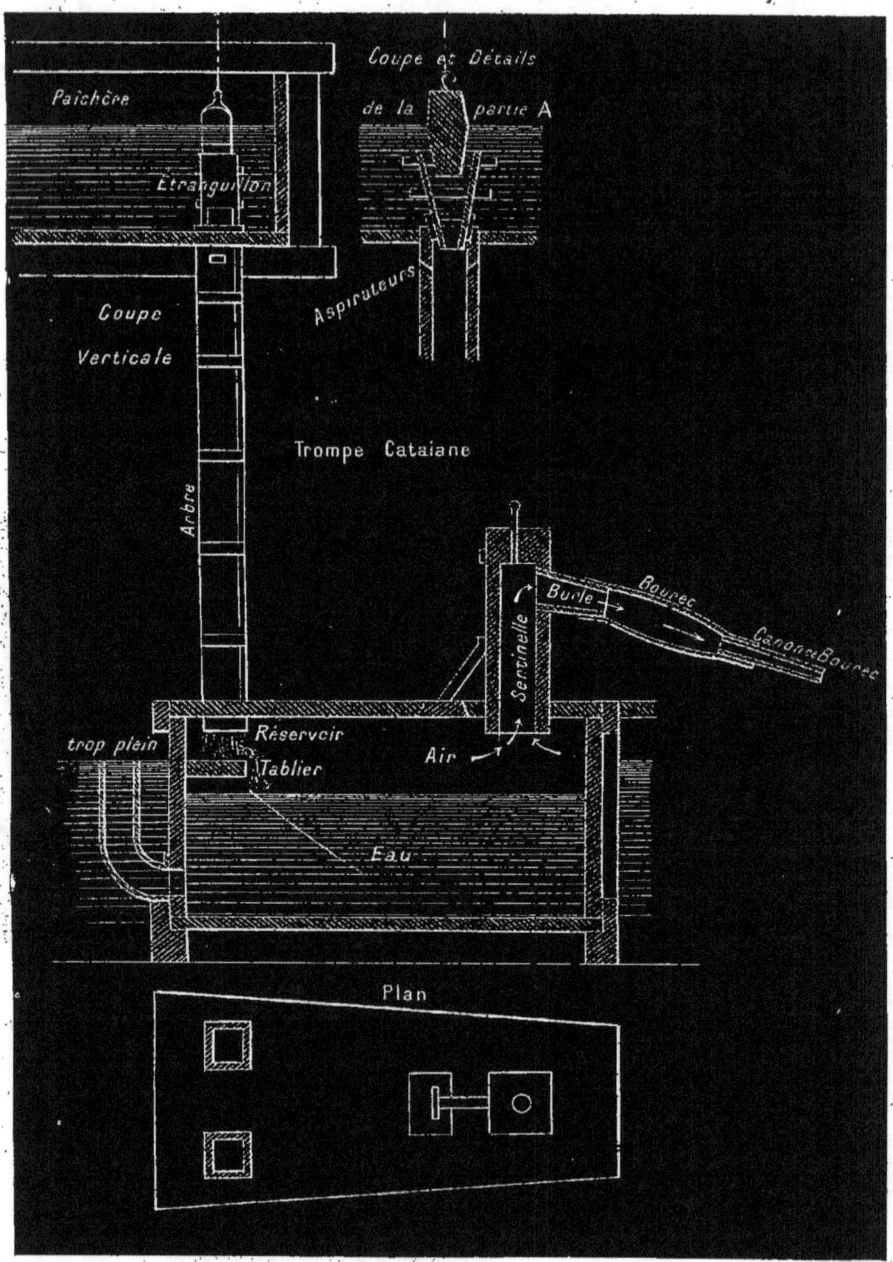

Fig. 148.

nelle au nombre de tours et à la section de la buse. Si l'extrémité de la palette a une vitesse de 50 mètres par seconde, la section du tuyau étant 0,40 sur 0,40, le ventilateur peut alimenter deux fourneaux qui produisent deux tonnes de fonte par heure, chacun d'eux ayant deux buses de 0m10 de diamètre.

En métallurgie, les ventilateurs sont ordinairement employés pour souffler les *cubilots*, les forges maréchales et pour fournir de l'air aux fours réverbères. Ils donnent des résultats satisfaisants sous le rapport de l'économie du combustible.

Après les ventilateurs, viennent les machines hydrauliques qui ne peuvent produire que de faibles pressions.

Trompes.

548. Les trompes sont encore employées dans les forges pyrénéennes où l'on dispose d'un excès de force motrice. Elles se composent d'un réservoir supérieur nommé *paichère* (*fig.* 148), d'un arbre vertical foré qui plonge inférieurement dans une caisse ou réservoir.

L'arbre, de forme carrée ou cylindrique, est muni à sa partie supérieure d'un entonnoir évasé, qui descend dans son intérieur et que l'on peut fermer ou bien ouvrir plus ou moins à l'aide d'un tampon de bois. Cet entonnoir, un peu au-dessus de l'extrémité supérieure de l'arbre, a un étranglement ou *étranguillon* autour duquel l'arbre est percé de plusieurs trous appelés *aspirateurs*. La colonne d'eau qui traverse l'étranglement et qui entraîne l'air fourni par les aspirateurs, vient heurter, dans le réservoir inférieur, un fort madrier placé à plat et nommé *tablier*, sur lequel elle se brise en laissant dégager l'air qui adhérait à ses filets. L'air accumulé dans le réservoir s'échappe par un tuyau vertical nommé *sentinelle*, passe dans une autre partie, la *burle*, puis dans un renflement formé par un tuyau flexible en peau de mouton, le *bourec*, et, enfin,

dans la *buse*, qui consiste en un tube en fer portant le nom de *canon de bourec*. L'eau en excès qui alimente le réservoir inférieur s'écoule par un trop-plein. Le rendement est de 10 0/0 d'effet utile.

Pour établir ces trompes, il faut disposer d'une chute d'eau assez grande, 5m00 est un minimum. Avec une hauteur de chute de 6m00, il faut un mètre cube d'eau pour envoyer dans les conduites un mètre cube de vent à une pression de 3 à 7 centimètres de mercure.

La hauteur de l'arbre dépend de la chute; il doit varier entre 5 et 8 mètres et son diamètre entre 0m,18 et 0m,25.

Les aspirateurs ont de 5 à 7 centimètres dans un sens et de 10 à 15 centimètres dans l'autre. Le réservoir inférieur doit pouvoir contenir de 500 à 800 litres par arbre.

Il existe beaucoup d'autres appareils pouvant être employés comme machine soufflante, mais nous nous bornerons à citer les principaux.

Soufflets.

549. Ces machines, quoique fort imparfaites, firent faire un grand pas à la métallurgie et sont encore employées sur le continent dans un grand nombre d'usines à plomb, à étain, et de feux de forge.

Les soufflets en cuir à double effet et réservoir (*fig.* 149) sont encore employés dans les forges de maréchaux.

Ils ont beaucoup d'inconvénients :

1° Ils sont très-coûteux ;

2° Les cuirs se dessèchent et se crèvent très-promptement ;

3° Peu d'effet utile, l'air qui est renfermé dans les plis ne sort pas.

Pour remédier à ces inconvénients, on a employé le *soufflet pyramidal en bois*, représenté en coupe et en plan (*fig.* 150). Il se compose d'une pièce inférieure fixe, en bois assez épais, la *gîte*. Sur cette pièce est percée une ouverture recouverte d'un clapet en cuir pour l'entrée de l'air. La

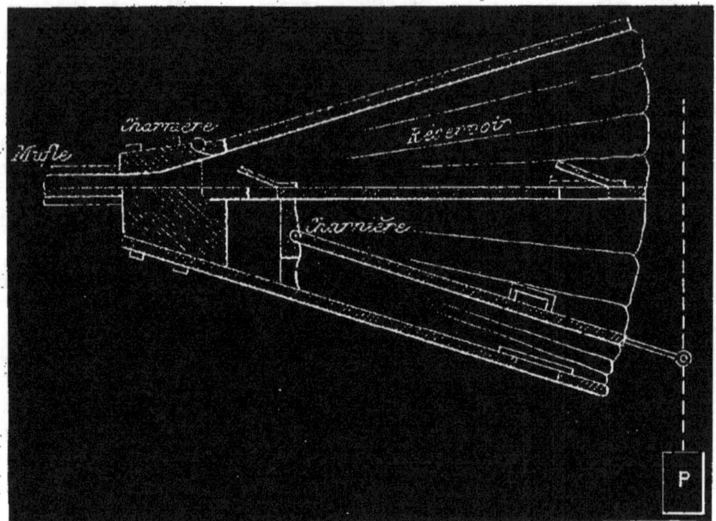

Fig 149. — Soufflet en cuir à double effet et réservoir.

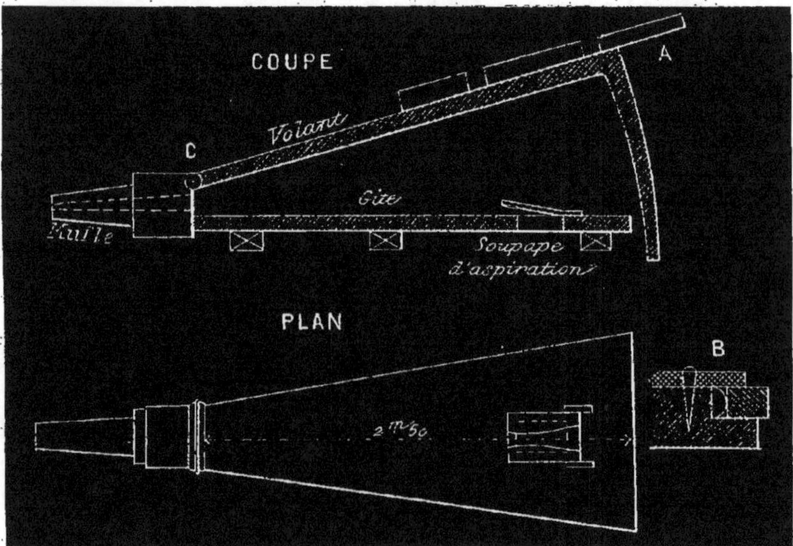

Fig 150. — Soufflet pyramidal en bois. — B, garniture en bois de la gîte.

partie supérieure est formée par une autre pièce de bois nommée *volant*, mobile autour d'une charnière *c*. Le mouvement est donné au levier A à l'aide d'une came. Ces appareils sont encombrants et tendent à disparaître. L'effet utile est faible; il varie de 0,25 à 0,30 de la force existant sur l'arbre des *cames*.

550. Nous étudierons les machines soufflantes proprement dites à double effet.

Il en existe deux types. Les machines soufflantes verticales, et les machines soufflantes horizontales. Les premières sont les plus répandues.

Les machines soufflantes, les plus habituellement employées, lorsque l'on a besoin d'une pression de vent supérieure à celle que donnent les ventilateurs, sont les machines à piston. On les construit le plus ordinairement avec des cylindres en fonte alésés et avec des pistons analogues à ceux des machines à vapeur.

La partie la plus importante d'une machine soufflante est le cylindre. Nous choisissons comme type de description le cylindre Bessemer, pour ne pas nous occuper du nombre illimité de systèmes qui ne peuvent être décrits que dans un cours de métallurgie.

CYLINDRE BESSEMER.

551. Dans ce cylindre, dont la fig. 151 représente une des extrémités, l'aspiration de l'air se fait par des ouvertures *a*. Le piston P reçoit son mouvement d'une machine à vapeur horizontale. Les ouvertures *a* sont fermées par des clapets *c* maintenus en place par une bande de fer *f*. Le refoulement se fait par les ouvertures *b* également fermées par un clapet *d* maintenu latéralement par un crochet en fer *k*.

La marche est très-simple. Supposons le piston se mouvant dans le sens de la flèche *M*. L'air extérieur entre par les ouvertures *a*, les clapets *c* se soulèvent et la capacité B est remplie d'air. Si le piston marche ensuite dans la direction inverse *N*, l'air contenu dans la partie *B* se trouve refoulé, les clapets *b* se soulèvent et cet air passe ainsi dans les deux parties latérales *L*, pour se rendre, à l'aide de conduites, dans les tuyères.

Les clapets sont formés de bagues en

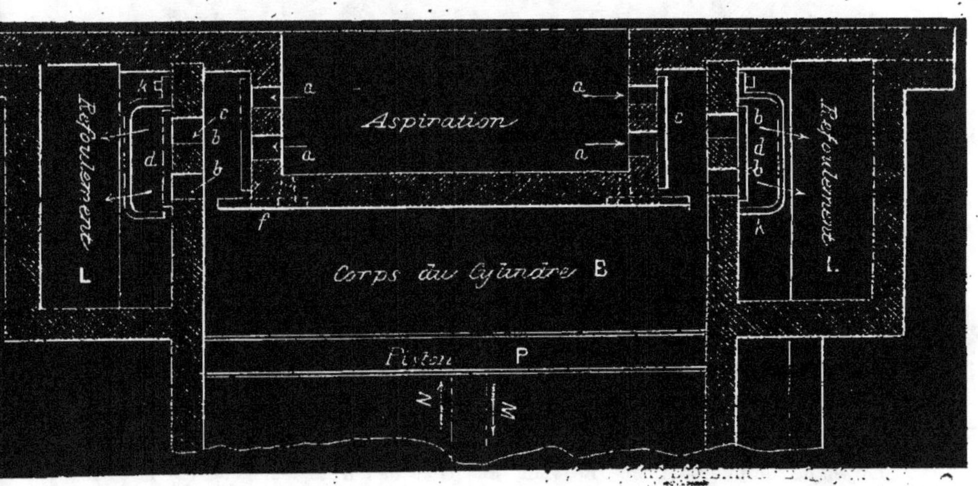

Fig. 151. — Détail d'une extrémité d'un cylindre Bessemer.

caoutchouc. Si la machine marche vite, ils ont l'inconvénient de se ramollir par l'action de la chaleur.

Le corps du cylindre doit être bien alésé. L'épaisseur est plus forte pour les cylindres horizontaux que pour les cylindres verticaux. Les cylindres verticaux doivent reposer sur des soubassements ou des entablements.

Nous donnons (*fig.* 152) le croquis du cylindre de la soufflerie de l'usine de Rans, et la position de ce cylindre par rapport à la machine motrice. La manœuvre des clapets est facile à voir sur le dessin d'après l'explication précédente.

RÉGULATEURS DU VENT.

552. Les *buses* doivent fournir le vent à une pression aussi uniforme que possi-

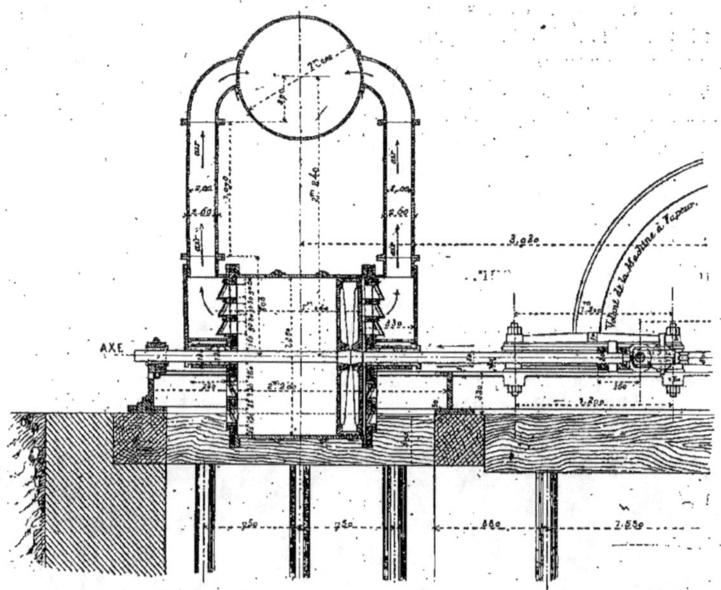

Fig. 152.

ble et un écoulement constant. On est obligé de mettre, entre la machine et les buses qui distribuent le vent, un réservoir appelé *régulateur*.

Ces régulateurs peuvent être placés sur le sol ou dans un canal voûté. On peut se servir d'une cloche (*fig.* 153) plongée dans l'eau. C'est dans cette cloche qu'arrive le vent de la soufflerie. Elle est fixée au moyen de sommiers en bois. Le vent, en s'emmagasinant dans ce réservoir, produit une différence de niveau qui mesure la pression; c'est pour ainsi dire un régulateur hydraulique. Ce système a été abandonné pour être remplacé par des régulateurs à capacité constante. Ce sont de grands espaces où l'air est envoyé par la machine et dont le volume est constant. Ils ressemblent beaucoup à de grandes chaudières (*fig.* 154) de 30^m de longueur sur un diamètre de 1^{m}25, munies de soupapes de sureté à siège. Plus la capacité est grande, plus la régularisation est bonne. Pour obtenir cette marche régulière, les oscillations du manomètre ne doivent pas dépasser 0^m005.

Porte-vents.

553. Les tuyaux verticaux sont dit

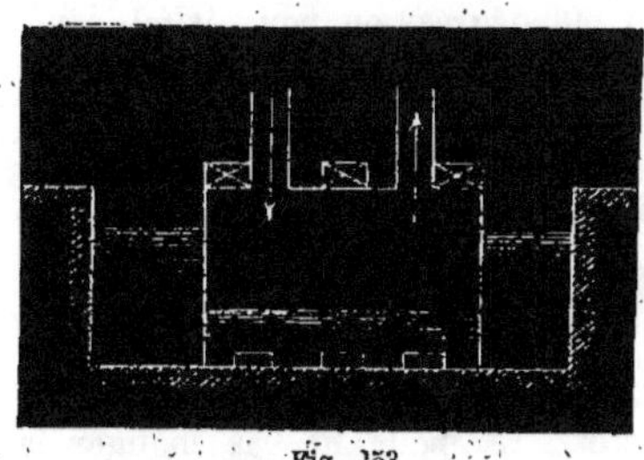

Fig. 153.

porte-vents; ils doivent présenter une disposition telle, qu'on puisse diminuer ou même suspendre l'envoi du vent dans les fourneaux. A la partie inférieure, on place une soupape à siège conique, manœuvrée à la main à l'aide d'une tige représentée en *t* (*fig.* 155).

Tuyères.

554. L'air venant, soit des machines soufflantes, soit d'un régulateur intermédiaire, arrive par des *buses* circulaires, de 3 à 8 centimètres de diamètre à l'embouchure, dans les tuyères en fonte ou en bronze, placées sur les *costières* du fourneau, par lesquelles il pénètre dans l'intérieur. Dans les fourneaux soufflés à l'air froid, ces tuyères sont ordinairement simples; mais, dans les tuyaux soufflés à l'air chaud, elles seraient très-promptement détériorées, si l'on n'y faisait constamment passer un filet d'eau pour les rafraîchir. La figure 156 montre la dispo-

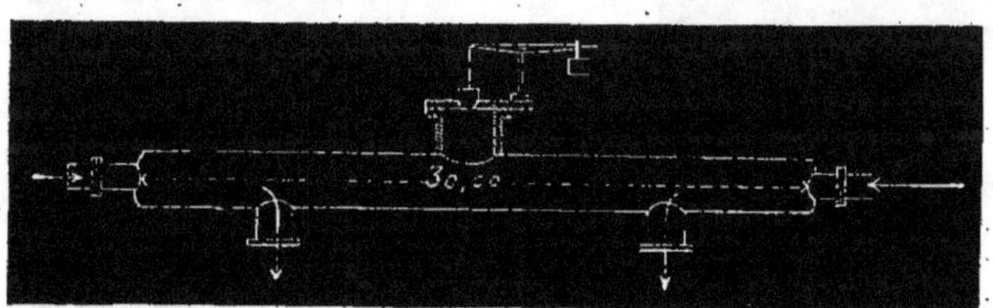

Fig. 154.

sition et la construction d'une tuyère. L'eau arrive par le tuyau *a* et s'écoule par le tuyau *b*, *d* est la buse de la machine soufflante.

Appareils à air chaud.

555. L'emploi de l'air chaud est dû à Neilson, de Glascow, qui l'introduisit en 1831 dans les usines d'Écosse.

556. Si l'on élève à une certaine température l'air sortant de la machine soufflante avant de la lancer dans le fourneau, il est évident que la température du courant gazeux sera plus élevée. D'un autre côté, la combustion du charbon ayant lieu d'une manière beaucoup plus

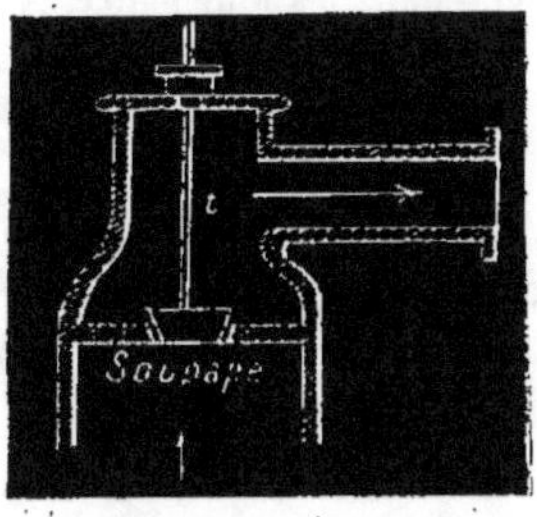

Fig. 155.

rapide, la zone oxydante se trouvera considérablement réduite et, par conséquent, la combustion du fer devant la tuyère diminuera dans la même proportion.

557. En se servant de l'air chaud, l'économie produite sur le combustible a été de 10 à 15 0/0 dans les fourneaux au charbon de bois, qui roulaient auparavant d'une manière économique, tandis que dans ceux qui consommaient beaucoup de

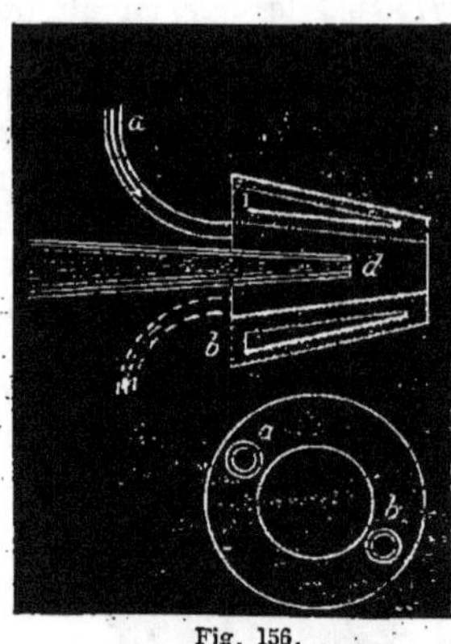

Fig. 156.

combustible, par suite de quelques vices dans la composition des charges ou la construction même des fourneaux, elle s'est élevée jusqu'à 30 et 40 0/0. Cette augmentation a été plus sensible pour les fourneaux au coke ou à la houille, roulant en fonte de moulage, que pour tous les autres.

558. Les nombres suivants, relevés dans les usines d'Écosse, suffiront pour montrer l'avantage de chauffer l'air avant de l'envoyer dans les fourneaux.

	Production en 24 heures.	Houille pour 1000 k. de fonte produite.
Coke et vent froid	5 tonnes 1/2	8.000 k.
Coke et vent chauffé à 150 degrés.	8 tonnes	5.000 k.
Houille et vent chaud. .	9 tonnes	2.250 k

559. La température à laquelle il faut

chauffer l'air, dépend de la nature du combustible, de celle des minerais, des propriétés des fontes que l'on veut obtenir, etc. En Écosse, on a été jusqu'à 350 degrés pour des fourneaux alimentés avec du combustible minéral.

560. Il y a quelques années, on a trouvé qu'en portant la température du vent à 600 degrés, on pouvait faire une économie de 250 k. de coke par tonne de fonte. La température de l'air lancé dans les fourneaux alimentés au coke ou à la houille, doit être généralement plus forte que pour les fourneaux au charbon de bois.

La dilatation de l'air augmentant sa vitesse dans les tuyaux de conduite, il est nécessaire, pour ne pas changer la pression et l'effort de la machine soufflante, d'augmenter le diamètre de ces conduites et surtout celui des buses. Sans cela, la quantité d'air qui arriverait dans les fourneaux serait moindre et, quoiqu'il y ait une plus faible consommation en combustible, la production journalière pourrait diminuer; tandis que s'il arrive dans les deux cas la même quantité d'air dans le fourneau, la production augmentera, et par conséquent il en résultera une économie notable.

Mesure de la température du vent.

561. Si cette température ne dépasse pas 300 degrés, on peut employer les thermomètres à mercure. Au delà, on se sert d'alliages fusibles permettant de mesurer des températures variant de 100 à 800 degrés. On s'est servi de pyromètres basés sur la dilatation différente des métaux, par exemple, le bronze et l'acier.

Disposition des appareils à chauffer l'air.

562. Dans les appareils à air chaud, on peut se servir de tuyaux horizontaux ou verticaux.

Les tuyaux horizontaux qui forment le serpentin peuvent être à section circulaire ou elliptique.

La forme qui paraît préférable est la forme elliptique, les tuyaux étant placés de champ.

Nous donnons (*fig.* 157, 158 et 159) une disposition d'appareil à tubes elliptiques de champ. L'air arrivant de la machine soufflante circule dans ces tuyaux, et est chauffé par un foyer placé à la partie inférieure.

Appareils à tuyaux verticaux.

563. Les appareils à tubes verticaux sont les plus employés. Il en existe beaucoup de systèmes. Nous nous bornerons à décrire l'appareil à air chaud à pistolets, qui est le plus souvent utilisé.

APPAREIL A TUYAUX ELLIPTIQUES DE CHAMP EN UNE SEULE CIRCULATION

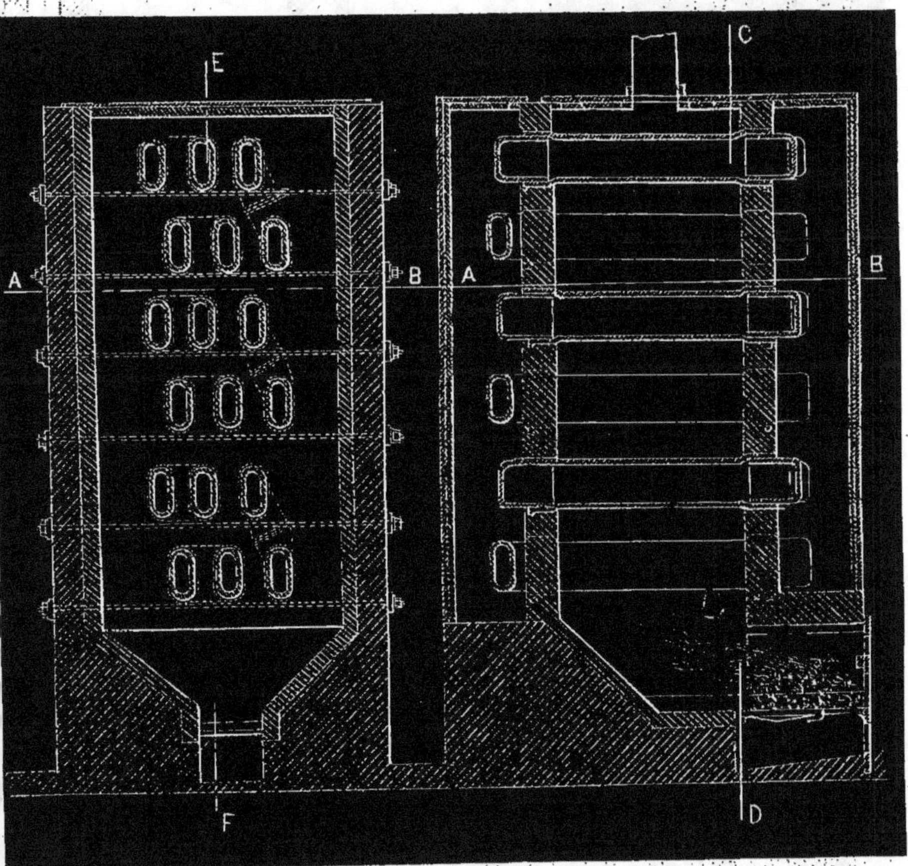

Fig. 157. — Coupe transversale suivant C D de la figure 158. — Fig. 158. — Coupe longitudinale suivant E F de la figure 157.

Cet appareil représenté (*fig.* 160 et 161) se compose de deux tuyaux horizontaux

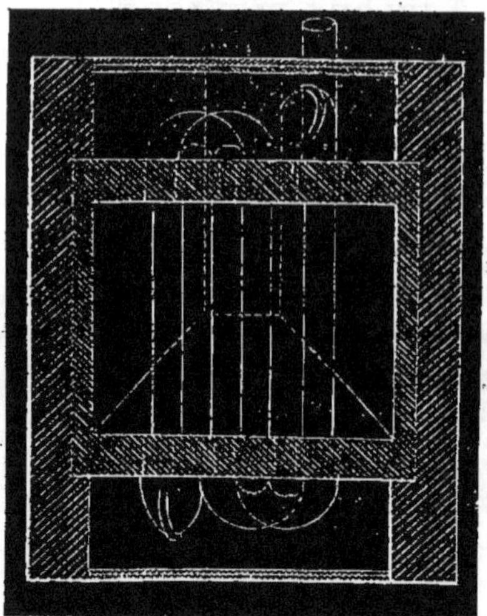

Fig. — 759. Plan (Coupe suivant A B des figures 157 et 158).

K en fonte, sur lesquels se trouvent branchés une série de tubes verticaux T dont nous donnons la coupe (*fig.* 162). Ces tuyaux peuvent prendre à la partie supérieure une forme spéciale comme dans l'exemple donné (*fig.* 163).

Cette forme représente à peu près la crosse d'un pistolet ; d'où leur dénomination d'appareil à air chaud à *pistolets*.

L'air froid arrive par un tube B (*fig.* 164), rencontre une cloison b qui le force à passer dans une première série de 12 pistolets, puis cet air, déjà chauffé, passe dans la deuxième série, dans la troisième et enfin dans la quatrième, pour sortir chaud par le tuyau C.

Par cette disposition il est facile de voir que le vent passe quatre fois dans le feu.

Les flèches de la figure 160 indiquent bien la marche de l'air et de la fumée qui, après une double circulation, se rend dans une cheminée d'appel M dont le tirage se trouve réglé à l'aide d'un couvercle et d'une tige en fer t à la portée du chauffeur.

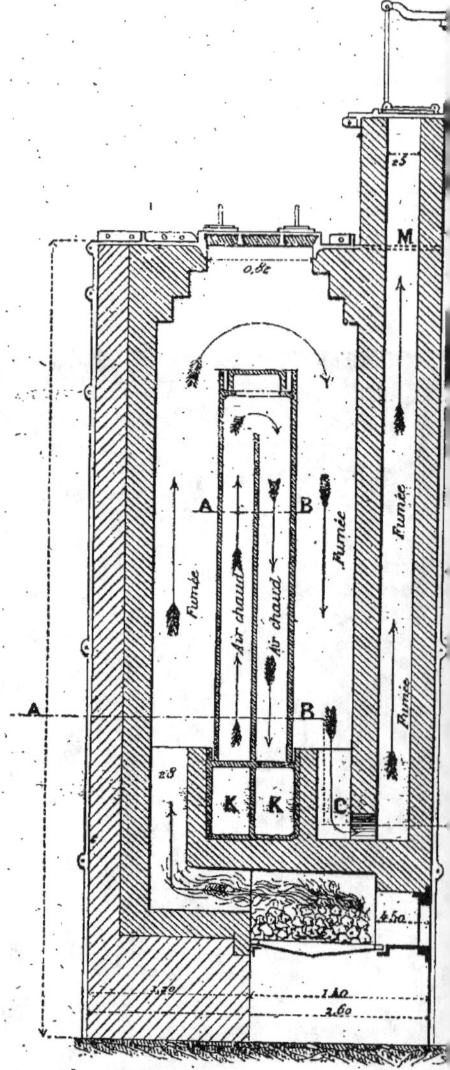

Fig. 160. — Appareil à air chaud à pistolets. — Coupe transversale suivant G H de la figure 161. — (Éch. 0ᵐ 2 par mètre.)

Appareils à air chaud en briques réfractaires.

564. Ces appareils sont restés à l'état d'essai ; ils offrent de grandes difficultés, à cause de la porosité de l'argile. Les types principaux sont l'appareil à air chaud système Cowper et l'appareil Whitwell. Nous ne pouvons nous étendre davantage sur leur description qui fait partie d'un cours de métallurgie spécial.

Utilisation des gaz de hauts-fourneaux.

565. En 1809, M. Aubertot eut l'idée de profiter des flammes sortant du gueulard pour chauffer des fours à chaux, à briques, et même des fours à réchauffer le fer.

En 1811, M. Curodot, physicien, reconnut que les gaz sortant du gueulard pouvaient, en brûlant sous la voûte d'un four à réverbère, produire une très-grande quantité de chaleur.

De nouvelles expériences ont été faites par M. Berthier.

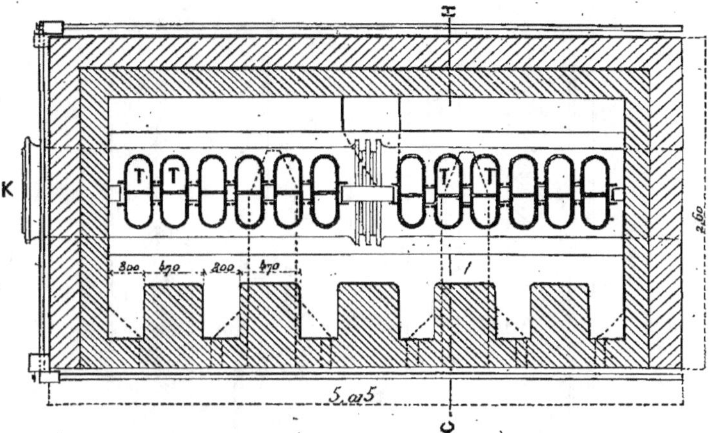

Fig. 161. — Coupe suivant A B C D de la fig. 160. — (Ech. de 0m02 par mètre.)

En 1836, MM. Thomas et Dufourneau ont tiré parti des gaz des hauts-fourneaux en mettant au gueulard des générateurs de vapeur, dont la production était suffisante pour faire marcher la soufflerie.

En 1838, MM. Baudelot et Robin ont imaginé de recueillir les gaz des hauts-fourneaux et de les envoyer dans des chaudières ou dans des fours placés sur le sol de l'usine pour produire de la vapeur, refondre et puddler la fonte, réchauffer le fer, etc....

Analyse des gaz d'un haut-fourneau.

566. D'après les expériences de M. Ebelmen, on peut dire que le gaz des hauts-fourneaux contient, dans son plus grand état de complexité, de la vapeur d'eau, de l'acide carbonique, de l'oxyde de carbone, de l'hydrogène libre, une proportion d'azote pouvant atteindre 50 0/0, et jamais d'oxygène libre.

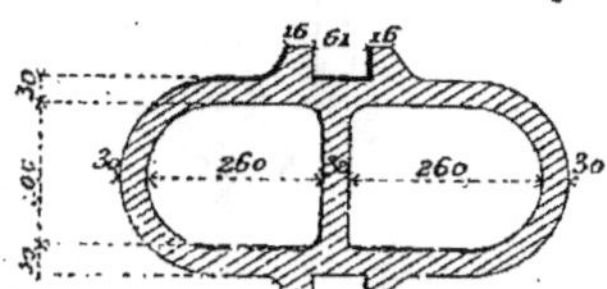

Fig. 162. — Coupe d'un tuyau à pistolet, suivant A B de la figure 160.

Dans le cas où l'on ajoute au charbon du bois en nature, on rencontre, en outre, de l'acide acétique et des carbures d'hydrogène.

M. Ebelmen a constaté que la composition de ces gaz est loin d'être constante;

elle est variable avec l'allure, avec la nature du minerai et du combustible, et avec la quantité et la température de l'air lancé dans le fourneau.

C'est du rapport de l'oxyde de carbone (Co) à l'acide carbonique (Co^2) que dépend le pouvoir calorifique du gaz. Des expériences ont appris que la composition des

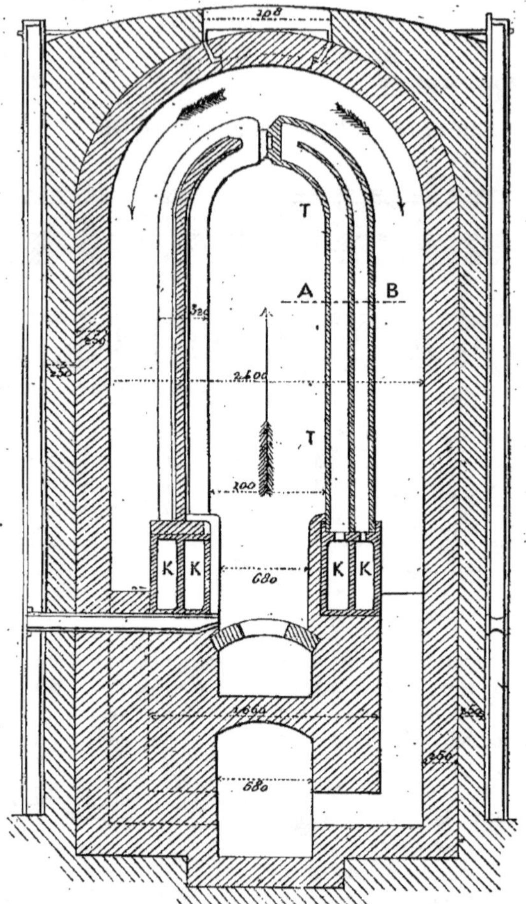

Fig. 163. — Appareil à air chaud à pistolets.   · Coupe transversale.

gaz varie suivant la hauteur à laquelle ils sont extraits. La proportion de vapeur d'eau et d'acide carbonique diminue à mesure qu'on descend ; cela s'explique par la transformation de la castine en chaux. L'oxyde de carbone reste sensiblement constant. A une certaine profondeur, les gaz combustibles ont une plus grande puissance calorifique qu'au gueulard.

D'après les expériences faites sur le fourneau de Clairval marchant au bois et à l'air chaud, et avec les données suivantes.

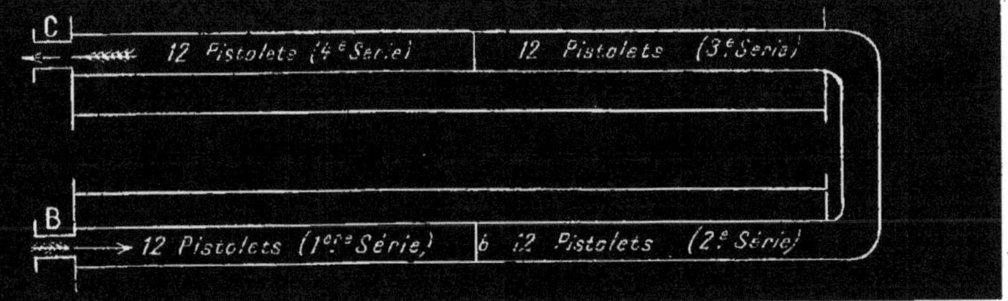

Fig. 164 — Croquis de la disposition en plan.

Diamètre au gueulard 0ᵐ,67
Diamètre au ventre.. 2ᵐ,16
Hauteur de la cuve ... 5ᵐ,67
Hauteur totale 8ᵐ,67
Pression du vent, variable de 15 à 18 millimètres de mercure,

Température de l'air de 175 à 190 degrés.
Volume de l'air envoyé à (0° et pression 760) 8ᵐ³ 76 par minute,

On a trouvé pour l'analyse des gaz à différentes hauteurs les nombres renfermés dans le tableau suivant:

PROFONDEURS	0 00	1ᵐ33	2ᵐ67	4ᵐ00	5ᵐ33	Ventre 5ᵐ67	Ouvrage 7ᵐ79	Tympe
Acide carbonique..........	12.88	13.96	13.76	8.86	2.23	0.00	0.31	0.00
Oxyde de carbone	23.51	22.24	22.65	28.18	33.64	35.01	41.59	51.35
Hydrogène.................	5.82	6 00	5 44	3.82	3.59	1.92	1.42	1.25
Azote....................	57.79	57.80	58 15	59.14	60.51	63.07	56.68	47.40
TOTAUX........	100.00	100.00	100 00	100.00	100 00	100.00	100.00	100.00
Vapeur pour 100 kilos de gaz sec....	11.90	13.41	2.63	0.95	0.42	0.00	0.00	0.00

567. L'acide carbonique se change rapidement en oxyde de carbone. A partir d'un point près de la tuyère, l'acide carbonique ne se rencontre pas et l'oxyde de carbone augmente en notable proportion.

Du ventre au gueulard, l'acide carbonique (Co^2) augmente d'abord graduellement jusqu'au milieu de la cuve et reste constant.

L'oxyde de carbone diminue. C'est dans la partie inférieure de la cuve que les matières volatiles s'en vont.

La castine et le minerai perdent leur acide carbonique.

L'hydrogène n'exerce aucune action sur l'oxyde de fer et se retrouve en totalité dans les gaz au gueulard.

L'acide carbonique en se changeant en oxyde de carbone se refroidit considérablement. M. Ebelmen a trouvé que deux litres d'oxygène, en produisant de l'acide carbonique, développent 2232°, tandis qu'en produisant quatre litres d'oxyde de de carbone ils ne développent plus que 780°. Cette cause de refroidissement est très-importante dans les hauts-fourneaux et rend très-petit l'espace où se développe le maximum de chaleur.

568. Pour obtenir le maximum de température, il faut envoyer juste la quantité d'air nécessaire à la combustion. Pour déterminer rigoureusement ce volume d'air, on y arrive par une analyse ou par des tâtonnements. Il importe de n'introduire dans les hauts-fourneaux que des matières sèches. La température de 1 litre de gaz sec étant de 1400 degrés, la température du gaz humide, tel qu'il

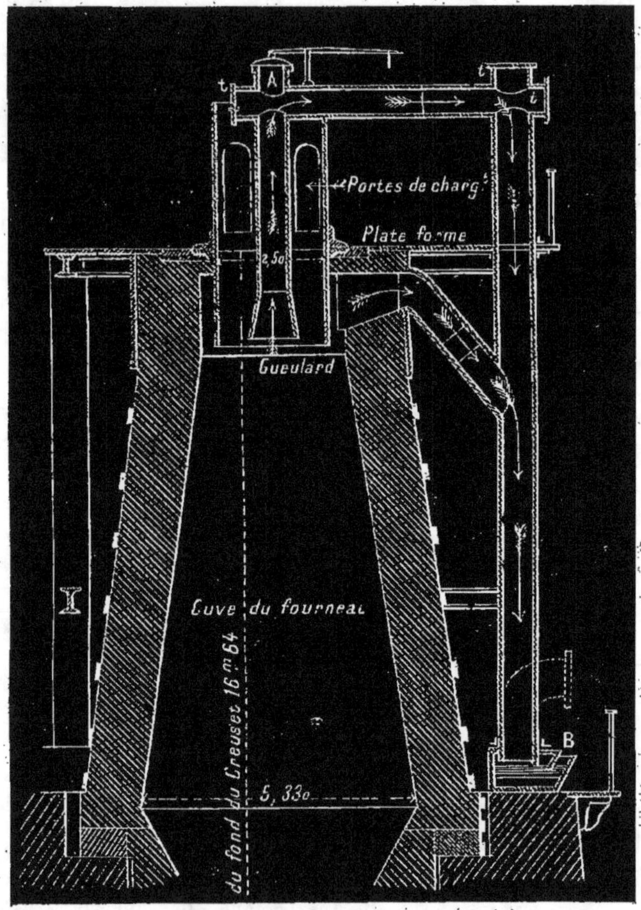

Fig. 165. — Prise de gaz d'un haut fourneau.

existe dans le fourneau, est de 1200 degrés seulement.

de l'air à une température de 200 à 300 degrés, on obtient une température de 1500 degrés.

Chaleur que peuvent donner les gaz.

569. En introduisant dans le fourneau

D'après les expériences de M. Ebelmen, il ne faut pas extraire les gaz trop loin du gueulard, car les moindres variations d'allure du fourneau occasionnent des changements très-notables dans la composition de ces gaz.

La profondeur à laquelle il faut recueillir les gaz est à 2^m,00 environ, au-dessous du gueulard. En ce point, la composition moyenne est la suivante:

Oxyde de carbone 23 p. 100.
Acide carbonique 13 p. 100.
Hydrogène 5 p. 100
Azote 59 p. 100.

Ceci est relatif à un haut-fourneau au bois.

Appareils destinés à recueillir les gaz.

570. Dans certaines usines, les gaz fournis par les fourneaux suffisent largement pour faire marcher la soufflerie et pour le chauffage de l'air.

571. On a principalement employé les flammes perdues du gueulard à chauffer le vent, à cuire de la pierre à chaux et des briques, à griller le minerai, et enfin à chauffer des chaudières à vapeur, destinées à fournir la force motrice nécessaire au service de l'usine.

Les gaz combustibles, pris dans la cuve par des ouvertures placées à une distance variable au-dessous du niveau du gueulard, sont brûlés avec de l'air et employés aux mêmes usages que les flammes perdues du gueulard; et, en outre, au mazéage et au puddlage de la fonte, ainsi qu'au réchauffage du fer, opérations qui exigent, surtout la dernière, les températures les plus élevées que l'on produise dans les ateliers métallurgiques.

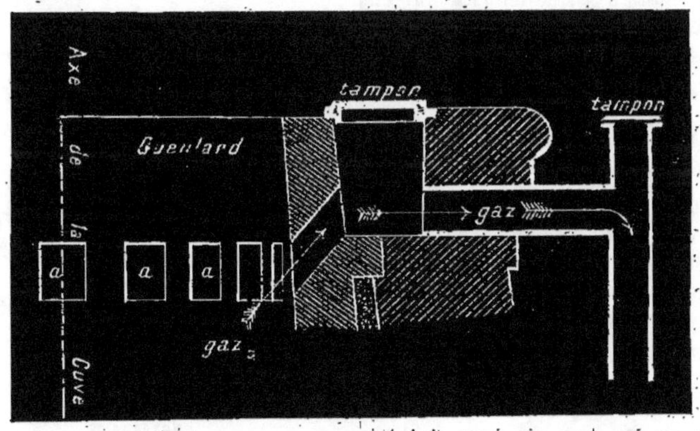

Fig. 166.

572. Les appareils destinés à recueillir les gaz sont très-nombreux, nous en donnerons seulement deux types.

La figure 165 représente la disposition de prise de gaz de l'usine de Heerdt, près Dusseldorf. Les gaz suivent la marche indiquée par les flèches. En A, se trouve une soupape de sûreté; en B, un obturateur hydraulique destiné à prévenir les explosions. Comme les tuyaux sont souvent encombrés par des poussières venant du haut-fourneau, il faut ménager des tampons de nettoyage t. Le plus souvent, la prise de gaz, au lieu de se faire par le centre, comme l'indique la figure 165, s'opère latéralement au-dessous du gueulard (*fig.* 166) par des ouvertures a pratiquées dans la partie haute de la cuve.

§ V. — DES FONTES.

Diverses espèces de fontes.

573. Nous avons vu précédemment que la fonte obtenue dans les hauts-fourneaux n'est pas toujours identique. On peut la ramener à deux types : la *fonte grise* et la *fonte blanche*. On distingue encore la *fonte truitée;* mais celle-ci n'est qu'un mélange de fonte blanche et de fonte grise, participant des propriétés de l'une et de l'autre.

574. La fonte grise est douce; elle se laisse limer et marteler sans se rompre sous les chocs. A cause de ces propriétés, elle est employée pour la fabrication de tous les objets qui peuvent être exposés à des chocs. Ces objets s'obtiennent au moyen d'une opération qu'on appelle *moulage*.

574 bis. Les moulages sont de première ou de seconde fusion.

Dans le premier cas, on reçoit la fonte au sortir des hauts-fourneaux dans des moules en sable. Quand on veut faire de petits objets qui doivent avoir un fini plus grand, on refond la matière, soit dans de petits fourneaux à cuve, auxquels on donne le nom de *cubilots*, soit dans des fours à réverbère.

Toutes les fontes ne se prêtent pas au moulage en seconde fusion; il est nécessaire qu'elles soient riches en carbone, pour ne pas perdre trop de leur fluidité par un affinage partiel.

575. La fonte blanche possède un éclat métallique et quelquefois une couleur argentine. Contrairement à la fonte grise elle est dure, se laisse difficilement attaquer à la lime, et se brise facilement sous le choc.

Elle sert à faire du fer doux en barres. La meilleure pour cet usage, mais aussi la plus rare, c'est la fonte blanche cristallisée. Elle est extrêmement dure et se présente sous l'aspect de lames miroitantes, elle sert surtout à faire l'acier.

La fonte blanche ordinaire à petits grains renferme souvent du manganèse, et 2 à 5 0/0 de carbone.

576. Les fontes présentent des qualités différentes, selon qu'elles ont été obtenues au charbon de bois ou au coke.

Les premières portent le nom de *fontes au charbon de bois*. On désigne les secondes sous le nom de *fontes au coke*.

Le charbon de bois ne contenant, comme matière étrangère, que de la potasse, corps sans action sur le fer, toutes les fontes qui proviennent de l'emploi de ce réactif puisent leur qualité dans le minerai. Si le minerai est pur, la fonte qui en résulte est un alliage pur de carbone et de fer. Si, au contraire, le minerai contient des corps étrangers susceptibles de s'allier au fer pendant la réaction, la fonte qui en résulte présente des particularités inhérentes à ces corps.

Quand le réactif employé est du coke, c'est-à-dire du carbone mélangé de terres diverses et de pyrite, la fonte, bien que le minerai soit de bonne qualité, est un alliage multiple dont les propriétés diffèrent essentiellement de l'alliage pur.

Principales qualités des fontes.

577. Considérées comme matières premières pour la fonderie de moulage, les fontse doivent satisfaire à plusieurs conditions qui dépendent de l'usage auquel sont destinés les objets qu'elles servent à confectionner.

En général, les fontes de moulage doivent être assez fusibles et ne pas se figer quand on les verse trop promptement dans les moules. Il convient de les choisir riches en carbone et très-peu chargées de soufre. Quand les pièces en fonte moulée sont destinées à subir des chocs, la ténacité est de rigueur. Elle ne se rencontre, dans les fontes grises, que lorsque ses principes constituants sont presque exclusivement le fer et le carbone, ce qui n'a lieu que pour les fontes au charbon de bois provènant de minerais très-purs.

578. Il existe aujourd'hui des usines travaillant au coke qui donnent des fontes grises tenaces et presque pures.

Pour les pièces en fonte moulées qui sont destinées à subir l'action prolongée du feu, il faut rechercher la richesse en carbone et, autant que possible, l'absence de soufre. La présence dans ces fontes d'une petite quantité de phosphore et de silicium n'est pas nuisible.

Pour celles qui sont destinées à subir le travail de l'ajustage, elles ne sauraient être trop dociles, c'est-à-dire trop pures; mais il importe qu'elles ne soient pas trop carburées, parce qu'elles seraient trop friables.

579. Pour les fontes destinées à la confection des pièces de frottement, elles devraient posséder, en même temps, la ténacité de la fonte grise et la dureté de la fonte blanche.

Pour celles qui sont destinées à la confection de supports verticaux, colonnes par exemple, les qualités indiquées ci-dessus ne sont pas de rigueur, et bien des fontes au coke, non retraitantes, conviennent pour ces pièces. Il suffit de les essayer préalablement sous le rapport de leur résistance à l'écrasement. Il sera toujours bien difficile d'utiliser, au moulage, des fontes contenant des proportions notables de soufre, tant à cause de la tendance qu'elles ont à blanchir mal à propos, que par les cavités que cette tendance occasionne toujours à leur intérieur.

En résumé, toutes les fontes ne sont pas propres aux usages de la fonderie. Celles que l'on préfère sont les fontes qui deviennent assez fluides par la fusion pour bien remplir les moules dans lesquels on les verse; qui ne prennent pas trop de retrait par le refroidissement, et qui, une fois à l'état solide, se travaillent facilement et satisfont à toutes les conditions de ténacité que l'on peut attendre.

Ce que l'on appelle retrait de la fonte, c'est la différence entre le volume au moment de la solidification, et le volume, la pièce étant froide.

Pour la fonte grise, ce retrait est de $1/100$; pour la fonte blanche, de $2/100$ et même $2.5/100$.

Ces différentes qualités se trouvant réunies à un plus haut degré dans les fontes grises que dans les fontes blanches ou trempées, ce sont ces premières que l'on consacre généralement au travail de la fonderie, tandis que les autres sont réservées à la fabrication du fer.

Nous aurons à parler de la fonte malléable que l'on obtient avec la fonte blanche mélangée à des matières désoxydantes.

Défauts des fontes.

580. Les principaux défauts que l'on rencontre dans les fontes moulées sont au nombre de six : *soufflures, piqûres, retirures, dartres, bosses, gouttes froides.*

581. *Soufflures.* Les soufflures peuvent se produire de différentes manières. Ce sont généralement de petites cavités qui restent dans l'intérieur des pièces après le moulage et qui sont dues à des bulles d'air. Pour y remédier, il faut laisser dans le moule des *events* pour permettre à cet air de sortir.

Le sable humide contribue à la formation de ces soufflures en laissant dégager des gaz qui restent dans la fonte. Le sable trop serré peut aussi les produire.

Ces soufflures se trouvent dans les pièces à des profondeurs plus ou moins grandes. Quand elles existent en trop grande quantité, on doit rejeter les objets moulés.

582. *Piqûres.* Les piqûres sont de petiles soufflures très-nombreuses, répandues dans toute la masse. Les pièces moulées qui sont destinées à travailler au frottement et qui sont piquées doivent être refusées.

583. *Retirures*. Les retirures se produisent généralement à la jonction de deux parties d'inégale épaisseur. Ce sont des arrachements produits par un retrait considérable, et l'emploi d'une fonte trop liquide.

584. *Dartres*. Les dartres sont des parties rugueuses qui font saillie à la surface de la pièce. Elles sont souvent produites par du sable qui se détache du moule au moment de la coulée de la fonte.

585. *Bosses*. Les bosses se produisent lorsque le sable du moule n'a pas été assez serré. Ce sable cède et forme poche, ce qui détermine une partie saillante sur la fonte.

586. *Gouttes froides*. Elles proviennent de ce que la fonte étant coulée trop froide se solidifie au moment où elle entre dans le moule. C'est un défaut très-grave qui diminue la résistance.

§ VI. — DES FONDERIES. — DÉMOULAGE.

Modèles. — Sens de coulée.

587. Une fonderie, c'est la réunion des moyens nécessaires pour la construction d'ouvrages en métal fondu.

588. Si ces ouvrages sont peu volumineux et d'un emploi peu étendu, la fonderie n'est qu'une partie accessoire d'une industrie plus considérable. Si, au contraire, on doit faire un grand nombre de pièces de même nature, ou pièces de machines, la fonderie devient une véritable usine. La position la plus avantageuse pour une fonderie est au voisinage d'un haut-fourneau.

589. L'art du fondeur consiste à reproduire, avec des matières plus ou moins fusibles, les formes et les dimensions de tous les objets modelés ou sculptés qui peuvent se présenter. L'art de mouler les métaux, ou de les jeter en moule, date de la plus haute antiquité ; le moulage de la fonte de fer date seulement de la fin du siècle dernier.

Sous l'influence d'une forte chaleur, tous les métaux sont susceptibles de se fondre ; mais le bronze et la fonte sont aujourd'hui les matières le plus généralement employées, soit en raison de leur prix, soit en raison des qualités particulières qui les caractérisent.

590. *Avantages de la fonte sur le bronze*. La fonte est d'un prix beaucoup moins élevé que le bronze et d'un usage plus général. Elle est plus réfractaire et plus dure, moins fusible et plus fluide. Son retrait est moins grand que celui du bronze et elle permet d'obtenir des empreintes très-délicates. Les fontes au bois et au coke sont toutes deux employées au moulage.

Les premières sont principalement coulées en première fusion, tandis que les dernières conviennent particulièrement à la seconde fusion. C'est avec des fontes au coke et en seconde fusion que se font toutes les grandes pièces de machines.

591. *Qualités des fontes de moulage*. Il est bon de rappeler les principales qualités qu'elles doivent présenter. Toutes les fontes ne sont pas propres au moulage. La meilleure doit réunir les qualités suivantes :

1° Elle doit être très-liquide et se figer lentement, pour avoir le temps de bien remplir exactement les moules.

2° Après refroidissement, elle ne doit présenter ni soufflures intérieures, ni inégalités à la surface.

3° Elle ne doit pas non plus expulser beaucoup de graphite pendant son refroidissement, ce qui produirait des surfaces moins nettes et une fonte peu solide.

4° Elle doit être douce et facile à travailler.

5° Donner le plus faible retrait possible.

6° Être compacte et tenace.

Certaines pièces à mouler n'exigent pas la réunion de toutes ces qualités. En général, ce sont les fontes grises et truitées qui doivent être préférées et qui remplissent bien ces conditions.

La fonte grise expulsant beaucoup de graphite est impropre à la fabrication d'objets délicats. De même, les fontes provenant de minerais moins réfractaires et expulsant trop de graphite ne peuvent être employées que pour des objets peu soignés.

592. *Fonte impropre au moulage.* La fonte sulfureuse est la plus impropre au moulage ; elle est peu fluide et devient caverneuse à la surface et remplie de soufflure à l'intérieur. La fonte phosphorée, au contraire, est très-fluide, très-longue à se refroidir, donne des impressions peu délicates. Elle est assez cassante et elle est employée de préférence pour les ornements en fonte ne réclamant pas une grande ténacité.

Pourquoi faut-il faire subir à la fonte une deuxième fusion ?

1° Pour avoir constamment de la fonte liquide et, par un travail continu, diminuer le nombre des ouvriers et ne pas avoir en magasin un trop grand approvisionnement de *moules*.

2° Pour obtenir des mélanges convenables.

3° Pour exécuter de fortes pièces demandant plus de fonte.

4° Pour établir des fonderies dans les pays où l'on ne pourrait construire des hauts-fourneaux.

D'après ce qui précède, nous pouvons distinguer deux catégories de pièces moulées ; les unes en première fusion, et les autres en deuxième fusion.

593. *Bronze de moulage.* Le bronze est très-malléable, à chaud et à froid. La trempe augmente encore cette malléabilité. Il fond vers 1800 degrés.

Composition. Le bronze pour la fabrication des canons est composé de 100 parties de cuivre pour 11 parties d'étain. C'est le bronze le plus résistant. Les bronzes statuaires ont la même composition.

Le bronze pour la construction des cloches est formé de 78 parties de cuivre et de 22 parties d'étain : c'est le plus sonore.

Le bronze destiné à la fabrication des pièces de machine, des coussinets, etc..., comporte 80 parties de cuivre pour 20 parties d'étain.

L'alliage du cuivre et de l'étain doit s'opérer avec beaucoup de précautions. On fait fondre le cuivre et l'on ajoute l'étain peu à peu, en ayant soin de brasser constamment la matière. L'étain tend toujours à se *liquater* et d'autant plus que le refroidissement est plus lent. Le laiton se compose de 28 parties de cuivre et 1 de zinc. Le zinc étant très-volatil, il faut aussi beaucoup de précautions pour faire l'alliage. Comme une partie du zinc se brûle, on doit en tenir compte dans les proportions des alliages.

Matériel d'une fonderie.

594. Le matériel d'une fonderie se compose comme suit :

1° Les fourneaux de seconde fusion ;

2° Les appareils soufflants ;

3° Les grues ;

4° Les étuves ;

5° Les machines à broyer le sable ;

6° Les moulins à noir (charbon pulvérisé) ;

7° Les châssis, lanternes, axes et armatures ;

8° Les outils et ustensiles des mouleurs ;

9° Les modèles en bois ou en métal.

Fusion de la fonte.

FONTE DE PREMIÈRE FUSION.

595. Quand on emploie la fonte sortant directement du haut-fourneau, il est inutile de la refondre. Elle ne doit pas être trop truitée ou blanche, pas trop graphiteuse, ni donner des pièces limailleuses ou trop serrées. Si la fonte est trop carburée, on peut y remédier en jetant par les tuyères des minerais en poudre très-purs ou une balle de plomb. On brasse la matière par l'avant-creuset et, par une série de tâtonnements, on arrive à donner à la fonte les qualités voulues. Par cette simple précaution, on expulse le carbone en excès et la fonte débarrassée du graphite peut être coulée.

Il existe différentes méthodes pour mettre la fonte dans les moules. L'une d'elles consiste à se servir d'une plaque de dame présentant une grande échancrure dans laquelle on fixe une autre plaque percée de trous, de manière à pouvoir, en débouchant l'un deux, faire la coulée à plusieurs hauteurs et obtenir un jet de fonte que l'on peut recevoir dans des poches : c'est la fonte par *perçage*.

Dans d'autres usines, on se sert d'une rigole en fonte, garnie de sable réfractaire, conduisant la fonte directement dans les moules ou dans des poches enterrées dans le sol de l'usine.

La poche décrite précédemment peut être montée sur un chariot et mobile autour d'un axe, ce qui permet de la transporter en un point quelconque de la fonderie et de faire basculer la fonte directement dans les moules.

FONTE DE DEUXIÈME FUSION.

596. Avec la deuxième fusion, on peut obtenir très-exactement la nature de fonte que l'on veut. On peut, de plus, faire des mélanges et fabriquer des pièces d'un volume considérable.

La deuxième fusion peut s'opérer :

1° Dans des *creusets* ;
2° Dans des fours à cuves ou *cubilots* ;
3° Dans des *fours à réverbère*.

597. *Deuxième fusion dans des creusets.* Ce mode de fusion est peu employé ; il est trop coûteux. Un creuset sert pour 5 à 10 fusions au maximum. Contenance variable de 10 à 60 k.. On brûle entre 100 et 200 kilos de combustible pour fondre 100 k. de fonte. Il y a peu de déchets et presque pas de scorifications, mais il existe toujours des fonds de creusets. On verse la fonte directement dans les moules.

Les creusets dont on se sert sont en terres réfractaires ou en argiles réfractaires de Picardie. Lorsqu'ils sont petits, on peut les faire en graphite. Ce procédé n'est utilisé que pour les pièces très-délicates et réclamant beaucoup de soins.

Fusion dans des fours à cuve. — Emploi des cubilots.

598. Les cubilots sont les appareils les plus généralement employés dans les fonderies, parce qu'ils conservent à la fonte toutes les qualités qui lui sont propres. Les fours à réverbère blanchissent au contraire un peu les fontes et les affinent.

599. Le cubilot se compose essentiellement d'un cylindre en fonte ou en tôle c (*fig.* 167) de 2 à 6 m. de hauteur sur $0^m,70$ à $2^m,50$ de diamètre, dont l'intérieur est garni en sable et en briques réfractaires. Les cubilots au coke ont une hauteur de 2 à $3^m,00$. Ceux au bois doivent être plus élevés ; ils varient de 2 à $6^m,00$. Le métal et le combustible sont introduits à la partie supérieure par une porte de chargement P. L'air soufflé entre par des tuyères latérales t situées à différentes hauteurs, et le métal en fusion s'échappe à volonté par l'orifice inférieur O que l'on bouche avec de la terre ou une porte en fonte garnie de terre réfractaire.

Les dimensions intérieures de la cuve

varient avec la quantité de fonte que l'on veut couler à la fois, dans des limites très-étendues.

600. Le cubilot représenté (*fig.* 167 et 168) peut contenir une charge variant de 3 à 7 tonnes. Il en existe même qui peuvent contenir de 10 à 12,000 kilos.

601. Le cubilot d'une fonderie de Nevers représenté (*fig.* 169 et 170), est beaucoup plus petit et la composition d'une charge est la suivante :

Fonte 300 k., Coke 21 k., Castine 6 k.

La forme de la cuve n'a rien de bien déterminé ; mais, en général, elle se rapproche de celle d'un tronc de cône posé sur sa base la plus grande.

La partie inférieure du cubilot repose sur un massif en maçonnerie de briques et, dans certains cas très-rares, sur une couche de bon sable bien damé. La sole d'un cubilot doit toujours être inclinée vers le trou de coulée. L'enveloppe extérieure se fait en fonte ou en tôle. La tôle est préférable et offre plus de résistance.

Dans le cubilot (*fig.* 167), la boîte à vent annulaire en tôle T recevant les tuyères doit être construite très-solidement pour ne pas se détériorer trop rapidement.

Les tuyères étagées servent à souffler en différents endroits, au fur et à mesure que le bain de fonte s'élève. Lorsqu'on souffle par les tuyères supérieures, il faut

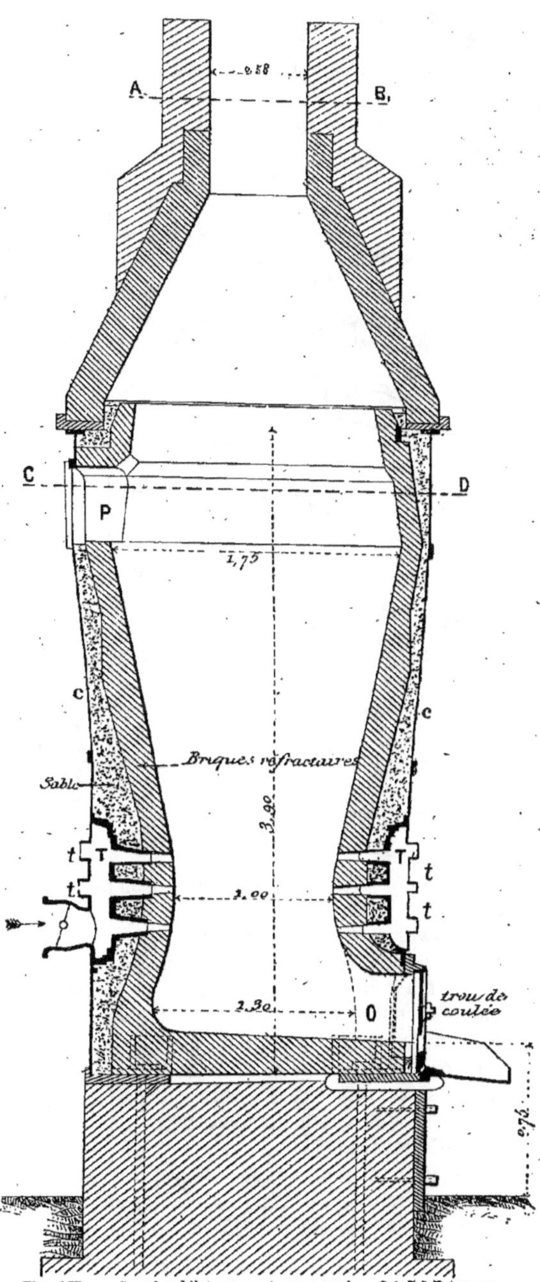

Fig 167. — Grand cubilot pouvant emmagasiner 3 à 7 1/2 tonnes.

avoir soin de boucher celles du dessous avec de la terre. La première tuyère est généralement placée à 0ᵐ,40 du fond de la cuve.

Les cubilots sont surmontés d'une cheminée en briques ou en tôle, précédée d'une hotte pour faciliter le raccord.

La consommation de combustible varie du 1/4 au 1/5 du poids de là fonte pour les cubilots au coke et atteint la moitié pour ceux au bois. Quand on arrive à consom-

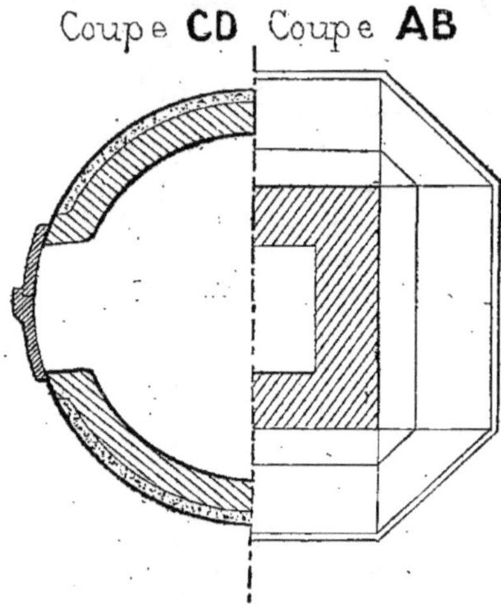

Fig. 168. — Cette figure comprend deux coupes, l'une suivant CD et l'autre suivant AB de l'élévation (fig. 167).

mer 10 k. de coke pour 100 k. de fonte, on marche dans d'assez bonnes conditions. Le déchet varie de 5 à 7 0/0 et, pour obtenir 100 k. de fonte moulée, il faut charger 140 k. de fonte de première fusion.

Dans les cubilots, on charge le combustible et la fonte par le gueulard ; une couche de coke, une couche de fonte et ainsi de suite. La fonte exposée au courant gazeux s'échauffe graduellement et fond. Lorsqu'elle passe sous le vent des tuyères, il se forme un peu d'oxyde de fer qui s'unit au silicium. Les cendres du coke forment des scories qui surnagent sur le bain.

Le volume d'air lancé dans les cubilots dépend de la quantité de combustible que l'on veut y brûler, dans un temps donné. On peut compter sur 10 mètres cubes d'air par kilogramme de charbon. La pression du vent n'a pas besoin d'être élevée et dépasse rarement 20 à 30 millimètres de mercure.

On calcule d'après ces données le diamètre que doivent avoir les bases. Le vent est fourni aux cubilots par des ventilateurs de 0,60 à 1ᵐ00 de diamètre. On a essayé l'emploi de l'air chaud dans le soufflage des cubilots, mais les résultats n'en ont pas été assez prononcés pour que l'on ait généralement adopté cette méthode.

COMPOSITION DES GAZ SORTANT DES CUBILOTS.

602. M. Ebelmen a étudié la composition des gaz sur un cubilot de 1ᵐ67 de hauteur et un diamètre intérieur de 0ᵐ50, dans lequel on fondait 5 à 6 tonnes de fonte par jour avec une consommation de 19 kilos de coke pour 60 k. de fonte.

Il a trouvé les nombres suivants :

Acide carbonique (CO^2)	11,08
Oxyde de carbone (Co)	15,14
Hydrogène (H)	0,82
Azote (Aᵗ)	72,96
Total.	100,00

Fusion dans des fours à réverbère.

603. Un des grands avantages des fours à réverbère, c'est qu'on évite le contact du métal avec le combustible. Quand on veut, dans ce cas, fondre un métal et produire sur lui un léger affinage pour augmenter sa tenacité, on peut, de préférence, employer les fours à réverbère.

On peut aussi les utiliser :

1° Lorsqu'on n'a pas de moteur pour une soufflerie.

2° Quand on a de très-grosses pièces à refondre et telles qu'elles ne pourraient pas être traitées dans un cubilot.

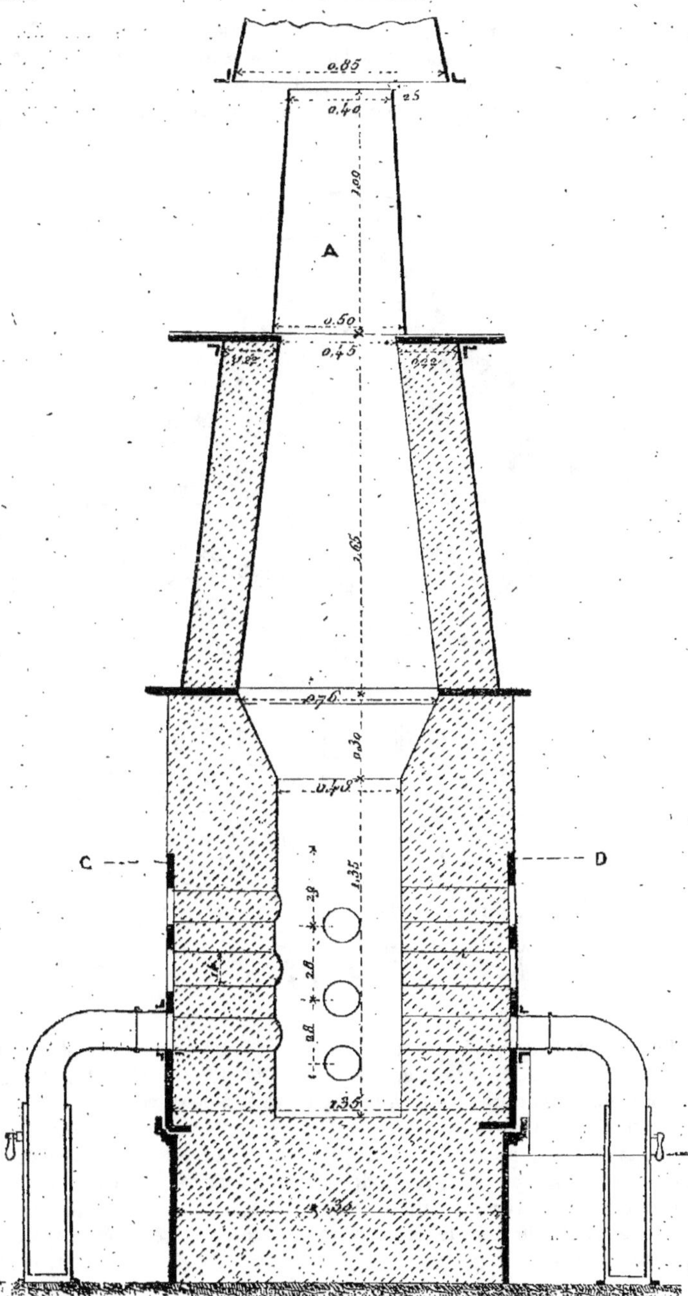

Fig. 169. — Cubilot. — Coupe suivant AB du plan (fig. 175).

En général, ils ne sont employés avantageusement que lorsque la fabrication est assez étendue pour pouvoir opérer successivement plusieurs fondages. Dans le cas contraire, le seul échauffement du four absorbant une grande quantité de combustible, il en résulte une consommation considérable par tonne de fonte mou-

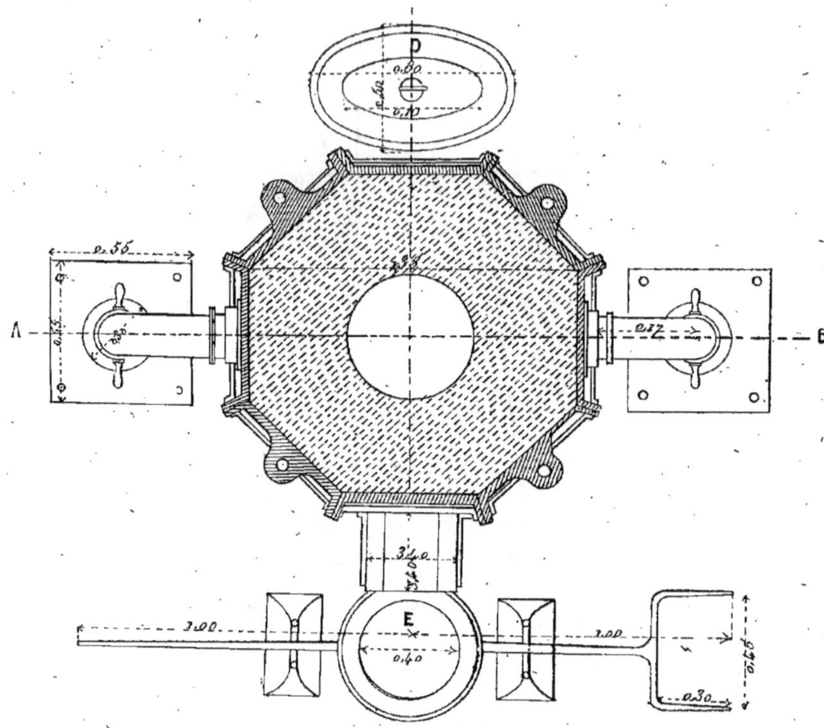

Fig. 170. — Plan et coupe suivant CD de l'élévation (fig. 169).

A — Cheminée en tôle mobile pour les chargements,
D — Bassin et fond mobile recevant les laitiers,
E — Poche pour décanter la fonte en fusion.

lée. De plus, la construction de ces fours est assez coûteuse par suite de l'emploi de matériaux réfractaires de très-bonne qualité pour toutes les parties directement en contact avec la flamme, et aussi à cause des soins à apporter à leur construction.

604. Les fours à réverbère employés pour la seconde fusion de la fonte sont de deux espèces :

1º Les fours à sole plate et à une seule voûte (*fig.* **171** et **172**); 2º les fours à sole concave et à deux voûtes (*fig.* **173** et **174**).

605. Les premiers ont une forme assez simple. La fonte est chargée sur la sole par une porte P placée latéralement (*fig.* **171**). Le métal fondu occupe la partie inférieure M. et peut s'écouler par le trou de coulée *t*. Au-dessus de ce trou de coulée

Coupe verticale par l'axe d'un four

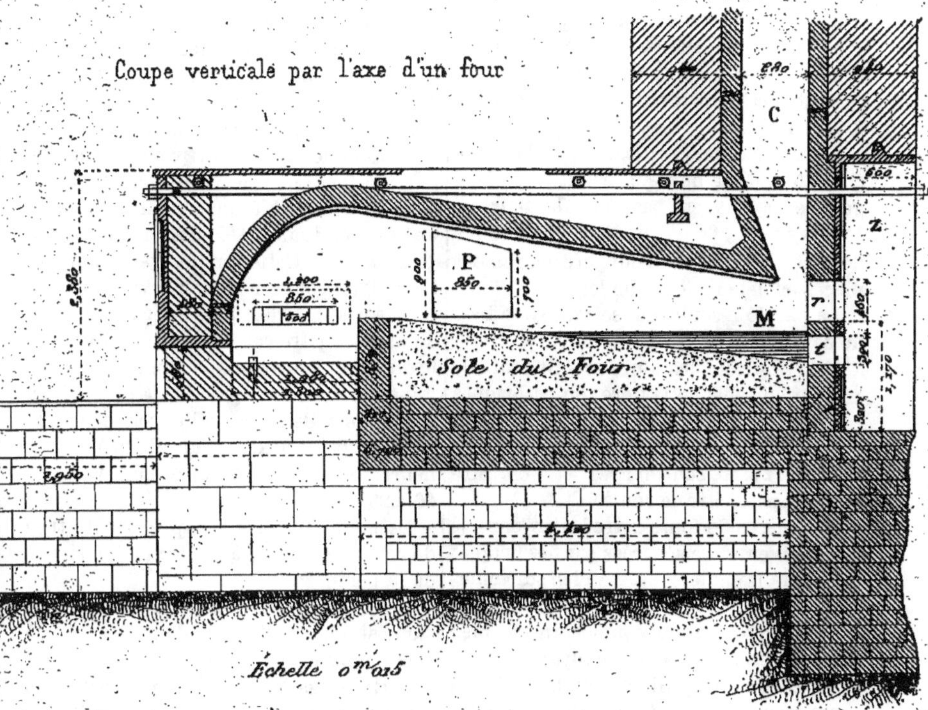

Coupe horizontale par le sommet de l'autel

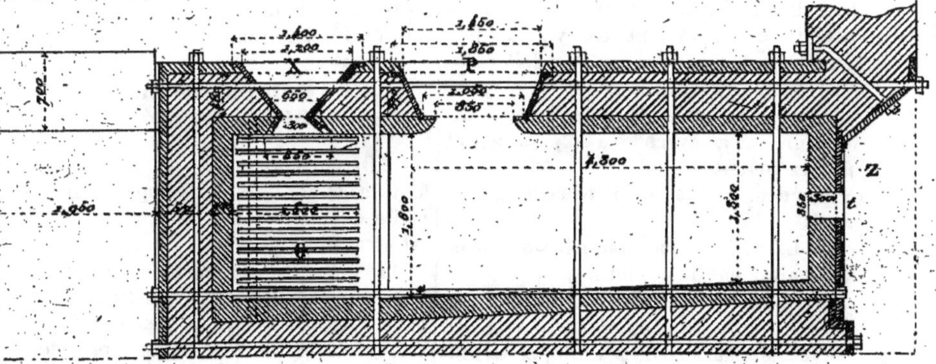

Fig. 171 et 172. — Coupe verticale et coupe horizontale. (Fours à réverbère accouplés de la fonderie de Nevers.)

se trouve un regard *r* servant à suivre l'opération.

606. La chaleur nécessaire pour refondre la fonte est donnée par le combustible brûlant sur une grille G et dont le chargement *combustible* se fait par une porte X (*fig.* 172).

Les gaz s'échappent par une cheminée C de 25 ^{m}, 00 de hauteur, à section rectangulaire, ayant en bas une largeur de 1^m, 76 sur 0^m, 68 et en haut 1^m, 96, sur 0^m, 88. Ces fours sont ordinairement placés en dehors de la fonderie.

La partie Z seule où se trouve le trou de coulée pénètre dans la halle.

607. La sole des fours se fait ordinairement en sable de rivière, ou en briques réfractaires pulvérisées. On se sert aussi de quartz pulvérisé. Cette sole a une épaisseur de 12 à 15 centimètres et doit être refaite après chaque coulée.

Les pièces de fonte introduites dans le four doivent être séparées par des briques pour que la chaleur agisse bien sur toutes les faces. Le chargement terminé, on chauffe lentement en ayant soin de bien boucher toutes les ouvertures : il faut aussi couvrir la grille de combustible en assez grande quantité pour ne pas laisser entrer trop d'air. Lorsque la matière commence à se ramollir, il faut la brasser. Une fois bien fondue, on passe à la coulée. Cette opération terminée, il reste sur la sole des parties non fondues, composées presque exclusivement d'oxyde de fer, qui forment un *carcas* que l'on doit enlever avant de refaire la sole.

608. Les figures 173 et 174 représentent un four à réverbère à sole concave et à deux voûtes.

Les deux parties principales de ce four sont :

1° La grille G sur laquelle on brûle ordinairement de la houille ;

2° Le creuset C où se réunit le bain de fonte. On donne généralement à la sole trois fois la surface de la grille, et sa longueur varie de 2 1/2 et 3 fois sa largeur.

La hauteur de la voûte varie avec la dimension des pièces que l'on fait fondre. Il faut toujours qu'elle soit assez élevée pour que la flamme ne lèche pas de trop près le bain de fonte, protégé d'ailleurs par une suffisante élévation de la petite murette en briques *m*, nommée *autel*.

La flamme, après son passage sur les pièces à fondre, s'en va directement par la cheminée M. L'échappement doit avoir une section égale à 1/5 ou à un 1/6 de celle de la grille. Cette grille, vers laquelle l'air doit pouvoir affluer avec toute la liberté possible, doit présenter une section de un décimètre carré par kilo de houille brûlée par heure, et on donne à la cheminée une section égale à 1/4 ou à 1/5 au moins de celle de la grille, soit de 0^{m2},20 à 0^{m2},30 par 100 k. de houille brûlée par heure. La hauteur des cheminées varie de 10 à 25^m,00.

Le métal fondu s'échappe par le trou de coulée *t*, percé à la partie inférieure de la porte P.

Dans les fours à sole plate, l'oxydation est plus forte que dans les fours à sole concave.

609. Dans les fours à réverbère, on consomme environ de 40 à 60 kilos de combustible pour fondre 100 kilos de fonte. Déchet sur la fonte 10 0/0. L'opération dure de 4 à 5 heures.

Certains fours peuvent contenir de 3000 à 3500 k. de fonte. On a même été jusqu'à 10 et 12 tonnes.

Comparaison de ces diverses méthodes.

610. En employant les creusets, la fonte n'est pas altérée. On opère sur une petite quantité de matières, et le déchet est assez fort.

611. En employant les cubilots, la fonte est peu modifiée par l'action du carbone. Son grain devient plus fin et plus serré et le graphite se répand plus uniformément. Les ouvriers sont occupés

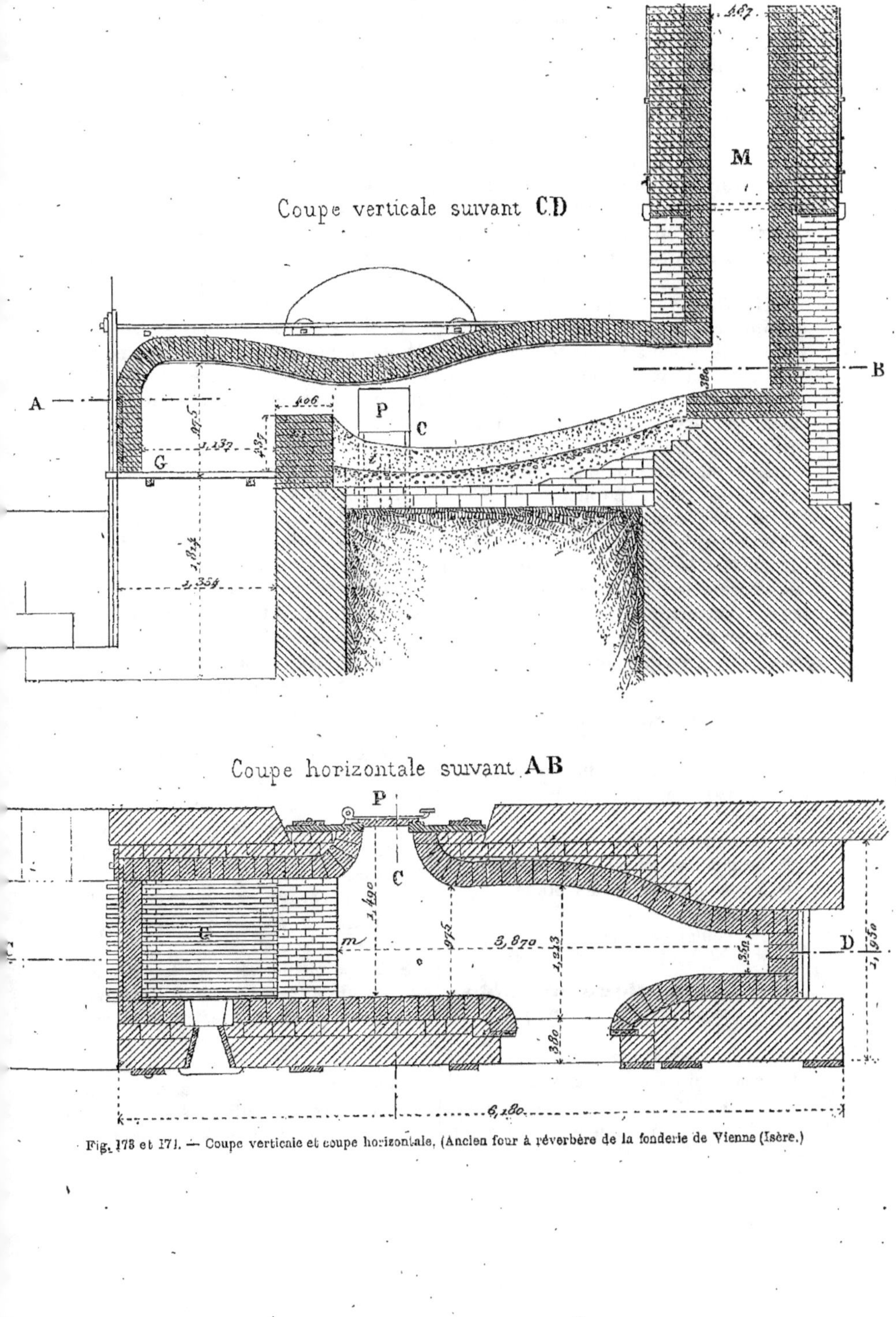

Coupe verticale suivant **C.D**

Coupe horizontale suivant **A.B**

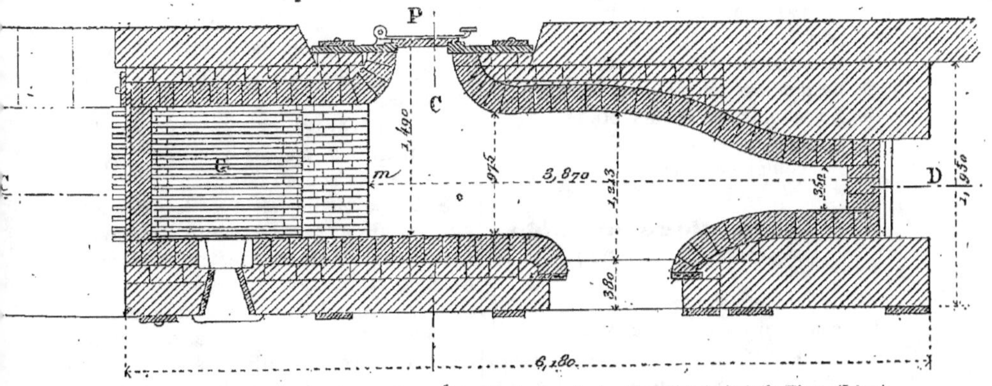

Fig. 173 et 174. — Coupe verticale et coupe horizontale. (Ancien four à réverbère de la fonderie de Vienne (Isère.)

plus régulièrement que pour le service des fours à réverbère. Il faut moins de combustible; il y a moins de déchet, mais les cubilots exigent l'installation d'une machine soufflante et d'un moteur.

612. En employant les fours à réverbère, la fonte change facilement de nature et se décarbure, ce qui donne des fontes plus tenaces se rapprochant de l'acier. On préfère les utiliser pour obtenir des pièces résistantes comme les bouches à feu.

613. *Cassage de grosses pièces*. Dans certains cas, où l'on doit refondre de vieilles pièces, on est obligé de les casser. A cet effet, on se sert d'un *casse-fonte*. Il se compose d'une bigue à trois jambes terminée à sa partie supérieure par un capuchon en tôle recouvrant un *palant* sur lequel est placé un mouton en fonte pesant environ 1000 kilos. Le mouton est élevé à l'aide d'un treuil. Un crochet à déclic le laisse tomber d'une hauteur de 15 à 20^m sur la pièce à casser. Il sera bon de faire faire autour de la bigue un entourage en madriers et en planches pour préserver les objets voisins des *éclats de fonte* qui se trouvent projetés.

Du moulage.

614. Les opérations du moulage peuvent se partager en cinq classes principales, qui sont:

1° Le moulage en sable vert;

2° Le moulage en sable vert séché;

3° Le moulage en sable d'étuve;

4° Le moulage en terre;

5° Le moulage en coquilles.

I. — Du moulage en sable maigre. (*Sable vert*.)

615. On entend par moules en sable vert, ceux qui reçoivent la fonte aussitôt après leur confection sans avoir besoin d'être étuvés. Ce procédé est aujourd'hui le plus employé pour la vaisselle, les ornements et la plupart des pièces de machines.

Le sable dont on se sert doit être quartzeux, contenir peu d'argile et peu de calcaire pour ne pas être fusible. Il doit être doux, coulant et moelleux au toucher et avoir assez de cohésion pour former pelote, lorsqu'il est humecté et serré dans la main. De plus, il doit être assez poreux pour laisser passer l'air (pour *bien venter*, comme disent les ouvriers).

Le sable de mer renfermant des sels déliquescents pouvant agir comme fondants et le sable de rivière sont trop maigres pour être employés. Le sable de carrière est le meilleur, mais il se trouve plus difficilement. On peut lui substituer un mélange d'argile très-faible avec du sable quartzeux.

616. On utilise peu les sables neufs purs. Suivant leurs qualités, on les mélange avec du sable ayant déjà servi. On peut aussi y ajouter de 1/5 à 1/20 de poussier de houille, qui fait décaper les pièces et favorise la sortie des gaz. Quand le sable est trop gras, on le fait recuire, ou l'on y ajoute du poussier de charbon, en supprimant une partie de celui de houille. Comme proportion, on peut prendre de 1/5 à 2/5 de sable neuf, de 3/5 à 4/5 de vieux sable et de 1/6 à 1/7 de houille en poudre et ne mouiller que juste ce qu'il faut. Ces sables ainsi mélangés sont séchés à l'avance, puis broyés, tamisés, mouillés et frottés.

Pour le broyage, on se sert de moulins ou tordoirs à meules verticales ou de cylindres horizontaux.

617. Le moule fait avec le sable vert est toujours un peu humide. Il faut éviter de laisser la fonte arriver au contact de ce sable avant d'avoir préalablement saupoudré le moulé avec des poussières de diverses natures, par exemple, du poussier de charbon de bois pulvérisé mis dans un sac (étamine) et secoué au-dessus du moule ; il se dépose sur le sable une poudre très-fine de charbon. On peut employer la fécule de pomme de terre. En Angleterre et aux États-Unis, on se sert de *talc*, matière savonneuse. Malgré ces précautions, la surface de l'objet se trempe plus ou moins au contact du moule, frais et humide. Ce durcissement est un inconvénient pour les pièces mécaniques.

II. — Du moulage en sable vert séché.

618. Ce moulage sert pour la fabrication des pièces de fortes dimensions, telles que plaques de fondations, bâtis, balanciers etc.., dont on désire que les surfaces soient bien nettes et bien polies.

Le sable est rendu plus liant en diminuant la proportion de poussier où de vieux sable. Un peu avant la coulée, on sèche le moule, soit sur place en allumant un petit feu directement dans ce moule, soit en le plaçant dans une étuve. Les moules ne sont point dans ce cas lissés au poussier comme pour le sable vert, mais on emploie un badigeon composé d'argile grasse pour 1/4, et de 3/4 de poussier de charbon, que l'on étend au pinceau sur toutes les parties qui doivent recevoir la fonte.

Afin d'obtenir de plus beaux produits, on peut encore passer le *lissoir* pour faire disparaître les traces laissées par la brosse ou le pinceau.

III. — Du moulage en sable gras. (*Sable d'étuve*.)

619. Cette méthode s'emploie de préférence pour les pièces à noyaux compliquées telles que cylindres à vapeur, condenseurs, boîtes de distribution, les pièces à gros noyaux, celles à reliefs et à pièces de rapport, etc., toutes celles enfin pour lesquelles il faut donner au moule une très-grande solidité et obtenir des surfaces parfaitement saines

Le sable destiné à l'étuvage n'a pas besoin d'être aussi homogène que le sable vert, ni d'en posséder toutes les qualités indispensables.

Il faut qu'il soit argileux et liant; il peut être naturel ou fait de toutes pièces. Malgré le liant nécessaire pour la cuisson, ce sable doit être assez siliceux pour éviter les fissures et ne pas prendre trop de retrait. On lui mélange souvent de 1/10 à 1/15 de crottin de cheval ou de bourre de vache hachée.

Quand le moule est terminé, on enduit l'intérieur avec le badigeon précédemment décrit, puis on le place dans une étuve pendant 12 heures pour chasser l'humidité et même cuire un peu le moule.

La surface des pièces obtenues par ce moulage est nette et ne se trempe pas. Il se forme souvent des fissures qui donnent des saillies sur les pièces que l'on doit buriner après coup.

IV. — Du moulage en terre.

620. Les terres doivent être assez grasses pour se lier parfaitement et ne pas donner trop de retrait. On les mélange souvent avec 1/3 à 1/5 de crottin de cheval ou de bourre de vache hachée dont la présence est indispensable pour empêcher les moules de se crevasser pendant le séchage et pour favoriser le passage des gaz.

Le moulage en terre est employé principalement pour toutes les pièces circulaires qui peuvent s'obtenir sans modèles au moyen de trousses, et pour un grand nombre de gros objets se présentant rarement et dont les dimensions exigeraient un appareil de châssis long et coûteux à établir.

V. — Du moulage en coquilles.

621. Cette méthode, qui consiste à couler les pièces dans des moules en métal, a généralement pour but d'obtenir des surfaces très-dures. Elle ne s'emploie que rarement et presque toujours pour les cylindres des laminoirs à tôle ou à petits fers, dont il est essentiel que la surface soit aussi dure que possible.

Les modèles pour le moulage en coquilles se font en bois (sapin, chêne, noyer) ou en métal, (fonte ou bronze). Pour tenir compte du retrait que prend la fonte, on est obligé de faire le modèle un peu plus grand. Certaines fontes donnent un retrait considérable ; elles doivent être rejetées. Il faut au contraire rechercher les fontes à faible retrait, lequel est ordinairement de 1/100e.

622. Les ouvriers qui fabriquent les modèles se servent, pour prendre leurs mesures, d'un mètre ayant 101 centimètres de longueur et que l'on divise en cent parties.

Le centimètre excédant est destiné à tenir compte du retrait. Pour la fabrication des cylindres de laminoirs, il faut chauffer la coquille à 75 ou 80 degrés et faire que son épaisseur soit au moins égale au 1|3 du diamètre du cylindre à obtenir. De plus, il faut introduire le métal fondu suivant deux jets en source, choisir de bonnes fontes grises et donner à la *masselotte* environ le 1|3 du poids du cylindre.

La table du cylindre est coulée en coquille. Les tourillons et les trèfles sont moulés en sable séché.

Des châssis.

623. Les châssis employés dans les fonderies se font en bois pour les petites pièces et en fonte pour les grandes.

Les châssis dans lesquels se préparent les moules constituent la partie la plus importante du matériel des fonderies. Dans chaque usine, il faut en avoir une série complète (carrés, rectangulaires ou octogones).

Nous en donnerons plus loin la forme et l'emploi.

Outils employés par les mouleurs.

624. Il est impossible de donner bien exactement les outils employés par les mouleurs. Il nous suffira d'indiquer très-sommairement les principaux (*fig.* 175 à 185), parce qu'ils varient beaucoup suivant les habitudes de travail des ouvriers.

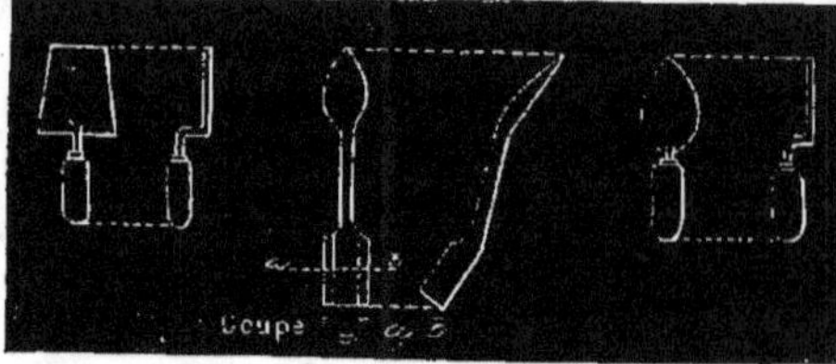

Fig. 175. — Truelles.

Les *truelles* (*fig.* 175) de différentes formes servent à réparer les moules quand on a retiré le modèle.

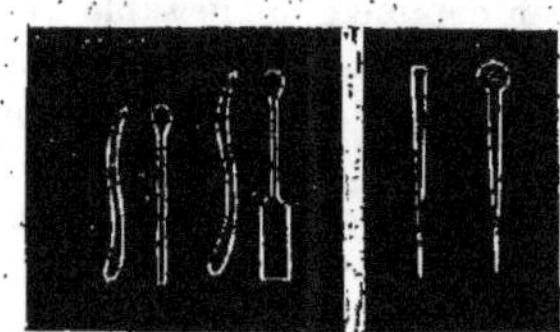

Fig. 176. — Spatules. — Fig. 177. — Aiguilles.

Les *lissoirs* (*fig.* 181) ou champignons sont destinés à lisser les parties courbes du moule.

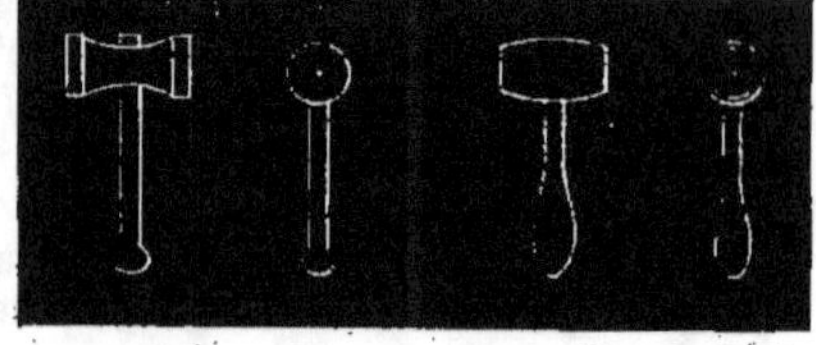

Fig. 178. — Maillets.

Les *battes* (*fig.* 180) servent à serrer le

sable, à le pousser dans les angles, ce sont de véritables coins.

Les *maillets* (*fig.* 178) soit en bois, soit en fonte, sont utilisés pour battre le sable.

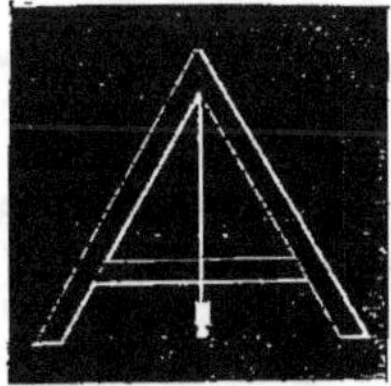

Fig. 175. — Niveau

Les *spatules* (*fig.* 176) servent à enlever les petites difformosités qui peuvent se produire dans les moules.

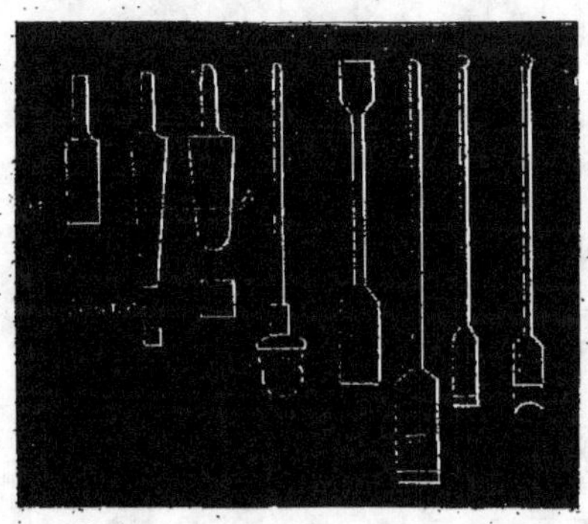

Fig. 180. — Baltes

Les *aiguilles* (*fig.* 177) servent, en les enfonçant dans le sable, à laisser passer l'air qui se dégage pendant la coulée.

Fig. 181. — Lissoirs.

Le *niveau* (*fig.* 179), les *règles* en fer (*fig.* 182) et les *équerres* (*fig.* 183) servent à mettre les pièces bien de niveau.

Les *crochets* (*fig.* 183) et les *tranches* (*fig.* 184) sont de petits outils qui servent au nettoyage.

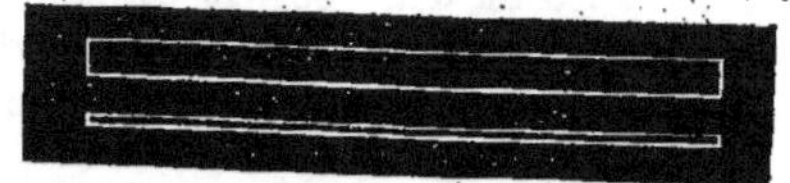

Fig. 182. — Règle en fer.

Nous ne reproduisons pas les formes très-diverses des tamis en toile métallique, des compas, des pelles, marteaux, brosses, pinceaux, balais, caisses à sable, tamis à noyaux, etc...

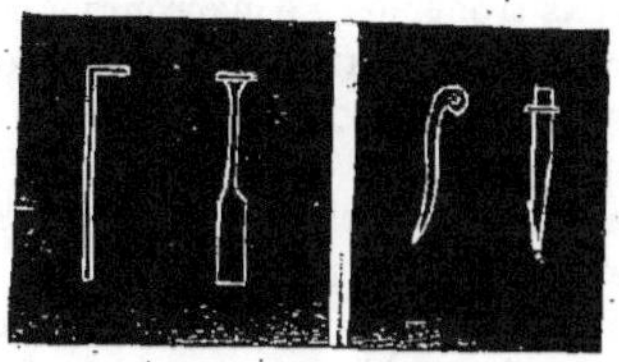

Fig. 183. — Crochet. — Fig. 184. — Tranche.

Des noyaux.

625. Les moules destinés aux pièces creuses exigent que l'on y ménage des parties pleines de sable ou de terre auxquelles on fait occuper la place où doit se trouver le vide de la pièce moulée.

Quand ces vides ont de faibles dimen-

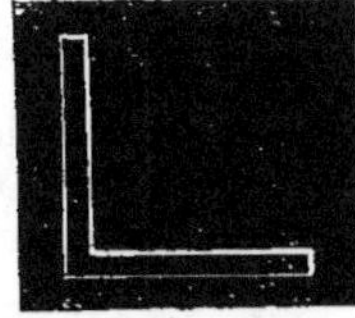

Fig. 185. — Équerre.

sions, on les remplit avec du sable battu dans des moules en bois, que l'on appelle *boîtes à noyaux*. Quand les noyaux sont considérables, on les fait quelquefois en terre ou en briques soutenues et reliées par des armatures en fonte et en fer.

Des modèles.

626. Les modèles se font généralement en bois de noyer, de chêne ou de sapin. Il faut apporter dans leur construction la plus grande perfection. Ils représentent en parties pleines les parties creuses de la pièce à mouler.

Le chêne est employé de préférence pour la construction des extrémités des modèles, les angles, les surfaces moulurées ou sculptées nécessitant un beau poli. Si le modèle est très-grand, le chêne peut être remplacé par le tilleul ou le marronnier.

On se sert du tilleul si les sculptures ne sont pas trop fines. Le marronnier est bien inférieur, en qualité; il est souvent rebours, spongieux et se pourrit très-facilement.

Le meilleur bois à travailler est le noyer. On peut le plier facilement, en le chauffant à la vapeur; il peut prendre alors les formes les plus contournées.

Pour les modèles de très-grandes dimensions et creux le sapin, et le pin rendent des services.

Les modèles doivent pouvoir se diviser en plusieurs parties et présenter de la *dépouille*, c'est-à-dire un certain évasement qui facilite leur sortie du sable. Il faut, en outre, que leurs dimensions soient plus fortes que celles des dessins que l'on copie, à cause du retrait qui s'opère dans les fontes par leur refroidissement.

Quand on a beaucoup de pièces à faire d'une même forme, on les fait en métal. Ainsi, tous les modèles des pièces de vaisselle, des ornements, des candélabres, statuettes etc..., se font en cuivre.

Boîtes à noyaux.

627. La confection des boîtes à noyaux est un des points délicats de l'art du modeleur. Il faut que les boîtes soient exécutées avec soin et divisées de manière à faciliter la sortie du noyau.

La place de celui-ci est indiquée sur le modèle par une partie dont la trace dans le moule fixe la position du noyau à y placer.

Moulage en sable vert sur chantier à découvert.

628. Supposons que nous ayons à mouler une plaque de fonte unie d'une épaisseur donnée. On prépare le sol de l'atelier à une profondeur de 0^m,50 à 0^m,60 et à la surface on met une couche de sable frais.

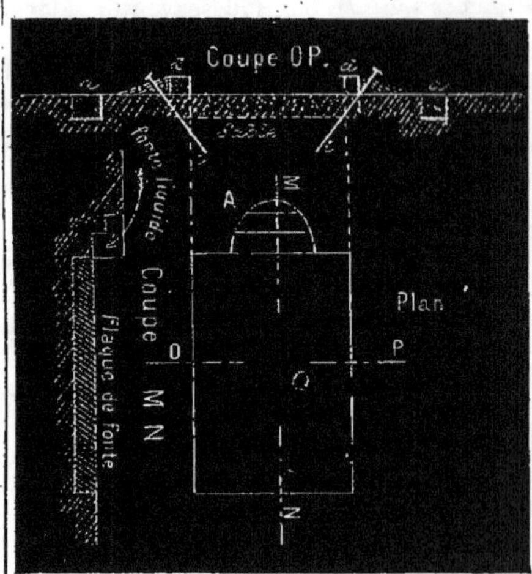

Fig. 186

On dresse ensuite le chantier en plaçant dans le sol de fortes règles en bois, *a* et *a*, (*fig.* 186) enterrées dans le sable et placées bien horizontalement à l'aide d'un niveau à bulle d'air ou d'un niveau ordinaire de maçon (*fig.* 179). On obtient ainsi une surface en sable comprise entre les deux règles précédentes. Pour faire le moule de la plaque sur ce sable, on se sert de règles carrées en bois ou en fer *d* ayant exactement l'épaisseur de la plaque, et on tasse du sable derrière pour bien maintenir le cadre ainsi formé, sur l'un des côtés de ce cadre, on fait un bassin de coulée qui consiste en une ou deux marches *A*, sur lesquelles on verse la fonte au moment de la coulée.

Pour bien égaliser le sable, on se sert de *battes*, de *truelles* et de *lissoirs* décrits précédemment, puis on saupoudre ce sable et l'on verse la fonte liquide. Afin de donner une sortie aux gaz qui se produisent sous la plaque au moment de la coulée, il faut, avec de longues aiguilles *l*, faire des trous et une sorte de drainage sur les côtés.

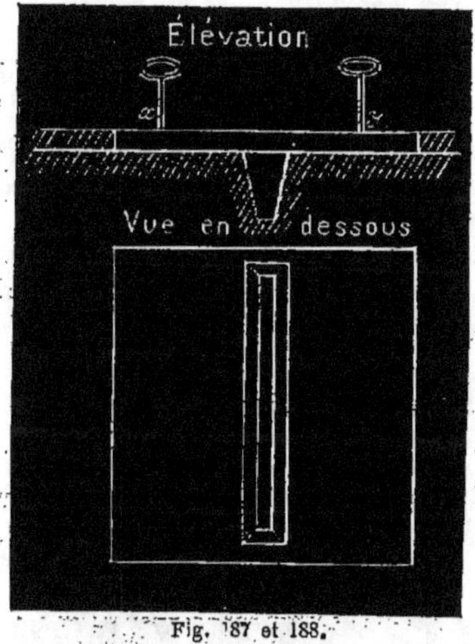

Fig. 187 et 188.

Si la plaque de fonte à obtenir comporte une nervure au-dessous, on doit faire un modèle en bois (*fig.* 187 et 188) et donner de la dépouille à la nervure pour la sortir facilement du sable. Cette nervure doit être plus mince en bas qu'en haut. On opère alors comme précédemment. On prépare le sol et, à l'aide de maillets, on enfonce le modèle dans le sable. Pour le retirer facilement, on ajoute deux poignées *x*, *y*. Si, au contraire, nous avons une plaque de fondation devant recevoir un palier et portant deux ergot. *m*, *n* (*fig.* 189), il serait impossible

de sortir ce *modèle* du sable à cause des ergots. On fait alors un *modèle* qui se

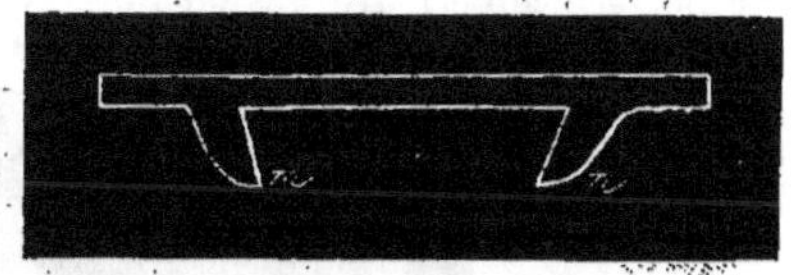
Fig. 189.

démonte (*fig.* 190), et les deux ergots sont mobiles et retenus dans la plaque du dessus au moyen de deux goujons *g*. Le

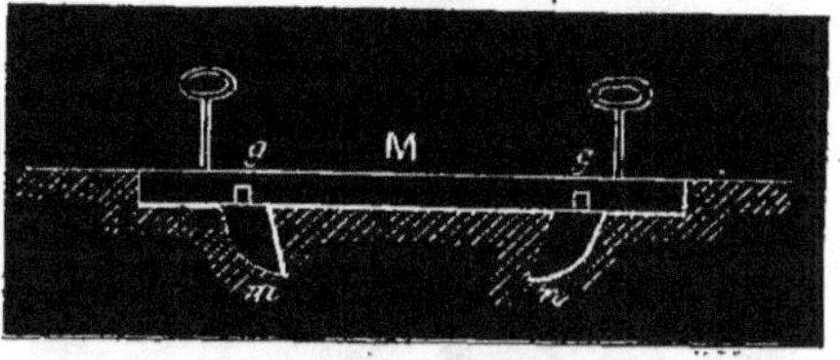
Fig. 190.

démoulage se fait alors facilement. On enlève le dessus *M*, puis les deux ergots *m* et *n*.

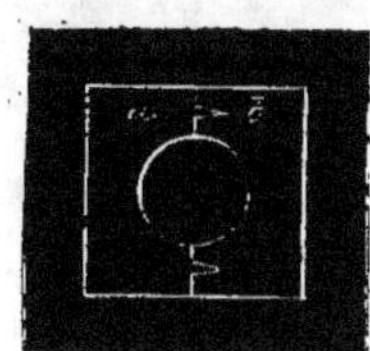
Fig. 191.

629. Si nous avons à mouler une plaque de fonte dans laquelle on doit réserver des trous, on se sert d'une boîte à noyaux (*fig.* 191) formée de deux parties *a* et *b*. On place la boîte dans le fond et l'on tasse du sable dans le trou, puis on enlève cette boîte en deux parties. Pour consolider ce petit cylindre en sable, on met au milieu un clou *c* (*fig.* 192).

Dans certains cas (*fig.* 192), on place

une gueuse de fonte g' sur chaque cylindre en sable pour bien le maintenir.

En opérant comme il est dit précédemment, la face supérieure des plaques de fonte est rugueuse. On peut obtenir une surface nette, en couvrant le moule. On se sert à cet effet d'un couvercle nommé *châssis fausse pièce.*

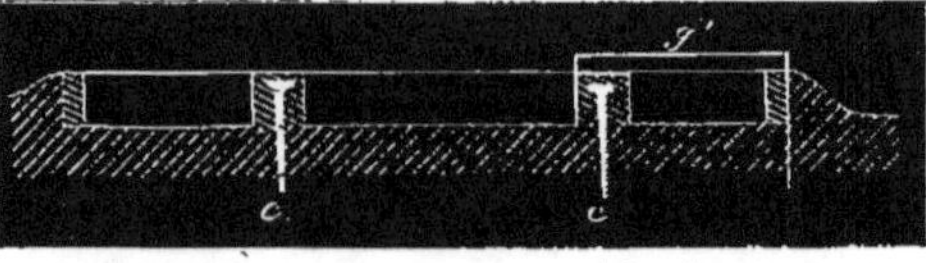

Fig. 192.

Ce châssis fausse pièce consiste en un grand cadre en fonte (*fig.* 193) plus grand que la pièce à mouler. Il porte des traverses t et des poignées p venues de fonte. Les traverses n'ont pas toute la hauteur du châssis. Pour se servir de ce cou-

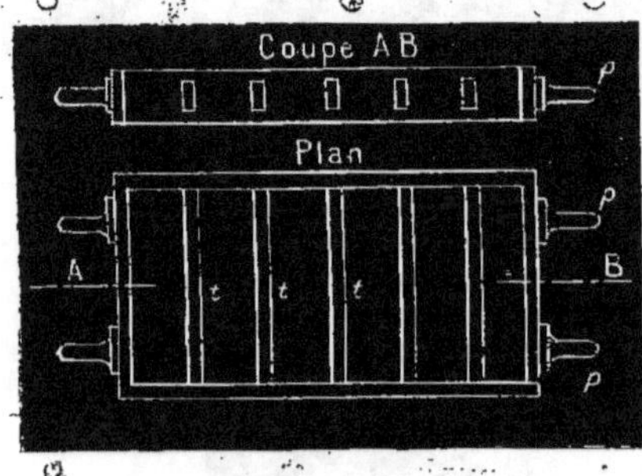

Fig 193.

vercle, on dispose le modèle dans le sable comme dans les cas précédents, puis on place le châssis fausse pièce (*fig.* 194). On met ensuite une couche de sable frais

Fig. 194.

dans le fond de ce châssis, puis on achève de le remplir avec du vieux sable. Pour maintenir celui-ci, on met quelques crochets C à cheval sur les traverses. Ceci fait, on enfonce des chevilles b destinées à servir de points de repère, et l'on ménage dans le sable un trou de coulée c'. Le châssis enlevé, on retire le modèle. On saupoudre le sable en ayant soin de lisser les parties $c\,d$ avec du sable sec, pour que le tout ne fasse pas corps. On replace la fausse pièce et l'on coule la fonte liquide par le trou de coulée c'.

Moulage à deux châssis.

630. Soit à mouler un cylindre représenté (*fig.* 195). Le modèle peut se faire en deux parties pour offrir la dépouille suffisante.

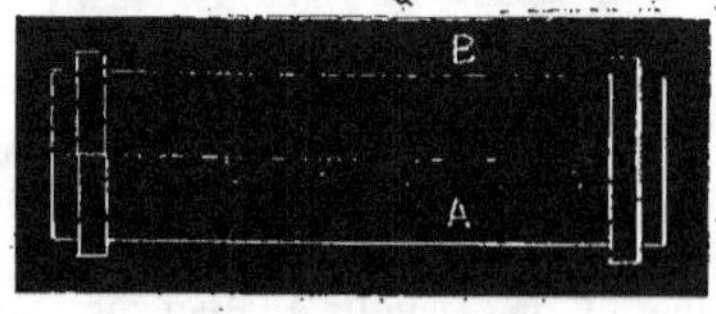

Fig. 195.

Pour mouler cette pièce:

On se sert de deux châssis en fonte (*fig.* 196) qui peuvent se superposer et s'assembler à l'aide de boulons et de clavettes maintenant des oreilles latérales (*fig.* 197).

Quand les châssis sont trop grands pour être manœuvrés à bras d'hommes, on y met un tourillon sur le côté (*fig.* 198) et on les soulève avec une grue.

Fig. 196.

La moitié du cylindre *A* (*fig.* 195) est placée sur une planche bien horizontale (*fig.* 199). On cherche ensuite un châssis

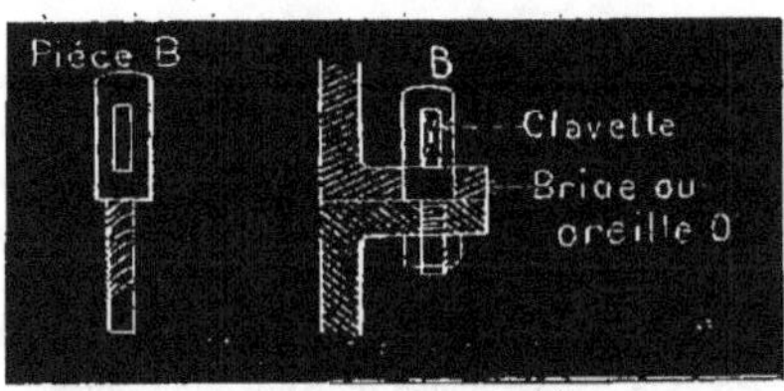

Fig. 197.

de la dimension voulue pour le mettre sur cette première portion du modèle, puis on le remplit de sable frais et vieux et l'on retourne le tout. On fait la même

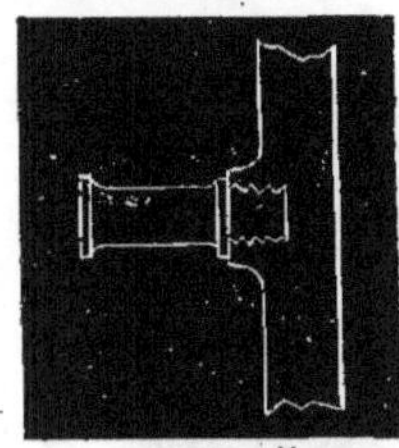

Fig. 198.

chose pour la partie *B*. On fixe les deux châssis l'un sur l'autre comme l'indique la figure 200, en ayant soin de ménager des évents et des trous de coulée. On retire le modèle. On replace le tout dans la position première en fixant les deux parties au moyen de boulons et de clavettes. On procède à la coulée en versant la fonte liquide par les ouvertures réservées.

Pour éviter l'adhérence entre le sable du châssis supérieur et celui du châssis

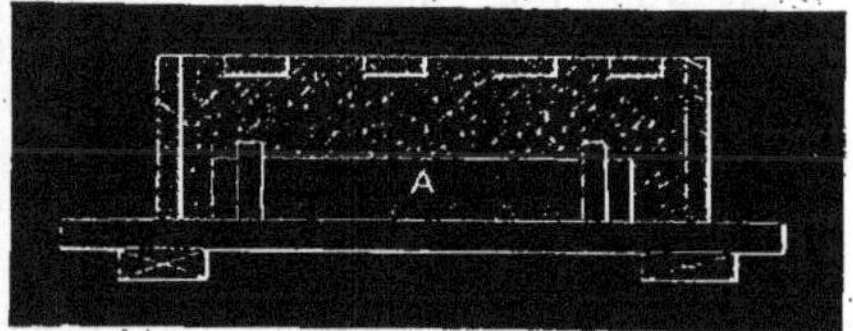

Fig. 199.

inférieur, on est obligé de le lisser à la truelle ou de jeter entre les deux surfaces des cendres qui empêchent l'adhérence et permettent de les séparer facilement.

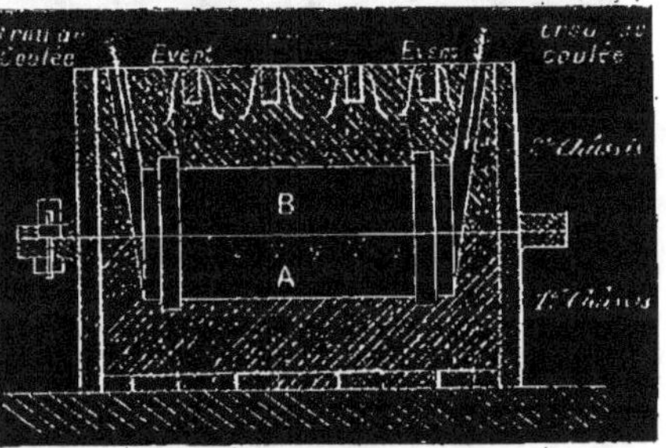

Fig. 200.

Moulage à trois châssis.

631. Comme exemple de ce moulage prenons une poulie à gorge.

Fig. 201.

Le modèle de cette poulie est en deux morceaux. On commence par entailler une pièce de bois A (*fig*. 201) de manière à y placer une partie suffisante de la poulie en laissant dépasser le reste, pour avoir de la dépouille dans le premier châssis qui est immédiatement placé sur le modèle et rempli de sable. On retourne ensuite le tout et, sur la partie de la poulie qui suit, on met un autre châssis; puis, dans celui-ci la deuxième partie du modèle enfin le dernier châssis, et le tout bien rempli de sable à mouler (*fig*. 202).

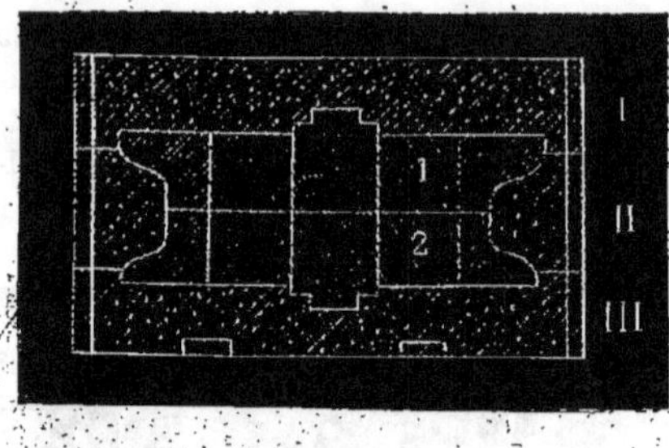

Fig. 202.

Pour retirer le modèle, on soulève le châssis N° 1. On enlève la partie 1 du modèle puis on le remet en place et on retourne le tout. On enlève ensuite le châssis N° 3 ainsi que la partie 2 du modèle

et l'on procède à la coulée après avoir fermé et boulonné ensemble les trois châssis. Ce moulage n'est avantageux que lorsque le nombre des pièces à produire

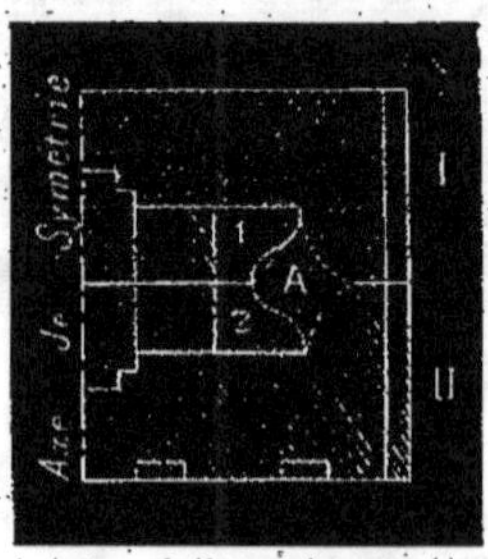

Fig. 203.

est grand. Si nous n'avons qu'une seule poulie à mouler on peut, dans ce cas spécial, n'employer que deux châssis en faisant ce que l'on appelle une pièce battue qui consiste en un anneau en sable de la forme A. (*fig*. 203.) L'enlèvement du modèle se fait assez facilement, la pièce A en sable ayant assez d'adhérence pour ne pas se déformer. On commence par soulever le châssis 1 et après avoir enlevé la partie du modèle et remis le châssis on retourne le tout. On retire le châssis 2 et la partie 2 du modèle. La pièce moulée ne

Fig. 204.   Fig. 205.

bougeant pas, on remet le tout dans la position primitive et l'on procède à la coulée.

Si nous avons à exécuter une pièce représentée (*fig*. 204), on peut également la mouler en deux châssis sans l'emploi de pièces battues en employant un modèle en 3 parties indiquées (*fig*. 205).

Moulage en sable vert séché.

632. Lorsqu'on a des moules d'une certaine dimension et lorsqu'on veut obtenir des pièces d'une surface plus unie que celles en sable vert, sans faire la dépense du chauffage à fond qu'entraîne le sable d'étuve, on pratique le moulage en sable vert séché.

Pour ce moulage, on augmente un peu la proportion de sable neuf et on diminue celle du poussier minéral dans le mélange à employer. Les moules sont serrés plus fortement qu'en sable vert, mais moins qu'en sable d'étuve. On moule en sable vert séché les plaques de fondation, les bâtis, les bielles, les balanciers de machines à vapeur, et, en général, toutes les pièces qui présentent une grande surface relativement à leur épaisseur.

Pour bien faire dépouiller les pièces, on se sert d'un badigeon que l'on étend au pinceau sur toutes les surfaces qui doivent recevoir la fonte. Ce badigeon peut être composé comme suit:

3/4 de poussier de charbon de bois;

1/4 de terre argileuse, auxquels on ajoute une petite quantité d'amidon cuit, le tout se délaye avec de l'eau.

Moulage en sable d'étuve.

633. Nous avons vu précédemment quels étaient les sables à employer pour les moules étuvés.

On moule de préférence en sable d'étuve toutes les pièces à noyaux compliqués, telles que cylindres de machines à vapeur, condenseurs, boîtes de distributions, etc.

Il faut, pour obtenir de belles pièces avec ce moulage, prendre quelques précautions indispensables, c'est-à-dire avoir soin de consolider toutes les parties des moules qui peuvent se crevasser par la chaleur, serrer les parties de châssis pour qu'elles résistent bien au séchage et qu'elles puissent subir, sans détériorations, les transports et les manœuvres de toute

nature, bien sécher les moules, bien lier en les foulant, toutes les couches de sable entre elles.

En tenant compte des indications exposées ci-dessus, les opérations du moulage en sable d'étuve se pratiquent comme celles du moulage en sable vert pour les pièces présentant une dépouille facile. Pour celles qui demandent un grand nombre de noyaux, il est bon de sécher et de faire recuire ceux-ci d'abord, puis de les placer dans les moules encore verts, de les consolider, et enfin de mettre le tout à l'étuve.

Du Moulage en terre.

634. Le moulage en terre est pratiqué dans toutes les fonderies. On l'emploie non-seulement pour toutes les pièces circulaires qui peuvent s'obtenir sans modèles au moyen de trousses, mais encore pour un grand nombre de gros objets dont le moulage ne doit avoir lieu qu'une fois et dont les dimensions exigeraient un appareil de châssis long et coûteux. Les terres qui servent à ce moulage doivent être assez grasses pour se lier facilement, sans contenir toutefois une trop grande quantité d'argile qui ferait fondre les parois des moules et occasionnerait un séchage dispendieux.

Les terres trop argileuses donnent un fort retrait, et leur dessiccation est très-difficile.

Aux terres préparées pour le moulage, on ajoute toujours une certaine proportion de crottin de cheval ou de bourre hachée, environ 1/5e, destiné à faciliter la sortie des gaz et à empêcher les moules de se crevasser.

635. Le moulage en terre exige aussi quelques précautions. Le séchage doit être fait lentement et avec beaucoup de soins; commencer par chauffer à très-petit feu, puis augmenter graduellement la température pour ne pas fendiller les parois, mettre les armatures nécessaires pour bien consolider les chapes et les noyaux.

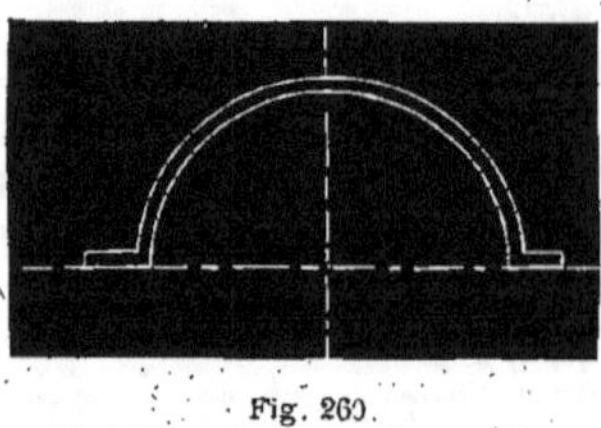

Fig. 206.

Supposons que nous ayons à mouler une chaudière de grandes dimensions dont le croquis est représenté (*fig.* 206). On creuse dans le sol de l'usine une fosse ABCD (*fig.* 207), au fond de laquelle on place une couronne en fonte K un peu surélevée. Au centre, et sur une crapaudine, on monte un mât M maintenu à la partie supérieure par des collets. Ce mât est destiné à soutenir la trousse ou gabarit G dont la partie inférieure décrit en tournant exactement la forme de la chaudière à construire. Sur la plaque de fonte K, on commence à faire une maçonnerie grossière en briques de-

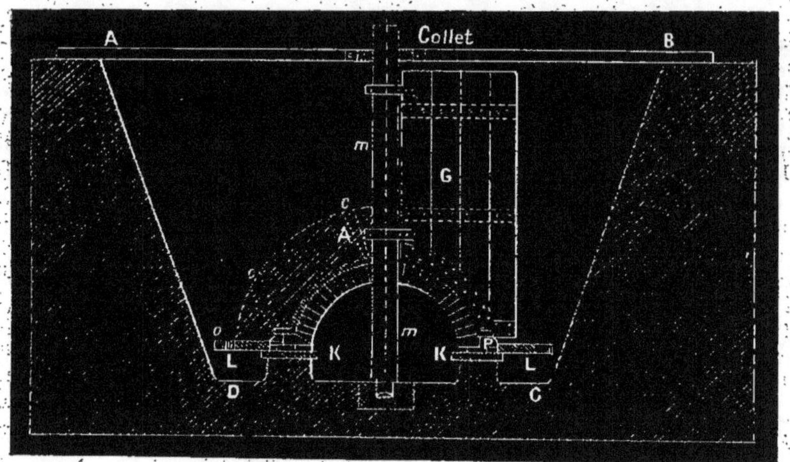

Fig. 207. — Moulage en terre d'une chaudière

vant servir de carcasse. A l'aide du gabarit, on lui donne la forme intérieure de la chaudière, puis on lisse la surface de manière à obtenir une *chape*. On enlève le gabarit et, pour avoir l'épaisseur à donner à la chaudière, on en place un autre qui, en tournant, donne la partie extérieure. Sur la chape on tasse une couche de sable de l'épaisseur voulue, puis on fait tourner le gabarit pour enlever l'excédant. On forme, pour ainsi dire, un modèle de chaudière en sable. Sur la couronne de fonte K on place une autre couronne L de la forme indiquée (*fig.* 208),

puis, sur celle-ci et sur la couche de sable on fait un dôme A en terre que l'on appelle le *manteau*.

Cette opération terminée, il faut enlever le sable pour le remplacer par de la fonte. On soulève alors la couronne L avec une grue en fixant des chaînes aux oreilles O (*fig.* 208). On enlève le sable et on nettoie, puis on remet le tout dans la première position. Le mât est enlevé également. Dans le manteau A on réserve les trous de coulée C. Il faut ensuite sécher soigneusement l'intérieur et l'extérieur et procéder à la coulée.

En résumé, il faut pour le moulage en terre des objets réguliers : disposer d'abord le noyau, en ayant soin de lui laisser tous les orific.s nécessaires pour l'échappement des gaz et des vapeurs, ce qui demande d'autant plus de soin que ce

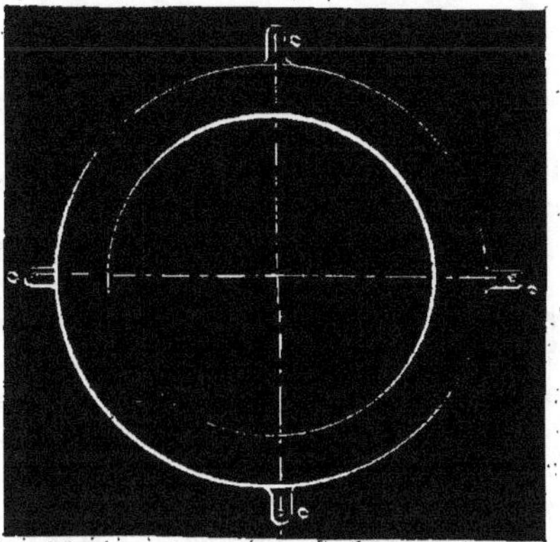

Fig. 208.

noyau est plus vaste et plus renfermé par le métal, trousser ensuite sur le noyau une épaisseur qui représente exactement l'objet à couler, recouvrir enfin cette épaisseur, qui prend le nom de *fausse pièce*, de plusieurs assises de terre épaisse qu'on étend en les pétrissant avec les doigts. Ceux-ci laissent à leur surface des empreintes utiles pour lier les différentes couches qui composent la chape. Pour démouler, il suffit d'enlever la chape au moyen d'une grue, puis la fausse pièce, qui est inutile. On répare le noyau et l'intérieur du moule et on leur donne une couche de badigeon, puis on les fait sécher. On ferme le moule et on l'enterre au moment de la coulée.

Il faut avoir soin, avant d'enlever le manteau A, de bien repérer la couronne L, ce qui se fait à l'aide du petit plan incliné *p*. Il faut aussi charger le dessus de ce manteau pour empêcher la fonte liquide de le soulever.

Quand on peut disposer de châssis convenables, on remplace les chapes en bri-

ques par une chape troussée en sable. Lorsque le moulage en terre n'a pas lieu pour des pièces troussées, il se fait sur modèles au moyen de coquilles qui se traitent comme des pièces de rapport.

Du moulage en coquilles

636. Par ce procédé on obtient des surfaces très-dures. Son but est le coulage des pièces dans des moules en métal. La fonte liquide, versée dans des moules relativement froids, donne des pièces de fonte qui blanchissent et acquièrent une grande dureté sur une épaisseur qui augmente en raison du peu de calorique retenu par les coquilles, eu égard à celui que comporte le métal en fusion. Ce moulage est donc bon à employer pour les cylindres

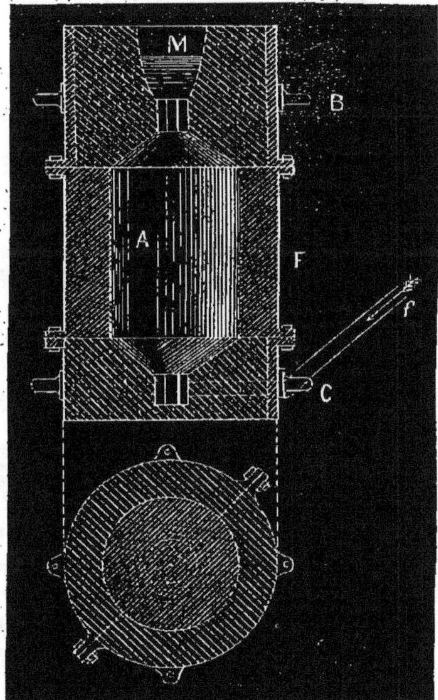

Fig. 209.

de laminoirs qui réclament une surface très-dure.

Pour 1. moulage des cylindres de laminoirs en emploie trois châssis. La partie milieu A (*fig.* 209) ou table, se moule en coquille dans un moule formé par une grosse pièce de fonte F formant châssis. Ce châssis se raccorde avec deux autres B et C où l'on moule les trèfles et les tourillons du cylindre; au-dessus, en M, se trouve la *masselotte*. La fonte liquide arrive par le bas en F et tangentiellement pour ne pas qu'elle heurte trop les parois du moule et qu'elle le remplisse en tournant. On laisse couler la fonte jusqu'à ce qu'elle arrive dans la masselotte, partie dans laquelle se réunissent les impuretés, et qui sert de plus à augmenter la densité par la pression que sa masse exerce sur le cylindre.

Pendant la coulée, un ouvrier passe une tige en fer de haut en bas, pour aider les impuretés à remonter dans la masselotte.

237. *Observations.* Les ouvriers fondeurs feront bien de ne pas négliger les observations suivantes relatives aux précautions à prendre pendant les opérations de moulage :

1° Saupoudrer de sable brûlé, de fraisil ou de poussier, les pièces de rapport et les côtés des moules pour les empêcher d'adhérer entre eux ;

2° Réserver des sorties d'air dans toutes les parties des moules, avant de les enlever pour démouler les modèles et après les avoir enlevés;

3° Indiquer avant la coulée l'emplacement des jets des évents, des masselottes, etc...;

4° Bien placer les noyaux dans leurs parties et les consolider au moyen d'étançons ;

5° Tamponner ces noyaux en les garnissant de sable ou de terre pour éviter l'entrée de la fonte dans les trous d'air;

6° Garnir les joints de châssis avec de la terre ou du sable pour éviter les fuites pendant la coulée.

Coulée et finissage des pièces

638. Les pièces coulées sont sujettes à certains accidents que le fondeur le plus habile ne peut souvent empêcher. Les *soufflures* sont occasionnées par des bulles d'air qui, n'ayant trouvé aucune issue pour s'échapper des moules, viennent se loger à la surface des pièces coulées, où elles sont recouvertes le plus souvent d'une pellicule mince qui crève à l'ébarbage en laissant un vide d'un aspect peu agréable. Ces soufflures peuvent aussi être produites par l'eau que renferme le sable, par un sable trop gras, trop serré ou mal séché. Lorsque les soufflures présentent une surface raboteuse, arrachée ou fouillée, on leur donne les noms de *retirures*. Les *dartres* prennent naissance à la suite d'un manque de cohésion dans les couches de sable, soit qu'il ait été mal foulé, non mouillé ou employé trop maigre.

Les *bosses* sont des défectuosités qu'on rencontre particulièrement dans les pièces moulées en sable vert. Elles se produisent quand les sables sont foulés inégalement ou quand ils ont été trop peu comprimés.

Les *reprises* et les *flous* sont dus à un métal trop froid, à des sables trop serrés, trop mouillés manquant de trous d'air, à un jet trop lent ou interrompu, à des coulées trop faibles ou mal disposées.

Les reprises nuisent à la solidité des pièces; elles sont formées par des couches de matières superposées n'ayant aucune liaison entre elles. Les flous sont produits par le manque d'issues pour l'échappement de l'air. Ils ressemblent beaucoup aux soufflures.

Le *gauchissement* des pièces est amené par des causes qui diffèrent peu de celles qui produisent la rupture. Il peut provenir d'un refroidissement trop instantané, de la qualité de la fonte, de la mauvaise disposition des coulées ou leur trop de grosseur par rapport au volume des objets, etc...

Coulée.

639. Pour opérer la coulée, on peut, et c'est le moyen le plus simple, faire arriver la fonte dans le moule, à l'aide

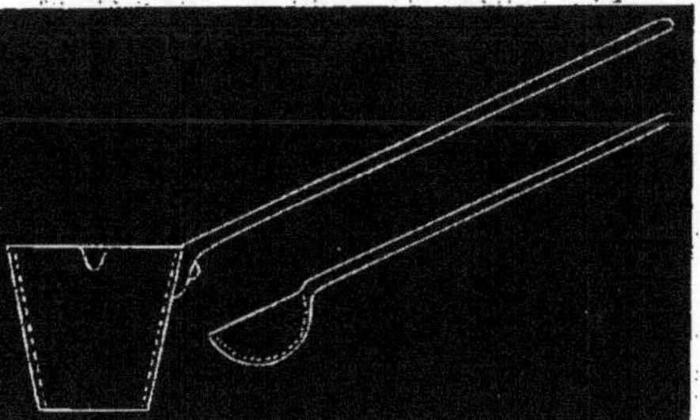

Fig. 210. — Petites poches à bras pour 15 à 25 kilogr. de fonte.

de petits canaux creusés dans le sol même de l'usine, ces petits canaux étant préalablement garnis de terre.

On peut aussi puiser la fonte dans des *poches* et la verser dans les moules. Ces poches, suivant le poids des objets à mouler, et la quantité de fonte qu'ils réclament, peuvent être de différentes formes.

Pour une quantité de fonte variant de 15 à 25 kilos, on emploie les poches à bras (*fig.* 210). Elles sont formées d'un récipient en tôle auquel on fixe un long manche. Ce récipient est garni intérieurement de terre glaise.

Pour une quantité de fonte variant de 150 à 250 kilos, on se sert de la poche à civière (*fig.* 211 et 212). Elle est construite comme la précédente et vient se placer dans un anneau en fer. Elle est

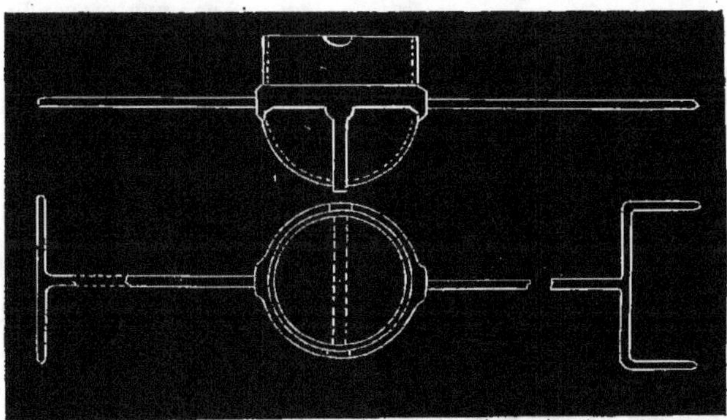

Fig. 211 et 212. — Élévation et plan d'une poche à civière pour 150 à 250 kilog. de fonte.

manœuvrée à bras d'hommes. Lorsque le poids de la fonte à verser dans les moules est plus grand, on se sert alors de poches à engrenages. Elles peuvent contenir plusieurs milliers de kilogrammes de fonte et sont représentées (*fig.* 213 et 214). A la surface des poches, il se forme une croûte produite par les scories et les impuretés qu'un gamin enlève en promenant une planchette sur le dessus du bain de fonte, pour rejeter les impuretés au dehors.

Les pièces étant moulées et solidifiées, on les démoule. On enlève le sable, les jets, les évents, les masselottes, on retire les noyaux et le travail des *désableurs*, *râpeurs*, *ébarbeurs* commence. Les pièces sont nettoyées, puis ébarbées, à l'aide de burins. On enlève les défauts, les coutures, etc... C'est ce qui constitue le finissage des pièces avant la livraison.

640. *Préservation de la rouille.* Souvent dans les fonderies, avant d'expédier les pièces terminées, on met sur les peti-

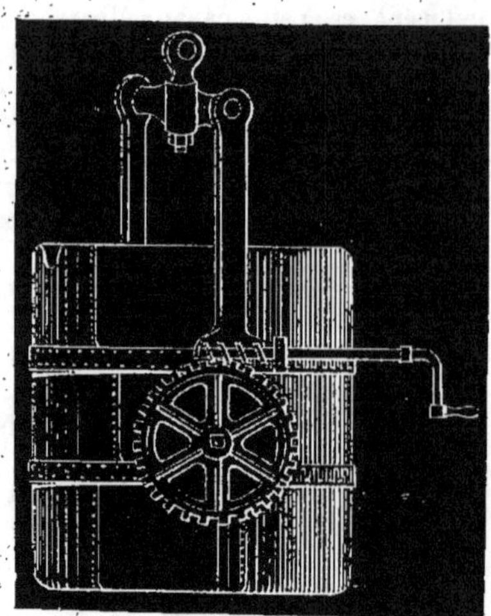

Fig. 213.

tes une couche chaude d'huile de lin mêlée à du noir de fumée et on peint les grosses avec du goudron chaud (goudron de houille, de préférence).

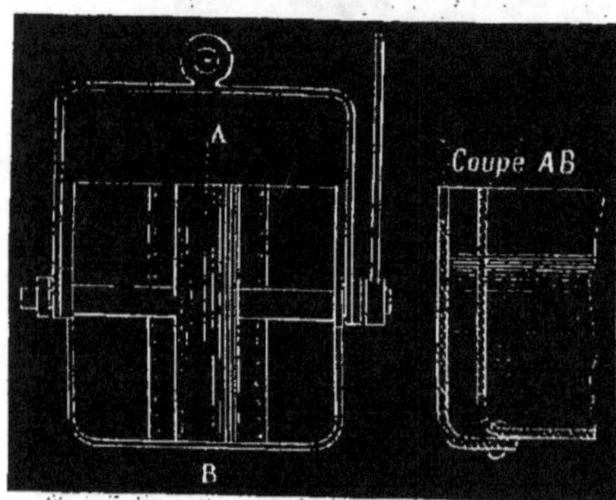

Fig. 214.

Grues de fonderie.

641. *Grues de fonderie.* Une fonderie, quelle que soit son importance, doit toujours avoir au moins une grue, placée au centre de la halle de moulage, pou-

vant décrire une révolution entière toutes les fois qu'il est possible, et rencontrant, à sa circonférence, les orifices de coulée des fourneaux où elle prend la fonte dans les poches pour la transporter ensuite dans les moules. Les ateliers importants ont quelquefois cinq ou six grues qui se correspondent et qui se reprennent les fardeaux qu'elles conduisent ainsi à une distance assez éloignée. Dans les fonderies, les grues sont destinées à enlever les châssis trop lourds pour être portés à la main et à transporter le métal en fusion du four aux moules qu'il doit remplir.

Les grues doivent être construites très-solidement, être élevées et pourvues d'une grande volée (de 5 à 7ᵐ,00). Il faut qu'elles puissent enlever des charges de 10 à 25 tonnes. Elles sont toujours à double pivot, l'un fixé sur une crapaudine, l'autre rattaché très-solidement à la charpente de la fonderie.

Les grues entièrement construites en fer et fonte sont préférables pour l'usage à celles dont l'axe, la volée et les contre-fiches sont en bois ; mais elles coûtent beaucoup plus cher.

Nous donnons en croquis (*fig.* 215 215 *bis* et 215 *ter*) les détails d'une grue de fonderie pouvant soulever un poids maximum de 12,000 k. et construite spécialement pour la fonderie de la Providence dont nous donnons plus loin les détails.

Dispositions générales des fonderies.

642. Il serait bien difficile de donner une règle rigoureuse pour l'établissement d'une fonderie. D'après ce qui a été dit précédemment, nous pouvons conclure qu'il faut prévoir :

1° Une halle de fonderie ou de moulage ;

2° Des cubilots et des fours à réverbère placés extérieurement et dont les trous de coulée communiquent avec la halle ;

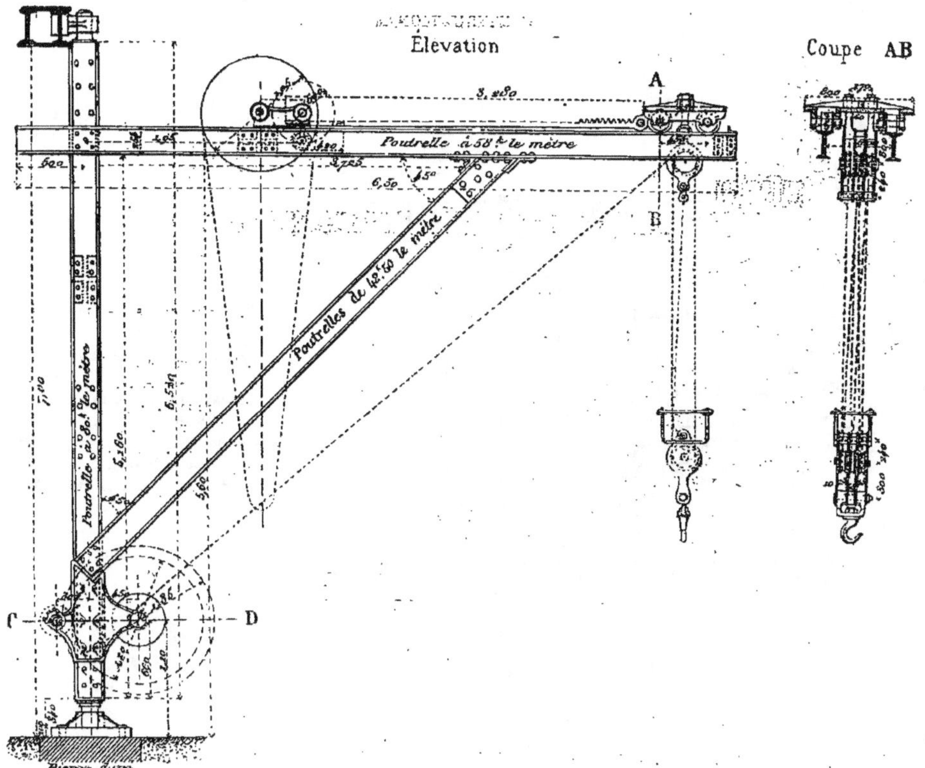

Fig. 215. — Grue de fonderie de 12000 kilogr.

§ VII. — DES FERS

3° Une machine à vapeur et une souf-flerie ;

4° Une chaudière à vapeur ;

5° Des séchoirs, des étuves, des grues, des broyeurs. etc...

Il faut, de plus, une grande cour pour le dépôt des châssis, des hangars pour les pièces moulées, un casse-fontes placé dans un coin et éloigné de la fonderie.

Nous donnons (*fig. 216*) la disposition en plan d'une fonderie pour grosses pièces (Creusot) et (*fig. 217, 218, 219, 220*) les détails complets d'une petite fonderie de 2ᵐᵉ fusion annexée à une usine métallurgique (*Société anonyme des Forges de la Providence*).

Extraction du fer directement du minerai.

643. Nous avons vu précédemment que la gangue la plus ordinaire des minerais de fer est l'argile, substance tellement infusible qu'elle sert à former les creusets réfractaires. Si l'on ajoutait à cette argile de la potasse ou de la soude, on obtiendrait un composé très-fusible, et d'autant plus fusible que ces bases y seraient en plus fortes proportions. Comme la potasse et la soude sont fort chères, on les remplace par une base plus commune, la chaux. La présence de cette matière détermine donc la formation d'un

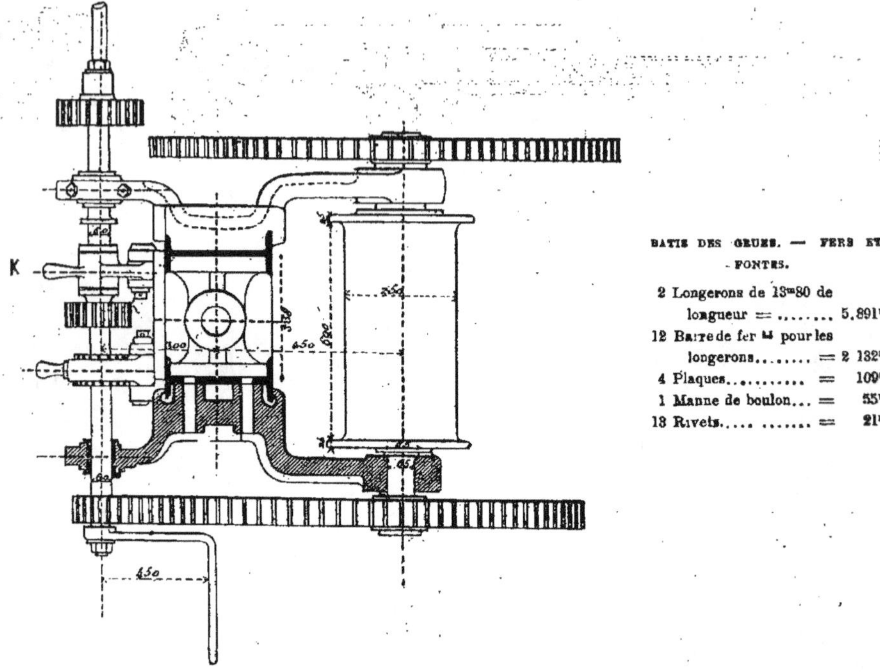

Fig. 215 *bis*. — Grue de fonderie de 12000 k (coupe horizontale suivant CD.)

silicate double d'alumine et de chaux fusible à une très-haute température. Cette addition de chaux n'est pas nécessaire

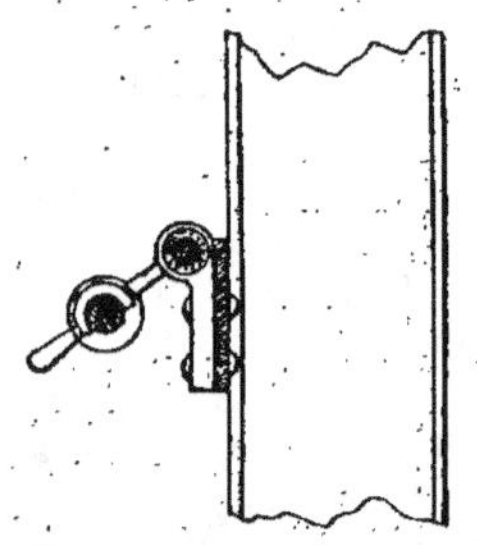

Fig. 215 *ter*. — Détail K de la figure 215 *bis*.

lorsque le minerai, très-riche en peroxyde de fer, ne renferme qu'une très-petite quantité de gangue; car, dans ce cas, il se formera à une haute température un sili-cate double d'alumine et de fer, composé très-fusible.

644. Dans le procédé d'extraction du fer directement du minerai, connu sous le nom de *méthode catalane*, dont on fait encore usage au pied des Pyrénées, dans le comté de Foix, dans la Catalogne, on peut se dispenser de l'addition de la chaux, ce qui est d'autant plus avantageux que l'on obtient un silicate plus fusible et que l'on n'est pas obligé de passer par l'intermédiaire de la fonte pour obtenir ensuite du fer.

Méthode catalane.

645. Pour extraire le fer par cette méthode, on chauffe le minerai dans un bas foyer au contact du charbon et l'appareil est disposé de telle sorte que ce minerai

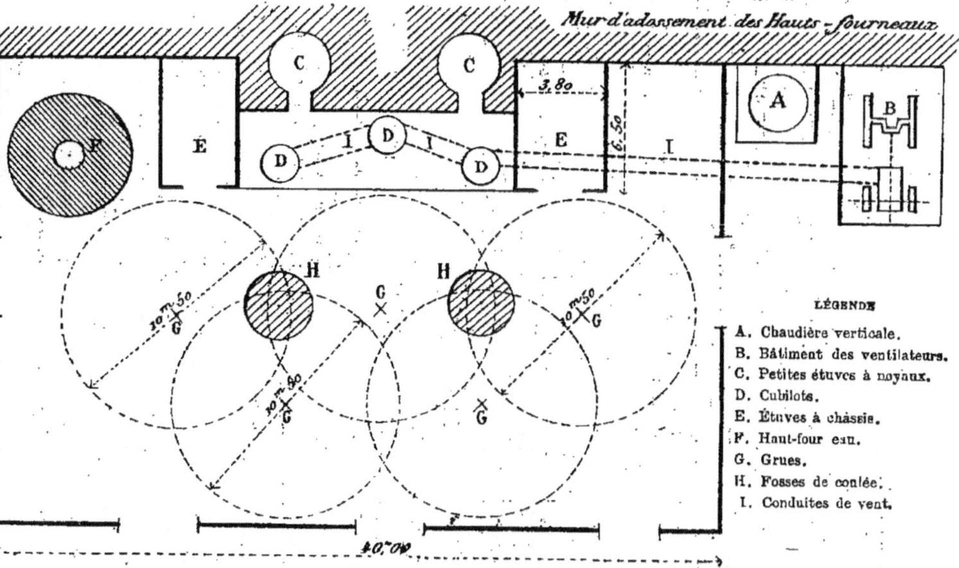

Fig. 216. — Disposition d'une fonderie po r grosses pièces (Creusot).

soit soumis à l'action des gaz réducteurs. Par suite de la température produite, une portion de l'oxyde de fer se combine avec les gangues et forme un silicate double très-fusible. Ce silicate, mélangé avec le fer réduit, forme une masse spongieuse qu'il suffit de comprimer pour en réunir les particules de fer et en expulser le silicate. Cette opération n'exige pas une température très-élevée, mais des minerais d'une richesse exceptionnelle, car dans un minerai pauvre, comme la gangue est surabondante, elle entraîne, pour se transformer en scories, une quantité d'oxyde proportionnelle à sa masse, de telle sorte que le métal qu'on obtient n'est plus que la différence entre ce qui était dans le minerai et ce qui passe dans les scories.

L'expérience montre qu'un minerai renfermant au dessous de 40 0/0 de fer, ne peut être traité avantageusement par ce procédé.

646. *Description d'une forge Cata-* *lane.* Le bâtiment d'une forge occupe un espace d'environ $16^m,00 \times 10^m,00$ dans œuvre et présente invariablement la disposition indiquée (*fig.* **221** et **222**). Il comprend:

1° Un *feu* ou foyer pour l'élaboration du minerai;

2° Une machine soufflante d'une construction particulière nommée *trompe;*

3° Un *marteau* à queue du poids de 650 kilogr. mû par une roue hydraulique.

Le feu se trouve entre la machine soufflante et le marteau, et ces trois parties sont placées en ligne droite. En G (*fig.* **222**) se trouvent des cases en bois servant à mettre la quantité de charbon nécessaire pour chaque opération.

647. *Description du foyer.* L'appareil dont on se sert est fort simple. Il rappelle la disposition de nos foyers ordinaires (*fig.* **223**, **224** et **225**). On creuse dans le sol une sorte de trou-de-loup. D'un côté on construit un mur *A* percé d'une ouver-

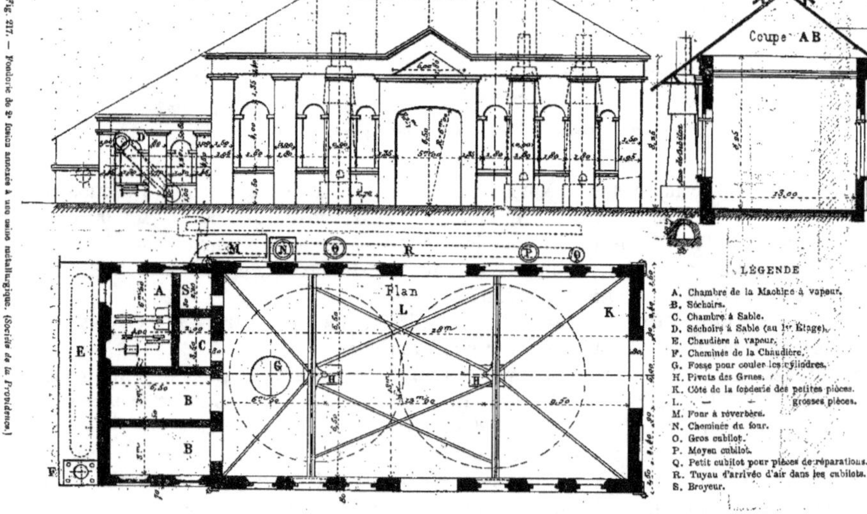

Fig. 217. — Fonderie de 2e fusion annexée à une usine métallurgique. (Société de la Providence.)

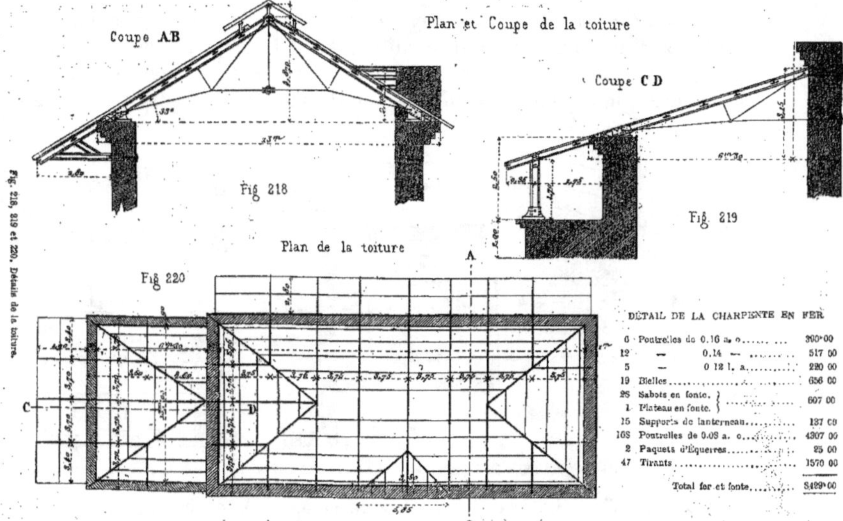

DÉTAIL DE LA CHARPENTE EN FER

6	Poutrelles de 0.16 a. o............	300ᵏ 00
12	— 0.14 —	517 00
5	— 0 12 l. a.............	220 00
19	Bielles......................	656 00
28	Sabots en fonte. }	607 00
1	Plateau en fonte. }	
15	Supports de lanterneau...........	137 00
168	Poutrelles de 0.08 a. o...........	4307 00
2	Paquets d'Équerres.............	25 00
47	Tirants	1570 00
	Total fer et fonte...........	8429ᵏ 00

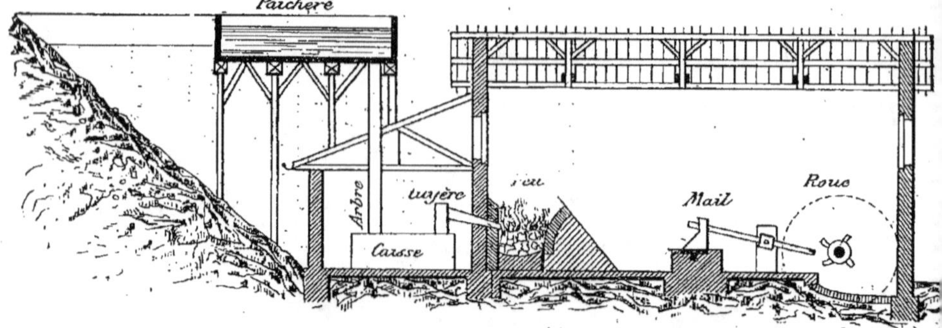

Fig. 221. — Disposition générale d'une forge catalane (coupe longitudinale).

ture *t* pour le passage d'une tuyère, et, contre ce mur, on en construit un autre *B* plus grossier que le premier, à la partie inférieure duquel on place une série de barres de fer longitudinales de 0ᵐ,12 à 0ᵐ,15 d'équarrissage formant ce qu'on appelle les *Porges*. En face, se trouvent d'autres barres disposées en arc convexe,

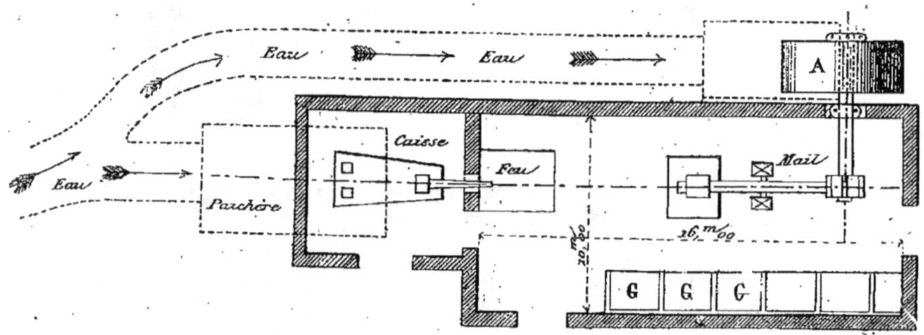

Fig. 222. — Disposition générale d'une forge catalane. — (Plan.) A. Roue hydraulique.

qu'on appelle *l'ore*. Latéralement, on construit également un mur ou *cave* bien vertical dans la partie haute, et présentant au bas un certain fruit. Le fond du foyer ou *sole* est fait avec une maçonnerie grossière en terre réfractaire, et dans certains cas, elle est formée par une seule pierre réfractaire, plane et légèrement concave. Sa durée varie suivant l'habileté de l'ouvrier, depuis 6 heures jusqu'à 6 mois.

Le côté où se tient l'ouvrier est fait d'une autre manière. Deux pièces de fer implantées dans le sol nommées *laitairols* (*fig.* 225), laissent entre elles un vide com-blé, inférieurement, par un *coin* en fer enfoncé dans le sol et qui sert de point d'appui pour les ringards et les pinces. Ces laitairols ont 0ᵐ,20 × 0ᵐ,08 d'équarrissage. Au-dessus du coin, se trouve le trou de *chio* servant à introduire les ringards pendant le travail. Sur la face réservée au travail se trouve une autre pièce, la *plie*, qui forme la première partie d'une *banquette* ou tablier du feu. Ce feu n'est abordable que du côté des laitairols.

La tuyère est fort simple et consiste en une feuille de cuivre rouge roulée en forme de cornet de 1m,50 de longueur. L'œil de cette tuyère est elliptique et a 0m,10 sur 0m,08. Le marteau représenté (*fig.* 226 et 227) est très-simple de construction. Il est mobile autour de deux tourillons *a* et *b* maintenus latéralement sur des

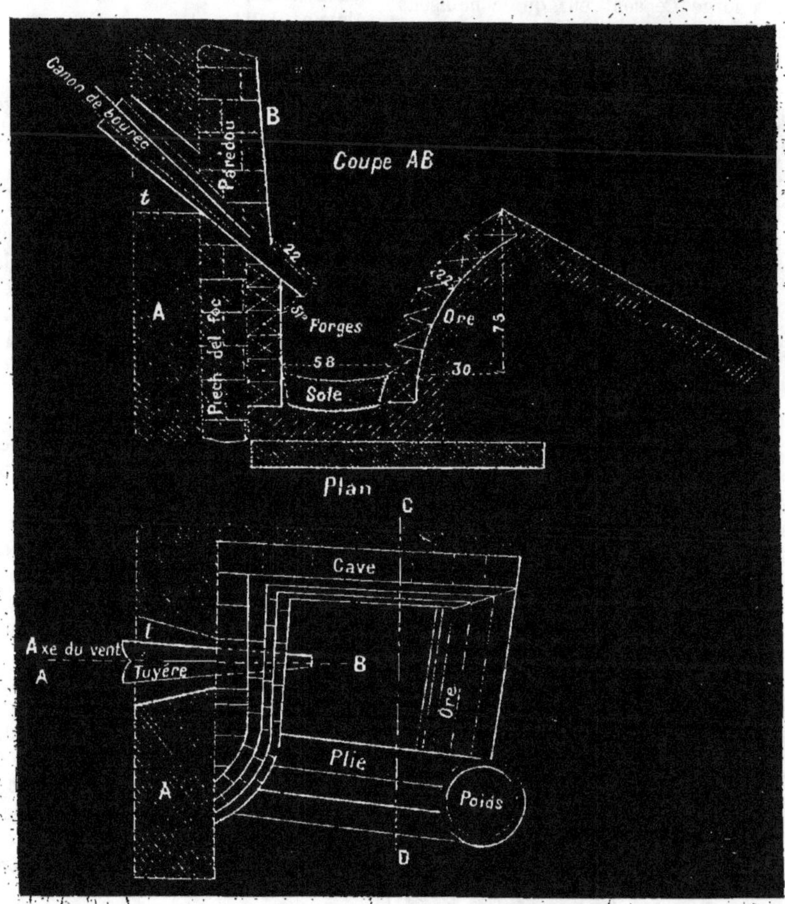

Fig. 226. — Forge catalane. Disposition du foyer.

poteaux (*fig.* 227). Il est mû par la roue hydraulique sur l'arbre de laquelle sont disposées une bague et deux *cames*. La levée de ce marteau varie de 0m,35 à 0m,47 et il donne de 100 à 125 coups par minute.

648. *Personnel d'une forge.* Le personnel d'une forge se compose de huit ouvriers, un garde-forge et un commis. L'un des ouvriers, le *foyer*, est le chef de brigade. Il monte le feu et il l'entretient. Il étire le fer d'une opération sur l'autre en alternant avec un autre ouvrier, le *maillet*. Chacun d'eux a un valet nommé *pique-*

mine qui est chargé de concasser le minerai. Dans la brigade, il y a deux *escolas* qui sont les ouvriers les plus importants de la forge. Ce sont eux qui conduisent l'opération alternativement. Ils sont aidés par deux autres ouvriers nommés *miail-*

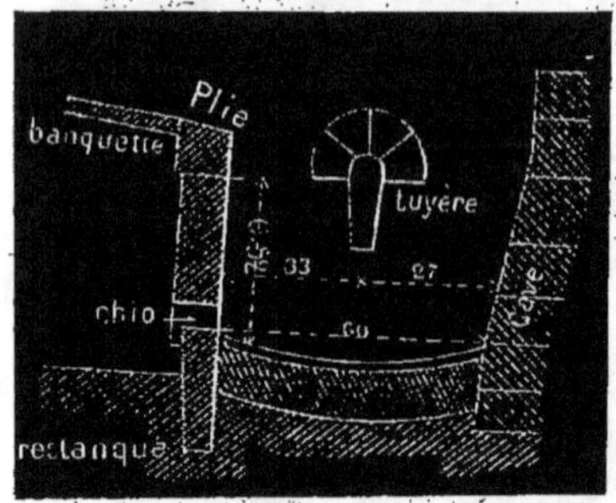

Fig. 224. — Coupe suivant CD.

lons. Chaque forge a, de plus, un garde-forge qui est chargé de l'achat des matières premières et de leur emmagasinement et un commis qui s'occupe de la vente.

649. *Minerais employés.* Les principaux minerais sont le fer hydraté com-

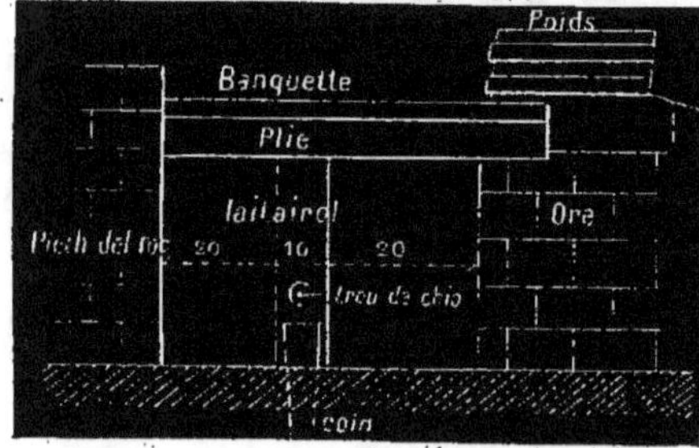

Fig. 225. — Élévation du laitairol. (Côté du travail.)

pacte et le fer carbonaté spathique qui devient malheureusement très-rare.

La composition moyenne du minerai chargé dans ces foyers est la suivante :

Eau, 12,112 ;
Silice, 14,715 ;

Peroxyde de fer 62,474 donnant en moyenne 43 0/0 de fer ;
Oxyde de manganèse, 6,213 ;
Chaux, 2,790 ;
Alumine, 1,014 ;
Magnésie, 0,545 ;
Enfin, 0, 137 de perte.

Ces minerais sont souvent mélangés avec une certaine quantité de sables siliceux qui augmentent le déchet.

Le poids moyen du mètre cube est de 1,907 kilos.

650. *Combustibles.* Le charbon de bois est le seul combustible employé dans les fourneaux catalans. Généralement, c'est un mélange de bois dur de chêne et de hêtre avec du charbon de bois de sapin, d'aulne ou de châtaignier et, enfin, du charbon de racines de buis.

651. *Conduite de l'opération.* On commence par procéder au chargement du feu. La charge en minerai est de 487 k. Il est ordinairement apporté près du marteau, et, pendant le travail, les piquemines concassent sous le marteau de la forge celui qui est destiné à l'opération suivante. Ce procédé est mauvais, car le minerai étant réduit en poussière, le déchet augmente.

Il faut ensuite le cribler et tous les morceaux ayant de $0^m,05$ à $0^m,06$ sont mis de côté. La poussière est destinée à faire la *grillade*, pâte formée d'un mélange de poussier et d'eau. Cette grillade sert à faire des couvertes, qui, dans l'opération, empêchent l'oxyde de carbone de sortir et au contraire, elle le force à se dégager dans le minerai.

Au fond du creuset, on tasse une couche de charbon frais (*fig.* **228**) jusqu'à $0^m,05$ au dessous de la tuyère, puis on met deux *massoquettes m m'* ou *lopins* à réchauffer, provenant d'une opération précédente. On tasse ensuite le minerai contre *l'ore*; celui-ci prend un certain talus.

Pour maintenir le minerai contre l'ore pendant le chargement, on met une plaque de fonte P (*fig.* **228**).

Avant d'achever ce chargement, et lorsque le minerai est bien tassé, on enlève la plaque P et on la remplace par une paroi en brasque ou charbon menu mouillé, puis on remplit le côté des porges avec du charbon. On met des couches de grillade destinées à conserver la disposition adoptée le plus longtemps possible.

Les massoquettes, à la chaude blanche, forment de l'oxydule qui tombe dans les scories avec les premières particules de fer réduit. On donne le vent faible d'abord, puis en augmentant graduellement. Il ne faut pas, au commencement de l'opération, faire descendre le minerai trop vite, pour qu'il ait le temps d'être réduit avant la fusion des silicates qui l'entraîneraient dans les scories. Les massoquettes se chauffent pendant 3 heures environ, puis on les retire pour les forger. Alors, l'escolas prend la conduite de l'opération. A l'aide d'un ringard, il fait descendre le minerai, lequel, après 4 heures 1/2 de travail, est entièrement arrivé dans le creuset. A ce moment, on donne le maximum de vent pour élever la température. L'air, fortement lancé vers le fond du creuset, convertit d'abord le charbon en acide carbonique, qui se trouve ramené bientôt à l'état d'oxyde de carbone par son passage au milieu des couches supérieures de charbon.

L'oxyde contenu dans le minerai se réduit à l'état de métal par une portion de cet oxyde de carbone dont l'excès vient

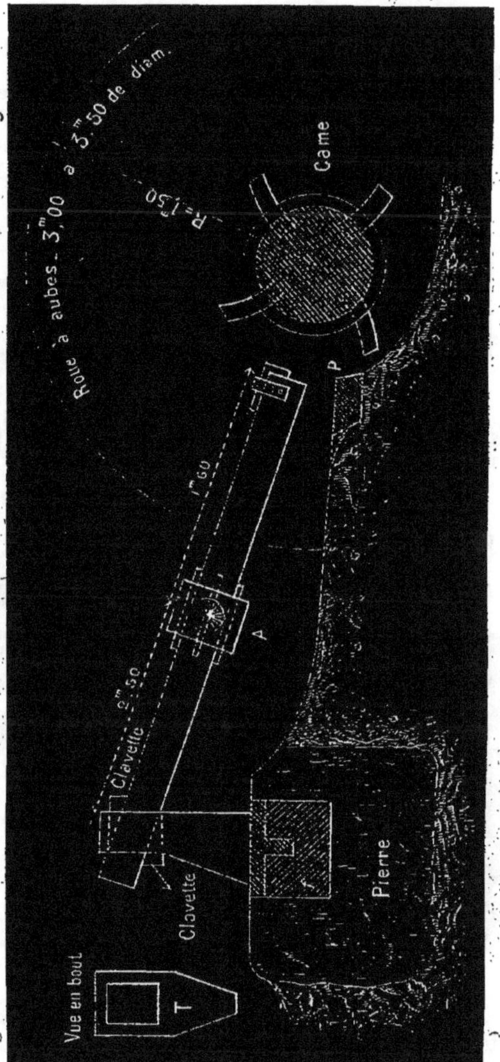

Fig. 226. — Marteau à mail catalan.

P. Pierre servant de rabat.
f. Pièce de fonte
T. Tête du marteau. (Poids de 600 à 670 kilos.)

brûler au contact de l'air. A la température élevée qui se développe, le silicate double, qui forme la scorie, fond en même temps que le fer et s'agglutine en prenant une consistance pâteuse. Une portion de cette scorie s'écoule par une ouverture pratiquée à la partie inférieure du creu-

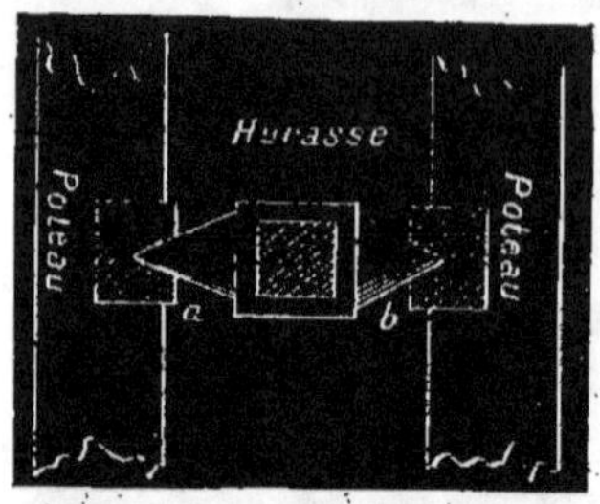

Fig. 227. — Détail de la partie A de la fig. 223.

set; l'autre portion reste emprisonnée dans la masse spongieuse du métal.

On porte enfin celle-ci, à laquelle on donne le nom de *loupe* ou de *masse*, sous le marteau de la forge. Les matières inertes suintent par les pores à mesure que la loupe est battue. On la coupe en-

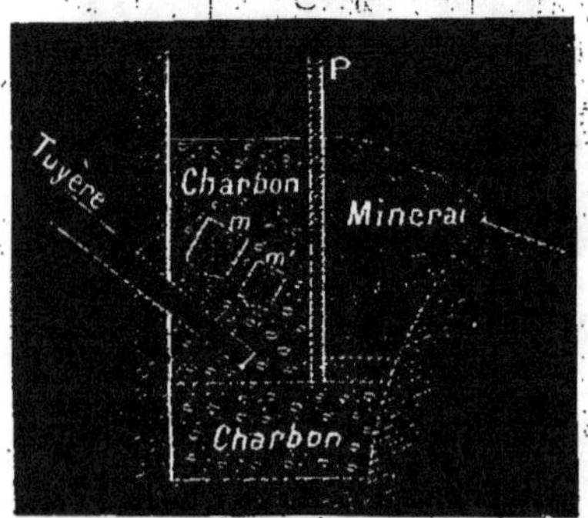

Fig. 223. — Four pendant le chargement.

suite, ce qui se fait en y enfonçant à l'aide d'un marteau des coins en fer aciéreux dont l'angle est taillé en biseau. On obtient ainsi des lopins qu'on peut réchauffer au foyer s'il est besoin, et qu'on forge ensuite en barres en les martelant.

L'opération complète dure en moyenne 6 heures. La brigade se réunit à la fin du travail pour retirer le massé et l'on prépare de nouveau le foyer pour une autre opération.

La figure 229 ou coupe théorique, indique les différentes transformations qui se produisent pendant la réduction du minerai.

652. *Produits d'une opération.* En employant 487 k. de minerai et 517 k. de charbon, on obtient 150 k de fer étiré, ce

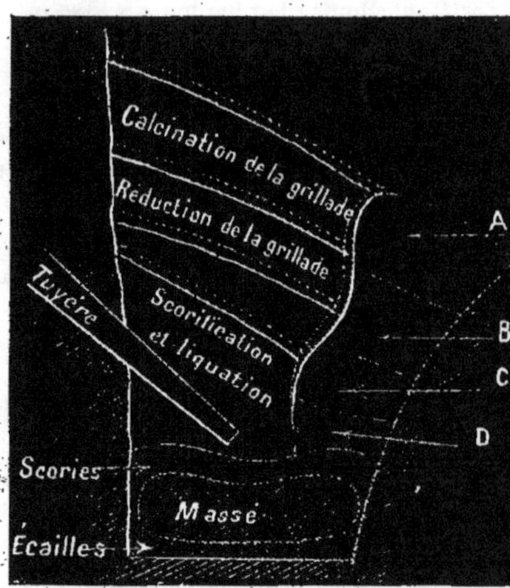

Fig. 229.

A. Région de calcination.
B. Région de réduction incomplète.
C. Région de réduction complète.
D. Région de scorification du minerai et de carburation.

qui fait pour 100 k. de fer obtenu, 324 k. 66 de minerai et 345 k. de charbon avec un déchet de 40 0/0 sur le fer qui passe dans les scories.

La nature des produits n'est pas toujours la même; on peut avoir du fer doux ou du fer cédat. Le fer obtenu est en général nerveux, dur, très-tenace et malléable. Le fer cédat diffère en ce qu'il casse à noir et à violet; l'autre casse toujours à blanc.

Le fer cédat est le plus recherché. Il dénote toujours une carburation plus ou moins complète, ce qui lui a fait donner le nom d'acier naturel. Dans ces forges, on n'est pas souvent maître d'obtenir à volonté de l'acier ou du fer. L'acier se produit pour des causes qui ne sont pas toujours connues, mais on sait que les minerais carbonatés spathiques, manganésifères en donnent plus que d'autres. Pour obtenir de l'acier, l'opération doit être menée lentement pour favoriser l. cémentation et la formation de l'acier qui se trouve toujours à la surface du massé.

Les scories qui se forment sont d'un noir bleuâtre et opaques; cassées, on remarque dans leur intérieur des particules de charbon et des gouttelettes de fonte. Elles sont très magnétiques. Elles sont classées en deux séries, suivant la proportion de fer qu'elles retiennent : les scories maigres et les scories grasses. Dans une opération, il se produit environ 200 k. de scories, entraînant en moyenne 60 k. de fer.

653. *Perte de force motrice.* Dans les fourneaux catalans, on emploie toujours une chute d'eau considérable, 6 à 7 m. au moins, et le mauvais entretien des appareils fait perdre beaucoup de la force produite. La trompe qui, comme maximum de vent, donne 7 mètres cubes par minute, avec une vitesse de 126 mètres par seconde, consomme une force de vingt chevaux, tandis qu'une roue hydraulique produisant le même effet et qui rendrait la moitié du travail, n'absorberait en tout qu'une force de 5 chevaux, le quart environ.

Le fer obtenu dans ces foyers revient à 455 f. la tonne.

Extraction du fer par la méthode corse.

654. La fabrication du fer, par la méthode corse, diffère de la fabrication pyrénéenne en ce que la simplicité apparente des moyens y est poussée beaucoup moins loin. et, notamment, en ce que la réduction du minerai se fait dans un foyer distinct de celui où ont lieu la formation des loupes et le corroyage du fer brut.

Dans la première opération, on emploie, pour diriger l'oxyde de carbone sur le minerai à réduire, un moyen très-simple et très-ingénieux que nous allons décrire.

655. *Construction du foyer.* Le foyer n'offre d'autre construction fixe que le mur vertical A (*fig.* 230) auquel il est adossé; ce mur est percé pour le passage de la tuyère.

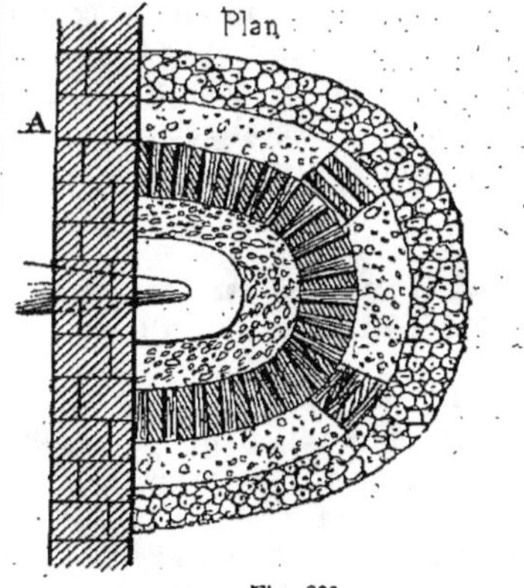

Fig. 230.

Ce foyer est reconstruit à neuf après chaque opération.

Sur un fond de brasque battue, on élève au devant de la tuyère une enceinte composée de gros charbons bien droits d'une longueur de 0^m,16 environ et placés horizontalement. Le minerai à réduire, préalablement concassé, est placé entre ce mur en charbon et la brasque, et les gros fragments de minerai qui doivent servir pour une opération subséquente sont mis par-dessus, de manière à recevoir une première préparation. Le combustible s'élève ordinairement au-dessus du niveau du minerai. On lance en moyenne 5 k. d'air par minute avec une pression de $0^m.04$ à $0^m.05$. Dans ce cas, comme pour les foyers catalans, la masse du minerai à réduire offre aux gaz réducteurs formés dans l'enceinte une moindre résistance que le charbon accumulé au-dessus de la tuyère. On charge à la fois 530 k. de minerai et l'opération dure 4 heures. On retire ce minerai réduit mélangé de brasque, et on l'affine par petites portions dans le même foyer au moyen de scories riches après avoir détruit le mur de charbon. Chaque affinage dure environ 4 heures et produit de 30 à 35 kilogrammes de fer doux, d'excellente qualité.

Malheureusement, dans ce procédé, la main d'œuvre et surtout la consommation du combustible qui s'élève à plus de 700 k. de charbon pour 100 k. de fer produit, sont si considérables que cette méthode tend à disparaître de plus en plus.

Fabrication du fer par l'affinage de la fonte.

656. Les diverses méthodes que l'on suit pour affiner la fonte, c'est-à-dire pour la transformer en fer forgé, se divisent en deux grandes classes, essentiellement distinctes sous tous les rapports, d'après la nature des appareils employés. D'une part, les anciennes méthodes usitées sur le continent où l'affinage de la fonte s'effectue au charbon de bois, dans de bas foyers à tuyères, dans lesquels on ne fait pas subir à la fonte de blanchiment préalable et où l'étirage du fer affiné brut s'exécute au marteau. Ces méthodes peuvent encore se subdiviser en deux classes :

1° Celles où le réchauffage et l'étirage des matières se font dans le même foyer ce sont les méthodes *comtoise, champenoise, bourguignonne* et *allemande*, qui ne diffèrent guère que d'après la nature de la fonte à affiner ;

2° La méthode *wallone* où le réchauffage du fer se fait dans un foyer particulier. Cette dernière méthode est presque abandonnée.

D'autre part, la méthode *anglaise* inventée à la fin du siècle dernier en Angleterre, et dont l'usage se répand chaque jour de plus en plus sur le continent.

Avant de nous occuper de l'affinage de la fonte par la méthode allemande et par la méthode anglaise, celles-ci étant les deux plus importantes, nous devons dire quelques mots de l'*affinage par cémentation*, base de la fabrication de la fonte malléable qui, depuis quelques années, joue un certain rôle dans l'industrie.

Affinage par cémentation. — Fabrication de la fonte malléable.

657. Les procédés du moulage font employer la fonte de préférence au fer toutes les fois que l'application en est possible, par la facilité avec laquelle on peut donner aux pièces toutes les formes comme aussi par l'économie qui en résulte dans la fabrication. Mais la fonte ne possède pas les qualités du fer, et c'est ce desideratum qu'il s'agissait d'obtenir en lui restituant la malléabilité et la douceur du fer par décémentation. C'est ce que l'on a obtenu par la fonte malléable.

On se sert de fontes blanches pures ne contenant que du fer, du carbone et pas de silicium qui ne s'en irait pas par cémentation. Elles ne doivent pas être manganésifères. Les pièces en fonte malléable sont fondues par les procédés ordi-

Coupe **AB** du Plan

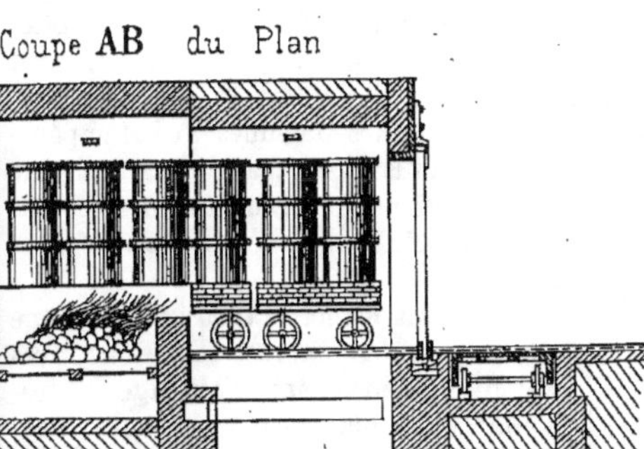

Coupe **CD** du Plan

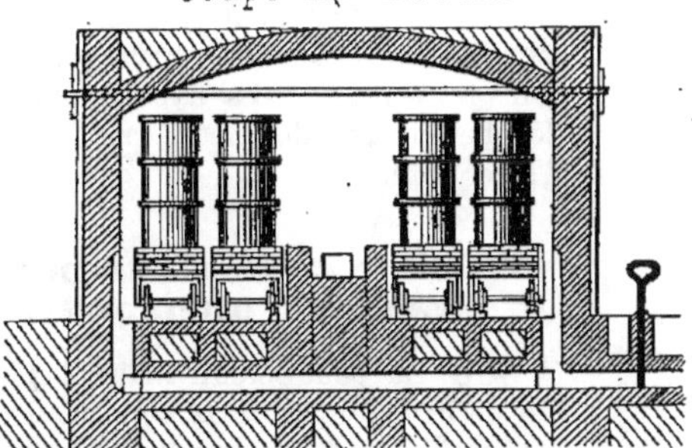

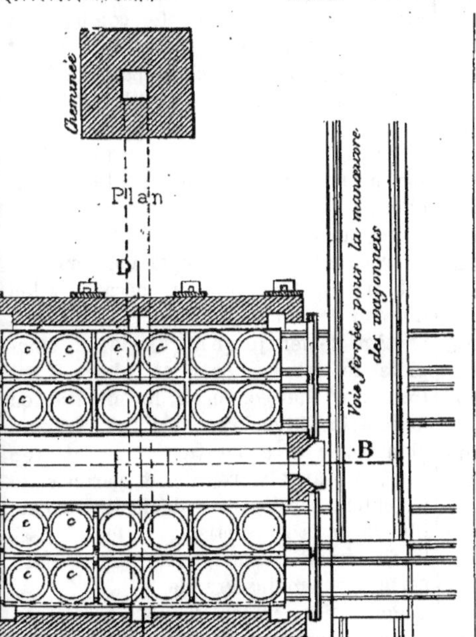

— Four à recuire anglais pour la fabrication de la fonte malléable.

dans des creusets pouvant contenir environ ., et coulées à une haute température pour bien enir les parties les plus délicates des moules. émoule, on détache et on ébarbe les pièces qui lors très fragiles, et on procède ensuite à la ration ou recuit. Les objets sont mis dans des s c (*fig.* 231, plan) avec des lits alternés d'hé-

matite rouge. Ces creusets sont empilés dans des fourneaux représentés (*fig.* 231, plan et coupes) lutés avec de la terre à four et placés sur des wagonnets que l'on introduit directement dans le four. Le combustible employé est la houille. On chauffe doucement d'abord et on continue pendant plusieurs jours, s'il y a lieu, selon la dimension des pièces et le degré de malléabilité que l'on veut obtenir. On peut faire un second recuit pour les pièces épaisses. La cémentation se fait de la surface au centre. Le produit ainsi obtenu présente une décémentation complète qui modifie sa texture.

A la lime, la fonte malléable prend l'aspect du fer. Elle se polit comme l'acier. Les outils peuvent l'entamer, et elle est plus sonore que le fer. Sa résistance à la traction se rapproche sensiblement de celle du fer.

Pour les pièces dont la forge est difficile et qui nécessitent des soudures, la fonte malléable est préférable au fer.

Les applications de la fonte malléable sont aujourd'hui fort nombreuses et bien définies. Cette fonte est utilisée pour la fabrication de divers objets employés dans la sellerie, carrosserie, boucherie, serrurerie ordinaire et artistique, armurerie, coutellerie, quincaillerie, matrices, cuillers et creusets pour métaux précieux, queues de casseroles, machines à coudre, clouterie, horlogerie, matériel de chemins de fer et de tramways, machines agricoles, etc...; telles sont les industries tributaires de la fonte malléable pour le remplacement des pièces forgées ou en bronze. L'emploi de.

la fonte malléable est limité à des pièces ne pouvant dépasser 30 à 40 millimètres d'épaisseur, par sa nature même. C'est pourquoi on a étendu les résultats obtenus dans les petites pièces avec la fonte malléable, aux grandes pièces, par l'emploi de l'acier coulé.

Affinage de la fonte par la méthode allemande.

658. On peut obtenir indirectement le fer de la fonte par un très-grand nombre de méthodes, et on appelle *affinage* une série de procédés par lesquels la fonte est transformée en fer malléable. L'usine dans laquelle se font ces opérations est dite *forge*. Les méthodes très diverses que l'on emploie, suivant la qualité du combustible, la nature du minerai, et la routine de la localité, se rapportent toutes à deux méthodes principales :

1° L'affinage par contact du combustible sous l'action d'un courant d'air forcé, dans un bas foyer, dont le type est la méthode *allemande*.

2° L'affinage dans un four à réverbère, sans contact du combustible, avec courant d'air naturel, méthode dite *anglaise*.

Quel que soit le procédé, il y a toujours deux opérations distinctes : l'une chimique, l'autre mécanique. Dans l'opération chimique, on se propose d'enlever à la fonte, par voie d'oxydation, les substances étrangères qu'elle contient : c'est l'affinage proprement dit. La seconde opération, mécanique, a pour but de rapprocher et de souder ensemble, par voie de compression, les particules de fer affiné isolé dans la masse, d'expulser les scories interposées et, en continuant l'opération, de donner au fer la forme demandée. Ces opérations mécaniques constituent le *cinglage*, l'*étirage*, le *forgeage*.

659. *Influence que peut avoir la nature de fonte.* Toutes les fontes ne sont pas également propres à l'affinage. Plus elles sont fusibles et pures, plus elles s'affinent avec économie de temps et de combustible. Les fontes obtenues aux températures les plus basses, avec des minerais purs, conviennent beaucoup mieux. Les fontes au bois sont préférables aux fontes au coke.

L'état dans lequel se trouve le carbone dans les fontes exerce aussi une très grande influence sur l'affinage. Lorsqu'elles sont blanches, le carbone, très divisé, se trouve dans l'état le plus favorable pour une prompte combustion. Lorsqu'elles sont grises, elles renferment des paillettes de graphite peu combustibles, et l'opération est retardée. Néanmoins, il n'y a pas toujours avantage à convertir les minerais en fontes blanches, surtout lorsqu'elles contiennent du phosphore, du soufre et des substances nuisibles dont il faut les débarrasser. Si ces corps se trouvent dans des proportions considérables, il faut que la décarburation marche lentement afin que le carbone protège le fer jusqu'à l'oxydation complète de ces matières, et, alors, il est important de convertir le minerai en fonte grise. Si on le convertissait en fonte blanche, la décarburation se ferait trop vite ; il y aurait trop de fer perdu et le fer obtenu serait encore de médiocre qualité. Si on la convertissait en fonte grise, le fer serait de meilleure qualité et la perte serait moins grande.

Pour des minerais intermédiaires comme nous en trouvons en France, on les convertit en fontes truitées.

Comme il y a de très grandes différences dans la nature des fontes, dans la nature des combustibles et si nous joignons à cela les circonstances locales et la routine, il est facile de voir qu'il peut exister un très grand nombre de procédés d'affinage.

Composition d'une forge allemande.

660. Une forge renferme de 2 à 4 feux d'affinerie. Il existe cependant des forges à un seul feu dans lesquelles se trouvent réunis, dans un espace de 100 mètres carrés environ, le feu, le soufflet et le marteau : disposition analogue au plan d'une forge catalane.

Fig. 232. — Coupe suivant AB du plan (fig. 233).

Le feu est composé d'un creuset rectangulaire, formé par cinq pièces de fonte

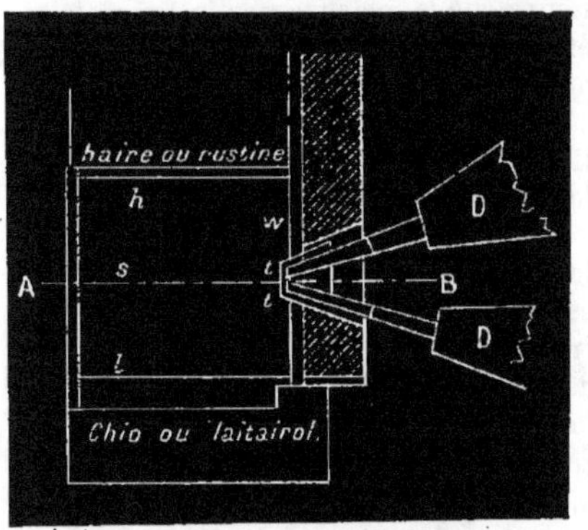

Fig. 233 — Plan DD, Soufflets trapézoïdaux.

appelées *taques*, qui ont 0ᵐ,06 d'épaisseur sauf la plaque de *chio* qui n'a que 0ᵐ,03 ; elles durent plusieurs mois. Le fond seul doit être changé tous les 8 ou 15 jours. La plaque ou *taque* (*fig.* 232 et 233) qui supporte les tuyères *t*, s'appelle *warme w;* celle qui lui est opposée, *contrevent c;* celle du devant percée de deux trous par lesquels on fait écouler les scories, *chio* ou *laitairol;* celle de derrière *h haire* ou rustine, et celle du fond, *soles s.* On déverse quelquefois la rustine en dehors de 0ᵐ,05 pour pouvoir sortir plus facilement la loupe. Le chio est toujours d'aplomb. Le contrevent est tantôt placé verticalement, tantôt déversé légèrement en dehors ou en dedans. La warme est verticale pour les fontes blanches et truitées, et elle est déversée vers l'intérieur pour les fontes grises.

La largeur et la longueur du creuset ont peu d'importance. Au contraire, la profondeur du feu, mesurée au-dessous de l'œil de la tuyère et l'inclinaison de celle-ci, en ont beaucoup. La profondeur du feu doit être d'autant plus grande que les fontes sont plus grises et plus difficiles à affiner.

Les tuyères se font ordinairement en cuivre rouge, métal très malléable, qui se prête facilement aux déformations. Elles sont très plates, ce qui assure leur stabilité sur la warme et qui permet au vent de s'étendre en nappe. Leur œil, quand il n'y a qu'une tuyère, est de $0,040 \times 0,027$, et quand il y en a deux, $0,023 \times 0,024$ ou $0,040 \times 0,010$. L'inclinaison de ces tuyères est de 6 à 7 degrés pour les fontes grises et de 8 à 10 pour les fontes blanches et truitées.

661. *Personnel d'une forge.* Une forge est desservie par six ouvriers : quatre *forgerons* et deux *goujats.* Ils travaillent par postes de huit heures et chaque poste se compose de deux *forgerons* et un *goujat.* Des deux ouvriers ou forgerons, l'un est l'affineur ou chef de brigade, chargé de monter le feu ; l'autre est le marteleur, il s'occupe du travail au marteau.

662. *Des scories.* Pendant l'opération, il se produit des scories de deux sortes.

1° Les scories pauvres qui se forment au commencement, pendant la fusion de la fonte. Ce sont des silicates acides de protoxyde de fer qui ont une grande tendance à passer à l'état neutre. Elles sont très liquides, se figent promptement au contact de l'air, se détachent facilement des ringards, et, mises sous le vent des tuyères, donnent des étincelles d'un rouge sombre.

Refroidies, elles sont d'un gris noirâtre, possèdent l'éclat métallique et une grande porosité.

2° A mesure que le silicium s'en va, on obtient des silicates neutres, puis des silicates basiques ou scories riches. Les silicates basiques cèdent de l'oxygène au carbone et contribuent à l'affinage. Le fer qui se trouve réduit s'ajoute à la masse et compense les déchets. On recueille ces scories riches avec précaution. Elles coulent et se refroidissent lentement et sont alors mamelonnées et d'une couleur gris de fer. Sous le vent des tuyères, elles donnent des étincelles très-blanches. Elles se collent facilement aux ringards en formant ce que les ouvriers appellent des *flûteaux*, que l'on enlève en passant brusquement le ringard dans une sorte de V formé par deux barres de fer en croix. On emploie aussi, pour l'affinage, les battitures qui tombent autour de l'enclume et qui rendent basiques les scories neutres du creuset.

663. *Combustibles employés.* Le combustible qui sert le plus souvent est le charbon de bois dur. La houille et le coke contenant des pyrites et donnant beaucoup de cendres, n'ont pas produit de bons résultats.

664. *Marche de l'opération.* L'opération, en elle-même, se divise en trois parties. La première période comprend la fusion de la fonte et le réchauffage des *lopins* de l'opération précédente.

La seconde période comprend le *soulèvement* ou *travail;* c'est la période de décarburation. Enfin la troisième partie est l'*avalage* ou formation de la loupe.

665. *Chargement.* Dès que cette loupe est sortie du feu, on nettoie le creuset.

On le remplit de charbon frais, puis on met *avant*, c'est-à-dire qu'on avance dans le feu, la gueuse placée sur un rouleau et disposée perpendiculairement à la tuyère. Il doit y avoir un espace de $0^m,03$ à $0^m,04$ entre la gueuse et le contrevent, pour que le vent puisse agir le mieux possible sur la fonte, tout en s'élevant dans le dessus du feu. Il faut, en outre, que le dessus de cette gueuse se trouve à $0^m,10$ ou $0^m,12$ au-dessus de la nappe formée par le vent, et que son extrémité soit éloignée au moins de $0^m,30$ de la face du chio. La gueuse convenablement placée, on met par dessus, du côté du contrevent, des *sornes* ou scories riches de l'opération précédente, mélangées de battitures et de scories très-riches ou *embrecelats*. On remplit le foyer de charbon. On couvre celui-ci d'une ou deux pelletées d'embrecelats, puis on donne le vent.

666. *Fusion.* — Les scories tombent au fond du creuset et protègent les premières gouttelettes provenant de la fusion de la fonte. Celle-ci, en passant en gouttelettes sous le vent de la tuyère, éprouve un commencement de décarburation, en même temps que la majeure partie des matières étrangères, plus oxydables, s'en vont presque entièrement. Quand les scories pauvres, qui se forment pendant cette partie de l'opération, sont trop abondantes, on les fait écouler par les ouvertures du chio.

On doit, à l'aide de ringards, examiner la consistance de la fonte fondue. Si elle est trop fluide, c'est que la fusion a été trop vite. On diminue le vent et l'on ajoute des scories riches. Si la fonte est pâteuse l'opération marche bien, et si elle est trop consistante, on augmente le vent et on ajoute des *brocailles* ou morceaux de fonte assez petits qui fondent facilement et augmentent la fluidité de la masse qui se trouve au fond du creuset.

Le chargement et la fusion de la fonte durent 1 heure 25 minutes environ.

667. *Travail.* Aussitôt que la dernière pièce à forger est retirée du feu, le forgeron fait enlever la gueuse par le goujat, de manière à l'empêcher de fondre, alors commence la seconde partie de l'affinage qu'on nomme le *travail*, parce qu'elle est réellement pénible pour le forgeron. Il commence par le *désornage*, opération qui a pour but de ramener, au dessus de la masse ferreuse, les sornes ou scories endurcies qui se trouvent au fond du creuset.

On procède ensuite au *soulèvement* proprement dit, qui consiste à soulever, avec le ringard, la masse ferreuse au dessus du niveau de la tuyère, pour en exposer les différentes parties à l'action décarburante du vent. Le forgeron favorise l'épuration du métal en jetant, à plusieurs reprises, de l'embrecelat dans le feu. On incorpore ainsi dans cette fonte des scories riches. L'oxygène de la base en excès réagit sur le charbon de la fonte, le transforme en oxyde de carbone et en acide carbonique, qui produisent le *bouillonnement de la masse* analogue au bruit que fait une friture bien chaude. Pendant cette opération, qui dure de 20 à 25 minutes, le feu est peu garni de charbon. La masse ferreuse est presque toujours à découvert, et le vent, qui est lancé avec toute son intensité, forme à la surface du foyer des gerbes brillantes.

668. *Avalage.* Dans cette opération, on réunit avec le ringard les parties ferreuses et on en forme une boule au centre du foyer. On diminue le vent. Le forgeron écarte, avec le ringard, les sornes et le fraisil qui peuvent gêner l'agglomération des parties ferreuses, puis il forme la loupe en les réunissant successivement à un noyau situé vers le milieu de la plaque du fond. On laisse refroidir légèrement cette loupe. On jette dessus un peu d'embrecelats, puis deux forgerons la retirent en la soulevant avec des ringards et en la tirant avec des crochets sur la plaque de *chio*.

669. En résumé, outre le carbure de fer, il y a encore dans la fonte, beaucoup de matières étrangères: du silicium, du manganèse, du soufre, du phosphore. Ces matières s'oxydent les premières en donnant naissance aux scories pauvres, lesquelles protègent la fonte fondue contre une décarburation qui ne pourrait se faire avantageusement que lorsque les matières nuisibles sont expulsées. Quand presque tout le silicium est parti, il faut ajouter des battitures afin de faire passer les scories qui restent, à l'état de scories riches.

L'oxygène de la base en excès réagit sur le carbone de la fonte, mais sans attaquer le fer. Les scories passent à l'état neutre, et il faut alors faire de nouvelles projections d'oxyde pour les ramener à l'état basique, et cela jusqu'à décarburation complète.

L'oxydule de fer n'agit pas sur les corps étrangers à la fonte, qui ne peuvent être oxydés que par le vent des tuyères, mais ce jet agit avec trop d'énergie sur la fonte et attaque rapidement le métal s'il ne se trouve pas une quantité suffisante de carbone pour le protéger. C'est pourquoi il ne faut ajouter des battitures à la masse que lorsque celle-ci a été suffisamment soumise au jet des tuyères. C'est alors seulement que l'on active la décarburation.

L'opération dure en tout deux heures: 1 heure et quart pour la fusion et le forgeage, une demi-heure pour la décarburation et enfin un quart d'heure pour l'avalage de la loupe.

La quantité d'air lancée dans les feux d'affinerie est assez variable suivant les fontes traitées et les combustibles employés. C'est en moyenne 5 à 7 mètres cubes par minute avec une pression de $0^m,03$ à 0^m04 de mercure.

Pour produire une tonne de fer, on emploie 1,300 à 1,400 k. de fonte, ce qui fait un déchet de 23 à 29 0/0 environ.

La consommation du charbon dépend de sa qualité, de la qualité de la fonte et des dimensions du fer à fabriquer.

Pour le fer de dimensions moyennes, on use de 7 mètres 500 à 9 mètres cubes de charbon, ce qui fait de 1,600 à 1,900 k. (le mètre cube pèse en moyenne 210 k.). Sur cette quantité, on compte que les trois quarts sont employés pour la fusion et le forgeage, le quart restant pour le soulèvement et l'avalage.

670. *Dimensions principales du creuset.* La longueur du creuset, c'est-à-dire la distance du chio à la rustine, varie de $0^m,65$ à $0^m,85$ suivant la quantité de fonte à affiner ; la largeur de la warme au contrevent, de $0^m,50$ à $0^m,65$. La profondeur verticale (entre l'horizontale passant par le sommet de la warme et le milieu de la plaque de fond) varie de $0^m,16$ à $0^m,26$. L'avancement ou warmage, c'est-à-dire l'inclinaison de la warme par rapport à la verticale et qui rend la tuyère plus ou moins plongeante, varie de 7 à 9 centimètres.

La fonte blanche étant assez fusible et se décarburant facilement, il s'ensuit qu'elle a une tendance à prendre nature très-promptement. La température dans le creuset doit être assez élevée pour maintenir la fonte blanche à l'état liquide pendant tout le temps nécessaire au départ des matières étrangères. Il faudra donc un creuset profond et une tuyère plongeante. Les fontes grises, au contraire, très-difficiles à fondre et se figeant lentement, peuvent être traitées dans des feux plats et avec des tuyères rasantes.

Il faut donc proportionner la profondeur du creuset à la nature de fonte, de manière à favoriser ou retarder la décarburation selon que les fontes sont plus ou moins pures et plus ou moins fusibles.

Les fontes sulfureuses et phosphoreuses, qui sont très-difficiles à affiner, doivent avoir une décarburation lente, et l'on doit, pendant l'opération, pour faciliter le départ du soufre et du phosphore, projeter dans le fourneau du calcaire en poudre.

Affinage par attachement.

671. Dans quelques localités, surtout en Allemagne, on ne sort pas tout le fer en une seule fois, mais par parties. On profite du moment où la matière entre pour la dernière fois en fusion pâteuse, pour retirer du foyer les parties du métal qui sont complètement affinées, tandis que l'opération se continue comme à l'ordinaire à l'égard du reste de la masse.

Au moment de l'avalage, l'ouvrier fait rougir l'extrémité d'un ringard qu'il promène dans le creuset. Les particules de fer affiné se soudent à son extrémité et lorsqu'on a un *lopin* de 8 à 10 k., on l'enlève et on le porte sous le marteau. On retire ainsi un certain nombre de ces lopins et on avale le reste de la loupe de la manière précédemment décrite. Le fer de ces lopins est plus pur que le fer retiré par l'avalage ordinaire, car, pour que les particules de fer affiné se soudent au ringard, il faut qu'il soit d'une grande pureté.

Ce procédé procure une économie de temps et de charbon, et le fer qui en résulte est toujours d'une qualité supérieure.

Blanchiment de la fonte.

672. Dans quelques usines, avant de procéder à l'affinage, on fait subir à la fonte certaines préparations qui ont pour but de la blanchir et de commencer sa décarburation. Pour arriver à ce résultat, il existe plusieurs procédés qui sont :

1° Le *Blanchiment* ;
2° Le *Mazéage* ;
3° Le *Grillage* ;
4° La *Granulation*.

Le blanchiment peut se faire de deux manières. On peut projeter, dans le haut-fourneau lui-même, deux heures environ avant la coulée et sur la fonte contenue dans le creuset, du minerai en poudre, lorsque celui-ci est assez riche, assez pur et exempt de silicium. On introduit alors des ringards dans le creuset et on brasse fortement la fonte liquide.

On obtient ainsi une fonte plus blanche. On peut aussi opérer ce blanchiment en envoyant pendant une heure ou deux du vent par les tuyères. On est averti que l'effet est produit, par une multitude d'étincelles blanches qui sortent du creuset. La quantité d'air ainsi lancé par les tuyères a le grave inconvénient de ralentir la marche de l'opération et de pouvoir causer des accidents.

Le mazéage s'applique particulièrement aux fontes grises.

Dans la Souabe, on ajoute des scories pendant la fusion de la fonte. On la laisse dans le creuset, et, lorsqu'elle commence à se refroidir, on la retire par morceaux que l'on porte à l'affinage.

Le mazéage qui s'opère dans une partie du Nivernais se fait dans un feu d'affinerie en employant les scories. Lorsque l'opération est terminée, on coule la fonte sur le sol de l'usine, lequel est formé de sable humide et battu. Avant l'entière solidification, l'ouvrier trace sur la surface de la fonte des lignes perpendiculaires entre elles, formant des carreaux suivant lesquels on débite ensuite la fonte au marteau sous le nom de *mazelles*. Celles-ci subissent ensuite le grillage.

Enfin, dans le Wurtemberg, on opère le mazéage dans un four à réverbère. Le procédé consiste à injecter sur la fonte en fusion de l'air chaud, et à ajouter dans la masse des scories riches.

Le grillage s'applique aux mazelles dans le but de faire perdre au fer les matières étrangères qu'il renferme. Cette opération se fait en l'exposant au rouge, à l'action de l'air ou de scories riches. Le grillage peut s'opérer dans un four ou en tas. On met alternativement des couches de mazelles empilées et des couches de combustible de peu de valeur, mêlé ou non, de scories riches, puis on met le feu.

En Corinthie, on granule la fonte en la faisant passer sur des branchages pour la diviser et en la laissant tomber dans l'eau.

Modifications de la méthode allemande.

673. La méthode comtoise est identique à celle que nous venons d'indiquer sous le nom de méthode allemande. En Franche-Comté, on affine des fontes grises à gros grains.

Dans la méthode champenoise, on affine des fontes truitées. Les opérations sont les mêmes. On rétrécit le creuset dans le haut pour concentrer la chaleur, puis on emploie moins de scories pour ne pas trop hâter la décarburation.

En Bourgogne, où l'on traite des fontes blanches lamelleuses, on ménage la fusion afin que la fonte ait le temps de s'affiner, et, comme ces fontes sont très-pures, on évite le soulèvement et on passe de suite à l'avalage.

La méthode wallone, pratiquée aussi en France, est presque la méthode bourguignonne, mais on emploie de très-bonnes fontes que l'on fond très-doucement et que l'on réchauffe ensuite dans un foyer spécial.

674. *Forgeage*. La loupe, retirée du feu et déposée sur le sol de l'usine étant très-molle et ne pouvant supporter l'action du marteau que nous allons décrire, le goujat la frappe à coups de masse et lorsqu'elle a pris un peu plus de corps et de consistance, on la traîne sous le marteau pour la *cingler*. Les premiers coups doivent être lents et peu nombreux. A mesure que la loupe se refroidit, il faut augmenter la vitesse et le nombre des coups. On arrive ainsi à donner à la pièce la forme d'un cylindre aplati.

Cette pièce est ensuite coupée avec le *hacheron* en deux *massiaux* qui ont $0^m,30$ à 0^m35 de côté en carré.

L'un de ces massiaux est placé dans le feu entre la gueuse et la tuyère, de manière que son extrémité plonge dans le bain de scories qui recouvre la matière ferreuse.

Les massiaux ne doivent pas toucher la fonte liquide, dont le contact produirait une cémentation qui les rendrait cassants. L'autre massiau est posé en attente sur la tuyère et recouvert de charbon.

On forge le premier massiau sur la moitié de sa longueur; c'est ce qui s'appelle la mise en *maquette*. On refroidit la barre dans l'eau, puis on introduit la partie non forgée ou tête de la maquette, dans le feu en l'appuyant sur la tuyère. On achève ensuite comme il a été dit précédemment pour la première partie de la barre.

Cette opération de l'étirage se fait en deux chauffes pour les massiaux de 12 à 15 kilos; en trois, pour les pièces plus fortes. Dans ce dernier cas, on commence par étirer le milieu de la barre. On chauffe ensuite une des extrémités et on l'étire pour obtenir une maquette. Enfin, on étire la troisième partie restée brute.

Pendant l'opération, une petite rigole amène constamment un filet d'eau sur l'enclume pour faire tomber les battitures.

675. *Marteaux employés dans les forges allemandes.* Les marteaux employés dans les forges allemandes à cingler la loupe et à forger le fer sont des marteaux

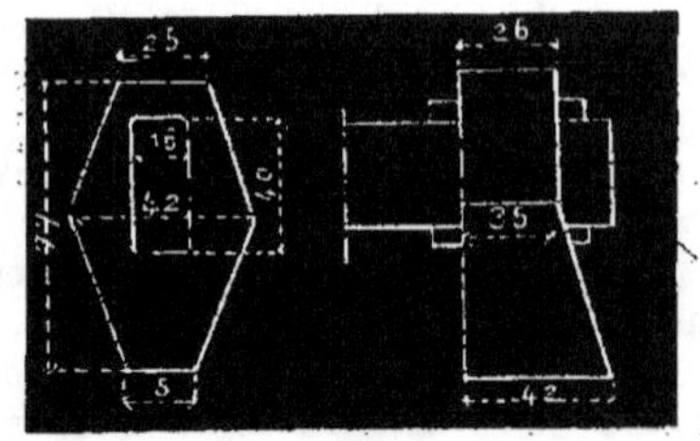

Fig. 234.

à soulèvement. Leur tête est en fonte et pèse de 300 à 400 kilos (*fig.* 234); ils donnent 100, 120, et même 130 coups par minute. Leur *levée*, qui est généralement en raison inverse de leur poids, est comprise entre 0m,80 et 0m,55. Ils exigent pour les manœuvrer 10 chevaux de force.

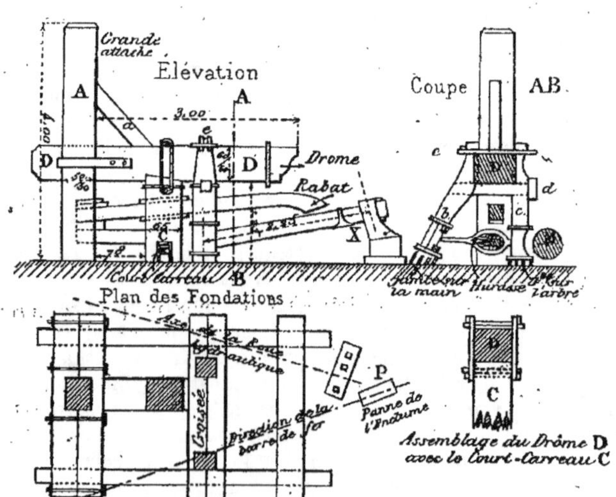

Fig. 235. — Marteau à soulèvement de 250 kilos avec ordon en bois à drôme coupé. — M. Arbre de la roue hydraulique.

Sur le bord d'un canal, on établit une pièce verticale A (*fig.* 235 *élévation*) en bois de 4 à 5ᵐ,00 de hauteur que l'on nomme la *grande attache*. A cette grande attache est fixée une pièce de bois horizontale D le *drôme* (*fig.* 235, *élévation*, *coupe et fig.* 236) d'une longueur de 3ᵐ,00 environ et qui est soutenue en son milieu

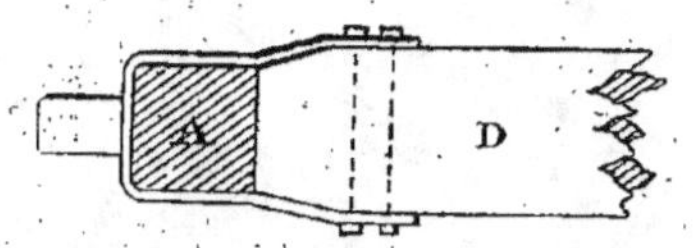

Fig. 236. — Assemblage du drôme D avec la grande attache A de la figure 235.

par une seconde pièce verticale C dite le *court carreau*. La grande attache est soutenue par un arc-boutant *a* qui s'appuie sur le drôme. Dans celui-ci, on pratique des entailles dans lesquelles on place deux pièces de bois *b* et *c* (*fig.* 235, *coupe AB*) que l'on appelle les pièces de l'*ordon*. Ce sont ces deux pièces de bois, l'une verticale et l'autre légèrement inclinée, que l'on désigne, la première sous le nom de *jambe sur l'arbre*, la seconde sous celui de *jambe sur la main*. Elles servent à supporter les tourillons du marteau. Elles sont solidement fixées dans le sol, et reliées entre elles, à la partie supérieure par un étrier en fer très-solide *e* et au-dessous par une clé tirante *d*. Un coin placé entre cette clé et le drôme assure entre toutes ces pièces une solidarité complète. La queue du marteau est enchâssée dans une pièce de fonte, *hurasse*, au moyen de *coins* et, comme l'œil de la hurasse est plus large que haut, il s'ensuit que l'on peut donner au marteau une inclinaison variable, nécessaire pour que les pièces à forger puissent passer facilement entre le *court-carreau* et la *jambe sur la main* sans venir butter contre la première de ces pièces.

Les *boutons* de la *hurasse* servant de tourillons, viennent s'engager dans des pièces de fonte fixées sur les jambes de l'ordon au moyen de coins.

Pour limiter la course du marteau et le rejeter avec force sur l'enclume, on se sert d'un *ressort*; c'est une pièce en bois solidement fixée sur la grande attache au moyen de coins. Ce *ressort* ou *rabat* passe ensuite dans un trou pratiqué dans le *court-carreau*, la *chapelle*, pour venir présenter son extrémité libre à la partie du manche du marteau près de la tête. Ce marteau, lancé par la *came* de l'arbre, vient frapper le rabat qui le renvoie avec force. Les manches et les rabats se font en bois de hêtre, de frêne ou de charme de premier choix.

Pour donner plus de stabilité à l'appareil, on donnait autrefois une grande longueur au drôme pour le rendre plus lourd; aujourd'hui, on augmente l'équarrissage, et la longueur est réduite à 3ᵐ,00.

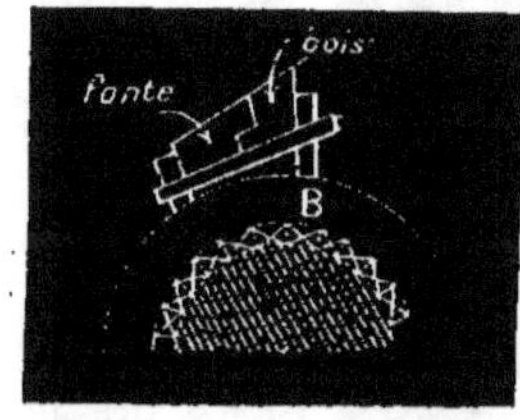

Fig. 237. — Construction des cames.

Les cames, qui font marcher le marteau, sont disposées au nombre de quatre ou cinq, sur le pourtour d'une bague en fonte B (*fig.* 237) de 0ᵐ, 09 à 0ᵐ,10 d'épaisseur et de 0ᵐ, 60 de rayon, calée sur l'arbre de la roue hydraulique à l'aide de coins en bois ou en fer.

Ces cames sont formées en avant d'une pièce de fonte, fondue avec la bague, et présentant un retrait à l'arrière, pour retenir une pièce de bois de hêtre, assemblée avec la pièce de fonte, à l'aide d'un étrier en fer et des coins de serrage. Le point par où les cames soulèvent le manche est protégé par une large patte en fer dite *braye* (*fig*. 238.)

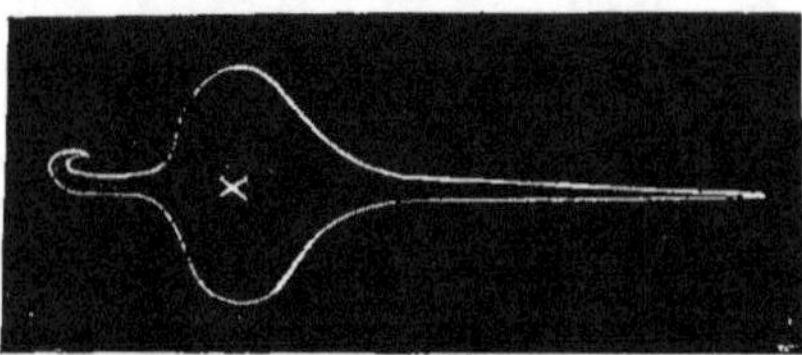

Fig. 238. — Braye.

Les enclumes sont en fonte et d'une seule pièce. La *panne* P, ou surface de travail, présente une inclinaison de l'avant à l'arrière de 0m,03 à 0m,04. Elles pèsent 400 kilos.

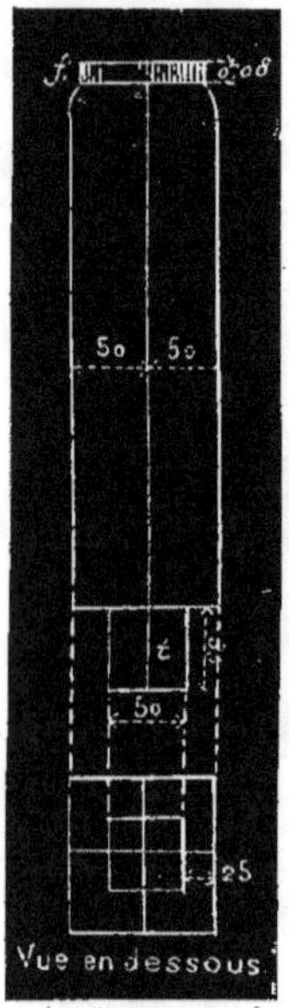

Pour éviter qu'elles ne s'enfoncent, on les plaçait autrefois sur un *stock* formé d'un tronc d'arbre énorme. Aujourd'hui, les *stocks* se font d'une manière aussi solide et plus économique, avec des pièces de bois de 0m,50 d'équarrissage que l'on assemble latéralement avec des prisonniers et des boulons dans les deux sens (*fig*. 239). On donne à la partie supérieure de cette pièce composée une forme circulaire et on l'entoure d'une frette *f* de 0m,08 de hauteur. C'est sur cette frette que l'on pose l'enclume.

A la partie inférieure, on fait un tenon *t* de 0m,50 d'équarrissage et de 0m,30 à 0m,35 de longueur. Ce tenon vient s'engager dans un carré K (*fig*. 240) formé par quatre longues poutres croisées de 6m,00 environ et de 0m,40 d'équarrisage assemblées à mi-bois.

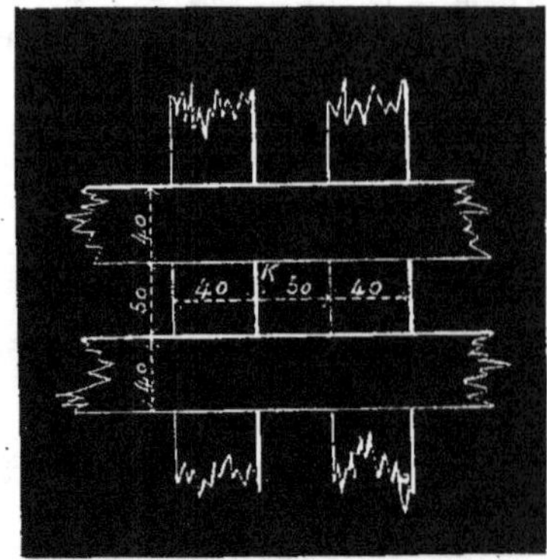

Fig. 239

On remplit de terre l'intervalle resté vide entre ces poutres pour bien les maintenir, et on ajoute de la terre bien damée jusqu'au sol de l'usine.

676. *Outils d'une forge allemande.*

Fig. 240.

Pour maintenir le fer, on emploie des *tenailles* de différentes formes :

1° *Tenaille écrevisse* (*fig*. 242 — I) qui sert uniquement à cingler la loupe, les mâchoires sont terminées par des parties saillantes qui saisissent cette loupe. Les manches ont environ 1m,20 de longueur et elle pèse 12 kilos.

2° Le second genre de tenaille est la *tenaille à réchauffer* (*fig*. 242 — II). Comme elle doit aller au feu, on augmente la section.

3° Le troisième type est la *tenaille à coquille* (*fig*. 242 — III) qui sert à forger. La pièce de fer P est maintenue comme l'indique la coupe *AB*.

Dans ces forges, on classe les fers en deux catégories :

1° Les gros fers ou fers marchands (fers de grosses forges.)

2° Les petits fers (fers de petites forges).

Les gros fers sont à section rectangulaire ou carrée et ont de 0m,060 à 0m,150 sur 0m,010 à 0m,020 d'épaisseur pour les fers plats et 0m,025 à 0m,060 pour les fers carrés.

Les petits sont à section carrée ou ronde. Les fers plats ont de 0^m,030 à 0^m,040 sur 0^m,007 à 0^m,009; les carrés et les ronds, de 0^m,015 à 0^m,020. Nous ne donnons pas la suite des opérations pour la

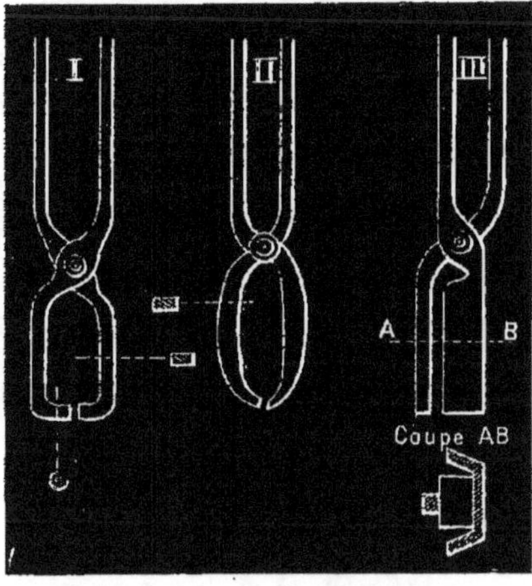

Fig. 242 — Tenailles.

fabrication de ces petits fers ce qui serait trop long et ne peut être traité que dans un cours de métallurgie.

Affinage de la fonte par le procédé anglais.

677. *Généralités.* On s'est proposé, en Angleterre, d'affiner la fonte par un procédé qui permît d'obtenir, dans le plus court espace de temps, la plus grande quantité de fer, et surtout de substituer, dans les procédés d'affinage, la houille au charbon de bois, perfectionnement indispensable dans un pays où le bois est rare et cher, tandis que la houille s'y rencontre en grande abondance.

678. La méthode anglaise comprend trois opérations distinctes:

1° Le *mazeage* ou *finage* de la fonte;

2° L'affinage proprement dit ou *puddlage* (brassage);

3° Le réchauffage et le forgeage du fer.

Par la première opération, qu'on appelle finage, on retire de la fonte la majeure partie du silicium. Pour lui enlever son carbone, on la soumet à une opération subséquente désignée sous le nom de puddlage. Le finage ne se pratique en général que sur des fontes grises très siliceuses ou phosphoreuses et son but est de les débarrasser du phosphore et de la silice en leur conservant le charbon. On facilite ainsi le puddlage de ces fontes. On obtient alors une fonte blanche, caverneuse, criblée de soufflures surtout à la partie supérieure.

Le travail s'exécute dans un bas foyer, dit *finerie*.

On produit du *fine métal* que l'on blanchit par refroidissement brusque. Ce *fine métal* est amené dans un four à réverbère où il est brassé avec des scories riches et des battitures pour le débarrasser de son carbone et lui faire prendre nature. C'est ce qui constitue la deuxième opération.

Dans la troisième opération, on amène le fer obtenu précédemment sous forme de loupe, au blanc soudant dans un autre four à réverbère et il est étiré en fer marchand, uniquement au moyen de cylindres. Les fontes grises très-réfractaires ont l'inconvénient d'attaquer et de détruire très-promptement les parois des creusets. Les fontes blanches, qui prennent facilement nature, n'ont pas besoin d'être finées. Du reste l'opération serait très-difficile à cause des engorgements qui ne manqueraient pas de se produire. Les fontes truitées sont les plus faciles à finer.

On peut aussi les remplacer par un mélange de fontes grise et blanche. Le seul combustible des fineries est le coke. En général, on recherche les cokes les plus purs et ceux qui contiennent le moins de cendres. Il faut éviter l'emploi de cokes sulfureux qui altéreraient le fer produit.

On réserve les cokes les plus denses pour les fontes difficiles à finer.

679. *Composition d'un feu de Finerie.*

Le foyer des fineries est composé d'un creuset rectangulaire à angles droits et à

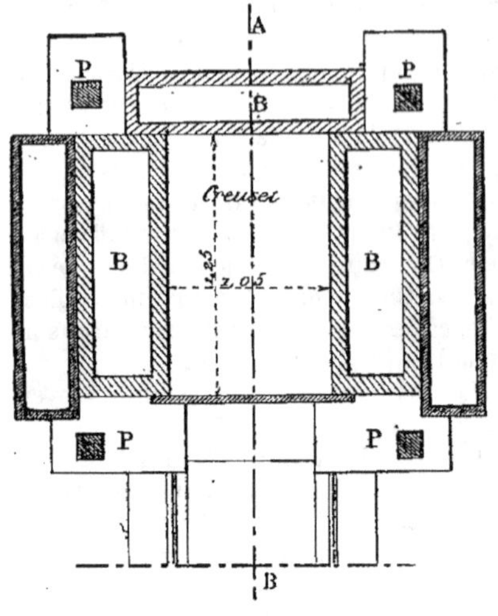

Fig. 242 *bis.*

faces parallèles (*fig.* 242 *bis*, 243, 244). Les côtés du *contrevent* de la *warme* et de la *rustine* sont formés de bâches en fonte *B* (*fig.* 242 *bis*) dans lesquelles circule de l'eau. Le creuset est surmonté d'une cheminée rectangulaire supportée, comme dans les feux comtois par quatre piliers P. (*fig.* 242 *bis*). Sur chaque face latérale contiguë au *chio*, il existe trois tuyères *t* (*fig.* 244) qui croisent leur vent avec celles qui leur font face. Ces tuyères, pendant l'opération, plongent un peu dans le bain de scories qui surnage sur la fonte en fusion, mais elles ne plongent jamais dans la fonte elle-même. En avant du *chio* se trouve une lingotière en fonte (*fig.* 245) dans laquelle on coule la plaque de *fine-métal.*

La lingotière est formée par une série de pièces de fonte enterrées dans le sable et posées bout à bout, que l'on mouille avec une eau tenant de l'argile en suspension. Cette eau s'évapore et l'argile déposée en poudre fine sur la lingotière empêche l'adhérence du métal. Dans quelques usi-

nes, on refroidit ces lingotières avec un courant d'eau froide (*fig.* 246), mais cela n'est pas indispensable. Les plaques ont ordinairement 8, 10 et même 25 centimètres d'épaisseur et 0^m 70 de largeur. Lorsque la fonte est coulée, on verse de l'eau sur sa surface pour la blanchir et solidifier les scories.

On prolonge les plaques verticales des bâches au moyen de plaques de fonte échancrées à leur partie inférieure et en avant desquelles on place d'autres plaques de fonte percées de trois trous pour le passage des tuyères.

Les parois des bâches sont plus épaisses à la base inférieure, partie plus exposée au feu; nous en donnons la coupe et les dimensions (*fig.* 247). Ces bâches sont fermées à la partie supérieure à l'aide d'une plaque de fonte et bien lutée par un mastic de fonte parfaitement tassé. Cette plaque est percée de deux trous taraudés où viennent se fixer les tuyaux d'entrée et de sortie de l'eau. Celle-ci est déversée dans une bâche placée latéralement et non couverte, d'où elle s'écoule par un trop-plein.

Dans les feux de finerie, on emploie des tuyères à eau construites en tôle (*fig.* 248). L'eau qui alimente ces tuyères, vient d'une petite bâche placée sur des consoles fixées sur les piliers de la cheminée (*fig.* 243).

L'air est amené aux tuyères par des conduits souterrains sur lesquels sont montés des porte-vents. La boîte du porte-vent est percée de trois tubulures, une pour chaque tuyère. A ces tubulures sont fixés des tubes en cuir terminés par des buses en cuivre. La quantité de vent est modifiée par un obturateur intérieur A (*fig.* 249) qui bouche plus ou moins l'orifice d'arrivée de l'air.

680. *Quantité d'air — Force motrice.* La quantité d'air lancée dans une finerie dépend de la nature des fontes traitées. Elle est comprise entre 6 et 8 mètres cubes par minute et par tuyères, sous

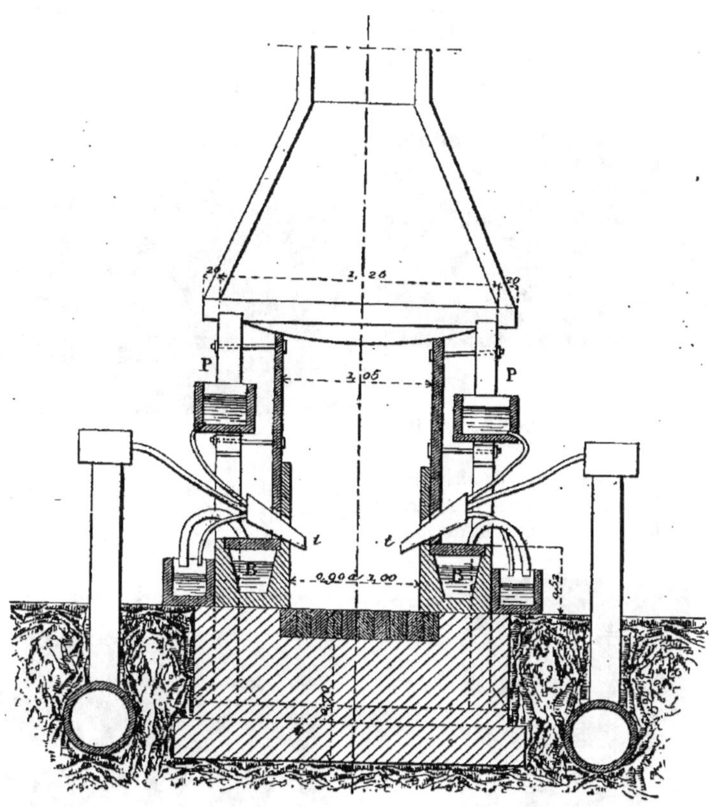

Fig. 243.

une pression de 10 à 12 centimètres de mercure.

On admet, en général, qu'il faut trois chevaux de force par tuyère, ce qui fait 18 chevaux. Dans la pratique on compte sur 20 chevaux, comme évaluation, pour conduire une finerie.

681. *Personnel.* Le personnel se compose d'un maître fineur et de trois ou

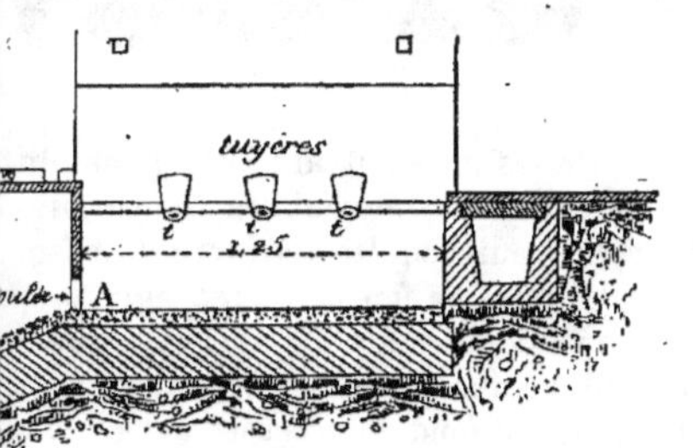

Fig. 244. — Coupe AB de la fig. 242 *bis.*

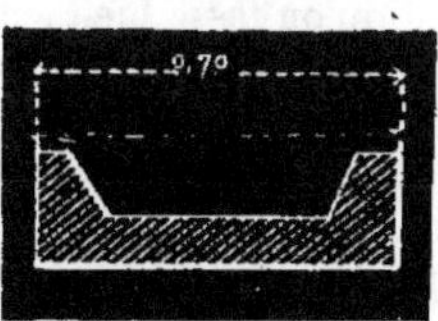

Fig. 245.

quatre aides formant une brigade, travaillant douze heures ; il y a deux brigades
qui travaillent alternativement. Il faut
encore ajouter quelques manœuvres qui

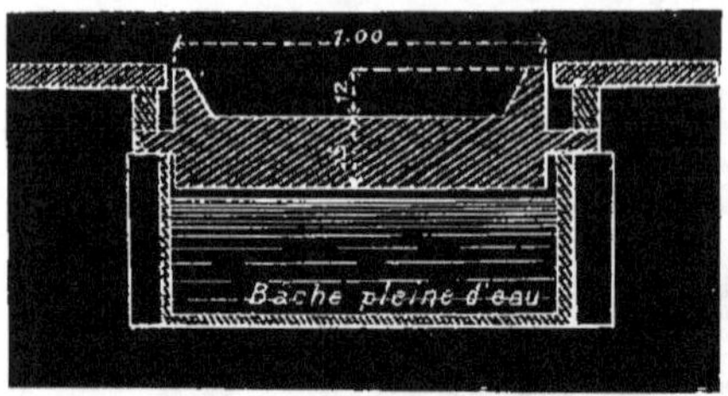

Fig. 246.

apportent la fonte et le coke à proximité de
la finerie.

682. *Marche de l'opération.* Pour
préparer le feu, on commence par faire la
sole. Elle est formée d'une couche de *quartz*

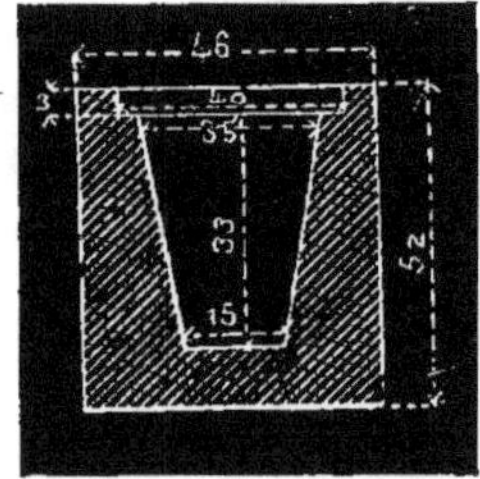

Fig. 247.

bien pilé, de 0ᵐ,12 d'épaisseur que l'on
met directement sur des briques placées
de champ et qu'on tasse bien pour rendre
la couche plus dense. On pourrait employer
le calcaire, mais le quartz est préférable
et la sole dure environ 6 mois, époque
après laquelle on démonte le feu.

Pour rendre la démolition de l'ancienne
sole plus facile, à la fin de la dernière
opération, on envoie sur le foyer encore
incandescent, le contenu d'une bâche. Ce
brusque refroidissement a pour effet de
fendiller le quartz et de permettre son
enlèvement.

Pour procéder au chargement d'un nouveau feu, on opère comme suit : La coulée terminée, on donne le vent pendant
un certain temps pour chasser les scories.
On bouche le *chio* avec du sable fortement
damé. On choisit les plus riches parmi les

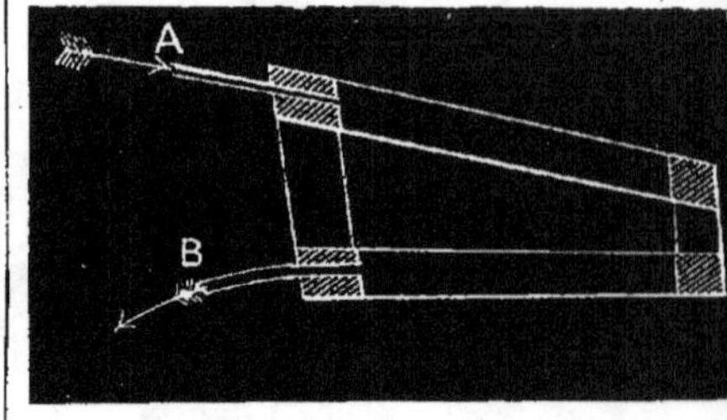

Fig. 248.

scories et on les jette dans le feu. Elles
favorisent la fusion et garantissent la
fonte et les parois du creuset.

La fonte est employée sous forme de
gueusets de 0ᵐ,80 de longeur et de 50 à

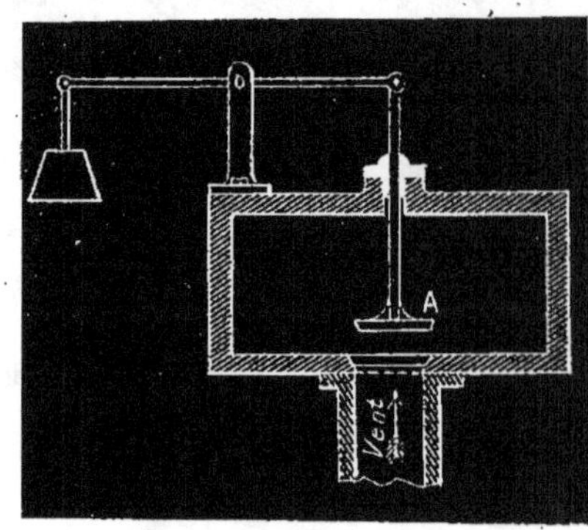

Fig. 249.

60-k. On les place suivant la longueur du
creuset pour que le vent les frappe latéralement, puis on les recouvre de coke.
Après la mise en feu on laisse agir pendant une demi-heure. L'ouvrier, avec un
ringard, remue la fonte de manière à la
précipiter au fond du creuset. Quand elle
est bien descendue, il la brasse pour

rendre la masse homogène et, pendant ce temps, les autres ouvriers cassent et préparent le coke, nettoient les lingotières et y mettent de l'eau chargée d'argile. Lorsque le degré de finage est arrivé, on le reconnaît à la fluidité de la fonte et des scories à la couleur de ces dernières, qui doivent être jaunes ou rouges très-pâles, très-liquides et ne pas se figer sur le ringard qu'on y plonge.

C'est avec l'expérience et une grande habitude qu'on reconnaît le moment favorable pour la coulée.

Les laitiers contiennent toujours une plus forte proportion d'oxyde métallique que ceux des hauts-fourneaux. Ils renferment aussi des silicates qui proviennent du silicium combiné avec le métal, et qui a été brûlé par le vent des tuyères. Lorsque l'opération est terminée, l'ouvrier fait couler le métal dans une rigole, où il s'étend sous forme de nappe. Il le refroidit alors brusquement par des affusions d'eau froide. On obtient de la sorte une fonte blanche très-cassante, moulée sous forme de plaques, à laquelle on donne le nom de *fine-métal*.

On peut juger de la nature du *fine-métal* obtenu à sa contexture et aux phénomènes qui se manifestent pendant la coulée. Si le finage est bien fait, le métal doit présenter de nombreuses étincelles et, après le refroidissement, si l'on casse la plaque obtenue, on la trouve un peu caverneuse vers la surface. Si, au contraire, le finage est poussé trop loin, la plaque produit un nuage d'étincelles très-fines. Dans ce cas, cette plaque est caverneuse dans toute son épaisseur et le métal est trop malléable. Si le finage n'est pas complet, le *fine-métal* ne donne presque pas d'étincelles dans la coulée et ne présente pas de cavités intérieures.

683. *Chargement.* La charge d'une finerie dépend de la facilité avec laquelle s'affine la fonte. Elle est de 1500 à 1800 k. si la fonte s'affine facilement, et descend à 1200 k. pour les fontes difficiles à affiner.

La quantité de scories ajoutées varie de 100 à 200 k. par charge.

684. *Durée du finage.* La durée de l'opération varie aussi avec la nature des fontes traitées, en moyenne on fait de 8 à 9 opérations par poste de 12 heures.

685. *Déchets.* La pureté des fontes et des cokes, la plus ou moins grande habileté des ouvriers, influent sur les déchets. Les fontes au bois provenant de minerais fusibles ne donnent qu'un déchet de 7 0/0 au plus, tandis que pour les fontes au coke le déchet dépasse 10 0/0 et va même jusqu'à 15 et 20 0/0.

Il faut, en général, des cokes donnant peu de cendres et il faut éviter de couler le métal dans des lingotières siliceuses.

686. *Consommation de combustible.* On consomme de 300 à 400 k. de coke par tonne de fine-métal obtenue.

La production d'une finerie est en moyenne de 18 à 20 tonnes de fine-métal par 24 heures.

Puddlage de la Fonte.

687. L'opération du puddlage ou brassage correspond au soulèvement et à l'avalage de la méthode allemande. La fonte est exposée sur la sole d'un four à réverbère à l'action d'un courant d'air et elle est, de plus, soumise à un brassage longtemps soutenu avec des battitures et des scories qui facilitent la décarburation et diminuent le déchet. Pour les fontes blanches ou truitées et pour le *fine-métal*, on n'emploie ni scories ni battitures, mais celles ci sont indispensables lorsqu'il s'agit de fontes grises prenant difficilement nature. Lorsque la fonte se maintient trop longtemps liquide, on ajoute de l'eau qui forme de l'oxydule de fer, lequel réagit dans l'affinage.

688. *Combustible.* Le combustible employé est presque toujours la houille. On doit mettre de côté les houilles pyriteuses, car l'acide sulfureux qu'elles produiraient

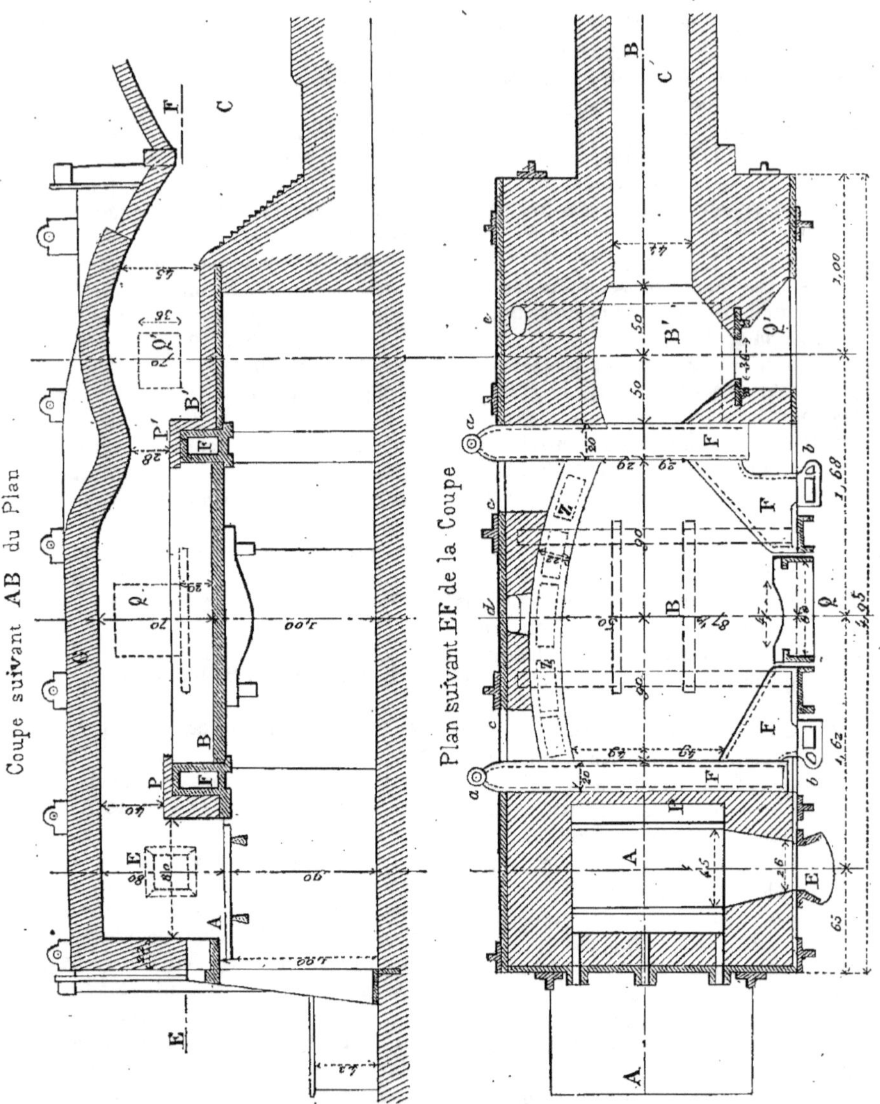

Fig. 250. — Four à puddler à double sole et à courants d'air et d'eau (Creuzot).

dans leur combustion pourrait altérer le fer. On choisit de préférence les houilles à longue flamme, légèrement collantes et de moyenne grosseur.

689. *Fours à puddler.* Le four à puddler est une sorte de fourneau à réverbère (*fig.* 250, 251, 252 et 253) dont la flamme est attirée du foyer par-dessus la sole où se fait le puddlage de la fonte jusqu'à la cheminée. Il se compose d'une grille ou foyer A (*fig. 250*) où l'on met le combustible. Les barreaux de cette grille sont mobiles pour qu'on puisse les remuer et les retirer à volonté. Une porte E ou *toquerie* permet à l'ouvrier de s'assurer si la combustion est assez active, d'y mettre du combustible et de donner de l'air, si l'on craint que la masse d'oxygène ne soit pas assez considérable dans le fourneau. Vient ensuite la sole B, dont le fond est en fonte et les doubles parois en matériaux réfractaires. Il existe entre la sole et la grille une sorte de pont P, nommé *pont de chauffe*, qui empêche que la flamme ne soit immédiatement en contact avec la sole et la force à s'élever au-dessus. La couverture du fourneau G s'abaisse de la grille à la sole; elle est construite en briques réfractaires peu épaisses, parce que cette partie de l'appareil a souvent besoin de réparations qui exigent qu'on la démonte aussi bien que la toiture en fonte qui recouvre cette paroi réfractaire.

Au-delà de la sole, vient le conduit C allant à la cheminée. Il en est séparé par un second pont P'. Cette cheminée porte à son sommet un registre qui sert à régler le tirage. La cheminée elle-même s'élève à 9 ou 10 mètres au-dessus du sol et a $0^m,45$ de section. La sole en fonte est recouverte de sable fin ou de scories rendues moins fusibles que les scories ordinaires, et que l'on emploie porphyrisées.

Le travail de brassage se fait par la porte Q.

Il existe entre le pont P' et le rampant

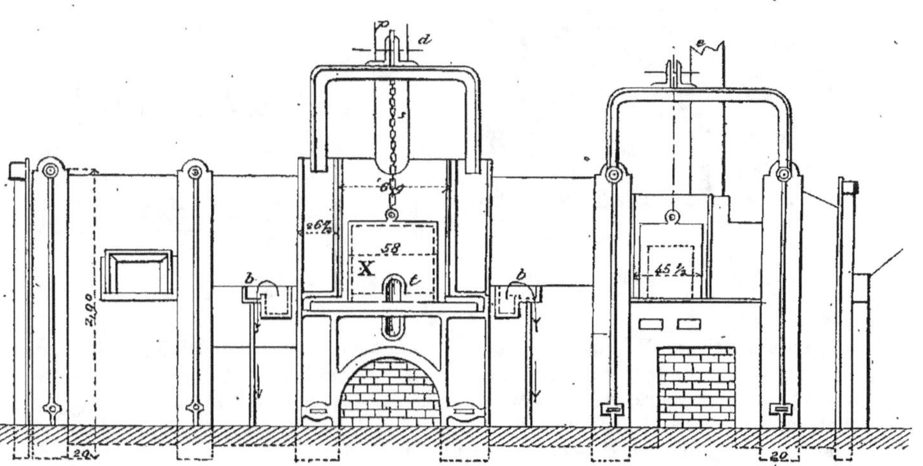

Fig. 251. — Elévation du four à puddler.

c' une petite sole B' ayant sa porte de chargement Q', qui sert au réchauffage. Dans ce four, les ponts PP', ou autels, sont formés de pièces de fonte creuses F dans lesquelles on verse continuellement de l'eau. L'entrée de l'eau se fait par les tubulures *aa* (*fig. 250*, plan suivant EF de la coupe) et la sortie par les trop pleins *bb* (*fig. 250*, *plan suivant* EF *et fig. 251*).

La paroi postérieure et curviligne de la sole Z est à circulation d'air. Cet air entre par les ouvertures *c* dans la paroi de la grande sole et la sortie se fait par de petites cheminées *d*. L'air qui circule au-dessous de la petite sole B' sort par la cheminée *e*.

Il faut, autant que possible, que la température soit uniformément distribuée dans toutes les parties du four. La flamme exigeant un certain temps pour abandonner sa chaleur, il faut pouvoir ralentir sa vitesse; c'est pourquoi on élargit la voûte au dessus de la sole. Les dimensions de cette sole dépendent de la charge de fonte introduite qui est ordinairement de 150 à 200 k. Les fours à puddler doivent être faits en matériaux réfractaires pour l'intérieur seulement. L'extérieur peut se faire avec de la bonne brique ordinaire.

Pour s'opposer aux effets de la dilatation, on enveloppe le four de plaques de fo te maintenues par des tirants en fer.

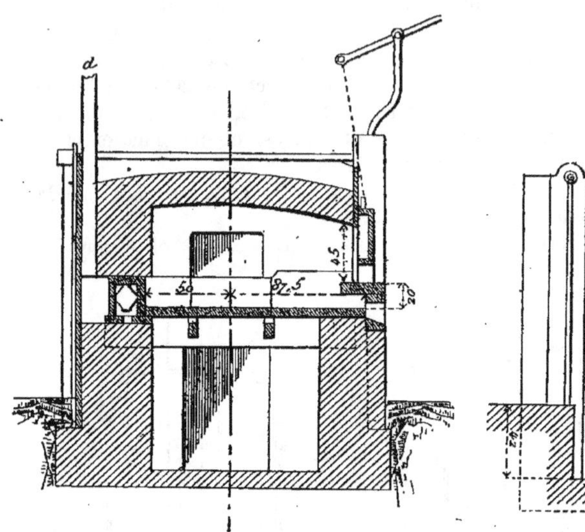

Fig. 252. — Coupe par l'axe de la sole (four à puddler).

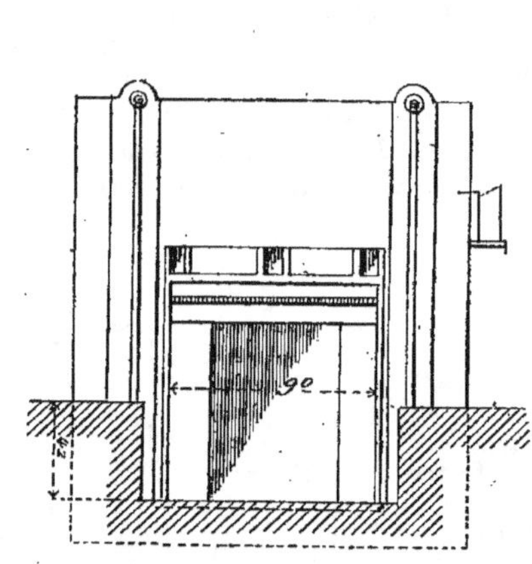

Fig. 253. — Elévation, côté du cendrier (four à puddler).

La partie inférieure de la cheminée étant celle qui se dégrade le plus promptement, il faut qu'on puisse la réparer sans démolir la cheminée entière. A cet effet, on soutient la partie supérieure de celle-ci par des piliers et des marâtres en fonte. Les fours s'établissent ordinairement sur un terrain naturel ou sur un béton recouvert d'un massif en maçonnerie dans lequel sont noyées des plaques à ergots qui retiennent les montants verticaux devant supporter les marâtres.

La porte de chargement a 0m,36 × 0m,36 et doit être mobile à volonté. Une plaque horizontale de 0m,15 de largeur forme le seuil de cette porte. Sur cette plaque, on en place une autre verticale garnie de deux nervures et percée d'un trou *t* (*fig.* 251) où les ouvriers introduisent leurs ringards. Elle peut être soulevée à l'aide d'une chaîne *s* passant sur une poulie *p* et être équilibrée par un contre-poids. Cette plaque de fonte X, formant porte, est garnie à l'intérieur d'un mortier réfractaire pour empêcher la fonte de se brûler.

690. *Outils du puddleur.* Les outils à puddler consistent:

1º Dans le *rabot :* c'est un ringard de 2ᵐ,50 de longueur terminé par un crochet à angle droit ayant 0ᵐ,15 de longueur (*fig.* 254).

2º Dans l'*aspadelie,* autre ringard terminé par une palette de 0ᵐ,12 de longueur sur 0ᵐ,06 de largeur (*fig.* 255). Quelquefois, le puddleur se sert d'un ringard

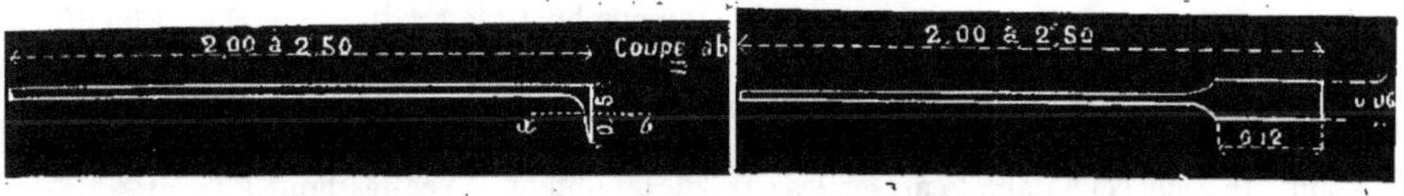

Fig. 254.   Fig. 255.

terminé par une masse ovoïde qui sert à frapper sur les lopins pour en faire sortir les scories. Ces outils sont refroidis dans une bâche pleine d'eau placée près du four.

691. *Personnel d'un four.* Pour desservir chaque four, il faut deux puddleurs travaillant par postes de 8 heures et, à chaque puddleur, il faut un aide. La fonte et le combustible sont amenés au pied du four par des manœuvres.

692. *Opération du puddlage.* Avant de soumettre le *fine-métal* ou la fonte au puddlage, on recouvre la sole du four d'une couche de quartz pilé ou de sable siliceux très-purs sur 0ᵐ,12 de hauteur. On tasse bien et on recouvre ce sable d'une couche de scories riches de 0ᵐ,03 d'épaisseur. On allume alors le feu et on ramollit les scories. On fait chauffer l'aspadelle et on la passe sur la couche de scories pour bien l'égaliser. Quelquefois on ne met pas de sable, on se contente d'une couche de scories riches qui, ramollies, se réduisent à une épaisseur de 0ᵐ,06.

Pour le *fine-métal,* ou les fontes trèspures, on emploie une sole plane, inclinée vers le rampant par lequel s'écoulent les scories. Pour les fontes grises, au contraire, ou pour les fontes impures, on fait des soles concaves qui conservent les scories et favorisent l'affinage. On donne alors une inclinaison vers la porte, et un trou, que l'on peut boucher avec de l'argile, peut servir à l'écoulement de l'excès de scories.

Lorsque le four est chauffé, on charge la fonte en la disposant en piles séparées pour que la chaleur la pénètre bien dans tous les sens. Il faut environ 20 minutes pour que les premières gouttelettes commencent à tomber. C'est alors que l'ouvrier remue la fonte avec un ringard pour déterminer la fusion complète, ce qui a lieu après une demi-heure.

La charge moyenne est de 180 k. Si on puddle du *fine-métal,* la consistance est pâteuse. Si, au contraire, on traite des fontes, la matière est fluide.

Lorsque la fusion est terminée, on commence le brassage qui doit durer jusqu'à la fin de l'opération. Ce brassage se fait avec le rabot, et a pour but de changer les surfaces.

Pendant cette opération, on abaisse la température, on ferme en partie le registre, on secoue et on retire un ou deux des barreaux de la grille pour faire tomber les escarbilles dans le cendrier et augmenter l'arrivée de l'air.

Les matières étrangères sont oxydées et bientôt il se produit un bouillonnement dans toute la masse. On continue le brassage. La matière se divise en petits grains qui, n'étant pas à une température assez élevée, ne se soudent pas (la matière se sèche, comme disent les ouvriers).

L'addition des scories doit être d'autant plus grande que les fontes sont plus pures. On projette quelquefois un peu d'eau sur le bain, cette eau produit deux effets :

1° Elle refroidit la matière et la rend pâteuse ;

2° Elle détermine une oxydation superficielle et l'oxyde, mêlé à la masse par le brassage, favorise le départ du carbone.

Mais on doit faire un usage très-modéré de l'eau pour ne pas trop augmenter le déchet.

Lorsque le métal est séché, on élève la température. On recharge la grille. Le puddleur recherche dans la masse les parties mal affinées qu'il reconnaît à leur couleur rouge plus sombre. Le travail devient très-pénible, toute la masse commençant à se souder.

Lorsque l'affinage est terminé, on procède à la formation de cinq ou six *loupes* partielles dites *balles* ou *boules* qu'on frappe en tous sens avec le ringard à masse ovoïde pour en expulser les scories et on les rapproche du pont de chauffe.

Lorsqu'on traite du *fine-métal* ou des fontes pures, l'affinage dure de 30 à 45 minutes. Il dépasse une heure pour les fontes impures.

Lorsque les balles sont portées au blanc, on les retire avec une tenaille écrevisse et on les porte au *cinglage*, opération qui se fait très-vite et qui ne dure que 5 à 6 minutes. La durée totale du travail est de 1 heure 20 ou 1 heure 30.

En 24 heures, on compte de 15 à 19 opérations.

Dans le puddlage comme dans l'affinage au petit foyer, la conversion de la fonte en fer ductile s'effectue par l'action réciproque du carbure de fer et des silicates de fer très-basiques avec lesquels il est en contact.

693. *Déchets.* Le déchet résulte de la pureté des fontes et de l'habileté de l'ouvrier qu'on intéresse en le payant à tant par tonne de fer obtenu et en lui donnant une prime ou en lui faisant une retenue suivant que le déchet est faible ou fort. Pour le *fine-métal,* il est de 10 p. 0/0 en moyenne. Pour des fontes brutes au bois,

il varie de 5 à 10 0/0 et pour des fontes grises impures de 15 à 18 0/0.

694. *Production.* — *Consommation de combustible.* On compte qu'un four à puddler peut fournir 70 tonnes de fer brut par mois de 25 jours. La consommation en combustible est très-variable. Elle dépend de la qualité du carbone et de la durée de l'opération. On brûle dans les foyers de la Loire de 1,000 à 1,100 k. par tonne de fer obtenu. Avec des houilles de 1re qualité la consommation peut être réduite à 800 ou 900 k. pour des fontes moyennes. En général, on peut compter sur 1,000 k.

695. *Des scories.* Les scories qui se forment pendant le puddlage sont noires, très-pesantes, cristallines. Leur composition est analogue à celle des scories pauvres des forges allemandes. Elles renferment fréquemment une petite quantité d'acide phosphorique. En général, elles sont plus pauvres que les scories des fineries et elles contiennent moins d'alumine que celles des feux allemands.

Cinglage, ou corroyage du fer puddlé.

696. La boule sortant du four à puddler forme une masse spongieuse composée de particules faiblement soudées et imbibées de scories fluides. Il faut donc exercer une compression sur cette masse pour souder entre elles les particules de fer et enlever les scories. Le cinglage, dans le principe, était opéré avec des marteaux rappelant la forme des marteaux frontaux (*fig.* 256 et 257). Ils étaient construits en fonte grise très-résistante. Tout le système était établi sur plusieurs lits de charpente dont l'élasticité empêchait les ruptures et qui répartissait sur une grande surface les effets des chocs. Le poids seul du manche T (*fig.* 257) était de 4,000 à 7,000 kil. La *chabotte* C de l'enclume pesait 10,000 kil. La levée était de 0m,40 à 0m,50. Le cinglage se fait aussi avec des presses ou *squeezer* (*fig.* 259).

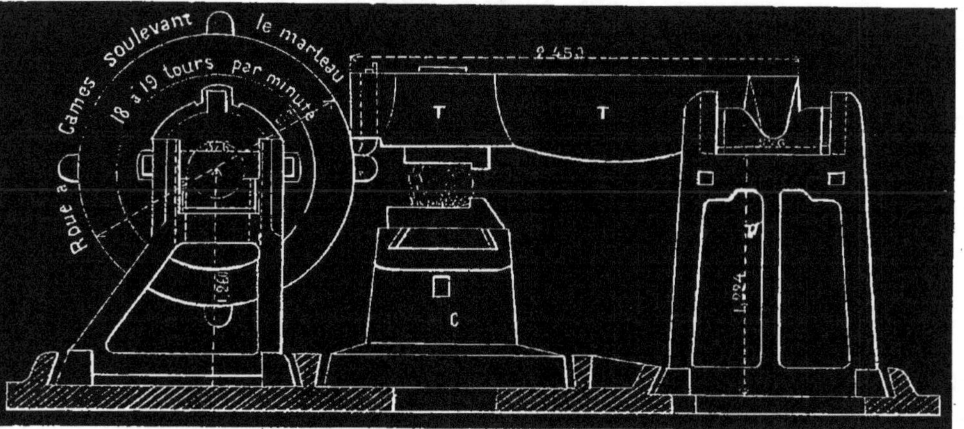

Fig. 256. — Marteau frontal de cinglage (Danlais). Elévation.

Ces presses opèrent par une pression plus ou moins lente et plus ou moins graduée.

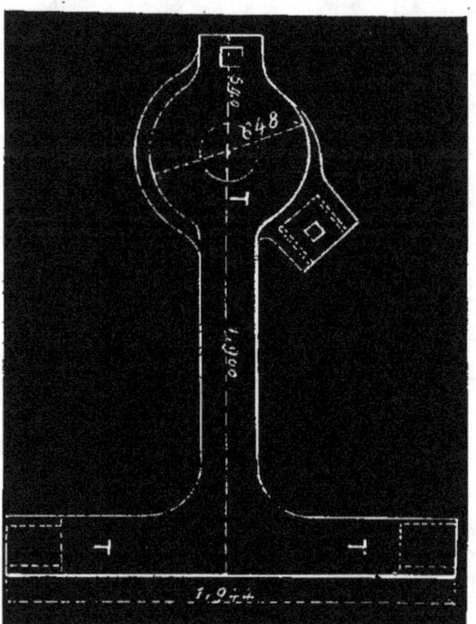

Fig. 257. — Marteau (Plan).

La boule est serrée entre la mâchoire A qui reçoit son mouvement d'un arbre de couche B par l'intermédiaire d'une bielle C, et entre une table inférieure T. Ces presses ont l'avantage de traiter la matière ferreuse avec plus de ménagements, mais le travail n'est pas aussi bon que le cinglage par chocs.

Comme perfectionnement, on emploie le marteau pilon de cinglage représenté (*fig.* 258). Il est très-simple de construction et consiste en un cylindre à vapeur A à simple effet. La tige du piston de ce cylindre porte une forte masse de fonte M guidée en m et n et qui tombe d'une certaine hauteur sur la masse à cingler. La manœuvre se fait par un levier l qui ouvre et qui ferme alternativement le tiroir de distribution. Ce marteau a l'avantage d'être abordable sur toutes ses faces. On peut aussi faire varier la force et le nombre de coups, à volonté, suivant la qualité du fer sur lequel on opère. Ces marteaux pèsent de 1,500 à 2,500 kil. La levée varie de 0^m,75 à 1^m,30. Le diamètre du cylindre à vapeur est compris entre 0^m,40 et 0^m,50 et la force dépensée varie de 15 à 25 chevaux.

Ce marteau coûte un peu plus cher que le marteau frontal, mais il peut desservir

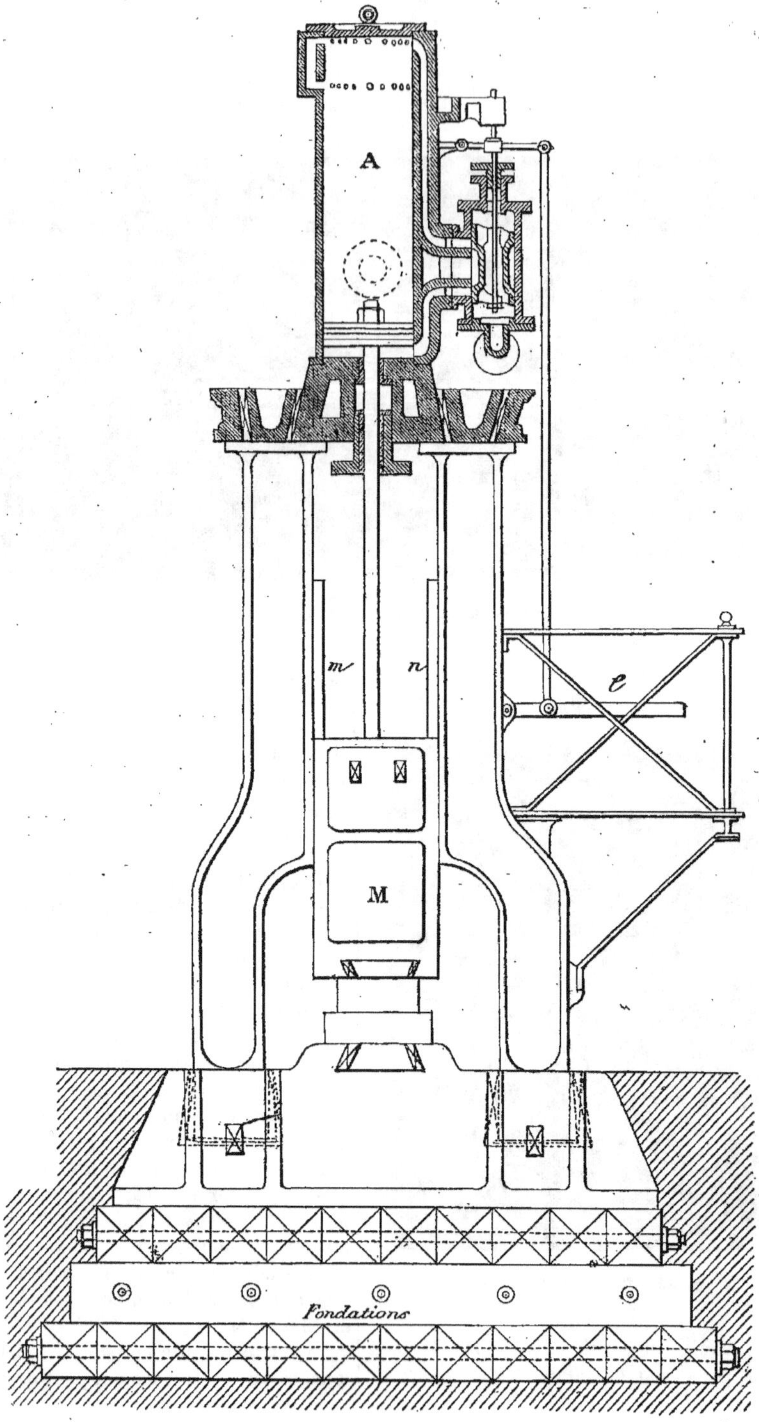

Fig. 258

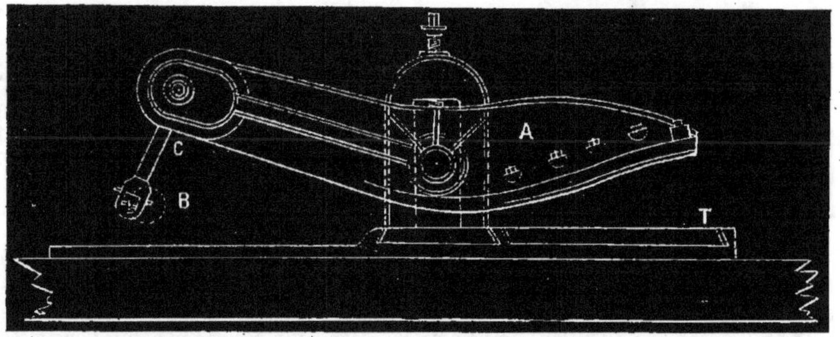

Fig. 259. — Squeezer d'Abainville.

10 à 12 fours à puddler. C'est le meilleur instrument de cinglage.

Comme la masse à cingler peut avoir un certain poids, elle est manœuvrée par une pince écrevisse montée sur deux roues, comme l'indiquent les figures 265 et 266.

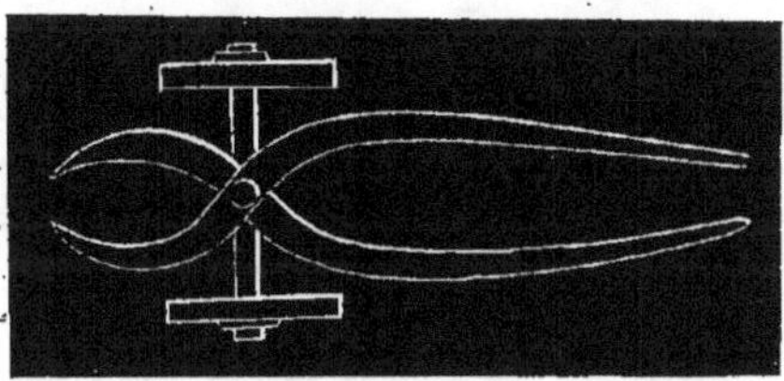

Fig. 260.

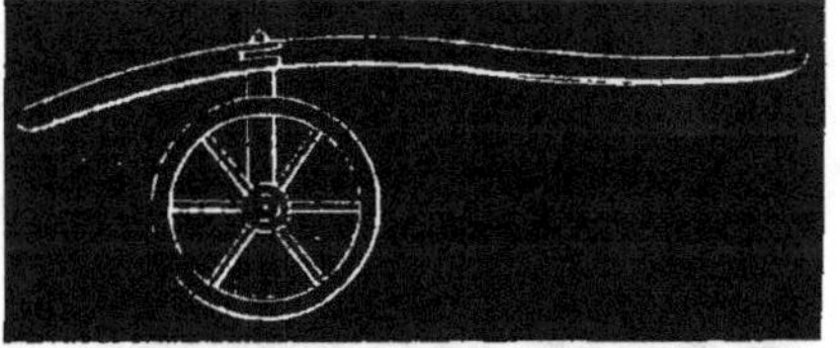

Fig. 261.

§ VIII. — TRAVAIL DU FER.

Laminoirs

697. Les loupes ou balles étant cinglées sous un marteau ou sous un squeezer passent immédiatement entre les cylindres ébaucheurs d'un laminoir :

698. Dans les forges anglaises, on distingue trois sortes de laminoirs.

1° Les *dégrossisseurs*, destinés à transformer les loupes ou massiaux en barres brutes ou fer puddlé;

2° Les *laminoirs marchands*, employés pour la fabrication des fers marchands et disposés de manière à pouvoir ébaucher et finir;

3° Les petits *mills* ou *triples jumeaux*, disposés par groupes de trois.

Les dimensions des différentes parties des laminoirs ainsi que leur vitesse varient dans des limites assez étendues.

699. Pour les fers en barres, les laminoirs ont à peu près les dimensions suivantes :

LAMINOIRS	TABLE		TOURILLONS		TRÈFLES		NOMBRE DE TOURS PAR MINUTE
	Diamètre	Longueur	Diamètre	Longueur	Diamètre	Longueur	
Dégrossisseurs....	{ 0.40 0.50	{ 1.20 1 40	0.30	0.26	0.27	0.20	30 à 40
Marchands	{ 0.35 0.40	{ 0.90 1.00	0.20	0.22	0 18	0.15	80 à 100
Petits mills.. ..	{ 0.18 0.22	{ 0 50 0.60	0.103	0.135	0.108	0.10	200 à 250

Ce tableau montre que la vitesse de rotation augmente à mesure que le diamètre des cylindres diminue.

Pour les fers bruts, il faut une compression lente afin de chasser les impuretés et souder les différentes parties. Si l'on employait une grande vitesse, on s'exposerait à rompre les barres qui n'ont

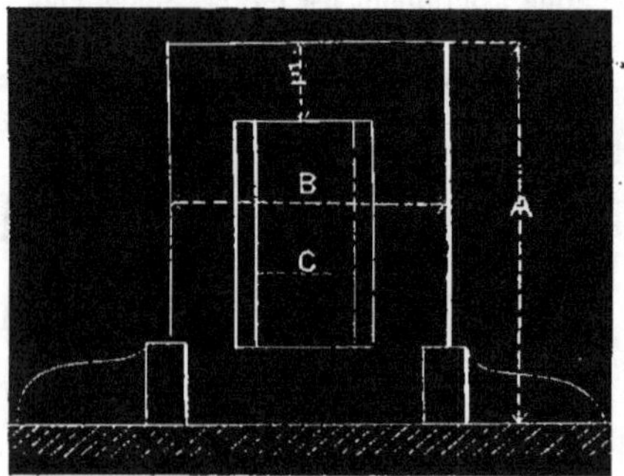

Fig. 262.

pas encore assez de tenacité et on aurait un fer moins bien épuré, car la trop grande vitesse serait un obstacle à l'écoulement des scories. A mesure que le fer s'épure, il

devient plus tenace et on peut accélérer la vitesse de rotation. On peut aussi diminuer le diamètre des cylindres pour que l'étirage soit plus prompt et que l'on puisse profiter de la chaleur du fer.

700. Les cages des laminoirs sont montées sur des plaques à ergots dans toute leur longueur, ce qui permet de les avancer ou de les reculer.

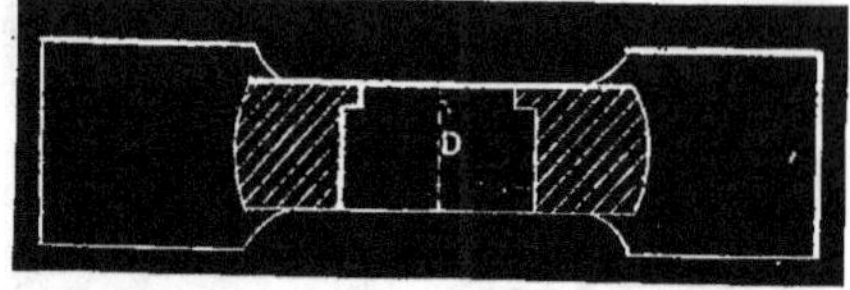

Fig. 263.

On appelle *jeu de cylindre* l'ensemble des cages et des laminoirs, et deux ou trois jeux en ligne droite, compris les appareils de transmission, forment un train de laminoirs.

Les cages ont la forme indiquée par les figures théoriques **262** et **263**. Leurs dimensions sont indiquées dans le tableau suivant.

LAMINOIRS	A	B	C	D	E
Dégrossisseurs........................	1.90	1.30	0.66	0.25	0.32
Marchands	1.45	1.00	0.54	0.20	0.38
Petits mills.....................	1.08	0.65	0.37	0.13	0.15

701. *Fondations.* Les fondations des laminoirs doivent être très-solides et

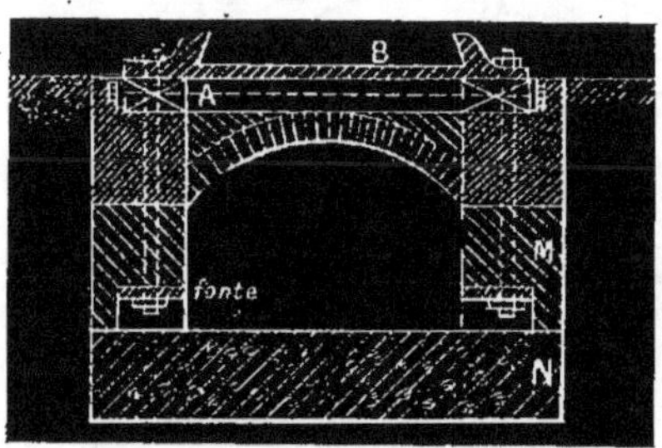

Fig. 261. — M. Maçonnerie.
N. Béton.

satisfaire à plusieurs conditions. On doit pouvoir changer les cages de place et il

faut prendre les précautions nécessaires pour qu'elles ne soient pas ébranlées par les trépidations qui se produisent dans l'usine.

Autrefois, on employait presque exclusivement le bois. On obtenait ainsi une fondation souvent trop élastique. Aujourd'hui, on a presque complètement supprimé le bois et les fondations se font en maçonnerie comme l'indique la figure 264. Dans certains cas, on remplace le cadre en charpente A par une simple feuille de plomb placée directement sous la plaque B et destinée à rendre uniforme la pression sur la maçonnerie.

702. Les laminoirs se composent de trois parties :

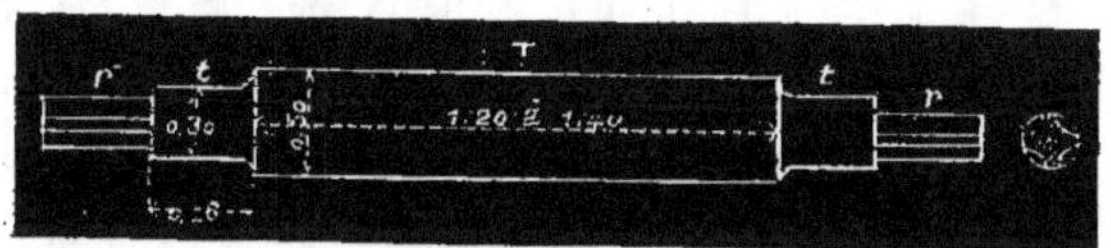

Fig. 265.

1° La partie milieu T (*fig.* 265), table ou partie travaillante. Elle a de 0ᵐ,45 à 0ᵐ,50 de diamètre pour les dégrossisseurs et 1ᵐ,20 à 1ᵐ,40 de longueur. C'est dans cette table que sont pratiquées les cannelures qui doivent représenter les profils des fers que l'on veut obtenir ;

2° Les tourillons *t* ;

3° Les trèfles *r*.

703. *Colonnes.* Les colonnes sont destinées à supporter les deux ou trois tourillons, suivant que l'on a un jeu duo ou un jeu trio. La colonne se compose d'un cadre en fonte reposant sur une plaque à ergots B (*fig.* 268). Le cadre et la plaque sont rendus solidaires à l'aide de coins que l'on place dans les encoches *e*. Le cadre de la colonne doit être placé bien verticalement. C'est pourquoi il est utile de faire sur la plaque B et sous le cadre des portées ajustées *a*. Les colonnes se composent donc de trois parties : le patin B, les montants M et le chapeau C.

Les tourillons *t* reposent sur des coussinets en bronze K et ces coussinets sont maintenus par des pièces de fonte en forme d'U nommées *empoises*.

La cage présente à la partie supérieure un renflement destiné à laisser passer une vis V (*fig.* 268). (*Élévation et coupe verticale*) traversant un écrou en bronze.

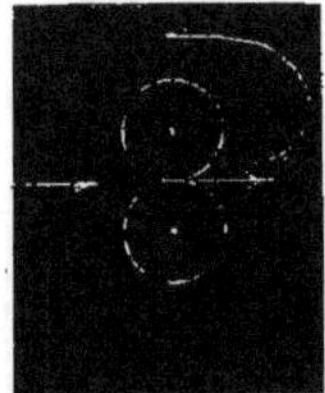

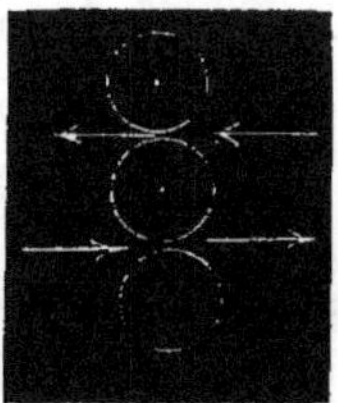

Fig. 266. — Jeu duo.   Fig. 267. — Jeu trio.

Les laminoirs sont à *jeu duo* ou à *jeu trio*, c'est-à-dire qu'il y a deux ou trois tables superposées (*fig.* 266 et 267).

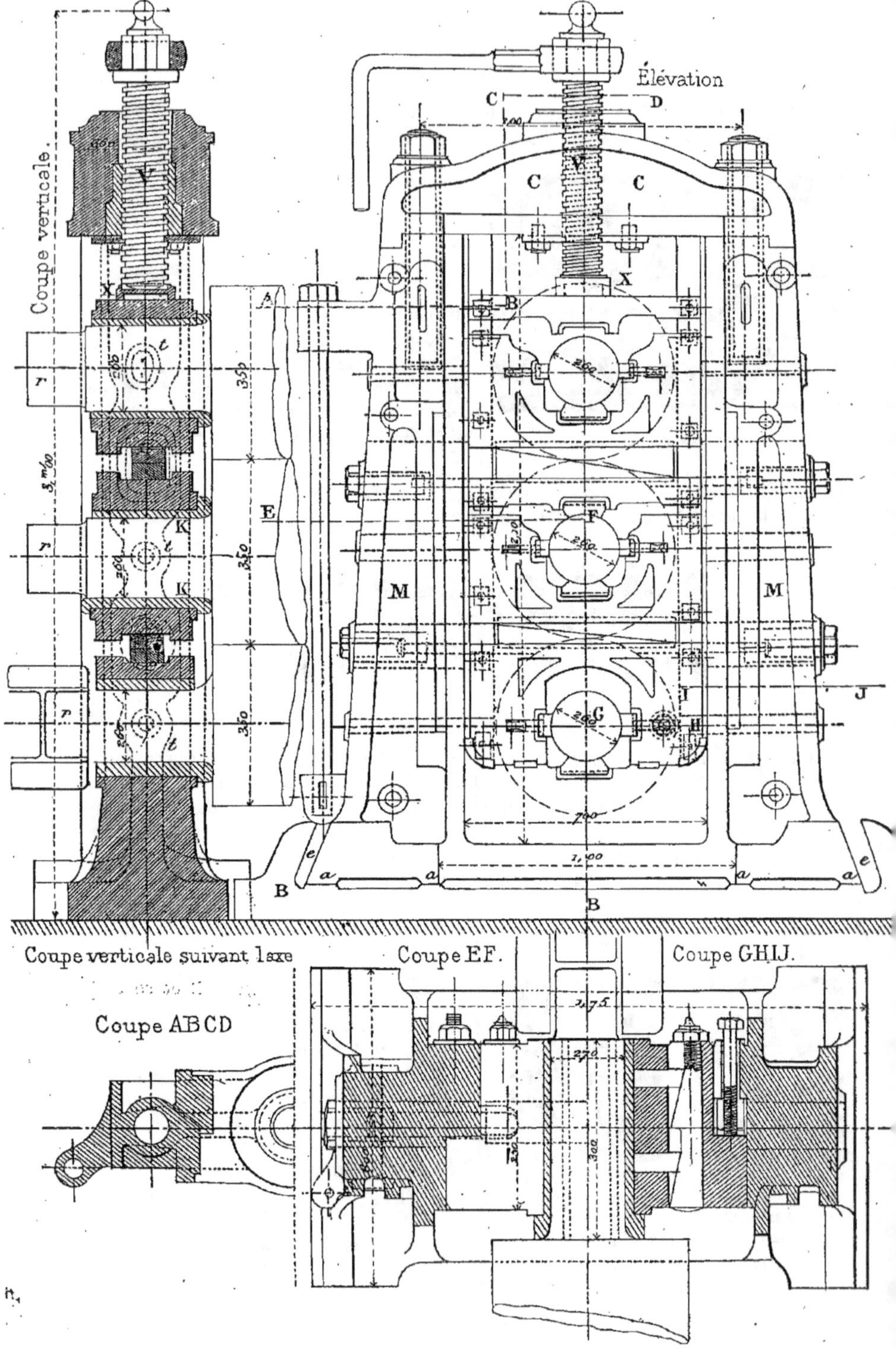

Fig. 268. — Colonne de train à trois cylindres (Usine de la Providence).

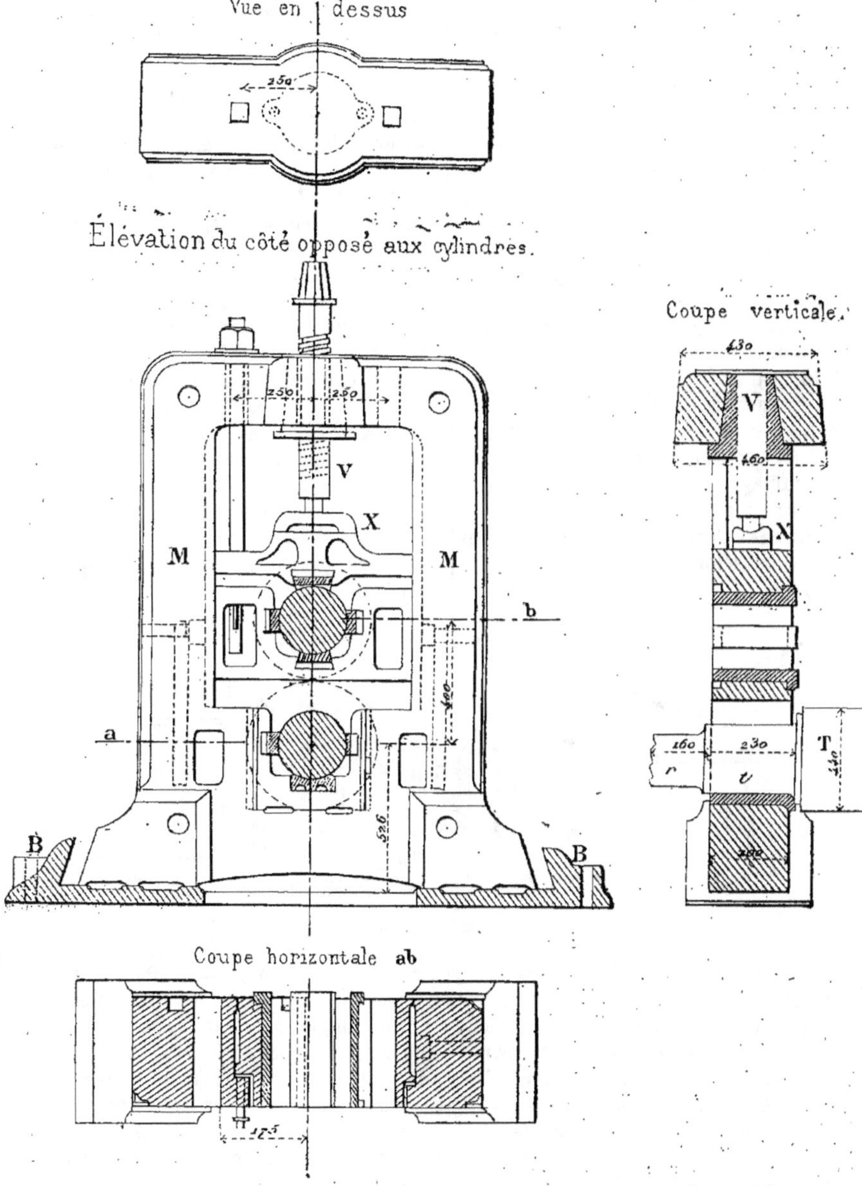

Fig. 239. — Colonne de train à deux cylindres.

Cette vis a jusqu'à 0^m,15 de diamètre. Elle est en fer aciéré. Ses filets sont carrés pour être manœuvrés plus facilement. Elle appuie sur le coussinet du haut par l'intermédiaire d'une boîte de sûreté en fonte X qui peut se briser, si l'effort entre les cylindres devient trop considérable ou si l'ouvrier engage, entre les tables, une barre trop grosse.

Dans les cages pour laminoirs trio, le tourillon inférieur repose sur une empoise fixée au bâti. Les autres empoises sont maintenues par des cales plus ou moins hautes. Le serrage des coussinets se fait à l'aide de coins.

704. Un *train de laminoir* se compose ordinairement de deux *équipages*, ou *jeux de cylindres*, et des appareils nécessaires pour les mettre en mouvement. Dans chaque équipage, il y a au moins deux cylindres superposés, présentant des rainures ou *cannelures* rondes, carrées, plates ou profilées, selon la forme que l'on veut donner au fer. Ces cylindres ont leurs axes dans un même plan vertical et tournent en sens contraire. Dans un même train, les cylindres des équipages respectifs communiquent entre eux par des allonges en fonte, sous forme de trèfles, comme les extrémités des cylindres sur lesquels glissent des manchons présentant un creux de même forme et dont l'épaisseur est réglée de telle façon que, en cas de surcharge extraordinaire de la machine par l'effet des résistances à l'étirage, ils cassent avant toute autre pièce. On maintient l'écartement de deux manchons voisins au moyen de tringles en bois, couchées dans les cannelures de l'allonge et liées avec une simple corde.

Cages à pignons. En tête de chaque équipage de cylindres, se trouve un jeu de pignons C (*fig.* 270) montés dans des cages de la même manière que les cylindres, mais d'une construction plus simple. Dans les équipages à deux cylindres, on communique toujours le mouvement au pignon inférieur.

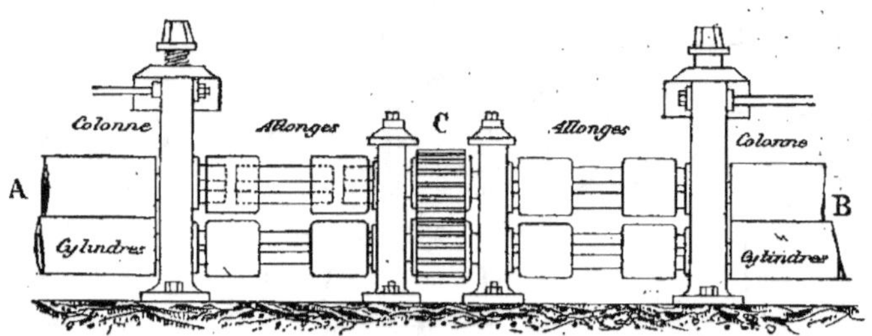

Fig. 270. — Cage d'un train à tôles.

Pour pouvoir arrêter le train à volonté, on termine l'arbre de couche qui le conduit par un manchon fixe à griffes. Une allonge à tourillon, soutenue par un palier, porte, à ses extrémités, deux manchons mobiles; l'un à griffes s'embrayant avec le premier, l'autre qui saisit à la fois l'allonge et le trèfle du pignon conduit par l'arbre de couche. L'embraiement et le débraiement s'opèrent au moyen d'un levier à fourche qui passe dans une gorge pratiquée sur le manchon mobile à griffes. Pour que le lamineur puisse facilement engager les barres dans les cannelures, on place, du côté de l'entrée des cylindres et à peu près à la hauteur du fond de ces cannelures, une plaque en tôle forte ou en fonte, qu'on nomme *tablier* T (*fig.* 271). A la sortie des cylindres, on met une autre plaque appelée *plaque de garde*, G ayant pour but de recevoir le fer et de l'empêcher de s'enrouler autour du cylindre inférieur.

A cet effet, elle est découpée en languettes qui ont la même forme que les cannelures respectives et s'engagent dans celles-ci sans frottement.

Dans le travail ordinaire, un ouvrier reçoit la barre après un premier laminage

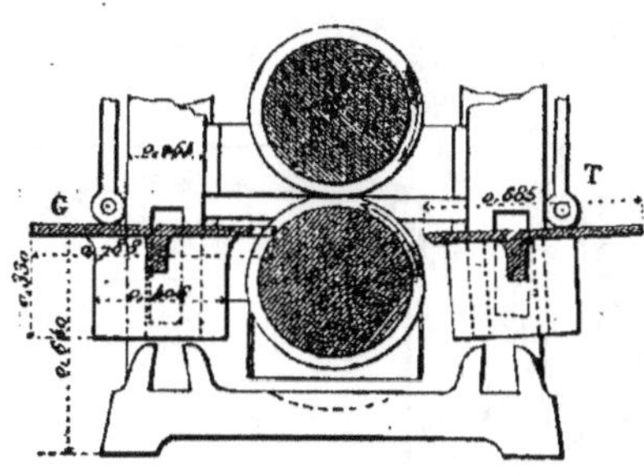

Fig. 271. — Détail d'une colonne de dégrossisseur montran le tablier et la plaque de garde.

et la repasse par dessus le cylindre supérieur au lamineur, qui l'engage dans la cannelure suivante. On facilite souvent cette manœuvre au moyen de leviers à crochets suspendus à des chaînes qui sont attachées aux chapes de poulies courantes. Celles-ci sont à gorge triangulaire et roulent sur des barres de fer horizontales placées des deux côtés du train.

705. *Disposition des trains de laminoirs.* Le train de puddlage se compose d'un dégrossisseur, d'un finisseur et d'une grosse cisaille. Le dégrossisseur se trouve le plus près du moteur.

Les trains marchands se composent d'ébaucheurs et de finisseurs, au nombre de deux ; ils sont au nombre de quatre dans les trains de petits mills et se terminent par une fenderie.

706. *Commande des trains.* Quand il n'y a que deux cylindres superposés, on donne le mouvement au pignon inférieur. Dans les laminoirs trijumeaux, c'est le pignon du milieu qui reçoit le mouvement directement de la machine.

Il est préférable, pour éviter le chômage, de commander chaque outil par une machine spéciale. Tout laminoir doit avoir sa machine qui doit être à action directe. Pour les trains qui dépassent 200 tours, la commande directe étant difficile, on emploie une transmission par courroies.

Nous donnons (*fig.* 272) le plan de la transmission de mouvement à un petit train et à un train dégrossisseur.

707. *Matières des diverses parties des laminoirs.* Dans les laminoirs, les tables doivent être faites en fontes grises très-tenaces ; les plaques de fondation en fontes truitées grises, les arbres et les manchons d'accouplement en fontes communes et même cassantes. Les cylindres doivent être en fonte très-résistante ; la partie travaillante, en fonte dure. On emploie, pour les confectionner, des fontes truitées (2 parties de fonte grise, 1 partie de fonte blanche de bonne qualité). On fait fondre le tout dans un four à réverbère et on brasse le plus intimement possible. Les coussinets sont en bronze et ils sont composés de 80 parties de cuivre et de 20 d'étain.

708. *Personnel d'un laminoir.* Il faut trois hommes pour la conduite d'un laminoir :

1° Le *lamineur* qui se trouve du côté où le fer engrène :

2° Du côté opposé, un *rattrapeur* chargé de maintenir la barre perpendiculairement aux cylindres pour l'empêcher d'être mâchée ;

3° Un *releveur* qui aide à passer la barre au lamineur pour lui faire subir une seconde opération.

709. *Des cannelures.* Le tracé des cannelures de laminoirs est une question très-complexe. Il faut que les formes géométriques ne soient pas trop dissemblables d'une cannelure à l'autre. Il faut aussi que les surfaces de deux cannelures consécutives soient dans un certain rapport suivant la température du fer qui passe dans la cannelure dont on s'occupe et suivant la vitesse des cylindres lamineurs. De là l'erreur commise de croire à un rapport constant.

On distingue trois sortes de cannelures :

1° Les *dégrossisseuses* ;

2° Les *ébaucheuses* ;

3° Les *finisseuses*.

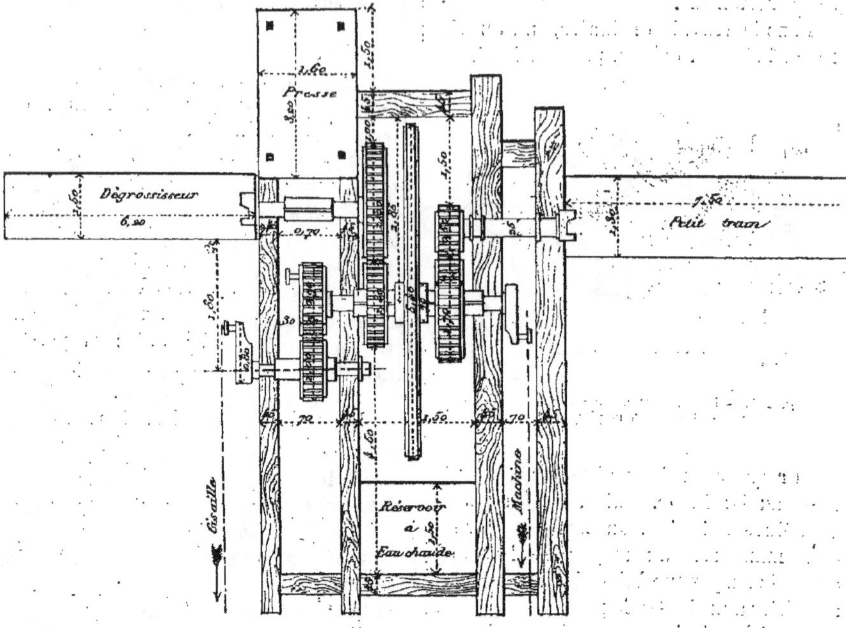

Fig. 272. — Plan de la transmission de mouvement à un petit train et à un train dégrossisseur.

Les premières servent au fer demi-puddlé. Ce sont des cannelures ogivales (*fig.* 273) formées par quatre arcs de cercles, décrits des points O, O', O'', O''' comme centres, avec O 1 comme demi-diamètre. Pour éviter les bavures au droit de la ligne de contact des cylindres, on nourrit la cannelure avec un arc de cercle ayant 2 r pour rayon et

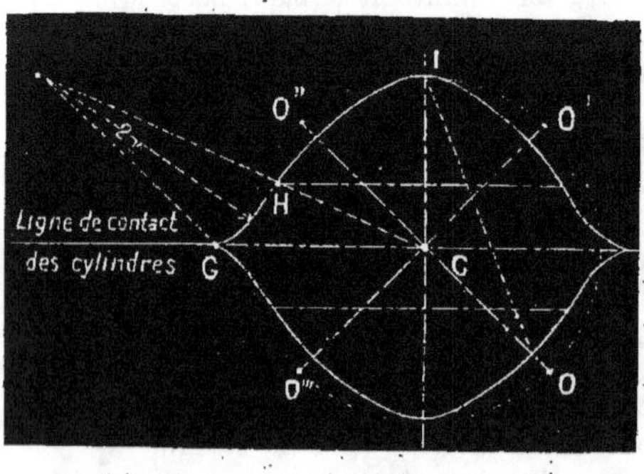

Fig. 273.

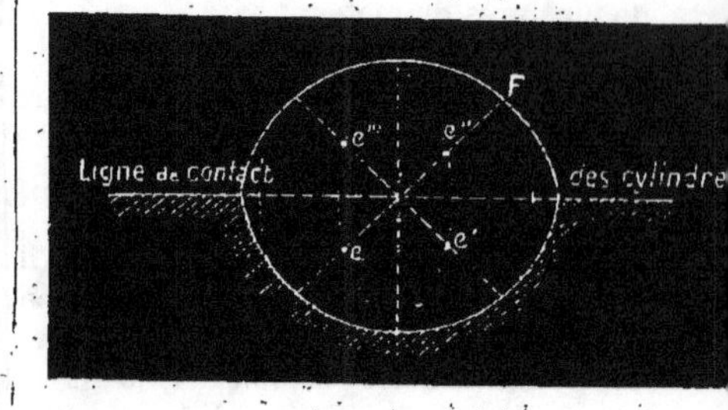

Fig. 274.

passant par le point G et par le point H de l'arc de l'ogive.

e et ses analogues (*fig.* 276) comme centres avec Fe pour rayon.

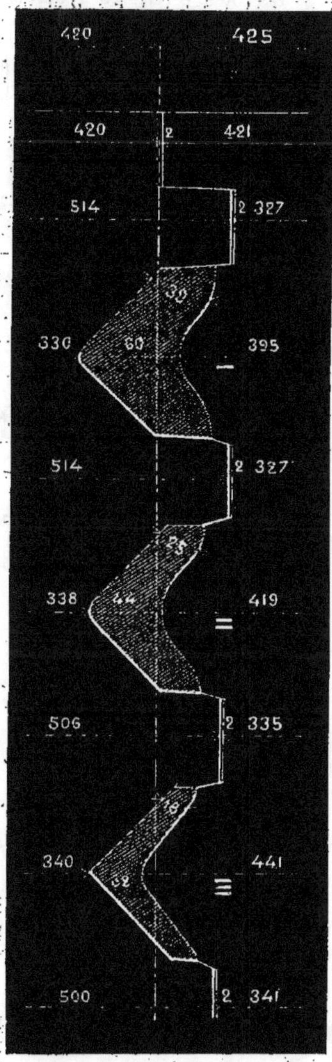

Fig. 276. — Cannelures finisseuses pour cornières.

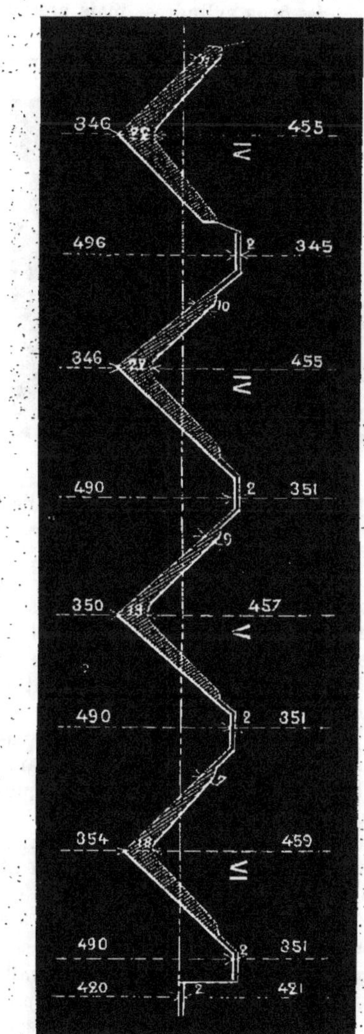

Fig. 277. — Cannelures finisseuses pour cornières

Pour les fers ronds, on donne à la cannelure la forme surbaissée en la continuant par un arc de cercle décrit du point

On détermine ainsi, dans la barre, un écrasement favorable au corroyage du fer.

Pour les fers plats, les cannelures ne sont pas, comme celles destinées aux fers ronds ou carrés, à cheval sur la ligne de contact des deux cylindres, mais présentent la disposition indiquée (*fig.* **275**). Pour empêcher le fer de s'enrouler autour du

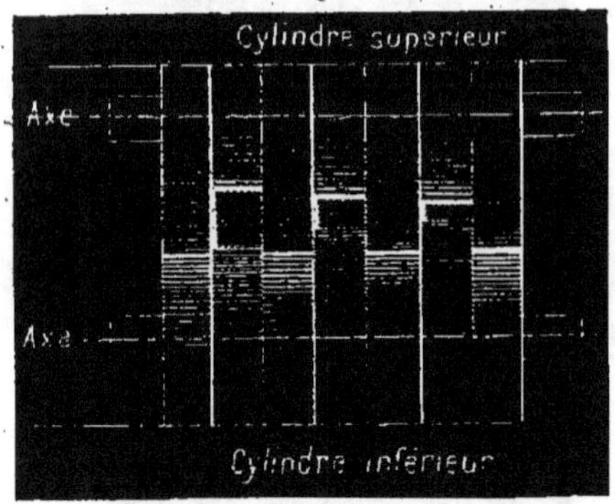

Fig. 275.

cylindre qui porte la rainure, on donne à ce dernier une vitesse un peu plus grande que celle du cylindre supérieur et on reçoit le fer tendant à se courber sur une plate-forme, ou plaque de garde, qui s'appuie sur le cylindre inférieur. Celle-ci présente les mêmes contours et elle est placée au niveau de la ligne de séparation des cylindres.

L'étirage doit aller d'autant plus vite que le fer est plus pur et que la résistance qu'il oppose à l'action du laminoir est plus grande.

Les rapports qu'on emploie ordinairement pour les cannelures sont de 10 à 15, de 11 à 15 et de 10 à 16.

La série des cannelures pour les fers plats est de 5 à 6, les plus profondes é ant placées près des tourillons. L'intervalle laissé entre deux cannelures est à peu près égal à la largeur de cette cannelure, sauf dans le cas où elles seraient très-plates.

Les figures **276** et **277** *(voir ces deux figures, page 213)* indiquent la série de cannelures par lesquelles un morceau de fer doit passer pour obtenir une

cornière du commerce. Elle est représentée finie en Vl (*fig.* **277**). Dans ces deux figures les cotes verticales indiquent les

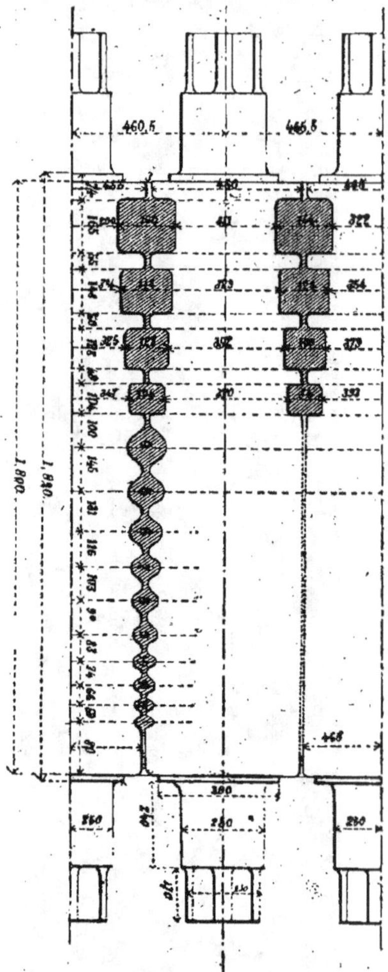

Fig. 278. — Trio de cylindres dégrossisseurs d'un train marchand moyen.

différentes distances des cannelures aux axes des deux cylindres.

Nous donnons (*fig.* **278**) les diverses cannelures d'un train marchand dégrossisseur.

710. *Des Cisailles.* Pour couper les barres de fer, on se sert de cisailles. Ce sont de très-forts ciseaux dont une bran-

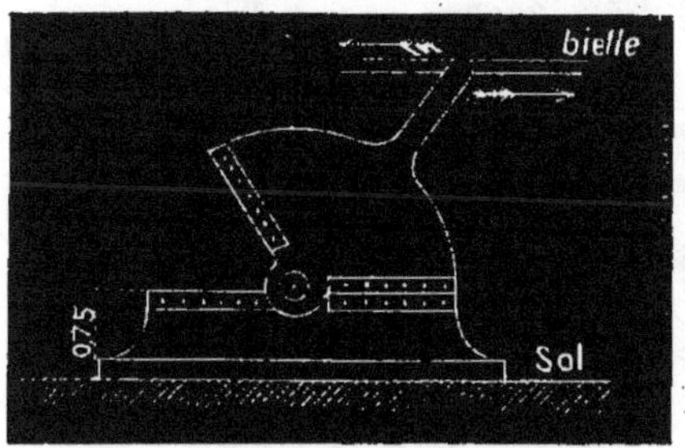

Fig. 279. —Cisaille double.

che est fixe, l'autre mobile. Les grosses cisailles sont droites et mues généralement par un excentrique circulaire ou elliptique selon que l'arbre moteur va plus ou moins vite. Elles donnent généralement de 20 à 25 coups par minute.

Les petites cisailles doivent marcher continuellement. Elles sont le plus souvent accouplées et mues par des manivelles.

On se sert aussi de cisailles doubles donnant de 30 à 40 coups par minute.

Pour éviter que les barres à couper se relèvent et cassent les branches, on établit une table au niveau de la surface de la branche inférieure et, sur cette table solidement fixée, on place un anneau dans lequel on passe la barre.

Nous donnons (*fig.* 279, 280 et 281) les différentes formes de cisailles.

711. *Fours à réchauffer.* Les fours à réchauffer (*fig.* 282 et 283) ont des dimensions plus faibles que les fours à puddler. La voûte est moins élevée au-dessus de la sole. Elle est, en général, plane et formée par des briques réfractaires placées de champ.

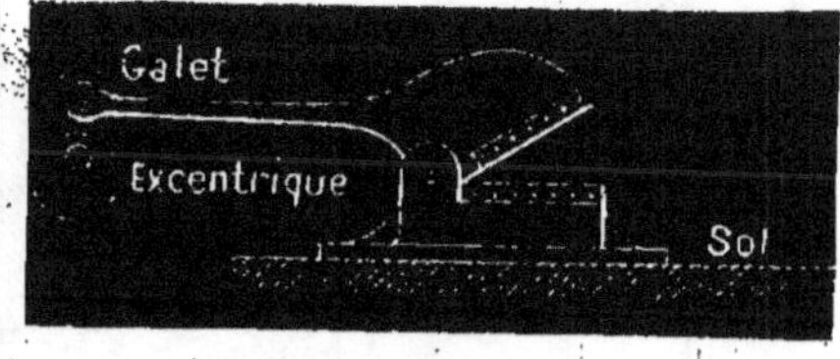

Fig. 280.

Sur la sole, on dispose une couche de sable siliceux bien pur, ayant 0^m,03 à 0^m,04 d'épaisseur. Ces fours sont armés, comme des fours à puddler, de plaques

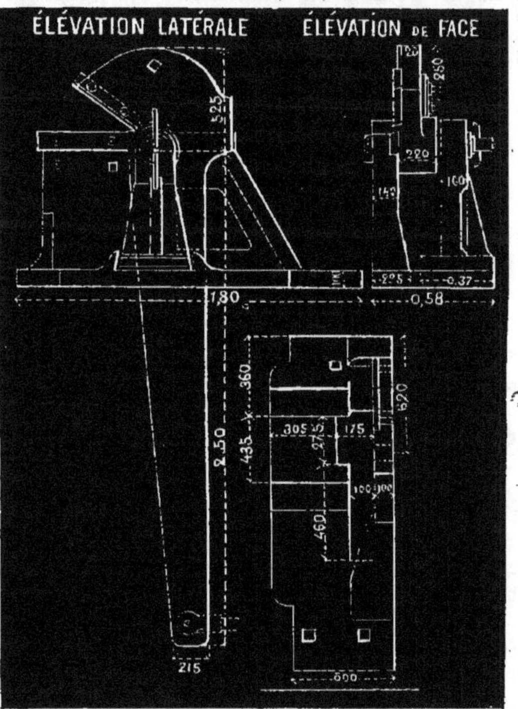

Fig. 281 — Cisaille à bielle à bras plongeant.

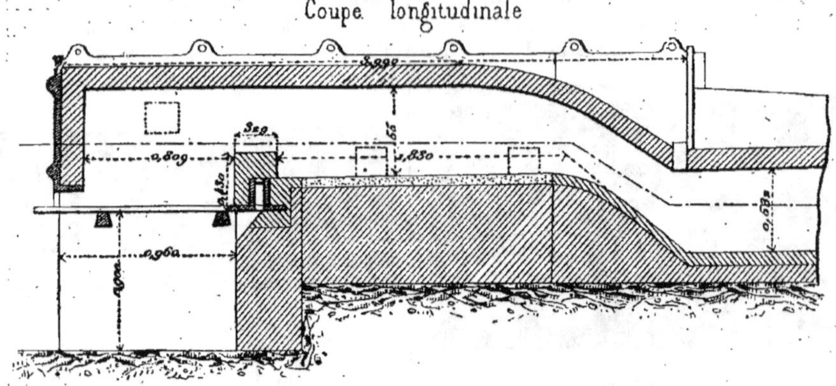

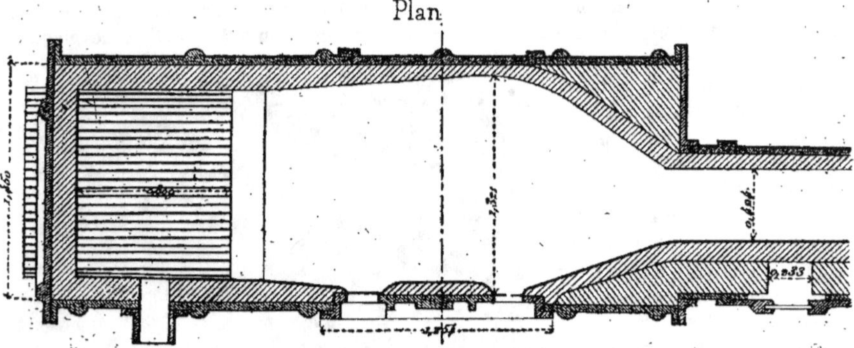

Fig. 282. — Four à réchauffer à deux portes.

de fonte disposées de la même manière. Un four à réchauffer est conduit par un réchauffeur et par son aide qui soigne le feu. La grille doit être bien garnie et la charge doit se faire très-vite pour éviter les refroidissements. Cette charge, pour les petits fers, est

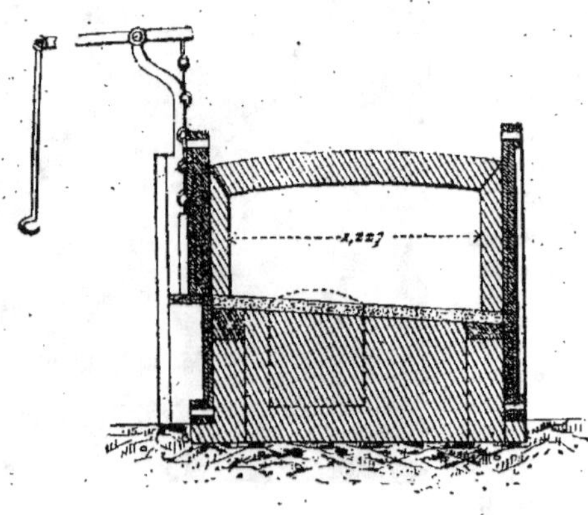

Fig. 283. — Coupe transversale du four à réchauffer précédent.

de 300 k. environ, et pour les gros, elle peut atteindre 900 k.

La consommation de houille est, en moyenne, de 600 à 800 k. par tonne de fer réchauffé. Le déchet varie de 6 à 8 0/0. Le chargement dure 10 minutes et le réchauffage 75 minutes.

Fabrication des tôles.

712. *Diverses espèces de tôles.* On distingue trois espèces de tôles :

1° Les tôles minces dont l'épaisseur varie de 1/2 millimètre à 3 millimètres ;

2° Les tôles moyennes dont l'épaisseur est comprise entre 3 et 6 millimètres ;

3° Les tôles fortes pour chaudières à vapeur, etc., qui ont de 6 à 20 millimètres d'épaisseur et plus.

713. *Nature du fer à employer.* La fabrication de la tôle demande un fer se travaillant bien à chaud et ne cassant pas à froid.

Le fer fort et dur convient pour les tôles moyennes et les tôles fortes. Pour les tôles minces, on se sert de fer à bois.

Lorsque la loupe est cinglée, on l'étire en fer assez large auquel on donne le nom de *largets*. On coupe ceux-ci en morceaux nommés *bidons* ou *maquettes*, et ces maquettes, isolées ou réunies en paquets suivant la grosseur de la tôle à obtenir,

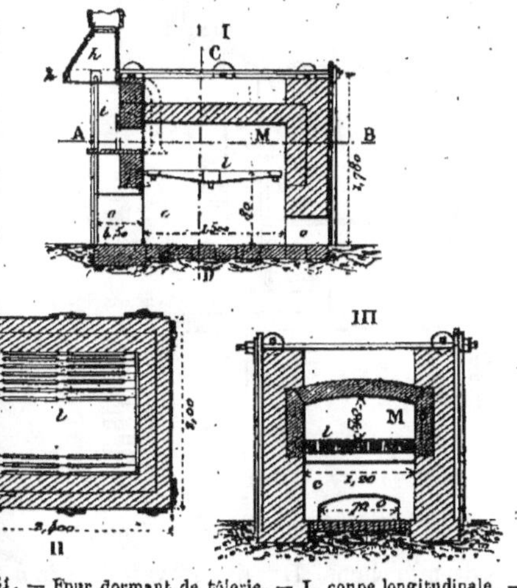

84. — Four dormant de tôlerie. — I, coupe longitudinale. — II, coupe suivant AB. — III, coupe suivant CD.

sont réchauffées avant d'être laminées.

Pour opérer ce réchauffage, on emploie des fours à réverbère analogues à ceux des forges anglaises, décrits précédemment. Au lieu de ces derniers on se sert quelquefois des fours dits *fours dormants*, qui ont beaucoup de ressemblance avec les fours des boulangers, avec cette différence que la sole y est remplacée par une grille. Cette grille est très-spacieuse et recouverte d'une voûte très-basse. La cheminée, placée en dehors du four et au-dessus de la porte de travail, permet d'évacuer la flamme et la fumée, sans produire de tirage. Ces fours n'ont qu'une porte qui sert non-seulement à l'introduction du combustible dans la chauffe, mais encore à l'enfournement et au défournement du fer qui se place sur la houille dont la grille est chargée. La figure

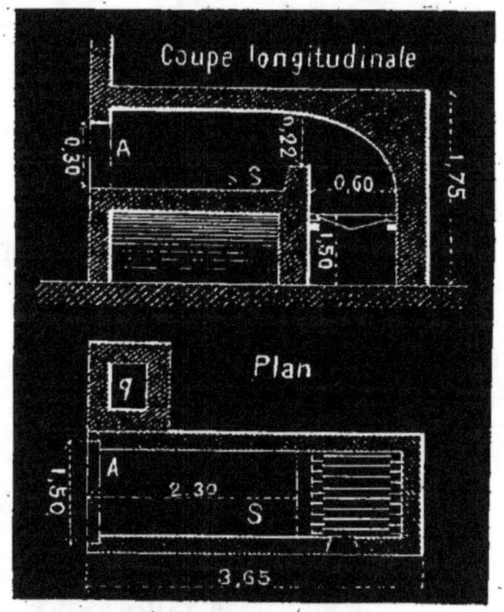

Fig. 285.

284 donne le plan et les coupes d'un four dormant : *l* grille ; *c* cendrier ; *M* intérieur du four : *h* hotte en tôle pour évacuer la fumée ; *K* châssis en fer qui supporte la hotte ; *T* tiges en fer supportant la hotte : *S* seuil de la porte ; *a* plaque en fonte servant d'armatures ; *o* ouvertures pour le nettoyage du cendrier.

D'après ce qui précède, nous voyons que,

pour fabriquer de la tôle, on se sert de deux sortes de fours : les fours à réchauffer et les fours à recuire. Les fours à réchauffer sont les mêmes que ceux des forges anglaises. Les fours à recuire sont de deux sortes : les fours dormants et les fours à sole. Ces derniers ressemblent beaucoup à des fours à réchauffer, sauf le chargement qui se fait en A (*fig.* 285), côté opposé à la grille. De plus, il n'y a pas de portes latérales.

La sole rectangulaire S qui s'élève jusqu'à la hauteur de la porte A, se compose de deux assises : l'une, de $0^m,40$ d'épaisseur, est en débris de briques réfractaires ; l'autre, placée au-dessous, est formée de coke et a $0^m,15$ d'épaisseur. On charge le fer immédiatement sur le coke disposé sur la sole, en l'introduisant par la porte A. On manœuvre celle-ci à l'aide d'un levier qui la tient en équilibre dans toutes les positions. La flamme se rend dans la cheminée q par un rampart ménagé dans la maçonnerie.

On recuit les tôles minces en vase clos dans des caisses en fonte placées sur la sole du four.

Des laminoirs à tôle.

714. Dans un train à tôle, il y a ordinairement deux équipages de cylindres servant, l'un pour dégrossir, l'autre pour finir les feuilles. Les dégrossisseurs ont des tables moins bien polies que les finisseurs. On coule en sable pour les dégrossisseurs et en coquille pour les finisseurs en prenant, dans les deux cas, un mélange de 3/4 de fonte grise et 1/4 de fonte blanche. Les cylindres finisseurs sont coulés en coquille, afin de durcir leur surface, puis ils sont terminés sur le tour. Leur

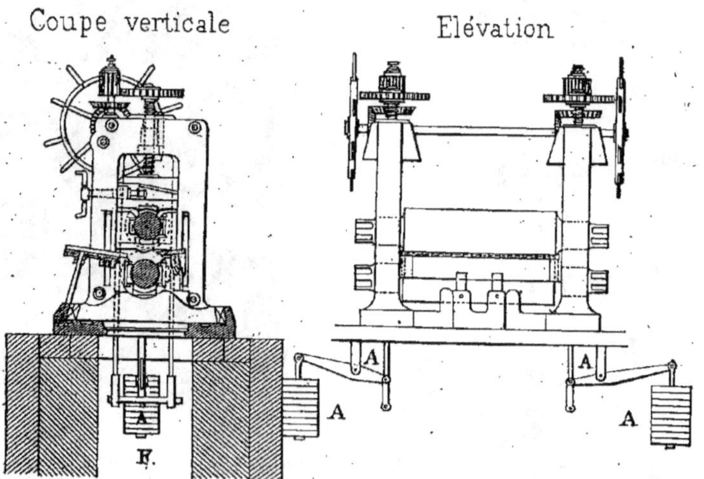

FIG. 286. — Cage d'un train à grosses tôles.

diamètre varie de $0^m,40$ à $0^m,50$ et leur longueur doit excéder de $0^m,10$ à $0^m,15$ la largeur de la tôle à fabriquer.

La transmission est du même genre que celle des laminoirs précédemment décrits. Elle se fait au moyen de trèfles et de manchons. Le vitesse varie de 25 à 40 tours par minute, la plus grande vitesse correspondant aux tôles les plus minces.

Le laminoir à tôle diffère essentiellement des laminoirs à cylindres cannelés par ce fait que, dans ces derniers, le fer est réduit graduellement à l'épaisseur voulue, en passant par les diverses cannelures, tandis que, dans les laminoirs à tôle, le cylindre supérieur doit, au contraire, s'écarter plus ou moins du cylindre inférieur, suivant l'épaisseur du métal qu'on lamine et l'on est obligé de serrer les vis de pression à chaque passage dans les cylindres.

Afin d'empêcher que le cylindre supérieur ne retombe de tout son poids sur le cylindre inférieur, après le passage du fer, ce qui pourrait donner lieu à des ruptures, on se sert de bascules A (*fig.* 286) qui font presque équilibre p au oids du cylindre supérieur et à celui des pièces qui se meuvent avec lui. Ces bascules s'adaptent aux cages mêmes des laminoirs, et sont logées dans une fosse F derrière le train. L'équipage finisseur n'a pas besoin de bascules.

Les bascules sont destinées à diminuer la pression du cylindre supérieur sur le fer pendant le laminage, et reportent l'effort qui en résulte sur les tourillons des cylindres.

Dans l'équipage finisseur servant à la fabrication des tôles fines ou moyennes, on rend ordinairement le cylindre supérieur indépendant de la machine, afin qu'il reçoive son mouvement du cylindre inférieur par pression, et qu'il ne puisse prendre une vitesse différente de celle qui anime ce dernier. On lui donne alors un demi-millimètre de diamètre de plus qu'au cylindre inférieur, afin de prévenir l'enroulement du fer autour de ce cylindre.

Le fer, à l'état de largets, amené au blanc soudant dans le four à tôle, passe dans les cylindres dégrossisseurs et le travail est continué jusqu'à ce que la tôle ait de 0^m,10 à 0^m,12 d'épaisseur, puis on réduit cette épaisseur à 3 ou 4 millimètres en se servant des *cylindres à coquille* ou finisseurs. On réunit alors successivement les feuilles en paquets de 2, 4, 6, 8, et 16 au plus, que l'on lamine, aux cylindres à coquille, comme des feuilles isolées, jusqu'à ce que la tôle soit assez fine. Lorsque celle-ci ne doit pas avoir plus de 1^m,50 de long sur 1^m,00 de large, la réduction à 1^{mm}1/2 d'épaisseur s'opère en une seule chaude, mais lorsqu'on veut obtenir des tôles plus grandes ou plus minces, on est obligé de les réchauffer plusieurs fois dans le four à tôle.

Un train de tôlerie se compose d'un jeu de pignons servant à transmettre le mouvement, d'un dégrossisseur placé à côté du moteur et d'un ou deux finisseurs. Il faut, de plus, de grandes et de petites cisailles, des chariots en fer, etc...

Pour chaque laminoir, il faut deux releveurs, un lamineur et un aide. Pour chaque four, il faut un chauffeur et un aide. Pour soulever les fortes tôles on emploie les releveurs mécaniques.

Lorsque les tôles sortent des laminoirs, il faut les rogner. On se sert de grandes cisailles pour leur donner les dimensions voulues.

715. *Déchets de rognures. — Consommation et produits.* Le déchet de rognures est très-variable. Le déchet de réchauffage varie de 2 1/2 à 5 0/0 pour les tôles fortes et de 10 à 12 0/0 pour les tôles fines. On consomme, pour les tôles fortes, 1,400 k. de houille par 1,000 k. de tôle ébarbée. Pour les tôles fines, obtenues avec des fers au charbon de bois, la consommation est de 2,500 à 3,000 k.

On compte que 1,639 k. de fonte produisent 1,410 k. de fer brut, lesquels donnent 1,290 k. de blocs, 1,200 k. de tôle non rognée et enfin 1,000 k. de tôle à livrer au commerce.

Les bonnes tôles ont une épaisseur uniforme et une surface parfaitement unie. La tôle fine doit pouvoir être pliée un grand nombre de fois en sens opposé avant de casser. Dans le laminage à une température peu élevée, le fer s'écrouit, devient cassant et perd de sa malléabilité.

. La tôle forte s'écrouit beaucoup moins que la tôle mince, et se recuit ordinairement d'elle-même par la seule chaleur qu'elle conserve après le laminage. .

. Les tôles sont sujettes à plusieurs défauts : les *bosses* ou les *creux* qui ne se manifestent q"e d'un seul côté ; les *rides*, et enfin les *cendrures* ou incrustations de corps étrangers.

Il peut aussi se produire des *gerçures* et des *doublures* qui proviennent de défauts de soudage.

Tréfilerie

716. On donne le nom de *tréfileries*, aux ateliers dans lesquels le fil de fer est réduit en fils plus ou moins minces par l'étirage à froid au moyen de la *filière.*

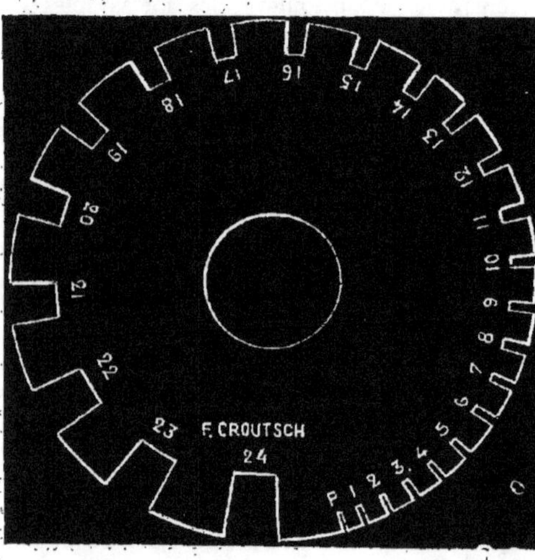

Fig. 287.

Le numéro des fils se détermine à l'aide d'une *jauge* ou disque d'acier (*fig.* 287) sur le pourtour duquel on a fait des entailles rectangulaires qui sont désignées par des numéros. Un fil de fer appartient à un numéro, quand il peut entrer dans l'entaille qui lui correspond.

Dans la jauge française ou jauge déci-

male, il y a 40 numéros. Ces numéros et les diamètres correspondants sont exprimés en dixièmes de millimètre.

Numéros. — 40, 3?, 35, 30, 20, 15, 10, 5, 1.
Diamètres. — 200, 180, 150, 100, 44, 24, 15, 10, 6.

La jauge anglaise contient 27 numéros, dont le 0 correspond à un diamètre de 8 millimètres et le n° 25 à 1/2 millimètre.

Le n° 1 de cette jauge a 7 millimètres de diamètre et le n° 2, 6 millimètres 1/2.

Dans la jauge française, les numéros et les diamètres des fils vont en croissant depuis le n°. 0 jusqu'au n° 24. Au-dessous du 0 ou *passe-perle*, la jauge contient des numéros qui croissent depuis le n° 8 jusqu'au n° 30, mais qui correspondent à des diamètres décroissants.

717. Pour fabriquer le fil de fer, on n'emploie que des fers provenant de bonnes fontes au bois, et les meilleures qualités de fil se fabriquent toujours avec des fontes affinées au charbon de bois.

718. Le fer destiné à la tréfilerie doit être :

1° Facile à travailler à chaud, afin de se prêter à un amincissement suffisant par l'action du laminoir ;

2° Fort et doux à froid, afin de subir sans difficulté l'étirage à la filière ;

3° Plutôt dur que mou à cause de la texture nerveuse qu'il prend par le travail, le fer trop mou étant sujet à des solutions de continuité dans le sens de la longueur du fil, par suite de la séparation des fibres produites par l'étirage.

719. Pour la fabrication du fil de fer, on se sert de morceaux de fer nommés *billettes*, qui ont environ 0^m,04 de côté et que l'on coupe en morceaux de 0^m,80 à 1^m,00 de longueur. Ces billettes sont réchauffées dans un four à réverbère, puis laminées dans un train de laminoir, ou *petit mill*, d'une disposition particulière.

Comme les cannelures sont très-petites, il faut, pour que la billette passe bien, se servir d'un guide en fonte trempée, fixé en avant des cylindres en face de

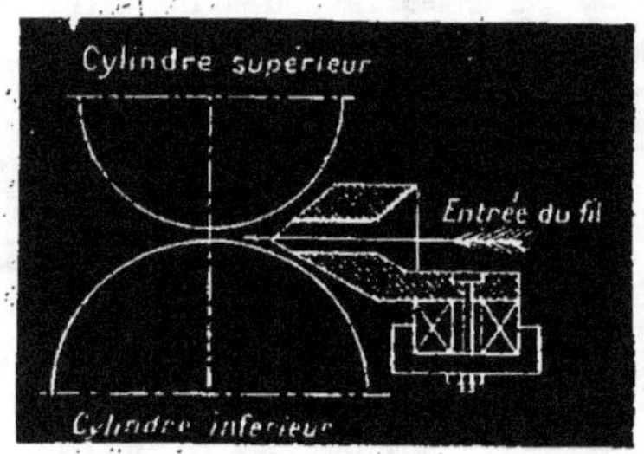

Fig. 288.

chaque cannelure et représenté en coupe (*fig.* 288). Ce guide a fait donner aux laminoirs de tréfilerie le nom de *train à guides* qui n'est autre qu'un petit mill à 5 cages représenté (*fig.* 289) et (*fig.* 290). Le fer, à l'état de billette passe, alternativement dans une série de cannelures carrées, puis dans des cannelures ovales et, finalement, dans une cannelure finisseuse ronde, d'où il s'enroule sur le dévidoir. Le travail doit se faire très-vite par des ouvriers adroits et expérimentés. Dans la figure 289, les cylindres F sont de faux cylindres qui ne servent pas au passage du fil.

Avant de passer le fil à la filière, on l'amène au laminoir à un diamètre de 8 millimètres au plus, et qui descend quelquefois jusqu'à 3 et 4 millimètres. Dans ce dernier cas, on le reçoit sur des bobines à la sortie du laminoir.

Les laminoirs font 350 tours par minute et ont un diamètre variant de 10 à 24 centimètres. Pour mener un train à guides, il faut 9 hommes qui peuvent fabriquer 5 à 6 tonnes de fil de fer en 24 heures. La force nécessaire est de 50 chevaux. Le fil de fer, ou fer rond,

ayant la dimension de la dernière cannelure, est porté aux ateliers de tréfilerie.

720. *Filière.* La filière (*fig.* 291) est une plaque d'acier percée d'une suite de

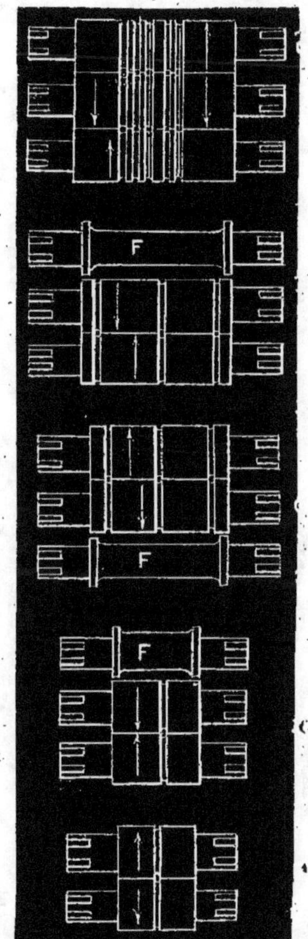

Fig. 289. — Fabrication du fil de fer. — Jeu de cylindres d'un train à guides. — Elévation.

trous placés en échiquier et dont les diamètres vont en décroissant. Les trous d'une filière sont coniques et l'on fait entrer le fil par le grand côté du cône. Pour que le trou de sortie conserve sa

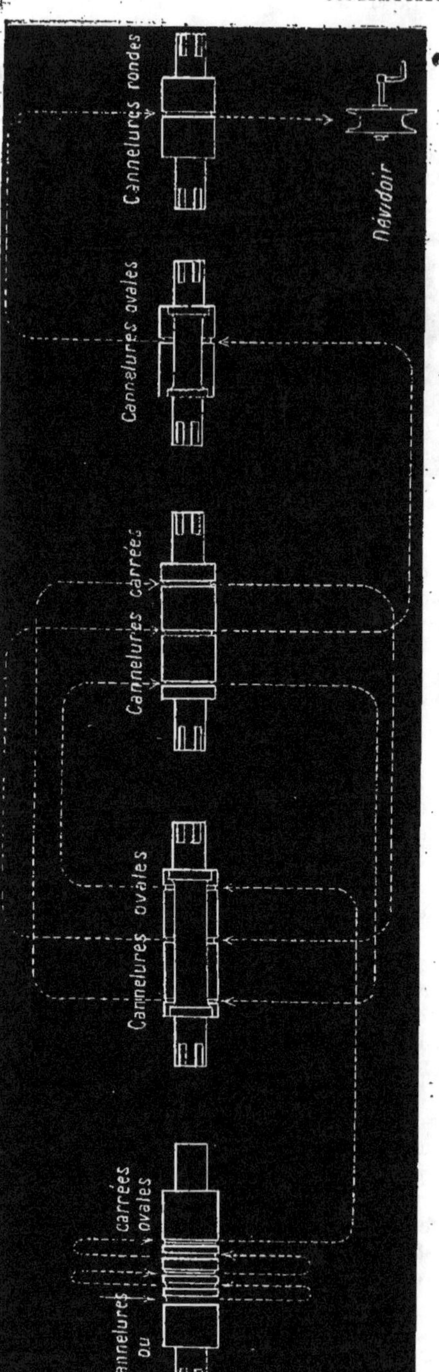

Fig. 290. — Fabrication du fil de fer. Jeu de cylindres d'un train à guides. — Plan avec indication des passages pour fabrication d'un fil rond de 5, 6 millimètres, avec une billette de 4 centimètres de côté.

rondeur, de laquelle dépend la forme du fil, il est nécessaire que la plaque d'acier employée soit très-dure.

La filière est percée à chaud, avec des poinçons coniques. Chaque poinçon peut servir pour 3 ou 4 trous dif-

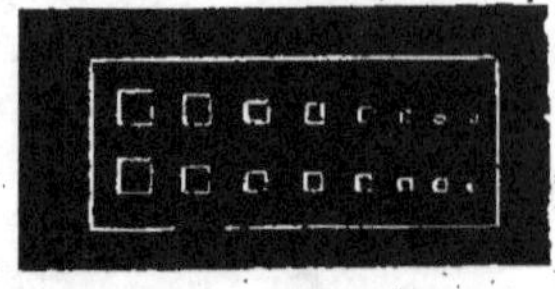

Fig. 291. — Filière.

férents, les diamètres des trous ne décroissant pas trop rapidement.

L'acier employé pour fabriquer les filières est de l'acier sauvage ou acier de forge extrêmement dur. C'est une sorte de fonte blanche qui se produit dans certains hauts-fourneaux. Pour les numéros fins, on se sert d'une simple plaque en acier de $0^m,012$ d'épaisseur. Pour les numéros plus gros, la plaque d'acier est doublée d'une plaque de fer, soudée avec elle, ce qui lui donne une épaisseur de $0^m,025$. Le fer, après son laminage dans les diverses cannelures, s'écrouit et devient moins ductile. Il faut donc, avant le travail à la filière et après son passage à travers une série de trous de cette filière, le recuire au rouge brun pour le ramener à son état primitif, lui rendre sa malléabilité et l'empêcher d'être cassant.

Le recuit peut se faire, soit dans un four à réverbère, soit à feu nu au milieu d'un tas conique de menu charbon ou fraisil, soit le plus souvent en vase clos, dans des marmites ou chaudières annulaires en fonte (*fig.* 292) chauffées à l'intérieur et à l'extérieur. On met dans la chaudière jusqu'à 1,000 k. de fil de fer bien tassé, puis on fait une couverte *a* en crotin de cheval mélangé avec de l'argile. On remet le couvercle et l'on chauffe.

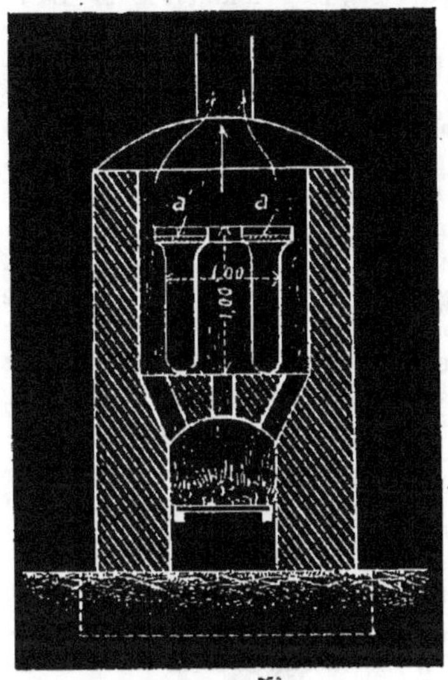

Fig. 292.

En 24 heures, on peut recuire 2,500 k. de fil de fer. Le nombre de recuits que l'on fait subir au fil, dépend de la nature plus ou moins ductile du fer, et du diamètre auquel le fil est parvenu. Les gros numéros exigent des recuits beaucoup plus nombreux que les autres. Les recuits sont surtout indispensables quand le fil n'a pas encore acquis un certain degré de finesse. Supposons qu'on veuille avoir du *passe-perle* avec un fil à guides de 9 millimètres de diamètre. On fait passer le fil dans deux trous ; son diamètre est ramené à 6 millimètres. On donne un recuit ; il passe dans deux autres trous, son diamètre devient alors 5 millimètres. On donne un autre recuit ; il passe encore dans 4 trous. Son diamètre est réduit à 2mm,1/2. On recuit de nouveau.

Enfin, il passe dans 10 trous et son diamètre est réduit à 1/2 millimètre. On ne recuit plus. En tout 18 trous, 3 recuits. Le recuit augmente le diamètre du fil dans la proportion de 55/1000.

» Le recuit donne toujours lieu à la formation d'une couche d'oxyde plus ou moins épaisse, dont on débarrasse le fil par le décapage. On le met dans une cuve contenant 240 litres d'eau et 1 litre d'acide sulfurique, où il séjourne pendant 12 heures, puis on le lave à grande eau et on le sèche sur un brasier avant de le repasser à la filière. On se sert aussi de bière aigrie, de graine de lin, et, dans certains cas, on plonge le fil dans un bain de sulfate de cuivre. La couche très-mince qui se dépose à la surface facilite le passage à la filière.

Le but du décapage est d'éviter que l'oxyde formé, en se détachant pendant l'étirage, corrode la filière, change la forme des trous, ou produise des raies ou des stries nuisibles à l'apparence et à la qualité du fil.

721. *Passage du fil dans la filière.* Pour opérer ce passage, comme la longueur du fil va toujours en augmentant, on l'enroule sur des cylindres auxquels on donne un mouvement de rotation qui produit la traction nécessaire à l'étirage.

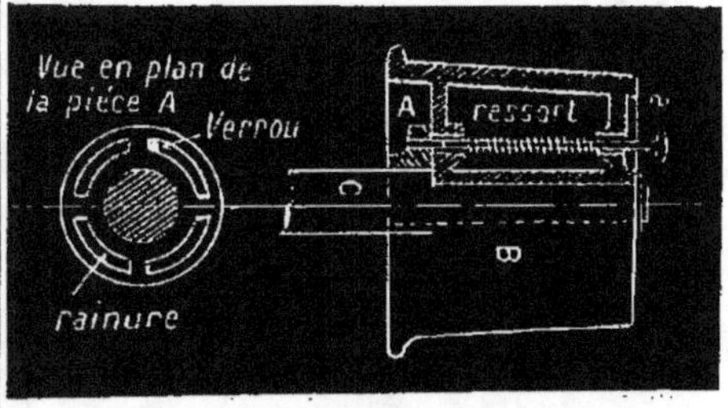

Fig. 293. — Coupe d'une bobine.

On enroule le plus ordinairement les fils autour de bobines placées verticalement et ayant la forme de cônes.

Dans l'exemple représenté (*fig.* 293), la

bobine B est folle sur l'arbre C. Pour embrayer, il suffit de frapper sur la tête du verrou *a*, lequel, en s'enfonçant dans des rainures pratiquées dans la pièce A, permet à l'arbre d'entraîner la bobine.

Tant que le fil de fer, qui s'enroule sur cette bobine, exerce une tension l'embrayage a lieu. Aussitôt que le fil ne tire plus, le ressort soulève le verrou qui, en sortaut de la pièce A, n'entraîne plus la bobine.

La pièce A est clavetée sur l'arbre C. Les bobines verticales servent à enrouler les fils les plus fins. Pour les fils inférieurs au n° 15 de la jauge anglaise, on emploie, un tambour horizontal.

Chaque bobine verticale est assujettie

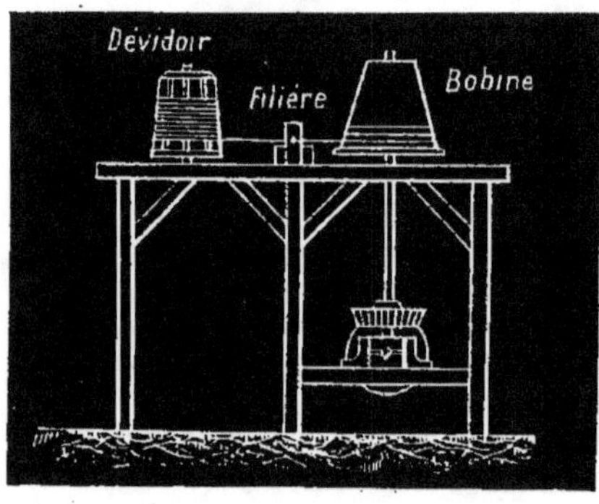

Fig. 294.

sur un axe vertical (*fig.* 294) qui traverse la table de travail et qui donne le mouvement.

Au bas de ces bobines, se trouve une pince qui saisit le bout du fil et le force, après son passage dans la filière, à s'enrouler. Afin de diminuer le frottement qui a lieu pendant la traction, on graisse le fil ou le trou, ou bien on place sur le trajet du fil une pelotte de graisse formée d'un mélange de suif et d'onguent noir.

On s'arrange en général de manière que le fil s'allonge de $0^m,32$ par mètre et par passage ; mais cette proportion varié suivant la nature du fer. Si la loi de décroissement du trou de la filière était uniforme, suivant l'allongement donné, il ne faudrait que 11 trous pour amener le fil de $0^m,009$ à $0^m,0015$.

Plus on diminue le diamètre du fil en une seule fois, plus on aigrit le fer. La vitesse des bobines dépend de la grosseur du fil donné, de celui que l'on veut obtenir et de la qualité du fer. Cette vitesse est d'autant plus petite que le fer est plus gros, plus dur, et que la différence de diamètre de deux trous consécutifs est plus grande.

Elle doit être uniforme et bien réglée. Le fer puddlé exige une vitesse moindre que le fer affiné au charbon de bois. On augmente la vitesse en raison du nombre de passages à la filière.

Le nombre de trous par lesquels on fait passer le fil pour l'amener à un numéro donné dépend de la qualité du fer, de la force mécanique dont on dispose et du degré de finesse que doit avoir le fil fini.

Lorsqu'on dégrossit, on saute ordinairement un trou de la filière à chaque passage, et, en général, ce n'est que pour les quatre à cinq dernières passes, destinées à finir et à parer le fil, que l'on suit l'ordre des numéros de la filière.

Dans le commerce, on trouve des fils de fer galvanisés. Pour les obtenir, il suffit, de mettre, entre la filière et le dévidoir, une longue cuve remplie de zinc fondu ; un bain de sulfate de zinc placé en avant sert à décaper le fil.

Fabrication des rails.

722. Nous aurons à nous occuper, dans cette fabrication :

1° De la formation des paquets ;

2° du réchauffage ;

3° du laminage (une seule chaude) ;

4° du réchauffage à chaud pour redresser ;

5° du sciage du premier bout ;

6° du dressage à froid ;

7° du sciage du deuxième bout. Ce deuxième sciage est très-important et doit être bien fait la tolérance sur la longueur totale n'étant que un millimètre;

8° du burinage des bouts;

9° de la réception.

723. *Formation des paquets.* Les rails sont de deux espèces:

1° ceux qui proviennent de trousses ou de paquets: ce sont les rails soudés;

2° ceux qui sont faits avec des lingots: ces derniers sont les meilleurs.

Nous nous occuperons d'abord des rails soudés. En général, les Compagnies indiquent les qualités du fer qu'elles désirent.

Les paquets se font avec du fer ébauché et du fer une fois corroyé que l'on associe de manière à ce que l'ébauché forme le centre et le corroyé les couvertures supérieures et inférieures du rail.

Le corps de celui-ci sera donc en fer brut. La couverte supérieure devra donner du fer corroyé à grains et la couverte inférieure du fer corroyé nerveux. Ce dernier sert à empêcher de criquer au laminage. Le fer corroyé employé dans la formation des paquets varie de 30 à 33 0/0 du poids de ces paquets.

Le fer des rails doit être fort, dur, et très-résistant à froid. Les paquets, tout en fer puddlé, peuvent donner de très bons résultats. Avec des fers un peu jeunes, pro-

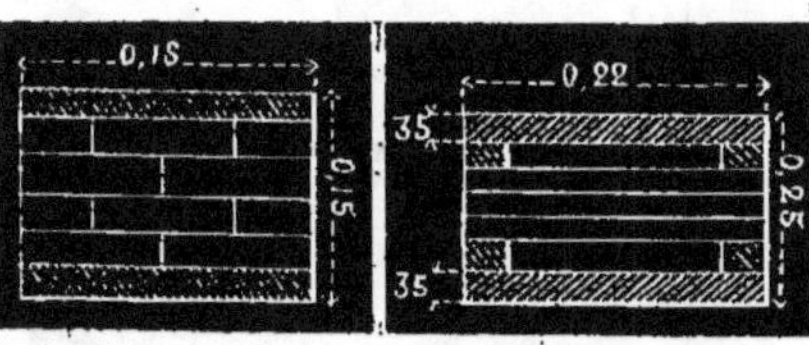

Fig. 295.

Fig. 296. — Paquetage de la Compagnie du Midi. — Fer corroyé à grains, marqué par la partie en hachures. — Longueur 0m95.

venant de minerais phosphoreux, on fabrique des rails de très-bonne qualité, le phosphore paraissant faciliter le soudage.

On compte ordinairement sur un déchet de 10 0/0 au four et à l'étirage, et sur une perte de 12,5 0/0 à la scie pour les bouts coupés.

La plus petite section employée pour les paquetages est 0m,15 sur 0m,18 (*fig.* 295), chaque rail fabriqué a 4m,50 de longueur et un poids moyen de 36 kilogrammes.

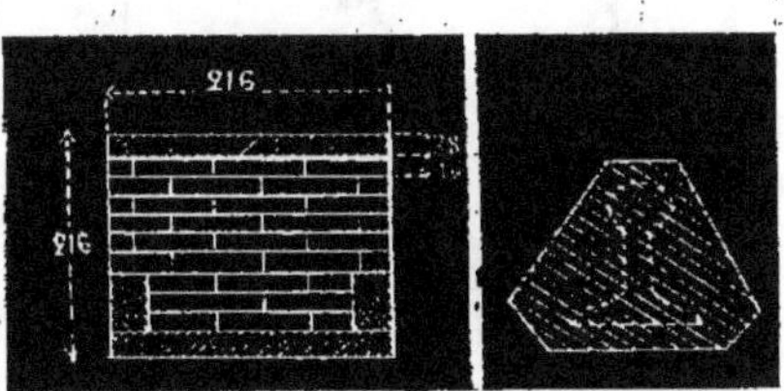

Fig. 297. — Paquetage de la Compagnie du Nord. — Fer corroyé à grains, marqué par la partie en hachures. — Longueur 0m90.

Fig. 298.

Nous donnons (*fig.* 295, 296 et 297) la forme et les dimensions de paquets employés pour la fabrication des rails.

En Angleterre, on s'est servi d'une combinaison de fer et d'acier fondu. Après le laminage, l'acier formait le champignon du rail, partie plus exposée à l'usure.

Les rails fabriqués avec des lingots doivent être durs et non cassants. Ces lingots peuvent prendre différentes formes : rectangulaires, carrées ou à pans coupés comme l'indique la figure 298.

724. *Réchauffage.* Les paquets sont chauffés au blanc soudant dans des fours à réchauffer ordinaires, puis soudés et tirés en une seule chaude au laminoir. Les fours employés doivent être assez grands pour contenir une charge de 800 kilos. On met, en général, 15 charges en 24 heures qui donnent 12 tonnes de rails finis. On consomme, par tonne, 700 k. de combustible.

Il faut, pour chaque train à rails, six fours à réchauffer dont cinq sont constamment en activité. La durée d'une chaude est de 1 heure 1/2 à 1 heure 3/4.

725. *Laminoirs.* Le train à rails se compose de trois équipages de cylindres. Le premier, à partir de la machine motrice, sert à former les barres de corroyé

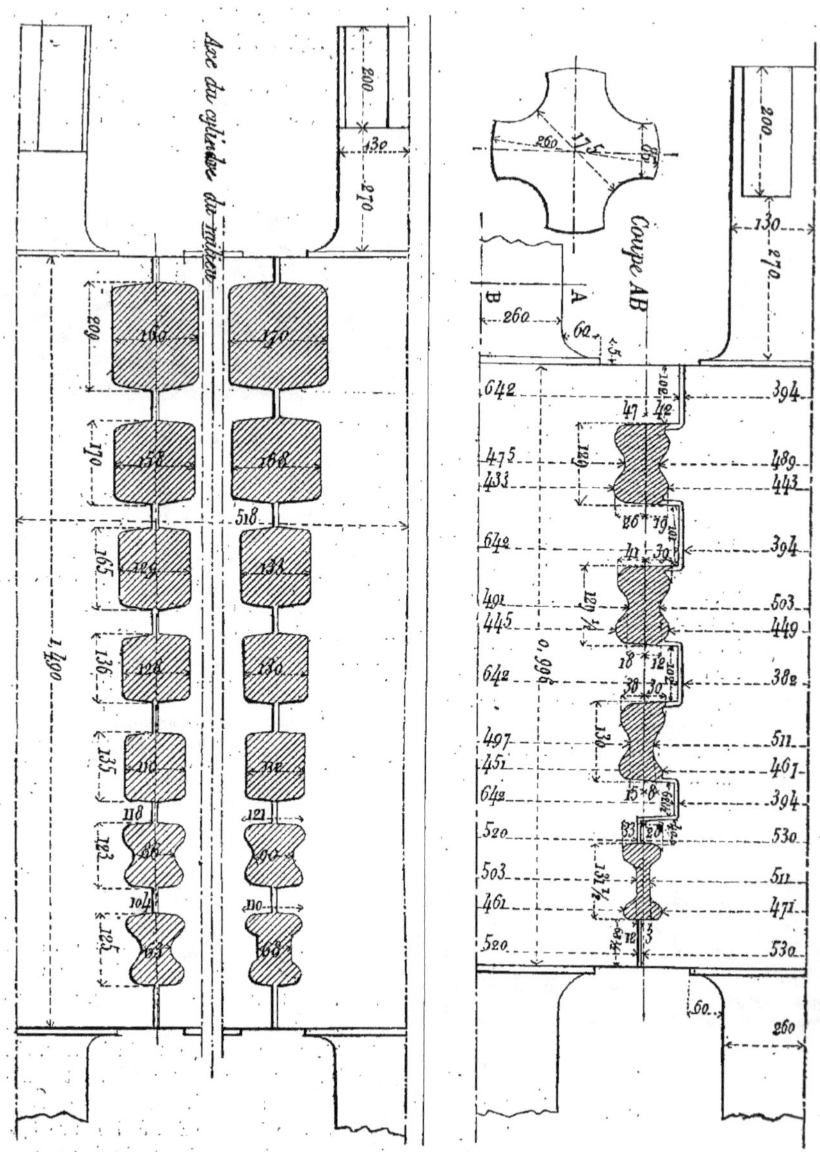

Fig. 299. — Rails à double champignon du chemin de fer
P.-L.-M. (Trio dégrossisseur spécial.)

Fig. 300. — Rails à double champignon du chemin de fer
P.-L.-M. (Cylindres finisseurs.)

qui entrent dans la composition des paquets ; le second est employé à les dégrossir, tant pour rails que pour corroyés, et
le troisième sert à finir les rails. Le dia-

mètre des cylindres varie de 0ᵐ,40 à 0ᵐ,50 et leur longueur de 1ᵐ,20 à 1ᵐ,50; ils font de 60 à 80 tours par minute. La force employée est de 80 chevaux environ.

Le personnel se compose d'un chef dégrossisseur et de 4 hommes, et d'un chef finisseur et 4 hommes, en tout 10 hommes. Nous donnons (*fig.* 299) les différentes cannelures d'un train trio dégrossisseur pour rails à double champignon de la Compagnie Paris-Lyon-Méditer-ranée; et (*fig.* 300) la suite des cannelures d'un train finisseur.

726. *Dressage et sciage des bouts.* Lorsque le rail est sorti de la première cannelure, il faut lui faire subir un dressage à chaud qui consiste à le placer sur une aire en fonte et à frapper sur les parties courbes ou gauches avec un maillet en bois. Ce travail terminé, on affranchit l'un des bouts à la scie, la barre étant encore chaude. On fait ensuite un dres-

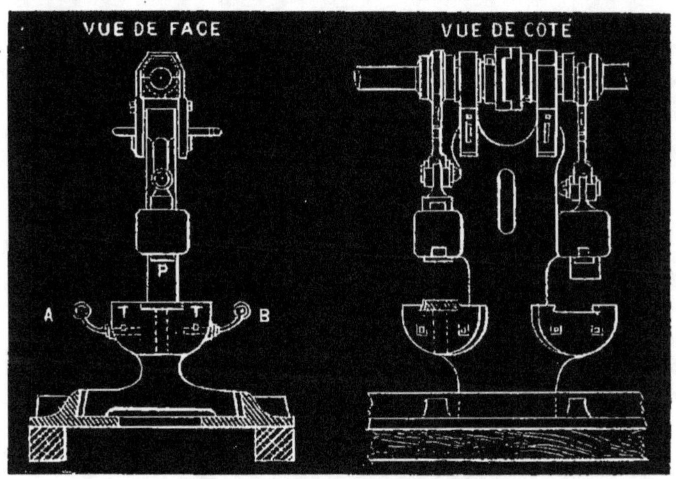

Fig. 301. — Presse à dresser les rails.

sage à froid à l'aide d'une presse représentée (*fig.* 301). Le rail est placé sur les deux rouleaux A B et sur la table T en ayant soin de mettre la partie à redresser de manière qu'elle reçoive l'action d'un fort poinçon P mû mécaniquement.

Lorsque le rail a été bien dressé à froid, il faut scier le deuxième bout. Pour opérer ce deuxième sciage, on est obligé de chauffer l'extrémité du rail au rouge en se servant d'un petit four à réverbère (*fig.* 302) dont la voûte est très-surbaissée. Une plaque de fonte F encastrée dans l'une des parois du four est percée de trous présentant la section même des rails; elle sert à leur introduction pour le réchauffage. Ces rails, arrivés au rouge,

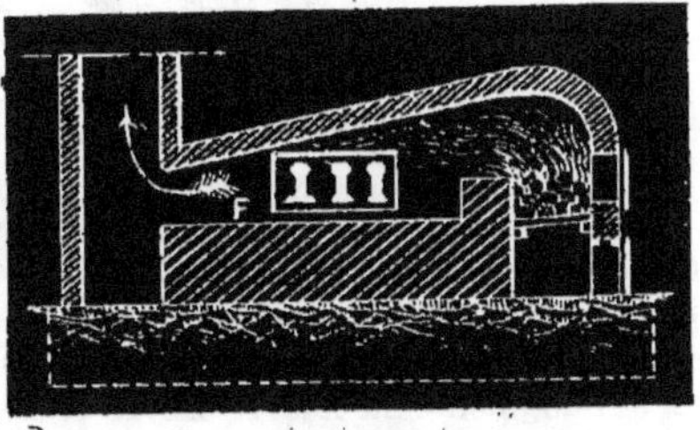

Fig. 302.

sont retirés et sciés à la scie circulaire.

727. *Scies circulaires.* Elles ont ordinairement 1ᵐ,00 de diamètre. Il faut que la tangente à la scie et la ligne horizontale formée par le rail fassent un angle de 55 degrés. Leur épaisseur est de 4 à 5 millimètres. Les dents sont triangulaires. Leur hauteur est de 0ᵐ,08 d'un côté et 0ᵐ,14 de l'autre. La force nécessaire est de 6 chevaux. La lame de scie, qui fait de 800 à 1000 tours par minute, se détremperait facilement si l'on ne faisait plonger la partie inférieure dans une bâche d'eau froide. Ces lames sont hors d'usage au bout de 24 heures; il faut alors retailler les dents. Pour empêcher la scie de fouetter, on en fait passer une partie entre deux disques en fer ou en fonte, maintenus avec des boulons; l'autre partie passe dans une boîte en fonte montée sur la bâche précédemment décrite. Dans la boîte, se trouve une pièce de bois portant une rainure dans laquelle s'engage la lame.

Le sciage d'un bout dure de 12 à 15

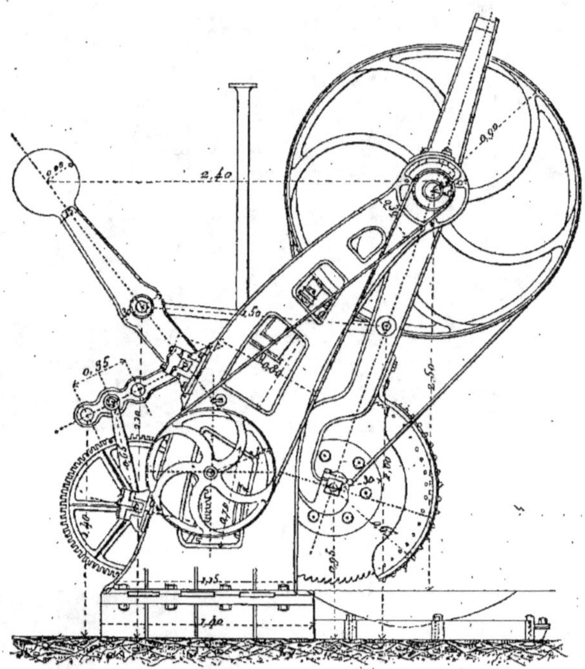

Fig. 303. — Scie circulaire. — Élévation, la scie étant au repos.

secondes. Les scies ont l'inconvénient de laisser à l'extrémité du rail une bavure que l'on est obligé de buriner après coup, ce qui augmente la main-d'œuvre et enlève au rail un peu de sa longueur. Aujourd'hui, on coupe généralement le rail au tour. On se sert de tourteaux de 1ᵐ,10 de diamètre qui supportent les rails dont les bouts dépassent; ils sont coupés tous à la fois par des outils tranchants. En opérant ainsi, on évite les bavures. La vitesse est de deux tours en 3 minutes et la force motrice nécessaire est de 6 chevaux pour 4 tours. Nous donnons (*fig.* 303) un type de scie employée pour couper les rails et les fers du commerce. C'est une scie circulaire à bâti oscillant (système Aaron Bonhill).

728. *Réception.* La fabrication des rails est surveillée par les agents des Compagnies. Ils en vérifient la section à l'aide de gabarits en acier donnant l'empreinte exacte; ils vérifient aussi la longueur et le poids et font faire des essais en prenant au hasard quelques rails et en les soumettant aux chocs d'un mouton pour constater le degré de résistance.

Après cette épreuve, on casse un rail et on examine la cassure. Dans les plus soignés et les plus résistants, le fer est grenu à la surface de roulage et très-nerveux au centre.

Les ouvriers sont payés à prix fait par 1000 k. de rails reçus.

Fers du commerce.

729. *Fabrication du fer fendu.* Lorsqu'on veut fabriquer avec économie des fers carrés ou des fers plats dont les formes n'ont pas besoin d'une entière perfection, on se sert de machines appelées fenderies.

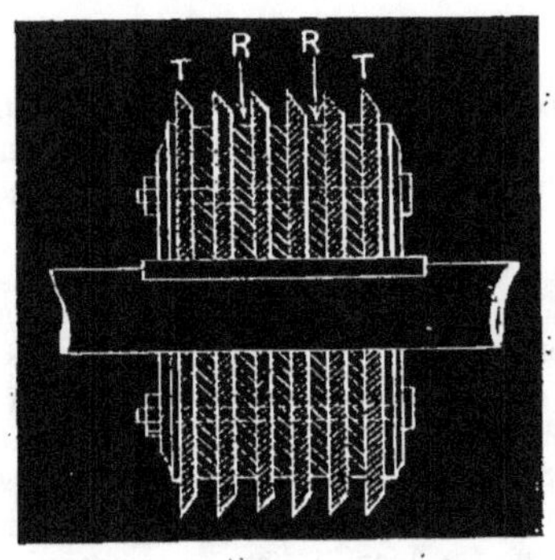

Fig. 304.

TAILLANTS T — Diamètre variable de 0,27 à 0,40.
RONDELLES R — Diamètre de 0,12 à 0,15 en moins que celui des taillants.

La fenderie se compose de deux systèmes de *taillants* ou couteaux circulaires, (*fig.* 304) faits en acier ou en fer aciéré, montés sur des arbres; ils sont séparés par des disques ou *rondelles* de même épaisseur, mais d'un plus petit diamètre, qui les maintiennent à une distance égale à la largeur des verges que l'on veut fabriquer et dont l'ensemble porte le nom de trousse. Le nombre des taillants dont se composent les trousses dépend des dimensions des verges à fabriquer; il est d'autant plus grand que ces fers doivent avoir moins de largeur.

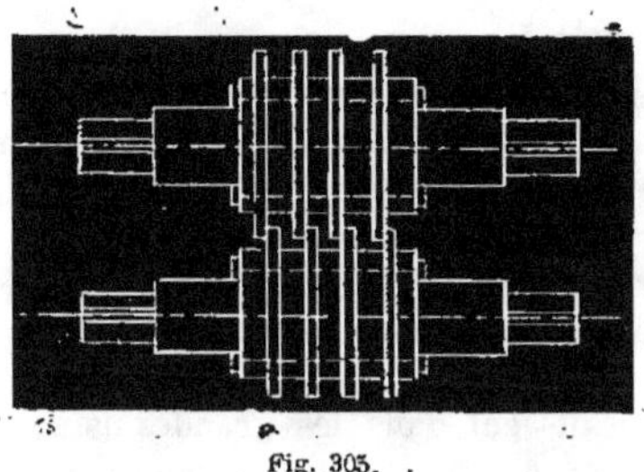

Fig. 305.

Les différentes pièces du système sont traversées par quatre boulons d'assemblage qui en font un tout invariable.

Deux trousses semblables sont disposées l'une au dessus de l'autre (*fig.* 305) de manière que les taillants de l'une correspondent aux entre-deux de l'autre. La vitesse de ces trousses varie de 50 à 80 tours par minute. La force nécessaire est de 8 à 10 chevaux. Ces trousses doivent être souvent arrosées pour qu'elles ne se détrempent pas trop vite. On doit aussi les graisser avec du suif.

Le train de fenderie se compose de deux équipages, dont l'un appelé *espatard*, sert de dégrossisseur et dont l'autre constitue la fenderie proprement dite. L'espatard peut être un équipage à cylindres unis moins long que ceux à tôles, ou un équipage ordinaire à fer plat marchand, muni d'une large cannelure qui fait fonction d'espatard. On place ordinairement le train de fenderie à la suite du gros train marchand. Le fer, pour être refendu, doit être amené au rouge cerise. Les verges de fenderie dont la largeur est égale ou inférieure à 7 millimètres, se font en une seule chaude. Tous les autres fers fendus se fabriquent en deux chaudes. On aplatit d'abord le fer entre les espatards et on le passe immédiatement entre les trousses, ce qui le découpe en tringles.

Le fer fendu se livre dans le commerce en bottes. Les verges servent surtout à fabriquer les clous.

Fabrication du fer de riblons.

730. Dans les forges, on traite les ferrailles, qui sont surtout abondantes dans les grandes villes, et on les transforme en fer marchand. — On distingue trois espèces de ferrailles.

1° Les gros fers provenant de vieux bâtiments, de vieilles machines, etc...

2° Les *riblons*, ou bouts de barres, que l'on obtient dans les grandes usines, les débris de fer fendu, rognures de tôle, bouts de rails trop petits pour entrer dans la composition des paquets, etc...

3° La menue ferraille, les vieux clous, etc...

On forme avec ces débris des masses ou fagots que l'on chauffe dans des fours à réchauffer ordinaires et que l'on traite ensuite, comme les balles des fours à puddler, au marteau et aux cylindres ébaucheurs. Ces paquets ont 0^m,15 à 0^m,20 de longueur. On charge ainsi dans les fours 700 à 800 k. Il faut environ cinq quarts d'heure pour les amener au blanc soudant et la consommation de houille est de 800 à 900 k. Le déchet est variable ; il est de 10 à 12 0/0 pour les grosses ferrailles et de 20 à 30 pour la menue ferraille. Ce fer ébauché donne, par le corroyage, un fer de qualité supérieure et très-recherché pour les pièces de machines.

Fers laminés du commerce

731. Les fers laminés se distinguent en fers marchands et en fers spéciaux ou fers profilés (fers cornières, fers à T simple, fers à double T, fers en U, fers à vitrages, etc...). Les autres sont les fers ronds, carrés, ou plats.

On emploie, pour la fabrication des fers marchands laminés, des fers puddlés, corroyés ou ballés et des ferrailles ou riblons. Comme ceux-ci ont des longueurs différentes, la première opération à leur faire subir est le découpage à la cisaille aux longueurs demandées par les dimensions des paquets.

732. *Formation des paquets.* — Ils ont l'avantage de pouvoir se faire d'un poids déterminé et, en général, d'un plus gros volume que les boules de fer puddlé. De plus, on obtient, avec ces paquets, plus d'homogénéité dans la masse. Il n'y a de limite maximum à leur poids que la difficulté du réchauffage, cette opération n'atteignant pas le cœur lorsqu'ils sont trop volumineux.

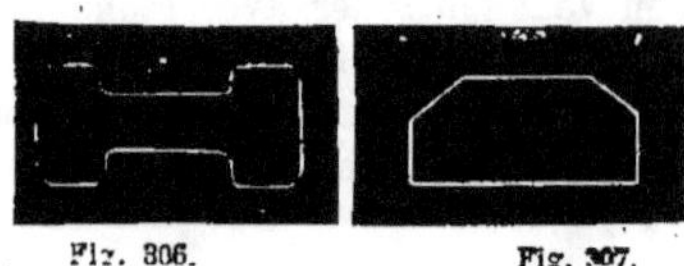

Fig. 306.　　　　Fig. 307.

On peut donc, connaissant d'avance le poids de la barre que l'on veut obtenir et le déchet produit par les diverses manipulations, en déduire le poids du paquet.

Leur forme a été très-discutée. On a cherché à leur donner l'apparence grossière de la barre finie (*fig.* 306) pour les fers à double T, (*fig.* 307) pour les fers zorès, (*fig.* 308) pour les fers ronds, mais ces procédés sont mauvais et on n'emploie plus aujourd'hui que les paquets rectangulaires (*fig.* 309). Pour que le soudage s'effectue bien, il faut que chaque joint laisse évacuer les scories qui se trouvent dans la masse. Leur longueur a aussi une grande importance. Si l'on étire peu, on ne corroye pas assez le fer. La section du paquet doit dépasser très-peu la plus grosse cannelure du dégrossisseur.

Le mode de disposition le plus simple pour la formation des paquets, est celui dans lequel chaque mise a toute la largeur (*fig.* 309), il est employé pour la fabrication des petits fers.

Fig. 308.   Fig. 309.

Le plus généralement, on adopte la disposition à joints croisés (*fig.* 310). Lorsqu'on ne veut pas avoir de soudures longitudinales dans la barre, on met au dessus et au-dessous deux couvertes *a* et *b*, ayant toute la surface du paquet (*fig.* 311.)

Réchauffage. Le réchauffage des trousses ou des massiaux destinés à la fabrication du petit fer et du fer marchand au

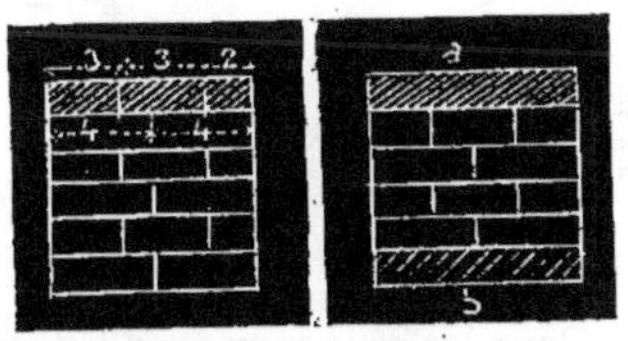

Fig. 310.   Fig. 311.

laminoir, se fait dans les forges anglaises en se servant des fours à réverbère ou des fours dormants décrits précédemment, et dont les dimensions sont les suivantes :

	GRAND FOUR	FOUR MOYEN	PETIT FOUR
Dimensions de la Chauffe.......	1^m00 × 1^m20	1^m00 × 1^m00	0^m80 × 1^m00
Dimensions de la Sole.........	2^m80 × 1^m80	2^m60 × 1^m65	2^m40 — 1^m50

Ce réchauffage est une opération très-délicate; tous les paquets doivent être chauds en même temps.

La charge de fer est très-variable ; elle peut être de 250 k. seulement ou atteindre plusieurs milliers de kilos.

Pour un four moyen et une charge de 800 k. le réchauffage dure 1 heure 3/4 et on brûle 350 k. de houille. Le nombre de charges varie de 14 à 24 par jour.

Le déchet sur le fer brut est toujours voisin de 10 à 12 0/0 et la consommation de houille est comprise entre 350 et 600 k. par tonne de fer fini.

Au sortir du four, la masse de fer étant au blanc soudant, on procède au *serrage*. Ce serrage se fait ordinairement au marteau-pilon ou dans les cannelures soudantes d'un laminoir. Le paquet est laminé parallèlement aux mises, lesquelles sont toutes soumises à la même pression.

Les cannelures soudantes sont placées sur des cylindres spéciaux, tournant un peu plus lentement que les cages ordinaires. Dans certaines usines françaises, on place souvent, côte à côte, des cannelures soudantes et des cannelures dégrossisseuses.

733. *Dégrossissage et ébauchage des barres.* Pour cette opération, on emploie le train de laminoir marchand. Un train marchand se compose de deux jeux de cylindres. Les cylindres dégrossisseurs portant des cannelures ogives au nombre de 20 environ, réparties sur des trains différents.

On donne le nom de *gros train* ou *gros mill* à celui qui contient les plus grosses cannelures dégrossisseuses, puis vient le *moyen mill* et enfin le *petit train* ou *petit mill*. Il existe encore un train nommé *train cadet* qui sert de moyenne entre le moyen mill et le petit mill.

734. *Dimensions des cylindres dégrossisseurs dans les trains.*

	GROS MILL	MOYEN MILL	PETIT MILL
Longueur de Table........	$L = 1^m50$ à 1^m80	Variable	0^m60 à 0^m75
Distance des axes des cylindres..	$D = 0^m45$ à 0^m60	0^m30 à 0^m40	0^m20 à 0^m30
Nombre de tours par minute.. .	$N = 40$ à 80	80 à 120	150 à 250

Pour les cannelures rondes ou carrées, le décroissement des diamètres ou des côtés marche ordinairement par 4 millimètres, depuis $0^m,081$, et au-dessus, jusqu'à $0^m,054$; par $0^m,002$, depuis $0^m,054$ jusqu'à $0^m,030$ et par $0^m,001$ depuis $0^m,030$ jusqu'à $0^m,020$, et au dessous.

Pour la fabrication des fers plats, on ait varier la hauteur des cannelures, soit en leur donnant une largeur constante pour le même échantillon, soit en augmentant légèrement cette largeur depuis a première cannelure jusqu'à la dernière.

Dans les équipages à gros fers plats, les cannelures emboîtent les rondelles d'environ $0^m,020$, et le plus grand diamètre du cylindre supérieur dépasse celui du cylindre inférieur d'environ $0^m,050$, c'est-à-dire du double de la hauteur de l'emboîtement.

Le train pour petit fer est composé de deux équipages, au moins, de cylindres. Ceux-ci ont de $0^m,12$ à $0^m,25$ de diamètre, et font de 150 à 250 tours par minute. Leur vitesse est d'autant plus grande que leur diamètre est moindre.

La nécessité d'accélérer le travail, afin de pouvoir étirer le fer en une seule chaude, a fait adopter, pour les laminoirs à petit fer, des jeux à trois cylindres.

Dans les équipages à trois cylindres, pour fers ronds et carrés, on donne au cylindre supérieur un diamètre un peu plus grand qu'au cylindre du milieu, et on rend celui-ci un peu plus fort que le cylindre inférieur, afin d'empêcher l'enroulement du fer.

Lorsqu'on fabrique du fer feuillard, on n'emploie qu'un équipage à deux cylindres unis à coquille de $0^m,20$ de diamètre. Les fers feuillards ou en rubans, après avoir été laminés, passent ensuite entre deux cylindres sans cannelures pour être polis.

735. *Finissage des barres.* Les barres en sortant du laminoir et des cannelures finisseuses sont étendues sur une partie du sol de l'usine, formé par des plaques de fontes et elles sont frappées avec des maillets en bois pour les redresser. Lorsqu'elles doivent être cintrées, on profite de la chaleur qu'elles ont encore pour leur faire subir cette opération. Elles sont ensuite coupées de longueur, soit à la cisaille, soit à la scie circulaire et, après refroidissement complet, elles sont emmagasinées.

Classification des fers du commerce.

736. La classification ci-dessous est celle de la Compagnie anonyme des forges de Châtillon et Commentry. Les prix ne sont donnés que comme simple renseignement et peuvent varier suivant le cours des métaux.

Les conditions de paiement sont ordinairement à 4 ou à 6 mois de terme, ou au comptant avec 2 0/0 d'escompte. Il faut, de plus prévoir, pour l'entrée à Paris, un droit d'octroi de 3 fr. 60 par 100 kilos.

737. FERS MARCHANDS.

		Prix par 100 kilos.	
		au bois	au coke
1re CLASSE	Carrés 20 à 54 m/m. . . . . Ronds de 30 à 61 m/m. Plats de 27 à 39 sur 11 et plus. . . . . Plats de 40 à 115 sur 9 et plus.	26 fr.	22 fr.
2e CLASSE	Carrés de 16 à 19 m/m. Carrés de 55 à 69 m/m. Ronds de 17 à 29 m/m. Ronds de 62 à 81 m/m. Plats de 20 à 39 sur 8 m/m et plus. . . . . Plats de 40 à 81 sur 6 à 8 1/2 m/m. . . . . Plats de 116 à 165 sur 12 à 40. . . . . Verges et cotières pour clous.	27 fr.	23 fr.
3e CLASSE	Carrés de 11 à 15 m/m. . . . . Carrés de 70 à 90 m/m. . . . . Ronds de 12 à 16. . . . . Ronds de 82 à 95. . . . . Plats de 82 à 115 sur 6 1/2 à 8 1/2 m/m. . . . . Plats de 116 à 165 sur 7 à 11 1/2 m/m. . . . . Bandelettes de 20 à 39 sur 5 1/2 à 7 1/2 m/m. . . . . . . Plates-bandes demi-rondes de 27 à 80 m/m.	28 fr.	24 fr.
4e CLASSE	Carrés de 5 à 10 1/2 m/m. . . . . Carrés de 91 à 110 m/m. . . . . Ronds de 96 à 110 m/m. . . . . Plats de 82 à 115 sur 4 1/2 à 6 m/m. . . . . Plats de 116 à 165 sur 5 1/2 à 6 1/2 m/m. . . . . Bandelettes de 14 à 39 sur 4 1/2 à 5 m/m. . . . . Plates-bandes demi-rondes de 12 à 26 m/m.	29 fr.	25 fr.

Aplatis pour cercles (sans longueur fixe).

		au bois	au coke
1re CLASSE	De 36 à 81 sur 4 1/2 m/m et plus.	29 fr.	20 fr.
2e CLASSE	De 20 à 39 sur 3 1/2 m/m et plus. . . . . De 62 à 81 sur 3 1/2 m/m et plus. . . . . De 40 à 61 sur 3 m/m et plus.	31 fr.	26 fr.

Feuillards et rubans (sans longueur fixe).

		au bois	au coke
1re CLASSE	De 62 à 81 sur 2 1/2 et plus. . . . . De 82 à 115 sur 3 1/2 m/m et plus. . . . . De 20 à 61 sur 2 m/m et plus. . . . . De 14 à 19 sur 3 m/m et plus. . . . . De 116 à 135 sur 4 1/2 m/m et plus.	»	26 fr
2e CLASSE	De 82 à 120 sur 3 m/m et plus. . . . . De 125 à 135 sur 3 1/2 et plus . . . . De 20 à 61 sur 1 1/2 et plus. . . . . De 14 à 19 sur 2 et plus . . . . De 140, 150 et 160 sur 4 1/2 m/m et plus	»	29 fr.
3e CLASSE	De 20 à 40 sur 1 m/m et plus . . . . De 14 à 19 sur 1 1/2 m/m et plus	»	30 fr.
4e CLASSE	De 41 à 54 sur 1 m/m et plus . . . . De 14 à 19 sur 1 m/m et plus	»	32 fr.

738. *Observations.* Les feuillards droits de toutes les dimensions qui précèdent, coupés à longueur déterminée, sont cotés avec une augmentation de 2 fr. par 0/0 kilos sur le prix de leur classe.

Lés feuillards gironnés de toutes les dimensions sont également cotés avec une augmentation de 3 fr. par 0/0 kilos sur le prix des feuillards ordinaires.

739. FERS DIVERS.

	Prix par 100 kilos.	
	au bois	au coke
Fer maréchal (marque Maréchal Châtillon)	26 fr.	
— (— Maréchal ∩)	24 fr.	
Machine ou rond de tréfilerie — Qualité au coke	22 fr.	
Machine ou rond de tréfilerie — Qualité pour ressorts et barrages	24 fr.	
Machine ou rond de tréfilerie — Qualité au bois puddlé Châtillon	26 fr.	
Fers carrés de 111 à 200 millimètres	»	28 fr.

Gros ronds

De 111 à 135 usqu à 6^m,00	»	28 fr.
De 137 à 150 — 5^m,00	»	30 fr.
De 152 à 165 — 5^m,00	»	32 fr.

Les échantillons ci-dessus font souvent l'objet de conditions à débattre de gré à gré.

740. FERS LARGES PLATS.

		Prix par 100 kilos.	
		Longueur	au coke
1re CLASSE	De 170, 180, 200 à 220 ^m/_m sur 11 et plus	7^m,00	25 fr. 50
2e CLASSE	De 201 à 220 sur 8 à 10 1/2 ^m/_m De 221 à 300 sur 11 ^m/_m et plus	7^m,00	26 fr. 00
3e CLASSE	De 170, 180, 200 sur 8 à 10 1/2 ^m/_m De 221 à 300 sur 8 à 10 1/2 ^m/_m De 301 à 400 sur 11 ^m/_m et plus	7^m,00	26 fr. 50
4e CLASSE	De 170, 180, 200 à 300 sur 6 à 7 1/2 ^m/_m De 301 à 400 sur 7 à 10 1/2 ^m/_m De 401 à 500 sur 11 ^m/_m et plus	6^m,00	27 fr. 00
5e CLASSE	De 401 à 500 sur 8 à 10 1/2 ^m/_m De 501 à 600 sur 11 ^m/_m et plus	6^m,00	27 fr. 50
6e CLASSE	De 401 à 450 sur 7 à 7 3/4 ^m/_m De 501 à 600 sur 8 à 10 1/2 ^m/_m De 601 à 800 sur 9 ^m/_m et plus	6^m,00	28 fr. 00

741. *Observations.* Tous les fers *marchands, aplatis, gros ronds, carrés* et *larges plats,* demandés à longueur fixe, c'est-à-dire d'une longueur avec tolérance ne variant pas plus de 5 centimètres, en plus ou en moins, seront augmentés de 1 fr. par 0/0 kilos.

Pour les longueurs *exactes* et *très-précises,* les prix seront établis de gré à gré.

742. FERS ZORÈS.

les 100 kilos.

Fers zorès de toute classe.. . . . . 32 fr.

743. FERS FINS DU BERRY. *(Usine du Tronçais.)*

les 100 kilos.

Corroyés. — Fers de toutes dimensions.. . . . . 45 fr.

Cylindrés
- Fers marchands de toutes dimensions.. . . . . } 45 fr.
- Verges pour clous.. . . . .
- Fers à cercles (feuillards et 1/2 feuillards) . . . . 47 fr.

Battus Rambourg ou *Grossouvre* (de toutes dimensions).. . . . . 41 fr.

Marque D T
- Fers marchands de toutes dimensions. . . . . 38 fr.
- Fers à cercles (feuillards et 1/2 feuillards).. . . . . 41 fr.

744. FERS A PLANCHERS.

les 100 kilos.

1re SÉRIE. I ordinaires de 100 à 180 m/m à ailes ordinaires jusqu'à 8m00 de longueur. . . 23 fr.
2e SÉRIE. I ordinaires de 80, 200 et 220 m/m à ailes ordinaires jusqu'à 8m00 de longueur . 23 fr.
3e SÉRIE. I de 260 m/m ailes ordinaires jusqu'à 7m00 . . . . 24 fr.

745. FERS SPÉCIAUX.

les 100 kilos.

1re CLASSE. Cornières égales de 40 à 100 m/m jusqu'à 8m de longueur. . . . . 24 fr.

2e CLASSE.
- Selles et éclisses pour rails. . . . .
- Fers à barreaux de grilles de 90 m/m.. . . . . } jusqu'à 7m00
- — — de 55 à 100 m/m.. . . . . de longueur. } 25 fr.
- Fers octogones. . . . .

3e CLASSE.
- Cornières égales de 30 à 35 m/m. . . . .
- Cornières inégales de 50 à 66 sur 70 à 80 m/m. . . . .
- — de 55 à 80 sur 100 m/m.. . . . .
- — de 50 à 80 de 10s500.. . . . . } jusqu'à 7m00
- — de 70 sur 90 m/m.. . . . . de longueur. } 26 fr.
- T simples de 70 et 80 sur 23 et 40. . . . .
- — de 63 sur 43 m/m.. . . . .
- Fers à ronchets.. . . . .
- Fers à rampes. . . . .

4e CLASSE.
- Cornières égales de 26 m/m . . . .
- — — de 25 m/m . . . .
- — — de 120 m/m . . . . } jusqu'à 7m00
- Cornières inégales de 80 et 90 sur 120 m/m. . . . . de longueur.
- — — de 35 à 50 sur 54 à 70 et 64 sur 110 m/m
- Fers à pennes . . . . 27 fr.
- Fers demi ronds à moulures. . . . . les
- Fers en ⊔ de 30 à 50 minimum et maximum. . . . . } jusqu'à 6m00 100 kilos.
- T simples de 54 et 56 sur 53 à 60 m/m. . . . .
- — de 90 sur 45 m/m . . . . de longueur.
- I larges ailes de 100 à 160 sur 60 à 84 m/m d'ailes. . . . . } jusqu'à 7m00
- I larges ailes de 180 sur 70 à 78 m/m.. . . . .
- — — de 120 ailes inégales . . . . de longueur.

Classe	Désignation	Longueur / Obs.	Prix
5ᵉ CLASSE	Cornières égales de 20 à 21 m/m	jusqu'à 6m00 de longueur.	28 fr. les 100 kilos.
	Cornières ouvertes et fermées de 40 et 43 sur 53 et 55 m/m . .		
	— — — de 60 sur 60 m/m		
	Cornières inégales de 18 et 20 sur 40 et 45 m/m		
	Cornières inégales de 50 sur 80 de 5 k.25		
	— — de 80 sur 140 m/m		
	T simples de 75 et 80 sur 55 à 85 m/m	jusqu'à 7m00 de longueur.	
	— de 95 et 100 sur 55 à 70 m/m		
	— de 2 k.25 à 5 k. le mètre courant		
	I larges ailes de 80, 170, 175, 180 et 220 sur 55 et 105 . . .	7m00.	
	— — de 166 et 172 dissymétriques		
	Fers à vitrages de 1k.80 et plus le mètre	6m00.	
	Fers à olive		
	Fers à ⊔⊔ de 50 à 130 m/m de toutes les épaisseurs		
	I de 25 à 40 sur 20 à 30 d'ailes		
6ᵉ CLASSE	Cornières égales de 14, 16 et 18 m/m	6m00.	29 fr. les 100 kilos.
	Cornières inégales de 16 à 20 sur 30 et 35		
	— — de 100 sur 140 et de 70 et 90 sur 150 m/m.		
	Cornières ouvertes de 130 m/m		
	T simples de 1k.11 à 2k. le mètre courant		
	T à branches inégales de 1k.30 à 1k.70	5m00.	
	Fers à vitrages et à vasistas de 1k. à 1k.76		
	Fers à couteaux		
	T simple de 125 sur 60 à 75 m/m	7m00.	
	I Larges ailes de 200 sur 110 et 117 m/m		
	— — de 160 sur 120 et 260 sur 117 à 122 m/m . .		
	— — de 248 sur 127 et 131		
	Fers à boudin de 150, 180 et 200 m/m	6m00.	
	Fers en ⊔⊔ de 135 sur 55 m/m		
7ᵉ CLASSE	Cornières inégales de 13 à 19 sur 20 à 26 m/m	5m00.	30 fr. les 10 kilos.
	T simples de moins de 1k.11 le mètre courant		
	— branches inégales de moins de 1 k 30		
	T simples de 130 sur 90 et de 150 sur 80	7m00.	
	Fers à vitrages H	5m00.	
	— — de moins de 1k. le mètre courant		
	Fers à ronchets (*persiennes*)		
	Fers demi-ronds creux		
	Fers en ⊔⊔ de 175 sur 60 à 67 et 250 sur 80 à 86 m/m	6m00.	
	I Larges ailes dissymétriques de 250 sur 115 et 121 m/m . .		
Hors CLASSE	I Larges ailes de 300 sur 140 m/m		33 francs les 100 kilos
	— de 350 sur 150 et 152 m/m		37. — —

746. *Observations.* Il est de toute utilité de bien indiquer, sur les commandes de fers à I, si l'on désire des barres *droites* (dressage à chaud), ou *cintrées* et, dans ce dernier cas, fixer le rayon ou la flèche du cintre à donner.

Les fers de longueurs au-dessus de celles indiquées dans la classification précédente subissent une augmentation de 1 fr. par 0/0 kilos par mètre et fraction de mètre.

L'acheteur reste chargé des frais supplémentaires résultant des tarifs des diverses Compagnies de chemin de fer pour transporter des pièces qui dépasseraient les dimensions du matériel (6m,50 de longueur) et pour quantités inférieures à 10.000 kilos.

747. CLASSIFICATION DES TOLES. (*Extrait du Cours officiel du Moniteur Général.*)
(Août 1882.)

TOLES

CONDITIONS D'USAGE. — RÈGLEMENT A 4 MOIS OU COMPTANT AVEC 2 0/0 D'ESCOMPTE.

CLASSIFICATION

QUALITÉS ET PRIX PAR 100 KIL.

	Puddlées Ordin.	Puddlées Chaud.	Demi-fort.	Fer fort douce.	Fer fort supérieur.	Forgées au bois qual. Berry.

TOLES DE CONSTRUCTION

A partir du 15 février 1882.

Classification	Ordin.	Chaud.	Demi-fort.	Fer fort douce.	Fer fort sup.	Forgées au bois qual. Berry
Tôles de 3 m/m et au-dessus	29	32	36 »	40 »	45	58 »

NOTA. — Les tôles de 3 m/m et au-dessus qui sortiraient de ces dimensions sont traitées de gré à gré.

De même, les prix seront majorés ainsi qu'il suit, quant aux poids :
De 250 kil. à 350 kil., à 2 fr. d'écart par 100 kil, au-dessus du prix de base
De 350 kil. à 450 kil., à 4 fr. d'écart par 100 kil. au-dessus du prix de base
Les tôles de poids supérieur à 450 kil. la feuille, de même que les tôles découpées sur profils déterminés sont traitées de gré à gré.

TOLES STRIÉES.

Dimensions ordinaires (de 1m50 à 2m50 de longueur sur 0m70 à 1m de largeur). — Les autres dimensions sont traitées de gré à gré.

QUALITÉS ET PRIX PAR 100 KIL.

Classification	Puddlées	Demi-fort.	Fer fort douce.	Fer fort sup.	Forgées au bois qual. Berry
Dimensions ordinaires	32 »	» »	» »	» »	» »

TOLES DU COMMERCE

A partir du 15 juillet 1881.

Classification	Puddlées	Fer fort douce.	Forgées au bois qual. Berry
1re classe à 3mm faible. — Feuilles de 2 mètres sur 0m80 de 25k et plus — sur 1m00 de 31k — de 1m66 sur 0m66 de 17k — sur 0m80 de 20k	30 »	44 »	58 »
2e classe 1 à 2mm faible. — Feuilles de 2 mètres sur 0m80 de 13k à 24k5 — sur 1m00 de 16k à 30k5 — de 1m66 sur 0m66 de 8k à 16k5 — sur 0m80 de 10k5 à 16k	32 »	45 »	59 »
3e classe 2/3 à 1mm faible. — Feuilles de 2 mètres sur 0m80 de 8k5 à 12k5 — sur 1m00 de 12k à 15k3/4 — de 1m66 sur 0m66 de 5k à 7k3/4 — sur 0m80 de 6k5 à 10k	35 »	47 »	60 »
4e classe 1/2 à 2/3mm faible. — Feuilles de 2 mètres sur 1m00 de 10k à 11k3/4 — de 1m66 sur 1m66 de 4k à 4k3/4 — sur 0m80 de 5k5 à 6k1/4	38 »	50 »	61 »
5e classe de 50mm faible. — sur 0m66 de 3k5 à 3k3/4 — sur 0m80 de 4k5 à 5k1/4	42 »	53 »	67 »

	GRISE	LISSE
Tôles puddlées à tuyaux de 1k100 à 1k850 la feuille	43 »	4 »

TOLES DÉCAPÉES.

	Puddlées
Les tôles décapées se facturent en plus des prix ci-dessus de par 100 kilos.	6 »

TOLES UNIES ZINGUÉES.

Classification	Puddlées	Fer fort douce.	Forgées au bois qual. Berry
De 1m650 sur 0m650 pesant 8k et plus la feuille	47 »	61 »	71 »
— — 5k à 7k 1/2 et plus la feuille	49 »	61 »	71 »
— — 4k à 4k 1/2 et plus la feuille	52 »	67 »	77 »
— — 3k 1/2 la feuille	55 »	70 »	82 »

PLUS-VALUE DE TOUTES LES TOLES CI-DESSUS.

Au-dessus de 3m/m, prix à fixer de gré à gré

Les tôles de même force et de dimensions spéciales, plus-value par 100 kilos.	2 »
Calandres en tôles formé de trapèze, plus-value par 100 kil.	4 »
Fonds ou parties de fonds circulaires ou ovales.	8 »

TOLES ONDULÉES (POUR COUVERTURE).

Classification	Noires	Galvanisées
Tôles noires, petites ondes { de 8 à 10 dixièmes de millimètre d'épaisseur.	42 »	61 »
de 11 à 15 dixièmes de millimètre d'épaisseur.	39 »	58 »
Tôles noires, grandes ondes, de 15 à 20 dixièmes de millimètre d'épaisseur.	42 »	61 »

NOTA. — Les autres dimensions sont traitées de gré à gré.

MARQUE DES FORGES DE MONTATAIRE.

Classification	Galvanisées
Tôles ondulées, grandes et moyennes ondes plus de 1m/m 1/2 à 2m/m 1,2, les 100 kilos.	53 »
— — — de 1m/m 1/2	55
moyennes ondes et à nervures de 1m/m 1/4	56 »
— — — de 1m/m	57
— — et petites ondes de 3/4 de millim.	61 »
petites ondes de 6 à 7/10	63 »

NOTA. — Les prix ci-dessus sont donnés comme simple renseignement et sont variables avec le cours des métaux.

748. Rails.

Les 100 kilos

Rails divers pour terrassements de 4 à 6ᵐ assortis . . . .   23 fr.
Rails de formes spéciales. . . . .   24 fr.
Rails à patin (Vignole) . . . .   24 fr.
Rails à double champignons pour grandes voies jusqu'à 6ᵐ,00 de longueur . . . .   22 fr.
Rails à patin (Vignole) pour grandes voies jusqu'à 6ᵐ,00 de longueur. . . . .   24 fr.
Rails américains (dits Brunel). . . . .   26 fr.

Nota.- Pour commandes importantes on pourrait établir le matériel de tous autres modèles
sur des prix à débattre.

Profils des fers du commerce.

749. Nous donnons dans les tableaux n° 1, n° 2, n° 3, n° 4, n° 5, et n° 6, les divers profils des principaux fers employés dans les constructions.

Tableaux Nᵒˢ 1 et 2 (*fig.* 312 *et* 313).

750. Dans ces deux premières planches, nous représentons les profils des fers ⊥, à ailes ordinaires et à larges ailes. Les fers laminés en forme de ⊥. sont exécutés en France depuis bientôt 35 ans et répondent à un besoin généralement senti. Le haut prix du bois, sa combustibilité, sa décomposition si rapide dans les pays humides, sont autant d'inconvénients graves que chacun doit reconnaître. Le fer a sur le bois des avantages évidents : son incombustibilité, sa durée indéfinie, sa valeur intrinsèque, sa nature minérale qui, loin de favoriser le développement des insectes, ce fléau des grandes villes, comme le fait le bois de sapin, semble au contraire les repousser, sont des qualités qui lui sont inhérentes. Il en est d'autres qui ressortent de son application aux constructions et qui sont fort appréciées des hommes de l'art. Nous voulons parler de la légèreté des charpentes en fer et du peu de hauteur qu'elles nécessitent entre les divers étages des constructions. L'économie de l'espace est une considération de la plus haute importance, partout où l'agglomération des individus renchérit la valeur des terrains. Les fers ⊥ du commerce sont laminés d'une seule pièce en longues barres très-minces, portant sur les deux bords une nervure, de manière que, vues en section, elles représentent la forme d'un ⊥. C'est ce qu'on nomme *poutrelles, solives* ou *fers en double* T. Ces poutrelles placées de champ, constituent des sommiers qui remplacent ceux en bois dans toutes leurs applications avec de grands avantages, même au point de vue de l'économie, ainsi qu'il est facile de le démontrer par un exemple.

751. D'après le traité d'architecture de M. Léon Regnaud, pour supporter un poids de 4300 k. uniformément réparti sur une portée de 6ᵐ,00, il faut une poutre en bois de 0ᵐ,33 d'équarrissage, tandis qu'une poutrelle de 25 k. le mètre courant peut remplir le même but. La poutre en bois présente un cube de 0ᵐ,648 qui vaut 90 fr. le mètre cube, en admettant que l'on fasse usage du sapin, soit ainsi 58 fr. 32, tandis que la poutrelle en fer ne coûte que 45 fr. La différence en faveur du fer serait bien plus considérable si l'on avait pris du bois de chêne comme terme de comparaison.

Le fer laminé ne peut présenter aucun défaut caché. Son mode de fabrication y met un obstacle absolu. Son élasticité permet de le charger jusqu'à la dernière limite sans crainte de rupture. La courbe de flexion comme pour le bois sert de guide au constructeur.

752. Les poutrelles ou solives se divisent en trois séries caractérisées par la dimension et la forme des *nervures, bour-*

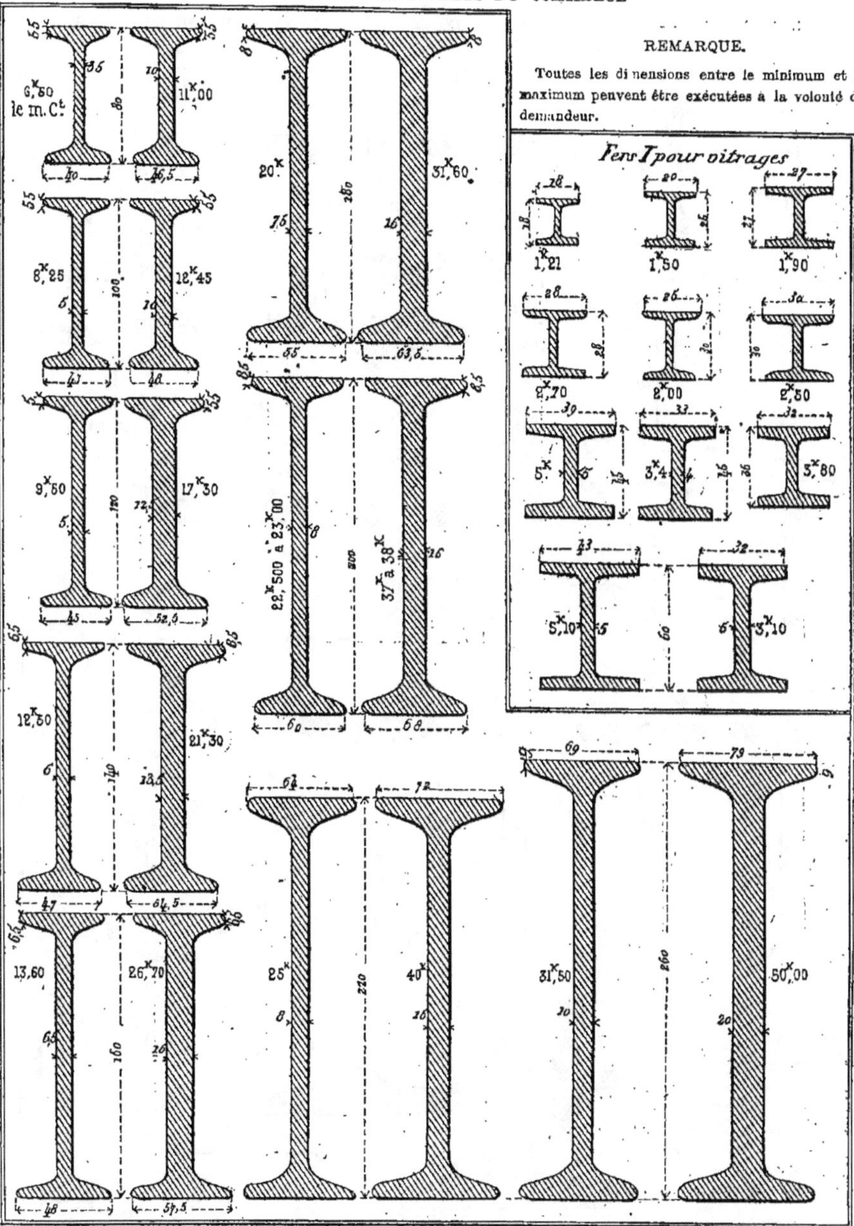
REMARQUE.
Toutes les dimensions entre le minimum et le
maximum peuvent être exécutées à la volonté du
demandeur.
Fers I pour vitrages

Fig. 312.

TABLEAU N° 2. — PRINCIPAUX TYPES DES FERS I LARGES AILES DU COMMERCE.

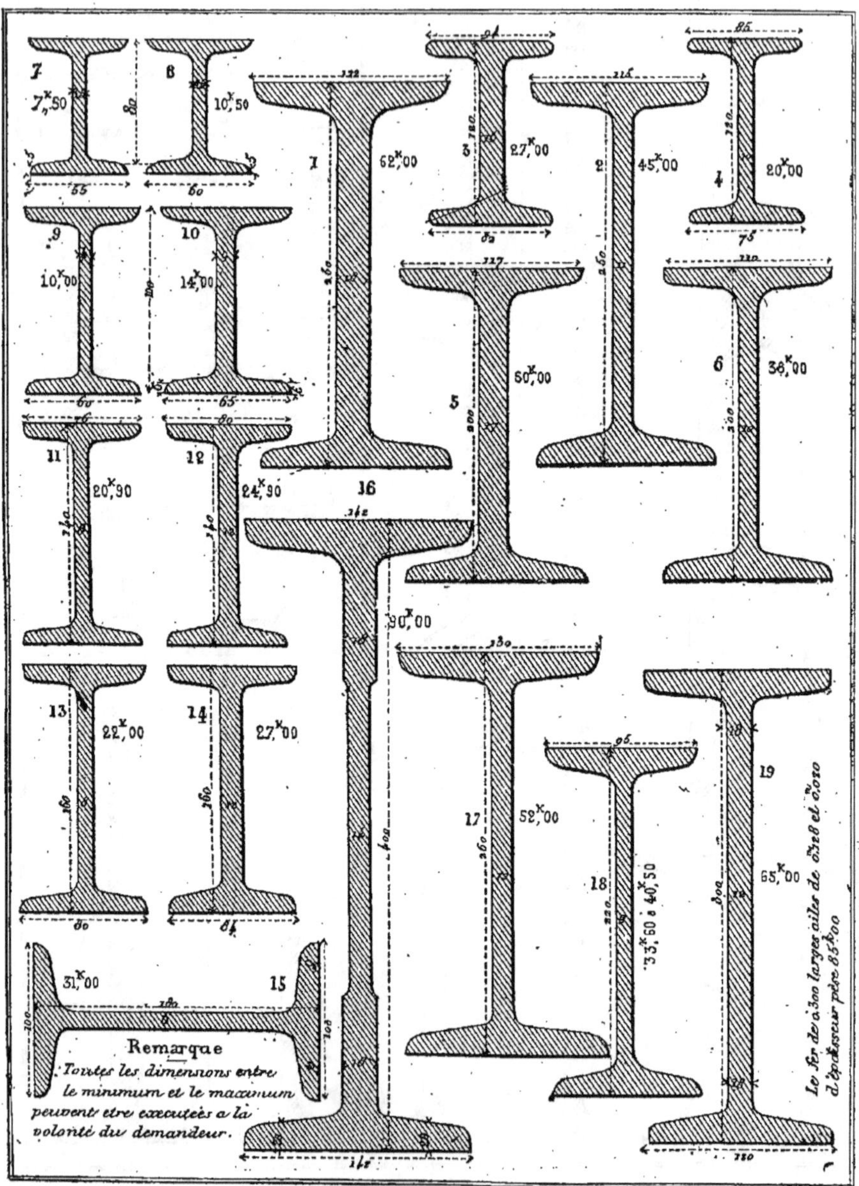

Fig. 313.

TABLEAU N° 3. — FERS ⊔, ZORÈS, FERS 1/2 RONDS.

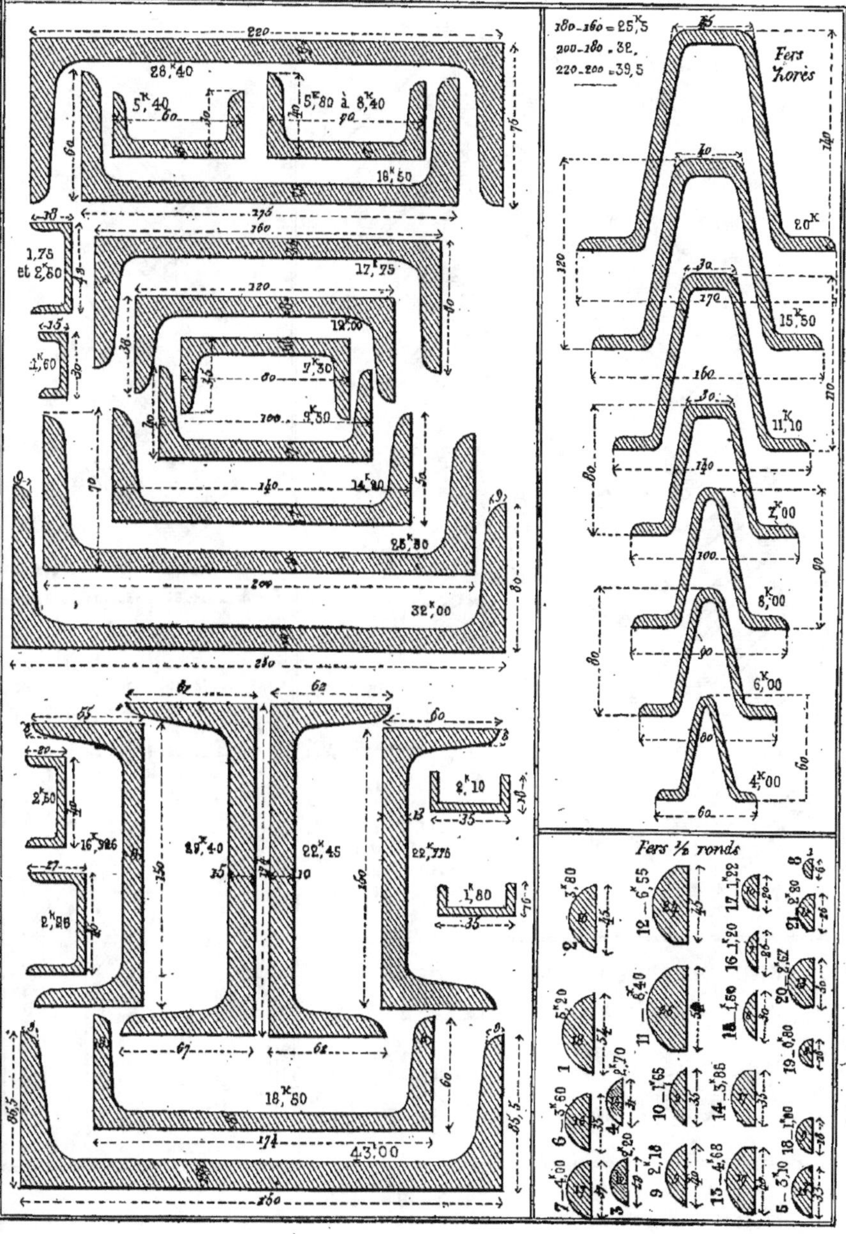

Fig. 314.

 CONSTRUCTION.

TABLEAU N° 4. PRINCIPAUX TYPES DES CORNIÈRES DU COMMERCE

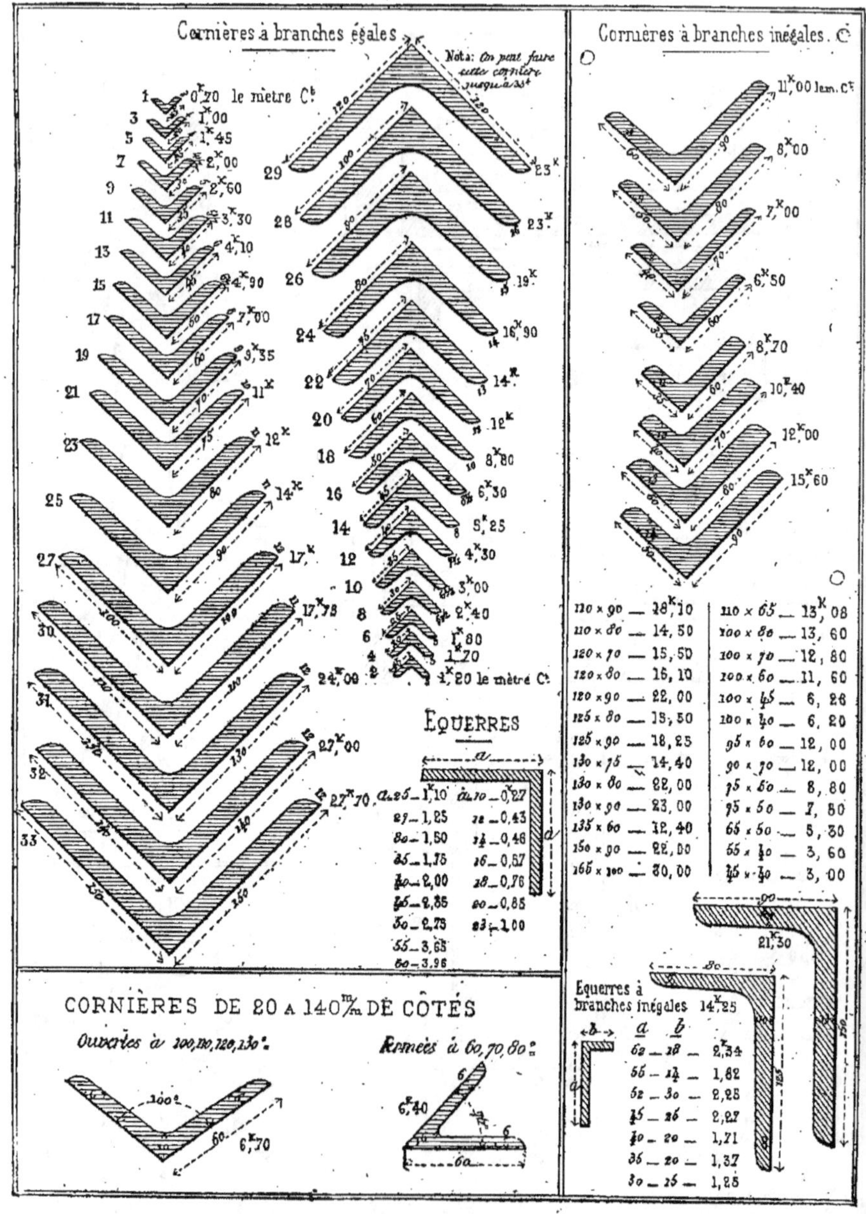

Fig. 315.

TABLEAU N° 5. — FERS DIVERS, FERS ⊤ ET FERS A VITRAGES.

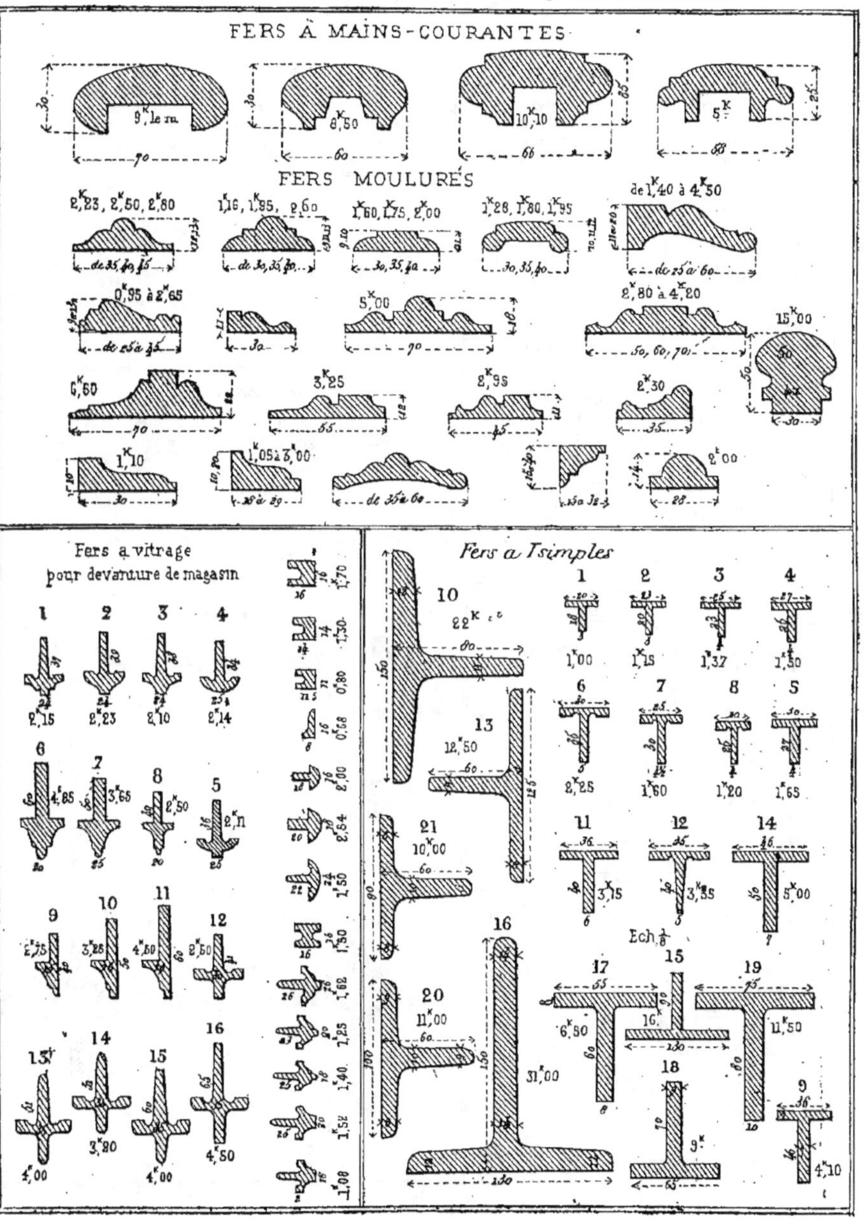

Fig. 316.

TABLEAU N° 6. — FERS MARCHANDS ET FERS DIVERS.

DIMENSIONS DES FERS MARCHANDS

Rond . . 6, 7, 8, 9, 10, 11, 12, 13, 14, 15, 16, 17, 18, 19, 20, 22, 23, 24, 25, 26, 27, 28, 30, 32, 34, 36, 38, 40, 42, 44, 46, 48, 49, 50, 53, 54, 57, 58, 61, 62, 65, 66, 69, 70, 74, 75, 79, 80, 84, 85, 89, 90, 94, 95, 99, 100, 104, 105, 109, 110, 114, 115, 119, 120, 124, 125, 129, 130, 135, 140, 145, 150, 155, 160, 165, 170, 175 millimètres.

Carrés . . 6, 7, 8, 9, 10, 11, 12, 13, 14, 15, 16, 17, 18, 19, 20, 22, 23, 24, 25, 26, 27, 28, 29, 30, 31, 32, 33, 34, 35, 36, 37, 38, 39, 40, 41, 42, 43, 44, 45, 46, 47, 48, 49, 50, 51, 53, 54, 55, 57, 58, 59, 61, 62, 63, 65, 66, 67, 69, 70, 71, 74, 75, 76, 79, 80, 81, 84, 85, 86, 95, 100, 105, 110 et 115 millimètres.

Plats . . 16, 18, 20, 22, 24, 26, 28, 30, 32, 34 et 36 millimètres sur 1 et 2 millimètres épaisseur.

18, 20, 22, 24, 26, 28, 30 et 32 millimètres sur 4 à 14 millimètres épaisseur.

34, 40, 42, 46 et 48 millimètres sur 1 1/2 à 30 millimètres épaisseur. 48, 50, 52, 54, 58, 60, 62, 64, 66, 68, 70, 72 millimètres sur 2 à 40 millimètres épaisseur.

75	75	80	85	90	95	100	110	115	120	125
2à40	2à40	2à45	2à50	2à45	2à40	2à50	2à40	3à40	2à40	3à45
140	150	160	165	170	180	200	210	250	270	
3à40	3à45	3à45	4à45	5à45	5à45	5à45	5à45	7à40	7à40	
300	320	350	400	420	450	500	550	600 m/m		
8à40	8à40	8à40	8à40	8à40	8à40	10à40	10à40	10à40 m/m		

épaisseur.

Feuillards et aplatis.

14 à 36	37 à 61	62 à 71, 75, 76, 80, 81	85, 86, 88
1 et plus	1 1/2 et plus	2 et plus	2 1/2 et plus

89, 90, 91, 95, 96, 101, 102, 108, 110, 111, 115, 116, 120, 121, 124, 125, 126 / 3 et plus

125, 140, 150, 160 / 4 1/2 et plus — Les largeurs intermédiaires sont celles des fers plats.

Larges plats.

170 à 199 sur 6 à 60 m/m
200 à 300 — 6 à 70 —
301 à 450 — 7 à 80 —
451 à 600 — 8 à 80 —
601 à 800 — 9 à 80 —
} de millimètre eu millimètre de largeur.

FERS FINS DU BERRY

Plats .

5	6	7	8	9	10
2 à 4	2 à 5	2 à 6	2 à 7	2 à 8	2 à 9
11	12	13	14	15	16
2 à 10	2 à 11	2 à 12	2 à 13	2 à 14	2 à 15
18	19	20	21	22	23
2 à 17	2 à 18	2 à 19	2 à 20	2 à 21	2 à 22
25	27	29	30	32	34
2 à 24	2 à 26	2 à 28	2 à 29	2 à 31	2 à 27

36	38	40, 42, 45, 47
2 à 27	2 à 37	2 à 30

50, 52, 54, 50, 58, 61, 63 / 2 à 40

65, 68, 70, 75, 80	85, 88
2 1/2 à 45	2 1/2 à 50

90, 95	101	108
3 à 40	3 à 40	4 à 40

110, 115, 120, 125	140
4 à 40	4 1/2 à 40

150	160	180	200 m/m de largeur.
4 1/2 à 40	3 à 40	6 à 50	6 à 50 m/m d'épaisseur.

FERS FINS DU BERRY

Ronds . . de 4 à 72 millimètres toutes les grosseurs de millimètre en millimètre, 75, 76, 77, 81, 82, 85, 87, 90, 92, 95, 98, 100, 105, 110, 115, 120, 125, 130, 135, 140, 145, 150, 155, 160 et 165 millimètres.

Carrés . de 4 à 90 millimètres toutes les grosseurs de millimètre en millimètre.

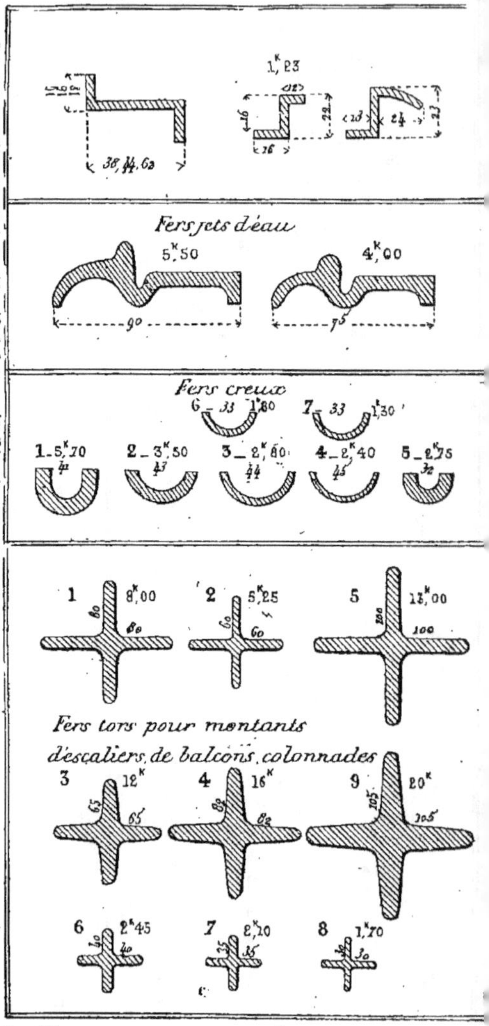

Fig. 317.

relets ou *ailes*, les solives à ailes ordinaires, les solives à larges ailes et les solives à ailes inégales. Par suite du mode de fabrication, la hauteur de chaque modèle reste fixe, mais l'épaisseur peut varier dans certaines limites entre le minimum et le maximum indiqués dans les tableaux précédents, de manière que l'on peut se procurer, sur chaque modèle, des solives d'un poids variable par mètre courant et, par conséquent, ayant des forces différentes. La hauteur des solives étant invariable, c'est cette dimension qui sert à les désigner. En y ajoutant la mention du poids par mètre courant et la longueur, la solive sera complètement définie et ces renseignements suffisent à la forge pour l'exécuter.

Exemple : Pour commander une solive de $0^m,16$ de hauteur à ailes ordinaires pesant 20 k. le mètre courant et de 5^m de longueur, il suffira d'écrire : 1 solive I de $0^m,16$. *a. o* de 5^m pesant 20 k. le mètre courant. A côté du numéro des solives à larges ailes, on ajoute, pour les distinguer, les initiales LA et les initiales AI pour les solives à ailes inégales :

Exemple : 1 Solive I de $0^m.16$. LA de $5^m.00$ pesant 25 k. le mètre courant.

Exemple : ou une solive I de 0^m16. AI de $5^m.00$ pesant 25 k. le mètre courant.

Toutes les solives fournies par les usines sont légèrement cintrées en vue d'augmenter leur résistance. La courbe qu'elles forment est de $5^{m}/^m$ par mètre de longueur. Ainsi, une solive de $6^m.00$ présente au milieu une flèche de 3 centimètres. Cette courbure est peu sensible et n'offre pas d'inconvénient dans les constructions. Elle représente, du reste, à peu près la quantité dont les solives fléchissent lorsqu'on les soumet à leur charge maximum. Ainsi, à moins qu'une mention spéciale ne soit faite à la forge, les solives sont fournies avec le cintrage normal de $5^{m}/^m$.

La longueur maximum que l'on peut donner aux solives est généralement de $10^m.00$ pour les solives ordinaires, et de $8^m.00$ pour celles à larges ailes, satisfaisant toutefois à la condition que le poids d'une barre ne dépasse pas 300 k. Ainsi, une solive de 50 k. le mètre ne pourra être obtenue à une longueur supérieure à $6^m.00$ tandis que si l'on réduit son poids à 35 k, on pourra la laminer à une longueur de $8^m.50$.

Aujourd'hui cependant, dans certaines usines, à l'aide de nombreux perfectionnements, on dépasse de beaucoup ces données.

TABLEAU N° 3 (fig. 314).

753. Dans ce tableau, nous trouvons les principaux types des fers en LI. Ces fers sont de véritables fers à double T auxquels on a enlevé la moitié de chaque aile. Ils sont, dans certains cas, utilisés plus avantageusement que les fers à double T, par exemple dans les assemblages difficiles où la deuxième partie des ailes est inutile ou gênante. Nous en retrouverons plus loin de nombreuses applications.

Les fers zorès, également représentés dans cette planche, ont eu un moment de vogue pour la construction des planchers en fer, mais ils sont aujourd'hui très peu employés. Ils peuvent, à cause de leur forme spéciale, être utilisés dans des cas particuliers.

TABLEAU N° 4 (fig. 315).

754. Ce tableau représente les principaux types des cornières et équerres du commerce. Les cornières servent le plus ordinairement à composer les poutres dont les dimensions sont trop grandes et dépassent les hauteurs des fers à I laminés du commerce.

La cornière ordinaire — comme l'indique la figure 318 — I est formée de deux branches A et B perpendiculaires l'une sur l'autre. Leur épaisseur va en augmentant jusqu'au raccordement *C* ou partie renflée qui, d'après les constructeurs, est un grand inconvénient pour les assemblages. En effet, lorsqu'un fer vient s'assembler avec une de ces cornières, on est obligé d'entailler la partie inférieure *i* de l'aile de ce fer (*fig.* 318 — II) ce qui augmente beaucoup la main d'œuvre. Il faut donc arriver à pouvoir faire l'assemblage d'un fer I sur une cornière (*fig.* 318 — IV) sans avoir besoin de couper l'aile inférieure. Ce résultat est obtenu par le nouveau profil de cornière (*fig.* 318 — III) qui n'est autre chose qu'une véritable équerre dont les côtés sont perpendiculaires l'un sur l'autre et dont le renflement *C* de la figure 318 — I est réduit à un simple raccord *c*. De plus, l'épaisseur est constante dans toute la longueur et cette épaisseur est en général le 1/10e de la longueur de l'un des côtés. Ainsi, on arrive à fabriquer aujourd'hui des cornières de 60×60 ayant 6 millimètres d'épaisseur constante dans toute la longueur des branches; des cornières de 70×70×7 de 80×80×8 etc. Il en est de même pour tous les échantillons du commerce actuellement en usage.

D'après ce tableau, nous voyons que les cornières généralement employées sont de 3 sortes.

1° Cornières à branches égales.

2° Cornières à branches inégales

3° Cornières ouvertes ou fermées destinées aux assemblages biais.

Pour les équerres nous avons également les équerres à branches égales et celles à branches inégales.

TABLEAUX Nᵒˢ 5 et 6 (*fig.* 316 *et* 317).

755. Les tableaux Nᵒ 5 et 6 donnent quelques types des petits fers moulurés et à T simple les plus employés dont nous aurons fréquemment à parler dans le courant de cet exposé.

Défauts des fers

756. Les défauts des fers sont au nombre de cinq:

1° *Criques* ou *gerces*. Ce sont des fentes qui se produisent sur les angles du fer. Elles indiquent un fer mal travaillé, mal soudé et se rencontrent le plus souvent sur du fer trop chauffé. Si les gerces sont peu nombreuses, elles ne constituent pas un défaut grave et peuvent disparaître facilement.

2° *Travers*. Ils consistent en des vides

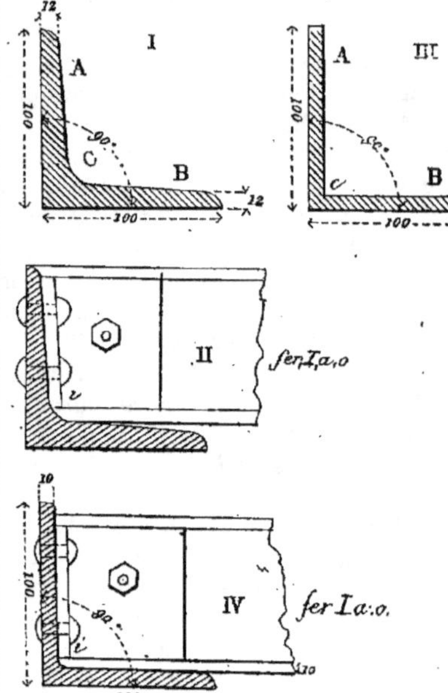

Fig. 318.

plus ou moins grands dans l'intérieur de la pièce fabriquée et indiquent un fer mal soudé à lui-même.

3° *Doublures*. Ce sont des creux dans l'intérieur de la barre. Ces creux sont le plus souvent remplis de scories dont il est très-difficile de les débarrasser.

4° *Pailles*. Les pailles sont de véritables écailles qui se trouvent à la surface du fer et qui proviennent d'un manque de soudure. Les pailles se rencontrent plus souvent sur les tôles que sur les autres fers laminés.

5° *Cendrures.* Ce sont de petites particules d'oxyde qui restent intercalées dans le fer. Celui-ci, étant poli, présente de petits points noirs à sa surface. Ce défaut est grave lorsque le fer est employé pour les arbres de machines ; mais, pour les autres pièces, la résistance n'est pas sensiblement altérée.

Des cinq défauts énumérés ci-dessus, les pailles, les doublures et les gerces sont les plus graves.

Fabrication du fer-blanc.

757. Le fer, exposé à l'air humide, a la propriété de se couvrir très-facilement d'une couche d'oxyde qui augmente incessamment, de telle sorte que les pièces de fer peu épaisses ne tardent pas à se trouer. Pour obvier à ce grave inconvénient, on fait adhérer à la surface de la tôle une couche d'étain, qui la change en fer-blanc et l'on peut alors l'employer à une foule d'essais auxquels le fer ordinaire ne résisterait pas. Si le bain d'étain dont on se sert est bien pur, on obtient du fer-blanc poli et brillant ; s'il contient du plomb, on a du fer-blanc terne. Enfin, si le bain est composé de presque tout plomb, on obtient les tôles plombées. On peut aussi fabriquer des tôles zinguées. Pour cela, on plonge le fer réduit en feuilles et bien décapé dans du zinc fondu. Il faut le retirer assez vite ; il y a pénétration du fer par le zinc et cette pénétration est telle que l'alliage formé fondrait si l'immersion durait trop longtemps. Le produit obtenu présente un avantage réel pour certains usages et est préférable au fer-blanc ordinaire.

Les deux métaux, fer et zinc, sont susceptibles d'être altérés par l'eau, mais une action galvanique est produite et le fer, négatif par rapport au zinc, est alors moins oxydable que ce métal. Le zinc s'oxyde donc dans l'eau et protège le fer. En outre, cet oxyde fait vernis, tandis que celui du fer tombe. Ce vernis empêche l'oxydation de continuer. Le fer zingué est aussi connu sous le nom de fer *galvanisé.*

Pour fabriquer la tôle à fer-blanc, on se sert, en général, de fer préparé au charbon de bois et, dans certaines usines, de fers puddlés. Dans les deux cas, il doit être de première qualité et coupé en feuilles de $0^m,25$ sur $0^m,35$ dont on forme des caisses de 100, 200 et 225 feuilles.

758. *Décapage.* Pour exécuter l'étamage, on commence par préparer le métal, c'est-à-dire par le décaper. Le moyen le plus prompt est de dissoudre l'oxyde formé dans un bain d'acide faible. Autrefois, on se servait d'un acide produit par la fermentation du seigle. Aujourd'hui, on chauffe les tôles ployées en forme d'U dans un four à réverbère et on les plonge l'une après l'autre dans un bain d'acide chlorhydrique (étendu de 6 fois son volume d'eau), de manière que leurs deux surfaces soient bien mouillées par le liquide. Après cinq ou six minutes d'immersion, on passe une barre de fer par dessous et on les enlève trois par trois pour les porter dans le four à dessécher, chauffé au rouge obscur. Lorsqu'elles ont atteint cette température, on les retire et on les laisse refroidir à l'air. Leur surface se découvre par la séparation d'écailles d'oxyde qui s'en détachent. Un ouvrier redresse les feuilles et les frappe fortement pour faire tomber l'oxyde. On les passe alors sous un laminoir à cylindres durs de $0^m,43$ à $0^m,48$ de diamètre.

Les feuilles sont bien unies, mais présentent encore des taches noires à leur surface. On est obligé, pour enlever ces taches, de lessiver les feuilles en les plongeant, pendant 10 à 12 heures, dans une eau légèrement acidulée par du son ou de la recoupe qu'on y a fait macérer pendant 8 à 12 jours.

Elles sont ensuite agitées, pendant une heure, dans une autre eau renfermant quelques centièmes d'acide sulfurique. On retire rapidement les feuilles pour les placer dans l'eau pure, dans laquelle elles sont frottées avec de l'étoupe et du sable, puis emmagasinées jusqu'au moment de les employer pour l'étamage.

759. *Immersion dans les bains d'étain.* Pour faire l'étamage, on procède par une série d'immersions, selon qu'on veut du fer-blanc terne ou du fer-blanc brillant.

On commence par prendre de l'étain impur renfermant du bismuth, de l'antimoine et du cuivre, puis on finit par de l'étain pur. On amène le fer à la température de fusion de l'étain en plongeant les feuilles, une à une, dans de la graisse fondue et on les y laisse environ une heure; elles sont alors mieux disposées à prendre l'étain. Au sortir de ce premier bain, on les plonge dans la chaudière à l'étain, avec la graisse adhérente à leur surface et on a soin de les ranger dans une position verticale.

On met ordinairement 340 feuilles dans cette chaudière et on les y laisse au moins une heure et demie pour qu'elles soient bien étamées. En les retirant de ce bain, on les laisse s'égoutter sur une grille de fer. Le métal se rassemble surtout à la partie inférieure des feuilles qu'il faut nettoyer pour enlever l'excès d'étain, l'oxyde et la crasse.

760. *Lavage et finissage.* Le principe de cette opération consiste tout simplement à fondre, par l'application d'une chaleur brusque, le métal excédant et à le happer par des bains d'étain et de graisse, qui sont eux-mêmes la source de chaleur. Dans le lavage, on ne doit se servir que d'étain en grains. Tout l'étain commun qui est consommé dans la fabrication du fer-blanc est employé dans l'étamage proprement dit.

Pour l'opération du lavage et du finissage, on se sert de plusieurs chaudières :

1° Une première chaudière dont le but est d'entretenir de l'étain à l'état de fusion pour alimenter les chaudières suivantes;

2° Une deuxième chaudière, ou chaudière à laver, contenant de *l'étain en grains* fondu;

3° Une chaudière contenant du suif ou de la graisse en fusion;

4° Une chaudière non chauffée, dont le fond est formé par une grille, pour recevoir les feuilles;

5° Une chaudière à lisser contenant une couche d'étain fondu d'une épaisseur de 0m01 seulement.

La chaudière à laver est divisée en deux compartiments par une cloison mobile. L'oxyde et les crasses provenant du premier bain, où l'on emploie de l'étain commun, se détachent des feuilles et remontent à la surface du bain, au fur et à mesure de l'opération. L'ouvrier laveur s'en débarrasse en soulevant la cloison et en les faisant refluer dans le premier compartiment. L'oxyde et les crasses forment, au bout d'un certain temps, une couche à la surface du bain que l'on enlève en l'écumant. On remplace le déchet par de l'étain parfaitement pur, pris dans la première chaudière.

Les feuilles retirées une à une sont frottées sur les deux faces par l'ouvrier avec une brosse de chanvre, puis replongées encore une fois dans la chaudière à laver pour enlever les traces que la brosse laisse sur leur surface. Chaque feuille est ensuite introduite dans la chaudière à la graisse. Le but de cette nouvelle immersion est d'enlever l'excès d'étain et les soufflures qui peuvent se produire. Cette opération doit durer peu de temps. En sortant de cette chaudière, les feuilles sont placées dans le vase vide où elles se refroidissent. Il se forme alors, sur leur bord inférieur, un bourrelet d'étain qu'on enlève au moyen de la dernière chaudière, nommée chaudière à lisser et qui ne contient qu'une petite quantité d'étain dont le but est de faire fondre le bourrelet. Les feuilles sont ensuite retirées et secouées fortement. Nous obtenons ainsi le fer-blanc *brillant doux*. On fabrique aussi, dans le commerce, le fer-blanc *terne doux*. Les opérations sont les mêmes en employant un alliage de deux parties de plomb et d'une partie d'étain.

761. Le fer-blanc s'expédie en caisse de 100, 150, 200 et 225 feuilles dont les dimensions et le poids sont, d'après Claudel, les suivants :

Nombre de feuilles	DIMENSIONS DES FEUILLES		Poids brut des Caisses
	Longueur	Largeur	
100	0ᵐ435	0ᵐ325	48ᵏ à 69ᵏ
100	0ᵐ490	0ᵐ350	73ᵏ à 85ᵏ
150	0ᵐ405	0ᵐ310	78ᵏ à 103ᵏ
150	0ᵐ325	0ᵐ245	28ᵏ à 53ᵏ
200	0ᵐ380	0ᵐ270	67ᵏ à 87ᵏ
225	0ᵐ350	0ᵐ260	58ᵏ à 88ᵏ

§ IX. — ESSAIS DES FERS ET DES TOLES.

762. Les différents essais que l'on fait subir à une barre de fer pour en reconnaître et en apprécier la qualité sont de deux espèces :

1° Les essais à froid.

2° Les essais à chaud.

1° *Essais à froid*. Le premier procédé consiste à briser une barre de fer et à en

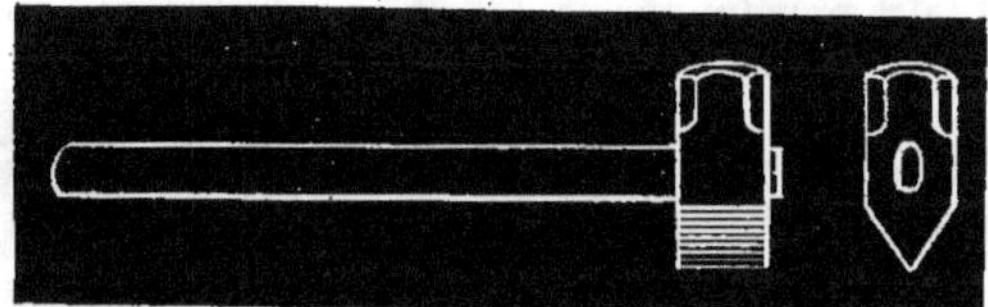

Fig. 319.

examiner la cassure. Pour la rompre, on se sert d'un marteau particulier terminé par une partie en arête que l'on nomme *tranche* (*fig.* 319). En frappant sur celle-ci avec un lourd marteau (*fig.* 320), on fait une entaille ou saignée, puis on achève de

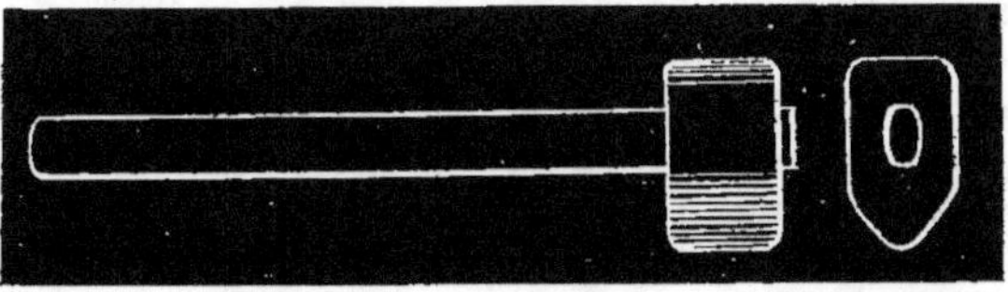

Fig. 320.

casser la barre. En regardant la texture de chaque morceau, si le fer est à grains, il faut que ces grains soient fins et, vus à la loupe, ils doivent présenter de petits arrachements. Une fois la saignée faite, s'il faut beaucoup d'efforts pour rompre la barre, c'est un indice de bonne qualité. Lorsque la cassure présente de gros grains, le fer n'est pas résistant. Si, au contraire, le fer ainsi cassé est nerveux, la section doit montrer des filaments fins et d'un gris clair. De plus, le fer à nerf peut se plier un nombre de fois beaucoup plus grand que le fer à grains.

On peut aussi pour les fers à double T, percer l'aile à froid d'un trou de 0^m022, (*fig*. 321). Il ne doit se produire ni fissures, ni déchirures. Un autre procédé consiste à frapper au marteau l'aile d'une

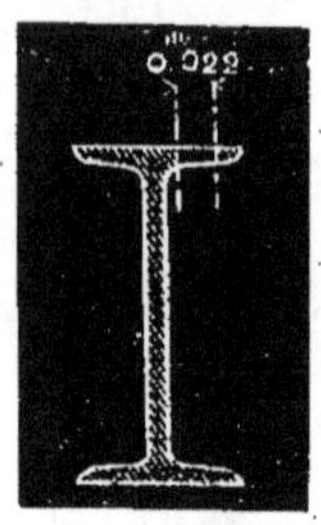
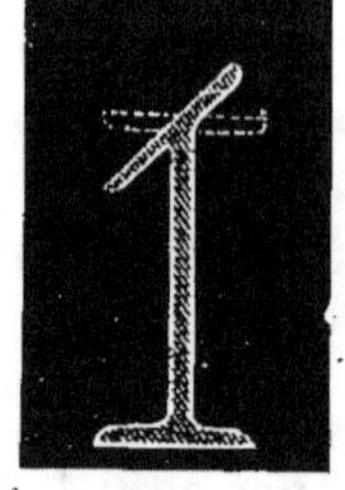

Fig. 321.   Fig. 322.

barre de fer et à lui faire prendre une position inclinée (*fig*. 322), sans qu'il y ait déchirure dans les angles.

Un dernier moyen est de rompre une barre en la pliant à froid plusieurs fois sur elle-même. Elle doit résister au moins à 4 pliures dans les deux sens et, dans ce cas, la section de rupture doit avoir l'apparence fibreuse.

2° *Essais à chaud*. Le premier essai consiste à soumettre une barre à la température du rouge blanc. Il faut que, à cette température, la forme de la pièce ne change pas et que les arêtes restent bien vives. On appelle ce procédé *mettre le fer à une chaude suante*.

Le deuxième essai consiste à prendre deux morceaux de fer d'une même barre, de les chauffer et de les souder en les frappant au marteau. Si, après quelques coups, il y a soudure, le fer est bon. C'est le corroyage de fer.

Un troisième essai consiste à percer le fer dans tous les sens.

Il faut que les bords des trous que l'on fait avec un poinçon ne donnent pas lieu à des fentes. On opère sur les deux sens de la barre en perçant des trous à angle droit.

Un quatrième essai consiste à ouvrir une barre de fer à chaud suivant *AB* (*fig*. 323) et à rabattre les deux parties à droite et à gauche.

Il faut que, dans les deux parties rabattues, on ne rencontre pas de criques.

Enfin, on peut aussi tordre une barre à chaud ; il ne doit pas y avoir de déformation et les arêtes doivent rester vives. Quand on a fait ces essais, on est fixé sur la valeur du fer.

Pour les tôles, on emploie aussi les mêmes procédés.

On peut encore plier la tôle plusieurs fois sur elle-même. Si elle est mince, on la plie à angle droit. S'il n'y a pas de gerces à la pliure, le fer est bon.

Cette opération se fait dans les deux sens.

Si la tôle est mince, on peut chercher à

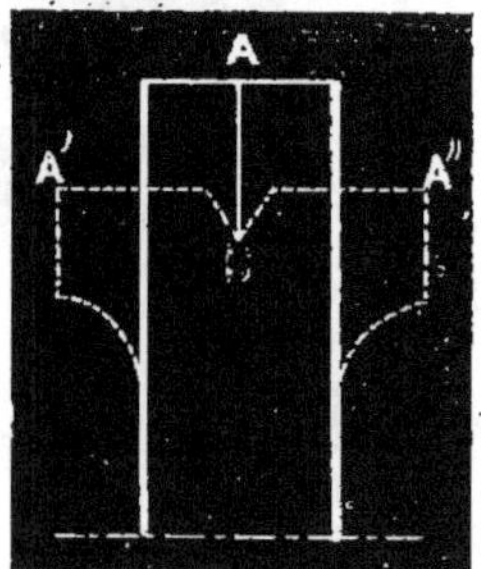

Fig. 323.

l'emboutir à froid, c'est-à-dire à lui donner la forme d'une calotte sphérique sans qu'il y ait ni gerces ni déchirures.

Les essais à chaud sont généralement faits sur les tôles épaisses. La tôle de bonne qualité doit s'emboutir à chaud sans gerces. Une dernière expérience consiste à étirer en pointe une barre de fer ou un morceau de tôle. Lorsque la pointe est assez longue, on la casse et la texture du fer soumis à l'expérience doit rester la même.

Conservation des Fers et des Fontes.

763. Le fer, la fonte et l'acier, exposés à l'air, s'oxydent et se couvrent rapidement de rouille. Le métal, une fois attaqué, perd son aspect. Sa solidité diminue promptement et, par suite, de graves inconvénients sont à craindre.

Aujourd'hui que la fonte, le fer et l'acier tendent à remplacer le bois et la pierre dans les constructions, ainsi que dans les travaux d'art, tous les essais qui ont pour but d'augmenter la durée de ces métaux et de leur conserver leur apparence propre, attirent, à juste titre, l'attention des ingénieurs, des architectes, des industriels et des entrepreneurs.

764. Pour combattre, pour atténuer les effets de la rouille, les moyens actuellement en usage sont :

1° L'emploi d'un corps gras ou d'un vernis ;

2° La couverte par un autre métal ;

3° L'émaillage.

1° On enduit le plus généralement le métal bien sec d'une première couche de minium, puis on dépose une ou plusieurs couches de peintures diverses qui donnent une couleur déterminée.

Les objets ainsi recouverts ne sont préservés que pendant peu de temps. Les peintures ne tardent pas à se soulever et le métal, mis en contact avec l'air, est promptement attaqué ; la rouille se fait jour et se propage. Il faut donc avoir soin de renouveler de temps en temps la couche de peinture.

On sait combien, chaque année, nous avons de peintres atteints de coliques, dues à l'usage du minium de plomb, lorsqu'ils doivent enduire le fer dans un but de conservation, quand ils doivent surtout opérer le grattage des anciens travaux au minium de plomb. Le plomb et ses composés sont un poison des plus insidieux. Il est d'autant plus dangereux que ses effets ne sont pas toujours immé-diats et qu'on ne s'aperçoit de son action que lorsqu'il s'est accumulé dans l'intérieur des tissus. Alors, il détermine des accidents graves qui amènent parfois la mort.

Le minium de fer d'Auderghem remplace avantageusement le minium de plomb.

Voici ce que dit M. Payen à ce sujet:

En poudre impalpable, il est composé d'environ 70 pour 100 d'oxyde de fer et de 30 d'argile siliceux. Il est des plus propres à la peinture, car il ne contient aucun composé acide, ce qui rend son application facile sur le fer, la fonte, la tôle ; moins brillant que le minium de plomb, mais préférable à lui par son inaltérabilité et son innocuité.

C'est vers 1847 que commença l'utilisation de ce produit dans les arts et l'industrie.

Le minium de fer peut être mêlé au zinc et à certaines autres couleurs ayant ce produit pour base.

C'est au peintre à étudier les teintes à obtenir ; mis comme teinte demi-foncée ou de dessous, il s'applique bien, sèche assez vite et revient à une dépense moindre que le minium de plomb.

On ajoute souvent, au minium de fer, des siccatifs faits avec de l'huile mise en contact avec le peroxyde de manganèse. La fabrication de ce produit est due à M. de Cartier.

Il existe un autre produit connu sous le nom de Goudron lapidifique hydrofuge de M. Ch. Camus. Il est employé pour enduire les fers, les ponts métalliques, les parapets en tôle, les poutres en fer noyées dans le plâtre, les cheminées en tôle des usines, les conduites d'eau et de gaz, etc...

Il préserve, au moyen d'une seule couche mince, toutes les surfaces exposées à l'humidité et à la rouille. Un kilo de ce goudron peut couvrir de 8 à 9m50 de surface sur la fonte ou sur le fer rouillés ou lisses.

Ce goudron est d'une belle couleur noire. Il ne rend pas les corps enduits plus combustibles qu'ils ne le sont natu-rellement, étant lui-même ininflammable. L'ouvrier doit se servir, pour l'étendre, d'une brosse à poil court, forte de tête et dure. Il doit peindre à une seule couche très-mince, condition nécessaire pour avoir un enduit qui sèche promptement et qui soit durable. Il remplace le minium dans certains cas. Il ne se fendille pas et si l'on veut peindre par-dessus, sur le fer comme sur le bois, il faut le couvrir d'une seule couche très-légère et peu coûteuse d'un vernis formé de gomme laque et d'alcool pur ou de méthylène à 90 degrés. Ce vernis sèche promptement et l'on peut ensuite peindre en telle couleur que l'on veut. Il existe encore bien d'autres produits pour conser-ver les fers ayant pour base une matière grasse, mais nous nous bornons à ce que nous venons de dire, ces autres composi-tions étant d'un usage absolument res-treint.

2° Les métaux peuvent être recouverts de zinc, d'étain et de cuivre. Ces procédés sont forcément très-limités, en raison sur-tout de leur prix de revient. Pour le cui-vrage, par exemple, il atteint des chiffres qui n'en permettent l'emploi que pour la décoration. En outre, l'étamage, la gal-vanisation et le cuivrage présentent, dans la pratique, de nombreuses difficultés d'application.

Depuis quelques années, M. L. Oudry emploie une *peinture de bronze au cuivre galvanique* qui rend de véritables services.

Cette peinture, qui coûte cinq fois moins cher que le cuivrage par la pile et qui s'applique au pinceau, présente, sur les anciens procédés de peinture artistique, de si nombreux avantages, comme préser-vation et embellissement de tous objets ou travaux quelconques en fer, fonte, zinc, etc..., que son emploi se généralise très-rapidement.

Bien que cette peinture n'ait ni toute la solidité, ni toute la durée du cuivrage, elle peut, néanmoins, à cause de la pureté chimique du cuivre pulvérisé et de l'ex-

cellente qualité de l'huile électro-métal-lique, résister pendant de nombreuses an-nées à toutes les causes de dégradations produites par l'humidité, la gelée ou le soleil, tandis que les meilleures peintures aux poudres de bronze, dites *bronzines d'Allemagne*, étant placées dans les mê-mes conditions atmosphériques, y résis-tent, fort rarement, plus d'une ou deux saisons.

La durée moyenne de cette peinture de bronze, lorsqu'elle est faite avec soin, est de cinq à six années. En cas d'accidents, les réparations peuvent se faire sur place.

Mode d'emploi. Le mode d'emploi est des plus faciles, même pour des personnes étrangères à la peinture. On donne la pre-mière couche au minium rouge; la deuxième, au minium *brun van-Dyck* (l'une et l'autre couches détrempées dans l'huile électro-métallique); puis, deux autres couches à la poudre de cuivre gal-vanique, en ayant soin de laisser, entre chacune des quatre couches, l'été, au moins deux jours d'intervalle, et l'hiver, trois et même quatre jours.

L'emploi du minium a pour but, non seulement de diminuer sensiblement le prix de revient de cette peinture, mais, surtout, d'isoler le métal sous-jacent, afin d'empêcher toute action galvanique en-tre ce métal et la poudre de cuivre.

3° L'émaillage ne saurait s'appliquer qu'aux petites pièces, aux sujets d'orne-ment ou aux objets servant aux usages domestiques. Le prix de revient rend l'émaillage inabordable pour les grands travaux.

Il existe un autre procédé très-simple de conservation du fer actuellement ex-ploité par la Société française d'inoxyda-tion et dû à M. le professeur Barff et à M. l'ingénieur Bower de Saint-Neots. Nous extrayons la note suivante d'une brochure publiée en 1882. Ce procédé, industrielle-ment nouveau, est basé sur le fait suivant :

Un tube chauffé au rouge, rempli de fer, sur lequel on fait passer un courant de vapeur, est rendu inattaquable par l'air humide ou par l'eau.

C'est sur les expériences et sur le principe de Lavoisier que les deux savants anglais se sont livrés, dans ces dernières années, à des travaux ayant trait à cette préservation des métaux contre la rouille par une couverte d'oxyde magnétique, produite, soit par la vapeur, soit par les gaz.

L'un et l'autre étaient parvenus, individuellement, à un résultat reconnu également bon; mais, à l'un, on pouvait reprocher l'élévation du prix de revient; à l'autre, on objectait que son procédé se restreignait à la fonte.

En combinant heureusement leurs études et leurs efforts, MM. Barff et Bower sont parvenus à établir une formule qui obvie aux inconvénients signalés et permet de préserver, à très-bon marché, et indistinctement, le fer, la fonte, la tôle et l'acier.

La Société française d'inoxydation et de platinage a acquis la propriété des brevets de cette nouvelle formule combinée. Elle exploite aujourd'hui ces systèmes d'une façon utile et pratique.

DESCRIPTION DU PROCÉDÉ ET RÉACTIONS CHIMIQUES OPÉRÉES DANS LE TRAVAIL.

765. La couche noire qui recouvrait le fer dans les expériences de Lavoisier, n'était autre que de l'oxyde magnétique (Fe^3O^4) qui a la propriété de résister parfaitement à l'action destructive des eaux douces, alcalines ou salées, des gaz contenus dans l'air et à l'influence nuisible des agents atmosphériques. Si, par des moyens artificiels, on recouvre les surfaces de fer, d'acier ou de fonte d'une légère couche de cet oxyde, les pièces ainsi protégées sont soustraites, beaucoup mieux que par les procédés généralement employés, aux détériorations et à la corrosion que la rouille provoque très-rapidement sur les objets exposés à l'action de l'air humide et de l'eau.

Deux méthodes sont employées pour produire la couche protectrice d'oxyde magnétique.

La première, applicable surtout à la fonte, consiste à porter, sous une voûte close, les pièces à traiter à la température du rouge vif, et à les soumettre à l'action d'un mélange d'acide carbonique et d'air en excès. Sous cette influence, les pièces s'oxydent et leur surface se recouvre d'une couche très-mince de sesquioxyde de fer (Fe^2O^3). Pour transformer cet oxyde en oxyde magnétique (Fe^3O^4), il suffit de le mettre au contact de gaz désoxygénants : carbures d'hydrogène et oxyde de carbone, qui le décomposent en s'emparant d'une partie de son oxygène.

Le traitement comprend donc deux périodes distinctes :

1° *Oxydation.* Formation de Fe^2O^3 ;

2° *Désoxygénation.* Transformation de Fe^2O^3 en Fe^3O^4.

Ces opérations sont renouvelées autant de fois qu'il est jugé nécessaire pour obtenir une couche protectrice plus ou moins épaisse. Selon la nature et la destination des pièces à traiter, elles durent de 15 à 30 minutes chacune. Leur nombre varie de 4 à 8.

La voûte, sous laquelle se placent les pièces, est en briques réfractaires et fermée aux deux extrémités par des portes. Un gazogène, placé sur un côté du four, produit les carbures d'hydrogène qui, admis par un registre facile à régler, sous la sole du four, peuvent être à volonté dirigés sous la voûte ou brûlés à leur entrée dans les carneaux.

La combustion de ces carbures d'hydrogène est obtenue en les mélangeant avec de l'air chauffé dans des tuyaux en terre réfractaire, placés sur le parcours des produits de la combustion se rendant à la cheminée.

Un registre permet de régler ou d'interrompre à volonté l'accès de l'air chaud

Pendant la première partie du traitement, les carbures d'hydrogène, toujours mélangés d'un peu d'oxyde de carbone, sont brûlés avant leur admission sous la voûte de travail. Celle-ci est donc remplie d'acide carbonique et d'air en excès. La formation du sesquioxyde de fer Fe^2O^3 a lieu. Pendant la seconde partie du traitement, le registre d'air est fermé, la combustion ne peut se faire et les carbures d'hydrogène remplissant les carneaux, pénètrent sous la voûte chauffée et opèrent la transformation de Fe^2O^3 en oxyde magnétique Fe^3O^1. Un chariot permet d'introduire les pièces délicates dans le four. Selon la nature des objets à traiter, et pour une voûte de 3 mètres cubes de capacité, le poids de la fournée varie de 400 à 1,500 k. et la durée de l'opération de 3 à 6 heures.

Le poids des objets traités en 24 heures varie de 2400 à 4500 k. et la dépense de combustible de 500 à 600 k. de houille grasse tout-venant.

La deuxième méthode employée pour obtenir la couverte d'oxyde magnétique consiste à porter au rouge cerise, dans une enceinte fermée, les pièces à traiter, fer ou acier, et à injecter, dans cette enceinte, de la vapeur d'eau surchauffée à 700 degrés environ.

La vapeur d'eau, en présence du fer chauffé au rouge, se décompose. L'hydrogène devient libre et l'oxygène se portant à l'état naissant sur le métal, en transforme la surface en oxyde magnétique dont l'épaisseur dépend de la durée du traitement, qui varie entre 3 et 7 heures.

Les pièces, placées sur un chariot roulant, sont introduites dans une cornue en fer ou en fonte, fermée aux deux extrémités par des portes. Un tuyau amène la vapeur surchauffée à la partie inférieure. La cornue repose sur une sole en carreaux réfractaires. Le surchauffeur est placé en-dessous, dans les carneaux qui conduisent à la cheminée le produit de la combustion.

Ce surchauffeur est formé de tubes en fer ou en fonte cannelée et remplis à moitié de balles et de mitraille de fonte qui augmentent considérablement la surface de chauffe de l'appareil. Ces tubes sont reliés entre eux par une tubulure. La vapeur circule dans toute la longueur du surchauffeur, porté au rouge, et arrive à la cornue après avoir atteint rapidement la température de 700 degrés. Un gazogène, placé sur un côté du four, produit les carbures d'hydrogène. La quantité de vapeur employée pour une opération est très-faible. Le volume d'eau à vaporiser par heure est de 30 à 35 litres pour une cornue de 3 à 5 mètres cubes de capacité.

Le poids de la fournée varie, selon la nature des pièces à traiter, de 400 à 1800 k. soit en 24 heures, 2400 à 5400 k. d'objets oxydés. La dépense en combustible houille grasse tout-venant, est de 800 à 900 kil.

Une des applications les plus heureuses de l'oxyde magnétique est son usage pour toutes les pièces de fer ou de fonte destinées à être émaillées. Les objets, préalablement recouverts d'oxyde magnétique, reçoivent directement les émaux sans qu'il soit besoin d'avoir recours au décapage, toujours coûteux et entraînant une perte de temps.

766. *Remarque.* Avant de terminer ces quelques renseignements sur la conservation des fers, nous devons faire remarquer que toutes les fois que du fer doit se trouver emprisonné dans du plâtre, il faut, pour bien le conserver, lui donner plusieurs couches de peinture au minium. Le plâtre contenant du soufre, la peinture et, par suite, le fer se trouvent assez rapidement attaqués. Le même fait ne se produit pas pour le ciment. Un morceau de fer poli enfermé dans du ciment pendant de longues années, s'il n'a pas été en contact avec l'air par des fissures du dit ciment se retrouve intact.

§ X. — RÉSISTANCE DES COLONNES EN FER ET EN FONTE ET DES FERS DU COMMERCE.

Résistance des colonnes en fer et en fonte.

GÉNÉRALITÉS.

767. Les colonnes en fer ou en fonte doivent résister à la compression. M. Hodgkinson a fait de nombreuses expériences sur la résistance à la compression du bois, du fer et de la fonte. Il prenait des barres de 3^m,00 de longueur, 6^{cq}45 de section et les maintenait latéralement dans des gaines de fer qui empêchent la flexion de dépasser une certaine limite. D'autres expériences furent faites sur des solides de 3 à 5 centimètres de hauteur seulement, mais elles ne peuvent conduire qu'à la détermination du coefficient de rupture. M. Hodgkinson a été ainsi amené à admettre que les coefficients d'élasticité du fer et de la fonte, déduits de ses expériences de compressions, étaient les suivants :

Fer $E = 16.10^9$, fonte $E = 8.10^9$.

Il en résulterait que, entre certaines limites, les coefficients d'élasticité sont sensiblement les mêmes pour l'extension et la compression, et cela nous montre comment, dans ces mêmes limites, le coefficient d'élasticité caractérise les propriétés mécaniques des matériaux.

M. le général Morin, dans son ouvrage sur la résistance des matériaux, s'exprime ainsi à propos du fer :

« Entre les limites où les compressions
« sont proportionnelles aux charges, le
« fer se comprime beaucoup moins que la
« fonte. Ainsi, bien que la rupture par
« compression arrive plus tard, ou sous
« de plus fortes charges pour la fonte
« que pour le fer, comme la fonte se
« déforme davantage à charge égale, il
« y a, en général, lieu de préférer le fer
« à la fonte, même dans ce cas, à moins
« que l'économie n'ait une grande impor-
« tance. »

M. Morin, après avoir donné, dans son ouvrage, un tableau comparatif des dimensions des colonnes pleines en fonte et en fer et des charges qu'on peut leur faire supporter, ajoute :

« L'examen de ces tables montre, et
« M. Love avait déjà signalé dans son
« mémoire ce fait remarquable, admis
« dans la pratique des ingénieurs anglais,
« qu'au delà d'une hauteur égale à trente
« fois environ le diamètre, les colonnes
« pleines en fer peuvent supporter des
« charges plus fortes que les colonnes en
« fonte. »

Ce résultat est d'ailleurs d'accord avec les expériences de M. Hodgkinson.

Cependant, quand il s'agit de colonnes, on emploie plus généralement la fonte. Presque toujours, les colonnes se font creuses. Il est facile de se rendre compte du motif qui fait agir ainsi. Lorsque la fonte vient d'être coulée, la partie extérieure se refroidit plus promptement que le centre ; il en résulte que la surface externe étant solidifiée, l'intérieur est encore liquide et, par suite, la tension moléculaire n'est pas la même dans toute la pièce. Si l'on fait la colonne creuse et d'une épaisseur uniforme, le refroidissement est aussi uniforme et, par suite, les tensions moléculaires sont les mêmes.

768. Nous extrayons des leçons de M. Morin les conclusions suivantes que M. Hodgkinson a tirées de ses expériences :

1° Dans les piliers longs, à dimensions égales, la résistance à la rupture est à peu près trois fois plus grande quand les extrémités sont plates et perpendiculaires à la longueur ainsi qu'à la direction de l'effort, que lorsqu'elles sont arrondies.

2° Un pilier long de dimension uniforme, dont les extrémités sont solidement fixées par des disques, des bases ou de toute autre manière, présente la même résistance à la rupture par compression qu'un pilier de même section, mais de longueur moitié moindre dont les extrémités seraient arrondies, même si l'effort était dirigé suivant l'axe.

3° Le renflement ou l'accroissement de diamètre des colonnes vers le milieu de leur longueur augmente seulement leur résistance de 1/7 à 1/8.

Avant de terminer ces généralités, nous devons ajouter que, d'après de nombreuses expériences dues à M. Hodgkinson, la résistance d'une colonne creuse est la différence des résistances de deux colonnes pleines ayant, pour diamètres, l'une le diamètre extérieur, l'autre le diamètre intérieur. Les colonnes creuses à résistance égale présentent une économie de poids sur les colonnes pleines.

On renforce une colonne creuse en la remplissant, après la pose, de mortier de Portland ou autre.

Résistance pratique des colonnes pleines en fer.

769. Nous donnons, dans le tableau suivant, les charges que l'on peut faire supporter à des colonnes en fer dont les diamètres varient de 0^m,045 à 0,170 et les hauteurs de 1^m,00 à 7^m,00.

COLONNES PLEINES EN FER.

DIAMÈTRE EN MILLIMÈTRES	CHARGES DE SÉCURITÉ QU'ON PEUT FAIRE SUPPORTER A DES COLONNES PLEINES EN FER DONT LES HAUTEURS SONT :						
	1^m,00	2^m,00	3^m,00	4^m,00	5^m,00	6^m,00	7^m,00
millim.	kil.	kil.	kil.	kil.	kil.	kil.	kil.
45	6183	4600	3000	»	»	»	»
50	7852	5847	4093	»	»	»	»
60	»	9398	7058	»	»	»	»
65	»	11497	8864	7000	»	»	»
70	»	13742	10903	8470	6560	»	»
75	»	»	13156	10410	8201	»	»
80	»	»	15636	12518	10020	8069	»
95	»	»	24202	20335	16875	13976	»
100	»	»	27493	23391	19607	16377	»
115	»	»	38466	35813	29080	24933	»
120	»	»	42333	37518	32711	26000	»
125	»	»	46683	41697	36551	30568	27531
130	»	»	51050	43768	40572	35462	30000
140	»	»	60534	54975	49201	43623	38000
150	»	»	70745	64940	58740	52600	46820
160	»	»	81353	75263	68991	62275	56000
170	»	»	92915	86322	79842	72883	65000

Problème nº 1.

770. *Quelle charge peut-on faire supporter avec sécurité à une colonne pleine en fer de 0^m,120 de diamètre et ayant 6^m,00 de hauteur ?*

Nous trouvons le nombre 120 dans la première colonne et, en suivant la ligne horizontale jusqu'à la colonne 6^m,00, nous voyons que le nombre cherché est 26000 kilos.

Problème nº 2.

771. *Quel diamètre doit avoir une colonne pleine en fer, ayant 5^m,00 de hauteur et pouvant supporter un poids de 10000 k. ?*

Nous cherchons dans la colonne 5^m,00 le nombre qui se rapproche le plus de 10000 et nous trouvons 10020. En suivant la ligne horizontale jusqu'à la première colonne, nous voyons que le diamètre cherché est 80 millimètres.

Résistance pratique des colonnes en fonte pleines ou creuses.

772. Les colonnes en fonte pleines ou creuses étant les plus employées, nous en parlerons plus longuement.

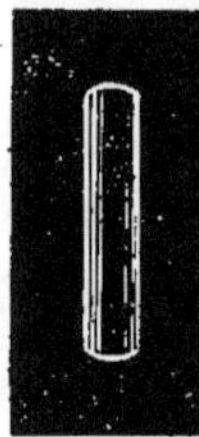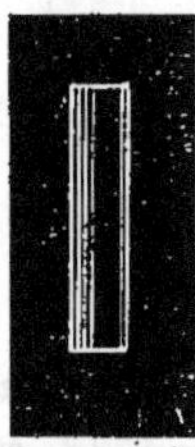

Fig. 324.   Fig. 325.

D'après certaines expériences, M. Hodgkinson a trouvé les formules suivantes. La résistance d'une colonne est proportionnelle à $\dfrac{d^4}{l^2}$ ou mieux, à $\dfrac{d^{3,6}}{l^{1,7}}$. Ceci s'applique aux colonnes à bases plates ou arrondies. S'il s'agit de colonnes dont la base est plane, comme le montre la figure 325, la charge d'écrasement est donnée par la formule :

$$(1) \qquad P = 10400 \, \frac{d^{3,6}}{l^{1,7}}$$

S'il s'a it de colonnes à base arrondie (*fig.* 324), la charge d'écrasement P' est P' = 0,8 P, c'est-à-dire :

$$(2) \qquad P' = 0,8 \times 10400 \, \frac{d^{3,6}}{l^{1,7}}$$

Les formules précédentes s'appliquent aux colonnes pleines.

Si les colonnes sont creuses, on prend la formule :

$$P = 10200 \, \frac{d^{3,6} - d_1^{3,6}}{l^{1,7}}$$

Dans ces formules, d est exprimé en centimètres, l en décimètres et P en kilos.

Si l'on veut ramener l en centimètres, on trouve la formule :

$$P = 10^{1,7} \times 10400 \, \frac{d^{3,6}}{l^{1,7}} = 50$$
$$\times 10400 = 52000 \, \frac{d^{3,6}}{l^{1,7}}$$

Pour les colonnes creuses, on aura de même :

$$P = 10^{1,7} \times 10200 \, \frac{d^{3,6} - d_1^{3,6}}{l^{1,7}}$$
$$= 51000 \, \frac{d^{3,6} - d_1^{3,6}}{l^{1,7}}$$

Problème nº 3.

773. *Trouver le diamètre d'une colonne pleine de 6^m,00 de hauteur pouvant supporter un poids de 72900 k.*

La formule de Hodgkinson, pour les colonnes pleines, est la suivante :

$$(1) \qquad P = 10400 \, \frac{d^{3,6}}{l^{1,7}}$$

dans laquelle d est le diamètre cherché exprimé en centimètres, l la longueur de la colonne en décimètres, et P la charge de rupture exprimée en kilos.

Si l'on fait travailler la fonte au 1/8 de la charge de rupture, cette dernière étant

8000000, le coefficient devient 1300 et la formule (1) est remplacée par la suivante :

$$P = \frac{10400}{8} \times \frac{d^{3,6}}{l^{1,7}} = 1300 \ \frac{d^{3,6}}{l^{1,7}}$$

Dans cette formule, nous connaissons : P = 72900 k. 00 et l = 60 décimètres.

Nous aurons donc, en remplaçant les lettres par leurs valeurs dans la formule précédente :

$$72900 = 1300 \ \frac{d^{3,6}}{60^{1,7}} \qquad \text{ou}$$

logarithme 729 + 1,7 + logarithme 60 = logarithme 13 + 3,6 log. d.

D'où, $d = \dfrac{\log. 729 + 1,7 \log. 60 - \log. 13}{3,6}$

$$\log d = 1,328879$$

et $\qquad d = 0^{m},2153.$

Le diamètre cherché de la colonne est donc :

$$d = 0^{m},215.$$

Si la colonne était creuse, on ferait le même calcul en se servant de la formule (2) dans laquelle d et d_1 sont les diamètres, extérieur et intérieur, de la colonne.

FORMULES DE M. LOVE

774. M. Love, qui s'est occupé des mêmes travaux, a trouvé pour les pièces en fonte, la formule :

$$P = \frac{R}{1,45 + 0,00337 \left(\frac{l}{d}\right)^2}$$

l, longueur de la colonne ; d, son diamètre ; R est la charge par unité de surface que l'on fait supporter à la matière dans les conditions ordinaires, P est la charge totale de rupture.

Cette formule s'applique depuis $\dfrac{l}{d} = 4$

jusqu'à $\dfrac{l}{d} = 120.$

Pour $\dfrac{l}{d}$, compris entre 5 et 30, la for-mule peut être simplifiée et devient :

$$P = \frac{R}{0,68 + 0,1 \ \frac{l}{d}}$$

775. La première formule a servi à dresser le tableau suivant donnant les valeurs de P pour différentes valeurs de $\dfrac{l}{d}$, R étant égal à R = 8.

Rapport $\frac{l}{d}$	Pression correspondante
5	13.33
10	7.46
20	4.76
30	2.97
40	1.95
50	1.70
60	».98
70	».74
80	».58
90	».46
100	».38

En général, pour une même fonte, la résistance à la compression est 5 à 6 fois plus forte que la résistance à la traction.

Les colonnes creuses ne doivent jamais être trop minces, à cause du déplacement des molécules.

776. Le tableau suivant donne, pour différentes longueurs, les épaisseurs correspondantes.

ÉPAISSEURS A DONNER AUX COLONNES CREUSES EN FONTE	
Hauteur des Colonnes	Épaisseur des Colonnes
2^{m},00 à 3^{m},00	12 millimètres
3^{m},00 à 4,^{m}00	15 id.
4^{m},00 à 6^{m},00	20 id.
6^{m},00 à 8^{m},00	25 id.
Au-dessus	30 id.

En outre, par rapport au diamètre extérieur, l'épaisseur des colonnes peut varier de 1/8 à 1/10 du diamètre.

777. Afin d'éviter des calculs souvent longs et pénibles, nous résumons, dans le tableau suivant, les charges de sécurité qu'on peut faire supporter à des colonnes pleines en fonte, dont les diamètres varient de 0^m,08 à 0^m,25 et les hauteurs de 2^m,00 à 8^m,00.

RÉSISTANCE DES COLONNES EN FONTE.

Diamètres des colonnes en centimètres.	Poids des colonnes par mètre de long.	CHARGES DE SÉCURITÉ DONT ON PEUT CHARGER DES COLONNES PLEINES EN FONTE AYANT LES HAUTEURS SUIVANTES :												
		2^m,00	2^m,50	3^m,00	3^m,50	4^m,00	4^m,50	5^m,00	5^m,50	6^m,00	6^m,50	7^m,00	7^m,50	8^m,00
	k l.													
0^m,08	36	19000	13000	11000	8000	7000	»	4500	»	3000	»	2100	»	1900
0^m,09	46	25000	19000	15000	12000	10000	9000	»	»	»	»	»	»	»
0^m,10	56	37000	27500	23000	17000	15000	12000	11000	»	7650	»	5700	»	4500
0^m,11	69	46000	36500	30000	24500	21000	17000	»	»	»	»	»	»	»
0^m,12	82	63000	49000	42000	33000	30000	23000	20000	»	14000	»	11000	»	9000
0^m,13	96	73000	61000	51000	42000	35500	31000	26000	»	»	»	»	»	»
0^m,14	111	92000	77000	69000	51500	50000	39500	36000	29000	27000	»	20000	»	16000
0^m,15	127	110000	94000	80000	67500	57000	50000	42000	37000	»	»	»	»	»
0^m,16	145	134000	111000	96000	82500	78000	62500	60000	»	47000	»	32000	»	25000
0^m,17	161	149000	130000	113000	98000	86000	75000	65000	57000	50000	»	»	»	»
0^m,18	188	180000	151000	135000	115000	107000	90000	82000	69000	65000	54000	50000	»	40000
0^m,19	205	193500	173500	154000	136000	120000	106000	93000	82000	73580	66000	»	»	»
0^m,20	226	234000	199000	175000	158000	149000	125000	120000	99000	93000	78000	75000	»	60000
0^m,21	250	246000	223000	202000	180000	162000	144000	129000	116000	108000	92000	82000	»	»
0^m,22	275	310000	252500	232000	205000	191000	166000	159000	135000	130000	»	108000	»	86000
0^m,23	300	»	»	256500	230000	210000	190000	171000	155000	139000	125000	112000	102000	9 000
0^m,24	326	380000	»	290000	262000	245000	214000	205000	175000	172000	144000	148000	118000	122000
0^m,25	354	»	»	»	»	264000	242000	220000	200000	180000	163000	150000	135000	126000

778. Nous avons vu précédemment que la résistance d'une colonne creuse en fonte est la différence des résistances de deux colonnes pleines ayant pour diamètre, l'une le diamètre extérieur, l'autre le diamètre intérieur. Ce tableau suffit donc pour calculer les colonnes pleines et les colonnes creuses.

Problème n° 4.

779. *Quelle charge peut-on faire supporter avec sécurité à une colonne pleine en fonte de 0^m,20 de diamètre et ayant 7^m,00 de hauteur?*

Nous trouvons, dans la première colonne du tableau précédent, le nombre 0^m,20, en suivant la ligne horizontale jusqu'à la colonne 7^m,00. Nous voyons que le nombre cherché est 75,000 kil.

Problème n° 5.

780. *Quel diamètre doit avoir une colonne pleine en fonte ayant 5^m,00 de hauteur et pouvant supporter un poids de 60000 kil.?*

Nous cherchons dans la colonne 5ᵐ,00 le nombre 60000 kil. ou celui qui s'en rapproche le plus par excès. Le nombre 60000 étant dans le tableau, on suit la ligne horizontale, jusqu'à la première colonne, et l'on voit que le diamètre cherché est 0ᵐ,16.

Problème nᵒ 6.

781. *Calculer la charge pratique d'une colonne creuse en fonte dont les dimensions sont les suivantes :*

$$H = 4^m,50.$$
Diamètre intérieur $= 0^m,15$
Diamètre extérieur $= 0^m,20$?

La colonne de 0ᵐ,20 de diamètre et 4,50 de hauteur donne, d'après le tableau, 125000 k. Celle de 0ᵐ,15 de même hauteur donne 50000 k. Donc la différence, ou charge de la colonne, sera 125000 — 50000 = 75000 k. Le poids de la colonne, creuse par mètre, s'obtiendra comme suit :

Poids de la colonne pleine de 0,20 de diamètre. . . . . **226 kil.**
Poids de la colonne pleine de 0,15 de diamètre. . . . . . . **127 kil.**

Poids de la colonne creuse.   **99 kil.**
Économie réalisée en employant la colonne creuse.

Pour porter 75000 k. avec une colonne pleine de 4ᵐ,50 de hauteur, le diamètre est de 0ᵐ,17 et le poids de 164 kil. par mètre de longueur, au lieu de 99 k. 00 pour la colonne creuse. Économie, environ 1/3.

Problème nᵒ 7.

782. *Déterminer les diamètres d'une colonne creuse en fonte de 3ᵐ,50 de hauteur pouvant porter une charge de 115000 kil.*

On cherche, dans le tableau, le diamètre d'une colonne pleine, pouvant porter une charge de 115000 k., puis le diamètre d'une autre colonne pleine, pouvant porter une charge double, soit 230000 kil. Les diamètres de ces deux colonnes pourront

être pris pour ceux d'une colonne creuse répondant à la question.

Pour une charge de 230000 kil. et une hauteur de 3ᵐ,50, le tableau nous donne un diamètre de 0ᵐ,23 et, pour une charge de 115000 k., nous trouvons un diamètre de 0ᵐ,18 : différence 0ᵐ,05. L'épaisseur de la colonne sera $\dfrac{0^m05}{2}$, ou 25 millimètres.

Si l'épaisseur trouvée est considérée trop faible pour une raison quelconque, on pourra l'augmenter en diminuant un peu le diamètre extérieur et, au lieu de 0ᵐ,23, prendre 0,21, par exemple. La résistance d'une colonne pleine de 0ᵐ,21 de diamètre et de 3ᵐ,50 de hauteur est, d'après le tableau, de 180000, ce qui fait une différence de 65000 k. avec le nombre imposé 115000 k. Or, cette charge de 65000 k., d'après le tableau, répond, avec la hauteur de 3ᵐ,50, au diamètre 0ᵐ,15. Donc les dimensions modifiées de la colonne pourront être :

Diamètre extérieur 0ᵐ,21
Diamètre intérieur 0ᵐ,15

différence 0ᵐ,06

D'après cela, l'épaisseur sera :

$$\frac{0^m,06}{2} \text{ ou } 0^m,03,$$

Le poids par mètre courant de cette colonne creuse sera donc 250 k. moins 127 k., soit 123 kil.

Le tableau précédent ne donne les charges de sécurité des colonnes en fonte que jusqu'à 8ᵐ,00 de hauteur. Si nous avions, par exemple, une colonne de 9ᵐ,00 et de 0ᵐ,34 de diamètre, nous nous appuierions alors sur les faits suivants :

Si les dimensions d'une colonne pleine (hauteur et diamètre) viennent à doubler, la charge devient quadruple. Pour la colonne de 9ᵐ,00 de longueur et 0,34 de diamètre, on réduit les dimensions de moitié, soit 4ᵐ,50 et 0ᵐ,17 et l'on cherche dans le tableau ce que peut supporter

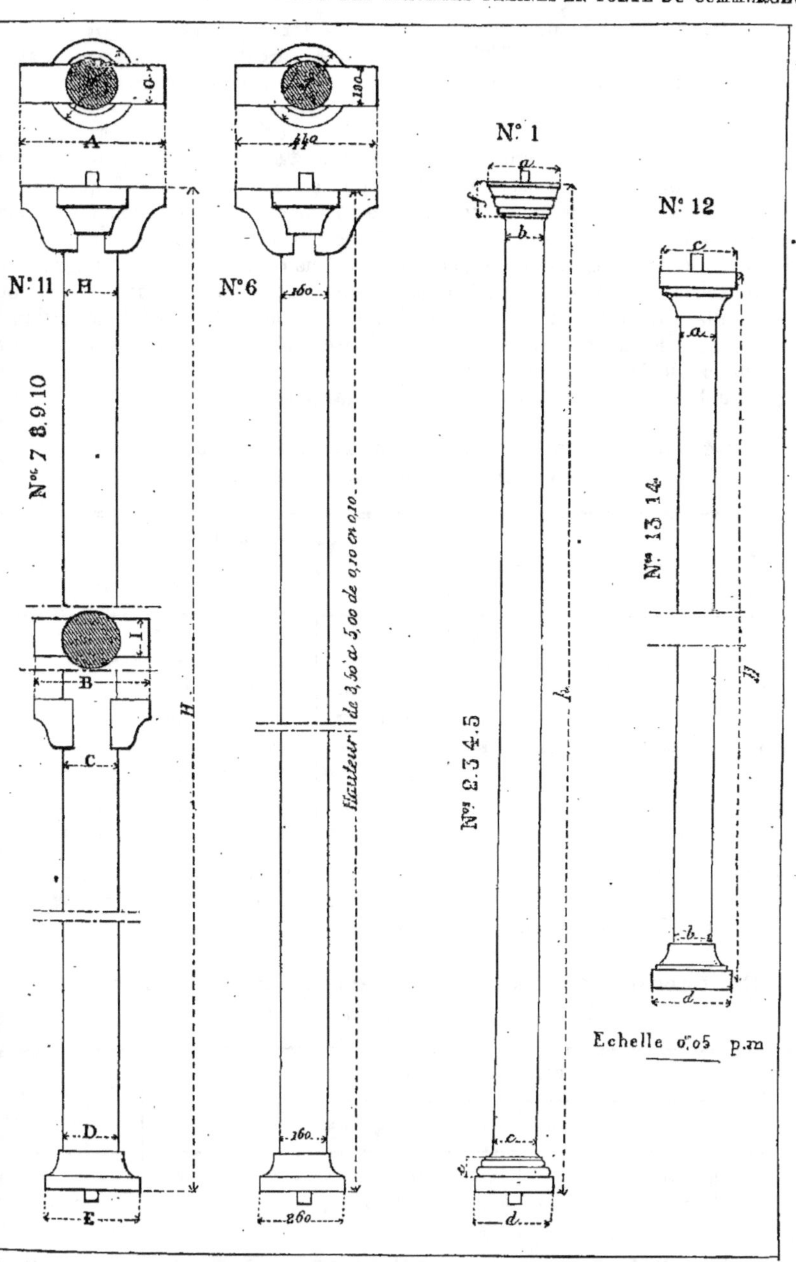

Fig. 326. — (Éch. 1/20)

une colonne de 0^m,17 de diamètre et de 4^m,50 de hauteur. On trouve 75000 kil. La colonne proposée portera donc

$$75000 \times 4 = 300000 \text{ kil.}$$

Si l'on réduit à moitié toutes les dimensions d'une colonne creuse, hauteur, diamètre et épaisseur, la résistance est réduite au 1/4.

Exemple : Colonne creuse de 7^m,00 de hauteur, 0^m,46 de diamètre extérieur et 0^m,36 de diamètre intérieur. On réduit à moitié toutes les dimensions. On cherche la résistance de la colonne réduite, puis on quadruple la résistance trouvée.

Principaux types des colonnes pleines en fonte du commerce.

783. Nous donnons dans le tableau N° 7 (*fig.* 326), les modèles des principales colonnes pleines en fonte unie qui forment l'assortiment des magasins. La colonne N° 1 se fait en cinq grandeurs différentes dont nous résumons les dimensions principales dans le tableau suivant en y ajoutant la colonne N° 6 dont le chapiteau et la base diffèrent un peu des autres. Ces colonnes du commerce se font aux forges de Marquise.

784. COLONNES ORDINAIRES SIMPLES, TYPES N° 1 A 6 DU TABLEAU.
(*Ces colonnes se trouvent en magasin.*)

NUMÉROS D'ORDRE	DIMENSIONS PRINCIPALES						
	A	B	C	D	E	F	HAUTEUR TOTALE h
	mill.	mill.	mill.	mill.	mill.	mill.	
1	155	74	83	150	105	90	De 2^m,00 à 3^m,50 de 0^m,05 en 0^m,05
2	165	88	100	160	105	95	De 2^m,50 à 4^m,00 — —
3	185	95	115	175	110	95	De 2^m,50 à 4^m,00 — —
4	210	115	135	205	110	95	De 3^m,00 à 4^m,50 — —
5	225	125	145	215	110	100	De 3^m,00 à 5^m,00 — —
6	440	150	160	260	»	»	De 3^m,00 à 5^m,00 de 0^m,10 en 0^m,1)

On trouve aussi, dans le commerce, comme variante des numéros 1, 2, 3, 4, 5 du tableau précédent, un autre type de colonne N°s 12, 13 et 14 dont les dimensions principales sont les suivantes :

785. COLONNES ORDINAIRES SIMPLES TYPES N°s 12, 13, 14 DU TABLEAU.
(*Ces colonnes se trouvent en magasin.*)

NUMÉROS D'ORDRE	DIMENSIONS PRINCIPALES					POIDS DU FUT par mètre de long^r
	A	B	C	D	HAUTEUR TOTALE $H.$	
12	0^m,07	0^m,08	0^m,16	0^m,16	De 2^m,00 à 3^m,25 de 0^m,05 en 0^m,05.	32 kil.
13	0^m,09	0^m,10	0^m,175	0^m,175	De 2^m,45 à 3^m,50 —	51 —
14	0^m,11	0^m,12	0^m,20	0^m,20	De 2^m,80 à 4^m,00 —	75 —

TABLEAU N° 8. — COLONNES CREUSES.

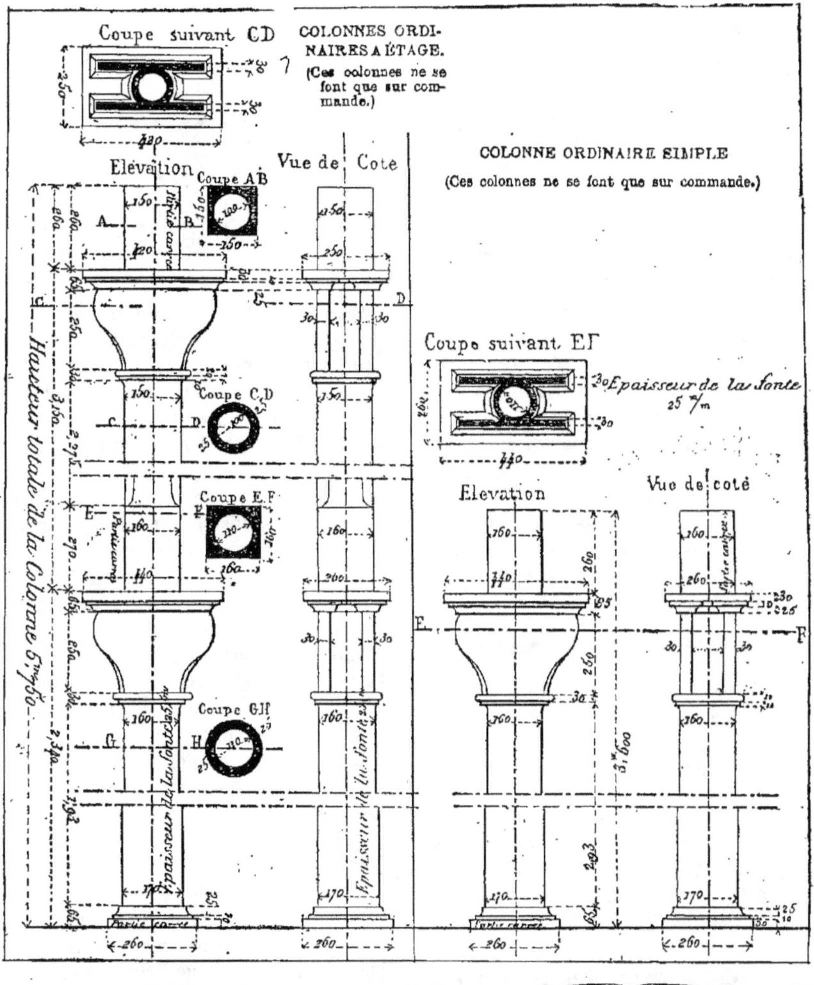

Fig. 327. — (Éch. 1/20.)   Fig. 328. — (Éch. 1/20.)

NOTA. — Dans les colonnes creuses à double console, représentées ci-dessus, la partie qui surmonte le fût de ces colonnes dans l'épaisseur du plancher est carrée pour faciliter le montage.

Les poutres ou les solives sont placées de chaque côté du fût prolongé. Il est très-important de calculer la hauteur de la partie carrée qui traverse le plancher pour que, dans le cas de deux colonnes superposées, la colonne supérieure pose seule sur le prolongement du fût et, en aucune façon, sur les ailes des solives ou des poutres. On devra donc, si les poutres doivent avoir 0ᵐ26 de hauteur, par exemple, donner à la parti carrée du fût une hauteur de 0ᵐ,27 pour être bien certain que la colonne de l'étage ne repose pas sur les ailes des solives ou des poutres.

786. COLONNES ORDINAIRES A ÉTAGE TYPES N⁰ˢ 7, 8, 9, 10, 11 DU TABLEAU.

(Ces colonnes ne se font que sur commande.)

NUMÉROS D'ORDRE	DIMENSIONS PRINCIPALES									POIDS DU FUT par mètre courant.
	A	B	C	D	E	F	G	H	HAUTEURS	
	mill.	mill.	mill.	mill.	m'll.	mill.	mill.	mill.		
7	400	300	130	140	240	220	100	125	Les hauteurs de ces colonnes sont variables suivant les hauteurs d'étage que l'on admet.	110 kil.
8	420	320	140	150	250	230	110	130		130 —
9	420	340	150	160	260	240	120	140		145 —
10	410	350	160	170	280	250	120	150		160 —
11	460	360	170	180	300	260	130	160		185 —

787. NOTA. Toutes ces colonnes se font pleines avec goujons en fer ou sans goujons à leurs extrémités. Les colonnes Nᵒˢ 3, 4 et 5 peuvent être faites creuses, avec noyau droit à l'intérieur et aux épaisseurs qu'on voudra, pourvu que ces épaisseurs ne soient pas moindres de 0ᵐ,015 et ne laissent pas un vide à l'intérieur de moins de 0ᵐ,050 de diamètre pour les longueurs au-dessous de 3ᵐ,00 et de moins de 0ᵐ,070 pour les longueurs au-dessus de 3ᵐ,00.

Colonnes creuses.

788. Nous donnons, dans le tableau N° 8 (*fig.* 327 et 328), deux types de colonnes creuses en fonte unie, fréquemment employées dans les constructions. Les colonnes creuses peuvent prendre différentes formes. Nous nous réservons d'en donner plusieurs types dans un chapitre spécial affecté à divers modèles de colonnes employées dans les constructions de toute nature.

Résistance des fers ⊥ du Commerce.

NOTIONS PRÉLIMINAIRES.

789. Dans les constructions proprement dites, les matériaux sont soumis à des efforts auxquels ils doivent pouvoir résister sans déformation, afin que les positions relatives des pièces soient conservées. Les matériaux ont, généralement. une ou deux dimensions plus petites que la troisième. Les grandes dimensions sont déterminées par les nécessités du rôle que les pièces doivent jouer dans les constructions. Les dimensions transversales doivent être suffisantes pour assurer la conservation de ces pièces dans les conditions où elles sont appelées à travailler. L'étude de la résistance des matériaux a pour but de déterminer quelles sont les dimensions minima à employer pour ces sections transversales. Cette détermination a la plus grande importance, puisque, d'une part, elle garantit la sécurité et, d'autre part, elle permet d'employer le minimum de matière nécessaire pour obtenir cette sécurité.

La déformation d'une pièce peut être produite par l'action d'une force qui tend à l'allonger ou à la raccourcir, à la faire fléchir ou à la tordre. Il y a des circonstances où une ou plusieurs de ces actions peuvent affecter une même pièce.

La théorie de la résistance des solides repose essentiellement sur l'expérience. C'est à l'aide d'un certain nombre de faits constatés avec précision qu'on justifie les hypothèses servant à établir les formules mathématiques et qu'on détermine les coefficients qu'elles comportent.

790. *Limite d'élasticité.* — Au delà d'une certaine limite de tension, les allongements permanents, jusque-là presque insensibles, croissent rapidement et l'on dit que la tension sous laquelle ces allongements permanents commencent à se manifester d'une manière sensible exprime la limite d'élasticité de la matière, et, pour un certain nombre de substances, on a déterminé ces chiffres dits *limite d'élasticité.*

Aussi, dans les constructions, pour ne point altérer la forme des matériaux, on ne charge pas jusqu'à la limite d'élasticité, mais seulement jusqu'à moitié de cette limite, environ.

Pour le fer, la limite d'élasticité ayant lieu pour un effort de 12 à 15 k. par millimètre carré, nous ne le chargerons que de 6 k. à 8 k. environ.

791. *Coefficient d'élasticité.* Pour tous les matériaux, il est à peu près le même à la traction et à la compression, surtout dans les limites où ils sont chargés ordinairement.

Le coefficient d'élasticité du fer est 20×10^9. Celui de la fonte est égal à 9×10^9. Donc, à charges égales, une pièce de fonte se déforme environ deux fois plus qu'une pièce de fer.

La fonte résistant beaucoup mieux à la compression qu'à la traction, son coefficient d'élasticité est faible ; elle ne doit pas être soumise à des efforts considérables.

On lui fait supporter 1 k. à 1 k. 5 par millimètre carré, ce qui nécessite des pièces de grandes dimensions. Il résulte de là qu'une pièce de fonte est souvent plus chère qu'une pièce de fer pouvant résister au même effort.

792. *Tableau des coefficients d'élasticité, des charges de rupture et de sécurité de la tôle, du fer et de la fonte.*

CHARGE PAR MILLIMÈTRE CARRÉ	TOLE	FER		FONTE	
		Extension	Compression	Extension	Compression
A. Produisant la rupture..................	35	37	25	13	60
B. Limite d'élasticité.	14	15	14	6	13
C. Limite supérieure de écurité.........	7	8	7	3	8
Rapport $\dfrac{C}{A}$.	0,20	0,22	0,28	0,23	0,13
Rapport $\dfrac{C}{B}$.	0,50	0,53	0,50	0,50	0,61
Coefficient d'élasticité.	$19,10^9$	$20,10^9$	$17\,10^9$	9.10^9	$8,10^9$
Valeur de I correspondant à C..........	0,00037	0,00040	0,00041	0,00033	0,0001

Pour les tôles ordinaires employées dans les constructions, la charge de rupture est de 35 k. par millimètre carré. Pour la tôle de fer, on lui fait supporter 6 à 7 k. par millimètre carré. Les feuilles de tôle, pour la construction des ponts, ont ordinairement $1^m,00$ de largeur et environ $6^m,00$ de longueur. Elles sont laminées dans le sens de leur longueur, car la résistance à la traction est un peu plus grande dans ce sens.

La résistance transversale est de $\dfrac{1}{10}$ à $\dfrac{1}{12}$ plus faible.

793. Avant de passer au calcul des pièces de fers ⊥ soumises à la flexion, il est bon de connaître les charges et les écartements généralement adoptés pour la construction des planchers en fer et que nous résumons dans le tableau suivant :

DÉSIGNATION	POIDS du hourdis par mètre carré.	SURCHARGE par mètre carré.	POIDS TOTAL	ÉCARTEMENTS d'axe en axe des solives.	
	kil.	kil.	kil.		
Pièces d'habitation.	150 à 200	100	250 à 300	0^m,70 à 0^m,80	
Pièces de réception.	150 à 200	200	350 à 400	0^m,70	Suivant les portées plus ou moins grandes.
	—	—	—	0^m,60	
	—	—	—	0^m,50	
Grands salons..	150 à 200	300	450 à 500	0^m,70	Suivant les portées plus ou moins grandes.
	—	—	—	0^m,60	
	—	—	—	0^m,50	
Bureaux.	150	200	350	0^m,70 à 0^m,80	
Grandes salles de réunion et magasins. . .	200	420	620	de 0^m,35 à 0^m,70	
Docks et entrepôts. (Marchandises encombrantes et peu lourdes.	50	450	500	0^m,70	
Marchandises lourdes.	100	900 et au-dessus	1000 à 1800	0^m,35 à 0^m,70	

CALCUL DES FERS ⌶ SOUMIS A LA FLEXION.

Nous avons vu, en traitant de la résistance des bois, que les formules relatives à la flexion sont les suivantes :

$$(1) \qquad \mu = \frac{1}{8}\, pl^2 = \frac{RI}{v},$$

$$(2) \qquad R = \frac{\mu\, v}{I},$$

$$(3) \qquad \frac{I}{v} = \frac{\mu}{R}.$$

Dans ces formules :

μ est le moment fléchissant ;

p, un poids uniformément réparti par unité de longueur ;

l, la longueur de la pièce, entre les supports.

$\dfrac{RI}{v}$, la somme des moments des forces moléculaires développées dans la section du milieu de la poutre.

Nous savons de plus que les fers ⌶ du commerce sont spécialement utilisés pour la construction des planchers en fer et, dans quelques cas particuliers, pour les pans de fer, comme nous aurons occasion de le voir plus loin.

Nous nous occuperons, pour le moment, des fers ⌶ employés dans la construction des planchers en fer.

On doit considérer une solive de plancher comme une pièce reposant sur des appuis, car jamais le scellement des extrémités de cette solive dans les murs n'est assez bien fait pour constituer un encastrement.

Nous avons vu à propos du bois, quelles sont les conditions nécessaires pour obtenir l'encastrement ; elles sont les mêmes pour le fer.

Les principaux cas à étudier sont les suivants :

1er *Cas.* — Solive posée sur deux appuis et chargée d'un poids p uniformément réparti par mètre de longueur de solive, ou d'un poids P uniformément réparti sur la longueur totale de la solive, suivant les données.

2e Cas. — Solive posée sur deux appuis et chargée d'un poids permanent P au milieu de sa longueur.

3e Cas. — Solive encastrée par une extrémité et chargée à l'autre extrémité d'un poids unique P.

4e Cas. — Solive encastrée par une extrémité et chargée uniformément dans toute sa longueur.

5e Cas. — Solive encastrée par ses deux extrémités et chargée uniformément.

6e Cas. — Solive posée librement sur deux appuis et chargée.

1° D'un poids P (en kilogrammes) uniformément réparti ;

2° D'un poids Q (en kilogrammes) distant des appuis des quantités l' et l'' (en mètres).

L, longueur totale de la pièce, exprimée en mètres ; la valeur de $\dfrac{I}{v}$ étant dans ce cas

$$\frac{I}{v} = \frac{l' l''}{7L}\left(Q + \frac{P}{2} \right)$$

PREMIER CAS.

Problème n° 8.

794. *Calcul d'une solive en fer* $\mathbf{I}$, *chargée d'un poids p, uniformément réparti par mètre de longueur de solive.*

Supposons que d'après une division exacte de la surface à couvrir par un plancher en fer, nous arrivions à un écartem nt de solive de 0m,646 d'axe en axe.

Calcul de la charge morte due au poids du plancher.

Hourdis. Épaisseur compris garnissage 0m,20 ; poids du mètre cube 1400k.

Le poids sur 1m,00 de longueur sera donné par 1400k × 0m,20 × 0m,646. . . . . 180k,90

A reporter. 180k,90

Report. 180k,90

Parquet. Parquet de 0,034 d'épaisseur sur bitume de 0m,05 d'épaisseur. . . 12k,00

Fer. Moyenne au mètre linéaire 17k,00

Ensemble. . . 218k,90

Pour une surface de 0,646, nous avons 218k,90 ; conséquemment, pour 1m,00 nous aurons $\dfrac{218,90}{0,646} = 340^k$ environ.

Si nous adoptons une surcharge de 250 k. par mètre carré, nous aurons, comme charge totale par mètre superficiel :

340 + 250 = 590 k.

Les solives étant espacées de 0m,646 d'axe en axe, la charge par mètre, sur chaque solive, sera donnée par :

590 k. × 0m,646 = 380 k. environ.

En nous servant de la formule (1) $\mu = \dfrac{1}{8} pl^2$ qui donne le moment fléchissant maximum de la barre et dans laquelle, pour le cas présent, $p = 380^k$ et l (longueur des solives) $= 3^m,53$, nous aurons :

$$\mu = \frac{1}{8} pl^2 = \frac{380^k \times \overline{3,53}^{\,2}}{8} = 592$$

Et comme

$$(2)\ R = \frac{v\mu}{I} \quad \text{ou} \quad (3)\ \frac{I}{v} = \frac{\mu}{R},$$

on en déduit le moment d'inertie de la solive (si l'on suppose que le fer travaille à 6k par m/m carré), en écrivant :

$$\frac{I}{v} = \frac{592}{6 \times 10^6} = 0,0000986$$

Il nous suffit donc de chercher, dans le tableau de résistance n° 1, donné ci-après, la valeur de $\dfrac{I}{v}$ se rapprochant le plus de 0,0000986 pour avoir l'échantillon du fer

CHARGES UNIFORMÉMENT RÉPARTIES, QUE PEUVENT SUPPORTER LES SOLIVES REPOSANT LIBREMENT A LEURS EXTRÉMITÉS POUR DES PORTÉES DE 2 A 8m,00.

Hauteur de la solive	Épaiss.r de la lame	Largeur des ailes	Profils	Poids du mètre	Valeurs de I/v	Valeurs de R	2m,00	2m,25	2m,50	2m,75	3m,00	3m,25	3m,50	3m,75	4m,00	4m,25	4m,50	5m,00	5m,50	6m,00	6m,50	7m,00	7m,50	8m,00
	milli.	mill.		kil.																				
0,08	3,5	40	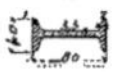	6,50	0,00010703	6	472	420	378	343	315	291	270	252	236	222	210	189	172	157	146	135	125	118
						8	630	560	504	458	420	388	360	336	315	296	280	252	229	210	194	180	168	157
						10	788	700	630	573	525	485	450	420	394	370	350	315	286	263	242	225	210	197
0,10	5	43	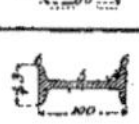	8,25	0,00029075	6	698	620	558	507	465	429	399	372	349	328	310	279	254	233	215	199	186	174
						8	930	827	744	676	620	572	531	496	465	438	413	372	338	310	287	266	248	233
						10	1163	1033	930	845	775	713	665	620	581	547	517	465	420	388	358	332	310	291
0,12	4,5	45	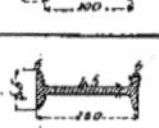	10,20	0,00053380	6	912	811	730	664	608	561	521	486	456	429	405	365	332	304	281	260	243	226
						8	1216	1081	973	884	811	748	695	649	608	572	540	486	442	405	374	347	324	304
						10	1521	1351	1216	1106	1014	935	869	811	760	715	676	608	553	507	468	438	409	384
0,14	5,5	47	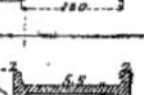	11,80	0,00085896	6	1342	1192	1073	975	894	826	766	715	671	631	596	536	488	447	412	383	355	335
						8	1789	1590	1431	1301	1192	1100	1022	954	894	842	795	715	650	596	550	511	477	447
						10	2236	1987	1788	1626	1490	1376	1277	1192	1118	1052	993	894	813	745	688	639	596	559
0,16	6,5	48		14,10	0,00088292	6	1975	1755	1580	1437	1316	1215	1128	1053	987	929	877	790	718	658	606	561	526	494
						8	2633	2340	2106	1915	1755	1621	1502	1404	1316	1239	1170	1053	957	878	810	752	702	658
						10	3292	2925	2633	2394	2194	2025	1881	1755	1645	1549	1463	1316	1197	1097	1013	940	878	823
0,18	7	55	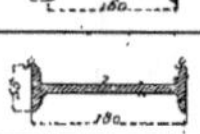	18,10	0,00110011	6	2640	2347	2112	1920	1760	1624	1508	1405	1320	1242	1173	1056	960	880	812	754	710	660
						8	3520	3129	2816	2560	2346	2166	2011	1880	1760	1657	1565	1408	1280	1173	1083	1006	938	880
						10	4400	3911	3520	3200	2933	2708	2514	2347	2200	2070	1956	1760	1600	1466	1354	1257	1173	1100
0,20	8	60		22,00	0,00145515	6	3492	3104	2794	2540	2328	2149	1995	1862	1746	1643	1552	1397	1270	1154	1074	988	931	873
						8	4656	4139	3725	3385	3104	2865	2660	2483	2328	2191	2069	1862	1693	1552	1433	1330	1242	1164
						10	5821	5174	4636	4232	3880	3582	3326	3107	2910	2740	2587	2328	2116	1940	1791	1663	1552	1453
0,22	8,5	64	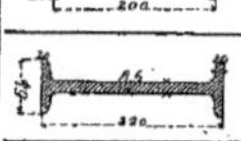	25,20	0,00213268	6	4390	3902	3512	3193	2927	2701	2508	2344	2195	2066	1951	1756	1598	1463	1351	1254	1170	1097
						8	5854	5203	4683	4257	3902	3632	3345	3121	2927	2754	2601	2341	2129	1951	1801	1672	1561	1463
						10	7317	6504	5854	5321	4876	4503	4181	3902	3658	3443	3252	2927	2661	2439	2251	2090	1951	1829
0,26	10	69	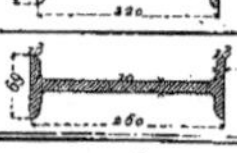	31,50	0,00282265	6	6774	6022	5419	4927	4516	4168	3871	3613	3387	3187	3010	2710	2463	2258	2084	1935	1806	1693
						8	9032	8029	7220	6569	6022	5558	5161	4817	4516	4250	4014	3613	3231	3011	2779	2580	2408	2258
						10	11290	10035	9032	8211	7527	6948	6451	6021	5645	5313	5018	4516	4105	3763	3474	3225	3010	2823

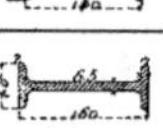

TABLEAU N° 2. — RÉSISTANCE DES FERS ⊥ AILES ORDINAIRES DU COMMERCE.

CHARGES UNIFORMÉMENT RÉPARTIES, QUE PEUVENT SUPPORTER DES SOLIVES REPOSANT LIBREMENT A LEURS EXTRÉMITÉS POUR DES PORTÉES DE 2 A 8m,00.

Hauteur de la solive	Épaisseur de la lame (mill.)	Largeur des ailes (mill.)	Poids du mètre (kil.)	Valeurs de $\frac{I}{v}$	Valeurs de R	2m,00	2m,25	2m,50	2m,75	3m,00	3m,25	3m,50	3m,75	4m,00	4m,25	4m,50	5m,00	5m,50	6m,00	6m,50	7m,00	7m,50	8m,00
0m,08	10	46,5	11,00	0,000028697	6	688	612	550	500	459	423	393	367	344	324	306	275	250	229	211	196	183	172
					8	918	816	734	667	612	565	524	489	459	432	408	367	333	306	282	262	244	229
					10	1147	1020	918	834	765	706	655	612	573	540	510	459	417	382	353	327	306	285
0m,10	10	48	12,45	0,000040694	6	976	868	781	710	651	601	558	520	488	459	434	390	355	325	300	279	260	244
					8	1302	1157	1041	947	868	801	744	694	651	612	578	520	473	434	400	372	347	325
					10	1627	1446	1302	1183	1085	1001	930	868	818	766	723	651	591	542	500	465	434	406
0m,12	12,5	52,5	17,00	0,000065333	6	1568	1393	1254	1140	1045	964	895	836	784	737	697	627	570	523	482	447	418	391
					8	2090	1858	1672	1520	1393	1286	1194	1115	1045	983	929	836	760	697	643	597	557	522
					10	2612	2322	2090	1900	1742	1608	1493	1394	1306	1229	1161	1045	950	871	804	747	696	653
0m,14	13,5	54,5	21,30	0,000099153	6	2196	1952	1756	1597	1464	1351	1255	1171	1098	1033	976	878	798	732	675	627	585	549
					8	2928	2603	2342	2129	1952	1801	1673	1561	1464	1377	1301	1171	1064	970	900	836	780	732
					10	3661	3254	2928	2662	2440	2252	2092	1952	1830	1722	1627	1464	1331	1220	1126	1046	976	915
0m,16	16	57,5	26,70	0,000118252	6	2838	2522	2270	2064	1891	1746	1623	1513	1419	1335	1261	1135	1032	945	873	810	756	709
					8	3784	3363	3027	2752	2522	2328	2164	2017	1892	1780	1681	1513	1376	1260	1164	1080	1008	945
					10	4730	4204	3784	3440	3153	2910	2705	2522	2365	2225	2102	1892	1720	1576	1455	1351	1261	1182
0m,18	16	63,5	31,00	0,000167400	6	4018	3571	3214	2921	2678	2472	2287	2143	2008	1891	1786	1607	1460	1339	1236	1148	1071	1004
					8	5357	4762	4285	3895	3571	3296	3049	2857	2678	2521	2381	2143	1947	1786	1648	1530	1428	1339
					60	6696	5952	5356	4869	4464	4120	3812	3571	3348	3151	2976	2678	2434	2232	2060	1913	1785	1674
0m,20	16	68	37,50	0,000225111	6	5402	4802	4322	3929	3601	3325	3087	2881	2701	2542	2401	2161	1964	1801	1662	1543	1441	1351
					8	7203	6403	5763	5239	4802	4433	4115	3842	3602	3390	3201	2881	2619	2401	2216	2058	1921	1801
					10	9004	8003	7203	6549	6003	5541	5145	4802	4502	4237	4001	3601	3274	3001	2770	2573	2401	2251
0m,22	16	72	40,00	0,000305180	6	6402	5656	5091	4628	4242	3916	3636	3394	3151	2994	2828	2545	2314	2121	1957	1818	1696	1590
					8	8485	7542	6788	6171	5656	5221	4848	4525	4202	3993	3771	3393	3085	2828	2610	2424	2262	2120
					10	10607	9428	8485	7714	7071	6527	6061	5657	5253	4991	4714	4242	3857	3535	3253	3030	2828	2651
0m,26	20	79	50,00	0,000396759	6	9522	8464	7618	6925	6349	5860	5441	5078	4761	4481	4232	3809	3468	3174	2930	2720	2539	2380
					8	12697	11286	10158	9234	8465	7814	7255	6771	6349	5975	5643	5079	4617	4232	3907	3627	3386	3174
					10	15872	14108	12697	11543	10381	9767	9069	8464	7936	7469	7054	6349	5771	5290	4884	4534	4232	3968

CHARGES UNIFORMÉMENT RÉPARTIES, QUE PEUVENT SUPPORTER LES SOLIVES REPOSANT LIBREMENT A LEURS EXTRÉMITÉS POUR DES PORTÉES DE 2 A 8m,00.

Hauteur de la solive	Épaisseur de la lame	Largeur des ailes	PROFILS	Poids du mètre	Valeurs de $\frac{I}{v}$	Valeurs de R	2m,00	2m,25	2m,50	2m,75	3m,00	3m,25	3m,50	3m,75	4m,00	4m,25	4m,50	5m,00	5m,50	6m,00	6m,50	7m,00	7m,50	8m,00
	mill.	mill.		kil.																				
0m,08	8,5	60		10,50	0,0000392920	6	797	708	687	579	531	490	455	425	398	375	354	318	289	265	245	227	212	199
						8	1063	944	850	773	708	654	607	566	531	500	472	425	388	354	327	303	283	265
						10	1328	1181	1063	966	865	817	759	708	664	625	590	531	483	442	408	379	354	332
0m,10	4	60		10,00	0,0000480600	6	1111	987	888	808	740	683	634	592	555	522	493	444	403	370	341	317	295	277
						8	1481	1316	1184	1077	987	911	846	789	740	698	658	592	538	493	455	423	394	369
						10	1852	1646	1481	1347	1234	1139	1058	987	926	871	823	740	673	617	569	529	493	403
0m,10	9	65		14,00	0,0000548530	6	1315	1168	1051	936	876	808	751	701	657	618	584	525	478	438	404	375	350	328
						8	1753	1558	1402	1275	1168	1168	1001	935	876	824	779	700	637	584	539	500	467	438
						10	2192	1946	1753	1594	1461	1348	1252	1160	1096	1031	974	876	797	730	674	626	584	548
0m,12	7	70		16,00	0,0000841198	6	2020	1796	1616	1469	1347	1243	1154	1078	1010	950	898	808	734	673	622	577	538	505
						8	2594	2395	2155	1959	1796	1658	1539	1437	1347	1207	1197	1078	979	898	829	770	718	673
						10	3368	2994	2694	2449	2245	2073	1924	1796	1684	1584	1496	1347	1224	1123	1036	962	898	841
0m,12	14	77		22,50	0,0001092256	6	2454	2181	1963	1784	1686	1510	1462	1308	1227	1154	1090	982	892	818	755	701	654	613
						8	3272	2908	2618	2379	2181	2014	1869	1745	1636	1539	1454	1309	1190	1090	1007	934	872	818
						10	4090	3655	3272	2974	2786	2517	2337	2181	2045	1924	1818	1636	1487	1363	1258	1168	1090	1023
0m,14	8	80		22,34	0,0001366022	6	3278	2914	2623	2384	2185	2017	1873	1748	1639	1543	1457	1311	1192	1093	1009	937	874	820
						8	4371	3886	3497	3179	2914	2690	2498	2331	2186	2057	1943	1748	1590	1457	1345	1249	1156	1003
						10	5464	4858	4371	3974	3643	3363	3123	2914	2772	2571	2429	2185	1987	1821	1681	1561	1457	1366
0m,14	12	84		26,52	0,0001450070	6	3481	3094	2785	2532	2321	2142	1989	1856	1741	1638	1547	1393	1266	1160	1071	994	928	870
						8	4642	4126	3714	3376	3095	2856	2652	2475	2321	2184	2063	1857	1688	1547	1428	1325	1237	1160
						10	5803	5158	4642	4220	3869	3570	3315	3094	2901	2730	2579	2321	2110	1934	1785	1657	1547	1450
0m,16	8	80		22,00	0,0001493335	6	3584	3188	2807	2606	2389	2205	2048	1912	1792	1687	1593	1433	1303	1195	1102	1024	955	896
						8	4778	4248	3823	3475	3186	2941	2781	2549	2389	2249	2124	1911	1738	1593	1470	1365	1274	1194
						10	5973	5310	4779	4344	3983	3676	3413	3186	2986	2811	2655	2389	2172	1991	1888	1706	1593	1493
0m,16	12	84		27,000	0,0001869913	6	4051	3603	3243	2948	2702	2496	2316	2162	2026	1907	1801	1621	1474	1351	1247	1158	1081	1013
						8	5405	4804	4324	3931	3603	3326	3088	2883	2702	2543	2402	2162	1965	1802	1663	1544	1441	1351
						10	6756	6005	5405	4914	4504	4158	3860	3603	3376	3179	3003	2702	2436	2252	2078	1930	1801	1689
0m,18	8	100		29,00	0,0001293003	6	5279	4692	4223	3833	3519	3248	3016	2815	2639	2484	2316	2111	1916	1759	1624	1508	1407	1319
						8	7089	6256	5631	5111	4692	4331	4022	3754	3519	3312	3128	2815	2555	2346	2166	2011	1877	1759
						10	8799	7820	7089	6389	5865	5414	5027	4692	4399	4140	3910	3519	3194	2933	2707	2514	2346	2199
0m,18	12	104		34,50	0,0002500050	6	6001	5334	4801	4364	4000	3693	3429	3200	3001	2824	2667	2400	2182	2000	1846	1714	1600	1500
						8	8002	7112	6401	5819	5334	4924	4572	4267	4001	3765	3556	3200	2910	2667	2462	2286	2134	2000
						10	10002	8890	8001	7274	6668	6155	5715	5334	5001	4706	4445	4000	3637	3334	3078	2858	2667	2500
0m,20	10	110		38,00	0,0003036820	6	7364	6546	5891	5356	4909	4532	4208	3927	3682	3466	3273	2945	2678	2455	2266	2104	1963	1841
						8	9819	8728	7855	7142	6546	6043	5611	5237	4910	4621	4364	3927	3571	3273	3021	2806	2618	2455
						10	12274	10910	9819	8927	8183	7553	7014	6547	6137	5776	5455	4909	4463	4091	3776	3507	3273	3069
0m,20	17	117		50,00	0,0003423545	6	8216	7303	6573	5975	5477	5056	4701	4381	4108	3866	3652	3286	2987	2738	2527	2347	2191	2054
						8	10955	9738	8764	7967	7303	6741	6268	5842	5477	5155	4909	4382	3983	3651	3370	3190	2921	2739
						10	13694	12172	10955	9956	9129	8426	7835	7308	6846	6444	6086	5478	4979	4564	4213	3912	3651	3423
0m,22	9	95		33,60	0,0003142325	6	7513	6705	6034	5456	5029	4642	4310	4023	3712	3550	3353	3017	2743	2514	2321	2155	2011	1885
						8	10058	8940	8046	7315	6705	6190	5747	5361	5029	4733	4470	4022	3657	3352	3095	2874	2682	2514
						10	12572	11175	10056	9144	8381	7737	7181	6705	6286	5916	5587	5029	4371	4190	3889	3592	3352	3143
0m,22	14	100		40,50	0,0003842875	6	8311	7387	6648	6044	5540	5414	4748	4492	4155	3910	3694	3324	3022	2770	2557	2374	2216	2077
						8	11081	9850	8864	8059	7387	6819	6331	5910	5540	5214	4925	4432	4029	3694	3409	3166	2955	2770
						10	13851	12312	11080	10073	9234	8524	7914	7387	6925	6518	6156	5540	5036	4617	4261	3957	3694	3463
0m,26	9	117		43,00	0,0004545519	6	11532	10251	9226	8386	7687	7096	6589	6151	5766	5427	5125	4512	4193	3843	3548	3295	3075	2883
						8	15376	13668	12301	11182	10250	9462	8780	8201	7688	7236	6834	6150	5591	5125	4731	4393	4100	3844
						10	19220	17085	15376	13978	12813	11828	10983	10251	9610	9045	8542	7688	6989	6400	5914	5491	5125	4805
0m,26	14	122		51,00	0,0005380000	6	13664	11424	10291	9355	8576	7915	7351	6860	6432	6053	5716	5146	4618	4288	3958	3675	3430	3216
						8	17152	15246	13722	12474	11455	10554	9801	9147	8576	8071	7622	6861	6237	5717	5277	4900	4574	4288
						10	21440	19057	17152	15592	14293	13193	12251	11434	10720	10089	9528	8576	7796	7146	6596	6125	5717	5360
0m,30	12	120		65,00	0,0007382142	6	17571	15610	14057	12779	11714	10813	10040	9371	8785	8269	7810	7028	6389	5857	5406	5020	4685	4393
						8	23429	20825	18743	17039	15619	14417	13387	12495	11714	11025	10413	9371	8519	7809	7209	6694	6247	5857
						10	29286	26031	23429	21299	19524	18021	16734	15610	14643	13781	13016	11714	10649	9761	9010	8367	7809	7321

272 CONSTRUCTION.

à employer, en supposant qu'on veuille utiliser un fer à ailes ordinaires, échantillon mince. Nous trouvons que c'est le fer de $0^m,16$ qui s'en rapproche le plus.

La valeur de $\dfrac{I}{v}$ pour ce fer est $\dfrac{I}{v} = 0,000082$. Si nous voulons savoir à combien de kilos ce fer travaille dans ces conditions, nous aurons :

$$(2)\quad R = \frac{v\,\mu}{I} = \frac{592}{0,000082} = 7^k,2 \text{ en-}$$
viron.

Ce calcul est assez long. Afin de l'éviter, nous donnons trois tableaux à l'aide desquels nous pouvons trouver directement, sans calcul, ce que peut supporter une solive en fer pour des portées variant de 2 à $8^m,00$ en la supposant posée sur des appuis de niveau et chargée d'un poids uniformément réparti sur la longueur de la solive considérée.

(*Voir les tableaux n°s 1, 2 et 3, pages 268, 269, 270, 271.*)

795. *Emploi des tableaux n°s 1, 2 et 3 pour trouver directement le fer qui convient pour une charge donnée.*

Le tableau n° 1 renferme les fers ⊥ à ailes ordinaires du commerce les plus couramment employés pour les planchers en fer des maisons d'habitation.

Le tableau n° 2 donne les mêmes échantillons beaucoup plus lourds et que l'on emploie dans les cas où la charge est grande, et la hauteur limitée.

Le tableau n° 3 donne les fers ⊥ à larges ailes, principalement employés comme poutres ou poitrail et devant supporter de fortes charges.

Ces tableaux contiennent le poids par mètre courant, la valeur de $\dfrac{I}{v}$, que l'on peut déduire des formules précédemment expliquées, les valeurs de R correspondantes aux charges de 6, 8 et 10 k. par millimètre carré ; enfin, les charges uniformément réparties que peuvent sup-

porter les divers profils des solives indiquées et reposant à leurs extrémités pour des portées variant de 2 à $8^m,00$.

<h3 align="center">Problème n° 9.</h3>

796. 1er EXEMPLE. *Quelle charge peut-on faire supporter, avec sécurité, à une solive* ⊥ *à ailes ordinaires de* $0^m,16$ *de hauteur sur une longueur de* $5^m,00$, *le fer travaillant à* $6^k,00$?

Le tableau n° 1 nous donne la solution. En prenant, dans la première colonne, le nombre $0^m,16$ et en suivant la première ligne horizontale correspondant à R = 6, nous trouvons, dans la colonne verticale $5^m,00$, le nombre 790 qui répond à la question.

<h3 align="center">Problème n° 10.</h3>

797. 2e EXEMPLE. *Trouver une solive en fer* ⊥ *à ailes ordinaires capable de supporter un poids de* 2,200 *k. uniformément réparti sur une portée de* $4^m,00$.

Prenons, dans le tableau n° 1, la colonne $4^m,00$ et cherchons, dans cette colonne, le nombre 2,200. Nous voyons qu'il faut une solive de $0^m,18$ et que cette solive travaillera à 10 k.

Si la solive doit travailler entre $6^k,00$ et $8^k,00$, le tableau nous montre qu'il faudrait prendre une solive de $0^m,22$, car le nombre 2,200 est compris entre les nombres 2,195 et 2,927 du tableau.

Les tableaux n°s 2 et n° 3 peuvent servir de la même manière. Nous en trouverons fréquemment l'application.

DEUXIÈME CAS.

798. *Solive posée sur deux appuis et chargée d'un poids permanent* P *au milieu de sa longueur.*

Pour pouvoir nous servir des tableaux, il faut ramener ce deuxième cas au premier, ce qui se fait, en doublant la charge P et en la supposant uniformément répartie.

Problème n° 11.

799. *Soit une solive de 4ᵐ,00 de lon-gueur chargée d'un poids de 335ᵏ au milieu de sa longueur.*

Doublons ce poids et nous rentrerons dans le cas d'une solive chargée d'un poids uniformément réparti de $335 \times 2 = 670$ k. sur 4ᵐ,00. Le tableau n° 1 nous montre qu'une solive de 0ᵐ,14, travaillant à 6k,00, peut porter, sur une longueur de 4ᵐ,00, un poids de 671 k. et répond à la question.

TROISIÈME CAS.

800. *Solive encastrée par une extré-mité et chargée à l'autre extrémité d'un poids unique* P.

Pour nous ramener au cas d'une solive chargée uniformément sur une longueur donnée, il faut quadrupler la charge et la supposer uniformément répartie sur une barre de même longueur posée à ses deux extrémités.

Problème n° 12.

801. *Soit une solive de 3ᵐ,00 de lon-gueur encastrée par une extrémité et chargée à l'autre extrémité d'un poids* P = 300 k.

Il suffit de multiplier 300 par 4, ce qui donne 1,200 k. et de chercher, dans le ta-bleau n° 1, la solive qui, à 3ᵐ,00 de portée, peut supporter un poids de 1,200 k.

QUATRIÈME CAS.

802. *Solive encastrée par une extrémité et chargée uniformément dans toute sa longueur.*

Pour nous ramener au premier cas, il suffit de doubler la charge et de la sup-poser uniformément répartie sur une barre de même longueur posée à ses deux extrémités.

Problème n° 13.

803. *Soit une solive de 4ᵐ,00 encastrée par une extrémité et chargée uniformément dans toute sa longueur d'un poids de 500 k.*

Nous aurons à chercher dans le tableau n° 1, une solive capable de porter 1,000 k. sur 4ᵐ,00 de portée.

CINQUIÈME CAS.

804. *Solive encastrée par ses deux extrémités et chargée uniformément.*

Pour nous ramener au premier cas, il suffit de multiplier par 0,66 la charge et de la supposer uniformément répartie sur une barre de même longueur simplement posée.

Problème n° 14.

805. *Soit une solive de 5ᵐ,00 encastrée par ses deux extrémités et chargée unifor-mément d'un poids de 1,500 k.*

Pour nous ramener au premier cas, il suffit de multiplier 1,500 par 0,66, ce qui donne 990 k. et de chercher, dans le ta-bleau n° 1, une solive capable de porter, 990 k. sur 5ᵐ,00 de portée.

SIXIÈME CAS.

806. Pour ce dernier cas, il suffit de déterminer la valeur de $\dfrac{I}{v}$ en rempla-çant les lettres par leurs valeurs et de chercher, dans les tableaux, le nombre correspondant à $\dfrac{I}{v}$ qui donnera l'échan-tillon du fer à prendre.

807. *Observation.* En pratique étant sur le chantier, on peut avoir à déterminer l'échantillon d'un fer n'ayant pas les ta-bleaux sous la main. Pour les cas ordinai-res d'un plancher en fer ⊥ (maison d'habi-tation) les solives étant espacées de 0,70 à 0ᵐ,80, d'axe en axe, et le poids par mè-tre carré ne dépassant pas 300 k., on pourra facilement trouver le fer à em-ployer en multipliant la portée par 3 et en prenant le nombre obtenu en *centimé-*

tres pour hauteur de la solive. Comme les fers du commerce vont de $0^m,02$ en $0^m,02$, si l'on tombe sur un nombre impair, on devra prendre l'échantillon immédiatement supérieur.

Exemple. Pour une portée de $5^m,00$ on a $5 \times 3 = 15$. Comme le fer de $0^m,15$ n'existe pas, on devra prendre un fer de $0^m,16$, à ailes ordinaires.

Résistance des poutres composées en tôle et cornières.

808. Lorsque les fers du commerce ne peuvent plus s'employer, c'est-à-dire lorsque les hauteurs des poutres dont on doit faire usage dépassent les limites des fers ⊥ laminés du commerce, on est obligé de composer ces poutres en se servant de tôles et de cornières.

Le calcul de ces poutres est souvent très compliqué. M. S. Périssé, ingénieur distingué, a publié, dans les Mémoires de la Société des Ingénieurs civils, une note sur une formule approchée, mais très-simple, pour calculer les pièces en forme de double ⊤, soumises à la flexion.

Cette note, dont nous allons prendre les principaux passages, donne le moyen de calculer rapidement une poutre en fer soumise à la flexion, sans avoir à passer par une série de calculs, de moments d'inertie, toujours compliqués et pouvant donner lieu à des erreurs importantes d'opération. Avec la formule dont nous allons parler, quelques simples multiplications et divisions suffisent pour déterminer, non seulement toutes les dimensions de la poutre, mais aussi son poids par mètre courant.

On a très-souvent à déterminer les dimensions qu'il convient de donner à une poutre métallique ayant la forme d'un double ⊤ pour qu'elle puisse résister, par flexion, à des forces ou à des charges connues, sans dépasser un certain coefficient de travail, par millimètre carré de section.

On doit appliquer, pour cela, les formules de la résistance des matériaux et, dans le cas de la flexion plane d'une pièce prismatique soumise à l'action de forces transversales, la formule suivante :

$$\frac{RI}{v} = \mu.$$

sert à calculer les efforts de traction et de compression, auxquels les fibres longitudinales sont soumises. Dans cette formule :

μ, est le moment fléchissant des forces extérieures ;

I, le moment d'inertie de la poutre ;

v, la distance à l'axe neutre de la fibre la plus fatiguée ;

R, la pression longitudinale (positive ou négative) par unité de surface, ou autrement dit : *coefficient de travail*.

On calcule d'abord le moment fléchissant μ, et c'est très-simple dans la plupart des cas, parce que μ se présente presque toujours sous la forme $\dfrac{Pl}{n}$, expression dans laquelle P désigne la somme des forces verticales ou poids agissant sur la poutre ; l, sa portée ou distance entre les appuis, et n, un nombre qui varie de 4 à 12, selon le mode de répartition des charges et selon la nature des réactions que les points d'appui exercent sur la poutre.

La valeur de μ étant trouvée, on se donne une section transversale pour la poutre métallique double ⊤. On calcule $\dfrac{I}{v}$, puis on tire la valeur de R. Par ce procédé, il faut opérer par tâtonnements, jusqu'à ce qu'on ait des dimensions qui conduisent, pour le coefficient R, à une valeur convenable. La formule simplifiée est la suivante :

$$(1) \qquad S = K\,\frac{\mu}{h}.$$

Dans cette formule :

S, est la section en millimètres carrés de la table, ou semelle de la poutre. (Nous donnerons plus loin les différentes compositions de cette section) ;

μ, moment fléchissant ;

h, hauteur de la poutre ;

K, un coefficient numérique.

Examinons cette formule au point de vue théorique et rendons-nous compte de son degré d'exactitude. Pour cela, considérons une poutre double $\top$, de hauteur h, soumise à des forces extérieures p et composée de deux tables reliées entre elles par un système de croisillons, lesquels constituent une âme, de moment d'inertie nul, mais ayant pour effet de maintenir à la distance h les deux tables ou semelles. Supposons que toute la matière se trouve reportée en haut et en bas, de façon à avoir une poutre théorique dont les tables sont très-larges et très-minces, de section S pour chacune d'elles et situées à une distance de l'axe neutre, égale à $\dfrac{h}{2}$ dans le cas d'une poutre symétrique.

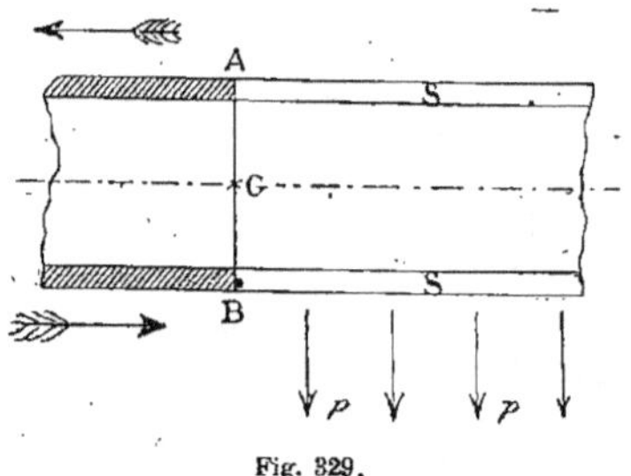

Fig. 329.

Si l'on considère une section verticale A B (*fig.* 329) pour laquelle les forces extérieures p, p, également verticales, donnent un moment fléchissant μ, on voit qu'il doit y avoir équilibre entre ces forces extérieures et les forces intérieures élastiques. Celles-ci sont réduites à un couple de deux forces horizontales également distantes de l'axe neutre et chacune de ces forces a évidemment pour expression

SR, c'est-à-dire la section multipliée par le coefficient de travail par millimètre carré.

En prenant, par rapport à l'axe neutre G, les moments des forces qui se font équilibre, on a l'équation :

$$\mu = 2 \, SR \, \frac{h}{2} = RSh,$$

d'où, $\quad S = \dfrac{1}{R} \dfrac{\mu}{h} = K \, \dfrac{\mu}{h}.$

Dans les hypothèses que nous venons de faire, on obtient donc la formule proposée.

Pour juger de son degré d'exactitude, il faut montrer les différences qui existent entre les poutres employées dans la pratique et la poutre théorique considérée.

Le plus souvent, les poutres métalliques se composent d'une âme reliée à deux plates-bandes au moyen de quatre cornières. Convenons d'appeler table, la portion de la poutre, en haut ou en bas, composée de la plate-bande, des deux cornières et de la partie de l'âme serrée entre ces cornières.

Nous voyons que ces poutres diffèrent de la poutre théorique en ce que, d'une part, les différentes pièces dont se compose la table se trouvent à des distances de l'axe neutre, plus faibles que la demi-hauteur de la poutre, et, d'autre part, en ce que l'âme possède un moment d'inertie très-appréciable qui la fait participer à la résistance. Les deux hypothèses que nous avons faites, savoir : *matière reportée entièrement aux deux extrémités de la section et moment d'inertie de l'âme supposé nul*, donnent donc lieu à deux erreurs. Mais ces erreurs sont de signe contraire et tendent à s'annuler l'une l'autre. En effet, par la première hypothèse, nous avons augmenté la résistance en supposant les tables plus écartées de l'axe neutre qu'elles ne le sont en réalité, et, par la deuxième hypothèse, nous avons négligé une partie de la résistance : celle de l'âme de la poutre.

Eh bien, il arrive quelquefois que les deux erreurs se compensent.

Alors, la formule devient exacte et K est égal à $\dfrac{1}{R}$, c'est-à-dire, $\dfrac{1}{6} = 0,166$, si nous prenons pour R, la valeur 6 kilogrammes, qui est, pour le fer, le coefficient de travail par millimètre carré le plus généralement admis pour des ouvrages soumis à des charges accidentelles donnant lieu à des vibrations.

Mais, le plus souvent, les deux erreurs ne se compensent pas. Aussi convient-il de prendre, pour le coefficient K, des valeurs un peu différentes de 0,166, soit en plus, soit en moins.

Déterminons les valeurs de ce coefficient dans les cas principaux de la pratique.

Il suffit, pour cela, de comparer, pour un assez grand nombre de poutres de toutes formes et de toutes dimensions, quelles sont les différences que l'on constate en appliquant, soit la formule exacte $\mu = \dfrac{RI}{v}$, soit la formule approchée $\mu = RSh$.

Si nous appelons Q un coefficient de correction par lequel il faudra multiplier la valeur RSh pour la rendre égale à $\dfrac{RI}{v}$, on aura :

$$\frac{RI}{v} = QRSh. \qquad \text{D'où } Q = \frac{\dfrac{I}{v}}{Sh}$$

Q sera égal à 1, lorsque les deux erreurs signalées plus haut viendront à se compenser.

809. Les différentes poutres dont on fait usage peuvent être classées comme suit, en quatre catégories :

1° Poutres à âme pleine, à 4 cornières avec plates-bandes (*fig.* 330) ;

2° Poutres à âme pleine, à 4 cornières sans plates-bandes (*fig.* 331) ;

3° Poutres en treillis, avec âme longitudinale haut et bas, 4 cornières avec ou sans plates-bandes (*fig.* 332 et 333) ;

4° Poutres en treillis avec quatre cornières, seulement (*fig.* 334).

810. Les différentes valeurs de Q, déduites d'un très-grand nombre d'expériences, sont les suivantes :

DÉSIGNATION	HAUTEURS DES POUTRES	VALEURS DE Q
1° Poutres à âme pleine, avec 4 cornières et plate-bande haut et bas.	$0^m,35$ à $0^m,50$	$Q = 0,82$
	$0^m,55$ à $0^m,70$	0,90
	$0^m,75$ à 0^m95	0,97
	$1^m,00$ à 1^m20	1,04
	$1^m,20$ à $2^m,00$	1,11
2° Poutres à âme pleine, à 4 cornières sans plate-bande.	$0^m,30$ à $0^m,40$	$Q = 0,81$
	$0^m,45$ à $0^m,55$	0,90
	$0^m,60$ à $0^m,70$	0,98
3° Poutres en treillis, avec âme longitudinale haut et bas, 4 cornières avec ou sans plate-bande. . .	$0^m,80$ à $1^m,50$	$Q = 1,01$
	$1^m,60$ et au-dessus	1,08
4° Poutres à croisillons, avec 4 cornières seulement, sans âme ni plate-bande	$0^m,25$ à $0^m,40$	$Q = 0,81$
	$0^m,45$ a $1^m.00$	0,87

811. Remarquons que Q varie depuis 0,81 jusqu'à 1,11. La valeur est plus petite que l'unité, lorsque la cause d'erreur, provenant de la première hypothèse, est prédominante sur l'autre, tandis que cette valeur dépasse 1 toutes les fois que, au contraire, la prédominance appartient à l'erreur provenant de l'âme négligée.

Nous pouvons, maintenant, poser de nou-

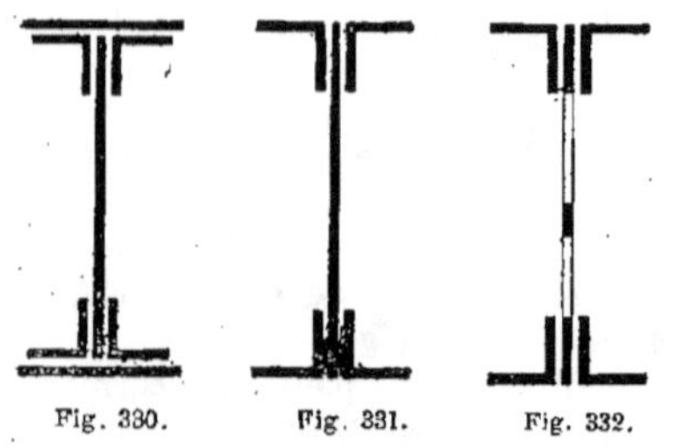

Fig. 330.   Fig. 331.   Fig. 332.

veau la formule dont nous proposons l'emploi :

$$S = \frac{1}{QR} \frac{\mu}{h} = K \frac{\mu}{h}$$

K est donc égal à $\dfrac{1}{QR}$ · Le tableau suivant en donne les différentes valeurs ; la première colonne pour R = 6 k. 000

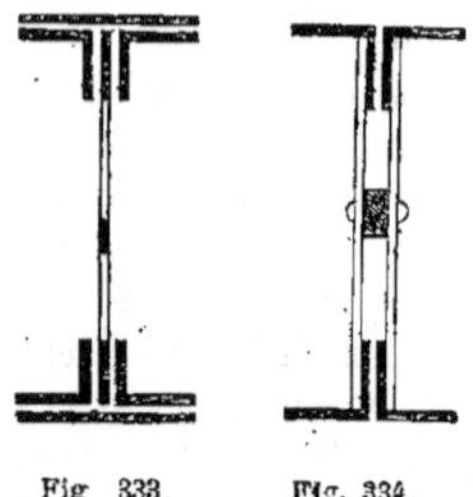

Fig. 333.   Fig. 334.

par millimètre carré (de 1/5 à 1/6 de la rupture) et la deuxième colonne, pour R = 7 k. 200 correspondant à 1/4 ou 1/5 de la charge qui amènerait la rupture.

812. *Tableau donnant les valeurs du coefficient K.*

NATURE DES POUTRES EN TOLE FORME I.	HAUTEUR DES POUTRES	COEFFICIENT DE TRAVAIL par millimètre carré.	
		6ᵏ00	7ᵏ20
1° Ame pleine, cornières et plates-bandes. . . .	0ᵐ,35 à 0ᵐ,50	0,200	0,170
	0ᵐ,55 à 0ᵐ,70	0,185	0,155
	0ᵐ,75 à 0ᵐ,95	0,170	0,140
	1ᵐ,00 à 1ᵐ,20	0,160	0,130
	1ᵐ,20 à 2ᵐ,00	0,150	0,125
2° Ame pleine et cornières, sans plates-bandes .	0ᵐ,30 à 0ᵐ,40	0,205	0,170
	0ᵐ,45 à 0ᵐ,55	0,185	0,155
	0ᵐ,60 à 0ᵐ,70	0,170	0,140
3° En treillis, avec âme longitudinale, haut et bas, etc.	0ᵐ,80 à 1ᵐ,50	0,165	0,135
	1ᵐ,60 et au-dessus	0,155	0,130
4° En treillis, avec quatre cornières seulement..	0ᵐ,25 à 0ᵐ,40	0,205	0,170
	0ᵐ,45 à 1ᵐ,00	0,190	0,160

Rappelons que, dans la formule proposée, S est, pour un seul côté, en haut ou en bas, la section totale, en millimètres carrés, de la plate-bande des deux cornières et de la portion de l'âme serrée entre ces cornières (*fig.* 335) ; ou bien, la section d'une ou deux seulement de ces parties intégrantes de la poutre, si l'autre ou les deux autres n'existent pas dans la forme de poutre que l'on aura choisie.

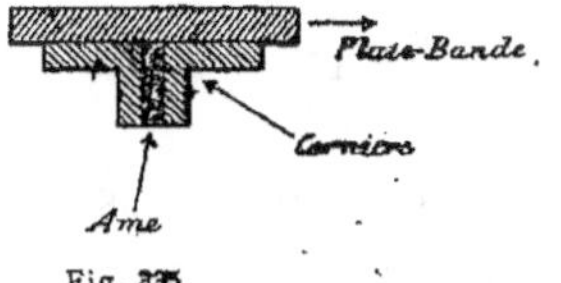

Fig. 335.

μ moment fléchissant;

h hauteur de la poutre.

813. Nous avons déjà fait remarquer que, dans la plupart des cas, le moment fléchissant se présente sous la forme $\dfrac{PL}{n}$, P étant la charge entre les appuis, L la portée ou distance entre appuis, et n un coefficient numérique dont les valeurs principales se trouvent consignées ci-après :

POSITION DE LA CHARGE P	VALEURS DE n POUR μ MAXIMUM		
	Pièce simplement appuyée à ses deux extrémités.	Pièce encastrée à une extrémité appuyée à l'autre.	Pièce encastrée à ses deux extrémités.
Charge P au milieu de la portée.	4,0	5,3	8,0
Charge P au tiers de la portée .	4,5	5,4	6,7
Charge P uniformément répartie.	8,0	8,0	12,0

Quant à la hauteur de la poutre, on se la donne plus ou moins grande, suivant les conditions à remplir et l'importance des charges.

Elle est presque toujours comprise entre le 1/10 et le 1/15 de la portée, c'est-à-dire égale aux 6 à 10 centièmes de la distance entre les appuis.

APPLICATION DE LA FORMULE SIMPLIFIÉE
A QUELQUES EXEMPLES.

Problème n° 15.

814. 1er EXEMPLE. — *Soit une poutre de pont pour route, ayant 9 mètres de portée et une charge de 2,500 kilogrammes par mètre courant.*

D'après la formule qui donne le moment fléchissant et qui est $\mu = \dfrac{PL}{n}$, nous aurons :

P = 2500^k × 9 = 22500^k, L = 9^m,00

Comme la pièce est simplement posée sur deux appuis et la charge P uniformément répartie, la valeur de n, pour μ maximum, est, d'après le tableau précédent, $n = 8$. Nous aurons donc :

$$\mu = \frac{PL}{n} = \frac{PL}{8} = 25300 \text{ kgm}$$

Le genre de poutre le plus convenable pour le cas qui nous occupe est celui de la première catégorie, avec âme pleine et plates-bandes.

Supposons que nous donnions à la poutre une hauteur égale à $\dfrac{1}{12}$ de la portée, soit $h = \dfrac{1}{12}$ 9^m = 0^m,75. La valeur de K, pour une poutre de 0^m,75 de hauteur à âme pleine et plates-bandes, est, d'après le tableau donnant les valeurs du coefficient K pour un travail de 6^{k}00 par millimètre carré.   K = 0,170.

En remplaçant les nombres par les valeurs trouvées dans la formule $S = K \dfrac{\mu}{h}$, nous aurons :

$$S = K \frac{\mu}{h} = 0^m,17 \frac{25300}{0,75} = 5800$$

millimètres carrés.

Or, nous savons que S est, pour un seul côté, en haut ou en bas, la section totale, en millimètres carrés, de la plate-bande des deux cornières et de la portion de l'âme serrée entre ces cornières. Il nous faut donc trouver deux cornières, une plate-bande et une hauteur de table comprise entre les cornières, telles que la section totale de ces trois pièces fasse 5800 millimètres carrés.

Soit cornières 80 × 80 × 11   section 1640 × 2 = 3200 ⎫
— plates bandes 170 × 10   —   1700 × 1 = 1700 ⎬ 5780 $^{m/m2}$ = S.
— âme de 10$^{m/m}$ d'épaisseur   —   80 × 10 = 800 ⎭

Nous trouvons, avec ce choix, S = 5,780 au lieu de 5,800. La poutre ainsi composée sera donc parfaitement déterminée et convient bien à la question. Elle est représentée en croquis (*fig. 336*).

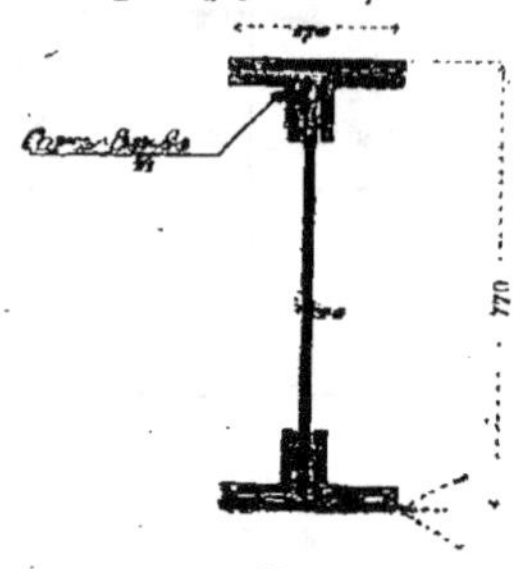

Fig. 336.

Pour trouver le poids de cette poutre par mètre courant, nous aurons:

Section haut et bas.. 5800 × 2 = 11600
Ame entre les tables. 570 × 10 = 5700

Section totale. . . . . . 17300^{m}/$_{m2}$

Donc, poids par mètre courant

$$P = 1800 \times 6 = 10800^k$$
$$L = 6^m,00$$

$$S = K \frac{\mu}{h} = 0,17 \frac{8100}{0,40} = 3440 \text{ millimètres carrés} = \mathbf{S}.$$

Composition de la poutre.

Cornières 75 × 75 × 10   section 1400 × 2 = 2800 ⎫ 3475
Ame   400 × 9   —   75 × 9 = 657 ⎭

Le poids s'obtient de suite par une addition et une multiplication.

Section haut et bas. . . . . 3440 × 2 = 6880
Ame entre les tables . . . . 250 × 9 = 2250

Section totale. 9130

Poids par mètre courant 9130 × 0,008 = 73 kilogrammes.

17300 × 0,008 = 138^k.

L'application de la formule exacte

$$\frac{RI}{v} = \mu = 0,00415\ R$$

donne, pour R, la valeur

$$\frac{25300}{0,00415} = 6^k1$$

par millimètre carré. La formule approchée donne donc la même exactitude.

Problème n° 16.

815. 2e EXEMPLE. *Il s'agit de calculer une poutre formant solive-maîtresse de plancher, chargée de 1,800 k. par mètre courant et sur une longueur de 6 mètres entre appuis.*

On peut très-bien prendre une poutre sans plate-bande, avec une âme pleine et 4 cornières, de hauteur égale à 1/15 seulement de la portée, et la faire travailler à 7 k. environ.

$$\left\{ \mu = \frac{PL}{8} = 8100^{kgm} \right.$$

L'application de la formule exacte donne, pour le coefficient de travail R, la valeur $\dfrac{8100}{0,00116} = 7^k$ par millimètre carré.

Il fallait s'y attendre, puisque nous avons pris, pour K, le chiffre de la dernière colonne du tableau correspondant à un travail de 7 k. 20.

Problème nº 17.

816. 3ᵉ EXEMPLE. *Il s'agit de calculer une pièce de charpente en fer, apparente, ayant 7 mètres de portée avec une charge de 1,200 kilos par mètre courant.*

C'est bien ici le cas d'employer une poutre en treillis, avec quatre cornières seulement.

Hauteur $= 0,55$ et $K = 0,19$.

$$P = 1200 \times 7 = 8400^k \left.\right\} \mu = \frac{PL}{8} = 7350^{\text{kgm}}$$

$$S = K\frac{\mu}{h} = 0,19\ \frac{7350}{0,55} = 2540^{m}/_{m^2} = S$$

Cette section est obtenue par des cornières $70 \times 70 \times 10$, qui donnent :
$1,300 \times 2 = 2,600$.

Pour calculer le poids, on double la section S et on l'augmente d'environ 1/3 pour tenir compte des croisillons formant âme en treillis. La poutre ci-dessus pèsera donc :
$$(5,200 + 1,600) \times 0,008 = 55 \text{ kilogr.}$$

Comme pour les deux premiers exemples, l'application de la formule exacte montre que, par la formule simple, on obtient une exactitude bien suffisante dans la presque totalité des cas de la pratique.

817. Nous avons vu précédemment que la valeur de μ peut se calculer par la formule $\mu = \dfrac{PL}{n}$. Ayant cette valeur de μ, il nous sera très-facile, à l'aide des tableaux suivants, extraits de l'Album de Serrurerie de M. Denfer, ingénieur architecte, et calculés aux bureaux de la Société des houillères de Commentry et des forges et fonderies de Fourchambault (Boigues, Rambourg et Cie) sous la direction de M. Yvan Flachat, ingénieur, de trouver la poutre répondant à une valeur de μ calculée. (*Voir les tableaux* 1, 2, 3. *pages* 281, 282, 283.)

818. Les tableaux nᵒˢ 1, 2, 3 donnent, séparément, les valeurs de μ pour les 4 cornières ensemble, pour l'âme et, enfin, pour les tables, par décimètre de largeur.

Emploi des tableaux donnant les moments de résistance des poutres composées en tôle et cornières.

819. Supposons que nous ayons trouvé, pour une poutre de $1^m,00$ de hauteur en tôle et cornières a âme pleine, une valeur de μ égale à $\mu = 95,000$. Il s'agit de déterminer la composition de la poutre correspondant à cette valeur de μ en se servant des tableaux. Le moment maximum μ se compose du moment de résistance des 4 cornières, de l'âme et des tables horizontales. Il faut donc trouver, dans le tableau, 4 cornières, une âme et des tables telles qu'en additionnant leurs moments de résistance, nous obtenions le nombre $\mu = 95,000$.

Nous connaissons la hauteur de la poutre qui est 1^m00. Donc, reportons-nous au tableau nᵒ 2 et, dans la 1ʳᵉ colonne, nous trouvons la hauteur $1^m,00$.

Supposons que nous composions la poutre comme suit :
$$4 \text{ cornières } \frac{100 - 100}{13} ;$$

une âme de $0^m,012$ d'épaisseur;

enfin, des tables horizontales, haut et bas, de $0^m,40$ de largeur sur $0,025$ d'épaisseur.

Nous aurons, en cherchant dans le tableau nᵒ 2 et pour une hauteur de poutre de $1^m,00$, les nombres suivants pour les résistances des diverses parties.

TABLEAU N° 1. — RÉSISTANCE DES POUTRES COMPOSÉES.

MOMENTS DE RÉSISTANCE DES POUTRES COMPOSÉES EN TÔLE ET CORNIÈRES

(Les fers dans ce tableau travaillent à 6 k. par millimètre carré.)

Hauteur de la poutre	4 CORNIÈRES Dimensions	4 CORNIÈRES Moment de résistance	AMES Épaisseur	AMES Moment de résistance	TABLES horizontales Épaisseur	TABLES horizontales Moment de résistance par décim. de larg.
0m,30	40—40 / 5	1154	1	90	1	180
	50—50 / 6	1672	5	450	5	900
	50—50 / 9	2390	6	540	6	1080
	60—60 / 8	2548	8	720	8	1441
	60—60 / 10	3093	10	900	10	1802
	70—70 / 9	3239	12	1080	12	2164
	70—70 / 12	4142	15	1350	15	2708
	80—80 / 9	3620	»		20	3616
	80—80 / 14	5289			22	3984
	90—90 / 10	4377			25	4535
	90—90 / 16	6519			30	5460
	100—100 / 13	5932				»
	100—100 / 17	7472				»
	120—90 / 15	7649				»
0m,40	40—40 / 5	1559	1	160	1	240
	50—50 / 6	2399	5	800	5	1200
	50—50 / 9	3357	6	960	6	1440
	60—60 / 8	3599	8	1280	8	1920
	60—60 / 10	4384	10	1600	10	2401
	70—70 / 9	4606	12	1920	12	2883
	70—70 / 12	5929	15	2400	15	3606
	80—80 / 9	5180	»		20	4814
	80—80 / 14	7644			22	5299
	90—90 / 10	6318			25	6027
	90—90 / 16	9051			30	7246
	100—100 / 13	8723				»
	100—100 / 17	10973				»
	120—90 / 15	11008				»
0m,50	60—60 / 8	4661	1	250	1	300
	60—60 / 10	5686	5	1350	5	1500
	70—70 / 9	5997	6	1500	6	1800
	70—70 / 12	7739	8	2000	8	2400
	80—80 / 9	6782	10	2500	10	3001
	80—80 / 14	10038	12	3000	12	3602
	90—90 / 10	8239	15	3750	15	4505
	90—90 / 16	12561		»	20	6011
	100—100 / 13	11535		»	22	6615
	100—100 / 17	14567		»	25	7522
	120—90 / 15	14428		»	30	9038
	125—125 / 13	13977		»		»
	125—125 / 19	19500		»		»
0m,60	60—60 / 8	5726	1	360	1	360
	60—60 / 10	6994	5	1800	5	1800
	70—70 / 9	7395	6	2160	6	2160
	70—70 / 12	9559	8	2880	8	2880
	80—80 / 9	8388	10	3600	10	3600
	80—80 / 14	12451	12	4320	12	4320
	90—90 / 10	10300	15	5400	15	5400
	90—90 / 16	15646		»	20	7210
	100—100 / 13	14382		»	22	7933
	100—100 / 17	18207		»	25	9019
	120—90 / 15	17878		»	30	10852
	125—125 / 13	17537		»		»
	125—125 / 19	24566		»		»
0m,70	60—60 / 8	6956	1	490	1	419
	60—60 / 10	8689	5	2450	10	4202
	70—70 / 9	9052	6	2940	12	5044
	70—70 / 12	10915	8	3392	15	6301
	80—80 / 9	10292	10	4900	18	7566
	80—80 / 11	15557	12	5880	20	8409
	90—90 / 16	19609	15	7350	22	9251
	100—100 / 17	23125			25	10517
	120—90 / 15	21310			28	11770
	125—125 / 13	21250			30	12629
	125—125 / 19	25760			40	16865

MOMENTS DE RÉSISTANCE DES POUTRES COMPOSÉES EN TÔLE ET CORNIÈRES
(Les fers dans ce tableau travaillent à 6k par m/m carré.)

Hauteur de la poutre	4 CORNIÈRES		AMES		Tables horizontales	
	Dimensions	Moment de résistance	Épaisseur	Moment de résistance	Épaisseur	Moment de résistance par d.cm. de largr.
0m80	70 - 70 / 9	10224	1	640	1	480
	80 - 80 / 9	11619	5	3200	12	5761
	80 - 80 / 14	17308	6	3800	15	7203
	90 - 90 / 10	14331	8	5120	18	8645
	90 - 90 / 16	21864	10	6400	20	9607
	100 - 100 / 13	20128	12	7680	22	10570
	100 - 100 / 17	25558	15	4680	25	12014
	120 - 90 / 15	24822			28	13460
	125 - 125 / 13	24721			30	14425
	125 - 125 / 19	34847			40	19258
0m90	80 - 80 / 9	13239	1	810	1	540
	80 - 80 / 14	19744	5	4050	12	6481
	90 - 90 / 10	16357	6	4860	15	8102
	90 - 90 / 16	24986	8	6480	18	9724
	100 - 100 / 13	23016	10	8100	20	10106
	100 - 100 / 17	29252	12	9720	22	11889
	120 - 90 / 15	28307	15	12150	25	13513
	125 - 125 / 13	28402	»		28	15138
	125 - 125 / 19	40030	»		30	16222
	»	»		»	40	21652
1m00	80 - 80 / 9	14862	1	1000	1	600
	80 - 80 / 14	22184	5	5000	12	7201
	90 - 90 / 10	18381	6	6000	15	9002
	90 - 90 / 16	28114	8	8000	18	10804
	100 - 100 / 13	25910	10	10000	20	12006
	100 - 100 / 17	32954	12	12000	22	13208
	120 - 90 / 15	31797	15	15000	25	15011
	125 - 125 / 13	32052	»		28	16816
	125 - 125 / 19	45229	»		30	18020
	»	»		»	40	24047
1m10	60 - 60 / 8	11081	1	1210	1	660
	80 - 80 / 9	16486	5	6050	12	7021
	80 - 80 / 14	24626	6	7260	15	9902

Hauteur de la poutre	4 CORNIÈRES		AMES		Tables horizontales	
	Dimensions	Moment de résistance	Épaisseur	Moment de résistance	Épaisseur	Moment de résistance par d.cm. de largr.
1m10	90 - 90 / 10	20411	8	9680	18	11894
	90 - 90 / 16	31245	10	12100	20	13205
	100 - 100 / 13	28808	12	14520	22	14527
	100 - 100 / 17	36662	15	18150	25	16510
	120 - 90 / 15	35291	»		28	18495
	125 - 125 / 13	35712	»		30	19818
	125 - 125 / 19	50441	»		40	26413
1m20	90 - 90 / 10	22442	1	1440	1	720
	90 - 90 / 16	34880	5	7200	12	8641
	100 - 100 / 13	31709	6	8640	15	10802
	100 - 100 / 17	40374	8	11520	18	12963
	120 - 90 / 15	38787	10	14400	20	14405
	125 - 125 / 13	39378	12	17280	22	15846
	125 - 125 / 19	55602	15	21600	25	18010
	160 - 140 / 14	50902			28	20173
	200 - 110 / 15	58639			30	21617
	»	»			40	28840
1m30	90 - 90 / 10	24474	1	1690	1	780
	90 - 90 / 16	37516	5	8450	12	9361
	100 - 100 / 13	34618	6	10140	15	11702
	100 - 100 / 17	44090	8	13520	18	14043
	120 - 90 / 15	42285	10	16900	20	15604
	125 - 125 / 13	43049	12	20280	22	17166
	125 - 125 / 19	60890	15	25350	25	19509
	160 - 140 / 14	55667			28	21852
	200 - 110 / 15	63928			30	234'5
	»	»			40	31237
1m40	80 - 80 / 9	21364	1	1960	1	810
	90 - 90 / 10	26508	5	9800	15	12601
	90 - 90 / 16	40654	6	11760	18	15123
	100 - 100 / 13	37518	8	15680	20	16834
	100 - 100 / 17	47808	10	19600	22	18485
	125 - 125 / 13	46724	12	23520	25	21008

MOMENTS DE RÉSISTANCE DES POUTRES COMPOSÉES EN TOLE ET CORNIÈRES

(Les fers dans ce tableau travaillent à 6 k. par millimètre carré.)

Hauteur de la poutre	4 CORNIÈRES		AMES		TABLES horizontales	
	Dimensions	Moment de résistance	Épaisseur	Moment de résistance	Épaisseur	Moment de résistance par décim. de larg.
1m,40	125—125 / 19	66124	15	29400	28	23532
	160—110 / 14	60438	»	»	30	25214
	200—110 / 15	68220	»	»	40	33634
1m,50	80—80 / 9	22991	1	2250	1	900
	90—90 / 10	28542	5	11250	15	13501
	90—90 / 16	43794	6	13500	18	16203
	100—100 / 13	40425	8	18000	20	18004
	100—100 / 17	51527	10	22500	22	19805
	125—125 / 13	50402	12	27000	25	22508
	125—125 / 19	71362	15	33750	28	25211
	160—140 / 14	65213	»	»	30	27013
	200—110 / 15	74514	»	»	40	36032
1m,60	90—90 / 10	30577	1	2560	1	960
	90—90 / 16	46935	5	12800	15	14401
	100—100 / 13	43334	6	15360	18	17232
	100—100 / 17	55249	8	20480	20	19203
	125—125 / 13	54082	10	25600	22	21125
	125—125 / 19	76603	12	30720	25	24007
	160—140 / 14	69992	15	38400	28	26890
	200—110 / 15	79810	»	»	30	28813
	»	»	»	»	40	38430
1m,70	70—70 / 9	22860	1	2390	1	1020
	90—90 / 10	32613	5	14450	15	15301
	90—90 / 16	50077	6	17340	18	18362
	100—100 / 13	46243	8	23120	20	20103
	100—100 / 17	58972	10	28900	22	22444
	125—125 / 13	57764	12	31680	25	25507
	125—125 / 19	81848	15	43350	28	28570
	160—140 / 14	74774	»	»	30	30612
	200—110 / 15	85108	»	»	40	40328
1m,80	90—90 / 10	34649	1	3240	1	1080
	90—90 / 16	53219	5	16200	15	16201
	100—100 / 13	49153	6	19440	18	19442

Hauteur de la poutre	4 CORNIÈRES		AMES		TABLES horizontales	
	Dimensions	Moment de résistance	Épaisseur	Moment de résistance	Épaisseur	Moment de résistance par décim. de larg.
1m,80	100—100 / 17	52696	8	25920	20	21603
	125—125 / 13	61448	10	32400	22	23664
	125—125 / 19	87095	12	38880	25	27006
	160—140 / 14	79559	15	48600	28	30249
	240—110 / 15	90408	»	»	30	32411
	»	»	»	»	40	43227
1m,90	90—90 / 10	36686	1	3610	1	1140
	90—90 / 16	56362	5	18030	15	17101
	100—100 / 13	52065	6	21660	18	20522
	100—100 / 17	66421	8	28880	20	22803
	125—125 / 13	65133	10	36100	22	25084
	125—125 / 19	92344	12	43320	25	28506
	160—140 / 14	84345	15	51150	28	31928
	200—110 / 15	95708	»	»	30	34211
	»	»	»	»	40	45625
2m,00	90—90 / 10	38722	1	4000	1	1200
	90—90 / 16	59506	5	20000	15	18001
	100—100 / 13	54976	6	24000	18	21602
	100—100 / 17	70147	8	32000	20	24003
	125—125 / 13	68819	10	40000	22	26404
	125—125 / 19	97595	12	48000	25	30006
	160—140 / 14	89134	15	60000	28	33608
	200—110 / 15	101009	»	»	30	36010
	»	»	»	»	40	48024
2m,10	90—90 / 10	40760	1	4410	1	1260
	90—90 / 16	62650	5	22050	15	18901
	100—100 / 13	57888	6	26400	18	22682
	100—100 / 17	73874	8	35282	20	25202
	125—125 / 13	72507	10	44100	22	2.723
	125—125 / 19	102847	12	52920	25	31505
	160—140 / 14	93924	15	66150	28	35288
	200—110 / 15	106311	»	»	30	37810
	»	»	»	»	40	50423

	MOMENT DE RÉSISTANCE
4 cornières $\dfrac{100 - 100}{13}$	25910
Ame de $0^m,12$ d'épaisseur.	12000
2 tables de $0^m,40 \times 0,025$ (15011×4) . .	60044
MOMENT DE RÉSISTANCE TOTAL $=$	97954

La poutre, ainsi composée, est largement suffisante, puisque nous trouvons, pour valeur de μ, le nombre 97,954 au lieu de 95,000.

Si nous voulons une poutre composée de 4 cornières seulement et d'un trellis, il faudra que la valeur de μ trouvée corresponde à la valeur de μ des 4 cornières à employer. Il suffira donc, connaissant la hauteur de la poutre, de chercher 4 cornières dont le moment de résistance soit égal au μ calculé. Si ces cornières sont trop fortes, on pourra les diminuer en employant des tables horizontales, haut et bas.

Comme nous aurons souvent à nous servir de ces tableaux dans le courant de ce qui va suivre, nous ne pouvons nous étendre davantage sur leur emploi.

Résistance à la flexion des fers à T simple et des cornières du commerce.

820. Les fers à simple T et les cornières sont souvent employés pour la construction des marquises et des combles en fer. Il est donc intéressant de connaître combien on peut leur faire supporter pour des portées variant de $0^m,50$ à $5^m,00$. C'est ce que nous résumons dans les tableaux n°s 4, 5 et 6. (*Voir pages* 285, 286, 287.)

Problème n° 18.

821. *1er EXEMPLE. Quelle charge peut-on faire supporter, avec sécurité, à un fer à simple T de $0,^m060$ de hauteur verticale, de $0^m,055$ de largeur horizontale et d'une* épaisseur *de $0^m,008$, posé à ses deux extrémités, et ayant $4^m,00$ de longueur ?*

Dans la 1re colonne du tableau n° 4, nous trouvons l'échantillon demandé à la 14e ligne. Si nous suivons cette ligne horizontalement jusqu'à la colonne $4^m,00$, nous trouvons que le nombre cherché est 72 kil.

Problème n° 19.

822. *2° EXEMPLE. Quel est le fer à simple T capable de porter 108 k. sur une longueur de $2^m,00$?*

Dans le même tableau n° 4, nous cherchons dans la colonne $2^m,00$ le nombre 108 et nous trouvons que le fer T demandé, doit avoir $0^m,050$ de hauteur verticale, $0^m,046$ de largeur horizontale et $0^m,007$ d'épaisseur.

Nous pouvons faire les mêmes calculs avec les deux tableaux n° 5 et n° 6, qui donnent les charges uniformément réparties que peuvent supporter les cornières à branches égales et les cornières à branches inégales du commerce.

NOTA : Les cornières à branches égales s'indiquent ainsi : $\dfrac{20 \times 20}{4}$, ce qui veut dire une cornière de $0^m,020$ de longueur de branche et $0^m,004$ d'épaisseur.

Pour les cornières à branches inégales, nous aurons : $\dfrac{20 \times 30}{5}$, ce qui veut dire une cornière à branches inégales. L'une des branches a $0^m,020$; l'autre, $0^m,030$ et l'épaisseur de ces deux branches est de $0^m,005$.

Résistance des fers plats et des fers carrés.

823. Nous donnons, dans le tableau n° 7, la résistance des fers plats du commerce. Ce tableau, extrait de l'album de M. Cartier de Rouen, donne les poids

RÉSISTANCE DES FERS T DU COMMERCE

Hauteur réelle en millimètres.	Largeur horizontale en millimètres.	Épaisseur en m/m.	Poids par mètre courant	Charges uniformément réparties et de sécurité pour les portées suivantes :					
				0m50	1m00	2m00	3m00	4m00	5m00
			kil.	kil.	kil.	kil.	kil.	kil.	kil.
15	15	3	0.600	18.00	9.00				
17	20	4	1.100	31 00	15.00	.			
17	23	4	1.200	33.00	16.00	6 00			
17	26	5	1.400	39.00	18.00	7.00			
20	17	3	0.850	32.00	16.00	7.00			
25	20	4	1.200	64.00	31.00	14.00			
26	24	5	1.700	87.00	42.00	18 00	10. 0		
30	25	5	1.600	112 00	55.00	25 00	14.00		
30	30	5.5	2.250	145.00	71.00	32.00	18 00	9 00	
35	30	5	2.10	160.00	79.00	36.00	21 00	12.00	
40	35	6	3.350	296.00	146.00	68.00	40.00	24.00	13.00
40	30	6	2 750	246.00	181.00	57.00	33.00	2) 00	»
50	46	7	5.000	470 00	231.00	108.00	64.00	39 00	22.0)
60	55	8	6 600	781.00	386.00	183.00	111.00	72.00	35.00
60	100	10	12.100	1026.00	504.00	238.00	186.00	80.00	41.00
65	55	10	9.300	1093.00	539 00	256.00	155.00	130.00	62.00
75	125	13	19.000	2240.00	1100.00	522.00	317.00	204.00	125.00
81	125	14	21.300	»	1432 00	670.00	412.00	255.00	165.00
85	75	9	13.000	2176.00	1079 00	520.00	325.00	220.00	150.00
89	75	13	15.000	2336 00	1176 00	560.00	350.00	235.0)	157.00
90	170	13	24.500	2900 00	1432 00	679.00	412.00	265.00	165.00
100	156	13	23.150	3520.00	1740.00	836 00	520.00	349 00	231.00
160	155	20	37.000	»	6459 00	3174.00	2058.00	1476 00	1091.00

NOTA. — Les calculs de ce tableau ne se rapportent qu'aux positions des modèles T. ⊥.
Les fers dans ce tableau travaillent à 7 kil. par millimètre carré.
(Le tableau ci-dessus est extrait de l'album de MM. Cartier, à Rouen.)

RÉSISTANCE DES FERS CORNIÈRE DU COMMERCE A BRANCHES ÉGALES

Dimensions des cornières en millimètres.	Poids par mètre courant	Charges uniformément réparties et de sécurité pour les portées suivantes :					
		0m50	1m00	2m00	3m00	4m00	5m00
	kil.	kil.	kil.	kil.	kil.	kil.	kil.
20—20 / 4	1.00	33.00	16.00	»	»	»	»
25—25 / 4	1 50	72.00	35.00	15 00	»	»	»
30—30 / 5	2 00	122.00	59.00	27.00	»	»	»
35—35 / 5	2.50	163.00	82.00	37.00	»	»	»
40—40 / 5	3 35	243.00	120.00	55 00	»	»	»
45—45 / 6	4 00	310 00	152.00	66.00	»	»	»
50—50 / 6	4.56	422.00	208.00	97 00	58.00	»	»
52—52 / 10	7.25	702.00	345.00	161 00	96.00	»	»
55—55 / 7.5	5.80	590.00	291.00	137.00	82.00	»	»
60—60 / 7.5	6.64	780.00	386 00	183.00	110.00	72.00	»
65-65 / 8.5	7.80	915.00	452 00	213.00	131.00	84.00	»
67—67 / 7	6.25	780.00	386 00	183.00	110 00	72.00	»
70—70 / 8.5	9.02	1204.00	595.00	290.00	174.00	115.00	73.00
75—75 / 10	11.00	1529 00	756.00	360.00	223.00	147.00	95.00
80—80 / 10	11.34	1674 00	828.00	397.00	246 00	165 00	108 00
85—85 / 10.5	12 90	2065.00	1023.00	492.00	306.00	207.00	138.00
90—90 / 11	14.03	2345 00	1162.00	560.00	350 00	238.00	180.60
100—100 / 14	19 00	3685.00	1829.00	906.00	560.00	386.00	268.00

NOTA. — Dans ce tableau les fers travaillent à 7 kil. par millimètre carré.
(Extrait de l'album de MM. Cartier, maîtres de forges à Rouen et publié par M. Broise.)

RÉSISTANCE DES FERS CORNIÈRES DU COMMERCE A BRANCHES INÉGALES.

Dimensions des cornières en millimètres.	POIDS par mètre courant.	Charges uniformément réparties et de sécurité pour les portées suivantes :					
		0m,50	1m,00	2m,00	3m,00	4m,00	5m,00
	k l.	kil.	kil.	kil.	kil.	kil.	kil.
20—13 / 3	0.68	29	13	»	»	»	»
25—15 / 3	0.84	45	22	9	»	»	»
20—14 / 4	0.88	38	18	7	»	»	»
25—16 / 5	1.37	71	35	15	»	»	»
30—16 / 3	0.98	68	33	15	»	»	»
30—18 / 5	1.64	99	50	21	»	»	»
30—16 / 4	1.00	68	33	15	»	»	»
35—18 / 4	1.65	173	85	39	23	»	»
35—20 / 6	2.24	173	84	39	23	»	»
40—18 / 5	2.02	176	88	40	23	»	»
40—20 / 7	2.83	243	120	55	31	»	»
50—45 / 6	5.50	500	252	115	68	41	»
54—40 / 6	4.04	448	220	102	61	39	»
54—40 / 7	4.66	500	247	115	70	44	26
55—45 / 7	4.80	500	247	115	70	44	26
63—50 / 10	8.00	1018	496	234	142	93	60
70—35 / 5	3.85	614	304	146	90	61	40
76—63 / 10	10.20	1500	750	360	223	150	101
80—50 / 5	5.00	893	443	214	134	92	61
80—50 / 7	6.60	1150	570	275	172	118	82
83—76 / 10	11.90	1865	928	448	276	186	127
89—76 / 10	12.40	2115	1044	503	318	216	153
90—70 / 9	10.00	1789	886	428	269	184	130
100—65 / 13	15.785	3345	1660	805	513	355	256
100—80 / 12,5	15.00	2900	1440	700	440	304	216
102—51 / 11	12.00	2680	1332	650	412	288	210
102—76 / 11	14.00	2900	1440	700	440	304	216
110—65 / 11	13.00	3130	1550	758	483	340	247
120—80 / 15	22 00	5478	2722	1328	848	600	439
120—80 / 13	19 00	4800	2388	1160	740	520	380
120—90 / 15	23.00	5590	2725	1354	864	608	445
127—76 / 13	19.50	5260	2612	1276	817	578	426
140—70 / 10	20.50	6040	3000	1470	946	676	500
140—80 / 14	22.00	6822	3390	1664	1072	766	573
140—114 / 15	28.00	7825	3890	1900	1223	868	644
150—70 / 14	21.00	7050	3500	1723	1105	800	600
152—63 / 15	24.00	8275	4120	2024	1300	940	709
177—76 / 13	25.00	12000	5075	2950	1925	1400	1075
2 0—110 / 15	34 00	15000	7470	3682	2400	1740	1330
203—115 / 20	46.00	25000	12550	6200	4050	2950	2250

NOTA. — Les fers dans ce tableau travaillent à 7 k. par millimètre carré.

(Extrait de l'album de MM. Cartier, à Rouen.)

Largeur (mill.)	Épaisseur (mill.)	Poids par mètre courant (kil.)	Surface de la section transvers. en millimètre (mill.)	Charges de sécurité pour les portées suivantes : 1m00 (kil.)	2m00 (kil.)	3m00 (kil.)	4m00 (kil.)	5m00
40	9	2.772	360	»	»	»	»	»
	11	3.388	440	161	76	45	»	»
	14	4.312	560	205	96	57	»	»
	16	4.928	640	234	110	64	»	»
	18	5.544	720	263	123	72	»	»
	20	6.160	800	292	137	81	»	»
	23	7.084	920	336	157	93	»	»
	25	7.700	1000	366	171	100	»	»
	27	8.316	1 080	395	185	108	»	»
45	9	3.118	405	»	»	»	»	»
	11	3.811	495	201	96	58	»	»
	14	4.851	630	260	123	74	47	»
	16	5.544	720	297	140	84	53	»
	18	6.237	810	334	158	95	60	»
	20	6.930	900	371	175	105	66	»
	23	7.969	1035	426	201	121	76	»
	25	8.662	1125	464	219	131	83	»
	27	9.355	1215	500	236	142	90	»
47	14	5 066	658	280	134	81	52	»
	16	5.790	752	324	153	92	59	»
	18	6 514	846	365	172	104	66	»
	20	7.238	940	405	192	116	74	»
	23	8.323	1081	466	220	133	85	»
	25	9.047	1175	506	239	145	92	»
	27	9.771	1269	546	258	155	100	»
50	14	5.390	700	321	152	93	60	»
	16	6.160	800	367	174	106	69	»
	18	6.930	900	413	196	119	77	»
	20	7.700	1000	459	218	132	86	»
	23	8.865	1150	528	251	151	99	»
	25	9.625	1250	573	273	164	108	»
	27	10.395	1350	620	295	179	117	»
54	18	7 434	9 2	482	229	140	92	»
	20	8.316	1080	536	254	155	102	»
	23	9.563	1242	616	291	177	117	»
	25	10.395	1350	670	320	195	129	»
	27	11.226	1458	723	345	210	188	»
	29	12.058	1566	777	370	227	149	»
61	16	7.515	976	517	262	162	108	»
	18	8.454	1098	616	295	183	122	
	20	9.394	1220	684	328	204	136	»
	23	10.803	1403	788	377	235	157	»

Largeur (mill.)	Épaisseur (mill.)	Poids par mètre courant (kil.)	Surface de la section transvers. en millimètres (mill.)	Charges de sécurité pour les portées suivantes : 1m00 (kil.)	2m00 (kil.)	3m00 (kil.)	4m00 (kil.)	5m00
61	25	11.742	1525	856	410	256	171	»
	27	12.681	1647	924	443	274	185	»
	29	13.621	1769	995	477	295	198	»
	32	15.030	1952	1105	530	328	220	»
68	18	9 424	1224	766	369	230	156	108
	20	10.472	1360	853	410	256	173	120
	23	12.042	1564	979	471	294	200	138
	25	13.090	1700	1065	513	320	217	150
	27	14.137	1836	1150	554	346	235	162
	29	15.184	1972	1236	525	372	252	174
	32	16.755	2176	1366	658	410	279	193
	34	17.802	2312	1450	698	436	295	204
81	20	12.474	1620	1212	587	371	256	182
	23	14 345	1863	1394	676	426	295	210
	25	15 592	2025	1515	734	461	320	228
	27	16.839	2187	1637	793	500	346	216
	29	18.087	2349	1757	831	537	371	265
	32	19.958	2592	1910	940	593	410	292
	34	21.205	2754	2061	998	630	436	310
	36	22.45	2916	2182	1057	667	461	329
	40	24.948	3240	2424	1174	741	512	365
108	25	20 790	2700	2700	1320	845	597	440
	27	22.453	2916	2917	1424	912	645	475
	29	24.116	3132	3133	1530	930	693	511
	32	26 611	3456	3457	1688	1081	764	563
	34	28.274	3672	3674	1792	1148	811	598
	36	29.937	3888	3890	1900	1216	860	634
	38	31.600	4104	4105	2005	1284	908	669
	40	33.264	4320	4321	2111	1351	956	704
	45	37.422	4860	4861	2374	1522	1076	794
	50	41 580	5400	5402	2638	1690	1194	881
140	34	36.652	4760	6180	3025	1962	1408	1060
	36	38.808	5040	6547	3215	2079	1491	1123
	40	43.120	5600	7274	3372	231	1657	1248
	45	48.510	6300	8183	4019	2598	1864	1403
	50	53.900	7000	9092	4465	2883	2070	1559
160	40	49.280	6400	9508	4680	3038	2193	1665
	45	55.440	7200	10697	5265	3418	2436	1873
	50	61.600	8000	11885	5849	3797	2739	2079
180	40	53.400	7200	12041	533	3866	2802	2142
	45	62.370	8100	13546	6679	4349	3153	2409
	50	69.300	9000	15050	7421	4832	3503	2677

TABLEAU N° 8. — RÉSISTANCE DES FERS CARRES.

CÔTÉS en millimètres.	POIDS du mètre courant.	SURFACE de la section en millimètres.	Poids uniformément réparti dont on peut les charger pour les parties suivantes :				
			0m,50	1m,00	1m,5)	2m 00	2m,50
millim.	kil.	millim.	kil.	kil.	kil.	kil.	kil.
6	0.277	36	3.46	1.73	1.15	0.86	0.70
7	0.377	49	6.00	3 00	2.00	1.50	1.20
8	0.492	64	8.60	4.30	2.86	2.15	1.70
9	0.623	81	12.30	6.15	4.10	3.07	2 45
10	0.770	100	17.00	8.50	5.66	4.25	3.40
11	0.931	121	23	11.50	7.66	5.75	4.60
12	1.108	144	30	15.00	10	7.50	6.00
14	1.509	196	48	24	16	12	9.60
16	1 971	256	72	36	24	18	14.40
18	2.494	324	104	52	34.66	26	20.80
20	3.080	400	142	71	47.33	35.50	28.40
23	4.073	529	218	109	72.66	54.50	43.60
25	4.812	626	280	140	92.33	70	56
27	5.613	729	356	178	118.66	89	71.20
29	6.475	841	440	220	146.66	110	88
32	7.884	1024	594	297	193.00	148.50	118.80
34	8.901	1156	714	357	238.00	178.50	142.80
36	9.979	1296	850	425	283.33	212.50	170
38	11.118	1444	1000	500	333.33	250	200
40	12.320	1600	1170	585	390	292.50	234
44	14.907	1936	1560	780	520	390	312
47	17 009	2209	1900	950	633	475	380
50	19.250	2500	2300	1150	766.66	575	460
54	22.453	2916	2900	1450	961.66	725	580
61	28 651	3721	4360	2180	1453	1090	872
68	35 604	4624	5800	2900	1933	1450	1160
75	43.312	5625	7780	3890	2593	1945	1556
81	50.519	6561	9800	4900	3266	2450	1960
88	59.628	7744	12600	6300	4200	3150	2520
95	69.492	9025	15800	7900	5266	3950	3160
102	80.110	10404	19600	9800	6538	4900	3920
108	89.812	11664	23200	11600	7733	5800	4640

uniformément répartis dont on peut, avec sécurité, charger les barres mises de champ et reposant sur deux appuis placés à leurs extrémités, pour des portées variant de 1 à 5^m,00.

Dans les constructions, on se sert souvent, comme linteau, de fers carrés. Nous devons donc connaître ce qu'ils peuvent supporter. C'est ce qui est résumé dans le tableau n° 8. Dans ce tableau, le coefficient de travail est de 7 k. par millimètre carré.

Résistance des fers ronds à la flexion.

824. Nous donnons, dans le tableau n° 9, la résistance à la flexion des principaux fers ronds du commerce. Dans ce tableau, il est tenu compte du poids propre du fer et le coefficient de travail est de 6 kil. par millimètre carré.

Travail du fer à l'extension.

825. Avant de terminer les notions générales que nous donnons sur la résistance des fers, il nous reste à dire quelques mots du travail du fer à l'extension.

826. *Définitions et remarques.* Si nous considérons une tige suspendue, fixée à son extrémité supérieure et chargée à l'autre extrémité d'un poids p. Une longueur l de cette tige est devenue l, plus une fraction de l, après l'application du poids p. Si nous enlevons le poids, l'allongement ne disparaît pas complètement; la partie persistante s'appelle *allongement permanent* et l'autre partie, *allongement élastique.*

827. Toutes les fois qu'on fera supporter à cette même tige un effort qui ne dépassera pas l'effort p, l'allongement qui en résultera sera uniquement l'allongement élastique. Il ne se produira de nouvel allongement permanent, que si le nouvel effort est plus grand que p.

828. Voici les résultats d'expériences faites sur des tiges chargées, successivement, de poids de plus en plus considérables, jusqu'à la rupture.

ALLONGEMENTS PERMANENTS ET ÉLASTIQUES D'UNE BARRE DE FER TENDUE.			
Charges.	Allongement total.	Allongement permanent.	Allongement élastique.
kil.	millim.	millim.	millim.
5	0,253	0,003	0,250
10	0,506	0,004	0,502
15	0,760	0,100	0,750
20	1,250	0,255	0,995
25	4,400	3,140	1,260
30	17,288	16,515	1,373
35	34,335	32,325	2,060
de 35 à 40	Rupture		

829. On ne doit jamais soumettre le fer à des efforts qui donneraient une tension supérieure à 15 k. par millimètre carré. Dans ces limites, l'allongement permanent est insignifiant. Pour une charge de 5 k., par exemple, il est moindre que $\frac{1}{80}$ de l'allongement élastique.

Pour déterminer la force de traction qui peut être appliquée à une barre de fer dans le sens de sa longueur, d'une manière permanente et sans crainte de rupture, il suffit de multiplier par 7 la section transversale de la barre, exprimée en millimètres. Le résultat ainsi obtenu représente la force en kilogrammes.

EXEMPLE. *On peut suspendre, avec sécurité, à une barre carrée de 20$^m/_m$, dans le sens de sa longueur, un poids de 2800 k. parce que la section transversale de cette barre est de 400 et que 400 × 7 = 2800 kilos.*

830. S'il s'agit de fers spéciaux dont l'aire de la section transversale soit difficile à déterminer directement et dont on connaisse le poids du mètre courant, il suffit de diviser ce poids, exprimé en kilos, par 0,0077 pour obtenir, en millimètres,

TABLEAU N° 9. — RÉSISTANCE DES FERS RONDS.

Diamètre en millimètres.	POIDS du mètre courant.	SECTION transversale en millimètres.	Poids uniforme de sécurité dont on peut charger ces fers pour les portées suivantes :					
			1m,00	2m,00	3m,00	4m,00	5m,00	6m,00
mill.	kil.		kil.	kil.	kil.	kil.	kil.	kil.
6	0.217	28	0.790	0.07	»	»	»	»
7	0.296	38	1.284	0.192	»	»	»	»
8	0.387	50	2.000	0.400	»	»	»	»
9	0.489	64	2.918	0.704	»	»	»	»
10	0.604	79	4.100	1.144	»	»	»	»
11	0.731	95	5.509	1.650	»	»	»	»
12	0.870	113	7.440	2.410	0.160	»	»	»
14	1.185	154	11.700	4.000	0.700	»	»	»
16	1.548	201	17.000	6.550	1.780	»	»	»
18	1.959	254	26	10	3.500	»	»	»
20	2.418	314	35	14	5.000	»	»	»
23	3.199	415	54	22	9.000	1.500	»	»
25	3.780	491	70	29	13	3.000	»	»
27	4.408	573	88	37	17	5.000	»	»
29	5.086	661	110	47	22	8.000	»	»
32	6.192	804	147	64	33	14	»	»
34	6.996	908	178	78	41	18	2.000	»
36	7.837	1018	212	94	49	23	4 000	»
38	8.732	1134	250	112	59	20	7.000	»
41	10.165	1320	314	142	78	41	16.000	»
43	11.181	1452	363	165	92	49	20	»
45	12.246	1590	420	192	108	60	26	»
47	13.359	1735	467	214	121	68	31	2.00
50	15.118	1963	574	264	151	87	43	8.00
54	17.634	2290	724	335	194	115	60	17
61	22.502	2922	1045	488	287	175	98	40
70	29.633	3848	1586	748	448	284	173	89
81	39.678	5153	2456	1168	712	464	300	176
88	46.832	6082	3164	1510	929	614	407	253
90	49.062	6362	3386	1620	1000	662	442	278
95	51.578	7088	3970	1900	1180	780	53)	340
100	60.475	7854	4640	2230	1380	930	630	420

la surface cherchée. Il ne reste plus alors qu'à multiplier par **7** le nombre obtenu pour avoir, en kilos, la force de traction qu'on peut appliquer à la barre dans son sens longitudinal.

On peut encore, connaissant le poids du mètre courant d'une barre, calculer directement l'effort de traction qu'elle peut supporter dans les conditions précédentes, en multipliant le poids du mètre courant, exprimé en kilos, par 909, 09.

831. En pratique, on admet généralement qu'une barre de fer peut supporter, avec sécurité, une tension égale à 1,000 fois son poids par mètre courant.

EXEMPLE. — *Une barre de fer rond de 20 millimètres de diamètre, pesant 2 k.418 le mètre courant, pourra supporter, avec sécurité, une tension de 2 k. 418 × 1,000 = 2418 kilos.*

Cette observation nous servira beaucoup pour le calcul des boulons et des tirants employés dans les combles en fer.

832. Pour terminer, nous donnons ci-après une formule très-simple pour calculer les diamètres des boulons.

Cette formule est la suivante :

$$d = K \sqrt{F}$$

F Tension totale du boulon ;

d diamètre ;

K est un coefficient qui, suivant les cas, peut prendre les valeurs suivantes :

Pour boulons de bâtiment.......... K = 0,70
Pour boulons en bon fer............ K = 0,60
Pour boulons en acier corroyé....... K = 0,50
Pour boulons en acier cémenté..... K = 0,45
Pour boulons en acier fondu et trempé K = 0,40

Dans les constructions, les boulons doivent toujours être disposés pour résister seulement à la traction.

Nous donnons ci-après, tableau n° 10, la résistance des boulons à la traction, les diamètres variant de 5 à 100 millimètres.

TABLEAU N° 10.

RÉSISTANCE DES BOULONS A LA TRACTION

Diamètres des boulons.	Boulons de bâtiment K = 0,70	Boulons bon fer K = 0,60	Boulons acier corroyé K = 0,50	Boulons acier cémenté K = 0,45	Boulons acier fondu et trempé K = 0,40
millim.	kil.	kil.	kil.	kil.	kil.
5	51	60	70	78	90
10	204	230	280	310	310
12	293	350	410	460	525
14	400	460	560	620	690
16	525	600	730	810	900
18	668	760	930	1000	1140
20	829	960	1160	1280	1440
22	1008	1170	1400	1550	1750
25	1296	1500	1800	2000	2250
30	1837	2100	2500	2800	3150
35	2500	2900	3500	3870	4350
40	3265	3800	4550	5000	5700
45	4132	4800	5800	6300	7200
50	5101	5950	7000	7900	8920
55	6172	7200	8600	9600	10800
60	7345	8550	10000	11400	12800
65	8620	10000	12000	13800	15000
70	10000	11500	14000	15500	17200
75	11500	13500	16000	17800	20200
80	13000	15000	18000	20000	22500
85	14700	17000	20500	22800	25500
90	16500	19200	23000	25600	28800
95	18500	21600	25900	28600	32400
100	20000	23300	28000	31000	35000

§ XI. — DES ACIERS.

833. On désigne, sous le nom *d'acier*, un carbure de fer qui contient moins de carbone que la fonte.

On peut obtenir l'acier, soit en enlevant à cette dernière une certaine quantité de charbon, opération qui fournit *l'acier naturel ;* soit en unissant du fer au charbon. On obtient alors *l'acier de cémentation.*

834. D'après les procédés employés pour leur fabrication, nous distinguerons trois sortes d'acier :

1° *L'acier naturel*, retiré directement des minerais, produit par leur réduction;

2° *L'acier de cémentation*, produit par la carburation du fer;

3° *L'acier de forge*, produit par l'affinage incomplet de la fonte.

Acier naturel.

835. On obtient souvent, dans les forges catalanes, du *fer cédat*, ou *acier naturel*, en traitant certains minerais d'une grande richesse.

La préparation de l'acier naturel se fait au moyen de fontes pures, c'est-à-dire ne contenant plus de soufre.

On conçoit, en effet, que si le fer en retenait encore, il serait difficile de l'en priver sans lui enlever trop de carbone. Pour la préparation de l'acier naturel, on emploie des minerais manganésifères qui donnent des fontes miroitantes, lamelleuses et chargées de carbone. Ce manganèse rend les scories très-fluides et ralentit leur action décarburante. Ces fontes se préparent au charbon de bois à une basse température. Par conséquent, elles contiennent peu de silicium et la proportion de charbon est, en moyenne, de 5/100. On les affine au petit foyer, de manière à leur laisser encore du carbone. C'est à l'habitude qu'on doit de saisir le moment convenable où il faut arrêter l'affinage pour avoir l'acier. On travaille ensuite cet acier comme le fer ordinaire. On le martelle et on le réduit en barre.

Les progrès de la métallurgie n'ont pas laissé absolument de côté la production directe de l'acier, qui semble la plus logique de toutes, car on n'a pas à passer par la fabrication intermédiaire de la fonte ou du fer. M. Chenot a fait plusieurs essais dans cette voie.

Acier de cémentation.

836. La cémentation consiste essentiellement à carburer le fer forgé sous l'influence prolongée d'une haute température au contact du charbon de bois. Les matières mises en présence sont toujours chauffées en vase clos, c'est-à-dire préservées, par des parois réfractaires et imperméables, contre l'action des gaz émanant du foyer où se produit la chaleur nécessaire à la réaction.

On emploie, comme *cément*, du menu charbon de chêne, partie à l'état pulvérulent, partie concassé en fragments dont le volume ne dépasse pas 2 centimètres cubes.

La houille est le seul combustible employé en Angleterre, soit pour le chauffage nécessaire pour produire la cémentation, soit pour toutes les autres branches du travail de l'acier.

Tous les fers peuvent être cémentés. Les plus purs donnent de bons aciers. En France, on préfère les fers de l'Ariège et de l'Isère. On emploie les fers forts et durs de préférence aux fers forts et doux. Il faut rejeter les fers oxydés pailleux et défectueux, car ces défauts se retrouvent exagérés dans l'acier.

Les meilleurs fers de cémentation sont les fers suédois, norvégiens et russes, très purs, fabriqués au charbon de bois.

Les barres à cémenter ont une section méplate. Leur épaisseur varie de 8 à 20 millimètres et leur largeur, de 6 à 14 centimètres.

La cémentation du fer se fait dans de grandes caisses fixes A (*fig.* 336 *bis*) de 3 à 5 mètres de longueur, de 0^m,70 à 0^m,90 de largeur et autant de hauteur, dont la température peut être élevée, par un foyer F, disposé de telle sorte que la flamme les entoure de toutes parts. Elles sont recouvertes d'un dôme D. Les caisses de cémentation sont construites, soit en briques réfractaires, soit en grès quartzeux soigneusement taillé. On dispose des couches alternatives de *brasque*, ou charbon fin, auquel on ajoute quelquefois des cendres et du sel marin. On a souvent essayé d'employer, comme cément, le charbon calciné d'une opération précédente, mais on a obtenu de mauvais résultats.

La conduite d'un fourneau de cémentation exige deux ouvriers qui commencent par couper les barres à cémenter en tronçons ayant toujours 0^m,05 de moins que la plus grande dimension des caisses. On place d'abord, au fond de chaque caisse, une couche de cément de 0^m,08, puis on stratifie de deux manières différentes le fer avec de nouvelles couches de cément. Tantôt, on pose, à plat et par lits horizontaux, les barres à peu près juxtaposées et on les sépare par des couches de charbon épaisses de 0,008 à 0^m,015. Tantôt, on les pose de champ. Lorsqu'on est arrivé à la hauteur des ouvreaux, on dispose des fragments de barres ou barreaux de fer, peu épais, qu'on puisse aisément retirer pour juger, par leur aspect, du progrès de la cémentation. Enfin, on termine le chargement par une couche de cément de 0^m,08 d'épaisseur. Les caisses ainsi chargées sont hermétiquement fermées par un mortier spécial.

On fait marcher le feu pendant dix ou quinze jours consécutifs, suivant l'épaisseur des barres. L'ouvrier retire de temps en temps du fourneau de cémentation un des barreaux qui sert de montre et permet ainsi de reconnaître à quel degré il est carburé. Quand on s'est assuré qu'il l'est suffisamment, on laisse refroidir le fourneau et on enlève les barreaux. Il est facile de juger, à l'inspection de leur surface, qu'il s'est produit une réaction entre le fer et le carbone.

Dans cette opération, la carburation s'est effectuée de l'extérieur à l'intérieur. Aussi les couches sont-elles superposées

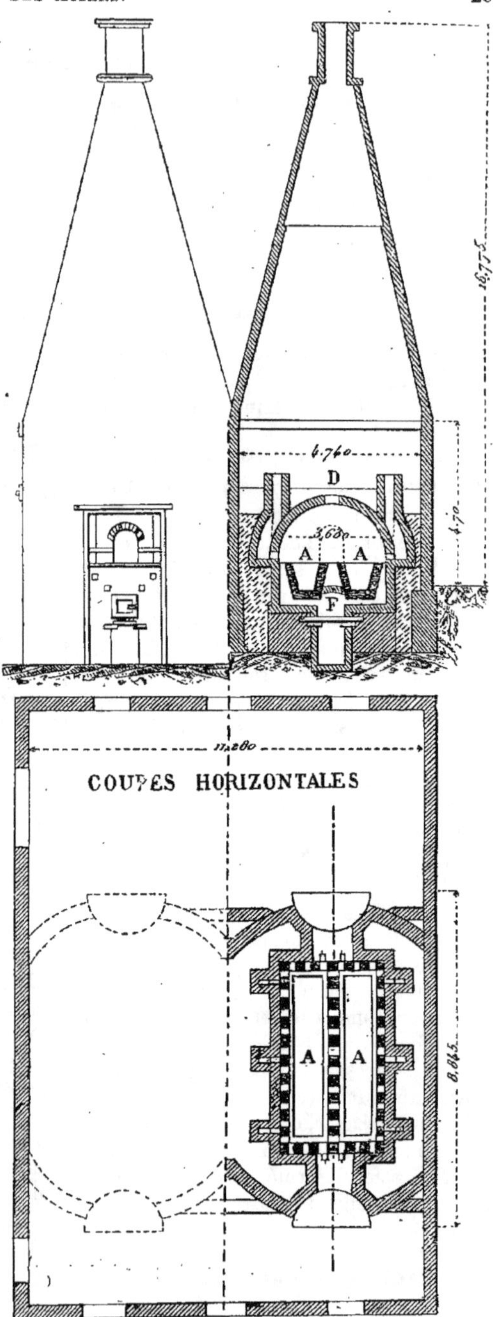

Fig. 336 bis. — Élévation et coupes de deux fourneaux de cémentation à deux caisses.

dans l'ordre de la plus grande carburation, la plus carburée se trouvant à la surface.

L'acier préparé de cette manière n'est donc nullement homogène. Il présente, à sa surface, des sortes d'ampoules qui laisseraient croire qu'il a fondu et que des gaz se sont dégagés de l'intérieur. On l'appelle pour cette raison *acier poule*. On le martelle, puis on le fait passer au cylindre, afin de le rendre homogène. On remarque, dans la cassure transversale des meilleures sortes d'acier brut de cémentation, de nombreuses fissures ordinairement parallèles aux grandes faces de la barre. Dans les aciers communs, ces fissures atteignent des dimensions assez considérables, et se prolongent jusqu'à la surface de la barre.

Pour une charge de 17600 kil. environ, la durée de l'opération varie de 5 à 9 jours. Elle est ordinairement de 7 jours, mais il faut considérer que la cémentation se produit encore assez longtemps après qu'on a cessé de charger le combustible, pendant la période du refroidissement.

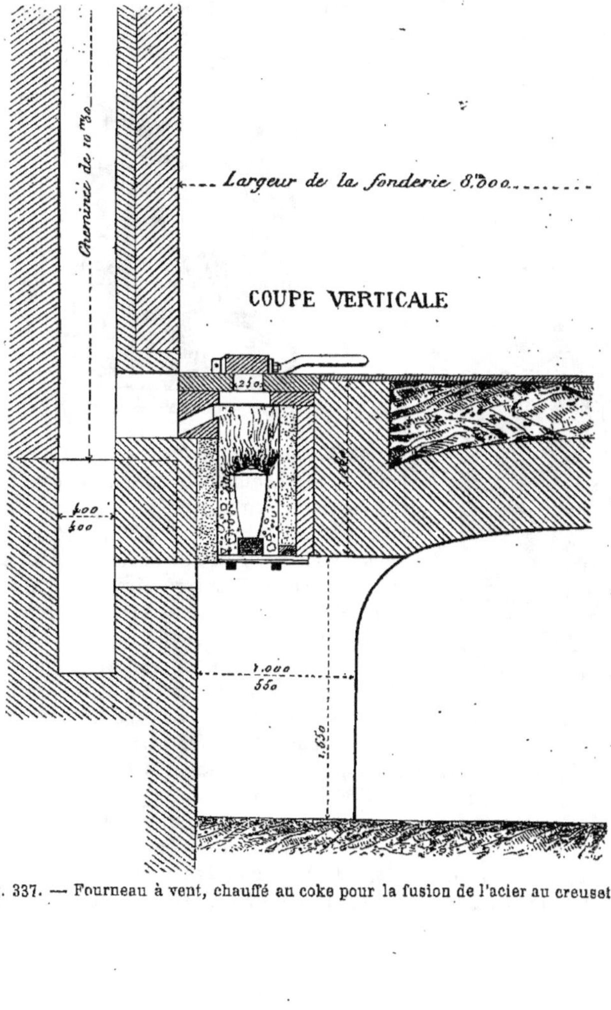

Acier fondu.

837. L'acier brut de cémentation se prête difficilement au corroyage et à l'étirage. Il perd assez rapidement sa propriété aciéreuse dans les nombreuses chaudes qu'on lui fait subir pour lui donner plus d'homogénéité, et le corroyage ne fait disparaître qu'imparfaitement les défauts de continuité ou *pailles* que la cémentation développe dans la plupart des fers à acier. On remédie à tous ces inconvénients par la fabrication de l'acier fondu.

En fondant l'acier, on augmente l'homogénéité, la ténacité et l'élasticité, sans nuire à la dureté. On a essayé de mettre, dans un creuset, un mélange de fer et de charbon,

Fig. 337. — Fourneau à vent, chauffé au coke pour la fusion de l'acier au creuset.

ou des fontes blanches et du fer. On a
obtenu de mauvais résultats, car ces procédés ont l'inconvénient d'introduire,
dans l'acier, les matières étrangères contenues dans le fer ou dans la fonte.

Aujourd'hui, on fond, surtout, les
aciers de cémentation. Cette fabrication
remonte à 1740.

La partie principale du matériel de
fabrication est un fourneau à courant
d'air naturel (*fig*. 337), recevant des
creusets où l'acier est fondu à l'abri des
gaz de la combustion.

Fabrication des creusets.

838. Pour la fabrication des creusets à
fondre l'acier, on emploie de l'argile de
Stourbridge que l'on mélange avec une
certaine quantité d'argile de *Stannington*.
A ces deux argiles, on ajoute des fragments de vieux creusets et du coke, le tout
bien sec et pulvérisé. Les creusets ayant
la forme représentée (*fig*. 339) sont faits à

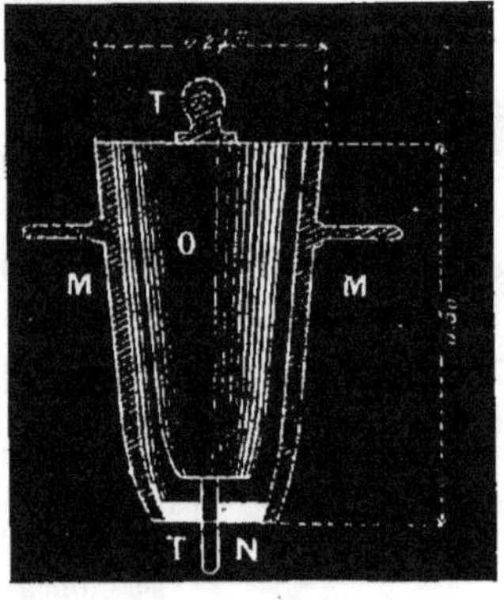
Fig. 338. — Moule à fabriquer les creusets.

l'aide d'un moule cylindrique en fonte *M*. *M*
(*fig*. 338), ouvert à ses deux bouts. Au
fond, une semelle *N*, également en fonte.
Au centre, une tige *T* qui supporte le
moule intérieur *O*. Celui-ci est formé
d'un morceau de bois dur, dont la surface

correspond à la forme intérieure du
creuset. Le vide laissé entre les deux
pièces *M* et *O* représente exactement la
forme du creuset, et c'est dans ce vide
que l'on place la pâte. La surface intérieure de la pièce *M* et celle du noyau *O*
ayant été enduites d'huile, de l'argile est
placée dans l'intérieur et le noyau sert à
la comprimer à la main. Pour finir, on
frappe avec un marteau sur la tête *T*. On
démoule et l'on porte chaque creuset ainsi
terminé dans une étuve chauffée, où il
sèche lentement. Quelques heures avant
de l'employer, on le chauffe au rouge. Un
creuset ne peut servir que pour trois
opérations au plus.

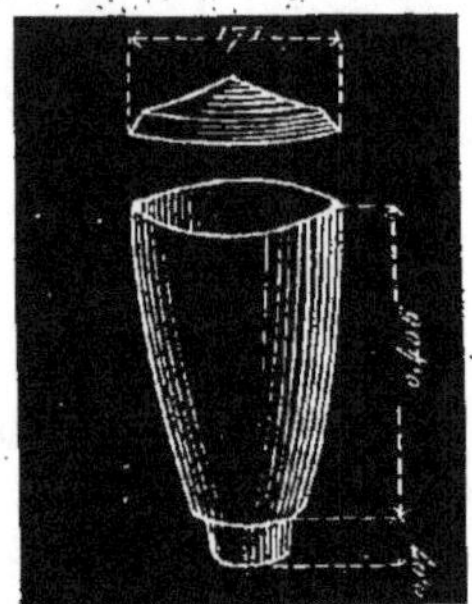
Fig. 339. — Creuset pour 12 kilos.

839. *Conduite de l'opération*. On commence par chauffer le fourneau pendant
12 heures environ, puis on y introduit
les creusets vides (*fig*. 339), préalablement séchés à l'air, et portés ensuite au
rouge dans un four à recuire particulier.
On place le couvercle sur les creusets
vides. On remplit le fourneau de coke
frais. On débouche les rampants, fermés
jusqu'alors par une brique, et l'on ferme
l'orifice supérieur. Il se produit alors un
fort tirage et la température, dans le
fourneau, devient très-élevée.

840. *Chargement*. On procède alors au
chargement en découvrant les creusets et
en se servant d'un entonnoir en tôle
(*fig*. 340), de manière à faire tenir, dans
chaque creuset, la plus grande charge possi-

ble. Elle est ordinairement de 12 à 14 kil. par creuset. Ceci fait, on remet les couvercles, puis du coke frais et l'on ferme le fourneau. Il faut environ 4 heures

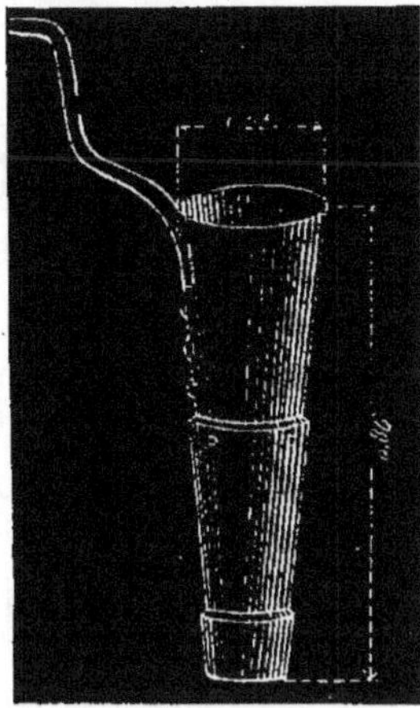

Fig. 340. — Entonnoir.

pour fondre l'acier.

841. *Coulée.* La coulée du métal en lingots se fait par les ouvriers fondeurs.

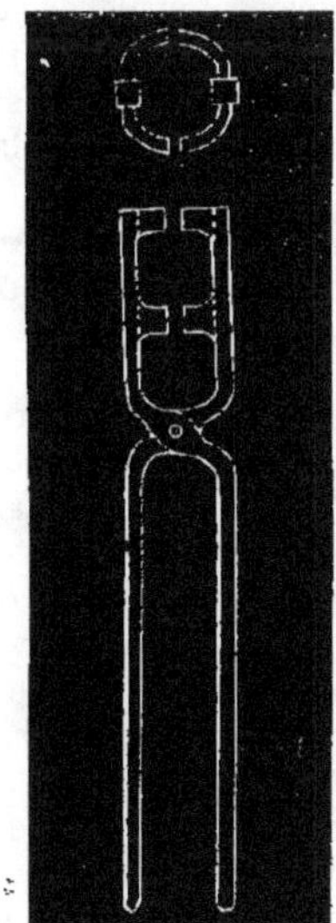

Fig. 341. — Tenaille d'arracheur.

Ils retirent les creusets du four, à l'aide de grandes tenailles (*fig.* 341 et 342). Ils enlèvent le couvercle, puis ils versent le contenu de chaque creuset dans une lingotière en fonte.

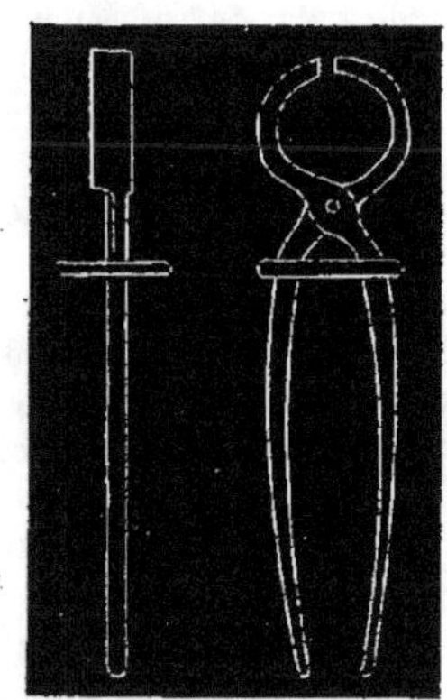

Fig. 342. — Tenaille de fondeur.

Les creusets sont replacés dans le fourneau pour une deuxième opération.

Les aciers fondus et bien coulés sont homogènes, sans pailles ni soufflures aplaties et, par ce fait, dans les conditions les plus convenables pour leur conversion en outils, ainsi qu'en pièces de machines de toute espèce. Aussi, leur emploi s'est-il généralisé d'une manière extraordinaire depuis quelques années, et sont-ils appelés à remplacer le fer dans toutes les constructions mécaniques importantes.

Aciers du commerce.

842. Les aciers du commerce se divisent en trois catégories savoir :

1° Les *aciers étirés;*
2° Les *aciers corroyés;*
3° Les *aciers fondus.*

Les aciers étirés sont des barres provenant de l'étirage, soit au marteau, soit au laminoir, de boules fabriquées directement avec le minerai ou avec la fonte, ou de barres de fer cémentées dans le charbon de bois.

Ces aciers provenant de boules réchauffées sont toujours hétérogènes, veinés de fer et pailleux. Pour faire disparaître ces défauts, il est d'usage de les étirer en deux fois et de les cémenter dans du charbon de bois, entre les deux étirages.

Les aciers corroyés sont des barres provenant de l'étirage, au marteau ou au laminoir, de paquets faits avec des barres étirées. Ces aciers, bien fabriqués, sont soudés intégralement, mais possèdent toujours des parties ferrugineuses provenant de la réaction du carbone en dissolution sur l'oxyde en suspension. Leur qualité principale est la ténacité, jointe à la dureté, qui provient, en majeure partie, de ces alternatives de pauvreté et de richesse en carbone, qui les rend aptes à se comporter comme des aciers damassés, c'est-à-dire composés de lames d'acier et de lames de fer superposées.

Les aciers fondus sont des barres provenant de l'étirage, au marteau ou au laminoir, de lingots d'acier fondu.

INFLUENCE DES CORPS QUE L'ON RENCONTRE DANS L'ACIER.

843. Les principaux corps que l'on rencontre dans l'acier sont : le silicium, le soufre, le phosphore et l'arsenic, l'étain, le zinc, le cuivre, le manganèse, le tungstène, le titane etc... Le silicium jouit de la propriété suivante : Lorsqu'on ajoute du silicium à un carbure de fer en fusion, le charbon du carbure est déplacé en grande partie, et, si le refroidissement du métal n'est pas trop brusque, le peu de charbon qui s'y trouve encore est presque entièrement à l'état de graphite. Le soufre, le phosphore et l'arsenic se combinent en toutes proportions avec le fer ; ils donnent des alliages durs et cassants, mais dont la dureté n'a pas d'analogie avec celle de l'acier.

L'étain et le zinc sont susceptibles de s'allier au fer, mais non au carbone. Ils ont la propriété d'expulser, des aciers et des fontes, une grande partie du carbone qui s'y trouve à l'état de combinaison.

Le manganèse par lui-même ne possède aucune qualité aciérante. On rencontre de très-bons fers qui contiennent beaucoup plus de manganèse que certains aciers de bonne qualité. Le manganèse a la propriété fort intéressante d'entraîner, en se scorifiant, la plus grande partie du soufre et du silicium qui souillent trop souvent les carbures.

ACIER PRODUIT PAR LA DÉCARBURATION INCOMPLÈTE DE LA FONTE.

844. Les seules fontes employées pour cette fabrication de l'acier sont les fontes grises ou blanches, produites par une allure froide avec des minerais spathiques manganésifères. Pendant l'affinage, le manganèse et le silicium se séparent et passent dans les scories.

Les principaux groupes industriels où l'on fabrique l'acier de forge sont : l'Isère, la Thuringe, la Westphalie, la Styrie et la Carinthie.

Nous croyons inutile de nous étendre plus longuement sur ces diverses méthodes et nous passerons de suite à la fabrication de l'acier par puddlage.

Fabrication de l'acier par puddlage. — Procédé Bessemer.

845. La méthode métallurgique, due à M. Bessemer, a pour but d'obtenir directement de l'acier fondu en faisant passer un courant d'air dans la fonte liquide. La véritable découverte réside dans ce fait que ce courant d'air, traversant une masse de fonte liquide, loin de la refroidir, comme on aurait pu le croire, l'échauffe, au contraire, par suite de la combustion des corps plus oxydables que le fer, qui se trouvent dans la fonte.

Lorsqu'une fonte contient les éléments de l'acier et, en outre, des corps nuisibles, et surtout du silicium, l'acier Bessemer est obtenu immédiatement, en arrêtant l'affinage au moment où les corps inutiles ont été oxydés.

Dans certains cas, on a intérêt à éliminer complètement tous les métalloïdes qui existent dans la fonte à produire du fer et même du fer brûlé. On reconstitue ensuite l'acier en mélangeant celui-ci avec une petite quantité de fonte aciéreuse.

Le procédé Bessemer revient donc à introduire, dans du fer fondu, et complètement affiné, des quantités variables de matières aciéreuses qui se trouvent

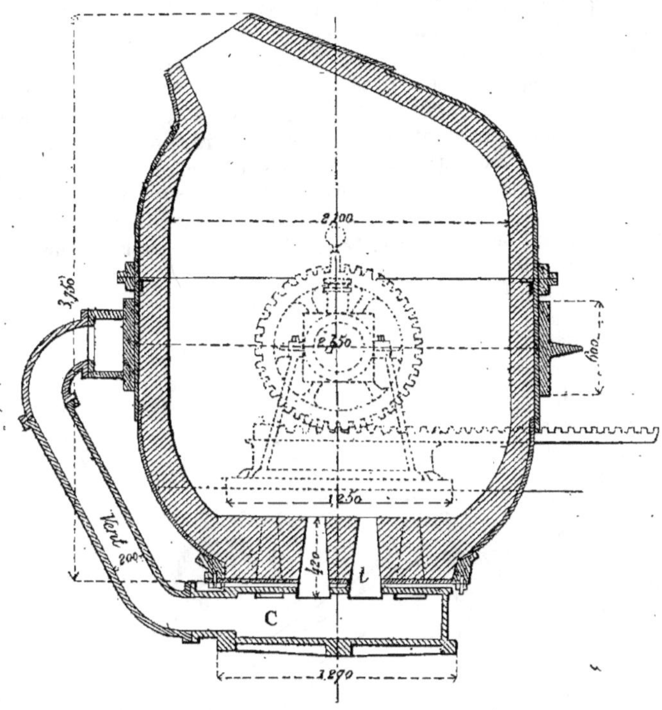

Fig. 343. — Convertisseur mobile. - Coupe verticale.

dans une fonte convenablement choisie.

Les fontes employées doivent satisfaire à deux conditions indispensables :

1° Être assez chaudes, c'est-à-dire contenir assez d'éléments combustibles pour que la température du bain atteigne et dépasse celle de la fusion de l'acier ;

2° Être assez pures pour donner un acier de qualité suffisante.

Elles doivent être d'autant plus chaudes que l'on veut avoir de l'acier plus doux ; d'autant plus pures, que l'on veut de l'acier de qualité plus fine.

Il faut enfin que les fontes soient pures, c'est-à-dire dépourvues de matières qui puissent rendre leurs produits rouverains ou cassants à froid.

Le phosphore est très-nuisible. Le soufre l'est beaucoup moins.

Les éléments qui donnent la chaleur au bain sont le silicium, puis le manganèse. Le carbone a une action calorifique moindre.

CONVERTISSEUR.

846. L'appareil dans lequel se fait l'élaboration, et que l'on nomme *convertisseur*, consiste en une sorte de *cubilot* (*fig.* 343 et 344) mobile autour d'un axe horizontal.

Ce convertisseur est formé de plaques de tôle, boulonnées et garnies intérieurement de terre réfractaire. Le fond de ce cubilot porte une plaque de fonte trouée destinée à laisser passer les tuyères *t* qui y sont vissées par leur partie inférieure. Toutes les tuyères sont réunies sur un cylindre métallique C, fermé par une plaque de fonte clavetée.

Ce cylindre, servant de boîte à air, reçoit ce dernier par un tuyau qui permet aux tuyères de conserver leur activité, quelle que soit la position de l'appareil.

Le convertisseur présente la forme d'une cornue de grosse dimension, dont le col serait tronqué.

L'étranglement a pour but d'éviter les projections, lorsque la masse entre en ébullition. Le renflement permet, en rendant horizontal le grand axe de l'appareil, d'y introduire la quantité de fonte nécessaire, sans amener le niveau du liquide à s'élever au-dessus des tuyères. Ces tuyères pourraient être obstruées, si elles ne fonctionnaient pas, et elles donneraient des bar-

bottements considérables, si elles fonctionnaient pendant l'introduction de la fonte liquide, le grand axe étant vertical.

Dès que la fonte est amenée à l'état liquide dans le four de fusion qui, le plus souvent, est un cubilot, l'intérieur du convertisseur ayant été chauffé, puis débarrassé ensuite du coke qu'il contenait, on renverse l'appareil dans la position où son axe est horizontal. On y fait arriver la fonte par une conduite. On donne au vent toute sa force. On relève l'appareil dans la position de l'axe vertical et l'opération commence.

L'air, en arrivant sur la fonte liquide, produit un grand nombre d'étincelles. Il se forme ensuite une flamme assez courte

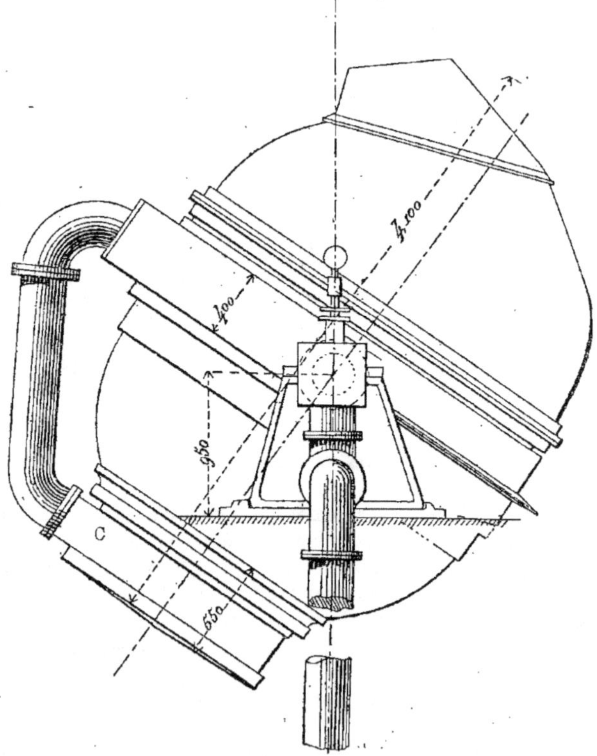

Fig. 344. — Convertisseur mobile. — Élévation.

qui va en croissant jusqu'à la fin de l'opération.

Dès qu'on est **arrivé au point d'affinage** que l'on désire, on peut couler directement

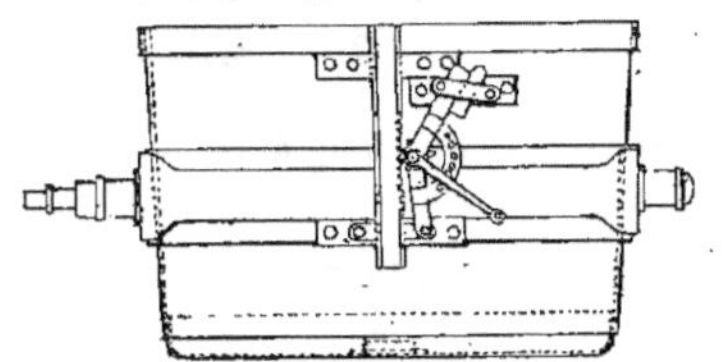

Fig. 345. — Poche pour acier à mouvement de quenouille. — Vue de face.

le métal ; mais il est préférable de le dépasser, puis d'ajouter la quantité de fonte aciéreuse jugée nécessaire pour obtenir un acier déterminé.

On relève l'appareil pour un moment afin de mélanger le fer et la fonte, puis on

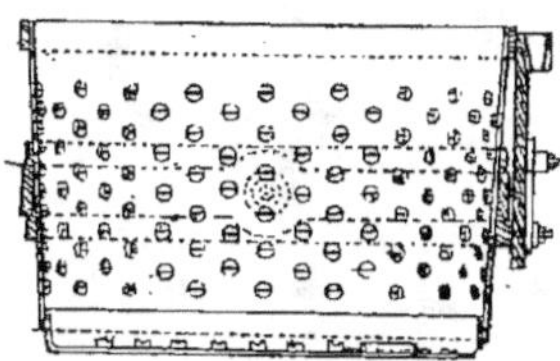

Fig. 346. — Poche pour acier à mouvement de quenouille. — Coupe verticale.

le renverse en dépassant la position horizontale. On fait couler le produit dans une poche placée à une certaine hauteur. Cette poche représentée (*fig.* 345, 346 et 347) est ensuite manœuvrée d'une manière convenable pour aller remplir les moules disposés pour recevoir l'acier fondu.

Nous donnons (*fig.* 348) la disposition d'un atelier Bessemer.

Chaque atelier contient ordinairement deux convertisseurs. La force de la machine à vapeur menant la soufflerie varie de 50 à 100 chevaux, selon que l'on opère sur des appareils de 1000 à 5000 k.

La pression de l'air, pendant la marche, est d'environ une atmosphère.

TREMPE ET RECUIT.

847. L'acier doit presque toujours être trempé, partout où l'on juge de l'employer.

Si l'on prend du fer et qu'on le porte à une haute température ; si, ensuite, on le refroidit brusquement par l'immersion dans l'eau, ce métal n'acquiert aucune qualité nouvelle. Si l'on chauffe fortement l'acier et si on le laisse refroidir naturellement, il n'est pas altéré non plus ; mais si l'on plonge une barre d'acier, portée au rouge blanc, dans de l'eau froide,

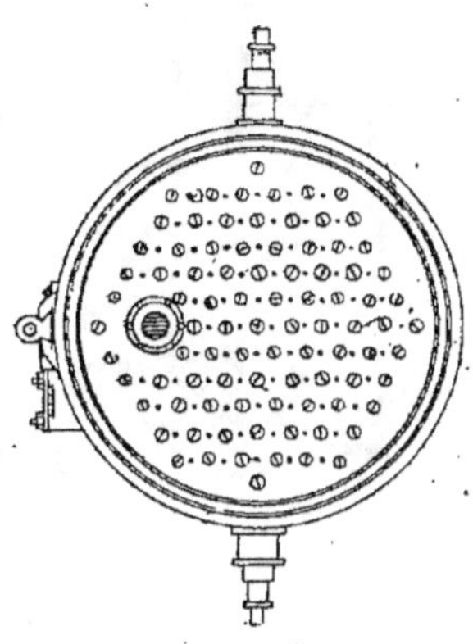

Fig. 347. — Poche pour acier à mouvement de quenouille. — Vue en plan.

cet acier devient très-dur et très-cassant et sa dureté sera d'autant plus considérable que la différence des températures extrêmes aura été plus grande. On donne à l'acier, qui a subi cette modification, le nom d'*acier trempé*.

Au moyen de la trempe, l'acier devient dur, brillant, susceptible de prendre le plus beau poli. Par le *recuit*, c'est-à-dire en réchauffant l'acier à une température inférieure à celle de la trempe et en le laissant refroidir lentement, on en diminue la dureté et surtout la fragilité. Le *recuit* succède toujours à la trempe. Le but principal de cette opération est de développer l'élasticité de l'acier et de l'empêcher de s'égrener, de resouder en quelque sorte ses molécules, sans en faire disparaître les caractères principaux.

MÉTHODES SUIVIES POUR LA TREMPE DE L'ACIER.

848. La trempe est une des opérations les plus difficiles, une de celles dans lesquelles on trouve le moins d'ouvriers capables et ayant un talent particulier

Pour l'acier ordinaire, la température à atteindre pour la trempe est le rouge cerise. A cette température, l'acier se

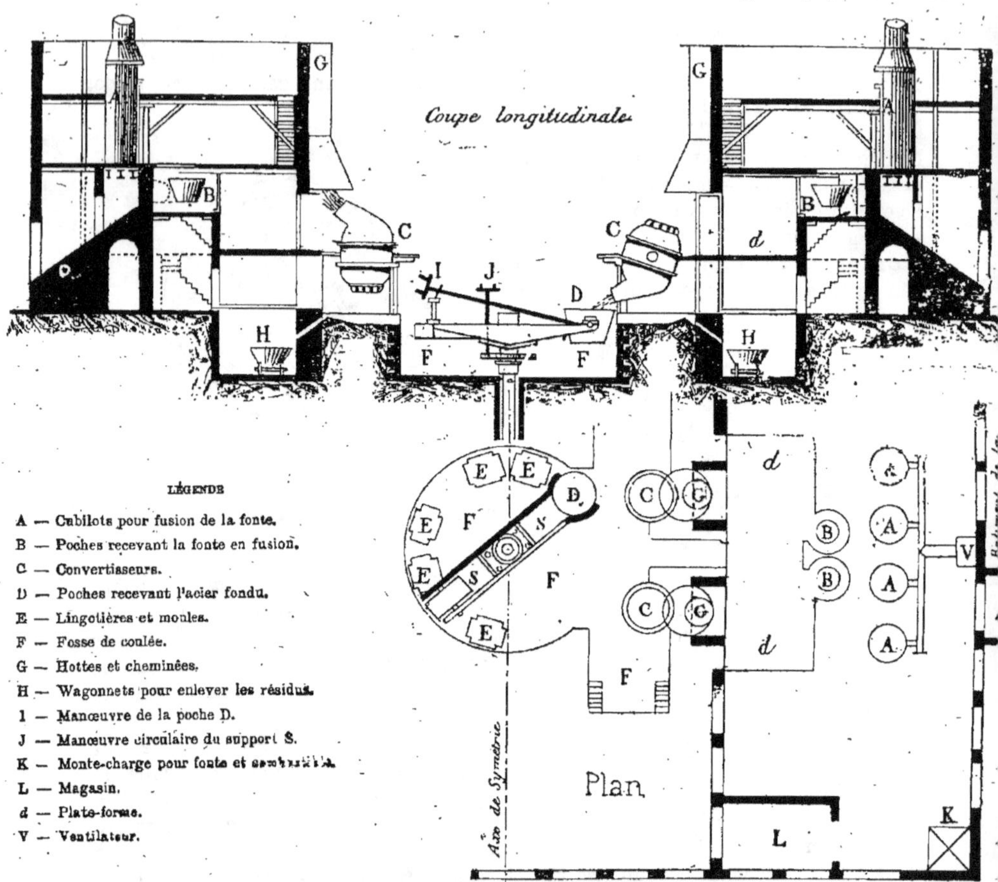

Fig. 348. — Disposition d'une Usine pour la fabrication de l'acier Bessemer.

tourmente moins et la trempe est meilleure.

L'ouvrier doit se préoccuper de deux choses :

1° Trouver le point le plus convenable dans le chauffage de l'acier ;

2° Trouver la manière la meilleure de présenter la pièce et de la plonger suivant sa forme, pour éviter qu'elle se voile ou qu'elle se gerce.

Pour obtenir un point de chauffe fixe, on avait proposé de chauffer l'acier au moyen de bains métalliques, composés de proportions variables de plomb et d'étain, de manière à obtenir, par leur fusion, une température parfaitement fixe. Cette méthode n'a pas été généralement adoptée.

Pour améliorer le chauffage de l'acier; pour opérer dans la perfection, il faut le chauffer à une température invariable. Ce problème, insoluble avec un fourneau alimenté avec du charbon, est, au contraire, très-simple en employant le gaz.

Si, en effet, on suppose l'acier enveloppé de poussier de charbon et placé dans un moufle entouré de flamme de gaz incandescent, la température de ce moufle sera, en raison de l'affluence du gaz, réglée par un robinet. Il s'établira un état d'équilibre en raison du nombre de calories produit en chaque instant, et de celui consommé par le rayonnement et entraîné par les produits de la combustion. On obtiendra ainsi des températures élevées et constantes.

TREMPE AU PAQUET.

849. Emploi du prussiate de potasse.

La pièce saupoudrée de ce sel réduit en poudre étant mise au feu, celui-ci fond, se charbonne et, sous l'influence de la potasse, la cémentation s'accomplit avec une rapidité merveilleuse. Le morceau de fer, ainsi couvert et trempé, se trouve enveloppé d'une surface d'acier d'une grande dureté et susceptible d'un beau poli. Les objets entourés de ce cément sont placés dans une boîte en tôle que l'on chauffe et que l'on jette dans l'eau sans la défaire. C'est ce que l'on nomme *la trempe au paquet.*

Le prussiate de potasse remplace très avantageusement les matières employées dans les ateliers (*suie, huile, corne, etc...*) et destinées à fournir du carbone et à produire à la surface une véritable cémentation.

On fait souvent usage d'huile et de différents mélanges d'huile, de suif, de sire, de résine, etc., pour tremper un grand nombre d'objets minces et élastiques. On obtient une trempe plus douce et plus souple que si l'on employait l'eau. Le mercure trempe très fortement, mais il aigrit l'acier. Les acides trempent aussi très fortement. Les burins, par exemple, sont trempés dans l'acide nitrique; il faut avoir soin, aussitôt l'opération terminée, de laver l'outil dans l'eau pour empêcher l'action corrosive.

Les corps gras trempent moins bien que l'eau; ils sont employés pour éviter les gerçures dans les tranchants délicats. On mélange ordinairement 1/2 huile et 1/2 suif.

Composition de l'eau pour la trempe.

Eau de pluie . . . . 1000 litres.
Sel marin . . . . 215 kil.
Sel ammoniac . . . . 42 kil.

850. *Défauts de l'acier.* Les défauts de l'acier, ainsi que les essais, sont les mêmes que ceux du fer.

RÉSISTANCE DE L'ACIER.

851. L'acier de bonne qualité présente une résistance à la rupture pour l'écrasement qui peut aller jusqu'à 100 kil. par millimètre carré et, pour la traction, à 70 kil. par millimètre carré.

Voici le tableau des coefficients d'élasticité, des charges de rupture et de sécurité de l'acier.

CHARGE PAR MILLIMÈTRE CARRÉ	ACIER
A. Produisant la rupture....	100
B. Limite d'élasticité.......	66
C. Limite supérieure de sécurité	25
Rapport..... $\dfrac{C}{A}$...........	0.25
Rapport..... $\dfrac{C}{B}$...........	0.37
Coefficient d'élasticité..................	30.10^{r}
Valeur de I correspondant à C..........	0.00083

L'acier est plus résistant et plus tenace

que le fer. A la traction, une barre d'acier, ayant les mêmes dimensions qu'une barre de fer, résiste une fois et demie de plus que cette dernière.

Remarque. Pour reconnaître l'acier du fer, il suffit de verser, sur la surface de la barre, une goutte d'acide : l'acier devient noir et le fer ne change pas.

CHAPITRE IV

DES PETITS MÉTAUX

SOMMAIRE

§ I. — ZINC.

Définitions, notions générales, propriétés principales du zinc.

852. La découverte du zinc remonte à une époque assez éloignée. Le zinc pur est employé depuis le milieu du siècle dernier. Les anciens le faisaient entrer dans la composition de plusieurs alliages.

Le zinc pur possède une couleur bleuâtre. Sa cassure est cristalline à grandes lames. Par un refroidissement lent, il cristallise en groupes de prismes à quatre pans. Le zinc du commerce n'est pas pur. Il contient, en proportion assez minime, il est vrai, mais d'une manière assez constante, du fer, du plomb, de l'arsenic, du cadmium, etc… dont on le débarrasse en lui faisant subir une ou plusieurs distillations. Le fer diminue la malléabilité du zinc et le rend cassant. Un demi pour cent de plomb augmente sa malléabilité. Le cadmium n'a pas d'influence fâcheuse. Après distillation, le zinc contient encore du plomb qui se trouve toujours entraîné, quoique ce métal soit moins volatil que lui. Aussi, le meilleur moyen, pour obtenir le zinc pur, consiste-t-il à réduire l'oxyde par le carbone.

Le zinc laminé a une densité de 7200. Fondu, un mètre cube de ce métal ne pèse plus que 6,860 kil. ; le laminage a donc rapproché les molécules. Il est, à épaisseur égale, une fois et demie plus léger qué le plomb et, en même temps, quatre fois plus tenace que ce dernier métal. Le zinc se rompt sous une charge de 4 kilos par centimètre carré de section. Sa dureté est intermédiaire entre l'argent et le cuivre. C'est un métal mou, mais moins que le plomb et l'étain. Il est peu sonore, a une odeur et une saveur faibles, mais sensibles ; il graisse la lime.

Le zinc est un métal qui jouit, à température convenable (de 100 à 150°), d'une malléabilité assez grande pour se laisser facilement laminer sous de minces épaisseurs et étirer à la filière en fils extrêmement déliés. A une température de 200 degrés, il devient cassant au point que l'on peut aisément le pulvériser à froid ; il se gerce en même temps qu'il s'aplatit sous le choc du marteau. Il fond à 370 degrés et peut se distiller à la température du rouge blanc. Le zinc est un métal très dilatable ; les changements de température lui font éprouver des dilatations et des contractions très grandes. Son coefficient de dilatation est 0,0000311, celui du fer étant de 0,0000125.

Le zinc est un métal très-oxydable. Sa surface se ternit promptement à l'air. Sous l'influence des agents atmosphériques, le zinc s'oxyde à la surface et cette première couche d'oxyde formée, l'action s'arrête et préserve le reste du métal. Cet oxyde est infusible et fixe ; il se réduit facilement par l'hydrogène, l'oxyde de carbone et le charbon. L'oxyde de zinc pur est parfaitement blanc ; il devient jaune quand on le chauffe, mais reprend sa couleur primitive par le refroidissement. Cet oxyde est employé en peinture pour remplacer la céruse. Le zinc n'a pas, comme la tôle, besoin d'être garanti par trois ou quatre couches de peinture, qu'on est obligé de renouveler souvent, ce qui, au bout de quelques années, rend l'emploi de la tôle très-dispendieux. La légère couche d'oxyde qui se forme sur le zinc, après quelques jours d'exposition à l'air,

le préserve parfaitement de toute détérioration.

Le zinc n'a pas le grave inconvénient de communiquer une action nuisible aux eaux pluviales. Les toitures eu zinc sont faciles à tenir propres. L'oxyde de zinc étant insoluble, il s'ensuit que les toitures en zinc permettent de recueillir les eaux pluviales avec toute garantie de salubrité, avantage inappréciable dans les lieux privés d'eau de sources.

Du zinc chauffé dans un creuset porté au rouge blanc, puis projeté dans l'air, s'oxyde et se volatilise en flocons d'un blanc léger qui ne sont autre chose que du blanc de zinc. Cet oxyde, ou blanc de zinc, est dépourvu de tout principe inflammable et ne peut aucunement communiquer l'incendie. C'est une grande erreur que de penser qu'une toiture en zinc présente un danger pour le cas d'incendie. Le zinc se fondant bien longtemps avant que de rougir (son point de fusion est 370° centigrades). Il se fond plus tard que ne le ferait le plomb et tombe dans l'enceinte de la maison incendiée sans donner lieu à la production d'étincelles.

Action des corps étrangers sur le zinc.

853. Les acides et les vapeurs acides attaquent très-facilement le zinc ; les alcalis eux-mêmes ont une action chimique sur lui. Il faut donc éviter son emploi dans les constructions industrielles où se rencontreraient des émanations acides, basiques, et aussi du chlore, soit gazeux, soit en dissolution.

Le zinc, en présence de l'acide carbonique, s'oxyde ; le carbonate de zinc est décomposé par la chaleur et donne l'oxyde pur.

Le silicate est infusible sans addition et n'est pas réduit par le charbon à la chaleur rouge.

Le zinc chauffé au contact de l'air brûle

avec beaucoup d'éclat en répandant des fumées blanches ; il décompose la vapeur d'eau au-dessus de 100 degrés. Il se dissout dans la plupart des acides en dégageant de l'hydrogène.

Le zinc se dissout rapidement dans l'acide chlorhydrique avec dégagement d'hydrogène ; il se forme du chlorure de zinc, produit très-soluble et déliquescent. Le sulfate de zinc s'obtient en grande quantité en grillant la blende, qui est un sulfure de zinc. Si la température n'est pas trop élevée, une partie du sulfure se transforme en sulfate. Le sulfate de zinc est employé en médecine et pour la fabrication de quelques vernis.

III. — Principaux alliages du zinc.

854. Le zinc forme des alliages avec presque tous les métaux, mais la chaleur les décompose. Le zinc, en se volatilisant, entraîne des parcelles d'autres métaux : c'est pourquoi celui qui est employé dans le commerce n'est jamais pur.

Les principaux alliages du zinc utilisés dans les arts sont :

1° Les alliages de cuivre et de zinc ;

2° Les alliages de cuivre, de plomb et de zinc ;

3° Les alliages de zinc et d'étain, durcis par un peu d'antimoine et qui remplacent le bronze pour coussinets ;

4° Les alliages de cuivre, de zinc et de nickel, connus sous les noms de *maillechort, packfong, argentan*.

IV. — Minerais de zinc.

855. Ce métal n'existe pas à l'état natif. On le rencontre, tantôt uni au soufre, et il constitue alors le minéral connu sous le nom de *blende*; tantôt combiné à l'acide carbonique et, dans ce cas, il forme la *calamine*.

La plus grande partie du zinc consommé dans les arts s'extrait de la calamine. On en retire une bien moindre quantité de la blende.

856. *Blende* (sulfure de zinc). La blende est un minéral d'un aspect très-varié. La plus pure est d'un jaune de soufre et transparente ; mais, le plus souvent, elle est d'un brun rouge ou verdâtre, et même noire, tantôt translucide et tantôt opaque, jouissant fréquemment d'un éclat très vif.

Cassure lamelleuse, fibreuse ou grenue. Densité variable de 3, 8 à 4,0. Elle est souvent cristallisée en tétraèdres, octaèdres ou dodécaèdres rhomboïdaux. Elle est infusible et peut être transformée en oxyde par le grillage. Elle renferme toujours un peu de sulfure de fer à l'état de combinaison. La blende est exploitée sur les bords du Rhin, en Belgique, à Corfali et à Vienne (Isère).

857. *Calamine.* La calamine est un carbonate de zinc, souvent accompagné de silicate de zinc, et d'oxyde de fer. Elle renferme en outre une proportion plus ou moins considérable de gangue.

On en distingue deux variétés, l'une blanche et l'autre rouge. La seconde est plus ferrugineuse que la première, mais son traitement est plus facile. La calamine est le plus abondant des minerais de zinc, et, jusqu'à ces dernières années, presque exclusivement le seul employé à la fabrication du zinc métallique.

Les cristaux blancs et jaunâtres, demi-transparents ou opaques, dérivent d'un rhomboèdre sous l'angle de 107 degrés 40 minutes. Ils ont un éclat vitreux et perlé. On rencontre souvent la calamine en masses compactes, souvent mélangées d'une grande quantité d'oxyde de fer hydraté ou de carbonate de chaux magnésifère. Densité 4,442. Elle se dissout avec effervescence dans les acides. Elle est également soluble dans l'ammoniaque. La calamine se rencontre dans les terrains calcaires très magnésiens.

Les principaux gisements sont ceux de Liège et d'Aix-la-Chapelle qui alimentent les usines de la Vieille et de la Nouvelle-Montagne, de Stolberg, de Corfali, etc.

V. — Traitement métallurgique.

858. *Principe de l'extraction du zinc.* — Quel que soit celui des deux minerais sur lequel on opère, il faut commencer par lui faire subir un grillage, c'est-à-dire une calcination à l'air. Dans le cas de la blende, ce grillage a pour but de brûler les deux éléments du sulfure et de le ramener à l'état d'oxyde. Dans le cas de la calamine, on élimine l'acide carbonique. On transforme ainsi le carbonate en oxyde et, par suite de ce dégagement gazeux, on rend la matière plus friable, et, par conséquent, plus facile à pulvériser.

Quand on a l'oxyde de zinc par ce premier traitement, il suffit, pour en opérer la réduction, de le mêler intimement avec du charbon et de soumettre ce mélange à l'action d'une température élevée. Il se dégage ainsi de l'oxyde de carbone et des vapeurs de zinc qu'on peut condenser dans des appareils convenablement disposés.

VI. — Fabrication du zinc métallique avec la calamine et la blende.

Il existe trois procédés de fabrication du zinc :

1° Procédé Silésien ; 2° Procédé Belge ; 3° Procédé Anglais.

Dans le procédé Silésien, on fait usage de moufles ; dans le procédé Belge, on emploie les cylindres ; enfin, dans le procédé Anglais, on se sert de creusets.

La préparation mécanique des minerais est très simple. La calamine, mêlée d'argile marneuse, est exposée à l'air pendant plusieurs semaines ; elle est ensuite concassée, puis criblée. La blende est également débarrassée de sa gangue.

PROCÉDÉ SILÉSIEN.

859. Les trois opérations à faire sont les suivantes :

1° Grillage ; 2° Cassage ou pulvérisation du minerai grillé et réduction ; 3° Refonte ou purification du zinc obtenu.

Le grillage, ou calcination de la calamine, s'exécute dans des fours à réverbère ayant une chauffe spéciale ou chauffés avec les flammes perdues des fours de réduction. Nous donnons *fig.* 349 la disposition d'un four pour la calcination de la calamine.

La réduction s'opère dans des moufles en terre beaucoup plus grands que les creusets belges, et placés dans des fourneaux à réverbère tout à fait différents et représentés (*fig.* 350 et 351). Ces fourneaux renferment 32 moufles représentés (*fig.* 352) ayant 1ᵐ40 environ de largeur, 0ᵐ55 de hauteur et 0ᵐ22 de largeur. Les flammes perdues sont utilisées pour la refonte du zinc, le grillage du minerai et la cuisson des moufles. Lorsque le fourneau est neuf, le séchage dure plusieurs semaines avant de placer les moufles. Lorsque le fourneau a été seulement réparé, on les place immédiatement, en ayant soin de les poser sur un lit de sable, afin qu'ils n'adhèrent pas à la sole et, au bout de quinze jours, le four est en pleine activité.

Le fourneau étant suffisamment chauffé, on dégage complètement le devant des embrasures. On bouche, avec des morceaux de briques et de l'argile, l'intervalle entre les moufles et les embrasures, et on ferme le devant de chaque moufle par une plaque d'argile présentant deux ouvertures : l'une, inférieure, par laquelle on enlève les résidus et que l'on bouche avec une petite plaque d'argile ; l'autre, supérieure, qui reçoit l'allonge horizontale ou *boîte*, à laquelle on adapte ensuite l'allonge inférieure ou *pot*.

On procède ensuite au chargement de la calamine calcinée, concassée en petits morceaux et mélangée de son volume d'escarbilles de coke. Une heure après le chargement, le zinc commence à tomber en gouttelettes.

La quantité de zinc qui distille augmente pendant six à huit heures. Elle reste à peu près constante pendant les

LÉGENDE

A B C — Caves où s'accumule la calamine grillée.

S et S′ — Soles du four (superposées).

f. — Foyer.

t. — Trémie pour la charge du four.

o. — Ouverture par laquelle s'échappe la calamine grillée.

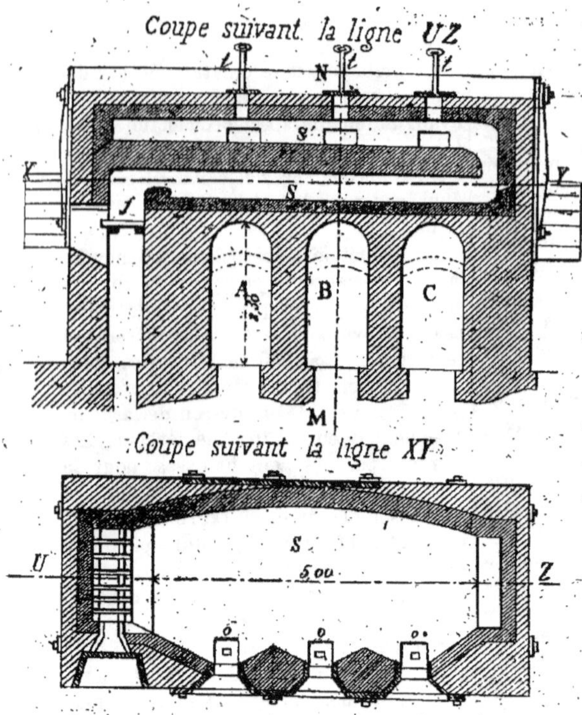

Fig. 349. — Four de calcination de la calamine (Vieille-Montagne).

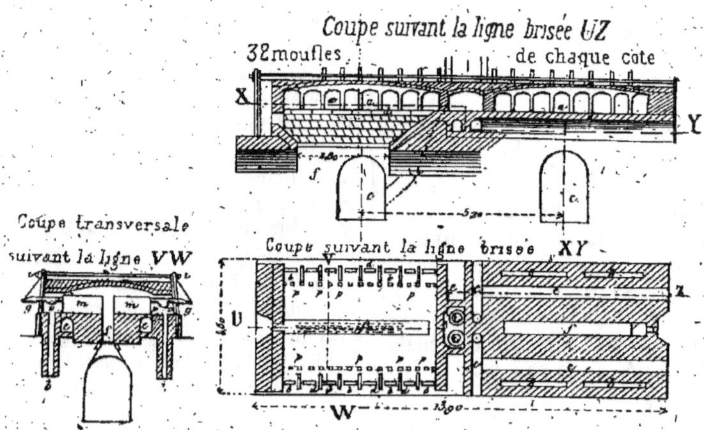

Fig. 350. — Systèmes Belge, Silésien ou mixte. — Four à flamme renversée.

LÉGENDE

a. Niche pour deux moufles. — b. Canaux qui conduisent les résidus dans les caves. — c. Caves pour recevoir les résidus calcinés. — d. Petits murs de séparation des niches. — e. Canaux qui conduisent la flamme renversée dans la cheminée. — o. Double porte grillée en fer pour fermer les niches sur leur partie antérieure. — p. Ouvreaux par lesquels la flamme se rend dans les canaux e. — f. Foyer longitudinal. — m. Moufle. — a. Allonge. — t. Tube. — t. Point d'attache de l'allonge et du tube. — l. Cheminée générale.

48 heures suivantes et diminue ensuite, de manière à devenir nulle au bout de 24 heures.

Dès que le dégagement des vapeurs de zinc a cessé, on enlève les portes. On ouvre l'allonge horizontale et on fait tomber le zinc condensé dans l'allonge verticale au moyen d'un ringard recourbé à angle droit. On enlève le zinc qui s'est rassemblé au-dessous de cette allonge et on procède à un nouveau chargement.

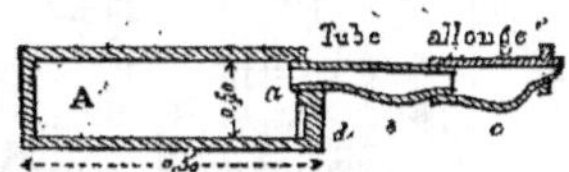

Fig. 351. — Détails du creuset mixte (Belge, Silésien). — Coupe suivant *m g* de la coupe V W.

LÉGENDE

A — Cornue à deux ouvertures.
a. — Pour le passage du tube *b.*
d. — Pour la porte de nettoyage.
b. — Tube de condensation.
c. — Allonge maintenue par le fil de fer *e.*
e. — Fil qui soutient l'allonge, et qui remplace la console belge.

La refonte du zinc se fait dans des pots en terre que l'on place sur la sole du four. On tient les portes fermées. On laisse re-

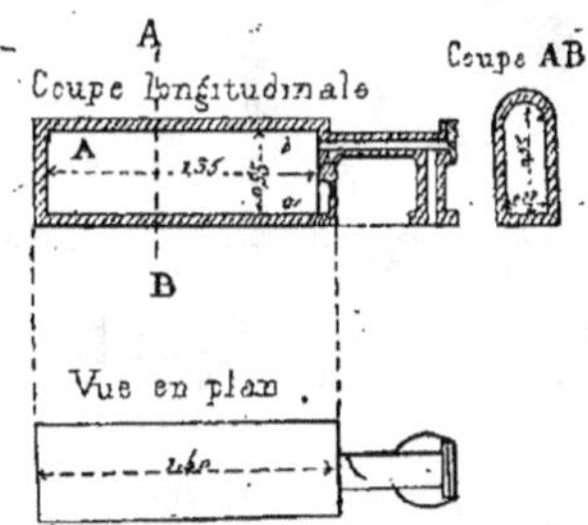

Fig. 352. — Détails du creuset Silésien.

A — Cornue de distillation.
a. - Porte de nettoyage.
b. — Tube de condensation.

poser le bain pendant une ou deux heures. On enlève avec une écumoire l'oxyde pulvérulent qui le recouvre et on coule dans des lingotières légèrement chauffées.

PROCÉDÉ BELGE.

860. Dans ce procédé, la calamine est le plus ordinairement calcinée dans un four continu, représenté (*fig.* 353) et qui a beaucoup d'analogie avec un four à chaux.

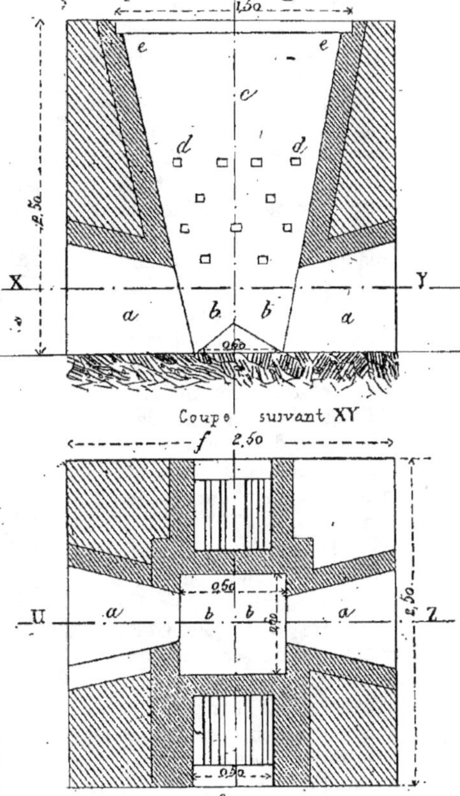

Fig. 353. — Four coulant pour la calcination de la calamine, à foyers distincts.

LÉGENDE

a. — Embrasure pour retirer la calamine grillée.
b. — Plan incliné sur lequel elle tombe.
c. — Cuve de calcination.
d. — Petites ouvertures de 1^{cm} carré par lesquelles les gaz des foyers pénètrent dans la cuve.
e. — Gueulard.
f. — Foyers dans lesquels s'opère la combustion du combustible.

Chaque four est desservi par six ouvriers, dont trois seulement sont occupés à la fois. On y calcine moyennement 135 quintaux métriques de calamine brute par 24 heures. On emploie aussi, par cette calcination, les fours à réverbère.

La calamine calcinée est ensuite broyée sous des meules verticales. Les fours de réduction représentés (*fig.* 354) sont accolés par deux ou par quatre.

Les creusets sont cylindriques, fermés à leur partie postérieure et ont, après la cuisson, 1^m,10 de longueur sur 0^m,15 de diamètre intérieur et 0^m,03 d'épaisseur. Ces creusets sont faits en terre réfractaire d'Andennes.

Le séchage d'un four de réduction dure de 4 à 5 jours. Lorsque le four est arrivé au rouge blanc, on introduit les creusets, préalablement amenés au rouge blanc, dans un four particulier. On introduit en même temps, dans la gueule des creusets, des tubes coniques en fonte qui doivent servir de condenseurs.

Au bout de 24 heures, on enlève les tubes en fonte pour introduire, dans les creusets, une première charge, composée de poussières et de crasses de zinc, mélangées de leur poids de menu charbon. On remet ensuite les tubes en fonte et on les lute avec de la terre réfractaire. Quatre ou cinq jours après, le four est en allure normale.

Les charges se composent alors de deux parties de calamine calcinée en poids et d'une partie de charbon maigre et menu. La charge de toutes les cornues dure 3 heures.

Cinq heures après, on fait une première coulée ; puis, trois nouvelles coulées, 7, 10 et 12 heures après le commencement de l'opération. La dernière terminée, on procède immédiatement au nettoyage des creusets.

La refonte s'exécute dans un fourneau à réverbère dont la sole est elliptique, et inclinée vers l'arrière. Au point le plus bas se trouve un creuset hémisphérique où vient se rassembler le zinc fondu.

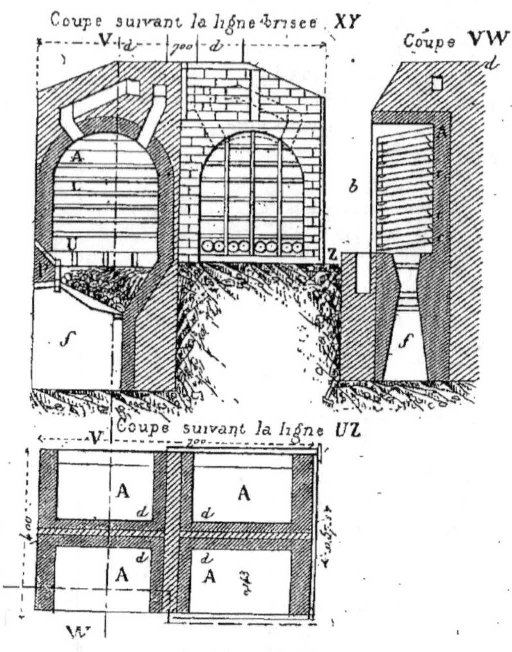

Fig. 354. — Four et système Belge pour distillation de zinc (Vieille-Montagne pour 48 creusets.

LÉGENDE. — A. Voûtes contenant chacune 8 cornues. — P. Porte du foyer. — *f.* Foyer. — *b.* Siège du creuset devant. — *c.* Siège du creuset derrière. — *d.* Cheminées qui se réunissent en une seule au milieu du massif formé par les 4 fours accolés.

PROCÉDÉ ANGLAIS.

861. Dans ce procédé, on calcine la calamine, pour chasser l'eau et l'acide carbonique, dans des fours à réverbère. On l'introduit ensuite, après l'avoir mélangé avec son volume de houille sèche ou d'escarbilles de coke, dans des pots placés au nombre de 6 ou 8 dans un four circulaire. Ces pots sont percés à leur partie inférieure et fermés par un couvercle. Le zinc réduit distille et vient se condenser ou, plutôt, se séparant par liquation, tombe au fond du creuset et est conduit par un tube spécial dans des cuvettes disposées pour le recevoir.

Le fourneau occupe trois ouvriers en tout et produit 150 k. de zinc en 24 heures, avec une consommation de 12 parties de houille pour une de zinc brut obtenu.

Le zinc refondu est ordinairement destiné à être converti en feuilles par le laminage. On le réchauffe dans des fours dormants, analogues à ceux que l'on emploie pour la tôle de fer. Le laminage se fait à une très-basse température, 120 à 150 degrés. On consomme de 5 à 6 k. de houille pour 100 k. de zinc soumis au réchauffage.

Fabrication du zinc métallique avec la blende.

862. On fait subir à la blende concassée un premier grillage pour la désagréger et chasser le soufre. On se sert, à cet effet, de fours analogues aux fours à chaux.

Le minerai étant grillé et finement pulvérisé, on termine le grillage dans un four à réverbère.

Pour la réduction, on se sert des mêmes fours que pour la calamine.

VII. — Blanc de zinc.

863. Depuis quelque temps, on le prépare en très-grande quantité dans les arts par la combustion directe du métal à l'air. On en consomme, en effet, aujourd'hui d'assez fortes proportions dans la peinture à l'huile, pour remplacer la céruse. Il s'incorpore moins bien aux huiles que cette dernière, mais il présente l'avantage de ne pas noircir sous l'influence des émanations sulfureuses.

On trouve actuellement, dans le commerce, deux qualités de blanc de zinc:

1° L'une, dite *blanc de neige*, préparée avec les zincs les plus purs, remplace le blanc d'argent;

2° L'autre, dite *blanc de zinc*, remplace les céruses de première qualité.

On se sert aussi du blanc de zinc dans la fabrication des papiers peints et dans la parfumerie. On l'emploie également pour faire le mastic dont on se sert pour les joints des chaudières et des machines à vapeur. Enfin, dans la fabrication des *papiers lissés et des cartes* dites de *porcelaine*.

VIII. — Divers emplois du zinc.

864. Depuis peu d'années, l'emploi du zinc s'est considérablement répandu dans les arts, pour la fabrication du fer galvanisé, pour les toitures et autres usages, pour les objets d'ornements dorés ou non, fabriqués au banc à tirer ou par le moulage. Depuis longtemps, on s'en sert pour la fabrication du laiton et autres alliages analogues. Son oxyde est très employé et remplace la céruse pour la peinture. Enfin, son sulfate est utilisé en médecine et pour la fabrication de quelques vernis.

IX. — Dimensions et poids des feuilles de zinc du commerce; leur usage.

865. Le tableau ci-après indique les diverses dimensions et épaisseurs des feuilles de zinc du commerce, avec le poids des feuilles de chaque numéro, et aussi le poids au mètre superficiel pour chaque épaisseur.

Les diverses usines à zinc parmi lesquelles il faut citer, en première ligne, la Société de la *Vieille-Montagne*, ont adopté les mêmes numéros épaisseurs et dimensions qui sont maintenant usuelles dans le commerce du zinc.

Le zinc se lamine en feuilles de petites dimensions pour les doublages, et en feuilles de grandes dimensions pour les toitures et autres emplois. Le numéro du zinc indique l'épaisseur de la feuille; le n° 1 est la plus faible épaisseur. Chaque numéro de zinc est exactement calibré et a, pour ainsi dire, son application particulière.

866. N°s 1 à 9 du Tableau. Les feuilles en numéros très faibles, du n° 1 au n° 9, s'emploient pour la perforation, pour les cribles, stores et tamis, en zinc, et pour le satinage des papiers. Leur prix et leur fabrication sont exceptionnels.

Ces dimensions ne sont réellement pas pratiques. On les obtient au laminoir, cependant, mais à titre de simple curiosité.

Le zinc à si mince épaisseur n'a eu jusqu'ici aucune utilité industrielle bien marquée.

TABLEAU DES POIDS ET DIMENSIONS DES FEUILLES DE ZINC POUR TOITURES ET AUTRES EMPLOIS.

Numéros.	Épaisseur des feuilles en centièmes de millimètre.	Dimensions et poids des feuilles.			Poids du mètre carré.
		Larg. 0ᵐ50. Long. 2ᵐ00.	Larg. 0ᵐ65. Long. 2ᵐ00.	Larg. 0ᵐ80. Long. 2ᵐ00.	
		kil.	kil.	kil.	kil.
9	0.00045	3.15	4.10	5.00	3.65
10	0.00051	3.50	4.55	5.60	3.50
11	0.00060	4.05	5.25	6 50	4.05
12	0.00069	4.60	6.00	7.40	4.60
13	0 00078	5.20	6.73	8.30	5.20
14	0 00087	5.75	7.45	9.20	5.75
15	0 00096	6 65	8.65	10.65	6.65
16	0.000110	7.55	9.80	12.10	7.55
17	0.00123	8.45	11.00	13.55	8.45
18	0.00136	9.40	12.20	15.00	9.40
19	0.00148	10.30	13.35	16.45	10.30
20	0.00166	11.20	14.55	17.90	11.20
21	0.00185	12.45	16 20	19.90	12.45
22	0.00202	13.70	17.80	21.90	13.70
23	0.00219	15 00	19.50	23.90	15.00
24	0.00237	16 25	21.10	26.00	16.25
25	0.00256	17.50	22.70	28.00	17.50
26	0.00268	18.75	24.10	30.00	18.76
Surface de chaque feuille dans les diverses dimensions.		1ᵐ000	1ᵐ300	1ᵐ600	

NOTA. — *La fabrication exacte étant impossible, on doit admettre une tolérance dans le poids de chaque feuille, qui est d'environ 25 décagrammes au-dessous de ceux indiqués ci-dessus.*

867. Nᵒˢ 10 et 11 du Tableau. Les nᵒˢ 10 et 11 sont très employés dans la fabrication des lampes, des lanternes et pour tout ce qui concerne la ferblanterie en gé-néral. — Ils s'appliquent aussi le long des murs, pour préserver les appartements de l'humidité, et dans les cabinets, comme revêtements. Ces numéros ne doivent pas être employés pour couverture.

868. Nᵒˢ 12 et 13. Le nᵒ 12 sert à la fabrication des objets de ménage, tels que seaux, brocs, arrosoirs, bains de pieds, etc. Avec ces numéros, se font aussi les descentes d'eau pour les petites constructions, les couvertures de hangars ou ateliers provisoires, les recouvrements de saillies, corniches, etc. Ces numéros s'estampent encore très facilement en ornements divers pour girouettes, clochetons, etc.

869. Nᵒ 14. Le nᵒ 14 est spécial aux toitures. C'est celui qui doit être employé le plus généralement. Avec ce numéro, une couverture bien faite doit donner des résultats toujours satisfaisants, et durer au moins trente ans sans réparations. Des numéros au-dessous ne pourraient faire un service convenable.

870. Nᵒˢ 15 et 16. Ces numéros, en grandes dimensions, sont employés pour couvertures de monuments, chéneaux, caisses d'eau, bains de siège et fonds de baignoires. En petites dimensions, ils servent pour doublage de navires aux endroits qui supportent le moins de fatigue.

871. Nᵒ 17. Le nᵒ 17, en grandes dimensions, s'emploie pour les parois de baignoires; en petites dimensions, pour doublage à l'avant des navires, où le frottement de la lame exige du doublage une grande résistance.

872. Nᵒˢ 18 à 26. On emploie ces épaisseurs pour les pompes, la garniture intérieure des cuves de papeterie, les réservoirs et cristallisoirs divers en usage dans les raffineries, etc. Ils offrent une résistance telle qu'une caisse ainsi doublée doit durer cinquante ou soixante ans.

X. — Détermination pratique de l'épaisseur des feuilles de zinc.

873. Chaque feuille de zinc porte à

l'un de ses coins la marque de fabrique de l'usine qui l'a produite, ainsi que le numéro d'ordre correspondant au tableau précédent. Nous donnons ci-contre (*fig.* 355) la marque de fabrique de la Vieille-Montagne (Usine de Bray), poinçonnée à l'angle d'une feuille et donnant le numéro correspondant à l'épaisseur du zinc. La feuille portant la marque représentée (*fig.* 355) est donc du n° 14 et, en se reportant au tableau précédent, on voit

que son épaisseur est de 0,00087 et que son poids par mètre superficiel est de 5 kil. 75. Les autres usines ont des marques semblables. Nous donnons, comme deuxième exemple, la marque de la Société des zincs français. Les feuilles de zinc sortant des laminoirs de cette Société portent toutes la marque ci-contre, ainsi que le numéro correspondant à l'épaisseur, comme l'indique l'estampille (*fig.* 356) reproduite en grandeur d'exécution. Les initiales *B D* indiquent le nom des usines de la Société.

Lorsque les feuilles ou parties de feuille dont on veut avoir l'épaisseur ne portent pas, en évidence, la marque de fabrique donnant le numéro, ou bien lorsque l'on veut contrôler le numéro marqué par l'usine, on se sert avec avantage du compas d'épaisseur bien connu sous le nom de *Palmer* et dont nous donnons (*fig.* 357) le dessin grandeur d'exécution.

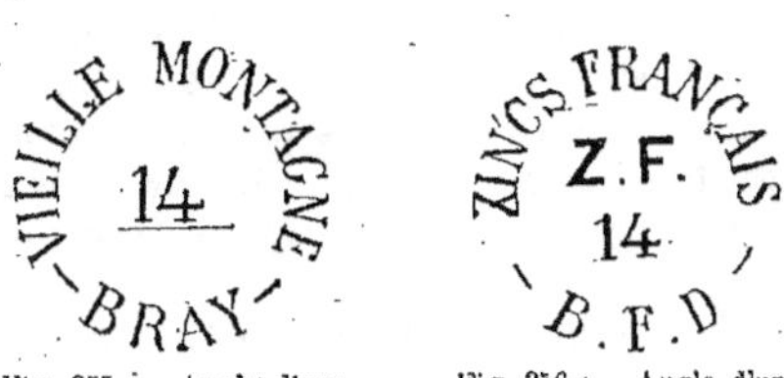

Fig. 355. — Angle d'une feuille, avec la marque de fabrique (vraie grandeur).

Fig. 356. — Angle d'une feuille avec la marque fabrique (vraie grandeur).

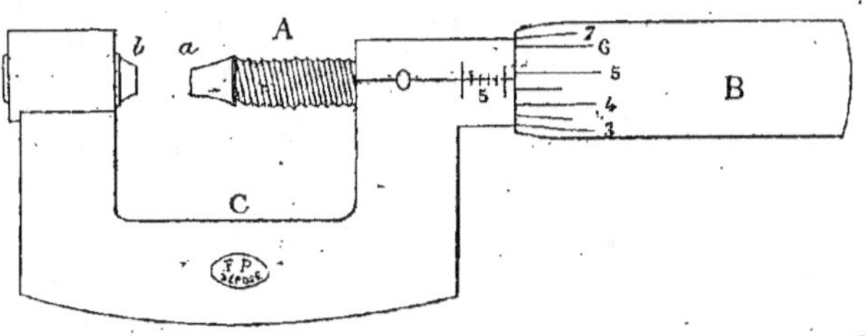

Fig. 357. — Palmer (vraie grandeur).

Il se compose :

1° D'une vis *A* dont le pas est exactement calibré à un millimètre et qui est fixée à un manche *B*, en forme d'étui ou de fourreau.

2° D'un écrou *C* en forme d' ⊔ dont un appendice prolongé se continue d'environ 25 millimètres dans l'espace annulaire vide, situé entre la vis et son manche.

L'extrémité *a* de la vis peut venir buter contre le taquet *b* de l'écrou. — Si l'on tourne la vis, on écartera les deux contacts *a* et *b* d'autant de millimètres que la vis aura fait de tours, et ce nombre de tours est indiqué par autant de divisions découvertes par le manche d'une échelle marquée sur l'appendice qu'il recouvre.

Le manche lui-même, divisé en 20 parties, indique à 1/20° près les fractions de millimètre.

Les feuilles métalliques dont on veut mesurer l'épaisseur sont donc mises entre les contacts *a* et *b*, entre lesquels on les serre légèrement et on lit, sur l'instrument, le nombre cherché. Il faut avoir soin, dans cette opération, de prendre l'épaisseur en plusieurs points de la feuille pour ne pas se laisser tromper par un défaut local de laminage.

§ II. — ÉTAIN.

SOMMAIRE

I. — Définitions, notions générales et principales propriétés de l'étain.

874. L'étain est connu dès la plus haute antiquité. On le rencontre dans la nature à l'état d'acide stannique associé à l'arsenic, au plomb, au fer, au cuivre, au zinc, etc., etc.

L'étain pur est blanc argentin; il est très malléable et peut être réduit en feuilles excessivement minces en le battant sous le marteau. Ce métal est doué d'une très grande mollesse. Aussi, ne possède-t-il aucune sonorité. Il a une saveur et une odeur très sensibles et très désagréables. Cette odeur, surtout s'il a été chauffé et frotté entre les doigts, rappelle celle du poisson gâté.

L'étain exige, pour se rompre, une charge d'environ 8 kil. par millimètre carré de section. Il fait entendre, lorsqu'on le ploie, un cri particulier qui lui a fait donner le nom de *cri de l'étain*. Ce phénomène tient à ce que les cristaux qui composent la masse exercent, l'un sur l'autre, un certain frottement qui détermine la production de ce bruit. Plié plusieurs fois sur lui-même, il développe une chaleur sensible.

Fondu, ce métal a une densité de 7,29: elle s'élève, par le laminage et le martelage, à 7,45. Il fond à 228 degrés et se dilate de $\frac{1}{162}$ de 0 à 100°; il est peu volatil.

Chauffé à la chaleur blanche, il répand de légères vapeurs. L'étain, étant très malléable, ne saurait être réduit en poudre par la trituration. L'étain du commerce est généralement souillé par des métaux étrangers. Pour l'obtenir pur, on le traite par l'acide azotique qui le transforme en acide stannique insoluble, tandis que les métaux étrangers se changent en azotates solubles. Les marchands apprécient le degré de pureté de ce métal :

1° A l'intensité du cri qui est d'autant plus grand que l'étain est plus pur ;

2° En le fondant à une douce chaleur et en examinant l'aspect de sa surface au moment de sa solidification.

Le plus pur est celui qui présente le moins d'indices de cristallisation. S'il offre des ramifications cristallines, c'est qu'il renferme des métaux étrangers.

3° Au poids comparatif de deux balles de même grosseur, l'une d'étain fin, l'autre d'étain à essayer.

II. — Action des corps étrangers sur l'étain.

875. Les acides, en agissant sur sa surface, y développent des dessins qui ont été utilisés pour la préparation du *moire métallique*. L'étain ne s'altère pas sensiblement, même à l'air humide; mais, maintenu en fusion au contact de l'air, il se convertit rapidement en protoxyde, surtout lorsqu'il renferme du plomb.

L'étain, à la chaleur blanche, brûle dans l'air avec une flamme blanche et produit de l'acide stannique.

L'acide chlorhydrique et l'acide sulfurique étendus attaquent l'étain en dégageant de l'hydrogène.

L'acide sulfurique, concentré et chaud, l'attaque vivement avec dégagement d'acide sulfureux ; il se forme du sulfate d'étain.

L'acide azotique concentré attaque l'étain et forme de l'acide métastannique.

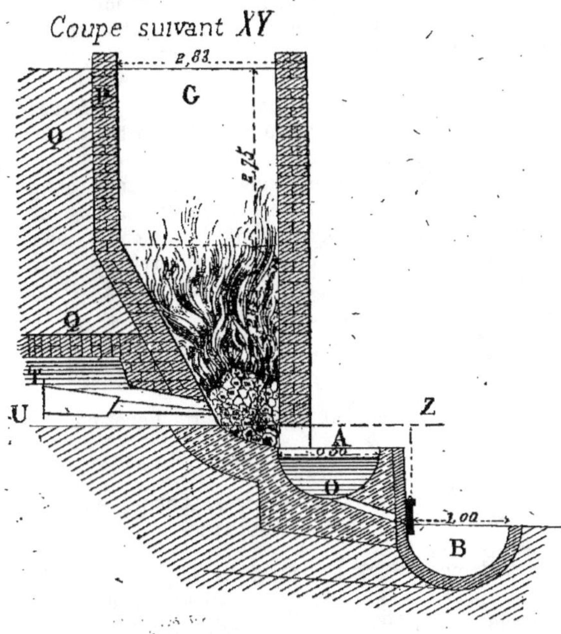

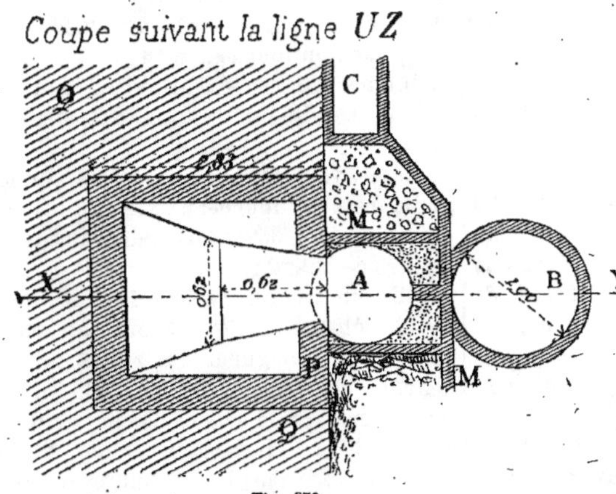

Fig. 358

L'étain s'unit directement au soufre, au phosphore, au chlore, au brôme, au sélénium, au tellure, à l'arsenic, etc.

Il s'allie aussi avec un grand nombre de métaux, et plusieurs de ces alliages sont d'un grand usage dans les arts.

III. — Minerai d'étain. — Traitement métallurgique.

876. Le seul minerai d'étain qu'on exploite est le bioxyde.

Il est ordinairement accompagné de quelques minéraux métallifères très denses, notamment de sulfures et d'oxydes de fer.

Le traitement métallurgique comprend:

1° Le grillage du minerai;

2° Le lavage du minerai grillé;

3° La fonte du minerai grillé;

4° Le traitement des résidus;

5° Le raffinage de l'étain.

Le minerai est apporté à l'usine, lavé à l'état de *schlichs crus*. On commence par le griller, afin de décomposer les matières pyriteuses et arsénicales qu'il renferme et qui, ramenées à l'état d'oxyde, se séparent ensuite aisément par le lavage. L'oxyde d'étain n'éprouve aucune altération dans cette opération, tandis que les sulfures et les arséniosulfures s'oxydent et se désagrègent.

Le grillage s'effectue dans des fours à réverbère. Un conduit spécial emmène l'acide arsénieux et les autres produits du grillage dans une série de chambres de condensation. On en retire de temps à autre l'acide arsénieux impur, qui forme moyennement les 20 à 25 °/₀ de schlich cru. On charge à la fois 6 à 700 kil. de schlich cru, préalablement séché, sur la voûte du fourneau, d'où on le fait tomber sur la sole par une trémie de chargement.

Après le grillage, la matière est bocardée, puis lavée. Les matières oxydées se réduisent en poudre fine que les lavages enlèvent, tandis que l'oxyde d'étain reste dans son état primitif. Le minerai se trouve enrichi et peut contenir de 40 à 60 °/₀ d'étain. Après ce traitement, on fait un mélange de charbon et de minerai qu'on charge couche par couche dans un fourneau à manche représenté (*fig*. 358). C'est un demi-haut fourneau à poitrine fermée, ayant seulement un œil pour l'écoulement de l'étain et des scories. Ce fourneau est surmonté d'une chambre de condensation. Il reçoit de 4 1/2 à 5 kil. d'air par minute au moyen de deux soufflets pyramidaux. La charge normale est d'environ 6 k. 1/4 de schlich grillé et un litre 1/2 de charbon de bois léger. On passe 52 kil. de minerai par heure. La campagne dure de 5 à 6 jours. Les scories que l'on obtient sont repassées dans la proportion des 2/3 dans le courant de l'opération ; puis, à la fin de la fonte, on les repasse une fois seules.

877. *Opération.* — L'oxyde de carbone produit par la combustion du charbon réduit l'oxyde d'étain qui se rend dans un premier creuset *A*, avec les scories provenant de la fusion des gangues. Lorsque le creuset est plein de métal fondu, on débouche le trou de coulée pour le faire rendre dans un bassin *B* où on l'agite avec des ringards de bois vert. La

matière organique, en se décomposant, laisse dégager des gaz qui agitent la masse et font monter à la surface des crasses qu'on enlève au fur et à mesure. Ces crasses ne renferment plus que 4 à 5 °/₀ d'étain. Quand la température du métal s'approche du point de solidification, on l'enlève avec des poches en fer, puis on le coule dans des moules.

L'étain en pains, obtenu par la coulée, est soumis à l'opération du raffinage qui consiste à réchauffer lentement le métal sur la sole d'un four à réverbère.

L'étain pur fond le premier et s'écoule en dehors du fourneau, tandis qu'une portion de l'étain combiné aux matières étrangères reste sur la sole à l'état liquide.

On peut répéter cette liquation plusieurs fois.

TRAITEMENT MÉTALLURGIQUE EN ANGLETERRE.

878. En Angleterre, la presque totalité des minerais est traitée dans des fourneaux à réverbère alimentés à la houille. On ne soumet à la fonte au charbon de bois, dans un fourneau à tuyères, que les meilleurs minerais d'alluvion, dans le but d'obtenir de l'étain extrêmement pur.

Après avoir lavé les minerais, on les grille dans des fourneaux de grillage représentés (*fig*. 359). Ces fourneaux, surmontés de chambre de condensation, ont des dimensions qui varient dans des limites très étendues. Ils ont ordinairement de 3 à 4ᵐ de longueur sur 2 à 3ᵐ de largeur. On charge à la fois 300 à 400 kil. de schlich cru sur la sole et chaque grillage dure de 12 à 18 heures. L'arsenic impur qui se dépose dans les chambres de condensation est vendu aux usines d'arsenic. Le minerai grillé est exposé au contact de l'air pour transformer les sulfures en sulfates, puis lessivé.

Les eaux de lavage contiennent du sullate de cuivre. On en précipite le cuivre par de la ferraille, à l'état de cuivre de cément. Le minerai grillé est criblé. Ce

des fours à réverbère représentés (*fig.* 360). Avant de charger sur la sole le minerai grillé, dont la teneur moyenne est de 65 % d'étain, on le mélange, selon sa qualité, avec 1/15 à 1/5 de houille très sèche en poudre qui sert de réactif. On y ajoute quelquefois de la chaux éteinte pour obtenir des scories plus fusibles.

On charge de 700 à 800 kil. de minerai; puis, l'on chauffe fortement. Après 6 à 7 heures, on jette quelques pelletées de houille sèche en poudre, afin de rendre les scories moins fusibles. On coule d'abord l'étain et, dès qu'on voit arriver les scories, on ferme le trou de coulée. Immédiatement après, on retire les scories laissées sur la sole et on procède à un nouveau chargement. On laisse reposer l'étain dans le bassin de réception, puis on le coule dans des moules. Les scories enlevées, contenant seulement quelques grenailles d'étain, sont bocardées et lavées, puis fondues isolément; elles donnent un étain de qualité très inférieure.

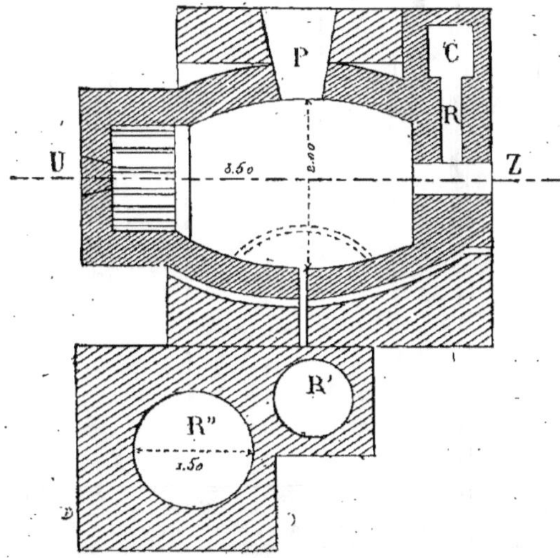

Fig. 359. — Four à réverbère de grillage et de réduction pour étain (Cornwall).

Légende. — P. Porte de chargement. — *ddd*. Chambres de condensation. — R. Rampant conduisant à la cheminée et aux Chambres de condensation. — R". Bassin d'affinage. — R'. Bassin de réception.

qui passe à travers le crible est lavé dans des caisses ou sur des tables dormantes.

PURIFICATION DE L'ÉTAIN PAR LIQUATION.

879. La purification de l'étain se fait dans

RAFFINAGE DES SAUMONS
D'ÉTAIN.

880. Le raffinage se compose de deux opérations : une liquation et le raffinage proprement dit. La liquation s'opère dans un fourneau à réverbère pareil à celui de fusion. Les saumons sont rangés sur la sole du four et l'étain fondu coule dans le bassin d'affinage construit en briques ou remplacé par un bassin ou chaudière en fonte R" (*fig.* 359), sous laquelle on fait un peu de feu. L'étain fondu se rend dans un bassin de réception R'.

La seconde opération du raffinage con-

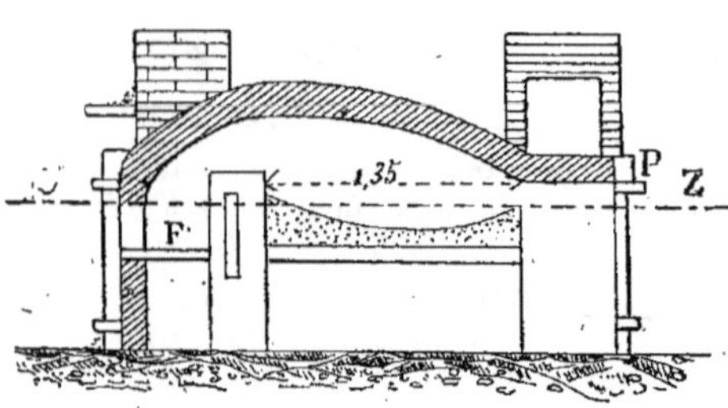

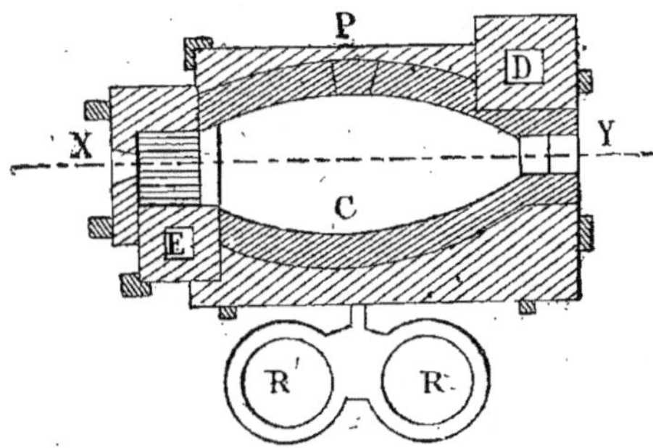

Fig. 360. — Purification de l'étain par liquation (Cornwall).

LÉGENDE

P — Porte de chargement.
P' — Porte de travail.
C — Embrasure de coulée.
F — Foyer profond.
R — Réservoir en briques.
R' — Bassin en fonte chauffé par foyer distinct.
D — Cheminée générale de tirage.
E — Cheminée particulière ouverte seulement pendant le brassage.

siste à enfoncer, dans le bain d'étain, contenu dans le réservoir R', des bûches de bois vert que l'on maintient, à l'aide d'un châssis fixé, sur une potence tournante. Il se forme sur le bain une écume composée presque entièrement d'oxyde d'étain et d'une petite quantité d'oxyde de fer. Cette écume est enlevée et rejetée dans le fourneau. L'étain est ensuite coulé dans des moules.

L'étain est d'autant plus pur, qu'il se rapproche de la surface du bain. Celui qui provient du fond est tellement impur qu'il doit être de nouveau soumis au raffinage.

IV. — 881. Tableau des poids et dimensions courantes des tuyaux en étain pur du commerce.

DIAMÈTRES intérieurs en millimètres.	ÉPAISSEURS en millimètres.	POIDS du mètre courant.
		kil. gr.
5	1 1/4	0,170
6	1 1/2	0,250
7	1 1/2	0,280
8	1 1/2	0,310
9	1 1/2	0,350
9	2 »	0,540
10	1 1/2	0,450
10	2 »	0,650
12	1 1/2	0,500
12	2 »	0,700
14	2 »	0,800
16	2 »	0,900
20	2 1/2	1,350
25	3 »	1,850
30	3 »	2,300
35	3 1/2	3,200
40	3 1/2	3,500

(Colonne de gauche : LONGUEUR DE 10 À 100 MÈTRES, SUIVANT LES DIAMÈTRES.)

NOTA. Ces évaluations, calculées sur la densité de l'étain, sont sujettes à une certaine tolérance dans la fabrication. — Les tuyaux de 9 millimètres et au-dessus sont presque toujours disponibles en magasin. — L'étain étant un métal léger et résistant, le tuyau d'étain se fabrique à de faibles épaisseurs.

V. — Alliages de l'étain.

882. L'étain se combine avec un grand nombre de métaux pour former des alliages. Nous ne parlerons que des principaux.

L'étain s'amalgame avec le mercure dans la proportion de 3 parties de mercure pour une partie d'étain (étamage des glaces). Avec le cuivre, l'étain forme de nombreux alliages; 100 parties de cuivre et 10 d'étain forment un alliage qui sert pour la confection des canons. En augmentant la proportion d'étain jusqu'à 20 0/0, on obtient un alliage plus cassant, mais très-sonore (fabrication des cloches).

Pour la confection des miroirs de télescope, on fait encore un alliage de cuivre et d'étain, auquel on ajoute un peu d'arsenic.

Enfin, l'étain forme avec le fer une sorte d'alliage présentant une grande importance : c'est le *fer-blanc*. On fabrique aussi des tuyaux en étain qui rendent de véritables services quand il est impossible d'utiliser le plomb. Nous donnons, dans le tableau précédent, les diamètres, les épaisseurs et le poids du mètre courant des tuyaux en étain pur de commerce.

§ III. — PLOMB.

SOMMAIRE

I. — Définitions, notions générales et principales propriétés du plomb.

883. Le plomb est un métal connu dès la plus haute antiquité. C'est, après le fer, le métal qui rend à l'homme les services les plus grands. C'est lui qui, en raison de la facilité avec laquelle il se contourne en tous sens, nous apporte l'eau, principe constitutif de tous nos aliments, et le gaz avec lequel nous nous éclairons et même nous nous chauffons. Lorsqu'il est pur, il possède une couleur d'un gris bleuâtre. Il est blanc bleuâtre très-éclatant, lorsqu'il vient d'être raclé. Il présente une grande mollesse. Aussi, l'ongle l'entame-t-il aisément. Il laisse des traces grises quand on le frotte sur du papier. Il est très-malléable et ductible; il peut se réduire en feuilles très-minces et s'étirer en fils très-déliés, qui ont peu de ténacité. Un fil de $0^m,003$ d'épaisseur se rompt sous un poids de 14 kil. Sa densité est de 11,445. Le plomb fond entre 325 et 340 degrés, suivant sa pureté. A une très haute température, il émet des vapeurs abondantes. Il est susceptible de cristalliser, par fusion, en cristaux présentant la forme d'octaèdres réguliers.

Le plomb se ternit promptement à l'air ; il se recouvre d'une pellicule grise ou noirâtre qui forme un vernis et que l'on considère comme un sous-oxyde. Chauffé jusqu'à fusion, le plomb se recouvre d'abord d'une pellicule irisée d'oxyde qui se transforme rapidement en une matière jaune ; c'est du protoxyde de plomb.

Le plomb jouit de la propriété de dissoudre une petite quantité d'oxyde et il acquiert alors une certaine dureté. Pour lui rendre sa mollesse, il suffit de l'agiter, pendant qu'il est en fusion, avec un peu de charbon qui réduit l'oxyde.

Le plomb du commerce contient souvent des traces de fer et de cuivre. Pour l'obtenir pur, on a recours à l'oxyde de plomb qui résulte de la calcination de l'azotate. Il suffit de chauffer cet oxyde dans un creuset avec du poussier de charbon pour le ramener promptement à l'état métallique. Le plomb n'a presque pas de saveur, mais il possède une odeur particulière assez prononcée.

II. — Action des corps étrangers sur le plomb.

884. Le plomb ne décompose sensiblement la vapeur d'eau qu'à la chaleur blanche. Les acides agissent sur lui avec plus ou moins d'énergie. Ses meilleurs dissolvants sont l'acide azotique et l'eau régale qui le dissolvent, même à froid. L'acide chlorhydrique concentré et bouillant l'attaque à peine. L'acide sulfurique ne l'attaque que lorsqu'il est concentré et bouillant; il se forme alors un sulfate insoluble. Le plomb s'attaque très bien, par voie sèche, par le *nitre*.

Il a une grande affinité pour l'or et l'argent. On utilise cette propriété pour séparer ces derniers métaux des matières terreuses et ferreuses qui les accompagnent. Le zinc, le fer et l'étain précipitent le plomb de ses dissolutions à l'état métallique. Chauffés au chalumeau avec du charbon, les sels de plomb donnent un globule de plomb métallique.

III. — Du prétendu empoisonnement lent produit par les eaux alimentaires qui traversent des tuyaux de plomb.

885. Nous extrayons d'une notice publiée par M. F. Renard, ingénieur civil, les quelques lignes suivantes qui présentent un véritable intérêt.

Des industriels, que des motifs de spéculation seuls dominent, ont pu prétendre, il y a quelques années, que les tuyaux employés à la conduite des eaux communiquaient à celles-ci des propriétés toxiques assez énergiques pour amener l'altération de la santé et même la mort.

Le plomb, disent-ils, n'est pas vénéneux, par lui-même; mais quand l'eau aérée passe dans des tuyaux de ce métal, il en résulte du carbonate de plomb, sel très-dangereux qui ne tarde pas à amener des accidents graves.

L'expérience journalière nous rassure, heureusement, sur ce point important pour l'hygiène publique.

M. Renard a constaté que des fragments de tuyaux en plomb servant depuis 150 ans à conduire l'eau qui alimente la ville de Bordeaux ne contiennent qu'un léger dépôt blanc de carbonate de plomb très-adhérent à la paroi interne du tuyau. — Chaque année, les hommes éminents, qui sont à la tête de l'enseignement de notre pays, proclament, dans leurs leçons, que si l'eau distillée attaque les vases en plomb où elle séjourne, l'eau chargée de sels (*et elle doit l'être pour devenir potable*) peut rester très-longtemps en contact avec ce métal sans qu'il en résulte une altération notable.

Le dépôt de carbonate de plomb est la matière blanche que les arts nous livrent sous le nom de *céruse*. Or, cette substance est d'une insolubilité complète dans l'eau et il n'existe pas d'autre carbonate de plomb soluble dans ce liquide.

L'expérience suivante prouve toute l'insolubilité de la combinaison que l'oxyde de plomb forme avec l'acide carbonique.

Rappelons d'abord que toutes les fois que de l'eau contiendra des traces de plomb en dissolution, on en sera immédiatement averti par l'emploi de l'acide sulfhydrique qui fournira un dépôt noir de sulfure de plomb.

Or, si l'on prend de l'eau qui aura séjourné dans un tuyau de plomb carbonaté, et même de l'eau qu'on a agitée avec ce carbonate pulvérisé et qu'on verse dans ce liquide de l'acide sulfhydrique, on n'obtient pas le plus léger dépôt noir; par conséquent, le plomb, le carbonate de plomb sont insolubles, et, par suite, l'innocuité de l'eau qui a séjourné dans des tuyaux de ce métal est un fait hors de toute contestation.

S'il en est ainsi, comment expliquera-t-on les accidents auxquels sont exposés les ouvriers qui fabriquent la *céruse?*

Dans ces ateliers, l'atmosphère est remplie d'une poussière impalpable de carbonate de plomb qui y reste en suspension, en vertu de sa ténuité extrême, et qui pénètre dans les poumons des ouvriers avec l'air qu'ils respirent. Rien de pareil n'a lieu dans les eaux. La céruse qui se dépose dans les tuyaux est en écailles qui adhèrent à leurs parois. Ces écailles ne peuvent être entraînées par l'eau, car les sels de plomb sont extrêmement lourds et le carbonate qui se forme reste toujours sous le sol dans les parties les plus basses des canaux, c'est-à-dire là où ne sont pas les robinets de sortie de l'eau. Il faudra donc placer les robinets au moins à trois pouces du fond du réservoir.

Certains industriels ont eu l'idée d'étamer les tuyaux de plomb dans le but de prévenir l'action délétère de ce métal. Cet étamage est de toute inutilité. Il peut même devenir nuisible, par suite d'une action électro-chimique de l'étain sur le plomb qui pourrait avoir lieu si, par une cause quelconque, l'étain laissait en quelques endroits le plomb à nu.

L'eau renfermant toujours des sels en dissolution, constituerait, au contact des deux métaux, un véritable élément de pile, dont le plomb serait le corps électropositif. Il se combinerait rapidement à l'oxygène de l'eau et, en peu de temps, il se formerait des quantités notables de carbonate de plomb et surtout d'oxyde de ce métal, qui se dissoudraient dans l'eau à la faveur des acides qui s'y trouvent en combinaison. C'est alors que l'on aurait à redouter les empoisonnements lents, précisément ce que l'on voulait prévenir.

IV. — Minerais de plomb.

886. Les minerais de plomb sont très nombreux; mais les deux seuls qui soient assez abondants pour servir à son extraction et qu'on puisse considérer comme de véritables minerais de ce métal, sont le *carbonate* et le *sulfure* qu'on désigne sous le nom de *galène.*

887. *Galène* ou *sulfure de plomb.* — Le sulfure de plomb est généralement d'un gris bleuâtre métallique très éclatant. Sa densité est 7.585. Il est moins fusible que le plomb, mais plus volatil. Par le grillage, il se transforme en un mélange d'oxyde et de sulfate. Ce sulfure s'attaque difficilement par l'acide chlorhydrique. L'acide nitrique étendu le dissout et le transforme en sulfate insoluble.

La galène est de beaucoup le plus abondant des minerais de plomb. Elle est le plus souvent lamellaire, rarement compacte, à cassure lisse ou grenue. Elle renferme presque toujours une faible proportion d'argent. Pure, elle contient 0,86 de plomb.

888. *Carbonate de plomb.* — Après la galène, le carbonate de plomb, ou *plomb blanc,* est le plus répandu des minerais de plomb. Ce carbonate est blanc, pulvérulent, insoluble dans l'eau. Il est très employé dans les arts, sous le nom de *blanc de plomb* ou de *céruse.* Il présente un éclat adamantin ou des reflets nacrés; il cristallise en prismes tétraèdres allongés ou en aiguilles.

V. — Traitement métallurgique.

889. Les procédés employés sont très nombreux, mais peuvent tous se ramener aux trois cas suivants :

1° Méthode par réaction, qui consiste à griller le minerai (composé en grande partie de galène) jusqu'à un certain point; il se forme de l'oxyde et du sulfate de plomb que l'on fait réagir sur le sulfure non décomposé. Il se dégage de l'acide sulfureux et l'on obtient du plomb métallique.

2° Griller complètement le minerai, puis le réduire par le charbon.

3° Réduire le minerai cru, ou partiellement grillé, par le fer.

La méthode qui consiste à faire agir le fer sur le sulfure est surtout applicable aux minerais dont la gangue est riche en silice. Ces minerais se prêteraient difficilement à l'emploi du procédé par réaction, car il se formerait, dans ce cas, un silicate qui n'exerce aucune action sur le sulfure.

Lorsque la gangue est peu siliceuse, on préfère employer la méthode par réaction.

1° MÉTHODE PAR GRILLAGE ET RÉACTIONS.

890. Les minerais traités doivent renfermer au moins 50 p. 100 de plomb. Le travail se fait exclusivement dans des fours à réverbère où l'on effectue, successivement et dans le même four, le grillage du minerai et la réaction de l'oxyde et du sulfate formés sur le sulfure non décomposé. Le combustible employé est, suivant les localités, le bois ou la houille.

Prenons, comme exemple, la méthode du pays de Galles.

Le minerai est soumis préalablement à une préparation mécanique très soignée. Sa teneur en plomb est ordinairement de 70 p. 100. L'opération se divise en deux parties :

1° Traitement au four à réverbère;

2° Fonte des crasses au fourneau à manche.

La figure 361 donne le plan et la coupe du four à réverbère employé :

F, foyer ayant $0^m 65$ sur $1^m 30$;

p, porte de chargement du foyer;

a, autel ;

S, sole du four ;

P, P, six portes de travail, dont trois de chaque côté.

En avant, de l'une des portes du milieu se trouve pratiqué dans la sole un bassin intérieur, dont le fond est à $0^m 60$ au-dessous du seuil de la porte. Vis-à-vis, se trouve une chaudière extérieure M en fonte pour recevoir les coulées de plomb.

Une trémie T, pratiquée dans la voûte du fourneau, sert à effectuer le chargement. C cheminée allant aux chambres de condensation. H rampant.

On charge à la fois 1,000 kil. de minerai dans le four à réverbère et chaque opération dure cinq à six heures.

On commence par un grillage à basse température, qui dure deux heures. Pendant ce temps, on fait subir une espèce de ressuage aux crasses de l'opération précédente. On purifie le plomb obtenu et on le coule en saumons.

Pendant le grillage, il se produit, tout à la fois, de l'acide sulfureux qui se dégage sous forme de gaz dans l'atmosphère, de l'oxyde et du sulfate de plomb, qui se mélangent à la galène inaltérée.

Dans le but de faciliter le grillage, l'ouvrier remue constamment la masse avec un ringard, afin de renouveler les surfaces. Lorsque le minerai est suffisamment grillé, on ferme les ouvreaux pour empêcher l'accès de l'air et on donne un violent coup de feu.

Comme le sulfate, l'oxyde et le sulfure ne se trouvent pas en proportions convenables pour n'obtenir que du plomb, il se forme, en même temps, un sous-sulfure qui constitue une matte très-fusible (scories riches) qu'on soumet à son tour au même traitement, pour en retirer une nouvelle quantité de plomb.

On obtient moyennement 24 à 25 p. 100 de crasses, dont on repasse 100 kil. par heure au fourneau à manche, en les mélangeant avec des escarbilles de coke; elles rendent 22 à 24 p. 100 de plomb.

Le plomb obtenu est purifié par liquation en le remettant sur la sole d'un four à réverbère, puis en le brassant avec un peu de fraisil dans la lingotière où il retombe écumant et en le coulant en lingots ou saumons.

2° DEUXIÈME MÉTHODE.

891. Cette méthode consiste à griller le minerai aussi complètement que possible et à le fondre ensuite dans des fourneaux à manche ou dans des demi-hauts fourneaux. Les minerais traités sont plus impurs et moins riches que ceux de la première méthode. Le grillage se fait, en tas, en cases à plusieurs feux ou, mieux, dans

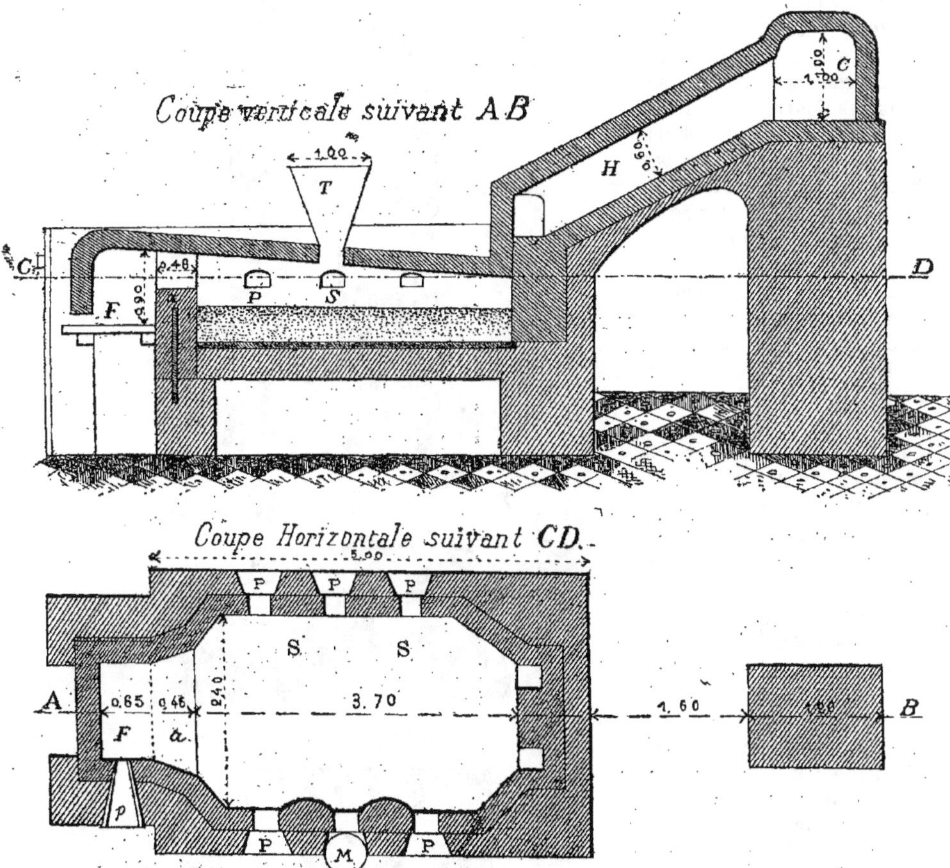

Fig. 361. — Four à réverbère pour le traitement de la Galène en Angleterre. — Méthode par grillage et réactions.

des fours à réverbère de différentes formes. La fonte du minerai grillé a lieu ordinairement dans des demi-hauts fourneaux de dimensions très variables. On obtient, tantôt seulement du plomb et des scories pauvres rejetées, tantôt du plomb, des scories à rejeter et des mattes que l'on grille et que l'on repasse avec le minerai grillé. Ce dernier cas se présente surtout lorsque le grillage a eu lieu en tas, parce qu'alors il se forme une forte quantité de sulfate qui, par l'action du

charbon pendant la fonte,
donne du plomb et du sous-
sulfure de plomb ou matte à
retraiter. Nous donnons
(*fig.* 362) la disposition d'un
four de fusion pour matte.

3° TROISIÈME MÉTHODE.

892. Cette troisième méthode consiste à réduire la
galène par le fer, soit dans
des fourneaux à manche, soit
dans des fourneaux à réverbère. On remplace souvent
une partie du fer par des battitures ou des scories de forge,
dont une partie du fer se réduit pendant la fonte et remplace économiquement le fer
métallique. Théoriquement,
il suffirait de 22,6 p. 100 de fer
pour décomposer la galène;
mais, dans la pratique, il convient d'en employer 30 à 35
p. 100.

Dans la haute Silésie, le
minerai riche tenant 0,80 de
plomb est traité dans des fourneaux à manche. On dépense
environ 0,14 de coke et on
produit 0,66 de plomb et
0,24 de matte, plus des scories qui sont rejetées.

Sous le rapport du rende-
ment en plomb et de l'économie du combustible, ce troisième procédé donne des résultats bien supérieurs aux
autres, pour le traitement des
minerais ayant une faible teneur (0,40 à 0,60) et que la
nature de la gangue n'a pas
permis de concentrer davantage.

VI. — Traitement du plomb d'œuvre.

893. Le sulfure de plomb,
ou galène, contenant souvent
une certaine proportion d'argent, on dirige le traitement
du minerai de telle sorte qu'on
puisse obtenir séparément ces

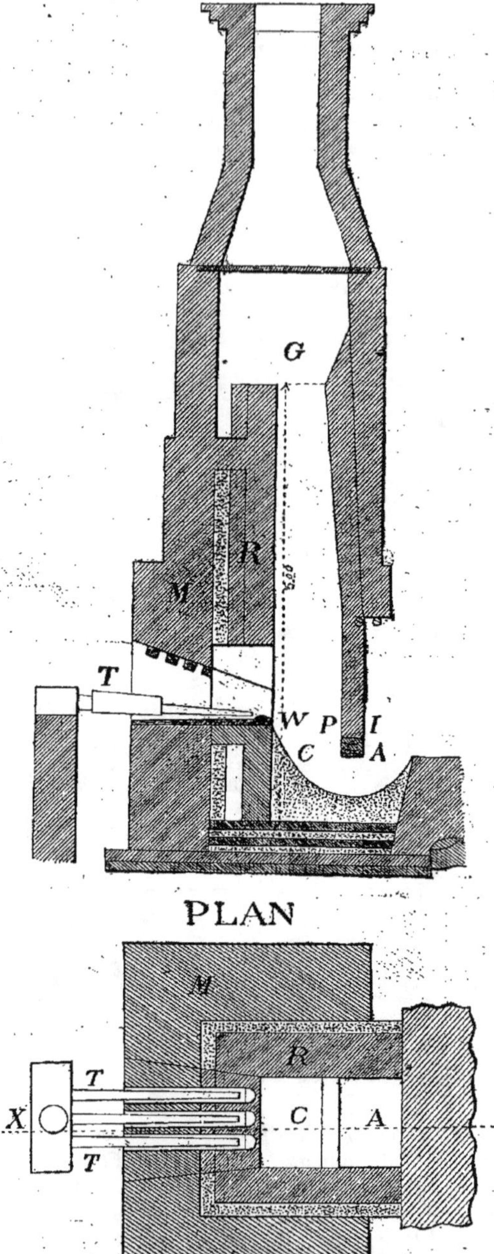

Fig. 362. — Four de fusion pour matte.

LÉGENDE. — C Creuset. — A Avant-Creuset. — T Tuyères. — M Maçonnerie ordinaire. — R Briques réfractaires. — W Warme. — P Poitrine.

deux métaux. Après avoir fait subir au minerai les différents traitements néces- saires pour le transformer en plomb mé- tallique, on part de ce métal, auquel on

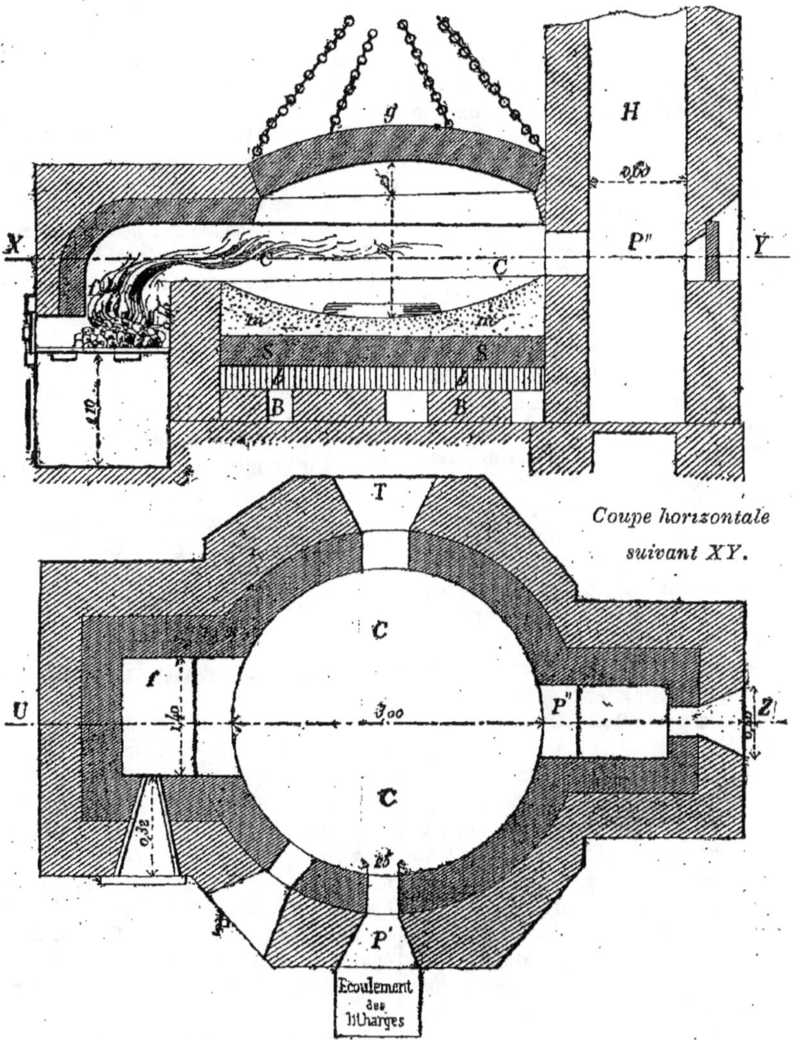

Fig. 363. — Four de coupelle. — Méthode allemande (Vialas).

LÉGENDE. — C Coupelle concave. — m. Marne pilée avec débris de coupelle. — S. Lit de scories battues. — b. Briques réfractaires placées de champ. — B Bati en briques ordinaires. — f. Foyer. — g. Chapeau du four mobile au moyen d'une grue. — H Cheminée. — T Tuyère (une ou deux). — P Porte pour le chargement des saumons. — P' Pour l'écoulement des litharges. — P'' Communication du four avec la cheminée.

donne le nom de *plomb d'œuvre,* pour en séparer l'argent par le procédé de coupellation.

Ce procédé est basé sur la propriété que possède le plomb de s'oxyder à l'air, tandis que l'argent, n'éprouvant aucune altération, se concentre de plus en plus dans la masse jusqu'à rester absolument seul. Il se forme de la litharge (protoxyde de plomb) par l'action de l'oxygène atmosphérique et cette litharge s'écoule au dehors du fourneau au fur et à mesure de sa production.

Le fourneau de coupellation n'est autre chose qu'un fourneau à réverbère dont la sole présente la forme d'une calotte sphérique (*fig.* 363). Cette sole, *C*, qui constitue la coupelle est formée de briques réfractaires sur lesquelles on applique un lit *S* de scories battues et des couches successives *m* d'une substance qui doit résister, autant que possible, à l'imbibition et à l'action érosive de la litharge (Marne pilée avec débris de coupelle).

Le métal étant fondu, on fait arriver une grande quantité d'air à la surface du bain et on élève un peu la température. Le plomb fondu prend une forme convexe et ses bords s'isolent du fond de la coupelle. Il existe alors un espace vide dans lequel vient se rendre la litharge aussitôt qu'elle se forme. Il faut éviter que cette litharge reste au dessus du bain. On doit la faire écouler de suite.

On continue l'opération tant qu'il se forme de la litharge. On obtient ce que l'on nomme l'*argent de coupelle* qui renferme encore 1/10 de plomb. Pour l'obtenir pur, il faut le raffiner. Pour passer des plombs à la coupelle, il faut que ces plombs renferment assez d'argent pour rendre le travail avantageux. Les plombs pauvres, contenant moins de $0^{gr},2$ d'argent par kilo, ne sauraient subir cette opération avec bénéfice.

Un métallurgiste anglais, nommé Patinson, est parvenu à exploiter à peu de frais des plombs ne renfermant que des traces d'argent. Il se fondait sur cette observation que lorsqu'on laisse refroidir lentement des plombs argentifères fondus, le plomb pur se solidifie d'abord, tandis que l'argent se concentre dans les dernières portions qui se figent. En répétant cette opération un certain nombre de fois, on obtient un alliage assez riche pour pouvoir être coupellé.

VII. — Revivification des Litharges.

894. Les litharges obtenues sont revivifiées, soit dans des fourneaux à manche, soit dans des fours à réverbère. En employant les fourneaux à manche, la perte en plomb est de 4 0/0. Au four à réverbère, la perte est insignifiante. On charge d'abord une couche de houille de 5 à 6 centimètres d'épaisseur sur la sole qui est incliné vers un canal servant à l'écoulement du plomb réduit. L'intérieur du fourneau étant arrivé au rouge sombre, on charge la litharge sur toute l'étendue de la sole, en fragments assez gros, mélangés de deux ou trois fois son volume de menue houille. On maintient le feu au rouge sombre. La litharge ne fond pas et le plomb réduit se sépare par liquation.

VIII. — Plomb laminé.

895. Pour obtenir du plomb en feuilles, on le coule ordinairement en plaques, sur une table, et on le lamine à froid. La table a 2^m40 de largeur. Les cylindres employés ont $0^m,43$ de diamètre et une longueur de $2^m,00$. La vitesse à la circonférence est de $8^m,64$ par minute. En deux heures, on amène une plaque de 6 centimètres d'épaisseur et de 2000 kil. à une épaisseur de 1 centimètre. La force employée est de 10 chevaux pour un laminoir.

Quelquefois, on le coule sur des tables en pierre légèrement inclinées. Il faut alors que la feuille n'ait pas plus de 5 à 6 millimètres d'épaisseur, sans quoi la table se fendrait. On peut se procurer, par le coulage, des feuilles de plomb très minces, en coulant le plomb sur une toile de coutil graissée avec du suif, bien tendue et inclinée d'environ 1/6. Le plomb doit être coulé à une température très basse.

Nous donnons ci-après le tableau des plombs laminés du commerce et le tableau des tuyaux en plomb employés dans l'industrie.

IX. — 896. Tableau des plombs laminés en tables, du commerce.

Épaisseurs en millimètres. . . .	1 mill.	1 mill. ½	2 mill.	2 mill. ½	3 mill.	4 mill.	5 mill.	6 mill.
Poids du mètre carré	kil. 11,35	kil. 17,00	kil. 22,70	kil. 28,40	kil. 34,05	kil. 45,40	kil. 56,75	kil. 68,10

X. — 897. Tableau des tuyaux en plomb du commerce (dits sans fin) coupés en longueur de 10 à 100 mètres.

DIAMÈTRES intérieurs en millimètres.	POIDS D'UN MÈTRE COURANT DE L'ÉPAISSEUR DE :									
	1 mill. ½	2 mill.	2 mill. ⅓	3 mill.	3 mill. ½	4 mill.	4 mill. ½	5 mill.	6 mill.	7 mill.
millimètres.	kil. déca	kil. déca	kil. déca	kil. déca	kil. déca	kil. déca	kil. déca	kil. déca	kil. déca	kil. déca
10	0,65	0,85	1,00	1,40	1,65	2,00	2,30	2,65	3,40	»
12	0,75	0,90	1,30	1,60	2,00	2,20	2,60	3,10	3,85	»
13	0,85	1,00	1,40	1,80	2,05	2,50	2,80	3,20	4,00	5,00
16	1,10	1,30	1,65	2,00	2,40	3,00	3,25	3,70	4,70	5,70
18	1,30	1,35	1,80	2,20	2,60	3,10	3,55	4,00	5,10	6,20
20	»	1,70	2,00	2,45	2,95	3,40	»	4,45	5,70	6,75
25	»	»	2,40	3,00	3,55	4,15	»	5,35	6,65	8,00
27	»	»	2,75	3,15	3,80	4,40	»	5,65	7,00	8,40
30	»	»	3,20	3,50	4,20	4,90	»	6,25	7,70	9,25
35	»	»	»	4,00	4,80	5,55	6,35	7,15	8,75	10,50
40	»	»	»	»	5,00	6,25	7,15	8,00	9,85	11,75
45	»	»	»	»	»	»	7,95	8,90	10,95	13,00
50	»	»	»	»	»	»	8,75	9,80	12,00	14,10
55	»	»	»	»	»	»	9,80	10,70	13,05	15,35
60	»	»	»	»	»	»	»	11,60	14,10	16,70
65	»	»	»	»	»	»	»	12,40	15,00	18,00
70	»	»	»	»	»	»	»	13,35	16,25	19,20
80	»	»	»	»	»	»	»	15,15	18,40	21,70
95	»	»	»	»	»	»	»	17,80	21,60	25,45
110	»	»	»	»	»	»	»	20,50	24,80	29,20

Left-side row-group brackets: *Par couronnes de 10m,00.* (rows 10 à 18) — *De 7 à 8m,00.* — *Par longueur de 4m,00.*

NOTA : Ces évaluations, calculées sur la densité du plomb, sont sujettes à une certaine tolérance dans la fabrication. — Les tuyaux dont les poids sont indiqués ci-dessus se trouvent presque toujours en magasin.

XI. — Principaux alliages.

898. Le plomb se combine avec la plupart des métaux pour former des alliages, mais les plus importants sont ceux qui résultent de sa combinaison avec l'étain et l'antimoine.

L'alliage de plomb et d'étain, à parties égales, constitue la soudure des ferblantiers.

La soudure des plombiers renferme deux parties de plomb pour une d'étain.

Les potiers d'étain emploient des alliages de plomb et d'étain dont le plus usité renferme de 12 à 18 0/0 de plomb.

Le plomb s'allie directement au potassium et au sodium ; ces alliages décomposent l'eau.

Si, au plomb et à l'étain, on ajoute le bismuth, on forme un alliage connu sous le nom d'*alliage de Darcet*, composé de cinq parties de plomb, trois parties d'étain et huit parties de bismuth. Cet alliage fond à une température inférieure à 100 degrés. En ajoutant à cet alliage un peu de mercure, le produit obtenu est encore plus fusible.

Le plomb et l'antimoine forment un alliage employé pour la fabrication des caractères d'imprimerie et qui renferme de 78 à 80 parties de plomb et de 20 à 22 parties d'antimoine.

XII. — Minium.

899. En soumettant le *massicot* (protoxyde de plomb) obtenu par l'action de l'air sur le plomb à une chaleur convenablement ménagée, il se transforme en une matière d'un rouge orangé qui n'est autre que le *minium*.

Le massicot absorbe une quantité d'oxygène d'autant plus grande que l'opération se prolonge plus longtemps. La couleur devient rouge de plus en plus intense.

La composition du minium varie avec la quantité d'oxygène qu'on lui a fait absorber. C'est un composé de protoxyde et de bioxyde de plomb.

En traitant par l'acide azotique, le protoxyde est dissout et il reste un résidu qui est le bioxyde, ou *oxyde puce*.

Pour reconnaître la quantité de minium pur contenu dans le minium du commerce, il suffira de faire agir sur lui une dissolution d'acétate neutre de plomb ou de l'eau sucrée. Le minium n'est pas attaqué. On lave à l'eau pure, on sèche et on peut ensuite déterminer le poids du résidu.

Le minium est généralement employé pour la peinture à l'huile et la fabrication du cristal.

XIII. Céruse.

900. La céruse, connue aussi dans le commerce sous les noms de *blanc de plomb, carbonate de plomb, blanc de Clichy*, est un sel pulvérulent, blanc, insoluble dans l'eau, un peu soluble dans l'acide carbonique. La chaleur le décompose en acide carbonique et en protoxyde de plomb. Chauffé longtemps au contact de l'air, à une température voisine de 130 degrés centigrades, il se convertit en minium très-beau, vendu dans le commerce sous le nom de *mine-orange*.

On emploie deux procédés pour la fabrication de la céruse : l'un, qui est connu sous le nom de *procédé de Clichy*, consiste à décomposer l'acétate basique de plomb par l'acide carbonique ; l'autre, qui a pris naissance en Hollande, est, pour cette raison, désigné sous le nom de *procédé Hollandais*.

Dans le procédé de Clichy, on fait arriver un courant d'acide carbonique dans une dissolution d'acétate tribasique de plomb. L'acide carbonique est fourni par un feu de charbon qui sert à chauffer la chaudière dans laquelle s'opère la transformation de l'acétate neutre en acétate basique.

L'acétate basique se décompose. Il se

précipite du carbonate de plomb et il reste une liqueur légèrement acide contenant beaucoup d'acétate de plomb. Cette queur est ramenée, par une digestion sur de la litharge, à l'état d'acétate basique peut servir à une autre opération.

Le carbonate de plomb est lavé à grande eau, puis placé sur une aire en plâtre qui absorbe la majeure partie de ce liquide. Il est ensuite séché à une basse température.

Ce procédé est presque totalement abandonné aujourd'hui.

Le procédé hollandais consiste à exposer des lames de plomb aux réactions de l'air, de l'acide acétique, de la vapeur d'eau et de l'acide carbonique, qui, aidés par une température de 36 à 60 degrés, oxydent le métal et forment de l'acétate neutre que les progrès de l'oxydation rendent tribasique. Celui-ci est alors décomposé par l'acide carbonique; il forme du carbonate de plomb et il est ramené à l'état d'acétate de plomb neutre qui, de nouveau, devient tribasique à mesure que le plomb s'oxyde.

Les mêmes réactions, répétées un grand nombre de fois, produisent des quantités de céruse variables, suivant les circonstances.

Dans ce procédé, on roule en spirale des feuilles de plomb de 15 centimètres de hauteur sur 60 centimètres à 1ᵐ00 de largeur.

On a soin de laisser un intervalle de 1 à 2 centimètres entre les feuilles qu'on dispose dans des pots en grès vernissés, munis, à quelques centimètres du fond, d'un rebord sur lequel on appuie le rouleau (*fig.* 364). On place au fond du pot une certaine quantité de vinaigre de mauvaise qualité. Les pots, fermés par un couvercle, sont disposés, l'un à côté de l'autre, dans du fumier de cheval et recouverts de paille.

Sous l'influence de l'air et de la chaleur développée par le fumier, le plomb s'oxyde et se transforme graduellement en sous-acétate de plomb, sur lequel agit l'acide carbonique.

Après quinze jours, ce métal se trouve en partie transformé en carbonate que l'on détache en battant les rouleaux. On amène

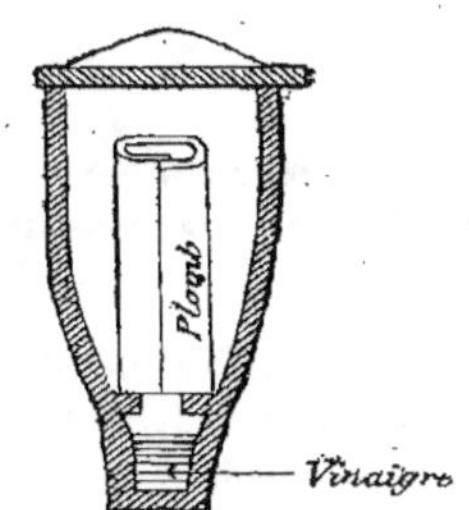

Fig. 364. — Coupe d'un pot pour la fabrication de la céruse.

ce carbonate à l'état de poudre très-fine par un broyage, puis il est lavé et séché comme dans le procédé de Clichy.

La céruse obtenue contient toujours une certaine quantité de sulfure de plomb provenant du soufre de la matière organique qui la colore en gris. Pour être livrée au commerce, elle doit être broyée blutée, afin d'obtenir le produit d'un beau blanc que réclame l'industrie.

La céruse vendue dans le commerce est souvent falsifiée. On la mêle avec du sulfate de plomb ou des carbonates de chaux et de baryte. On peut reconnaître cette fraude en traitant la substance par de l'acide azotique affaibli qui dissout la céruse et les autres carbonates et ne dissout pas le sulfate de plomb.

En faisant ensuite passer à travers la liqueur un courant d'acide sulfhydrique, on pourra reconnaître, dans la liqueur filtrée, l'existence de la chaux ou de la baryte.

§ IV. — NICKEL

SOMMAIRE

I. — Caractères et propriétés physiques et chimiques du nickel.

901. Le nickel est un métal découvert en 1751 par Cronstedt. Il a beaucoup d'analogie avec le cobalt et se trouve presque toujours dans les mêmes minerais.

C'est un métal blanc, légèrement grisâtre, malléable, presque aussi ductile que l'argent. Il peut se laminer et se tirer en fils. Il ne s'oxyde pas à l'air, ce qui le rapproche des métaux précieux.

Il a sensiblement la même dureté que le fer et la même ténacité. Il prend aisément un beau poli inaltérable. Fondu, sa densité est de 8,402 ; forgé et écroui, elle est de 8,882. Sa puissance magnétique est à celle du fer comme 40 est à 55. Il perd ses propriétés magnétiques de 350 à 400 degrés.

II. — Action des corps étrangers sur le nickel.

902. Le nickel se dissout facilement dans les acides sulfurique et chlorhydrique étendus avec dégagement d'hydrogène. Le charbon, en s'unissant à ce métal, en augmente la fusibilité. A une très haute température, le nickel brûle dans l'oxygène.

Chauffé au rouge, il s'oxyde lentement à l'air et décompose la vapeur d'eau, mais moins rapidement que le fer. Les acides minéraux le dissolvent. Il précipite, de leurs dissolutions, l'argent, le cuivre etc.

Il se combine directement avec le chlore, le soufre, le phosphore, le sélénium, l'arsenic. Avec le carbone, on obtient la fonte de nickel. En réduisant l'oxyde de nickel par le charbon à une très haute température, on obtient le métal sous la forme d'un culot compacte et fondu, qui est allié à une faible quantité de carbone. Dans cet état, il est d'un blanc gris, à peu près comme le platine, à cassure crochue.

III. — Minerais de nickel. — Traitement métallurgique.

903. Les minerais de nickel accompagnent presque toujours les minerais de cobalt. Ce sont l'*oxyde* et le *sulfure* qui sont très rares.

Le *Kupfernickel*, qui est un arséniure de la formule $NiAs$, et dans lequel le nickel est presque toujours, en partie, remplacé par du cobalt et du fer (sans cela, il en renfermerait 44 p. 100) est le minerai de nickel le plus abondant. Il est d'un gris rougeâtre, métallique, approchant du rouge de cuivre, amorphe, à cassure conchoïdale ou unie, très fragile. Par le choc du briquet, il répand une odeur d'ail. Sa densité varie de 7, 3 à 7, 6. Il est inattaquable par l'acide chlorhydrique et se dissout facilement dans l'acide nitrique.

La métallurgie du nickel n'existait pas, à proprement parler, jusqu'à la découverte des mines de la Nouvelle-Calédonie. Extrait de ses minerais par des procédés de laboratoire, son prix était très élevé. Les minerais étaient le plus souvent traités pour cobalt. Le nickel se concentrait dans la *speiss* d'où on l'extrayait.

Le *Kupfernickel* était aussi traité directement. Il y avait un autre procédé consistant à traiter la *speiss* avec la moitié de son poids de carbonate de soude anhydre et de soufre. On séparait les arsenio et antimonio-sulfures du culot ainsi obtenu par un lavage à l'eau chaude, puis on traitait à froid, par l'acide sulfurique ou chlorhydrique étendu, et l'on obtenait un sulfure de nickel pur ou à peine mélangé de sulfure de cobalt. Ce sulfure était enfin complétement grillé ou réduit au creuset brasqué. Aujourd'hui, la Société française « le *Nickel* » opère en grand par de nouveaux procédés, ce qui permet de se procurer ce métal d'une manière continue et indéfinie à 7 ou 8 fr. le kilogr.

IV. — Oxydes de nickel.

904. Les oxydes de nickel sont au nombre de deux : le *protoxyde* et le *péroxyde*, facilement réductibles par l'hydrogène, le carbone, le soufre, le phosphore et l'arsenic. Le protoxyde est d'un beau vert. Le péroxyde est noir, ainsi que son hydrate. On l'obtient en grillant l'oxyde ou le nitrate au rouge, ou en faisant réagir un hypochlorite alcalin sur le protoxyde de nickel récemment précipité.

V. — Alliages du nickel.

905. Le nickel forme, avec les métaux différents alliages dont le plus important est celui que l'on obtient avec le cuivre, et le zinc. Ce produit, qu'on connaît depuis longtemps, porte les noms de *maillechort*, de *packfong*, ou d'*argentan*. L'alliage que l'on emploie le plus communément est composé de 3 parties de cuivre, une partie de nickel et une partie de zinc. Il est blanc, malléable et susceptible de prendre un très beau poli. L'alliage (bronze ou maillechort), pour être blanc, doit contenir au moins 20 0/0 de nickel.

Le nickel est très employé pour la fabrication des objets nickelés à l'aide d'un bain électro-chimique.

§ V. — CUIVRE.

SOMMAIRE

I. — Définitions et principales propriétés du cuivre.

906. Ce métal paraît avoir été connu dans l'antiquité la plus reculée. Les Grecs et les Romains l'appelèrent *cyprium*, du nom de l'île de Chypre consacrée à Vénus, d'où ils le tiraient. Ce nom s'est changé, par la suite, en celui de *cuprum*, cuivre, qu'il porte aujourd'hui.

C'est, après le fer, le métal le plus ductile. Il a une couleur d'un brun-rouge éclatant, légèrement teinté de jaune et caractéristique. Il acquiert un très bel éclat par le polissage. Il est très malléable. On peut le réduire en feuilles minces et l'étirer en fils très fins. Un fil de cuivre de deux millimètres de diamètre peut supporter un poids de 151 kil. sans se rompre. Le cuivre exige, pour produire la rupture, un effort de 34 kil. par millimètre carré de section.

La densité varie entre 8.85, pour le cuivre fondu, et 8.95, pour le cuivre forgé et laminé. Il est plus dur que l'or et que l'argent : peu sonore. Il est doué d'une odeur et d'une saveur faibles mais très désagréables. La plupart de ses combinaisons sont vénéneuses. Chauffé de 0 à 100 degrés, sa dilatation linéaire est de 1/582 de sa longueur primitive.

Le cuivre fond à 1120 degrés ou à 27 degrés du pyromètre de Wedgwood. Soumis à l'action d'une température très élevée, il émet des vapeurs qui donnent à la flamme une belle couleur verte. L'intensité de cette couleur pourrait faire croire qu'il est très volatil, mais il ne l'est réellement que très peu, car lorsqu'on maintient ce métal pendant plusieurs heures dans un four à porcelaine il ne perd qu'une fraction très faible de son poids, environ 1/2 0/0 de perte. Quand on laisse refroidir lentement du cuivre fondu, il cristallise sous forme de cubes. Le cuivre du commerce n'est pas chimiquement pur. Il contient presque toujours des traces de fer. Pour obtenir ce métal dans un état de pureté parfaite, on plonge, dans la dissolution d'un de ses sels, une lame de fer bien décapée. Le cuivre se dépose sur la lame. On le sépare de la liqueur par décantation, puis on le fait digérer pendant quelque temps avec de l'acide chlorhydrique, qui enlève les dernières traces de fer.

Étant bien lavé et desséché, on le met dans un creuset avec du borax et un peu d'oxyde de cuivre, on le fait fondre et on obtient un culot de cuivre métallique.

On peut aussi réduire l'oxyde par l'hydrogène.

II. — Action des corps étrangers sur le cuivre.

907. Le cuivre ne s'altère pas aux températures ordinaires dans l'air sec, mais au contact de l'air humide, il se recouvre d'une pellicule de *vert-de-gris*, qui paraît être un hydro-carbonate de deutoxyde. Si l'on élève la température jusqu'au rouge, il se recouvre d'abord d'une couche d'un rouge violacé fort riche et finit par se transformer en une matière noire qui n'est autre chose que du protoxyde de cuivre anhydre. Si l'on chauffe jusqu'à fusion, l'oxydation se produit beaucoup plus rapidement. Le cuivre fondu s'imbibe d'une partie de protoxyde dont il se recouvre. Il perd alors de sa ductilité et son grain devient rouge terne. On lui rend ses qualités premières en le faisant fondre au contact du charbon.

En présence des vapeurs ammoniacales, le cuivre absorbe l'oxygène et l'azote de l'air pour former, suivant M. Peligot, un azotite basique de cuivre. Le cuivre décompose l'eau pure à une très haute température, avec dégagement de gaz hydrogène.

L'acide sulfurique ne l'attaque que lorsqu'il est concentré et bouillant, il y a dégagement d'acide sulfureux et il se forme du sulfate de deutoxyde.

L'acide azotique, même étendu, l'attaque. Il se forme un azotate de cuivre en même temps qu'il se dégage du bioxyde d'azote ; si l'opération s'exécute au contact de l'air, ce gaz se transforme en vapeurs rutilantes. L'acide chlorhydrique concentré attaque le cuivre, mais seulement lorsqu'il est très divisé ; tel qu'on l'obtient, par exemple, en le précipitant d'une de ses dissolutions, par du fer métallique.

Le soufre, le phosphore et l'arsenic se combinent directement avec le cuivre à l'aide de la chaleur. Très peu de phosphore rend le cuivre très dur et propre à faire des instruments tranchants. Lorsque le cuivre fondu est mis au contact du charbon pendant un certain temps, il s'y combine un peu de carbone et le cuivre est rendu aigre. Ce métal absorbe le gaz chlore et le brome avec production de chaleur et de lumière. Les acides organiques oxydent rapidement le cuivre avec le concours de l'oxygène atmosphérique. Les corps gras liquides ou solides agissent de la même manière.

III. — Minerais de cuivre.

908. Le cuivre se rencontre tantôt à l'état natif et cristallisé sous forme de cubes ou d'octaèdres, tantôt uni au soufre, à l'oxygène, à l'arsenic, etc... Il peut donc se trouver :

1° *A l'état natif;*

2° *A l'état d'oxydule;*

3° *A l'état de carbonate de protoxyde de cuivre ;*

4° *A l'état de sulfure simple;*

5°. *A l'état de pyrites;*

composés de sulfure de cuivre et de sulfure de fer, renfermant quelquefois, en outre, des sulfures de plomb, d'antimoine et d'argent.

1° *Cuivre natif.* Le cuivre natif se trouve en cristaux réguliers, en dendrites ou à l'état filiforme généralement dans les terrains primitifs ou de transition, accompagnant, en petite quantité, les autres minerais de cuivre. Les gangues qui se trouvent avec ce minerai sont le granit, le gneiss, le schiste micacé et argileux, la chaux carbonatée et fluatée, le sulfate de baryte, etc... Le cuivre natif est trop rare pour qu'on puisse songer à l'exploiter.

2° *Oxyde de cuivre.* Protoxyde de cuivre et cuivre oxydulé d'un rouge de cochenille teinté de gris, friable. Densité 6.0. Cristallisé dans le système régulier ou compacte. L'*oxyde de cuivre ferrifère* est comme son nom l'indique, un mélange de protoxyde de cuivre et d'oxyde de fer hydraté. Il se trouve dans les mêmes gisements que la pyrite cuivreuse. L'*oxyde noir de cuivre* terreux d'un noir velouté tirant sur le brun, se trouve avec la pyrite cuivreuse. Il se compose de deutoxyde de cuivre et d'oxyde de fer hydraté, mélangé quelquefois d'hydrate de manganèse.

3° *Carbonates.* Dans les carbonates on distingue 1° le *carbonate de cuivre bleu* ou hydro-carbonate de cuivre, d'un beau bleu éclat vitreux, densité de 3.5 à 3.83, souvent cristallisé en prismes rhomboïdaux obliques. Il renferme environ 55 0/0 de cuivre. 2° Le carbonate de cuivre vert malachite ; carbonate de cuivre basique et hydraté, d'une belle couleur verte dont la densité est de 3, 56 à 4,0 et qui renferme 50 0/0 de cuivre. La malachite est, tantôt lamelleuse, tantôt fibreuse, tantôt compacte et terreuse, rarement cristallisée en cristaux dérivant d'un prisme rhomboïdal droit.

L'oxydule et le carbonate, qui forment dans certaines localités des amas considérables, notamment au Pérou, au Chili, dans les monts Ourals, constituent un minerai très précieux dont le traitement métallurgique est des plus simples. Il suffit, en effet, de les fondre avec du charbon dans des fourneaux à cuve pour obtenir du cuivre brut qu'on débarrasse facilement des produits étrangers par l'opération du raffinage.

4° *Sulfure de cuivre.* Le cuivre sulfuré est gris de plomb, noirâtre ; légèrement métallique, fusible à la simple flamme d'une chandelle et assez tendre pour se laisser couper au couteau. Il est à cassure conchoïde. Sa densité est de 4, 8 à 5, 3. Il cristallise en prismes à 6 faces réguliers. Pur, il renferme 79, 73 0/0 de cuivre ; il contient ordinairement une petite quantité de sulfure de fer et, quelquefois, de sulfure d'argent. Minerai très riche, on le trouve en Sibérie, en Suède, en Saxe.

Le traitement du sulfure simple ne présente aucune difficulté. Il suffit de le soumettre au grillage, opération dont le but est de transformer le soufre en acide sulfureux et de ramener le cuivre à l'état d'oxyde. En réduisant ce dernier par le charbon sous l'influence d'une haute température, on isole facilement le métal.

5° *Cuivre pyriteux.* C'est le plus important et le plus répandu des minerais de cuivre. C'est une combinaison de soufre de cuivre et de fer qui renferme 34 0/0 de cuivre et dont la densité est de 4.1 à 4.3 Sa couleur est d'un jaune de laiton, passant au jaune d'or. Sa cassure est conchoïde et son éclat métallique. On le trouve souvent cristallisé, ordinairement en tétraèdres tronqués.

Ce minerai est souvent accompagné d'autres minerais de cuivre, de plomb, de fer et de zinc sulfurés, etc... Il est souvent aurifère ou argentifère.

On distingue encore le *cuivre panaché*, combinaison de cuivre et de fer. Densité 4. 9 à 5, 1. Minerai très abondant d'un jaune de bronze, qui renferme environ 61 0/0 de cuivre.

Le *cuivre gris* n'est autre qu'une combinaison en proportions variables de soufre, d'antimoine, d'arsenic, de cuivre, de fer, quelquefois de zinc, et souvent d'argent. Sa couleur varie du gris d'acier au gris de plomb. Il possède l'éclat métallique. Sa densité est de 4, 79 à 5, 10. Ce minerai renferme de 40 à 45 0/0 de cuivre, et quelquefois jusqu'à 5 et même 30 0/0 d'argent.

Il existe encore d'autres minerais de cuivre, mais beaucoup moins importants.

IV. — Traitement métallurgique.

909. Nous pouvons, sous le rapport du traitement métallurgique, considérer trois sortes de minerais, savoir :

1° Les minerais ne contenant pas de soufre, de phosphore, d'antimoine, d'arsenic, de plomb. Dans cette première série se trouvent le cuivre natif, le cuivre oxydulé et les carbonates de cuivre.

2° Les minerais contenant seulement du soufre et du fer : Le cuivre pyriteux, le cuivre panaché, le sulfate de cuivre (ce dernier exploité directement ou résultant du grillage de minerais de cuivre. En le dissolvant dans l'eau et en le précipitant par le fer, on en tire du cuivre de cément que l'on raffine).

3° Les minerais de cuivre renfermant de l'arsenic de l'antimoine, du phosphore ou du plomb : le cuivre gris, les phosphates et les arséniates de cuivre.

Les minerais contenant seulement du soufre sont de beaucoup les plus importants et fournissent la presque totalité du cuivre employé dans le commerce. Nous nous occuperons spécialement du traitement métallurgique de ces minerais.

PRINCIPE DU TRAITEMENT MÉTALLURGIQUE.

910. Les pyrites cuivreuses exigent un traitement assez compliqué. Le but de l'opération est d'éliminer successivement le soufre et le fer et d'en retirer du cuivre pur. L'affinité du cuivre pour le soufre est supérieure à celle du fer, mais, d'une autre part, l'affinité du fer pour l'oxygène est supérieure à celle du cuivre, surtout en présence de matières siliceuses. Si donc, on grille la pyrite, ses trois éléments, cuivre, fer et soufre, s'unissent en partie à l'oxygène atmosphérique, et l'on obtient de l'acide sulfureux qui se dégage à l'état gazeux et des oxydes de fer et de cuivre. Si, au produit de ce grillage on ajoute des matières siliceuses et qu'on soumette ce mélange à l'action d'une très haute température, l'oxyde de cuivre formé, réagissant sur le sulfure de fer inattaqué, régénérera du sulfure de cuivre en produisant une quantité proportionnelle d'oxyde de fer qui, avec celui qui provient du grillage, s'unira à la silice. Il se forme ainsi une scorie qui renferme la plus grande partie du fer de la pyrite et, d'un autre côté, on obtient un sulfure qui contient la presque totalité du cuivre et presque pas de soufre, ni de fer. On nomme ce produit *matte cuivreuse*. Cette matte constitue un minerai plus riche. On le grille et on le fond avec des scories siliceuses. On obtient alors une nouvelle scorie renfermant une portion du fer et une seconde matte cuivreuse plus riche en cuivre. En répétant plusieurs fois ces grillages et ces fondages, on peut obtenir du cuivre encore impur que l'on désigne sous le nom de *cuivre noir*. Il renferme alors de 94 à 95 0/0 de cuivre. On le soumet à l'opération du raffinage.

Le minerai traité dans les usines à cuivre du Mansfeld et de la Hesse électorale, est un schiste marno-bitumineux. Il renferme du cuivre sulfuré, du cuivre pyriteux, du cuivre panaché et une petite quantité de pyrites de fer et de minerais en particules extrêmement ténues et souvent indiscernables à l'œil nu. Outre ce schiste cuivreux, on exploite le grès gris ou blanc qui est quelquefois beaucoup plus riche que le schiste cuivreux, lequel n'en renferme que 1 1/2 0/0. En mélangeant les diverses variétés de minerais on parvient à produire un lit de fusion convenable auquel on est obligé d'ajouter une faible quantité de chaux fluatée.

911. *Opération.* Avant de procéder à la fusion des schistes, on les grille, ainsi que les minerais quartzeux, en tas plus ou moins considérables, afin d'expulser l'eau, l'acide carbonique, le bitume et une partie du soufre qu'ils renferment,

Le minerai grillé est fondu avec des scories de la fonte pour cuivre noir, et, dans le Mansfeld, avec une certaine quantité de chaux fluatée, dans des fourneaux de grandes dimensions dits *fourneaux à lunettes* et dont la figure 365 donne une idée. On a donné à ces fourneaux le nom de *fourneaux à lunettes*, parce qu'ils communiquent par les conduits *m, m*, avec deux bassins de réception antérieurs B, B, placés comme les deux parties d'une lunette et dans lesquels on fait successivement la coulée.

Ces fourneaux sont à trois tuyères et offrent beaucoup de ressemblance avec les hauts-fourneaux dans lesquels on traite des minerais de fer. La hauteur totale est de 5ᵐ,00, celle de la cuve de 2ᵐ,30 et celle des tuyères, au-dessus de la sole, de 0ᵐ,70. Le diamètre au gueulard est de 0ᵐ,78, au ventre de 1ᵐ,42. On chauffe préalablement l'air lancé dans le fourneau à une température de 150 à 200 degrés. Les campagnes durent plusieurs mois. On coule toutes les 12 heures environ et on obtient, par coulée, de 500 à 600 kil. de

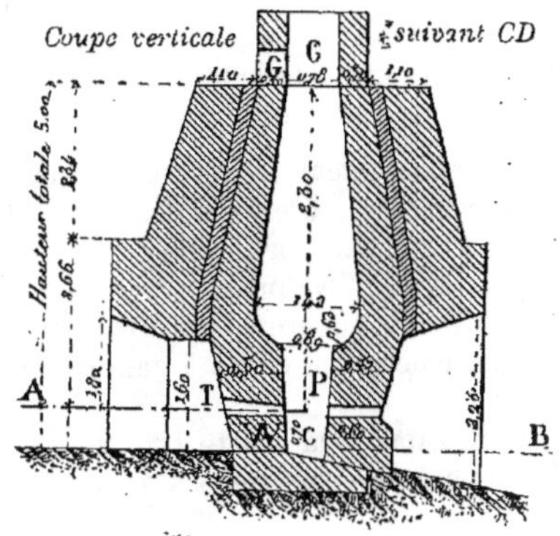

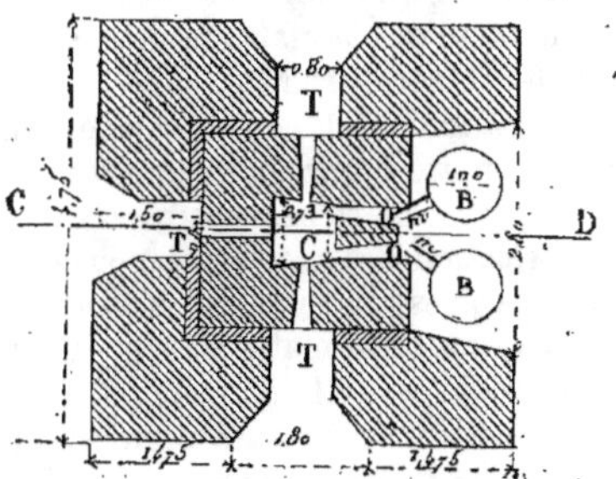

Fig. 365. — Haut fourneau pour cuivre (Mansfelp.)

LÉGENDE.

G. Gueulard. — T. Tuyères. — C. Creuset. — B. Bassins. W. Warme. — P. Poitrine. — O. Trou de coulée.

matte, ayant une teneur en cuivre de 30 à 40 0/0. Cette matte est grillée de 6 à 10 fois suivant les localités.

Dans les usines de Mansfeld, on lave la matte à la suite de chaque grillage pour dissoudre le sulfate de cuivre formé. On concentre les eaux de lavage et on fait cristalliser.

La matte grillée est fondue avec les crasses de raffinage du cuivre noir, dans des fourneaux soufflés à l'air froid.

On coule ordinairement trois fois en 24 heures et on obtient 300 kil. de cuivre noir par coulée.

Dans les usines de Mansfeld, le cuivre noir obtenu, étant assez riche en argent pour qu'on puisse en extraire ce dernier métal avec bénéfice, est soumis à la liquation.

TRAITEMENT DU MINERAI DE CUIVRE EN ANGLETERRE.

912. Le traitement métallurgique des divers minerais s'opère dans des fours à réverbères chauffés à la houille, et comprend plusieurs opérations :

1° Grillage des minerais sulfurés, pauvres et de richesse moyenne à gangue de pyrite de fer ;

2° Fabrication de la matte bronze ; ou fonte des minerais pauvres bruts et grillés ;

3° Grillage de la matte bronze ;

4° Fabrication de la matte blanche ordinaire, ou fonte de la matte bronze, grillée avec les minerais riches ;

5° Fabrication de la matte bleue, ou fonte de la matte bronze grillée avec les minerais grillés de richesse moyenne ;

6° Fabrication des mattes blanches et rouges de scories, ou refonte des scories ;

7° Fabrication de la matte blanche-extra ou rôtissage de la matte bleue ;

8° Fabrication des mattes régules, ou rôtissage de la matte blanche extra.

9° Fabrication du cuivre noir, ou rôtissage de la matte blanche ordinaire, des mattes régules et des produits cuivreux ;

10° Raffinage du cuivre noir et production du cuivre malléable.

1° *Grillage des minerais sulfurés*. Pour opérer ce grillage, on se sert de fours à réverbères. Le chauffage de ces fours se fait au moyen d'un mélange de trois parties d'anthracite menu et de une partie de houille. On se sert d'une grille artificielle formée de matières terreuses ou *craya* fournies par le combustible lui-même. La hauteur totale de la grille de *craya* est

d'environ 0^m,60. Elle est supportée sur quatre à cinq barres de fer et recouverte de 0^m,60 à 0^m,70 d'un mélange de combustible pulvérulent.

On charge tous les cinq quarts d'heure environ 45 kil. de combustible sur la grille dont le seul travail consiste à enlever, de temps à autre, les fragments de craya inférieurs.

On charge à la fois 3,450 kil. de minerai dans le four par la trémie de chargement. On l'étend ensuite uniformémen sur la sole où il forme une couche de 0^m,12 d'épaisseur. Environ deux heures après, la réaction commence à s'opérer sur le minerai de la surface. L'ouvrier remue le dessus avec un râble en traçant des sillons parallèles. Ce râblage se fait de deux en deux heures. Onze heures après le commencement de l'opération,

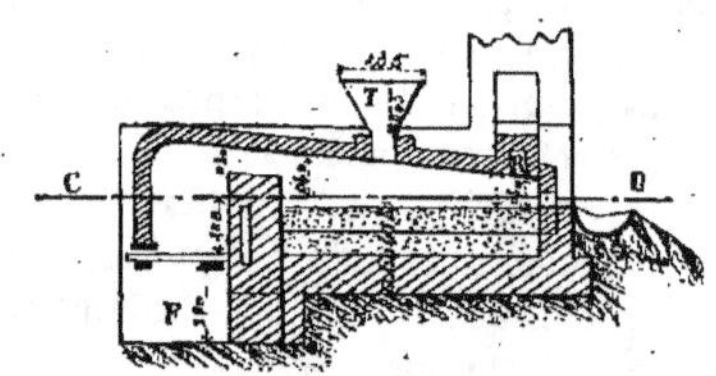

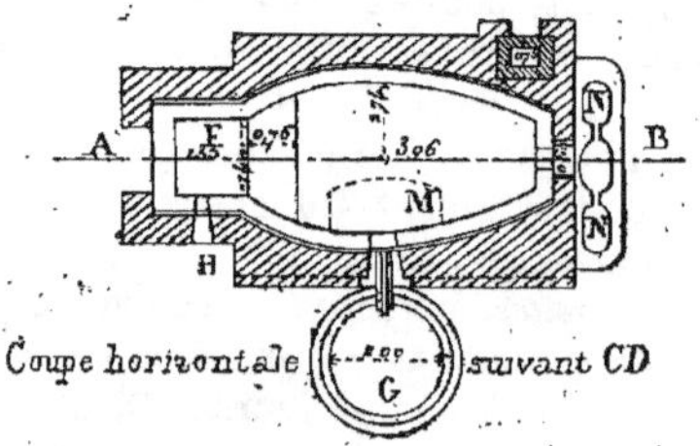

Fig. 365. — Four de fusion de cuivre pour matte bronze.

LÉGENDE.

T. Trémie de chargement. — F. Foyer. — R. Rampant. — H. Porte du foyer. — M. Dépression de la sole servant de réservoir pour la matte. — N. Moules pour les scories. — G. Réservoir plein d'eau dans lequel la matte bronze est grenaillée.

toute la masse est grillée et les ouvriers font tomber le minerai dans un réservoir inférieur.

2° *Fabrication de la matte bronze.* Le four employé pour la fusion des minerais pauvres bruts et grillés est représenté (*fig.* 366). On conduit le feu de manière à ce que le courant de gaz combustible se mélange dans le foyer même avec de l'air chaud peu ou point modifié par la combustion, et aspiré par un ou deux gros canaux que l'on ménage dans la masse du craya. Ce four consomme environ 140 kil. de combustible à l'heure. Le lit de fusion se compose de minerais grillés, de minerais crus, de scories riches de l'opération, des scories des fontes de matte blanche ordinaire, de matte bleue et de matte blanche extra, plus une faible proportion de fondant fluoré formé d'environ 2/3 de fluorure de calcium et un tiers d'argile.

La charge se compose ordinairement de 1000 kil. de minerais bruts et grillés et de 300 kil. de scories et fondants. Après trois heures et demie de feu, on ouvre la porte pour bien brasser la matière, puis on donne un coup de feu pendant 1/4 d'heure. On procède ensuite à la coulée de la matte. Celle-ci est conduite par une gouttière en fonte dans un réservoir G en tôle, ordinairement plein d'eau, où elle se grenaille.

La matte bronze ainsi obtenue renferme : cuivre 0.34, fer 0.35, soufre 0.39, scories mélangées 0.01.

3° *Grillage de la matte bronze.* Ce grillage se fait dans le four qui a servi à la fabrication de la matte bronze. Chaque opération dure 36 heures ; on consomme 43 kil. de combustible à l'heure. On charge 4.500 kil. de matte sur une épaisseur de 0^m24 et on râble la surface de 2 en 2 heures.

4° *Fabrication de la matte blanche ordinaire.* Les fours employés pour cette fonte ont les mêmes formes et dimensions que ceux pour matte bronze. La sole est un peu modifiée. Elle ne présente aucune dépression mais seulement une pente uniforme et très-faible pour faciliter l'écoulement des matières fondues.

On y consomme 144 kil. de charbon par heure et l'opération dure 6 heures. Le lit de fusion se compose de matte bronze grillée, de minerais bruts, de produits cuivreux, des scories de la fabrication du cuivre noir et de son affinage, enfin des débris de fourneaux des diverses opérations. On charge environ 16,000 kil. du lit de fusion. L'opération est conduite comme celle qui donne la matte bronze. A la fin de l'opération, on coule à la fois la matte et les scories dans des rigoles en sable. Cette matte renferme 0,73 de cuivre, des scories pauvres rejetées et des scories riches traitées plus tard.

5° *Fabrication de la matte bleue.* Cette fabrication est en tout semblable à celle de la matte blanche. La charge est de 2,000 k. et se compose de matte bronze grillée et de minerais grillés.

La matte bleue obtenue renferme 0,57 de cuivre et des scories pauvres.

6° *Refonte des scories riches* produites dans la fabrication de la matte blanche, dans le rôtissage de la matte bleue et de la matte blanche extra. Cette refonte s'opère avec addition de 10.°/° de minerais pyriteux et une faible quantité de charbon. Le four est identique au four de fusion précédemment décrit, mais la trémie de chargement est supprimée et remplacée par une porte située à l'extrémité du petit axe de la sole. La charge est de 2,000 kil. de scories et minerais et 100 kil. de charbon. L'opération dure 5 heures 3/4. Les produits obtenus sont : des fonds cuivreux très-impurs tenant 0,86 de cuivre; au-dessus, un alliage blanc de cuivre et d'étain, renfermant 0,7 de cuivre et 0,3 d'étain; puis, tantôt une matte blanche d'une teneur de 0,75, tantôt une matte bleue d'une teneur de 0,62, que l'on appelle improprement matte rouge, enfin des scories à rejeter.

7° *Rôtissage de la matte bleue.* Le rôtissage de la matte bleue comprend : 1° Fusion lente à une température ménagée, dans laquelle on oxyde, sous l'influence directe de l'air, la majeure partie des matières nuisibles et une grande proportion de cuivre ; 2° fonte à une haute température, dans laquelle, après avoir scorifié les oxydes, on affine la matte non décomposée pendant la première période, en faisant réagir sur le sulfure de fer de

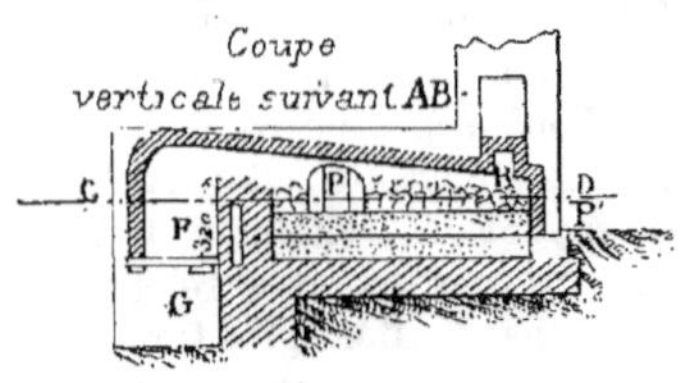

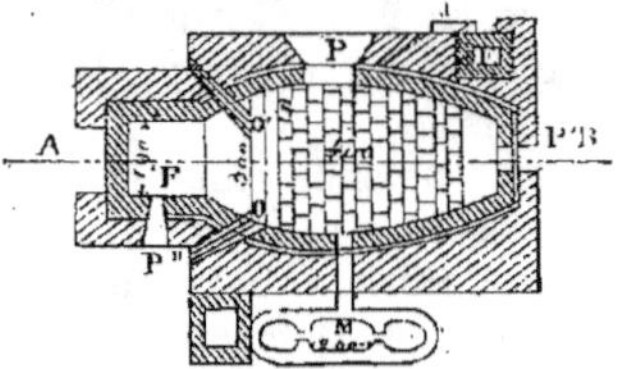

Fig. 367. — Four de rôtissage de la matte blanche.

LÉGENDE.

F. Foyer. — P. Porte de chargement. — P'. Porte de travail. — P''. Porte du Foyer. — G. Grille à barreaux mobiles. — M. Moules pour le cuivre brut. — O. Ouverture pour obtenir une atmosphère oxydante. — E. Cheminée de tirage. — S. Sole pouvant recevoir 3,000 kilos de matte blanche. — R. Rampant.

cette matte l'oxyde cuivreux dissout dans la scorie. Le four employé est le même que celui qui a été décrit précédemment. Dans un ouvreau latéral placé près de l'autel se trouve un registre servant à l'introduction d'une assez grande quantité d'air pendant la première période de l'opération. La charge est d'environ 2,000 kil. et l'opération dure 12 heures. On obtient une matte blanche d'une teneur moyenne de 0,77 des scories pauvres et des scories riches qui sont retraitées.

8° *Rôtissage de la matte blanche.* Le four qui sert au rôtissage de la matte blanche est indiqué (*fig.* 367). L'opération est la même que pour le rôtissage de la matte bleue. La proportion de fer et de matières étrangères étant beaucoup

moindre, l'opération se fait au maximum en 4 heures et l'on traite une charge de 1,500 kil. On obtient, comme produits, des fonds cuivreux d'une teneur de 0,92, une matte-régule ou mélange mécanique de matte et de cuivre contenant 0,81 et des scories riches à traiter dans d'autres opérations.

9° *Fabrication du cuivre noir.* La fabrication du cuivre noir se fait dans un four de rôtissage ordinaire. On opère sur de la matte blanche des mattes-régules ou des fonds cuivreux que l'on traite séparément. On charge environ 3,700 kil. L'opération dure 24 heures et se divise comme suit : 1° rôtissage et première fusion pâteuse, réaction partielle de l'oxyde de cuivre et des sulfures déjà tombés sur la sole ; 2° refroidissement, réaction de l'oxyde de cuivre et des sulfures, soulèvement de la masse ; 3° réchauffement, réaction de l'oxyde de cuivre et des sulfures, deuxième fusion pâteuse ; 4° coup de feu, réaction de l'oxyde de cuivre en excès et des autres oxydes sur la silice, fusion complète.

Comme produit, on obtient du cuivre noir renfermant environ 0,98 pour 100 de cuivre et des scories à repasser dans d'autres opérations.

10° *Raffinage du cuivre noir.* Le four employé est le même que le four de rôtissage précédent. La charge est variable suivant les dimensions du four et on peut traiter de 5,000 à 10,000 kil. Le travail dure 24 heures. Le four étant chargé, on lute les portes et, pendant 18 heures, l'ouvrier s'occupe simplement de la conduite du feu. Le cuivre fond peu à peu et subit un premier affinage. Dans la scorie qui se forme à la surface du bain se trouvent, outre l'oxyde de cuivre, les oxydes de tous les métaux étrangers restés dans le cuivre noir. A ce moment, commence le raffinage proprement dit. On écume le bain, on jette sur le métal en fusion quelques pelletées d'anthracite très-pur, puis on introduit dans le bain une grosse perche de bois vert. Ce bois vert produit des bouillonnements dans la masse. On commence alors à prendre des essais dans le bain de cuivre pour saisir le moment précis auquel le métal atteint le maximum de malléabilité. Arrivé à ce point on écume pour enlever le charbon resté à la surface et la couche de scorie qui s'est reformée. On jette une pelletée de charbon frais, on charge fortement la grille, puis on procède à la coulée.

COULÉE.

913. La coulée se fait ordinairement en puisant le cuivre au moyen de poches en fer préalablement chauffées et en le versant dans des lingotières en fonte représentées (*fig.* 368). Lorsque le cuivre est destiné à la fabrication du laiton, au lieu de le couler en lingots on le granule

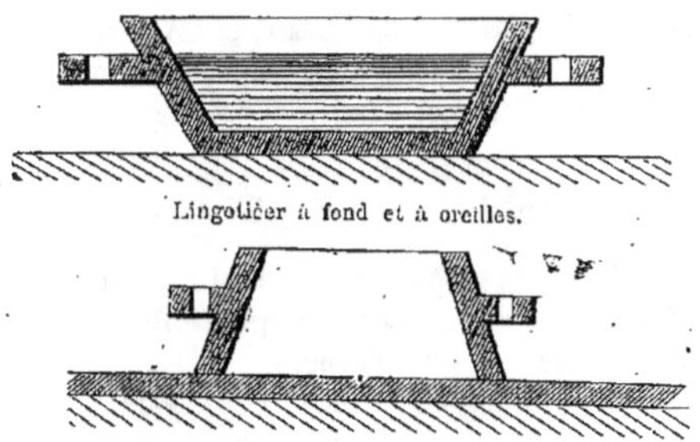

Fig. 368. — Lingotière à oreilles, sans fond.

en le versant dans une grande cuillère percée de trous et placée au-dessus d'une cuve remplie d'eau chaude ou d'eau froide, suivant que l'on veut obtenir des grains réguliers ou irréguliers.

Avant de terminer le traitement métallurgique du cuivre, il nous reste à dire quelques mots du raffinage du cuivre noir au petit foyer, lorsqu'on opère sur de faibles quantités.

RAFFINAGE AU PETIT FOYER.

914. Le cuivre noir traité renferme de 94 à 95 0/0 de cuivre. Le petit foyer de raffinage (*fig.* 369) se compose d'un creu-set C hémisphérique dont les parois intérieures sont recouvertes d'une brasque B formée d'argile et de charbon. Le foyer ayant été chauffé par un feu de charbon de bois, on met sur ce dernier de 30 à 40 k. de résidus cuivreux et l'on recouvre le tout de combustible.

Lorsque le cuivre noir est en pleine fusion, on projette de l'air à sa surface au moyen d'une tuyère T; un trou de coulée permet aux scories de s'écouler pendant l'opération.

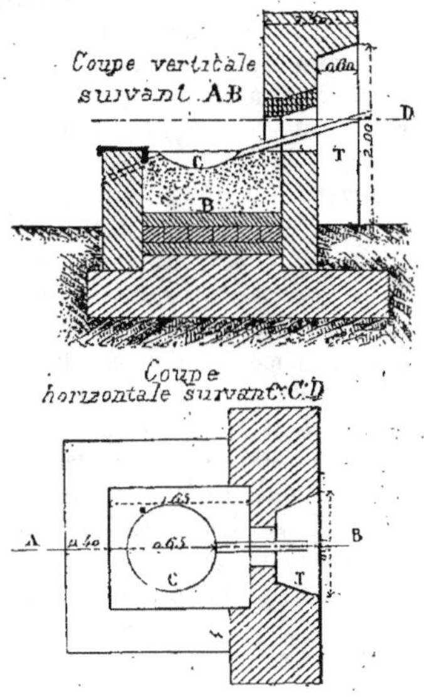

Fig. 369. — Petit four de raffinage.

LÉGENDE.

C. Creuset. — B. Brasque. — T. Tuyère.

Il se dégage de l'acide sulfureux, accompagné dans certains cas de vapeurs blanches d'oxyde d'antimoine. Les premières scories présentent une couleur verdâtre due à la présence du fer. Les autres sont colorées en rouge foncé; elles sont très riches en oxyde de cuivre. Quand l'affinage est terminé, on arrête le vent, on jette de l'eau à la surface du bain, puis, avec un ringard, on enlève les scories qui surnagent sur le métal.

Lorsque la surface du métal fondu est bien nette, on projette sur le bain une petite quantité d'eau qui solidifie un disque de cuivre qu'on enlève. On recommence cette opération plusieurs fois pour retirer tout le métal. On obtient ainsi une série de rondelles qu'on désigne sous le nom de *rosettes*.

Le cuivre *rosette* renferme plus ou moins d'oxydule. Pour le rendre malléable, on le refond sous le charbon dans des fours à réverbère ou au petit foyer, et on le coule dans des moules en fonte enduits intérieurement d'argile.

Lorsque le minerai de cuivre est argentifère, le cuivre noir obtenu renferme l'argent qui y est contenu. On peut l'en retirer par un procédé fort simple, qu'on désigne sous le nom de *liquation*. Cette méthode consiste à combiner le cuivre argentifère avec une quantité convenable de plomb et à refroidir brusquement l'alliage sous la forme de disques. De cette façon, les métaux restent intimement mélangés. Si l'on réchauffe progressivement l'alliage solide ou qu'on laisse refroidir lentement l'alliage fondu, les deux métaux se séparent; le plomb s'écoule, entraînant avec lui la totalité de l'argent, tandis qu'il reste du cuivre qu'on affine ensuite. Le plomb est soumis à la coupellation pour en extraire l'argent.

V. — Laminage du cuivre.

915. Les lingots de cuivre placés les uns sur les autres dans un four de chaufferie sont amenés au rouge sombre. On les passe ensuite entre les cylindres d'un laminoir analogue à ceux qui servent à la fabrication de la tôle et ayant $1^m,00$ de table et $0^m,40$ de diamètre. Comme le cuivre s'aigrit au laminage, on doit le réchauffer plusieurs fois. Par suite des différentes chaudes et du laminage, le cuivre se recouvre d'une couche d'oxyde que l'on enlève en faisant tremper les feuilles dans de l'urine, puis en les exposant sur la sole d'un fourneau de chaufferie. Il se forme de l'ammoniaque qui réagit sur l'oxyde et le cuivre se découvre.

Les feuilles sont ensuite frottées, redressées, ébarbées et prêtes à être livrées au commerce.

VI. — Principaux alliages et emplois du cuivre.

916. Le cuivre s'allie facilement avec tous les métaux, excepté avec le fer et le plomb. Il forme, avec certains métaux, des alliages qui sont de la plus haute importance dans les arts et dans l'économie domestique.

Les plus intéressants sont ceux qu'il forme avec le zinc et l'étain.

Nous avons donc à étudier : les *laitons*, alliages de cuivre et de zinc; les *bronzes*, alliages de cuivre et d'étain; enfin, l'*argentan* ou *maillechort*, alliage triple de cuivre, de nickel et de zinc.

ALLIAGES DE CUIVRE ET DE ZINC.

917. Le plus commun des alliages de cuivre et de zinc est celui qui renferme 2/3 de cuivre et 1/3 de zinc.

On met dans un creuset deux parties de cuivre en grenaille et une partie de zinc concassé, puis on fond ce mélange dans un fourneau. Le laiton obtenu graisse la lime et se laisse difficilement travailler au tour. On le rend plus facile en y ajoutant un peu de plomb et un peu d'étain.

Le laiton destiné au tour doit être un peu sec afin de ne pas graisser les outils. Il se compose de 61 à 65 parties de cuivre, de 36 à 38 de zinc, 2,15 à 2,5 de plomb et 0,25 à 0,40 d'étain. Le laiton pour tréfilerie doit être très-tenace, et se compose de 64 à 65 parties de cuivre, 33 à 34 de zinc, 0,8 d'étain et de plomb. Le laiton qui est destiné à être travaillé au marteau doit renfermer 70 parties de cuivre et 30 d'étain.

L'alliage qui renferme 50 parties de

cuivre et 50 de zinc est souvent employé sous le nom de *soudure forte*, pour souder le cuivre rouge.

ALLIAGES DE CUIVRE ET D'ÉTAIN.

918. Les alliages de cuivre et d'étain sont très nombreux. Le mélange des deux métaux s'effectue très difficilement, bien que l'étain ne soit pas volatil comme le zinc. Les alliages de cuivre et d'étain sont connus sous le nom de *bronze* ou *airain*, métal des canons, métal des cloches, métal des miroirs de télescopes, etc...

L'alliage pour la confection des canons renferme 100 parties de cuivre et 10 parties d'étain. Le métal des cloches contient 78 parties de cuivre et 20 à 22 d'étain.

Le bronze employé en France à la fabrication de la monnaie de billon renferme : cuivre 95, étain 4, zinc 1.

Le cuivre, soit pur, soit allié au zinc, est employé comme le plomb, mais plus rarement que lui, à la couverture des édifices, à la confection de vaisseaux de toute espèce, de corps de pompe, de tuyaux de conduite, etc. Il sert à la construction des machines et au doublage des navires. Enfin, on en fait des boulons, des clous, des vis, et certains objets de serrurerie.

En France, où l'on a fait usage du cuivre pour la couverture de quelques édifices, on a employé des feuilles dont l'épaisseur a varié de 0^{m}00068 à 0^{m}00075 et le poids de 6 k. 11 à 7 k. 64 au mètre carré. Ordinairement, on étame en dessous les feuilles destinées à cet usage, afin de boucher les fissures qui pourraient avoir été produites par le laminage.

919. Le tableau suivant renferme les poids par mètre carré des feuilles de cuivre laminées dont les épaisseurs varient de 1/4 de millimètre à 20 millimètres. De plus, il contient le poids d'un mètre carré des différents métaux employés dans la construction.

VII. — Tableau comparatif du poids des différents métaux.

TABLEAU COMPARATIF DU POIDS D'UN MÈTRE CARRÉ DES PRINCIPAUX MÉTAUX EMPLOYÉS EN CONSTRUCTION ET DONT LES ÉPAISSEURS SONT LES SUIVANTES :

Épaisseur en millim.	Tôle	Zinc	Étain	Plomb	Cuivre rouge
	kil.	kil.	kil.	kil.	kil.
1/4 de ^{m}/$_m$	1.917	1.715	1.825	2.838	2.197
1/2 ^{m}/$_m$	3.891	3.430	3.650	5.076	4.394
1 ^{m}/$_m$	7.788	6.861	7.300	11.352	8.788
2	15.576	13.722	14.600	22.704	15.576
3	23.364	20 583	21.900	45.408	26.364
4	31.154	27.441	29.200	54 056	35.152
5	38.940	34.305	36.500	56.760	43.940
6	46.728	40.166	43.800	68.112	52.728
7	54.516	47.027	51.100	76.464	61.516
8	62.304	53.878	58.400	90.816	70.304
9	70.092	60.749	65.700	102.168	79.092
10	77.880	67.610	73.000	113.520	87.880
11	85.668	74.471	80.300	124.872	96.668
12	92.456	81.832	87.600	136.224	105.456
13	100.234	88.193	94.900	147.576	114.244
14	109.032	95.054	102.200	158.928	123.032
15	116.820	101.915	109 500	170.280	131.820
16	124.608	108.976	116.800	181.632	140.608
17	132.396	115.637	124 100	192.384	149.396
18	140.185	122.898	131.400	204 336	158.184
19	147.972	129.359	138.700	125.688	166.972
20	155.760	136.220	146.100	227.440	175.960

VIII. — Tableau du poids au mètre courant des tuyaux en cuivre du commerce.

920. Nous donnons ci-après le tableau des poids du mètre courant des tubes en cuivre rouge sans soudure pour des diamètres variant de 10 à 300 millimètres et des épaisseurs de 1^m/$_m$ à 5^m/$_m$.

POIDS DU MÈTRE COURANT DES TUBES EN CUIVRE ROUGE SANS SOUDURE
DU COMMERCE.

DIAMÈTRE INTÉRIEUR EN MILLIMÈTRES	ÉPAISSEUR											
	1 mm	1mm1/4	1mm1/2	1mm3/4	2mm	2mm1/4	2mm1/2	2mm3/4	3mm	3mm1/2	4mm	5mm
MILLIMÈTRES	KIL.	KIL.	KIL.	KIL.	KIL.	KIL.	KIL.	KIL.	KIL.	KIL.	KIL.	KIL.
10	0 305	0 390	0 479	0 571	0 667	0 766	0 868	0 971	1 081	1 313	1 556	2 085
11	0 333	0 425	0 521	0 620	0 722	0 828	0 938	1 051	1 167	1 411	1 668	2 124
12	0 361	0 460	0 563	0 669	0 778	0 891	1 007	1 127	1 251	1 508	1 779	2 363
13	0 389	0 495	0 604	0 717	0 834	0 953	1 077	1 204	1 334	1 605	1 890	2 502
14	0 417	0 529	0 646	0 766	0 889	1 016	1 146	1 280	1 417	1 702	2 001	2 611
15	0 444	0 564	0 688	0 811	0 945	1 079	1 216	1 357	1 501	1 800	2 113	2 780
16	0 472	0 599	0 729	0 863	1 000	1 141	1 285	1 433	1 584	1 897	2 224	2 919
17	0 500	0 634	0 771	0 912	1 056	1 204	1 355	1 509	1 668	1 994	2 335	3 058
18	0 528	0 669	0 813	0 960	1 112	1 266	1 424	1 586	1 751	2 092	2 446	3 197
19	0 556	0 703	0 854	1 009	1 167	1 329	1 494	1 662	1 835	2 189	2 557	3 336
20	0 583	0 738	0 896	1 058	1 223	1 391	1 563	1 739	1 918	2 286	2 669	3 475
25	0 722	0 912	1 105	1 301	1 501	1 704	1 911	2 121	2 335	2 713	3 225	4 170
30	0 861	1 086	1 313	1 544	1 779	2 017	2 259	2 503	2 752	3 199	3 781	4 865
35	1 000	1 259	1 522	1 788	2 057	2 330	2 606	2 886	3 169	3 686	4 337	5 560
40	1 139	1 433	1 730	2 031	2 335	2 643	2 951	3 268	3 586	4 173	4 893	6 255
45	1 278	1 607	1 939	2 274	2 613	2 955	3 301	3 650	4 003	4 659	5 443	6 950
50	1 417	1 781	2 147	2 517	2 891	3 268	3 649	4 033	4 420	5 146	6 005	7 645
55	1 556	1 954	2 356	2 761	3 169	3 581	3 996	4 415	4 837	5 632	6 561	8 340
60	1 695	2 128	2 564	3 004	3 447	3 894	4 344	4 797	5 254	6 119	7 117	9 035
65	1 835	2 302	2 773	3 247	3 725	4 206	4 691	5 179	5 671	6 605	7 673	9 731
70	1 974	2 476	2 981	3 491	4 003	4 519	5 039	5 562	6 088	7 092	8 229	10 426
75	2 113	2 649	3 190	3 734	4 281	4 832	5 386	5 944	6 505	7 578	8 785	11 121
80	2 252	2 823	3 398	3 977	4 559	5 145	5 734	6 326	6 922	8 065	9 341	11 816
85	2 391	2 997	3 607	4 220	4 837	5 458	6 081	6 709	7 340	8 552	9 897	12 511
90	2 530	3 171	3 815	4 464	5 115	5 770	6 429	7 091	7 757	9 038	10 454	13 206
95	2 669	3 345	4 024	4 707	5 393	6 083	6 777	7 473	8 174	9 525	11 010	13 901
100	2 808	3 518	4 233	4 950	5 671	6 396	7 124	7 856	8 591	10 011	11 566	14 596
105	2 947	3 692	4 441	5 193	5 949	6 709	7 472	8 238	9 008	10 498	12 122	15 291
110	3 086	3 866	4 650	5 437	6 227	7 022	7 819	8 620	9 425	10 984	12 678	15 986
115	3 225	4 010	4 858	5 680	6 595	7 334	8 167	9 002	9 842	11 471	13 234	16 681
120	3 364	4 213	5 067	5 900	6 782	7 617	8 514	9 385	10 250	11 957	13 790	17 376
125	»	»	»	»	7 161	7 960	8 862	9 767	10 676	12 440	14 346	18 072
130	»	»	»	»	7 340	8 273	9 209	10 149	11 093	12 930	14 902	18 767
135	»	»	»	»	7 618	8 555	9 557	10 532	11 510	13 417	15 458	19 462
140	»	»	»	»	7 896	8 898	9 904	10 914	11 927	13 904	16 014	20 157
145	»	»	»	»	»	»	10 252	11 296	12 344	14 390	16 570	20 852
150	»	»	»	»	»	»	10 599	11 678	12 761	14 877	17 126	21 547
155	»	»	»	»	»	»	10 947	12 061	13 178	15 363	17 682	22 242
160	»	»	»	»	»	»	11 295	12 443	13 595	15 850	18 238	22 937
165	»	»	»	»	»	»	»	12 825	14 012	16 336	18 794	23 632
170	»	»	»	»	»	»	»	13 208	14 429	16 823	19 350	24 327
175	»	»	»	»	»	»	»	13 590	14 816	17 309	19 907	25 022
180	»	»	»	»	»	»	»	13 972	15 263	17 796	20 403	25 717
185	»	»	»	»	»	»	»	14 354	15 680	18 283	21 017	26 412
190	»	»	»	»	»	»	»	14 737	16 097	18 769	21 575	27 108
195	»	»	»	»	»	»	»	15 119	16 515	19 256	22 131	27 803
200	»	»	»	»	»	»	»	15 501	16 933	19 742	22 687	28 498
205	»	»	»	»	»	»	»	»	17 349	20 229	23 243	29 193
210	»	»	»	»	»	»	»	»	17 766	20 715	23 799	29 888
215	»	»	»	»	»	»	»	»	18 183	21 202	24 355	30 583
220	»	»	»	»	»	»	»	»	18 600	21 688	24 911	31 278
225	»	»	»	»	»	»	»	»	19 017	22 175	25 467	31 973
230	»	»	»	»	»	»	»	»	19 434	22 662	26 023	32 668
235	»	»	»	»	»	»	»	»	19 851	23 148	26 579	33 363
240	»	»	»	»	»	»	»	»	20 268	23 635	27 135	34 058
245	»	»	»	»	»	»	»	»	20 685	24 121	27 691	34 753
250	»	»	»	»	»	»	»	»	21 102	24 608	28 247	35 449
255	»	»	»	»	»	»	»	»	»	25 094	28 804	36 144
260	»	»	»	»	»	»	»	»	»	25 581	29 360	36 839
265	»	»	»	»	»	»	»	»	»	26 067	29 916	37 534
270	»	»	»	»	»	»	»	»	»	26 554	30 472	38 229
275	»	»	»	»	»	»	»	»	»	27 041	31 028	38 924
280	»	»	»	»	»	»	»	»	»	27 527	31 584	39 619
285	»	»	»	»	»	»	»	»	»	28 014	32 140	40 814
290	»	»	»	»	»	»	»	»	»	28 500	32 696	41 009
295	»	»	»	»	»	»	»	»	»	28 987	33 252	41 704
300	»	»	»	»	»	»	»	»	»	29 473	33 808	43 399

Le prix de base du cuivre étant actuellement de 320 fr. les 100 kilos, il y a lieu, suivant les cas, d'ajouter les plus-values indiquées dans des tableaux spéciaux détaillés ci-après (Fonderies et laminoirs de Biache-Saint-Vaast) :

921. *Tubes en cuivre rouge sans soudure.*

TABLEAU DES PLUS-VALUES À AJOUTER AU PRIX DE BASE
Prix de base, 320 fr. les 100 kilos.

Tubes livrés par longueur fixe de 4 mètres, et au-dessus de 20ᵐ/ₘ, à des diamètres multiples de 5 millimètres.

PLUS-VALUES PAR 100 KILOS						PLUS-VALUES PAR 100 KILOS		
Diamètres intérieurs	ÉPAISSEURS					Diamètres intérieurs	Épaisseurs au minimum	Plus-values
	1ᵐ/ₘ	1ᵐ/ₘ 1/4	1ᵐ/ₘ 1/2	1ᵐ/ₘ 3/4	2ᵐ/ₘ			
MILLIMÈTRES	FR.	FR.	FR.	FR.	FR.	MILLIMÈTRES	MILLIMÈTRES	FR.
10	280	240	220	200	180	121 à 130	2	5
11	230	200	180	160	140	131 à 140	2	10
12	200	180	160	140	120	141 à 150	2 1/2	15
13	180	160	140	120	100	151 à 160	2 1/2	20
14	160	140	120	100	90	161 à 170	2 3/4	30
15	140	120	100	90	80	171 à 180	2 3/4	40
16	120	100	90	80	70	181 à 190	2 3/4	50
17	115	95	85	75	65	191 à 200	2 3/4	60
18	110	90	80	70	60	201 à 210	3	70
19	105	85	75	65	55	211 à 220	3	80
20 à 24	95	80	70	60	50	221 à 230	3	90
25 à 29	75	60	50	35	30	231 à 240	3	100
30 à 34	60	45	35	25	15	241 à 250	3	110
35 à 39	50	35	25	15	10	251 à 260	3 1/2	120
40 à 80	35	20	10	5	base	261 à 270	3 1/2	135
81 à 100	40	25	15	10	base	271 à 280	3 1/2	150
101 à 120	50	35	20	15	base	281 à 290	3 1/2	165
						291 à 300	3 1/2	180

Au-dessous de 10 millimètres, prix à faire.

Au-dessus de 300 ᵐ/ₘ et avec une épaisseur d'au moins 4 ᵐ/ₘ. 1 franc par 100ᵏ par ᵐ/ₘ de diamètre, en plus de 300 millimètres.

922. *Observation.* Les tubes coupés à d'autres longueurs qu'à 4 mètres supporteront une plus-value de 5 fr. par 100 kil. au-dessous de 5 mètres et 10 fr. par 100 kil. au-dessus.

Les tubes au-dessus de 20 millimètres à

des diamètres non multiples de 5 millimètres, une plus-value de 5 fr. par 100 kil. Tous ces prix sont donnés comme simple renseignement et suivent les variations du cours des métaux.

923. Les planches de cuivre rouge subissent aussi des plus-values désignées ci-contre.

924. On fait aussi dans le commerce des tubes en cuivre rouge soudés, qui sont moins beaux comme aspect extérieur mais qui paraissent durer plus longtemps que les tubes en cuivre étiré sans soudure.

TARIF DES PLUS-VALUES DES PLANCHES DE CUIVRE ROUGE EN PLUS DU PRIX DE BASE.

DIMENSIONS ET POIDS	Plus-values par 100 kilos
De 1m10 × 1m15 de 8 kilos et au-dessus .	Prix de base
» » de 7 à 8 kilos	10 fr. 00
» » de 6 à 7 kilos.	20 fr. 00
» » au-dessous de 6 kilogr.	30 fr. 00
De 2m00 × 1 30 de 15 kilos et au-dessus.	base
De 2m30 × 1.30 de 20 kilos et au-dessus.	base
De 3m30 × 1.20 de 30 kilos et au-dessus.	base
» » de 26 à 29 kilos	10 fr. 00
» » de 20 à 25 kilos. . . .	20 fr. 00
De 4m00 × 1.20 de 40 kilos et au-dessus.	base
De dimensions diverses : jusqu'à 1m65 de largeur.	5 fr. 00
De 1m65 jusqu'à 2m00 (deux millimètres au moins d'épaisseur)	10 fr. 00
Irrégulières ou 5m00 de longueur, de 40 à 50 centimètres de largeur.	10 fr. 00
Pour autres dimensions, prix à convenir.	

925. *Tubes en cuivre jaune sans soudure.*

TARIF DES PLUS-VALUES A AJOUTER AU PRIX DE BASE

DIAMÈTRE EXTÉRIEUR EN MILLIMÈTRES	ÉPAISSEUR (EN MILLIMÈTRES)				
	2 ET AU-DESSUS	1 3/4	1 1/2	1 1/4	1
81 à 100 millimètres.	Base	5 fr.	10 fr.	20 fr.	»
50 à 80 —	Base	5	10	20	55 fr.
45 à 49 —	5 fr.	10	15	25	40
40 à 44	10	15	20	30	45
35 à 39 —	15	20	25	35	50
30 à 34 —	20	25	30	40	55
25 à 29 —	25	30	35	45	60
24 millimètres.	35	40	45	55	70
23 —	40	45	50	60	75
22 —	50	55	60	70	85
21 —	60	65	70	80	95
20 —	70	75	80	90	105
19 —	80	85	90	100	115
18 —	90	95	100	110	125
17 —	100	110	120	130	140
16 —	120	130	140	150	160
15 —	130	150	160	170	180
14 —	140	170	180	190	200

PLUS-VALUES SPÉCIALES A AJOUTER

par 100 kil.

Aux tubes de 101 à 150m/m de diamètre, par chaque multiple de 5m/m ou fraction (épaisseur minima 2 millim.) 5 fr.

Aux tubes demandés à longueur fixe, de 4 à 5m. . . . . 5 fr.

— — 5m01 à 5m,80. . . . . 10 fr.

Tubes au-dessus de 150m/m de diamètre, prix à faire.

CHAPITRE V

DE LA PIERRE

SOMMAIRE

§ I. — DÉFINITIONS ET NOTIONS GÉNÉRALES.

926. On donne le nom générique de *pierres* à la plupart des matériaux de construction tirés du règne minéral. Ces substances minérales se présentent, dans la nature, en blocs plus ou moins volumineux et cohérents, ou en masses plus ou moins désagrégées, ou, enfin, à l'état de pâtes plus ou moins fermes, suivant la quantité d'eau dont elles sont imbibées. Ces dernières peuvent toujours, par addition d'une certaine proportion de liquide, être ramollies et même délayées. On a donné, aux premières, le nom de *pierres;* aux secondes, ceux de *sable*, d'*arène* ou de *gravier*, et, aux troisièmes, celui d'*argiles*. Celles-ci, soumises à un degré de chaleur convenable, acquièrent toutes les qualités de la pierre ordinaire. De là le nom de *pierres artificielles* donné aux produits de cette espèce, parmi lesquels se trouvent la brique, la tuile, etc., que nous étudierons spécialement.

Dans la nature, on rencontre quelquefois des pierres dont les particules ou les grains sont si peu agrégés, qu'il suffit d'une légère pression pour les réduire en poudre ou à l'état de sable. Tels sont, par exemple, certains grès connus vulgairement, pour cette raison, sous le nom de *pierres de sable*. Les pierres scintillantes réunissent mieux toutes les qualités d'une bonne pierre que les pierres calcaires; mais comme elles sont en général plus dures, elles sont plus difficiles à travailler. Les pierres calcaires sont moins fortes et résistent moins aux intempéries de l'air. Elles sont sujettes à éclater au feu en cas d'incendie. Il faut éviter leur emploi pour la construction de fours et partout où il y a à craindre une forte chaleur. Lorsqu'on mouille une pierre, si elle absorbe l'eau promptement et qu'elle augmente de poids, elle est propre à résister à l'humidité.

§ II. — CONDITIONS AUXQUELLES DOIT SATISFAIRE LA PIERRE A BATIR.

927. Pour qu'une pierre soit employée avantageusement dans une construction, elle doit satisfaire aux conditions suivantes :

1° Il faut qu'elle se présente, dans la nature, en masses suffisamment grandes, susceptibles d'être exploitées, débitées et taillées facilement et sans trop de dépense ;

2° Qu'elle soit assez dure et qu'elle ait une cohésion suffisante pour résister aux chocs, aux pressions qu'on lui fera supporter et aux influences atmosphériques.

Comme il est très rare de trouver toutes ces qualités réunies dans une même pierre, on doit faire un emploi judicieux de celles dont on dispose, en réservant les plus solides pour les parties les plus exposées, et les moins bonnes pour celles où les causes de destruction sont les moins actives.

On peut se rendre un compte assez exact des qualités d'une pierre :

1° En étudiant son mode de gisement. Sa dureté, sa cassure et sa structure donnent des indications souvent suffisantes pour apprécier les facilités ou difficultés que l'exploitation, le débit ou la taille pourront présenter ;

2° En soumettant un échantillon de chaque nature de pierre à des pressions de plus en plus fortes, afin d'en bien apprécier la résistance ;

3° En faisant les essais nécessaires pour reconnaître comment se comportent ces échantillons exposés aux influences atmosphériques ;

4° En examinant avec soin d'anciennes constructions faites avec des pierres de même espèce.

§ III. — CARACTÈRES PHYSIQUES ET CHIMIQUES DES PIERRES.

Dureté.

928. Une pierre est dure lorsque, pour la débiter, il faut employer la scie sans dents. Les pierres tendres, au contraire, se débitent à la scie à dents.

Les pierres dures rayent l'*ongle*, le *cuivre*, le *fer* et l'*acier*. Les pierres tendres sont rayées par ces substances. Les pierres qui sont à la fois très dures et très cohérentes, font feu sous le choc du briquet.

Structure.

929. La pierre peut être *compacte, granuleuse, lamellaire* ou *laminaire, cristalline* ou *granitoïde, fibreuse, saccharoïde, terreuse, grossière, grésiforme, cellulaire, schistoïde*.

1° Les pierres *compactes* sont celles qui présentent une masse uniforme sans apparence de lamelles ou de grains. (Cristal de roche, pierre à fusil, etc...)

2° Les pierres sont dites *granuleuses*, lorsqu'elles présentent une masse uniforme de grains plus ou moins gros qui semblent réunis par un ciment. Quand les grains sont gros comme un pois, la structure prend le nom d'*oolithique*.

Les pierres à structure *lamellaire* sont celles dont la masse est formée de petites lamelles disposées en tout sens. (Ardoises.) Lorsque ces lamelles sont grandes, la structure est dite *laminaire*.

Quand la masse offre une agglomération de petits cristaux déformés entremêlés avec la plus grande confusion, la structurc est dite *cristalline* ou *granitoïde*.

Si la masse paraît composée d'une infinité de fibres plus ou moins longues accolées les unes aux autres, comme certaines pierres à plâtre (Moselle), la structure est dite *fibreuse*. La texture est dite *saccharoïde*, lorsque la masse présente une contexture analogue à celle du sucre (Marbre blanc statuaire.) La craie, qui a la consistance de la pierre avec un aspect terreux, donne une idée de la structure *terreuse*.

Lorsque la pierre est composée de grains inégaux et terreux (vergelé, pierre des environs de Paris, pierres sablonneuses des environs de Bruxelles), la structure est dite *grossière*.

La structure est *grésiforme*, lorsque la masse est uniforme et formée de grains arénacés agglutinés (meules à aiguiser, grès pour pavage).

La pierre meulière donne un exemple de structure *cellulaire*.

La structure *schistoïde* est caractérisée par ce fait que les blocs peuvent facilement se diviser en feuillets (ardoises).

3° *Cassure*. La cassure peut être : *droite, conchoïde, lisse* ou *raboteuse*.

Lorsque les surfaces de rupture sont planes, la cassure est droite. Elle est dite *conchoïde*, lorsqu'elle présente une courbure ; *lisse*, lorsqu'il n'y a pas d'aspérités ; *raboteuse*, lorsque les aspérités sont nombreuses.

4° *Couleur*. Elle varie ordinairement du gris au jaune. Elle peut aussi être bleuâtre et même rouge.

5° *Densité*. La densité est très-variable suivant la nature des pierres.

6° *Dilatation*. La dilatation linéaire des pierres est assez faible pour pouvoir être négligée dans la plupart des circonstances ; cependant ses effets sont parfois très-sensibles dans quelques édifices. Elle varie avec la composition et la structure.

D'après un assez grand nombre d'expériences, on ne peut pas l'évaluer à plus de $0^m,001$ de 0 à 100 degrés.

Les caractères physiques énumérés ci-dessus ne suffisent pas toujours pour faire connaître les pierres ; il faut avoir recours aux caractères chimiques. Les opérations nécessaires pour mettre en évidence les caractères chimiques se réduisent généralement à soumettre la substance à l'action d'un feu plus ou moins vif et prolongé, pour se rendre compte si la pierre est fusible ou infusible, si elle change de nature ou si elle ne subit aucune altération ; ou bien à l'éprouver au moyen des acides (azotique, chlorhydrique, sulfurique), après l'avoir réduite en poudre.

On remarquera : 1° si elle est soluble, 2° s'il y a effervescence, en éprouvant la dissolution au moyen de réactifs connus, *chaux, alumine, magnésie*.

930. Avant de terminer ces définitions et notions générales, il nous reste à donner les différents noms que prennent les pierres suivant leur volume. Les pierres de fortes dimensions (blocs qu'un seul homme ne peut manœuvrer) prennent le nom de *pierres de taille* lorsqu'elles sont taillées. Lorsque ces blocs ne sont taillés que sur leurs deux surfaces horizontales, appelées *lits*, et que leurs autres faces sont brutes ou simplement dégrossies, on les nomme *libages*. On les emploie dans les fondations des édifices.

Les pierres, lorsqu'elles ne sont point taillées, se nomment *blocs*.

Les pierres de petites dimensions (blocs de dimensions telles qu'un seul homme puisse les manœuvrer) s'appellent *moellons piqués*, quand elles sont mises en œuvre à la façon des pierres de taille, c'est-à-dire lorsque les faces sont parfaitement dressées et les arêtes bien droites ; *moellons smillés*, quand elles sont grossièrement équarries et que les parements sont taillés proprement ; *moellons bruts*, quand elles ne sont pas travaillées.

Toutes les pierres ne sont pas susceptibles d'être taillées, mais toutes peuvent être employées comme moellons, pourvu qu'elles soient suffisamment résistantes.

§ IV. — QUALITÉS ET DÉFAUTS DES PIERRES

931. Les principales qualités des pierres dures ou tendres sont :

I. D'avoir le grain fin et homogène dans toutes les parties.

II. D'être pleines, sans *fils* ni *moyes*. On dit qu'une pierre est pleine, lorsqu'elle ne contient ni coquillages, ni cailloux, ni moyes, ni trous. Tels sont le liais, le banc franc et certaines pierres tendres.

III. De pouvoir résister à l'humidité et à la gelée.

IV. De ne pas éclater au feu.

V. Le son indique aussi la qualité. Les pierres qui ont le grain fin et la texture uniforme produisent un son plein lorsqu'on les frappe. Au contraire, celles qui renferment des flaches ou fentes intérieures rendent un son très-sourd.

VI. L'inaltérabilité.

VII. La facilité de travail.

VIII. L'adhérence facile du mortier.

IX. La résistance à l'écrasement et au choc.

Enfin, lorsqu'on débite une pierre, si elle laisse dégager une certaine odeur sulfureuse, c'est un bon indice. Celles qui exhalent cette odeur de soufre, lorsqu'on les travaille, sont en général les plus résistantes.

932. Les principaux défauts sont :

I. — *Gélivité*. Les pierres gélives sont celles qui ne résistent pas à la gelée. Elles absorbent facilement l'humidité. L'eau qui se loge dans les petites cavités dont leur masse est criblée, venant à gonfler par suite de la congélation, les fait tomber en écailles très-minces, qui finissent par se réduire en poussière. Ces pierres soutiennent très-mal les arêtes. Elles sont moins denses que les autres pierres de même espèce. On doit éviter d'en faire usage pour les constructions extérieures, mais elles peuvent, dans certains cas, être d'un bon emploi comme libages dans les fondations et dans les travaux intérieurs. On les rejettera rigoureusement pour toutes les autres parties de la construction si l'on veut être assuré de la stabilité. La plupart de ces pierres soutiennent bien la chaleur d'un feu de four à chaux, tandis que d'autres pierres, qui résistent bien au froid et à la gelée, ne peuvent supporter le même degré de chaleur.

Les pierres que l'on suppose être atteintes de gélivité doivent être extraites en été. On les laisse sécher à l'air et au soleil pour permettre à l'eau qu'elles renferment de s'évaporer. Souvent, et c'est le cas d'un grand nombre de pierres employées en France, il suffit d'un été pour les débarrasser de leur eau de carrière et faire disparaître ou diminuer considérablement la gélivité. Les moyens pour reconnaître les pierres gélives sont au nombre de deux.

1° Exposer ces pierres à l'air, à l'eau et à la gelée en les mettant dans la glace à une température de 1, 2, 3 degrés au-dessous de 0, et voir comment elles se comportent.

2° Lorsqu'il s'agit de pierres provenant de carrières nouvellement ouvertes, on a recours à une méthode d'essai due à M. Brard et modifiée par M. Héricart de Thury. Cette méthode consiste à faire bouillir, pendant une demi-heure, le bloc à essayer (ayant 0,10 centimètres cubes environ) dans une dissolution de sulfate de soude saturé à froid, puis à retirer ce bloc et à le laisser reposer dans une salle maintenue à une température de 15 degrés jusqu'à ce qu'il soit recouvert d'effervescences salines neigeuses semblables à du salpêtre, enfin à enlever les aiguilles salines en versant de l'eau pure sur le bloc. Ceci fait, on replonge le cube dans la dissolution froide, on l'expose de nouveau à l'air, on l'arrose et l'on continue ainsi pendant cinq ou six jours.

Après ce temps, si la pierre n'est pas gélive, le sel n'entraîne rien avec lui. Au contraire, si la pierre soumise à l'expérience est gélive, on aperçoit, dès que le sel disparaît, qu'il détache des fragments, les arêtes s'émoussent et les angles perdent leur régularité.

Il existe très-peu de pierres qui soient gélives par eau d'infiltration.

II. — *Moyes*. On nomme pierre *moyée*, celle dont la texture n'est pas uniforme et qui renferme des fils, des filets, des limés ou des trous remplis de matières étrangères terreuses ayant la même couleur que la pierre.

Lorsque les moyes ne sont pas profondes, elles sont enlevées par la taille. Si elles ne disparaissent pas après ce travail et si elles ne sont pas trop abondantes, la pierre peut être employée comme libage. Dans tout autre cas, il faut la refuser.

Il arrive souvent que des rognons de matières étrangères sont très adhérents à la pierre et font entièrement corps avec elle. Ils peuvent aussi être d'une dureté beaucoup plus grande, ils offrent alors des difficultés presque insurmontables à la taille, au sciage et au polissage. Les carriers et les marbriers les désignent alors sous le nom de *clous*.

III. — *Pierres graveleuses ou moulinées.* Lorsqu'une pierre est *graveleuse* et qu'elle s'égrène à l'humidité, on dit qu'elle est *moulinée*. Ce défaut est particulier à quelques pierres tendres. Les ouvriers disent, en parlant des pierres qui ont ce défaut, qu'elles ont les arêtes *poufes*.

IV. — *Cendrures ou terrasses.* On appelle cendrures ou terrasses, des fentes ou des cavités remplies d'une substance étrangère pulvérulente. Ce défaut peut être très nuisible à la solidité des pierres de taille, mais il est surtout très grave dans les marbres.

V. — *Pierres ferrées.* On trouve quelquefois des pierres qui ont une ou plusieurs petites bandes ou zones très dures dans la hauteur de leur banc. On les désigne sous le nom de pierres ferrées. Ces pierres sont très difficiles à tailler. Dans les pierres on remarque encore d'autres défauts : ce sont des fissures qui éclatent avec le temps en compromettant la construction et que les ouvriers appellent *poils;* puis des veines terreuses dites *molasses*, lesquelles, en se dissolvant, donnent lieu aux mêmes inconvénients.

933. *Observation.* Certains bancs de calcaire offrent souvent, sur une de leurs faces, quelquefois sur toutes deux, une espèce de croûte sans consistance appelée *bousin*. Le bousin doit être soigneusement enlevé. Il est surtout commun dans les calcaires des terrains secondaires et des terrains tertiaires. Il est plus rare dans ceux qui appartiennent aux terrains de transition.

On reconnaît les lits de carrière des pierres des environs de Paris et, en général, de beaucoup de pierres calcaires, à la partie tendre ou *bousin* qui les recouvre.

§ V. — CLASSIFICATION DES PIERRES EMPLOYÉES DANS LES CONSTRUCTIONS.

934. Avant de commencer l'étude des pierres employées dans les constructions, nous croyons utile, afin d'être guidé dans la recherche des gisements de ces matériaux, de donner, dans le tableau ci-après, la classification des terrains composant l'écorce minérale du globe. Dans ce tableau les formations sont rangées dans l'ordre descendant, c'est-à-dire en commençant par les plus modernes. Au point de vue de la construction, nous pouvons diviser les pierres en deux classes :

1° *Pierres calcaires,*

2° *Pierres siliceuses.*

I. — Pierres calcaires.

935. Les pierres calcaires sont celles dont l'usage est le plus fréquent dans les constructions. Certaines d'entre elles se réduisent en chaux par l'action du feu. Elles font effervescence avec les acides, dans lesquels elles se dissolvent presque complètement. Elles se décomposent à une certaine température, quoique étant très réfractaires. Ces pierres ne donnent pas d'étincelles sous le briquet. On en distingue de plusieurs espèces, dont aucune n'est particulière à tel ou tel terrain. Le calcaire le plus pur est le composé chimique connu sous le nom de *chaux carbonatée* (combinaison de chaux et d'acide carbonique, 56,39 de chaux et 43,61 d'acide). La densité des pierres calcaires est variable du marbre à la craie, mais ne dépasse jamais 3,000 kil. le mètre cube. Ces pierres rayent le cuivre et sont rayées par le fer. Leur cassure est conchoïde. Le calcaire pur est blanc, mais cette couleur est souvent salie et modifiée par d'autres substances (charbon, bitume, oxydes de fer et d'autres métaux) qui la font passer, par des gris plus ou moins foncés, jusqu'au noir ou qui colorent en jaune, en rouge, etc.

Les pierres calcaires offrent toutes les espèces de structures. Les plus communes sont : la *compacte,* la *granuleuse,* la *grésiforme,* que présentent un grand nombre de pierres de taille ; la *terreuse,* qu'offre la craie ; la *grossière,* pour les tuffeaux et les calcaires grossiers ; la *cellulaire,* pour le tuf ; la *cristalline* ou *granitoïde,* pour les marbres ; enfin, la *saccharoïde,* pour le marbre blanc de *Carrare.*

L'espèce de calcaire connu sous le nom de *calcaire grossier* fournit une grande partie des pierres employées dans les constructions. Elle est d'une texture terreuse, à grain grossier, souvent lâche. Sa cassure est droite et quelquefois raboteuse. Sa couleur varie du jaune pur au blanc sale.

Sous le rapport de leur emploi dans les constructions, les pierres calcaires des environs de Paris se subdivisent en deux classes principales :

1° *Les pierres dures ;*

2° *Les pierres tendres ;* en appelant dures celles qui ne se laissent débiter qu'avec la scie à eau et à sable, et tendres, celles qui se laissent couper avec la scie à dents.

Les pierres dures comprennent : le *liais,* le *cliquart,* la *roche,* le *banc-franc,* pierres à grain fin et serré, généralement employées pour les parties des édifices qui doivent offrir le plus de résistance.

Les pierres tendres comprennent : la *lambourde,* le *vergelé,* le *parmain,* le *banc royal,* le *conflans,* le *Saint-Leu.*

Ces deux dernières, les pierres de Conflans et de Saint-Leu, présentent un grain plus ou moins grossier, et sont moins résistantes que les précédentes. Elles sont d'un emploi extrêmement répandu dans les édifices particuliers et dans les parties des édifices publics au-dessus des soubassements.

I. — PIERRES CALCAIRES DURES. — LIAIS.

936. En général, on donne le nom de liais à toutes les pierres dures de bas appareil dont on fait usage à Paris.

Le liais ne contient aucune empreinte de coquilles. Il est de formation moderne et réunit toutes les qualités d'une bonne pierre de taille. Sujet à la gelée, il résiste cependant à toutes les intempéries des saisons quand il a été tiré de la carrière dans de bonnes conditions. Il se taille assez bien. On en distingue 3 espèces :

1° Le *liais dur,* grain fin, texture compacte et uniforme ; c'est une des belles pierres des environs de Paris. On l'extrait dans les plaines de Bagneux et d'Arcueil et un peu à Saint-Denis. Les carrières de Clamart en fournissent aussi. La hauteur du banc varie de $0^m,25$ à $0^m,30$. Il est employé de préférence pour dalles, marches d'escaliers, cymaises, tablettes et acrotères de balustrades, etc.

2° *Liais Ferault ou faux liais*. Cette variété est plus dure que le liais précédent, mais le grain est beaucoup plus gros. Ce liais est difficile à travailler. Les lieux d'exploitation sont les mêmes que pour le liais dur. La hauteur du banc est un peu plus grande, ce qui permet de l'employer pour des ouvrages d'une plus forte épaisseur.

3° *Liais rose*. Ce liais est plus tendre que les précédents, même hauteur de banc que le liais dur. Il se tire des carrières de Créteil, Maisons-Alfort, etc...

4° *Cliquart*. Cette pierre, qu'on a substituée au liais, est devenue très rare. Les carrières qui en fournissaient sont presque toutes épuisées. C'est une pierre à grain fin et égal, de très bon appareil, contenant peu de débris coquilliers. Les carrières de Meudon, de Clamart et de Val-sous-Meudon fournissent une pierre qui remplace le cliquart.

5° *Roche*. La roche est une pierre très dure et quelquefois coquilleuse. Elle se trouve ordinairement en plusieurs bancs superposés. Les carrières de roche des environs de Paris commençant à s'épuiser, on fait venir cette pierre par bateau et par chemin de fer de différentes localités éloignées (Bourgogne et Lorraine).

En Bourgogne, les meilleures carrières de pierres dures sont situées entre *Montbart* et *Châtillon* (Côte-d'Or) et dans le canton de l'Isle (Yonne).

Les bonnes pierres dures de Lorraine, aujourd'hui bien connues à Paris, sont tirées des carrières d'*Euville*, *Lérouville* et *Mécrin* près *Commercy* (Meuse).

Depuis plusieurs années, on emploie avec succès une pierre tirée de Saint-Ylie (Jura). Cette pierre, d'un ton rougeâtre, prend bien le poli et convient très-bien pour l'ornementation.

On se sert aussi à Paris et dans ses environs d'autres pierres de roche dure qui sont très estimées et parmi lesquelles on distingue celles de Saillancourt, de Saint-Nom, de l'Ile-Adam, de Silly, de Sainte-Marguerite et de Château-Landon. Ces pierres sont très dures, prennent bien le poli; mais elles ont l'inconvénient d'avoir des moyes.

On fait également usage de roches tirées de la Ferté-Milon, de Soissons, de Laversine, etc.

6° *Banc-franc*. Le Banc-franc, ou pierre franche, est de stratification beaucoup plus récente que la roche; moins dur, grain plus fin et plus égal, ni empreintes ni parties coquilleuses. Cette pierre est exploitée à Montrouge, Bagneux, Châtillon, Arcueil, etc. La hauteur des bancs varie de $0^m,30$ à $0^m,60$. Cette pierre sert par économie à remplacer le liais.

PIERRES CALCAIRES TENDRES.

937. Les pierres tendres s'emploient beaucoup pour la construction des édifices et des bâtiments particuliers. Elles résistent bien à la gelée lorsqu'elles ont perdu leur eau de carrière et elles se taillent facilement.

Lambourde. La plus recherchée provient des carrières de Saint-Maur. La hauteur du banc varie de $0^m,65$ à $0^m,95$ de hauteur. On en extrait également à Carrières-sous-Bois, près Saint-Germain en Laye, à Gentilly, Nanterre, Carrières-Saint-Denis, Houilles, Montesson, etc... Celle qui est extraite des cinq localités énumérées ci-dessus est de qualité inférieure.

Vergelé et Saint-Leu. Ces deux natures de pierre tendre s'extraient des mêmes carrières situées sur les bords de l'Oise. Le Vergelé provient d'un banc supérieur. Il est de très bonne qualité et très résistant. Le Saint-Leu forme la masse inférieure. Son grain est plus fin que le précédent; Il s'écrase beaucoup plus et résiste moins bien à l'action des agents atmosphériques.

TABLEAU DONNANT LA DIVISION GÉOLOGIQUE DES TERRAINS.

NOMS des cinq groupes de terrains.	NOMS des douze couches. Terrains géologiques.	ÉTAGE ou divisions principales des terrains.	Subdivisions principales considérées au point de vue des matériaux de construction et indication de quelques types caractéristiques.	OBSERVATIONS.
FORMATION QUATERNAIRE.	Terrain quaternaire.	Alluvions modernes Alluvions anciennes	Alluvions.... Tuf........ Alluvions. ... Lave.........	Formation contemporaine. Terrains d'alluvion qui remplissent les vallées des fleuves. Volcans modernes éteints et brûlants. Comme roches éruptives principales qui se trouvent accidentellement, on peut citer des conglomérats.
FORMATION TERTIAIRE.	Terrain tertiaire.	Pliocène ou tertiaire supérieur........ Miocène ou tertiaire moyen.......... Éocène ou tertiaire inférieur........	Dépôts....... Grès......... Falluns ..... Pierres....... Gypse........ Pierres.......	Couches de sables et alluvions anciennes, tuf à ossements fossiles. Éruptions de trachytes et de basaltes. Calcaire d'eau douce avec meulière; contient souvent des lignites. Grès de Fontainebleau. Marne avec gypse, ossements de mammifères. Calcaire grossier, argile plastique avec lignites. Roches éruptives accidentelles, les mélaphyres.
FORMATION SECONDAIRE.	Terrain crétacé.	Craie supérieure.. Craie inférieure et grès verts...... Néocomien........	Calcaire. .... Pierres... .... Craie........ Pierres.. .... Dépôts.. .... Pierres..	Assise calcaire puissante, appelée craie, avec interposition de couches de silex. Grès tuffeau de la Touraine. Grès ordinairement verdâtre, sables ferrugineux. Comme roches éruptives principales se trouvant accidentellement, on peut citer les granits.
	Terrain jurassique.	Portlandien ou du Barrois......... Corallien......... Oxfordien .... Oolithique........ Lias..............	Calcaire.. .... Perres...... Calcaire..... Pierres...... Sable.. ..... Pierres...... Calcaire..... Pierres...... Marnes...... Ciment.. ... Lias... .... Ciment.....	Couches calcaires, plus ou moins compactes et marneuses, alternant avec des couches d'argile. Le terrain jurassique est divisé en plusieurs étages. Les étages supérieurs portent le nom de calcaire oolithique. L'étage inférieur est appelé lias. Grès inférieur ou lias. Comme roches éruptives se trouvant accidentellement, on peut citer les granits.
	Terrain triasique.	Marnes irisées..... Calcaire coquillier. Grès bigarrés.....	Grès........ Grès......... Calcaire..... Pierres.. ... Grès......... Grès..	Marnes de couleurs variées, qu'on appelle marnes irisées, renfermant souvent des amas de gypse et de sel gemme. Calcaire très coquillier, auquel on donne le nom de Muschelkalk. Grès de couleur variée, appelé grès bigarré. Roches éruptives accidentelles, les granits.
	Terrain du grès des Vosges et terrain pénéen ou permien.	Grès des Vosges... Zechstein......... Grès rouges.......	Grès .... Grès.. .. .... Calcaire. ..... Grès.. .. .... Grès.........	Poudings et grès. Assise de calcaire mêlée de schiste que l'on appelle zechstein. Assise de pouding et de grès appelé nouveau grès rouge.
FORMATION PRIMITIVE OU TERRAIN DE TRANSITION.	Terrain carbonifère.	Houille et carbonifère.............	Se compose .. Grès.........	Grès, schistes avec couches de houille et de fer carbonaté. Calcaire carbonifère ou calcaire bleu, avec couche de houille.
	Terrain dévonien.	Dévonien supérieur, moyen et inférieur...........	Calcaire....... Marbre.......	Couches puissantes de grès appelé vieux grès rouges, renfermant des couches d'anthracite.
	Terrain silurien.	Silurien supérieur, moyen et inférieur...........	Calcaire...... Marbre....... Quartzite..... Grès........	Calcaire, schiste ardoisier, grès à gros grain appelé grauwacke.
	Terrain cambrien.	Cambrien.........	Ardoises......	Calcaire compacte, schiste argileux. Ces roches ont souvent une texture cristalline. Roches éruptives accidentelles, les granits.
TERRAINS VOLCANIQUES ET PORPHYRIQUES			Porphyres	
FORMATION ANCIENNE, CRISTALLINE OU PRIMITIVE.	Terrain ancien et granitique. Roches primitives.	Schistes cristallins. Granits..........	Schistes...... Granits....... Granits de Diélette........	Granits et gneiss formant la base principale de la partie intérieure du globe accessible à nos moyens d'observation. Comme roches éruptives principales qui se trouvent accidentellement dans ces terrains, on peut citer les pegmatites.

Conflans. Le Conflans est une très belle pierre extraite à Conflans-Sainte-Honorine, sur les bords de l'Oise.

On en distingue trois espèces :

1° Le *banc-royal*, grain très fin et masse très haute. On en tire des blocs de toutes grandeurs.

2° La seconde espèce est prise dans la partie inférieure de la masse. Elle est plus tendre et plus fine que la précédente.

3° La dernière, appelée lambourde, est d'un grain aussi fin que le banc-royal, mais plus tendre et de qualité inférieure.

Les deux premières sont employées de préférence pour les travaux nécessitant des moulures ou des sculptures.

Parmain. Le parmain provient d'une nouvelle carrière de l'Ile-Adam, à peu près de même qualité que le Saint-Leu, mais plus tendre et d'un grain plus fin. Sa hauteur de banc varie de $0^m,60$ à $0^m,70$.

Une autre pierre tendre, appelée *tuf*, ou *marne-solide*, a été employée ; mais le tuf des environs de Paris n'est pas assez résistant et ne doit pas être utilisé dans les constructions.

Un grand nombre de calcaires jouissent d'une finesse de grain, d'une cohésion et d'une dureté telles qu'ils sont susceptibles de recevoir le poli. Ils prennent alors le nom de *marbres*. Nous parlerons assez longuement de ces derniers dans l'article spécial, *Marbrerie*.

II. — Pierres siliceuses.

938. Parmi les principales pierres siliceuses nous trouvons : le *quartz* ou *silex pyromaque* (pierre à fusil), la *meulière*, les *grès*, les *schistes*, les *granits*, les *pierres feldspathiques*, la *serpentine*, enfin les *pierres volcaniques*.

Quartz. Le quartz est insoluble dans les acides et inaltérable au feu : c'est de la silice plus ou moins pure. Très dur, il raye le verre et fait feu sous le briquet. Sa structure est compacte, sa cassure largement conchoïde, sa couleur est blonde plus ou moins foncée. On le trouve sous forme de rognons tuberculeux disséminés dans les assises supérieures du terrain crétacé. Ces pierres adhèrent mal au mortier, si l'on n'a pas le soin de leur laisser l'enveloppe crayeuse qui les entoure. En général peu utilisables pour les constructions à cause des faibles dimensions et de la forme, plutôt ronde que plate, des morceaux sous lesquels elles se trouvent.

On donne, en général, le nom de galets ou de cailloux aux fragments de pierres de grosseurs différentes, arrondis plus ou moins exactement, dont la couleur varie du brun foncé au blanc laiteux, et qui font feu sous le choc du briquet.

On emploie ordinairement les cailloux qui ne dépassent pas 5 à 6 centimètres de grosseur à la construction des routes et à la fabrication du béton.

Les cailloux les plus convenables pour les maçonneries sont ceux qui proviennent des cours d'eau et des carrières à sable.

Meulière. La meulière est une pierre formée de débris quartzeux, de chaux carbonatée, d'alumine et d'oxyde de fer, dans diverses proportions. Sa masse est criblée de trous de formes indéterminées.

C'est une pierre très dure qui raye le verre et fait feu sous le choc du briquet. Sa structure est celluleuse, sa cassure conchoïde et sa couleur grisâtre ou rougeâtre. On distingue deux espèces de meulière. L'une a la couleur grise blanchâtre des grès très durs, et une masse pleine dont la dureté est égale à celle du silex. Elle se trouve en gros blocs et sert à faire des meules de moulins. Dans certaines localités, on trouve ce genre de meulière en plus petits morceaux isolés dont on fait des massifs de maçonnerie. Cette variété de meulière, que l'on désigne sous le nom de *caillasse*, n'est pas celluleuse. Cette pierre, à l'inverse de la meulière proprement dite, adhère mal au mortier. Elle est moins estimée que les autres. Elle est employée, dans les constructions ordinaires, en plaquettes, pour fondations et soubassements. Pour les constructions importantes, on fera bien d'en prescrire le rejet. Cette caillasse concassée en morceaux de 5 à 6 centimètres est employée pour l'empierrement des chaussées.

L'autre espèce de meulière se trouve aussi par bancs ou par blocs de grandes dimensions. Souvent aussi, on la rencontre par petits morceaux en masses de peu d'épaisseur et de peu d'étendue, à une très faible profondeur, quelquefois même à la surface du sol. C'est la meulière proprement dite. Sa couleur est d'un rouge jaunâtre. Elle est criblée de trous et de nombreuses irrégularités qui permettent au mortier de s'attacher fortement.

Dans certains pays, on trouve une autre variété de meulière nommée *meulière de gif;* elle est friable, criblée de trous, aspect d'éponge. Elle est employée avec avantage pour faire les hourdis des planchers.

En résumé, les meulières sont d'excellentes pierres à bâtir, faisant très bien corps avec le mortier. Elles sont d'une résistance à toute épreuve. Dans certains cas, leur exploitation est difficile à cause de leur grande dureté.

On trouve les meulières dans les assises supérieures du terrain parisien, en amas plus ou moins volumineux, dans des couches de calcaire siliceux.

Les meilleures meulières dures employées dans les travaux hydrauliques de Paris proviennent, le plus généralement, des coteaux des vallées de la Seine et de la Marne. Elles arrivent, par chemin de fer ou par la haute Seine, des carrières du Ponthiéry et d'Orgenoy, situées au-dessus de Corbeil, et de celles de Ris et de Viry-Châtillon, situées entre Corbeil et Juvisy.

La haute Seine fournit encore des meulières tirées des carrières de Corbeil, Montgeron et Villeneuve-Saint-Georges, mais qui sont d'un moins bon emploi que les précédentes.

Grès. Le grès est une roche entièrement formée de grains de silex ou de quartz plus ou moins gros et agglomérés. Quelquefois, les grains de quartz sont simplement soudés.

On trouve des grès de toutes les couleurs, mais le blanc, le jaunâtre, le rougeâtre et le gris sont les plus communs.

Les grès se rencontrent comme les calcaires, avec lesquels ils alternent le plus souvent, dans presque tous les terrains de sédiment.

Les grès se divisent en *grès siliceux, grès calcaires, grès argileux* suivant la nature du ciment qui a servi à agglutiner les grains.

Les grès siliceux sont ordinairement très durs et à grains fins fortement reliés par le ciment naturel. Ils approchent du quartz gris. Certains grès siliceux peuvent se tailler et même se sculpter. Ils ont sur les calcaires l'avantage de mieux résister aux agents atmosphériques et leur durée est presque indéfinie.

Les grès calcaires ont différents degrés de dureté, en raison de l'abondance ou du plus ou moins de fermeté du gluten calcaire qui réunit leurs grains.

Les grès argileux se trouvent par couches. On les désigne, dans certains pays, sous le nom de *molasse.* Leur couleur est grise. Ils se taillent facilement au moment de l'extraction, mais ils ont la propriété de durcir à l'air.

On distingue principalement parmi les grès :

1° Le *psammite,* agglomération de grains siliceux réunis par un ciment argileux et souvent parsemé de mica. Il se trouve dans les terrains silurien, dévonien et houiller.

Dans ce dernier cas, il est connu sous le nom de *grès houiller, grès des houillères.*

2° Le *nouveau grès rouge* appartient au terrain pénéen.

3° Le *grès des Vosges* appartient au même terrain.

4° Le *grès bigarré* appartient au terrain de trias.

5° Le *grès de Luxembourg* appartient aux étages inférieurs des terrains jurassiques. Il se laisse facilement diviser en carreaux plus ou moins parfaits.

6° Le *grès fistuleux* appartient au terrain parisien.

7° Le *grès de Fontainebleau*, qui appartient au même terrain, est exploité à Fontainebleau pour la fabrication des pavés en grande partie utilisés à Paris.

8° Le *molasse*, grès argileux du terrain de molasse, est très commun et il est d'un usage fort répandu dans le Sud-Ouest de la France.

939. *Qualités, défauts, emplois des grès.* Les grès sont d'une ténacité variable et, dans certains cas, d'une dureté et d'une ténacité telles, qu'on a peine à les entamer avec les outils les mieux acérés. Tantôt ils sont tellement peu consistants qu'ils s'égrènent sous la simple pression des doigts; tantôt, enfin, ils offrent une consistance qui les rend propres à former de bonnes pierres de taille.

La couleur gris clair des grès est un indice de bonne qualité. Les grès rouges sont ordinairement les plus tendres et les moins résistants.

Les grès servent à faire des meules à aiguiser et il en est de très durs, à gros grains, qu'on emploie pour faire des meules de moulins.

Les grès très durs sont trop difficiles à tailler pour être employés comme pierres à bâtir; mais, quand ils ont beaucoup de cohésion et qu'ils résistent bien aux chocs, on en fait un usage considérable comme pavés. Ils sont ordinairement blancs et leur grain est égal et fin; ils se trouvent en bancs continus et en grosses masses isolées au milieu d'un *sablon fin et mobile*.

Schiste. Les pierres qui prennent ce nom sont des silicates à bases diverses, où le silicate d'alumine domine. Elles ne font pas effervescence avec les acides.

Les schistes se distinguent par leur aspect terreux ou satiné, leur fissilité en lames ou feuillets, et leur peu de dureté.

Les schistes sont très communs dans la nature, où on les trouve en couches plus ou moins épaisses, alternant avec des grès ou des psammites.

On distingue principalement les *schistes argileux* et les *schistes ardoisiers*. Les premiers sont développés dans les terrains houiller et dévonien; les seconds, dans les terrains silurien et cambrien. Ces derniers sont employés dans les constructions, les autres ne le sont pas ou très peu.

Les schistes ardoisiers donnent des moellons et des pierres de taille de médiocre qualité, ainsi que des dalles de pavement fort belles. Leur principal usage est d'en faire des ardoises.

Les principales qualités d'une bonne ardoise sont :

1° L'*homogénéité*;

2° Le *grain fin et serré*;

3° Le *long grain* (séries de stries à peu près parallèles qu'on remarque dans toutes les ardoises);

4° La *dureté*;

5° La *ténacité* et l'*élasticité*;

6° Elles doivent être planes et unies. Leur épaisseur doit être suffisante et uniforme. La finesse est en raison directe de la *fissilité* de la pierre qui l'a fournie;

7° La *couleur* est considérée, par la plupart des consommateurs, comme un caractère de première valeur. La couleur noire est un indice de mauvaise qualité pour quelques acheteurs. Cependant, certaines ardoises anglaises et belges sont noires et de très bonne qualité. La teinte violacée est la plus recherchée.

Granit. Le granit, qui constitue la plus grande partie du terrain primitif, est formé par l'agglomération de trois minéraux : le *feldspath*, le *mica* et le *quartz*. Ces trois substances se trouvent plus ou moins intimement mélangées, mais sans cesser d'être assez facilement discernables à l'œil. Le mica se distingue par son apparence en petites paillettes miroitantes, ordinairement noires et disséminées dans toute la masse. Les couleurs qu'il affecte sont le blanc, le gris, le jaune, le brun foncé et le noir. Le quartz, qui est de la silice pure ou presque pure, est disséminé dans la masse du granit en grains irréguliers et habituellement incolores.

Le feldspath (silicate double d'alumine et de potasse) s'y présente sous forme de cristaux lamelleux, brillants et souvent colorés.

Les granits sont d'autant plus durs que le quartz y est plus abondant et que ses grains sont plus fins.

Le granit se présente fréquemment en masses considérables, non stratifiées. D'autres fois, on le trouve intercalé en coulées ou en filons plus ou moins forts dans les terrains sédimentaires. Il est commun dans toutes les parties du globe.

940. *Qualités et défauts du granit.* Le granit est, sans contredit, une des meilleures pierres à bâtir connues ; mais son mode de gisement et sa grande dureté le rendent presque toujours d'une exploitation et d'une taille difficiles et coûteuses. On le réserve pour les ouvrages qui doivent offrir une grande résistance : bordures de trottoirs, de routes, bornes, chasse-roues, etc.

Le granit est susceptible de recevoir le poli. Il est employé comme marbre dur. Dans certains cas, la composition des granits peut subir des modifications par l'absence de quelques-uns des principes constituants et leur remplacement par d'autres, exemple :

Le *gneiss*, variété de granit d'apparence feuilletée, due à l'abondance du mica.

La *protogyne*, autre variété, où le mica est remplacé par du talc.

L'*arkose*, roche composée comme le granit, mais où le mica manque.

L'*hyalomycie*, roche composée de quartz et de mica.

<h3>PIERRES FELDSPATHIQUES.</h3>

941. Parmi ces pierres on distingue : l'*eurite*, le *porphyre*, la *siénite*, le *diorite* et le *trapp*. Ce sont, en général, des silicates simples ou des mélanges très compliqués de silicates à bases diverses.

L'*eurite* n'est autre qu'un feldspath compacte ou grenu.

Le porphyre est un granit dans lequel le quartz et le mica manquent entièrement. Il est composé d'une pâte feldspathique dans laquelle se sont formés des cristaux de feldspath.

Il se trouve du porphyre rouge et du vert. Le premier est taché de jaune dans la variété dite brocatelle d'Égypte. Le porphyre vert est appelé ophite ou serpentin, à cause de sa ressemblance avec la peau de certains serpents.

La dureté du porphyre étant plus grande encore que celle du granit, elle ne permet pas de le tailler.

La *siénite* est un porphyre dans lequel les cristaux de feldspath sont remplacés par de l'amphibole (silicate double de magnésie et de chaux).

Le *diorite* est une siénite dans laquelle il y a simplement changement de rôle entre les deux substances ; la pâte est l'amphibole, les cristaux sont de feldspath.

Le *trapp* est un diorite dans lequel les substances composantes sont indiscernables à l'œil. Les diverses roches énumérées ci-dessus ont les mêmes gisements que les granits.

Ces matières sont aujourd'hui peu employées à cause de leur cherté et de la difficulté de la taille.

Serpentine. C'est une matière compacte, tendre mais tenace, à cassure plus ou moins esquilleuse, d'un éclat gras. Les serpentines sont des mélanges de silicate et d'hydrate de magnésie. Ce sont des pierres analogues aux granits et très estimées comme marbres.

PIERRES VOLCANIQUES.

942. Les pierres volcaniques dont les principales sont : le *basalte*, les *trachytes*, les *laves* et les *ponces*, consistent généralement en mélanges intimes, mais très variables, de silicates de diverses bases (alumine, magnésie, chaux, potasse, fer), fusibles à feux violents. Ce sont des pierres d'origine évidemment ignée et qui offrent bien visiblement des traces de fusion ou de l'action du feu.

Les *basaltes* sont des éruptions volcaniques plus modernes que les trachytes.

Ils sont composés de *pyroxène* (silicate de magnésie et de fer) et de *labrador* (espèce de feldspath à base d'alumine, de chaux et de soude). Ces cristaux sont d'une extrême ténuité, ce qui donne à la roche une apparence de compacité, et lui permet de prendre un beau poli.

Les *basaltes* sont trop durs pour être taillés ; mais, dans quelques localités, on en fait des moellons. Ce sont des pierres de couleur noire ou tirant sur le noir, à surface mate, à structure compacte, quelquefois un peu lamellaire, plus souvent un peu grenue, difficile à casser, très dure, rayant le verre et faisant feu sous le choc du briquet.

Les *trachytes* sont des pierres volcaniques d'une époque ancienne, qui paraissent ne pas avoir toujours coulé. Ce sont des pierres compactes, grenues, grossières ou celluleuses, d'un aspect mat et rugueux, ressemblant souvent à des scories de forges, de couleurs variées, unies ou bigarrées, très dures et souvent tenaces, rayant le verre.

La pâte des trachytes est du feldspath. Elle renferme beaucoup de cristaux de feldspath, qui ont souvent pris un grand développement et présentent des faces cristallines très nettes.

On donne le nom de *laves* aux matières minérales liquides qui sont encore rejetées par nos volcans actuels. Elles s'étendent en nappes minces sur les flancs des volcans, où elles se solidifient en refroidissant.

Les *ponces* se distinguent par leur texture poreuse et fibreuse tout à la fois, à pores allongés, dans le sens des fibres. Elles sont d'un éclat nacré, âpres au toucher et fort légères.

943. *Qualités, défauts, emplois des pierres volcaniques.* Les basaltes sont souvent trop durs pour être taillés facilement, ils adhèrent mal au mortier. Ils sont très-peu employés. Les roches volcaniques peuvent servir pour faire d'excellentes pierres de taille ou autres.

944. M. Michelot a fait la division des calcaires de Paris en 8 classes, qui sont :

1° Pierres marbres (pouvant recevoir le poli) ;

2° Liais et cliquarts ;

3° Roches et pierres dures ;

4° Bancs-francs ;

5° Bancs royals ;

6° Vergelé et Lambourde ;

7° Saint-Leu et pierres grasses.

8° Grès batard.

Nous indiquons cette division, parce qu'elle a été en partie suivie pour la classification des pierres de construction indiquée ci-dessous et adoptée pour la série de la Ville de Paris.

945. CLASSIFICATION DES PIERRES DE CONSTRUCTION D'APRÈS LA SÉRIE DE LA VILLE DE PARIS.

NOTA. — *Les pierres n°s 1 et 2 sont compactes et susceptibles d'un beau poli.*

Pierre N° 1.
{ Liais de Corgoloin, rosé et moucheté.
{ Roche d'Hauteville.
{ — de Villebois.

Pierre N° 2.
{ Pierres de Château-Landon et de Souppes.
{ Pierres de Belvoye-Damparis (dites de Sainte-Ylié).
{ Roches de Comblanchien et d'Ancy-le-Franc.
{ Liais de Grimault.
{ Roche de Vilhonneur.

Pierre N° 3.
Roches et liais très-durs.

- Echaillon blanc.
- Roche d'Aumont.
- Liais de Violaine.
- — de Longpont-la-Grile.
- — de Courville.
- Roche de Tessancourt.
- — de Jérusalem.
- — d'Arthieul.
- — de Damply.
- — de Villiers-la-Fosse.
- Liais Cliquart de Clamart.
- Roche de la Celle-Bruère.

Pierre N° 4.
Roches et liais durs.

- Roche de Bagneux (qualité supérieure).
- Liais des Arrues (Châtillon).
- — de Lignerolles.
- — du Larrys-du-Bief.
- — des Meules (de Morley).
- Roche de la Fontaine-du-Breuil.
- Liais de la Sablière.
- Roche de la Victoire (de Senlis).
- — de Nogent (de l'Isle-Adam).
- — de Poissy.
- — de Laversine.
- — de la Forêt de (Villers-Cotterets).
- Roche d'Arthieul (Roche blanche).
- — d'Antilly.
- — de Pierrechèvre, Coulmiers, Savoisy, Semond et Puits. (Roche grise.)
- Roche d'Anstrude (banc jaune et banc gris).
- Roche de Longpont (Aisne).
- — de Courville.
- — de Saint-Quentin.
- — de Savoisy (roche grise).
- — de Saint-Maximin (roche grise dure pour balcons).
- Roche de Chassignelles (roche grise).

Pierre N° 5.
Roches et liais demi-durs ancs-francs durs.

- Liais de Carrières-Saint-Denis.
- — de Poissy.
- — du Larrys-des-Brosses.
- Roche de l'Isle-Adam.
- — de St-Maximin (roche basse et haute).
- Roche de Saillancourt.
- — de Pargny et d'Hamaret.
- — de Celle-Bruère.
- — de Moloy, la Ferté-Milon, Silly et Mareuil.
- Roche de Butry.
- — de Châtillon, Bagneux et Clamart (Seine).
- Roche du Moulin (Seine).
- — de Vitry.
- — de Chassignelles (banc blanc dit liais).
- Roche de Ravières.
- — d'Euville et Boncourt. (Pierre de choix, dite de marbrier.)
- Roche d'Euville ordinaire.
- — de Léronville.
- Grès de Vacqueville-Merviller.
- — de Phalsbourg.
- Pierre franche de Chauvigny.
- Pierre franche de Tercé.

Pierre N° 6.
Roches douces, bancs francs, bancs royals durs.

- Roche franche de Saint-Frambourg (Ivry, Seine).
- Banc franc de Vitry (Seine), (banc d'argent).
- Roche fine de Marly-la-Ville.
- Banc franc de Moloy, la Ferté-Milon, Silly et Mareuil.
- Roche douce de Saint-Maximin.
- Banc franc de Clamart, Châtillon, Bagneux et du Moulin de la Roche (Seine).
- Banc franc de Marly-la-Ville.
- — — de Mériel.
- — — de Butry.
- — — d'Angy.
- — — de Charentenay.
- — — de la Ferté-Milon, Moloy, Silly, Mareuil et Saint-Maximin.
- Banc royal de Jérusalem, de Méry et Villers-Adam (roche douce ou banc royal dur).
- Banc royal de Clamart, de Châtillon, de Bagneux (Seine).
- Banc royal de Vitry (Seine).
- — — de Courson.
- — — de Saint-Julien-Lavoux.
- — — de Château-Gaillard.
- — — de Ravières et du Larrys-du-Bief.
- Banc royal d'Austrude.
- — de Savonnières (ordinaire et fin).

Pierre N° 7.
Bancs royals tendres.

- Banc royal tendre de Conflans-Sainte-Honorine.
- Banc royal tendre de Marly-la-Ville.
- — — de l'Abbaye-du-Val (commune de l'Isle-Adam)
- Banc royal tendre de Genainville
- — — de Méry.
- — — de Jouy-le-Comte.
- — — de Saint-Maximin.
- — — de Saint-Vaast.
- — — de Rousseloy.
- — — de St-Leu-Laigneville.
- Banc royal tendre d'Antrèches et de Vassent.
- Banc royal tendre de Crouy.
- — — de la Ferté-Milon.
- — — de Moloy.
- — — de Vierzy.
- — — de Longpont.
- — — de Malvaux.
- — — de Branvilliers.
- — — de Chevillon.
- — — d'Allemagne

Pierre N° 8.
(Pierres tendres).

- Vergelé de Genainville.
- — de Méry.
- — de Parmain.
- — de Saint-Maximin.
- — de Saint Vaast.
- — de Rousseloy.
- — d'Antrèches et de Vassent.
- Pierre tendre de Laigneville
- Pierre tendre de Saint-Leu.

§ VI. — DESCRIPTION, NATURE, QUALITÉS, EMPLOIS DES PRINCIPALES PIERRES DE CONSTRUCTION.

946. Nous extrayons de deux brochures publiées en 1878 et en 1882 les quelques renseignements suivants sur l'exploitation de carrières de pierre à bâtir de la maison Civet fils et Cie, et de la Société des carrières du Poitou. La première de ces brochures a été rédigée par M. J. Brun, conducteur des ponts et chaussées.

I. — **Pierres calcaires tendres pour ornementation, façades, intérieurs, etc.**

947. I. — Banc royal de Saint-Vaast.

Situation géographique et voie de transport. Les carrières de Saint-Vaast sont situées près de Creil, département de l'Oise, à 1 kilomètre de la gare expéditrice de Cramoisy, ligne du chemin de fer du Nord, embranchement de Creil à Beauvais.

Position géologique et puissance des bancs exploités. Le banc royal de Saint-Vaast appartient au terrain tertiaire, éocène, étage du calcaire grossier moyen du bassin de Paris. C'est de toutes les subdivisions de cet étage la plus constante dans son épaisseur, dans sa structure minéralogique et dans sa régularité de grain, qui est généralement fin. La masse est de 8 à 10 mètres de hauteur et se divise en bancs d'épaisseur comprise entre 0,40 et 2^m,30.

Nature et qualités. C'est un calcaire tendre blanc-jaunâtre, maigre, résultant de l'agrégation d'un sable calcaire formé en grande partie de miliolithes. Il se taille bien, et se scie à la scie à dents. Il n'est pas gélif. (Voir le Mémoire de M. P. Michelot, ingénieur en chef. *Annales des ponts et chaussées,* t. V. 1863.)

Quoique tendre, il a donné des résultats incontestables de durée dans les monuments des époques : Gothique, de la Renaissance, de Louis XIV, de Louis XV, de la Restauration et dans les monuments modernes de Paris, du nord et de l'ouest de la France. Comme conservation, résistance, ornementation et ton, il donne également des résultats satisfaisants dans les climats froids et humides. Il se travaille facilement, reçoit la moulure et se sculpte une fois mis en place, de sorte qu'il en résulte une grande rectitude de lignes et de raccords, incomparable avec l'autre mode de construire, lequel consiste à faire les moulures au chantier de taille. Cette pierre conserve très-bien le calorique des intérieurs et doit toujours être posée sur son lit de carrière et isolée raisonnablement du sol par un socle en roche d'une certaine hauteur.

Propriétés mécaniques. D'après les expériences de M. Michelot, ingénieur en chef des ponts et chaussées, il résulte que les échantillons éprouvés ont établi que le poids du mètre cube varie de 1550 à 1560 kil. et que la charge d'écrasement par centimètre carré varie de 60 à 80 kil.

Emplois. Cette pierre a été employée à Paris, dans les églises de la Trinité, Saint-Augustin, Saint-François-Xavier, Saint-Joseph et les temples russe et anglican. Les casernes du Château-d'Eau, Napoléon, de la Cité et de l'École militaire, le Palais de Justice, le Grand Hôtel, l'hôtel du Louvre, etc...

948. II. — Vergelé de
Saint-Vaast.

Situation géographique et voie de transport. Le Vergelé de Saint-Vaast s'exploite dans la même carrière du Banc-Royal, près Creil, département de l'Oise, à 1 kil. de la gare expéditrice de Cramoisy, ligne du chemin de fer du Nord, de Creil à Beauvais.

Position géologique et puissance des bancs exploités. Il se trouve placé au même niveau géologique du Banc-Royal, c'est-à-dire à l'étage du calcaire grossier moyen à miliolithes du bassin de Paris, il ne se distingue dans la masse qui n'a pas moins de 8 à 10 mètres de hauteur que par son grain plus gros et plus accentué. Les bancs ont de 0^m,40 à 2^m,30 d'épaisseur.

Nature et qualités. C'est un calcaire tendre, un peu jaunâtre, maigre, et présentant toutes les qualités décrites d'autre part pour le Banc-Royal. Son prix étant inférieur à celui-ci, il s'emploie de préférence en quantités considérables dans les constructions de Paris, du nord et de l'ouest de la France.

Ces deux natures de pierre sont employées souvent dans la même construction ; le Banc-Royal à l'étage inférieur, le Vergelé aux étages supérieurs.

Cette pierre se travaille exactement de la même façon que le Banc-Royal.

Propriétés mécaniques de la pierre. D'après les expériences de M. Michelot, ingénieur en chef des ponts et chaussées, les échantillons éprouvés ont donné :

Le poids spécifique du mètre cube, de 1500 à 1650 kilog.

La charge d'écrasement par centimètre carré, de 50 à 70 kilog.

Débouchés et emplois. Ce vergelé est recherché dans le nord et l'ouest de la France, surtout à Paris et même en Allemagne ; ses principaux emplois sont :

À Paris : pour l'érection des églises de la Trinité, de Saint-Augustin, de Saint-François-Xavier et de Saint-Joseph ; — l'église Russe, le temple Anglican ; — à la mairie du IIIe arrondissement ; — du Palais-de-Justice ; — aux cheminées, frontons et statues du Pavillon des Tuileries ; — au Grand-Hôtel ; — l'Hôtel du Louvre ; — au Palais de l'Industrie ; — aux gares des chemins de fer : du Nord, de l'Est, de Lyon, d'Orléans, de l'Ouest (rive droite et rive gauche) et de Sceaux ; — aux casernes : de l'École militaire, du Château-d'Eau et de Napoléon, — aux hôtels, villas et maisons particulières en nombre considérable.

949. III ET IV. — BANC-ROYAL ET VERGELÉ DE SAINT-MAXIMIN.

Les carrières de Saint-Maximin sont situées près de Creil, département de l'Oise, à 4 kilomètres de la gare expéditrice de Chantilly, ligne du Chemin de fer du Nord, et à 1 kilomètre et demi de la rivière de l'Oise.

La position géologique est la même que celle du Banc-Royal et du Vergelé de Saint-Vaast, mais la puissance de la masse est un peu moins forte et les bancs ont moins de hauteur.

La nature, la qualité, et les propriétés mécaniques de la pierre, ainsi que les débouchés et emplois, sont les mêmes que pour le Banc-Royal et le Vergelé de Saint-Vaast et dont les détails sont donnés ci-dessus.

950. V. — PIERRE TENDRE DE PARMAIN.

Situation géographique et voies de transport. L'exploitation du Parmain est située sur la commune de Jouy-le-Comte, département de Seine-et-Oise, à 1 kilomètre de la gare expéditrice de l'Isle-Adam, ligne du chemin de fer du Nord et à la même distance du port de la rivière de l'Oise.

Position géologique et puissance des bancs exploités. La pierre du Parmain appartient au terrain tertiaire, éocène, étage du calcaire grossier moyen, du bassin de Paris, la masse a une épaisseur de 4 à 5 mètres, divisée en bancs de 0^m,70 à 1^m,50 de hauteur.

Nature et qualité. Cette pierre est un calcaire tendre d'une belle teinte blanchâtre légèrement rosée et très-régulière ; elle est fine, homogène et ferme, quoique tendre et un peu grasse. Se taillant très-bien et recevant la sculpture fine ainsi que les formes les plus délicates au tour.

Elle est très-estimée pour la décoration intérieure et même extérieure, mais elle doit toujours être placée au-dessus du socle et à l'abri de l'humidité. Elle est gélive si elle est tirée en mauvaise saison et si elle n'a pas jeté son eau de carrière.

Elle se débite à la scie à dents et peut fournir des blocs de grandes dimensions.

Propriétés mécaniques de la pierre. D'après les expériences de M. Michelot, ingénieur en chef des ponts et chaussées, les échantillons éprouvés ont donné :

Le poids spécifique du mètre cube, de 1600 à 1750 kil.

La charge d'écrasement par centimètre carré, de 46 à 70 kil.

Emplois. Construction de l'*Isle-Adam ;*

Église (1562), Chapelle du prince de Conti (1776). Balustrade du château composée de 500 balustres de 0m,80 de hauteur.

A Paris : Corniches rosaces de la Bourse en élévation : à la bibliothèque Sainte-Geneviève ; à l'hôtel du Ministère des affaires étrangères ; à la galerie neuve du bord de l'eau des Tuileries et le pavillon de Flore ; au Tribunal de commerce ; à la façade de la cour d'honneur au Conservatoire des Arts et Métiers (1851) ; à l'Hôtel-de-Ville ; au Palais de Justice ; à la mairie du IVe arrondissement ; aux Écoles Saint-Vincent de Paul et aux hôtels et maisons particulières, etc.

951. VI. — PIERRE GRASSE SAINT-LEU DE LAIGNEVILLE.

Position géographique et voies de transport. Les carrières de la pierre de Saint-Leu sont situées sur la commune de Laigneville, département de l'Oise, à 4 kil. de la gare expéditrice de Creil, ligne du chemin de fer du Nord, et à 5 kil. de la rive de l'Oise.

Position géologique et puissance des bancs exploités. La pierre de Saint-Leu appartient au terrain tertiaire, éocène, étage du calcaire grossier inférieur, et forme la partie moyenne de cet étage entre les couches à Cérithium giganteum et à celles de Nummulithes lævigata. La masse exploitée a de 4 à 5 mètres et est divisée en bancs de 0m,70 à 1m,50 de hauteur.

Nature et qualité. Le Saint-Leu ou pierre grasse est un calcaire tendre jaunâtre, homogène et très fin, formé principalement de débris de coquilles ou de moules brisés, pilés et tellement fondus dans la masse qu'ils ne se distinguent pas ; de la facilité qu'il a de s'écraser sous le marteau et de s'attacher aux outils, les ouvriers l'ont appelé *pierre grasse.*

Une de ses qualités est de bien conserver sa nuance à l'air, en se couvrant d'une couche plus dure.

Elle se débite à la scie à dents et peut fournir des blocs de toutes dimensions.

Propriétés mécaniques de la pierre. D'après les expériences de M. Michelot, ingénieur en chef des ponts et chaussées, les échantillons éprouvés ont donné :

Le poids spécifique du mètre cube, de 1,620 à 1,650 kilog.

La charge d'écrasement par centimètre carré, de 59 à 70 kilog.

Débouchés et emplois. Les monuments où la pierre de Saint-Leu a été employée sont très nombreux ; tous les châteaux et les églises construits à la fin du xve siècle et au commencement du xixe dans un rayon de 30 à 40 kilomètres en contiennent plus ou moins ; on peut citer les châteaux d'Écouen, de Chantilly, la nef et les tours de l'église de Saint-Leu du xive siècle, la partie méridionale de Saint-Maclou à Pontoise, du xvie siècle et les hôtels et maisons particulières de Paris, Rouen, Amiens, Beauvais et les villes voisines.

II. Pierres calcaires fines, tendres et dures, pour la statuaire, colonnes, chapiteaux, frontons, marches, etc.

952. VII. — BANC-ROYAL DE SAVONNIÈRES.

Situation géographique et voie de transport. Ces exploitations se composent des carrières de Savonnières, d'Aulnois et de Brauvilliers ; elles sont situées sur lesdites communes du département de la Meuse, à une assez grande distance des gares expéditrices de Saint-Dizier et d'Eurville, ligne du chemin de fer de l'Est, embranchement de Blesmes à Chaumont.

Position géologique et puissance des bancs exploités. Le Banc-Royal de Savonnières appartient au terrain jurassique supérieur, étage portlandien, que les géologues désignent sous le nom de Calcaire du Barrois ou oolithe vacuolaire, et qui correspondrait au Portland, oolithe des Anglais, exploité en grand dans l'île de ce nom.

Les déblais qui recouvrent la masse sont considérables, le gisement offre des hauteurs de bancs de 0^m40 à 1 mètre et peu de hauteur de pierre exploitable, environ de 3 à 4 mètres en 3 ou 4 bancs.

Nature et qualités. C'est un calcaire tendre d'un ton gris jaunâtre, homogène, comparable comme grain et comme dureté aux bons vergelés ou Banc-Royal des environs de Creil ; il n'est pas gélif. (Mémoire de M. P. Michelot, ingénieur en chef, *Annales des ponts et chaussées,* t. XX, 1870.)

Il se scie à la scie à dents, mais avec plus de difficulté que le Banc-Royal de Saint-Vaast.

On emploie cette pierre surtout pour les travaux d'ornementation d'intérieur, car à l'extérieur le grain fin ne résiste pas toujours aux intempéries des saisons, tandis que la pierre dont le grain est plus gros et coquilleux résiste mieux.

La Belgique est le pays qui en fait le plus grand usage, surtout de la pierre dite marchande qui est celle à gros grains et coquilleuse ; à Paris, l'emploi en est très restreint : il se borne à quelques parties d'ornementation et aux maisons particulières. C'est aussi celle qui s'emploie à Nancy, à Vitry-le-Français et à Châlons-sur-Marne.

Propriétés mécaniques de la pierre. D'après les expériences de M. Michelot, ingénieur en chef des ponts et chaussées, les échantillons éprouvés ont donné :

Le poids spécifique du mètre cube, de 1700 à 1750 kilog.

La charge d'écrasement par centimètre carré, de 80 à 100 kilog.

Débouchés et emplois. Cette pierre a été employée :

1° A Paris : A la mairie du IVe arrondissement, au-dessus du socle en Euville ; — à l'église de la Trinité, dans les parties d'ornementation intérieures ; — en élé-vation, au collège Saint-Louis ; — en monuments de cimetières et un grand nombre de constructions.

953. VIII. — BANC-ROYAL DE CONFLANS.

Situation géographique et voies de transport. Cette exploitation se compose des carrières de Conflans-Sainte-Honorine, commune de ce nom, département de Seine-et-Oise, situées à 9 kilomètres de la gare expéditrice de Pontoise, chemin de fer du Nord, et à 1 kilomètre des ports de la Seine.

Position géologique et puissance des bancs exploités. Le Banc-Royal de Conflans est le type de ce genre de pierre, il appartient au terrain tertiaire, éocène, étage du calcaire grossier moyen à miliolithes, du bassin de Paris ; la masse a une assez grande hauteur, et les bancs, dont l'épaisseur ne descend pas au-dessous de 0,60, atteignent jusqu'à 1^m30 d'épaisseur.

Nature et qualité. C'est un calcaire blanc faiblement jaunâtre, fin, homogène, sans coquilles, plein et ferme, sans être dur, par conséquent se taillant bien et éminemment propre aux travaux de sculpture et de décoration, il ne gèle pas et ne s'altère pas à l'air.

Il s'extrait en blocs de grandes dimensions et peut se poser en délit, ce qui a permis d'en faire des colonnes et des statues monolithes ; il suffira de citer comme exemple de son emploi à Paris, les statues des grands hommes, chacune d'un seul bloc, qui ornent les constructions de la place du Carrousel, et les quatre statues placées des deux côtés de l'horloge du Luxembourg, du côté du jardin.

Il se scie à la scie à dents et à sec.

Propriétés mécaniques de la pierre. D'après les expériences de M. Michelot, ingénieur en chef, les échantillons éprouvés ont donné :

Le poids spécifique du mètre cube, de 1650 à 1800 kilog.

La charge d'écrasement par centimètre carré, de 70 à 100 kilog.

Débouchés et emplois. Elle a été employée :

1° A Versailles : Sous Louis XIV, en cubes considérables pour l'agrandissement du Palais, notamment pour les 92 colonnes d'un seul bloc, les 92 statues qui décorent la façade du côté des Jardins, les 24 corbeilles fleuries, et les 4 groupes de l'Orangerie.

2° A Paris : Au Palais du Louvre, place du Carrousel, les 80 statues des grands hommes placées extérieurement ; — à la gare de l'Est, aux colonnes extérieures, aux pilastres et aux chapiteaux ; — à l'église Saint-Vincent-de-Paul, le fronton et les 6 statues ; à l'église de la Madeleine, les 36 statues placées extérieurement, la frise, les caissons, les rosaces, les bas-reliefs et presque tout l'intérieur ; — au palais de la Bourse, les 66 chapiteaux ainsi que les rosaces et l'architrave ; — au Panthéon, le fronton, tous les chapiteaux extérieurs et intérieurs, les voûtes, les coupoles, etc.; — à la fontaine Molière, à partir du premier bandeau ; — au palais du Corps législatif, le fronton, les chapiteaux, les bas-reliefs et presque tout l'intérieur ; — au Ministère de la marine et Garde-Meubles, place de la Concorde, façade et colonnes du premier étage ; — à la Monnaie : façade et colonnes du premier étage ; au Luxembourg, les quatre statues qui décorent l'horloge du côté du jardin ; — à l'Hôtel-de-Ville, constructions récentes, etc., etc., etc.

Nous pourrions citer un plus grand nombre de constructions où l'emploi ancien et récent de cette pierre donne au constructeur qui voudrait en faire usage l'exemple le plus frappant de la conservation complète de ses formes plastiques sous les influences atmosphériques ; son emploi en bloc de grandes dimensions et ces qualités si précieuses l'ont fait rechercher de tout temps pour la sculpture et les beaux ouvrages d'architecture.

954. IX. — RÓCHE FINE OU LIAIS
DU LARRYS.

Situation géographique et moyens de transport. Les carrières du Larrys sont situées sur la commune de Ravières, département de l'Yonne, et peu éloignées de la gare expéditrice de Nuits-sous-Ravières, ligne du chemin de fer Paris-Lyon-Méditerranée, et à moins d'un kilomètre du canal de Bourgogne.

Position géologique et puissance des bancs exploités. Cette roche ou liais appartient au terrain jurassique inférieur, étage de la grande oolithe et présente l'aspect le plus ordinaire de cette formation ; la masse exploitable a 12 à 15 mètres de hauteur, elle se divise en deux couches tranchées dont la supérieure est plus fine, plus blanche et moins dure ; les bancs offrent une grande régularité de teinte et d'homogénéité, ils varient entre 0m50 et 1m50 d'épaisseur.

Nature et qualités. C'est un calcaire oolithique, blanchâtre, à grains arrondis ou allongés, très-facile à tailler et se prêtant bien aux formes les plus délicates en conservant sous le ciseau les arêtes vives et nettes, ce qui contribue beaucoup à la beauté des édifices où il est employé.

Il se débite en blocs de grandes dimensions pour colonnes, etc.; c'est cette pierre qui a fourni les grandes colonnes monolithes placées au 1er étage de la façade du nouvel Opéra à Paris et qui ont 8m37 de hauteur sur des diamètres de 1m02 à la base et 0m90 au sommet.

Il convient parfaitement aux décorations extérieures et intérieures, mais on doit toujours le placer au-dessus du socle ; son extraction ne se fait qu'en bonne saison, c'est-à-dire de mars à septembre, et on ne doit en faire usage que pendant ces mêmes mois ; s'il arrivait, à l'entrée de l'hiver, que cette roche ait été employée dans une construction devant rester découverte, il faudrait, comme pour les pierres gélives, l'abriter de l'humidité, du froid et du vent, au moyen de paille ou de toute autre enveloppe équivalente.

Propriétés mécaniques de la pierre. D'après les expériences de M. Michelot, ingénieur en chef des ponts et chaussées, les échantillons éprouvés ont donné :

Le poids spécifique du mètre cube, de 2300 à 2400 kilog.

La charge d'écrasement par centimètre carré, de 300 à 400 kilogr.

Débouchés et emplois. Elle a été employée :

A Paris : Au nouvel Opéra, au-dessus du socle et aux grandes colonnes monolithes de la façade principale ; — à la Cour de Cassation, immédiatement au-dessus du socle ; aux Tuileries, pavillon de Marsan ; à l'Hôtel-de-Ville en reconstruction, au rez-de-chaussée ; — à la caserne de la Cité, sur le boulevard du Palais, aux colonnes extérieures ; — à la Banque de France, cours extérieurs ; — à la Caisse des dépôts et consignations, les nouveaux travaux de la Galerie et de la Cour intérieure ; — à l'imprimerie du *Journal officiel ;* — à un certain nombre de portes d'entrées, de vestibules et de passages, etc.

955. X. — ROCHE FINE DITE LIAIS DE SENLIS.

Situation géographique et voie de transport. Les carrières de Senlis sont situées sur la commune de ce nom, département de l'Oise, et à 5 kilomètres de la gare expéditrice de Senlis, ligne du chemin de fer du Nord, embranchement de Chantilly à Crépy.

Position géologique et banc. Le liais de Senlis, type de cette nature de pierre fine et résistante, appartient au terrain tertiaire, éocène, étage du calcaire grossier supérieur à Cérites, du bassin de Paris ; la hauteur du banc est de 0^m40 à 0^m60 centimètres.

Nature et qualités. C'est un calcaire blanchâtre d'une dureté moyenne, à grains très fins, homogène, très-peu coquillier ; sa cassure est grasse et serrée ; pour résister à la gelée, il ne doit être employé qu'après avoir jeté son eau de carrière.

Propriétés mécaniques de la pierre. D'après les expériences de M. Michelot, ingénieur en chef des ponts et chaussées, les échantillons éprouvés ont donné :

Le poids spécifique du mètre cube, de 2250 à 2300 kilog.

La charge d'écrasement par centimètre carré, de 250 à 300 kilog.

Emplois. On emploie cette roche aux travaux de belle architecture et particulièrement en marches, dallages intérieurs des grands édifices, aux monuments funéraires exécutés avec luxe, etc., etc.

Cette pierre se débite à la scie, à l'eau et au grès, suivant les dimensions dont on peut avoir besoin, et se vend en sciages au mètre superficiel.

On l'emploie à Paris, dans l'ouest et le nord de la France ; on trouve un exemple de son bel emploi dans la cathédrale d'Amiens et à la mairie de Beauvais.

956. XI. — ROCHE FINE DE MORLEY, DITE LIAIS DE LORRAINE.

Situation géographique et voie de transport. Les carrières de Morley sont situées dans la forêt de Morley, département de la Meuse, à 6 kilomètres de la gare expéditrice de Chevillon, ligne du chemin de fer de l'Est, embranchement de Blesmes à Chaumont.

Position géologique et banc. La roche ou liais de Morley provient du terrain jurassique supérieur de la couche dite calcaire du Barrois ou Oolithe vacuolaire ; le gisement se compose d'un beau banc, bien suivi et compacte, qu'on peut débiter en grands morceaux à volonté. La hauteur du banc est de 0^m40 à 0^m90 centimètres.

Nature et qualité. C'est un calcaire grisâtre, dur, fin et homogène, d'une bonne nature, mais ne convenant pas aux premières assises en contact avec le sol ;

son emploi le plus ordinaire est en élévation, ou travaux d'intérieur.

Propriétés mécaniques de la pierre. D'après les expériences de M. Michelot, ingénieur en chef des ponts et chaussées, les échantillons éprouvés ont donné :

Le poids spécifique du mètre cube; de 2,100 à 2,200 kilog.

La charge d'écrasement par centimètre carré, de 200 à 300 kilog.

Emplois. Son usage est peu répandu à Paris, mais sa situation géographique l'a fait employer en Belgique, en Hollande et en Allemagne, là où il faut une roche fine, non gélive et de bonne qualité.

Elle se débite à la scie, à l'eau et au grès fin; cependant nous en avons vu couper difficilement, il est vrai, à la scie à dents, dans le chantier du nouveau Palais de Justice de Bruxelles.

Elle a été employée :

En Belgique : A l'escalier de l'hôtel du comte de Flandre; — au limon et au revêtement du grand escalier du nouveau Palais de Justice de Bruxelles; — au théâtre d'Anvers, et dans beaucoup d'hôtels et maisons particulières.

957. XII. — BANO ROYAL DUR DES LOURDINES, DIT DE CHATEAU-GAILLARD.

Situation géographique et voie de transport. Les carrières des Lourdines ou de Château-Gaillard sont situées sur la commune de Migné, département de la Vienne, à 2,500 mètres au Nord du village et à proximité de la gare expéditrice de Migné-les-Lourdines. Ligne du chemin de fer d'Orléans.

Position géologique et puissance des bancs exploités. On exploite en cavage une masse de 5 à 6 mètres de puissance appartenant au terrain jurassique, étage callovien; elle forme six bancs, dont les trois premiers, pour la construction, ont de 0^m65 à 0^m85 d'épaisseur; le quatrième dit banc royal, pour la sculpture, a 1^m10 et le cinquième banc, coquillier, a 0^m55. Les couches sont uniformes et sont fissurées verticalement à des distances de 15 à 25 mètres. Les blocs extraits ont pour hauteur d'assise celle du banc diminuée de 0^m04 et des longueurs et largeurs à volonté.

Nature et qualité. Calcaire tendre ou demi-dur, d'une belle nuance blanche, à grain très-fin et homogène. Le banc coquillier est le plus dur des cinq bancs; il est employé particulièrement dans les voûtes de passages, voûtes d'arêtes et nervures; la banc royal est d'une beauté remarquable et convient surtout pour la statuaire et l'ornement; les **2°** et **5°** bancs sont aussi très beaux. Résiste bien aux influences extérieures lorsqu'il est employé à une certaine hauteur au-dessus du sol.

Propriétés mécaniques de la pierre. Les échantillons éprouvés proviennent du banc de 5 pieds, dit royal; ils ont donné, d'après les expériences de M. Michelot, ingénieur des ponts et chaussées:

Le poids spécifique du mètre cube, de 2,060 à 2,080 kilogr.

La charge d'écrasement par centimètre carré, de 200 à 250 kilogr.

Débouchés et emplois. — La pierre de Lourdines est employée généralement en élévation au-dessus du rez-de-chaussée. On peut observer ses emplois :

A Paris : Au palais des Tuileries, galerie du bord de l'eau, cage du grand escalier et voûte des grands guichets de l'entrée de la place du Carrousel; à l'hôtel Cail, boulevard Malesherbes; aux hôtels de M. de Soubeyran, rue de Rovigo, et de Mme de Rothschild, rue de Lafayette; aux hôtels de la place du Théâtre-Français; à la maison de la Belle Jardinière, près du Pont Neuf, etc.

958. XIII. — BANO ROYAL DUR DE LAVOUX.

Situation géographique. Les carrières de Lavoux sont situées sur la commune de ce nom, département de la Vienne, et forment quatre exploitations ouvertes dans un rayon de 2 kilomètres; elles sont à une distance d'environ 12 kilomètres de la gare expéditrice de Poitiers. Ligne du chemin de fer d'Orléans.

Position géologique et puissance du gisement. Sous un découvert de 3 mètres on exploite une masse de 3m00 à 3m50 de puissance, appartenant au terrain jurassique, étage callovien; quelques délits donnent des bancs de 0m50 à 1m20 de hauteur et la partie inférieure est formée par un banc de coquillier. On peut extraire des blocs de toutes dimensions jusqu'à 3 et 4 mètres de volume.

Nature et qualité. C'est un calcaire oolithique demi-dur, blanchâtre, à grain fin, serré, avec fines lamelles cristallines, homogène, de bonne qualité et recherché pour la statuaire et l'ornementation.

Propriétés mécaniques de la pierre. D'après les expériences de M. Michelot, ingénieur en chef des ponts et chaussées, les échantillons éprouvés ont donné :

Le poids spécifique du mètre cube, de 2,050 à 2,100 kilogr.

La charge d'écrasement par centimètre carré, de 190 à 230 kilog.

Emplois. — Il convient de placer cette pierre au-dessus des socles et soubassements ; c'est dans ces conditions qu'elle a été employée à la nouvelle gare du chemin de fer d'Orléans à Paris; au Palais de Justice de Cholet; au collège des Jésuites, à Poitiers; à l'église de l'Arnay, et bien d'autres constructions où elle est recherchée pour la sculpture. Elle a été employée pour les vases et statues qui décorent les nouvelles constructions du Palais des Tuileries.

959. XIV. — ROCHE DOUCE DE TERCÉ.

Situation géographique et voie de transport. La carrière de Tercé est située sur la commune de ce nom, département de la Vienne, à 1 kilomètre du village et à 7 kilomètres de la gare expéditrice de Fleuré. Ligne du chemin de fer de Poitiers à Limoges.

Position géologique et puissance des bancs exploités. On exploite actuellement une masse de 11 mètres de puissance, appartenant au terrain jurassique, étage bathonien, grande oolithe. Cette masse forme plusieurs bancs dont le premier, de 0m50 à 0m80 d'épaisseur, est jaunâtre et assez dur; le deuxième banc de 0m50 à 0m80, donne une pierre, dite Banc gris, de très bonne qualité; le troisième banc fournit une pierre dite Banc blanc, de 0,50 à 1,00 et les bancs suivants vont jusqu'à 1m40 de hauteur. A l'extraction on obtient des blocs de toutes dimensions, cubant de 3 à 4 mètres et au-delà.

Nature et qualité. Calcaire oolithique demi-dur, blanchâtre à grain très-fin, serré, homogène avec quelques débris de coquilles, mais d'une nuance moins uniforme que celle de la pierre plus tendre des Lourdines ou Château-Gaillard. Il est propre à la sculpture et à l'ornement.

Propriétés mécaniques. D'après les expériences de M. Michelot, ingénieur en chef des ponts et chaussées, les échantillons éprouvés ont donné :

Le poids spécifique du mètre cube, de 2,120 à 2,150 kilog.

La charge d'écrasement par centimètre carré, de 250 à 280 kilog.

Débouchés et emplois. Cette pierre est très recherchée surtout pour la sculpture; elle est employée en élévation au-dessus du socle : au Théâtre de Tours, à celui d'Angers; au tombeau de M. le duc de Morny, au Père-Lachaise, et dans la plupart des constructions de Paris où il a été fait usage de la pierre Château-Gaillard; aux ouvrages d'art du chemin de fer de Limoges; au Palais de Justice de Bruxelles, etc. La plus grande partie des produits de cette carrière est exportée.

960. XV. — PIERRE DE BONNILLET.

Situation géographique et voie de transport. Les carrières de Bonnillet sont situées sur la commune de Chasseneuil, département de la Vienne, à 4 kilomètres de Chasseneuil et à 7 kilomètres de la gare expéditrice de Poitiers. Chemin de fer de Tours à Bordeaux.

Position géologique et gisement. La masse exploitée appartient au terrain jurassique, étage oxfordien supérieur ; elle se compose d'un banc unique de 3 à 4 mètres de puissance d'où l'on tire des pierres de toutes dimensions, jusqu'à 2^{m}00 cubes pour éviter les difficultés d'accès aux carrières, mais pouvant fournir des morceaux de très grandes dimensions.

Nature et qualités. C'est un calcaire demi-dur, blanchâtre, à grain fin, homogène de bonne qualité, propre aux ouvrages en élévation ; il doit être employé au-dessus du sol.

Propriétés mécaniques de la pierre. D'après les expériences de M. Michelot, ingénieur en chef des ponts et chaussées, les échantillons éprouvés ont donné :

Le poids spécifique du mètre cube, de 2,100 à 2,140 kilog.

La charge d'écrasement par centimètre carré, de 190 à 200 kilog.

Emplois. A Poitiers : Aux façades entières du Théâtre, des Halles, des bâtiments annexés au Palais de Justice, à la reconstruction de l'église Saint-Hilaire, à un grand nombre de maisons particulières, aux bâtiments du Quartier de cavalerie, à la Préfecture et les nouveaux bâtiments du Lycée, au pont Guillon, sur la Boivre ; au pont de Chasseneuil, sur le Clain, etc. Dans les constructions non exposées à l'humidité, cette pierre se conserve très bien ; mais, dans les ponts, les assises au niveau de l'eau sont souvent attaquées par la gelée.

961. XVI. — PIERRE DE CHAUVIGNY.

Situation géographique et voies de transports. La carrière de la Croix blanche est située sur la commune de Chauvigny, à 800 mètres du bourg. Les transports se font par charrettes, aux gares expéditrices : de Poitiers (à 27 kilom.), de Lhommaizié (à 14 kilom.), de Fleuré (à 16 kilom.) et de Chatellerault (à 32 kilom.). Lignes des chemins de fer d'Orléans et de Poitiers à Limoges.

Position géologique et puissance des bancs exploités. Sous des découverts assez grands on exploite des masses de 4 à 5 mètres de puissance, qui appartiennent au terrain jurassique, étage bathonien, grande oolithe. L'extraction se fait par blocs de toutes dimensions, cubant de 1 à 5 mètres.

Nature et qualité. C'est un calcaire oolithique, assez dur, blanc, formé d'oolithes, plus ou moins fines et régulières unies par un ciment semi-cristallin, homogène, de bonne qualité ; très facile à tailler et se prêtant bien aux formes les plus délicates des moulures. Pouvant fournir des morceaux de grandes dimensions pour colonnes, etc.

Propriétés mécaniques. D'après les expériences de M. Michelot, ingénieur en chef des ponts et chaussées, les échantillons éprouvés ont donné les résultats suivants :

Poids spécifique du mètre cube, de 2,310 à 2,320 kilog.

Charge d'écrasement par centimètre carré, de 290 à 330 kilog.

Débouchés et emplois. La pierre de Chauvigny est employée dans un grand nombre de constructions publiques et particulières : à Paris, Poitiers, Orléans, Tours, Angers, Nantes, Bordeaux, Montmorillon, Lussac, La Trémouille, l'Isle Jourdain, etc. On peut l'observer : au pont de Chauvigny, sur la Vienne ; à la restauration de la cathédrale de Nantes ; aux balustres et bahuts du pont de Chalonné, sur la Loire ; à la restauration du château d'Amboise ; au nouveau théâtre de Tours ; à l'église Saint-Donatien, des

Capucins; à la restauration de la Cathédrale de Moulins, etc. Elle est expédiée dans beaucoup de villes pour balcons, socles, soubassements de maisons et édifices publics.

962. XVII. — ROCHE FINE DE FONTAINE DU BREUIL.

Situation géographique et moyens de transports. La carrière du Breuil est située sur la commune de Bonnes, département de la Vienne, à 3 kilom. N. O. de Chauvigny, sur la rive gauche de la Vienne; à 26 kilom. de la gare expéditrice de Poitiers et à 30 kilom. de Chatellerault.

Position géologique et puissance des bancs. On exploite en cavage une masse de 6 à 7 mètres de puissance, appartenant au terrain jurassique, étage bathonien, grande oolithe. Cette masse est comprise entre un ciel de silex blanc très-dur et une couche inférieure remplie de nœuds et mauvaise. Les blocs débités ont le plus souvent de 0^m40 à 1^m00 de hauteur d'assise; mais on peut obtenir des morceaux de grandes dimensions.

Nature et qualité. Calcaire à oolithe miliaire semi-cristallin, dur, d'une belle nuance blanche, à grain fin, régulier et homogène. C'est la meilleure pierre de la région de Chauvigny. Elle est propre à toutes les tailles et peut recevoir les plus fines moulures. Comme pierre de premier choix, elle est recherchée pour travaux de belle architecture.

Propriétés mécaniques. D'après les expériences de M. Michelot, ingénieur en chef des ponts et chaussées, les échantillons éprouvés ont donné :

1° Poids spécifique du mètre cube, 2,200 à 2,230 kilog.

2° Charge d'écrasement par centimètre carré, 250 à 450 kilog.

Emplois. Il en est fait un grand usage pour la sculpture et dans les constructions qui exigent une pierre de choix :

notamment au cimetière du Père-Lachaise et de la Chartreuse de Bordeaux; à Poitiers, à l'Hôtel de Ville, au Lycée, à la Préfecture et à la restauration de la façade occidentale de l'église de Saint-Pierre; au Palais de Justice de Tours; au Palais de Justice, à la Mairie et à la Prison de Loudun; au soubassement de deux grands hôtels de l'avenue de l'Opéra à Paris; aux ouvrages d'art du chemin de Paris à Bordeaux (1848 à 1851); à la construction d'un pont sur la Vienne à Auzon, où elle n'a subi aucune altération.

963. XVIII. — PIERRE DE FORGES-MOULISMES.

Position géographique et voies de transport. Cette exploitation est ouverte sur la commune de Salles-en-Toulon, et ses produits sont conduits par terre à la gare expéditrice de L'hommaizé, sur le chemin de fer de Poitiers à Limoges, distante de 4 kilomètres.

Position géologique et gisement. Les bancs appartiennent, comme à Chauvigny, à la grande oolithe. Ils fournissent trois qualités, qu'on distingue sous les noms de banc blanc, banc blanc grené et banc gris, et qui servent à des usages différents.

Propriétés mécaniques. D'après les expériences faites à l'École des ponts et chaussées, on a trouvé que les résistances à l'écrasement étaient :

Pour le banc blanc grené, 395 kil. par centimètre carré.

Pour le banc gris, 246 kil. par centimètre carré.

Pour le banc blanc, 178 kil. par centimètre carré.

Le blanc grené et le gris servent en soubassement et en première assise; ils fournissent aussi des balcons, et sont susceptibles de recevoir un certain poli; le blanc convient en élévation et pour les travaux de sculpture.

Emploi. Cette carrière n'est ouverte

que depuis quelques années et déjà ses produits sont très estimés.

964. XIX. — PIERRE DE BONNES.

Situation et voies de transport. Les carrières de Bonnes sont situées sur la commune de ce nom, à une distance de 20 kilomètres environ de la gare de Poitiers, mais par suite de l'ouverture de la ligne de Poitiers au Blanc, elles ne seront plus qu'à 3 kilomètres de la station de Jardres où se feront les expéditions.

Position géologique et gisement. On exploite actuellement des bancs d'une épaisseur de 6 mètres, appartenant au terrain jurassique ; la hauteur des assises varie de 0^m50 à 1^m30.

Nature et qualité. La pierre est un calcaire mi-dur à grain très-fin, serré et homogène, qui peut être employé pour balcons, colonnes, et en première et seconde assises.

On l'a appliqué aussi à des travaux de ponts.

Emploi. Cette carrière n'est ouverte que depuis quelques années.

Elle a été utilisée pour la construction du pont de Bonnes sur la Vienne. Elle est employée à Paris pour balcons dans beaucoup d'édifices particuliers.

III. — Pierres calcaires dures, pour soubassements, socles, travaux hydrauliques, marches, dallages, balcons, vasques, etc.

965. XX. — PIERRE MARBRE DE COMBLANCHIEN.

Situation géographique et voie de transport. Les carrières de Comblanchien sont situées sur la commune de ce nom, département de la Côte-d'Or, et à 5 kilomètres de la gare expéditrice de Corgoloin, ligne du chemin de fer de Paris à Lyon.

Position géologique et puissance des bancs exploités. La masse exploitée n'a pas moins de 8 à 12 mètres de hauteur et s'étend sur une très grande superficie, elle appartient au terrain jurassique inférieur, étage bathonien, grande oolithe ou forest-marble. La hauteur des bancs varie entre 0^m40 et 2^m00, ils sont sensiblement homogènes et non gélifs.

Nature et qualités. C'est un calcaire compacte, blanchâtre, avec quelques oolithes, coquilles et polypiers disséminés dans certains bancs et quelques faux délits dentelés ou stylolithes adhérents, comparable, sauf la teinte, au calcaire blanc de Damparis et de Némont (Jura), se taillant, se polissant et même se sculptant comme ceux-ci ; non gélif, lorsqu'il est tiré en bonne saison.

Le calcaire marbre de Comblanchien est certainement le plus important gisement, comme qualité, qui ait été découvert dans ce genre de pierre ; sa densité et sa résistance sont comparables à celles des pierres bleues de Belgique et des calcaires jurassiques de Saint-Ylie et de l'Échaillon.

Son ton gris-blanc s'allie on ne peut mieux avec celui de nos autres matériaux plus tendres.

L'emploi de cette pierre est assuré dans la marbrerie, les carreaudages, les dalles, les marches, les seuils, les revêtements, les colonnes, les vasques, les socles, enfin tous les ouvrages de choix et de luxe.

Quoique dur, il est facile à travailler et se prête bien aux formes les plus délicates et conserve sous le ciseau des arêtes vives et nettes.

Propriétés mécaniques de la pierre. D'après les expériences faites par M. Michelot, ingénieur des ponts et chaussées, les échantillons éprouvés ont donné :

Le poids spécifique du mètre cube, de 2,650 à 2,700 kilog.

La charge d'écrasement par centimètre carré, de 800 à 1,000 kilog.

Débouchés et emplois. Elle a été employée :

A Paris : Au grand escalier de la Banque de France ; — au perron principal du Palais-de-Justice.

A Bruxelles : Au Palais-de-Justice, dans lequel il a été employé 9,000 mètres cubes ; — comme socles et balcons de maisons particulières au boulevard du Centre.

964. XXI.— Pierres de Château-Landon et de Souppes.

Situation géographique et voies de transport. Les exploitations se composent des carrières de Souppes et de Château-Landon, situées sur ces deux communes, département de Seine-et-Marne, et assez rapprochées de la gare expéditrice de Souppes, ligne du chemin de fer de Paris à Moret et Montargis ; on transporte également par le canal de Loing.

Position géologique. Ces extractions en masses irrégulières appartiennent aux deux étages du calcaire lacustre tertiaire, l'un inférieur et l'autre supérieur aux sables de Fontainebleau et donnent d'ailleurs des matériaux de qualité semblable.

Nature et qualités. C'est un calcaire blanchâtre et très-résistant, non gélif, donnant de beaux parements, soit à la scie, soit à la fine pointe, et se prêtant à la sculpture d'ornement ; il est susceptible de poli, ce qui le fait quelquefois appeler marbre. Cette pierre éminemment monumentale ne s'altère, ni ne verdit à l'air ; l'arc de triomphe de l'Étoile, à Paris, offre un bel exemple de son emploi. Son imperméabilité à l'eau et les grandes dimensions de ses blocs l'ont fait employer dans la construction des principales fontaines publiques de Paris, telles que les fontaines du Château-d'Eau, de Saint-Sulpice et de Molière. Il convient aussi très-bien pour dallages et marches à l'extérieur des édifices, il s'use peu par le frottement, ainsi qu'on peut le constater au grand perron de la Bourse de Paris.

Cette pierre n'a que le défaut de pré-senter parfois des poches et tubulures dans les parements ; mais, ces défauts n'ôtant rien à la qualité et à la dureté de la pierre, ils peuvent être dissimulés par le mastic comme on fait dans le marbre ordinaire et dans les calcaires jurassiques.

Propriétés mécaniques de la pierre. D'après les expériences de M. Michelot, ingénieur en chef des ponts et chaussées, les échantillons éprouvés ont donné :

1° Le poids spécifique du mètre cube de 2,500 à 2,600 k. ;

2° Le poids d'écrasement par centimètre carré de 700 à 830 k.

Débouchés et emplois. Cette pierre convient parfaitement pour socles de monuments, marches et pour ouvrages d'art.

On peut se rendre compte de son emploi dans les principaux monuments de Paris, tels que : l'arc de triomphe de l'Étoile ; — au socle de la nouvelle galerie des Tuileries, pavillon de Flore ; — au socle de l'Hôtel-Dieu ; aux voussures du pont de Bercy, du pont Notre-Dame, du Pont-au-Change ; — au grand pont viaduc du chemin de fer sur la Seine, à Auteuil ; aux fontaines Saint-Sulpice et du Château-d'Eau ; aux parapets du pont Royal, du quai de l'Horloge et du pont Sully ; — au grand perron de la Bourse, etc., etc.

965. XXII. — Roche d'Euville.

Situation géographique et voies de transports. Les carrières d'Euville sont situées près de Commercy, département de la Meuse, à 5 kilomètres de la gare expéditrice de Commercy, ligne du chemin de fer de l'Est, et à 8 kilomètres du canal de la Marne au Rhin.

Position géologique et puissance des bancs exploités. La masse exploitable appartient au terrain jurassique moyen, étage corallien ; elle forme pour ainsi dire une seule assise sans variation sensible de texture ; les délits horizontaux y sont peu marqués et les bancs qu'ils déterminent varient d'épaisseur irrégulièrement ; les fissures verticales étant généralement assez distantes, il est facile d'obtenir de grands blocs ; on exploite sur 10 à 12 mètres de hauteur et les bancs varient de 0^m,20 à 1^m,15.

Nature et qualités. C'est un calcaire à entroques blanchâtres, miroitant, dur, presque entièrement formé de débris de cils ou de bras d'encrines cristallisés en lamelles spathiques, réunis par un ciment cristallin ; c'est un véritable calcaire à entroques que caractérise l'état nettement cristallin de tous ces éléments.

C'est une pierre non gélive d'excellente nature ; sa contexture permet de l'employer en premières assises de socle et dans les travaux hydrauliques. Elle se débite au besoin en grandes dimensions, et sa qualité permet d'en faire des auges et vasques de fontaine ; elle repousse l'humidité et contient parfaitement l'eau ; on peut s'en assurer facilement en versant quelques gouttes d'eau sur la pierre. Cette expérience faite comparativement avec les grès employés en Allemagne et dans l'est de la France démontre évidemment que la pierre d'Euville conserve longtemps cette eau, tandis que le grès l'absorbe avidement.

Propriétés mécaniques de la pierre. D'après les expériences de M. Michelot, ingénieur en chef des ponts et chaussées, les échantillons éprouvés ont donné :

1° Le poids spécifique du mètre cube, de 2,300 à 2,350 kilogrammes ;

2° La charge d'écrasement par centimètre carré, de 300 à 350 kil.

Elle se coupe à la scie, à l'eau mêlée de grès, se taille facilement et se vend au mètre cube : sur hauteur, sur dimensions exactes de longueur, largeur et hauteur et sur panneaux en taille brute.

Débouchés et emplois. On trouve des exemples de son emploi dans tous les principaux ouvrages de l'est de la France et même en Allemagne, savoir :

A Paris. Au grand viaduc du Point-du-Jour à Auteuil ; aux vasques de la fontaine des Innocents ; — aux parapets du pont Neuf et du pont Napoléon III, et aux corniches des ponts d'Austerlitz et de Notre-Dame ; — au nouvel Opéra, en élévation et aux premières assises des théâtres de la place du Châtelet ; — aux annexes de l'Hôtel-de-Ville et du ministère du commerce ; — aux églises de la Trinité, de Saint-François-Xavier et de Saint-Joseph ; — aux mairies des IIIe, IVe et XVIe arrondissements ; — au temple Russe ; — au tribunal de Commerce ; — au château de M. James de Rothschild, à Ferrières ; — au Grand-Hôtel ; — à l'Hôtel du Louvre ; — et en quantités considérables dans les hôtels, villas, maisons particulières et monuments de cimetières.

XXIII. — Roche de Lérouville.

966. *Situation géographique et voies de transports.* Les carrières de Lérouville sont situées sur la commune de ce nom, département de la Meuse, à 1 kil. de la gare expéditrice de Lérouville, ligne du chemin de fer de l'Est et à proximité du canal de la Marne au Rhin.

Position géologique et puissance des bancs. Comme la roche d'Euville, la masse exploitable appartient au terrain jurassique moyen, étage corallien, et une grande importance en hauteur divisée par banc variant de 1^{m}00 à 4^{m}00 d'épaisseur.

Nature et qualités. Calcaire à entroques, assez dur, blanchâtre, analogue à celui d'Euville dont il égale quelquefois la dureté, tout en restant plus grossier et plus celluleux ; les entroques sont moins abondantes et sont réunies par un ciment en partie crayeux, qu'on ne trouve pas dans la pierre d'Euville, ce qui permet de bien reconnaître ces deux pierres, souvent employées au même usage.

Propriétés mécaniques de la pierre. D'après les expériences de M. Michelot, ingénieur en chef des ponts et chaussées, les échantillons éprouvés ont donné :

1° Le poids spécifique du mètre cube, de 2,200 à 2,400 kil.;

2° La charge d'écrasement par centimètre carré, de 200 à 300 kil.

Elle se coupe à la scie à eau et à grès, ou peut en faire des blocs de toutes dimensions.

Débouchés et emplois. Ses principaux usages sont, en France, dans les départements de l'Est et du Nord.

Elle a été employée dans les travaux d'art du chemin de fer de l'Est; — au canal de la Marne au Rhin; — au viaduc de Nogent-sur-Marne près Paris; — aux ouvrages d'art de la ligne de Paris à Vincennes; — au viaduc du Point-du-Jour à Auteuil, sur les chemins de fer de Ceinture de Paris;

Dans un grand nombre d'écoles municipales de la ville de Paris; ainsi que dans les hôtels et maisons particulières;

Enfin dans les travaux d'art du génie militaire, notamment dans les constructions des casernes de Paris et les fortifications de la ville de Lille (Nord).

967. XXIV. — PIERRE DE LUSSAC-LES-CHATEAUX.

Situation géographique et voie de transport. La carrière de Lussac est située sur la commune de Lussac-les-Châteaux, département de la Vienne, à une distance de 1,500 mètres environ de la gare expéditrice de Lussac, chemin de fer de Poitiers à Limoges.

Position géologique et importance du gisement. On exploite actuellement une masse de 5 mètres de puissance, appartenant au terrain jurassique, étage bajocien, oolithe inférieure. On en tire des blocs de 0^m50 à 1^m30 de hauteur d'assise et de 0^m50 à 4^m00 dans les autres sens.

Nature et qualité. C'est un calcaire oolithique, sublamellaire, dur, blanc-grisâtre, à grain fin, homogène, non gélif,

prenant parfaitement toutes les tailles et susceptible d'emplois avantageux en marches, perrons et bordures de trottoirs. Parmi les pierres dures, elle est estimée comme étant une des meilleures du département de la Vienne.

Propriétés mécaniques de la pierre. D'après les expériences de M. Michelot, ingénieur en chef des ponts et chaussées, les échantillons éprouvés ont donné :

1° Le poids spécifique du mètre cube, de 2,360 à 2,380 kilog.;

2° La charge d'écrasement par centimètre carré, de 500 à 510 kilog.

Emplois. Cette pierre est recherchée pour bordures de trottoirs, marches et même pour pavages de caniveaux; mais surtout elle est employée aux ouvrages d'art et soubassements des constructions importantes; notamment aux ponts sur la Vienne, du chemin de fer et de la route à Lussac; au pont de Montmorillon et autres sur la ligne de Limoges et en travaux divers sur la ligne de Nexon. Elle est expédiée en Limousin.

968. XXV. — PIERRE DE L'ÉCHAILLON.
(ÉCHAILLON BLANC.)

Situation géographique. Les carrières de l'Échaillon près Grenoble (Isère) appartiennent à MM. G. Biron et Cie. Le pic de l'Échaillon, commune de Saint-Quentin, département de l'Isère, à 18 kilomètres de Grenoble, se relie au dernier anneau de l'immense chaîne des Alpes. On y retrouve des traces très-apparentes d'exploitations remontant à la domination romaine.

Position géologique, nature et qualités. La pierre de l'Échaillon est un calcaire pur ou légèrement magnésien, mais nullement argileux, moitié crayeux, moitié cristallin. Il est formé presque entièrement de débris de polypiers pierreux, et d'autres corps marins, convertis par la fossilisation en calcaire cristallin. La partie crayeuse qui en remplit les interstices n'est probablement que le résultat de la trituration des mêmes fossiles. C'est donc un calcaire éminemment *corallien;* il appartient à l'étage des terrains jurassiques désigné spécialement sous le nom d'étage corallien.

Cette pierre est d'un beau blanc, d'un grain très serré. Elle se rapproche du marbre, elle est susceptible de poli, se scie, se taille et se tourne très bien. Elle est propre aux travaux soignés d'architecture, d'ornementation et de sculpture.

Propriétés mécaniques de la pierre. D'après sa pesanteur spécifique, sa résistance sous le fardeau peut être évaluée bien au-dessus de la moyenne. Traitée à outrance comparativement avec d'autres pierres, par le procédé de M. Brard, pour reconnaître jusqu'à quel degré elle pourrait être atteinte par la gelée, il a constaté qu'elle pouvait être classée parmi les meilleures sous ce rapport. Le poids du mètre cube est d'environ 2,526 kilogrammes et la résistance par centimètre carré est de 833 kil. en moyenne.

Emplois. A Paris, cette pierre a été utilisée au nouvel Opéra, au tribunal de commerce, au palais de Justice, au jardin des Tuileries, au palais des Tuileries, à l'église Saint-Augustin, à la Trinité, au square Monge, etc.

969. XXVI.— ÉCHAILLON ROSE ET ÉCHAILLON JAUNE.

Tout près du point d'exploitation de la pierre dont il vient d'être parlé, il en existe une autre désignée sous le nom d'*Échaillon rose.* Elle est un peu plus dure que la précédente et se polit très bien. D'après une note de M. le professeur Lary sur cet échaillon, nous pouvons ajouter : le marbre rose ou jaunâtre de l'Échaillon a été employé à l'ornementation de quelques anciens édifices. Il appartient au même gisement que la pierre blanche. Les noyaux blanchâtres qu'il contient sont des polypiers convertis en

calcaire cristallin et la pâte est de même nature que celle de la pierre blanche, mais coloriée par de petites quantités d'oxyde de fer anhydre ou hydraté.

A 14 kilomètres environ du même point d'exploitation, la maison Georges Biron et Cie possède une carrière de pierre dite *Échaillon jaune* (calcaire très-dur) polie, cette pierre ressemble au marbre dit Brocatelle.

970. XXVII. — PIERRE DE BELVOYE-DAMPARIS. (*M. A. Violet, propriétaire*).

Situation géographique et voie de transport. Les usines de Belvoye se trouvent dans une situation géographique des plus favorables, à 800 mètres d'une ligne de chemin de fer à laquelle elles peuvent facilement être reliées, à 2 kilomètres de la gare de Tavaux, ligne de Dôle à Châlon-sur-Saône, et au bord même du canal du Rhône au Rhin.

Position géologique, puissance des bancs exploités, résistance. Le calcaire de Saint-Ylie ou Belvoye est jurassique, et présente fréquemment des restes de nérinées et de crinoïdes. Ils est extrêmement compacte et prend très bien le poli. Indépendamment de ce que ce calcaire est exempt de cavités, il est très pur, non argileux, et par conséquent il n'absorbe pas l'humidité.

Toutes ses parties sont cimentées de la manière la plus intime.

D'après des expériences de M. l'ingénieur Michelot, sa résistance à l'écrasement s'élève, par centimètre carré, à 565 kilogrammes pour le banc blanc de la carrière de l'Abbaye, qui porte 1^{m}10 d'épaisseur moyenne, et à 670 kilogrammes pour le banc rouge, dont l'épaisseur réduite est de 35 centimètres. Le calcaire de Saint-Ylie ou Belvoye s'exploite à ciel ouvert, et sans qu'on soit aucunement gêné par l'eau; bien qu'il soit dur, il est entièrement exempt de fissures, en sorte qu'il se laisse travailler, sculpter et tourner avec une grande netteté; ses bancs sont très épais et peuvent fournir des monolithes de toutes dimensions.

Emplois. Le calcaire de Saint-Ylie ou Belvoye a été employé dans Paris pour un grand nombre de monuments : grand perron du palais de Justice; socle, colonnes, balustres, vestibules du nouvel Opéra; soubassement, colonnes, chapiteaux, bases, perrons, balustrades, fontaines du nouvel Hôtel-Dieu, etc.

971. XXVIII.— Pierre des carrières de Palotte (Yonne).

Situation géographique et voie de transport. Les carrières de Palotte sont situées sur le bord de l'Yonne; un plan incliné amène les blocs de pierre sur un quai où elles sont prises par une grue de chargement et descendues dans le bateau qui doit les amener directement dans le bassin de la Seine et dans le bassin du Rhône.

Position géologique, puissance des bancs, résistance. La pierre en exploitation est du calcaire corallien (oolithe moyenne), appartenant à la même formation (*terrain jurassique, étage séquanien*) que les pierres de Courson et de Charentenay, situées dans les environs.

Ce calcaire est, en général, d'un ton blanc mat, d'un beau grain très fin et d'une structure très compacte et très homogène, sans fossiles et sans aucune apparence de stratification. C'est une pierre tendre; elle se taille à la scie à dents et n'est point gélive.

Les carrières en exploitation fournissent des bancs de diverses natures. Le premier banc, à partir du ciel de la carrière, de 3 mètres d'épaisseur, est de l'espèce *Banc royal*. On le désigne plus particulièrement dans le pays sous le nom de *Cadette*. Ce banc constitue une pierre de choix pour les travaux de sculpture.

Les bancs qui suivent, d'une hauteur moyenne de 0^m80, fournissent des pierres qu'on peut employer avantageusement pour les façades des édifices.

La densité varie entre 1,750, 1,800 et 1,860 kil. le mètre cube, ce qui fait une moyenne de 1,800 kil.

Sa résistance à l'écrasement est de 130 à 150 kil. par centimètre carré.

§ VII. — RECHERCHE ET EXTRACTION DES PIERRES.

972. Beaucoup de pierres ne réunissent pas toutes les qualités nécessaires pour faire une bonne construction. Il est très important, lorsqu'on a un travail de maçonnerie à exécuter, d'examiner avec beaucoup de soin toutes les pierres dont on fait usage dans le pays. Il faut :

1° Visiter les carrières ;

2° Voir les édifices où ces pierres ont été employées, afin de s'assurer comment elles se comportent et comment elles ont résisté à l'action des influences atmosphériques. Si les carrières sont nouvellement exploitées dans le pays, il faut faire les différents essais dont nous avons déjà parlé, et, notamment, employer le procédé de M. Brard pour reconnaître si les pierres sont gélives.

La recherche des carrières est une opération importante, autant comme spéculation que lorsqu'il s'agit d'exécuter de grands travaux dans les lieux éloignés des carrières en exploitation, afin de diminuer les transports qui augmentent considérablement le prix des matériaux ;

3° L'étude minéralogique du sol est souvent suffisante pour faire connaître la nature des pierres qu'il doit fournir, et les endroits sur lesquels il convient de diriger les recherches ;

4° Faire des sondages pour reconnaître la profondeur des gisements et l'épaisseur des bancs.

L'extraction, lorsque la masse de pierre est à peu de profondeur sous le sol, se fait à *ciel ouvert*, c'est-à-dire en enlevant la terre qui recouvre la pierre sur une étendue qui dépendra de l'importance que

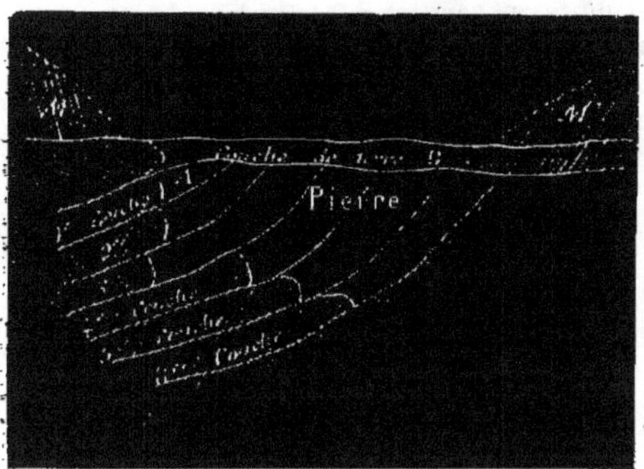

Fig. 370. — MM. Terres de la couche B.

l'on veut donner à la carrière. Il faut avoir soin de toujours jeter les terres dans les excavations qui résultent des exploitations antérieures. Après ce premier travail et profitant des fentes, qui sont ordinairement nombreuses vers les affleurements, on enlèvera, par pièces et morceaux de toutes grandeurs, la partie A (*fig.* 370) de la première couche, en continuant à exploiter les autres couches de la même manière.

Quand on a atteint une certaine profondeur, les fentes deviennent de plus en plus rares. Il faut alors employer d'autres moyens pour diviser la masse. Le procédé le plus simple consiste à faire un *trou de mine*. Ce trou est cylindrique et son diamètre est de 5 à 6 centimètres. Au fond de cette cavité, on place une cartouche remplie de poudre. On remplit le restant de sable fin et sec ou de diverses matières

fortement tassées. Au centre de ce bourrage, on ménage un trou qui permet d'y placer une mèche destinée à allumer la poudre.

Le coup de mine donné, la pierre se fendille fortement en blocs plus ou moins gros que l'on sépare à l'aide de *coins* en fer et d'une forte *pince* ou levier également en fer.

973. Les principaux outils qui servent à forer les trous de mine sont :

1° La *barre à mine* (*fig.* 371), longue barre de fer cylindrique, terminée à ses deux extrémités en forme de ciseaux acérés. Cette barre sert à faire le trou dans la pierre comme on le fait dans les constructions pour percer les trous nécessaires pour le passage des ancres de chainage.

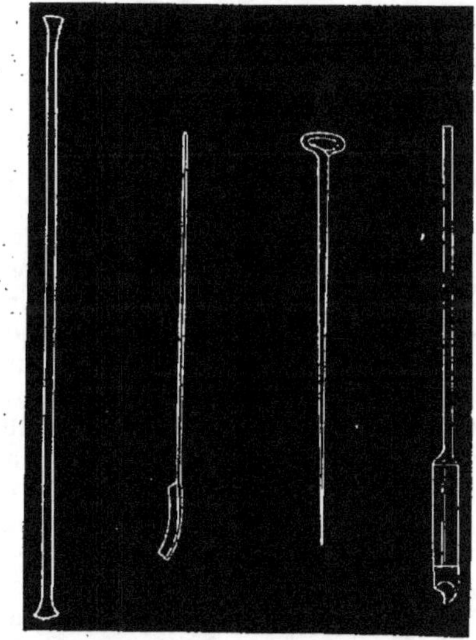

Fig. 371. Barre à mine.   Fig. 372. Curette.   Fig. 373. Épinglette.   Fig. 374. Bourroir *a*, encoche pour le passage de l'aiguille.

2° La *curette* (*fig.* 372), espèce de cuiller à long manche qui sert à retirer du trou la poussière de la roche produite par l'action de la barre à mine.

3° L'*épinglette* (*fig.* 373), grande aiguille

servant à ménager le canal destiné à mettre le feu à la poudre.

4° Un *bourroir* (*fig.* 374) servant à bourrer le pétard.

Ce moyen ne doit être employé que pour les pierres grossières, car les blocs souffrent beaucoup de l'action brusque de la poudre. Il se produit des fentes et la pierre est, comme l'on dit, *étonnée*.

Un autre procédé utilisé pour les marbres et les pierres fines consiste à creuser, dans la partie superficielle de la couche des lignes, des trous verticaux, disposés de façon à la diviser suivant des plans normaux. Dans chacun des trous, on place un petit *coin* plat en acier dont le biseau est entouré d'une feuille de tôle, sur lequel on frappe avec une masse. En frappant sur chacun de ces coins, le bloc finit par se séparer.

Dans certaines localités, on scie la pierre sur place.

Les pierres détachées sont ensuite enlevées de la carrière à l'aide d'engins spéciaux. Pour les soulever et les barder, on se sert de crics, de leviers, de cabestans, treuils, etc... Quand le gisement des bancs est à une profondeur tellement considérable que les frais de découverte augmenteraient de beaucoup le prix des matériaux, on ouvre la carrière en galerie. Ce mode d'exploitation n'est praticable que lorsqu'il se trouve plusieurs bancs superposés, et que le banc supérieur est assez résistant pour former un ciel, ou plafond, à la carrière. Ce banc étant ordinairement coupé par des fils, on est très souvent obligé de le soutenir de distance en distance par des piliers en maçonnerie.

L'exploitation souterraine se conduit absolument comme l'exploitation à ciel ouvert; quant au dépècement des couches et à l'enlèvement des blocs. La direction des travaux seule est un peu différente.

Il faut, autant que possible, que la hauteur du ciel de la carrière, au-dessus de son sol, soit suffisante pour permettre la circulation d'une voiture chargée de pierres, afin de ne pas être obligé de rouler les pierres à bras jusqu'au dehors de la carrière.

Ces dernières carrières s'ouvrent ordinairement dans le flanc des coteaux, aux abords des routes. On en ouvre cependant aussi dans les plaines. Telles sont, entre autres, celles des environs de Paris. Alors, elles communiquent avec l'extérieur par des puits qui servent à sortir les pierres et dans lesquels sont placées de grandes échelles, dites de *perroquet*, qui permettent aux ouvriers de descendre dans la carrière et d'en sortir.

A l'ouverture du puits, on doit établir des treuils puissants pour le montage de la pierre.

Moellons.

974. On extrait les moellons des mêmes carrières que la pierre de taille, où ils sont faits ordinairement avec les éclats de pierre et les blocs défectueux. On en tire aussi de carrières, mais les qualités de la pierre et la hauteur de banc ne permettent pas d'en extraire avec avantage de la pierre de taille. Les moellons de forme régulière ont de 0^{m}10 à 0^{m}25 de hauteur, une largeur à peu près double et une longueur triple.

Quant à leur nature, on en distingu trois espèces :

1° Les *moellons de roche*, que l'on emploie pour des murs et des massifs qui doivent avoir une très-grande résistance ,

2° Les *moellons de banc-franc*, qui servent à élever les murs de clôture et ceux des bâtiments en élévation, à cause de la légèreté qu'ils acquièrent en séchant;

3° Les *moellons tendres*, avec lesquels on peut faire, à peu de frais, des parements parfaitement dressés, en raison de la facilité avec laquelle on les taille. Les moellons de roche et de banc-franc viennent des plaines de Vitry, d'Arcueil, de Montrouge, de Passy, du Moulin de la Roche, de Vaugirard, etc.

Les moellons tendres sont tirés des carrières de Saint-Maur, de Créteil, des Carrières-Saint-Denis, etc.

§ VIII. — TRANSPORT DES MATÉRIAUX. — TRANSPORT DES PIERRES

975. Les matériaux employés dans les ouvrages de maçonnerie se transportent en wagon, sur chemins de fer, ou à l'aide de charrettes, de tombereaux, de binards, etc., traînés par des chevaux, quand la distance est grande. Sur les chantiers, pour le transport des matériaux d'un endroit à l'autre, à de petites distances, on fait usage d'autres outils manœuvrés par des hommes.

Nous commencerons l'étude de ces outils par la brouette.

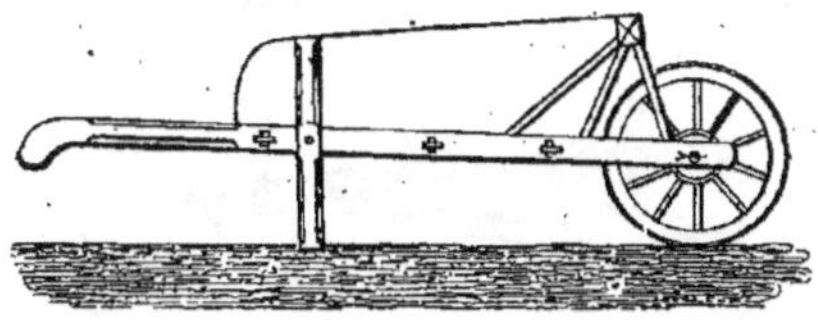

Fig. 375.

Brouette à coffre. Cette brouette représentée (*fig*. 375 et 376) est employée de préférence pour le transport des terres, du sable et du mortier. Sa contenance est le plus ordinairement 1/25 de mètre cube dans les

Fig. 376.

ateliers de maçonnerie. Souvent, comme l'indique la *fig*. 376, les matières y sont maintenues par une petite planche de 0ᵐ10 à 0ᵐ15 de hauteur placée sur le devant.

Brouette à barres. La brouette à barres représentée (*fig*. 377) est particulièrement employée au transport des moellons, meulières, etc. Le fond et le dossier sont à claire-voie en bois.

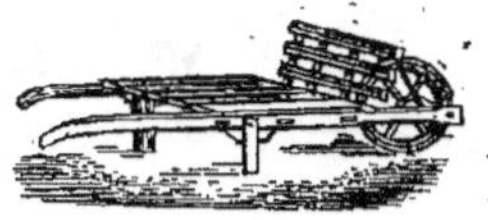

Fig. 377.

Brouette de mesure. La brouette de mesure, représentée (*fig*.378), est spécialement employée pour faire le dosage des matières qui doivent entrer dans la composition du mortier ou du béton. Elle est fermée entièrement sur les quatre faces. Sa contenance varie de 50 à 80 litres. Pour le dosage des pierres destinées à la confection du béton,

Fig. 378.

on se sert de brouettes dont le fond est percé de trous, quand il est en planche, ou formé d'un simple grillage en fer destiné à laisser un écoulement facile à l'eau de lavage de ces matériaux.

Les brouettes employées dans les chantiers de maçonnerie sont en bois.

Les meilleurs bois pour leur construction sont le *saule rouge*, l'*orme* et le *bois blanc*. Ces bois offrent une solidité suffisante. Ils sont légers, ce qui permet d'avoir un poids mort minimum de

20 à 25 kilos suivant les dimensions des brouettes.

Quand le chantier est important, on peut établir un petit chemin de fer à voie étroite pour le transport des matériaux. Sur cette voie, circulent de petits wagonnets dont nous donnerons tous les détails de construction au chapitre terrassements.

Civière ou bard. Lorsque l'on a à gravir des rampes trop rapides pour pouvoir rouler

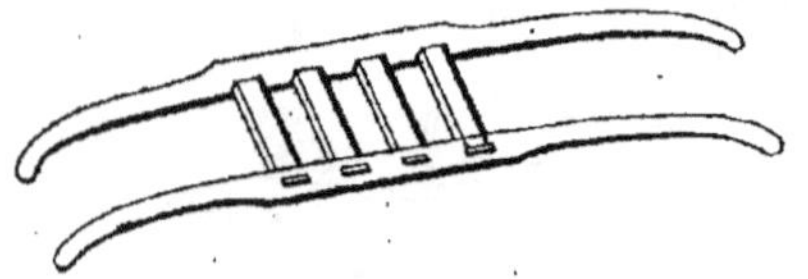

Fig. 379. — Civière.

les matériaux à la brouette, on se sert d'une *civière* représentée (*fig.* 379). Cette civière est formée de deux petits brancards réunis en leur milieu, sur une certaine longueur, par des traverses en bois sur lesquelles on place les matériaux. Cet appareil est employé pour le transport des moellons piqués et des pierres de taille qui ne sont pas d'un grand poids. Ils servent également à décharger les bateaux de meulières ou de moellons qui sont livrés sur les ports.

Camion. Le camion est une espèce de petit tombereau léger à deux roues, aussi connu sous le nom de voiture à bras, auquel s'attellent deux hommes pour transporter les matériaux sur un même chantier, ou d'un chantier à l'autre. La capacité de ce petit tombereau est de 1/3 de mètre cube environ. Il sert également pour conduire et transporter les outils, équipages, etc., pour les corvées et les petites *réparations*.

Hotte et panier. On se sert aussi de hottes et de paniers, mais plus rarement.

Transport des pierres. Diable de maçon.

976. On désigne ainsi sous le nom de *chariot*, *diable* ou *binard* une voiture très basse à deux roues, que l'on emploie sur les chantiers pour conduire les pierres de taille. Le diable de maçon est traîné

Fig. 380. — Bricole de bardeur.

par des hommes qui tirent, avec une bricole (*fig.* 380). Lorsque le chantier de coupe des pierres est peu éloigné de l'édi-

Fig. 381. — Diable de maçon

fice en construction et que les blocs à transporter sont de dimensions moyennes, on se sert de diables ou chariots à plateau solidement constitués. Le plateau est formé par de fortes pièces de bois et sa surface est consolidée par un encadrement en fers méplats, afin de résister à l'usure occasionnée par le frottement des pierres sur la surface du plateau.

Deux roues de petit diamètre, réunies par un essieu droit, supportent le plateau qui se termine à l'avant par une flèche disposée de manière à permettre la traction par des ouvriers.

A l'arrière, le chariot, très surbaissé, se termine en biseau par une pièce de fer légèrement relevée et permettant le roulement de la pierre sur le plateau, lorsque celui-ci est incliné, de telle sorte que son arrière s'appuie sur le sol.

Nous donnons (fig. 381) la disposition du diable de maçon construit par MM. Chauvin et Marin-Darbel, constructeurs à Paris.

977. *Chargement d'une pierre sur le diable.* Le transport des pierres au chariot ou diable, réclame beaucoup de soins de la part des ouvriers, pour éviter d'écorner les pierres, surtout pendant le chargement et le déchargement. Pour faire la première de ces opérations, on soulève la flèche de manière que le derrière du diable touche à terre au pied de la pierre que l'on a dressée sur une de ses faces. On cale alors les roues et on renverse la pierre sur le plancher, en ayant soin de placer des

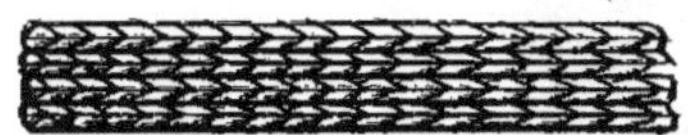

Fig. 382. — Torche.

torches de paille ou des paillassons tressés (fig. 382) sous les faces qui portent, afin de garantir les arêtes ; puis, abaissant la flèche en maintenant la pierre sur le plancher, elle se trouve ainsi chargée sur le derrière du diable et on la fait avancer jusqu'au point qu'elle doit occuper sur le plancher, en frappant avec secousse et à plusieurs reprises le limon par terre. La

pierre arrivée à pied d'œuvre, il faut procéder au déchargement. A cet effet, on place d'abord à terre des torches pour la recevoir. De plus, on met un morceau de pierre que l'on dispose de manière qu'il se trouve sous le milieu de la face qui doit reposer, afin de se réserver des prises pour manier le bloc ; puis, après avoir calé les roues, on lâche doucement la flèche jusqu'à ce que le derrière du diable porte à terre. Ensuite on fait descendre la pierre. On décale les roues et, avec des pinces ou des leviers, on les fait avancer de manière à dégager le diable de dessous la pierre, que l'on fait tomber sur les paillassons.

Comme on le voit, cet appareil de transport ne comporte pas de treuil. Il est des plus simples : c'est un des plus usités.

Binards.

978. Les binards s'emploient pour transporter les pierres à des distances plus considérables. La figure 383 nous montre un des appareils construits par MM. Chauvin et Marin-Darbel. Dans ce véhicule, les limonières sont reliées et font suite à de forts brancards en bois supportés par un essieu coudé et par deux roues de petit diamètre.

A l'arrière des limonières, est installé un treuil dont le tambour de milieu sert à enrouler deux chaînes en fer qui retiennent un chariot pouvant rouler sur les brancards.

Pour la manœuvre du treuil, on agit avec une manivelle sur un pignon de petit diamètre que l'on voit sur le côté et qui engrène avec une roue dont le diamètre est quatre fois plus grand. Sur l'arbre de cette roue, est monté un second pignon qui agit directement sur la roue du tambour et multiplie ainsi la puissance des hommes exerçant la force nécessaire au tirage du chariot.

979. *Chargement d'une pierre sur le binard.* En premier lieu, il faut faire reposer l'arrière du binard sur le sol, comme pour le diable de maçon, et faire rouler le chariot jusqu'à terre. Dans cet appareil, les brancards sont articulés avec les limonières qui leur font suite. Ces limonières devant toujours rester dans la même position horizontale, sont donc articulées à l'arrière. Elles sont bardées de fer dans cette partie, et l'articulation a lieu à leur extrémité. Une clé en fer, pénétrant dans des gâches situées à la fois sur

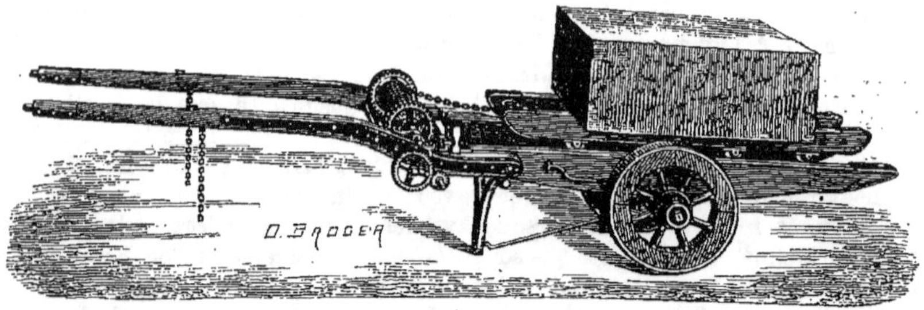

Fig. 383. — Binard avec treuil ordinaire pour les pierres.

les deux parties, brancards et limonières, les relie. En ôtant cette clé, les brancards s'inclinent jusqu'à ce que leur partie d'arrière touche le sol. On détourne ensuite le treuil. Les chaînes se détendent et le chariot, roulant sur des cornières en fer fixées sur les brancards, est amené à terre. On barde la pierre sur le chariot et l'on fait remonter peu à peu celui-ci sur les brancards en opérant la traction au moyen du treuil.

Arrivée à une certaine hauteur, la charge fait basculer le chariot; et le tout reprend la position horizontale primitive. On replace la clé afin de réunir les brancards aux limonières.

980. *Observations.* Il ne faut pas laisser les chaînes du treuil en tension, car il

Fig. 384. — Binard avec treuil pour le transport des pierres.

pourrait y avoir rupture et entraînement du fardeau vers l'arrière. Pour éviter tout accident, on arrête le chariot à l'avant en faisant passer une longue et forte barre dans des trous percés, l'un dans une traverse en fer du chariot et l'autre, en contre-bas, dans les entretoises ferrées des brancards.

Il ne reste plus qu'à assujettir fortement la pierre en passant des cordages d'avant en arrière et à tendre ces câbles à l'aide d'un tambour que l'on manœuvre au moyen d'un levier en fer qui pénètre successivement dans quatre trous percés sur la circonférence du tambour.

AUTRE DISPOSITION D'UN BINARD AVEC TREUIL POUR LE TRANSPORT DES PIERRES.

981. Nous donnons (*fig.* 384) une autre disposition de binard construit dans les mêmes ateliers et qui présente certains avantages :

1° Les roues de ce binard sont plus grandes que celles du binard précédemment décrit, ce qui diminue beaucoup le tirage;

2° Les roues présentent un écartement de 1m60, ce qui permet le transport des pierres ayant 1m50 de largeur.

Si cette dimension est dépassée, on aura recours au premier ou à une autre disposition dont nous allons parler.

Le reste du mécanisme est le même. L'essieu est également coudé, et le treuil est placé de la même façon. Ce n'est plus un treuil à tambour, mais un treuil à *noix*.

FARDIER NON SUSPENDU POUR LE TRANSPORT DES PIERRES DE TAILLE.

982. Nous donnons (*fig.* 385) un croquis de fardier employé pour transporter les

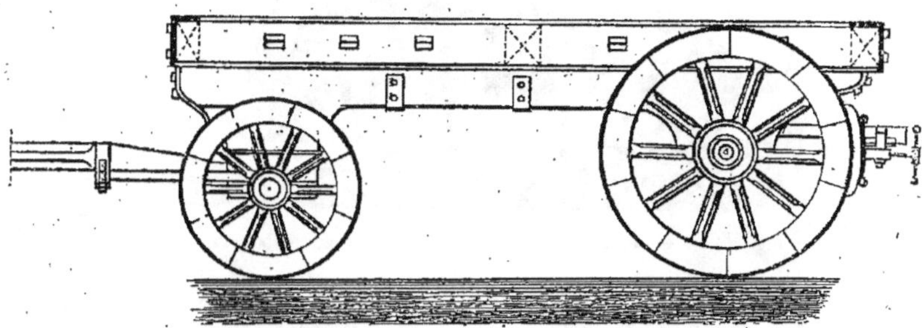

Fig. 385. — Fardier non suspendu pour le transport des pierres de taille.

pierres de taille de toutes dimensions. Le chargement sur ce fardier se fait à l'aide de grues. Il sert à transporter les pierres arrivées en gare ou déchargées d'un bateau et posées sur le chemin de halage, au chantier où elles sont travaillées avant d'être employées.

Le déchargement se fait en se servant d'un cric représenté (*fig.* 386). Ce cric sert à soulever la pierre posée sur le fardier, jusqu'à ce que l'équilibre soit rompu et que cette pierre tombe sur le

Fig. 386.

sol. Il est facile de voir qu'il peut, en opérant ainsi, se produire des avaries très grandes et quelquefois rupture des pierres. C'est pour remplacer ce procédé défectueux que l'on se sert aujourd'hui d'une grue roulante à avant-train dont nous allons dire quelques mots.

Grue roulante à avant-train.

983. Pour barder sur un binard les pierres d'un chantier, ou pour décharger les fardiers, on peut aussi se servir d'une grue roulante à avant-train (*fig.* 387), dont le transport se fait également par chevaux. La grue est disposée sur un chariot et

peut pivoter dans tous les sens. Sa construction est très légère, car les efforts de
traction y sont supportés par des tirants
en fer et le tout est calculé pour obtenir
le moins de poids possible.

Cet appareil nouveau est appelé à un

Fig. 387. — Grue roulante à avant-train. — Force 1200, 2000 et 4000 kil

grand avenir, il est construit par MM. Chauvin et Marin-Darbel. Avec cette grue, on opère rapidement le déplacement de fardeaux pesant de 1,200 à 4,000 kilos.

Plusieurs de ces grues sont actuellement en usage dans les grands chantiers et notamment chez M. Mortal, boulevard Philippe-Auguste, où elles fonctionnent tous les jours et rendent de véritables services.

§ IX. — MOYENS EMPLOYÉS POUR DIVISER OU TRANCHER LA PIERRE. — SCIAGE DES PIERRES DURES ET DES PIERRES TENDRES. — OUTILS.

Pierres sortant de la carrière.

984. Les pierres de taille, sortant de la carrière, sont fournies au commerce sous quatre formes différentes:

1° En pierres tout venant et sur hauteurs;

2° En pierres sur deux et trois dimensions;

3° En pierres sur panneaux;

4° En pierres taillées.

C'est dans les deux premiers cas seulement que la pierre a besoin d'être débitée à la scie ou à la tranche, pour recevoir les formes et dimensions de l'appareil. Dans le troisième cas, la pierre est toute prête à recevoir la taille des lits et joints et celle du parement vu.

Enfin, dans le quatrième cas, la pierre

n'a besoin d'autre main-d'œuvre que celle de la pose.

En raison de leur friabilité, les pierres tendres ne peuvent être approvisionnées sur dimensions exactes. Le sciage joue alors un rôle très important. Il coûte peu, et, relativement à la pierre dure, il est dans la proportion de 1 à 9.

On débite la pierre de deux manières:

1° Par l'usure, en la divisant au moyen de la scie à eau et au grès;

2° Par le choc en la tranchant au coin de fer, à l'aspicot (coin ovoïde) et quelquefois à la pointe du têtu.

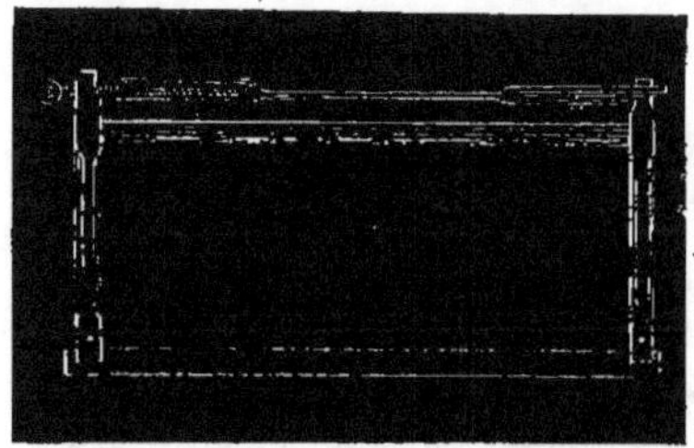

Fig. 388.   Scie pour pierres dures.

985. *Sciage des pierres dures*. Le sciage des pierres dures se fait à l'aide d'une scie sans dents, représentée (*fig.* 388), dont la longueur est en rapport avec celle des blocs à débiter et en ajoutant, à l'action de cette scie, une matière usante qui est,

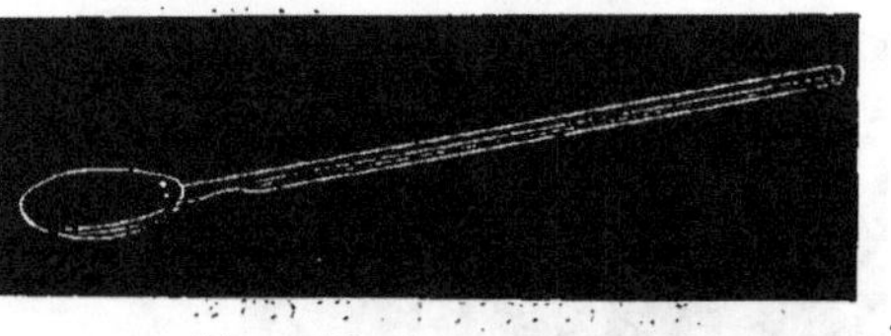

Fig. 389. — Cuiller à manche.

ordinairement, du grès réduit en grains fins mélangés avec de l'eau. La pierre à scier doit être bien dressée horizontalement avec une légère inclinaison de l'avant à l'arrière. Elle sera calée au milieu, de chaque côté et au bout. L'ouvrier est assis sur un chevalet à siège mobile. Le long du trait de scie et du côté gauche, il dispose une planche inclinée sur laquelle il jette l'eau et le grès à l'aide d'une cuiller à manche (*fig.* 389).

La lame de scie doit toujours être bien droite et ne pas gondoler.

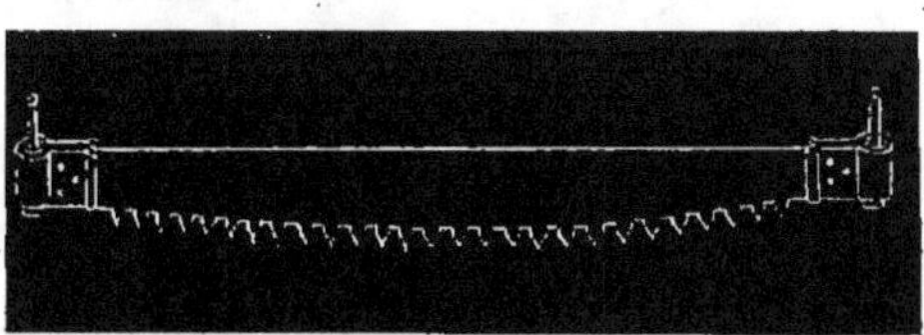

Fig. 390. — Passe-partout.

986. *Sciage des pierres tendres*. Le sciage des pierres tendres se fait au moyen d'une scie à longues dents évidées appelée *passe-partout* (*fig.* 390).

Les scies sont mises en état de servir au moyen d'un outil appelé tourne-à-gauche, représenté (*fig.* 391), lequel sert à donner de la voie, c'est-à-dire à faire dévier le

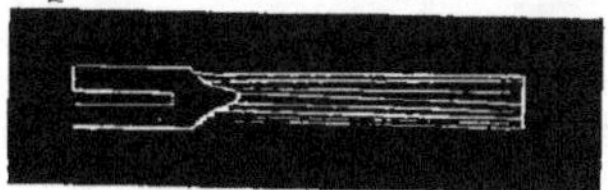

Fig. 391. — Tourne à gauche.

bout de chaque dent de droite à gauche, en ayant soin d'en laisser une toutes les sept dents, ce qui donne du tirage et facilite le fonctionnement de la scie.

EMPLOI DU COIN, DE L'ASPICOT ET DE LA POINTE DU TÊTU POUR DIVISER LA PIERRE.

987. Les pierres très dures et qui n'ont pas une grande valeur peuvent se débiter par le choc, moyen qui consiste à les trancher à l'aide d'un coin en fer, de l'aspicot ou de la pointe du têtu.

Lorsqu'on se sert de coins en fer, on creuse, sur la face du dessus du bloc, une ligne droite d'emboîtures ou trous régulièrement espacés et de 0^m04 à 0^m05 de profondeur. Dans chaque trou, on place un coin plat, serré entre des plaques de fer ou de bois dur, de manière que la pointe ne touche pas le fond du trou et l'on frappe sur chaque coin avec une masse. La pierre se sépare suivant la direction tracée.

L'aspicot n'est autre chose qu'un coin ovoïde et légèrement arrondi à sa pointe. Il est employé comme le coin ordinaire quand on veut, dans un bloc, enlever des parties de pierres assez considérables.

Pour les petits blocs, on emploie souvent la pointe ou le tranchant du têtu. On fait alors une rainure assez profonde sur le contour de la section à obtenir, ou plus simplement, sur les deux faces opposées, et on frappe d'aplomb dans ces rainures au moyen de la pointe du têtu.

§ X. — TAILLE DE LA PIERRE.

988. La taille de la pierre consiste à dresser convenablement les faces des blocs et à leur donner les formes et les dimensions de l'appareil.

Cette taille se fait quelquefois en carrière, mais, le plus ordinairement, elle se fait dans un emplacement appelé *chantier*, situé à proximité des travaux. Pour certaines pierres, on fait la taille des parements vus, la pierre étant posée.

On fait aussi, sur place, la taille complète des saillies, le ravalement et le rejointoiement.

La taille des moulures, dans la pierre tendre, se fait toujours sur le tas. Il en est de même des pierres dures. Lorsque les moulures sont de petites dimensions, on exécute seulement, sur le chantier, la masse dans laquelle on doit les faire.

Pour les pierres très dures, il y a avantage à faire exécuter la taille en carrière.

La taille d'une pierre présente trois façons bien distinctes. Elle passe d'abord par les tailles préparatoires, puis par celle des lits et joints et se termine par celle des parements vus.

Nous nous occuperons de ces différentes tailles dans un chapitre spécial affecté aux maçonneries en pierre de taille.

Outils du tailleur de pierre.

989. La forme de ces outils varie suivant la nature et la dureté de la pierre.

Les calcaires durs se taillent avec le *têtu*, le *ciseau*, la *gradine*, la *pioche*, le *poinçon*,

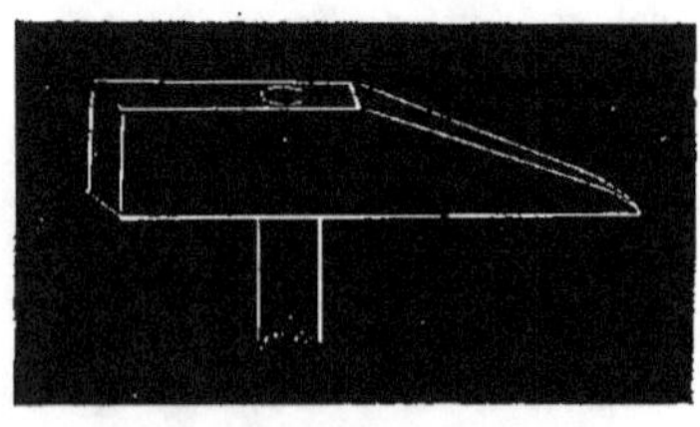

Fig. 392. — Têtu.

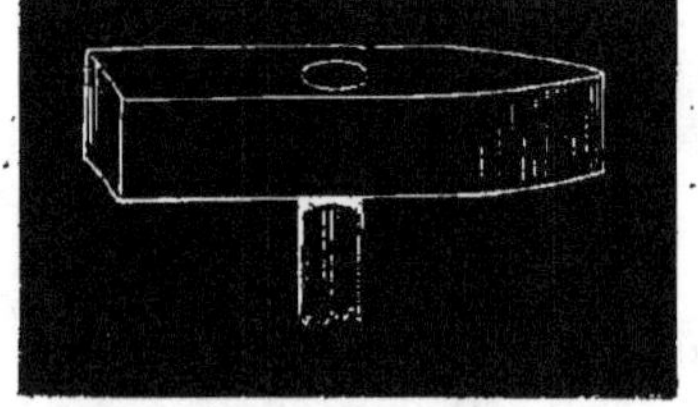

Fig. 393. — Têtu.

le *marteau breté*, la *boucharde*, la *ripe*, la *laye à smiller*. Pour les pierres calcaires tendres, on fait usage du *ciseau*, de la *pioche à pierre tendre*, du marteau dit *rustique* et du marteau *tranchant*.

990. *Têtu*. Le têtu représenté (*fig.* 392) est un lourd marteau en fer aciéré, qui porte une tête carrée d'un côté et une pointe ou tranchant de l'autre (*fig.* 393), et quelquefois les deux têtes carrées (*fig.* 394). Les ouvriers s'en servent pour dégrossir les pierres quand elles sont très irrégulières et qu'il y a beaucoup d'abatage.

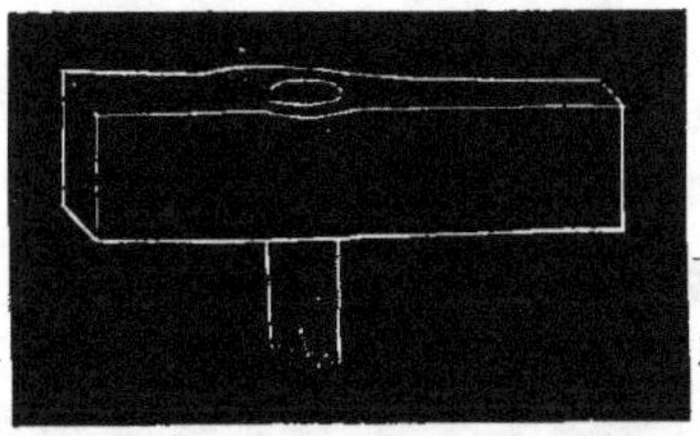

Fig. 394. — Têtu.

Le manche de ces outils a ordinairement 0ᵐ50 à 0ᵐ70 de longueur.

991. *Ciseaux et gradines*. Les ciseaux représentés (*fig.* 395) sont des tiges d'acier

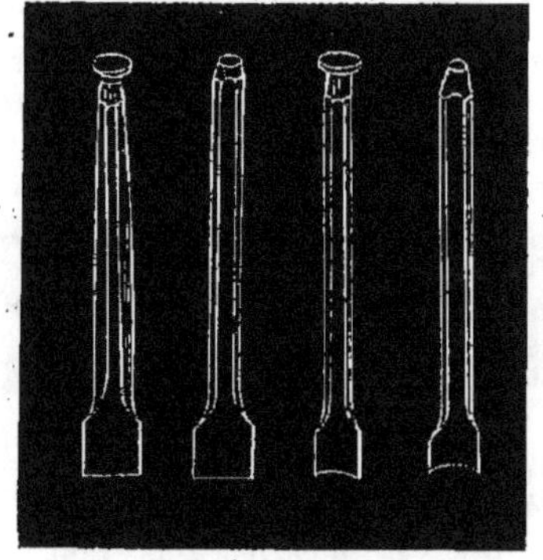

Fig. 395. — Ciseaux.

ou de fer aciéré d'environ 18 à 20 centimètres de longueur, de forme prismatique,

aplatis à une extrémité pour former un tranchant.

Pour les pierres dures, on se sert de ciseaux cylindriques effilés à une extrémité et fortement aciérés, mais depuis que la *masse* de fer tend à remplacer le *maillet en bois*, on fait les ciseaux tout en acier.

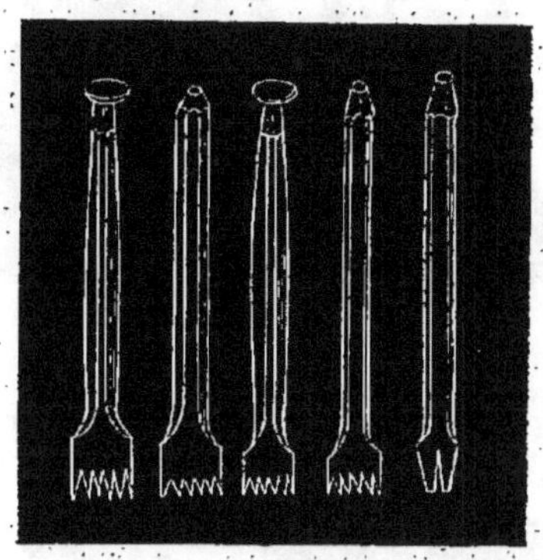

Fig. 396. — Gradines.

Les gradines représentées (*fig.* 396) sont des espèces de ciseaux dont le tranchant est dentelé. On les emploie pour

Fig. 397. — Ciseaux et gradines à manche de bois.

tailler les pierres très dures. Pour les pierres tendres, les ciseaux à tranche large lui sont préférables.

Pour les sculptures et pour les tailles délicates de la pierre, surtout pour les pierres tendres, on se sert de ciseaux et gradines à manches de bois (*fig.* 397).

992. *Pioches.* La pioche à pierre dure

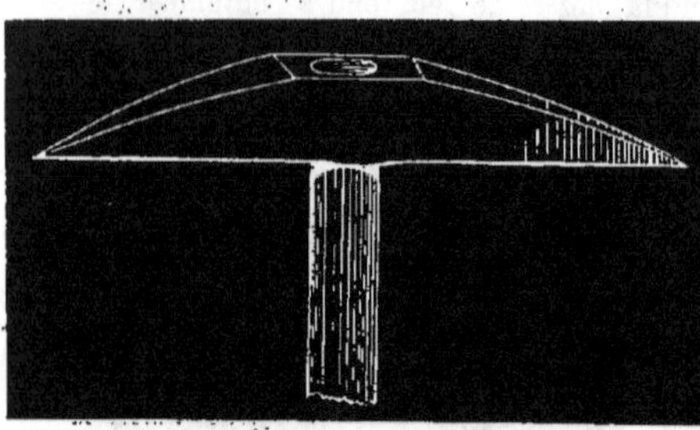

Fig. 398. — Pioche à pierre dure.

(*fig.* 398) est un marteau en fer terminé par des pointes aciérées à quatre pans.

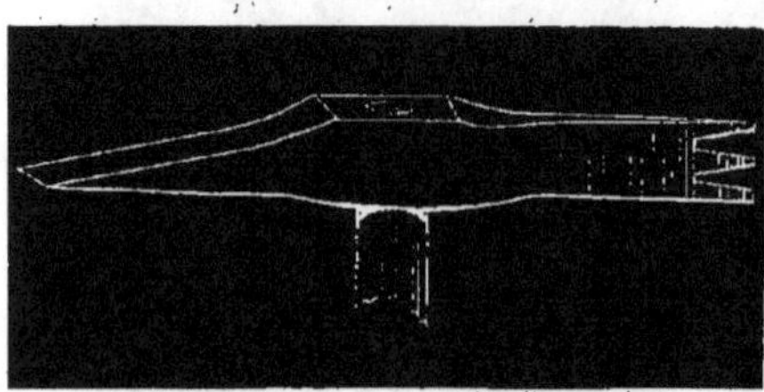

Fig. 399. — Pioche à pierre tendre

Pour les pierres très dures, ces pointes ne doivent pas être trop fines, car elles

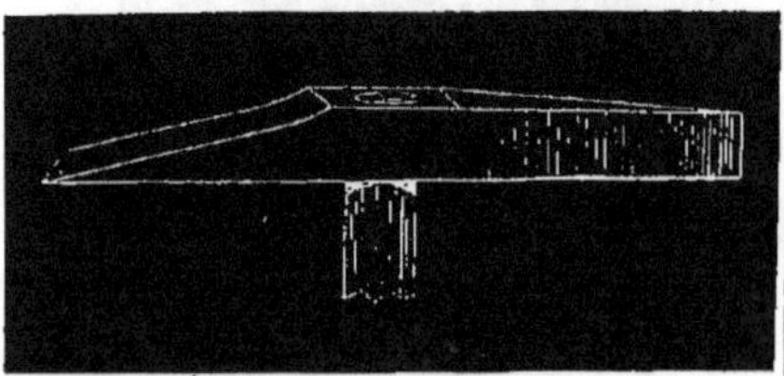

Fig. 400. — Pioche a pierre tendre.

se briseraient trop facilement. Le manche en bois a 0^m,50 de longueur. Cette

pioche sert aux tailles préparatoires, à celle des lits et joints et à la taille rustiquée. Les pioches à pierre tendre représentées (*fig.* 399 à 402) sont des mar-

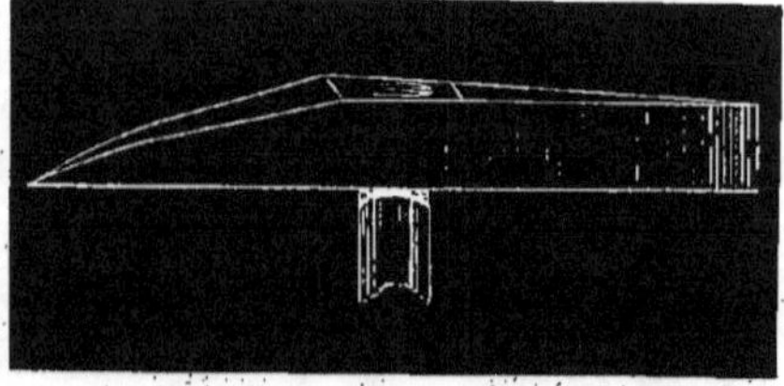

Fig. 401. — Pioche a pierre tendre.

teaux en fer présentant un tranchant de 3 à 5 centimètres de largeur dirigé parallèlement au manche et, de l'autre côté, un

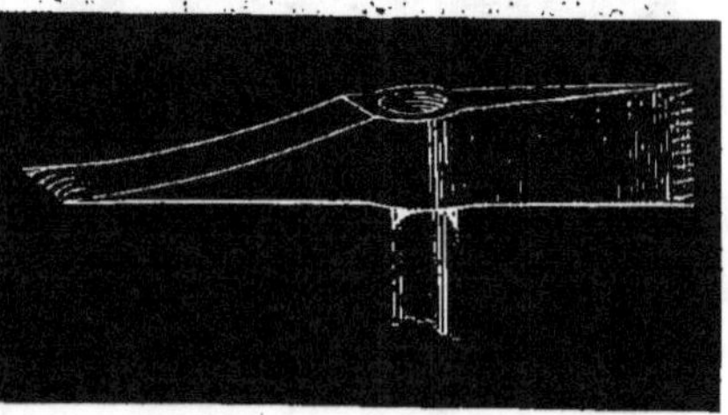

Fig. 402 — Pioche a pierre tendre.

autre tranchant de même largeur dans le sens opposé. Pour les pierres demi-dures ce tranchant est remplacé par une pointe

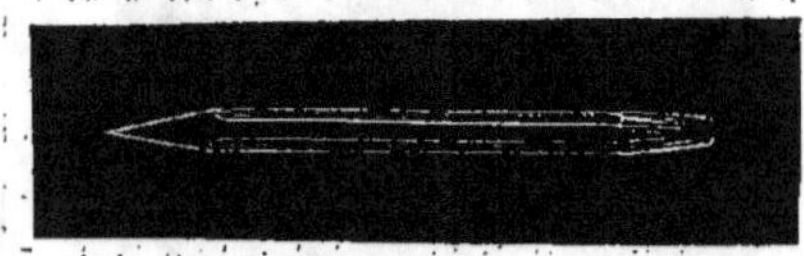

Fig. 403. — Poinçon.

(*fig.* 401). La pioche (*fig.* 402 est appelée *polka*. Elle est employée à la taille et aux abatages de ravalement. Les manches de ces outils sont en bois et ont de 0^m,40 à 0^m,50 de longueur.

993. *Poinçon.* Les poinçons représentés (*fig.* 403) sont des espèces de ciseaux ronds ou carrés, dont le tranchant est remplacé par une simple pointe. Ils ser-

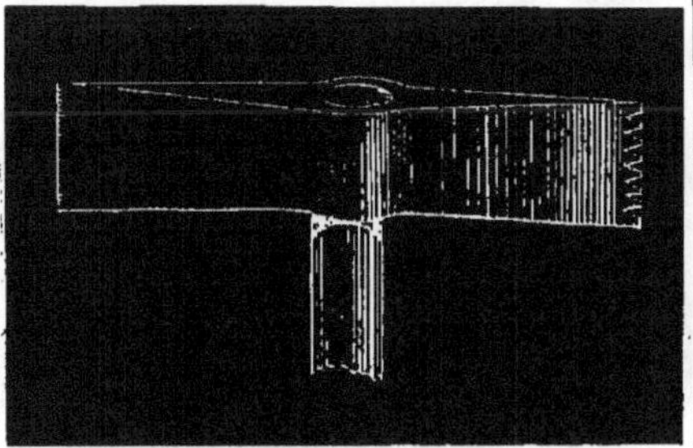

Fig. 404. — Marteau à brettures rustiques et à hache ou laye.

vent ordinairement pour faire les refouillements et les percements.

994. *Marteaux à brettures rustiques et à hache ou laye* (*fig.* 404, 405 et 406). On nomme marteau *breté* ou *laye*, un

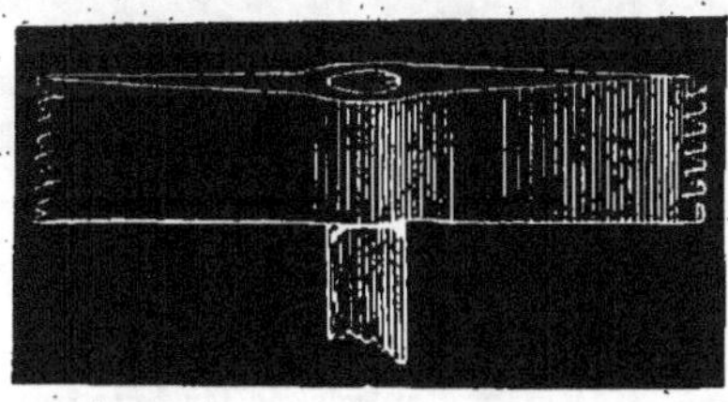

Fig. 405. — Marteau à brettures rustiques et à hache ou laye.

marteau dont les extrémités, aplaties dans le sens du manche, présentent des tranchants qui sont découpés en dents, formant chacune un petit tranchant afin de faciliter le dressage des parements de la pierre.

Pour les pierres tendres, ils ne sont ordinairement dentelés que d'un seul côté (*fig.* 406). L'autre tranchant est uni.

Ces outils sont employés à finir la taille des parements vus et à les dresser. Ils

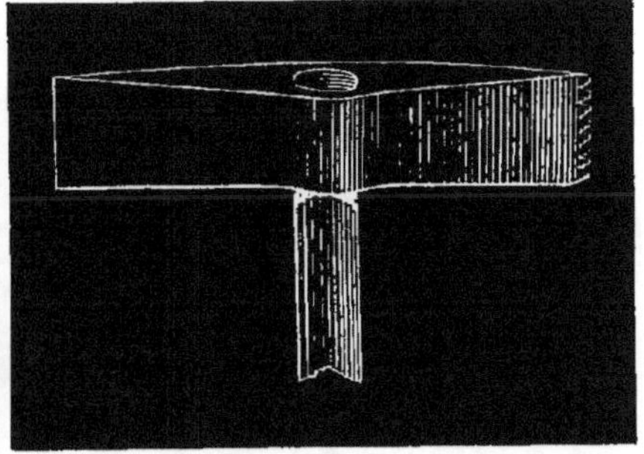

Fig. 406. — Marteau à brettures rustiques et à hache ou laye

servent à faire les tailles connues sous les noms de *layées, bretturées, rustiquées* et

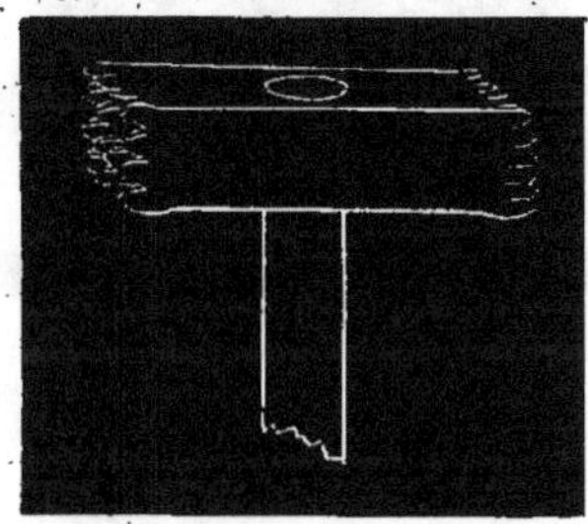

Fig. 407. — Boucharde ordinaire.

hachées. Les manches sont en bois et ont une longueur de 0m,45 environ.

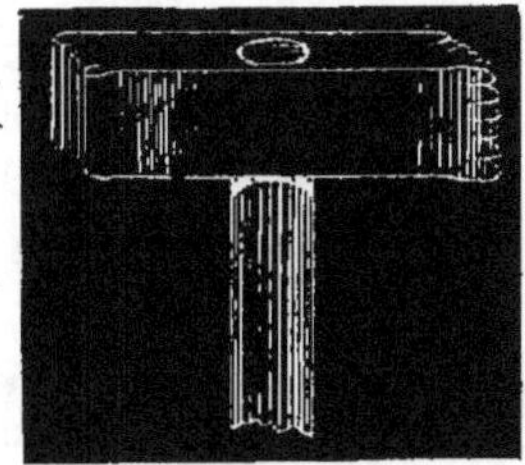

Fig. 408. — Boucharde mixte.

995. *Bouchardes.* Les bouchardes

représentées (*fig.* 407, 408 et 409) sont des marteaux dont les têtes sont carrées et

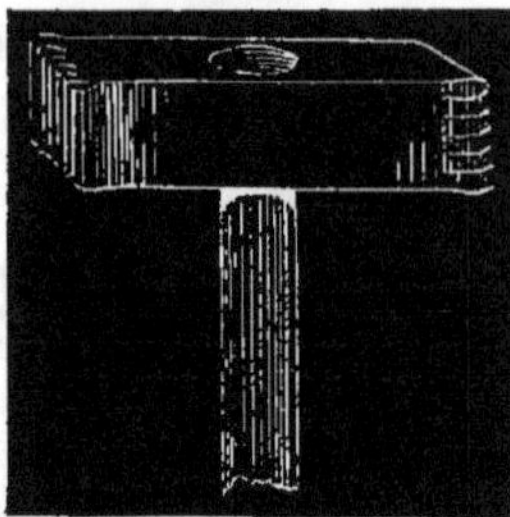

Fig. 409. — Boucharde a layer.

taillées en pointes de diamant comme l'indique la figure 410 qui représente la moitié des dents usées.

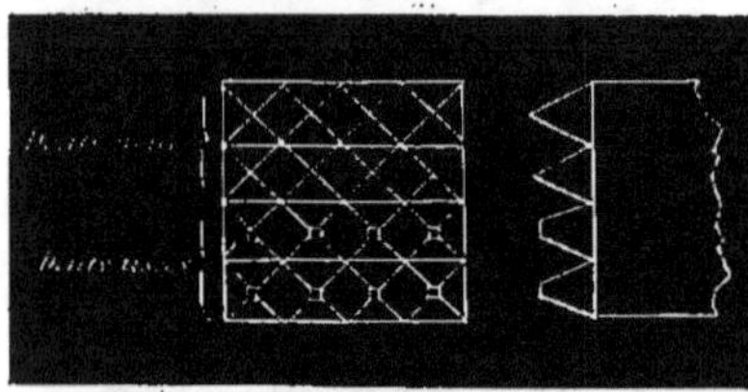

Fig. 410.

On se sert de la boucharde en frappant de ses pointes les parements préalablement dégrossis à la pioche ou au poinçon, de manière à unir les aspérités, soit pour préparer la pierre à recevoir son dernier poli à la ripe, soit aussi pour lui donner la taille dite à la *boucharde*. Les bouchardes sont de différentes grosseurs suivant la finesse des pointes de diamant pour la même surface de chaque tête carrée.

La boucharde mixte (*fig.* 408) est une espèce spéciale dont une tête est composée de pointes de diamant et l'autre de tranchants parallèles entre eux, réunissant ainsi sur le même outil les usages de la laye et de la boucharde.

Enfin, la boucharde à layer (*fig.* 409).

Dans celle-ci les deux têtes sont composées de tranchants parallèles entre eux, mais chacun disposé en sens opposé, pour permettre, avec le même outil, de hacher la pierre, dans les deux sens, sans changer de position.

996. *Ripes.* La ripe est une tige en fer

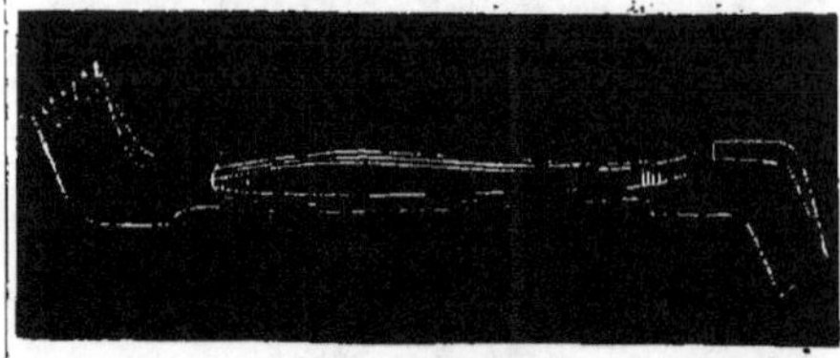

Fig. 411. — Ripe.

lont les extrémités sont courbées en sens opposé et portent des tranchants en acier dont l'un est dentelé et l'autre uni

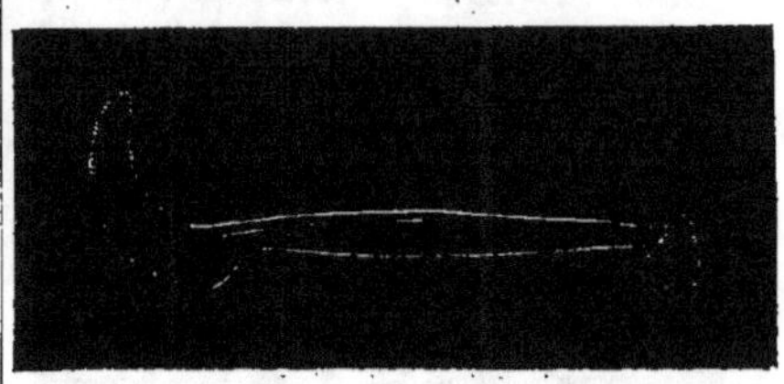

Fig. 412. — Ripe.

(*fig.* 411), dans d'autres cas les deux tranchants sont dentelés (*fig.* 412).

Un parement est terminé lorsqu'il a été passé à la ripe.

997. *Laye à smiller.* La laye à smiller représentée (*fig.* 413) est un marteau avec tranchant, assez large d'un côté et une tête carrée de l'autre. Il sert à équarrir ou à dresser les pierres tendres.

Aux outils que nous venons de décrire il faut encore ajouter :

998. Le *Maillet* (*fig.* 414). Marteau en bois de buis ou de charme servant à frapper sur la tête des ciseaux et des gradines.

Les têtes de ces outils ont alors une forme plate.

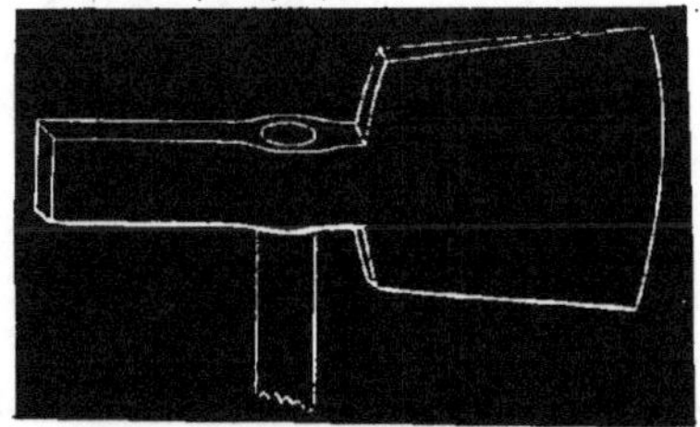

Fig. 413. — Laye a smiller.

999. La *Masse* (*fig.* 415). Petit marteau en fer, de forme presque cubique

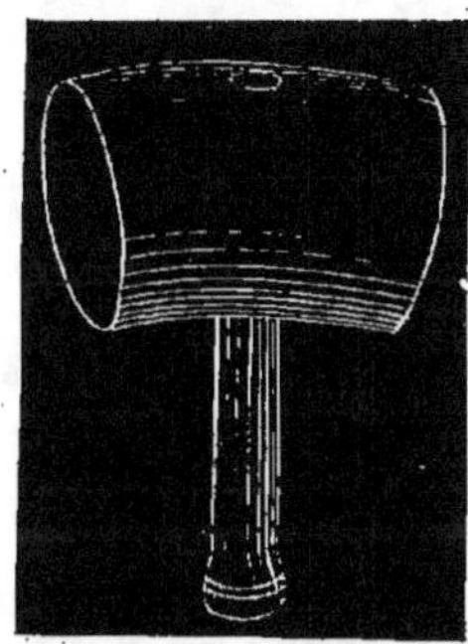

Fig. 414. — Maillet.

employé aux mêmes usages que le maillet et qui tend à le remplacer.

1000. Les *Rapes* (*fig.* 416). Limes

demi-rondes et plates servant à polir la pierre dans les parties de moulures où la ripe ne peut être employée.

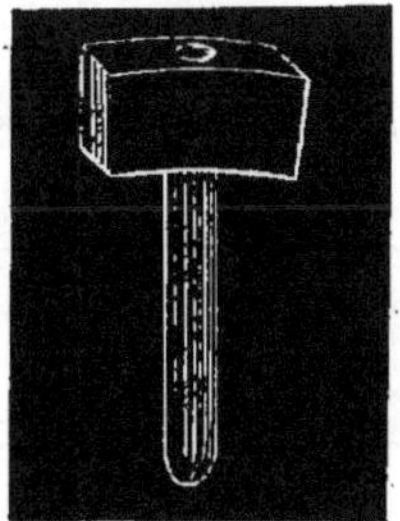

Fig. 415. — Masse.

Enfin, aux outils ci-dessus il faut ajouter : une brosse, deux compas, un mètre, trois équerres, dont une fausse

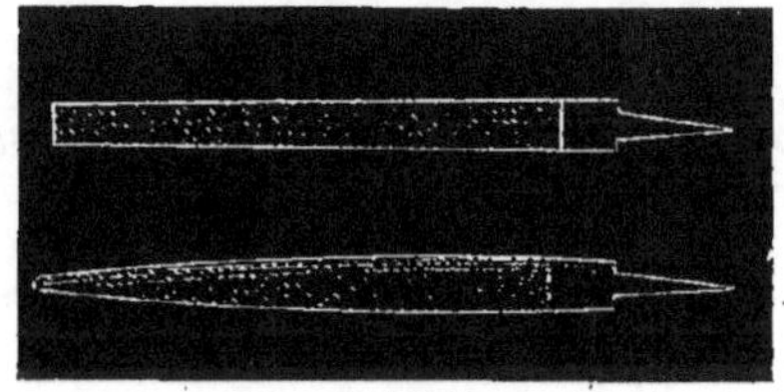

Fig. 416. — Rapes.

équerre ou sauterelle, une règle en bois et un cric pour mettre la pierre à tailler en chantier.

Outils spéciaux du ravaleur.

1001. L'ouvrier ravaleur, quoique tailleur de pierres, est spécialiste. Il possède un outillage qui se compose de différentes espèces de rabots en bois garnis d'une ou de plusieurs lames d'acier. Ces outils sont de deux sortes bien distinctes : les *guillaumes* et les *chemins de fer.*

1002. *Guillaumes.* Les guillaumes représentés (*fig.* 417) sont des outils destinés à former les moulures, à creuser et à dresser les parties étroites, ainsi qu'à prolonger et à régulariser les arêtes. Suivant leur usage, ils prennent les noms de *rabot, varlope, navette, levrette* etc.

1003. *Chemins de fer.* Les chemins de fer dont nous donnons trois types (*fig.* 418) se composent d'un petit rabot en bois garni de 5 à 7 lames d'acier fixes et

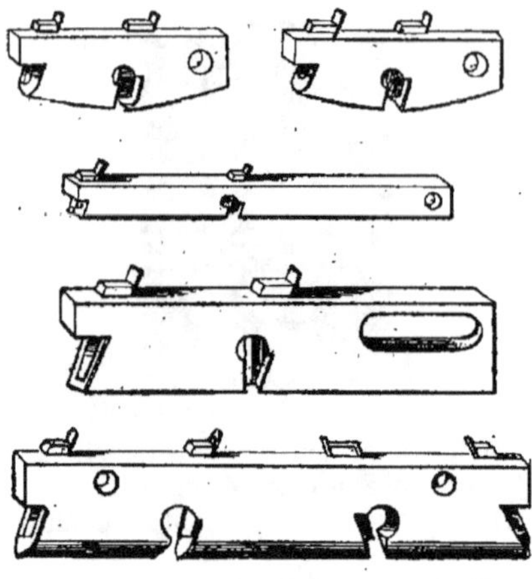

F.g. 417. — Guillaumes.

brettées. Cet outil tend à remplacer la ripe pour unir les surfaces.

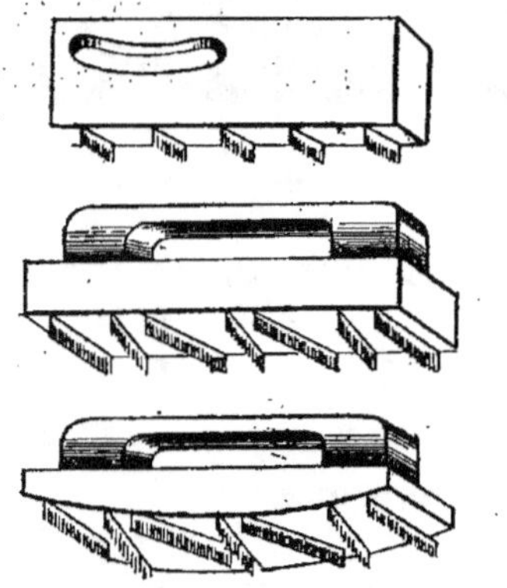

Fig. 418. — Chemins de fer

1004. *Sciotte.* La sciotte (*fig.* 419) sert à creuser des rainures étroites en ligne droite.

1005. *Niveau à fil à plomb.* C'est une espèce d'équerre en fer ayant la forme d'un triangle isocèle (*fig.* 420). Ce niveau sert à régler en dessous une surface horizontale, en se servant des côtés de l'angle droit et en ramenant le fil parallèle

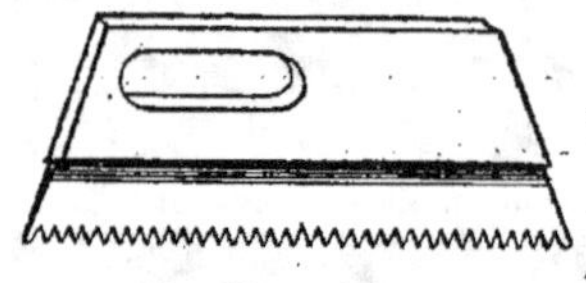

Fig 419. — Sciotte.

à un de ces côtés. Il donne, tout à la fois, l'horizontale et la verticale. Il est très

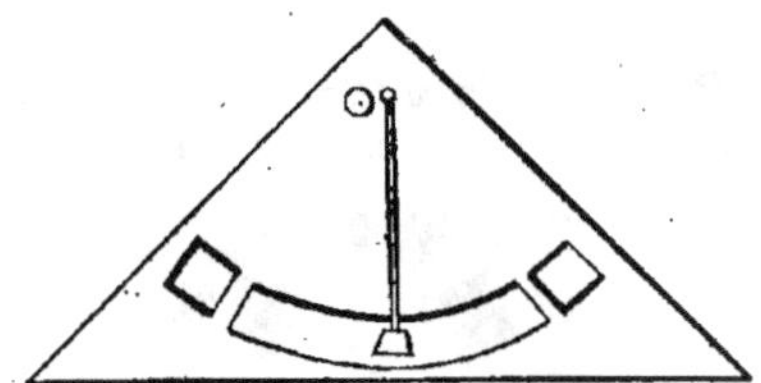

Fig 420. — Niveau à fil à plomb.

employé pour remplacer le niveau ordinaire et l'équerre quand ceux-ci sont insuffisants.

Outils employés pour exécuter les ouvrages en maçonnerie.

OUTILS DU COMPAGNON MAÇON ET DU MAÇON POSEUR.

1006. *Niveaux.* Le niveau dont on se sert le plus habituellement dans la construction est nommé *niveau de maçon.* Il est le plus souvent composé de deux règles assemblées à angles droits dans deux petits montants de même largeur et de même épaisseur (*fig.* 421), et dont l'un se trouve à 6 ou 7 centimètres de l'extrémité inférieure des montants. Far un trou percé au milieu de la traverse supérieure passe un cordeau au bout duquel est suspendu un petit plomb. Ce cordeau coïncide avec un trait marqué sur la traverse inférieure, quand les pieds des deux montants sont dans un même plan horizontal. On se sert également d'un autre niveau ou niveau de poseur représenté figure 422.

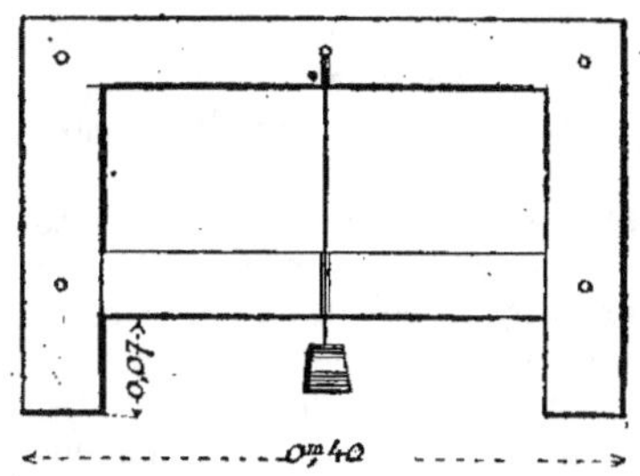

Fig. 421. — Niveau carré ou de maçon

Il est formé de deux côtés assemblés d'équer e à 90 degrés. Au sommet, est fixé un cordeau au bas duquel est assujetti un petit plomb. Au milieu de la traverse destinée à maintenir l'angle droit

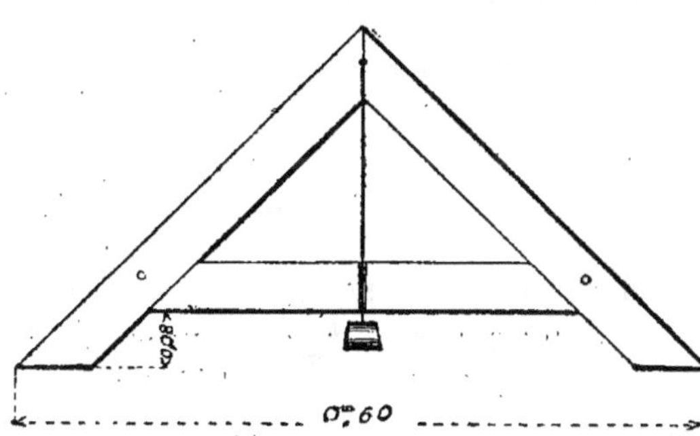

Fig. 422 — Niveau triangle ou de poseur.

formé par les deux côtés est pratiqué un petit cran en travers de la barre inférieure et dont la direction aboutit au sommet du niveau.

Ces niveaux se placent sur une règle bien droite qu'on pose, soit sur une charpente, soit sur de la maçonnerie ou sur le sol. On fixe une des extrémités de la règle, et l'autre extrémité est calée au dessous jusqu'à ce que le cordeau du niveau tombe sur le petit cran ou sur l'entaille verticale de la traverse

L'avantage du niveau de maçon sur le niveau du poseur est le suivant. Le niveau de maçon permet de placer une règle horizontalement, même quand on ne peut pas placer le niveau dessus, comme,

Fig. 423. — Niveau à bulle d'air

par exemple, quand il s'agit de poser la règle pour faire la feuillure de la traverse supérieure d'une croisée qui arrive près du plafond. Au lieu de placer les pieds du niveau sur la règle, on applique sa traverse supérieure au dessous de cette règle, ce qui n'est pas possible avec le niveau triangulaire.

Le niveau carré se fait en *cormier*, en *charme* ou en *chêne*, aux dimensions suivantes : 0m30, 0m33, et 0m40.

Le niveau triangle se fait en *chêne* de 0m60 à 0m80 à la base du triangle.

1007. *Niveau à bulle d'air*. Le niveau à bulle d'air représenté figure 423 est employé à régler les assises et les surfaces horizontales. Il se place également sur une règle bien dressée, sur laquelle il est posé en station, suivant les points ou surfaces à régler.

Quand la bulle d'air occupe le milieu du niveau et qu'elle ne bouge plus, la règle est placée horizontalement. Pour être certain d'opérer rigoureusement, lorsque la bulle est bien au milieu et que la règle est horizontale, on retourne le niveau bout pour bout et la bulle, si l'opération est exacte, doit reprendre sa position primitive. Si la règle est longue, on fera bien de promener le niveau sur toute sa longueur.

1008. *Fil à plomb*. Le fil à plomb est composé ;

1° D'un tronc de cône C (*fig.* 424), en fer ou en cuivre, dans l'axe duquel passe un cordeau appelé *fouet*, qui y est retenu par un nœud ;

2° D'une plaque carrée *P* du même métal que le tronc de cône et que les ouvriers appellent *chat*. Cette plaque est percée à son centre d'un trou lui permettant de glisser le long du cordeau (le chat a pour côté le diamètre inférieur du tronc de cône) ;

3° D'une autre plaque *B* en métal ou en bois, faisant l'office de bobine et sur laquelle on enroule le cordeau, lequel a une longueur variable de 5 à 10 mètres. Le fil à plomb guide pour élever les parements des murs et

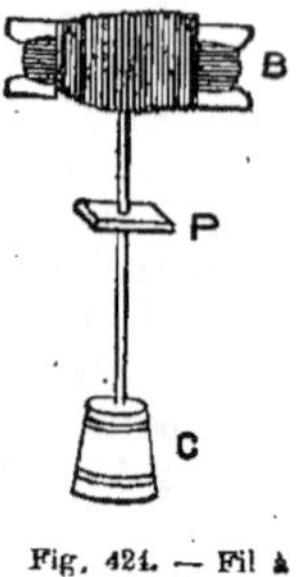

Fig. 424. — Fil à plomb.

faire les arêtes et les angles verticalement.

Pour se servir de ce fil à plomb, on applique l'un des côtés du chat contre le haut du parement d'un mur. Si on laisse pendre librement une certaine longueur de cordeau, et que le bord inférieur du plomb ne fasse que se mettre en contact avec le mur, c'est que le parement est vertical. Si, au contraire, ce bord inférieur se trouve séparé du mur, c'est que le parement surplombe.

Si, pour amener la grande base du tronc de cône au contact du mur, on est obligé d'éloigner le chat du parement, l'éloignement sera le fruit du mur pour la hauteur qui sépare le chat du plomb.

1009. *Règles.* Les règles employées par les maçons sont au nombre de trois :

1° Une règle de 1 mètre ou 2 mètres de lon-

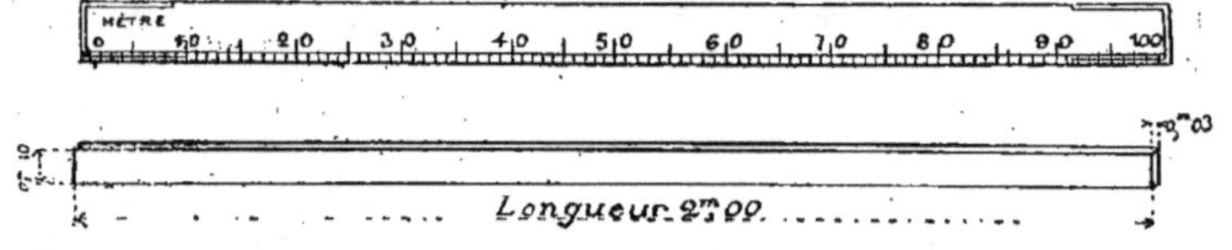

Fig. 425. — Règle en bois divisée. — Fig. 426. — Règle plate.

gueur (*fig.* 425), divisée en centimètres, sert à donner les dimensions aux ouvrages ;

2° Une règle plate (*fig.* 426) de 2 mètres de longueur, 0^m10 de hauteur et environ 0^m,03 d'épaisseur, sert à dégauchir les surfaces dans un même plan en la posant dans tous les sens sur la surface à dégauchir. Cette règle sert aussi à placer le niveau de maçon ou de poseur ;

3° Une règle carrée de 0^m,04 de côté, qui sert à battre les nus, à faire les arêtes, les cueillies d'angle, les feuillures, etc. ;

1010. *Auges.* L'auge ordinaire représentée figure 427 est une espèce de coffre à base rectangulaire et à parois latérales évasées. C'est dans cette auge que le maçon place son mortier ou gâche son plâtre au moment de l'employer.

Pour le plâtre, les auges se font en chêne et on les rabote à l'intérieur, afin que le plâtre y adhère moins. Ces auges

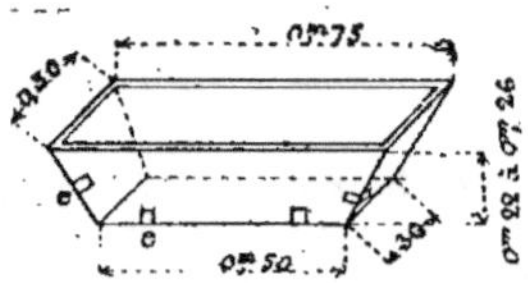

Fig. 427. — Auge.

sont consolidées par de petites équerres en fer *e* placées sur les arêtes. Les auges employées pour le mortier sont ordinairement en sapin. Le compagnon maçon qui travaille le plâtre doit toujours être muni de deux auges : une près de lui remplie et une que le garçon ou aide est en train de remplir.

Les auges à ciment sont un peu diffé-

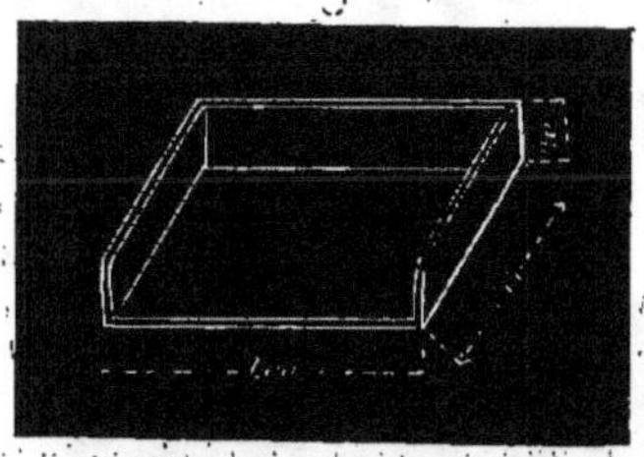

Fig. 428. — Auge pour gâcher le ciment.

rentes (*fig.* 428). Elles sont à fond rectangulaire, dont une paroi latérale est supprimée, et dont les trois autres s'élèvent perpendiculairement au fond.

L'ouvrier place cette auge sur une table de manière que le fond se trouve à la hauteur de son ventre et que la face ouverte soit de son côté.

1011. *Truelles.* Les truelles sont de différentes formes selon qu'elles sont destinées à gâcher du mortier, du plâtre ou du ciment.

Fig. 428 *bis*. — Truelles a mortier.

1° Les truelles à mortier représentées figure 428 *bis* sont en fer. Elles varient de forme suivant les localités. Celles dont les maçons limousins se servent le plus habituellement et qui sont indiquées (figure 428 *bis*) se désignent sous le nom de *guerluchones*. L'espèce de pointe arrondie formée à leurs extrémités est très commode pour faire pénétrer le mortier dans les joints. Aujourd'hui un certain nombre de maçons remplacent la guerluchone par une truelle en fer dont la forme se rapproche beaucoup de la truelle à plâtre. Cette forme paraît plus facile pour prendre le mortier; de plus, elle est plus avantageuse pour faire les enduits.

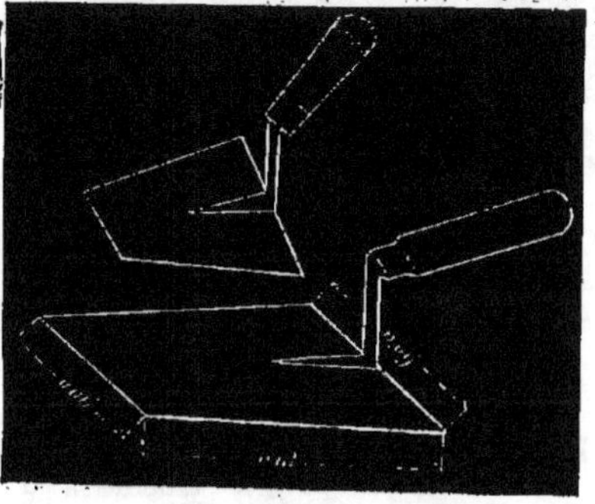

Fig. 429. — Truelles à plâtre.

2° Les truelles à plâtre sont représentées figure 429. Elles se font ordinairement en cuivre jaune. Le fer s'oxydant très vite au contact du plâtre qui s'y attache fortement en lui faisant perdre son poli, ne permettrait pas au maçon de lisser les enduits avec facilité, ni de nettoyer continuellement sa truelle en la passant entre ses doigts, avantages que possède le cuivre. Les angles de ces truelles doivent toujours rester bien vifs pour enlever facilement le plâtre qui se loge dans les angles de l'auge. Les maçons ne doivent pas frapper avec leur truelle sur des corps durs, afin de ne pas ébrécher les côtés de l'outil.

Les compagnons maçons doivent éviter de nettoyer leurs truelles avec du grès ou autre matière de ce genre; car, au lieu de les polir, ils les rayeraient et le plâtre ne pourrait plus s'en détacher. Pour nettoyer et polir la truelle en cuivre, il faut la frotter avec un morceau de charbon mouillé, ou un morceau de bois de sapin sous lequel on écrase de petits morceaux de charbon tendre qui se trouvent dans le plâtre.

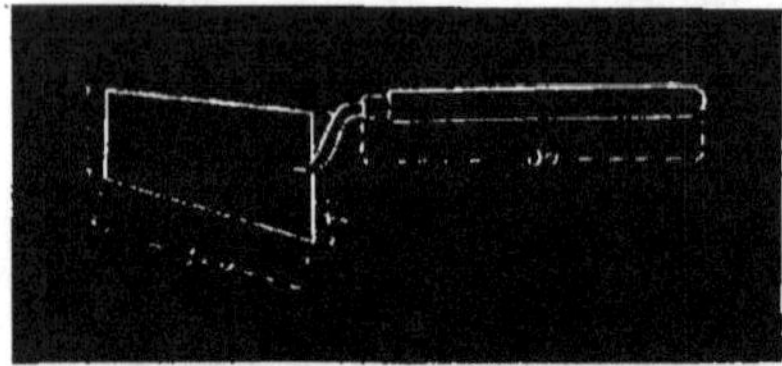

Fig. 430. — Truelle pour gâcher le ciment.

3° La truelle à ciment représentée figure 430 est une truelle mince en acier ou en fer à long manche. Le ciment attaquant facilement la peau, les ouvriers ne doivent pas y toucher avec les mains. C'est pourquoi il faut à la truelle un manche plus long que pour les truelles à plâtre et à mortier.

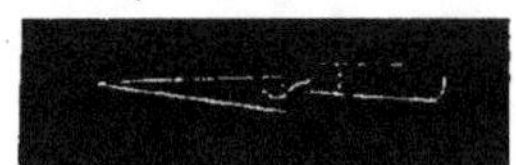

Fig. 431. — Truelle effilée.

Le maçon se sert aussi d'une petite truelle effilée (*fig.* 431), appelée *repare-resse*, qui sert à faire les jointoiements.

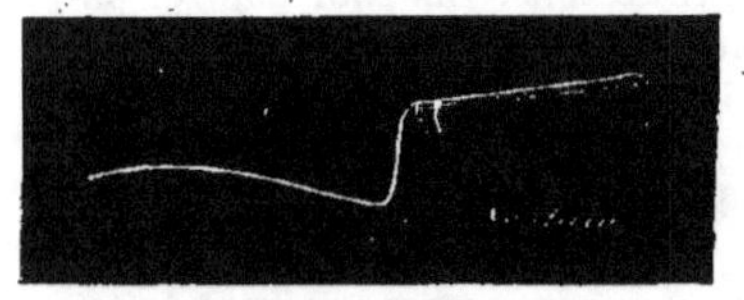

Fig. 432. — Spatule.

1012. *Spatule.* Pour faire les rejointoiements, on se sert d'une petite truelle nommée *spatule* (*fig.* 432) dont la lame, qui a environ 0m12 de longueur et 0m03 à 0m04 de largeur, se termine en pointe arrondie comme la guerluchone. Cette spatule sert aussi au maçon qui fait des enduits en mortier de chaux ou de ciment, pour enlever le mortier ou le ciment qui s'attache à sa truelle.

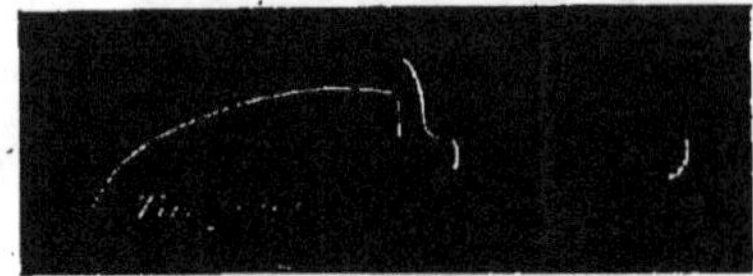

Fig. 433. — Tire-joints.

1013. *Tire-joints.* Le tire-joints, représenté (*fig.* 433), consiste en une tige en fer recourbée montée dans un manche en bois. Cet outil sert à lisser les joints du mortier. Son épaisseur doit être de 5 à 6 millimètres, de manière à entrer dans le joint de la pierre au besoin.

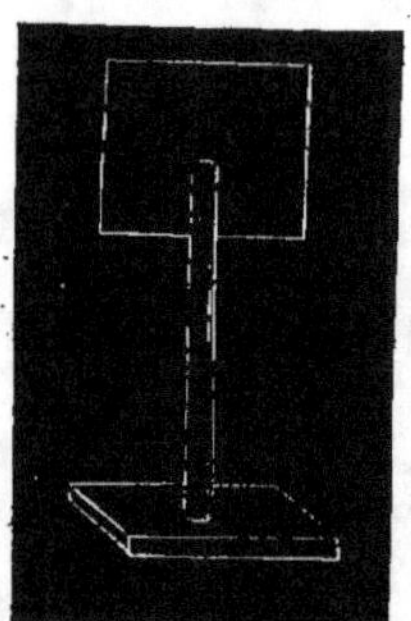

Fig. 434. — Nivelettes.

1014. *Nivelettes.* Les nivelettes, représentées (*fig.* 434), sont de petits instruments en bois ou en fer d'environ 0m,30 de hauteur, servant à régler, entre deux repères à distance, la position que doivent occuper les pierres intermédiaires.

Pour déterminer un plan de visée, il faut toujours au moins trois nivelettes dont deux pour être placées sur les repères et la troisième pour être appliquée sur la pierre à poser pour la ramener dans le même plan déterminé par la ligne de visée des deux autres.

1015. *Oiseaux.* Pour transporter le mortier et principalement pour le monter à l'aide d'échelles, on se sert d'un appareil

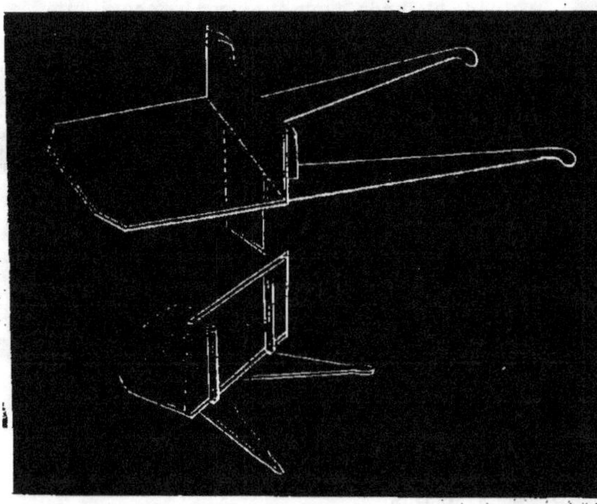

Fig. 435. — Oiseaux ou volées pour le transport du mortier.

appelé *oiseau* ou *volée*, formé de deux planches disposées à angle droit, et maintenues dans cette position par quatre

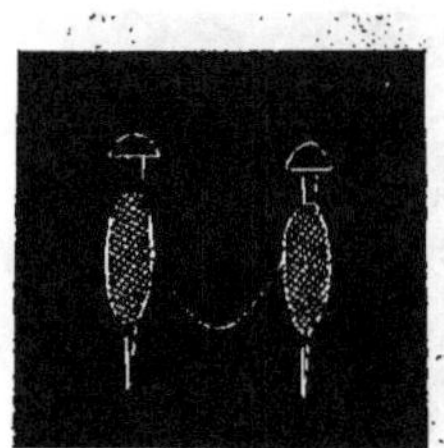

Fig. 436. — Cordeau et fiches en fer.

barres de bois, comme l'indique la figure 435. Deux de ces barres font saillie de 0m,40 à 0m,50 environ sur le sommet de l'angle droit. L'ouvrier place cet appareil

sur ses épaules et les bouts arrondis en poignées servent pour qu'il le maintienne en équilibre.

Pour remplir l'oiseau, le garçon le pose à une hauteur un peu inférieure à ses épaules, sur un chevalet destiné à cet usage.

Pour descendre le mortier dans les fondations, on établit une espèce de gouttière nommée *coulotte,* formée de deux planches clouées à angle droit allant du bord de la fouille au fond de l'auge à mortier.

1016. *Cordeau et fiches en fer.* Le maçon se sert d'un cordeau et de deux fiches en fer représentées (*fig.* 436). On tend le cordeau horizontalement à la hauteur de chaque tas de briques ou de moellons pour se guider. Quand on maçonne en moellon par relevés, on le tend seulement à la hauteur de chaque relevé.

1017. *Cheville à crochet.* Les chevilles à crochet représentées (*fig.* 437) servent à fixer les règles. Les maçons doivent en avoir au moins six pour leur service.

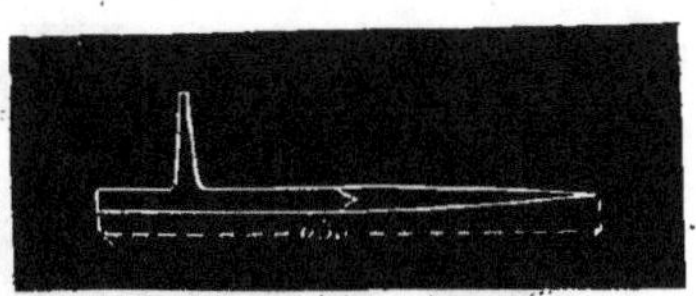

Fig. 437. — Cheville à crochet.

1018. *Hachettes de maçon.* On nomme ainsi un marteau à tête carrée d'un côté et à tranchant de l'autre (*fig.* 438 et 439). La tête sert à frapper sur les moellons ou sur les meulières pour les diriger et les tasser sur le lit de mortier. Le tranchant s'emploie pour fendre les moellons et équarrir les meulières lorsque ces matériaux n'ont pas des dimensions. et des formes convenables.

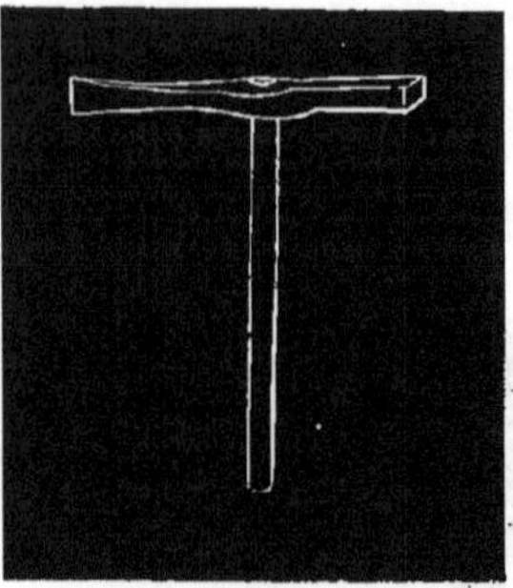

Fig. 438. — Hachette de maçon.

Le tranchant sert aussi à *smiller* ou

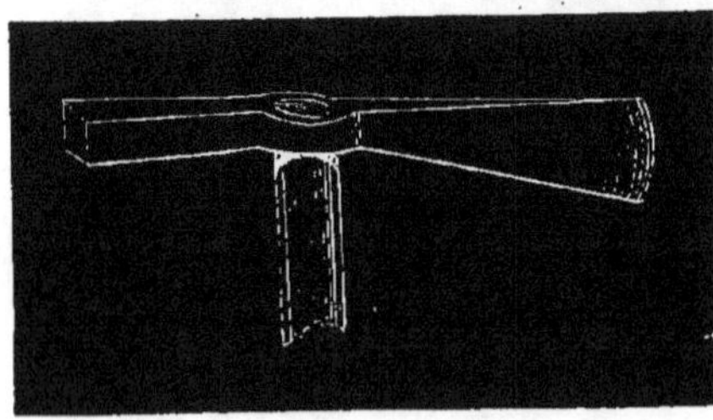

Fig. 439. — Hachette de maçon.

à *piquer* les parements, à *ébousiner* les lits

pour les rendre horizontaux, enfin à démolir les vieux murs.

La hachette (*fig.* 439) est dite *grosse hachette*. Le maçon à plâtre doit aussi être muni d'une hachette de même forme, mais de dimensions beaucoup moindres que la précédente et que l'on nomme *petite hachette* (*fig.* 438). Cette dernière sert pour clouer les lattes de pans de bois et de plafonds, pour enfoncer les chevillettes,

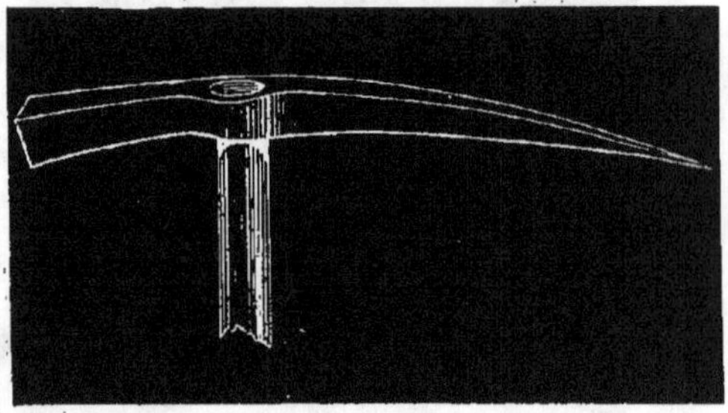

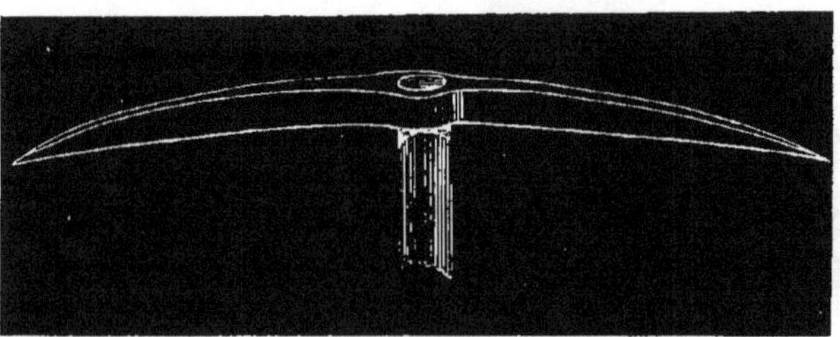

Fig. 440. — Marteau de maçon.

hacher les crevasses, équarrir les soudures etc....

1019. *Marteau de maçon.* Le marteau de maçon représenté (*fig.* 440) ressemble beaucoup à la grosse hachette, sauf que le tranchant est remplacé par un pic très allongé. La longueur du manche est d'en-

Fig. 441. — Pioche ou pic.

viron 0^m,40. On s'en sert pour faire les démolitions et pour percer les trous de scellements dans les murs.

1020. *Pioche ou pic.* La pioche ou pic représenté (*fig.* 441) est un long marteau à une ou deux pointes, servant aux démolitions. La longueur du manche varie de 0^m,60 à 0^m,90.

1021 *Décintroir.* Le décintroir repré-

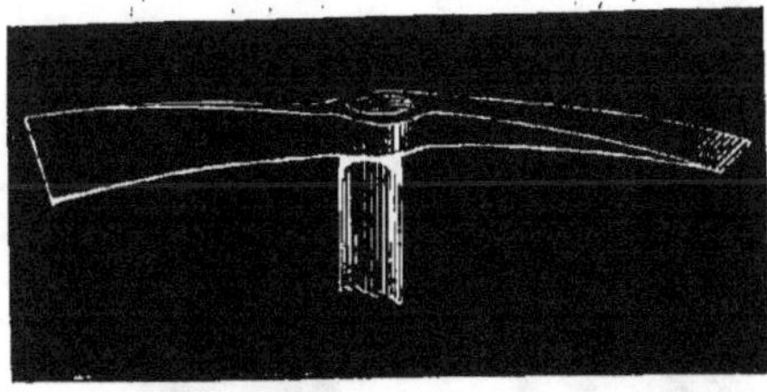

Fig. 442. — Décintroir.

senté (*fig.* 442) est un marteau à deux taillants en sens inverse, servant à en

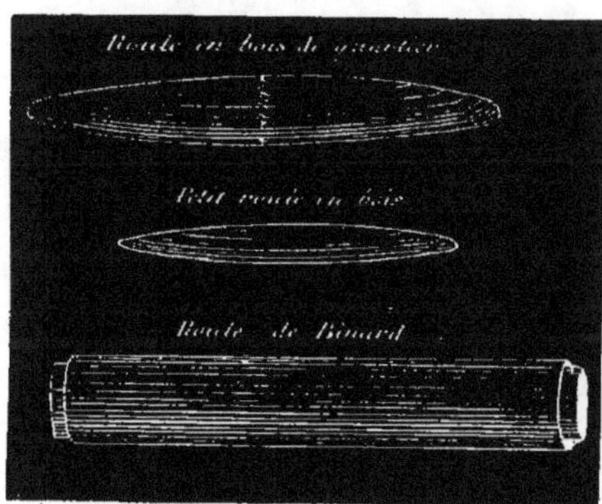

Fig. 443.

lever les irrégularités de l'intrados des voûtes. Le manche a 0^m,40 de longueur environ.

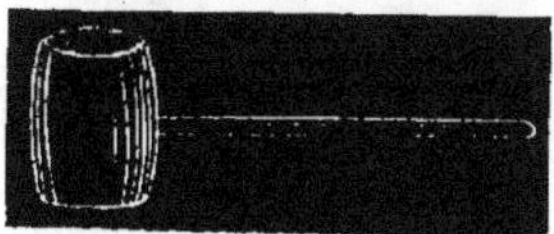

Fig. 444. — Mailloche de poseur.

1022. *Roules ou rouleaux.* Ce sont des cylindres en bois (*fig.* 443) légèrement enflés vers le milieu, qu'on place sous la pierre pour la faire avancer plus facilement dans un sens vers l'endroit où elle

Fig. 445

doit être posée. Les dimensions des roules sont variables. Les plus petits ont 3, 4 et

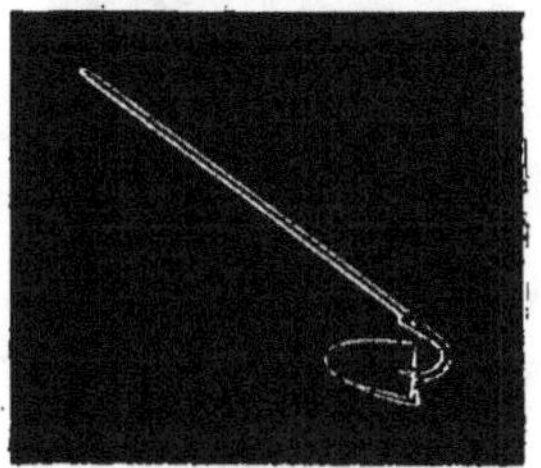

Fig. 446. — Rabot en fer.

5 centimètres de diamètre; les autres ont, en général, de 0,10 à 0,11 de diamètre à

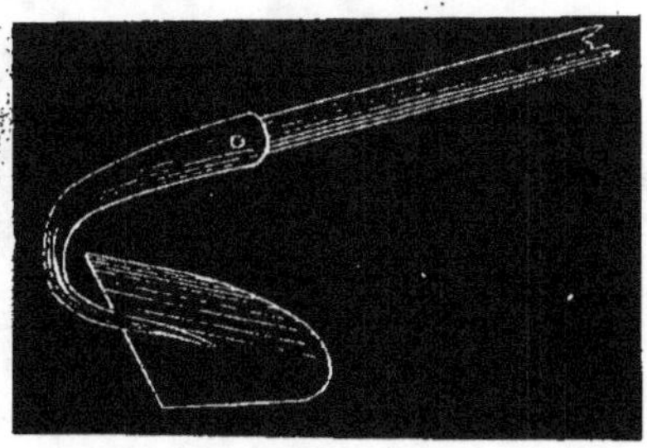

Fig. 447. — Rabot.

la partie renflée. Il existe aussi de gros roules cylindriques qui servent à manœuvrer les pierres sur les binards. On chasse les roules du dessous d'une pierre en se servant de la *mailloche de bardeur* (*fig.* 444).

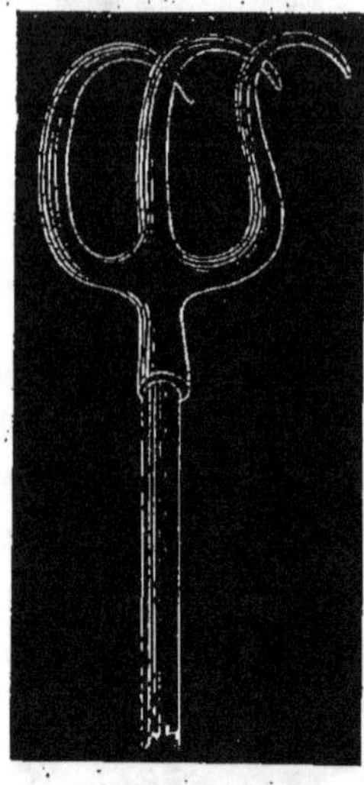

Fig. 448. — Griffe.

1023. *Seau.* Les maçons se servent de seaux ordinairement en bois très fort et cerclés en fer d'une contenance habituelle de 20 à 22 litres (*fig.* 445), ils sont employés à transporter le mortier, à fournir l'eau, etc...

1024. *Rabot.* Le rabot représenté (*fig.* 446 et 447) est un outil en fer à long

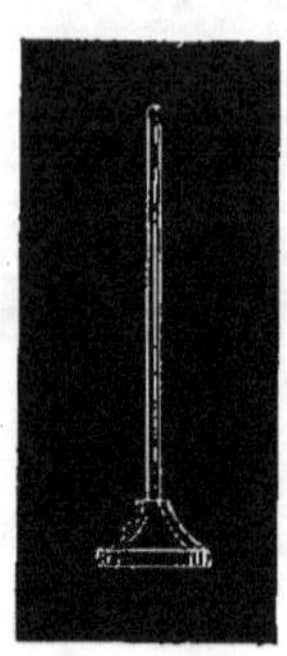

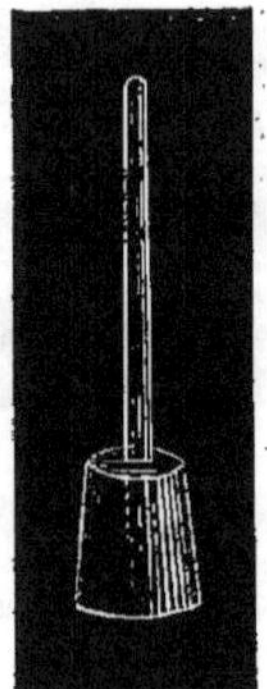

Fig. 449. — Pilon en fonte. Fig. 450. — Pilon en bois.

manche de bois qui sert à la fabrication du mortier.

1025. *Griffe.* La griffe est une espèce de fourche à dents recourbées (*fig.* 448), montée sur un long manche en bois et qui sert à la fabrication du béton.

1026. *Pilon.* Les pilons représentés (*fig.* 449 et 450) servent à tasser le béton. Ils se font en bois ou en fonte.

1027. *Fiches.* Les fiches (*fig.* 451 et 452 consistent en longues lames de fer minces

Fig. 451. — Fiche.

et dentelées sur les côtés, emmanchées sur un court manche en bois. Ces outils servent à introduire le mortier dans les joints.

1028. *Scie à dents.* La scie à dents

(*fig.* 453) est une petite scie emmanchée, servant à ouvrir les joints trop étroits dans la pierre tendre.

1029. *Scie à grès.* La scie à grès (*fig.* 454) est une espèce de couteau servant à ouvrir les joints dans la pierre dure.

1030. *Tire-cale*. Le tire-cale (*fig*. 455)

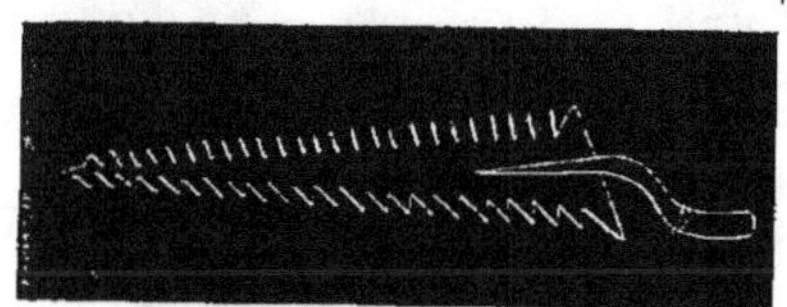

Fig. 452. — Fiche.

(st un outil dont la pointe, en forme d

lance, sert à arracher les cales en bois dans les joints.

1031. *Pinces*. Les pinces (*fig*. 456) sont de véritables barres de fer de différentes longueurs, dont les bouts sont aplatis dans un ou deux sens. Elles servent dans la pose, comme levier, pour soulever, rapprocher ou éloigner les grosses pierres.

1032. *Guillaume*. Le guillaume (*fig*. 457) est une espèce de rabot en bois dur, taillé en biseau très allongé, garn d'une lame d'acier à l'une de ses extrémités et évidé de manière à former une poignée.

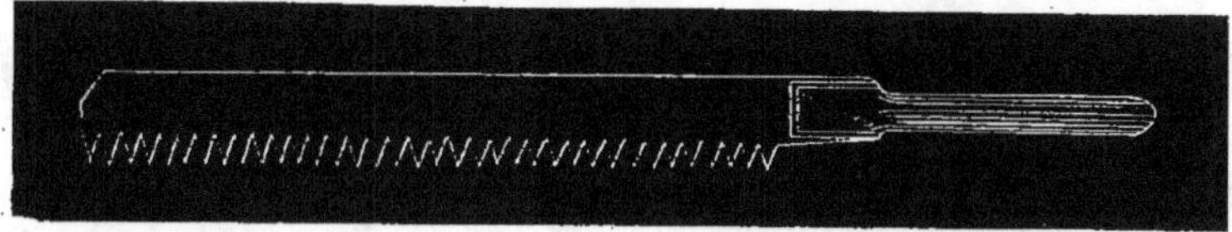

Fig. 453. — Scie à dents.

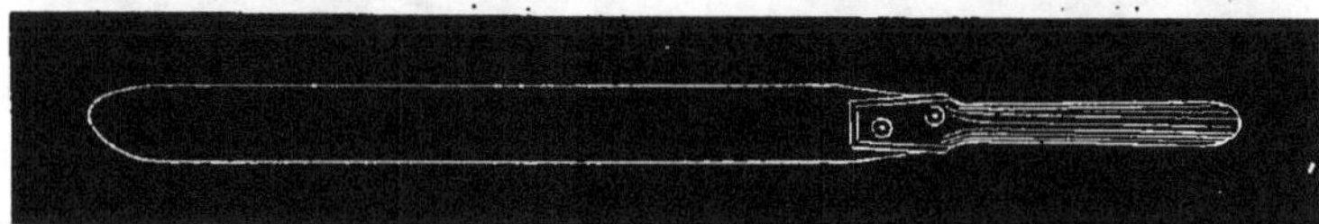

Fig. 454. — Scie à grès.

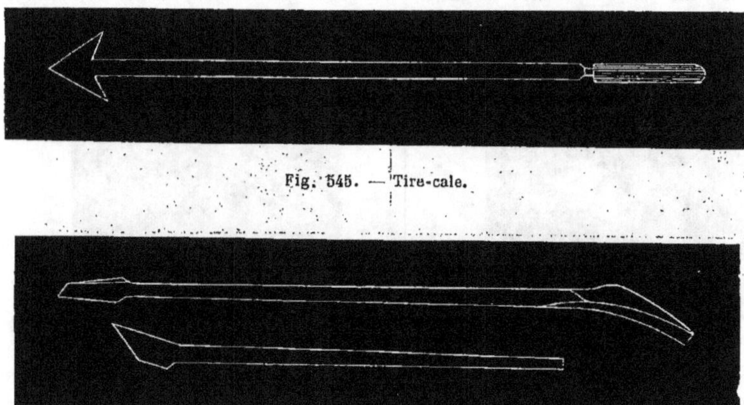

Fig. 545. — Tire-cale.

Fig. 436. — Pinces.

vers l'autre extrémité. Cet outil sert à prolonger et à régulariser les arêtes et les

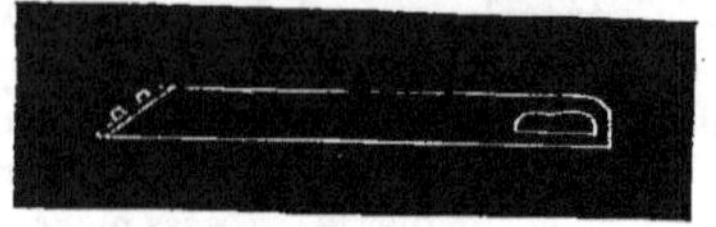

Fig. 457. — Guillaume.

cueillies d'angle ; il sert aussi à couper et à prolonger les moulures faites en partie sans calibre.

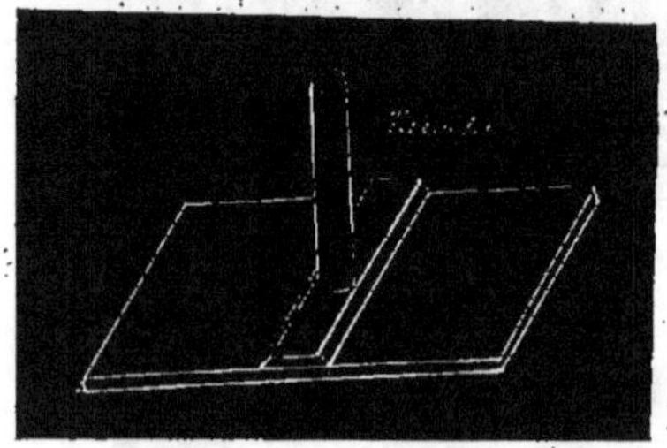

Fig. 458. — Taloche.

1033. *Taloche.* La taloche représentée (*fig.* 458) sert pour exécuter les enduits et les crépis. Un maçon se sert de deux taloches, une petite pour les crépis et une grande pour les enduits.

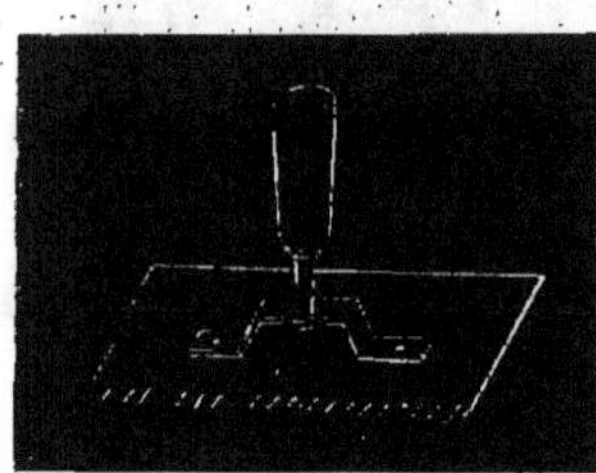

Fig. 459. — Truelle bretée.

1034. *Truelle bretée.* La truelle bretée (*fig.* 459) consiste en une plaque d'acier de

forme rectangula   au centre de laquelle est fixé un manche. L'un des côtés de cette plaque est taillé en biseau et l'autre est denté. Cet instrument sert à nettoyer et à dresser les enduits en plâtre.

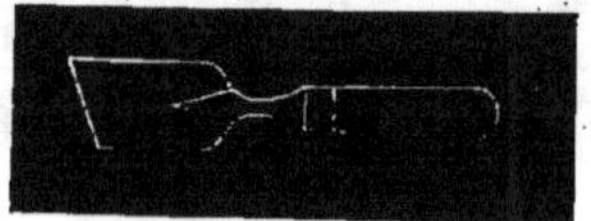

Fig. 460. — Riflard.

1035. *Riflard.* Le riflard représenté (*fig.* 460) sert pour recouper les repères et les nus, pour dégager les cueillies d'angle, couper les arêtes et dégrossir les moulures lorsqu'on les fait à la main.

Il sert également pour nettoyer les

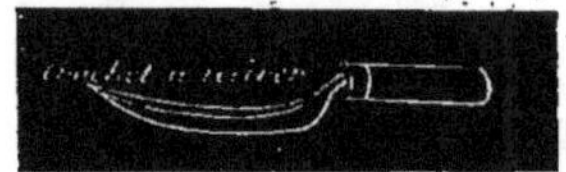

Fig. 461. — Crochet à recirer.

plâtres dans les endroits où on ne peut atteindre avec la truelle bretée.

1036. *Crochet à recirer.* Ce petit instrument représenté (*fig.* 461) sert au maçon

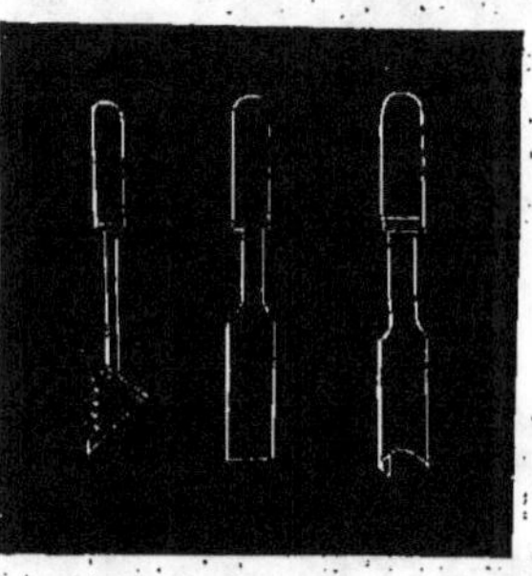

Fig. 462. — Fig. 463. — Fig. 464.

pour lisser ou recirer les joints apparents. Le maçon se sert encore d'une série de petits outils, tels que *gouches, petits fers,*

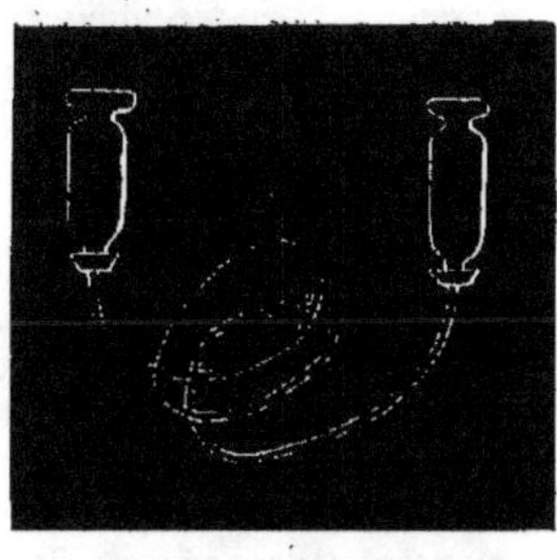

Fig. 465.

grattoirs, représentés (*fig.* 462, 463 et 464).

1037. Avant de terminer l'énumération des principaux outils du compagnon maçon et du maçon poseur, nous devons dire quelques mots d'un instrument très employé par les maçons pour tracer les traits de niveau, les repères etc... Cet instrument représenté (*fig.* 465) consiste en deux bouteilles en verre dont les bases sont réunies par un tube en caoutchouc ayant au moins 10 mètres de longueur. Il est très facile de voir que si nous mettons de l'eau dans l'un de ces vases, en vertu du principe des vases communiquants, le niveau s'établira dans l'autre vase. Il nous sera donc très simple de transporter d'un point d'une construction à un autre un trait de niveau quelconque. Nous reviendrons sur cet instrument, en parlant de la pose.

§ XI. — COMPOSITION D'UN ATELIER POUR LE DÉBIT, LA TAILLE ET LA POSE DE LA PIERRE.

1038. Un atelier de maçonnerie de pierre de taille, se compose ordinairement des agents ou ouvriers désignés ci-après:

1° *Appareilleur;*

2° *Tailleurs de pierres;*

3° *Scieurs de pierres;*

4° *Bardeurs;*

5° *Poseurs, contre-poseurs;*

6° *Sculpteur de pierre;*

7° Dans le cas de travaux très-importants, et surtout du travail sur pierre dure, il faut prévoir un ouvrier *forgeron* spécialement occupé à faire les pointes d'outils.

1° *Appareilleur.* Un appareilleur est un des agents les plus précieux pour l'entrepreneur. Il est chargé de tracer les épures, de diriger la taille et le ravalement de la pierre. Il doit connaître parfaitement les principaux éléments de la géométrie pratique; savoir aussi bien distinguer la nature et les propriétés des matériaux qu'il doit employer. Il devra être capable d'exécuter en petit les modèles des parties les plus difficiles à appareiller; de tailler lui-même la pierre sur chantier, enfin, connaître assez de dessin et de géométrie descriptive pour pouvoir tracer en grand les épures suivant les dessins qui lui sont remis par l'architecte ou le directeur des travaux.

Dans les constructions très-importantes. l'appareilleur se fait aider par les tailleurs de pierre les plus intelligents du chantier qu'on nomme alors *souffleurs.*

2° *Tailleurs de pierres.* Les tailleurs de pierres sont des ouvriers qui, sous les ordres de l'appareilleur, taillent et raçonnent les pierres, de manière à leur donner les formes et les dimensions que réclame leur destination dans les ouvrages. Ils doivent savoir très-bien exécuter les tailles *préparatoires, rustiquées, bouchardées, layées,* et les tailles de ravalement. Un tailleur de pierres qui possède quelques notions de coupe de pierres et un peu de géométrie, peut par la suite devenir appareilleur.

3° *Scieurs de pierre.* Suivant la nature des pierres, les scieurs se distinguent en scieurs de pierres dures et scieurs de pierres tendres.

Les premiers procèdent seuls et généralement à la tâche, ils fournissent presque toujours le matériel de sciage qui consiste en une série de scies de différentes longueurs, une sellette, une planche posée sur la pierre du côté gauche et en pente pour faciliter la descente de l'eau mélangée de grès fin dans l'ouverture faite par la scie, un seau et une cuiller; le grès est fourni par l'entrepreneur. Les seconds sont des ouvriers moins spéciaux; avec un peu d'habitude ils arrivent à scier droit, tandis qu'il faut une certaine expérience au scieur de pierre dure pour descendre un trait qui n'exige pas de retouche en taille définitive.

Les scieurs de pierres tendres n'ont pour outils que des scies à dents de différentes longueurs, appelées également *passe-partout*.

4° *Bardeurs*. Le bardeur est un manœuvre qui a acquis quelque peu l'habitude des travaux et il peut trouver à faire partie de l'équipe d'un poseur de pierres; alors il est employé au bardage ou transport de la pierre sur le chantier, à l'aide de chariots à deux roues ou de civières.

Il existe dans certains chantiers un chef bardeur qui est le plus souvent chargé du pinçage et du brayage de la pierre.

5° *Poseurs et contre-poseurs*. Le travail des poseurs de pierres consiste à mettre les pierres en place sans les écorner et en faisant le moins de *balèvres* possible; ils doivent être exercés à placer les pierres bien de niveau et d'aplomb dans le sens voulu, en compensant avec adresse les petits défauts de taille qui peuvent exister dans les parements vus ou dans les lits et joints, de manière à diminuer autant que possible les retouches. Pour manœuvrer ses pierres, le poseur se fait aider par un maçon intelligent, que l'on nomme *contre-poseur*.

6° *Sculpteur de pierre*. Le sculpteur est spécialement chargé de la décoration intérieure et extérieure. Il sculpte la pierre pendant que les ouvriers terminent le ravalement. D'après les dessins qui lui sont confiés par l'architecte, il fait lui-même le modèle en plâtre qui lui sert de guide pour exécuter son travail. Il est plutôt considéré comme artiste que comme ouvrier.

7° *Forgeron*. Le forgeron qui répare les outils n'est pas indispensable dans les petits chantiers où les ouvriers eux-mêmes font ce travail; mais il peut être d'un grand secours pour les travaux très importants et réclamés sous bref délai.

§ XII. — CONSERVATION ET DURCISSEMENT DES PIERRES. — SILICATISATION.

1039. Les pierres calcaires, si convenables pour la construction des édifices à cause de leur dureté assez faible qui en rend la taille médiocrement coûteuse, offrent souvent l'inconvénient de s'effleurir, de se détériorer à la surface, comme on peut le voir en examinant tous les monuments anciens construits en pierres calcaires.

Transformer la surface de ces pierres en une espèce de marbre dur, brillant, inattaquable à l'air, sans changer les ornements, sans appliquer de vernis d'aucune épaisseur, a été le but de nombreuses recherches auxquelles M. Kuhlmann a trouvé une solution heureuse. C'est en imprégnant le plus profondément possible les pierres avec un silicate soluble que les effets dont nous parlons sont obtenus. Le carbonate de chaux de a pierre se décompose et il se produit un silicate de chaux et un carbonate de potasse soluble. La silicatisation ne produit pas un durcissement immédiat des pierres. Il commence d'abord à la surface et ne se manifeste que plus tard à l'intérieur. Plusieurs jours d'exposition à l'air sont nécessaires pour que le durcissement devienne appréciable; il n'est très sensible qu'après plusieurs mois.

La dissolution de silicate à 35 degrés, telle qu'elle est livrée au commerce, contient un tiers de son poids de silicate sec ou vitreux. Elle a été fixée à 35 degrés, afin qu'il suffise de l'étendre d'une fois et demie son volume d'eau, pour obtenir le liquide dont le degré de concentration est le plus convenable au durcissement des pierres.

Une dissolution siliceuse d'un degré de concentration un peu plus élevé peut donner encore de bons résultats; mais il est à remarquer que les dissolutions trop faibles exigent que l'on multiplie les opérations d'imprégnation, tandis que les dissolutions trop concentrées se prêtent mal à une bonne pénétration et, par suite, au durcissement de la pierre.

On peut terminer la silicatisation des pierres poreuses, blanches ou peu colorées, par l'application de dissolutions siliceuses plus concentrées; celle, par exemple, où, à un volume de silicate à 35 degrés, on ajoute un volume égal d'eau. Pour éviter que des parties de silicate ne restent non décomposées par l'air et par conséquent légèrement solubles, après quelques jours d'exposition à l'air, il est utile d'arroser les parties silicatées avec un très léger lait de chaux et ensuite avec de l'eau pure, pour enlever la chaux surabondante.

Dans les constructions neuves, le silicate doit être appliqué immédiatement. Dans les constructions anciennes, il faut nettoyer la pierre pour permettre au silicate de pénétrer plus facilement. Les procédés employés sont le avage ou le brossage faits avec beaucoup de précautions. Il faut nettoyer la pierre et les parties moulurées ou sculptées avec une brosse.

Sur les grandes surfaces, on procède par arrosement à l'aide de pompes, en ayant soin de garantir avec des toiles les vitres et glaces des fenêtres, contre les atteintes de la dissolution siliceuse. Il suffit, en général, de trois applications faites en trois jours pour durcir convenablement la pierre.

L'application du silicate au durcissement des pierres peut se faire pendant toute l'année; mais, de préférence, il faut choisir un temps couvert : la gelée ou trop de soleil seraient nuisibles. M. Kulhmann a étendu son procédé à d'autres produits, comme le prouvent les quelques lignes suivantes extraites d'un petit opuscule de M. Kulhmann, intitulé

Silicatisation ou application des silicates alcalins solubles au durcissement des pierres poreuses, des ciments et des plâtrages, etc...

L'auteur dit, page 74 : « En envisageant
« la silicatisation des mortiers en dehors
« de l'influence de la magnésie, j'ai cons-
« taté, par des expériences nombreuses,
« mais qui n'ont encore qu'une durée
« de quelques mois, que l'on obtient de
« bons mortiers hydrauliques en asso-
« ciant à la chaux grasse, cinquante de
« sable, quinze d'argile non calcinée et
« cinq de silicate de potasse en pou-
« dre. Cette composition m'a permis de
« construire des citernes parfaitement
« étanches. »

Donc, avec une dépense de 5 0/0 de silicate alcalin sec, ou leur équivalent en dissolution, les mortiers acquièrent une plus grande dureté.

D'autres essais ont été faits pour la peinture dans un ouvrage intitulé

Instruction pratique sur l'application des silicates alcalins solubles au durcissement des pierres, à la peinture, etc., par Frédéric Kulhmann.

Silexore Mignot.

1040. Bien d'autres produits ont été essayés pour la conservation des pierres Avant de terminer, il nous reste à dire quelques mots du silexore Mignot dont les applications sont fréquentes depuis plusieurs années.

La silicatisation silexore L. M. (couvrante ou transparente) assure la durée de tous les matériaux sur lesquels elle est appliquée, par l'obstacle qu'elle fait à la pénétration de l'humidité, pénétration qui est la cause initiale de toute décomposition.

Elle donne aux enduits en plâtre, ainsi qu'à ceux en ciments hydrauliques, l'aspect que l'on désire : aspect de pierre, de brique, etc...

Elle donne également l'aspect de pierre ou de terre cuite aux objets en zinc, estampés ou non, dont elle diminue considérablement l'échauffement ou le refroidissement (toitures, réservoirs), et pétrifie le bois qu'elle rend ininflammable par son parement.

Appliquée sur les murs en briques, que l'eau de pluie et le pulvérin de la mer traversent par voie de capillarité, quelle que soit leur épaisseur et lors même qu'ils sont cloisonnés, ou sur les tuiles qui absorbent encore davantage l'humidité à cause de leur exposition, la silicatisation silexore L. M. forme sur ces matériaux une patine dont la texture fine et serrée fait obstacle à la pénétration de l'eau de pluie et du pulvérin de mer. Appliquée sur *pierre neuve*, elle ne change nullement son aspect (silicatisation transparente), à moins qu'on ne désire le modifier. Appliquée sur *vieille pierre*, elle lui conserve son aspect, si on le désire, ou le modifie comme on le veut (silicatisation couvrante.) Finalement, toute décomposition des matériaux n'ayant lieu que par leur parement et en raison de l'humidité qu'ils absorbent, et ces matériaux n'étant préservés de la décomposition que par la patine naturelle ou chimique formée sur

leurs parements, on comprend facilement que la silicatisation préserve sûrement ceux sur lesquels elle est appliquée, par cela même qu'elle forme une patine d'une contexture dure, fine et serrée, qui est absolument inaltérable à l'humidité sans l'intervention de laquelle aucune décomposition ne peut avoir lieu.

Préservation et restauration des matériaux en élévation.

1041. On sait ce qui préserve les pierres calcaires de l'action destructive des agents atmosphériques : c'est la *patine naturelle* qui se forme sur leur parement, patine qui résulte de la cristallisation à l'air du carbonate de chaux en dissolution dans leur eau de carrière.

On sait aussi que les pierres sur le parement desquelles cette patine n'existe pas, soit parce qu'elles ont été ravalées après l'évaporation de leur eau de carrière, soit parce qu'elles ont été grattées, sont très altérables, car leurs pores étant entièrement ouverts, l'eau de pluie les imprègne complètement et occasionne leur décomposition par gelée, effritement, gonflement des veines argileuses, salpétration.

La patine naturelle ne se formant bien que dans le cas où la pierre a été ravalée au moment propice, ce qui a rarement lieu, il faut y suppléer par une *patine chimique*, patine que l'on produit quand et comme on le veut.

La patine chimique que forme le silexore est de deux sortes : ou *transparente* ou *couvrante*.

1° Elle est transparente, lorsque l'on veut conserver aux matériaux leur aspect naturel, leur caractère et leur ton.

Cette sorte de silicatisation ne forme pas d'épaisseur appréciable et, par conséquent, n'empâte nullement.

2° Elle est couvrante, lorsque l'on veut changer l'aspect naturel, par exemple, pétrifier ou terre-cuiter le zinc, le ciment, le plâtre. L'épaisseur que forme cette sorte de silicatisation n'est que pelliculaire, quoiqu'elle produise un aspect très-tranché, par exemple, celui de pierre ou de terre cuite, sur zinc estampé ou non, sur ciment, sur plâtre, sur bois.

Dans les deux cas, cette patine est âpre au toucher et prend le ton mat grénelé qui est nécessaire au relief. Sa contexture est fine et serrée, elle est adhérente au point d'écailler le verre dont on veut la détacher; elle est inaltérable aux agents atmosphériques, insoluble et indésagrégeable, même à l'eau bouillante et supporte par conséquent, sans altération, les lavages réitérés.

Le silexore agit comme le verre soluble (silicate de potasse et de soude), mais avec cette différence, à son avantage, qu'il devient insoluble même à l'eau bouillante dès le moment de son application, ce qui donne à la silicatisation obtenue par son emploi une fixité et une durée particulières.

Employé comme peinture, il donne aux enduits une ténacité et une durée extrêmes et permet d'opérer le lavage à grande eau sans avoir à craindre la détérioration des parements lavés.

Empêchement de la pénétration de l'eau de pluie.

1042. De quelque manière que les pierres se décomposent: *Gélivité, salpétration, exfoliation*, leur décomposition ne peut avoir lieu sans l'intervention de l'humidité. Ceci est évident, et n'a pas besoin d'être expliqué.

Pour rendre durables les pierres qui sont poreuses et peu robustes, surtout celles qui sont en saillie sur ravalement, il faut donc les préserver de la pénétration de l'eau de pluie.

En effet, que la silicatisation soit ou couvrante ou transparente, elle produit invariablement ce résultat, parce qu'elle forme dans le parement des matériaux une patine dont la contexture est régulière, fine, serrée et très dure, et il en résulte que les poussières atmosphériques ne la pénètrent pas et que l'eau de pluie ne la mouille guère. Pourtant, elle est assez perméable pour ne pas faire obstacle à l'évaporation de l'humidité agissant du dedans au dehors, ce qui est une condition absolue pour que les parements ne se gercent pas (ravalements en plâtre, en ciment) ou ne s'exfolient pas (ravalements en pierre, en terre cuite).

Nous disons que cette patine est perméable, mais il ne faut pas confondre perméabilité avec porosité.

La porosité implique l'idée d'une infinité de petits trous capables de contenir une certaine quantité d'eau de pluie qui, par voie de capillarité, s'infiltre du parement extérieur au parement intérieur, tandis que la perméabilité, considérée dans le sens de la patine dont il s'agit, implique l'idée d'un tissu minéral à mailles fines, que l'eau de pluie mouille mais qu'elle ne traverse pas, tout comme elle mouille un parapluie, sans le traverser.

Inconvénients du grattage, du brossage, du lavage, de la peinture à l'huile, pour la mise en état de propreté des façades de maisons.

GRATTAGE.

1043. « Que dire (*d'après Viollet-le-« Duc dans son Dictionnaire raisonné d'ar-« chitecture*) de cet autre usage de gratter « à vif des parements anciens ? On leur « enlève ainsi l'élément conservateur (la « patine formée par l'évaporation de « l'eau de carrière) qui les a préservés « pendant plusieurs siècles; on tue la « pierre. Aussi, après cette opération « barbare, voit-on souvent des matériaux, « qui ne présentaient aucun signe d'al-« tération, se décomposer rapidement à « la surface, s'efflorer, puis se creuser

« Dans ce cas, la silicatisation bien faite
« est le seul moyen à employer pour ren-
« dre à la pierre cette couverte âpre et
« résistante, qui en assure la durée. La
« silicatisation devrait toujours être em-
« ployée, lorsqu'on a eu l'idée malheureuse
« de gratter les parements des monu-
« ments et même lorsque les ravalements
« sont faits après que la pierre a jeté
« son eau de carrière. »

En résumé, le grattage tue la pierre,
lui enlève ce qui la préservait, sa patine ;
démasque ses défectuosités et l'enlaidit,
provoque sa décomposition ; en un mot,
compromet l'œuvre de l'architecture et
l'immeuble du propriétaire.

BROSSAGE.

1044. Si le brossage n'était que
l'époussetage des poussières atmosphériques qui ne se sont pas encore incorporées
à la pierre, il n'y aurait rien à redire à
cette opération, car il lui laisserait ce
charmant aspect ombré que lui donne le
temps et dont presque tous les hôtels du
boulevard Malesherbes sont de si beaux
spécimens.

Mais, tel qu'on le pratique, il donne
aux façades des maisons le déplaisant aspect d'un vieux vêtement déteint, râpé,
sale et mal décrotté. Il éraille l'ornementation architecturale et fait ressortir les
défauts de l'appareil. A quoi bon alors
faire de l'architecture d'art, si chaque
dix ans, sous le prétexte de mise en état
de propreté, le propriétaire fait détériorer son immeuble ?

LAVAGE.

1045. Comme aspect, le lavage a le
grave inconvénient de roussir la pierre
et de faire apparaître les défauts de l'appareil. Comme résultat, il ouvre les pores
de la pierre, qui est déjà très poreuse ; il
éraille la patine et les motifs d'architecture ; il ramollit la contexture de la
pierre qui est déjà trop friable ; il la

sature d'humidité et provoque la salpétration, la gélivité, l'exfoliation, l'effritement.

PEINTURE A L'HUILE.

1046. L'aspect empâté, miroitant et
graisseux de la peinture à l'huile est
anti-architectural sur les ravalements.
Sous l'action des agents atmosphériques,
l'huile s'oxyde et donne à la peinture
l'aspect fané. Sa contexture plastique fait
obstacle à l'évaporation de l'humidité
agissant du dedans au dehors et la maintient dans les murs d'où elle s'évapore à
l'intérieur des habitations qu'elle rend
insalubres et dont elle détériore les peintures et les tentures.

Sur ciment, elle est impossible.

Si l'on ne comprenait pas *à priori* qu'il
est nécessaire que le parement à l'extérieur soit perméable, afin que les murs
sèchent facilement et que l'humidité
s'évapore librement au dehors, les effets
de la peinture à l'huile sur ravalements
en plâtre en seraient la démonstration,
car plus on renouvelle la peinture à l'huile
d'un ravalement en plâtre, plus il se produit de craquelures, par la raison que
l'humidité du mur ne pouvant passer à
travers la peinture à l'huile, exerce, sous
l'action de la chaleur ou de la gelée, une
poussée qui décolle du mur le revêtement
en plâtre et le lézarde.

Alors toute l'eau de pluie qui tombe sur
ce ravalement et découle sur la peinture
à l'huile, pénètre par ces lézardes, s'infiltre
dans le mur et, par voie de capillarité,
atteint le parement à l'intérieur.

RÉSUMÉ.

1047. Il y a donc lieu de recourir à
la silicatisation judicieusement faite pour
obvier à la double détérioration que produisent le temps et les fâcheuses pratiques
que nous venons d'énumérer. Le principe
sera donc d'appliquer sur la pierre du
silicate de potasse dissout dans six fois

son volume d'eau et d'en faire absorber à la pierre le plus possible.

Ce silicate de potasse, dit-on, est décomposé par le carbonate de chaux et par l'acide carbonique de l'air. Il se forme un silico-carbonate de chaux et un dépôt de silice qu'abandonne le silicate de potasse en se carbonatant. Il suinte donc, à la surface des ravalements, de la silice et du carbonate de potasse qu'on lave à grande eau.

Pour les raccords de parties neuves sur parties vieilles et sales, on mêle au silicate de potasse du calcaire pilé et un peu de gris de zinc ou d'oxyde de plomb. Ce mélange est appliqué au pinceau sur la partie neuve, qui prend de suite la même teinte que la portion déjà salie par le temps. D'autres produits ont été essayés sans succès : la phosphatation, l'emploi de la paraffine (cire minérale) pour boucher les pores de la pierre, le durcissement par la magnésie, par l'oxychlorure basique de magnésium, etc...

§ XIII. — RÉSISTANCE DES PIERRES. — TABLEAUX.

1048. Nous savons que lorsqu'un corps solide est soumis à une action de compression ou d'extension, il se raccourcit ou s'allonge d'une certaine quantité, variable selon sa nature, mais proportionnelle pour une même matière, à la longueur de la pièce et à l'effort qui la sollicite, et en raison inverse de la section transversale de cette pièce.

Cette loi n'est vraie qu'autant que la charge ne produit pas une variation de longueur supérieure à celle que peut atteindre le corps, sans cesser de reprendre sa longueur primitive quand l'effort cesse son action. Cette plus grande variation correspond à ce qu'on appelle la *limite d'élasticité*, limite qu'il ne faut jamais dépasser ni même atteindre dans la pratique, car elle suffit, avec le seul concours d'un certain temps, pour briser la pièce.

Si, sous la charge correspondant à la limite d'élasticité, le solide se rompait instantanément, cette charge serait facile à déterminer ; mais, comme il lui faut le concours du temps ou d'une addition de poids, sa détermination offre plus de difficultés. Les expériences généralement faites constatent simplement la charge qui produit la rupture dans un temps très court.

En général, les ouvrages de maçonnerie sont sollicités par compression. Ce n'est qu'accidentellement qu'ils se trouvent soumis à des efforts d'extension, auxquels, du reste, ils sont peu propres à résister.

Pour calculer, par exemple, la section à donner à un pilier à sa partie inférieure, on détermine le poids du pilier et de la masse qu'il supporte. On y ajoute la charge étrangère permanente ou accidentelle qui peut reposer en outre sur le pilier, et, divisant la somme par l'effort sous lequel on peut, en toute sécurité, faire travailler la pierre par décimètre carré, par exemple, on aura la section de la base du pilier en décimètres carrés.

Résistance à l'écrasement

1049. Les pierres peuvent être considérées, dans la pratique, comme incompressibles ; mais, sous une charge suffisante, les plus dures se divisent tout à coup avec éclat en lames ou aiguilles de faible résistance et les plus tendres se partagent en deux pyramides ayant pour bases les faces inférieure et supérieure de la pierre chargée, et dont les sommets sont situés vers le centre de cette pierre.

Les parties latérales sont chassées au

dehors et se réduisent en aiguilles ou en petits prismes, mais la cohésion des molécules est presque totalement détruite dès que les pierres commencent à se fendiller.

Il est plus facile d'écraser plusieurs pierres superposées qu'un seul bloc de même forme, de même dimension et de même nature que l'ensemble. Pour trois cubes superposés, Rondelet a trouvé la résistance réduite aux 2/3 environ, effet que diminue l'interposition du mortier, et M. Vicat a trouvé qu'un cube de 3 centimètres de côté perd 1/6 de sa force quand il est formé avec huit petits cubes, et 1/5 quand il se compose de quatre prismes égaux posés à joints recouverts.

En tenant compte des imperfections d'exécution et des petites défectuosités qui peuvent exister dans la pierre mise en œuvre, dans la pratique, on fixe la charge permanente au 1/10e de celle qui produit la rupture de la pierre. Dans les constructions les plus légères, elle ne dépasse pas le 1/6e, et dans les constructions en moellons ou en petits matériaux on la réduit souvent au 1/15e et même au 1/20e.

1050. — *Tableau de quelques résistances déterminées par M. Michelot.*

DÉSIGNATION DES MATÉRIAUX	POIDS du mètre cube.	RÉSISTANCE par cent. carré.	DÉSIGNATION DES MATÉRIAUX	POIDS du mètre cube.	RÉSISTANCE par cent. carré.
	kil.	kil.		kil.	kil.
Château-Landon	2.558	397	Roche de Puiseux	2.067	171
Cliquart de Créteil	2 235	179	Vergelé de Nucourt	1.629	85
Liais de Maisons	2.208	194	Pierre franche de Neuilly-sur-Suize (Hte-Marne)	2.174	282
Cliquart de Vaugirard	1.967	220	Pierre d'Euville (Meuse)	2.535	468
Liais de Bagneux	2.228	260	à	2.186	210
Cliquart de Fleury	2.298	440	Pierre de Boncourt (Meuse)	2 264	206
Roche de Nanterre	2 051	157	Pierre de Lérouville (Meuse)	2.483	390
Liais de Conflans	2.126	570	à	2.186	154
Liais de Senlis	2.272	352	Roche de l'Echaillon (Isère)	2.650	914
Banc franc de St-Maur	2.107	108	Echaillon blanc de St-Quentin (Isère)	2.445	581
Banc franc de Gournay	2.114	129	Echaillon rosé de St-Quentin (Isère)	2.472	606
Pierre rustique de St-Frambourg	2.177	199	Pierres marbres de Sampans (Jura)	2.580	815
Banc franc de St-Frambourg	1.729	78	Pierres marbres de Damparis (Jura) dites de Ste-Ylie et de l'Abbaye	2.551	635
Pierre de Saillancourt	1.837	102	à	2.725	962
Lambourde blanche de Créteil	1 609	52	Pierre de Grenant (Hte-Marne)	2.467	858
Lambourde blanche de Vichy	1.644	42	Pierre dure d'Arc-en-Barrois (Hante-Marne)	2.617	811
Lambourde blanche de la Glacière	1.631	43	Pierre de Vélesme (Doubs)	2.541	698
Vergelé grossier de Conflans	1.870	78	Pierre de Crançot (Jura)	2 614	771
Vergelé de Parmain	1.600	46	Pierre dure de Bugnières (Hte-Marne)	2.317	475
Vergelé ordinaire de Laigneville	1.678	81	Pierre dure de Biesles	2 353	302
Vergelés de Verneuil (ordinaire)	1 570	37	Pierre de Longeville (Meuse)	2.149	150
Pierres douces de Pont-St-Maxence (blanc fin)	1.601	60	Banc franc de Chevillon (Hte-Marne)	1.937	186
Liais de Carrières	2.225	330	Pierre de Rebeuville (Vosges)	2.381	328
Liais de Courville	2.160	382	Grès vosgien de Ribeauville (Haut-Rhin)	2.096	401
Banc royal dur de Méry	2 122	232	Granit de Servance	2.685	983
Banc franc de Vitry	1 988	251	à	2.642	715
Banc franc du Moulin	1 886	98	Porphyre vert de Ternay (Hte-Saône)	2.845	1.363
Banc franc de la plaine de Châtillon	2 198	191	Granit porphyroïde brun du bois de St-Martin du Puy (Nièvre)	2 694	1.077
Roche de St-Leu	1.728	113			
Roche de Lavasine	2.266	239			
Roche de l'Ambition	1 989	336			
Roche de Sèvres	1.975	165			

1051. Nous donnons ci-dessus le tableau des résistances des principales natures de pierres déterminées par M. Michelot. Dans ce tableau, la première colonne indique le poids du mètre cube des différentes pierres, et la deuxième la charge de rupture par centimètre carré des échantillons soumis à l'expérience.

La figure 466 représente, en croquis, la machine dont s'est servi M. Michelot pour faire ses expériences sur la résistance des matériaux à l'écrasement.

Nota. — On calcule la charge pratique des matériaux au 1/10e de la force portante instantanée. Il en résulte que cette charge déduite des expériences de M. Michelot peut être considérée comme exacte de 1/200 à 1/400 près.

Il existe certaines pierres, comme les grès, qui résistent moins étant mouillées qu'étant sèches et dans des proportions notables. D'après les expériences de

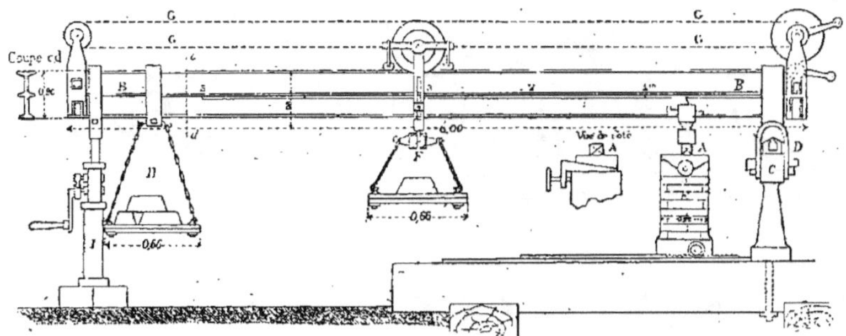

Fig. 466. — Machine employée par M. Michelot, ingénieur des Ponts-et-Chaussées, pour les essais de résistance des matériaux à l'écrasement.

A Cube de pierre à soumettre à l'épreuve. — B Levier. Fer triple nervure 6ᵐ de long, 0ᵐ26 de hauteur. — C Colonnes en fonte retenant l'extrémité du levier par le couteau en acier D. — E Support dont la distance aux colonnes C peut varier et qui permet d'élever au moyen de 2 plans inclinés le cube d'essai. F Plateau mobile porté sur un galet et manœuvré par une chaîne de Galle G. — H Plateau fixe chargé d'après la résistance probable de l'échantillon à essayer. — I. Cric pour supporter temporairement le levier.

M. Michelot, la diminution de résistance qu'éprouvent les pierres poreuses (notamment quelques grès), lorsqu'elles sont mouillées, va jusqu'à 1/4 en moins pour les *lambourdes* et les *grès tendres*.

1052. Extension. — L'expérience a indiqué qu'il serait dangereux de charger les matériaux pierreux, soumis à l'extension, au delà de 1/10e du poids qui occasionne la rupture.

Résistance des pierres et des matériaux de construction à l'user.

1053. Nous donnons (fig. 467 et 468) une machine très ingénieuse imaginée par M. Muller, ingénieur distingué, et servant à déterminer l'usure que peuvent subir certains matériaux par le frottement. Les expériences à faire sont surtout utiles pour les dallages et les carrelages qui s'usent assez rapidement.

1° *Dimension et disposition du bloc à essayer.* Les matériaux à essayer d'une dimension de 0ᵐ29 sur 0ᵐ48 sont placés horizontalement dans un cadre et fixés au moyen de quatre vis qui permettent de les régler à la hauteur nécessaire.

2° *Poids du bloc useur.* Le poids du bloc useur et de la boîte qui lui sert de surcharge est maintenu constant de 50 kilos pour le tout, au moyen d'addition de sable mis dans la boîte.

La surface frottante est de 0ᵐ20 sur 0ᵐ25, soit 5 décimètres carrés; il en résulte une pression de 10 kilos par décimètre carré.

3° *Nombre de frottements.* Le nombre de coups de frottements adopté est de

20,000, produits par 10,000 tours d'une manivelle donnant le mouvement au bloc useur.

Pour les matériaux de dureté très grande ou très faible, on a donné 20,000 tours ou 5,000 seulement, et une simple

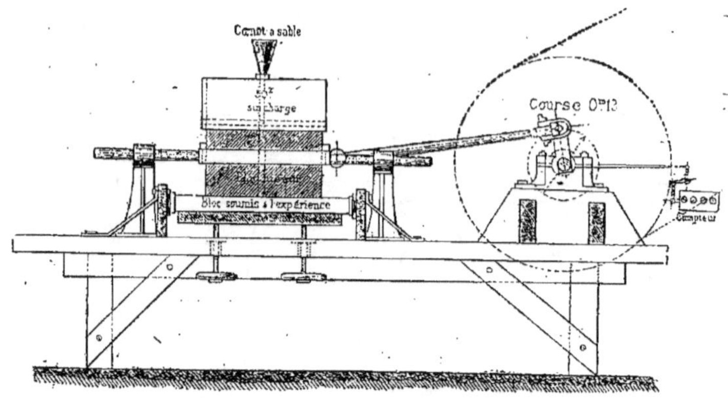

Fig. 467. — Machine à essayer les matériaux à l'user, par E. Muller.

Poids du bloc useur et de la surcharge. . . . 50 k.
Surface de pression 0.20 × 0.25 . . . . 0ᵐ05 d.c.
Course. 0ᵐ13
Nombre de tours par essai 10,000
Soit, 20,000 coups de manivelle.

division ou multiplication par 2 a ramené le résultat à 10,000 tours ou 20,000 coups.

4° *Matière usante*. La matière interposée est le sable blanc de Fontainebleau, séché et tamisé, que l'on introduit par trois trous percés dans le bloc useur, et qui s'étend entre les surfaces par des rainures en forme de pattes d'araignée, pratiquées sur la surface même du bloc.

5° *Usage du compteur*. Un compteur formé de cadrans marquant les unités, les dizaines, les centaines, les mille

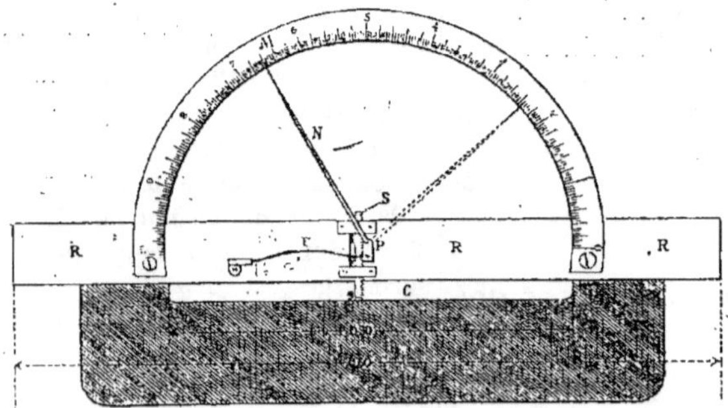

Fig. 468. — Règle micrométrique pour mesurer l'user des matériaux essayés.

M Cercle divisé. — R. Règle qui s'applique sur le corps à user (Niveau constant) — N Aiguille indiquant le nombre e ᵐ/ᵐ, ou parties de ᵐ/ᵐ usés. — P Pignon engrenant, avec S. g, qui, pressé par le ressort U, s'applique au fond de la surface usée. — C Surface après l'user.

et les dizaines de mille, constate les dix mille tours de la manivelle.

6° *Règle de mesure.* La règle qui a servi à constater l'usure donne à 1/50ᵉ de millimètre près la distance d'une ligne horizontale à un point au-dessous. La différence entre deux mesures successives, prises à la place repérée du bloc à user, l'une avant de compter les 10,000 coups, l'autre après les 10,000 coups, a donné l'épaisseur usée par ces 10.000 coups.

Cette règle micrométrique est surmontée d'un cercle (*fig.* 468); ce cercle est divisé en 10 parties principales dont chacune représente un millimètre d'usure. L'intervalle entre deux divisions est divisé en 25 parties égales représentant chacune quatre centièmes de millimètre.

Nous donnons ci-après un tableau de quelques expériences faites à l'usine de M. Muller, à Ivry-sur Seine.

1054. — *Expériences à l'user faites sur divers produits.*

NATURE DES PRODUITS SOUMIS A L'EXPÉRIENCE	COEFFICIENT de dureté. Résultat de l'expérience.	NATURE DES PRODUITS SOUMIS A L'EXPÉRIENCE	COEFFICIENT de dureté. Résultat de l'expérience
Matière qui ne serait pas usée après les 20,000 coups	0	Asphalte naturelle (peu de sable)	156
Quartzites des pavés bleus	11	Terre cuite et mache er	158
Bétons agglomérés (vieux)	26	Carreaux de chaux hydraulique	160
Granit des trottoirs	31	Pierre des Carrières Rombaux	166
Béton aggloméré à base de chaux vive	46	Carreaux polychromes	189
Bétons agglomérés (béton d'un an)	48	Carreaux de terre cuite	210
Carrelages mosaïques en grès cérame	51	Pierre grise de Vendargues (Hérault)	214
Agglomérés de ciment à la mécanique	61	Pierre d'Argentan	227
Ciment moulé (Portland de Boulogne)	75	Carreaux de terre cuite	228
Carreaux en terre cuite	80	— —	422
Bitume factice	95	— —	634
Grès Morin des trottoirs	98	Trachyte d'Aurillac	64
Carreaux en terre cuite	100	Lave de Volvic	106
Asphalte de Seyssel	102	Grès bigarré de Saint-Germain	55
Pierre blanche de Vendargues (Hérault)	102	Grès rouge de plaine	107
Pierre bleue sciée de Soignies	106	Grès vosgien d'Epinal	163
Béton aggloméré	110	Grès bigarré d'Epinal	282
Terre cuite	118	Pierre lithographique de Fuveau	76
Chaussée d'asphalte relevée	122	Pierre marbre de Comblanchien	80
Carreaux de terre cuite	123	Marbre dit de Sainte-Anne	134
Terre cuite	132	Pierre de la Fosse-en-Breuil	163
Ciment pur de Poiyol à Bédarieux	138	Liais de Lézines, dit de Tonnerre	244
Bitume factice	140	Pierre de Chauvigny	255
Carreaux en terre cuite	140	Trottoirs en ciment du port de Nice	71
Asphalte, dalle naturelle	146	Dalles en mortier de ciment (3 mois de fabrication)	147
Carreaux en terre cuite	150		

NOTA. — L'unité de résistance à l'usure admise, fut le centième de millimètre. Ainsi, un corps inusé après 10,000 coups, aller et venir, soit 20,000 coups effectifs, portait le N° 0. — Celui usé de 6 ᵐ/ₘ 58 portait le N° 658.

1055. Pour terminer ces quelques notions générales sur les pierres, il nous reste à donner trois tableaux importants. L'un, extrait de l'*Aide-mémoire de mécanique pratique* de M. le général A. Morin, donne le poids dont on peut charger avec sécurité les supports soumis à des efforts de compression, tels que les murs, les colonnes, les piliers, les étais, etc., par centimètre carré de la section transversale (le rapport de la longueur à la plus petite dimension étant au-dessous de 12). Les deux autres, extraits de l'*Agenda* de Mme Vᵛᵉ A. Morel et Cⁱᵉ, donnent les propriétés d'absorption et les hauteurs de bancs de 60 espèces de pierres bien connues et très employées.

1056. — *Poids dont on peut charger avec sécurité les supports soumis à des efforts de compression, tels que les murs, les colonnes, les piliers, les étais, etc.; par centimètre carré de la section transversale.*

DÉSIGNATION DES CORPS	POIDS du décimètre cube.	Poids dont on peut charger les corps avec sécurité.	DÉSIGNATION DES CORPS	POIDS du décimètre cube.	Poids dont on peut charger les corps avec sécurité.
PIERRES VOLCANIQUES, GRANITIQUES, SILICEUSES ET ARGILEUSES.	kil.	kil.		kil.	kil.
Basalte de Suède et d'Auvergne.....	2.95	200	Pierre de Conflans, employée à Paris.	2.07	9
Lave dure du Vésuve	2.60	59	Pierre tendre (lambourde, vergelé) employée à Paris (résistant à l'eau).	1.80	6
Lave tendre de Naples	1 97	23	Calcaire dur de Givry près Paris.....	2.36	31
Porphyre.	2.87	247	Calcaire de Givry...............	2.07	12
Granit vert des Vosges.............	2 85	62	Calcaire jaune oolithique (1re qualité.	2.20	18
Granit gris de Bretagne............	2.74	65	de Jaumont près Metz. (2e qualité.	2.00	12
Granit de Normandie, dit Garinos....	2.66	70	Calcaire d'Armanvilliers (1re qualité.	2.00	12
Granit gris des Vosges.............	2.64	42	près Metz. ....) 2e qualité.	2.00	10
Grès très-dur, blanc ou roussâtre....	2.50	87	Roche vive de Saulny près Metz......	2.55	30
Grès tendre......................	2 49	0.4	Calcaire bleu à gryphées, donnant la chaux hydraulique de Metz........	2 60	30
Pierre de porc ou puante (argileuse).........................	2.66	68	BRIQUES		
Pierre grise de Florence (argileuse à grain fin).....................	2.56	42	Brique dure très-cuite..............	1.56	15
PIERRES CALCAIRES			Brique rouge....................	2.17	6
Marbre noir de Flandre............	2.72	79	Brique rouge pâle.	2.09	4
Marbre blanc veiné, statuaire et turquin......................	2.69	31	Brique de Hammersmith	»	7
Pierre noire de Saint-Fortunat, très-dure et coquilleuse.	2.65	63	Brique de Hammersmith brûlée et vitrifiée...	»	10
Roche de Châtillon près Paris, pure et un peu coquilleuse.	2.29	17	PLATRES ET MORTIERS		
Liais de Bagneux près Paris, très-dur, à grain....................	2.44	44	Plâtre gâché à l'eau....	»	5
Roche douce de Châtillon..........	2.08	13	Plâtre gâché au lait de chaux.	»	7. 3
Roche d'Arcueil près Paris	2 30	23	Mortier ordinaire en chaux et sable..	»	3 50
Pierre de Saillancourt, (1re qualité.	2.41	14	Mortier en ciment et tuileaux pilés..	»	1.80
près Pontoise. ...... (2e qualité.	2 29	12	Mortier en grès pilé...............	»	2 90
(3e qualité.	2.10	9	Mortier en pouzzolane de Naples et de Rome.	»	5.70
			Béton en bon mortier de 18 mois.... .	»	4

NOTA. — Dans l'application des résultats du tableau précédent aux maçonneries de moellons, on ne devra charger les constructions que de *la moitié* du poids indiqué pour la même nature de pierre, attendu qu'il est relatif à des constructions faites avec des pierres de grandes dimensions.

1057. — *Tableau des expériences faites sur les propriétés d'absorption des différentes natures de pierres (1).*

DÉSIGNATION DES PIERRES	POIDS				ABSORPTION EN POIDS				ABSORPTION en volumes, en centièmes. Immersion		OBSERVATION
	à l'état ordinaire	Immersion à l'air	à l'état sec	Immersion dans le vide	Immersion à l'air		Immersion dans le vide				
					relative à l'état ordinaire	relative à l'état sec	relative à l'état ordinaire	relative à l'état sec	à l'air	dans le vide	
									État sec		
	gr.	gr.	gr.	gr.							
Marbre	1163,35	1163,85	1161, 4	1163,70	»	00,01	1,35	1,36	»	0,0032	On a opéré sur un cube commun de 42lc, x.
Granit...........	1101,35	»	1100,69	1102,20	»	»	0,65	2,51	»	0.0060	
Château-Landon	1103,48	1110,24	1102,38	1111,54	6,76	7.66	8,06	8,96	0,02	0,02	
Liais	1040,42	1063.94	1039,59	1078,50	23,52	24,35	38,08	38,91	0,06	0,09	
Chérence.........	1058,70	1072,51	1055,51	1002,16	13,81	17,00	33,46	36,65	0,04	0,09	
Chérence (bis).....	1012,79	»	986,50	1058,21	»	»	40,42	66,71	»	0,158	
Tonnerre dur......	1005,94	1040,43	1002,59	1051,06	84,49	37,84	48,12	51,47	0,09	0,12	
Roche...........	990,24	1036 61	985 52	1050,99	46,85	51,09	60,73	65,47	0,12	0,15	
Tonnerre tendre.....	796,75	906,28	795,80	931,06	109,53	110,48	134,31	135,26	0,28	0,33	
Vergelé	762,18	867,60	759.61	900,80	105,42	107,99	138,62	141 19	0,26	0,33	
Saint-Leu	691,78	822,08	691.81	861,80	127,50	130.27	167.02	160.99	0,31	0,40	

(1) Ces expériences ont été faites par M. Leon Vaudoyer, architecte du Gouvernement.

1058. — *Table des hauteurs de bancs de 60 espèces de pierres de taille.*

NOMS ET PROVENANCES DES PIERRES	HAUTEUR de banc.		NOMS ET PROVENANCES DES PIERRES	HAUTEUR de banc.	
	m.	m.		m.	m.
Pierres tendres, dites Banc blanc d'Oigny et de Dampleux	0 60 à	0.80	Roche de la Butte-aux-Cailles et du Bel-Air	0 50 à	0.60
— de lambourde de Saint-Maur	0.55	1.00	— de Charenton	0.45	0.50
— d· Saint-Leu	0 05	1.00	— de Châtillon	0.50	0.64
— dites Parmain	0.40	3 00	— de la Folie	0.40	0.50
— de Vauciennes	0.60	0 80	— du Moulin	0.50	0.60
— dites vergelés de Silly	0.50	0.70	— de Mont-Souris	0.80	»
Libages de Bagneux ou de Châtillon	0.30	0 40	— de Saint-Nom	0.48	0.60
— de la Folie	0.30	0.40	— de Silly	0.90	1.10
— de Passy	0 55	1.00	Roche de Butry	0.60	0.60
— de Silly	0.40	0.70	— des Forgets	0.45	0.65
Pierres dures, Banc franc de Saint-Maur	0.32	0.40	— de Louvres, dite Bon-Bernard	0.65	»
— de Butry	0.45	0.50	— du moulin de Troesne	0.40	0 55
— de Moulin	0 40	0 50	— de Puiseux	0.70	0.80
— de la Plaine	0.45	0 55	— de Saillancourt	0.50	0 65
dites Plaquettes	0.25	»	— de Saint-Nom	0.50	0.60
Banc Royal, de l'Abbaye-du-Val	0.60	0.65	Cliquart de Montrouge	0.20	0.54
— de Conflans-Sainte-Honorine	0.40	2.00	Faux liais de Bagneux	0.35	0.40
— des Forgets	0.50	0.60	— de Conflans-Charenton	0.27	0.45
— de Gentilly	0.70	»	— de Montrouge	0.25	0.40
— de la Plaine	0.40	0.80	— de Saint-Maur	0.65	»
— du Puiseux	0.55	0.60	Id., 2ᵉ qualité	0.22	0.28
— de Saint-Cloud	0 90	1.15	Liais de Bagneux, d'Arcueil et de Montrouge	0 19	0.30
Roche basse de Bagneux	0.25	0.35	— de la Folie et de Saint-Cloud	0 18	0.25
Petite roche de Bagneux, Châtillon et de Moulin	0.36	0 50	— de Nogent-sur-Oise	0.40	0.45
— Banc de fond de la Folie	0.18	0 25	— des carrières de Saint-Denis	0.30	0 65
Roche haute de Bagneux	0 50	0.70	— des terrasses sous Saint-Germain	0.45	0.54

CHAPITRE VI

PRODUITS CÉRAMIQUES

Briques.

SOMMAIRE

I. — Définitions et notions générales.

II. — Diverses espèces de briques. — Matières premières employées.

III. — Terre à briques. — Choix des terres. — Préparation des terres.

IV. — Fabrication. — Moulage. — Procédés belge et anglais. — Moulage mécanique.

V. — Dessiccation. — Cuisson ordinaire ou en tas. — Principaux fours employés.

VI. — Conditions auxquelles doivent satisfaire les bonnes briques.

VII. — Briques réfractaires et briques creuses.

VIII. — Emploi et diverses formes des briques. — Résistance des briques.

IX. — Des briqueteries.

§ I. — DÉFINITIONS ET NOTIONS GÉNÉRALES.

1059. Les briques ont été les premiers matériaux artificiels employés par les hommes lorsqu'ils ont commencé à bâtir dans des terrains d'attérissement, pays les premiers habités à cause de leur fertilité, mais généralement dépourvus de pierres propres aux constructions. En effet, on voit les briques entrer dans la construction de la plupart des bâtiments anciens, surtout de ceux que l'on trouve dans les plaines de l'Asie, aux environs du Tigre et de l'Euphrate, où l'on suppose que se sont formées les premières sociétés.

La plupart des anciennes briques sont très-grosses en comparaison des nôtres, et n'ont point été cuites, mais simplement séchées au soleil. A l'argile sablonneuse dont elles étaient composées, on ajoutait, pour leur donner plus de solidité, de la paille hachée et même des fragments de jonc, ou d'autres plantes de marais.

Les briques sont des espèces de pierres artificielles destinées à remplacer la pierre naturelle dans la construction des bâtiments et, notamment, dans celle des fours, fourneaux et cheminées. Ce sont, en général, des parallélipipèdes ou autres polyèdres de moyenne dimension en pâte argileuse presque toujours durcie par la cuisson. Les dimensions de ces parallélipipèdes rectangles varient suivant les localités, mais de manière que la longueur soit égale à deux fois la largeur, plus un joint, et la largeur égale à deux fois l'épaisseur, plus un joint. Ainsi, des briques ayant 0^m22 de longueur doivent avoir 0^m105 de largeur et 0^m05 d'épaisseur. Ce sont les dimensions de la plupart des briques employées à Paris et dans les environs.

Dans le département du Nord, ces dimensions sont augmentées et portées à 0^m25 de longueur, 0^m12 de largeur et 0^m06 d'épaisseur

§ II. — DIVERSES ESPÈCES DE BRIQUES. — MATIÈRES PREMIÈRES EMPLOYÉES.

1060. On divise les briques :

1° En *briques crues* ou *durcies au soleil* ;

2° En *briques cuites* ou *durcies au feu* ;

3° En *briques ordinaires* ;

4° En *briques réfractaires* ;

5° En *briques pleines* ;

6° En *briques creuses.*

1061. La brique crue, rarement utilisée dans nos climats, est principalement employée dans le Sud et dans les pays méridionaux. On en a trouvé des exemples remarquables parmi les anciens monuments de l'Égypte ; notamment, dans les ruines que l'on suppose appartenir à la tour de Babel. L'usage de ces briques, dont Vitruve décrit la fabrication, remonte à la plus haute antiquité, on en trouve dans la plupart des monuments grecs et des monuments romains.

Les meilleures briques crues sont composées d'argile rouge ou blanche mêlée de sable. On les fabrique, comme les briques ordinaires, dans des moules réguliers. On en fait aussi avec la boue qui se forme sur les routes, laquelle est composée d'argile, de craie et de silex écrasé.

Il y a des localités en France, même dans les climats humides, où l'usage de la brique crue est encore assez répandu. Près de Reims, les maisons de certains faubourgs sont complètement construites avec ces briques dont les dimensions sont les suivantes : 0m30 de longueur, 0m14 de largeur et 0m07 à 0m08 d'épaisseur.

Le moment le plus favorable pour leur fabrication est le printemps et l'automne. A cette époque la dessiccation à l'air se fait lentement et bien régulièrement.

Les briques crues ne doivent pas être utilisées où il y a de l'humidité. Il faut les employer recouvertes de plusieurs couches de peinture à la chaux, ou, si l'on veut, appliquer sur leur parement extérieur un enduit de chaux, d'argile et de boue, lequel forme un crépi imperméable à l'eau et protège la construction pendant de nombreuses années.

Les briques cuites, au contraire, sont d'un usage extrêmement répandu dans tous les pays du monde. Elles s'obtiennent en exposant à un feu violent et soutenu des briques crues fabriquées avec de l'argile mêlée à plus ou moins de sable. Nous nous occuperons spécialement de leur fabrication.

Les briques réfractaires servent, ainsi que leur nom l'indique, à la construction des fourneaux et, en général, des appareils qui ont à supporter une haute température. On fait quelquefois usage, dans ce cas, de briques crues.

Les briques réfractaires doivent, à toutes les qualités de la bonne brique ordinaire, joindre celle d'être infusibles à de très hautes températures lors même que la fusibilité est facilitée par l'action des cendres.

Les briques creuses sont réservées à la confection d'ouvrages légers.

Matières premières employées.

1062. Les matières premières indispensables pour la fabrication des briques ordinaires sont l'*argile* et le *sable*.

Les argiles sont essentiellement composées de silice, d'alumine et d'eau. On ne les rencontre jamais à l'état cristallin et elles proviennent toujours de la décomposition d'autres minéraux contenant de la silice et de l'alumine. Très souvent, elles sont mélangées avec des matières étrangères qui en modifient la couleur et que l'on peut séparer par décantation, telles que sable, oxyde de fer anhydre ou hydraté, carbonate de chaux, matières combustibles ou bitumineuses, etc.

Le caractère distinctif des argiles est de former, avec l'eau, une pâte tenace, plus ou moins plastique, c'est-à-dire ayant du corps et pouvant se modeler avec facilité ; mais ce caractère varie d'une manière extrêmement remarquable entre les diverses espèces d'argile. En se desséchant, la pâte conserve de la solidité, et quand on l'expose à une chaleur toujours croissante, elle acquiert une très grande force et devient si dure qu'elle étincelle sous le briquet. Dans ce cas, elle ne peut plus se délayer dans l'eau et faire pâte avec elle.

L'argile desséchée happe fortement à la langue. Quand on l'humecte et lorsqu'on la pétrit avec un peu d'eau, elle répand une odeur particulière, *sui generis*, dont la cause est inconnue.

Les proportions des trois éléments sont variables dans la composition des argiles. Elles renferment en général, pour 100 parties : silice de 45 à 80, alumine de 15 à 40 et de l'eau dont la proportion s'élève rarement au-dessus de 18 pour 100.

On a remarqué que les argiles les plus alumineuses sont les plus plastiques, ce sont aussi celles qui contiennent le plus d'eau de combinaison.

Les argiles chauffées à 100 degrés ne perdent pas toute leur eau de combinaison, elles conservent leur plasticité qu'elles perdent complètement vers 300 degrés. Soumises à une assez forte température, les argiles prennent du retrait ou de la retraite, c'est-à-dire que leurs dimensions linéaires diminuent quelquefois dans la proportion de 20 pour 100.

Les argiles mêlées de calcaire prennent le nom de *marnes*. Les marnes sont plastiques et se travaillent assez bien quand elles ne contiennent pas beaucoup de calcaire (carbonate de chaux), 10 à 12 pour cent au plus. Ce sont les marnes argileuses. Elles acquièrent une très grande dureté après la cuisson.

L'oxyde de fer se trouve fréquemment disséminé dans les argiles. Il les colore quelquefois en rouge (peroxyde de fer anhydre) ; d'autres fois, en jaune ocreux (hydrate de peroxyde de fer).

Le carbonate de chaux et l'oxyde de fer qui ne diminuent la plasticité de l'argile que lorsqu'ils lui sont mêlés en proportions notables, exercent une grande influence sur une propriété très importante des argiles : la qualité réfractaire.

Certaines argiles sont rendues fusibles à haute température par la présence d'une quantité, même peu considérable, de chaux ou d'oxyde de fer.

L'argile pure est infusible à la chaleur la plus élevée que l'on produise dans les fourneaux employés dans l'industrie. Modérément calcinée, elle durcit, et se transforme en une masse terreuse et poreuse.

Exploitation des argiles.

1063. L'exploitation des argiles peut se faire de deux manières :

1° A ciel ouvert ;

2° A ciel couvert, c'est-à-dire souterrainement ou en galerie.

On exploite à ciel ouvert, lorsque le banc d'argile se présente par affleurement, ou bien lorsque, le banc étant peu profondément situé, il est facile de le mettre à découvert à peu de frais. Cette exploitation est très simple. On enlève la couche de terre végétale et les autres couches qui recouvrent le banc d'argile, puis on attaque ce banc en procédant par une série de gradins droits autant que possible suivant la nature des couches. Des voies de fer amènent les wagonnets sur une plate-forme montant sur un plan incliné pour les amener au niveau du sol où les wagonnets trouvent de nouvelles voies qui les conduisent aux dépôts et magasins.

On extrait l'argile sous forme de pains cubiques en se servant des deux outils

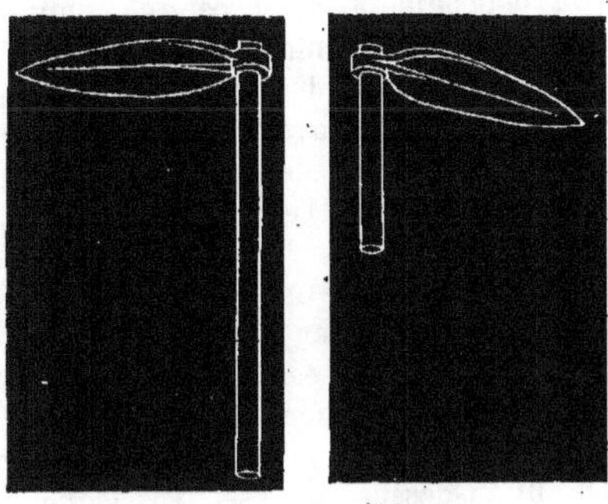

Fig. 469 et 470.

représentés (*fig.* 469 et 470). L'outil à manche court indiqué (*fig.* 470) sert à l'ouvrier pour faire, dans le gradin qu'il exploite, des saignées verticales et horizontales d'une certaine profondeur limitant le contour des pains. L'outil à long manche sert, les saignées étant faites, à détacher les pains que l'ouvrier place en tas à côté de lui, avant de les charger sur les wagonnets.

Chaque ouvrier doit avoir près de lui un seau plein d'eau dans lequel il plonge fréquemment la lame de son outil, afin de faciliter son travail en permettant à la lame de mieux glisser.

Lorsque le banc d'argile est recouvert d'une roche ou d'autres matières dures et difficiles à extraire, ou lorsque ce banc est à une profondeur trop grande pour permettre l'exploitation à ciel ouvert, il faut alors creuser un puits et procéder par galeries. On opère alors absolument comme pour les mines par puits et galeries, bien entendu pour de petites profondeurs seulement.

Le sable que l'on mélange à l'argile pour la fabrication des briques agit comme matière antiplastique ou dégraissante.

§ III. — TERRE A BRIQUES, CHOIX DES TERRES.

1064. Dans certains pays, en Hollande par exemple, on ramasse, avec des filets en forme de poche, le limon qui se dépose au fond et sur les bords de la la rivière d'Yssel, et on le fait entrer dans la composition des briques.

Les argiles pures, l'argile plastique surtout, ne peuvent être employées seules. Les briques qu'on en ferait se déformeraient et se fendraient par la dessiccation et la cuisson. Il faut leur enlever ce défaut par des mélanges terreux appropriés. Ainsi, lorsque l'argile est trop tenace, il faut la dégraisser par une addition assez forte de sable ou de terre végétale sableuse. Si l'argile que l'on emploie n'est ni calcaire ni trop ferrugineuse, et que le sable qu'on y ajoute ne soit point calcaire, on fait des briques qui peuvent être cuites et employées à une haute température, sans se fondre. Elles acquièrent même une telle dureté qu'elles font feu sous le choc du briquet. Elles sont de longue durée et d'un bon emploi pour les fourneaux métallurgiques. Ces briques, dites de Bourgogne, sont réfractaires et faites avec une argile plastique.

La terre franche, c'est-à-dire la terre végétale jaunâtre la plus commune, composée de sable, de calcaire et d'argile, peut servir dans beaucoup de lieux à faire des briques ; mais ces dernières sont friables, poreuses, durent très peu et fondent à une température relativement peu élevée. Dans certains pays privilégiés, en Angleterre et dans le nord de la France, les briques sont faites avec la terre du lieu même sur lequel on doit construire. Lorsque la terre est trop argileuse, on peut y ajouter des cendres de houille passées au tamis.

En général, lorsqu'on ne désire pas obtenir des briques d'une qualité spéciale et déterminée, on peut employer, pour les fabriquer, toutes les terres argileuses lorsqu'on y fait des additions convenables de sable. Une bonne terre à briques ne doit, dans tous les cas, être ni trop argileuse, ni trop sablonneuse. Trop argileuse, elle a souvent le désavantage de donner une pâte qui se déforme et se gerce par la dessiccation, mais surtout par la cuisson. Trop sablonneuse, elle offre l'inconvénient de donner des produits poreux, absorbants, friables et sans consistance. Il faut donc choisir un juste milieu entre ces qualités. Si la terre est trop maigre, on peut y ajouter de l'argile ou de la terre plus grasse. Si c'est le contraire qui a lieu, on y ajoute du sable, ou des terres sablonneuses.

Pour bien apprécier la bonté d'une terre à briques, il sera bon d'en faire l'essai. Pour cela, on en forme plusieurs petites briquettes, on les fait sécher lentement, puis on les fait cuire dans un four de potier. On examine ces briquettes très-soigneusement et cet examen permet d'estimer à l'avance quelle sera la qualité du produit fabriqué en grand.

Lorsqu'on arrive dans un pays où l'on doit fabriquer des briques, il faut, avant tout, se procurer des échantillons des différentes natures de terre argileuse qu'on y trouve et les soumettre à une cuisson artificielle, soit dans un fourneau fait exprès, soit sur un four à chaux. De cette manière, on se rend compte de l'effet de la cuisson sur les terres, effet sur lequel il est très important d'être bien renseigné. On verra, par exemple, si la terre a bien conservé les formes données

par le moulage à l'objet soumis à l'expérience ; si le produit est suffisamment compacte, dur, tenace et résistant. Enfin, on déterminera ainsi ce qu'il faut lui ajouter pour obtenir ces qualités.

Lorsque le produit fabriqué aura été suffisamment essayé, il sera bon d'employer le procédé de M. Brard pour se rendre compte s'il est ou non attaquable par la gelée.

Pour vérifier si une brique ou une briquette peut résister à l'action de la gelée, on la fait bouillir pendant une demi-heure dans une dissolution saturée à froid de sulfate de soude, puis on la suspend par un fil au-dessus du vase dans lequel elle a bouilli. Au bout de 24 heures, la surface est recouverte de cristaux que l'on fait disparaître par une nouvelle immersion. Ces cristaux se reforment encore après une nouvelle suspension ; on les fait encore disparaître. On répète l'opération pendant 5 à 6 jours à chaque nouvelle apparition de cristaux. Si la brique est gélive, elle abandonne des fragments, qui se trouvent au fond du vase. Dans le cas contraire, les arêtes restent bien vives et le sulfate ne détache aucune particule.

On peut aussi reconnaître, au premier examen, que certaines terres ne sont pas propres à faire de bonnes briques. Ainsi, toutes celles où l'on rencontre des éclats de craie ou de pierre calcaire et de silex ne peuvent être employées ; les premières, parce que la chaux, provenant de la cuisson de la craie ou du calcaire, venant à s'éteindre spontanément, amènerait la destruction des briques ; la deuxième, parce que le silex, en éclatant au feu de cuisson, briserait les briques.

Préparation des terres

1065. Quand on est bien fixé sur la qualité de la terre, on procède à sa préparation.

Il faut faire subir aux terres choisies

un premier nettoyage qui consiste à extraire les fragments de craie qui pourraient s'y trouver et surtout les morceaux de pyrite (sulfure de fer) qui se rencontrent fréquemment dans les argiles plastiques et dans les marnes inférieures de la craie.

Pour rendre la manipulation des matières premières plus facile, on extrait l'argile au mois de novembre et on la laisse exposée à l'air pendant tout l'hiver, de manière à ne l'employer qu'au printemps suivant. On conçoit aisément que, ainsi soumise à l'action des agents atmosphériques, la terre se divise et s'ameublit d'elle-même, que certaines parties pierreuses se désagrègent, se délitent et tombent en poussière, que les matières décomposables et solubles qu'elle contient peuvent être délavées et entraînées par les pluies. En résumé, on fait ainsi, sans frais, un travail avantageux qu'il est toujours coûteux d'opérer par des moyens mécaniques.

Tous les fabricants de briques assurent qu'une masse de terre à briques est bien plus ductile, bien moins susceptible de fissures lorsqu'elle a été divisée par la gelée que lorsqu'on veut l'employer avant qu'elle ait subi cette action divisante. Il est même bon, en pratique, de remuer la masse de terre assez souvent pour que toute cette matière soit également exposée à l'action des agents atmosphériques.

L'action de la gelée et des pluies de l'hiver dispose la terre à un corroyage plus complet et plus facile.

Ce corroyage se fait en marchant sur l'argile, en la détrempant avec peu d'eau, en la remuant et en la battant à plusieurs reprises et dans tous les sens. Il faut apporter toute son attention à bien purger l'argile des substances pierreuses ou pyriteuses qui s'y trouvent souvent mélangées et qui, lui servant de fondant, pourraient altérer la forme des briques pendant la cuisson.

Le corroyage ou marchage s'obtient, soit par le piétinement des hommes ou des animaux, soit par le corroiement au moyen de pelles, de rables ou d'autres instruments de ce genre, soit enfin au moyen de machines de diverses espèces.

1066. Le mode de corroyage le plus employé est celui qui est obtenu en se servant du *tonneau malaxeur*, dont il existe plusieurs espèces.

Nous allons décrire celui qui fournit les meilleurs résultats. Il se compose essentiellement d'une boîte cylindrique ou tonneau A (*fig.* 471) en bois, tôle ou fonte, de 0^m,50 à 0^m,80 de diamètre intérieur, placé verticalement et ouvert à sa partie supérieure. Au milieu de ce tonneau, tourne un gros arbre en fer B, également vertical, reposant par sa partie inférieure dans une crapaudine C et maintenu à sa partie supérieure par une arcade D et un collet E. Cet arbre est garni, dans toute sa hauteur, de lames L qui servent à diviser et à triturer la matière. Ces lames qui, dans quelques appareils, sont disposées horizontalement, sont, dans la machine que nous décrivons, fixées obliquement, c'est-à-dire que tout en étant perpendiculaires à l'axe, elles sont inclinées de façon à former, dans leur ensemble, une espèce de surface hélicoïdale.

La terre est apportée des fosses de trempage au moyen de brouettes ou de wagonnets, puis introduite dans le tonneau malaxeur par fractions, et alternativement avec les matières modificatrices et dégraissantes : (sable, escarbilles, etc...) Un robinet placé au dessus du tonneau malaxeur fournit l'eau qu'il est nécessaire d'ajouter à la pâte lorsqu'elle est trop ferme. Par suite de l'inclinaison des lames, et grâce au centre de la rotation de l'arbre qui les porte, la terre descend verticalement et est chassée vers le fond, où elle tend naturellement à sortir par une ouverture pratiquée dans les parois de la boîte cylindrique.

Cette ouverture est généralement garnie d'un ajutage en tôle T de 10 à 15 centimètres de longueur, ayant pour but d'empêcher la terre de s'arracher sur les angles en sortant du tonneau. Afin de faciliter la sortie de cette terre, l'arbre

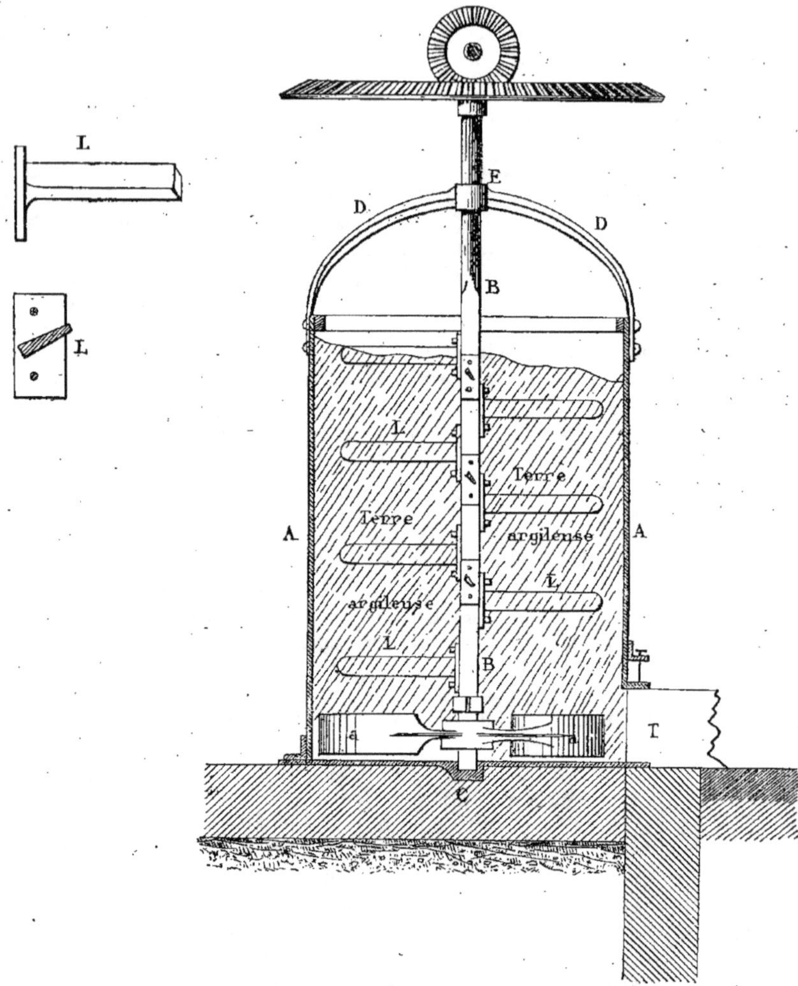

Fig. 471 — Tonneau malaxeur pour l'argile. L, L, détail des lames intérieures.

porte-lame est muni, à sa partie inférieure, de plusieurs lames a en forme d'S, disposées comme une hélice de bateau (*fig.* 472) dont l'inclinaison est la même que celle des autres lames et dont le pas fait suite à celui de la surface hélicoïdale que forment ces lames.

Cette disposition a pour avantage de ne pas changer la direction des filets de terre et d'exiger une force motrice moindre.

Ce malaxeur emploie, en moyenne, une force de 4 chevaux 1/2 et peut travailler 12 mètres cubes de terre par jour.

1067. Après avoir ainsi préparé l'argile, on y ajoute la quantité de sable fin

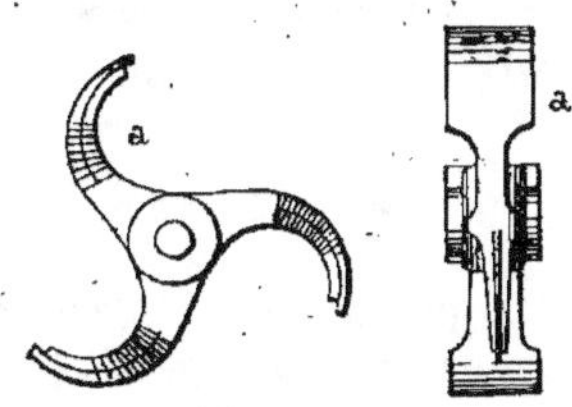

Fig. 472. — Autres lames intérieures pour tonneau malaxeur.

(de rivière, si c'est possible) nécessaire et l'on remue le mélange de manière à le rendre bien homogène. On y verse ensuite une quantité d'eau suffisante pour l'amener à l'état de pâte ductile et assez malléable pour que le doigt puisse y entrer sans qu'elle se fende.

L'expérience a prouvé que, pour obtenir de bonnes briques, la quantité de sable à ajouter à l'argile est environ le 1/5 à 1/4 de cette dernière. En général, la quantité d'eau nécessaire ne doit pas excéder la moitié du volume des terres que l'on pétrit.

Les proportions convenables d'eau et de sable à ajouter à l'argile se déterminent le plus souvent par l'expérience et l'habitude des ouvriers. Elles dépendent de la pureté et de la qualité des terres employées.

Quand l'alumine et la silice ne se trouvent pas en proportions convenables dans la terre, on rapporte artificiellement l'élément qui manque.

Lorsque la silice est en quantité insuffisante, il faut que le sable que l'on ajoute soit fin ; si c'est l'alumine qui manque, avant d'en mettre de la nouvelle, il faut préalablement la réduire en poussière ou en pâte assez molle pour que le mélange avec la terre primitive se fasse bien.

§ IV. — FABRICATION — MOULAGE — PROCÉDÉS BELGE ET ANGLAIS.

1068. Les procédés de fabrication sont les mêmes, à quelques petites différences près, pour toutes les espèces de briques. Ces différences portent principalement sur le choix, la préparation de la terre et le moulage.

La fabrication des briques ordinaires comprend quatre opérations bien distinctes :

1° Le choix et la préparation des terres ;

2° Le moulage ;

3° La dessiccation ;

4° La cuisson.

Nous avons déjà parlé du choix et de la préparation des terres. Passons à la deuxième opération, le moulage.

Moulage à main.

1069. En premier lieu, les ouvriers commencent par préparer avec soin le terrain de la briqueterie, c'est-à-dire qu'ils dressent le sol et nivellent sa surface, en ayant soin, lorsque cela est possible, de donner une pente assez douce, mais suffisante pour que les eaux puissent s'écouler dans une fosse que l'on pratique à cet effet. L'eau ainsi recueillie n'est pas perdue et sert aux divers travaux de la briqueterie.

Le terrain, une fois bien regalé, est divisé au moyen d'un cordeau, en bandes de 2ᵐ 50 environ de largeur, comprenant entre elles un espace de 6 mètres destiné au travail.

C'est le brouetteur qui râtisse avec le *poussoir* (râteau) tout le terrain où l'on va travailler, y apporte du sable, qu'il étend partout où l'on déposera des briques et dont il remplit la *minette* (baquet contenant le sable nécessaire au mouleur). C'est lui également qui apporte de l'eau dans le baquet à laver les moules qui, de même que la minette, doit se trouver à portée du mouleur.

Le nombre d'ouvriers varie suivant les localités. Ainsi, dans l'Artois, une *table de briques* (langage des briquetiers) se compose de 6 personnes : un mouleur, qui est le chef de l'atelier ; deux porteurs, deux pétrisseurs, batteurs ou marcheurs, et un manœuvre.

Dans les environs de Paris, une brigade de briquetiers est formée par quatre ouvriers : l'un pour marcher et préparer la terre, deux mouleurs, dont l'un va de temps à autre chercher la terre préparée nécessaire, et un garçon pour démouler les briques et les ranger sur l'aire.

Façonnage.

1070. Le façonnage de la brique, qui consiste à lui donner les formes et autres préparations qu'elle doit recevoir avant d'être séchée ou cuite, se divise donc en deux catégories bien distinctes :

1° Le façonnage ou le moulage à la main, ancien, ordinaire et le plus répandu ;

2° Le façonnage ou le moulage à la machine, qui est ou partiel ou complet.

Dans le façonnage à la main, il faut des ouvriers vigoureux, habiles et prompts, une aire plus ou moins étendue, des hangars, des fosses, une table et des moules. Il ne faut que ce simple appareil, n'exigeant qu'une faible mise de fonds et n'entraînant aucune dépense extraordinaire de construction, d'entretien et de réparation de bâtiment. Toutes les briques ainsi façonnées sont néanmoins moulées. L'autre procédé de façonnage est celui qui s'opère au moyen de machines remplaçant presque tout travail manuel, depuis le mélange et le malaxage des pâtes jusqu'au transport des briques sur l'aire de séchage. Il faut, dans ce cas, des bâtiments bien installés, des machines, des transmissions, des moteurs à vapeur et une série d'engins d'une installation coûteuse et nécessitant souvent des mises de fonds considérables.

Procédé belge.

1071. Le procédé de moulage, connu sous le nom de *procédé belge* est celui qui s'exécute encore aujourd'hui dans toutes nos provinces où le façonnage à la main est le plus employé. L'outillage est très simple. Il se compose ;

1° D'une table grossière A (*fig.* 473) appelée *selle* ou table à briques sur laquelle se trouve un baquet B rempli d'eau servant à laver les moules et une certaine quantité de terre préalablement gâchée ;

2° D'un autre baquet B', porté sur deux murettes, que l'on nomme *minette* (baquet à moitié rempli de sable servant au mouleur) ;

3° De deux moules M (*fig.* 473) et M' (*fig.* 474). Les moules dont on se sert sont le plus ordinairement composés de quatre planchettes en bois blanc, maintenues par des bandelettes en fer. Quelquefois, on les double en métal pour les rendre plus solides, ou même on les établit entièrement en métal. Dans certaines localités, les moules ont assez de longueur pour que l'on puisse y mouler deux briques à la fois. Dans ce cas, ils sont divisés en deux par une traverse ; ces moules donnent les formes et dimensions de la brique, suivant les usages du pays et l'emploi auquel on la destine. En sorte qu'on peut faire des briques qui s'appliquent à tous les cintres, à toutes les voûtes, à toutes les formes de mur que le commerce demande, en donnant exactement aux moules les formes cintrées des briques que l'on veut obtenir.

Le briquetier qui doit faire des briques de dimensions bien arrêtées doit con-naître la quantité dont la terre à briques qu'il emploie diminue à la cuisson, afin de régler sur la retraite les dimensions de ces moules.

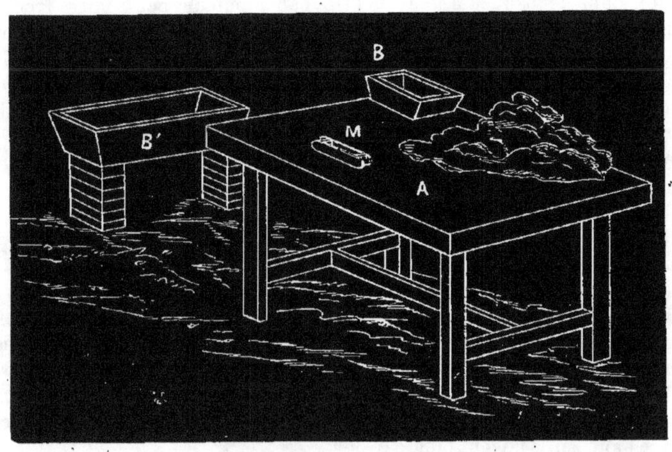

Fig 473. — Table de moulage (Briquetier belge).

4° Enfin, de palettes en bois, ou *planes*, ayant des formes diverses (*fig.* 475), mais équivalentes, dans lesquelles se trouve implantée une broche qui remplit l'office de m·nche.

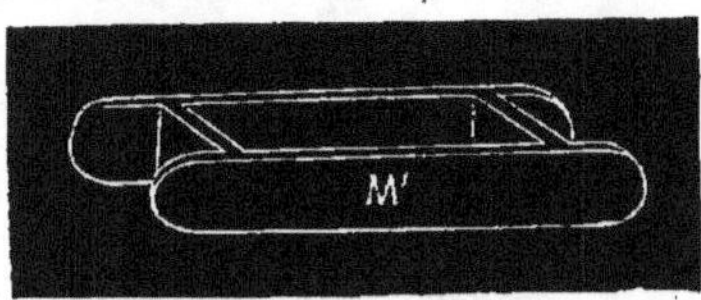

Fig. 474. — Moule à brique.

Les deux moules se trouvent dans le baquet à sable B', et les planes dans le baquet à eau B.

Travail du mouleur, composition de l'atelier.

1072. L'atelier se compose d'un maître mouleur et d'un ou deux enfants, ou ap-prentis, qui lui servent d'aides Les ouvriers qui démêlent et corroient la terre dans les fosses ont, en outre, pour tâche,

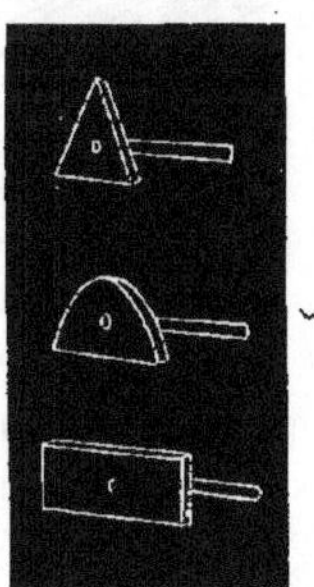

Fig. 475. — Planes.

de fournir constamment de pâte, la table du mouleur. Le tout étant ainsi préparé sur la table à briques sablée sur toute la surface, afin que la terre n'y adhère pas, le mouleur pose le moule également saupoudré de sable, à plat sur la table. Ensuite, avec les mains, il découpe un morceau de pâte suffisant pour former un brique, le jette dans le moule où il l'étend et le presse, puis il en égalise la surface supérieure d'un coup de plane qu'il rejette aussitôt dans le baquet à eau B. A ce moment, l'un des aides ou porteur tire à lui le moule, le fait glisser au bord de la table et l'enlève avec les deux mains en le dressant sur le champ, afin d'empêcher que la brique tombe ou se déforme dans le trajet qu'il parcourt pour aller de la table à l'endroit où il doit la déposer. Cet endroit est ordinairement à proximité de la table du mouleur. Sur le sol, préalablement bien nivelé et sablé, il approche le moule de terre, comme s'il voulait le poser de champ, et le renverser subitement à plat sur le sol de la *haie* (tas de briques empilées les unes sur les autres) le long du cordeau qu'il a eu soin de tendre d'abord; puis il relève son moule vers le haut, en le faisant bien carrément pour ne pas déformer la brique, ce qui ne manquerait pas d'arriver s'il opérait obliquement. Il revient ensuite

Fig. 476.

à la table avec le moule, le jette dans la minette, le saupoudre légèrement de sable et l'en frotte tout autour intérieurement. La figure 476 montre comment le porteur dispose les briques sur l'*aire*.

Cette aire, sur laquelle on fait plusieurs fois raffermir les briques, s'imprègne d'humidité, devient molle et se déforme; il faut de temps en temps la rebattre.

Pendant l'exécution de tous ces mouvements, le mouleur a eu le temps de faire

une autre brique que le porteur n'a qu'à enlever comme précédemment, pour la porter à côté de la première et ainsi de suite.

L'opération du moulage est très prompte. Un bon mouleur peut faire facilement, avec un simple moule, 5 à 6,000 briques dans une journée de douze heures de travail. Il ne faut pas que, pour aller plus vite, il emploie de la terre trop molle, car la brique perdrait de sa qualité. Pour être bonne, elle doit être moulée le plus ferme possible.

Parage et rebattage.

1073. Quand les briques, posées à plat sur l'aire commencent à se raffermir (en appuyant le doigt sur la brique il ne doit pas laisser de traces), on les relève sur champ sans les changer de place, (*fig.* 477), et quand elles ont pris assez de consis-

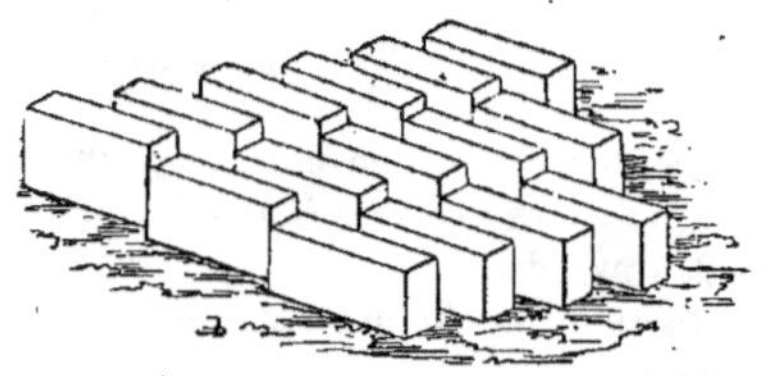

Fig. 477.

tance pour qu'on puisse les transporter sans les déformer, ce qui, lorsque le temps est beau et que le soleil brille d'une façon régulière, a lieu, après dix à douze heures d'exposition sur l'aire, on les *pare*, c'est-à-dire qu'on enlève avec un couteau de bois les bavures du moule et les corps étrangers que la brique fraîche a pu ramasser. Si, au contraire, le temps est couvert et que le soleil ne se montre qu'à intervalles en dardant ses rayons avec force, comme cela arrive dans la saison des orages, la dessiccation n'a pas une marche régulière et se trouve activée. Il est à craindre alors que les briques se fendent ou se cassent

Pour prévenir cet accident, il est bon que le metteur en haie saupoudre les briques de sable, afin de tempérer l'action des coups de soleil un peu vifs, et de modérer l'évaporation précipitée qui en résulte. Il est, dans certains cas, nécessaire de les recouvrir de paillassons. C'est de la régularité de cette première dessiccation que dépend, en grande partie, la solidité et la qualité des briques.

Lorsque les briques doivent avoir une forme très régulière, une homogénéité parfaite et beaucoup de densité, il faut les soumettre à une opération que l'on nomme *rebattage*.

Ce rebattage peut s'exécuter de deux manières : soit à la main, soit avec le concours de machines spéciales.

En opérant le rebattage à la main, il est bon de le faire en deux fois, pour éviter que les briques ne renferment, dans leur intérieur, des parties plus molles et plus humides que celles de l'enveloppe extérieure. Le premier rebattage se fait quand la brique commence à prendre une certaine consistance, et le deuxième, lorsqu'elle ne reçoit plus que difficilement l'empreinte du doigt. L'ouvrier chargé de ce travail se nomme *frappeur*. Il doit être adroit et soigneux, afin d'opérer vivement et de causer le moins de déchet possible.

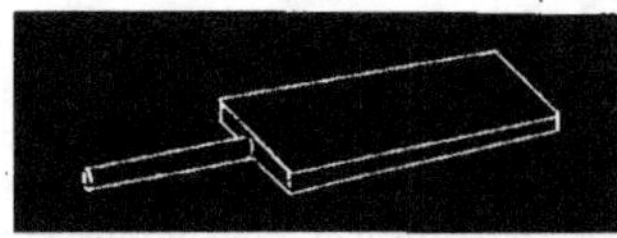

Fig. 478. — Batte.

Cet ouvrier se place sur un banc de 0,40 à 0,50 de largeur. Ce banc est en partie saupoudré de sable sur lequel on place les briques ; puis, avec une *plane* ou *batte* en bois de hêtre bien propre (*fig.* 478) il frappe sur toutes les faces, en ayant soin que chaque coup qu'il donne tombe d'aplomb. Il frappe d'abord sur la brique

posée de champ sur sa longueur, en la maintenant aussi perpendiculaire que possible, un premier coup léger, puis un deuxième coup beaucoup plus énergique, et il opère de même pour le côté opposé. Il la relève ensuite pour frapper l'une après l'autre les deux petites faces. Le rebattage est une opération qui offre des avantages. Il donne à la brique une plus grande densité, favorise sa dessiccation, accélère sa cuisson et augmente ses qualités. D'un autre côté, il occasionne une main-d'œuvre presque aussi coûteuse à elle seule que le reste de la fabrication. De plus, la forme de la brique peut se trouver altérée. Lorsqu'on emploie le moulage mécanique, ce rebattage devient inutile, parce qu'alors on obtient immédiatement une densité suffisante.

Pour activer ce rebattage et diminuer les frais de main d'œuvre, on opère ce travail mécaniquement.

Mise des briques en haie.

1074. Les briques ayant été ainsi rebattues, soit à la main soit mécaniquement, on les place les unes sur les autres de manière à en former une espèce de muraille à claire-voie, pour qu'elles finissent de se sécher entièrement. Cette opération s'appelle les mettre en *haie* (*fig.*479). Pour confectionner les haies, l'ouvrier transporte avec une brouette, représentée (*fig.* 480) les briques ébarbées et les pose de champ les unes sur les autres de façon qu'elles occupent le moins de place possible, tout en étant suffisamment espacées pour que l'air, en circulant entre elles, les frappe bien de tous côtés. Les haies ne doivent pas avoir plus de deux mètres de hauteur. On les construit plus solidement aux extrémités que vers le milieu, afin d'éviter un écroulement. Ces haies sont en général composées de quatre rangées de briques sur l'épaisseur. La première rangée ou la plus haute est de 17 briques ; la quatrième n'en a que 14. Cette disposition est adoptée pour donner aux paillassons que l'on place pour recouvrir la haie la pente nécessaire pour que l'eau de pluie ne séjourne pas sur les briques. Les briques

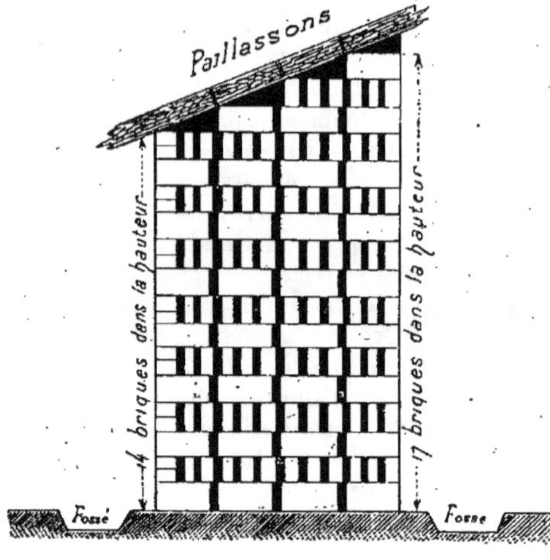

Fig. 479. — Élévation latérale d'une haie.

restent ainsi en haies jusqu'au moment de leur cuisson.

Dans les fabriques importantes, on dispose de hangars couverts et ce mode de séchage offre un avantage réel :

Fig. 480. — Brouette pour le tin port des briques.

1° Les briques ne sont pas sujettes à recevoir des pluies plus ou moins abondantes, susceptibles de les détériorer;

2° Les briques étant disposées sur des tablettes, on peut placer ces dernières de manière à éviter les coups de soleil;

3° La dessiccation s'opère avec plus de régularité et plus de lenteur, ce qui augmente les qualités des produits. Dans certains cas, les bas-côtés de ces hangars sont fermés par des cloisons mobiles. Ce procédé donne un séchage préférable à celui des haies.

Un autre mode de séchage consiste à placer la brique préparée dans un moule en fonte, et à la frapper d'un coup de balancier, qui enlève instantanément l'eau. Ce procédé est beaucoup plus expéditif et donne de meilleurs produits que l'ancien; mais il entraîne une si notable augmentation de frais, qu'il laisse la supériorité au séchage ordinaire.

Procédé anglais.

1075. La méthode de moulage suivie par les ouvriers anglais diffère peu de celle qui vient d'être décrite. Les instruments sont presque identiques, seulement, ils sont en général exécutés avec plus de soin. Les moules sont en bois garnis sur leurs bords de bandelettes de fer poli; de plus, les parois intérieures sont doublées de même métal, polies et ajustées avec le plus grand soin. La table de moulage présente aussi quelques changements; le baquet rempli de sable est remplacé par deux petites cases placées sur la table du mouleur. L'une de ces cases renferme le sable destiné à saupoudrer le moule, l'autre sert à ranger de petites planches en bois un peu plus longues et plus larges que la dimension d'une brique posée à plat et dont nous verrons plus loin l'utilité.

A l'emplacement du baquet à sable de la méthode précédente se trouvent deux solives en bois laissant entre elles un intervalle de quelques centimètres. Ces solives sont fixées d'un côté contre la table, et de l'autre elles sont soutenues par deux pieds en bois convenablement entretoisés pour maintenir l'écartement. Sur ces deux pièces de bois et dans le sens de leur longueur, se trouvent fixées deux tringles en fer dont nous verrons l'utilité par la suite.

1076. *Moulage.* Le moulage se fait comme nous l'avons décrit plus haut. mais avec cette différence que le mouleur, au lieu de donner à son aide les briques une à une, opère de la manière suivante : il prend une des planchettes placées à côté de lui dans la case qui leur est réservée, la pose sur le dessus du moule et retourne le tout; puis, soulevant ce moule, il laisse la brique sur la planchette; cette dernière est plac'e sur les deux traverses en fer fixées sur les solives en bois et poussées aussi loin que possible. Cette opération faite, le mouleur saupoudre de nouveau son moule, forme une seconde brique et ainsi de suite.

Quand il y a sur les deux tringles en fer 10 à 12 briques, l'aide commence à les enlever pour les porter séchées sur le sol préparé. Il se sert à cet effet d'une brouette analogue à celle qui est représentée ci-dessus, sur le plancher de laquelle il dépose avec précaution 24 briques. Arrivé au point où il doit les décharger, il trouve une planchette semblable à celle qu'il a employée précédemment; il la prend, la pose sur la surface supérieure de la brique qu'il veut transporter de la brouette sur le sol, et la tenant ainsi serrée entre deux planchettes, il la dépose de champ. Avec cette dernière planchette dont il se sert comme *batte ;* il répare les angles ou les arêtes qui pourraient avoir souffert, puis il retourne près du mouleur avec sa brouette et les 24 planchettes pour prendre un nouveau chargement.

Moulage mécanique.

1077. La fabrication des produits céramiques en général et des briques. en particulier, servant à la construction, a pris, depuis quelques années un développement considérable. Partout on construit beaucoup. Il est peu de villes, ou même de villages, qui n'aient une ou plusieurs briqueteries. Le moulage à la main ne produisant pas assez rapidement une quantité de briques en rapport avec le nombre toujours croissant des constructions, ce moulage a été avantageusement remplacé par le moulage mécanique. Il faut cependant faire entrer en ligne de compte le prix relativement élevé d'une machine qui fait tout, et, par conséquent, l'intérêt du capital engagé, son entretien annuel, les réparations qu'elle exige de temps à autre, les inconvénients qui peuvent résulter de son chômage, les ouvriers nécessaires pour la conduire; enfin, le moteur puissant qui doit lui faire faire toutes ces opérations. Ces réflexions sont parfaitement justes, mais l'impulsion générale qui, par tant de motifs inutiles à répéter ici, conduit dans toutes les directions à produire autant que possible par machines, fait croître aussi dans les briqueteries le nombre de celles-ci. Afin de nous guider dans le choix des machines et accessoires indispensables pour une bonne fabrication, supposons que nous ayons à étudier les machines nécessaires pour une production de 10 à 12,000 briques pleines et 8 à 10,000 briques creuses par jour.

Le petit devis approximatif d'une pareille installation devra comprendre :

1° Une machine à vapeur de 25 chevaux, locomobile à condensation, système Compound. 18,000 fr.

2° Transmissions diverses, poulies, courroies, etc., environ. . . . . 3,500 »

3° Une paire de gros cylindres. . . . . 2,590 »

4° Une toile sans fin . . . . 600 »

5° Une paire de cylindres de 0^m,40 de diamètre. . . . . . 1,940 »

       A reporter . . 26,630 »

Report . . . 26,630 »

6° Une toile sans fin réunissant lesdits cylindres à la machine à briques pleines. . . .   540 »

7° Une machine à briques pleines. . . . .   4,320 »

8° 6 Brouettes à plate-forme à ressorts. . . . .   300 »

9° Une paire de cylindres, pour pâte molle. . . . . . .   1,510 »

10° Une toile sans fin réunissant les dits à la machine à briques creuses . . . .   540 »

11° Une machine à deux hélices pour mouler les briques creuses. . . . .   2,500 »

12° Deux élévateurs à brouettes composés de deux treuils, guide-cornière, appareils de retenue, deux cages, chaînes, etc. . . . .   2,500 »

13° Pompe pour élever l'eau d'arrosage, réservoir, tuyaux, etc., chemin de fer, matériel, divers, environ . . . .   3,000 »

TOTAL. . . . 41,840 fr.

Dans cette installation, nous pouvons supposer que toute la fabrication devra sécher à couvert. Il faut donc que l'usine soit capable de recevoir 200,000 briques en séchage dans l'espace le plus réduit possible, de manière à éviter les transports souvent très longs. Nous croyons inutile de passer en revue un grand nombre de machines qui ont été essayées dans le principe, notamment l'ancienne machine à briques des environs de Paris, la machine Carville, dans laquelle le mouvement est donné mécaniquement à des moules séparés, la machine Craven et Bradley, plus spécialement employée pour la fabrication des agglomérés, pour nous occuper des machines actuellement en usage et qui résument tous les perfectionnements. Nous prendrons donc, comme types, les machines fabriquées par MM. Boulet frères, Lacroix et Cie, constructeurs à Paris. Cette maison construit spécialement les machines à fabriquer en terre ferme les tuiles de toutes formes et de toutes grandeurs, les briques pleines, et les briques creuses, les carreaux, les tuyaux de drainage, etc. Dans chaque machine, le bâti porte tous les organes de mouvement; une seule pierre suffit pour l'assujettir à sa place, et le premier mécanicien venu peut en faire l'installation.

GROS CYLINDRES POUR DIVISER LES MOTTES DE TERRE.

1078. Cette machine représentée (*fig.* 481) pèse environ 2,800 k. Les rouleaux ou cylindres sont unis ou cannelés circulairement et ont un diamètre de 0^m72. Tous les coussinets sont en bronze. La production ordinaire est de 20 à 30 mètres cubes en dix heures de travail. La force motrice nécessaire est de 4 à 5 chevaux. La poulie volant-motrice a 1^m20 de diamètre et 0^m15 de largeur; elle doit faire environ 90 tours par minute; cette machine sera d'une grande utilité aux fabricants ayant des terres qui, par leur nature, ne peuvent être extraites qu'en gros morceaux ou mottes, telles que les glaises plus ou moins plastiques, les terres à ciment qui renferment des parties non encore désagrégées, etc. Généralement, on place ces cylindres dans ou près du magasin à terre, et au moyen d'un petit plan incliné que l'on fait arriver à la hauteur de la trémie, on peut y déverser la terre que l'on amène avec des brouettes ou des wagonnets. Cette machine est excessivement robuste. Elle peut fonctionner toujours pleine, c'est-à-dire que l'on peut la charger à la brouette, comme nous le disons plus haut. Elle est d'un excellent usage lorsque l'on met la terre en cave ou en magasin quelque temps avant de la travailler. Son but, dans ce cas, serait de la passer une fois avant de l'emmagasiner. Ces cylindres devraient naturellement être placés près dudit magasin.

A la suite de ce gros cylindre, se trouve un malaxeur vertical à terre ferme. La terre qui a passé dans le gros cylindre est amenée dans ce malaxeur à l'aide d'une toile sans fin, comme l'indique la fig. 483, nous montrant l'ensemble d'une installation.

Fig. 481. — Gros cylindres pour diviser es mottes de terre.

MALAXEUR VERTICAL A TERRE FERME.

1079. Pour manœuvrer cette machine représentée (*fig.* 48.), il faut une force de cinq chevaux et l'on peut malaxer 20 à 30 mètres cubes de terre en 10 heures de travail. Le poids approximatif de ce malaxeur est de 2,000 k. Les coussinets sont en bronze. La poulie a un mètre de diamètre 0^m11 de largeur et doit faire 120 tours par minute.

La construction excessivement robuste de cette machine lui permet de manipuler la terre aussi ferme qu'on peut le désirer pour une bonne fabrication. Tous ses organes de mouvement sont attachés au socle-bâti, ce qui donne la facilité de le monter dans un espace très restreint.

Une pierre suffit pour le fixer en place.

Cette machine est très utile, si elle n'est indispensable, dans une usine où l'on veut faire de bons produits. Elle mélange les terres après un cylindrage énergique et rapproche les molécules divisées par cette

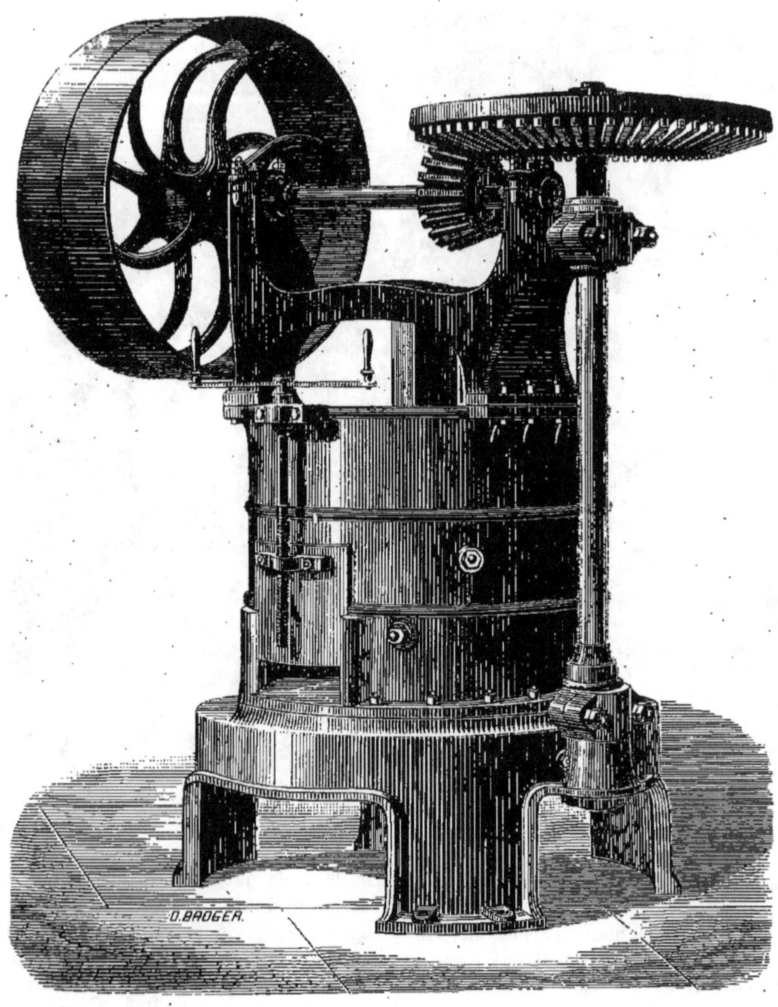

Fig. 482. — Malaxeur vertical à terre ferme.

opération. Après ce malaxeur, vient la machine à briques comme l'indique le type d'installation représenté (fig. 483). Cette disposition demande une surface minima de 4^m sur 10^m.

Elle peut, suivant les cas, subir des modi-

Fig. 483. — Type d'installation pour fabriquer en terre ferme, les tuiles de toutes formes, carreaux, briques pleines, briques creuses, tuyaux de drainage, etc.

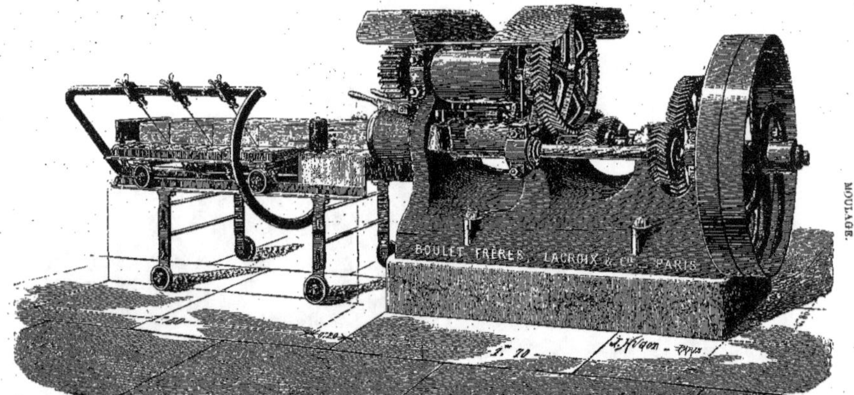

Fig. 484. — Machines à briques.

fications. Nous donnons (*fig.* 484) une autre machine composée d'une paire de cylindres unis de 0ᵐ30 de diamètre, d'un malaxeur horizontal à deux hélices, d'une filière et d'un chariot coupeur. On produit de 700 à 1,000 briques pleines ou creuses à l'heure, suivant la vitesse de la poulie motrice, laquelle fait de 100 à 150 tours à la minute.

Cette machine pèse environ 2,000 k. et exige pour son fonctionnement une force de 4 à 6 chevaux. Sa poulie a un mètre de diamètre et 0ᵐ11 de largeur.

Pour les petites installations, on se sert aussi pour le mélange des matières de cylindres cannelés simples ou cylindres cannelés malaxeurs de petit diamètre employant une force motrice de trois chevaux et produisant 12 à 15 mètres cubes de terre en 10 heures. Leur poids est d'environ 1,300 k. Tous les coussinets sont en bronze. La poulie volant a 1ᵐ00 de diamètre, 0ᵐ11 de largeur et doit faire 130 tours par minute.

Les rouleaux ou cylindres de cette machine sont cannelés circulairement. Ils ont une forme conique dans le sens de la longueur. Le petit diamètre de l'un est placé en face du grand diamètre de l'autre, ce qui fait que, à vitesse égale des axes, les parties opposées ont une vitesse différente et produisent un déchirement très énergique sur la terre qui passe entre les cylindres. Les cannelures, toujours pleines de terre, se vident au moyen de peignes râcleurs posés en dessous. Le mélange se fait tellement bien, qu'il est impossible de reconnaître les diverses teintes des terres passées trois ou quatre fois dans cette machine ; elles ne forment plus qu'une seule nuance. Une autre machine (cylindres doubles, ou 2 paires superposées), beaucoup plus forte et nécessitant une force motrice de 5 chevaux pour produire 20 à 30 mètres cubes de terre en 10 heures de travail, est employée dans les installations plus importantes.

Les cylindres superposés économisent de moitié la main-d'œuvre. Les terres tombent naturellement de la paire du haut dans celle du bas. Ces rouleaux sont coniques et cannelés circulairement, comme ceux des cylindres simples, et font le même travail comme qualité et le double en quantité. Chaque jour, après le travail, un ouvrier doit toujours nettoyer les peignes par dessus et par dessous. Chaque fois que l'on cesse de travailler un jour, il faut nettoyer toutes les cannelures ; avant de recommencer le travail, avoir bien soin, dès que les cylindres se trouvent écartés de plus de 5 à 6 millimètres, de les rapprocher en desserrant la vis derrière les coussinets carrés.

Le nombre des machines à faire les briques étant très nombreux nous nous bornerons à ces quelques renseignements, en renvoyant les intéressés aux constructeurs spéciaux qui se chargent de ces installations.

La terre la plus convenable pour la fabrication des briques par le procédé mécanique, en employant les machines dont nous venons de parler, est celle qui sort de la carrière et qui est légèrement arrosée. On doit l'employer ainsi, pourvu qu'elle ait une consistance telle que pétrie dans la main, elle conserve l'empreinte des doigts sans y adhérer. On doit chercher à l'obtenir toujours dans cet état.

Les cylindres ont une grande puissance, et la terre qui se détache des cannelures est échauffée et ramollie. Elle laisse dégager des vapeurs aqueuses, comme si on l'avait arrosée d'eau chaude. La bonne fabrication repose en entier sur la bonne préparation ou malaxation des terres, qui ne peuvent jamais l'être trop.

Par ce travail, une terre très médiocre gagne considérablement en bonté, à tel point que beaucoup de fabricants réexploitent des carrières abandonnées dont les terres employées par les procédés ordinaires, c'est-à-dire à l'état de pâte molle, ne donnaient que des produits défectueux. Pour terminer ces quelques renseignements, nous donnons (*fig.* 485) le croquis d'une brouette à plate-forme à ressorts pour transporter les briques et

Fig. 485. — Brouette à plate-forme, à ressorts pour transporter les briques, faîtières, arêtiers, boisseaux, tuyaux, etc.

autres produits céramiques fabriqués de la machine au séchoir. Cette brouette pèse 30 kilos.

Nous donnerons, en parlant des briqueteries, quelques détails sur l'installation de ces diverses machines.

§ V. — DESSICCATION. — CUISSON ORDINAIRE OU EN TAS. — PRINCIPAUX FOURS EMPLOYÉS.

1080. Lorsque les briques ont acquis le degré de dessiccation convenable, on procède à leur cuisson.

La cuisson en plein air, dite aussi *en tas* ou *à la volée* et encore *cuisson à la belge* ou *à la flamande*, est surtout pratiquée en Angleterre, en Belgique et dans le nord de la France.

Cette méthode, en apparence peu coûteuse, peut avoir des avantages dans certains pays (parce qu'elle n'exige aucune construction permanente), mais offre assez d'inconvénients pour ne pas être généralement suivie. En effet, il n'est pas toujours facile de se procurer un cuiseur ayant non seulement une grande expérience de la conduite du feu et qui soit un excellent chauffeur, mais qui puisse lui-même avoir sous la main l'atelier d'ouvriers capables et spéciaux employés à la tâche difficile de la construction des fourneaux, tâche qui demande une longue expérience, beaucoup de tact et une grande habileté. De plus, la cuisson des briques en tas et en plein air occasionne une dépense de combustible plus considérable que la cuisson dans les fours, présente plus de difficultés et donne des produits moins uniformes. Il est cependant utile de dire quelques mots de cette manière de cuire les briques.

Le mode de cuisson dit *à la volée* consiste à disposer les briques en tas (*fig.* 486) sur une aire bien nivelée et bien asséchée au moyen de rigoles et de fossés convenablement disposés. On pose de champ une première couche de briques, en ayant soin de laisser entre chaque rang un vide égal à l'épaisseur d'une brique. Ce vide, que l'on nomme *clair-champ*, est rempli

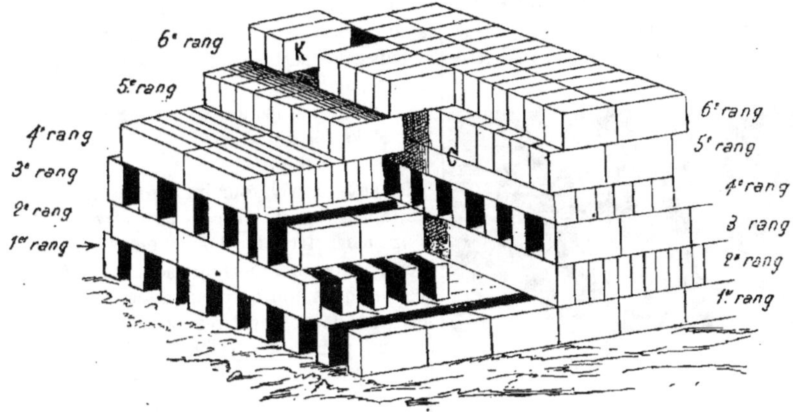

Fig. 486. — Cuisson en tas. — Arrangement des briques.

de menu combustible (houille de mauvaise qualité). Sur cette première couche, on en pose une autre de la même manière, mais perpendiculairement aux premières. Cette dernière est interrompue, à distance de trois briques des angles, par un intervalle d'une brique d'une certaine longueur en *C* que l'on répète successivement sur toute la longueur du tas, de cinq en cinq briques. Le troisième tas se pose comme le premier et le quatrième comme le second. Les vides doivent former des canaux destinés à communiquer le feu à toute la masse, en prenant, autant que possible, là précaution de diriger l'axe de ces canaux dans un sens perpendiculaire à celui dans lequel soufflent les vents dominants. Après le troisième tas, les briques sont posées jointives et séparées de deux en deux ou de trois en trois tas par un lit de menue houille de quelques centimètres d'épaisseur. Le cinquième et le sixième tas servent à fermer la gaîne ou carneau *C*. De distance en distance, on doit ménager des cheminées *K* par lesquelles on jette de la houille enflammée pour allumer tout à la fois.

Au bout de 18 à 20 heures, toute la masse est incandescente. Il faut alors boucher avec quelques briques et de l'argile l'orifice des canaux ainsi que les cheminées pour modérer l'action du feu, puis on continue le chargement du four par couches successives et croisées à angle droit. (Briques de champ et jointives, séparées par des couches de houille.) A mesure que ce tronc de pyramide (*fig.* 487) s'élève, on enduit les parois d'un placage d'argile maigre mélangée de sable et de paille. On met le même enduit sur le dernier tas de briques.

Dans quelques localités, notamment à Rupelmonde, sur les bords de l'Escaut, la chemise d'argile dont on recouvre les parois du fourneau est remplacée en tout ou en partie, par une enceinte en maçonnerie, qui forme alors un véritable four auquel on donne le nom de *Klamp*.

Pour l'établissement d'une telle fournée (200,000 briques), il faut environ huit jours et douze à treize jours après la mise à feu pour la cuisson complète.

On emploie en moyenne quatre hecto-

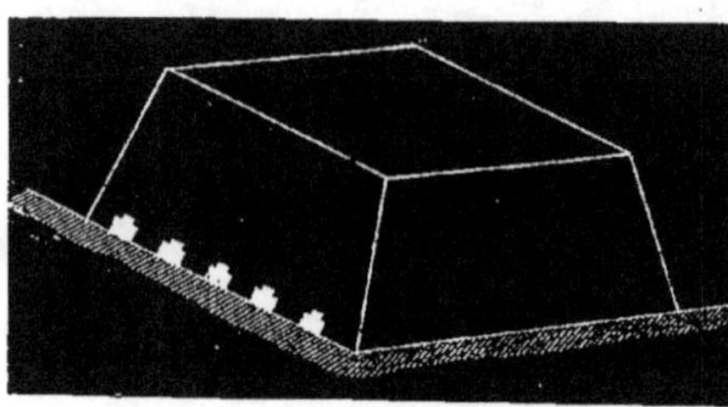

Fig. 487

litres de houille (tout venant) par mille briques de dimensions ordinaires.

La tourbe a quelquefois été substituée avec avantage à la houille dans le mode de cuisson à la volée. On obtient des briques plus uniformément cuites, et moins gauchies par une chaleur locale trop violente.

On ne retire les briques du tas que plusieurs jours après l'extinction du feu, de peur de les rendre cassantes par un refroidissement trop rapide.

Il arrive presque toujours que les briques placées vers le centre se trouvent vitrifiées, tandis que celles qui avoisinent la *chemise*, ou *couverte* en argile, ont à peine reçu un premier degré de cuisson. On emploie ces dernières pour faire la base d'une fournée suivante. C'est vers le tiers de la hauteur du tas que se trouvent les briques les plus estimées.

Principaux fours employés pour la cuisson des briques.

1081. La cuisson des briques dans les fours offre, sur la cuisson à la volée, des avantages qui ont fait adopter ce premier procédé dans un grand nombre de briqueteries. Elle s'y effectue d'une façon plus régulière, on obtient des produits plus uniformes, d'une qualité supérieure. La chaleur étant mieux concentrée, les dépenses de combustible sont moins grandes, les pertes et les déchets presque entièrement évités.

On distingue les fours en deux classes :
1° *Fours intermittents ;*
2° *Fours continus.*

On entend par four intermittent, celui qui, après chaque cuisson, doit être éteint pour permettre le défournement et le réenfournement. Ces fours sont loin d'être économiques, puisqu'il faut dépenser énormément de combustible pour opérer la cuisson, puis laisser refroidir, c'est-à-dire laisser partir en pure perte, sans qu'elle profite à quoi que ce soit, la chaleur obtenue à si grands frais. Les fours à feu continu sont ceux dans lesquels le feu est toujours en activité, soit qu'il se déplace pour cuire successivement les produits qui sont enfournés et défournés à mesure de son avancement, soit, au contraire, que le foyer reste fixe et que les produits viennent se présenter devant lui pour en recevoir toute l'action.

D'après ce qui précède, les fours à feu continu étant, à tous points de vue, les plus réguliers, les plus économiques et les meilleurs, nous les étudierons plus spécialement.

Four à feu continu ou intermittent d'une combinaison nouvelle, de M. Eugène Hocquart.

DESCRIPTION DU FOUR.

1082. Ce four se compose de quatre galeries *A* (*fig.* 488) engagées les unes dans les autres, se contrebutant et mises en communication directe entre elles, par quatre larges ouvertures *B*. Le feu pouvant parcourir successivement et sans arrêt ces quatre galeries, est un four à feu continu. Mais ces ouvertures étant fermées à volonté, par des portes spéciales, permettant d'isoler chaque galerie ou de ne se servir que d'une, deux ou trois, si on le désire, le four devient à feu intermittent. Une seule cheminée C, placée au

COUPE SUIVANT AB.

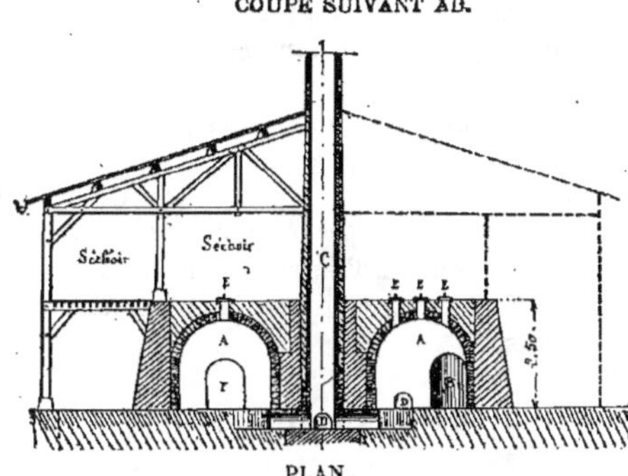

PLAN.

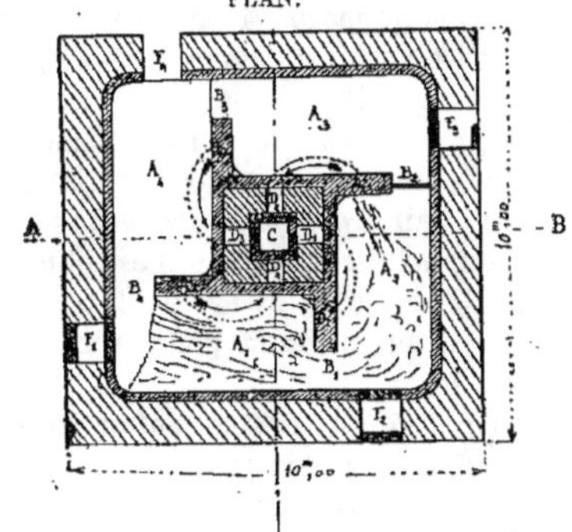

Fig. 488. -- Four E. Hocquart.

centre de la construction, reçoit la fumée des quatre compartiments par quatre conduits souterrains D, fermés suivant besoin par des portes dont le fonctionnement est de la plus grande simplicité.

L'introduction du combustible se fait en haut par des trous E, régulièrement espacés dans la voûte et soigneusement fermés par des cloches en fonte, dont les bords plongent dans un bain de sable.

Chaque trou est muni, si on le veut, aux endroits où est le grand feu, de petites trémies remplies de charbon : lignite, tourbe ou autre menu combustible, qu'on ne laisse tomber qu'à des intervalles calculés, et en quantité suffisante pour la bonne marche du feu. Chaque trémie est munie d'un regard, afin de voir aisément comment se comporte le feu à l'intérieur, sans être incommodé, ni par la fumée, ni par la chaleur.

Un pyromètre marque et inscrit, si on le veut, sur un cadran, le degré d'intensité du feu dans chaque galerie. On est, par ce moyen, exactement renseigné au dehors de ce qui se passe dans le foyer et les produits peuvent être ainsi amenés à un degré de cuisson presque mathématique.

La chaleur perdue d'un compartiment en refroidissement est reçue par des conduits extérieurs pris sous chaque voûte, dans un collecteur placé autour de la cheminée, d'où elle est emmenée dans un compartiment venant d'être enfourné.

Si, pour certains produits, un enfumage préalable était nécessaire avant de mettre le compartiment qui vient d'être enfourné en communication avec le reste du four, une grille sur laquelle on entretient un peu de feu pendant quelques heures est présentée à chaque porte d'enfournement F, dans l'épaisseur du mur, et enlevée aussitôt que la vanne de communication est ouverte.

Le four est, comme l'indique la (*fig.* 488), recouvert d'une toiture sous laquelle des séchoirs peuvent être établis.

L'installation de ce four permettra aux petits établissements de suivre le progrès et de profiter, dans une juste mesure, des avantages dont jouissent les grandes usines.

Dimensions principales. — Combustibles employés.

1083. Ce four a $10^m,00$ sur chaque

face. Il occupe donc une surface de 100 mètres carrés. Sa hauteur est de 2^m,50 au-dessus du sol de l'usine. Il faut, pour le construire, y compris la cheminée et les fondations à 1^m,00 en contre-bas du sol de l'usine, 200 mètres cubes de maçonnerie. Deux portes et quatre petites vannes en tôle en sont les accessoires. Pas de bois, pas de grilles, la construction peut en être faite par un maçon quelconque.

Chaque galerie cube 25 mètres et peut contenir environ quinze mille briques; c'est donc soixante mille que contient le four entier. Le feu pouvant être, à volonté, forcé ou ralenti sur n'importe quelle partie de chaque galerie, il n'y a plus à craindre l'inégalité dans la cuisson, l'expérience ayant prouvé que les briques qui touchent la sole du four sont aussi bien cuites que celles qui sont placées près de la voûte.

La cheminée, dont le pied est toujours chauffé sur un des quatre côtés par le compartiment en feu, a, par ce fait, un tirage très régulier. Ce tirage est juste ce qu'il faut pour l'avancement du feu sans perte de chaleur. On peut cependant l'augmenter ou le diminuer à volonté, en ouvrant ou en fermant plus ou moins les vannes des conduits de fumée de chaque galerie ou compartiment.

Une femme ou même un enfant peut diriger le feu sans la moindre fatigue, puisqu'une petite pellelée de charbon (5 à 600 grammes) qu'on introduit toutes les cinq minutes par chaque bouche de chauffage suffit pour amener la cuisson au degré voulu. (2 hectolitres de charbon pesant 80 k. et produisant 8.000 calories suffisent pour cuire 1.000 grosses briques, soit 2.500 k. de terre très dure à cuire.)

Afin que la distraction ou quelque dérangement ne vienne faire oublier la régularité des intervalles, le timbre d'une horloge *ad hoc* avertit, toutes les cinq minutes, qu'il est temps de mettre du charbon.

Ce four offre donc de véritables avantages. La chaleur passant successivement d'une galerie dans l'autre, ne se perd pas inutilement comme dans les anciens fours. La fumée seule s'échappe par la cheminée, après avoir chauffé graduellement les produits enfournés.

Dans le cas où plusieurs fours seraient nécessaires pour une plus grande production ou pour cuire dans chacun des produits différents, on les construit autour d'une seule cheminée à laquelle vient aboutir le carneau collecteur de chaque four.

Il y a, dans ce cas, économie d'installation et de main-d'œuvre, puisqu'un seul chauffeur peut conduire tous les fours à la fois.

Marche du four.

1084. Supposons la galerie A_1 en grand feu et les portes d'enfournement F_1 F_2 F_3 soigneusement bouchés par une double cloison. A_4 est en refroidissement. La porte F_4 est seule ouverte pour laisser pénétrer l'air froid qui, parcourant les produits dans lesquels le feu n'est plus entretenu, les refroidit et arrive lui-même de plus en plus chaud pour alimenter le grand feu.

La galerie A_2 est en enfumage et en échauffement progressif.

La fumée s'échappe par le conduit souterrain D_2 dont la vanne est seule ouverte. La galerie A_3 vient d'être enfournée et, pendant qu'on bouche la porte F_3, elle reçoit, par un conduit spécial, la chaleur perdue de la galerie A_1. La porte de communication B_2 va être enlevée et lorsque la fumée va pénétrer dans cette galerie, le degré de chaleur sera déjà suffisamment élevé pour éviter que la buée, s'il en reste encore, ne s'attache et ne donne une mauvaise nuance aux produits fraîchement enfournés. Cette buée, à mesure qu'elle s'est formée, a été emmenée dans la cheminée par un tuyau placé quelques heures sur le dernier trou d'introduction du combustible de chaque galerie en enfumage. Lorsque la fumée entre dans la galerie A_3 la vanne D_2 est fermée et la vanne D_3 est ouverte.

Dès que le grand feu, qui va toujours en avançant dans le sens du tirage de la cheminée, a pénétré dans la galerie A_2, la galerie A_4 peut être défournée et réenfournée. La galerie A_4 est alors en refroidissement, la porte de communication B_4 a été fermée, et celle d'enfournement F_4 ouverte.

Chaque fois que le grand feu quitte une galerie pour entrer dans la suivante, on procède comme il vient d'être dit et, comme on le voit, la conduite de ce four est si facile qu'il suffit de bien suivre ces quelques renseignements pour en comprendre le fonctionnement.

Subdivision des galeries du four pour certains cas particuliers.

1085. Le four que nous venons de décrire peut, en lui faisant subir quelques modifications, être employé avec avantage par toutes les branches de l'industrie céramique Des gazettes remplies de divers objets de différentes terres et faïences, soit en biscuit, soit en vernis, ou couvertes de pièces fines, délicates ou grossières, ont été enfournées dans plusieurs galeries. La cuisson en a été opérée d'une manière très satisfaisante. Le cuiseur qui connaît bien son four, ralentit ou active, à son gré, suivant les circonstances, l'intensité de son feu dans chaque galerie. Il se peut cependant que certains produits fins et menus, comme minerais, pierres à chaux ou à plâtre très petites, ou autres objets, offrent quelques difficultés à l'empilage dans les galeries un peu hautes et dans lesquelles, afin d'utiliser sans en perdre la moindre chaleur, on cuise avec un minimum de tirage alors qu'il est besoin pour ces produits de cuire avec un maximum. M. Hocquart a obvié à cet inconvénient en subdivisant les galeries, comme l'indiquent les figures 489 et 490.

Cette subdivision ne change en rien le système ; les galeries sont moins hautes,

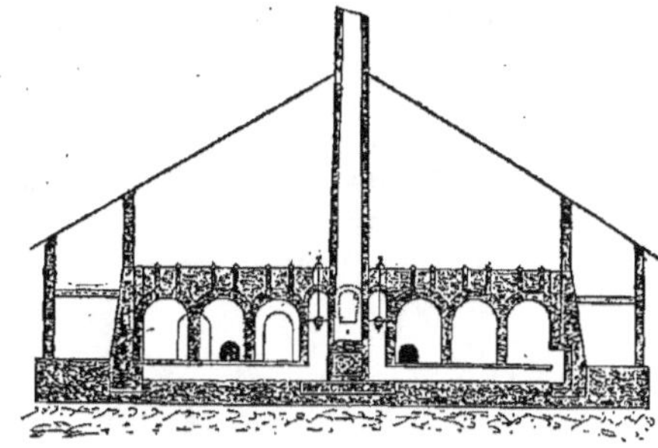

Fig. 489. — Coupe du four avec ses subdivisions.

moins larges, plus longues (environ 60^m de longueur) dans un emplacement relativement restreint.

La marche du feu est exactement la

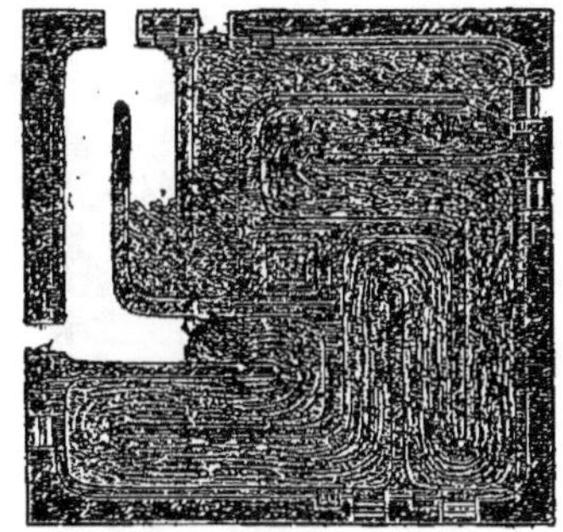

Fig. 490. — Plan du four avec ses subdivisions.

même que dans le four précédemment décrit. Il va toujours en progressant dans le sens du tirage de la cheminée. Les cloisons séparatives sont suffisamment minces pour ne pas perdre de place inutilement, et pour que la portion de galerie en grand feu aide à préparer celle qui la précède et celle qui lui est contiguë L'enfournement et le défournement, l'enfumage, la cuisson et le refroidissement, la manière d'empiler se font aussi comme dans le four non sub-divisé.

Ajoutons, avant de terminer, que les combustibles, tels que sciure de bois, tan provenant du corroyage des peaux etc , toutes choses en poussières qu'on ne peut utiliser sur les grilles des fours ordinaires et qu'on se procure souvent à vil prix, peuvent, dans ces fours, donner d'excellents résultats, surtout lorsque ces matières sont mélangées à un poids relativement très minime de charbon.

Il y a donc pour ces fours : économie de combustible, conduite très facile du feu, construction économique et bonne qualité des produits fabriqués.

Four circulaire de M. Hoffmann.

1086. Ce four représenté (*fig.* 491) consiste essentiellement en une galerie annulaire *A*, dont les dimensions ordinaires

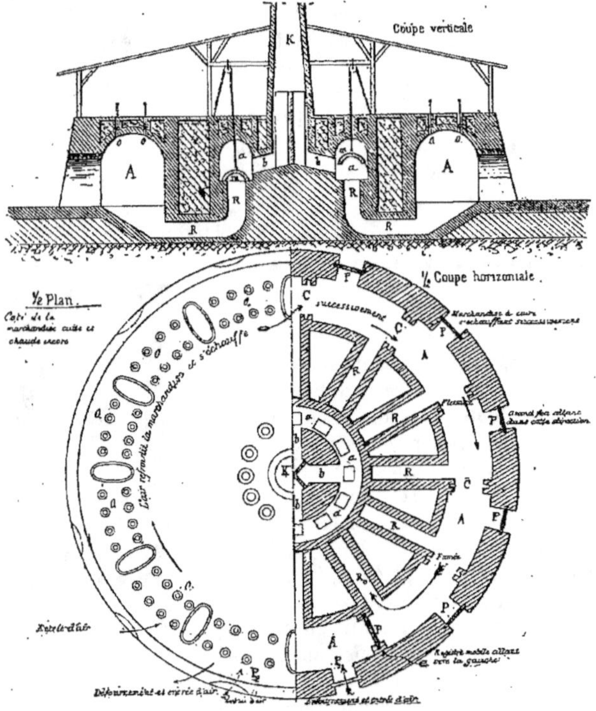

Fig. 491. — Four Hoffmann.

sont 3^m.00 de largeur et 2^m.00 de hauteur. On pénètre dans cette galerie par douze portes *P* percées dans le mur extérieur. Dans l'intérieur de la galerie A, et au milieu de la distance qui sépare chaque

porte, se trouve une coulisse *C* dans laquelle peut s'engager un registre que l'on introduit par une fente ménagée dans la voûte. Le nombre des coulisses étant égal à celui des portes, la galerie *A* peut être considérée comme divisée en douze compartiments.

Dans chaque compartiment, et auprès de la coulisse, se trouve, un peu en contre-bas, un canal ou rampant R aboutissant dans une seconde galerie circulaire a, dite chambre à fumée et concentrique à la galerie A. Cette galerie a communique par quatre autres canaux b à la cheminée K qui se trouve au centre. Afin de pouvoir interrompre la communication entre la chambre à fumée et chacun des compartiments, MM. Hoffmann et Light ont disposé dans cette chambre douze cloches m qui, se manœuvrant du dehors, peuvent obstruer tel ou tel rampant. Ce four, dont nous allons voir le fonctionnement et qui a obtenu un grand prix à l'Exposition universelle de 1867, fournit des produits de très bonne qualité.

Fonctionnement du Four.

1087. Supposons le registre p placé à un endroit quelconque : d'un côté de ce registre, la cloche m qui recouvre le conduit de fumée le plus voisin est levée, toutes les autres étant baissées ; de l'autre côté, les deux portes extérieures P les plus rapprochées sont ouvertes, toutes les autres étant fermées. Le feu est en activité dans le compartiment opposé au registre. Les briques cuites sont situées entre ce compartiment et les portes ouvertes, et les briques à cuire se trouvent entre ce même compartiment et le registre.

L'air appelé par la cheminée entre dans le four par les deux portes ouvertes, circule à travers les briques cuites en s'emparant de leur chaleur, arrive au lieu de combustion à une température élevée, active cette combustion, entraîne les gaz qu'elle produit, passe avec ceux-ci entre les briques crues qu'ils échauffent graduellement et s'échappe avec ces mêmes gaz dans la cheminée par le rampant ouvert R_0.

Il résulte de ce mécanisme de circulation de l'air et des gaz que les briques cuites, c'est-à-dire celles comprises entre les portes ouvertes et le lieu de la combustion, se refroidissent insensiblement et d'une façon continue, tandis que, au contraire, les briques crues, qui sont situées entre le point en ignition et le registre, s'échauffent progressivement jusqu'à atteindre la température de cuisson. Lorsque les briques placées dans le compartiment soumis à l'action directe du feu sont complètement cuites, on fait avancer le feu dans la partie voisine. On enlève le registre d'où il était pour le placer dans la rainure suivante.

On ajoute ainsi un compartiment nouveau à la série, celui que l'on a chargé de briques à cuire pendant le temps que le feu agissait avant d'être déplacé. On ferme la porte extérieure de ce dernier et l'on ouvre son conduit de fumée après avoir fermé celui du compartiment qui formait auparavant la fin de la série. Enfin, on ouvre la porte extérieure du compartiment qui formait le commencement de la série et qui est assez refroidi pour qu'on en puisse enlever les briques.

Les ouvertures C qui servent à l'introduction du registre sont fermées à l'aide d'un couvercle qu'on lute avec de la terre grasse.

D'après ce que nous venons de dire, il est facile de voir qu'il y a toujours à gauche du registre p deux portes ouvertes : l'une P_1 servant à l'enfournement et à l'entrée de l'air ; l'autre P_2 servant au défournement et à l'entrée de l'air.

Le combustible se charge dans le four par des trous circulaires O ménagés dans la voûte du four, très-rapprochés les uns des autres, et susceptibles d'être fermés hermétiquement au moyen de couvercles au centre desquels se trouve un verre qui permet de contrôler le feu dans tous les points du canal.

Dans le four, les briques doivent être disposées de façon à ménager trois petites galeries de $0^m 35$ de hauteur sur $0^m 25$ de largeur. Elles sont ensuite empilées comme dans les fours ordinaires. Seulement, sous chaque ouverture de chargement, on pratique dans la masse des briques une cheminée verticale dans laquelle on dispose quelques briques en croix, à deux ou trois hauteurs différentes, de façon à empêcher le charbon de tomber jusqu'au fond de la cheminée et de s'y accumuler au point d'intercepter l'arrivée de l'air.

Le combustible tombe sur les briques déjà chauffées, par les trous O. Ce combustible, qui peut être menu et de qualité inférieure, est introduit à l'aide de trémies remplies de deux à trois kilos. Les chargements doivent être faits à des intervalles très-rapprochés.

Lorsque le four est en allure normale, on doit avancer d'un compartiment toutes les 24 heures. Les briques restent douze jours dans le four.

La forme du four est indifférente. Elle peut être circulaire ou elliptique. Cette dernière forme est quelquefois préférée, lorsqu'on ne dispose pas d'un grand emplacement. La cheminée qui, dans l'exemple que nous donnons, est située au centre, peut, s'il y a nécessité, être placée tout à fait en dehors du four. Dans ce cas, on la relie, par un canal, à la chambre où aboutissent les rampants de tirage.

Pour une fabrication de 10,000 briques par jour, la construction du four demande 500 mètres cubes de maçonnerie, cheminée comprise, 170 mètres cubes de sable et environ 3,700 kilogs de fer et fonte.

La dépense de combustible est d'environ 100 kilogs de houille par 1000 briques fabriquées. Avec ces données, il sera facile de se rendre compte du *prix d'installation* approximatif d'un four répondant à une production déterminée.

Four à feu continu rectangulaire, de MM. Virollet et Duverne.

1088. Nous avons vu, dans ce qui précède, deux espèces de fours employés dans l'industrie : l'un de forme carrée; l'autre, le four Hoffmann qui peut être circulaire ou elliptique. Pour terminer ce qui est relatif aux fours à briques, nous donnons (*fig.* 492, 493, 494, 495 et 496) les croquis d'un four à feu continu rectangulaire pour la cuisson des produits céramiques à haute température.

MM. Virollet et Duverne construisent depuis quelque temps des fours à feu continu, basés sur l'emploi de la grille avec feu fractionné entre chaque rang de produits à cuire. Ce nouveau type de four est composé de 8, 10, 12 etc., compartiments isolés par des cloisons étanches et mis en communication entre eux par de très petites ouvertures percées dans le bas des cloisons de séparation. Des registres servent à intercepter le passage des produits de la combustion.

Ce nouveau modèle de four permet une très grande production dans un espace de temps relativement restreint.

Les croquis ci-joints indiquant suffisamment les dispositions adoptées, nous croyons inutile de nous y arrêter plus longuement. Qu'il nous suffise de dire, pour terminer, qu'un grand nombre de ces fours sont déjà installés et donnent d'excellents résultats.

FOUR A FEU CONTINU RECTANGULAIRE POUR LA CUISSON DES PRODUITS A HAUTE TEMPÉRATURE A 16 COMPARTIMENTS ET PRISE DE FUMÉE SUR LES COTÉS LATÉRAUX.

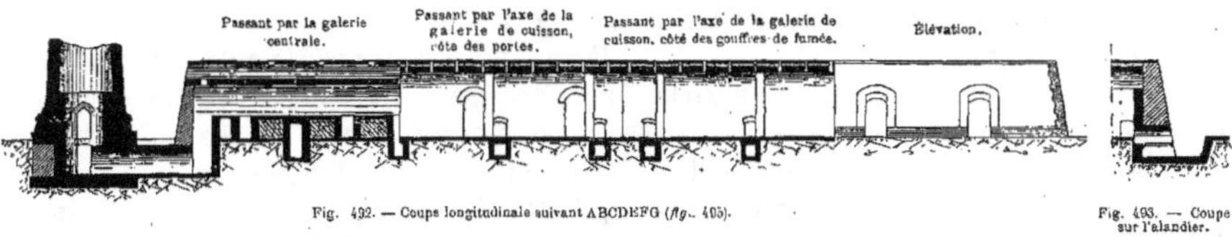

Fig. 492. — Coupe longitudinale suivant ABCDEFG (fig. 495).

Fig. 493. — Coupe sur l'alandier.

§ VI. — CONDITIONS AUXQUELLES DOIVENT SATISFAIRE LES BONNES BRIQUES.

1089. Une bonne brique doit être parfaitement moulée, à vives arêtes, sans cavités, bousouflures ni ébréchures. Elle doit rendre un son clair et sonore quand on la frappe avec un corps dur; avoir le grain fin, serré et homogène dans sa cassure. Elle doit de plus ne renfermer aucun élément décomposable à l'air et susceptible de la dégrader après sa mise en œuvre. Elle doit pouvoir résister à l'action de la gelée et des intempéries, et, dans certains cas, donner des étincelles sous le briquet.

Les briques qui contiennent du carbonate de chaux sont susceptibles d'être silicatées à la manière des pierres calcaires. On augmente ainsi, dans une forte proportion, leur résistance à l'action des agents atmosphériques. Ces briques vitrifiées s'emploient pour la décoration des parements et pour les travaux exigeant une grande solidité, soit en pavage, soit en soubassement.

Les bonnes briques sont ordinairement d'un rouge brun foncé présentant quelquefois à la surface des parties vitrifiées. Il ne faut cependant pas toujours se fier à cette dernière apparence, parce que souvent c'est au degré de cuisson seul qu'elles doivent ce commencement de vitrification, quoique l'argile dont elles se composent soit impure et mal préparée. Il arrive aussi quelquefois que, pour donner un plus beau coup d'œil aux briques, le fabricant sème sur la plate-forme du séchoir un peu de silicate ferrifère, c'est-à-dire de sable siliceux et de mâchefer pilé. Ce sable s'attachant à la surface des briques encore humides, et se vitrifiant en partie au moment de la cuisson, donne une belle apparence aux briques qui peuvent cependant être d'une qualité inférieure. On peut juger la qualité des briques par des moyens appropriés à l'usage qu'on veut en faire. Si ce sont des briques pour construction ordinaire, il faut :

1° Qu'elles supportent une pression déterminé, sans s'écraser ;

2° Qu'elles ne se désagrégent pas dans l'eau et qu'elles n'en absorbent pas une trop grande quantité. La bonne brique ne doit absorber que le $1/15$ environ d'eau de son propre poids. Elle doit paraître sèche, et l'être effectivement. La brique qui n'absorbe pas d'eau est trop cuite. Le mortier n'y adhère qu'imparfaitement, mais elle est bonne conductrice de la chaleur. Elle peut être employée dans les terrains humides et servir aussi de pavés. Pour apprécier la quantité d'eau que peut absorber une brique, on la pèse sèche et on la laisse dans l'eau pendant 12 heures. Après ce temps, on la retire de l'eau, puis on la laisse égoutter pendant environ $1/4$ d'heure, on l'essuie et on la pèse de nouveau. On peut ainsi juger, par l'augmentation de poids, combien elle a absorbé d'eau.

3° Si elles renferment des nodules de calcaire ou des grains de pyrite non entièrement décomposé, ces parties se gonfleront et briseront la brique lorsqu'elle aura été retirée de l'eau après y avoir séjourné quelque temps.

La brique noyée dans l'eau et qui s'effeuille et se boussoufle est de mauvaise qualité et contient du calcaire caustique. Celle qui est chauffée au rouge, sur laquelle on verse de l'eau froide et qui ne se fend pas est d'une dureté extraordinaire et rare. Celle qui a subi l'humidité et la sécheresse pendant quelques hivers et qui ne s'est pas effeuillée ni fendue aux influences alternatives de l'eau et de la glace est excellente.

Les briques de mauvaise qualité se reconnaissent facilement par leur couleur jaune rougeâtre et, mieux encore, par le son sourd et fêlé qu'elles rendent quand on les frappe. Leur grain étant molasse et grenu, elles s'émiettent sous les doigts, se rompent facilement et absorbent l'eau avec avidité. Elles ne sont pas suffisamment cuites et sont alors ordinairement gélives, c'est-à-dire qu'elles ne résistent pas à la gelée, qui les fait fendiller et tomber par morceaux.

Parmi les briques cuites à la volée, il s'en trouve quelquefois dont l'argile, trop peu chauffée, est encore délayable par l'eau. On peut s'assurer de ce défaut en immergeant dans ce liquide les briques dont la nuance terreuse indique la faible cuisson et en observant si elles se désagrègent.

§ VII. — BRIQUES RÉFRACTAIRES. — BRIQUES CREUSES.

1090. Une des qualités importantes et recherchées dans les briques qui doivent servir à construire ou au moins à faire la chemise intérieure des fourneaux et des fours qu'on chauffe à une très haute température, c'est la propriété de résister sans se fondre et même sans se ramollir à ces hautes températures, plusieurs fois répétées ou longtemps continuées.

On appelle généralement *briques réfractaires*, celles qui possèdent complètement cette inaltérabilité par l'action d'un feu violent.

On employait pour leur fabrication une argile déjà très réfractaire par elle-même et connue sous le nom d'*argile plastique* ou *figuline* très pauvre en chaux et en oxyde de fer. Il fallait que cette argile, qui est une réunion, en partie par mélange en partie par combinaison, de silice et d'alumine, ne renfermât, disséminés, ni *gypse*, ni *pyrites* entières ou décomposées, ni *fer oligiste terreux*, ni grain de calcaire carbonate et même silicate de chaux ; mais elle pouvait renfermer du charbon qui la rendait noire sans altérer ses propriétés.

Cette argile plastique était lavée, puis dégraissée. Pour le dégraissage, il ne fallait pas employer du sable même quartzeux, mais du ciment de cette même argile fait exprès et réduit à la grosseur nécessaire par pulvérisation et tamisage. Les proportions de ciment à ajouter variaient de 60 à 75 0/0.

Les briques réfractaires qu'on façonnait autrefois avec les meilleures argiles se font aujourd'hui, et ce sont celles que l'usage recommande avec le plus de confiance, avec des quartz en farine et des grains de quartz grossiers agglomérés par la petite quantité de chaux nécessaire pour agglutiner la pâte.

Si l'on veut juger la qualité réfractaire d'une brique, c'est de faire un petit massif de 6 ou 8 de ces briques sur deux rangs, et de l'exposer, un rang en avant, dans un four à porcelaine à l'entrée du feu. Le poids affaissera les inférieures si elles sont seulement ramollissables. Le rang antérieur ne doit pas entrer dans le jugement ; il est toujours attaqué, quelque réfractaire qu'il soit ; mais il sert à garantir le rang postérieur de l'action de la potasse des cendres à laquelle la terre la plus réfractaire ne peut résister. C'est donc sur les altérations de ramollissement de fusion ou de boursouflement du rang postérieur qu'on peut juger la qualité réfractaire.

Le reste de la fabrication étant le même

que pour les briques ordinaires, nous croyons inutile d'y revenir.

Briques creuses.

1091. Les briques creuses sont aujourd'hui recherchées par les architectes et les entrepreneurs et, si elles ont leur place marquée dans les constructions, elles la doivent non-seulement à leur légèreté et à la modicité de leur prix de revient, mais encore à diverses propriétés relevées par la pratique et que les briques pleines ne possèdent pas au même degré.

Ces propriétés sont :

1° Une résistance assez forte à la rupture et aux agents atmosphériques ;

2° Une liaison plus intime des maçonneries ;

3° Une inconductibilité de la chaleur plus prononcée ;

4° Un isolement plus complet de l'humidité:

Fabrication. La fabrication des briques creuses se dirige à peu près comme celle des briques ordinaires ; mais elle exige une argile moins grossière et des procédés de moulage plus compliqués. Elle n'est pas aussi simple que celle des briques pleines. Il faut un matériel complet pour le malaxage des terres, le moulage, l'étendage et la cuisson.

Pour la fabrication des briques creuses non réfractaires, toutes les argiles sont bonnes. pourvu toutefois que la proportion d'alumine soit à peu près normale, car c'est à la présence de ce corps que la plasticité et le retrait des terres sont dus.

Un retrait de 1/8 environ sur les dimensions entre une brique sortant du moulage et cette même brique sèche et prête à mettre au four, indique que le mélange argileux est en proportions convenables. Si le retrait est sensiblement moindre, le mélange ne possède pas toute la plasticité voulue et se moule imparfaitement. On rectifie alors ce défaut, soit par une addition d'argile plus liante, soit en éliminant, à l'aide d'un lavage, l'excès des matières siliceuses. Si le retrait est au contraire plus prononcé, les produits courent le risque de se fissurer à la dessiccation et à la cuisson ; dans ce cas, on diminue la plasticité de la terre à l'aide de sable, de craie pulvérisée, de terre ou autres matières inertes.

L'argile ayant été réduite à un état de division convenable, soit par des cylindres lamineurs, soit au moyen de couteaux mécaniques, on la livre au malaxeur en y ajoutant le sable qui doit servir au mélange.

Du malaxeur sort une traînée continue de terre que l'on divise en lopins, et qui se trouve ainsi parfaitement préparée pour recevoir l'opération du moulage.

La machine représentée (*fig*. 497) dont la poulie à $1^m,00$ de diamètre et $0^m,11$ de largeur (100 tours par minute) peut produire en dix heures de travail 10 à 15,000 briques creuses de $0^m,11 \times 0^m,22 \times 0^m,06$. Il faut, pour la faire fonctionner, une force motrice de deux chevaux. Avec cette machine, on peut aussi fabriquer la poterie de bâtiment, tels que boisseaux, tuyaux de ventilation, conduites d'eau etc...Son poids est d'environ 3,000 kil.

Les boîtes à terre ont $0^m,30$ de diamètre et sont garnies, ainsi que les bouts du piston, de pièces facilement démontables que l'on change lorsque l'usure en a amené la nécessité. Par cette modification, on peut dire que la machine a une durée illimitée.

Dans cette étireuse sortant des ateliers de M. Boulet frères, Lacroix et Cie, un double piston, mis en mouvement par des engrenages, accomplit un mouvement horizontal de va-et-vient dans les intérieurs de deux caisses en fonte. Chaque caisse porte, à son extrémité antérieure, une filière derrière laquelle peut être placé un crible épurateur.

Une table couverte de rouleaux enveloppés de drap grossier, fait suite à chaque filière. Elle est munie d'un châssis mobile, sur lequel sont tendus des fils de fer dis-

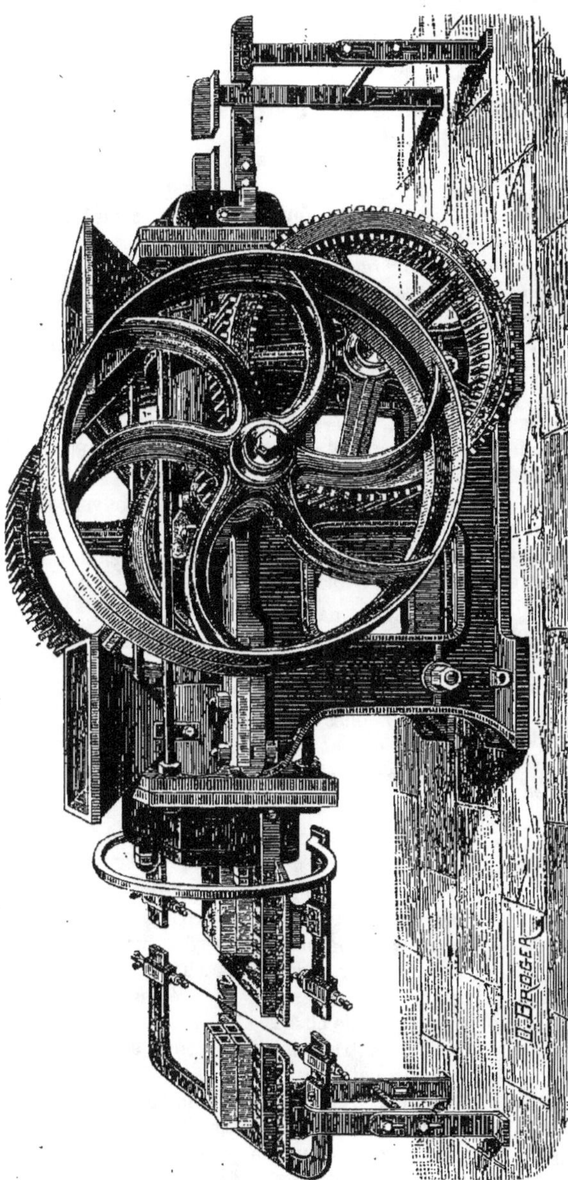

Fig. 497. — Machine à étirer double (briques creuses).

tancés entre eux de la longueur d'une brique et faisant fonction de couteaux.

L'ouvrier remplit l'une des caisses de la machine avec des lopins de terre sortant du malaxeur. Sous l'effort du piston, la terre argileuse passe au travers du crible, qui intercepte au passage tous les corps étrangers d'un diamètre supérieur à 0,005 ; puis elle traverse la filière qui la moule et la laisse sortir sous la forme de plusieurs bandes prismatiques qui glissent parallèlement sur la table précédemment décrite. Les briques sont immédiatement coupées de longueur et portées au séchoir. De temps en temps l'ouvrier nettoié avec une truelle le devant du crible épurateur. Pendant cette opération, on a chargé la seconde caisse et le même travail recommence de l'autre côté.

1092. — *Séchage et cuisson*. Les briques creuses, on le comprend, doivent sécher plus rapidement que les briques pleines. Elles sont placées au nombre de 10 sur des planchettes de 1^m00 de longueur que les ouvriers transportent facilement. La cuisson peut se faire dans les mêmes fours que lorsqu'il s'agit de cuire de la brique pleine.

§ VIII. — EMPLOI ET DIVERSES FORMES DE BRIQUES. — RÉSISTANCE DES BRIQUES.

1093. — *Briques*. D'après leur emploi, les briques peuvent être divisées comme suit :

1° *Briques de grosses constructions*. Ce sont les plus communes. Elles peuvent, comme les briques dites *briques anglaises*, contenir parfois de menus fragments de coke et de machefer, qui les rendent plus légères et susceptibles de garder la chaleur des chambres dont elles forment les murs.

2° *Briques de fourneaux, de cheminées et de carrelages.*

Ces briques doivent résister à une certaine température, à des frottements ou à des chocs continuels. Elles doivent être dures, compactes, lourdes et bien cuites. Les briques de Bourgogne marquées réunissent ces conditions.

Elles sont assez réfractaires pour servir à la construction des fours usuels; mais ce ne sont pas des briques réfractaires proprement dites.

3° *Briques pour réservoirs et aqueducs*. Les briques que l'on doit préférer pour la construction des réservoirs et aqueducs sont celles qui ont été fortement chauffées à la cuisson de manière à offrir, sur l'un de leurs côtés au moins, des traces plus ou moins prononcées de vitrification; celles que l'on désigne aussi sous le nom de briques fort cuites doivent être très compactes. On fait des briques vernissées sur une ou plusieurs faces, à l'aide d'un enduit vitreux. Elles sont d'un usage convenable pour les citernes, les réservoirs, les aqueducs, et même pour les conduits de fumée, la suie n'y pouvant tenir.

4° *Briques réfractaires*. Les briques réfractaires servent spécialement pour la fabrication des fours et des foyers métallurgiques.

5° *Briques creuses*. L'emploi des briques creuses est aujourd'hui très répandu. Elles peuvent être à un ou à plusieurs trous. Cette disposition économise la matière, permet une dessiccation plus prompte et une cuisson plus facile. Les briques creuses sont généralement légères et servent pour construire les cloisons de faible épaisseur, les hourdis des planchers, enfin la partie haute des murs qui ne se trouvent que modérément chargés.

1094. Nous donnons ci-après quelques croquis des formes de briques creuses les plus usitées dans l'industrie (*fig.* 498).

Les briques pleines peuvent se faire de toutes dimensions et qualité, suivant la commande qui est faite et les besoins auxquels elles doivent répondre; nous nous bornerons à donner quelques types indiqués (*fig.* 499).

Résistance des briques.

1095. La bonne brique s'écrase sous une charge de 150 à 100 kil. par centimètre carré; la brique de qualité moyenne sous une charge de 100 à 50 kil.; enfin la brique de médiocre qualité s'écrase sous une charge de 50 à 20 kil.; nous pouvons donc admettre comme moyenne 90 kil. par centimètre carré.

La charge permanente à imposer à la brique est le 1/10 au plus de la charge d'écrasement. Pour un pilier isolé et un peu long, on prendra le 1/20. Si la charge n'est pas bien répartie, on pourra même

PRINCIPAUX TYPES DE BRIQUES CREUSES EMPLOYÉES DANS L'INDUSTRIE
½ Briques
Briques creuses a rainures et languettes pour plafonds, etc.
Briques creuses pour revêtements et cloisons
Briques circulaires pour voûtes, cheminées ordin.es et de ventilation
Sommiers et Voussoirs grand modèle
Les 6 faces peuvent être émaillées.

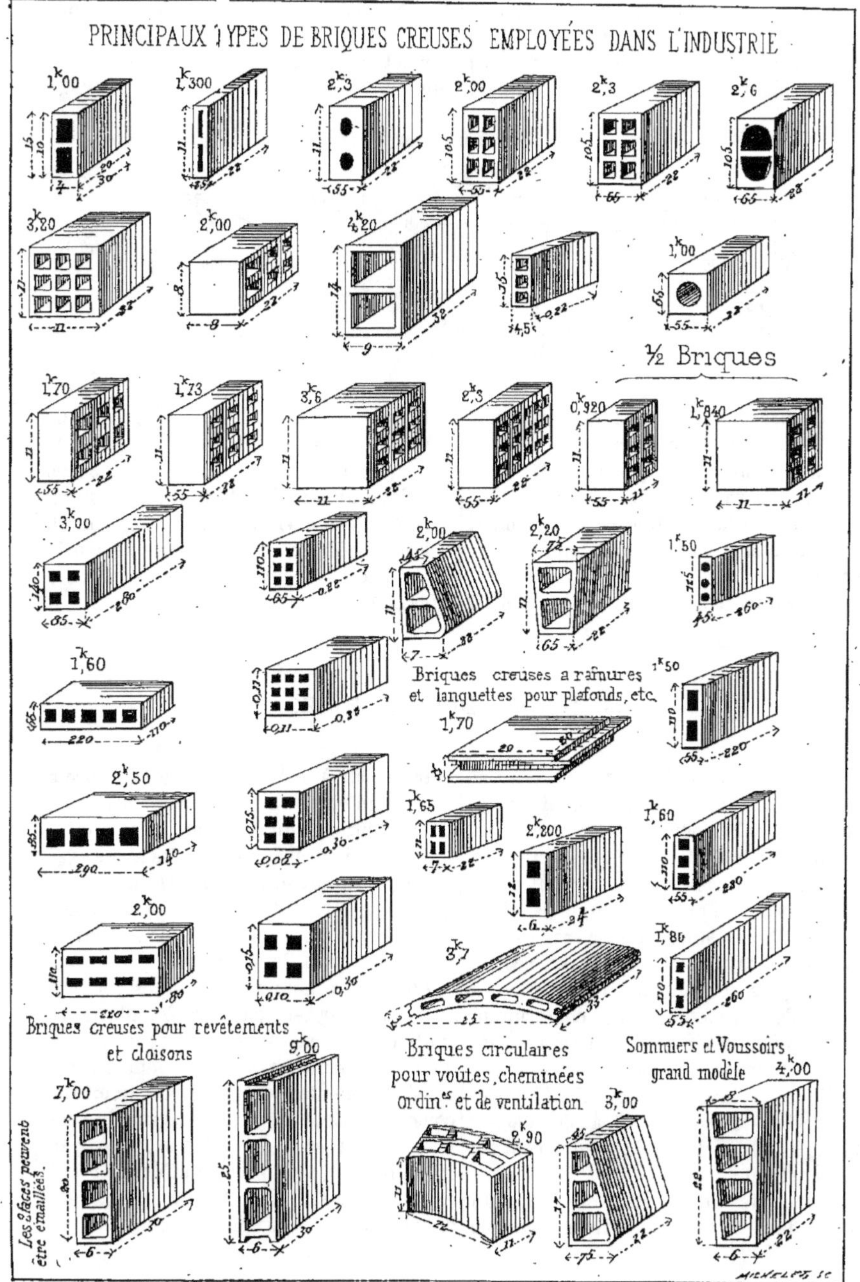

Fig. 498.

descendre jusqu'à 1/6, suivant les cas les plus défavorables.

Dans les calculs, on peut prendre comme poids d'un mètre cube de briques hourdées avec du mortier ordinaire ou du ciment 1,700 ou 1,800 kil. La quantité de mortier employé pour la construction d'un mètre cube de maçonnerie est 0^{m3}20.

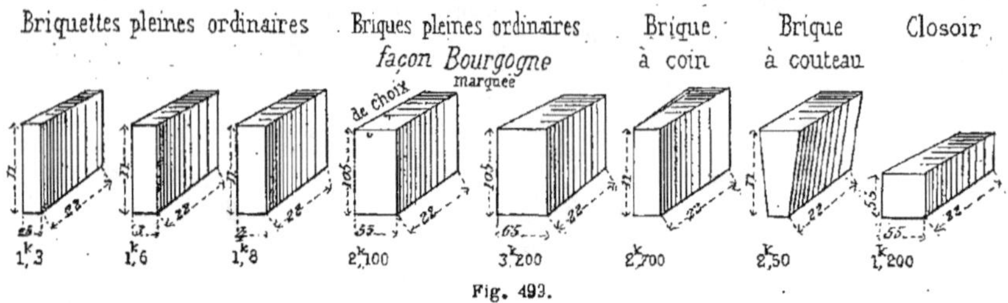

Fig. 493.

Il faut 635 briques de Bourgogne par mètre cube de maçonnerie.

1096. D'après ce qui précède, nous pouvons, suivant la nature des briques, admettre pour la résistance à l'écrasement par centimètre carré les nombres suivants:

Brique dure très cuite. . . . 150^k00

Brique rouge. . . . . 56^k00
Brique rouge pâle. 36 00
Brique crue. 33 00
Brique jaune (cuite à la houille). 39 00
Brique jaune vitrifiée 99 00

Pour coefficient de dilatation linéaire de la brique, on peut admettre le nombre 0,000005.

§ IX. — DES BRIQUETERIES.

1097. Le premier cas qui peut se présenter est celui dans lequel on se propose de fabriquer, en plein champ, un certain nombre de briques pour une consommation passagère ne devant quelquefois durer qu'un an, comme la construction d'une usine, d'un ouvrage d'art, d'une fortification, etc. Alors, on se contente, le plus souvent, de faire venir une famille de briqueteurs qui construisent des fours à la volée, en plein vent, ayant le désavantage de donner des briques de qualité inférieure, très souvent déformées et tachées, d'user de 40 à 50 0/0 de combustible de plus qu'un four continu bien construit.

Ce procédé de fabrication, répandu encore dans certaines contrées, tend de jour en jour à disparaître. L'expérience a prouvé qu'on a tout intérêt à construire, même pour une durée d'une seule année, un four temporaire qui, par les avantages en économie de combustible et en meilleure qualité des produits qu'il présente, compense les frais de sa construction et laisse une large part de bénéfices.

Lorsque le nombre de briques que l'on doit employer est considérable, plusieurs millions par exemple, on a tout intérêt à construire un four continu temporaire, aussi rudimentaire et aussi rustiquement construit que la nature du terrain le permettra. Un exemple éclatant, cité par M. E. Bourry, ingénieur distingué et qui est resté classique, est celui qui a été donné par M. Gastellier, président de l'Union céramique et chaufournière de France, lors de la construction de la cité ouvrière de l'usine de M. Menier, à Noisel.

Supposons qu'il s'agisse de cuire 600,000 briques en huit mois : Un four semi-continu qui correspondra à cette produc-

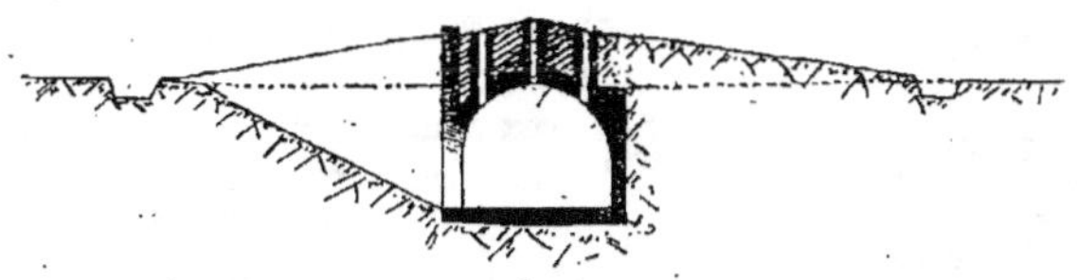

Fig. 500. — Coupe d'un four semi-continu (Installation provisoire).

tion, en admettant deux fournées par mois, pourra produire seize fournées, c'est-à-dire devra pouvoir contenir, en chiffres ronds, 40,000 briques.

Lorsque le terrain le permettra, et c'est ce qui a lieu dans presque tous les cas, il conviendra de faire le four sous le sol, tel que l'indique la coupe ci-contre (*fig.* 500). Dans ces conditions, l'installation coûtera environ 3,600 fr. Les avantages qui résultent de l'emploi de ce four semi-continu sont les suivants :

1° Economie en combustible d'environ 50 k. par mille briques, en admettant que la cuisson en plein vent emploie 200 k. de charbon.

2° Suppression à peu près complète des déchets, qu'on peut évaluer au minimum à 1/4 des produits fabriqués dans les fours à la volée, soit, pour 600,000 briques vendables, un déchet de 200,000 briques.

Dès la première année, la dépense du four peut être rachetée, et cela pour une production très faible, c'est-à-dire dans le cas le plus défavorable aux fours et en ne tenant aucun compte de la plus-value que possède forcément une marchandise bien cuite et bien soignée, comparée a un produit taché et déformé.

Un autre avantage des fours semi-continus, c'est qu'il est possible de les transformer facilement en fours continus, lorsque la fabrication s'est assez développée pour permettre un accroissement de production.

Il est, en effet, facile de construire une seconde galerie parallèle et semblable à la première, de réunir ces deux galeries à leurs extrémités par des conduits plus petits, tout en disposant entre elles une chambre de fumée, dans laquelle débouchent les carneaux de tirage et qui communique elle-même avec la cheminée. Cette transformation, si on l'exécute avec assez de célérité, peut même se faire sans arrêter la marche du four déjà installé.

Aussitôt qu'on peut appliquer la marche continue, la production augmente dans de fortes proportions. En effet, admettons un four semi-continu produisant 600,000 briques en huit mois ou faisant seize fournées par an, soit, en comptant largement, 40,000 briques par fournée, ou en moyenne 2,600 briques par jour.

Un second four semblable, placé parallèlement au premier, permettra de produire le double, c'est-à-dire 5,200 briques par jour. Aussitôt qu'on les aura réunis, pour adopter la marche continue, le feu pourra faire le tour en douze jours et la production atteindra 6,600 briques par jour. En même temps, la consommation de charbon diminuera de beaucoup et pourra tomber à 120 ou à 100 kil., c'est-à-dire diminuer, en moyenne, de 40 kil.

1098. Lorsqu'on se propose de fabriquer des marchandises ayant une certaine valeur, on peut chercher à prolonger la fabrication toute l'année ou, au moins, à ne l'interrompre, suivant les climats, que pendant deux ou trois mois. Dans ce cas, nous entrons dans la construction des briqueteries proprement dites. Il faut forcément faire des séchoirs et les disposer au-dessus du four pour utiliser autant que possible les chaleurs perdues.

Nous donnons (*fig.* 501) une première disposition qu'il sera très bon d'adopter pour une petite briqueterie. Après avoir fait les mélanges, s'il y a lieu, la

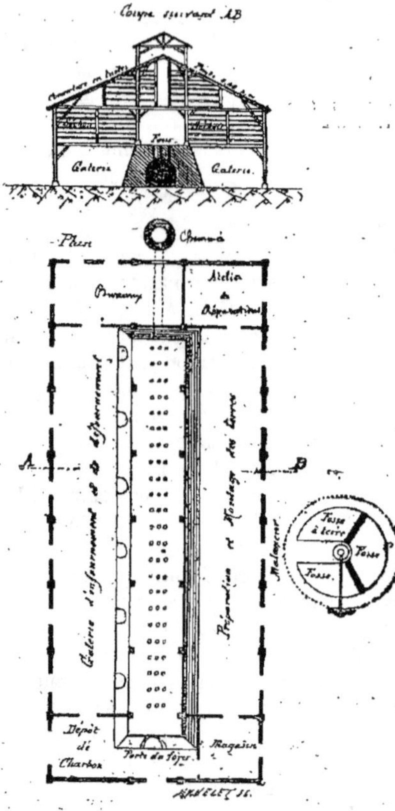

Fig. 501. — Petite briquerie.

matière première passe par le malaxeur et entre dans l'atelier de préparation et de moulage placé le long du four, sur le côté où il n'y a pas de portes. De là, les marchandises sont élevées par un petit ascenseur mu à bras dans les deux étages de séchoirs. La dessiccation y est réglée en ouvrant ou en fermant les ouvertures latérales ou les portes, au moyen de volets d'une construction extrêmement simple et économique. On peut facilement les disposer de manière que tous ceux d'une même ligne soient réglés d'un coup.

Les marchandises sèches descendent, par leur propre poids, du côté des portes d'enfournement. C'est de ce même côté que doit se trouver la route d'accès, autant que possible parallèle au long côté du bâtiment.

Aux deux côtés de celui-ci, sont placés les services accessoires, bureaux, magasins, ateliers etc... Toute la fabrication se trouve ainsi ramassée dans un espace restreint, d'une surveillance facile et d'un coût total assez faible pour être en rapport avec le peu d'importance de la fabrication.

1099. Pour une briqueterie plus importante, et si la forme du terrain le permet, on pourra adopter la disposition représentée (*fig.* 502 et 503). La terre amenée dans la direction X, préalablement mélangée et préparée, passe dans un premier cylindre A ou cylindre nettoyeur. De ce cylindre, elle est amenée dans un wagonnet W à l'aide d'une toile sans fin N. Ce wagonnet ayant un mouvement de va et vient sur des rails disposés à cet effet, est chargé de jeter la terre dans les fosses F où elle séjourne pendant plusieurs jours en attendant son emploi pour les besoins de l'usine.

En sortant des fosses, cette terre est amenée dans un second cylindre C qui est chargé d'alimenter la machine à briques M à l'aide d'une toile sans fin N_1. Les briques sortant de la machine M sont emmenées aux séchoirs à l'aide d'un monte-charges Z qui sert également à descendre les produits séchés pour les introduire dans le four. Ce four, au lieu d'être parallèle aux fosses à terres comme l'indique l'exemple ci-après, peut être placé perpendiculairement. Le tout dépend de l'emplacement disponible pour la construction de l'usine.

Les moises m sont placées en attente. Dans le cas d'une plus grande quantité de produits à sécher, on pourrait placer un

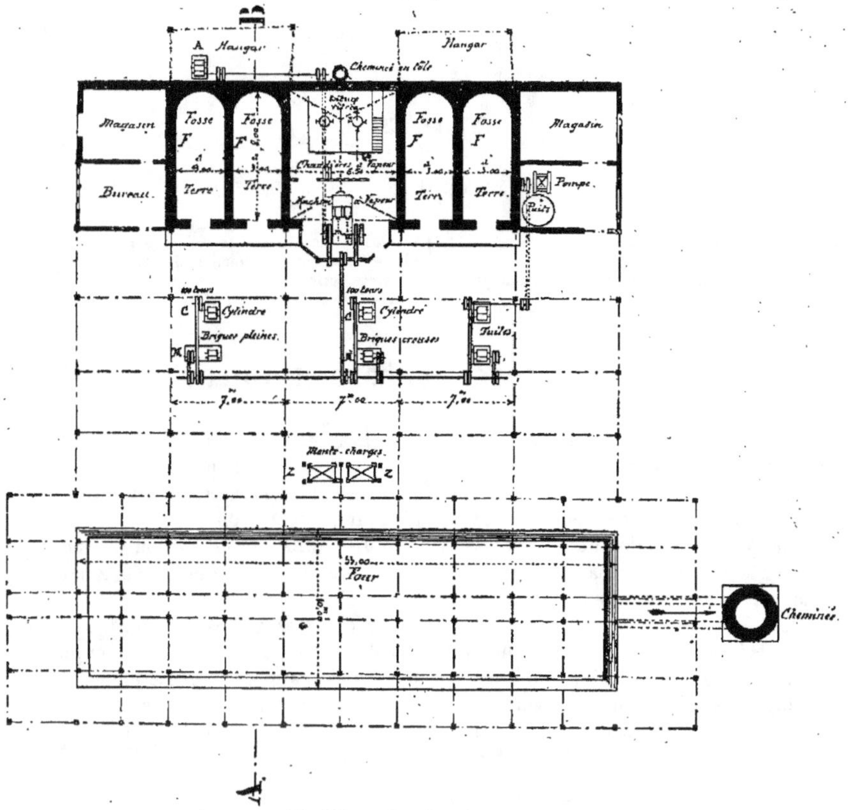

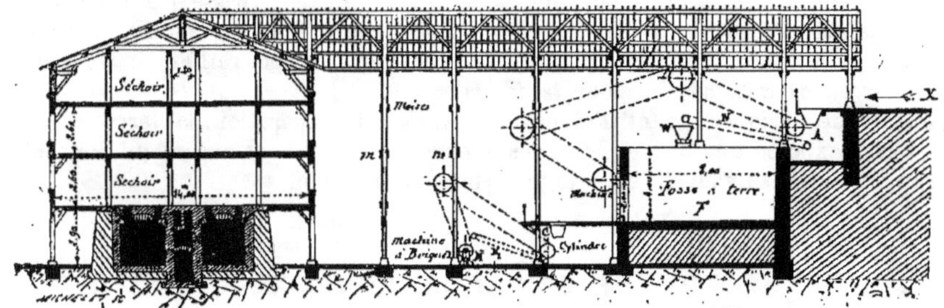

Fig. 502. — Plan d'une briqueterie.

plancher sur ces dernières et augmenter de beaucoup la surface des séchoirs.

La disposition des briqueteries pouvant varier à l'infini suivant le nombre, la nature, la qualité, la quantité des produits à fabriquer et l'emplacement disponible, nous nous bornerons aux deux exemples cités plus haut.

Fig. 503. — Coupe longitudinale suivant AB du plan figure 502.

TUILES

SOMMAIRE

<table>
<tr><td>

I. — Diverses espèces de tuiles.
II. — Préparation de la terre.
III. — Fabrication, moulage. Machines employées.
IV. — Dessiccation et cuisson.

</td><td>

V. — Diverses formes de tuiles, leur emploi.
VI. — Conditions auxquelles doivent satisfaire de bonnes tuiles.
VII. — Vernissage des tuiles.

</td></tr>
</table>

§ I. — DIVERSES ESPÈCES DE TUILES

1100. Les tuiles employées comme couverture ont l'avantage d'être durables, d'une belle couleur qui s'associe bien avec le ton des constructions et, surtout, d'avoir, plus que toute autre couverture, la propriété d'isoler la partie couverte et de la préserver des ardeurs du soleil ou du froid.

On fabrique des tuiles d'un grand nombre de formes; mais celles qui ont été les plus employées et qui le sont encore aujourd'hui, dans certaines contrées, sont :

1° Les tuiles *plates*, qui ont la forme d'une ardoise assez épaisse,

2° Les tuiles *creuses*, qui ont la forme d'un auget tronc-conique;

3° Les tuiles *flamandes* ou *pannes*, qui ont, dans leur section transversale, la forme d'un S.

Ces diverses sortes de tuiles sont aujourd'hui avantageusement remplacées par les tuiles mécaniques à emboîtement et à recouvrement, sur lesquelles nous donnerons quelques détails dans ce qui va suivre.

§ II. — PRÉPARATION DE LA TERRE.

1101. La terre préparée pour la brique peut également servir pour la tuile; elle a seulement besoin d'être plus fine et il n'est jamais nécessaire qu'elle soit infusible.

La terre s'extrait, comme pour la fabrication des briques, avant l'hiver, et elle reste exposée aux intempéries jusqu'au printemps suivant. Le corroyage se fait comme pour la brique; mais, avant d'être portée au mouleur, la pâte, en sortant du malaxeur, passe par les mains d'un ouvrier qui la manipule avec soin, en extrait les pierrailles et les pyrites.

Après cette opération, la terre est découpée en tranches ou *vasons* qui donnent chacun une tuile.

§ III. — FABRICATION, MOULAGE.

1102. La fabrication et la cuisson de la tuile ont de grandes ressemblances avec celles de la brique. Les principales opérations sont les mêmes.

Moulage à la main.

1103. Ce moulage exige deux opérations : la première consiste à former une plaque régulièrement épaisse et ayant la longueur de la tuile ou panne développée. La seconde consiste à plier cette panne. Pour former une tuile plate et rectangulaire, le mouleur place sa terre préparée dans un moule de bois formé de quatre règles, celle d'une des extrémités ayant une échancrure carrée, ou dans un châssis formé de tringles en fer.

La tuile, moulée comme on l'a décrit pour la brique, est glissée sur une palette de bois que présente un apprenti. La saillie produite à l'un de ses bouts par l'échancrure du moule est relevée avec le doigt par l'apprenti. Elle devient le crochet que l'on remarque à toutes les tuiles et qui sert à les attacher aux lattes des couvertures. On porte ces tuiles sur l'aire de l'atelier pour leur faire prendre un commencement de dessiccation. Lorsqu'elles ont acquis la consistance nécessaire, un ouvrier les bat l'une après l'autre sur le plat et sur le tranchant et les dispose en haie de la même manière que les briques.

Pour la fabrication des tuiles rondes ou des tuiles flamandes en forme d'S, l'ouvrier, quand les plaques ou *vasons* sont un peu ressuées, les prend une à une, les pose successivement sur une espèce de selle en bois montée sur quatre pieds et présentant exactement la courbure que doit prendre la tuile terminée.

En même temps que l'ouvrier pousse la terre pour lui faire prendre la forme voulue, il en polit la surface vue en la frottant avec la main mouillée et il forme l'S en recourbant la portion de la plaque qui dépasse le moule contre le bord de celui-ci. Le crochet de ces tuiles se fait au moyen d'un coup de pouce, comme il a été dit plus haut.

Pour sortir la panne du moule, l'ouvrier applique une palette cylindrique ou en forme d'S bien exactement sur la tuile fabriquée, puis il retourne le tout de manière à poser la tuile sur cette palette et à pouvoir l'emporter.

Dans le façonnage ordinaire des tuiles, la partie la plus lisse, qu'on appelle la *croûte*, celle qu'il serait utile de mettre en dessus, pour que les mousses y croissent plus difficilement, est au contraire inférieure, parce que les bords de la tuile se relèvent en se séchant et en cuisant et qu'il faut mettre en dessus la partie convexe.

On est parvenu à faire des tuiles à deux croûtes qui répondent à toutes ces conditions et qui, par suite du mode de façonnage, sont plus solides sans être plus lourdes.

Façonnage mécanique.

1104. La fabrication mécanique des tuiles comprend également deux parties :

1° Faire une galette de terre ayant une épaisseur suffisante ;

2° Soumettre cette galette à une pression assez forte dans des moules spéciaux représentant bien exactement la forme des tuiles que l'on veut obtenir.

La terre la plus convenable pour la fabrication des tuiles, en se servant des machines de MM. Boulet frères, Lacroix et Cie, est celle qui sort de la carrière et qui est légèrement arrosée. On doit l'employer ainsi, pourvu qu'elle ait une consistance telle que, pétrie dans la main, elle conserve l'empreinte des doigts sans y adhérer.

Le malaxeur donne une pâte homogène. Les machines à galettes donnent des planches de terre et les presses des produits aux formes désirées qui ne demandent qu'à être séchés et cuits. Voilà, en très peu de mots, les secrets de la fabrication. Toute cette dernière repose en entier sur la bonne préparation ou malaxation des terres qui ne peuvent jamais l'être trop.

La tuile fabriquée dans ces conditions

pèse presque moitié moins par mètre carré que la plupart de toutes celles connues. A cette qualité, se réunit la principale, celle d'être parfaitement étanche, c'est-à-dire de ne pas faire de gouttière par les pluies les plus grandes, puis celle de résister aux grandes tempêtes. La terre, malaxée dans des cylindres cannelés et dans le malaxeur, passe dans l'étireuse, ou machine à galettes, pour être étirée en forme de planches.

Les galettes peuvent être obtenues en se servant de la machine étireuse double déjà décrite pour la fabrication des briques creuses ou de la machine à étirer et à comprimer dont nous dirons quelques mots. Ces galettes acquièrent une grande solidité, car la terre subit une forte pression ; mais, dans la machine à rouleaux que l'on adopte aujourd'hui de préférence, elles prennent plutôt une consistance plus pâteuse qui donne des produits que l'on estime beaucoup.

Pour fabriquer la tuile, on prend une galette que l'on pose dans le moule. On soumet celui-ci à l'action de la presse qui comprime énergiquement de manière à faire prendre à la terre toutes les empreintes du moule. On comprendra facilement quelle doit en être la bonté par la commodité que l'on a de l'ébarber immédiatement et de la porter dans les séchoirs.

C'est donc un fait acquis qu'en employant des terres fermes avec des machines puissantes pour les malaxer, des filières bien étudiées pour les étirer et des presses très robustes, on arrive à fabriquer des tuiles qui, étant placées dans les séchoirs, ne se déforment en aucune manière et sont bonnes à mettre au four après leur deuxième ou troisième jour de fabrication, ce qui permet, dans un temps donné, d'en fabriquer trois fois plus que si l'on employait des terres molles. Par la même raison, on a besoin de moins de bâtiments et de séchoirs et, en fin de compte, la dépense est beaucoup moindre

pour l'établissement d'une tuilerie. Il paraît même certain que, dans un temps peu éloigné, tous les fabricants qui ont refusé, jusqu'à présent, de suivre le progrès qui avance à grandes guides se trouveront, pour ne pas voir diminuer leur clientèle, forcément obligés d'adopter la fabrication en terre ferme.

Machines employées.

1105. La *machine à étirer et à comprimer* représentée (*fig.* 504) est composée d'une filière à étirer et d'une presse à piston vertical actionné par une came donnant trois pressions. Chaque produit est donc comprimé trois fois, ce qui le rend uni, sans gerces, c'est-à-dire parfait sous tous les rapports. Ces pièces sont trempées de toute leur force.

Cette machine est indispensable aux propriétaires de petites tuileries. Elle est d'une construction très robuste et peut être mise entre les mains des ouvriers les moins capables, tellement son service est facile.

Avec les cylindres doubles dont nous avons parlé pour la fabrication des briques, et cette machine, on peut fabriquer 2500 à 3000 tuiles (de 21 au mètre carré) par jour de dix heures de travail. On peut aussi faire des carreaux à paver, des briques pleines ou creuses etc...

Une force motrice de deux chevaux suffit pour la faire fonctionner. La machine pèse environ 3000 k. La poulie a 1 mètre de diamètre, 0^m,11 de largeur et fait 100 tours par minute. Il faut, comme pour toutes les machines, graisser les coussinets, poulies et engrenages et tenir le creux inférieur du piston presseur plein d'huile, de manière que le gros galet baigne dedans constamment.

Lors du montage de cette machine, et chaque fois que l'on essaie un nouveau moule, il faut avoir grand soin de bien régler la hauteur de la presse.

Pour cela, il faut mettre le moule qui

doit servir, soit celui à tuiles, soit celui à faitières, sous la presse ; faire des-cendre le piston à l'aide des bras et non du moteur habituel, puis relever ou abaisser

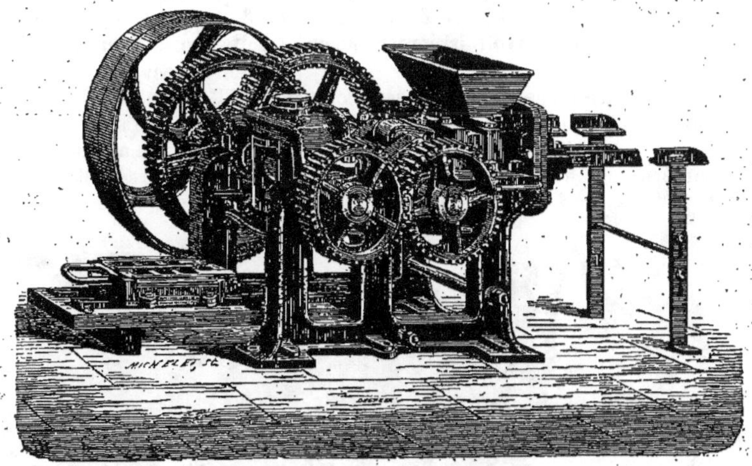

Fig. 504. — Machine à étirer et à comprimer pour la fabrication des tuiles.

le dessous de la table en bois, selon le besoin. On comprendra qu'ayant pressé avec un nouveau moule de 0^m,11 à 0^m,12 on ne pourra le presser, ou l'on risquera de faire rompre quelque partie de la machine. Pendant le service, il faut observer de temps en temps si la tuile a toujours l'épaisseur d'ébarbure voulue. En cas contraire, on ajoute, sous le plateau de la presse, une feuille de zinc ou de tôle pour bien la régler.

Presse à friction.

1106. Nous donnons (fig. 505) le dessin d'une machine qui, comme la précédente, sort des ateliers de MM. Boulet frères, Lacroix et Cie. Cette presse, d'une construction extrêmement robuste, est indispensable dans les tuileries qui ont à faire de grands produits, tels que tuiles de 10 à 15 par mètre carré,

Fig. 505. — Presse à vis à friction pour tous produits, depuis ceux mesurant 0^m,60 de longueur et au-dessous.

un moule de 0^m,10 d'épaisseur, si l'on met

tuiles de rives, faîtières, arêtiers de 0^m,50 de longueur etc... On peut donner, sur chaque produit, le nombre de pressions nécessaires pour l'avoir irréprochable de fini.

Cette machine ne demande que la force motrice d'un cheval. Elle peut presser de 3000 à 3500 tuiles de 13 à 15 par mètre carré en dix heures de travail, ou 3800 à 4500 tuiles de 21 par mètre carré. Son poids est de 3000 k. La poulie a 0^m,50 de diamètre, 0^m,08 de largeur et doit faire de 130 à 150 tours par minute.

Cette presse demande à être installée le plus solidement possible. Il faut une pierre de 1^m,70 de longueur, 0^m,90 de largeur et 0^m,90 à 1^m d'épaisseur. Elle doit être enfouie de manière à ne dépasser le sol que de 0^m15. La presse doit être incrustée de 0^m02 et solidement scellée. Même recomman-

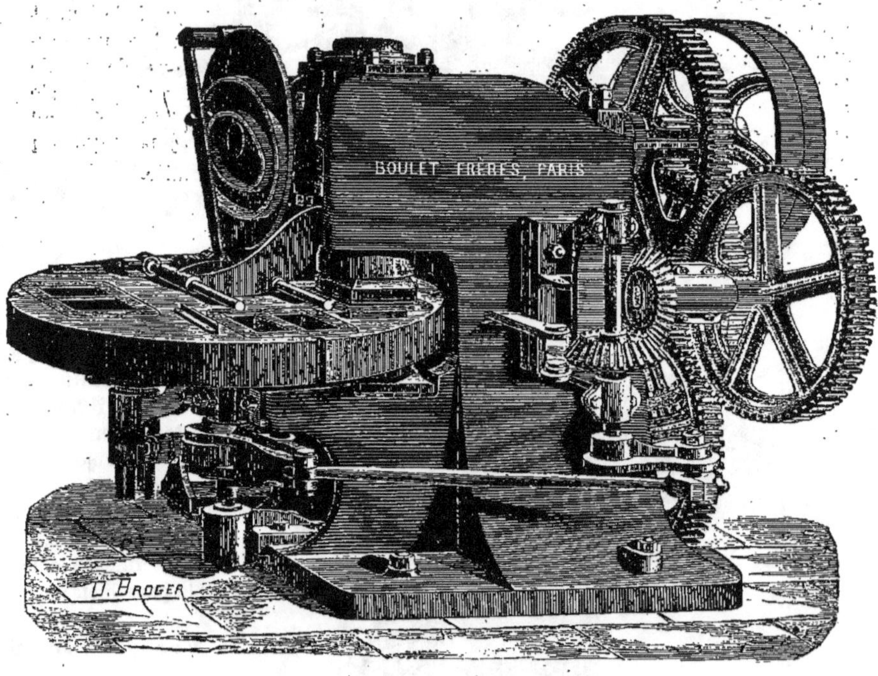

Fig. 506. — Presse à plateau tournant et à tuiles.

dation de graissage que pour la machine précédente. Il est nécessaire, pour tous les moules allant sous la presse et avant de s'en servir, de consolider la coquille supérieure en coulant du zinc autour des goujons d'attache, dans le but d'éviter les dérangements qui peuvent se produire par la suite des chocs et les pertes de temps qu'il faudrait nécessairement faire chaque fois que l'on changerait le moule pour le réajuster de nouveau.

Cette opération une fois bien faite, on doit pouvoir user le moule sans le recommencer. Néanmoins, si pour une cause ou une autre, les lèvres du moule ne correspondent plus, il faut briser le zinc, remettre le tout en place et couler de nouveau.

Presse à plateau tournant à tuiles.

1107. Cette machine représentée (*fig.* 506) est composée :

1° D'une presse placée dans le haut du bâtis, d'un piston dans lequel une came à triple effet agit et qui est armé dans sa partie inférieure d'un dessus de moules à tuiles ;

2° D'un plateau horizontal et circulaire portant quatre dessous de moules.

A chaque tour de l'arbre portant la came, le plateau fait un quart de tour et amène un dessous de moule sous la presse ; le piston descend et la tuile est faite.

COUPE SUR L'AXE.　　　　ÉLÉVATION.

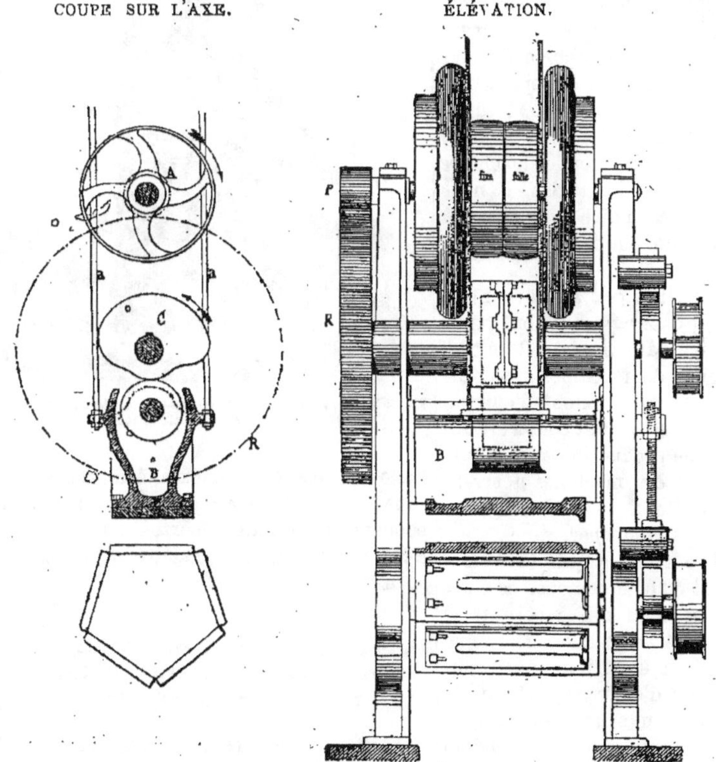

Fig. 508 et 509. — Machine à cinq pans servant à presser la tuile.

Pendant que le piston remonte, un second moule se présente sous la presse. Le premier arrive en face du mouleur qui enlève la tuile au moyen d'une fourchette et la passe immédiatement à un apprenti qui la prend avec les mains, la place sur le tourniquet et l'ébarbe.

Comme on le voit, un homme et deux enfants peuvent facilement desservir cette machine; l'homme pour graisser les galettes, les mettre dans les moules et retirer les tuiles, les deux enfants pour les ébarber.

Cette machine réclame une force de un à deux chevaux et peut produire 4000 tuiles en 10 heures de travail. Elle pèse 4600 kil. La poulie a 0m75 de diamètre, 0m,11 de largeur et doit faire de 125 à 150 tours par minute.

Les tuiles fabriquées sont transportées de la presse au séchoir en se servant d'une brouette spéciale fabriquée par MM. Boulet, Lacroix et Cie et représentée (fig. 507). Ce modèle contient 14 tuiles placées sur des planchettes.

1108. Avant de terminer les machines destinées à fabriquer les tuiles, il nous reste quelques mots à dire de la presse à tuiles à cinq pans dont nous donnons deux croquis (fig. 508 et 509.)

Certains fabricants peu au courant de la fabrication dite en *pâte dure* ont remis la fabrication en pâte molle à la mode. Les constructeurs de machines ont naturellement suivi ce mouvement d'opinion et plusieurs d'entre eux ont construit des machines à grande production avec moule en plâtre. Toutes ces machines dérivent du type primitif de la presse à cinq pans construite par M. Schmerber.

La machine dont les croquis sont donnés (fig. 508 et 509) se compose de deux poulies, folle et fixe, qui reçoivent le mouvement de la transmission de l'usine et le transmettent à un pignon P commandant une roue d'engrenage R. Sur le même arbre, se trouve une came C qui, par son mouvement, abaisse le moule supérieur ou matrice sur l'une des faces

du moule inférieur. Lorsque la came a cessé d'agir, deux tringles a aboutissant à un contrepoids faisant équilibre au poids de la matrice supérieure ramènent cette dernière dans la position primitive. Ces tringles sont remplacées par des ressorts ou par d'autres engins dans beaucoup de machines de ce genre.

Le mouvement est combiné avec celui du tambour à cinq pans, de façon qu

Fig. 510. — Presse pour la fabrication en terre molle des tuiles, faîtières, arêtiers, etc

l'une des faces ou moules inférieurs, soit dans la position horizontale et au repos, pendant que le plateau porte-moule supérieur vient presser la galette et former la tuile.

Presse pour la fabrication en terre molle des tuiles, faîtières, arêtiers, etc.

1109. Cette presse représentée (fig 510) est mue à bras. Elle trouve son application dans toutes les usines à faible production.

Comme il est facile de le voir dans le dessin, un volant manivelle placé horizontalement au-dessus de la machine donne un mouvement de montée ou de descente au moule supérieur, lequel est guidé par deux manchons se mouvant sur deux tiges verticales servant de support. Le moule inférieur glisse le long d'une tige cylindrique et peut être renversé pour permettre de recevoir le produit moulé sur une planchette. Il suffit de deux hommes ou de deux gamins de chaque côté pour enlever la tuile et remettre une autre galette, tandis qu'un ouvrier fait tourner le volant.

Pour des machines de ce genre, qui doivent employer aussi peu de force que possible, il est préférable d'adopter le travail en pâte molle, c'est-à-dire de se servir de moules en plâtre.

La production d'une de ces presses varie, suivant l'habileté et la force des ouvriers, de 1,500 à 2,500 tuiles par jour. Le poids de cette machine est d'environ 1,000 k.

§ IV. — DESSICCATION ET CUISSON.

1110. Les tuiles sortant des presses sont transportées au séchoir. L'enfournement et la cuisson des tuiles s'opèrent exactement de la même manière que pour les briques. Assez souvent, on cuit dans la même fournée, non seulement des briques et des pannes, mais encore des carreaux de pavage et d'autres produits céramiques. Les fours décrits précédemment peuvent servir pour la cuisson des tuiles.

La plupart des fabricants de tuiles sont à la recherche de fours économiques, et ici, comme pour l'ancienne fabrication de tuiles, il y a encore beaucoup à faire. En effet, plus de cent systèmes existent et aucun ne donne ce que la théorie semble promettre.

Le but à atteindre est celui-ci: tirer du four autant de bonne marchandise qu'on en a enfourné et éviter les produits peu cuits, brûlés ou gondolés.

Nous croyons inutile de nous étendre plus longuement sur les divers systèmes employés, en renvoyant les intéressés aux constructeurs spéciaux qui se chargent de ces installations.

§ V. — DIVERSES FORMES DE TUILES. — LEUR EMPLOI.

Tuiles anciennes.

1111. Parmi les anciennes tuiles, il en est une que nous devons citer en premier lieu, parce qu'elle est encore employée en France: c'est la tuile plate de Bourgogne représentée (*fig.* 511). Ces tuiles se font de deux dimensions:

1° Grand moule: dimensions, 0,300 × 0,250 × 0,015; poids, 2 kil. 400; pureau, 0,11.

2° Petit moule: dimensions, 0,240 × 0,195 × 0,015; poids, 1 kil. 320; pureau, 0,08.

Ces tuiles s'attachent par un crochet A qu'elles portent en dessous, sur des lattes en cœur de chêne, de châtaignier ou simplement sur des tringles en sapin.

On appelle *pureau*, la partie de la surface de la tuile qui est apparente à l'extérieur. Cette tuile se pose ordinairement au tiers de pureau, c'est-à-dire que dans toute l'étendue de la couverture il y a une triple épaisseur de tuiles.

On employait autrefois des tuiles représentées (*fig*. 512). Ces tuiles, au lieu de se superposer, se plaçaient côte à côte et étaient recouvertes par un couvre-joint *B* de forme circulaire. La dernière tuile dite *tuile gargouille* (*fig*. 513), était un peu différente des autres par sa forme et portait un petit canal *C* pour laisser passer l'eau. La tuile grecque représentée (*fig*. 514) se composait de tuiles ayant la forme de trapèzes placés côte à côte et également recouvertes d'un couvre-joint *C* de forme circulaire.

Les tuiles romaines (*fig*. 515) sont des tuiles courbes placées comme les tuiles creuses françaises que l'on emploie encore aujourd'hui (*fig*. 516).

Tuiles italiennes.

1112. On fait encore usage en Italie d'un système de couverture qui paraît avoir beaucoup d'analogie avec celui qu'employaient les anciens. Les chevrons (*fig*. 517) espacés de 0^m,32 d'axe en axe, servent de soutien à une aire en carreaux maçonnés de 0^m020 d'épaisseur. Les tuiles sont plates en forme de trapèze, avec rebords latéraux saillants en dessus. On les nomme *tegole*. Elles se posent par rangs parallèles et se recouvrent d'environ 0^m,08. D'autres *tegoles* de même forme, mais renversées, viennent recouvrir les premières. On forme ainsi des couvertures très lourdes, mais excellentes et d'une durée indéfinie.

Dans certains cas, on place les *tegoles* par rangs parallèles et espacées de 0^m,03 au minimum, et pour les recouvrir, on

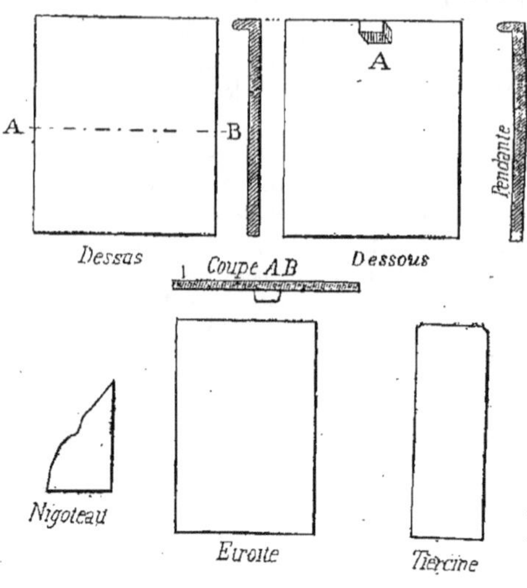

Fig. 511. — Tuiles plates de Bourgogne (grand moule).

se sert de tuiles de forme tronc-conique, appelées *canali*.

Tuiles creuses françaises.

1113. On se sert beaucoup, dans une grande partie de la France, de tuiles analogues aux *canali* et représentées (*fig*. 516). Ces tuiles sont posées par rangs parallèles qui présentent alternativement au dehors leur concavité et leur convexité. Elles sont placées sur un plancher de 27 millimètres d'épaisseur, fixé sur les chevrons, et sont maintenues par des débris de tuiles ou des tasseaux. Ces tuiles ont environ 0^m,35 de longueur, 14 à 15 millimètres d'épaisseur et s'emboîtent les unes dans les autres d'environ 0^m10. Comme le frottement l'une contre l'autre est le seul moyen de les retenir, elles ne comportent qu'une faible inclinaison de 15 à 27 degrés, ce qui les expose à être souvent dérangées par le vent.

Il faut se tenir au dessus de 15° comme inclinaison pour éviter les infiltrations.

Coupe ab   B

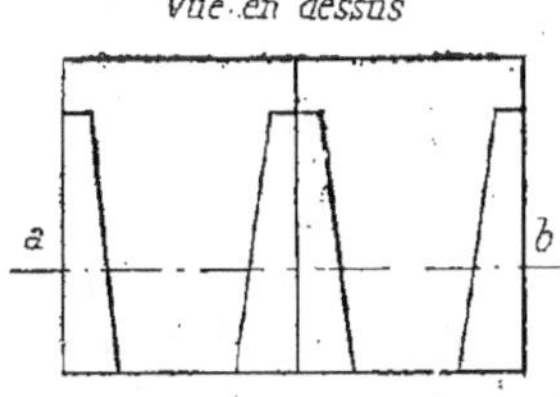

Vue en dessus

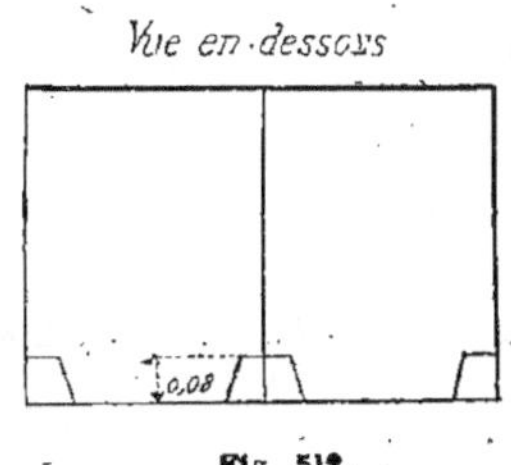

Vue en dessous

Fig. 512.

Les tuiles de faîtage et d'arêtiers sont plus grandes, et ordinairement consolidées, ainsi que celles des bords avec du mortier.

Tuiles flamandes ou pannes.

1114. Dans le nord de la France, en

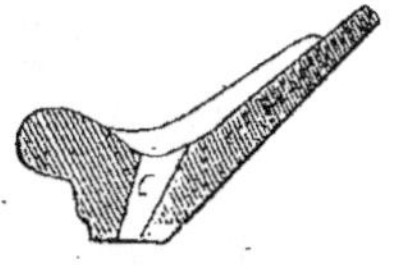

Fig. 513. — Tuiles gargouilles.

Flandre, on emploie des tuiles dont la coupe transversale présente la forme d'une S (*fig.* 518). Elles sont maintenues sur un lattis par des crochets et se recouvrent de

5 à 6 centimètres. On maçonne avec du plâtre ou du mortier la partie située vers les joints. Ces tuiles se prêtent à des inclinaisons très-variées, et chargent moins

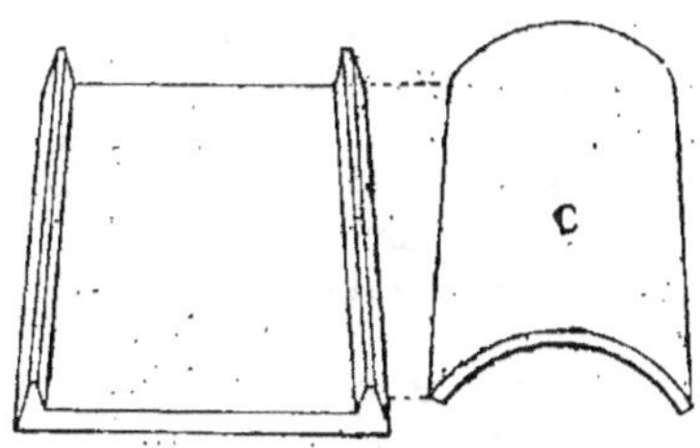

Fig. 514. — Tuiles grecques.

les combles que les précédentes ; mais elles sont souvent gauches et inégales et donnent lieu à des fuites.

D'après ce qui précède, nous voyons que les tuiles anciennes donnaient, en

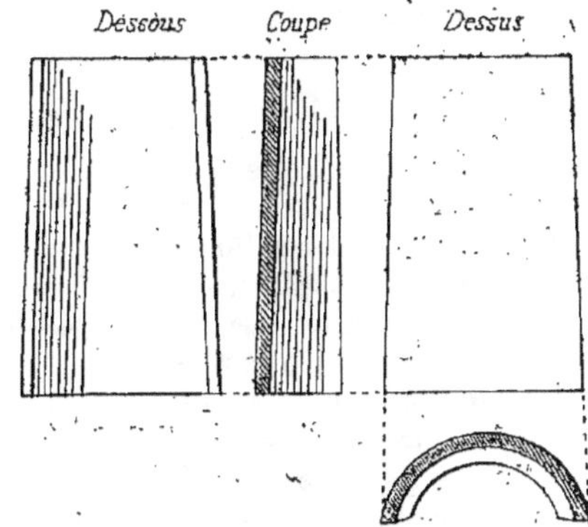

Fig. 515. — Tuiles romaines.

général, de très bons résultats comme couverture ; mais le grand inconvénient était le poids considérable de ces différentes tuiles.

Tuiles modernes.

1115. Depuis plusieurs années, on a introduit de nombreux perfectionnements dans la fabrication des tuiles. On a cherché à diminuer la surface perdue par les recouvrements et, en même temps, le poids par mètre superficiel, à augmenter les facilités d'écoulement des eaux de pluie, à éviter les fuites dues à l'action du vent et de la capillarité. On a rendu solidaires toutes les tuiles et amélioré leur attache au lattis. Enfin, on a découvert des procédés d'assemblage très ingénieux.

Parmi les industriels auxquels sont dues les améliorations les plus remarquables, on cite MM. Gilardoni, Muller, Courtois, Dumont etc...

Tous ceux qui se sont occupés de cette question n'ont pas évité une certaine complication de formes peu compatibles avec les exigences de la pratique.

Quand les tuiles perfectionnées ne sont pas parfaitement régulières, elles présentent de sérieux défauts. Malheureusement, on se trouve placé, dans cette fabrication, entre deux écueils : déformation des tuiles par excès de cuisson, ou mauvaise qualité de la matière par insuffisance de chauffe. On ne peut les éviter que par une attention très soutenue dans la conduite des fours et par l'emploi de matières premières d'excellente qualité.

Nous représentons par les dessins ci-après les principaux types de tuiles les plus employés.

Le type primitivement le plus répandu était la tuile (*fig.* 523) due à MM. Gilardoni, d'Altkirch (Haut-Rhin).

Cette tuile dont nous donnons la coupe du joint, est accompagnée, sur son diamètre, de rainures qui présentent leur

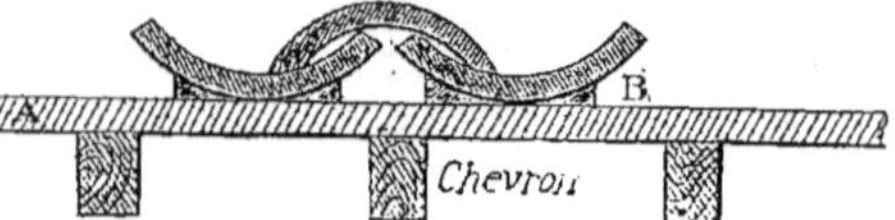

Fig. 516. — Tuiles rondes. A plancher. — B Tasseau ou débris de tuile.

concavité, en dessus, sur les côtés supérieurs et de gauche; en dessous, sur les côtés inférieurs et de droite. Chaque tuile se trouve ainsi très convenablement liée avec les tuiles voisines. De plus, ces rainures sont accompagnées de rebords saillants, dont l'ensemble forme, sur le toit, des rainures ou compartiments bien

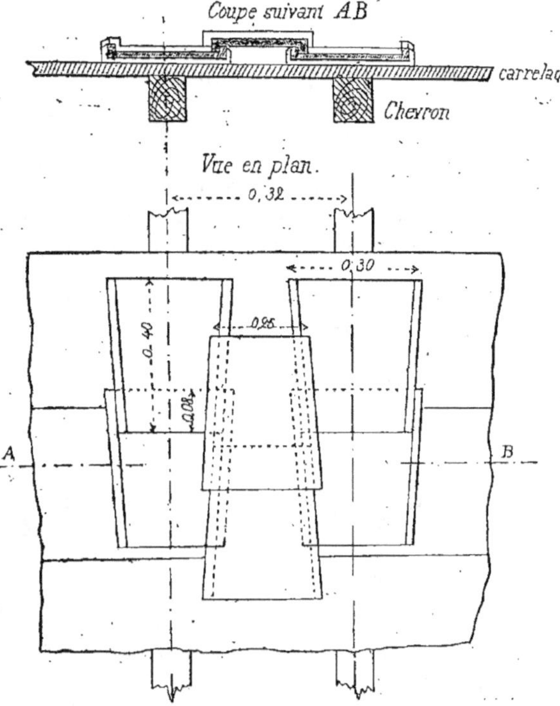

Fig. 517. — Tuiles employées en Italie.

accentués, dirigés suivant la ligne de plus grande pente et propres à donner aux eaux un facile écoulement. La petite quan

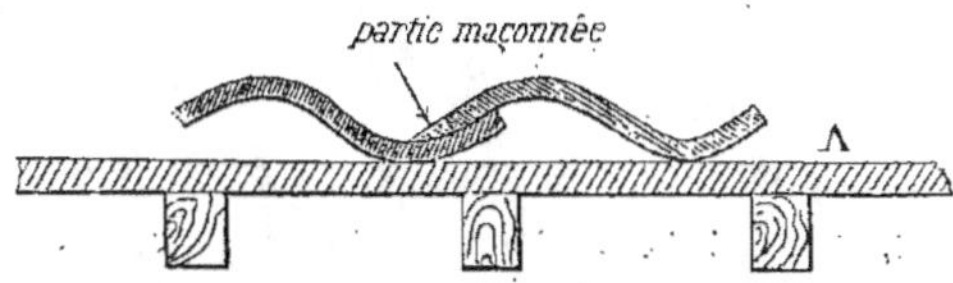

Fig. 518. — Tuiles flamandes. — A Plancher ointit.

tité de liquide qui peut s'introduire par les joints verticaux s'échappe dans la rai-nure correspondante et est rejetée sur le dessus de la tuile immédiatement infé-rieure.

Le rebord du bas est accompagné d'un larmier et d'un coupe-larme qui s'opposent efficacement à l'introduction des eaux ou des neiges chassées par un vent violent qui tendrait à leur faire remonter la pente du toit.

M. Muller a étudié cette question d'une façon toute spéciale et voici les divers types de tuiles fabriquées dans son usine d'Ivry.

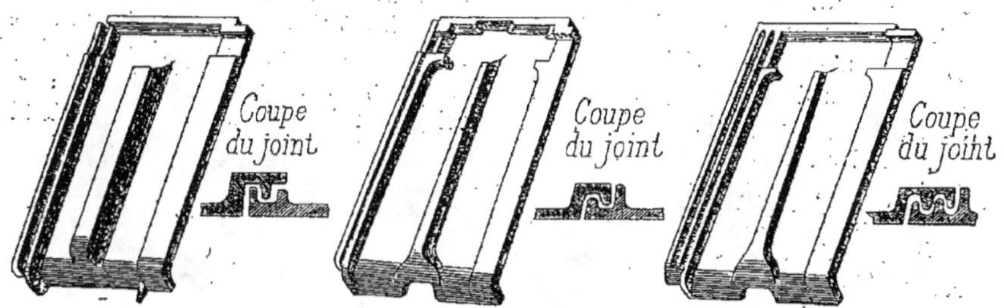

Fig. 519. — Tuile ordinaire à recou-vrement, marquée Muller. — Poids, 3 kil.

Fig. 520. — Tuile à emboîtement à nervure droite et joint creusé, mar-quée Muller. — Poids, 2 k. 800.

Fig. 521. — Tuile pour port de mer dite martin, marquée Muller. — Poids, 2 k. 600.

Pour les tuiles (*fig.* 519, 520, 521), la pente la plus convenable est de 0,^{m}40 par mètre, soit une inclinaison de 23 degrés.

Le pureau est de 0^m,205 sur 0^m,340. Il faut 15 tuiles pour couvrir un mètre carré.

La tuile (fig. 522) Pente 0^m,40 par mètre — Pureau 0^m,210/0^m,360 — 13 tuiles par mètre carré
— (fig. 523) — 0^m,40 — — — 0^m,205/0^m,340 — 15 — —
— (fig. 524) — 0^m,45 — (minimum) — — 0^m,180/0^m,330 — 17 — —
— (fig. 525) — 0^m,35 à 0^m,40 par mètre —, — 0^m,140/0^m,260 — 28 — —
— (fig. 526) Pente minima 45° — 0^m,160/0^m,200 — 30 — —
— (fig. 527) — 45° de 17 — —
— (fig 528) Pente 45° de 40 à 50 — —
— (fig. 529) — 45° de 90 à 100 — —
— (fig. 530) — 0^m,33 — de 75 à 90 (suivant pureau)
— (fig. 531) — 0^m,33 130 par mètre carré
— (fig. 532) — 0^m,40 par mètre 21 au — —
— (fig. 533) — 0^m,40 — 12 1/2 — — —

TUILES OGIVALES OU EN ÉCAILLES.

1116. Ces tuiles n'ont d'autre avantage sur les tuiles ordinaires que d'introduire dans les toitures un élément décoratif dont on peut varier les dispositions de manières très diverses.

Nous donnons (*fig.* 534, 535 et 536)

Fig. 522. — Tuile à emboîtement, dite à losange, et joint croisé. — Poids 3 kilos.

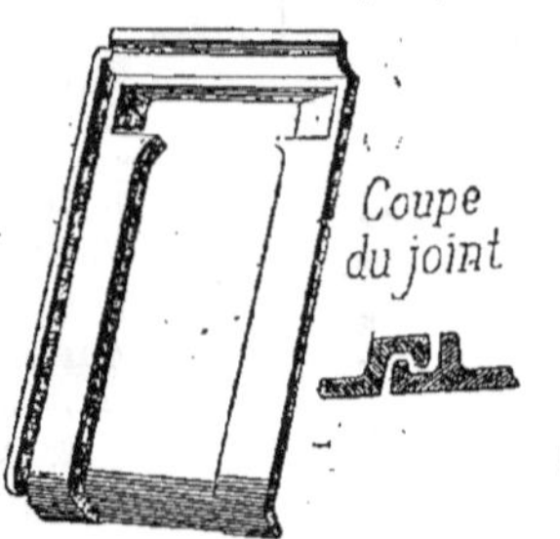

Fig. 523. — Tuile plate à emboîtement. — Poids 3 kilos.

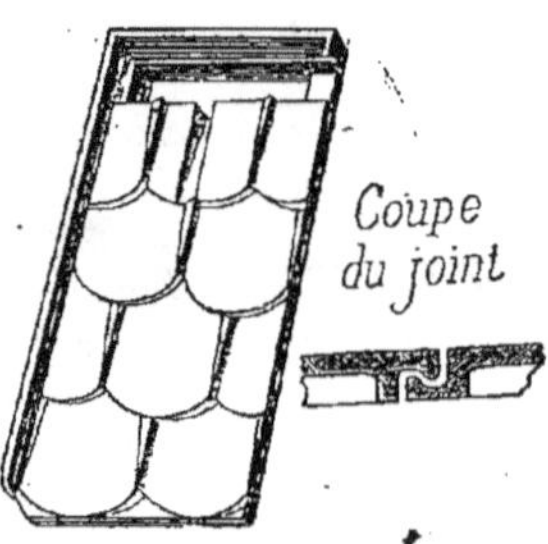

Fig. 524. — Tuile à écailles. Poids 2 k. 400.

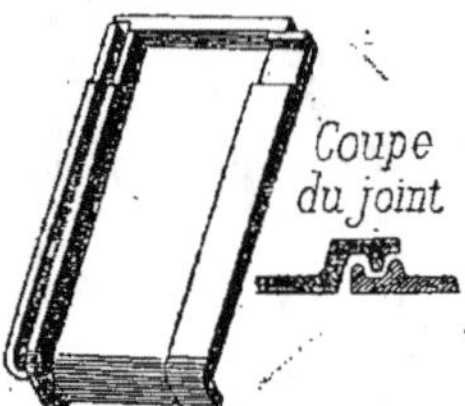

Fig. 525. — Tuile petit moule à recouvrement. — Poids 1 k. 300.

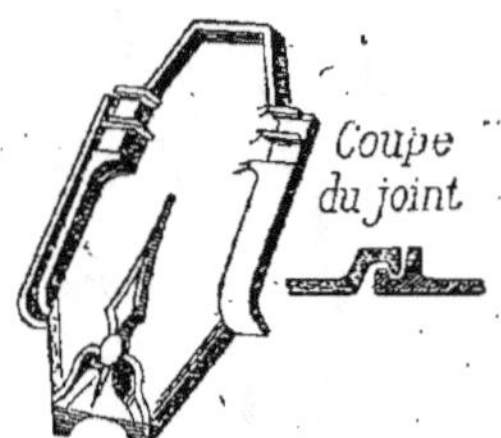

Fig. 526. — Tuile dite fer de lance. Poids 1 k. 05.

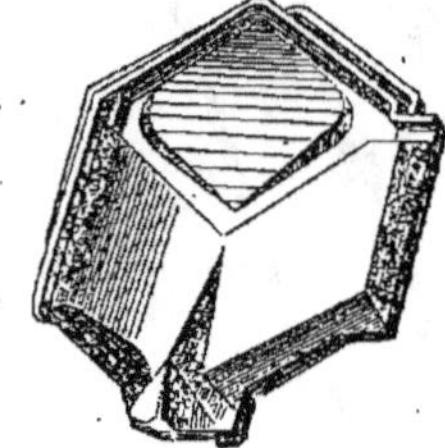

Fig. 527. — Tuile à facettes. — Poids 2 k. 900.

TUILES À ÉCAILLES SÉPARÉES

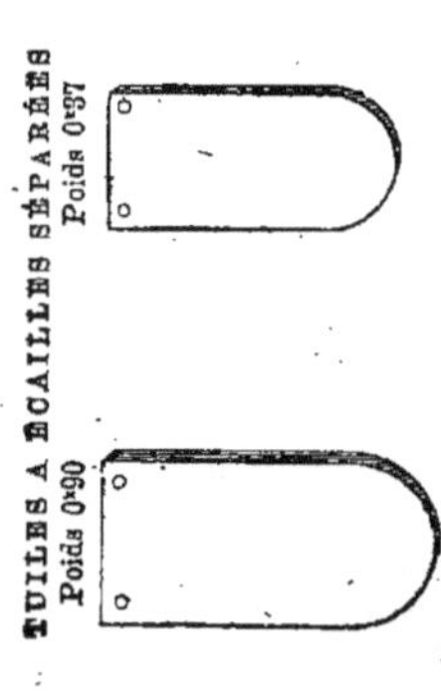

Fig. 529. ... Petit moule. — A plat, l'émail ne résiste pas à la gelée de l'eau qui s'infiltre par les craquelures inévitables.

Fig. 528. — Grand moule. — Pour l'emploi de tuiles émaillées, il faut une pente de 45° au moins. — Le mieux est de dépasser 60°.

Fig. 530. — Tuile chinoise émaillée. — Poids 0k.900.

Fig. 531. — Tuile tunisienne émaillée. — Poids 0k.500.

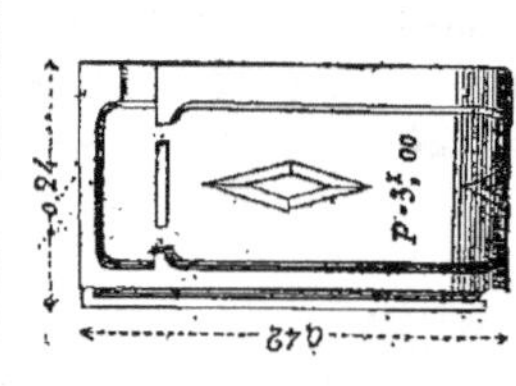

Fig. 533. — Tuile façon Bourgogne. — Poids 3k.00.

Fig. 532. — Tuile Boulet. — Poids 1k.500.

trois autres types de tuiles de grandes dimensions fabriquées dans l'usine de MM. Muller et Cie, à Ivry, et qui, dans certains cas, peuvent être avantageusement utilisées.

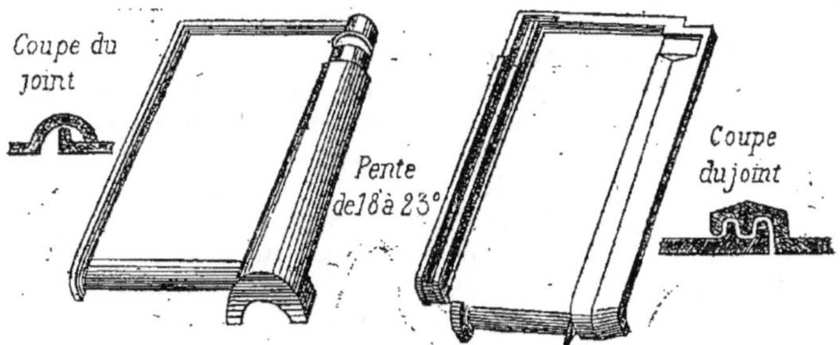

Fig. 534. — Tuile de M. Vaudremer. — Prix du mille 330 fr. — Poids 4 kilos. — Pente 0m,40 par mètre. — Dimensions 0m,250 sur 0m,330, soit 12 au mètre carré

Fig. 535. — Tuile pour édifices, à doub couvre-joint. — Prix du mille 250 fr. — — Poids 3 k. 400. — Pente de 0m,33 à 0m,40 par mètre. — Dimensions 0m,205 sur 0m,350, soit 14 au mètre carré.

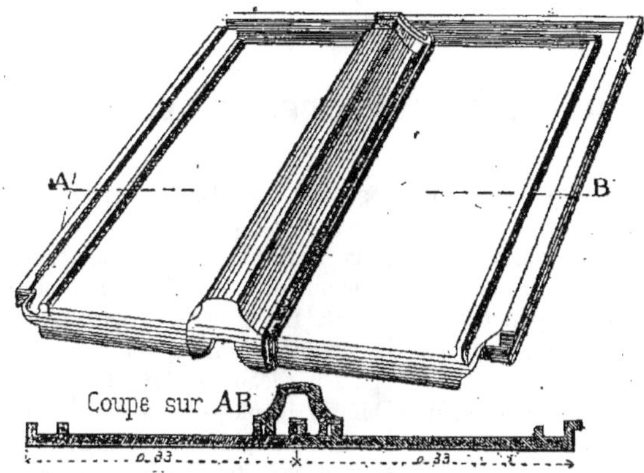

Fig. 536. — Tuiles monumentales. Pente convenable 0m,40, soit 23°. — Dimensions 0m,500 sur 0m,330, soit 6 au mètre carré ; savoir, 3 en largeur et 2 en hauteur. — Écartement des lattes 0m,50. — Poids 7 kil.

VI. — CONDITIONS AUXQUELLES DOIVENT SATISFAIRE LES BONNES TUILES.

1117. A quels caractères reconnaît-on une bonne tuile? La sonorité, la faible porosité, la couleur sont de bons indices, mais peuvent tromper ; il faut examiner la cassure. Si la texture est feuilletée, lamelleuse, la tuile sera tôt ou tard attaquée par l'action combinée de l'humidité et de la gelée et détruite au bout d'un petit nombre d'années, surtout dans les parties de la couverture qui sèchent le moins facilement. Si, en outre, la pâte présente de petits grains de chaux qui ont perdu toute leur dureté et tombent en poussière, la destruction sera encore plus rapide.

Les tuiles doivent être bien moulées et

suffisamment résistantes pour que l'une d'elles, placée sur le sol, la convexité tournée à l'air, puisse supporter le poids d'un homme qui monte par dessus à pieds joints.

Elle doit, de plus, rendre, quand on la frappe avec un corps dur, un son franc, clair et presque métallique. Un son sourd et faux indique toujours des fêlures qui doivent la faire rejeter. On demande enfin qu'elle soit tout à fait imperméable, mais cette dernière qualité se rencontre assez rarement dans les tuiles neuves. On peut les essayer en versant de l'eau sur un échantillon donné et remarquer la quan-tité de liquide absorbé dans un temps déterminé.

Certaines tuiles laissent filtrer dans les premiers temps de leur emploi des quan-tités d'eau assez notables; mais, au bout de peu de temps, les pores se bouchent et l'inconvénient disparaît. Dans quelques localités, on évite cet inconvénient en les vernissant, mais ce vernis s'écaille assez rapidement.

Il existe des tuiles qui verdissent en se recouvrant de mousse; il faut éviter leur emploi dans les constructions soi-gnées et qui doivent résister long-temps.

§ VII. — VERNISSAGE DES TUILES.

1118. La porosité des tuiles ordinai-res, en les rendant facilement pénétrables à l'eau et en permettant aux mousses d'y croître facilement, accélère leur altération et leur destruction. Une des qualités prin-cipales des tuiles est donc d'être imper-méables à l'eau.

On a cherché à leur donner cette qua-lité par différents moyens que nous allons examiner.

Le vernissage des briques et des tuiles remonte à la plus haute antiquité. Les briques vernissées de Ninive et de Ba-bylone datent très probablement du deuxième empire assyrien, qui se place entre les années 759 et 625 avant Jésus-Christ.

Ces briques étaient en terre d'un blanc jaunâtre un peu rosé. Elles étaient endui-tes d'une glaçure alcalino-terreuse, com-posée d'un silicate alcalin d'alumine, sans trace de plomb ni d'étain.

Les Grecs et les Romains ont certaine-ment connu, mais ils n'ont guère pratiqué l'art de vernisser les briques et les tuiles. Il faut arriver au XIIIᵉ siècle pour trouver des terres cuites vernissées. C'est à cette epoque, vers l'année 1220, que le vernis plombifère apparaît. Les tuiles employées aux XIIIᵉ, XIVᵉ et XVᵉ siècles étaient fré-quemment vernissées sur le pureau seule-ment. On procédait par des engobes en terre de couleurs appliquées sur le pureau; puis on recouvrait le tout d'un vernis plom-bifère, incolore, afin de faire ressortir la couleur du fond et de la protéger contre les influences atmosphériques. Aujourd'hui, les produits céramiques doivent être fabri-qués à très bon marché. Aussi, le fabri-cant est-il tenu, s'il veut les décorer, d'employer des modes de décoration éco-nomiques. Or, la seule qui remplisse ces conditions est la glaçure colorée. Quant à la glaçure elle-même, on la choisit trans-parente et jamais opaque, car l'étain est un métal encore trop coûteux pour qu'on emploie l'émail stannifère.

Après la cuisson, la couleur des produits n'est pas bien franche. Sur une terre noire ou brune, tous les vernis paraîtront noirs. Sur une terre jaune ou grise, les vernis verts et bleus tourneront au noir et le vernis jaune se foncera. Sur une terre rouge, un vernis vert semblera noir. Il y a donc une véritab'e difficulté, que l'on peut éviter de deux manières :

1° En recouvrant chaque pièce d'un engobe blanc, sur lequel on applique un vernis d'une couleur quelconque;

2° En recouvrant chaque pièce d'un engobe coloré préalablement de la couleur voulue, et en mettant par-dessus cet engobe un vernis incolore.

L'engobe blanc n'est autre chose qu'une couche d'argile blanche ou réfractaire dont on enduit la pâte aussitôt qu'elle est assez ferme pour être manipulée. Le vernis de couleur est posé, soit sur le produit cru, mais parfaitement sec, soit sur le produit cuit, c'est-à-dire à l'état de biscuit.

Dans le premier cas, la pièce, l'engobe et le vernis cuisent ensemble. Dans le second, l'engobe et la glaçure cuisent à une température moins élevée.

On a essayé de pénétrer la pâte d'une matière huileuse ou bitumineuse. Un autre procédé consistait à vernisser la partie extérieure des tuiles. On employait du minerai de plomb (galène ou sulfure de plomb) exempt de roche. On le broyait finement et on y ajoutait un volume égal de sable. On trempait la tuile bien sèche dans ce que l'on appelait l'eau grasse (eau dans laquelle on délayait un peu d'argile), puis on la saupoudrait du mélange ci-dessus ; la tuile bien sèche était mise au four.

En Hollande, on prenait vingt parties de litharge broyée et trois de manganèse, on y ajoutait de l'argile délayée dans de l'eau de manière à obtenir une bouillie épaisse que l'on étendait sur les tuiles.

On s'est aussi servi d'un mélange de sel marin et de litharge, le tout finement pulvérisé ; on y ajoutait un peu d'ocre rouge. Ce mélange était jeté dans le four au moment du grand feu.

On peut donner aux tuiles une couleur simplement grisâtre, en jetant sur le charbon incandescent des branches de bois vert au moment où la cuisson est terminée et où les tuiles sont encore portées au rouge. On ferme avec soin toutes les ouvertures du four. La fumée du bois vert produit un charbon très divisé qui colore en gris la masse des tuiles.

Les vernis à base de plomb sont certainement les plus employés, et les composés plombeux dont on fait usage sont surtout l'*alquifoux* (galène ou sulfure de plomb) et le minium. Pour les tuiles ordinaires, on se contente de donner une grande densité à ces tuiles par un puissante pression ou par une composition dans laquelle l'argile plastique entre pour une forte proportion.

CARREAUX

SOMMAIRE

§ I. — DÉFINITIONS ET NOTIONS GÉNÉRALES.

1119. On désigne, en général, sous le nom de *carreaux*, de petites plaques en terre cuite, ayant de $0^m,018$ à $0^m,030$ d'épaisseur, présentant, le plus souvent, une forme carrée ou hexagonale et servant au pavage de certaines pièces qui doivent être tenues fraîches, ou bien de certains espaces des dépendances d'une habitation.

Les carreaux communs sont ceux qui sont faits en terre cuite. Leur fabrication a beaucoup d'analogie avec celle des briques et des tuiles. Elle demande cependant :

1° Une pâte plus fine dont, ordinairement, l'argile ou la marne argileuse, qui en fait la base, a été lavée ;

2° Un façonnage plus soigné, pour que les pièces puissent se placer exactement les unes à côté des autres ;

3° Une cuisson qui les rende assez durs pour résister au frottement des chaussures.

Depuis plusieurs années, on fabrique non seulement des carreaux en terre cuite, mais aussi un grand nombre de carreaux mosaïques dont nous parlerons plus loin.

Les Romains n'employaient guère les carrelages céramiques pour leurs salles. Il leur fallait des dallages de marbre, de pierre, ou des carrelages mosaïques, composés d'une infinité de petits cubes de marbres de couleurs variées.

Les briquetiers du xiie siècle moulaient de petits morceaux de terre blanche suivant des formes déterminées. Chaque morceau recevait un émail d'une seule couleur, noire, jaune, rouge ou vert très foncé, puis on juxtaposait, côte à côte, les différents petits dessins pour former un carrelage mosaïque.

Vers la fin du xiie siècle, on remplaça les mosaïques en terre cuite émaillée par des carrelages incrustés d'ornements. La terre argileuse, moulée suivant une forme carrée, recevait, au moyen d'une matrice en plomb, l'empreinte d'un dessin en creux. Après le séchage, on remplissait les creux d'une terre de couleur différente. On saupoudrait la surface d'un mélange de sable et d'oxyde de plomb et on soumettait le tout à la cuisson. Il se formait une glaçure un peu jaunâtre et transparente. A cette époque, le ton noir était dominant dans les carrelages. Le corps du carreau était généralement une argile rouge recouverte d'un *engobe* noir, c'est-à-dire d'une couche très fine de terre noircie par des oxydes métalliques. La terre colorée qui formait les dessins traversait cet *engobe* et s'incrustait jusque dans l'argile rouge, qui restait cachée. Ces carreaux incrustés étaient plus résistants que les précédents.

Engobe.

1120. Nous croyons utile d'ouvrir une parenthèse pour dire, en quelques mots, ce que l'on entend par *engobe*.

L'emploi des engobes est particulièrement réservé pour la décoration des poteries dont la pâte est naturellement colorée. Tantôt, les engobes sont naturels, c'est-à-dire qu'ils sont formés de matières terreuses contenant un mélange intime et naturel d'oxydes colorants, n'ayant subi d'autre préparation mécanique qu'un délayage pour extraire les parties sableuses étrangères (les ocres sont dans ce cas); tantôt, au contraire, les engobes se préparent artificiellement en ajoutant, à des terres incolores ou peu colorées, des oxydes préparés artificiellement eux-mêmes au moyen de procédés chimiques plus ou moins parfaits.

On donne, par extension, le nom d'*engobe* aux pâtes blanches qu'on applique sur les poteries naturellement colorées, pour en masquer entièrement la couleur sale ou pour économiser la quantité d'étain contenue dans la glaçure des faïences communes, en faisant disparaître, par parties seulement, quelquefois en totalité, la coloration de la terre sous une couche légère d'un engobe incolore.

Les engobes peuvent recevoir la glaçure ou rester sans glaçure. La poterie présente alors un aspect brillant. On peut décorer par l'application de plusieurs engobes placés simultanément sur une même pièce.

Les émaux diffèrent des engobes en ce qu'ils possèdent une apparence vitreuse qui peut même atteindre la limpidité complète.

Au XIIIe siècle, on simplifia la fabrication en supprimant l'engobe noir et en se contentant de carreaux de terre rouge, incrustés de terre jaune, ou, réciproquement, de carreaux de terre jaune incrustés de terre rouge. C'est la couleur rouge qui dominait dans les carreaux de ce siècle et non plus le noir.

Au XVIe siècle, on posa encore des carrelages incrustés et émaillés; mais, à cette époque, apparaissent les carrelages en faïence peinte où dominent les tons blancs, bleus, jaunes et verts. Ces carrelages en faïence ont encore été employés en France au XVIIe siècle et l'usage s'en est conservé en Italie et en Espagne. En France, depuis le XVIIIe siècle jusqu'au réveil si récent des arts céramiques, on n'employait plus guère les carreaux de faïence que pour carreler les fourneaux de cuisine, les offices et les salles de bains.

§ II. — FABRICATION DES CARREAUX ORDINAIRES POUR PAVAGE.

1121. La fabrication des carreaux de pavage se conduit, à très peu de chose près, comme celle des briques dont nous avons longuement parlé.

Moulage à la main.

1122. La terre préparée est moulée dans des moules en bois ayant la même forme que les moules à briques (*fig.* 474), mais d'une hauteur moindre et en rapport avec l'épaisseur que l'on désire donner aux carreaux terminés, le vide intérieur étant plus grand et plus épais qu'il ne le faut pour obtenir les dimensions exactes des carreaux.

Pour leur donner la netteté de forme et les arêtes vives exigées par leur usage, les carreaux, en sortant du moule, sont déposés à plat sur le sol de la fabrique et redressés ensuite de champ pour leur faire prendre un certain degré de dessiccation. Ceci fait, on les soumet aux opérations suivantes: chaque carreau est posé à plat sur une table solide et bien plane, puis comprimé fortement en le frappant avec une batte de bois représentée (*fig.* 478). On place ensuite sur le carreau un patron carré formé d'un morceau de planche coupé à vives arêtes et garni, sur toutes ses faces, d'une bandelette de fer poli ou, mieux encore, de cuivre et pourvu de quatre petites pointes qui l'affermissent sur le carreau, puis on enlève, avec un instrument tranchant, tout ce qui excède les bords du modèle.

La cuisson peut se faire dans les fours précédemment décrits.

On vernit parfois les carreaux de la même façon que les tuiles, mais il ne faut opérer que sur les faces qui, après la pose, ne doivent pas être mises en contact avec le mortier.

Moulage mécanique.

1123. Le moulage mécanique se fait en préparant, comme pour les tuiles, une galette de terre ayant l'épaisseur des carreaux et en soumettant cette galette à l'action d'une presse spéciale.

Presse à bras pour rebattre les carreaux.

1124. Le but de cette presse, représentée (*fig.* 537), est de donner des produits sans bavures. Quoique mue à bras, elle est d'une grande puissance. La pression est exercée par un mouvement à genouillère semblable à celui qui est adopté dans les presses monétaires. Comme l'indique le dessin ci-contre, un piston est attaché au sommier du haut, lequel descend sur la galette mise dans le moule. Celui-ci a son cadre ou pourtour mobile et son fond fixe, de façon à empêcher les bavures qui se produisent toujours dans les rebatteuses dont les moules ont le faux fond mobile, car

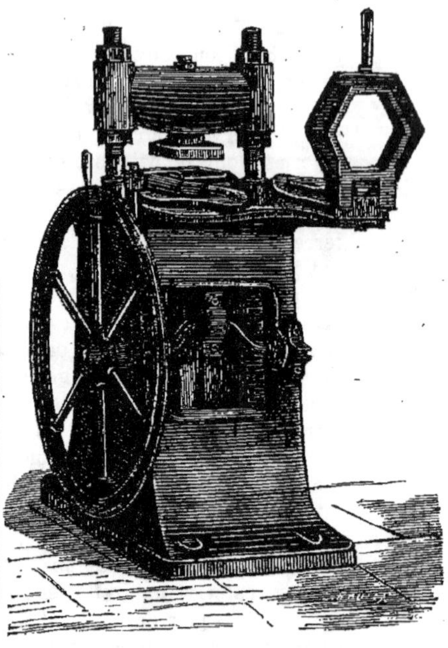

Fig. 537. — Presse à bras pour rebattre les carreaux.

alors il prend de l'usure par l'action, plusieurs milliers de fois répétée par jour, de monter et de descendre dans le moule. Ce nouvel agencement empêche aussi l'usure du cadre et, par cela même, lui conserve toujours les mêmes dimensions.

Un plateau **mobile**, ayant pour axe un des tirants de la presse, porte deux moules que l'on amène sous le piston en faisant faire un demi-tour audit plateau. Pendant que la pression se fait sur l'un, l'autre est débarrassé, puis regarni d'une galette.

Cette rebatteuse peut produire 4000 à 5000 carreaux par jour. Son poids est d'environ 800 kil.

§ III. — FABRICATION DES CARREAUX.

Usine de MM. J. Rafin et E. Ameuille, à Saint-Paul près Beauvais.

1125. La vallée de Bray renferme les meilleures terres de France pour la fabrication des produits céramiques. Elle alimente cinquante usines qui peuvent fournir annuellement plus de 120 millions de pièces : poteries, carreaux, briques, tuiles, etc...

L'usine de Saint-Paul est la seule de la région qui fabrique le carreau blanc et rouge, de choix.

Voici la nomenclature des *matières premières* que l'on trouve dans la vallée de Bray et qui servent à la fabrication des produits céramiques.

N° 1 Sable blanc et rouge (employés dans toutes industries céramiques).

N° 2 Argiles fines et communes (carreaux et briques).

N° 3 — Terre blanche sablonneuse, demi-réfractaire ;

N° 4 — Terre réfractaire ;

N° 5 Terres — Terre jaune, ocreuse, cuisant rouge foncé ;

N° 6 argileuses. — Terre rouge foncé ;

N° 7 — Terre blanche grasse ;

N° 8 — Terres et grès noirâtres très alcalines.

Distinction entre les argiles et les glaises.

1126. L'argile, généralement jaunâtre et sans consistance, se réduit assez facilement en poudre plus ou moins fine. Les glaises, au contraire, sont très grasses et liantes. Leur extraction se fait en mottes ; elles contiennent des alcalis.

Fabrication des carreaux. — Composition des pâtes.

1127. Les terres sont extraites un an d'avance. Les intempéries des saisons les désagrègent et permettent à l'eau et à l'air de les pénétrer. Une terre seule ne peut donner un bon carreau et il est indispensable d'en mélanger plusieurs espèces douées chacune de propriétés différentes qui se corrigent mutuellement.

Pâtes rouges.

1128. Le mélange est formé d'argile fine et des terres n°ˢ 5 et 6. L'argile évite le retrait de la cuisson et donne une couleur rouge brique. La glaise rouge forme la masse de la pâte ; elle devient très dure après cuisson et donne une couleur rose carmin. La terre jaune, analogue comme consistance à la terre rouge, donne une couleur rouge foncé. Elle permet de diminuer la quantité d'argile qui, par suite d'un grand retrait, produit des fruits après cuisson.

Pâtes blanches.

1129. Le mélange est formé des terres n° 3, produisant le même résultat que l'argile au point de vue du retrait ; de la terre n° 7 formant la masse du carreau ; enfin, de la terre n° 8 qui est alcaline et qui, après cuisson, devient plus dure que l'acier en donnant à la masse une légère teinte jaunâtre.

Les proportions de chaque terre entrant dans la composition de la pâte pour carreaux se déterminent par des essais. Il est impossible d'en donner le dosage exact.

Travail mécanique.

1130. La division se fait mécaniquement au moyen de tailleuses verticales représentées (*fig.* 538). Ce système est préférable à la décantation qui noie la terre et lui enlève les alcalis qu'elle contient. Or, à la cuisson, ces alcalis forment des silicates alcalins en quantité insuffisante pour donner l'aspect vitreux, mais suffisante pour coller les particules d'alumine et donner aux carreaux cette

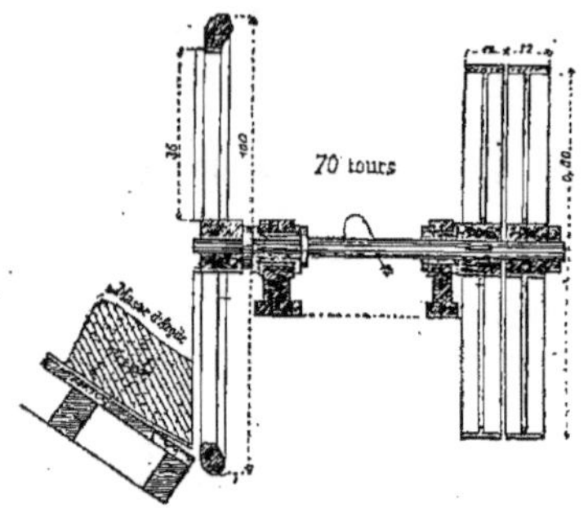

Fig. 538. — Tailleuse verticale à 4 couteaux.

dureté qui les fait apprécier.

Les terres découpées sont mélangées avec la quantité d'eau suffisante pour les ramollir (*trempage*), puis ressuées à la pelle pendant un jour pour établir l'égalité de consistance (*décoaillage*). Cette terre détrempée passe successivement dans deux malaxeurs et entre trois paires de cylindres lamineurs. Les malaxeurs alternant avec les laminoirs, il en résulte un mélange intime de toute la masse. Ainsi préparée, elle doit être aussi malléable que la cire.

La terre, rendue malléable par les opérations précédentes, est poussée par un laminoir dans une filière d'où elle sort en deux bandes continues. Ces deux bandes sont divisées transversalement par un cadre garni de fils d'acier et à mouvement alternatif. Les galettes, ainsi formées, sont portées sur un séchoir, ou, si le temps le permet, sur des aires disposées à cet effet.

Lorsqu'elles ont acquis assez de consistance, elles sont mises en piles dans des magasins où l'humidité se répartit uniformément dans toutes les galettes.

Rebattage et retaillage.

1131. Le rebattage consiste à frapper le carreau avec une forte *batte*, ou planchette munie d'un manche de manière à faire disparaître les aspérités, à glacer le carreau et à bien souder toutes ses parties.

Les rebatteurs font tourner la galette d'un quart de tour entre chaque coup de battoir.

Pour retailler le carreau, l'ouvrier, assis à cheval sur un banc, place ce carreau devant lui, appuie sur sa surface, avec la main gauche, un calibre dont les dimensions sont calculées de manière à tenir compte du retrait produit par la cuisson; puis, avec un couteau rectangulaire, il coupe la galette le long du calibre de manière à ménager un certain fruit.

Les carreaux retaillés sont prêts à être enfournés.

Cuisson.

1132. La cuisson se fait dans des fosses cubiques.

Le feu, allumé sur la grille AB

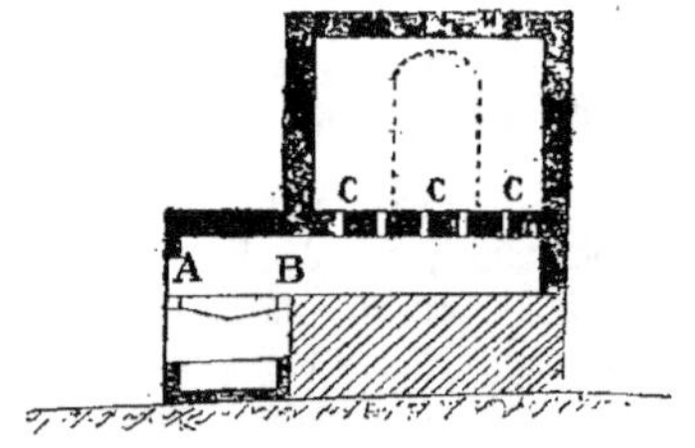

Fig. 539.

(*fig.* 539), pénètre par les ouvertures C ménagées dans la sole.

L'opération, conduite très lentement pendant environ six jours, donne à l'humidité des carreaux le temps de s'évaporer.

Le grand feu, porté à 1800° environ pendant soixante heures, cuit complétement le carreau.

L'opération, du commencement de l'enfournement jusqu'à la fin du défournement, dure un mois.

En sortant du four, les carreaux sont triés comme dimensions, puis comme couleur et enfin emmagasinés.

Carreaux incrustés.

1133. Outre la fabrication des carreaux rouges et blancs, l'usine de Saint-Paul fabrique aussi les carreaux incrustés.

En principe, l'incrustation se fait toujours sur un carreau blanc.

La galette blanche est portée sous une presse garnie d'un moule en plâtre, représentant en relief le dessin qui se moule en creux dans la pâte du carreau, puis elle est pressée. Quand cette galette est à moitié sèche, l'ouvrier, avec une burette, verse dans les creux formés la barbotine blanche mélangée d'oxydes métalliques correspondants à la couleur que l'on désire donner au dessin.

Voici les oxydes qui produisent des colorations convenables :

Grès noir { Oxyde de fer.
{ Oxyde de manganèse.
Grès bleu vif — Oxyde de cobalt.
Grès bleu pâle — Oxyde de cobalt.
Grès vert pâle ou foncé — Oxyde de chrome.
Grès vert bleuâtre { Oxyde de cobalt.
{ Oxyde de chrome.

On peut obtenir des pâtes brunes avec du chromate de fer.

Après le séchage, les parties de barbotine excédentes sont enlevées avec un instrument d'acier appelé *doloir* ; puis, le carreau est rebattu, coupé et cuit comme un carreau ordinaire.

L'usine de Saint-Paul emploie 200 ouvriers et produit annuellement 5 millions de carreaux. Le stock en magasin est de trois millions au minimum et permet de satisfaire toute commande.

La force motrice de l'usine est d'environ 50 chevaux.

§ IV. — FABRICATION DES CARREAUX MOSAÏQUES EN GRES CÉRAME.

1134. Nous extrayons les lignes suivantes des intéressants articles publiés dans le *Journal du Céramiste et du Chaufournier*, par M. J. Foy, ingénieur distingué.

Un carrelage n'a pas à supporter, comme les briques de bâtiment, des charges souvent considérables ; mais, en revanche, il doit résister au frottement incessant des chaussures et opposer un obstacle infranchissable à l'humidité du sol. Il suit de là que les carreaux, qu'ils soient d'ailleurs unis ou incrustés, doivent posséder deux qualités essentielles, qui sont la *dureté* et l'*imperméabilité*.

Ces deux conditions imposent l'obligation de n'employer, pour fabriquer les carreaux, que des argiles plastiques non pas absolument pures, mais contenant des traces d'alcalis (potasse ou soude) et une légère quantité de fer qui ne doit pas dépasser 5 à 8 kil. pour 100 kil.

On sait, en effet, que les argiles plastiques pures cuisent aux plus hautes températures, en donnant un produit très dur qui subit du retrait au feu, mais sans se déformer et qui présente une texture compacte et serrée, analogue à celle des grès cérames et des porcelaines.

Si, de plus, ces argiles contiennent de

5 à 8 0/0 d'oxyde de fer, au maximum, elles cuisent en grès à ces températures élevées, c'est-à-dire que la présence du fer détermine, non pas la fusion de la pâte, mais un commencement de ramollissement qui donne à la cassure l'apparence vitreuse et brillante du grès en même temps qu'il assure l'imperméabilité parfaite du produit.

Pour fabriquer des carreaux incrustés, on emploie des grès cérames fins et blancs, ou du moins très peu colorés par l'oxyde de fer. On obtient ces grès en remplaçant une partie de l'argile plastique par du *feldspath* qui est un silicate double d'alumine et de potasse et par du *kaolin* qui est le résultat de la décomposition du feldspath. Cette introduction d'éléments feldspathiques, légèrement fusibles, a pour effet d'abaisser la température de cuisson et de donner une pâte plus dure, plus fine, plus blanche et moins exposée à se fendre en séchant. D'un autre côté, l'alcali (potasse du feldspath) s'ajoute au peu de fer qui reste dans la pâte pour lui conserver un commencement de ramollissement à la cuisson et pour lui communiquer l'imperméabilité du grès cérame commun. Les proportions suivantes de ces trois substances fournissent un excellent grès cérame fin à pâte blanche :

```
Argile plastique de Dreux..........  25  )
Kaolin argileux de Saint-Yrieix......  50  }  100
Feldspath de Saint-Yrieix..........  25  )
```

Après avoir broyé ces substances, on en fait une pâte qu'on tamise, qu'on malaxe et qu'on bat, puis on la fait sécher et cuire à une température de 1400 à 1450 degrés centigrades dans des fours cylindriques à alandiers.

La pâte des grès cérames fins peut être colorée artificiellement dans toute sa masse au moyen d'un oxyde colorant. Tantôt l'oxyde est employé seul; tantôt il est préalablement fritté ou fondu avec une substance dégraissante, sable ou feldspath. On broie le tout extrêmement fin et on

opère, dans un moulin spécial, le mélange de la poudre obtenue avec les éléments broyés du grès. Cette poudre colorée est réduite en une pâte qu'on peut tamiser, malaxer et cuire comme une pâte blanche, ou qu'on emploie de suite à la fabrication des carreaux incrustés.

Les grès cérames, qu'ils soient fins ou communs, sont les produits céramiques les plus riches en silice. Les plus siliceux en contiennent 75 0/0 et les moins siliceux, de 62 à 66 0/0. Les autres éléments composants sont l'alumine, pour 19 à 29 0/0; l'oxyde de fer, pour 1 à 1,550 0/0; la chaux, pour 0,56 à 1,120/0; la magnésie, depuis quelques traces, jusqu'à 0,92 0/0; enfin, les alcalis (soude et potasse), depuis quelques traces jusqu'à 1,420/0.

Ce sont les proportions de ce mélange qui déterminent la fusibilité du composé, et la température à laquelle il convient de cuire les produits sans les déformer.

Comme type de fabrication, nous prendrons la description faite par M. A. Salvétat, dans une notice très intéressante publiée dans l'ouvrage de M. Brongniart et relative à la fabrication des carreaux mosaïques en grès cérame de l'usine de MM. Boch frères et Cie, à Louvroil (Nord), et connus sous le nom de *Carreaux de Maubeuge*.

Composition de la pâte.

1135. La pâte est essentiellement feldspathique. On n'y introduit d'argile que ce qu'il faut pour former une pâte mouillée, s'agglutinant par une forte pression. Le feldspath est de provenance étrangère; il vient des parties montueuses du Luxembourg et rarement on le lave. C'est une roche très dure qu'on amène à l'usine sous forme de blocs très-volumineux qui fondraient en verre bulleux si la température de cuisson était celle de la porcelaine dure. Il constitue l'élément principal de la fabrication. On l'emploie en très grande épaisseur pour renforcer les dessins qui, n'étant moulés que sous une certaine minceur économisent les pâtes colorées, lesquelles deviennent coûteuses.

Broyage.

1136. Le feldspath est d'abord concassé dans un appareil broyeur qu'on appelle *mâchoire* ou *avaloire* et qui a la forme d'une trémie dans laquelle on jette les fragments à concasser. Une face de cette trémie est fortement installée sur un bâti solide ; c'est une plaque de forte tôle. La partie opposée, également en tôle, est terminée par un long bras de levier, mobile autour d'un axe, qui peut, par conséquent, se rapprocher alternativement de la première face, lorsqu'un excentrique de forme déterminée vient faire agir le bras de levier. Le feldspath est alors broyé comme par une sorte de mâchoire et les menus morceaux tombent sur des trieurs mécaniques formés par une série de claies ou tamis métalliques dont les trous les plus fins sont à la partie supérieure.

Porphyrisation.

1137. Le broyage ainsi ébauché se termine dans de grands moulins à blocs qu'on charge de fragments auxquels on ajoute des masses qui broyent et triturent. On charge cinq tonnes à la fois et on sépare par lévigation les parties les plus fines. Les moulins à blocs reçoivent le mouvement par la partie inférieure. Ils ont un diamètre de 3^m.00 et emploient quatre chevaux de force. On broye à l'eau.

Raffermissement.

1138. Le raffermissement s'opère par deux méthodes distinctes. On a de grands fourneaux analogues à ceux qu'on désigne en Angleterre sous le nom de *Slip-Kiln* et qui offrent un développement considérable ; plus de 60 mètres de longueur. Pour les cas d'urgence, on se sert d'une grande caisse peu profonde à double fond, sur laquelle on étend un linge en contact avec une surface perméable. Le double fond communique avec un réservoir dans lequel on fait le vide par une injection de vapeur d'eau. La vapeur se condense et la pression atmosphérique, agissant sur la barbotine, fait écouler l'eau.

Mélange et dosage.

1139. Les matériaux, convenablement dosés, sont malaxés avec la moindre quantité d'eau possible sous l'action des molletons ou tordoirs ordinaires. Ils absorbent, par 4.000 k. de terre préparée, la force de deux chevaux-vapeur. Il y en a deux qui suffisent au travail de l'usine. Ils se trouvent munis des accessoires nécessaires pour tamiser et râcler la matière, la ramener au centre de l'action des meules et faciliter l'égrenage de la poudre.

Moulage.

1140. Le moulage s'exécute dans des moules métalliques à parois très résistantes qu'on soumet à une pression considérable sous l'influence d'une presse hydraulique. Ces moules carrés, de la forme des carreaux eux-mêmes, s'emboîtant dans une masse à cavité convenable pour les recevoir, à surface extérieure cylindrique, sont munis de poignées qui leur permettent de se déplacer avec facilité.

Pour faire un carreau simplement granité, deux ouvrières suffisent. L'une tient à sa disposition une petite caisse contenant du ciment grossier de couleur claire ; elle en saupoudre le fond du moule et passe à sa voisine le moule qu'elle pousse par la poignée. Celle-ci le remplit d'une petite couche de remplissage, légèrement humectée, qui donne la pâte plus colorée au milieu de laquelle les grains de ciment se trouvent empâtés. On soumet à la presse, par pressions successives, jusqu'à ce que l'épaisseur primitive ait été réduite de moitié. On retire le moule et on le remplit de terre commune qui fait le fond du dessin. Ce dernier se trouve donc incrusté sur une épaisseur de 2 à 3 millimètres qui suffit pour résister à l'usure.

Ces carreaux qui sont cuits en grès ont une très grande dureté; ils se sont ramollis au feu. On peut donc les façonner à l'état de pâte presque sèche.

Pour fabriquer des carreaux à deux couleurs, juxtaposées, mi-partie rouges et mi-partie blancs, séparés par une diagonale, on met en travers du moule une petite bande de fer-blanc très mince et de peu de hauteur. Autour d'une même table, à proximité de la presse, sont deux ouvrières qui, à tour de rôle, mettent dans les compartiments du moule, l'une la terre rouge en poudre humide, l'autre la terre blanche. Dans le compartiment convenable, on fait descendre la partie supérieure du moule qui comprime les deux poudres et on soude ensemble toutes les molécules en les comprimant contre la feuille de fer-blanc. On enlève celle-ci, puis on s'occupe du remplissage et, procédant comme il a été dit, on amène, par une compression violente mais progressive, au tiers de ce qu'elle était d'abord, l'épaisseur totale du carreau.

Si le carreau à mouler doit reproduire des dessins variés à plusieurs teintes, la méthode générale de fabrication est la même. Seulement, les moules sont plus compliqués. Leur fond est garni de la feuille de fer-blanc qui se projette suivant une ligne droite dans le cas précédent, mais qui, dans celui qui nous occupe, peut être contournée suivant des lignes variées, uniques ou multiples, soudées les unes aux autres, de façon à former des compartiments nombreux dans lesquels les pâtes colorées sont introduites.

Quand chaque compartiment du moule a reçu la couleur qui lui est destinée, on comprime, puis on enlève la feuille de fer-blanc contournée, qui limite les compartiments. On remplit de terre commune et on comprime alors jusqu'à refus, puis le carreau est terminé. Il est démoulé et porté au séchoir.

Séchoirs.

1141. Le séchage est une opération délicate. Le séchoir est une immense étuve portant des rayons ou planchers non jointifs sur lesquels on dispose les carreaux, déjà très-chauds, aussitôt après le démoulage; car ils ont reçu, par le seul fait de la compression qu'ils ont éprouvée, une chaleur intense. Le séchoir peut être chauffé par une circulation d'air chaud ou de vapeur.

Four.

1142. Le four est une tour ronde à alandiers disposés régulièrement au bas de la tour et circulairement. On cuit au charbon de terre. Les produits sont encastés quatre par quatre, superposés sur un lit de sable. On remplit la cazette de sable et on s'oppose de la sorte à la déformation. Des étuis sont placés jointivement côte à côte, en laissant entre eux (ils sont à section carrée) des espaces circulaires dans lesquels la flamme s'élève et s'abaisse alternativement, entre deux rangées consécutives pour gagner une cheminée commune qui détermine le tirage.

Quand on cuit, la calotte supérieure est fermée. On l'ouvre après la cuisson; alors, l'air froid passe par la porte démolie et se rend au séchoir, après s'être chargé de calorique.

Lorsque le refroidissement est suffisant, on pénètre dans le four et on défourne. Les carreaux sont alors triés avec soin.

On les examine et ceux qui sont bulleux, bouillonnés, sont mis au rebut. Les autres sont classés et rangés par ordre dans les magasins.

Forme et grandeur des carreaux.

1143. Il y a quatre grandeurs principales :

1° Carreaux carrés de 172 ou 173 millimètres de côté (33 carreaux par mètre carré).

2° Carreaux hexagones de 194 ou 195 de diamètre inscrit, 30 par mètre carré.

3° Carreaux octogones de 207 ou 208 de diamètre inscrit (25 par mètre carré).

4° Carreaux pour payer de 176 sur 98 millimètres, à (58 carreaux par mètre carré).

Emploi.

1144. Depuis longtemps, les carreaux mosaïques sont employés dans les maisons particulières pour pavement de *corridors, vestibules, galeries, vérandas, balcons, salles à manger, salles de bains, salles de danse, buanderies, cuisines, etc.* Leur emploi est également très répandu dans les édifices publics, tels que chapelles, églises, musées, hôtels de ville, palais de justice, écoles, stations de chemins de fer, etc... Moyennant des combinaisons de différents dessins et bordures, on obtient des dallages d'un bon marché relatif.

Enfin, on les utilise, intérieurement et extérieurement, comme revêtement de murs. Employés de cette façon, ils ont le double avantage de préserver le mur contre l'humidité en même temps qu'ils le décorent.

§ V. — QUALITÉS DES CARREAUX EMPLOYÉS COMME PAVAGE.

1145. Les carreaux de pavage doivent, quand on les frappe avec un corps dur, rendre un son clair. Ils doivent aussi être inattaquables par la gelée, assez durs et assez tenaces pour résister à l'usure.

La machine précédemment décrite pour essayer les matériaux à l'user sera d'un grand secours pour se rendre compte si les carreaux que l'on désire employer peuvent résister longtemps à l'usure produite par le frottement des chaussures.

(Voir le tableau n° 1054 pour la résistance à l'user des carreaux en terre cuite.)

Les carrelages mosaïques en grès cérame doivent être très durs, faire feu sous le choc du briquet et rayer le verre ; aucun agent chimique ne doit pouvoir les altérer. Ils doivent, par conséquent, résister à toute action atmosphérique et subir alternativement l'influence de l'humidité et de la gelée la plus intense sans se détériorer.

§ VI. — DIFFÉRENTS TYPES DES CARREAUX LES PLUS EMPLOYÉS DANS LE COMMERCE.

1146. Les carreaux les plus ordinairement employés sont carrés ou à six pans, ou côtés, et en terre cuite.

Les dimensions des carreaux varient de 0ᵐ,16 à 0ᵐ,22 de côté et de 0ᵐ,018 à 0ᵐ,027 d'épaisseur. Il en existe de plus petits ; 0,04, 0,09, 0,10 pour les combiner avec les octogones dans les pavages.

Les dimensions des carreaux à six pans sont variables, et représentées par les croquis ci-joints (*fig.* 540). Leur épaisseur varie aussi de 0ᵐ,018 à 0ᵐ027 et même

,030 et 0,033 dans certains cas particuliers.

Les carreaux en terre cuite les plus estimés se fabriquent en Bourgogne et dans le Nord, près de Beauvais. Ce sont ceux qui résistent le mieux à l'humidité.

Les carreaux de l'usine de Saint-Paul, près Beauvais (MM. J. Rafin et E. Ameuille, propriétaires) sont d'excel-

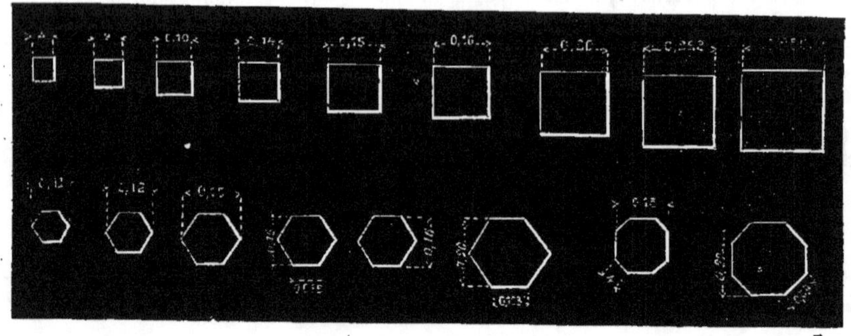

Fig. 540. — Principaux types des carreaux carrés, hexagones et octogones du commerce.

lente qualité, et recommandables sous tous rapports.

Viennent ensuite ceux de Massy et de Sannois (Seine-et-Marne), et ceux de Paris, que l'on emploie assez souvent parce qu'ils sont très bien moulés.

Les carreaux céramiques en grès cérame sont carrés et ont, ordinairement, $0^m,10$; $0^m,14$; $0^m,15$; $0^m,16$ de côté.

Les fabricants les plus importants sont MM. Boch frères et Cie, dont nous avons déjà fait connaître les produits, et la maison Sand et Cie, qui exploite à Feignies, près Maubeuge (Nord), une importante fabrique de carreaux en grès cérame incrustés d'une très grande dureté.

Les carreaux ont $0^m,15$ de côté. Conséquemment, il en faut 44 pour couvrir un mètre carré. Ces carreaux pèsent 95 kil. le cent.

La maison Simons et Cie fabrique, dans son usine du Cateau (Nord), des carreaux incrustés, en grès cérame fin, très durs, qui peuvent recevoir toutes sortes de dimensions; mais ceux qu'ils produisent couramment sont carrés avec $0^m,10$ ou $0^m,14$ de côté, ou hexagones avec $0^m,14$ et $0^m,17$ de diamètre inscrit. Pour faciliter la composition des dessins mosaïques très fins, M. Simons fabrique huit divisions du carreau carré de $0^m,10$, savoir : le demi-rectangle, le demi-triangle, le quart de triangle, le demi-carré, etc... Tous ceux d'une même couleur sont colorés dans la masse et sur toute l'épaisseur qui est d'environ 0,023 pour tous les produits.

Il existe bien d'autres maisons qui fabriquent aussi de bons produits, mais il serait trop long de les indiquer toutes.

Pour terminer ce qui est relatif aux carreaux, nous donnons (fig. 540) quelques croquis des principaux modèles employés dans le commerce.

Nous regrettons de ne pouvoir reproduire ici quelques planches, en chromolithographie, de riches dessins de tous styles, lesquelles planches composent les albums des fabricants que nous avons cités précédemment, mais ceux de nos lecteurs, désireux de consulter ces albums, n'ont qu'à les demander aux fabricants, qui s'empresseront toujours de les leur adrésser.

Autres applications des terres cuites.

1147. Les potiers en terre cuite confectionnent des tuyaux ou canaux de conduite qui ont des usages très différents

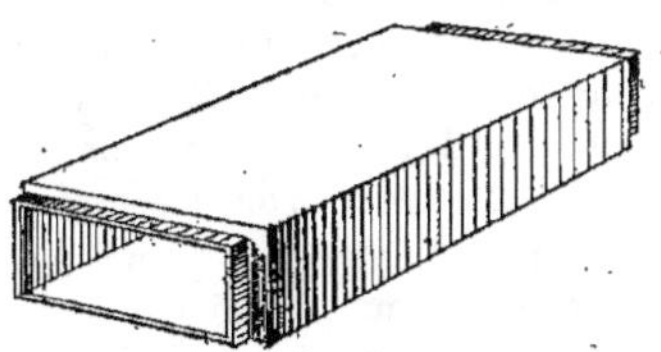

Fig. 541. — Tuyau rectangulaire pour fumée, air chaud et ventilation, à parois creuses à volonté (de toutes dimensions sur commande), Dimensions intérieures 0,08 sur 0,16; longueur 0ᵐ,50; poids 12 kil.

et qui doivent par conséquent être fabriqués avec des pâtes d'une composition spéciale. S'il s'agit, par exemple, de fabriquer des conduites de chaleur (*fig.* 541), toutes les pâtes sont bonnes,

pourvu qu'elles se laissent travailler facilement, qu'elles ne se fissurent point à la cuisson, ni dans l'emploi. On ne leur demande ni infusibilité, ni imperméabilité ; mais ces tuyaux exigent un façonnage prompt et précis et des formes très convenablement appropriées à leur emploi.

BOISSEAUX ET WAGONS POUR CONDUITS DE CHEMINÉES.

1148. Une application des plus remarquables, des terres cuites, est celle qu'on a faite de cette pâte à la fabrication de ces longs canaux qui conduisent la fumée du combustible en dehors de nos habitations.

Les tuyaux de cheminée étaient généralement faits en plâtre ou en briques ordinaires qui, fréquemment dilatées par la chaleur, finissaient par se disjoindre. On a pensé à faire des tuyaux de cheminée moulés en terre cuite. C'est M. Gourlier, architecte, qui, en 1823, eut le premier l'idée d'employer ces produits qui, aujourd'hui, portent encore son nom.

Les *boisseaux* dits *boisseaux Gourlier*,

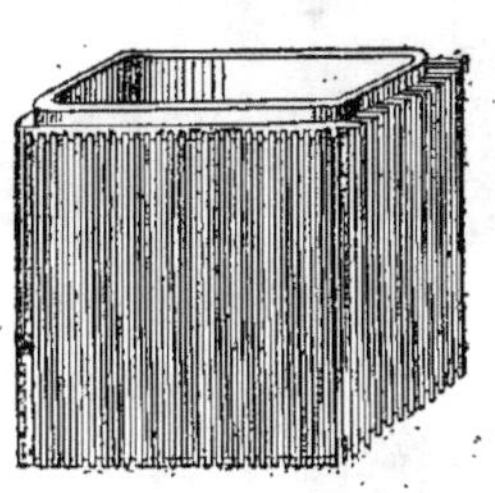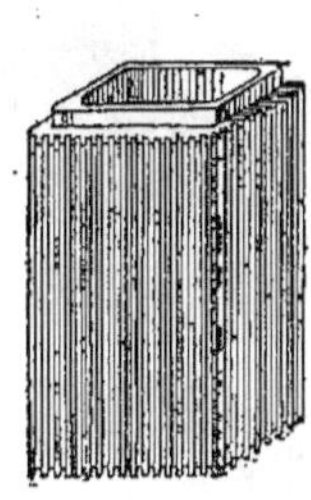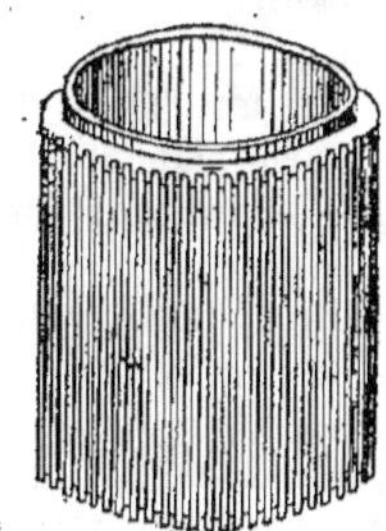

Fig. 542. — Boisseau rectangu'aire.

Fig. 543. — Boisseau rectangulaire.

Fig. 544. — Boisseau rond.

représentés (*fig.* 542, 543, 544) servent à construire les tuyaux adossés au mur que l'on construit et les *wagons* (*fig.* 545) servent à la construction des tuyaux de fumée à incorporer dans l'épaisseur des murs.

En raison de la complication des formes et du prix que ces matériaux de construction peuvent supporter, les moyens mécaniques sont d'un emploi fort avantageux pour leur exécution. La pâte ayant été préparée comme nous l'avons déjà dit pour les autres produits, il nous suffira de décrire le mode de moulage employé.

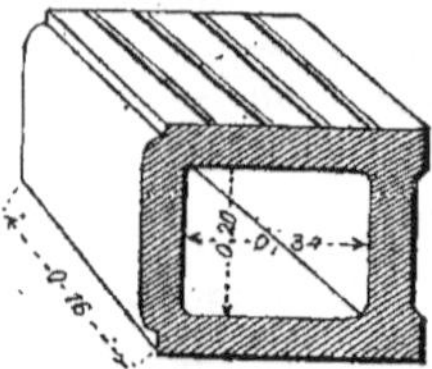

Fig. 545. — Wagons pour tuyaux de fumée dans les murs.

MACHINE A BOISSEAUX, DITE REVOLVER.

1149. Cette machine, comme l'indique la figure 546, se compose de **deux cylindres** verticaux en fonte accouplés entre eux et qui peuvent tourner autour d'un montant vertical qui sert en même temps de support au mécanisme supérieur. Ces cylindres sont remp is de terre à tour de rôle, l'un étant en chargement pendant que l'autre, placé sur le mécanisme, est parcouru par un piston qui refoule la terre dans une filière fixe supportée par le plancher. Un mouvement de rotation d'un demi tour met le cylindre plein à la place du cylindre vide; d'où le nom de *revolver* donné à cette machine.

Le mécanisme actionnant le piston se comprend facilement à la seule inspection du dessin. Disons seulement qu'il y a un débrayage pour opérer le remontage rapide du piston. En outre, on peut adapter deux pignons de dimensions différentes à l'arbre portant la manivelle, afin de pouvoir filer des terres un peu plus fermes lorsqu'on fait des tuyaux à emboîtement sans, pour cela,

que l'homme ait plus de fatigue à supporter.

A la partie inférieure, se trouve le plateau équilibré qui reçoit les pièces au sortir de la filière, avec la pédale et le dispositif ordinaire pour faire l'emboîtement. Comme dans toutes les machines analogues, un changement de filière permet de faire des *boisseaux*, des *wagons*, des *ventouses* etc. de différents diamètres.

Les avantages de cette machine sur celles à boîte carrée sont les suivants :

1° Le remplissage du cylindre est plus commode et peut se faire avec plus de facilité, sans interposition d'air.

2° La production, par suite du moins,

Fig. 546. — Machine à boisseaux, dite revolver.

de temps perdu, est presque doublée, soit 600 à 800 pièces par jour.

Le poids de cette machine est de 2.500 kil.

Le moulage des pièces effectué, on les porte au séchoir, puis elles sont cuites dans

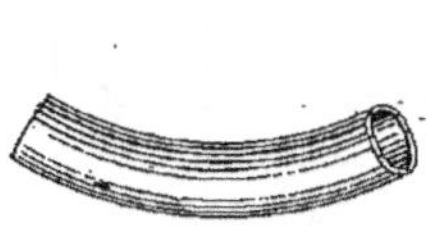

Fig. 547. — Tuyau courbe.

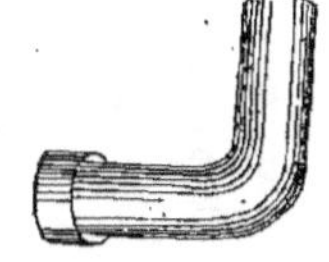

Fig. 548. — Coude.

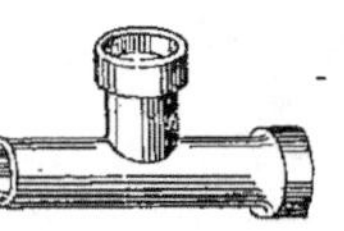

Fig. 549. — Embranchements.

des fours identiques à ceux que nous avons décrits précédemment.

TUYAUX-VENTOUSES.

1150. Les tuyaux-ventouses indiqués dans le tableau suivant (*fig.* 554-I-II-III-IV) ne sont véritablement que des boisseaux ronds et se fabriquent comme ces derniers. Ils servent ordinairement comme conduits d'aération de fosses ou d'autres parties d'un édifice à ventiler.

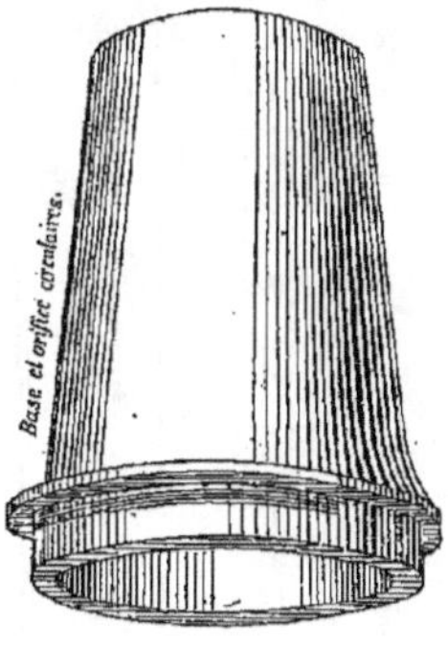

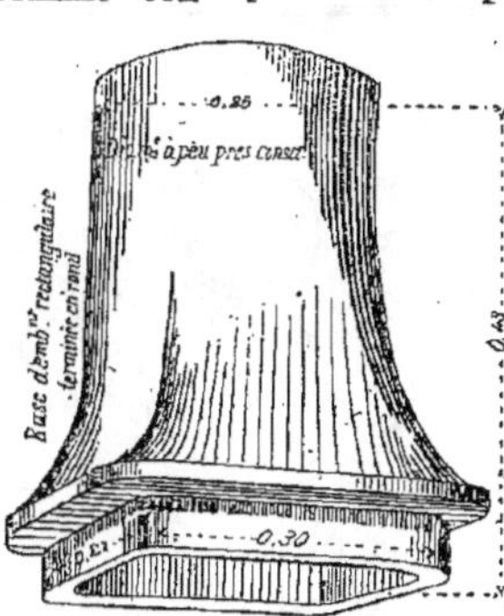

Fig. 550. — Mitres rondes.

Fig. 551. — Mitres rectangulaires. — Dimensions extérieures de l'emboîtement rectangulaire, 0^m,21 × 0^m,25; 0^m,21 × 0^m,30; 0^m,22 × 0^m,35; 0^m,22 × 0^m,40. — Poids moyen, 13 kil.

MITRES.

1151. Les mitres servent de couronnement aux tuyaux de cheminée qui sortent des toits. Elles sont de deux formes: l'une, ronde (*fig.* 550), peut s'adapter sur les boisseaux ronds; l'autre rectangulaire (*fig.* 551), est destinée aux boisseaux ordinaires et aux wagons. Leurs dimensions principales sont indiquées (*fig.* 555), Ces mitres se font aussi en grès.

TUYAUX DE CONDUITE D'EAU.

1152. Les tuyaux que l'on fait pour conduire sous le sol des eaux ordinaires ou des eaux minérales exigeant une assez complète imperméabilité, sont faits plutôt en grès cérame grossier qu'en terre cuite proprement dite. Lorsque l'eau ne fait que traverser momentanément et sans pression les tuyaux qui doivent la conduire d'un lieu dans un autre, on se contente des tuyaux en terre cuite représentés (*fig.* 556 et 557), parce qu'ils sont d'un prix beaucoup inférieur à ceux en grès cérame. Pour faciliter le passage de ces tuyaux dans le sol et pouvoir contourner les maçonneries en fondation, on fabrique des tuyaux courbes (*fig.* 547), des coudes (*fig.* 548) et, enfin, des embranchements (*fig.* 549).

OBJETS DIVERS.

1153. Un grand nombre d'autres objets, tels que : œils de bœuf, chatières, membrons, chaperons, faîtages, chéneaux, gouttières, entrevous, mitrons, lanternes, cheminées, pièces spéciales pour bordures de jardins, macarons, métopes, frises, balustrades, plafonds etc... se fabriquent également en terre cuite. Nous aurons l'occasion d'en parler longuement dans des chapitres spéciaux.

1154. *Tableau donnant les dimensions principales dés boisseaux, wagons, tuyaux-ventouses, mitres, tuyaux à emboîtement et tuyaux de drainage employés dans l'industrie.*

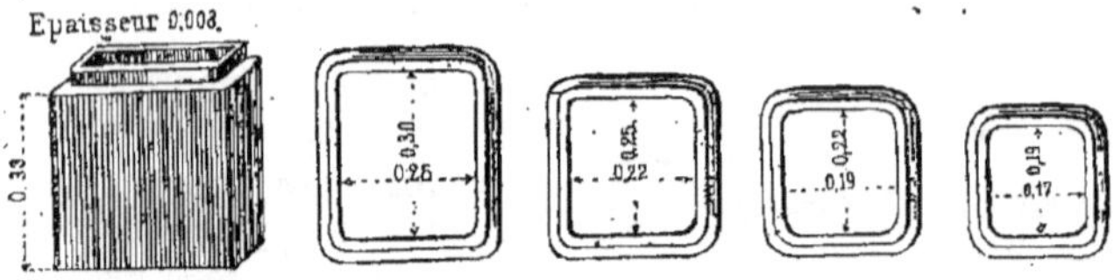

Epaisseur 0.003.

Fig. 552. — Boisseaux pour conduits de cheminées, adossés.

Boisseaux	Poids moyen. kil.
0.80×0.25	15.300
0.25×0.22	14.150
0.22×0.19	11.650
0.19×0.17	10 000
0.16×0.25	»
0.13×0.16	»

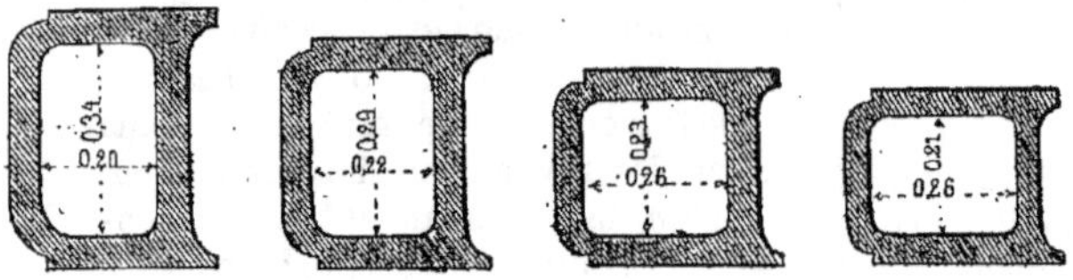

Fig. 553. — Wagons pour conduits de cheminées dans les murs. — Hauteur 0m,16 à 0m,20.

Wagons pour murs	kil.
de 0 50	20 500
de 0.45	18 000
de 0.40	15.500
de 0.35	14.000

I   II   III   IV

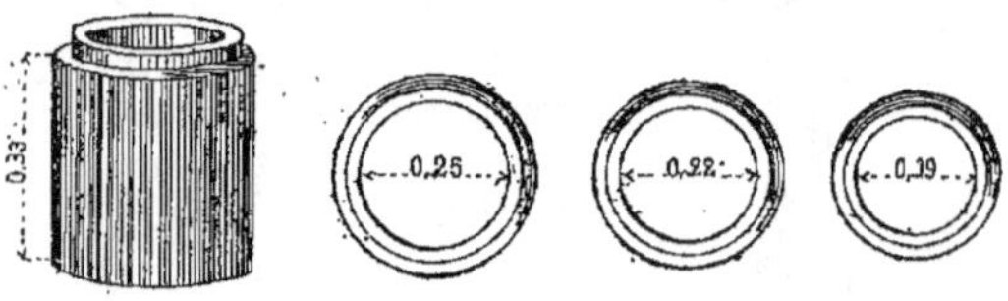

Fig. 554. — Tuyaux-ventouses.

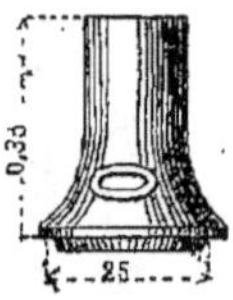

Fig. 555. — Mitres pour cheminées.

Tuyaux-Ventouses	kil.
de 0 13 et 0.11	»
de 0.25........	8 800
de 0 22........	8.000
de 0.22........	6.100
de 0.19........	5.650

Mitres pour cheminées	kil.
de 0.25........	6.500
de 0 22........	4.800
de 0.19........	4 000
de 0.16........	2.500
de 0.14........	»

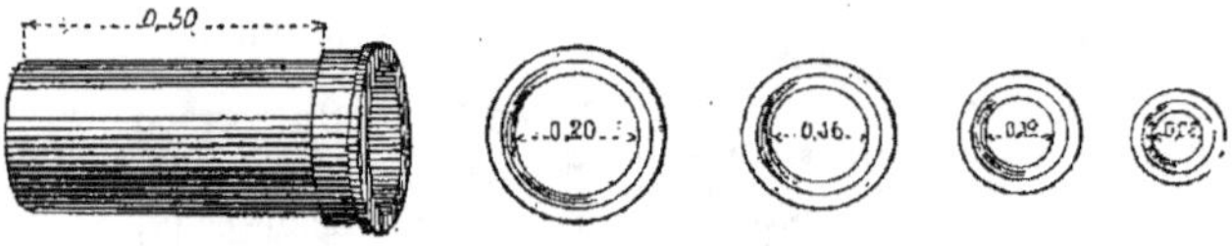

Fig. 556. — Tuyaux à emboîtement

Tuyaux à emboîtement	kil.
de 0.20	16.000
de 0.16	11.000
de 0.12	8.000
de 0.08	5.500

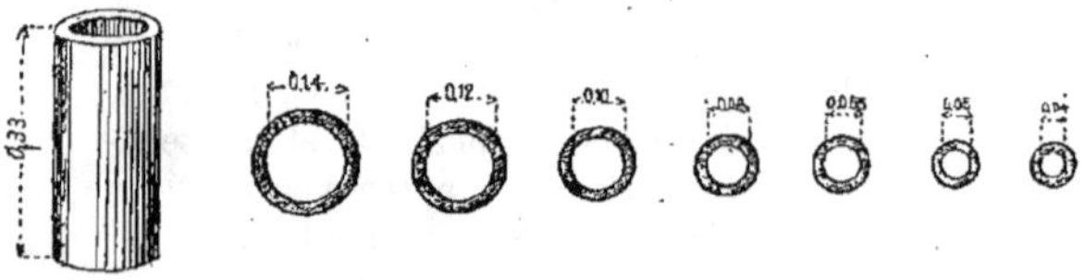

Fig. 557 — Tuyaux pour drainage.

Tuyaux pour drainage	kil.
de 0 140	6 450
de 0.120	3.800
de 0 100	3.000
de 0 080	2.800
de 0.065	1.900
de 0.050	1.125
de 0.040	1.000

CHAPITRE VII

CHAUX ET CIMENTS

Des Chaux.

SOMMAIRE

§ I. — DÉFINITIONS ET NOTIONS GÉNÉRALES.

1155. Le protoxyde de calcium, ou *chaux*, est connu depuis la plus haute antiquité.

La chaux pure est blanche, caustique ; elle attaque rapidement les tissus des matières animales. Elle ramène au bleu la teinture de tournesol rougie, verdit fortement le sirop de violettes, rougit la teinture de curcuma. Sa densité est égale à **2, 3.** Elle est infusible aux températures les plus élevées de nos fourneaux. Elle forme, avec les acides, des sels bien caractéristiques.

Dans les laboratoires, quand on veut préparer de la chaux bien pure, on prend du marbre blanc ou du spath d'Islande, que l'on soumet à l'action d'une température très élevée dans un creuset de terre. L'acide carbonique se dégage graduellement et, finalement, il reste de la *chaux caustique* dans le creuset.

La chaux se combine avec l'eau, en dégageant beaucoup de chaleur. Une portion de l'eau s'échappe en vapeur et l'élévation de température est souvent assez grande pour enflammer la poudre (environ 300 degrés). Elle fait entendre le même bruit qu'un fer rouge trempé dans l'eau, et on dit qu'elle *fuse*.

L'opération par laquelle on combine la chaux avec l'eau s'appelle *éteindre la chaux*, et la *chaux hydratée* qu'on obtient prend le nom de *chaux éteinte*, pour la distinguer de la *chaux anhydre*, qu'on appelle *chaux vive*.

La chaux, en s'hydratant, augmente considérablement de volume : on dit qu'elle *foisonne*. Si la quantité d'eau ajoutée est assez grande, la chaux reste en suspension quand on l'agite et on obtient un *lait de chaux*.

La chaux se dissout dans environ 700 fois son poids d'eau à 15 degrés et dans 1270 fois à la température d'ébullition. La dissolution prend le nom d'*eau de chaux*.

La chaux vive, exposée à l'air, attire

rapidement l'eau et l'acide carbonique de l'atmosphère. Alors, elle se délite, c'est-à-dire qu'elle tombe en poussière. Elle cesse de s'échauffer quand, ensuite, on la mouille avec de l'eau.

La propriété particulière à toutes les chaux est de servir de base aux mortiers, bétons et ciments employés dans les constructions, et de se combiner, par l'inter-médiaire de l'eau, à la silice que contient le sable. Par l'effet complexe de la combinaison chimique de la chaux avec le sable, de l'absorption de l'acide carbonique de l'air et de l'évaporation de l'eau, le mortier durcit et adhère aux matériaux de construction de manière à constituer une seule masse plus ou moins homogène et plus ou moins solide.

§ II. — DIFFÉRENCE ENTRE LES CHAUX ET LES CIMENTS.

1156. Si l'on chauffe fortement du carbonate de chaux à peu près pur comme le calcaire de nos moellons de Paris, ou comme la craie, on obtient ce qu'on appelle la *chaux grasse*.

Si, au lieu de cuire du carbonate de chaux presque pur, on vient à cuire un calcaire argileux contenant de 12 à 20 p. 0/0 d'argile, on obtient encore une chaux, mais dont les propriétés diffèrent de la chaux grasse. Cette chaux se nomme *chaux hydraulique*.

Lorsque la portion d'argile est plus grande encore et que la chaux obtenue contient de 24 à 40 p. 0/0 d'argile, elle peut, suivant le degré de cuisson, donner des produits dont la prise ait lieu soit en 15 à 20 minutes, soit en deux ou quatre heures. La chaux prend alors le nom de *ciment*. Dans le premier cas, on a les ciments à prise rapide, dont les principaux types sont les ciments romains de *Vassy*, de Pouilly, de Bourgogne, etc...

Dans le second cas, pour les ciments dont la prise est de deux heures et plus, on a les ciments à prise lente dont le type est le *ciment de Portland*.

On a fait, par la synthèse, des essais avec tous les composés qu'il est possible d'obtenir en variant les proportions de chaux et d'argile. Ces essais ont conduit à ranger les chaux sous les dénominations suivantes :

DÉSIGNATION	CONTENANT	
	argile	chaux
Chaux hydrauliques..	0.10	0.90
	0.20	0.80
	0.30	0.70
Limite.	0.34	0.66
Chaux. — Ciments.	0.40	0.60
	0.50	0.50
	0.60	0.40
Limite.	0.61	0.39
Ciments hydrauliques ou pouzzolanes..	0.70	0.30
	0.80	0.2)
	0.90	0.10
Ciments ordinaires.	Celles qui contiennent plus de 0.90 d'argile.	

§ III. — PIERRES A CHAUX.

1157. On donne le nom de *pierre à chaux* à un carbonate de chaux plus ou moins mélangé de substances étrangères, qui lui donnent quelquefois des propriétés particulières fort utiles. Toutes les variétés de pierres qui contiennent du carbonate de chaux, lequel, soumis à une température suffisante, perd son acide carbonique, peuvent donner de la chaux.

Toutes les pierres calcaires dont nous avons longuement parlé dans un chapitre spécial peuvent se convertir en chaux par la calcination. Toutes font une effervescence plus ou moins subite quand on en jette un fragment dans l'acide azotique (eau forte), et une pointe de fer suffit ordinairement pour les rayer profondément.

Les pierres calcaires sont rarement du carbonate de chaux pur. Celles que l'on soumet à la cuisson en grand renferment, en général, des quantités notables de matières étrangères, telles que quartz, oxydes de fer et de manganèse, magnésie, argile etc... Les qualités de la chaux dépendent beaucoup, non seulement de la quantité de matières étrangères, contenues dans la pierre calcaire, mais aussi de la nature de ces matières. Tout ce qui a été dit pour l'extraction des pierres en général et des pierres calcaires en particulier peut s'appliquer aux pierres destinées à la fabrication de la chaux. Il est donc inutile d'y revenir

Diverses espèces de chaux. — Leurs propriétés.

1158. On partage les chaux en différentes classes, d'après les propriétés qu'elles présentent.

Les propriétés caractéristiques de durcissement dans l'air et dans l'eau permettent de diviser les chaux en deux grandes classes :

1° Les chaux aériennes ou communes;
2° Les chaux hydrauliques.

CHAUX AÉRIENNES.

1159. Les chaux aériennes se divisent elles-mêmes en *chaux grasses* et en *chaux maigres*.

Chaux grasse.

1160. Lorsque la pierre calcaire ne renferme qu'une petite quantité de matières étrangères, elle donne une chaux dont les propriétés se rapprochent beaucoup de celles de la chaux chimiquement pure. Elle foisonne considérablement avec l'eau, s'échauffe beaucoup et forme, avec ce liquide, une pâte liante, grasse au toucher; d'où son nom de *chaux grasse*.

L'hydrate de chaux, ainsi obtenu et réduit en pâte molle, durcit bientôt au contact de l'air en absorbant de l'acide carbonique. Cette pâte de chaux, placée sous l'eau ou dans un vase privé d'air et d'acide carbonique, conserve indéfiniment son état mou.

Dans les mortiers, cette chaux, en séchant et en fixant graduellement l'acide carbonique de l'atmosphère, durcit en passant à l'état de carbonate, ou, mieux, d'hydrocarbonate.

Une propriété particulière à la chaux grasse est que son volume augmente à l'extinction au moins du quart de son volume primitif; souvent de deux fois et demie ce volume et même de trois à quatre fois.

Cette chaux est celle qui profite le plus aux entrepreneurs, en raison de la grande quantité de mortier qu'elle fournit.

On l'emploie pour les maçonneries ordinaires, mais il faut s'en abstenir pour les travaux hydrauliques ou souterrains,

attendu qu'elle ne durcit qu'imparfaitement.

Dans un volume d'eau indéfini, la chaux
grasse se combine rapidement avec un
poids d'eau à peu près égal aux 0,25 du
sien. Retirée et exposée à l'air, elle fuse
avec dégagement de chaleur en se réduisant en poudre impalpable.

D'après M. Vicat, 100 parties de chaux
grasse absorbent, en se solidifiant, 74 parties d'acide carbonique et en retiennent
17 d'eau.

Chaux maigres.

1161. Les chaux obtenues par la calcination de calcaires mélangés en forte
proportion de magnésie, d'oxyde de fer
ou de sable quartzeux, mais qui ne renferment que peu ou point d'argile, se
délitent encore par leur contact avec l'eau,
mais il se développe peu de chaleur par
cette combinaison et le foisonnement est
presque nul : ce sont les *chaux maigres*
non hydrauliques.

Elles durcissent à l'air et non dans l'eau
où elles se désagrègent, ce qui les fait ranger, comme la précédente, dans la classe
des chaux aériennes. A défaut d'autre, on
les emploie aux mêmes usages que la
chaux grasse.

CHAUX HYDRAULIQUES.

1162. On désigne, sous ce nom, des
chaux qui, éteintes et réduites en pâte,
jouissent de la propriété remarquable de
durcir sous l'eau après un temps plus ou
moins long.

Les chaux hydrauliques ont été classées
d'après la rapidité avec laquelle elles font
prise sous l'eau.

On dit que la chaux a fait prise quand,
éteinte à la manière ordinaire et immergée,
sans mélange, à l'état de pâte forte, elle
peut supporter, sans dépression, l'action
d'un doigt pressant avec la force moyenne
du bras.

On distingue, parmi les chaux hydrauliques :

1° Les chaux *faiblement hydrauliques*,
confondues quelquefois avec les chaux
grasses, à cause de leur grand foisonnement. Elles prennent sous l'eau dans un
intervalle qui varie de deux à six mois.

2° Les chaux *moyennement hydrauliques*, qui font prise après quinze ou
vingt jours d'immersion, mais elles
n'atteignent jamais une grande dureté.

3° Les *chaux hydrauliques*, qui font
prise du sixième au huitième jour; puis
elles continuent à durcir jusqu'au douzième mois.

4° Les chaux *éminemment hydrauliques*
qui font prise du deuxième au quatrième
jour d'immersion. Après six mois, elles
ont acquis la dureté de la pierre.

Cette classification n'a rien d'absolu,
mais elle fait bien comprendre les qualités
d'une chaux donnée.

L'hydraulicité d'une chaux est due à ce
que, pendant la cuisson du calcaire, il
s'établit une combinaison chimique entre
la chaux et la silice divisée à laquelle elle
est mélangée, soit que cette dernière y
existe à l'état libre, soit qu'elle s'y rencontre à l'état d'argile.

En effet, si l'on traite une chaux
hydraulique par un acide, on met en
liberté de la silice en gelée, ce qui prouve
que cette substance s'y trouvait à l'état de
combinaison. D'une autre part, en mélangeant du sable quartzeux avec une quantité convenable de carbonate de chaux, on
n'obtient jamais qu'une chaux maigre non
hydraulique; tandis que si l'on remplace
le sable par un poids égal de silice gélatineuse desséchée, puis amenée sous forme
de poussière farineuse, on obtient une
chaux douée de propriétés hydrauliques.

Ce qui précède montre que la solidification des chaux hydrauliques sous l'eau provient d'une combinaison qui se fait entre
l'hydrate de chaux et les silicates d'alumine et de chaux. Cette combinaison

détermine une nouvelle agrégation de la matière et rend la chaux insoluble.

On peut donc fabriquer, artificiellement, des chaux hydrauliques en mélangeant du carbonate de chaux et de l'argile dans des proportions convenables.

D'après M. Vicat, 100 parties d'une chaux hydraulique contenant 1/5 de son poids d'argile absorbent, en se solidifiant, 54 parties d'acide carbonique et en retiennent 15 d'eau. M. Berthier, d'après des analyses fort intéressantes, a constaté les faits suivants :

1° Que la silice en gelée, calcinée avec de la chaux pure, donnait un produit hydraulique ;

2° Que l'alumine, la magnésie, les oxydes de fer et de manganèse, calcinés un à un avec de la chaux pure, donnaient une chaux maigre ;

3° Que l'alumine et la magnésie, mêlées avec la silice, exaltaient la propriété hydraulique : mais que les proportions les plus convenables pour ce mélange étaient une partie de silice pour une partie d'alumine ou une partie de magnésie.

Avant ces analyses, M. Vicat avait remarqué que si l'on faisait cuire dans un four un mélange d'argile et de chaux éteinte ou de chaux réduite en pâte, on obtenait de la chaux hydraulique quand la proportion d'argile était d'au moins 10 pour 90 de chaux, et que la chaux était d'autant plus hydraulique que la proportion d'argile était plus considérable.

Si cette proportion d'argile dépasse 34 pour 66 de chaux, le composé ne fuse plus.

CHAUX LIMITES.

1163. Ces chaux, suivant M. Vicat, proviennent de calcaires parfaitement cuits et ne s'éteignent pas sous l'eau ; mais, réduites en poudre fine et manipulées avec une petite quantité d'eau, elles font prise très rapidement dans l'air ou sous l'eau. Ces propriétés caractérisent les matières désignées sous le nom de *ciments* dont nous parlerons plus loin.

Ce qui distingue les chaux limites des ciments, c'est que, tandis que ces derniers augmentent de dureté et de consistance avec le temps, les chaux limites perdent bientôt la cohésion qu'elles ont acquise instantanément et tombent en poussière par l'effet d'une extinction tardive.

CHAUX HYDRAULIQUE ARTIFICIELLE.

1164. Le premier procédé pour fabriquer artificiellement de la chaux hydraulique consiste à mélanger à du carbonate calcaire, réduit en bouillie, de l'argile dans la proportion qui donne à la chaux le degré d'hydraulicité dont on a besoin. Le mélange, réduit en pains et soumis à la cuisson, fournit de bons produits.

Le calcaire marneux, qui est ordinairement friable, se reconnaît facilement à sa composition d'argile et de carbonate de chaux, à la facilité avec laquelle il s'écrase et peut se réduire en bouillie. Comme il contient toujours une certaine quantité d'argile, quelquefois assez grande pour produire de la chaux hydraulique ou de la chaux-ciment, pour déterminer la dose d'argile à y ajouter, on est obligé de le soumettre préalablement à des essais chimiques ou à des essais de cuisson. Pour ce procédé, il faut employer du calcaire marneux ou de la craie. Si ces corps ne se trouvent pas économiquement, on se servira du second procédé qui consiste à mélanger une proportion convenable d'argile à de la chaux grasse éteinte et amenée à l'état pâteux, puis à soumettre ce mélange, réduit préalablement en pains, à une seconde calcination.

Moyen de reconnaître le degré d'hydraulicité des chaux.

1165. Ce moyen consiste à mettre la chaux à essayer dans un verre contenant de l'eau, aussitôt son extinction, si elle est de bonne qualité, elle doit avoir fait prise 8 ou 10 jours après son immersion, de manière à supporter, sans dépression, une aiguille d'acier de 0ᵐ,022 de diamètre, limée carrément à son extrémité et chargée d'un poids de 0 k. 300.

Essai des calcaires.

1166. L'essai des calcaires consiste à dissoudre 3 ou 4 grammes de calcaire dans de l'acide azotique ou chlorhydrique étendu.

S'il ne reste qu'un dépôt nul ou faible d'argile, la chaux qui en proviendra sera grasse.

S'il est abondant, on aura à la cuisson de la chaux hydraulique ou du ciment.

Si le dépôt est sableux, la chaux sera maigre et non hydraulique.

S'il est gélatineux et abondant, la chaux sera hydraulique.

Enfin, si le calcaire se dissout lentement avec effervescence (calcaire magnésien), il suffira d'un dépôt assez peu volumineux d'argile (5 à 7 0/0) pour obtenir, à la cuisson, une chaux très hydraulique.

§ IV. — CUISSON DE LA PIERRE A CHAUX.

1167. D'après ce qui précède, nous savons que l'on obtient la chaux en chassant, par l'action de la chaleur, l'acide carbonique renfermé dans les pierres calcaires.

La chaux que l'on consomme dans les arts s'obtient en chauffant dans de grands fourneaux de forme variable, le carbonate de chaux plus ou moins pur qui se rencontre en abondance dans la nature. La température à laquelle la décomposition s'effectue dans les fours employés à cet usage est bien moins élevée que celle qu'on est obligé de faire intervenir dans les laboratoires, lorsqu'on opère dans des creusets fermés.

On a reconnu, par l'expérience, que le carbonate de chaux, chauffé dans un courant de gaz autre que l'acide carbonique, se décompose à une température moins élevée que celle qui est nécessaire quand on le renferme dans un vase clos. On conçoit, d'après cela, que le courant gazeux qui traverse la masse du carbonate à décomposer doit faciliter singulièrement le dégagement de l'acide carbonique.

La cuisson de la pierre à chaux peut se faire de trois manières :

1° Cuisson en tas ;

2° Cuisson dans des fours intermittents ;

3° Cuisson dans des fours continus.

I. — Cuisson en tas.

1168. Quand on est obligé de cuire en

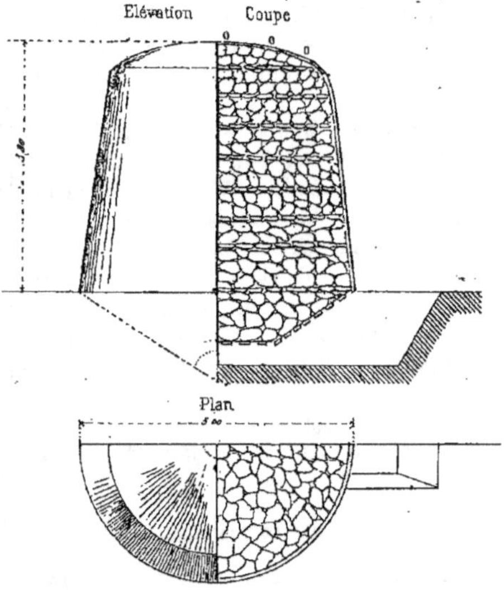

Fig. 558. — Cuisson du calcaire en tas. — Four de campagne. O, O, O, trous à volonté, selon que le feu marche régulièrement ou non et selon la direction du vent.

peu de temps de grandes quantités de

chaux, il serait souvent difficile et toujours coûteux d'établir un nombre convenable de fours. On peut alors employer la méthode des chaufourniers du pays de Galles. Ils disposent des tas de calcaire mêlé de houille (*fig.* 558), puis ils les recouvrent de gazon et dirigent l'opération comme s'il s'agissait de faire du charbon de bois, en évitant les courants d'air et en modérant le tirage suivant l'intensité de la combustion.

II. — Fours intermittents.

1169. Les fours intermittents dont nous donnons un croquis (*fig.* 559) sont construits en briques réfractaires.

On dispose, au-dessus de la grille, une

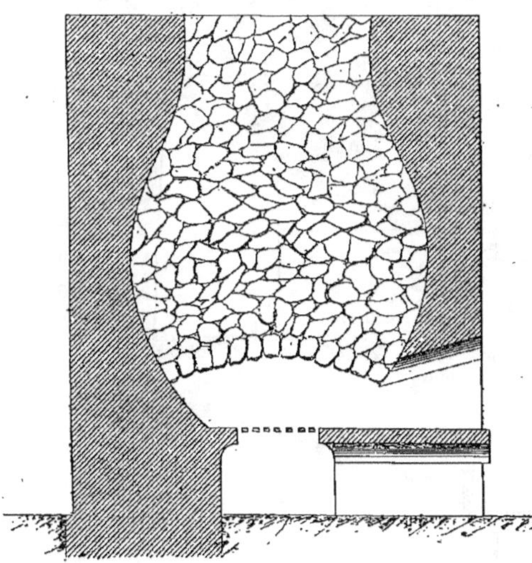

Fig 559. — Four intermittent pour la cuisson du calcaire.

voûte que l'on construit avec de grosses pierres calcaires et l'on place, sur cette voûte, des morceaux de plus petite dimension, dont on diminue la grosseur à mesure que l'on arrive à l'orifice supérieur. On brûle sur la grille des combustibles à longue flamme, en ayant soin de ménager la chaleur au commencement de l'opération. Ce n'est qu'au bout de douze heures, que la masse étant assez échauffée, on élève la température.

Lorsque la substance placée à la partie supérieure du four est suffisamment calcinée, on peut considérer l'opération comme terminée.

Quand la chaux est cuite, on la laisse refroidir ; puis on défourne la pierre pour recommencer une nouvelle opération.

La main-d'œuvre et la consommation de combustible sont considérables avec ce genre de fours. Chaque cuisson dure 3 à 4 jours et l'on consomme en moyenne 1,60 à 1,80 stères de bois par mètre cube de chaux, ou une quantité équivalente de fagots, brindilles, broussailles, tourbe, ou tout autre combustible susceptible de fournir une longue flamme, afin que cette dernière, pénétrant à travers les interstices, puisse lécher toutes les parties de la masse soumise à la calcination. Ces fours sont sans emploi aujourd'hui, les fours continus étant plus économiques et pouvant être intermittents.

III. — Fours continus.

1170. Dans ce dernier genre d'appareil, on charge d'une manière continue la pierre à chaux et le combustible à la partie supérieure et on retire de la chaux cuite à la partie inférieure.

L'économie de combustible, produite par cette méthode, est assez considérable puisque le four ne se refroidit jamais. D'ailleurs, avec une bonne disposition du four, la chaux sort presque froide, de sorte qu'elle restitue à la pierre à calciner toute la chaleur qu'elle avait empruntée.

Les fours de dimensions ordinaires fournissent facilement de 18 à 22 mètres cubes de chaux par jour. Avec quelques-uns de ces appareils, on peut, par consé-quent, suffire à la consommation du chantier le plus considérable.

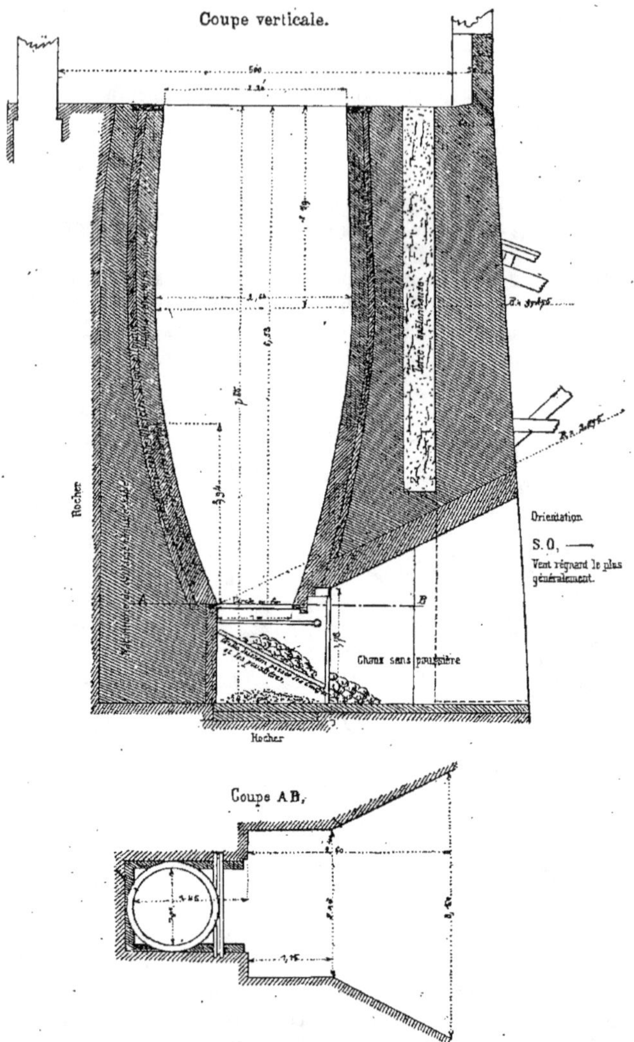

Fig. 560. — Four à chaux construit chez Le Roy des Closages, à Champigny (Seine).

Les fours à feu continu ont l'inconvénient de produire presque toujours un assez grand nombre de biscuits, et la cendre du combustible, en restant mêlée à la chaux, altère les qualités de quelques fragments. Ce dernier inconvénient est facile à éviter en employant des fours dans lesquels le combustible n'est pas mélangé à la pierre à chaux.

Les formes des fours à feu continu sont excessivement variées. Il est inutile de les faire connaître toutes. Nous donnerons seulement deux exemples :

1° L'un représenté (*fig.* 560), construit à Champigny, donne un exemple de four continu où le combustible est mélangé par couches alternées avec la pierre à chaux. Dans ce four, la production, par 24 heures, est de 9 mètres cubes de chaux, les poussières et les petites chaux n'étant pas comptées. Ce four cuit des calcaires produisant de la chaux grasse ; la pierre traitée est très dure et d'un grain très fin. On emploie, comme combustible, du coke et du poussier de la Compagnie du gaz. Les chaux de cette provenance sont particulièrement employées pour les bougies, savons, produits chimiques etc... à cause

de leur pureté, puis pour les pavages et les constructions en élévation.

2° L'autre, représenté (*fig.* 561), est chauffé au bois ou à la houille. Le combustible est brûlé sur quatre grilles *G*, et la pierre à chaux, disposée dans la cuve *C*, reçoit la chaleur des quatre foyers par les ouvertures *o*, réparties sur la circonférence.

La cuisson terminée, le défournement se fait dans la partie *A* placée au centre du four.

Des hangars *H* servent d'abri pour les diverses manipulations. La consommation de houille varie avec la nature du calcaire et la disposition de l'appareil dans des limites fort étendues, depuis 2 jusqu'à 5 hectolitres par mètre cube de chaux.

Quelle que soit la méthode employée pour cuire la chaux, on a remarqué que l'introduction de la vapeur d'eau et le passage d'une masse d'air considérable dans le four facilitent le dégagement de l'acide carbonique. De plus, les pierres tendres et poreuses se cuisent plus facilement que les pierres compactes. Le calcaire récemment extrait et encore humide se décompose plus vite que celui qui est depuis longtemps exposé à l'air. Il sera bon d'arroser les pierres extraites depuis longtemps avant de les mettre dans le four.

En général, quand la température d'un four à chaux vient à diminuer notablement avant que la cuisson soit complète, il est presque impossible ensuite, quelle que soit la température employée, de chas-

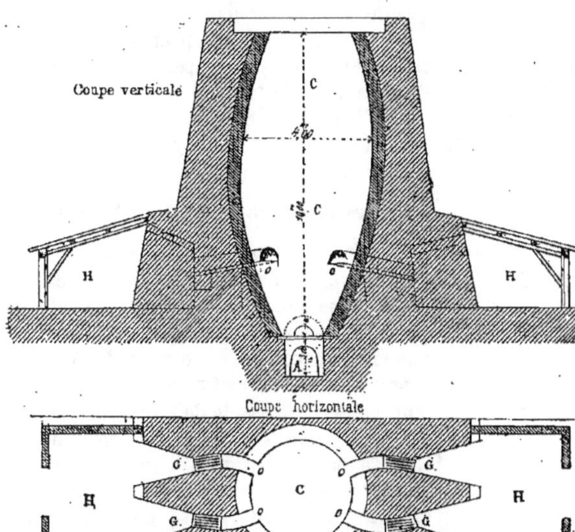

Fig. 561. — Four à chaux continu pour bois et houille.

ser le reste de l'acide carbonique pour terminer l'opération.

Quand on se trouve obligé d'arrêter momentanément la marche d'un four à feu continu, il faut boucher soigneusement toutes les ouvertures, *étouffer le feu*, comme disent les ouvriers, et s'opposer, par tous les moyens possibles, à la diminution de la température de la masse. La température à laquelle on cuit la chaux grasse est peu importante. Un excès de température n'altère pas ses propriétés, mais il n'en est pas de même de la chaux hydraulique. Il faut une grande habileté pour arriver à une cuisson parfaite. Une température trop élevée fait éprouver un commencement de fusion aux éléments des chaux hydrauliques et détruit toutes les propriétés utiles.

Pour terminer ces quelques renseignements sur les fours à chaux, nous donnons (*fig.* 562 et 563) le plan, l'élévation et les coupes d'une petite usine pour la fabrication de la chaux (Portefeuille de l'École Centrale 1872), comprenant :

1° Sept fours ;
2° Deux chambres d'extinction ;
3° Une chambre pour les blutoirs ;
4° Un broyeur ;
5° Une salle de machine et de chaudière ;
6° Un logement de contre-maître ;
7° Un bureau.

Indices d'une bonne cuisson.

1171. La chaux vive, de quelque nature qu'elle soit, pour être cuite au degré convenable, doit fuser promptement et complètement dans l'eau.

Si elle est trop calcinée, elle reste quelquefois un jour ou deux dans l'eau sans avoir subi une extinction complète.

Pour être de bonne qualité, les chaux ne doivent contenir aucune matière étrangère, ni aucun biscuit ou durillon de quelque nature que ce soit.

Les bonnes chaux hydrauliques bien cuites se reconnaissent facilement à leur légèreté, à leur consistance crayeuse et à l'effervescence qu'elles font avec l'eau lorsqu'elles n'ont pas encore été éventées. Si elles sont lourdes, compactes, vitrifiées sur les arêtes et longtemps inactives après l'immersion, c'est que le degré de la cuisson a été dépassé. Si elles fusent incomplètement en laissant un noyau, c'est que la cuisson a été incomplète.

Conservation de la chaux.

1172. La chaux doit être conservée à l'abri sous des hangars ou, mieux, dans des caisses ou dans des tonneaux hermétiquement fermés. Pour conserver parfaitement la chaux hydraulique, dit M. Vicat, il faut commencer par étendre sur le sol d'un hangar, bien isolé de l'humidité, une couche de chaux de 0,15 à 0,20 d'épaisseur, réduite en poudre par immersion. Sur cette couche, on empile la chaux vive en la serrant avec une masse de bois pour diminuer les vides autant que possible.

On termine le tout par des talus assez doux, qu'on recouvre d'un dernier lit de chaux prise sitôt après l'immersion. Celle-ci, en tombant en poussière, se loge dans les intervalles de la chaux vive en pierre et l'enveloppe assez pour la préserver du contact de l'air et de l'humidité.

§ IV. — EXTINCTION DE LA CHAUX.

1173. Les procédés employés pour éteindre la chaux, c'est-à-dire pour la combiner avec une quantité convenable d'eau, sont au nombre de quatre :

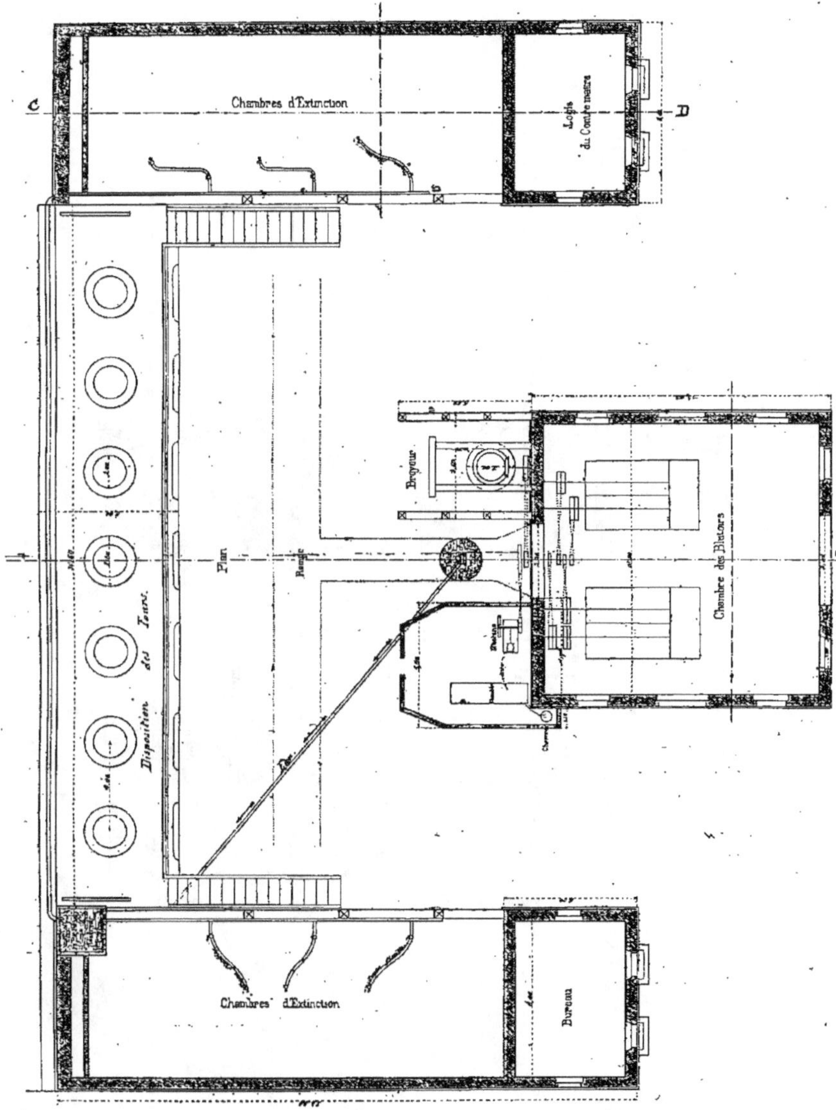

Fig. 562. — Disposition d'une usine pour la fabrication de la chaux. — Plan général de l'usine.

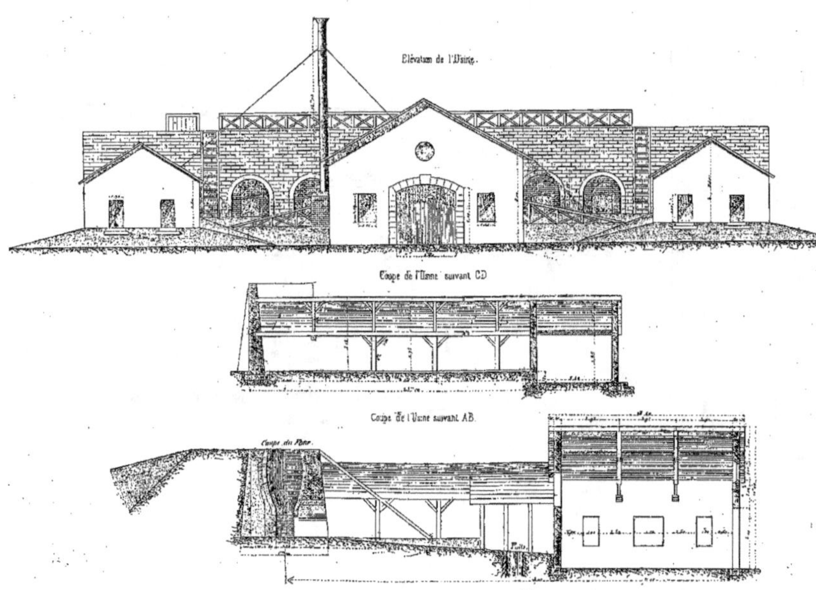

Fig. 563. — Disposition d'une usine pour la fabrication de la chaux. — Coupes d'après le plan (fig. 562).

1° Extinction par fusion ou extinction ordinaire ;

2° Extinction sèche par immersion ou aspersion ;

3° Extinction par aspersion ;

4° Extinction spontanée.

I. Extinction ordinaire.

1174. Elle consiste à placer la chaux dans un bassin de bois et à y ajouter une quantité d'eau suffisante pour réduire le tout en pâte. La chaux s'échauffe, se fend avec bruit, se boursoufle et se réduit en pâte ou en bouillie. Lorsqu'on éteint la chaux par ce procédé, il faut avoir la précaution de ne pas la noyer dans trop d'eau. Une surabondance de liquide paraît, en effet, être nuisible aux qualités des chaux éteintes. Il faut aussi faire en sorte que tous les morceaux qu'on éteint soient en contact avec assez d'eau pour ne pas *fuser à sec*. Dans ce cas, la chaux ne s'éteint qu'imparfaitement et reste en grumeaux plus ou moins gros qu'il est fort difficile de réduire ensuite.

Lorsque la chaux n'est pas hydraulique, on peut la conserver indéfiniment en cet état, en ayant soin de la recouvrir de sable.

Pour les chaux grasses, il faut verser en une seule fois toute l'eau nécessaire, afin de n'être pas obligé d'en ajouter pendant l'effervescence. S'il l'on doit en ajouter, il faut attendre le refroidissement complet.

Dans les grandes entreprises, les bassins pour l'extinction de la chaux se font en maçonnerie. Dans les autres cas, on les fait avec des plats bords maintenus par des chevilles en fer ou, plus simplement, par des piquets en bois. On bouche avec soin les joints et les angles avec un peu de terre glaise pour empêcher l'eau de se répandre en dehors.

Pour la chaux hydraulique, le procédé ci-dessus est un peu modifié. La chaux hydraulique, prise vive et en pierre, se jette à la pelle dans un bassin imperméable, ou on l'étend par couches d'égale épaisseur (de 0,20 à 0,25). On y amène l'eau au fur et à mesure, de telle manière qu'elle puisse circuler et pénétrer avec facilité dans les vides que les fragments de chaux vive laissent entre eux. L'effervescence se produit. On ajoute alternativement de la chaux et de l'eau, en ayant soin de ne pas brasser la matière.

Si, en certains endroits, quelques parties de chaux fusent à sec, on y dirige l'eau par des rigoles tracées légèrement dans la pâte avec une pelle.

Pour reconnaître si l'extinction se fait bien, on enfonce de temps en temps un bâton pointu dans les endroits où l'on soupçonne que l'eau a pu manquer. Si le bâton en sort enduit d'une couche gluante, l'extinction est bonne. S'il s'en élève, au contraire, une fumée farineuse, c'est une preuve que la chaux fuse à sec. Dans ce cas, on élargit le trou fait par le bâton et on y amène l'eau.

La chaux hydraulique ne doit être éteinte que peu de temps avant d'être employée. C'est ordinairement sur la fin du jour que l'extinction a lieu. Par ce moyen, elle a vingt-quatre heures pour travailler.

Si la chaux hydraulique, au lieu d'être prise vive, a déjà subi l'immersion, les bassins sont inutiles et la réduction en pâte se fait au fur et à mesure des besoins.

La chaux obtenue par le procédé ordinaire que nous venons de décrire est dite *coulée, fondue* ou *amortie*.

II. Extinction par immersion.

1175. Le second procédé consiste à mettre les morceaux de chaux vive dans un panier, à les plonger dans l'eau pendant quelques secondes et à les retirer avant que la chaux ait fusé.

La chaux siffle, éclate avec bruit, répand des vapeurs brûlantes et tombe en poussière.

On arrive au même résultat par une aspersion d'eau, faite au moyen d'un arrosoir, sur la chaux vive étalée par couche de 0,10 à 0,15 sur une aire préparée.

Si l'on a soin de boucher avec du sable les fissures qui se forment à la surface de chaque couche par suite du gonflement de la chaux et de s'opposer ainsi à l'échappement de la vapeur, on obtient une chaux parfaitement éteinte et réduite en poudre très fine.

Ainsi réduite, la chaux ne s'échauffe plus avec l'eau. Elle en retient de 18 à 20 0/0, si elle est grasse ; de 20 à 30 0/0, si elle est hydraulique.

L'extinction de la chaux grasse par le procédé d'immersion exige certains soins. Il faut réduire la chaux en très petits fragments et la renfermer dans des futailles avant qu'elle fuse. Sans ces précautions, la chaux ne retient pas assez d'eau et se divise en petits fragments qui ne se réduisent plus en pâte.

Ce mode d'extinction s'emploie beaucoup. Il est appliqué sur un grand nombre de chantiers importants. La chaux, obtenue sous forme de poudre, permet son transport à de grandes distances en la renfermant dans des sacs ou dans des barils.

On peut, avant de la livrer, la bluter afin d'en séparer les parties solides provenant d'un défaut de cuisson ou d'autres matières étrangères.

III. — Extinction par aspersion.

1176. Cette troisième méthode consiste à placer la chaux vive dans un bassin circulaire que l'on forme avec du sable, à jeter dessus une quantité d'eau suffisante pour la réduire en pâte, à la couvrir immédiatement avec le sable, à ne l'agiter et à ne faire le mortier que quand la fusion est complète.

Pour la chaux grasse, le dégagement de chaleur produit facilite l'extinction qui est complète au bout de deux ou trois heures. Ce procédé est peu employé pour la chaux hydraulique.

IV. — Extinction spontanée.

1177. Le quatrième procédé consiste à abandonner la chaux au contact de l'air dont elle absorbe l'humidité en se transformant en hydrate de chaux.

La chaux grasse absorbe ainsi les 2/5 de son poids d'eau. Ce mode est rarement employé pour les chaux hydrauliques qui ne retiennent que 1/8 de leur poids d'eau et qui ont l'inconvénient de perdre leurs qualités à l'air.

La chaux, ainsi exposée à l'air, absorbe aussi de l'acide carbonique. L'énergie de cette dernière action varie avec la nature de la chaux sur laquelle on opère, mais jamais la saturation ne devient complète. Ce mode d'extinction est fort peu usité ; cependant, si on l'emploie, il faut prendre toutes les précautions possibles pour préserver les chaux du contact de l'air et de l'humidité, lorsqu'elles ont été éteintes par ce procédé.

D'après M. Vicat, l'extinction sèche par immersion ou aspersion doit être préférée pour les chaux grasses. Les chaux hydrauliques gagnent, au contraire, à être éteintes par le procédé ordinaire à grande eau.

En résumé, d'après les essais de M. A. Mauermann, nous pouvons ajouter ceci :

Le principal, dans l'extinction de la chaux, est qu'on ne se serve que d'ouvriers expérimentés, qui dosent exactement la chaux sans jamais la noyer ; puis, qui la mélangent suffisamment et de manière à ce qu'il ne reste aucune partie étrangère et aucune impureté. Dans ce but, il faut employer, autant que possible, une bonne disposition du chantier, de l'eau et des récipients purs. En outre, il faut veiller à n'employer aucune chaux surcuite.

On classe, en effet, les pierres à chaux d'après leur cuisson, en trois catégories :

1° Celles *entièrement cuites* qui, aspergées avec de l'eau, s'éteignent complètement sous forme de pâte;

2° Celles *demi-cuites* dans lesquelles il reste, après extinction, des parties dures;

3° Les *surcuites*, dont la cuisson a eu lieu à une température trop élevée ou a duré trop longtemps, qui ont eu un commencement de vitrification et qui, par conséquent, ne peuvent plus s'éteindre. Les pierres à chaux qui contiennent beaucoup d'argile sont particulièrement exposées à ce danger de la surcuisson.

Pour séparer les parties incuites de la chaux demi-cuite, ainsi que les surcuites, on met, sur l'aire, une couche de pierre à chaux, qui est aspergée d'eau avec une pomme d'arrosoir. La pierre commence alors à s'échauffer et la vapeur à se produire; puis, la désagrégation commence. En ce moment, on enlève les parties de chaux surcuites et les parties incuites qu'on peut déjà distinguer et on continue à entretenir l'extinction en ajoutant de l'eau en faible quantité, jusqu'à ce que l'opération, qui a des analogies avec une véritable cuisson, se soit produite. On remue alors la masse avec un crochet, et on la transforme en pâte par une grande adjonction d'eau. Celle-ci est ensuite écoulée dans une fosse quand on a constaté que toute la chaux est éteinte et conservée là pendant 15 jours, recouverte de sable, lorsqu'on veut s'en servir pour des parements, afin que les parties dures aient le temps de s'éteindre.

Le volume et la quantité d'eau ont une grande influence sur la rapidité de l'extinction. Conséquemment, il faut veiller avec soin à ce qu'il ne soit employé ni trop, ni trop peu d'eau.

Pour des besoins ordinaires et pour une partie de chaux, on versera, peu à peu et en remuant constamment, deux parties d'eau en mesurant exactement, dans des vases, aussi bien la chaux que l'eau.

L'eau la plus propre pour éteindre la chaux et pour préparer les matières, est l'eau de neige ou de pluie, parce qu'elle renferme le moins d'acide carbonique. L'eau de source est ordinairement trop dure et contient de l'acide carbonique et du carbonate de chaux. Les eaux minérales sont également inutilisables, parce qu'elles retiennent en dissolution des parties salines.

On peut, au besoin, transformer de l'eau dure en eau douce par le procédé suivant qui est très simple.

On remplit un baril avec de l'eau de pluie ou, en son absence, avec de l'eau de rivière, dans laquelle on dissout de la chaux vive et que l'on laisse séjourner jusqu'à ce que la chaux se soit de nouveau déposée. Il se formera à la surface une peau mince qui ne devra pas être détruite, car elle sert en quelque sorte d'isolant entre l'acide et l'eau. L'eau ainsi préparée peut être soutirée au moyen d'un robinet placé à la partie inférieure et employée avec avantage pour l'extinction de la chaux, parce qu'elle provoque une extinction rapide et excite le gonflement de la chaux.

Foisonnement des Chaux.

1178. Le foisonnement, c'est-à-dire l'augmentation de volume de la chaux à l'extinction, varie pour chaque nature et suivant le mode employé.

En général, 100 kil. de chaux grasse très pure et très vive donnent $0^{mc}24$ de pâte; mais, quand la cuisson date de plusieurs jours et que la chaux n'est pas très pure, ce chiffre peut descendre à $0^{mc}18$.

Les chaux communes très grasses, éteintes en bouillie épaisse par fusion, donnent en volume jusqu'à 2 et quelquefois plus pour 1. Il en est qui ne donnent que

1,30 et même 1,20: ce sont, principalement, les chaux maigres et communes.

Le foisonnement des chaux hydrauliques présente aussi de grandes variations, mais leur densité et leur composition sont trop variables pour permettre d'assigner, entre des limites aussi voisines que celles de 0,24 et 0,18, fournies par 100 kil. de chaux grasse, le rapport entre leur poids et leur volume après l'extinction ordinaire.

Pour la chaux éteinte en poudre, il s'opère, par le gâchage, une contraction qui peut varier de 0,^{mc}62 à 0,^{mc}80 de pâte pour un mètre cube de poudre.

§ VI. — CHAUX EMPLOYÉES A PARIS. — UTILISATION DIVERSE DES CHAUX.

1179. La chaux grasse est rarement employée à Paris, car les murs construits avec du mortier ayant cette matière pour base, doivent être montés lentement, afin que les différentes assises de maçonnerie puissent durcir suffisamment pour supporter les parties supérieures sans tassement. Comme il faut construire vite et bien, on donne la préférence aux chaux hydrauliques en poudre dont les principales sont :

1° Chaux de Montreuil-sous-Bois ;

2° Chaux d'Étampes ;

3° Chaux de Tournay (Belgique) (chaux hydraulique naturelle, terrain carbonifère) ;

4° Chaux des Moulineaux, de Bougival et d'Argenteuil (chaux hydraulique, artificielle ; argile plastique et craie blanche);

5° Chaux des Buttes-Chaumont (chaux hydraulique naturelle, marne blanche du gypse);

6° Chaux de Mortcerf (Seine-et-Marne);

7° Chaux hydraulique d'Échoisy (Charente);

8° Chaux hydraulique naturelle, oxford-Clay du Seilley (Ville-sous-la-Ferté);

9° Chaux hydraulique de la Mance-lière (naturelle ; craie marneuse) ;

10° Chaux de Senonches (Eure-et-Loir);

11° Chaux de Beffes (Cher), marque Daumy ;

12° Chaux de Mussy (Aube) ;

13° Chaux d'Antoing, dite du Coucou ;

14° Chaux de Châteauroux (Indre) ;

15° Chaux de Bondy et de Romainville ;

16° Chaux naturelle de Saint-Quentin (marque Agombart);

17° Chaux de Marseilles-lès-Aubigny (Cher), etc.....

Il serait trop long d'étudier en détails la composition et la fabrication de chacune de ces chaux. Il nous suffira de donner la composition de quelques-uns des échantillons ci-dessus en renvoyant les lecteurs aux ouvrages spéciaux.

Chaux d'Antoing (Belgique), dite Chaux du Coucou.

1180. La chaux hydraulique d'Antoing se divise en deux catégories:

1° La chaux éminemment hydraulique qui peut, dans certains cas, remplacer les ciments à prise lente dans les travaux essentiellement hydrauliques;

2° La chaux moyennement hydraulique.

L'analyse d'un échantillon de chaux du Coucou, faite sous la direction de M. Durand-Claye, ingénieur des ponts et chaussées, a donné les résultats suivants :

                    CONSTRUCTION.

Sable siliceux. 0.60
Silice combinée. 17.65
Alumine 3.05
Peroxyde de fer 1.30
Chaux 64.85
Magnésie 1.35
Acide carbonique. 3.55
Eau et produits non dosés 7.65
                                    ————
                    TOTAL. 100.00

Indice d'hydraulicité : 0,32.

Si l'on tient compte de l'acide carbonique, l'indice de l'hydraulicité serait 0,38 en réalité. Dans les deux cas, cette chaux se classerait parmi celles que M. Vicat appelait simplement hydrauliques.

Cette nature de chaux fait prise, ordinairement, du cinquième au neuvième jour. L'échantillon remis, contrairement à cette règle, après avoir été mis en pâte ferme, s'est solidifié sous l'eau en moins d'un jour, à la façon des ciments lents ou des chaux limites. Malgré les craintes que cette circonstance pouvait inspirer relativement à la persistance de la prise, la pâte durcie a conservé sa consistance suffisamment longtemps, sans altération, pour qu'elle soit employée avec succès dans les constructions.

Il est bon, avant de continuer cette énumération, de dire ce que l'on entend par *indice d'hydraulicité*.

M. Durand-Claye donne, d'après les travaux de M. Vicat, le tableau suivant du degré d'hydraulicité des chaux, c'est-à-dire du rapport de l'argile à la chaux caustique. (*Annales des Ponts et Chaussées, année* 1871.)

DÉSIGNATION DES PRODUITS	INDICES D'HYDRAULICITÉ
Chaux grasse ou chaux maigre.... .	de 0,00 à 0,10
Chaux faiblement hydraulique.......	de 0,10 à 0,16
Chaux moyennement hydraulique.....	de 0,16 à 0,31
Chaux hydraulique............	de 0,31 à 0,42
Chaux éminemment hydraulique.....	de 0,42 à 0,50
Chaux-limite	de 0,50 à 0,65
Ciment..	de 0,65 à 1,20
Ciment maigre......	de 1,20 à 3,00
Pouzzolane	de 3,00 et au-dessus

Dans un calcaire qui ne renfermerait pas d'autre produit étranger que de l'argile, les proportions de ce tableau pourraient se mettre sous la forme suivante (Claudel) :

DÉSIGNATION des PRODUITS	PROPORTION POUR 100 DE CALCAIRE	
	Argile	Carbonate de chaux
Chaux grasse ou chaux maigre....	de 0,0 à 5,3	de 100,0 à 94,7
Chaux faiblement hydraulique... ..	de 5,3 à 8,2	de 94,7 à 91,8
Chaux moyennement hydraulique	de 8,2 à 14,8	de 91,8 à 85,2
Chaux hydraulique.	de 14,8 à 19,1	de 85,2 à 80,9
Chaux éminemment hydraulique	de 19,1 à 21,8	de 80,9 à 78,2
Chaux-limite.......	de 21,8 à 26,7	de 78,2 à 73,3
Ciment............	de 26,7 à 40,0	de 73,3 à 60,0
Ciment maigre.....	de 40,0 à 62,6	de 60,0 à 37,4
Pouzzolane	de 62,6 et au-dessus	de 37,4 et au-dessous

Quand on possède l'analyse d'un échantillon, il est facile d'en connaître l'indice d'hydraulicité. Pour cela, on fait la somme des nombres représentant les proportions des divers éléments de l'argile, non solubles dans les acides, c'est-à-dire de la silice et de l'alumine, en exceptant le sable. Puis, on calcule le rapport de cette somme au nombre qui exprime la dose de chaux caustique contenue dans l'échantillon.

Exemple. Soit à calculer l'indice d'hydraulicité de l'échantillon de calcaire qui ne contient que 94,7 de carbonate de chaux et 5,3 d'argile. Les équivalents chimiques de la chaux caustique et du carbonate de chaux étant 28 et 50, la chaux caustique contenue dans l'échantillon est :

$$94,7 \times \frac{28}{50} = 53.$$

Le rapport de l'argile à la chaux est alors,

$$\frac{5,3}{53} = 0,10.$$

Chaux hydraulique d'Echoisy (Charente). Usine Briand.

1181. Les carrières qui fournissent la

pierre appartiennent au terrain oxfordien. Plusieurs fossiles caractéristiques de cette formation, entre autres l'*Ammonite cordatus*, se rencontrent fréquemment sous la pioche de l'ouvrier.

C'est dans cette partie des terrains jurassiques ou dans les couches voisines que se trouvent les bancs produisant les chaux et les ciments les plus précieux pour la construction : les carrières du Teil, de Portland, de Vassy etc...

D'autres couches géologiques, telles que les terrains tertiaires des environs de Paris, fournissent également des marnes à chaux hydraulique et à ciment; mais ces carrières sont composées de couches fort minces ne dépassant pas un mètre. La composition varie d'une couche à l'autre, ce qui nuit à la qualité et à l'homogénéité des produits qu'on en tire.

A Échoisy, le banc qui fournit la pierre a une hauteur moyenne de 20m,00. Il est d'une couleur gris bleuâtre uniforme et, sur cette hauteur, la composition est sensiblement constante.

Les carrières s'exploitent à découvert par gradins droits. Au dessus de la pierre employée pour la fabrication de la chaux, se trouvent environ 6m.00 d'un calcaire qui fournit d'excellents moellons.

Au dessous du banc exploité, est un calcaire bleuâtre, de même aspect que la bonne pierre, mais qui, contenant une proportion d'argile plus considérable, donne des chaux limites qui ne s'éteignent pas ou qui s'éteignent très lentement, au bout de deux ou trois mois.

Quelques parcelles de ces pierres, assez fines pour passer dans les toiles de bluterie, pourraient s'éteindre à la longue après l'emploi et produire des soufflures dans les mortiers. Aussi ce banc est-il laissé de côté pour former le sol de la carrière.

1182. *Composition.* Cette couche, exploitée sur 20m de hauteur, présente une composition dont la constance peut donner une grande sécurité sur la qualité toujours égale de   chaux qu'elle produit.

Voici les résultats des analyses faites à l'École des mines sur des échantillons de calcaire et de chaux remis par M. Briand et provenant d'Échoisy :

Analyses du calcaire.

Nº 1, découvert.
Nº 2, à 5 mètres ⎫
Nº 3, à 10 mètres ⎬ en contre-bas de la surface.
Nº 4, à 17 mètres ⎭

	Nº 1.	Nº 2.	Nº 3.	Nº 4.
Sable	1,80	4,40	4,00	3,20
Argile	9,60	5,40	7,50	16,20
Peroxyde de fer	Traces	Traces	Traces	Traces
Chaux	37,00	38,31	38,61	35,80
Magnésie	Traces	Traces	1,00	1,00
Sulfate de chaux	Traces	0,883	0,668	0,333
Eau, acide carbonique / Matières organiques	51,00	51,00	47,00	42,50
	99,40	99,643	98,778	99,033

Nota. — Le sulfate de chaux a été déterminé sur les produits de la calcination.

Analyses des chaux.

	Nº 1.	Nº 2.	Nº 3.	Nº 4.
Silice	12,00	11,00	10,00	11,00
Alumine et traces d'oxyde de fer	4,00	4,00	4,00	3,00
Chaux	62,00	50,00	64,00	65,00
Magnésie	2,00	1,00	Traces	Traces
Acide carbonique	4,69	22,10	4,12	5 90
Eau	14,31	10,90	16,88	15,10
Acide sulfurique	0,35	Traces	Traces	Traces
	99,35	99,00	99,00	100,00

Si l'on fait abstraction de l'eau et de l'acide carbonique, ces analyses démontrent que la chaux d'Échoisy contient, en moyenne, 19,50 p. 0/0 de silice et d'argile. C'est donc une chaux éminemment hydraulique et il est facile de prévoir, d'après ces chiffres, la rapidité de prise de la chaux qui nous occupe, ainsi que la résistance qu'elle peut donner.

La chaux d'Échoisy ne contient, pour ainsi dire, que de la silice, de l'alumine et de la chaux. La magnésie et le fer n'y figurent qu'en quantités très faibles.

N'ayant qu'une seule base, la chaux, la cristallisation et le durcissement se feront dans toute la masse du mortier, suivant la même loi et dans le même temps.

Il n'en serait pas de même si la magnésie était en proportions plus considérables.

En effet, la magnésie et la chaux peuvent agir diff'remment en présence de la silice et de l'alumine, car il y aura combinaison double entre la silice, l'alumine et la magnésie d'un côté, et entre la silice, l'alumine et la chaux de l'autre. De là, une différence de temps de prise entre les parties intégrantes de ces chaux, mi-parties calcaires et magnésiennes.

Un mélange de cette nature pourra ne pas avoir une prise régulière. Comme cette prise est accompagnée de contraction, les parties qui prennent les premières doivent, par suite de cette contraction, se séparer de la masse et y introduire des mouvements et des fissures qui facilitent la décomposition et qui, si les mortiers sont plongés dans la mer, permettent l'introduction de ses eaux, lesquelles détruisent chimiquement les mortiers.

Dans le cas d'une seule base, la prise sera régulière et le retrait qui l'accompagne se fait dans toute la masse dans la même proportion que pour la plus petite parcelle et les fisssures deviennent impossibles, ce qui offre une chance de moins de décomposition,

L'absence de sulfate de chaux dans les chaux est encore une grande sécurité, car ces sulfates ont subi, dans les fours, une cuisson très élevée ; ils ne s'hydratent pas rapidement à l'emploi, comme le ferait le le plâtre ordinaire, mais ils prennent de l'eau à la longue et cristallisent après un temps plus ou moins long, en augmentant de volume. Ils désagrègent ainsi mécaniquement le mortier, tout en favorisant, par les fentes produites, l'action des agents destructeurs qui viennent de l'extérieur.

Fabrication.

Dans l'usine de M. Briand, les carrières exploitées par gradins droits et avec l'aide de la mine ne sont séparées de la plate-forme des fours que par une route départementale. La distance moyenne de transport est de 100 mètres environ. Cette plate-forme est peu élevée au dessus du sol des carrières et les tombereaux y arrivent par une pente assez douce.

Sur cette plate-forme, est l'atelier de cassage où les pierres sont divisées en fragments de la grosseur du poing et mises dans les fours par couches horizontales alternant avec des couches de charbon en poussière.

Le charbon employé est du Cardiff. On le mouille avant de le mettre dans les fours, et la vapeur que produit cette eau facilite le tirage.

Les fours, au nombre de neuf, ont 6 mètres de hauteur.

En bonne marche, on peut tirer 9 à 10 mètres cubes de chaux en pierre par four, ce qui donne, avec le foisonnement, une fabrication journalière de 110 à 130 mètres de chaux en poudre.

La chaux en pierre est prise à la bouche du four par des brouettes qui la conduisent aux ateliers d'extinction. Chaque brouettée reçoit un arrosoir d'eau, c'est-à-dire 15 litres environ.

Au bout de vingt jours, l'extinction est complète et la chaux est prise et conduite à la bluterie.

Cette bluterie, située au centre des ateliers d'extinction, est mue par une machine à vapeur de seize chevaux.

La chaux est versée sur une grille à barreaux écartés de 0^{m}03, de sorte qu'elle opère une première séparation des incuits ou biscuits les plus gros.

Sous cette grille, la chaux est prise par une chaîne à godet qui la conduit dans deux bluteries de trois mètres de longueur, sous lesquelles se trouvent deux ensachoirs placés dans deux chambres séparées.

Cette bluterie peut, dans un cas pressé, les magasins d'extinction étant bien remplis, livrer au commerce 1,800 à 1,900 sacs de chaux par jour ; mais cela, bien entendu, pendant dix ou quinze jours seulement, la production journalière des fours n'étant que de 1,500 au maximum.

De là, la chaux est expédiée en gare de Luxé, à 2 kilomètres de l'usine, à laquelle elle est reliée par une route départementale.

1183. *Prise et résistance.* Voici le résultat des expériences faites à Bordeaux, sous les ordres de M. Lancelin, et qui offrent un grand intérêt, parce qu'elles ont été faites simultanément sur la chaux d'Échoisy et sur celle du Teil, plus anciennement connue, et vantée à juste titre. Ces épreuves indiquent, pour la chaux du Teil, une prise un peu plus rapide.

Expérience comparative de chaux du Teil (PAVIN DE LAFARGE *et* BRIAND, *fournisseurs*), *le 9 mai 1862.*

Chaux d'Échoisy, mise en magasin depuis environ trois mois :

Dosage { Sable .... 2 litres.
{ Chaux .... 1ˡ 508 ou 0 ᵏ 800

A 4 h. 30, le mortier a été déposé dans un verre et couvert d'eau.

A 8 h., c'est-à-dire 3 h. 30 après l'immersion, enfoncement total de l'aiguille.

A 6 h., c'est-à-dire 13 h. 30 après l'immersion, enfoncement : 0ᵐ005.

A 12 h., c'est-à-dire 19 h. 30 après l'immersion, enfoncement : 0ᵐ002.

A 4 h. 30, c'est-à-dire 24 h. après l'immersion, enfoncement : 0ᵐ001.

A 6 h., c'est-à-dire 25 h. 30 après l'immersion, enfoncement : 0ᵐ000.

Chaux du Teil, mise en magasin depuis le mois de décembre 1861 :

Dosage { Sable .... 2 litres.
{ Chaux .... 1ˡ 046 ou 0ᵏ 800

A 5 h., le mortier a été déposé dans un verre et couvert d'eau.

A 8 h., c'est-à-dire 3 h. après l'immersion, enfoncement total de l'aiguille.

A 6 h., c'est-à-dire 13 h. après l'immersion, enfoncement : 0ᵐ005.

A 12 h., c'est-à-dire 19 h. après l'immersion, enfoncement : 0ᵐ001.

A 4 h. 30, c'est-à-dire 23 h. 30 après l'immersion, enfoncement : 0ᵐ000.

1184. *Densité. Dosages.* La chaux d'Échoisy a 0,512 pour densité lorsqu'elle sort des blutoirs. Cette densité peut s'élever jusqu'à 0,530 au plus, lorsqu'elle arrive sur les chantiers, c'est-à-dire après le tassement dans les sacs par suite des manutentions diverses qu'elle subit.

Elle pèse donc au plus 530 kil. par mètre cube. C'est une des plus légères chaux hydrauliques. Les dosages employés dans les différents chantiers sont très variables. Ils dépendent du sable dont on dispose et de la nature des travaux à exécuter.

Suivant M. Vicat, les sables fins donnent, avec les chaux hydrauliques, de meilleurs mortiers que les sables en gros grains. Cette remarque n'a pas une grande importance pour la chaux d'Échoisy, qui donne de bons résultats avec les divers sables rencontrés dans les chantiers. Cependant, il y a lieu, quand on rencontre des sables calcaires un peu argileux, de forcer la quantité de chaux dans les dosages, surtout si l'on néglige de laver ces sables.

La chaux d'Échoisy donne, en pâte, 0,75 de son volume en poudre, et on emploie 50 litres d'eau par hectolitre de chaux.

Le dosage en volume de 1 partie de chaux en poudre pour 2 parties de sable est préférable à celui de 1 partie de chaux pour 3 de sable. Les dosages suivants sont bons à employer :

1° A l'air libre, et pour 1 mètre cube de sable, 0ᵐᶜ,333 ou 180 kil. de chaux. Ce dosage peut aussi s'employer dans les maçonnerie d'égouts et les bétons, mais il vaut mieux le forcer un peu et prendre les suivants ;

2° A l'eau douce, pour 1 mètre cube de sable, 0ᵐᶜ,450 ou 250 kil. de chaux ;

3° A l'eau douce, pour 1 mètre cube de sable, 0^{mc},500 ou 270 kil. de chaux.

Enfin, à la mer, on peut prendre le dosage suivant :

4° A l'eau de mer pour 1 mètre cube de sable, 0^{mc},550 ou 300 kil. de chaux.

A l'air, non seulement cette chaux donne de bons mortiers acquérant très vite une dureté remarquable, mais on l'a employée comme ciment, avec deux fois son volume de sable, dans les banquettes du grand égout du boulevard Sébastopol et le mortier a résisté parfaitement à la circulation des ouvriers, bien que ces banquettes fussent très fréquentées. De plus, elle a été employée au même lieu comme enduit sur les parois verticales et sur l'intrados de la voûte. Elle a produit un parement lissé à la truelle d'une dureté comparable à celle des enduits de ciment.

Un des grands avantages de la chaux d'Échoisy est de résister sans altération à l'action de l'eau de mer et des sels marins.

Chaux de Beffes.

1185. La chaux de Beffes est très employée à Paris dans les constructions et donne de bons résultats. D'après l'analyse chimique faite sous la direction de M. Durand-Claye, elle renferme :

Sable siliceux	1.35
Silice	5.50
Alumine	4.25
Peroxyde de fer	3.20
Chaux	61.35
Magnésie	1.05
Acide sulfurique	0.45
Perte au feu	12.85
TOTAL	100.00

L'indice d'hydraulicité de cette chaux est 0,32.

Cet indice, d'après le tableau donné précédemment, correspond à une bonne chaux hydraulique ordinaire.

Chaux de Marseilles-lès-Aubigny (Cher).

1186. Cette chaux a donné à l'analyse les résultats suivants :

Silice	18.20
Alumine	3.90
Peroxyde de fer	2.20
Chaux	57.30
Magnésie	0.80
Acide sulfurique	1.05
Perte au feu	16.55
TOTAL	100.00

L'échantillon analysé, dont l'indice d'hydraulicité est 0,39, a la composition d'une chaux hydraulique proprement dite.

Utilisation diverse des chaux.

1187. La chaux, outre la fabrication des mortiers, est également employée dans l'agriculture et dans certaines industries chimiques.

Les industries chimiques qui se servent de la chaux sont :

1° Les tanneries ;

2° Les usines à gaz ;

3° Les sucreries ;

4° Les fabriques de soude et de potasse ;

5° Les fabriques de savons et de corps gras ;

6° Les blanchisseries ;

7° La préparation de peintures en détrempe.

Toutes ces industries préfèrent la chaux caustique, fraîchement cuite, et surtout celle qui est très grasse, c'est-à-dire celle qui contient le moins de corps étrangers : sables, argiles ou autres.

DES CIMENTS.

SOMMAIRE

§ I. — DÉFINITIONS ET NOTIONS GÉNÉRALES.

1188. Les principales gangues qui servent à la fabrication des mortiers employés dans les constructions se divisent en trois classes :

1° Les chaux hydrauliques, en laissant de côté les chaux grasses que l'on doit exclure des constructions sérieuses;

2° Les ciments;

3° Les pouzzolanes.

Ces gangues sont généralement composées de chaux combinée avec de l'argile.

On sait que l'argile est elle-même composée de silice et d'alumine, accompagnées, le plus souvent, d'une proportion plus ou moins forte de fer à l'état de peroxyde ou de protoxyde et, quelquefois, d'un peu de magnésie, de manganèse, de soude et de potasse.

1189. Les gangues naturelles hydrauliques, c'est-à-dire durcissant sous l'eau, sont fournies généralement par une cuisson convenable de calcaires argileux contenant :

1° Pour les chaux hydrauliques, de 12 à 20 0/0 d'argile (les calcaires renfermant de 21 à 23 0/0 d'argile fournissent généralement ce qu'on appelle les chaux limites; elles ne sont pas employées comme chaux);

2° Pour les ciments, de 24 à 40 0/0 d'argile;

3° Enfin, les pouzzolanes naturelles sont des produits d'origine volcanique, ou elles proviennent de la décomposition de certaines roches primitives, composées principalement d'argile. Elles sont mélangées à de la chaux grasse pour être employées. Peu utilisées, du reste, aujourd'hui dans les constructions, du moins dans nos pays, nous en parlerons très sommairement.

Dans les teneurs ci-dessus, le fer, quand il y en a, est compté avec l'argile.

Les chaux hydrauliques et les ciments fournis par la cuisson directe des calcaires argileux faisant partie des divers terrains qui composent la croûte terrestre sont appelés chaux et ciments naturels. Nous savons que l'on peut reproduire ces deux produits par des mélanges dont les bases sont la chaux et l'argile et que l'on cuit convenablement.

1190. Les pouzzolanes artificielles résultent de la cuisson appropriée de certaines argiles. Ces produits deviennent alors des chaux hydrauliques, des ciments et des pouzzolanes artificiels.

Nous avons dit que les calcaires dont les teneurs en argile sont de 20 à 40 0/0 peuvent, par une cuisson convenable, donner des ciments. Il importerait peu que les bancs exploités présentassent des variations renfermées dans ces limites, si ces teneurs de 20 à 40 0/0 avaient la même valeur au point de vue de la bonté des ciments; mais, malheureusement, il n'en est pas ainsi. Ce mélange, trop varié, est loin d'être favorable. Les parties peu chargées en argile ont besoin d'être cuites fortement. Celles qui le sont trop exigent peu de chaleur, de façon qu'il est très difficile de gouverner un four et, en définitive, on ne fait rien de bon avec un banc trop hétérogène.

Il faut, avant toute chose, quand on fait des recherches en vue d'une exploitation de ciments (*Notice sur les ciments Vicat*), constater la qualité d'argile, renfermée dans les calcaires que l'on se propose d'expérimenter. Cette quantité d'argile se détermine ordinairement en attaquant une petite quantité pesée de calcaire, réduit en poudre fine, par les acides nitrique ou hydrochlorique étendus et la partie qui reste indissoute, lavée, calcinée et pesée, donne la proportion d'argile. Après cette première opération, la question est encore loin d'être résolue. Cette partie indissoute dans les acides étendus peut n'être que du sable ou de l'argile qui est grossière ou trop ferrugineuse, ou bien enfin de la silice sans alumine en quantité suffisante, auxquels cas, il n'y a rien de bon à attendre. Cette détermination du poids de l'argile est indispensable pour savoir comment doit être dirigé le *minage* de la pierre; autrement, on s'exposerait à des tâtonnements indéfinis. L'examen du résidu insoluble dans l'acide étendu, au point de vue de la détermination de sa nature, est facile pour le chimiste, mais il est un moyen plus sûr, à la portée de tout le monde; c'est, après la pesée des résidus, s'ils sont compris entre les limites qui peuvent donner un ciment, de faire cuire dans un four à chaux ordinaire quelques morceaux de pierre pris sur une épaisseur donnée, de faire moudre dans un moulin et d'essayer, pratiquement, le ciment qui en résulte ou qui doit en résulter. La question sera ainsi résolue en partie, et si les résultats paraissent favorables, on peut recommencer sur une échelle un peu plus grande jusqu'à ce qu'on soit arrivé à des essais satisfaisants et contrôlés par des applicateurs intelligents.

1191. Cette pratique est recommandable en tous points. Elle doit s'éclairer de l'analyse chimique, mais cette dernière est insuffisante pour apprécier la qualité définitive d'un ciment. On peut, en effet, trouver du sable dans des résidus, qui sera inerte ou actif. Il peut, par la cuisson, se combiner ou rester inerte. Or, l'analyse chimique ne peut pas, *à priori*, élucider cette question.

Il faut absolument faire cuire ce calcaire argileux, comme on le fait dans la pratique, pour savoir si l'attaque du sable par la chaux peut se faire par la voie sèche, ce que l'on constate facilement après cuisson, en traitant la poudre qui en résulte par les acides nitrique ou hydrochlorique étendus à chaud. Si elle se dissout facilement, c'est que la combinaison du sable et de la chaux a eu lieu. Si, au contraire, il reste dans le fond de la capsule un dépôt abondant, la combinaison est très imparfaite, ou nulle.

Le chimiste exercé peut, jusqu'à un certain point, reconnaître la supériorité d'un ciment sur un autre, d'après la facilité plus ou moins grande avec laquelle ils se dissoudront, à chaud, dans les acides nitrique ou hydrochlorique étendus, surtout si ces ciments ont été cuits à une haute température. Le ciment provenant de calcaires à peu près homogènes, entre 22 et 26 0/0, se dissoudra très facilement, ne laissant au fond de la capsule qu'un léger résidu à l'état floconneux, tandis que si le second renfermant des parties à 30 0/0 d'argile, a été fortement cuit, il restera, dans la capsule une partie boueuse qui ne se dissoudra que très difficilement. Ces caractères, toutefois, ne sont pas assez certains pour qu'on puisse y avoir une confiance entière. Il sera bon, dans tous les cas, de commencer par l'essai pratique en tenant compte de l'analyse chimique comme une simple indication.

1192. Depuis un certain nombre d'années, l'industrie des ciments a pris une extension considérable. Une telle extension tient surtout aux grands progrès qu'a faits cette industrie, tant au point de vue de la fabrication des matières premières qu'aux modes d'emploi.

Deux conditions, en effet, sont indispensables pour obtenir de bons résultats dans les travaux en ciment, savoir :

1° La bonne qualité constante des matériaux employés ;

2° Leur application par des ouvriers habiles et spéciaux.

La première de ces conditions est aujourd'hui facile à remplir, car plusieurs fabricants sont arrivés à une fabrication qui, basée sur la science et l'expérience, est excellente : on pourrait presque dire parfaite. Pour ne parler que des fabricants français, qu'il nous suffise de citer :

1° Pour les ciments de Portland ou à prise lente, les Vicat, les Demarle Lonquéty, les Famchon, les Quillot etc., etc. ;

2° Pour les ciments de Vassy ou à prise rapide, les Gariel, les Grenan, les Lombardot etc., etc.

1193. Quant aux différents travaux pour lesquels les ciments sont supérieurs à toute autre espèce de produits, l'énumération en serait trop longue. Rappelons seulement les emplois principaux qu'on en fait aujourd'hui.

1° Pour les ciments de Portland : *Dallages* pour écoles, églises, cours, magasins, vestibules, trottoirs, salles de bains, soussols, remises, écuries, ruisseaux, caniveaux, etc..., etc. ; *Enduits* pouvant recevoir la peinture ; *assainissement* des caves et sous-sols exposés aux inondations : *ravalements* de façades ; *hourdis de planchers* en fer formant dallage ; *pierres artificielles* de toutes formes et de toutes

dimensions, massifs de machines à vapeur etc., etc.

2° Pour les ciments de Vassy : *Aqueducs, canalisations, égouts, ravalements,* etc.

1194. Les ciments fabriqués jusqu'à ce jour sont classés de la manière suivante :

1° Ciments à prise rapide ;

2° Ciments à prise demi-lente ;

3° Ciments à prise lente dénommés *Portland.*

Les ciments à prise rapide durcissent rapidement et sont les moins chers. Ils sont ordinairement employés dans les cas où une prise instantanée est nécessaire.

Les ciments à prise demi-lente viennent ensuite ; mais, d'une part, les difficultés d'application ; d'autre part, la nécessité d'en confier l'application à des ouvriers spéciaux, ne leur ont pas permis de se développer d'une manière générale comme la chaux hydraulique.

Par contre, les ciments à prise lente, c'est-à-dire les Portland, ont présenté un avantage incontestable, non-seulement sur les ciments, mais encore sur la chaux hydraulique. Les ciments à prise lente sont beaucoup plus chers, durcissent peu à peu. Au bout de 48 heures, ils ont rattrapé la dureté des ciments romains. De plus, ils continuent à durcir encore pendant dix à vingt jours et arrivent à résister à l'écrasement sous une charge double et même triple. Leur force de résistance est tellement supérieure à la chaux hydraulique qu'on peut, sans inconvénient, diminuer l'épaisseur des ouvrages dans des proportions inconnues jusqu'à ce jour.

De plus, à cause de la lenteur de sa prise, l'emploi de ce ciment, n'exigeant aucune précaution particulière, tous les maçons sont aptes à en faire l'application sans difficulté, comme ils le feraient pour la chaux hydraulique elle-même. La seule cause qui pourrait empêcher le développement et l'emploi de cet excellent produit, est l'élévation de son prix occasionné par les procédés coûteux de fabrication.

§ II. — CIMENTS NATURELS A PRISE PROMPTE ET A PRISE LENTE.

1195. Le même calcaire peut souvent, par une cuisson convenable, donner un ciment faisant prise en 15 ou 20 minutes, ou un ciment à prise plus lente de une à plusieurs heures, par une cuisson plus forte, qui fritte en partie la pierre. Les essais, pour estimer le temps de la prise, se fo t ordinairement sur des mélanges en volumes égaux de sable et de ciment : mais, comme ce mot de prise est un peu vague, on est convenu d'apprécier le temps qu'un ciment met à faire prise au moyen d'un petit instrument appelé : *Aiguille Vicat*, déjà décrit à l'article CHAUX.

1196. Les meilleurs ciments naturels, soit prompts, soit lents, s'éloignent fort peu du type :

Argile......................	36
Chaux etc...................	64
TOTAL.................	100

1197. Les ciments lents, naturels, obtenus par une forte cuisson, sont plus sûrs à l'emploi que les ciments prompts, mais à la condition de ne pas être trop chargés en argile, auquel cas ils valent moins, en énergie, que le ciment prompt qu'ils auraient donné par une cuisson moins forte. Cette sécurité présentée par les ciments à prise lente tient à plusieurs causes et, notamment, à ce que la petite quantité de sulfate de chaux que contiennent à peu près tous les ciments prompts, se décompose à une haute température et n'offre plus ainsi de dangers. Une forte cuisson détermine d'ailleurs une combinaison plus parfaite entre la chaux et l'argile, ce dont on s'assure du reste par une dissolution plus facile dans les acides étendus.

En résumé, les ciments naturels, soit prompts, soit lents, sont fournis par la cuisson plus ou moins forte de calcaires dont les teneurs en argile, même sur une faible épaisseur, sont toujours différentes et quelquefois entre des limites assez éloignées l'une de l'autre. Par conséquent, il n'existe pas de bancs calcaires à ciment parfaitement homogènes.

§ III. — CIMENTS ARTIFICIELS.

1198. La fabrication des gangues artificielles consiste dans l'art de préparer, avec des matières convenables, des mélanges d'une composition donnée en argile et en chaux, de les faire cuire pour obtenir des chaux hydrauliques ou des ciments artificiels. On remarquera de suite que, en faisant varier les proportions de chaux et d'argile, on peut obtenir les indices d'hydraulicité que l'on voudra, et reproduire ainsi à volonté des chaux hydrauliques, des ciments et des pouzzolanes. Cette découverte, dont K. Vicat est l'auteur, se répandit rapidement et des fabriques de chaux hydraulique artificielle s'établirent partout, notamment dans le bassin de Paris où la présence de la craie tendre permet de remplacer, avec économie, la chaux grasse par la craie dans les mélanges avec les argiles.

L'industrie des ciments artificiels est très difficile. Il ne s'agit pas d'arriver, comme pour les chaux hydrauliques artificielles, à une teneur en argile pouvant varier, sans grands inconvénients, entre 15 et 20 p. 0/0 pour 85 à 80 de carbonate de chaux; mais pour les ciments artificiels il faut atteindre à une exactitude de 1/100e près dans les proportions des mélanges des diverses matières sur lesquelles on se propose d'opérer: c'est là une des grandes difficultés.

S'il est, en effet, aisé de mélanger exactement, dans un laboratoire, un ou deux kilos de craie et d'argile, il n'en est pas de même quand il s'agit de manipuler sur le chantier, avec une composition fixe, des milliers de tonnes par an.

Les ciments artificiels, pour arriver à leur maximum d'énergie, doivent avoir la composition des chaux limites, dont les teneurs en argile sont comprises entre 21 et 23 pour 79 et 77 de carbonate de chaux. Entre ces limites assez rapprochées, il n'est pas indifférent de prendre l'une ou l'autre teneur sans s'exposer à de graves échecs. C'est à l'expérience du fabricant, à sa sagacité, qu'il appartient de rechercher, suivant les matières dont il dispose, la teneur la plus favorable.

Cette propriété, qu'ont toutefois les composés artificiels de donner, avec les indices de chaux limites, d'excellents produits, n'est obtenue qu'à la condition d'une cuisson à une très haute température, au point de fondre presque le composé.

Après la mouture du ciment en poudre fine, on arrive, pour cette dernière, à une densité de 1,300 à 1,500 k. et quelquefois plus, par mètre cube non tassé. Si la densité est plus faible, on risque fort d'avoir un ciment qui fendille, après emploi, ce qui est la pire des choses, attendu que toutes les maçonneries sont compromises.

1199. Si l'on compose un produit avec des teneurs au-dessus de 25 d'argile pour 75 de carbonate de chaux, immédiatement la qualité du ciment artificiel commence à diminuer, pour arriver à un ciment à peu près nul, lorsqu'on atteint 30 0/0 d'argile; il arrive à ce résultat avec cette dernière teneur, quel que soit le degré de cuisson. Si celle-ci est modérée, on obtient une poudre légère, à prise prompte, bien au-dessous, comme qualité, du ciment prompt naturel que l'on aurait obtenu par la cuisson d'une pierre calcaire de cette teneur. Enfin, si cette matière artificielle de 25 à 30 0/0 d'argile est cuite fortement, elle donne un ciment lent, il est vrai, mais très facile, et qui n'atteint une certaine dureté qu'après un temps très long.

1200. Le caractère d'un ciment artificiel bien composé, indépendamment de la densité qui doit être de 1,300 à 1,500 k., consiste dans une lenteur de prise pouvant varier, à l'ombre, de 8 à 24 heures et quelquefois davantage, suivant la température. On n'obtient pas une pareille lenteur avec les ciments naturels, quelles que soient leur teneur en argile et la cuisson qu'ils ont subie. Des fabricants, pour obtenir cette lenteur de prise avec les ciments naturels, y introduisent une certaine quantité de grappiers ou de chaux hydraulique éteinte, ou des scories de haut-fourneau, ingrédients qui, en effet, ralentissent la prise, mais aux dépens, bien entendu, de l'énergie du ciment. On peut reconnaître ce genre de ciment, surtout ceux mélangés avec de la chaux hydraulique éteinte, à leur densité qui est beaucoup moindre, et qui, souvent, ne dépasse pas 1,000 k. par mètre cube de poudre de ciment non tassé. Lorsque ce sont des scories qui ont été introduites, la teneur en argile augmente d'une façon notable, ce qu'on peut constater par l'analyse chimique.

La supériorité des ciments artificiels bien fabriqués, à prise lente, est due à leur homogénéité et à leur forte cuisson. C'est un composé à proportions définies; tandis que dans les ciments naturels il y a souvent un peu de tout, depuis du calcaire à 16 0/0 d'argile jusqu'à 30 0/0 et quelquefois au-dessus, de sorte que, suivant le degré de cuisson, on obtient des produits très variables. Alors le triage après cuisson est impossible. C'est au fabricant à faire tous ses efforts pour rechercher un banc argileux, le plus homogène possible.

Pour les ciments artificiels, il n'en est pas ainsi. La composition étant uniforme, il n'y a plus, après cuisson, qu'à enlever les parties qui ne sont pas assez cuites, ce qui est très facile, en raison de la différence de couleur qui tranche nettement les parties bien cuites d'avec celles qui ne le sont pas assez.

§ IV. — CIMENTS LES PLUS EMPLOYÉS.

Ciment romain.

1201. Depuis longtemps, on emploie avec de grands avantages, dans les constructions hydrauliques, une substance désignée vulgairement sous le nom de *ciment romain*, qui possède, à un degré supérieur, toutes les propriétés des chaux hydrauliques.

Ainsi, le mortier fait avec cette matière acquiert presque instantanément, à l'air et dans l'eau, une plus grande dureté, et une plus grande imperméabilité ; de plus, il adhère encore mieux aux matériaux de construction.

On l'obtient par la cuisson complète de calcaires marneux et argileux renfermant naturellement, et en proportions convenables, tous les principes qui les rendent susceptibles d'un durcissement très rapide dans l'air et dans l'eau, sans addition d'aucun autre corps. Ces calcaires renferment généralement plus de 23 parties d'argile pour 100. Cette quantité peut aller jusqu'à 40 ; mais, quand elle dépasse 30 pour 100, les ciments obtenus sont généralement médiocres. On l'obtient aussi par des mélanges d'argile et de chaux, dans des proportions définies.

Les calcaires à ciment romain se cuisent comme les pierres à chaux, si ce n'est qu'étant plus sujets à fritter, ils exigent plus de modération dans le feu et conséquemment moins de combustible.

1202. Le ciment romain se trouve dans le commerce, logé dans des sacs ou des barils, à l'état de poudre terreuse, d'un gris jaunâtre, souvent rougeâtre. La matière calcinée, d'un gris jaunâtre ou rougeâtre, ne se désagrège que partiellement par le séjour à l'air ou au contact de l'eau, elle doit être pulvérisée artificiellement par des procédés spéciaux.

1203. Les ciments romains peuvent servir à hydrauliser les chaux grasses, soit par une action lente, soit par une action rapide. Dans le premier cas, on opère le mélange du ciment en poudre avec la chaux en bouillie, sans se préoccuper de la prise du ciment, qui est détruite par l'effet d'un gâchage nécessairement prolongé. Dans le second cas, on cherche à profiter de la vivacité du ciment ; pour cela, on n'en opère le mélange qu'avec le mortier, au moment de l'emploi, en tenant préalablement ce mortier plus clair et moins chargé en chaux qu'à l'ordinaire.

1204. Le ciment romain sert à la fabrication des mortiers destinés à acquérir une grande dureté ou à être employés dans les lieux humides ou complètement sous l'eau. Ces mortiers deviennent d'autant plus durs qu'ils sont plus alimentés d'humidité.

Le plâtre-ciment de Boulogne-sur-Mer est le ciment romain le plus anciennement connu en France, son usage remonte à plus de soixante années. L'expérience a sanctionné son éminente qualité, et il ne se trouve point d'ouvrage scientifique qui n'en fasse la description et l'éloge.

Partout il est utilisé avec un succès complet, notamment à Paris, Cherbourg, Brest, Lorient, Bordeaux, Nantes, Saint-Malo, Grandville, Calais, etc., etc.

Le ciment romain doit être employé en première ligne où il s'agit d'obtenir l'étanchéité complète, ce n'est qu'en seconde ligne qu'on l'emploiera pour des travaux réclamant une grande résistance.

Mode d'emploi.

1205. La manière dont on l'emploie ne diffère point de celle usitée pour les autres ciments. Il suffira, pour en obtenir un bon résultat, de suivre les indications ci-après :

Le ciment peut être employé pur ou bien avec gravier, sable ou autres matières destinées à fournir du volume, en proportions différentes, suivant la nature des travaux.

En toutes circonstances, il faut le gâcher à force de bras, à la consistance du mortier ordinaire, et éviter de le charger d'une quantité d'eau qui le rendrait plus mou et nuirait à son durcissement ultérieur. Il importe surtout de ne plus l'agiter après le commencement de la prise qui s'opère dans un délai de 5 à 15 minutes après le gâchage. Par le gâchage, le ciment romain ne s'échauffe que très légèrement et la prise a lieu comme nous venons de le dire en quelques minutes. Il doit être invariable en volume et conserver sa consistance à l'air comme à l'eau.

Le sable qui entre dans la composition du mortier de ciment doit être rugueux.

Les sables granitiques ou siliceux, de la grosseur de grains de blé, sont ceux auxquels on doit accorder la préférence. A leur défaut, on peut utiliser les sables fins et graviers, ainsi que les scories de fourneaux, pulvérisées et lavées ensuite, afin d'en ôter la cendre.

MORTIER DE CIMENT.

1206. Le mortier de ciment pur est obtenu en délayant le ciment avec l'eau que l'on verse au fur et à mesure dans une auge. On remue la pâte au moyen d'une truelle ou d'une pelle, suivant la quantité que l'on veut employer et l'habileté de l'ouvrier qui met le mortier en œuvre.

La quantité d'eau exigée est égale à la moitié du volume de ciment. A l'époque des grandes chaleurs, cette quantité doit être augmentée en raison de la rapidité de prise qui se trouve hâtée par l'élévation de la température.

Le mortier de ciment et sable se prépare en mélangeant **à sec** le ciment et le sable, en versant l'eau ensuite et en triturant, ainsi qu'il est dit pour le mortier de ciment pur. Si le sable est humide, on devra tenir compte, dans le gâchage, de l'eau qu'il contient.

1207. *Mortier n° 1.* Pour faire un mètre cube de mortier de ciment pur, il faut 1,500 kilos de ciment en poudre, le ciment subissant un tassement considérable lorsqu'il est mélangé avec l'eau.

1208. *Mortier n° 2.* Pour obtenir un mètre cube de mortier de ciment et de sable combinés à parties égales, il faut 0 m 90 de sable et 900 kilos de ciment. — Dans cette proportion, le ciment n'est pas entièrement absorbé par le sable.

1209. *Mortier n° 3.* Pour un mètre cube de mortier composé de : UN volume ciment, et DEUX volumes sable, il faut 500 kilos de ciment et 1 m. de sable. — Le ciment disparaît alors dans le sable. C'est ce qui arrive encore lorsqu'on augmente la dose de ce dernier.

1210. *Mortier n° 4.* Pour un mètre cube de mortier composé de : UN volume ciment, et TROIS volumes sable, il faut 335 kilos de ciment et 1 m. cube de sable.

MAÇONNERIE DE MORTIER DE CIMENT.

1211. Pour les grosses maçonneries de

moellons, on peut utiliser les mortiers n° 4 et n° 3.

Il faut alors avoir soin de faire choisir des moellons bien propres que l'on mouille avant de mettre en œuvre.

Pour les maçonneries de briques, on doit préférer les mortiers n° 3 et n° 2, et avoir soin de tremper les briques dans l'eau avant l'emploi.

Il entre dans un mètre cube de maçonnerie de moellons ou de briques environ 0ᵐ30 de mortier de ciment.

REJOINTOIEMENTS.

1212. Pour jointoyer les maçonneries de pierres de taille, on emploie le mortier n° 1. On a soin de dégager et de fouiller les joints profondément, on les lave à pleine eau au moyen d'une brosse et on les garnit ensuite de mortier de ciment, en ne laissant, derrière, aucun vide, et à la surface aucune bavure. Les joints doivent être faits à niveau ou en creux et non en relief.

Pour un mètre superficiel de rejointoiements, il faut environ 0 m. 005 de mortier n° 1, ou 7 kilos de ciment.

ENDUITS.

1213. Pour obtenir un bon résultat, il importe que les enduits soient faits avec le mortier n° 3, afin que la grande quantité de sable contenue dans le mortier contribue à empêcher le retrait et les gerçures que pourrait occasionner l'influence de l'air et du soleil. Il faut surtout, avant d'appliquer l'enduit, gratter les joints des murs et les laver. Pour les dresser, il convient de n'employer que la truelle en bois, faite en forme de fer à repasser, les outils en fer devant être exclus. Il ne faut point lisser les enduits extérieurs; il est préférable de les rustiquer au moyen de la truelle en bois, à laquelle on imprime un mouvement de rotation.

Les enduits intérieurs peuvent, en cas d'humidité, être faits avec le mortier n° 2.

On obtiendra un lissage parfait, en étendant, sur l'enduit dressé à la truelle de bois, une couche très liquide de mortier n° 1, que l'on régalera au moyen d'une brosse trempée d'eau.

Les enduits en ciment ne doivent point avoir moins de 25 à 30 millimètres d'épaisseur. Il faut, en reprenant le travail le lendemain, que l'ouvrier ne néglige pas de raviver, par des entailles, et laver ensuite avec soin la partie du travail terminée la veille, sur laquelle il doit se raccorder.

Pour un mètre superficiel d'enduit, il faut environ 20 kil. de ciment.

BÉTON DE CIMENT.

1214. Le ciment de Boulogne, qui est généralement réputé pour admettre dans la composition des mortiers plus de sable qu'aucun autre ciment romain, est employé avec succès dans la confection des bétons pour fondations, que l'on compose ainsi qu'il suit :

En volume 1/8 ciment de Boulogne, 1/8 sable fin, 2/8 gravier, 4/8 pierres concassées, de la grosseur de celles employées au macadamisage des routes.

Il faut, par mètre cube de béton de cette sorte, 200 kilos de ciment.

On a construit dernièrement, en béton de ciment de Boulogne, d'une composition plus riche, soit : En volume, 1/5 ciment, 2/5 sable, 2/5 pierres concassées des égouts offrant la plus grande solidité, et qui ont parfaitement réussi, malgré leur faible épaisseur.

Ces égouts sont enduits intérieurement d'un lissage liquide étendu à la brosse, ainsi qu'il a été décrit plus haut.

Le béton de ciment sert aussi admirablement pour chappes de voûtes de ponts et de viaducs.

Il faut, pour un mètre cube de béton servant à la construction des égouts, y compris le lissage intérieur, 350 à 400 kil. de ciment.

1215. On fait aussi en ciment de Boulogne des tuyaux pour conduites d'eaux libres et comprimées, ou autres matières liquides.

Ces tuyaux sont utilisés avec avantage pour lieux d'aisances, conduites d'eaux dans les réservoirs, ponceaux pour routes et chemins de fer, service d'assainissement et drainage des terres.

Le trass de Hollande, les pouzzolanes naturelles et artificielles sont avantageusement remplacés par le ciment dans la fabrication des mortiers hydrauliques.

CIMENT EMPLOYÉ POUR HÂTER LA PRISE ET AUGMENTER L'HYDRAULICITÉ DU MORTIER DE CHAUX

1216. Lorsqu'on désire hâter la rapidité de prise ou l'hydraulicité des mortiers de chaux, on emploie, dans la proportion de 20 à 50 p. 0/0, le ciment vif, que l'on mélange avec le mortier au moment même de l'emploi, les proportions étant calculées sur le degré d'hydraulicité de la chaux employée à les former.

La couleur du ciment de Boulogne est des plus favorables; elle est d'un gris jaunâtre très semblable aux pierres de taille ordinaires; elle permet de l'utiliser, sans peinture, pour la réparation des ponts et des édifices.

Le plâtre-ciment se conserve longtemps, lorsque les barils qui le contiennent sont tenus à l'abri de l'humidité, dans des magasins fermés et parfaitement secs.

Les qualités éminentes du ciment de Boulogne et son prix modéré lui ont acquis une vogue et une préférence qu'il mérite à juste titre, et sauront toujours lui assurer un bon rang sur tous les marchés.

Contrairement à l'opinion assez généralement accréditée, il n'est pas indispensable d'avoir des maçons spéciaux pour employer le ciment: des ouvriers ordinaires suffiront, en se conformant aux instructions qui précèdent.

Ciment de Vassy.

1217. Le ciment de Vassy est considéré comme le meilleur des ciments à prise rapide. Aussi, la plupart des devis le prescrivent-ils pour les constructions hydrauliques.

C'est en 1831 que MM. Gariel et Garnier ont découvert les carrières de ce ciment.

Le ciment de Vassy est un produit hydraulique par excellence. Il acquiert, sous forme de mortier, par son exposition à l'eau ou à l'humidité, une dureté toujours croissante. Il possède, après quelques mois, une qualité qui dépasse de beaucoup celle des maçonneries romaines réputées les meilleures. C'est seulement par analogie que ce ciment a été appelé à l'origine ciment romain, car les Romains n'ont pas connu ce produit.

La bonne chaux, mélangée avec quelques substances hydraulisantes, acquiert, à la longue, une grande dureté, comme le témoignent les ruines splendides des monuments grecs et romains; mais ce n'est qu'après plusieurs siècles que les vieux mortiers ont acquis toutes leurs qualités. La supériorité des mortiers de ciment sur ces vieux mortiers de chaux consiste donc dans le développement beaucoup plus rapide de leurs qualités définitives.

Avant 1830, la France était tributaire de l'Angleterre pour le ciment. Depuis cette époque, on a découvert en France plusieurs gisements de calcaire argileux, propre à la fabrication du ciment; mais parmi eux le ciment de Vassy conserve toujours sa vieille réputation. Le terrain d'où l'on tire le ciment de Vassy appartient à la formation jurassique. La pierre à ciment se trouve à la partie inférieure de cet étage et à la partie supérieure du lias. Elle y forme plusieurs bancs stratifiés, alternés par des couches d'argile. Ce ciment provient d'un calcaire argileux et magnésien dur, d'une couleur bleu cendre dont la composition chimique est, d'après une analyse ancienne :

Carbonate de chaux.........	63,8
— de magnésie......	1,5
— de fer.............	11,6
Silice.....................	14,0
Alumine.	5,7
Eau et matières organiques..	3,4
	100,0

Réduit par la calcination dans des fours à chaux ordinaires, il perd à peu près 40 0/0 de son poids. Sa couleur devient jaune terne, et il a donné à l'analyse :

Chaux.................	56,6
Protoxyde de fer...........	13,7
Magnésie..................	1,1
Silice.....................	21,2
Alumine..................	6,9
Perte.....................	0,5
	100,0

Ce calcaire argileux acquiert, par la cuisson, les propriétés hydrauliques que l'on connaît.

Là chaleur sépare les éléments constitutifs de l'argile et rend libre une certaine quantité d'acide silicique qui, par l'hydratation, s'unit à la chaux et à l'alumine pour former un silicate double d'alumine et de chaux.

Après la calcination, on pulvérise le ciment à l'aide de manèges à meules verticales ; puis, on le tamise dans un blutoir à toile en cuivre de 18 fils par centimètre et on l'enferme dans des barriques goudronnées et garnies de papier à l'intérieur pour en faciliter le transport et en assurer la conservation.

En cet état, on peut le conserver pendant plus d'une année sans qu'il ait rien perdu de ses qualités essentielles, pourvu qu'on ait eu soin de le placer dans un lieu sec et hors de contact avec le sol.

L'avarie du ciment ayant pour cause principale l'humidité de l'air ambiant, elle se manifeste d'abord au contact des parois de la barrique, puis gagne lentement, mais progressivement, jusqu'au centre. Il arrive assez souvent que le contenu d'une barrique est avarié à la surface, tandis qu'il est d'excellente qualité au centre. Pour que le ciment puisse être réputé non avarié et propre à un bon emploi, il faut que les fragments non désagglomérés qu'on retire de la barrique cèdent facilement sous la pression des doigts, et que sa couleur n'ait éprouvé aucune altération, c'est-à-dire ne soit pas devenue blanchâtre. On est quelquefois obligé d'employer des barres de fer pour retirer le ciment des barriques et, souvent, il faut avoir recours à la truelle du gâcheur.

1218. Des expériences plus récentes faites à l'École des Ponts et Chaussées par M. Hervé-Mangon sur le ciment de Vassy fabriqué par MM. Prévost et Cie ont donné les résultats suivants :

ANALYSE DE PIERRE A CIMENT DE VASSY.

PRODUITS CONSTATÉS	GROS BANC	PETIT BANC
Résidus insolubles..............................	19.71	22.15
Alumine et peroxyde de fer.......................	7.35	6.45
Chaux...	38.85	36.85
Magnésie......................................	0.45	0 30
Eau, acide carbonique et produits non dosés........	33.65	31.25
	100.00	100.00

ANALYSE DU CIMENT DE VASSY.

PRODUITS CONSTATÉS	CIMENT EN POUDRE		CIMENT GACHÉ	
	1er échantillon	2e échantillon	1er échantillon	2e échantillon
Silice...	21.10	22.85	16.75	16.75
Alumine et peroxyde de fer.....................	16.55	15.60	12.00	12.00
Chaux...	53.80	51.30	42.60	42.15
Magnésie..	0.35	0.75	0.70	0.40
Acide sulfurique.................................	4.25	2.90	3.60	3.55
Eau, acide carbonique et produits non dosés....	3.95	7.10	24.35	25.15
	100.00	100.00	100.00	100.00

On peut donner au ciment, par la fabrication, plusieurs degrés de prise, suivant les besoins. Celui dont la prise est moins active est toujours préférable.

Le poids du ciment en poudre varie, suivant le degré de cuisson et le tassage, de 850 kil. à 1350 kil. le mètre cube, mais on peut admettre que le mètre cube de ciment non tassé, de cuisson ordinaire, est de 900 kil.

Après le premier mois d'immersion dans l'eau, sa cohésion est de 6 kil. 500 par centimètre carré ; elle est de 14 kil. après le sixième mois et de 20 kil. après 18 mois.

PRÉPARATION DES MATÉRIAUX POUR L'EMPLOI DU CIMENT DE VASSY.

1219. Les briques, pierres ou sable qui entrent dans les maçonneries de ciment, doivent toujours être parfaitement propres. Dans les massifs et bétons, il est inutile de cribler le sable ; mais il doit être tamisé fin pour les chapes et enduits. Le sable de rivière siliceux et anguleux est préférable à tout autre. Le sable de carrière, pour donner un résultat passable, ne doit jamais renfermer de parties terreuses. Lorsqu'il s'agit de rejointoyer de vieilles maçonneries ou de faire des enduits, il faut refouiller profondément tous les joints, laver à grande eau et tenir les surfaces humides au moment de l'application du ciment.

GACHAGE ET DOSAGE.

1220. Ce ciment peut être employé seul ; mais il est plus économique de le mélanger avec du sable. Le sable, d'ailleurs, s'oppose au retrait et aux effets destructeurs de la gelée.

Pour faire le mortier, on se sert d'une boite dite *gâchoir*, posée sur deux tréteaux, dont le fond, un peu incliné en arrière, a 1ᵐ00 de longueur sur 0,70 de largeur environ. Elle est fermée sur trois côtés seulement. On mélange le ciment en proportions variables avec le sable, suivant la nature des travaux. Dans les massifs de fondation, on peut mettre quatre parties de sable pour une de ciment ; dans les maçonneries extérieures, trois parties de sable ; dans les enduits, chapes, fontaines, réservoirs, citernes et autres constructions qui doivent contenir des liquides, une ou deux parties de sable, suivant le degré de sujétion. Mais, dans tous les cas, surtout pour les enduits, le dosage doit être fait très exactement, au moyen de sébilles en bois. L'eau elle-même doit toujours être introduite en proportion constante et en une seule fois autant que possible, de façon à donner au mortier la consistance d'une pâte ferme. On évitera, par un dosage exact, les changements de nuance qui donnent aux enduits l'aspect de mosaïques.

Il faut se garder de noyer le ciment, ce qui relâche le mortier et le rend poreux; il faut éviter surtout de *regâcher*, avec une nouvelle introduction d'eau, un ciment qui a commencé à faire prise.

Le ciment et le sable doivent être d'abord mélangés à sec et triturés ensuite avec la quantité d'eau strictement nécessaire, au moyen d'une truelle pouvant se manœuvrer des deux mains : une manutention énergique ramollit suffisamment le mortier qui doit être immédiatement employé.

Il ne faut jamais, sous prétexte de ralentir la prise, tuer le ciment, en le mélangeant d'avance avec le sable.

EMPLOI DU CIMENT DE VASSY.

1221. Le ciment est employé avec la truelle ordinaire, à la manière des autres mortiers. En parement, le mortier est projeté vigoureusement dans les joints et sur les surfaces préalablement mouillées, égalisé avec le tranchant de la truelle et non poli. Au moment où il vient de faire prise, on le ravale définitivement à la *truelle brettée*, en lui donnant cette granulation qui imite l'effet de la boucharde sur la pierre de taille. On complète l'illusion en traçant les joints au fer, et en formant des ciselures avec un ciseau de tailleur de pierre.

Dans les carrelages, on produit souvent le même effet au moyen d'une roulette en bois dur ou en laiton munie d'aspérités en tête de diamant, dont on se sert avant que le ciment ait terminé sa prise.

Il est toujours utile, surtout en été, d'arroser les chapes, enduits ou maçonneries de ciment pendant quelques jours après l'emploi.

En résumé, pour obtenir de bons travaux avec le ciment de Vassy, il suffit d'un ouvrier soigneux, qui sache se conformer scrupuleusement aux règles suivantes :

1° Employer des matériaux propres;

2° Mouiller ces matériaux, ainsi que les surfaces d'application;

3° Doser exactement le mélange;

4° Gâcher vigoureusement et faire un mortier ferme;

5° Ravaler avec le tranchant et non avec le dos de la truelle.

Le ciment éventé se charge d'eau et d'acide carbonique. En cet état, il ne fait plus prise, lorsqu'il est gâché seul; mais il peut rendre encore d'excellents services par son mélange avec du mortier de chaux grasse. Il possède alors, d'après les expériences faites par M. Vicat, un pouvoir hydraulisant très supérieur à celui du ciment ordinaire. Le sable ralentit la prise du ciment.

PILONNAGE

1222. Le pilonnage et la compression augmentent la densité et la résistance du ciment. En comprimant par la percussion ou par une presse puissante un ciment simplement humide, on obtient immédiatement un bloc solide d'une résistance considérable. On peut fabriquer, par ce moyen, des briques, carreaux, etc..., ce mode est préférable au moulage ordinaire; il est surtout plus expéditif.

APPLICATIONS PRINCIPALES.

1223. Ce ciment est employé dans la construction de ponts, ponceaux, aqueducs, conduites d'eau, égouts, réservoirs, gazomètres, cuves, citernes, fosses d'aisances, voûtes de cave, travaux hydrauliques, assainissement des bâtiments et caves, aires, dallages, trottoirs, tablettes, auges, abreuvoirs, éviers, margelles, etc.

Avant de terminer ces quelques notions sur les ciments à prise rapide, il nous reste à dire quelques mots des ciments naturels prompts de la Grande-Chartreuse (n° 3), fabriqués par la Société Vicat et C⁰, à Grenoble (Isère).

Le ciment prompt de la Grande-Chartreuse, réduit en poudre fine, est d'une couleur jaune pâle. Sa densité est de 1,000 kil. environ par mètre cube non tassé. Il se dissout facilement à chaud dans les acides nitrique et chlorhydrique étendus d'eau.

Gâché avec moitié sable du Drac, il met de 10 à 20 minutes à faire prise, à l'aiguille Vicat, à la température ordinaire et à l'ombre.

Sa composition chimique est

Argile	36
Chaux	64
Total . . .	100

à 1/100 près, en plus ou en moins.

Une des principales applications des ciments à prise prompte de la Grande-Chartreuse est son emploi pour la fabrication des tuyaux de conduite pour les eaux.

Ciment de Portland.

1224. D'après ce qui a été dit précédemment, le ciment de Portland n'est autre chose que le produit désigné par Vicat sous le nom de calcaire à *chaux limite*, cuit jusqu'à un commencement de vitrification.

Le ciment artificiel, dit Portland, à prise lente, s'obtient :

1° En mélangeant intimement des calcaires et de l'argile dans la proportion de 77 à 79 0/0 de la première de ces substances et de 21 à 23 0/0 de la seconde ;

2° En exposant ce mélange au dessèchement ;

3° En le soumettant ensuite à la cuisson voulue ;

4° Enfin, en triturant d'une manière impalpable.

1225. La première de ces opérations suppose deux choses :

1° La présence dans la masse à mélanger de calcaire et d'argile dans les proportions déterminées ;

2° Le fait même du mélange intime et homogène des deux matières.

Il est très facile, ainsi que cela se pratique, d'assurer dans la fabrication courante la parfaite exactitude des proportions requises de carbonate de chaux et d'argile.

Précédemment, c'était par l'examen préalable des gisements de calcaire et par des compensations établies à l'aide de brouettées prises dans différents gisements ou dans des tas en provenant, qu'on s'efforçait de composer, dans des proportions déterminées de calcaire et d'argile, la masse à mélanger.

Pour en effectuer le mélange, on triturait ensuite cette masse, soit au moyen de meules, soit au moyen de bassins délayeurs, et le dosage se faisait ainsi à l'état solide, avant toute trituration ou tout mélange.

Parfois, on prélevait dans le bassin triturateur, avant sa vidange, un échantillon qu'on soumettait à l'analyse, pour reconnaître si le mélange déjà transporté au séchoir renfermait les proportions voulues de calcaire et d'argile et, au cas de la négative, on devait reprendre cette pâte au séchoir et la rejeter comme matière première dans le triturateur.

Mais ce procédé ne pouvait aboutir qu'à des résultats approximatifs incertains et irréguliers et il était par conséquent défectueux.

A ce procédé imparfait on en a, dans certaines usines, substitué un autre qui, en laissant facultatif et d'intérêt tout à fait secondaire l'ancienne analyse des calcaires argileux à l'état solide et le dosage par brouettées, permet de supprimer cette double opération et d'apporter directement dans les triturateurs les calcaires, tels qu'ils sont extraits de la carrière, pour les soumettre, à leur sortie des triturateurs, à un traitement supplémentaire dans les bassins de dosage ou, après un mélange intime, à l'aide d'appareils mélangeurs d'invention nouvelle, ils sont dosés à l'état liquide et ramenés de la manière la plus facile, la plus constante et la plus sûre, aux proportions mathématiques exactes de calcaire et d'argile.

Ce procédé comporte :

1º La coexistence d'appareils triturateurs et d'appareils mélangeurs ou de dosage ;

2º La pluralité et même un assez grand nombre de bassins de dosage ;

3º La communication des bassins triturateurs avec les bassins mélangeurs ;

4º La communication des bassins mélangeurs entre eux ;

5º Une forme et une disposition particulières des appareils mélangeurs assurant l'intimité et l'homogénéité du mélange ;

6º Des analyses successives du mélange à l'état liquide dans les bassins de dosage ;

7º Des rectifications du mélange, après l'analyse, jusqu'à ce qu'il soit ramené aux proportions déterminées des substances qui les composent.

Ce procédé conduit à ce résultat singulièrement avantageux pour l'industrie des ciments, et qui n'avait point encore été atteint, d'assurer facilement et infailliblement, dans la pratique d'une fabrication courante, la constante uniformité des produits et, par suite, la supériorité de leur valeur commerciale.

Quels que soient les matériaux employés, s'ils doivent être mélangés pour présenter la composition voulue, il faut qu'ils se délaient facilement dans l'eau, et qu'ils se réduisent sans difficulté en poussière impalpable, condition essentielle de la bonne préparation du mélange.

Le mélange intime, en proportion convenable, des matières à employer est la première opération de la fabrication des ciments à prise lente. Ce travail s'exécute ordinairement dans des délayeurs et des mélangeurs représentés (*fig.* 564).

La bouillie très-claire qui sort des mélangeurs est conduite par un caniveau M dans une série de bassins placés les uns à côté des autres et construits en briques ou en maçonnerie ordinaire. Ces bassins ont ordinairement de 0ᵐ,90 à 1ᵐ,00 de profondeur, 30ᵐ de longueur et 20ᵐ de largeur. Chacun d'eux est muni d'une petite vanne servant à écouler l'eau claire lorsque les matières solides se sont déposées au fond par l'effet du repos. On amène de nouveau du liquide trouble qui dépose une seconde couche de matière solide sur la première et on continue ainsi jusqu'à ce que le bassin soit rempli.

Le nombre de ces bassins de dépôt varie avec l'importance de la fabrication.

Lorsque le mélange a acquis la consistance d'une pâte molle, on peut le brasser énergiquement à l'aide de griffes en fer, pour assurer l'homogénéité du produit que le dépôt, par ordre de densité de certaines substances, aurait pu modifier, aussi bien que les erreurs de dosage. L'évaporation et l'infiltration enlèvent l'eau en excès, et peu à peu le mélange argilo-calcaire prend assez de consistance pour qu'on puisse en former des morceaux dont la dessiccation peut se terminer en plein air ou en se servant des chaleurs perdues des fours à ciment. L'emploi de la chaleur artificielle pour sécher le mélange argilo-calcaire permet de gagner beaucoup de temps et de diminuer l'étendue des bassins de repos ou des hangars de séchage. Ce mélange argilo-calcaire séché est ensuite introduit dans les fours à ciments dont nous allons parler. Nous ne donnons ici qu'une idée très succincte et très simplifiée de la fabrication des ciments de Portland. Cette fabrication se modifie tous les jours, chaque fabricant apporte à son industrie des perfectionnements souvent très intéressants, mais nous ne pouvons entrer dans plus de détails et nous engageons nos lecteurs à consulter les ouvrages spéciaux écrits sur cette matière.

CUISSON.

1226. La cuisson du ciment exerce, sur sa qualité, la plus grande influence. Elle peut, jusqu'à un certain point, cor-

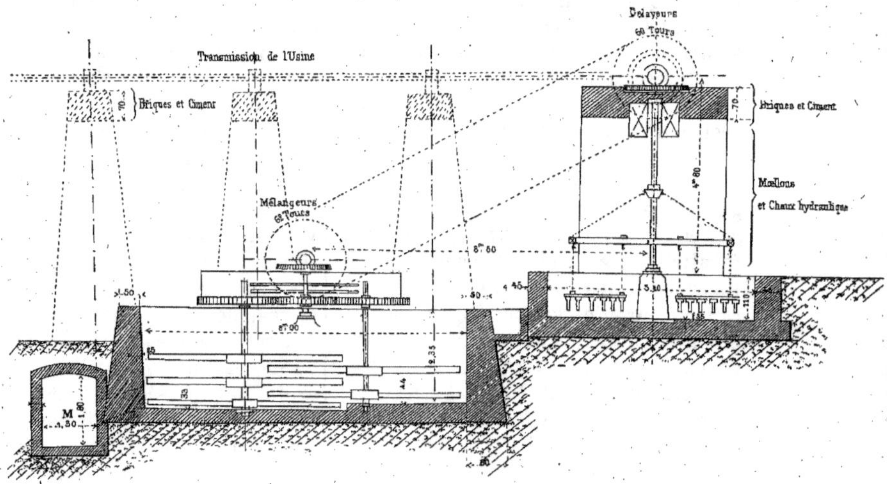

Fig. 504. — Fabrication du ciment de Portland (délayeurs et mélangeurs)

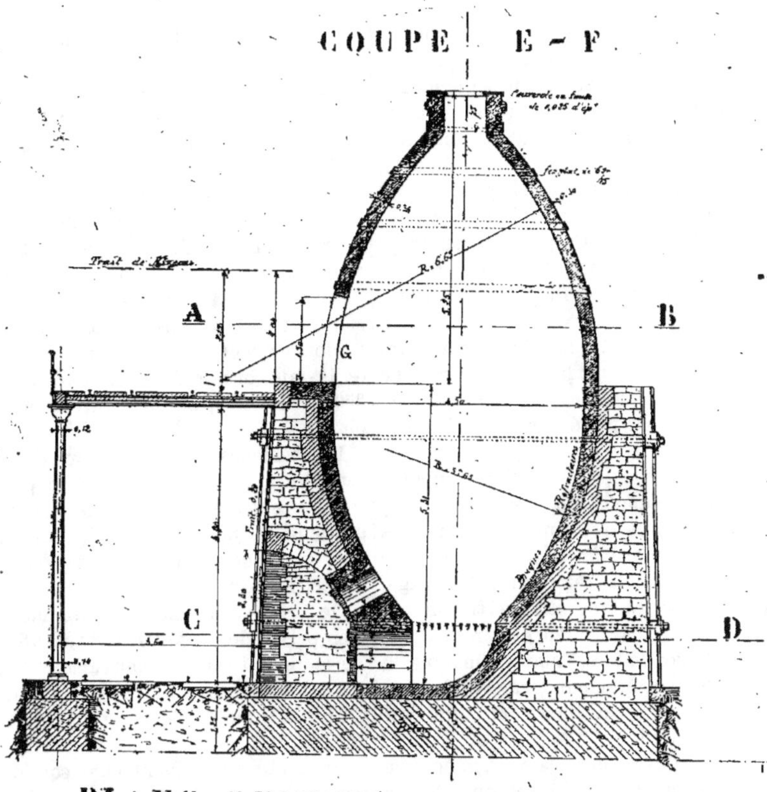

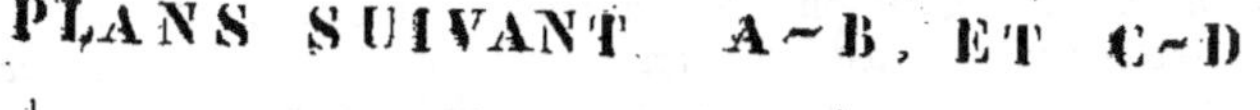

PLANS SUIVANT A-B, ET C-D.

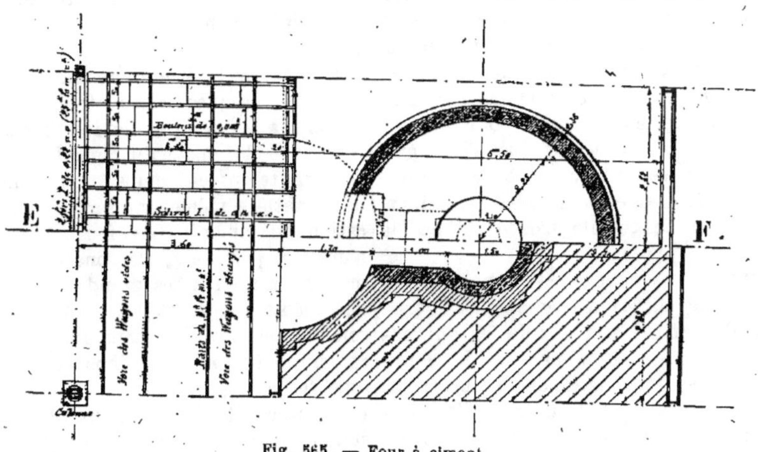

Fig. 565. — Four à ciment.

riger une certaine erreur sur la composition chimique normale du composé.

La cuisson du ciment à prise lente n'a pas seulement pour objet de chasser l'acide carbonique du calcaire, elle doit encore déterminer, entre ses éléments, une combinaison intime et produire un commencement de vitrification à la surface des fragments. Cette opération exige de la part des ouvriers cuiseurs une grande expérience et une extrême attention.

Les fours les plus habituellement employés en France ont la forme d'un tronc de cône ou sont formés par la réunion de plusieurs troncs placés les uns à la suite des autres.

Les fours à calotte de forme ovoïde dont nous donnons un dessin (*fig. 565*) sont maintenant très employés. Dans ces fours, le gueulard G est surmonté d'une coupole destinée à régulariser le tirage. Dans certains cas, on utilise très avantageusement les chaleurs perdues des fours. Ils sont alors, comme l'indique la figure 566, entièrement fermés à la partie supérieure et ces fours communiquent avec la cheminée d'appel par l'intermédiaire d'un long carneau, nommé *carneau-séchoir*, sur lequel on effectue la dessiccation de la matière pâteuse avant de la réduire en fragments. La cuisson du ciment dans ces fours a lieu à feu intermittent. On dispose sur la grille quelques fagots, puis une certaine épaisseur de gros fragments de coke, pour faciliter l'allumage, et au-dessus, jusqu'à la partie supérieure du four, des couches alternatives de coke et de matière à calciner, réduite en fragments n'excédant pas la grosseur du poing.

Quand la cuisson est terminée, on laisse refroidir la masse et on défourne en enlevant les barreaux de fer qui forment la grille. La dimension des fours varie avec l'importance de la fabrication et aussi avec les habitudes locales. Les fours contenant de 20 à 25 tonnes de ciment cuit sont les plus généralement adoptés.

La cuisson d'un four de cette capacité dure de 24 à 50 heures, quand tout va bien. Le refroidissement exige deux à trois jours. On peut cuire le ciment à la houille, mais le coke est de beaucoup le meilleur combustible pour ce genre de fabrication. La proportion de combustible varie selon la qualité, la nature de la matière employée et son degré de sécheresse au moment de l'enfournement. En moyenne, on admet qu'il faut brûler dans ce four de 200 à 350 k. de coke par tonne de ciment cuit obtenu.

L'expérience de l'ouvrier cuiseur peut seule lui apprendre la meilleure proportion de coke à employer dans chaque cas particulier, pour obtenir la cuisson la plus uniforme dans toutes les parties du four et le moindre déchet.

On doit rechercher des combustibles bien privés de sulfures, dont l'influence sur le ciment est très mauvaise.

La température de cuisson du ciment est beaucoup plus élevée que celle qui est nécessaire à la cuisson de la chaux. Les fours à ciment doivent être solidement établis. Le massif extérieur doit être fortement contreventé et entouré de ceintures en fer, comme l'indiquent les croquis précédents.

La chemise intérieure du four est construite en briques réfractaires. Pour la conserver longtemps et éviter son adhérence avec la masse du ciment, on l'enduit de temps en temps d'un badigeon de la matière même qui sert à la fabrication du ciment. Les fours à ciment n'existent pas seuls; ils sont ordinairement réunis en assez grand nombre sur une même rangée et les produits de la combustion se rendent dans une cheminée commune. Les fours continus étant, dans tous les cas, plus avantageux que les fours intermittents, il faut autant que possible donner la préférence à ces derniers.

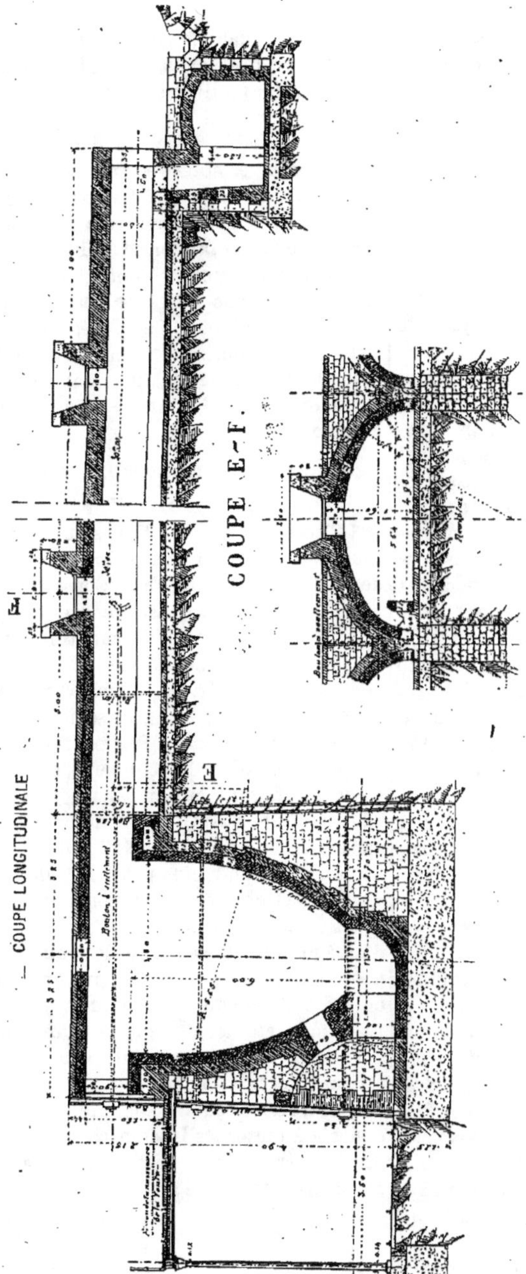

Fig. 566. — Four à ciment à carneau séchoir.

DÉFOURNEMENT ET BROYAGE.

1227. Quelle que soit la disposition du four, on procède au défournement aussitôt que le ciment est à peu près refroidi. Les fragments sont soumis à un premier triage pendant le défournement. On rejette, avec le plus grand soin, tous les fragments mal cuits ou de mauvaise qualité, faciles à reconnaitre à leur couleur, à l'aspect de leur surface, etc...

Les fragments de bonne qualité sont transportés à l'atelier de broyage. La matière calcinée est vitreuse et esquilleuse, d'un gris plus ou moins sombre, tirant un peu sur le vert. Ce ciment ne se désagrège ni à l'air, ni dans l'eau et doit toujours être réduit en poudre au moyen d'appareils pulvérisateurs spéciaux.

Les machines employées pour arriver à pulvériser le ciment sont de deux sortes. Les premières sont chargées de réduire les morceaux sortant du four en petits fragments. Les secondes reduisent en poudre fine le produit de cette première opération.

Le premier concassage du ciment peut être obtenu de différentes manières. Dans beaucoup de fabriques, on concasse le ciment brut en le faisant passer dans un double jeu de cylindres broyeurs. Un moulin à meules, à roues verticales, très pesantes, en fonte ou en granit, constitue également un excellent instrument de concassage.

Dans les très grandes usines, on emploie une véritable machine à briser les pierres pour commencer le concassage et on le termine avec le moulin à meules verticales.

Cette dernière disposition est très convenable et assure au travail la régularité la plus satisfaisante.

Quels que soient les appareils employés au concassage, le produit doit passer sur un crible qui retient les fragments trop volumineux que l'on soumet à un second passage dans les concasseurs.

La matière réduite ainsi en fragments suffisamment petits est portée à la machine qui doit la réduire en poussière impalpable. Le meilleur instrument, et à peu près le seul employé pour cette deuxième opération, est un moulin à meules horizontales, disposées comme les meules d'un moulin à farine ordinaire.

La poussière, en sortant des meules, passe dans un bluteau ordinaire, qui fournit enfin le ciment prêt à être ensaché, ou à être mis en baril pour la vente.

Le ciment, trop gros pour passer à travers le bluteau, est naturellement reporté à la trémie des meules pour subir un second broyage.

Les meules des moulins à ciment ont $1^m,20$ à $1^m,50$ de diamètre. Leur vitesse doit être de 100 à 120 tours par minute. On les construit en bonnes pierres meulières de la Ferté-sous-Jouarre ou autres pierres analogues. Ces meules ont besoin de fréquents rhabillages, et il faut compter qu'il y a presque toujours un beffroi en réparation sur trois en mouvement.

Chaque paire de meules absorbe 6 à 8 chevaux-vapeur et peut pulvériser 12 à 15 tonnes de ciment en douze heures de travail.

Le ciment de Portland, ainsi fabriqué, se rencontre dans le commerce logé dans des sacs ou des barils, à l'état de poudre lamelleuse, esquilleuse et rude, ordinairement grise. Il possède la propriété d'être inaltérable à l'air ou dans l'eau, et d'offrir une résistance exceptionnelle qui s'accroît avec le temps. La poudre de ciment de Portland gâchée avec de l'eau ne s'échauffe pas et fait prise ordinairement plus lentement que le ciment romain. Il est employé dans toutes les constructions où l'on veut obtenir l'étanchéité et surtout la résistance; sa propriété de faire prise lentement le qualifie tout particulièrement pour des travaux de longue haleine.

INFLUENCE DE LA MOUTURE SUR LA QUALITÉ DU CIMENT.

1228. Les quelques lignes qui suivent sont extraites des travaux sur le ciment de M. Michaelis, Ingénieur Conseil.

On peut facilement se rendre compte que, dans un ciment de mouture ordinaire, une certaine partie reste inerte, sans action adhésive. L'importance de cette quantité dépend précisément de la finesse de la mouture. Si l'on prend les ciments ordinaires du commerce, on verra qu'en les faisant passer par un tamis de 900 mailles par centimètre carré, il reste, sur ce tamis, un résidu de 20 à 40 p. 0/0. Ce résidu est au moins pour les 4/5 sans aucune action. Pour s'en convaincre, il suffit de prendre un ciment pur durci, d'un âge quelconque et de le pulvériser de manière à ce qu'il passe dans un tamis de 900 mailles; au bout de quelques heures déjà, certainement au bout d'un jour, il y aura un durcissement notable. En traitant de cette manière une pierre de ciment durci de quatre ans, qui avait été exposée à toutes les intempéries, M. Michaelis a trouvé les résistances suivantes par centimètre carré :

1° Après 7 jours . . . . . 5, 4 kil.
2° — 30 — . . . . . . 8, 7 —
3° — 90 — . . . . . . 18, 0 —

D'un autre côté, qu'on prenne n'importe quel ciment du commerce, qu'on le fasse passer par un tamis analogue aux précédents, et qu'on forme un mortier avec la partie qui n'aura pas passé, on verra que celui-ci se comportera presque comme du sable et ne commencera à prendre qu'au bout d'un temps assez long, tout en ne fournissant, même après plusieurs années, qu'un mortier très inférieur.

Si, avant de faire le mortier, on avait eu soin de moudre cette partie grossière du ciment, de manière qu'elle passe dans un tamis de 900 mailles, on aurait, au contraire, obtenu un mortier de bonne qualité.

Si, d'autre part, on mélange 100 parties de ciment ordinaire et 500 à 1000 parties de sable et qu'on en fasse un mortier ; puis, que d'autre part, sur 100 parties de ciment, on ne prenne que les 60 à 80 0/0 qui auront passé par un tamis de 900 mailles et qu'on les mélange, en faisant un mortier, avec la même quantité de sable que précédemment, on pourra se rendre compte de l'influence de la partie la plus grossière du ciment, des 20 à 40 0/0 qui sont restés sur le tamis.

D'après cela, M. Michaelis a fait les expériences suivantes :

En prenant un ciment qui, passé dans différents tamis, a donné :

Résidu sur un tamis de 900 mailles 22,8 0/0

Ont passé par un tamis de 900 mailles 77,2 0/0

Ont passé par un tamis de 2,500 mailles 61,9 0/0

Ont passé par un tamis de 5,000 mailles 51,0 0/0

il a formé quatre mortiers composés de la façon suivante :

1° 1 partie de ciment pur et 5 parties de sable.

2° 0,772 partie de ciment passant dans un tamis de 900 mailles et 5 parties de sable.

3° 0,610 partie de ciment passant dans un tamis de 2500 mailles et 5 parties de sable.

4° 0,510 partie de ciment passant dans un tamis de 5000 mailles et 5 parties de sable.

Ou plutôt :

1° 1 partie de ciment pur et 5 parties de sable.

2° 1 partie de ciment passant dans le tamis de 900 mailles et 6,5 parties de sable.

3° 3 parties de ciment passant dans le tamis de 2,500 mailles et 8,5 parties de sable.

4° 4 parties de ciment passant dans le tamis de 5,000 mailles et 10,0 parties de sable.

Tous ces dosages ont été faits d'après le poids, ce qui est du reste la seule manière exacte d'opérer dans ce genre d'expériences.

Voici quelles ont été les résistances obtenues pour ces différents mortiers.

AGE	1	2	3		4	
30 jours....	7.44	7.92	7.92	»	6.90	»
90 jours....	9.59	8.93	8.34	9.62	9.42	10.12
180 jours....	11.:9	11.14	12.34	12.54	11.46	14.28
Durcissement dans	l'eau	l'eau	l'eau	l'air humide	l'eau	l'air humide

Comme une très forte proportion de sable donne un mortier qui éprouve de la part de l'eau une action désagrégeante, les mortiers 3 et 4 placés, sous ce point de vue, dans une situation plus défavorable, ont été conservés à la fois dans de l'eau et dans de l'air, continuellement saturé d'eau par un jet de vapeur.

D'après ces expériences, on voit que, une partie de ciment fin (passant par un tamis de 5000 mailles) a agi comme deux parties de ciment ordinaire.

D'autres expériences faites sur un ciment ordinaire du commerce et de bonne qualité ont conduit à une même conclusion, c'est-à-dire que la partie la plus grossière du ciment ne remplit à peu près que le rôle de sable et que dans la mouture ordinaire du ciment il y a environ 25 0/0 de matière inerte et inutile.

Le consommateur achète donc une marchandise dont le 1/4 ne lui sert à rien. Il ferait certainement une bonne opération, si, pour une légère augmentation de prix, il obtenait du fabricant un produit plus finement moulu. Celui-ci, de son côté, grâce à cette augmentation, pourrait, en améliorant ses procédés de mouture, fabriquer des marchandises de qualité supérieure.

§ V. — FALSIFICATIONS DU CIMENT DE PORTLAND.

1229. Les falsifications du ciment de Portland consistent, en général, à mélanger au ciment des matières à bon marché qui, après mouture, tout en conservant au ciment son apparence, diminuent sa valeur. La plus employée de ces matières est la scorie de haut-fourneau, qui, en effet, se vend très bon marché. Bien des usines sont heureuses de s'en défaire. Après mouture, elle communique au ciment une belle teinte verdâtre, signe habituel d'une forte cuisson, en même temps que sa forte densité augmentant le poids du ciment, peut être une cause facile d'illusion à ceux qui ont encore la naïveté de juger de la valeur d'un ciment d'après son poids spécifique. Tout mélange doit être considéré comme une falsification. Il n'y a d'exception que pour des mélanges comme, par exemple, le plâtre qui, ne dépassant pas la valeur de 2 0/0, a pour but de communiquer certaines propriétés au ciment.

§ VI. — RÉSISTANCE DES CIMENTS, MACHINES EMPLOYÉES.

1230. Les essais des ciments et des mortiers, soit à la compression, soit surtout à la traction, deviennent chaque jour de plus en plus fréquents, surtout depuis qu'il est prouvé que, seuls, ils permettent de se rendre complètement compte de la valeur d'un ciment.

Quoique, ordinairement, dans la pratique, les mortiers et les ciments doivent résister à la compression, on les essaye généralement à la traction, car cette méthode est, à la fois, plus simple, plus facile et moins coûteuse.

Pour se rendre compte de la valeur d'un ciment, il faut d'abord faire un essai sur du ciment pur, puis sur un mortier composé d'une partie en poids de ciment, pour trois parties de sable.

La puissance d'un ciment dans un mortier varie avec sa propre force et avec la finesse de la mouture. Comme, d'un autre côté, il est impossible, en pratique, d'obtenir un degré constant de finesse et que, même dans un essai, on n'y parvient que difficilement, il est préférable de faire un essai sur un mélange de sable et de ciment pur.

Il faut donc faire un essai direct en opérant sur du mortier de ciment, et en s'assurant qu'il prend, avec le temps, une résistance suffisante.

A cet effet, on moule le mortier sous forme de briquettes en se servant d'un moule spécial représenté (*fig.* 567). On laisse durcir ces briquettes dans le sable humide ou dans l'eau. Après un nombre de jours déterminé, on peut les essayer en se servant de machines spéciales.

Machine à essayer les ciments de MM. Quillot frères.

1231. Bien des machines à essayer les

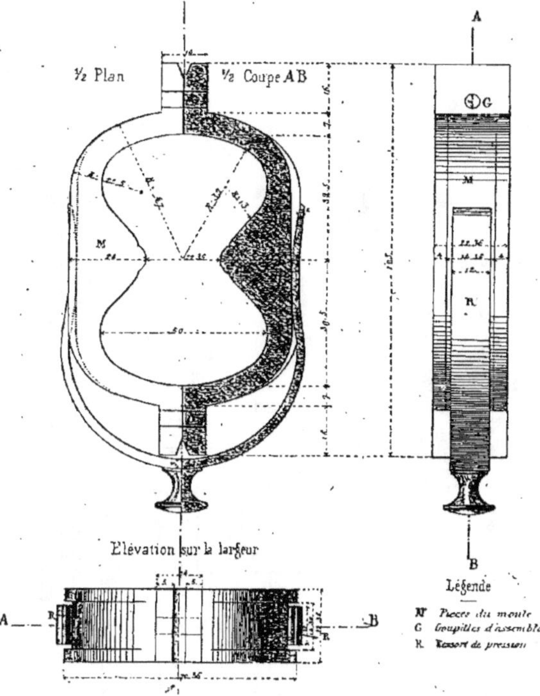

Fig. 567. — Moule à briquettes d'essai (demi-grandeur d'exécution).

ciments ont été inventées et construites. Nous nous bornerons à décrire celle de MM. Quillot frères, qui résume les derniers perfectionnements. Les dessins de cette machine représentée (*fig.* 568) suffisent pour faire comprendre au moins la disposition. Il suffira d'en décrire le fonctionnement.

La briquette d'essai ayant été placée comme l'indique le dessin, il faut :

1° Remonter la partie inférieure de l'éprouvette a, remplie d'eau, au dessus du niveau supérieur du vase b.

2° Équilibrer le levier cd sur la ligne ef marquée sur la tige g, par le poids h.

3° Tendre sans tirage la briquette de ciment j (dont la section kl est de $00^{mq}005$) par la roue à vis m. Ouvrir le robinet n.

L'eau s'écoule de l'éprouvette a dans le vase b par les tubes en caoutchouc o, o, o.

L'eau entrant dans le vase b pèse sur les leviers et les fait manœuvrer dans le sens des flèches.

Dès que la cassure de la briquette de ciment a lieu à la section kl, il faut fermer le robinet n.

Le niveau où s'est arrêté le liquide dans l'éprouvette a donnera, sur le tableau p, le poids qui aura occasionné la cassure : en x, le poids par centimètre carré et en y, le poids pour 5 centimètres carrés.

NOTA. — Si le poids total du liquide de l'éprouvette n'occasionne pas la rupture de la briquette, il faut recommencer l'opération, en ayant soin de placer sur le plateau rs un poids de 1 kil., 2 kil., 3 kil., qui se traduira par 10, 20, 30 kil., sur l'échelle x et par 50 kil., 100 kil., 150 kil., sur l'échelle y.

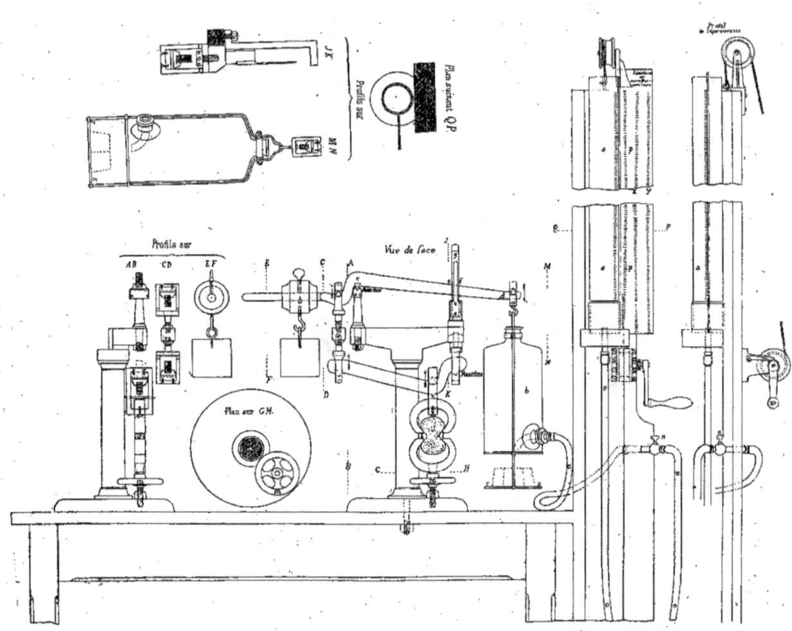

Fig. 568. — Machine à essayer les ciments exposée à Paris en 1872, par MM. Guillot frères, fabricants de ciment de Portland artificiel, à Frangey (Yonne).

§ VII. — ÉNUMÉRATION DES PRINCIPAUX CIMENTS EN USAGE A PARIS.

1232. Les ciments dont nous donnons ci-dessous l'énumération sont ceux qui sont admis à figurer à la série de la ville de Paris.

1233. *Ciment dit Romain ordinaire à prise rapide.*

1° Du bassin de Paris et d'Argenteuil ;

2° De Saint-Quentin, marque Gallet, Black-Tonnoir ;

3° De la Grande-Chartreuse, marque Vicat, n° 3.

1234. *Ciment dit de Vassy, 1re qualité, à prise rapide :*

De Gariel, Millot, Prévost, Lombardot Faure et Grenan.

1235. *Ciment dit de Portland, pesant plus de 1,100 kil. le mètre cube, à prise lente.*

1° Surcuit du Bassin de Paris, marque Schacher ou Barbier ;

2° Du Seilley (Ville-sous-la-Ferté) ;

3° De Neufchâtel (près Boulogne), marque Darsy et Lefebvre ;

4° De Grenoble, dit de la Porte de France.

1236. *Ciment dit de Portland, pesant plus de 1,200 kil. le mètre cube, à prise lente.*

1° De Pouilly-en-Montagne, marque Landry frères et Dubois ;

2° De Voreppe (Isère), marque Thorrand et Cie, gris jaune ;

3° De Grenoble, dit de la Porte de France ;

4° De Valbonnais (Grenoble), marque Pelloux et Cie, n° 2 ;

5° De Moutot (Yonne) ;

6° De Desvres (Pas-de-Calais), marque E. Famchon ;

7° De Frangey (Yonne), marque Quillot frères ;

8° de Boulogne-sur-Mer, marque Demarle et Longquéty ;

9° De la Grande-Chartreuse, marque Vicat, n° 2 (naturel gris et jaune).

1237. *Ciment dit de Portland, pesant plus de 1200 kil. le mètre cube à prise très lente.*

1° De Voreppe (Isère), marque Thorrand et Cie ; gris cendré ;

2° De Valbonnais (Grenoble), marque Pelloux et Cie, n° 1 ;

3° De Grenoble, dit de la Porte de France, artificiel ;

4° De la Grande-Chartreuse, marque Vicat, n° 1, artificiel gris cendré.

Il nous reste, pour terminer ces quelques renseignements sur les ciments, à donner la composition et les principaux emplois de quelques-uns des ciments précédemment cités, le cadre de cet ouvrage ne nous permettant pas de les étudier tous.

Ciment Vicat artificiel à prise lente, n° 1.

1238. Les caractères physiques du ciment Vicat sont les suivants : poudre grise, couleur de cendre de foyer, légèrement sableux au toucher. Poids d'un litre de ciment non tassé $1^k,300$ à $1^k,500$ et quelquefois plus.

Gâché avec son volume égal de sable, à la consistance ordinaire, il met de huit à vingt-quatre heures à faire prise, suivant la température.

Nous donnons (page 529) un tableau du rendement que fournissent des mortiers de volumes donnés de ciment et de sable.

Dans ce tableau, on n'a été, pour les rendements, qu'à trois mètres cubes de sable pour un mètre cube de ciment.

En effet, pour les sables ordinaires, on

L'angle φ étant donné, on cherchera, dans le tableau, la valeur correspondante de n et, en portant cette valeur dans la formule simplifiée (41), on aura immédiatement l'intensité cherchée de la plus grande poussée Q.

Tableau des valeurs de $n = \tan^2\left(\dfrac{90° - \varphi}{2}\right)$

Valeurs de φ	$\dfrac{90° - \varphi}{2}$		$\tan\left(\dfrac{90° - \varphi}{2}\right)$	$n = \tan^2\left(\dfrac{90° - \varphi}{2}\right)$
30°	30°	′	0.577	0.333
31	29	30′	0.566	0.320
32	29		0.554	0.307
33	28	30	0.543	0.295
34	28		0.532	0.283
35	27	30	0.521	0.271
36	27		0.510	0.260
37	26	30	0.499	0.249
38	26		0.488	0.238
39	25	30	0.477	0.227
40	25		0.466	0.217
41	24	30	0.456	0.208
42	24		0.445	0.198
43	23	30	0.435	0.189
44	23		0.425	0.181
45	22	30	0.414	0.171
46	22		0.404	0.163
47	21	30	0.394	0.155
48	21		0.384	0.147
49	20	30	0.374	0.140
50	20		0.364	0.132
51	19	30	0.354	0.125
52	19		0.344	0.118
53	18	30	0.335	0.112
54	18		0.325	0.106
55	17	30	0.315	0.099
56	17		0.306	0.094
57	16	30	0.296	0.088
58	16		0.287	0.082
59	15	30	0.277	0.077
60	15		0.268	0.072

678. *Exemple.* — Nous voulons calculer la plus grande poussée qu'un terre-plein horizontal exerce sur un mur dont le parement intérieur vertical a 4ᵐ50 de hauteur. La terre à soutenir pèse $\delta = 1\,550^k$ le mètre cube et l'angle φ du talus naturel de cette terre est égal à 33°. Nous employons la formule simplifiée (41) :

$$Q = \frac{1}{2}\, \delta\, h^2\, n$$

dans laquelle $\delta = 1\,550^k$, $h = 4^m50$ et n donné par le tableau ci-dessus sur la même ligne que $\varphi = 33°$ est égal à $n = 0,295$.

La valeur de la poussée cherchée est alors

$$Q = \frac{1}{2} \times 1\,550 \times \overline{4,50}^2 \times 0,295$$

D'où, $Q = 4\,630^k$.

(b) Le parement intérieur du mur est incliné vers l'extérieur (1).

679. Comme nous l'avons démontré, le *centre de poussée* est situé au tiers de la hauteur du mur à partir de sa base et la *direction de la poussée* fait, avec la normale au parement et en dessous de cette normale, un angle égal à l'angle de frottement φ. Nous n'avons donc à nous occuper que de la grandeur de cette poussée.

680. *Valeur de la plus grande poussée.* — Traçons le parement intérieur AB du

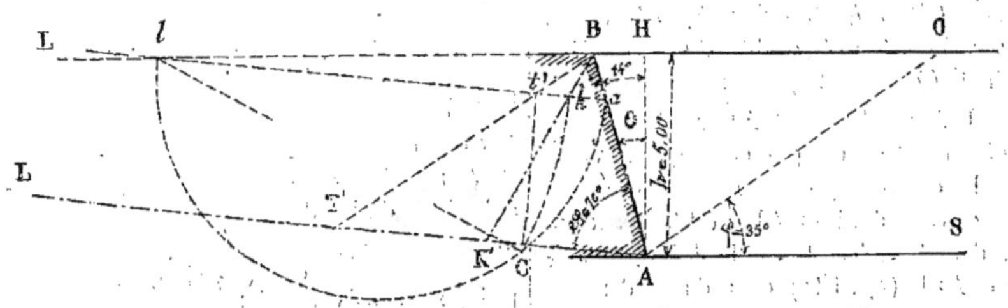

Fig. 545. — Échelle de 0ᵐ,05 par mètre.

mur (*fig.* 545) incliné sur la verticale d'un angle θ, la droite AO faisant avec l'horizon l'angle φ du talus naturel et la droite AL faisant avec le parement AB un angle égal à 2 φ. La formule fondamentale (21),

(1) Subdivision du sous-paragraphe intitulé : *Le massif des terres à soutenir est terminé à sa partie supérieure par un plan horizontal* (page 517).

qui donne la valeur de la plus grande poussée, est

$$F = \frac{1}{2}\, \delta \times \sin (OAL) \times \overline{K'A}^2$$

Ici, l'angle $(OAL) = 2\varphi + \theta + 90° - \varphi.$
$$= 90° + \varphi + \theta$$

et, par suite, on a :

$$\sin (OAL) = \sin (90° + \varphi + \theta) = \cos.(\varphi + \theta)$$

et la formule précédente devient :

$$\mathbf{F} = \frac{1}{2}\, \delta \times \cos (\varphi + \theta) \times \overline{K'A}^2 \quad (42)$$

Pour avoir la valeur de la poussée F, il suffira d'obtenir la quantité K'A et de la porter dans la formule ci-dessus. On peut opérer graphiquement ou par le calcul. — Nous donnons toujours les deux procédés parce que le tracé graphique est très rapide et peut souvent rendre service, car il est simple et s'applique, presque sans modification, à un très grand nombre de cas pour lesquels il faut faire usage de formules différentes quand on veut employer le calcul.

681. *Détermination graphique de K'A.* — La construction graphique à employer pour obtenir K'A est la même que celle que nous avons déjà plusieurs fois expliquée. Elle est suffisamment indiquée dans la figure 545 pour que nous puissions nous dispenser de la répéter. Ayant obtenu le point K', on mesure K'A sur l'épure et on porte sa valeur dans la relation (42) pour avoir la poussée F.

682. *Détermination de K'A par le calcul.* —La valeur de K'A, établie d'une manière générale (formule 22) est :

$$K'A = AL - \sqrt{AL \times LT'}$$

Cette relation est par conséquent vraie pour le cas dont nous nous occupons. Nous devons évaluer AL et LT' en fonction des données. Dans le triangle rectangle ALH (*fig.* 545), on a d'abord :

$$AL = \frac{AH}{\cos (LAH)} = \frac{h}{\cos (2\varphi + \theta)}$$

Il nous reste à déterminer la valeur de LT'. Comme lorsque le parement du mur est vertical, nous trouverions, en considérant les deux triangles semblables LT'B et LAO, que

$$LT' = AL \times \frac{LB}{LB + BO}$$

Comme nous connaissons déjà AL, le problème revient à trouver LB et BO. Dans le triangle ALB, nous avons :

$$\frac{LB}{AB} = \frac{\sin 2\varphi}{\sin (ALB)}$$

Or, $(ALB) = 90° - (2\varphi + \theta)$ et, conséquemment, $\sin (ALB) = \sin [90° - (2\varphi + \theta)] = \cos (2\varphi + \theta)$. Donc,

$$LB = AB \times \frac{\sin 2\varphi}{\cos (2\varphi + \theta)}$$

expression dans laquelle $AB = \dfrac{h}{\cos \theta}$. Donc

$$LB = h\, \frac{\sin 2\varphi}{\cos \theta \times \cos (2\varphi + \theta)}$$

On peut aussi écrire que
$$LB = LH - BH$$
$$LB = h\, \text{tang} (2\varphi + \theta) - h\, \text{tang}\, \theta$$
$$LB = h\, [\text{tang} (2\varphi + \theta) - \text{tang}\, \theta]$$

Quant à BO, le triangle ABO donne :

$$\frac{BO}{AB} = \frac{\sin (\theta + 90° - \varphi)}{\sin \varphi}$$

$$BO = AB \times \frac{\cos (\varphi - \theta)}{\sin \varphi}$$

et comme $AB = \dfrac{h}{\cos \theta}$, on a :

$$BO = h\, \frac{\cos (\varphi - \theta)}{\cos \theta \times \sin \varphi}$$

On peut aussi écrire que
$$BO = BH + HO$$
$$BO = h\, \text{tang}\, \theta + h\, \text{tang} (90° - \varphi)$$
$$BO = h\, (\text{tang}\, \theta + \text{cotang}\, \varphi)$$

En portant les valeurs de AL, LB et BO dans l'expression de LT', on aurait :

$$LT' = \frac{h}{\cos (2\varphi + \theta)} \times \frac{\text{tang} (2\varphi + \theta) - \text{tang}\, \theta}{\text{tang} (2\varphi + \theta) + \text{cotang}\, \varphi} \quad (46\,\text{bis})$$

Pour avoir la valeur de K'A, on opèrera de la manière suivante, c'est-à-dire qu'on calculera d'abord

$$AL = \frac{h}{\cos (2\varphi + \theta)}; \quad (43)$$

puis, successivement :

$$LB = h\, \frac{\sin 2\varphi}{\cos \theta \times \cos (2\varphi + \theta)} \left.\right\} \quad (44)$$
$$\text{ou} \quad LB = h\, [\text{tang} (2\varphi + \theta) - \text{tang}\, \theta]$$

$$\text{et,} \quad BO = h\, \frac{\cos (\varphi - \theta)}{\cos \theta \times \sin \varphi} \left.\right\}$$
$$\text{ou} \quad BO = h\, (\text{tang}\, \theta + \text{cotang}\, \varphi) \quad (45)$$

On portera ces valeurs (43), (44) et (45), dans l'expression

$$LT' = AL \times \frac{LB}{LB + BO} \qquad (46)$$

et, enfin, en portant les valeurs trouvées pour AL (43) et LT' (46) dans l'expression

$$K'A = AL - \sqrt{AL \times LT'}, \qquad (47)$$

on aura la quantité K'A qui permettra de calculer la valeur de la plus grande poussée F donnée par la formule (42).

Pour le cas où le mur a un parement intérieur vertical, nous avons pu trouver une valeur simplifiée de K'A (formule 35) qui permet de calculer immédiatement la poussée F, mais ici la simplification est impossible et on doit opérer successivement sur les quantités (43) (44) (45) (46) et (47) comme nous venons de l'indiquer.

Au lieu de calculer successivement AL, LB et BO pour porter leurs valeurs dans l'expressisn de LT', on peut de suite calculer LT' au moyen de la formule (46 *bis*) qui n'est autre chose que la formule (46) dans laquelle on a remplacé AL, LB et BO par leurs valeurs. On voit que ce calcul ne présente aucune difficulté, mais il est long et une erreur peut facilement s'y glisser. Toutes les fois qu'on le pourra, la construction graphique de K'A devra être préférée au calcul.

683. *Remarques.*

1° Si l'angle φ est plus grand que $\frac{90° - \theta}{2}$ (voir remarque n° 41 et *fig.* 540), les formules ci-dessus se modifient un peu et deviennent :

$$AL = \frac{h}{- \cos (2\varphi + \theta)} \qquad (43\,bis)$$

$$LB = h\,[\tan g\,(2\varphi + \theta) + \tan g\,\theta] \qquad (44\,bis)$$

$$BO = h\,(\tan g\,\theta + \cot ang\,\varphi) \qquad (45)$$

$$LT' = AL \times \frac{LB}{LB - BO} \qquad (46\,ter)$$

$$K'A = \sqrt{AL \times LT'} - AL \qquad (47\,bis)$$

2° Si l'angle φ est égal à $\frac{90° - \theta}{2}$, les droites AL et BO ne se rencontrent plus. Dans ce cas, l'expression de K'A est égale à :

$$K'A = h\,\frac{\sin 3\,\varphi}{2\,\cos \theta \sin \varphi} \qquad (47\,ter)$$

Problème.

684. *Un massif de terre, terminé à sa partie supérieure par un plan horizontal, est soutenu par un mur dont le parement intérieur est incliné vers l'extérieur. On demande de déterminer la valeur de la plus grande poussée que les terres exercent contre le mur, sachant que la hauteur du mur $h = 5^m,00$, que le poids du mètre cube de terre, $\delta = 1\,600^k$, que l'angle φ du talus naturel $\varphi = 35°$ et, enfin, que le fruit du parement intérieur incliné est de $1/4$.*

685. Nous avons besoin de connaître l'angle θ qui correspond au fruit proposé. Avant d'aller plus loin, nous donnerons les deux tableaux ci-dessous qui permettront de transformer les fruits ou les pentes par mètre, en degrés et inversement.

Tableaux pour la transformation en degrés d'inclinaison, des fruits et pentes métriques des parements inclinés et inversement.

Fruits	Pentes par mètre en c/m.	Degrés d'inclinaison	
1/2	50 c/m	26°	34 '
	45	24	14
2/5	40	21	48
3/8	37, 5	20	33
	35	19	17
1/3	33, 3	18	25
	30	16	42
2/7	28, 6	15	58
1/4	25	14	2
2/9	22, 2	12	31
1/5	20	11	19
	19	10	45
	18	10	12
	17	9	39
1/6	16, 7	9	20
	16	9	5
	15	8	32
1/7	14, 3	8	8
	14	7	58
	13	7	24
1/8	12, 5	7	8
	12	6	51
1/9	11	6	17
1/10	10	5	43
	9	5	9
1/12	8, 3	4	45
	8	4	35
	7	4	0
	5	2	52

Degrés d'inclinaison		Pentes métriques en mètres
6°		0m.105
6	30 '	0 .114
7		0 .123
7	30	0 .132
8		0 .141
8	30	0 .149
9		0 .158
9	30	0 .167
10		0 .176
11		0 .194
12		0 .213
13		0 .231
14		0 .249
15		0 .268
16		0 .287
17		0 .306
18		0 .325
19		0 .344
20		0 .364
21		0 .384
22		0 .404
23		0 .424
24		0 .445
25		0 .466
26		0 .488
27		0 .510
28		0 .532
29		0 .554
30		0 .577

Sur le premier de ces tableaux, nous voyons que le fruit donné de $^1/_4$ correspond à une pente métrique de $0^m,25$ ou à un angle de $14° 2'$ sur la verticale. Donc $\theta = 14° 2'$. Remarquons que lorsque nous ferons l'épure pour la détermination graphique de K'A, il nous sera difficile de tenir compte des $2'$ de l'angle θ. Nous tracerons donc l'angle θ égal à $14°$ simplement et le résultat obtenu pour K'A sera néanmoins suffisamment approché. On ne recherche pas, en effet, la valeur de la poussée à un kilog. près et une approximation de 10, 20, 30 et même 50^k sur une poussée de 4 à $5\,000^k$ est très satisfaisante dans la pratique. Nous verrons d'ailleurs quelle est la différence entre le résultat graphique et le résultat du calcul.

686. 1° *Détermination graphique.* — Nous traçons le parement incliné AB du mur (*fig.* 545) faisant avec la verticale AH un angle de $14°$ et nous le limitons en un point B tel que $AH = h = 5^m,00$ à l'échelle de 0^m005 par mètre. Nous prolongeons l'horizontale OB et menons la droite AL faisant avec AB un angle $2\varphi = 70°$. Sur *al* nous décrivons une demi-circonférence et, après avoir mené la droite B*t'* parallèle à la ligne AO du talus naturel, nous élevons au point *t'* la perpendiculaire *t'c* qui rencontre la demi-circonférence au point C. Nous ramenons la longueur *lc* sur *la* en *lk* au moyen d'un arc de cercle C*k* décrit de *l*, comme centre, avec *lc* comme rayon.

Nous joignons B*k* que nous prolongeons jusqu'à sa rencontre K' avec AL.

Nous mesurons K'A et nous trouvons que $K'A = 3^m,85$.

Nous portons maintenant cette valeur trouvée de K'A dans la formule (42)

$$F = \frac{1}{2}\,\delta \times \cos(\varphi + \theta) \times \overline{K'A}^2$$

en remplaçant en même temps δ et $\cos(\varphi + \theta)$ par leurs valeurs. Il vient :

$$F = \frac{1}{2} \times 1\,600 \times \cos(35° + 14° 2') \times \overline{3,85}^2$$

$$F = \frac{1}{2} \times 1\,600 \times 0,6556 \times 14,8225$$

Donc, $F = 7\,774^k$

Les remarques que nous avons faites (n°s 665, 666 et 667) sur les particularités que présente la construction graphique lorsque l'angle φ prend certaines valeurs sont applicables au cas actuel.

687. 2° *Détermination par le calcul.* La formule à employer est encore :

$$F = \frac{1}{2}\,\delta \times \cos(\varphi + \theta) \times \overline{K'A}^2$$

Il s'agit de calculer la valeur de K'A. Pour cela, nous calculerons successivement AL, LB, BO et LT' comme nous l'avons expliqué :

$$AL = \frac{h}{\cos(2\varphi + \theta)}$$
$$= \frac{5,00}{\cos(70° + 14° 2')}$$
$$= \frac{5,00}{0,104}$$
$$AL = 48,077$$

$$LB = h\,[\tan(2\varphi + \theta) - \tan\theta]$$
$$= 5,00\,(\tan 84° 2' - \tan 14° 2')$$
$$= 5\,00\,(9,568 - 0,250)$$
$$LB = 46,590$$

$$BO = h\,(\tan\theta + \cot\varphi)$$
$$= 5,00\,(\tan 14° 2' + \cot 35°)$$
$$= 5,00\,(0,250 + 1,428)$$
$$BO = 8,390$$

$$LT' = AL \times \frac{LB}{LB + BO}$$
$$= 48,077 \times \frac{46,590}{46,590 + 8,390}$$
$$LT' = 40,74$$

$$K'A = AL - \sqrt{AL \times LT'}$$
$$= 48,077 - \sqrt{48,077 \times 40,74}$$
$$= 48,08 - 44,26$$

Donc, $K'A = 3^m,82$.

Or, nous avions mesuré sur l'épure $K'A = 3^m85$.

Nous voyons donc que la différence entre la valeur calculée $K'A = 3,82$ et la valeur mesurée sur l'épure $K'A = 3,85$ est insignifiante. Et, cependant, l'épure a été faite dans des conditions très défavorables puisque les droites al et Bl se rencontrant sous un très petit angle, la position du point l n'est pas très exactement définie et que, de plus, lorsqu'on prolonge Bk pour avoir le point K', on augmente l'erreur commise sur le point k. L'épure donne donc encore, même dans ce cas défavorable, une approximation très satisfaisante.

En portant cette valeur de $K'A$ calculée ci-dessus dans la formule qui donne la valeur de F, il vient :

$$F = \frac{1}{2} \delta \times \cos (\varphi + \theta) \times \overline{K'A}^2$$

$$= \frac{1}{2} \times 1\,600 \times \cos 49° 2' \times \overline{3,82}^2$$

Donc, $\qquad F = 7\,632^k$

Cette poussée est inférieure de 122^k à celle obtenue par la construction graphique. La différence est donc très faible relativement à la valeur de la poussée elle-même et l'approximation donnée par l'épure peut être considérée comme parfaitement suffisante.

688. *Remarque.* — Les données du problème que nous venons de résoudre sont les mêmes que celles du problème (n° 663) avec cette seule différence que le parement AB est incliné vers l'extérieur de 14° au lieu d'être vertical. La valeur de la poussée trouvée dans le premier cas, c'est-à-dire lorsque le parement est vertical, est de $4\,991^k$, tandis que celle trouvée ci-dessous est de $7\,632^k$ plus forte que la précédente de $2\,661^k$. Il semble donc que le mur ayant à résister à cette poussée de 7652^k devra être plus fort que celui qui aurait à résister à celle de $4\,991^k$. D'un autre côté, le prisme de terre AHB pèse d'une certaine quantité sur le parement incliné AB et il semble que ce prisme devrait avoir pour effet d'augmenter la résistance au renversement du mur. Ces deux choses paraissent contradictoires, mais il n'en est rien. En effet, dans les deux cas, la poussée est appliquée au tiers de la hauteur et fait, avec la normale au parement et en-

dessous de cette normale, un angle égal à $\varphi = 35°$. Or dans le premier cas (parement vertical), la poussée a une certaine direction qui fait un angle de 35° avec l'horizon; mais, dans le deuxième cas (parement incliné), la poussée fait un angle plus grand que précédemment de $\theta = 14°$, de sorte que le bras de levier du moment de la poussée, pris par rapport au centre de poussée sur la base du mur, est plus grand dans le premier cas pour une poussée plus petite et plus petit dans le deuxième pour une poussée plus grande.

On a donc, d'une part, une poussée plus petite ayant un bras de levier plus grand et, d'autre part, une poussée plus grande, ayant un bras de levier plus petit et rien ne prouve que le moment de la poussée, dans le deuxième cas, est plus grand ou plus petit que dans le premier cas. Enfin, puisque c'est le *moment de la poussée* qui influe sur la stabilité du mur et non la poussée elle-même, l'anomalie que nous signalons n'est qu'apparente.

Simplification lorsqu'on ne tient pas compte du frottement des terres contre le mur

689. Nous allons démontrer, comme nous l'avons fait dans le cas d'un parement vertical, que *la ligne de disjonction du prisme de plus grande poussée est bissectrice de l'angle que fait le parement incliné du mur avec la ligne du talus naturel des terres.*

Si nous appliquons la construction de Poncelet, nous mènerons AL (*fig.* 546) faisant, avec le parement AB, un angle φ et, en opérant sur AL, nous obtenons un point K', puis K et enfin la ligne de disjonction KA. Nous voulons démontrer que KA, est bissectrice de l'angle (BAO). Le problème revient à démontrer que BT' est bissectrice de l'angle (T'BA). Nous allons d'abord prouver que les triangles semblables K'LB et ALK sont isocèles, c'est-à-dire que LB = LK' et LK = LA. Or, de la construction même de Poncelet, résulte cette relation :

$$LK' = \sqrt{AL \times LT'}$$

D'un autre côté, nous remarquons que BT' et AB sont deux droites anti-parallèles dans l'angle BLA, puisque AB fait, avec le côté AL, un angle (BAL) = φ et que BT' fait, avec le côté BL, un angle (LBT') = φ. Comme on démontre en géométrie que, « lorsque deux droites anti-parallèles par rapport à un angle se coupent sur l'un des côtés de cet angle, la distance du sommet à ce point est moyenne proportionnelle entre les distances du sommet aux points où le second côté de l'angle coupe les deux droites an-

ti-paralèlles », il en résulte que nous avons ici la distance LB moyenne proportionnelle entre les distances AL et LT', ce qui s'écrit :

$$LB = \sqrt{AL \times LT'}$$

Si nous comparons cette expression à celle de LK', nous voyons qu'elles sont égales. Donc LB = LK' et le triangle LBK' est isocèle. Il en est de même de son semblable LKA. Donc LK — LB = LA — LK' ou BK = K'A.

Les deux triangles BK'K et BK'A sont donc égaux, puisque le côté BK' est commun et que BK = K'A et angle (BKK') =

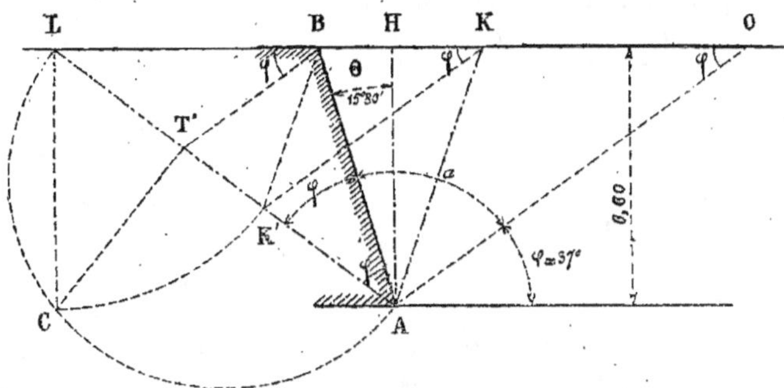

Fig. 546. — Echelle 0ᵐ,005 par mètre.

angle (K'AB) = φ. Donc l'angle (K'BA) est égal à l'angle (BK'K). Mais l'angle (T'BK') est aussi égal au même angle (BK'K). Donc les angles (K'BA) et (T'BK') sont égaux et, par suite, la droite BK' est bissectrice de l'angle (T'BA). Il en résulte que la droite AK est bissectrice de l'angle (BAO), ce qu'il fallait démontrer.

690. — *Détermination graphique du prisme de plus grande poussée.* — Lorsqu'on ne tient pas compte du frottement des terres contre le mur, la construction graphique se réduit donc à tracer AK bissectrice de l'angle (BAO) que le parement du mur fait avec la ligne AO du talus naturel. On porte la distance BK mesurée sur l'épure, dans la formule :

$$F = \frac{1}{2}\, \delta \times \sin(OAL) \times \overline{K'A}^2$$

qui devient alors :

$$F = \frac{1}{2}\, \delta \times \sin(\varphi + \theta + 90° - \varphi) \times \overline{BK}^2$$

$$\text{ou} : F = \frac{1}{2}\, \delta \times \cos\theta \times \overline{BK}^2 \quad (48)$$

691. *Détermination de la poussée par le calcul.* — Exprimons BK en fonction des données. Les deux triangles rectangles AHB et AHK donnent :

$$BH = AH \, \text{tang} (BAH)$$
$$BH = h \times \text{tang}\,\theta$$
$$\text{et} : HK = AH \, \text{tang} (HAK)$$

$$HK = h \times \text{tang}\left(\frac{a}{2} - \theta\right)$$

Donc, $BK = BH + HK$

$$= h\left[\text{tang}\,\theta + \text{tang}\left(\frac{a}{2} - \theta\right)\right]$$

et portant dans la formule (48) il vient :

$$F = \frac{1}{2}\, \delta\, h^2 \times \cos \theta$$

$$\times \left[\tang \theta + \tang \left(\frac{a}{2} - \theta \right) \right]^2 \quad (49)$$

Comme on le voit, ⸏termination graphique de BK doit être préférée a calcul, surtout lorsqu'on ne tient pas compte du frottement des terres contre le mur, puisque la construction se réduit alors à diviser un angle en deux parties égales.

Problème.

692. *Déterminer la plus grande poussée qu'un terre-plein horizontal exerce contre un mur à parement intérieur incliné vers 'extérieur, lorsqu'on ne tient pas compte du frottement des terres contre le mur, sachant que :* $h = 6^m,60$. $\delta = 1\,400^k$, $\varphi = 37°$, $\theta = 15°,30'$.

La plus grande poussée est appliquée au tiers de la hauteur à partir de la base et, en ce point, *elle est normale au parement*.

Intensité de la poussée.

1° *Détermination graphique (fig. 546).* Nous traçons, à l'échelle de $0^m,005$ par mètre, le parement AB faisant avec la verticale et vers l'extérieur un angle $\theta = 15°.30$, puis l'horizontale BO représentant le plan supérieur du terre-plein et, enfin, la droite AO faisant avec l'horizon l'angle $\varphi = 37°$ du talus naturel des terres. Ensuite, nous menons la bissectrice AK de l'angle (BAO) et nous mesurons BK. Nous trouvons BK $= 4^m,10$. Nous portons cette valeur de B   dans la formule (48) :

$$F = \frac{1}{2} \varphi \times \cos \theta \times BK^2$$

et nous avons :

$$F = \frac{1}{2} \times 1\,400 \times \cos 15°\,30' \times \overline{4,10}^2$$

Donc, F $= 11\,343^k.$

2° *Détermination par le calcul.* — Nous appliquons la formule (49) que nous avons établie précédemment :

$$F = \frac{1}{2}\, \delta\, h^2 \times \cos \theta$$

$$\times \left[\tang \theta + \tang \left(\frac{a}{2} - \theta \right) \right]^2$$

dans laquelle nous faisons :

$$\delta = 1\,400^k$$
$$h = 6^m,60$$
$$\theta = 15°.30'$$
$$\frac{a}{2} = \frac{\delta + 90° - \varphi}{2} = \frac{15°30' + 90° - 37°}{2}$$

ou

$$\frac{a}{2} = 34°\,15'.$$

La formule ci-dessus devient donc :

$$F = \frac{1}{2} \times 1\,400 \times \cos 15°\,30' \times \overline{6,60}^2$$

$$\times \left[\tang 15°30' + \tang (34°\,15' - 15°\,30') \right]^2$$

$$F = \frac{1}{2} \times 1\,400 \times 0,964$$

$$\times \left[6,60 \times (0,277 \times 0,339) \right]^2$$

$$F = 674,8 \times \overline{4,066}^2$$

$$F = 11\,154^k.$$

(c) *Le parement intérieur du mur est incliné vers l'intérieur ou en surplomb* (1)

Dans ce cas encore, le *centre de poussée* est situé au tiers de la hauteur à partir de la base et la *direction de la poussée* fait, avec la normale au parement et en dessous de cette normale, un angle égal à l'angle de frottement φ.

693. *Valeur de la plus grande poussée.* — Traçons le parement incliné AB (*fig.* 547) faisant, avec la verticale et vers l'intérieur, un angle égal à θ, la droite AO du talus naturel et la droite AL faisant, avec le parement AB, un angle égal à 2φ. La valeur de la plus grande poussée est donnée par la formule fondamentale (21) qui est

$$F = \frac{1}{2}\, \delta \times \sin (OAL) \times \overline{K'A}^2.$$

Ici l'angle $(OAL) = 2\varphi - \theta + 90° - \varphi = 90° + \varphi - \theta$ et par suite, on a :

$$\sin(OAL) = \sin (90° + \varphi - \theta) = \cos (\varphi - \theta)$$

et la formule ci-dessus peut s'écrire :

(1) Subdivision du sous-paragraphe intitulé : *Le massif des terres à soutenir est terminé à sa partie supérieure par un plan horizontal* (page 517).

$$F = \frac{1}{2} \delta \times \cos(\varphi - \theta) \times \overline{K'A}^2 \quad (50)$$

Il nous reste à déterminer K'A.

Détermination graphique de K'A. — La construction graphique, appliquée au cas dont nous nous occupons, donne les

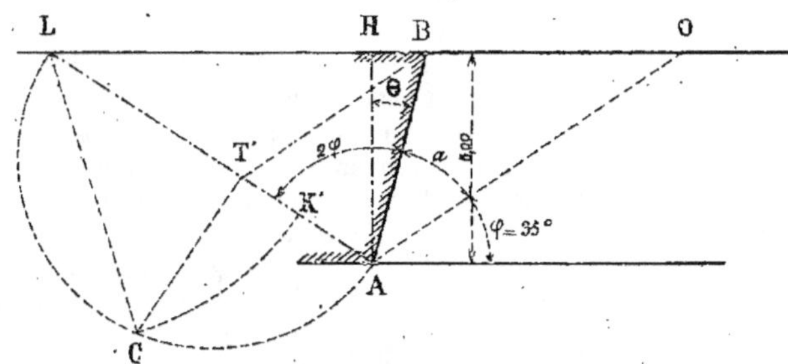

Fig. 547. — Echelle de 0ᵐ,005 p. m.

résultats indiqués sur la figure 547. On mesurera K'A et on portera sa valeur dans la formule (50).

694. *Détermination de K'A par le calcul.* — La formule (22) donne :

$$K'A = AL - \sqrt{AL \times LT'}$$

Evaluons AL et LT' en fonction des données du problème. Dans le triangle rectangle ALH, nous avons :

$$AL = \frac{AH}{\cos(LAH)} = \frac{h}{\cos(2\varphi - \theta)}$$

Les deux triangles semblables LT'B et LAO, donnent :

$$LT' = AL \times \frac{LB}{LB + BO}$$

Calculons maintenant LB et BO. Dans le triangle ALB, nous avons :

$$LB = AB \times \frac{\sin 2\varphi}{\sin(ALB)}. \text{ Or } AB = \frac{h}{\cos \theta}$$

et $\sin(ALB) = \sin(90° - 2\varphi + \theta) = \cos(2\varphi - \theta)$

$$\text{Donc, } LB = h \frac{\sin 2\varphi}{\cos \theta \times \cos(2\varphi - \theta)}$$

Nous pouvons écrire aussi que :

$$LB = LH + HB$$
$$LB = h \times \tang(2\varphi - \theta) + h \times \tang \theta$$
$$LB = h \left[\tang(2\varphi - \theta) + \tang \theta\right]$$

Pour avoir BO, nous considérons le triangle ABO qui donne :

$$BO = AB \times \frac{\sin(90° - \theta - \varphi)}{\sin \varphi}$$
$$BO = \frac{h}{\cos \theta} \times \frac{\cos(\varphi + \theta)}{\sin \varphi}$$

$$BO = h \times \frac{\cos(\varphi + \theta)}{\cos \theta \times \sin \varphi}$$

Nous avons aussi :

$$BO = OH - BH$$
$$BO = h \times \tang(90° - \varphi) - h \tang \theta$$
$$BO = h \left[\cotang \varphi - \tang \theta\right]$$

Pour avoir la valeur de la plus grande poussée, on opèrera donc avec les formules suivantes :

$$AL = \frac{h}{\cos(2\varphi - \theta)} \quad (51)$$

$$\left. \begin{aligned} LB &= h \frac{\sin 2\varphi}{\cos \theta \times \cos(2\varphi - \theta)} \\ \text{ou } LB &= h\left[\tang(2\varphi - \theta) + \tang \theta\right] \end{aligned} \right\} \quad (52)$$

$$\left. \begin{aligned} BO &= h \frac{\cos(\varphi + \theta)}{\cos \theta \times \sin \varphi} \\ \text{ou } BO &= h\left[\cotang \varphi - \tang \theta\right] \end{aligned} \right\} \quad (53)$$

On portera ces valeurs (51), (52) et (53) dans l'expression :

$$LT' = AL \times \frac{LB}{LB + BO} \quad (54)$$

Au lieu de calculer successivement AL, LB et BO pour avoir LT', on pourrait, de suite, calculer LT' au moyen de la formule :

$$LT' = \frac{h}{\cos(2\varphi - \theta)} \times \frac{\tang(2\varphi - \theta) + \tang \theta}{\tang(2\varphi - \theta) + \cotang \varphi} \quad (54 \, bis)$$

qui n'est autre chose que la formule (54) dans laquelle on a remplacé AL, LB et BO par leurs valeurs. Enfin, en portant les valeurs trouvées pour AL et LT' dans l'expression :

$$K'A = AL - \sqrt{AL \times LT'} \quad (55),$$

on aura le moyen de calculer F par la formule n° 50.

On remarquera que les formules ci-dessus (51), (52) et (53) sont semblables aux formules (43), (44) et (45) dans lesquelles on aurait remplacé θ par $-\theta$. Les formules établies, dans le cas d'un parement incliné vers l'extérieur, pourraient donc être employées dans le cas d'un parement en surplomb, en ayant bien soin de changer le signe de θ.

695. Remarques.

1° Lorsque l'angle φ est plus grand que $\dfrac{90° + \theta}{2}$ (voir remarque n° 41 et fig. 540), les formules ci-dessus se modifient un peu. Elles deviennent :

$$AL = \frac{h}{-\cos(2\varphi - \theta)} \qquad (51\ bis)$$

$$LB = h\,[\tang(2\varphi - \theta) - \tang\theta] \quad (52\ bis)$$

$$BO = h\,(\cotang\varphi - \tang\theta) \qquad (53)$$

$$LT' = AL \times \frac{LB}{LB - BO} \qquad (54\ ter)$$

$$K'A = \sqrt{AL \times LT'} - AL \qquad (55\ bis)$$

2° Lorsque $\varphi = \dfrac{90 + \theta}{2}$, la valeur de K'A devient :

$$K'A = h\,\frac{\sin 3\varphi}{2\cos\theta\sin\varphi} \qquad (55\ ter)$$

Problème.

696. — *Un massif de terre, terminé à sa partie supérieure par un plan horizontal, est soutenu par un mur dont le parement intérieur est en surplomb. On demande de déterminer la valeur de la plus grande poussée que les terres exercent contre le mur, sachant que la hauteur du mur* $h = 5^m00$, *que le poids du mètre cube de terre* $= 1.600^k$, *que l'angle φ du talus naturel $\varphi = 35°$ et que le surplomb est produit par une pente métrique intérieure de 0^m25 sur la verticale.*

Le tableau de transformation (n° 685) nous donne l'angle θ correspondant à la pente de 0,25 par mètre, qui est $\theta = 14°, 2'$.

Le lecteur remarquera que nous prenons toujours les mêmes données pour les problèmes que nous avons à résoudre. Cela nous permet de comparer les résultats obtenus dans les différents cas.

1° *Détermination graphique.* — La construction graphique indiquée (*fig.* 547), appliquée aux données du problème et exécutée à l'échelle de $0^m,005$ par mètre, donne la position du point K'. Nous mesurons la distance K'A que nous trouvons égale à K'A $= 2^m,05$ et nous portons cette valeur K'A dans la formule (50) qui donne la valeur de la plus grande poussée dans le cas d'un parement en surplomb. Nous avons :

$$F = \frac{1}{2}\delta \times \cos(\varphi - \theta) \times \overline{K'A}^2$$

$$F = \frac{1}{2} \times 1\,600 \times \cos(35° - 14°) \times \overline{2,05}^2$$

$$F = 1\,879^k$$

Les remarques que nous avons faites n°s 665, 666 et 667 sont encore applicables au cas actuel.

2° *Détermination par le calcul.* — Pour calculer la valeur de F, il faut déterminer celle de K'A et la porter dans la formule

$$F = \frac{1}{2}\delta \times \cos(\varphi - \theta) \times \overline{K'A}^2$$

Nous avons vu que le calcul de K'A se fait au moyen des relations (51), (52), (53), (54) et (55). La relation (51) donne :

$$AL = \frac{h}{\cos(2\varphi - \theta)} = \frac{5,00}{\cos(70° - 14°)} = \frac{5,00}{0,559}$$

$$AL = 8,944$$

En opérant de même sur (52), on a :

$$LB = h\,[\tang(2\varphi - \theta) + \tang\theta]$$
$$= 5,00\,[\tang 56° + \tang 14°]$$
$$= 5,00\,(1,4826 + 0,2493)$$
$$LB = 8,66$$

Enfin la formule (53) devient :

$$BO = h\,(\cotang\varphi - \tang\theta)$$
$$= 5,00\,(\cotang 35° - \tang 14°)$$
$$= 5,00\,(1,428 - 0,249)$$
$$BO = 5,895$$

Portant ces valeurs de AL, LB et BO dans l'expression (54), on a :

$$LT' = AL \times \frac{LB}{LB + BO}$$

$$LT' = 8,944 \times \frac{8,66}{8,66 + 5,895}$$
$$LT' = 5,32 \cdot$$

Et, enfin, la valeur de K'A est :

$$K'A = AL - \sqrt{AL \times LT'}$$
$$K'A = 8,944 - \sqrt{8,944 \times 5,32}$$
$$K'A = 2^m,046$$

On aura donc, pour la plus grande poussée F :

$$F = \frac{1}{2} \times 1\,600 \times \cos 56° \times \overline{2,046}^2$$

$$F = 1\,872^k$$

Simplification lorsqu'on néglige le frottement des terres contre le mur.

697. Dans ce cas encore, la ligne de dis-

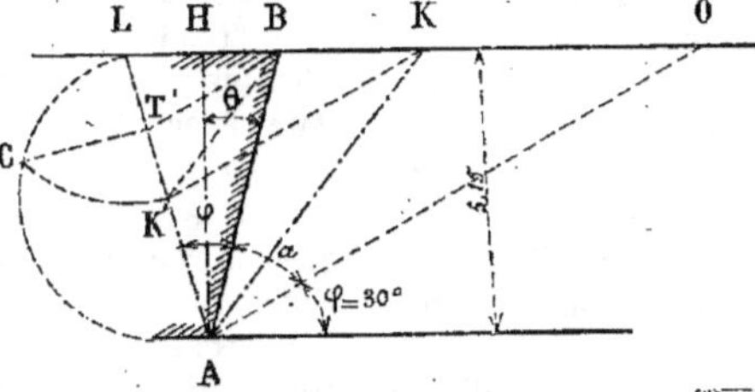

Fig. 548. — Echelle de 0,005 p. m.

jonction du prisme de plus grande poussée est bissectrice de l'angle que le parement en surplomb fait avec la ligne du talus naturel. On voit, en effet, sur l'épure (*fig.* 548) faite dans l'hypothèse de $\varphi' = o$ que la ligne KA est bissectrice de l'angle (BAO). On le démontrerait de la même manière que pour le cas d'un parement incliné vers l'extérieur en remarquant que les droites BT' et BA sont anti-parallèles dans l'angle (BLA) et que, par suite, BL = LK'. Les triangles K'LB et ALK étant isocèles, on a BK = AK' et, enfin, de l'égalité des triangles BK'K et BK'A, on déduit l'égalité des angles qui démontre que BK' est bissectrice de l'angle (T'BA) et que par conséquent AK est bien bissectrice de l'angle (BAO) (Voir n° 689).

Détermination graphique. — Dans ce cas, la construction graphique se réduira à

mener la droite AK divisant l'angle (BAO en deux parties égales et à porter la valeur de BK dans la formule générale,

$$F = \frac{1}{2} \delta \times \sin (OAL) \times \overline{K'A}^2$$

qui devient alors, en remarquant que $\sin (OAL) = \sin (\varphi - \theta + 90° - \varphi) = \cos \theta$:

$$F = \frac{1}{2} \delta \times \cos \theta \times \overline{BK}^2 \quad (56)$$

formule semblable à celle qui a été établie pour le cas du parement incliné vers l'extérieur,

Détermination par le calcul. — Si, dans la formule (56) ci-dessus, nous remplaçons BK par sa valeur en fonction des données, nous aurons une expression de F qui pourra servir à calculer la plus grande poussée. Or

$$BK = HK - HB$$
$$BK = h \times \tan\left(\theta + \frac{a}{2}\right) - h \times \tan \theta$$
$$BK = h \left[\tan\left(\theta + \frac{a}{2}\right) - \tan \theta \right]$$

et la formule (56) devient :

$$F = \frac{1}{2} \delta h^2 \times \cos \theta$$
$$\times \left[\tan\left(\theta + \frac{a}{2}\right) - \tan \theta \right]^2 \quad (57)$$

Problème.

698. *Déterminer la plus grande poussée qu'un terre-plein horizontal exerce contre un mur dont le parement intérieur est en surplomb, lorsqu'on ne tient pas compte du frottement des terres contre le mur, sachant que* $h = 5^m,15$, *que* $\delta = 1\,500^k$, *que* $\varphi = 30°$ *et que* $\theta = 15°$.

La plus grande poussée est appliquée au tiers de la hauteur à partir de la base et, en ce point, *elle est normale au parement.*

Intensité de la poussée.

1° *Détermination graphique.* — AB (*fig.* 548) représente, à l'échelle de $0^m,005$ par mètre, le parement en surplomb du mur, faisant avec la verticale AH un angle $\theta = 15°$. AO est la ligne du talus naturel, faisant avec l'horizon un angle $\varphi = 30°$ et BO représente le plan horizontal qui limite le terre-plein à sa partie supérieure. Nous traçons la bissectrice AK de l'angle (BAO) et nous mesurons la distance BK. Nous trouvons BK $= 2^m,55$. En portant cette valeur de BK dans la formule (56), nous avons

$$F = \frac{1}{2} \delta \times \cos \theta \times \overline{BK}^2$$

$$F = \frac{1}{2} \times 1\,500 \times \cos 15° \times \overline{2,55}^2$$

$$F = 4\,710^k$$

2° *Détermination par le calcul.* — Nous appliquons la formule (57) :

$$F = \frac{1}{2} \delta h^2 \times \cos \theta \times \left[\tan\left(\theta + \frac{a}{2}\right) - \tan \theta \right]^2$$

dans laquelle :

$\delta = 1\,500$

$h =$

$\theta = 15°$

$$\frac{a}{2} = \frac{90° - \theta - \varphi}{2} = \frac{90° - 15° - 30°}{2} = \frac{45°}{2},$$

ou : $\dfrac{a}{2} = 22° \, 30'$

En remplaçant les lettres par leurs valeurs, dans la formule ci-dessus, il vient :

$$F = \frac{1}{2} \times 1\,500 \times \cos 15°$$
$$\times \left[5,15 \times (\tan 37° 30' - \tan 15°) \right]^2$$

$$F = \frac{1}{2} \times 1\,500 \times 0,966$$
$$\times \left[5,15 \times (0,767 - 0,268) \right]^2$$

$$F = 724,5 \times \overline{2,57}^2$$

$$F = 4\,782^k$$

(d) Le parement intérieur du mur est formé de redans (1).

699. Le mur a, par exemple, le profil ANMBCDIJA indiqué (*fig.* 549). Lorsquè le mur est sur le point d'être renversé, il est clair qu'il ne se produit pas

de frottement des terres contre les parties BC et DI du parement, car les parties BCDE et EIJH seraient soulevées par les redans CD et IJ. On admet alors que

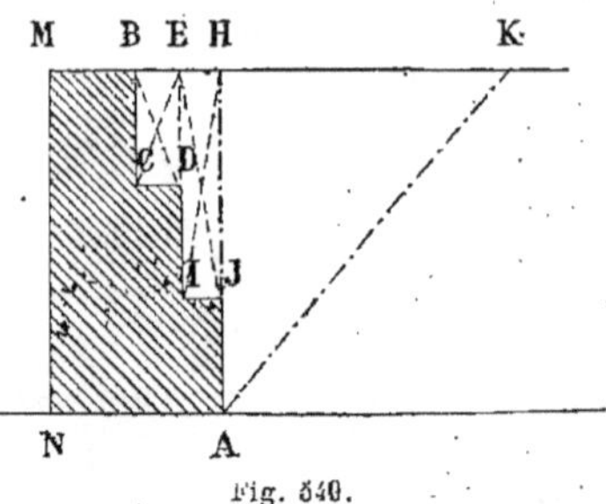

Fig. 549.

le frottement se produit sur la face AH en prolongement de la partie verticale du dernier redan. Le prisme de plus grande poussée exerce son action sur la face AH comme si le parement intérieur du mur était vertical. On le déterminera donc comme nous l'avons expliqué dans ce cas.

Les prismes BCDE et EIJH du terre-plein augmenteront, par leur poids, le moment de stabilité du mur et on devra en tenir compte dans la détermination des dimensions à donner au mur. On verra comment il faut opérer, lorsque nous nous occuperons du calcul des dimensions des mûrs de soutènement avec redans à l'intérieur.

Formules simplifiées pour les cas usuels de la pratique

700. Il arrive souvent, lorsqu'on fait un avant-projet, qu'on n'a aucune données précise sur la nature des terres à soutenir. La valeur de l'angle φ du talus naturel est donc alors à peu près indéterminée. — Dans ce cas, on peut se donner un angle moyen $\varphi = 45°$ avec lequel les murs de soutènement seront projetés provisoirement. — Quand on arrivera à l'exécution, ou bien encore quand on dressera un projet définitif, on pourra modifier les données, s'il y a lieu, dans le but d'économiser la maçonnerie. Mais, pour établir un premier devis des travaux, on peut parfaitement adopter cet angle de 45° dans le calcul de la poussée des terres. — D'ailleurs, on ne pourrait faire autrement que de prendre une valeur moyenne de l'angle φ, puisqu'on ne connaît pas sa valeur exacte. Pour les mêmes raisons, on admettra que le poids moyen d'un mètre cube de terre est de 1 600^k.

En remplaçant φ et δ qar 45° et 1 600^k, dans les formules précédemment établies, on obtiendra des formules simplifiées qui faciliteront beaucoup le calcul de la poussée des terres.

701. *Formule simplifiée lorsque le parement intérieur du mur est vertical (a).* On a vu (n° 661) que c'est la formule (36) qui donne, dans ce cas, la valeur de la plus grande poussée. Cette formule est :

$$F = \frac{1}{2}\, \delta\, h^2 \times \frac{\cos \varphi}{(1 + \sqrt{2}\, \sin \varphi)^2}$$

Si l'on fait $\delta = 1\,600^k$ et $\varphi = 45°$ dans cette expression, elle devient :

$$F = 800 \times h^2 \times \frac{\cos 45°}{(1 + \sqrt{2}\, \sin 45°)^2}$$

$$= 800 \times \frac{0,707}{(1 + 1,414 \times 0,707)^2} \times h^2$$

$$= 800 \times 0,177 \times h^2$$

Donc, $\qquad \mathbf{F = 142\, h^2}$ $\qquad$ (36 ter)

702. *Formules simplifiées lorsque le parement intérieur du mur est incliné vers l'extérieur (b).* — La valeur de la plus grande poussée est donnée par les formules (42 bis) à (47 bis) puisque $\varphi > \dfrac{90° - \theta}{2}$ (Voir n° 683). Outre les hypothèses faites précédemment, nous devons ici attribuer à l'angle θ des valeurs qui correspondent à un certain nombre d'inclinaisons courantes, telles que $^1/_5$, $^1/_6$, $^1/_8$, et $^1/_{10}$. On a :

Fruits	Angles correspondants
$^1/_5$	$\theta = 11°, 19'$
$^1/_6$	$\theta = 9°, 29'$
$^1/_8$	$\theta = 7°, 8'$
$^1/_{10}$	$\theta = 5°\ 43'$

Les formules donnent alors :

$$(\mathbf{43\ bis}):AL = \frac{h}{-\cos(2\varphi + \theta)}$$

$$\theta = 11°19':AL = \frac{h}{-\cos(90° + 11°19')}$$

$$= \frac{h}{\sin 11°19'}$$

$$= \frac{h}{0,19623}$$

$$\theta = 9°29':AL = \frac{h}{\sin 9°29'}$$

$$= \frac{h}{0,16476}$$

$$\theta = 7°8':AL = \frac{h}{\sin 7°8'}$$

$$= \frac{h}{0,12418}$$

$$\theta = 5°43':AL = \frac{h}{\sin 5°43'}$$

$$= \frac{h}{0,09961}$$

$$(\mathbf{44\ bis}):LB = h\,[\operatorname{tg}(2\varphi + \theta) + \operatorname{tg}\theta]$$

$$\theta = 11°19':LB = h[\operatorname{tg}(90° + 11°19') + \operatorname{tg}11°19']$$

$$= h\,[\operatorname{cotg}11°19' + \operatorname{tg}11°19']$$

$$= h\,(4,99695 + 0,20012)$$

$$= h \times 5,19707$$

$$\theta = 9°29':LB = h\,(\operatorname{cotg}9°29' + \operatorname{tg}9°29')$$

$$= h\,(5,98646 + 0,16704)$$

$$= h \times 6,15350$$

$$\theta = 7°8':LB = h\,(\operatorname{cotg}7°8' + \operatorname{tg}7°8')$$

$$= h\,(7,99058 + 0,12515)$$

$$= h \times 8,11573$$

$$\theta = 5°43':LB = h\,(\operatorname{cotg}5°43' + \operatorname{tg}5°43')$$

$$= h\,(9,98931 + 0,10011)$$

$$= h \times 10,08942$$

$$(\mathbf{45}):\quad BO = h\,(\operatorname{tang}\theta + \operatorname{cotang}\varphi)$$

$$= h\,(\operatorname{tang}\theta + \operatorname{cotang}45°)$$

$$= h\,(\operatorname{tang}\theta + 1)$$

$$\theta = 11°19':BO = h \times 1,20012$$

$$\theta = 9°29':BO = h \times 1,16704$$

$$\theta = 7°8':BO = h \times 1,12515$$

$$\theta = 5°43':BO = h \times 1,10011$$

$$(\mathbf{46\ ter})\ LT' = AL \times \frac{LB}{LB - BO}$$

$$\theta = 11°19':LT' = \frac{h}{0,19623} \times \frac{5,19707}{5,19707 - 1,20012}$$

$$= h \times 6,6256$$

$$\theta = 9°29': LT' = \frac{h}{0,16476} \times \frac{6,15350}{6,15350-1,16704}$$
$$= h \times 7,4896$$

$$\theta = 7°8': LT' = \frac{h}{0,12418} \times \frac{8,11573}{8,11573-1,12515}$$
$$= h \times 9,3627$$

$$\theta = 5°43': LT' = \frac{h}{0,09961} \times \frac{10,08942}{10,08942-1,10011}$$
$$= h \times 11,2689$$

$$(\textbf{47 bis})\ K'A = \sqrt{AL \times LT'} - AL$$

$$\theta = 11°19': K'A = \sqrt{\frac{h}{0,19623} \times h \times 6,6256 - \frac{h}{0,19623}}$$
$$= h\sqrt{\frac{6,6256}{0,19623}} - \frac{h}{0,19623}$$
$$= h\left(\sqrt{\frac{6,6256}{0,19623}} - \frac{1}{0,19623}\right)$$
$$= h(5,814 - 5,097)$$
$$= h \times 0,714$$

$$\theta = 9°29': K'A = h\left(\sqrt{\frac{7,4896}{0,16476}} - \frac{1}{0,16476}\right)$$
$$= h(6,742 - 6,069)$$
$$= h \times 0,673$$

$$\theta = 7°8': K'A = h\left(\sqrt{\frac{9,3627}{0,12418}} - \frac{1}{0,12418}\right)$$
$$= h(8,689 - 8,065)$$
$$= h \times 0,624$$

$$\theta = 5°43': K'A = h\left(\sqrt{\frac{11,2689}{0,09961}} - \frac{1}{0,09961}\right)$$
$$= h(10,637 - 10,040)$$
$$= h \times 0,597$$

On remarquera que, pour des valeurs de θ variant de 5°43' à 11°19', le coefficient de K'A varie de 0,597 à 0,714. Cette variation est assez faible et, comme il s'agit d'établir des formules approchées, on pourra prendre pour les inclinaisons comprises entre $^1/_{10}$ et $^1/_5$ un coefficient moyen de K'A égal à 0,66.

La formule (42) donnera donc :

$$F = \frac{1}{2}\delta \times \cos(\varphi + \theta) \times \overline{K'A}^2$$
$$= 800 \times \cos(45° + \theta) \times h^2 \times \overline{0,66}^2$$

et, en faisant $\theta = \dfrac{11°19' + 5°43'}{2} = 8°31'$,

on aura :

$$F = 800 \times 0,5946 \times 0,4356 \times h^2$$
$$\text{Donc,} \quad \textbf{F} = \textbf{207 } h^2 \qquad (42\ bis)$$

Cette formule simplifiée pourra servir avec une approximation suffisante pour des inclinaisons du parement intérieur variant de $^1/_{10}$ à $^1/_5$.

703. *Formules simplifiées lorsque le parement intérieur du mur est en surplomb* (c).

La plus grande poussée se calcule, dans ce cas, au moyen des formules (50) à (55) puisque $\varphi < \dfrac{90° + \theta}{2}$. Les coefficients de K'A seraient encore ici peu différents l'un de l'autre pour des inclinaisons variant de 5°43' à 11°19'. Nous établirons la formule simplifiée pour l'inclinaison moyenne et il est entendu qu'elle pourra servir avec une approximation suffisante pour des fruits variant de $^1/_{10}$ à $^1/_5$. Nous ferons les calculs pour le fruit de $^1/_8$ auquel correspond un angle $\theta = 7°8'$. Nous avons successivement :

$$(\textbf{51})\ AL = \frac{h}{\cos(2\varphi - \theta)}$$
$$= \frac{h}{\cos(90° - 7°8')}$$
$$= \frac{h}{\sin 7°8'}$$
$$= \frac{h}{0,12418}$$

$$(\textbf{52})\ LB = h\,[tg\,(2\varphi - \theta) + tg\,\theta]$$
$$= h\,[cotg\,\theta + tg\,\theta]$$
$$= h\,(cotg\,7°8' + tg\,7°8')$$
$$= h\,(7,99058 + 0,12515)$$
$$= h \times 8,11573$$

$$(\textbf{53})\ BO = h\,(cotang\,\varphi - tang\,\theta)$$
$$= h\,(1 - tang\,7°8')$$
$$= h\,(1 - 0,12515)$$
$$= h \times 0,87485$$

$$(\textbf{54})\ LT' = AL \times \frac{LB}{LB + EO}$$
$$= \frac{h}{0,12418} \times \frac{8,11573}{8,11573 + 0,87485}$$
$$= h \times 7,269$$

$$(\textbf{55})\ K'A = AL - \sqrt{AL \times LT'}$$
$$= \frac{h}{0,12418} - \sqrt{\frac{h}{0,12418} \times h \times 7,269}$$
$$= h\left(\frac{1}{0,12418} \times \sqrt{\frac{7,269}{0,12418}}\right)$$

$$= h (8,0528 - 7,651)$$
$$= h \times 0,402$$

(50) $\quad F = \frac{1}{2} \delta \times \cos (\varphi - \theta) \times \overline{K'A}^2$

$$= 800 \times \cos (45° - 7°8') \times h^2 \times \overline{0.402}^2$$
$$= 800 \times 0,78944 \times 0,1616 \times h^2$$

Donc, $\qquad \mathbf{F = 102 \; h^2} \qquad$ (50 bis)

2° LE MASSIF DES TERRES A SOUTENIR EST TERMINÉ A SA PARTIE SUPÉRIEURE PAR UN PLAN INCLINÉ.

(a) Le parement intérieur du mur est vertical.

704. *Valeur de la plus grande poussée.* — Traçons le parement vertical AB du mur (*fig.* 550), la droite BO représentant le plan incliné qui limite le massif à sa partie supérieure et faisant l'angle ε avec l'horizon, puis la droite AO du talus naturel et, enfin, la droite AL faisant avec le parement AB un angle égal à 2 φ. La formule générale (24), qui donne la valeur de la plus grande poussée, est :

$$F = \frac{1}{2} \delta \times \sin (OAL) \times \overline{K'A}^2$$

Dans le cas particulier d'un parement vertical, on a :

angle $(OAL) = 2 \varphi + 90° - \varphi = 90° + \varphi$
et, $\sin (90° + \varphi) = \cos \varphi$.

La formule précédente devient donc :

$$F = \frac{1}{2} \delta \times \cos \varphi \times \overline{K'A}^2 \qquad (58)$$

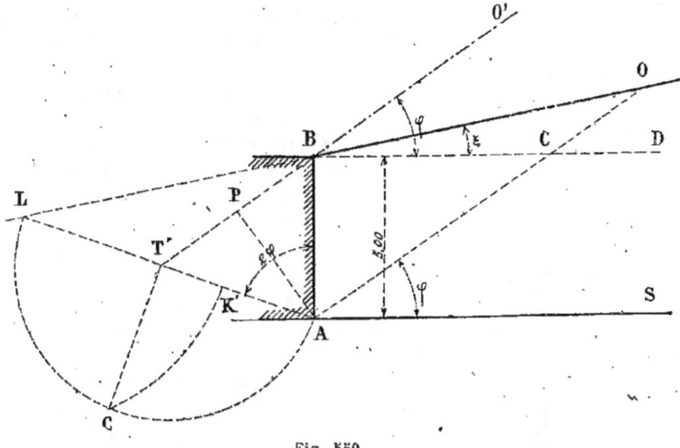

Fig. 550.

Formule semblable à celle qui s'applique au cas d'un terre-plein horizontal.

705. *Détermination graphique de K'A.* — La construction graphique à faire pour obtenir la valeur de K'A est absolument semblable à celle qui a été expliquée pour le cas d'un massif terminé à sa partie supérieure par un plan horizontal. Elle est, d'ailleurs, indiquée sur la figure 550.

706. *Détermination de K'A par le calcul* — Nous avons encore, comme dans le cas général :

$$K'A = AL - \sqrt{AL \times LT'}$$

Il faut calculer AL et LT'. Le triangle ALB nous donne :

$$\frac{AL}{AB} = \frac{\sin (LBA)}{\sin (ALB)}$$

Or, $(LBA) = 90° - \varepsilon$
et $(ALB) = 180° - (90° - \varepsilon) - 2 \varphi$
$$= 90° + \varepsilon - 2 \varphi$$

Comme $\sin (90° - \varepsilon) = \cos \varepsilon$ et
$\sin (90° + \varepsilon - 2 \varphi) = \cos (\varepsilon - 2 \varphi) = \cos (2 \varphi - \varepsilon)$,
nous aurons :

$$AL = h \frac{\cos \varepsilon}{\cos (2 \varphi - \varepsilon)}$$

Pour avoir LT', nous considérons les

deux triangles semblables LT'B et LAO qui donnent la relation :

$$\frac{LT'}{AL} = \frac{LB}{LB + BO}$$

d'où, $\qquad LT' = AL \times \dfrac{LB}{LB + BO}$

Évaluons, maintenant LB et BO. Dans le triangle LBA, nous avons :

$$\frac{LB}{AB} = \frac{\sin 2\varphi}{\sin (ALB)}$$

d'où, $\qquad LB = h \dfrac{\sin 2\varphi}{\cos (2\varphi - \varepsilon)}$

et, dans le triangle BOA,

$$\frac{BO}{AB} = \frac{\sin (BAO)}{\sin (BOA)}.$$

Or, $(BAO) = 90^o - \varphi$

et $\quad (BOA) = (OCD) - (OBC)$

$$= \varphi - \varepsilon$$

et, comme, $\sin (90^o - \varphi) = \cos \varphi$, nous aurons :

$$BO = h \frac{\cos \varphi}{\sin (\varphi - \varepsilon)}.$$

La marche à suivre pour le calcul de la plus grande poussée sera donc la suivante :
On calculera d'abord

$$AL = h \frac{\cos \varepsilon}{\cos (2\varphi - \varepsilon)} \qquad (59)$$

$$LB = h \frac{\sin 2\varphi}{\cos (2\varphi - \varepsilon)} \qquad (60)$$

$$BO = h \frac{\cos \varphi}{\sin (\varphi - \varepsilon)} \qquad (61)$$

et on portera les valeurs trouvées dans

$$LT' = AL \times \frac{LB}{LB + BO} \qquad (62)$$

Enfin, en portant la valeur de AL (59) et celle de LT' (62), dans la relation,

$$K'A = AL - \sqrt{AL \times LT'}, \qquad (63)$$

il ne restera plus qu'à effectuer les calculs et à remplacer K'A par sa valeur calculée, dans la formule (58) qui donnera la plus grande poussée cherchée.

On pourrait calculer de suite LT' au moyen de la formule suivante, obtenue en remplaçant les distances AL, LB et BO par leurs valeurs dans l'expression (62) ci-dessus :

$$LT' = h \frac{\cos \varepsilon}{(\cos 2\varphi - \varepsilon)} \times \frac{\sin 2\varphi}{\cos (2\varphi - \varepsilon) \left[\frac{\sin 2\varphi}{\cos (2\varphi - \varepsilon)} + \frac{\cos \varphi}{\sin (\varphi - \varepsilon)} \right]}$$

$$= h \frac{\cos \varepsilon}{\cos (2\varphi - \varepsilon)} \times \frac{\sin 2\varphi \times \sin (\varphi - \varepsilon)}{\sin 2\varphi \times \sin (\varphi - \varepsilon) + \cos \varphi \times \cos (2\varphi - \varepsilon)} \qquad (62 bis)$$

707. *Centre de poussée.* — Ce qui a été dit pour démontrer que le centre de poussée est situé au tiers de la hauteur à partir de la base, dans le cas d'un terre-plein horizontal, est applicable au cas d'un massif terminé par un plan incliné. Donc, ici encore, *le centre de poussée est situé au tiers de la hauteur du mur à partir de la base.*

Problème.

708. *Un massif de terre, terminé à sa partie supérieure par un plan incliné, est soutenu par un mur dont le parement intérieur est vertical. On demande de déterminer la valeur de la plus grande poussée que les terres exercent contre le mur, sachant que* $h = 5^m,00$, *que* $\delta = 1\,600^k$, *que* $\varphi = 35^o$ *et que le plan incliné supérieur à une pente de* $0^m,20$ *par mètre.*

D'après le tableau de transformation des pentes métriques en degrés (n° 683), la pente de 20 cent. correspond à un angle de 11° 19'. Donc,

$$\varepsilon = 11^o\ 19'$$

1° Détermination graphique. Nous faisons l'épure à l'échelle de $0^m,005$ pour mètre (*fig.* 550) et, en appliquant la construction de Poncelet, nous trouvons le point K'. Nous mesurons la distance K'A et nous trouvons

$$K'A = 2^m,95.$$

Nous portons cette valeur de K'A dans la formule (58) :

$$F = \frac{1}{2} \delta \times \cos \varphi \times \overline{K'A}^2$$

qui devient :

$$F = \frac{1}{2} \times 1600 \times \cos 35^o \times \overline{2,95}^2$$

$$F = 5702^k$$

2° Détermination par le calcul. — Reprenons la formule (58) :

$$F = \frac{1}{2} \delta \times \cos \varphi \times \overline{K'A}^2$$

et déterminons K'A en calculant successivement AL, LB, BO et LT' au moyen des relations (59), 60), (61) et (62). Nous avons :

$$AL = h \frac{\cos \varepsilon}{\cos (2\,\varphi - \varepsilon)}$$

$$AL = 5,00 \frac{\cos 11°19'}{\cos (70° - 11°19')}$$

$$AL = 5,00 \frac{0,981}{0,520} = 9,433;$$

puis,

$$LB = h \frac{\sin 2\,\varphi}{\cos (2\,\varphi - \varepsilon)}$$

$$LB = 5,00 \frac{\sin 70°}{\cos 58°41'}$$

$$LB = 5,00 \frac{0,940}{0,520} = 9,038.$$

enfin,

$$BO = h \frac{\cos \varphi}{(\varphi - \varepsilon)}$$

$$BO = 5,00 \frac{\cos 35°}{\sin (35° - 11°19')}$$

$$BO = 5,00 \frac{0,819}{0,402} = 10,187$$

La valeur de LT' devient,

$$LT' = AL \times \frac{LB}{LB + BO}$$

$$LT' = 9,433 \times \frac{9,038}{9,038 + 10,187}$$

$$LT' = 4,435$$

Portant les valeurs de AL et de LT' dans l'expression de K'A, il vient :

$$K'A = AL - \sqrt{AL \times LT'}$$

$$K'A = 9,433 - \sqrt{9,433 \times 4,435}$$

$$K'A = 2^m,963.$$

La valeur de la plus grande poussée F est alors,

$$F = \frac{1}{2} \delta \times \cos 35° \times \overline{2,963}^2$$

$$F = \frac{1}{2} 1\,600 \times 0,819 \times 8,79$$

$$F = 5\,759^k.$$

709. *Remarques.*

1° *Si l'angle* φ *est égal à* 45°, l'angle BAL $= 2\,\varphi$ devient égal à 90° et on voit (*fig.* 550) que la droite AL va encore rencontrer la droite OB prolongée, en un point L situé à gauche du point B. Le calcul de K'A se fera donc avec les formules (59) à (63).

2° *Si l'angle* $2\,\varphi$ *devient égal à* 90° + ε, la droite AL est parallèle à BL et ces deux droites ne se rencontrant pas, on retombe sur le cas du n° 652 (*fig.* 534)

Donc, lorsque on aura $\varphi = \dfrac{90° + \varepsilon}{2}$, le point K sera placé au milieu de BO (*fig.* 550) et la distance K'A s'obtiendra aisément. La valeur analytique de K'A est facile à obtenir; elle est :

$$K'A = \frac{h}{2} \times \frac{\cos \varphi}{\sin (\varphi - \varepsilon)} \qquad (63\ bis)$$

3° *Si l'angle* $2\,\varphi$ *est plus grand que* 90 + ε, la droite AL va rencontrer la droite BO en un point situé à droite du point B et les formules à employer, dans ce cas, sont les suivantes :

$$AL = h \frac{\cos \varepsilon}{\cos (2\,\varphi - \varepsilon)} \qquad (59)$$

$$LB = h \frac{\sin 2\,\varphi}{\cos (2\,\varphi - \varepsilon)} \qquad (60)$$

$$BO = h \frac{\cos \varphi}{\sin (\varphi - \varepsilon)} \qquad (61)$$

$$LT' = AL \times \frac{LB}{LB - BO} \qquad (62\ ter)$$

$$K'A = \sqrt{AL \times LT'} - AL \qquad (63\ ter)$$

710. CAS PARTICULIER. *Le plan incliné qui limite le massif à sa partie supérieure est parallèle au talus naturel des terres.* — Si la droite OB (*fig.* 550), qui représente le plan supérieur du terre-plein, s'inclinait de plus en plus sur l'horizon jusqu'à devenir parallèle à AO, elle ferait alors, avec l'horizon, un angle égal à l'angle φ du talus naturel des terres. Le prolongement BL de OB viendrait se confondre avec BT', prolongement de O'B, et les deux points L et K' viendraient se réunir au même point T', de sorte que la distance K'A deviendrait égale à T'A.

Dans ces conditions, il est inutile de faire la construction de Poncelet. Il suffit en effet, pour avoir la valeur de K'A, de prolonger O'B jusqu'à sa rencontre T' avec AL, de mesurer la distance T'A et de la porter dans la formule (58) qui devient :

$$F = \frac{1}{2} \delta \times \cos \varphi \times \overline{T'A}^2 \qquad (64)$$

On peut même se dispenser de cela attendu que T'A = AB = h, comme on va le voir.

qui sont amenés sur le sol de la carrière par des chevaux, et descendent seuls jusqu'au bas d'un plan incliné à traction mécanique. Un treuil à deux câbles remorque les wagons pleins et descend les vides trois par trois.

Ce plan incliné nécessite un treuil de huit chevaux-vapeur. Il a une longueur de 30 à 35 mètres et une pente de 40 degrés. Les wagons dont on se sert sont en bois et consolidés par des armatures et des boulons en fer. Ils se déchargent des quatre côtés, se construisent et se réparent à l'usine même.

A l'abattage et au charroi de 120 mètres cubes de plâtre, il est employé par jour :

1° 3 kil. 10 de poudre ;

2° 10 à 12 carriers ;

3° 6 chevaux ;

4° 20 wagonnets, et chaque wagonnet coûte environ 800 francs.

Arrivés au sommet du plan incliné, les wagonnets sont remorqués par un cheval.

On forme les piliers des culées avec les gros morceaux de plâtre cru. Ces piliers ont un mètre de hauteur et 0,50 à 0,60 de largeur. Ils sont écartés d'autant. On les relie ensuite par des voûtes grossières, également faites de gros morceaux. On monte alors la culée, en chargeant des fragments de plus en plus petits. Les poussières d'abattage recouvrent le tout.

On a eu soin de mettre entre les piliers quelques fagots de bois et, par dessus, du coke.

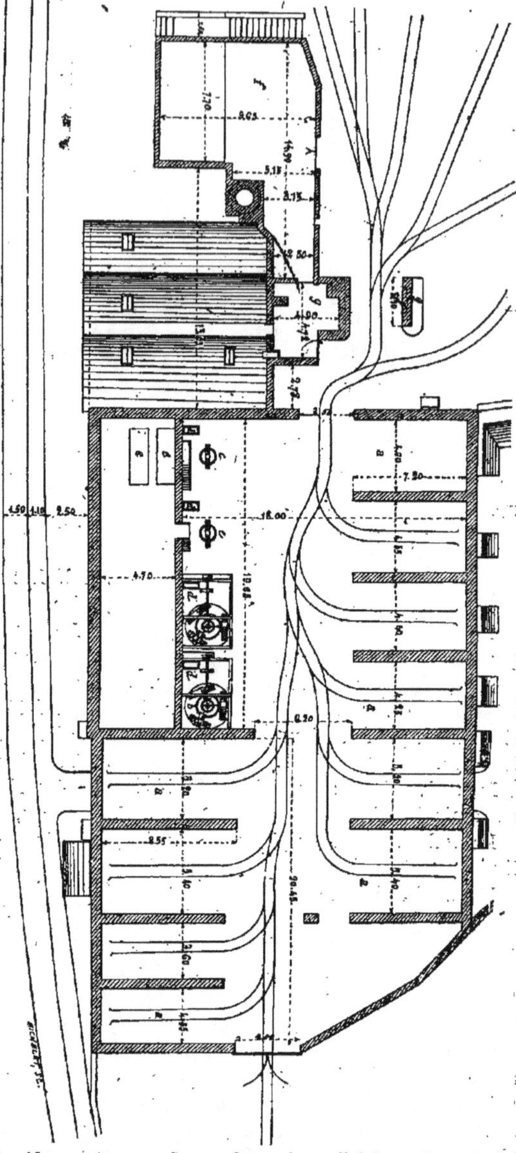

Fig. 571. — Plan du Rez-de-Chaussée. — Fabrique de plâtre de MM. Grosset et Réjaud à Montmorency. — *a*. Culées à cuire le plâtre. — *b*. Moulins à meules verticales. — *c*. Moulins à meules horizontales. — *d*. Chaînes à godets. — *e*. Blutteries. — *f*. Magasins. — *g*. Treuil du plan incliné.

La contenance d'une culée est de 90 à 120 mètres cubes. Pour la monter en un jour, il faut 6 traveurs, 15 ramasseurs (enfants ou manœuvres).

Il faut 130 à 150 hectolitres de coke et 15 fagots de bois.

CUISSON.

1267. La cuisson s'opère en allumant le bois, qu'on laisse bien prendre, puis on charge de coke le devant de la culée. Ce devant étant cuit entièrement, on laisse *filer* le feu dans le fond.

La durée de la cuisson est de 36 heures environ. On fait 4 à 5 culées par semaine. Les figures 570, 571 et 572 représentent l'installation complète de l'usine avec tous ses détails.

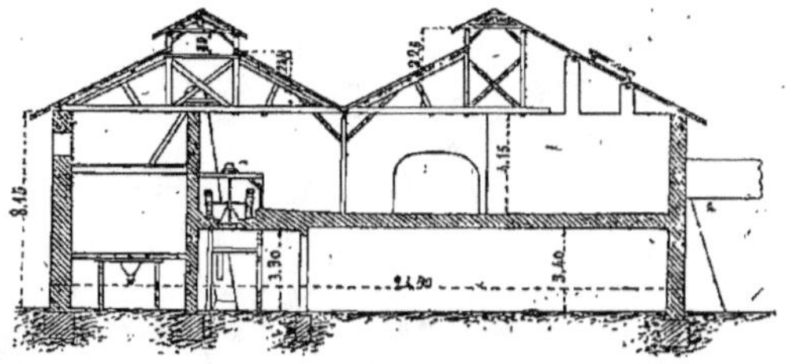

Fig. 572. — Fabrique de plâtre de MM. Grosset et Réjaud à Montmorency. — Coupe transversale suivant OP du plan (*fig*. 570).

BROYAGE.

1268. On fait, à cette usine, quatre qualités de plâtre (Nos 1, 2, 3, 4).

Pour les deux premiers numéros, le broyage se fait sous des meules horizontales; pour les deux autres, sous des tordoirs.

Le n° 1, affecté au moulage, est blutté au tamis de soie.

Le n° 2 sert pour les plafonds, enduits; il n'est pas blutté.

Les nos 3 et 4, grosses maçonneries, non bluttés.

Le moulin à meules horizontales représenté (*fig*. 573 et 574) est muni à sa partie supérieure d'une noix N tournant dans une coque C où s'effectue un premier broyage assez fin. Des meules à blé M achèvent la pulvérisation. Le plâtre est pris par une chaîne à godets et monté, soit à la blutterie, soit aux chambres à plâtre.

Les pierres à broyer sont triées avec soin. Les plus fines servent pour les nos 1 et 2. Les incuits sont remis aux culées à cuire.

Le moulin à meules horizontales réclame trois chevaux de force, et le tordoir deux chevaux. Le premier broie $0^{m3},6$ à $0^{m3},7$ à l'heure. Le deuxième broie de 4 à 5^{m3} à l'heure.

Tout le plâtre broyé est élevé à la partie supérieure de l'usine par des chaînes à godets, où de grands canaux verticaux, fermés par des valves, les distribuent dans des chambres closes et parfaitement sèches. Le plancher de ces chambres porte des tubes verticaux par lesquels le plâtre est versé dans les sacs.

Pour ensacher le plâtre produit, il faut 10 à 12 ouvriers ensacheurs pour charger 10 wagons par jour.

Un sac de plâtre pèse 50 k. environ. Le wagon ne contient donc que 200 sacs au maximum.

Un réseau spécial relie l'usine à la ligne de Montmorency. On fait tous les jours la commande de wagons pour le lendemain.

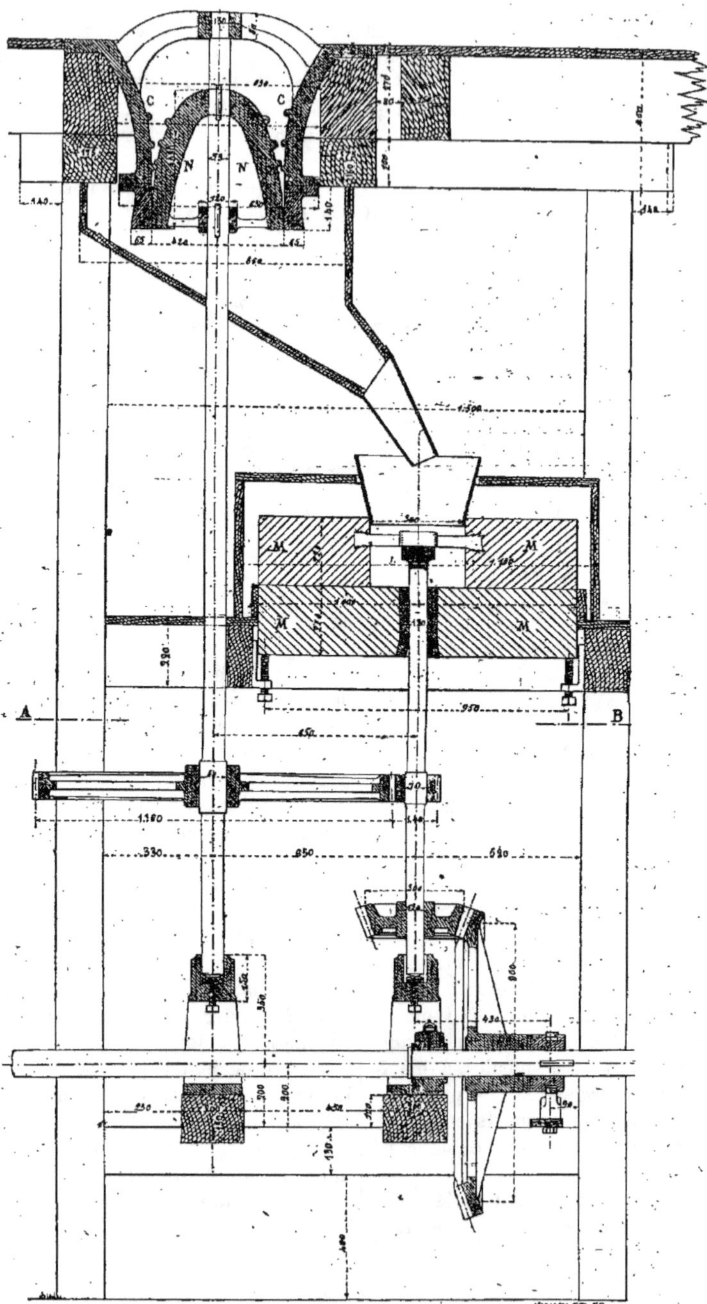

Fig. 573. — Moulin à meules horizontales pour le broyage et la pulvérisation du plâtre. — Coupe verticale.

Cette usine occupe de 60 à 80 ouvriers, selon la saison. Son personnel dirigeant se compose :

1° Des deux propriétaires ;

2° D'un directeur ;

3° D'un ouvrier contre-maître.

Elle a une machine de 25 chevaux. Sa superficie est d'environ 8 hectares.

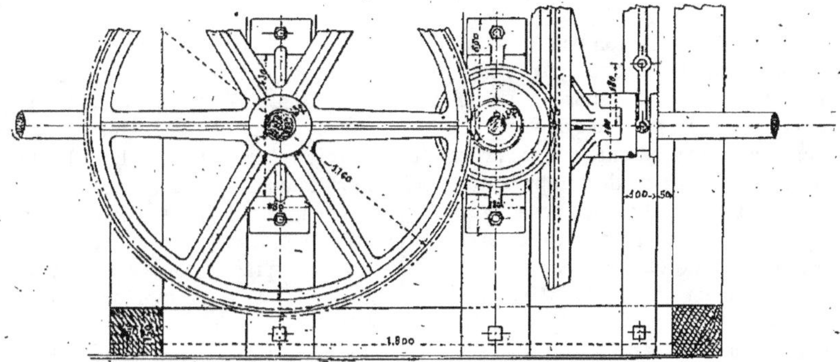

Fig. 574. — Moulin à meules horizontales pour le broyage et la pulvérisation du plâtre. — Coupe suivant AB de la figure 573.

§ V. — DIVERSES SORTES DE PLATRE. — LEUR EMPLOI.

1269. Sous le rapport de l'emploi du plâtre dans les constructions, on en distingue trois sortes :

1° Le *plâtre au panier*. C'est celui qui est à l'état dans lequel le fabricant le livre à l'entrepreneur. On l'emploie pour faire les aires de planchers, hourder les murs, les pans de bois et faire les crépis. On appelle encore ainsi le plâtre tamisé dans un panier d'osier. Il est plus fin que le précédent, et il sert ordinairement à faire les crépis d'une faible *charge* (épaisseur) ;

2° Le *plâtre au sas*. C'est celui qui est passé dans un tamis de crin ; il sert ordinairement à faire les enduits et les moulures ;

3° Le *plâtre au tamis de soie*. Il est utilisé pour faire de beaux enduits et moulures qui doivent recevoir la peinture.

On distingue encore les *mouchettes* et la *fleur de plâtre*. Les mouchettes sont les résidus provenant du passage du plâtre au sas. On les utilise ordinairement en les mêlant avec de l'autre plâtre pour faire de gros ouvrages.

La fleur de plâtre est le plâtre qui se trouve en poussière plus fine encore que celui passé au tamis de soie. On l'obtient en faisant sauter du plâtre sur une pelle, à laquelle la fleur s'attache assez facilement. C'est de ce mode de préparation que lui vient le nom de *plâtre à la pelle*, que lui donnent les maçons. On l'emploie ordinairement pour *octer* les moulures, c'est-à-dire pour boucher les petits trous.

§ VI. — GACHAGE DU PLATRE.

1270. Cette opération a pour but de faire reprendre rapidement au plâtre l'eau qu'il contenait avant la cuisson. Le plâtre gâché avec une certaine quantité d'eau se réduit en une pâte liante qui a la propriété d'acquérir, très peu de temps après, son gâchage, une dureté assez considérable et de contracter une grande adhérence aux matières qu'elle enveloppe.

Pour gâcher le plâtre, il faut à peu près autant d'eau que de plâtre. Cependant, on varie cette quantité d'eau suivant l'usage auquel on destine le plâtre. Ainsi, on la prend plus petite, c'est-à-dire qu'on *gâche serré*, quand on veut que le plâtre conserve toute sa force ; mais alors il faut l'employer sitôt qu'il a été gâché. On met plus d'eau, c'est-à-dire qu'on *gâche clair*, quand l'emploi du plâtre exige plus de temps. Enfin, on gâche avec plus d'eau encore, c'est-à-dire qu'on forme ce qu'on appelle un *coulis*, quand le plâtre doit être employé pour boucher des trous où la truelle ne peut atteindre.

Le plâtre ainsi délayé ne peut pas former un corps bien solide. Aussi ne doit-on l'employer que quand les vides qu'il doit remplir n'ont pas de charge à soutenir.

A Paris, pour l'emploi ordinaire du plâtre, la quantité d'eau à mettre dans l'auge, pour un voyage de garçon, est d'environ deux seaux ; pour *deux truellées*, un seau et demi ; *une truellée*, un seau ; *une demi-truellée*, un demi seau, et *une poignée*, un quart de seau.

Quand le maçon crie de lui gâcher *gros comme un œuf*, il demande à peu près la moitié d'une poignée.

D'après de nombreuses expériences, MM. Claudel et Laroque ont reconnu :

1° Que pour le plâtre bien cuit, passé au sas et destiné à faire des enduits, il faut environ 30 litres d'eau pour gâcher un sac de plâtre contenant 25 litres ;

2° Que pour le plâtre bien cuit, passé au panier et gâché pour hourder les maçonneries ou pour faire les crépis, il faut, en moyenne, 18 litres d'eau par sac de plâtre de 25 litres ;

3° Que le plâtre, non assez ou trop cuit, absorbe 1/8 d'eau de moins que les précédents.

En général, une pierre à plâtre, cuite à un degré convenable et écrasée ensuite, absorbe un volume d'eau à peu près égal à celui qu'elle contenait avant la cuisson.

Pour gâcher le plâtre à Paris, on commence par mettre l'eau dans l'auget qui doit servir à la manipulation. On ajoute ensuite le plâtre, en le semant jusqu'à ce qu'il atteigne presque la surface de l'eau. On attend un peu qu'il commence à prendre, et alors on le remue avec la truelle en cuivre (une truelle en fer s'oxyderait trop rapidement à cause de l'acide sulfurique) pour qu'il forme une pâte uniforme. Chaque fois que l'on gâche, il faut nettoyer l'auget avec soin. C'est ce qui se fait avec la truelle, dont les arêtes doivent être bien vives.

Un mètre cube de plâtre en poudre produit environ 1^{m3} 18 de mortier et le gonflement, après 24 heures d'emploi, est environ 1 pour cent, dont la moitié est produite après la première heure de mise en œuvre.

Quand on gâche le plâtre, avec une dissolution de colle forte, il devient beaucoup plus dur que lorsqu'il a été mêlé avec de l'eau pure. Le produit qui en résulte peut acquérir un beau poli lorsqu'on le frotte avec des corps durs ; il porte alors le nom de *stuc*.

Plâtre durci ou aluné.

1271. On fabrique encore avec le plâtre un composé plus inaltérable que le *stuc* et qui ressemble encore davantage au marbre. On l'obtient en gâchant le plâtre avec une dissolution d'alun de potasse, dans la proportion d'environ 10 parties de ce sel pour 100 parties de plâtre. Quand la masse est solidifiée, on la cuit de nouveau, puis on l'a réduit en poudre et on l'emploie comme le plâtre ordinaire. La prise de ce dernier exige un temps plus considérable que celle du plâtre ordinaire, mais il acquiert une plus grande dureté. Le plâtre ainsi préparé, qu'on désigne sous le nom de *plâtre aluné*, sert à former des ornements qui peuvent résister assez longtemps à l'action de l'eau.

Il sert également à faire des dalles; mais il convient, pour ce dernier usage, de mêler le plâtre avec du sable qui augmente encore sa dureté.

On a perfectionné ce procédé de fabrication d'une manière remarquable. On mélange intimement le plâtre avec de l'alun en poudre, puis on chauffe une seule fois. On a ainsi une grande économie de main-d'œuvre et de combustible.

Plâtras.

1272. On désigne sous le nom de plâtras des morceaux plus ou moins informes, provenant de la démolition d'anciennes constructions et principalement des ouvrages en plâtre. Les plâtras qui proviennent de lieux humides contiennent toujours une certaine quantité de chaux nitratée ; ils sont conservés pour en extraire le salpêtre, puis envoyés aux décharges publiques.

Les plâtras non salpétrés sont au contraire utilisés avec avantage dans les nouvelles constructions.

On en distingue deux espèces :

1° Les *plâtras blancs;*

2° Les *plâtras noirs.*

Les plâtras blancs proviennent de la démolition de pans de bois, planchers, etc.

Les plâtras noirs proviennent de la démolition de coffres de cheminées et ont été noircis par la suie. Les premiers sont très recherchés pour toutes espèces d'ouvrages légers à l'intérieur des bâtiments. Les seconds doivent être rejetés des constructions qui exigent de la blancheur. On pourra les employer pour faire des murs de clôture et autres ouvrages qui n'exigent pas une grande propreté.

De la prise du plâtre.

1273. La théorie de la prise du plâtre a été donnée par Lavoisier, qui l'a formulée ainsi :

« Si après avoir enlevé au gypse son eau par le feu, on la lui rend (ce qui s'appelle communément *gâcher le plâtre*), il la reprend avec avidité. Il se fait une *cristallisation* subite et irrégulière et les petits cristaux qui se forment, se *confondant* les uns avec les autres, il en résulte une masse très dure. »

M. Le Chatelier, dans un compte rendu de l'Académie des sciences, a complété cette théorie, en montrant par quel mécanisme les cristaux de sulfate de chaux hydraté se forment pendant la prise du plâtre et arrivent à se confondre en une seule masse compacte.

La transformation directe du sulfate de chaux anhydre solide en sulfate hydraté, cristallisé également solide, serait une exception aux lois générales de la cristallisation. Un corps ne peut prendre la forme cristalline qu'en passant de l'état fluide (fondu, dissous ou gazeux) à l'état solide. Les molécules doivent posséder toute leur mobilité pour pouvoir se grouper suivant des formes géométriques.

En outre, le fait de la cristallisation n'entraine pas nécessairement la solidification de la masse entière. Les cristaux pourraient rester isolés les uns des autres sans contracter aucune adhérence entre eux. Aujourd'hui on explique généralement le durcissement par l'enchevêtrement des cristaux fournis, mais cette explication est tout à fait insuffisante. Un précipité de sulfate de chaux obtenu en ajoutant de l'alcool à une solution saturée de ce sel, présente le maximum d'enchevêtrement, et pourtant la masse obtenue par dessiccation de ce précipité ne possède aucune solidité. Elle est, par rapport à un morceau de plâtre ayant fait prise, ce qu'est à un morceau de bois formé par l'accolement et la soudure de fibres végétales, un feutre formé par l'enchevêtrement des mêmes fibres.

L'explication de la cristallisation et du durcissement du plâtre peut se déduire très simplement de l'observation suivante, due à M. Marignac. Le sulfate de chaux anhydre mis au contact de l'eau donne une solution sursaturée qui laisse ensuite déposer des cristaux du même sel hydraté. Avec du plâtre cuit à 146 degrés, on obtient une dissolution renfermant jusqu'à 9 grammes de sulfate de chaux par litre, c'est-à-dire quatre fois plus que la quantité qui peut exister normalement en dissolution.

Après de nombreux essais, on est arrivé à conclure que la prise du plâtre est le résultat de deux phénomènes bien distincts, quoique simultanés. D'une part, les parcelles de sulfate de chaux anhydre, gâchées avec de l'eau, se dissolvent en s'hydratant et produisent une dissolution sursaturée. D'autre part, cette même dissolution sursaturée laisse en même temps déposer de différents côtés des cristaux de sulfate hydraté. Ceux-ci vont en augmentant peu à peu de volume, et se soudent les uns aux autres, comme le font tous les cristaux qui se déposent lentement d'une dissolution saline. Cette cristallisation progressive continue aussi longtemps qu'il reste du sel anhydre pour se dissoudre et entretenir la sursaturation de la liqueur.

Cette théorie rend très aisément compte d'un grand nombre de particularités que présentent la fabrication et l'emploi du plâtre. La température de 140 degrés, reconnue la meilleure pour la cuisson du plâtre, ne suffit pourtant pas dans la pratique, comme l'a montré M. Landrin, pour amener sa déshydratation complète, condition évidemment défavorable pour la prise; mais d'après les expériences de M. Marignac, le plâtre cuit à 140 degrés est précisément celui qui produit les dissolutions les plus fortement sursaturées. C'est à cela qu'il doit de donner, malgré une déshydratation incomplète, les meilleurs résultats dans la pratique. L'addition d'une petite quantité d'acide sulfurique ou de chlorure de sodium à l'eau qui sert à gâcher le plâtre favorise sa prise. Ces corps augmentent, en effet, la proportion de sulfate de chaux qui peut exister en dissolution sursaturée. Ils donnent naissance à du bisulfate de chaux, du chlorure de calcium, dont la proportion est déterminée par les lois générales des équilibres chimiques. L'augmentation par sursaturation de la quantité de sulfate de chaux dissout entraînera nécessairement la formation d'une plus grande quantité de ces sels solubles. Ceux-ci régénéreront ensuite des quantités correspondantes de sulfate de chaux.

§ VII. — COMPOSITION DU PLATRE DE CONSTRUCTION.

1274. Dans une étude très intéressante sur le plâtre, M. Foy, ingénieur, a résumé, dans le tableau indiqué ci-après, la composition chimique du plâtre de construction, des 24 échantillons exposés à l'Exposition universelle de 1878 à Paris.

Les analyses ont été faites au laboratoire des Ponts-et-Chaussées, sous la direction de M. Durand-Claye.

1275. On voit par ce tableau que l'élément constitutif du plâtre est le sulfate de chaux, puisqu'il y entre en moyenne pour 80 pour 100, avec un maximum de 95,65, et un minimum de 69,35.

DÉSIGNATION DES PLATRES.	DÉPARTEMENTS.	Sulfate de chaux.	Carbonate de chaux.	Carbonate de magnésie.	Alumine et peroxyde de fer.	Résidu insoluble dans les acides.	Eau, etc.	OBSERVATIONS.
Plâtre de Vitry	Seine.	70.90	10.20	5.05	2.50	4.90	4.45	Plâtre ordinaire.
Plâtre —	—	72.60	12. »	5.45	2.70	3.70	3.55	— fin.
Plâtre de Romainville	—	87.70	2.40	2.70	».80	».60	5.80	— ordinaire.
Plâtre de Villejuif	—	77.95	8.50	1.90	».60	4.80	6 25	— —
Plâtre de Bondy	—	79.05	9.90	2.30	1.50	4.40	5.85	— —
Plâtre —	—	83.40	6.90	2.30	1. »	2.40	4. »	— fin.
Plâtre de B.-le-Comte.	Seine-et-Marne.	85.75	4.30	»	».35	1.20	8.40	— ordinaire.
Plâtre de Lamarche	—	88.45	3.75	»	»	1.60	6.20	— —
Plâtre de Bussières	—	84. »	7.15	».40	».45	1 05	6.95	— —
Plâtre de Poligny	Jura.	93.50	3.40	»	»	».80	2.80	— —
Plâtre de B.-la-Roche	Côte-d'Or.	69.35	1.85	1.50	2.40	19.40	5.50	— —
Plâtre de Grasse	Alpes-Maritimes.	95.65	»	»	».20	».10	4.05	— fin.
Plâtre de la Marseillaise	Bouches-du-Rhône.	74.30	3.55	6.10	2.30	9.20	2.55	— gris.
Plâtre —	—	76.35	3.50	6.50	2.50	9.40	1.75	— gris bl.
Plâtre —	—	85.35	4.20	3.80	1 50	2.60	2.55	— rouge.
Plâtre —	—	77. »	4.45	6.30	2.90	5. »	4 35	— bl. or.
Plâtre de Roquevaire	—	70.55	6.70	5.05	3.10	11.20	2.80	— —
Plâtre —	—	72 25	6.35	6.10	4.20	9.30	1.80	— bl. bluté.
Plâtre —	—	76.50	5.20	5.90	2.90	7.40	2 10	— bl. p. déc.
Plâtre de Ma'aucène	Vaucluse.	92.90	».35	»	»	».60	6.15	— blanc.
Plâtre —	—	86.60	1 95	»	»	3. »	8.45	— gris.
Plâtre d'Hé. épian	Hérault.	81.60	»	»	1. »	4 20	13.20	— —
Plâtre de Portel	Aude.	86.85	5.50	»	».40	».70	6.75	— —
Plâtre du bassin de la Couze	Dordogne.	71.60	14.10	5.05	1 40	4. »	3.85	— —
Moyennes		80.80	5.25	2.80	1.50	4.23	5.06	

La chaux n'y entre pas à l'état d'oxyde isolé, mais le carbonate de chaux y figure pour une proportion de 5,25. Viennent ensuite l'eau et les substances volatiles pour 5,06; le carbonate de magnésie pour 2,80; les résidus insolubles pour 4,23, et, enfin, l'alumine et le peroxyde de fer pour 1,50.

La présence constante de la chaux et de la magnésie, non pas à l'état de base, mais à l'état de carbonates, établit nettement ce fait que, ni la chaux, ni la magnésie n'interviennent en rien dans la solidification plus ou moins rapide du plâtre.

Et cependant il est bien reconnu par les praticiens que le plâtre, chimiquement pur, ou ne contenant guère que du sulfate de chaux, tel qu'il est produit par les gypses cristallisés, lamelleux ou fibreux, acquiert moins de dureté que les plâtres impurs employés dans les constructions. Ce fait, dûment établi, ne peut comporter qu'une explication : c'est que toutes les substances étrangères au sulfate de chaux, c'est-à-dire les carbonates de chaux et de magnésie, le peroxyde de fer et les matières insolubles, toutes substances inertes ayant plus de dureté que le plâtre, se trouvent comme emprisonnées dans l'en-chevêtrement des cristaux de plâtre, et jouent par rapport à lui le même rôle que joue le sable dans les mortiers de chaux.

§ VIII. — RÉSISTANCE DU PLATRE. — POIDS DU MÈTRE CUBE.

1276. On peut admettre les nombres suivants pour la résistance à la compression :

Plâtre gâché à l'eau, 5 kil. par centimètre carré.

Plâtre gâché au lait de chaux, 7 k. 3 par centimètre carré.

Le poids d'un mètre cube de plâtre varie suivant sa nature :

Plâtre cuit battu, de 1,200 k. à 1,228 k. le mètre cube.

Plâtre au panier, de 1,200 k. à 1,227 k. le mètre cube.

Plâtre tamisé, de 1,242 k. à 1,257 k. le mètre cube.

Plâtre gâché humide, de 1,579 k. à 1,600 k. le mètre cube.

Plâtre gâché sec, de 1,400 k. à 1,415 k. le mètre cube.

CHAPITRE IX

DES SABLES

SOMMAIRE

§ I. — DÉFINITIONS ET NOTIONS GÉNÉRALES.

1277. On désigne sous le nom de *sable* les fragments de rochers réduits en particules très petites et parmi lesquelles domine la silice, car les calcaires purs se réduisent en boue ou en poussière par le frottement.

Les sables proviennent donc de la désagrégation de différentes roches. De cette origine, résulte une grande variété dans la forme, dans les dimensions et dans la composition de leurs grains.

Outre les sables que fournissent abondamment les rivages de la mer et les lits de la plupart de nos rivières, il est des sables *fossiles*, produits d'anciennes révolutions du globe, formant de vastes dépôts en un grand nombre de points où ils ont été transportés par les eaux, et des sables vierges ou *arènes* qui n'ont point été charriés, et qui résultent de la décomposition spontanée de roches arénacées, feldspathiques ou argileuses. Ces derniers sont mélangés d'argile en proportions variables.

En général, les grains des sables fossiles sont plus anguleux que ceux du sable de mer ou de rivière, et ces derniers le sont d'autant moins qu'ils sont plus éloignés des roches qui leur ont donné naissance.

Les sables sont généralement blancs, gris, jaunes, rouges ou verts; ces couleurs sont dues le plus souvent à des oxydes métalliques.

§ II. — CLASSIFICATION DES SABLES.

1278. Les sables, comme les roches dont ils ne sont souvent que les détritus, se divisent en sables *calcaires* et en sables *siliceux*.

Les premiers se dissolvent en totalité dans les acides; les autres sont inattaquables. On peut trouver dans la nature des mélanges des deux espèces qui se dissolvent alors en partie.

Les sables *calcaires* sont formés de particules calcaires mélangées de grains de quartz.

Les sables *siliceux* sont aussi désignés sous les noms de sables *quartzeux*, *granitiques* ou *volcaniques*, selon qu'ils sont entièrement composés de grains de silice pure, de grains de cette substance entremêlés de débris de feldspath et de paillettes de mica ou qu'ils proviennent de la désagrégation de roches volcaniques. Ces derniers sont souvent désignés sous le nom de *pouzzolanes*.

On divise encore les sables suivant la grosseur et la régularité de leurs grains.

On nomme *sables*, ceux qui sont formés de grains très petits, sphériques et réguliers; *graviers*, ceux dont les grains, plus ou moins irréguliers, atteignent la grosseur d'une lentille ou d'un petit pois; *arènes*, les espèces intermédiaires.

Les arènes, qui sont composées de sable quartzeux à grains inégaux, entremêlés d'argile brune ou jaune orangé, en proportion de 1/4 aux 3/4 du volume total, occupent toujours les sommets arrondis de certaines collines ou mamelons d'une faible élévation, dont elles forment quelquefois la masse principale. Comparées aux sables argileux ou limoneux, ce qui les caractérise, c'est une certaine propriété pouzzolanique indépendante de toute cuisson, et qui réside, d'après Vicat, dans la partie argileuse seule.

Les sables arènes ont la remarquable propriété de former avec la chaux grasse des mortiers hydrauliques. Ce sont, en réalité, des pouzzolanes naturelles, mais peu énergiques.

Un sable est regardé comme fin lorsque ses grains n'ont pas plus d'un millimètre de diamètre, et comme gros lorsque ce diamètre s'élève de un à trois et même quatre millimètres: au delà, c'est du *gravier*.

On doit toujours donner la préférence aux sables siliceux; les sables granitiques viennent ensuite et enfin les sables calcaires. Un mortier de chaux hydraulique ou de ciment n'est jamais neutre; il présente toujours une réaction alcaline prononcée due à la chaux qui n'est pas complètement neutralisée par l'argile. Dans tous les cas, la combinaison de l'argile et de la chaux, supposée parfaite par la voie sèche, tend à se décomposer au contact de l'eau, et une partie de la chaux redevient libre. Cette chaux, à son tour, tend à se combiner avec les sables siliceux;

par suite, elle y adhère fortement, après un certain temps. C'est ce qui explique la supériorité relative établie entre les diverses natures de sable.

Gisement. Les sables sont des matières très répandues dans la nature. Tantôt ils forment des atterrissements ou des *bancs* plus ou moins considérables au fond des mers ou des fleuves, et tantôt ils se présentent, sous forme de systèmes puissants de couches, de filons ou d'amas, au milieu de roches qui composent l'écorce solide du globe. On désigne les premiers sous le nom de *sable de rivière* ou de *mer*, et les seconds sous celui de sable de *mine*, de fouille ou de carrières. Ces sables sont très souvent mélangés d'une certaine quantité de terre ou d'argile dont il est facile de constater la présence et de déterminer la quantité.

§ III. — DIVERS EMPLOIS DU SABLE. — SES QUALITÉS SES PROPRIÉTÉS.

1279. Les sables s'emploient dans nos constructions pour former des mortiers, pour établir le lit et remplir les interstices de la plupart des pavés et, en quelques circonstances, pour asseoir des fondations.

Les sables employés à la fabrication du mortier doivent être non terreux et entièrement dépourvus de matières animales, lesquelles formeraient avec la chaux un savon soluble qui retarderait la solidification des mortiers ; ils doivent être rudes au toucher et crier lorsqu'on les serre dans la main. Avec un peu d'habitude, on estime assez bien le degré relatif de pureté de divers échantillons de sable en les broyant entre les doigts. Leur rudesse au toucher est d'autant plus grande et le *cri* qu'ils font entendre d'autant plus fort, qu'ils contiennent moins de matières terreuses. On désigne souvent, sous le nom de *sable rude* ou de *sable graveleux*, le sable pur ou presque pur, et sous le nom de *sable doux*, le sable mélangé d'une plus ou moins forte proportion de terre ou d'argile.

On reconnaît si les sables sont bien propres en les remuant dans de l'eau. Si l'eau reste limpide, c'est que le sable est pur et très bon ; si, au contraire, elle devient bourbeuse, c'est que le sable est terreux. Comme le sable se dépose plus vite que la matière terreuse, il sera facile de séparer les deux substances par quelques lavages et décantations, et d'en apprécier ainsi la quantité relative.

Le sable, quel qu'il soit, doit être soigneusement lavé lorsqu'il s'agit de travaux importants. On conçoit, en effet, que si on laisse de la boue ou de la vase dans le sable, lorsqu'on vient à gâcher celui-ci avec du ciment, la boue se détrempe, produit de l'eau sale, qui enveloppe les particules de ciment et les empêche d'adhérer entre elles et avec le sable pur, ou du moins cette adhérence reste très imparfaite. Ce phénomène est des plus simples à comprendre ; il est du reste bien connu de tous les applicateurs de ciment.

Les sables mélangés avec de la chaux modèrent son retrait et préviennent les gerçures ; ils augmentent la dureté des chaux hydrauliques, et ils diminuent celle des chaux grasses. Avec les ciments, ils se comportent diversement ; ils rendent les uns plus durs, les autres moins durs. L'introduction du sable modère le retrait des mortiers de ciment ; mais, comme d'un autre côté il en affaiblit la force, on voit tout de suite l'avantage que présentent les ciments énergiques, c'est-à-dire de supporter beaucoup plus de sable que les autres, ou, à proportions égales de sable et de ciment, d'offrir de plus grandes résistances. Deux avantages en résultent :

1° Moins de ciment à employer pour obtenir une résistance donnée ;

2° Certitude de durée plus grande pour les travaux à exécuter. Les gros sables, pour les ciments et les chaux grasses, sont les meilleurs ; c'est le contraire pour les chaux hydrauliques.

Généralement, on préfère les sables de rivières à ceux de carrières, car on est plus sûr d'y rencontrer toutes les qualités des bons sables.

La propriété des sables de répartir également la pression, d'avoir, par la petite dimension de leurs éléments, des propriétés en quelque sorte voisines de celles des liquides, les fait employer fréquemment dans les constructions. C'est ainsi qu'ils servent dans le pavage et surtout pour le bal'astage des chemins de fer. Répandus sur la voie, ils forment un sol sec, compacte et résistant.

Il est inutile de nous étendre davantage sur les diverses propriétés des sables, nous aurons l'occasion d'en parler dans un chapitre spécial sur les mortiers.

Poids d'un mètre cube de sable suivant sa nature.

1280. Nous pouvons admettre les nombres suivants pour le poids d'un mètre cube de sable :

NATURE DU SABLE	POIDS DU MÈTRE CUBE
Sable fin et sec............	1.400 à 1.430 kilos.
Sable fin et humide........	1.900 kilos.
Sable fossile argileux	1.710 à 1.800 kilos.
Sable de rivière humide..	1 770 à 1.880 kilos.

CHAPITRE X

ASPHALTES ET BITUMES

SOMMAIRE

§ I. — DÉFINITIONS ET NOTIONS GÉNÉRALES.

1281. On appelle *asphalte* un calcaire pur, imprégné naturellement de *bitume* (7 pour 100 de bitume pour 93 pour 100 de calcaire). Si, par des procédés particuliers, on sépare le calcaire de son bitume, on trouve que celui-ci est une matière noire, d'une odeur agréable lorsqu'elle n'est pas trop chauffée, d'un noir de jais, solide au-dessous de 7 à 8 degrés et liquide au delà de 60 degrés.

Le calcaire séparé de son bitume est parfaitement pur et blanc comme de la craie. Le bitume imprègne le calcaire à peu près comme l'huile imprègne une mèche, de sorte que si, à ce bitume, on en ajoute une nouvelle quantité qui soit de même nature, celui-ci se mélange intimement au premier qui lui sert de conducteur dans les pores du calcaire. C'est ainsi que s'explique l'action du bitume libre qu'on ajoute à la roche asphaltique au moment de la fabrication.

Le *bitume* se présente dans la nature, soit imprégnant le calcaire comme il vient d'être dit, soit mélangé à des sables fins ou molasses, soit enfin à l'état natif, surnageant à la surface de certains lacs, tels que la mer Asphaltite en Judée ; il s'y produit même quelquefois avec une telle abondance qu'il les comble entièrement, comme on le voit dans l'île de Trimidad (Antilles), d'où l'on tire la plus grande partie de celui qui s'emploie actuellement à la préparation des mastics bitumineux.

L'*asphalte*, ou calcaire bitumineux, se trouve dans la terre sous forme de gisements réguliers formés de plusieurs bancs superposés, séparés ordinairement par des intervalles en calcaire blanc non imprégné ; il s'exploite à la poudre comme le moellon à bâtir.

Principaux gisements. — Composition.

1282. Le bitume est donc une substance noire ou brune composée de carbone, d'hydrogène et d'oxygène, comme les corps organiques. Par sa couleur et sa cassure, il a de l'analogie avec la poix, ce qui lui a quelquefois fait donner le nom de poix minérale. Sa densité est d'environ 1,16. Il fond à la température de l'eau bouillante, s'allume aisément, et brûle avec vivacité en répandant une épaisse fumée. Soumis à la distillation sèche, il donne une huile bitumineuse particulière, très peu d'eau, une petite quantité de gaz combustibles, des traces d'ammoniaque, et laisse environ 1/3 de son poids de charbon, qui, incinéré, donne des cendres contenant de la silice, de l'alumine, de l'oxyde de fer, de l'oxyde de manganèse, et quelquefois un peu de chaux.

Il y a des bitumes solubles ; d'autres sont insolubles. La plupart sont attaqués par l'éther ou par l'essence de térébenthine.

Le pétrole est une sorte de bitume liquide que l'on rencontre fréquemment sur les eaux qui surgissent au pied des volcans. La mer en est même couverte en tout temps, près des îles volcaniques du cap Vert. M. Breislack a observé une source de pétrole qui s'élève du fond de la mer, au sud du pied du Vésuve.

Le minerai de bitume de Basténnes (département des Landes) est une molasse sableuse et argileuse, qui renferme souvent des fossiles. On y trouve aussi de petits cristaux de gypse, de sulfate de fer et d'alun. La composition chimique de ce bitume est :

1.31	partie de pétrole.
2.11	parties d'eau.
7.89	parties de bitume.
8S.16	parties de gangue formant le résidu fixe.
Total 99.47	

Le bitume de Murindo, près Choco (Colombie), est noir-brunâtre, mou, à cassure terreuse. Il a une saveur acide, brûle avec une odeur de vanille, et l'on dit qu'il contient une grande quantité d'acide benzoïque. Il parait être le résultat de la décomposition d'arbres qui contenaient du benjoin.

Il y a une espèce de bitume qu'on trouve à Aniches (Nord), qui est noir, très fusible et mou. Il brûle avec flamme. L'alcool, l'éther et l'huile de térébenthine en extraient une substance grasse qui peut être saponifiée avec les alcalis.

L'asphalte est un minerai bitumineux, à gangue calcaire, de couleur brune foncée, tirant sur le noir. C'est une matière qui se ramollit quand on la chauffe dans une chaudière, et qui est inflammabie, indissoluble dans l'eau et très imperméable. L'asphalte pur est composé de carbone, d'environ 80°/₀ d'eau, d'oxygène et d'une petite quantité d'azote. Cette matière pure est insoluble dans l'alcool.

La roche asphaltique à gangue calcaire et imprégnée de bitume s'extrait à la mine. Une partie est cassée en morceaux de 3 à 4 millimètres de côté, mise dans des tonneaux et livrée au commerce; l'autre est réduite en poudre, dont les 4/5 sont livrés au commerce dans des tonneaux, et l'autre cinquième réduit en mastic bitumineux par une addition de 2,5 à 4,5°/₀ de son poids de bitume ductile. Le mélange se compose, en moyenne, de 84,5 parties de calcaire et 15,5 de bitume. l'opère à chaud dans une chaudière, d'où on le tire pour le mettre en pains à l'aide de moules. Refroidis, ces pains se solidifient et sont ainsi livrés au commerce.

Depuis plusieurs années, on emploie en France, avec le plus grand succès, pour couvrir les toits et les terrasses, pour faire des trottoirs, enduire les bassins et réservoirs d'eau etc.... un mastic bitumineux que l'on prépare principalement avec les bitumes de Lobsann (Bas-Rhin), de Seyssel (Ain) et de Puy-de-la-Poix (Puy-de-Dôme).

La Compagnie générale des asphaltes (seule concessionnaire des mines de Pyrimont-Seyssel, Val-de-Travers, etc.), formée par la réunion des principales compagnies, ayant imprimé à cette industrie une direction toute nouvelle, nous croyons utile d'entrer dans quelques détails sur la préparation et les divers travaux en alphalte exécutés par elle.

§ II. — RENSEIGNEMENTS PRATIQUES SUR LA PRÉPARATION ET L'EMPLOI DE L'ASPHALTE.

I. — Application du mastic d'asphalte coulé.

PRÉPARATION DU SOL.

1283. Le mastic d'asphalte ne doit être posé que sur des surfaces bien solides et mises à l'abri des tassements qui ont pour inconvénient de déterminer des cassures ou bien des flaches dans lesquelles séjourne l'eau. On doit donc veiller particulièrement à la préparation du sol.

Si le terrain est en remblai, on devra le pilonner avec soin jusqu'à ce qu'on soit assuré qu'il ne tassera plus. On a essayé maintes fois d'étendre le mastic directement sur une couche de sable, sur d'anciens carrelages ou de vieilles dalles, ou encore sur des briques placées de champ, mais aucun de ces systèmes ne vaut le béton. Le dallage d'asphalte ainsi établi s'use plus inégalement et plus rapidement. La couche de béton doit être, autant que possible, d'épaisseur uniforme et revêtue d'une couche de mortier bien dressée. Faute de cette précaution, le dallage d'asphalte prend des épaisseurs inégales, ce qui se traduit nécessairement par une augmentation dans la dépense ou par une diminution dans la durée du dallage.

On ne doit couler l'asphalte que sur des bétons bien secs, sans quoi la chaleur du mastic met en vapeur l'eau nécessaire à la prise complète du mortier, et cette vapeur produit, en traversant la couche du mastic, des boursouflures et des trous nuisibles à la bonne façon du travail. En outre, l'hydratation de la chaux restant inachevée, le béton perd de sa solidité.

Aussi l'usage de la cl aux hydraulique doit-il être recommandé pour cet objet.

PRÉPARATION DU MASTIC.

1284. Le mastic d'asphalte de la Compagnie générale est livré sous forme de pains ronds de 23 à 25 kilos. Pour le mettre en pâte, on concasse ces pains en fragments de 8 centimètres de côté environ et on les fait fondre dans les chaudières à application, en trois charges et successives. On a pris soin de mettre préalablement dans la chaudière une partie de bitume égale à la moitié de la quantité totale que devra absorber l'opération (cette quantité totale est de 5 à 6 0/0 du poids du mastic). On réserve l'autre moitié, dont on dispose de la manière suivante. Un quart est mis de côté pour, à la fin de l'opération, *graisser* la matière si elle est trop sèche. Le quart restant est ajouté par tiers avec chacune des charges de mastic. Le feu doit être conduit très régulièrement, de façon que la température reste toujours supérieure à 150 degrés et inférieure à 170 degrés.

Quand tout le mastic est fondu et bien brassé, on recouvre la matière en fusion dans la chaudière de la moitié du sable à employer (qui doit être en totalité environ 60 0/0 du mastic) et on attend, pour opérer le mélange, que la matière soit un peu réchauffée. Elle l'est suffisamment quand, entraîné par son poids, le sable pénètre dans le mastic et laisse reparaître ce dernier sur plusieurs points. Cette précaution est indispensable pour dessécher le sable complétement et le réchauffer, de manière que la matière ne soit pas subitement refroidie. La seconde partie du sable s'ajoute de la même façon.

C'est au moment de cette seconde addition de sable que l'on reconnaît si la matière n'est pas assez grasse et s'il est nécessaire d'ajouter la portion de bitume laissée de côté.

Quand le mélange est complet, on peut procéder à l'application, si la température prescrite a été bien maintenue, ce qui se reconnaît en pratique assez facilement à ce que quelques gouttes d'eau jetées à la surface s'évaporent rapidement avec une légère décrépitation, ou que la palette enfoncée dans la masse se retire aisément sans que la matière y adhère. Si la palette entrait trop difficilement, on ajouterait une petite quantité de bitume en brassant. Après le brassage, on doit toujours attendre quelques instants pour laisser la matière reprendre sa température normale, que cette opération abaisse toujours.

Pendant l'application, il est bon de donner de temps en temps quelques coups de brasse dans la chaudière en vidange pour que le sable ne tombe pas au fond. Prenant pour base un dallage de trottoirs qui se fait ordinairement à 15 millimètres ($0^m,015$) d'épaisseur, les proportions des matières à mélanger, pour un mètre carré, sont :

23 à 24 kilogrammes de mastic;
1 kilog. 500 gr. de bitume minéral;
13 à 15 kilogr. de sable gravier, lavé, séché et tamisé.

APPLICATION DU MASTIC.

1285. L'application du mastic se fait avec une spatule en bois, qu'il faut un peu réchauffer avant l'opération, pour que le mastic n'y adhère pas. On porte la matière au moyen de pochons, et on la verse d'abord sur les parties auxquelles doit se raccorder l'asphalte, afin de les réchauffer pour obtenir une adhérence plus complète. Les joints entre deux bandes successives tiennent mal sans cette précaution, qui est trop peu souvent prise. Pour qu'une application présente toutes les conditions voulues de solidité et de durée, il faut que l'étalage de la matière se fasse avec un certain effort qui oblige l'applicateur à comprimer le mastic sous la spatule. C'est ce qu'on appelle *couler serré.* Les dallages ne doivent jamais être faits autrement.

Il est utile, pendant que la matière est chaude, que l'applicateur présente fréquemment une règle sur son dallage afin de voir les dépressions, et qu'il remédie à l'inconvénient qu'il remarquera. Cela est facile tant que le dallage n'est pas devenu froid.

SABLAGE.

1286. L'opération du sablage est généralement, et à tort, réduite à un saupoudrage de sable à la surface du dallage. Cette opération n'a pas uniquement pour but, comme beaucoup semblent le croire, de rendre rugueuse la surface de l'asphalte; il a surtout pour objet d'ajouter à la couche de mastic le sable du mélange qui a gagné, par l'action de la pesanteur, la partie inférieure, le mastic pur remontant à la surface. C'est à saturer ce mastic qu'est destiné le sablage. Sans lui, la partie supérieure de la couche se ramollirait au soleil et s'userait plus rapidement. Il faut donc que l'ouvrier mette assez de sable pour obtenir cette saturation et frappe fortement pendant un certain temps, en ayant soin de battre uniformément sur tous les points pour éviter les flaches.

On remplace avantageusement le sa-

Fig. 575. — Application du mastic d'asphalte coulé. — Manipulations diverses du travail.

blage, pour les applications dans les intérieurs, par le *talochage*. Cette opération consiste, à mesure que l'application s'exécute, à répandre à la surface une poudre fine de vieilles ardoises ou de silex, avec laquelle, au moyen d'une batte en bois, on frotte vivement et d'une manière suivie le dallage en asphalte. On enlève avec une brosse la poudre qui n'a pas pénétré dans l'asphalte, pour la porter sur la partie suivante où l'on continue l'opération.

Nous donnons (*fig.* 575) un croquis montrant les diverses manipulations à faire pour l'emploi de l'asphalte coulé.

II. — Applications de l'asphalte en nature (comprimé).

BROYAGE.

1287. Le broyage doit donner une

poudre fine d'un grain aussi homogène que possible. On l'obtient aujourd'hui par l'emploi d'appareils nouveaux exigeant une force de 20 à 30 chevaux. Afin d'éviter à ceux qui exécutent les travaux les frais considérables d'installation de ces appareils, la roche peut être expédiée toute broyée. La roche mise en poudre a cette propriété de se tasser dans le wagon. Aussi le déchet, quand il n'y a pas de transbordement, est-il assez faible pour ne pas nécessiter d'emballage.

CHAUFFAGE.

1288. La poudre d'asphalte doit être chauffée à une température de 120 à 140 degrés. Cette opération se fait dans les cylindres tournant sur leurs axes, semblables aux brûloirs à café.

Le chauffage doit être rapide, pour ne pas sécher la matière en la privant de son bitume. La poudre chaude est portée, au moyen de brouettes ordinaires, sur l'emplacement qui lui est destiné.

PRÉPARATION DU SOL.

1289. Avant tout, il faut à l'asphalte une assiette résistante. Si le sol tasse, l'asphalte suit la dépression. Après s'être bien assuré de la nature du sol, on le consolide au moyen d'un béton plus ou moins épais. Sur une chaussée en macadam bien pris, le béton est inutile; il suffit de dresser la surface, afin d'avoir une épaisseur d'asphalte régulière. Le sol étant bien solide, il faut prendre garde qu'il ne soit humide. Au moment de l'application, la chaleur de la poudre vaporise l'eau qui est sur le sol. Cette vapeur gêne et empêche souvent d'une manière absolue l'agglomération des molécules d'asphalte.

Il faut donc bien s'assurer que le sol est parfaitement sec. On doit d'ailleurs toujours avoir soin de niveler la surface de manière que la couche d'asphalte comprimé ait partout une épaisseur uniforme. Cette précaution a pour but d'éviter les flaches ainsi qu'une perte de poudre.

APPLICATION DE L'ASPHALTE. — ÉTENDAGE.

1290. L'étendage de la poudre exige de l'ouvrier un certain coup d'œil et de la sûreté de main, mais une grande attention et beaucoup de soins remplacent facilement l'expérience. Si le sol est bien dressé, il suffit de répandre la roche pulvérisée et de dresser avec un râteau la surface, en vérifiant souvent l'épaisseur de la poudre. Cette épaisseur doit être environ de 2/5 plus forte que celle que l'on veut obtenir après la compression.

Prenant pour base un dallage de chaussée à quatre centimètres ($0,^m 04$ centimètres) d'épaisseur, la quantité d'asphalte en poudre employée par mètre superficiel sera de 85 à 90 kilogrammes.

COMPRESSION.

1291. La compression se fait au pilon ou au rouleau, suivant l'importance du travail; mais, avant d'employer ces outils, il faut faire les joints, c'est-à-dire les parties qui portent contre les matières entourant l'asphalte. On emploie, pour cela, un pilon de forme longue et étroite, appelé *fouloir*, qui, grâce à son peu de surface, produit un effet plus énergique. Ceci fait, et quand le travail est peu important, on prend les pilons.

Il faut pilonner avec une vigueur graduée, c'est-à-dire commencer doucement et frapper de plus en plus fort, jusqu'à ce qu'on soit arrivé à la compression parfaite. Si l'on pilonnait trop fortement dès le commencement, on ferait sauter la poudre au lieu de la ramasser. On doit aussi chercher à frapper avec une énergie uniforme sur toute la surface, sans quoi il y aurait des irrégularités dans la compression et, par suite, des flaches. Dans la dernière tournée du pilon, il faut que le coup soit sec et vigoureux, de façon à produire le plus d'effet possible.

Quand on a une grande surface à garnir et que la poudre chaude peut être produite en suffisante quantité, on emploie, pour comprimer, un petit rouleau portant un foyer intérieur, afin d'éviter que la poudre adhère à la surface. Ce rouleau est conduit en travers de l'avancement de l'ouvrage, en gagnant à chaque fois une largeur de 8 à 10 centimètres.

ROULAGE.

1292. Le roulage est une opération très importante, mais qui doit être faite dans des conditions particulières pour être efficace. Le meilleur roulage, quoiqu'il vienne un peu trop de temps après le refroidissement de la matière, est celui que produit le passage des petites voitures légères à roues minces. Il faut imiter cet effet et éviter les rouleaux larges chassant la matière devant eux. Plu-

sieurs roues de voitures de diamètres parfaitement égaux, montées sur le même essieu et passant le plus tôt possible après les pilons ou le rouleau chauffé, donnent un bon roulage.

LISSAGE.

1293. Lorsque la compression au pilon ou au rouleau est achevée, on promène ordinairement sur la surface un fer chauffé appelé *lissoir*.

Ce lissoir donne à la chaussée un certain aspect agréable à l'œil, sans augmenter sensiblement la qualité du travail.

RÉPARATIONS.

1294. Lorsqu'une portion de chaussée en asphalte comprimé vient à se détério-

Fig. 576. — Application de l'asphalte en nature (comprimé). — Manipulations diverses du travail.

rer, soit par un défaut de construction, soit par un accident, on procède de la manière suivante:

On découpe et on enlève toute la partie de la surface qui est défectueuse, en ayant soin de tenir les bords francs, propres, exempts de toute matière et de toute humidité. Il faut faire ce découpage au ciseau, à petits coups, afin de ne pas ébranler ou fendiller les parties conservées. Il

faut bien éviter, dans les tranchées, de défaire l'asphalte comprimé en le soulevant pour le casser. On fissure souvent l'application bien au delà de la partie à enlever.

Lorsque le trou est fait dans la chaussée, on s'assure que le sous-sol est parfaitement sec. S'il ne l'est pas, on le dessèche, puis on y verse la poudre et l'on procède exactement comme pour le premier établissement, en ayant soin de pilonner plus énergiquement les bords au fouloir, afin d'assurer la soudure entre la nouvelle et l'ancienne partie.

On doit, d'ailleurs, observer dans cette opération les mêmes précautions que dans la construction de la chaussée.

Nous donnons (*fig.* 576) un croquis montrant les diverses manipulations à faire pour l'emploi de l'asphalte comprimé.

Carrelage en asphalte.

1295. Des dalles jointoyées avec du mastic bitumineux ordinaire, forment une application monolithe, homogène et absolument imperméable. Elles reproduisent identiquement le dallage employé dans la construction des trottoirs. Les dalles en asphalte sont faites avec le mastic naturel de Seyssel, préparé absolument comme pour faire un trottoir. Elles sont moulées et présentent ainsi exactement les mêmes dimensions, ce qui facilite beaucoup la pose. Elles portent tout autour un biseau qui permet de rapprocher la partie inférieure, en laissant entre les bords supérieurs l'espace nécessaire pour la soudure.

La pose de ces dalles se fait avec autant de facilité que celle des carreaux en terre cuite. Elle n'exige, comme matériel spécial, qu'une bassine remplie d'eau chaude pour chauffer plus régulièrement les plaques.

Le dallage en plaques d'asphalte est tout particulièrement recommandé pour les établissements éloignés des grands centres, où une réparation peu importante ne peut supporter le transport des ouvriers et du matériel nécessaires, sans accroître outre mesure le prix du mètre carré. Ce système a surtout son application dans les établissements agricoles, pour le sol des logements et des granges, greniers, écuries, étables, fosses à purin, cours de fermes; partout, en un mot, où il est utile d'avoir un sol uni, facile à laver, imperméable, à l'abri des imprégnations délétères des eaux de ménage, toujours chargées de matières organiques. Les dalles mesurent exactement un tiers ou un quart de mètre carré chacune.

POSE DES DALLES. — PRÉPARATION DU SOL.

1296. Avant toute chose, comme pour tout dallage, on doit s'assurer que le sol qui doit recevoir les dalles est assez solide pour que, sous le poids des charges destinées à y passer, il n'ait à redouter aucun tassement, l'asphalte ne peut être qu'un enduit protecteur.

S'il possède cette solidité naturellement, on se bornera à dresser la surface, suivant les pentes que l'on veut donner, au moyen de terre fine ou de sablon. La pose sera plus facile si l'on humecte le sablon avec un lait de chaux, de manière à faire un mortier sec facile à dresser. Mais il vaudra toujours mieux régler le sol au moyen d'un béton de quelques centimètres d'épaisseur, recouvert d'un enduit ou mortier très serré, pour ne pas être obligé d'attendre la prise.

Le sol, réglé suivant les besoins, ne sera en contre-bas du niveau définitif que de l'épaisseur des plaques. L'asphalte épousera les ondulations de la forme sur laquelle il est posé.

Il est essentiel qu'il n'y ait point, par la suite, de déformations dans la surface. La couche asphaltique, ne pouvant résister par elle-même, suit ces déformations, ce qui produit des flaches dans le dallage.

POSE DES DALLES.

1297. Le terrain étant préparé, on procède à la pose des dalles. Les dalles sont posées à côté les unes des autres, de manière à se toucher par la partie inférieure. Il faut qu'elles soient placées sur le sol de façon à s'y trouver parfaitement d'aplomb sans aucun porte-à-faux.

Pour assurer ce parfait aplomb, il suffit de chauffer légèrement les plaques en les exposant simplement au soleil pendant la belle saison, ou en les plaçant pendant quelques minutes dans une bassine de dimension suffisante, remplie d'eau et posée sur un foyer. La dalle ainsi ramollie épouse exactement la forme du sol sur lequel on la place. On fait la pose en commençant par l'entrée de la pièce à daller et on procède ainsi en avançant sur les plaques déjà posées et en vérifiant souvent le niveau au moyen d'une règle bien droite. Lorsque l'espace à daller est irrégulier, ou, quoique carré, il n'a pas les dimensions nécessaires pour contenir un nombre exact de dalles, on est obligé d'en découper quelques-unes pour former l'appoint. Le découpage se fait de la manière suivante.

On trace sur la plaque, avant de la chauffer, avec une règle et une pointe, la ligne suivant laquelle elle doit être découpée; puis on attend que le ramollissement de la matière soit bien opéré, et, avec un simple riflard de maçon, ou tout autre outil affûté, on coupe la matière. Si la pesée n'a pas été suffisante pour couper dans toute l'épaisseur, on pose la plaque en porte-à-faux sur une règle, le long de la rainure faite. On exerce une pression sur la partie en porte-à-faux et la plaque se casse très régulièrement, comme une vitre marquée au diamant.

Quand les plaques sont toutes en place, on s'assure que les bords de chacune ne

Fig. 577. — Carrelages en asphalte naturel de Seyssel.
A. *Bassine.* — B Plaque posée sur un *Plateau en bois* pour la ramollir dans l'eau chaude. — C. *Fourneau.* — D. *Fer à joints.* — E. *Pochon à bec* pour fondre et couler le mastic à joints. — F. *Règle en bois.* — G. *Préparation du sol* et *Béton.* — H. *Dalles* unies ou quadrillées.

désaffleurent pas les bords des plaques voisines, puis on procède à la soudure entre elles, au moyen du mastic qui accompagne chaque envoi et qui se compose de mastic, d'asphalte en pains et d'un peu de bitume. On concasse le mastic en petits morceaux dans le pochon et on le place sur le feu, en opérant comme les plombiers lorsqu'ils fondent leurs soudures.

Quand la matière est rendue pâteuse, on en prend une petite quantité sur une spatule en bois et on l'applique dans le joint, comme si l'on mastiquait une vitre. Il faut nettoyer avec soin la rainure du joint avant d'y couler le mastic. La poussière qu'y déposeraient les chaussures suffirait pour empêcher la soudure.

Pour le dallage d'habitation, on produit un effet très agréable à l'œil en enduisant le carrelage asphaltique d'une couche de peinture siccative, qui prend sur cette matière un plus beau brillant que sur la terre cuite.

La figure 577 représente un ouvrier posant des dalles, et muni des outils indispensables pour ce travail.

§ III. — EMPLOI DE L'ASPHALTE POUR EMPÊCHER LA PROPAGATION DES INCENDIES.

1298. Nous donnons ci-après un extrait du rapport adressé à la Société des Ingénieurs civils sur les expériences faites à la Compagnie des omnibus par M. M. E. Flachat et Noisette, ingénieurs civils, sur l'emploi de l'asphalte pour empêcher la propagation des incendies.

La construction des écuries, magasins et greniers de la Compagnie des omnibus, a été faite d'après les dispositions suivantes :

Certaines écuries sont isolées des étages supérieurs par un plafond composé d'asphalte coulé sur une aire en mortier de chaux étendue sur des tuiles plates scellées en plâtre. Ces tuiles reposent sur des solives en sapin, lesquelles solives sont portées par de fortes poutres en bois. Dans d'autres écuries plus nouvelles, les solives et poutres en bois sont remplacées par des solives et poutres en fer, et l'aire en plâtre par de petites voûtes en briques creuses et ciment, couvertes d'une aire en mortier sur laquelle l'asphalte est coulé.

Les planchers, ainsi bitumés, servent de magasins à avoine.

Enfin, d'autres écuries, plus anciennes, sont séparées de l'étage supérieur par un simple plancher qui, dans ce cas, sert de grenier à fourrages.

L'asphalte n'avait, d'abord, d'autre but que de préserver l'avoine, déposée dans les magasins situés au dessus des écuries, de la buée qui résulte de la transpiration des chevaux. Il n'était entré dans la pensée de personne qu'il pût préserver de l'incendie les écuries qu'il couvrait.

Les planchers des étages supérieurs à celui qui couvre les écuries sont en bois, et le dernier, le plus élevé, est celui du grenier qui reçoit les fourrages.

Les bâtiments contiennent ainsi, tantôt un, tantôt deux magasins à avoine superposés et toujours un grenier à fourrages.

Dans cinq incendies successifs, survenus dans les greniers à fourrages, les faits suivants furent constatés.

Les planchers en bois des greniers ont été complètement détruits. Les planchers en bois des étages inférieurs l'ont été également. *L'incendie s'est toujours arrêté sur les sols enduits en asphalte.*

L'asphalte directement atteint par le feu s'est amolli ou liquéfié sur une partie de son épaisseur ; mais il est resté imperméable, et lorsque les secours sont venus, il a été couvert d'eau ; il est resté étanche et il a repris sa dureté.

Dans trois des incendies, les greniers à fourrages étaient directement superposés aux écuries. Dans les deux derniers, les greniers à fourrages étaient séparés des écuries par un magasin à avoine qui a brûlé.

Dans ces cinq incendies, le feu a été arrêté sur l'asphalte.

Les écuries ont donc été complètement préservées partout où l'asphalte les recouvrait. Elles ont été atteintes partiellement par l'incendie des cheminées d'aérage en bois qui les faisaient communiquer avec les étages supérieurs. Si ces cheminées eussent été en plâtre, tout risque eût disparu.

Cependant, les huiles essentielles contenues dans l'asphalte mis en contact immédiat avec le feu avaient dû brûler. Comment cette combustion avait-elle pu se produire, sans que l'asphalte fût complètement privé de sa faculté d'adhérence entre les molécules calcaires et asphaltiques qui le composent et pût redevenir imperméable en se refroidissant ?

Ce fait singulier et tout à fait imprévu devint l'objet d'une étude attentive.

De l'asphalte coulé sur une épaisseur de 15 millimètres, dans des lingotières en fer, fut soumis à la température du rouge sombre. Un ramollissement, puis l'ébullition, puis la combustion des vapeurs produites s'ensuivit. Cette combustion dura cinq à six minutes, cessa et ne put être reproduite même au contact du charbon incandescent. L'asphalte refroidi n'avait pas perdu sensiblement son épaisseur, et sa faculté de durcissement était sensiblement la même.

La même épaisseur d'asphalte fut étendue sur une planche et le feu superposé et entretenu par du charbon de bois ; cette planche ne put être traversée. Le charbon de bois s'éteignit aussitôt que son immersion dans le bitume le privait d'air.

Ces premiers résultats conduisirent à des expériences plus en grand que nous allons relater.

Il y avait intérêt à savoir si une simple application d'asphalte sur les planchers servant de greniers à fourrages pouvait, en cas d'incendie, préserver les constructions inférieures ou, du moins, suffirait à donner le temps d'attendre l'arrivée des secours. On n'espérait pas encore une préservation absolue. Dans les incendies qui avaient eu lieu, peut-être la rapidité des secours avait-elle contribué à protéger l'asphalte, mais au moins considérait-on comme un grand avantage de pouvoir attendre les secours pendant une heure ou deux.

Voici le résumé des expériences qui furent faites alors :

1° Une table en planche de sapin de 2 mètres de côté, portée sur 4 pieds en bois et recouverte d'asphalte coulé direc-tement sur le bois, a reçu le contenu de deux grilles de charbon de bois incandescent. Ce charbon a été couvert de fragments de bois sur une hauteur au centre de 0ᵐ,50. La surface, ainsi exposée au contact direct du feu, était un cercle d'environ 1ᵐ,40 de diamètre. Le feu a été alimenté de 1 heure 45 à 3 heures. Aucun indice de communication du feu au plancher ne s'est montré dans le cours de l'expérience.

La main pouvait être appliquée sous le plancher.

Après une heure et demie, l'expérience étant considérée comme suffisante, on a dressé la table de champ. L'asphalte liquéfié vers le centre a coulé et a découvert le plancher qui s'est montré coloré par l'asphalte et, en certaines places, carbonisé sur 1 à 3 millimètres d'épaisseur.

Il est résulté de cette expérience qu'une couche d'asphalte de 0ᵐ,015 millimètres réussit à préserver le plancher de l'ignition pendant une heure et demie ; qu'il serait possible qu'elle le préservât indéfiniment après la fusion et après l'épuisement des vapeurs combustibles qu'il contient ; mais que, pour prononcer sur ce dernier résultat, l'expérience aurait dû être continuée, puisque les commencements d'altération superficielle du bois ont eu lieu, tandis que rien sous le plancher ne la faisait supposer.

2° L'interposition d'une couche de terre à four, entre le bois et l'asphalte coulé, a donné un excellent résultat. Le feu a été renouvelé deux fois et l'expérience prolongée pendant une heure et demie. Les cendres ayant été balayées, l'asphalte a été refroidi par de l'eau ; il a repris sa dureté, et il a été reconnu que son épaisseur n'était pas sensiblement altérée, que la terre à four était restée intacte et que le plancher avait été complètement préservé.

Dans ces diverses expériences, le feu concentré sur le plancher a été beaucoup plus violent et plus en contact immédiat avec lui qu'il ne peut l'être dans un incendie.

3° Une dernière expérience a eu pour but d'établir le degré de combustibilité de l'asphalte. Des fragments d'asphalte ont été placés sur un brasier ardent de charbon de bois d'environ 0,30 d'épaisseur sur 0,40 de diamètre, dans une grille à barreaux verticaux recevant l'air de tous côtés.

Une certaine quantité de matières gazeuses combustibles distillées ont brûlé; mais une très faible partie de l'asphalte a coulé au pourtour de la grille, et s'est éteinte immédiatement en tombant sur une planche placée au bas du foyer. Le reste de l'asphalte a enveloppé les fragments incandescents de charbon, a couvert le foyer, l'a enfermé à la partie supérieure et, en moins d'une demi-heure, le feu est devenu impuissant à percer la plaque d'asphalte; il s'est progressivement éteint. A la suite de ces expériences, la Compagnie des omnibus examina l'application d'une manière générale, sur les planches des greniers à fourrages, d'une couche d'asphalte de 0^m,015 sur une couche de terre à four de 0,025; mais comme l'importance de cette détermination nécessitait l'accord des conseils les plus compétents, elle résolut que les expériences seraient renouvelées en présence des membres du Conseil d'administration, des chefs du corps des Sapeurs-Pompiers de la ville, et d'autres personnes intéressées, soit comme propriétaires, soit comme exploitants de magasins, à en suivre les phases et à en apprécier les résultats.

Ces expériences eurent lieu dans la cour du dépôt de Montmartre, sur deux tables en sapin de 4 mètres carrés, disposées comme celles décrites précédemment, et revêtues d'une couche d'asphalte de 15 millimètres sur terre à four de 25 millimètres d'épaisseur.

Elles furent conduites comme dans l'expérience précédente, si ce n'est que l'intensité du feu fut augmentée à la fois par la quantité de bois en combustion et par un vent sec et vif. Le feu fut entretenu pendant une heure et quart. Le ramollissement de l'asphalte, la vaporisation des huiles essentielles qu'il contient aux points en contact avec le feu et l'inflammation momentanée des petits jets de vapeur blanche provenant de ces essences; en un mot, les phénomènes qui s'étaient présentés dans la première expérience se reproduisirent. Les cendres et débris carbonisés, enchâssés dans l'asphalte, ayant été retirés, celui-ci s'est montré à peine altéré sur 2 ou 4 millimètres d'épaisseur. La croûte calcaire laissée par la combustion de cette mince épaisseur avait suffi pour préserver le reste de la couche d'asphalte qui était resté intact. Il est à remarquer que cette mince couche de 2 à 4 millimètres, bien qu'altérée par la disparition d'une partie des huiles essentielles, en contenait cependant encore assez pour reprendre sa dureté par le refroidissement. L'asphalte fut ensuite enlevé et la terre à four mise à découvert. Elle n'avait pas subi la moindre altération et quand elle fut retirée, non-seulement le plancher ne portait aucun signe d'échauffement, mais il avait été tellement préservé de la chaleur que la main pouvait y être maintenue; la température ne dépassait pas 35 à 40 degrés. Cette première expérience terminée, on a allumé, sous l'une des deux tables, un foyer très intense. Le feu s'est bientôt communiqué aux solives et à la surface inférieure des planches qui sont entrées en combustion. Mais la flamme ne pouvant se faire jour à travers les interstices des planches hermétiquement fermées par la couche d'asphalte, est restée inactive... A la fin, les pieds de la table se sont allumés à leur tour et le plancher, en s'affaissant, a étouffé en même temps son propre feu et le foyer placé au-dessous de lui.

Ces deux remarquables expériences, qui ne sont que la reproduction d'un phénomène constaté à la suite d'un sinistre dans un grand établissement industriel, ont mis hors de doute ce fait inattendu que l'asphalte est l'isolant le plus efficace d'un foyer d'incendie, que ce foyer se trouve au-dessus ou au-dessous d'un plancher asphalté. Cette dernière expérience, dirigée par les chefs du corps des sapeurs-pompiers, présente un haut degré d'intérêt.

§ IV. — DIVERS EMPLOIS DE L'ASPHALTE.

1299. L'asphalte est employé pour trottoirs de rues et places publiques, dallages des gares, des quais et entre-rails de chemins de fer, des casernes, casemates et poudrières, des manutentions, magasins à blé et granges, sous-sols, caves, brasseries et usines de tous genres, des églises et autres édifices publics, des hospices, couvents et prisons, des salles et chambres de bains, des écuries, remises et cours.

Il donne le meilleur sol aux terrasses, s'applique aux couvertures à faibles pentes sur les charpentes ordinaires, aux fondations de mur pour les garantir de l'humidité, aux chapes de ponts et voûtes de tous genres, aux ponts, canaux et coursiers, aux bassins, réservoirs, aux rejointoiements de pavés et de dalles, aux revêtements verticaux sur les murs humides, à la maçonnerie en remplaçant la chaux ou le plâtre, à la confection de bétons complètement hydrofuges et au scellement de lambourdes.

L'asphalte en poudre et comprimé à chaud forme l'asphalte comprimé, qui remplace si avantageusement le pavé et le madacam. Il donne une chaussée imperméable qui ne fait ni boue, ni bruit, ni poussière.

Le dallage en asphalte peut être employé pour les trottoirs et allées de jardin très fréquentées, les revers le long des habitations pour écarter l'humidité, les sols des pièces intérieures, surtout au rez-de-chaussée, les étables, écuries, remises. Dans les granges, il permet de battre sans aucune altération du grain. On peut faire avec cette matière des rigoles, des conduites d'eau, même des bassins. En augmentant les épaisseurs, on en fait un pavage sur lequel peuvent passer toutes les charges, si le sol est bien résistant.

Les épaisseurs des dalles varient de 0^m015 à 0^m045 pour tous les emplois ordinaires. Le prix dépend de l'épaisseur. La pose et le transport varient suivant l'importance du travail.

Une des applications les plus nouvelles de l'asphalte est celle des fondations en béton pour machines de toutes sortes, depuis celles à grands chocs, comme les marteaux-pilons, jusqu'à celles à mouvement doux, telles que machines à vapeur et machines-outils.

Il existe divers procédés à l'aide desquels on falsifie l'emploi de l'asphalte, pour faire payer le bitume factice au même prix que l'asphalte naturel. L'asphalte factice se reconnaît :

1° Par l'odeur de gaz qu'il dégage quand on le chauffe ;

2° Par le fendillement et les dégradations rapides occasionnées par l'absence des huiles évaporées dans la distillation de la houille pour le gaz.

CHAPITRE XI

DU VERRE

SOMMAIRE

§ I. — DÉFINITIONS ET NOTIONS GÉNÉRALES.

1300. La silice forme avec la soude des combinaisons très nombreuses, dont les propriétés varient d'une manière très notable selon les proportions des matières employées.

Les silicates simples formés par la soude et la potasse ne présentent qu'un intérêt médiocre; il n'en est pas de même des composés que forment ces substances avec les silicates terreux, composés qui jouissent de propriétés toutes spéciales, et qu'on désigne sous le nom de *verres*.

On donne, en effet, dans les arts, le nom de *verre* à une substance amorphe, dure et cassante à la température ordinaire, liquide ou molle à une température élevée, transparente ou translucide, incolore ou colorée, présentant une cassure particulière, lisse et brillante, qu'on appelle *cassure vitreuse*. C'est le résultat de la combinaison de l'acide silicique (la silice) avec plusieurs bases alcalines et terreuses : potasse, soude, chaux, magnésie, oxyde de fer, oxyde de plomb, alumine.

Le verre est une substance qui se laisse facilement façonner par le soufflage et qui est susceptible de prendre des colorations déterminées sous l'influence de certains oxydes métalliques.

Les verres peuvent être divisés en trois classes bien distinctes, savoir:

1° Les verres incolores ordinaires, à base de chaux et de potasse ou de soude;

2° Les verres colorés communs, ou verres à bouteilles, à base de chaux, d'oxyde de fer, d'alumine, de potasse ou de soude ;

3° Le cristal, qui ne diffère du verre incolore ordinaire que parce que la chaux s'y trouve remplacée par l'oxyde de plomb.

D'après Pline, la découverte du verre serait due à des voyageurs phéniciens qui, s'étant par hasard servis de natron (carbonate de soude natif) pour construire un foyer sur le sable du désert, trouvèrent dans le foyer une combinaison fondue de silicate de soude ; mais il est impossible d'admettre ce fait qui suppose une température beaucoup plus élevée qu'elle ne pouvait l'être en pareil cas. Il est plutôt probable qu'elle est une conséquence des recherches de traitement des métaux par fusion, les gangues en se liquéfiant donnant des laitiers qui sont de véritables verres. Toujours est-il certain que cette découverte est très ancienne, car il en est parlé dans l'Écriture sainte.

Les Egyptiens connaissaient aussi, dès l'antiquité la plus reculée, l'art de fabriquer les verres blancs et colorés, de les tailler et de les dorer, ainsi que le prouvent les parures en verre que l'on a trouvées sur plusieurs momies venant des catacombes de Thèbes et de Memphis.

Les Romains connaissaient le verre plus de deux siècles avant Jésus-Christ. Cependant, ce ne fut que sous Néron que fut établie à Rome la première verrerie, et encore ne produisit-elle d'abord que des verres à boire.

Au moyen âge, Venise se distingua par ses verreries qui furent reléguées, en 1291, à deux lieues de la ville, dans la presqu'île de Murano. C'est, dit-on, dans cet endroit que l'on fabriqua les premières glaces soufflées.

C'est aussi dans le moyen âge que la fabrication du verre s'introduisit en Bohême et y acquit, grâce à l'extrême pureté des matières premières que l'on rencontre en abondance dans ce pays, une supériorité et une réputation qui se sont soutenues jusqu'à nos jours.

§ II. — PROPRIÉTÉS PHYSIQUES ET CHIMIQUES. — ACTION DES CORPS ÉTRANGERS SUR LE VERRE

Propriétés physiques.

1301. La principale propriété du verre est sa transparence : c'est là son essence et la qualité qui le rend si précieux.

Le verre est non conducteur ou au moins très mauvais conducteur de l'électricité. C'est sur cette propriété que sont fondés la construction des machines électriques, la plupart des expériences sur l'électricité et l'établissement des lignes télégraphiques.

Le verre à base de potasse et de plomb ou *cristal* est moins isolant que le verre à base de soude ou potasse et chaux. Le verre à base de soude ou de potasse et de chaux sera d'autant plus mauvais conducteur de l'électricité qu'il attirera moins l'humidité de l'air, parce que sa fusion aura été plus longtemps prolongée et qu'il contiendra une plus grande quantité de chaux.

Le verre est très mauvais conducteur du calorique, d'où résulte son extrême fragilité par les changements brusques de température.

Dureté.

1302. Tous les verres sont durs à la température ordinaire ; mais, naturellement, cette dureté n'est pas absolue. Elle est plus ou moins grande selon leur composition.

Le verre à base de potasse et de plomb est moins dur que le verre à base de soude et de chaux, ou de potasse et de chaux. Aussi le cristal se taille-t-il beaucoup plus facilement que la gobeletterie ordinaire, et la gobeletterie à base de soude, qui est elle-même moins dure, se laisse plus facilement pénétrer que la gobeletterie à base de potasse.

ÉLASTICITÉ. — DUCTILITÉ.

1303. Le verre, comme tous les autres corps, est dilatable par la chaleur (son coefficient de dilatation linéaire est 0,000009). Il est plus ou moins flexible, selon que la section longitudinale est plus grande en proportion de la section transversale.

Le verre est élastique, car, après avoir fait preuve de flexibilité, il revient à sa forme première quand la cause qui avait produit la flexibilité vient à cesser.

Le verre est compressible, car si on laisse tomber une bille ou balle de verre sur un plan uni garni d'une légère couche d'huile, la balle rebondit en laissant une empreinte d'autant plus large que le choc a été plus fort, ce qui prouve que la balle ne s'est relevée qu'après s'être aplatie. Cette expérience prouve en même temps l'élasticité et la compressibilité. Si le choc est trop violent et dépasse la possibilité compressive, la balle se brise.

FUSIBILITÉ.

1304. Tous les verres sont plus ou moins fusibles. Lorsqu'ils sont ramollis par l'action de la chaleur, ils se travaillent avec la plus grande facilité et peuvent se tirer en fils aussi fins que ceux d'un cocon de ver à soie.

Les verres à base de soude sont plus fusibles et plus durs que ceux à base de potasse.

Le verre, lorsqu'il est soumis à un refroidissement rapide, devient très fragile et présente divers phénomènes qu'on a

comparés à tort à la trempe de l'acier, et parmi lesquels nous citerons, pour exemples, les *larmes bataviques* et les *flacons de Bologne*.

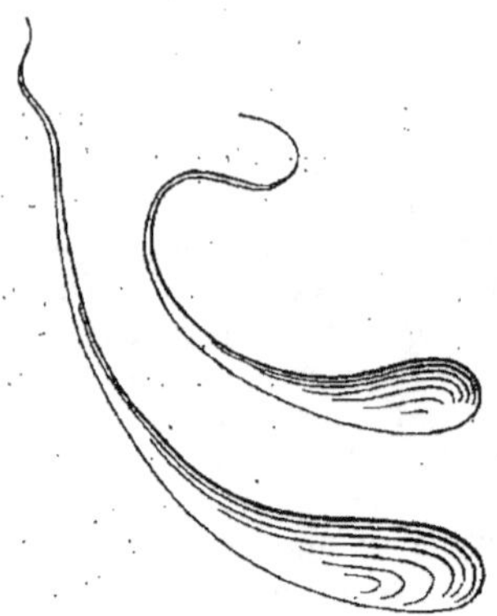

Fig. 573. — Larmes bataviques.

Les larmes bataviques (*fig.* 573) sont des gouttes de verre fondu que l'on refroidit brusquement en les laissant tomber dans l'eau et qui ont la forme d'un ovoïde allongé. Elles ont une queue qui se termine en pointe très affilée. Lorsqu'on vient à casser le bout de la queue, toute la masse se réduit en poussière avec une légère détonation.

Les flacons de Bologne sont de petits flacons refroidis brusquement, et qui volent en éclats lorsqu'on agite dans l'intérieur un fragment de pierre susceptible de les rayer. Dans ces deux cas, les molécules intérieures sont dans un état d'équilibre forcé, maintenu seulement par la solidarité de celles qui sont à la surface et qui se trouve détruit dès l'instant où l'on produit une solution de continuité quelconque dans l'enveloppe.

MALLÉABILITÉ.

1305. La malléabilité du verre se reconnaît dans le soufflage de toutes les espèces de verre, mais c'est surtout dans le coulage des glaces que nous en voyons un des exemples les plus remarquables. La malléabilité du verre n'est pas de la même nature que celle des métaux, car elle est modifiée par les propriétés de corps non conducteur du calorique.

Densité.

1306. La densité des verres varie avec leur composition; elle peut aller de 2,4 à 3,8. Les verres purement silico-alcalins sont les moins denses. L'addition de la chaux augmente un peu la densité.

L'oxyde de plomb augmente beaucoup la densité qui, pour le cristal généralement employé, est de 3,1 à 3,3.

Avec la densité du verre augmente sa réfrangibilité. C'est cette puissance réfringente plus grande qui donne plus d'éclat au cristal qu'au verre ordinaire.

Propriétés chimiques; action des corps étrangers sur le verre.

1307. L'air sec, ni même l'oxygène, n'a aucune action sur le verre. L'air humide, au contraire, exerce une action marquée sur le verre, action due à la présence de l'eau.

Dans les circonstances habituelles, l'action de l'eau sur le verre est pour ainsi dire nulle. L'eau ne s'altère pas sensiblement dans les vases de verre. Cependant, certaines vitres, après un court usage, et même avant d'être sorties de la verrerie, prennent une teinte irisée qui est une altération due à l'humidité. D'autres vitres se fendillent à la longue, perdent leur transparence, ce qui est dû à la même cause.

Plus un verre est dur et infusible, moins il est altérable par l'action des agents atmosphériques et chimiques, l'acide fluorhydrique excepté. Les verres trop alcalins attirent peu à peu l'humidité de l'air en perdant leur éclat et leur poli. Beaucoup de verres se laissent notablement attaquer par une ébullition prolongée avec de l'eau et à *fortiori*, par les dissolutions alcalines et acides. Ainsi, il n'est pas rare de voir des verres à bouteilles attaqués par le tartre qui se trouve dans le vin. En général, on peut dire que tous les verres qui se laissent sensiblement attaquer ou perdent leur poli par une ébullition prolongée avec des dissolutions concentrées d'alun, de sel marin, d'acide sulfurique, ou de potasse, sont de mauvaise qualité. C'est faute d'avoir essayé leurs bouteilles, par l'un des procédés ci-dessus, que bon nombre de personnes perdent journellement des quantités de vin considérables.

L'acide fluorhydrique exerce sur les silicates une action spéciale qu'on met à profit pour la gravure sur verre. On l'emploie également pour faire, à l'aide de procédés aussi sûrs que faciles à exécuter, l'analyse des différentes sortes de verre.

III. — MATIÈRES PREMIÈRES EMPLOYÉES DANS LA FABRICATION DU VERRE.

I. — Silice.

1308. Toutes les sortes de verres contiennent la *Silice* comme élément essentiel. Le choix de cette matière exerce l'influence la plus directe sur la qualité du verre.

La silice, acide silicique, combinaison de la silice et de l'oxygène (SiO^3), était connue autrefois sous le nom de *terre vitrifiable*. Elle se présente sous plusieurs formes et est employée par les verriers à l'état de sable plus ou moins pur, de grès, de quartz ou, enfin, à l'état de cailloux de silex auquel elle doit son nom. Pure et cristallisée, elle constitue le cristal de roche, qui a été longtemps le type de verre le plus beau. Pour les verres blancs, tels que le verre de Bohême, le cristal, le verre à vitre, le verre à glaces, la silice doit être pure et aussi exempte de fer que possible.

La silice est dans un état d'autant plus favorable à la vitrification qu'elle se trouve dans un plus grand état de division. C'est pourquoi le verrier, à égalité de pureté, préfère l'emploi du sable à celui du grès, du quartz, du silex; car, dans ces derniers cas, il est obligé de faire subir à la silice une manutention dispendieuse.

Le sable le plus apte à faire le plus beau verre est naturellement celui qui est le plus pur, le plus exempt de matières étrangères. Il doit être parfaitement blanc et composé de petits cristaux transparents semblables au cristal de roche. Ce sable doit, dans tous les cas, être lavé, puis séché.

En France, pour le cristal, les glaces, le verre à vitre, etc., on se sert généralement des sables les plus blancs de Fontainebleau, de Champagne, de Nemours, de Chantilly, etc.

II. — Potasse.

1309. La potasse (KO), connue aussi, autrefois sous le nom d'*alcali fixe végétal*, est employée dans les verreries. Presque tous les verres de Venise et de Bohême sont à base de potasse. On purifie la potasse en la traitant à froid par son poids d'eau, décantant, évaporant à siccité la liqueur décantée et calcinant la potasse obtenue assez fortement pour la fritter.

Les potasses qu'on emploie de préférence sont les potasses d'Amérique et la potasse provenant des résidus du travail des betteraves, qu'on désigne en France sous le nom de potasse indigène. En Bohême, on se sert de la potasse provenant des cendres de bois du pays ou de la Hongrie.

III. — Chaux.

1310. La chaux (CaO) et la silice seules ne se vitrifient pas au feu ordinaire des fours de verrerie; mais quand à ces deux substances on ajoute la soude ou la potasse, la vitrification de la chaux s'opère alors avec la plus grande facilité.

En Bohême, on se sert de chaux obtenue par la calcination d'un calcaire saccharoïde blanc extrêmement pur. Dans les autres pays, on se sert également de chaux très pures et aussi exemptes que possible de fer, excepté pour les verres à bouteilles.

Le verrier a tout avantage à employer la chaux dans ses compositions. Elle rend le verre moins déliquescent; elle lui donne aussi une bien plus grande ductilité. Le verre composé de silice et de soude, ou de silice et de potasse seules, est cassant, aigre et il devient beaucoup plus doux par l'addition de la chaux.

La chaux employée en proportion convenable donne du corps au verre, comme le feraient l'alumine et la magnésie. Elle ôte au verre la tendance à attirer l'humidité de l'air, tendance résultant de l'alcali libre, soude ou potasse, qui s'empare de l'eau atmosphérique.

Certains verriers à proximité d'un banc de craie pure l'emploient à cet état de craie sans lui faire subir l'opération de la cuisson. Comme la craie contient généralement des dépôts de silice sous forme de rognons de silex, il est très important de les enlever avant de l'employer afin d'éviter dans le verre des défauts très graves.

IV. — Soude (NaO).

1311. Cet alcali, dont l'emploi est beaucoup plus général aujourd'hui que celui de la potasse, est introduit dans la composition du verre sous forme de carbonate (sel de soude) ou de sulfate. Ce dernier sel, qui donne au meilleur marché possible l'élément alcalin du verre, est en usage dans la fabrication des glaces, du verre à vitres et des bouteilles. On facilite sa décomposition par l'addition d'une petite quantité de charbon.

V. — Alumine ($Al^2 O^3$).

1312. L'alumine joue un grand rôle dans la verrerie, puisqu'elle est l'élément principal de l'argile, avec laquelle on fait les fours et les creusets.

Dans les verres à bouteilles, où l'on cherche à diminuer le prix de revient en réduisant la proportion d'alcali employée, il est nécessaire d'augmenter la fusibilité du mélange en y introduisant un plus grand nombre de bases, principalement de l'alumine, soit à l'état d'argile, soit à l'état de cendres végétales.

VI. — Baryte (BaO).

1313. La baryte est un excellent fondant. Aussi obtient-on avec un mélange de silice, de baryte et d'alcali, de très beaux verres qui se travaillent facilement et qui ont un éclat bien supérieur aux verres non plombeux à base de chaux. Ils ne le cèdent que très peu, sous ce rapport, aux cristaux plombifères dont ils n'offrent pas les inconvénients.

On peut remplacer la baryte par le sulfate de baryte ($BaOSO^3$), qui se trouve en certaine abondance, sous la forme de filons dans certaines localités, en y ajoutant une quantité de charbon un peu moindre que celle qui serait nécessaire pour transformer l'acide sulfurique du sulfate en acide sulfureux.

La baryte donne cependant au verre une pesanteur spécifique très considérable, qui pourrait être utile pour du verre d'optique, mais qui est désavantageuse pour des verres ordinaires qui ont à supporter des frais de transport plus élevés.

VII. — Oxyde de plomb.

1314. L'oyde de plomb forme la base des cristaux ordinaires. On l'emploie à l'état de minium qui est un composé de protoxyde et de peroxyde de plomb. Les fabricants préfèrent l'emploi du minium à celui du massicot.

L'oxyde de plomb ajouté à la silice et à la potasse dans les proportions ordinaires de 3 de silice, 2 de minium et 1 de carbonate de potasse, constitue le verre auquel on a réservé en France le nom de cristal, le *flint-glass* des Anglais.

Il est essentiel que l'oxyde de plomb employé soit très pur, il ne doit pas renfermer de cuivre, car la moindre trace de ce métal colore fortement le verre. Il faut aussi qu'il ne soit pas argentifère, l'argent ayant un pouvoir colorant jaune très intense.

VIII. — Manganèse.

1315. Le peroxyde de manganèse (MnO^2) sert à détruire la couleur vert-bouteille du verre coloré par un peu de protoxyde de fer. Cette action de ces deux oxydes l'un sur l'autre a fait de tout temps donner au manganèse le nom de *savon du verrier*. La couleur propre produite par l'oxyde de manganèse dans la composition du verre est le violet.

IX. — Oxydes de fer.

1316. Le fer est l'un des fléaux les plus fréquents du verrier, par la seule raison qu'il donne au verre une couleur verdâtre et qu'il existe dans les sables, la chaux ou les alcalis.

X. — Arsenic.

1317. L'arsenic, à l'état d'acide arsénieux, est très employé en Bohême, pour détruire la teinte verdâtre due à des traces de protoxyde de fer, pour détruire la teinte jaune que prend le verre si le four fume; enfin, pour agiter, en se volatilisant, la matière fondue et favoriser le dégagement des bulles, c'est-à-dire accélérer l'affinage du verre.

Dans certaines usines, les nitrates de potasse et de soude sont employés concur- remment avec l'acide arsénieux pour produire les mêmes effets.

§ IV. — VERRES A VITRE.

1318. Le verre à vitre est aujour-d'hui d'un usage si général qu'il semble que sa fabrication doit remonter à une époque fort reculée. Il n'en est pas ainsi. Ce n'est que depuis quelques centaines d'années qu'il est devenu commun et d'un usage indispensable.

Sénèque affirme que l'invention de clore les habitations par des vitres date de son époque.

Les vitrages en verre étaient connus, sinon des Grecs, au moins des Romains avant l'ère chrétienne.

On a trouvé en 1772, à Pompéi, une fenêtre avec un beau vitrage. Les vitres de Pompéi ont été moulées, le verre en était très alcalin.

Nous donnons ci-après l'analyse du verre pompéien et, comme comparaison, la composition du verre actuel :

	Verre pompéien	Verre actuel
Silice................	69.43	69.6
Chaux................	7.24	13.4
Soude................	17.31	15.20
Alumine............	3.55	1.80
Oxyde de fer........	1.15	»
Oxyde de manganèse..	0.39	»
Oxyde de cuivre......	traces	»
Total...	99.07	99.10

La nature du verre pompéien est la même que celle de certains produits similaires de fabrication moderne, produits d'assez médiocre qualité, il est vrai ; car, trop riches en soude, ils ne contiennent pas assez de chaux.

Quoique l'usage du verre employé comme vitre fût connu des Romains, on ne commença guère qu'au IIIe siècle à l'employer pour garnir les fenêtres des églises et jusqu'au VIIe siècle l'usage en fut restreint. On l'employait prin-cipalement à l'état de *cives*, ou petites vitres rondes, qui avaient l'avantage d'être fabriquées par une seule opération.

L'usage des vitres dans nos habitations ne remonte qu'au XIVe siècle et, jus-qu'au siècle de Louis XIV, pendant le-quel l'emploi des vitres d'un seul morceau devint général ; les vitres étaient formées de carreaux de petites dimensions encas-trés dans des baguettes de plomb.

L'usage des vitres ne se généralisa pas très rapidement, puisqu'au XVIIIe siècle, il existait encore une corporation de *châssessiers*, dont la profession consis-tait à garnir les fenêtres de papier huilé.

Fabrication des verres à vitres.

1319. Il existe deux procédés pour fabriquer le verre à vitre :

1° Le procédé des cylindres,

2° Le procédé des plateaux ou du verre en couronne.

Le premier de ces deux procédés est le plus répandu. Le second tendant à dispa-raître, nous en parlerons moins longue-ment.

PROCÉDÉ DES CYLINDRES.

1320. Le procédé des cylindres fut importé en France à St-Quirin, par Dro-lenvaux, qui fit venir de la Bohème des ouvriers habitués à ce genre de travail.

COMPOSITION DU VERRE A VITRE.

1321. La nature chimique du verre à vitre présente d'assez grands écarts.

Nous donnons ci-après la composition de quelques échantillons :

DÉSIGNATION des SUBSTANCES	VERRE A VITRE				
	Français	Belge	Anglais	à base de potasse très blanc	se ternissant facilement, très mauvais verre
Silice......................	69.6	72.5	72.9	71.2	71.4
Chaux.	13.4	13.1	13.2	11.6	3.6
Soude......................	15.2	13.0	12.4	2.3	16.2
Potasse....................	»	»	»	14.2	6.9
Alumine....................	1.4	1.0	1.0	0.4	1.0
Oxyde de fer et de manganèse.....	0.4	0.4	0.5	0.3	0.9
TOTAUX......	100.00	100.00	100.00	100.00	100.00

Les matières premières servant à fabriquer le verre à vitre sont : le sable, le sulfate de soude et la chaux sous forme de carbonate ou de chaux éteinte.

Dans le nord de la France et en Belgique, où se trouvent réunies un grand nombre de fabriques de verres à vitres, ces matières sont employées dans les proportions suivantes :

Sable blanc......................	100	parties
Sulfate de soude..	35 à 40	—
Calcaire (*carbonate de chaux*)...	25 à 35	—
Charbon en poudre (ordinairement sous forme de coke).............	1.5 à 2	—
ioxyde de manganèse...........	0.5	—
Groisil : quantité variable ; ordinairement autant que de sable.		

On désigne sous le nom de *groisil*, pour toutes les espèces de verres, les déchets de verre qui résultent du travail des pièces, déchets qui facilitent la fonte et l'affinage des matières neuves qu'on introduit dans les pots.

On ajoute souvent à la composition, de l'acide arsénieux, tantôt en poudre, tantôt sous forme de morceaux qu'on projette dans les pots lors de l'affinage.

Le mélange des matières premières se fait dans un local spécial, dans lequel les matières sont pesées ou mesurées avec soin. Il convient de mélanger à part le sulfate de soude et le charbon qu'on ajoute ensuite aux autres matières, à l'exception du groisil. Ces matières sont réduites en poudre fine et, souvent même, passées au blutoir.

Fours employés.

1322. Les fours employés dans les verreries sont de formes très variées suivant l'usage auquel ils sont destinés. Nous distinguerons les suivants :

1° Les *fours de fusion*, qui sont de forme ronde, elliptique ou rectangulaire. Dans tous les cas, il règne sur la totalité ou seulement sur une partie du pourtour une banquette sur laquelle on place les *creusets* ou *pots*. Dans la voûte, au-dessus des pots et vis-à-vis de chacun d'eux, sont ménagées des ouvertures ou embrasures de travail par lesquelles on *cueille* le verre pour le travailler, on réchauffe les objets ébauchés, etc... Lorsqu'on opère dans des creusets fermés, le col des creusets vient remplir cette embrasure.

2° Les *fours à fritter* les matières premières et à *recuire* les objets fabriqués qui sont des fours à réverbère chauffés, tantôt à flammes perdues, tantôt par un foyer particulier, et qui sont continus ou discontinus.

3° Enfin les *fours à étendre* les manchons de verre pour la fabrication des verres à vitres.

FOURS DE FUSION.

1323. La chaleur qui se développe dans les fours à fondre et à travailler le verre doit être très élevée et facile à régler. Quel que soit le système adopté, la flamme circule autour des pots, ceux-ci reposant sur les banquettes. La voûte du four est surbaissée de manière à profiter de la chaleur réfléchie.

Les fours de fusion aujourd'hui en usage sont :

1° Les fours ordinaires ;
2° Les fours du système Siémens,
3° Les fours du système Boétius ;
4° Les fours à une seule cuvette.

I. — *Fours ordinaires.*

1324. Les fours ordinaires sont chauffés avec la houille ou avec le bois.

Quel que soit le combustible employé, les dispositions générales sont à peu près semblables. Il en est de même pour les fours du système Siémens. Quant aux fours Boétius, ils sont construits pour l'emploi exclusif de la houille.

Nous donnons ci-après le plan et les les coupes d'un four carré chauffé au bois (*fig.* 579 — 580 — 581). La légende sui-

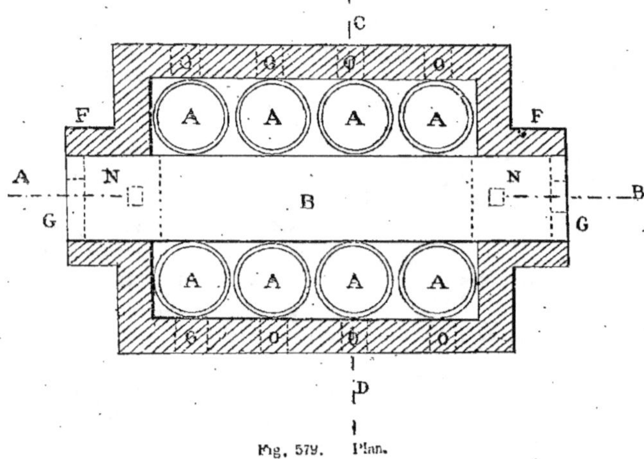

Fig. 579.   Plan.

vante fera comprendre très facilement les diverses parties de ce four.

A — Pots ou creusets contenant les matières à fondre.

B — Fosse.

C — Plateaux de siège.

D — Murs de siège.

F — Tonnelle.

G — Pierres de tisard ayant un trou supérieur de 0^m,10 sur 0^m,15 pour passer la billette, et un trou inférieur de 0^m,15 sur 0^m,15 pour le passage de l'air.

N — Pierre de fond de tisard ayant un trou de 0^m,15 sur 0^m,15 pour le passage de la braise.

M — Cendrier.

O — Ouvreaux.

P — Couronne de forme ellipsoïdale.

R — Trous de logis pour surveiller le fond des pots.

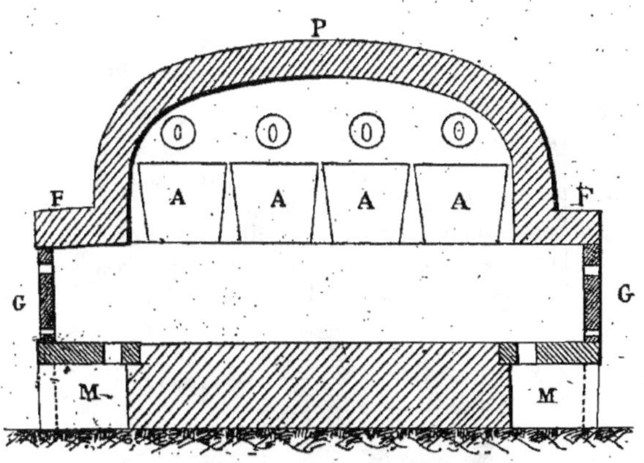

Fig. 580. — Coupe suivant AB du plan (fig. 579).

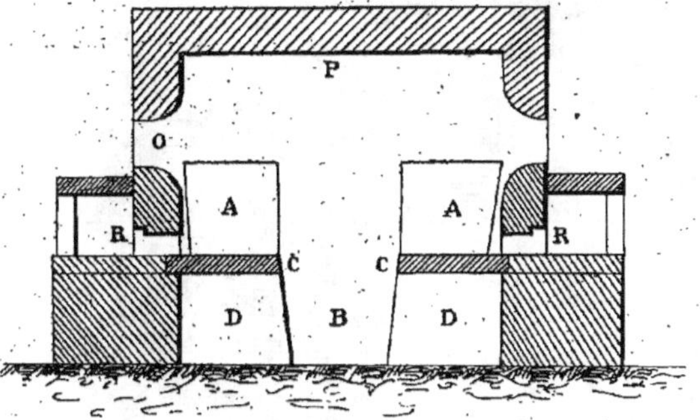

Fig. 581. — Coupe suivant CD du plan (fig. 579).

Les fours chauffés à la houille ne diffèrent pas beaucoup du précédent. Seule-

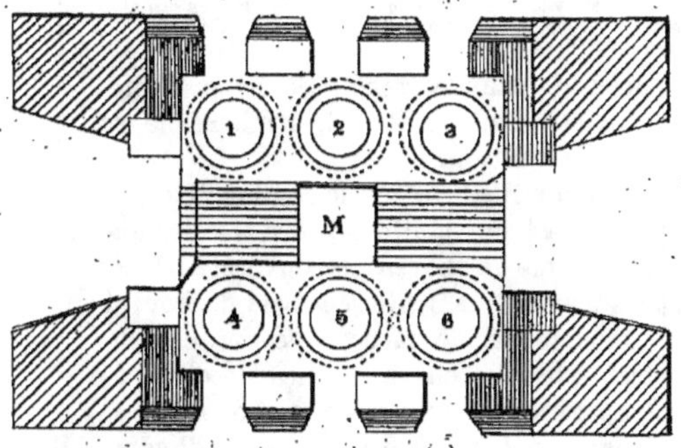

Fig. 582. — Plan d'un four de verrerie chauffé à la houille et
contenant six pots.

ment, le fond de la fosse,
au lieu d'être plein, est
occupé par une grille qui
s'étend de chaque côté
jusqu'à moitié de la ton-
nelle. On sépare ordinai-
rement les deux extrémi-
tés des grilles par un mur
M (*fig.* 582) sur lequel
elles s'appuient.

II. — *Fours du système Siémens.*

1325. Dans ces fours,
on substitue à l'action
directe du combustible
celle des produits résul-
tant de sa distillation.
Ces produits, véritables
combustibles gazeux, sont
l'oxyde de carbone, les
carbures d'hydrogène et
l'hydrogène.

Ces gaz et l'air qui doit
servir à leur combustion
sont dirigés, sans être
mélangés, dans deux
chambres remplies de bri-
ques réfractaires à claire-
voie, préalablement por-
tées à la température rouge par la
flamme sortant du four de verrerie ; ils
s'échauffent eux-mêmes, par conséquent, par leur contact avec ces
briques. Ces chambres sont désignées sous le nom de *régénérateurs.*

Les deux masses gazeuses,
après avoir traversé séparément de bas en haut ces chambres, sont conduites dans le four
où elles se mélangent et se combinent, ajoutant à la chaleur
qu'elles ont acquise déjà celle
qui est due à l'action chimique.

La flamme, qui est la conséquence de cette action, prend

naissance à une petite distance de la banquette sur laquelle reposent les creusets; elle traverse le four, y détermine les effets dus à sa température très élevée; puis, à sa sortie, elle pénètre dans deux autres régénérateurs en leur cédant la presque totalité de la chaleur qui lui reste.

Ainsi, les deux régénérateurs d'entrée et les deux régénérateurs de sortie agissent en sens inverse. Les premiers sont traversés de bas en haut, l'un par les produits gazeux de la distillation, l'autre par l'air. Ceux de sortie sont traversés de haut en bas par le mélange des gaz

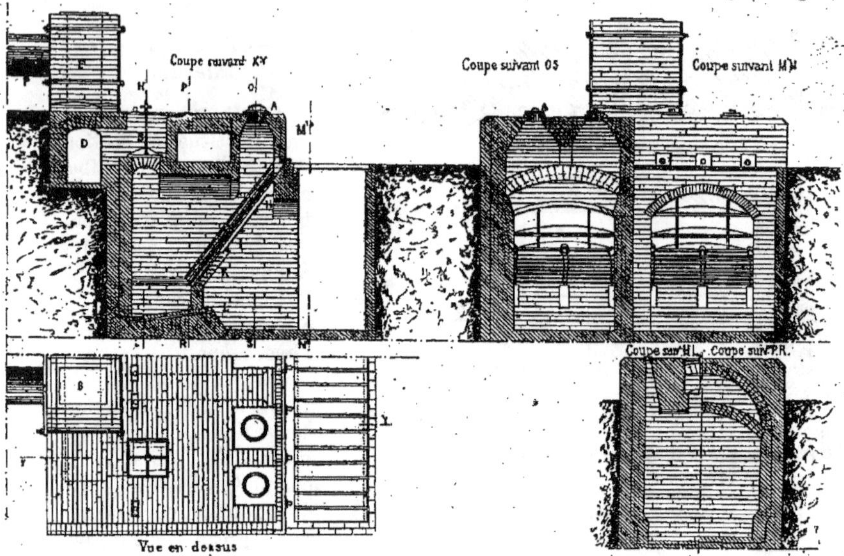

Fig. 583. — Générateurs à gaz de CW. Siemens.

A. Ouvertures pour charger la houille. — **B.** Soupape ou registre des générateurs. — **C.** Ouverture pour passer le coke. — **D.** Conduit recevant le gaz des générateurs. — **E.** Conduit servant aux deux générateurs. — **F.** Tuyaux refroidissant les gaz — **G.** Plaque de fonte fermant le conduit et évitant la dislocation des maçonneries en cas d'explosion. — **HI.** Massif incliné sur lequel glisse le combustible. — **K.** Barreaux qui donnent accès à l'air

brûlés sortant du four. Ces derniers cèdent aux briques des régénérateurs la chaleur qu'ils doivent fournir à l'air et aux gaz non brûlés lors du passage de ceux-ci et de l'air en sens opposé.

Au moyen de quatre valves d'entrée et de sortie, mues à des intervalles réglés, toutes les demi-heures ou toutes les heures, les quatre chambres fonctionnent alternativement pour donner de la chaleur aux gaz entrants et pour en dépouiller et mettre en réserve celles des gaz qui sortent du four.

Les gaz de la combustion sont donc produits dans les générateurs représentés (*fig.* 583), dans lesquels le combustible est mis en ignition.

La houille, qui est le combustible employé, est introduite par des trémies que l'on ferme au moyen de couvercles. L'air qui traverse la grille chargée de houille donne de l'acide carbonique qui, en contact avec le charbon incandescent, se transforme en oxyde de carbone qui se trouve mélangé à des carbures d'hydrogène et l'hydrogène résultant de la distillation partielle de la houille.

Un mince filet d'eau, qui tombe en L,

près du combustible incandescent, a pour objet de ménager la grille et de produire de l'hydrogène et de l'oxyde de carbone qui s'ajoutent aux gaz donnés par la décomposition de la houille.

La température des gaz est de 1400 à 1600 degrés et peut, dans certains cas, dépasser 2000 degrés. Lorsque ces gaz sortent par la cheminée, leur température est réduite à 200 degrés environ.

Le four est représenté (*fig*. 584).

Dans la coupe suivant OP du four de fusion, les gaz du générateur arrivent en A' et l'air est aspiré en A, les deux colonnes gazeuses pénétrant, sans être mélangées de bas en haut, dans les deux

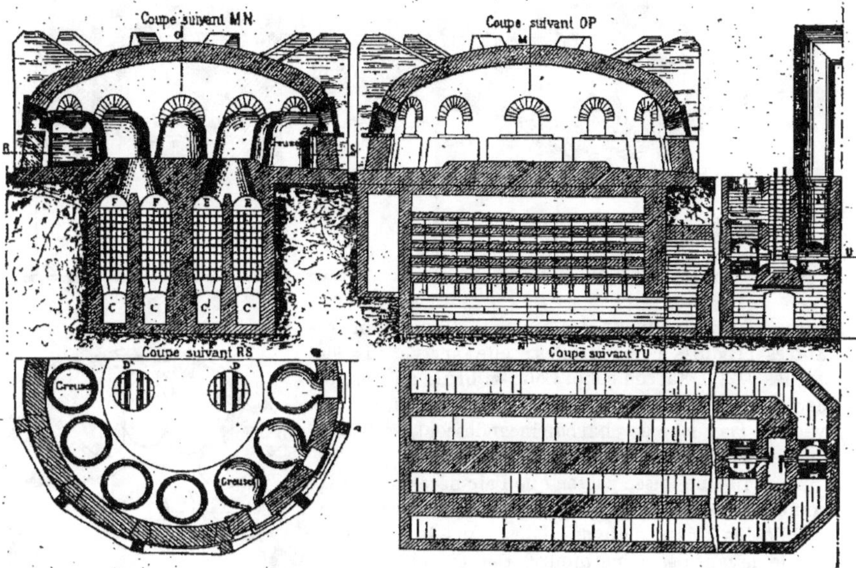

Fig. 584. — Four circulaire pour fondre le verre, a gaz et à chaleur régénérée de C. W. Siemens. AA'. Distribution du gaz et de l'air. — BB'. Valves pour renverser les courants. — CC'. Régénérateurs. — DD'. Entrée et sortie du gaz.

chambres contiguës (régénérateurs de chaleur) qui ont emmagasiné et qui leur cèdent la haute température que les gaz brûlés sortant du four de fusion leur ont laissée.

Dans la coupe suivant MN du four de fusion et des régénérateurs de chaleur, les gaz combustibles et l'air arrivent, par exemple, par les deux chambres contiguës de droite, se mélangent et brûlent un peu au-dessus de E. Les gaz brûlés sortent par les autres ouvertures F, à gauche, traversent de haut en bas les deux chambres de gauche qu'elles portent à la haute température qui, par un renversement de clapets, servira à échauffer ultérieurement les gaz et l'air qui y arriveront par la partie inférieure.

La coupe suivant RS donne la section horizontale du four de fusion, partie à la hauteur des creusets et partie au-dessus des creusets. L'un des orifices D, D', sert alternativement à l'entrée de l'air et du combustible gazeux, tandis que les gaz de la combustion sont aspirés par l'autre.

Les fours Siemens présentent des avantages considérables et permettent de réaliser une économie de combustible qui peut atteindre 50°/₀, mais l'installation de ces appareils est fort coûteuse.

III. — *Four Boétius.*

1326. Cet appareil représenté (*fig.* 585) est d'une construction plus simple et moins coûteuse que le précédent. Il a pour objet l'utilisation méthodique du charbon, l'échauffement de l'air destiné à sa combustion et le parfait mélange des gaz.

La houille, chargée par les deux ouver-

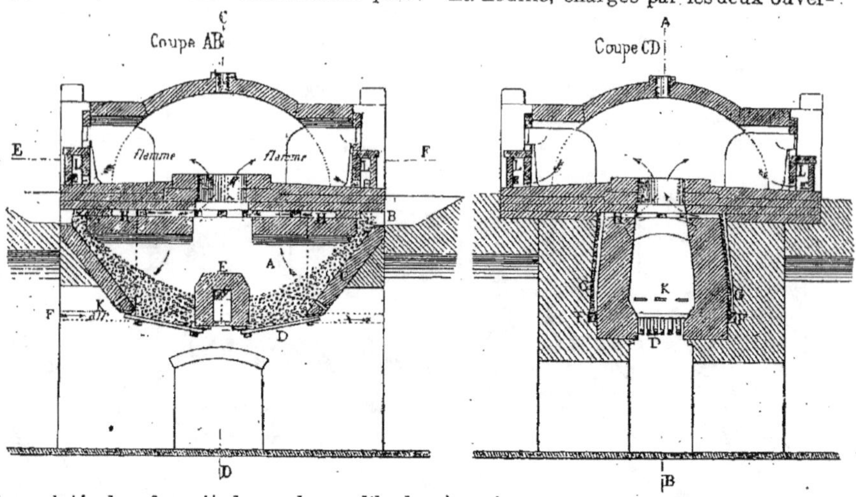

tures latérales, fournit des carbures d'hydrogène et autres produits combustibles ; elle arrive sur les grilles D à l'état de coke. Celui-ci brûle au contact de l'air en donnant de l'acide carbonique qui, en traversant la couche de charbon incandescent, se transforme partiellement en oxyde de carbone.

La grille ne laisse passer que l'air nécessaire à la combustion du coke. Pour brûler les gaz formés, on établit des prises d'air spéciales dans le massif et sur le devant des générateurs. Cet air circule par des canaux autour des générateurs. En s'échauffant, il refroidit les briques et en assure la conservation. De là, l'air chaud se mélange aux gaz par les quatre côtés et les brûle complètement. Le jet des flammes monte à la voûte et est ensuite aspiré par les cheminées ménagées dans les piliers des fours.

IV. — *Four à une seule cuvette.*

1327. Ce four consiste en une longue cuvette à compartiments, disposée de telle sorte que les matières premières étant introduites à l'une de ses extrémités, le soufflage du verre se fait à l'autre

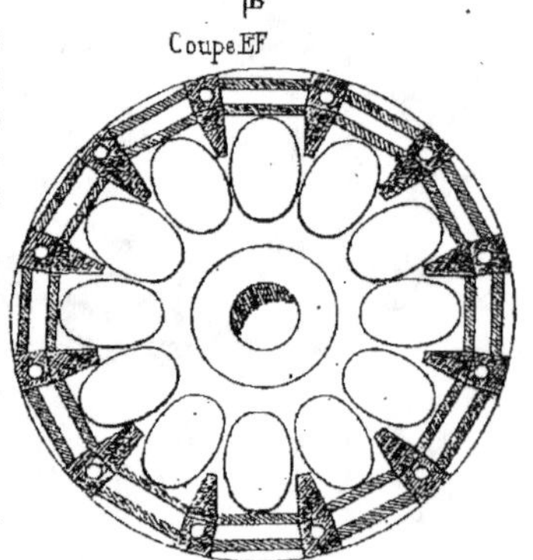

Fig. 585. — Four à cristal (Système Boétius)

A. Générateurs. — B. Ouvertures de chargement au charbon. — C. Plans inclinés en brique réfractaire sur lesquels glisse le charbon en dégageant ses produits volatils. — D Grilles qui ne laissent passer que l'air nécessaire à la combustion du coke. — EF. Prise d'air pour brûler les gaz. — GH. Carneaux où l'air s'échauffe en refroidissant les briques des générateurs et les sièges du four. — K. Ouvertures placées dans les tabliers des générateurs et permettant d'augmenter la quantité d'air introduite. — L. Sorties de la flamme.

bout du four. Ce four est une nouveauté et doit occuper une place importante dans la fabrication du verre.

Creusets.

1328. Les creusets, auxquels on donne plus communément le nom de *pots*, doivent résister au feu le plus violent.

La bonne qualité des creusets est d'une si grande importance, que la plupart des verreries ne s'en rapportent qu'à elles-mêmes pour les soins très minutieux qu'exige la fabrication de leur poterie. Cette fabrication, selon qu'elle est bonne ou qu'elle est mauvaise, assure ou compromet la prospérité d'une verrerie.

Les creusets doivent pouvoir supporter, pendant plusieurs semaines, une température très élevée sans se déformer, sans se fendre, sans se vitrifier. Cette température, mesurée au moyen du pyromètre thermo-électrique, n'est pas moindre de 1,000 à 1,200 degrés. Il faut donc, pour la fabrication de ces creusets, choisir des argiles très réfractaires, exemptes, autant que possible, de fer, de chaux, de magnésie et d'alcalis.

Le choix de l'argile pour la confection des poteries est justifié par la plasticité considérable dont elle jouit et par le durcissement qu'elle acquiert par la cuisson. Mais l'argile a l'inconvénient de prendre du retrait par la cuisson, ce qui produit une déformation des vases façonnés avec cette substance. On atténue cet inconvénient en ajoutant à l'argile une substance désignée sous le nom de *ciment* ou de *matière dégraissante* qui, diminuant sa plasticité, rend aussi son retrait moins considérable.

L'argile d'Andennes, des environs de Namur, est généralement employée en Belgique. C'est une terre d'une qualité très supérieure, recherchée en France et en Allemagne. Les Anglais se servent de l'argile de Stourbridge. En France, les terres grasses dominent. On en extrait à Forges-les-Eaux, en Champagne, à Mon-

tereau, dans les terres du pays du Bray, de Provins etc...

Ces terres, en arrivant à la verrerie, sont épluchées, concassées, réduites en poudre sous des meules à plateau horizontal tournant, puis mélangées avec de la terre cuite (terre maigre) qui servira de ciment, avec des débris de vieux creusets. Le mélange est humecté, passé dans un cylindre placé verticalement et dans lequel tourne un arbre muni de lames hélicoïdales. En haut de ce cylindre, coule un filet d'eau qui permet de donner au mélange une certaine plasticité. La terre ayant passé plusieurs fois dans ce malaxeur est soumise à un laminage entre deux cylindres, animés de vitesses différentes. Ces cylindres sont écartés l'un de l'autre de quelques millimètres. La terre est laminée, étirée et poussée sous ces cylindres; elle sort par une filière, puis passe à l'état de pâte continue sur des

SUBSTANCES	TERRES DE				
	Forges (Seine-Inférieure)	Andennes (Belgique)	Stourbridge (Angleterre)	Klingenberg sur-le-Mein (Basse-Franconie)	d'un creuset de verrerie de Bohême
Silice..........	71.6	64.2	71.7	57.4	68.0
Alumine	26 0	32.2	22.3	38.0	29.0
Oxyde de fer .	1.2	2.4	4.5	1.8	0.2
Chaux.	0.1	»	0.5	1.8	»
Alcalis........	1.1	1.2	(non dosés)	1.0	0.8
TOTAUX....	100.00	100.00	99.0	100.0	98.0

rouleaux garnis de toile mouillée et, de là, au moyen d'un fil métallique, on coupe cette pâte par morceaux à peu près égaux nommés *pastons* ou *colombins*. Après ce laminage, la terre est portée à la cave où s'effectue le phénomène du pourrissage. Cette terre est ainsi accumulée dans les caves et prise au fur et à mesure des besoins.

1329. Nous donnons, dans le tableau page 582, la composition des argiles réfractaires les plus usitées en verrerie, déduction faite de l'eau qui a disparu par la calcination.

1330. Pour la fabrication des creusets, on pourra prendre, par exemple, le mélange suivant :

100 parties d'argile grasse de Forges.

100 parties de ciment.

10 parties de débris de vieux pots pulvérisés.

Fabrication et formes diverses des creusets.

1331. Les creusets sont fabriqués avec ou sans formes, c'est-à-dire avec ou sans moules. L'avantage des creusets moulés est de donner des capacités plus régulièrement semblables entre elles.

Le moule représenté (*fig.* 586) est formé de deux parties réunies par des crochets. Pour faire un creuset, on commence par appliquer contre les parois du moule des bandes de toile mouillées. Cela fait, on prépare les *pastons*, puis on place, sur un support à quatre pieds, un fonceau en planches rainées réunies entre elles et présentant la forme en plan que devra avoir le creuset. Sur ce fonceau, on place des *grainettes* ou grains de ciment en couche bien horizontale (0,01 à 0,02 d'épaisseur). On pose sur cette couche de ciment une toile ayant à peu près la forme du fonceau et le dépassant de quelques centimètres tout autour. Le potier commence à appliquer sur cette toile quelques pastons de terre qu'il soude en les aplatissant et en les amincissant de façon à rendre ainsi très homogène la masse de terre qui augmente de surface et peu à peu d'épaisseur.

Afin d'obtenir un fond ayant 0^m,15 d'épaisseur, on jette avec force sur la première couche en contact avec la toile, une série de petits morceaux de terre égaux entre eux.

Le fond étant formé à une épaisseur plus forte que celle qu'il doit conserver, on apporte les deux parties du moule, puis on les réunit et on enferme ainsi le fond du creuset.

L'ouvrier gratte alors ce fond, l'amincit, appliquant cette terre en excès contre les toiles mouillées garnissant les parois du moule, puis bat intérieurement ce fond à l'aide d'une batte en bois. On fait de même contre les parois en appliquant contre elles des couches de terre successivement amincies et soudées les unes aux autres.

La terre ainsi soudée et amenée à la

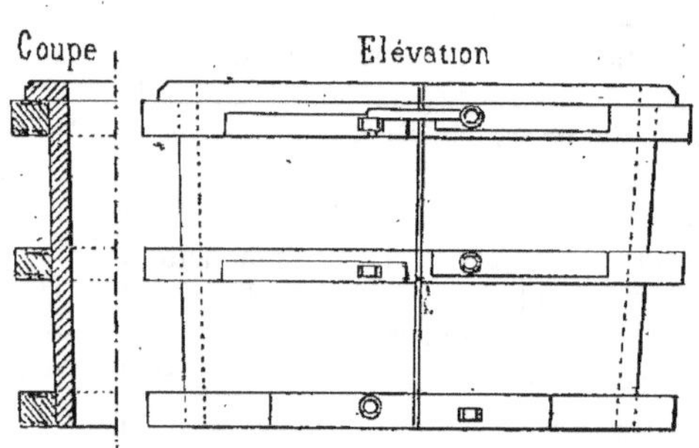

Fig. 586. — Moule en bois pour la fabrication des creusets.

partie supérieure du moule, on rebat encore les parois qu'on lisse avec un polissoir, et le lendemain, à l'aide d'une éponge mouillée, on enlève le moule, puis les toiles qui restent adhérentes aux parois du creuset. On fait un chanfrein sur les bords avec des outils spéciaux, puis on recouvre ces bords de petites toiles mouillées, afin d'empêcher une dessiccation trop rapide. Au bout d'une quinzaine de jours, on renverse les creusets sur le flanc, afin de permettre une dessiccation régulière et uniforme. Pour continuer la dessiccation,

les pots étant fabriqués à une température
de 18 degrés, on les laisse sécher pendant
4 à 8 mois dans des chambres chauffées à
une température de 30 à 40 degrés. Enfin
ils sont cuits graduellement jusqu'au
rouge, dans des fours spéciaux, avant
d'être introduits sur la banquette du four
de fusion, à la place des creusets hors de
service qu'ils doivent remplacer.

La contenance moyenne des pots pour
la fabrication des verres à vitres est de
400 à 500 kil. de verre fondu (France et
Belgique). Les verreries anglaises, au contraire, ont beaucoup augmenté les dimensions de leurs pots. Il en est qui contiennent
plus de 2500 kil. de verre fondu. Des con-
tenances de 15 à 1800 kil. sont assez ordinaires pour le verre à vitres.

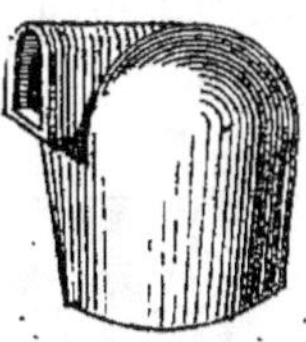

Fig. 587. — Creuset couvert pour le cristal.

Les creusets qui servent à fondre le
verre ont des formes et des dimensions

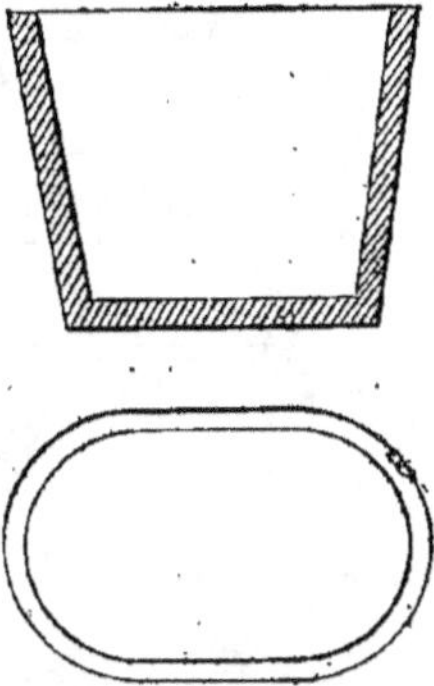

Fig. 588. — Plan et coupe d'un creuset ovale.

variables. Ils sont ronds, ovales, rectangulaires. Pour le cristal fait à la houille,
ils sont couverts et présentent la forme
d'une cornue à col très-court (*fig*. 587).
Leur hauteur varie entre 0^m.50 et 1^m,00.
Quand ils sont cuits, leurs parois latérales
ont 5 à 7 centimètres d'épaisseur. Le fond
a 10 centimètres.

Les grands creusets contiennent ordinairement 5 à 600 kil. de verre fondu.
Nous donnons (*fig*. 588) le plan et la coupe
d'un creuset ovale.

Verres à vitres soufflés en cylindres ou en manchons.

Fonte et soufflage du verre.

1332. Le four neuf ayant été chauffé
par un feu gradué, pendant au moins
quinze jours, sa température, amenée au
point le plus élevé possible et, d'autre
part, les pots ayant été également chauffés
à blanc, on fait ce qu'on appelle une *bonne
braise* dans le four, c'est-à-dire qu'on
laisse la grille s'encrasser un peu et on
remplit la fosse de charbon à une hauteur
de 40 centimètres, de manière à n'avoir
pas de tirage au travers de la grille. Quand
cette braise est assez allumée, on ouvre
une des deux portines du four, puis on
jette sur les sièges devant recevoir les
pots, un mélange de sable et de fines
escarbilles et, avec une spatule en fer, on
en fait une couche égale très mince, sur
laquelle on posera les pots, et qui est
destinée à empêcher le pot d'adhérer au
siège. Cela fait, on sort l'un des pots chauffé
par un foyer spécial, puis on le place sur
un diable et on le roule à l'entrée de la
portine où on le dépose. On passe dessous
une grande pelle en fer à très long manche,
appelée *éburge*, sous laquelle on introduit
un rouleau en fer et on pousse ainsi le pot
jusqu'à l'extrémité opposée du four. Quand
ce premier pot est en place, on va en chercher un second, puis un troisième etc.
Quand les pots sont dans le four, on
jette à leur base quelques braises allumées,
on ferme les portes, les ouvreaux et les
trous des petites cheminées, puis on le

laisse reprendre doucement sa chaleur, afin de permettre aux pots d'atteindre la même température.

Environ trois heures après, on peut décrasser la grille pour donner passage à l'air. On enfourne alors dans chaque pot

Elévation de face

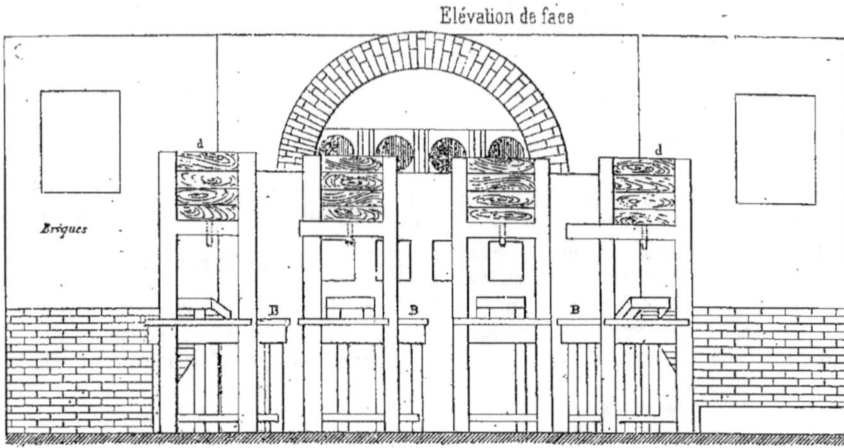

Plan

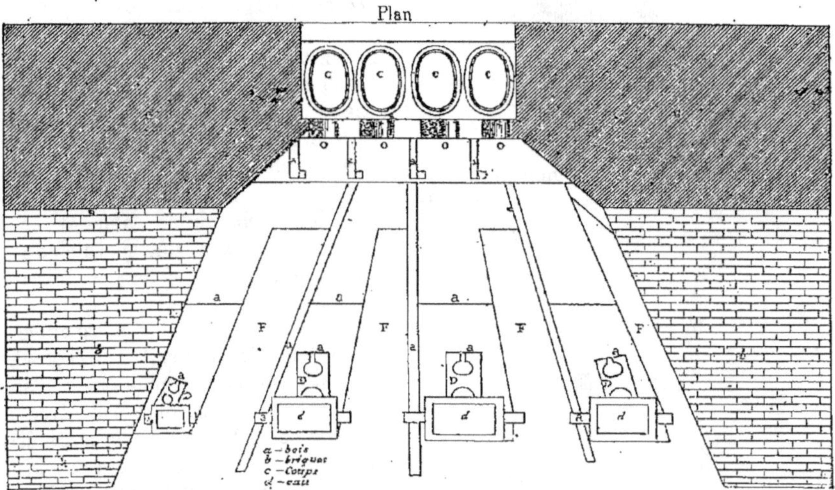

Fig. 589. — Four à verre à vitre (atelier de soufflage des manchons).

30 à 40 kil. de groisil (on enverre les pots). Ce groisil étant fondu, à l'aide d'une longue palette, on prend du verre au fond du pot pour en frotter les parois tout au tour, de manière à lui donner pour ainsi dire une couche de vernis destinée à empêcher le contact immédiat de la composition avec la paroi du creuset. On chauffe de nouveau le four un peu refroidi par cette opération, et quand on arrive

au rouge blanc, le fondeur et ses aides enfournent la composition.

L'enfournement des matières est fait en trois fois.

Le premier exige, pour fondre, sept heures de feu;

Le deuxième, quatre heures;

Le troisième enfournement est rapidement fondu, car le four est en pleine chaleur, et, en outre, c'est vers le haut du pot que la température du four est la plus élevée.

Le raffinage ne tarde donc pas à commencer. La vitrification est terminée, mais la masse est bouillonneuse. Les gaz renfermés dans la partie inférieure, la première fondue, n'ont pu se dégager, les couches supérieures n'étant pas encore liquides.

Ce dégagement des gaz exige d'ailleurs

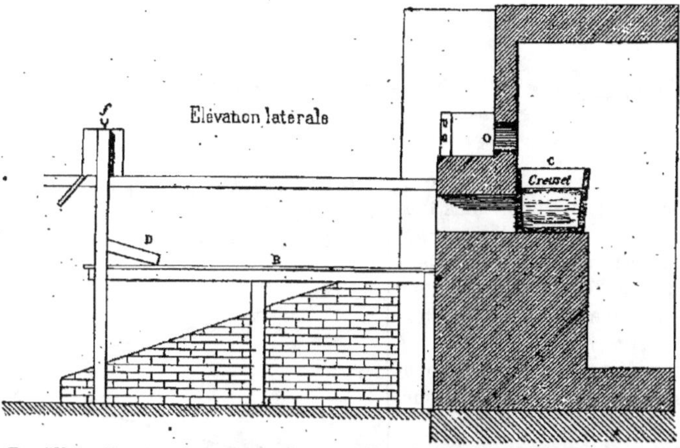

Fig. 590. — Four à verre à vitre (atelier de soufflage d.s manchons). — Élévation latérale.

O. Ouvreaux de chargement des matières et de cueillage du verre. — C. Creusets. — B. Plancher en bois sur lequel se tiennent les souffleurs. — F. Fosses pour permettre le balancement des cylindres. — D. Moules en bois destinés à permettre d'arrondir le cueillage.

une température très élevée. C'est le moment où le fondeur doit redoubler d'attention, car c'est pendant l'affinage qu'est le principal péril pour les pots. Un simple courant d'air peut les fendre et laisser la matière s'échapper. Il faut donc avoir soin que la grille soit assez claire pour que le tirage soit actif. Cette grille doit être garnie de combustible sur toute sa surface, afin d'éviter les rentrées d'air. Un peu avant que l'affinage soit terminé, et pour le hâter, on jette sur chaque pot un ou deux fragments d'acide arsénieux, environ 250 à 300 grammes. Cet acide arsénieux, par sa pesanteur spécifique, gagne le fond du creuset, et, par sa sublimation rapide, brasse la matière liquide, la rend plus homogène et facilite le dégagement des gaz.

La fonte et l'affinage étant terminés, on laisse tomber le feu pendant une heure et demie avant de commencer le soufflage.

Pendant que le tiseur *fait sa braise*, c'est-à-dire charge la grille de charbon fin mouillé, dans le but d'abaisser la température du four et de donner au verre l'état plastique, le gamin prépare les outils, arrose et balaye la place de manière à éviter la poussière. Le verre étant prêt, on procède à l'écrémage qui se fait en enlevant, au moyen d'un râble, le verre impur qui se trouve à la surface du creuset. Le râble est une palette en fer fixée au bout d'une tige de même métal ayant 1^m 50 à 2^m 00 de longueur.

Le verre étant fondu, affiné, écrémé et ramené par un chauffage convenable à l'état de consistance voulue, le travail du soufflage commence.

1333. Devant chaque creuset, se trouve un plancher en bois B (*fig.* 589 et 590) qui repose sur des poteaux également en bois. L'estrade ainsi formée se trouve à une hauteur de 2^{m}50 à 3^{m}00 au-dessus du sol de la halle.

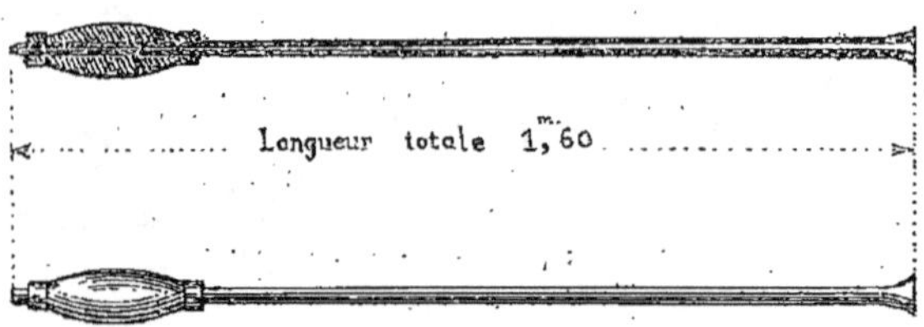

Fig. 591. — Elévation et coupe d'une canne à souffler le verre.

Chaque place est desservie par un souffleur et un aide qu'on désigne, dans toutes les verreries, sous le nom de *gamin*.

Le travail du verre se fait en soufflant le verre avec la *canne* (*fig.* 591) qui a 1^{m}60 à 2^{m}00. C'est un tube creux en fer terminé par une partie renflée. Elle pèse 6 à 8 k. A une petite distance de son embouchure, qui est légèrement amincie et ar-

Fig. 592. — Palette.

rondie par le bout, est fixé un manchon en bois tourné ayant 0^{m}30 à 0^{m}40 de longueur. Ce manchon a pour objet de permettre à l'ouvrier de manier cet outil sans se brûler. Chaque souffleur dispose de 8 à 10 cannes. D'autres outils sont encore nécessaires aux verriers. Ce sont :

1° Une palette (*fig.* 592) en fer de 0^{m}15 de longueur sur 0^{m}06 de largeur, avec un manche de 0^{m}14, servant à parer le verre au début du travail.

2° Des ciseaux (*fig.* 593) employés pour découper le verre quand il est à l'état plastique.

3° Des pincettes pour le travail des pièces de gobeleterie.

4° Une tige en fer carré, d'une longueur

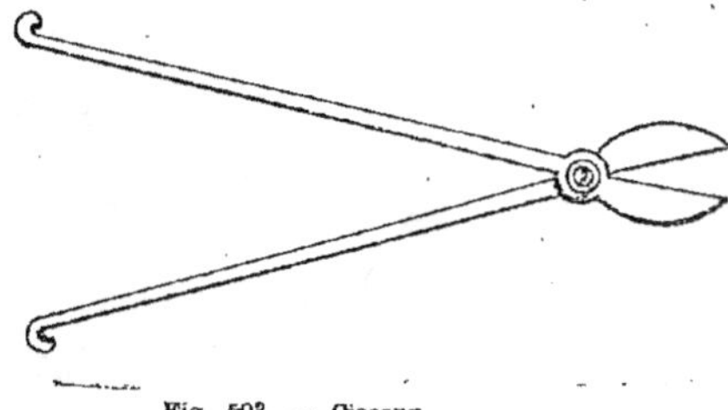

Fig. 593. — Ciseaux.

de 0^{m}40 à 0^m,45 recourbée à angle droit à l'une de ses extrémités, qu'on nomme le *pic* (*fig.* 594) qui sert à *glacer*, à refroidir le col du manchon et à le détacher de la canne.

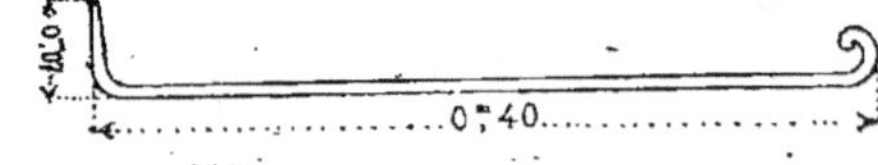

Fig. 594. — Pic.

5° Plusieurs blocs creusés en forme de cuvette, en bois de poirier, de pommier ou de hêtre, servent à souffler la *boule* du manchon. Ces blocs sont employés étant mouillés (*fig.* 590 — D).

La canne étant bien propre, bien exempte de verre provenant d'un travail antérieur, est chauffée à la température du rouge sombre au petit ouvreau. Le souffleur la plonge dans le creuset; ayant ainsi enverré le bout de la canne, il la tourne appuyée horizontalement sur une fourche *f* (*fig.* 590) placée auprès des blocs de bois, afin de rendre le verre plus pâteux; puis il fait un deuxième cueillage de manière que la quantité de verre soit de 600 à 700 grammes. La canne est tournée horizontalement, reposant sur les deux arêtes du baquet. Avec la palette représentée (*fig.* 592), il arrondit le cueillage et il commence à souffler légèrement pour

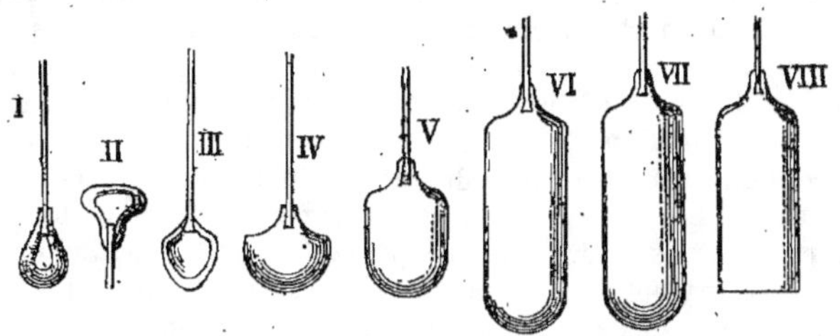

Fig. 595. — Diverses formes prises par le verre soufflé dans la fabrication des manchons.

déboucher la canne et introduire un peu d'air dans la masse vitreuse. Il prend du verre une troisième et même une quatrième fois, jusqu'à ce qu'il se trouve à l'extrémité de la canne une quantité de verre suffisante pour la confection du manchon. Si, par exemple, le manchon doit avoir 1^{m}11 sur 0^{m}69, le poids du verre employé sera d'environ 5 kilogrammes.

Jusqu'au troisième cueillage, le travail est fait par le gamin. Le quatrième cueillage est fait par l'ouvrier souffleur qui, à l'aide de la palette, *pare* la masse du verre;

puis la souffle en la mabrant dans le bloc posé sur le devant de sa place. Le souffleur réchauffe fortement cette masse de verre et, élevant verticalement la canne en l'air, lui fait prendre la forme (*fig.* 595 — II). Le fond de cette pièce est réchauffé à l'ouvreau et elle est amenée successivement aux formes (*fig.* 595 — III — IV — V) en soufflant fortement, tout en donnant à la canne un mouvement de va-et-vient, comme celui d'un battant de cloche, de manière à allonger la pièce qui prend une forme cylindrique. Il la relève vivement au dessus de sa tête, puis lui fait subir un mouvement complet et rapide de rotation, dans le but de l'allonger et de lui donner une épaisseur égale dans toutes ses parties (*fig.* 595 — VI — VII).

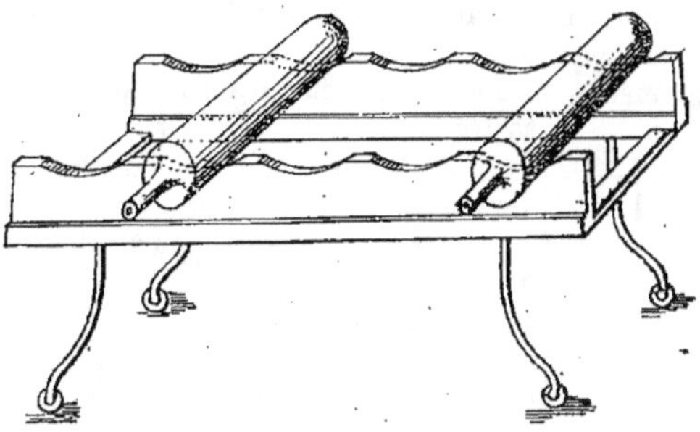

Pour cette dernière opération, le verre, devenu trop dur pour arriver à la dimension voulue, est réchauffé à l'ouvreau, la canne reposant sur le crochet de place fixé à sa gauche. Le manchon n'est pas

Fig. 596. — Chevalet.

trop enfoncé dans le four, afin de ne pas en ramollir la partie qui a déjà une épaisseur convenable.

La confection d'un cylindre ouvert à son extrémité et fixé à la canne a lieu en huit ou neuf minutes. Un souffleur fait, par heure, 9 à 10 manchons qui fournissent des feuilles de 111 sur 69 centimètres du poids moyen de 4 kilog., ou bien 16 à 17 manchons de 69 sur 54 centimètres, c'est-à-dire d'une superficie moindre de moitié environ.

Par un procédé très simple, on coupe l'extrémité du manchon de manière à lui faire prendre la forme (*fig.* 595-VIII).

Le cylindre, devenu rigide, est posé sur un chevalet en bois (*fig.* 596).

On touche avec une tige de fer froide le nez de la canne. Celle-ci se détache aussitôt de la pièce de verre dont la calotte est enlevée en enroulant un fil de verre très chaud et en touchant la partie ainsi chauffée avec un fer froid.

On a donc, sur le chevalet, un manchon ouvert aux deux extrémités. On le fend dans le sens de la longueur en promenant

Fig. 597

intérieurement, sur la même arête, une tige de fer rouge. Un des points chauffés étant mouillé avec le doigt, le cylindre s'entr'ouvre et prend la forme (*fig.* 597).

Il est préférable de passer un trait de diamant à l'intérieur du manchon, cela en fixant le diamant à l'extrémité d'une tige et en se guidant le long d'une règle pour passer le trait.

Étendage des manchons.

1334. Les manchons de verre à vitre ayant été soufflés et séparés de la calotte ou bonnet, et fendus, il reste à les étendre pour en former des feuilles. Pour cela, on les introduit dans un four élevé à une température suffisante seulement pour amollir le verre, et dans lequel on développe le manchon sur une pierre de la même nature que les briques de four. Sur cette pierre, on a préalablement étendu une première feuille de verre, un peu plus grande que les manchons que l'on doit étendre. Cette première feuille est destinée à empêcher le contact de la surface extérieure du manchon et de la pierre à étendre, et à conserver ainsi, autant que possible, le poli de cette surface extérieure.

Cette feuille de verre, sur laquelle on étend les autres manchons, s'appelle *lagre;* c'est le mot allemand qui a été conservé en France. Quand le manchon a été étendu sur le lagre, on fait passer la feuille développée dans une autre partie du four, dans laquelle elle doit être recuite. Tel est le principe de l'étendage des manchons.

Les fours à étendre sont de plusieurs sortes:

Le four dit à *pierre fixe* donne des verres *griffés* et de mauvaise planimétrie.

Les fours à pierres tournantes ont le même défaut.

On emploie plus généralement le four à *pierres roulantes,* dont M. Peligot donne la description suivante:

Dans ce four représenté (*fig.* 598), le verre est étendu sur la plaque mobile A sur laquelle se trouve le lagre, les manchons arrivant par la galerie, la *trompe,* qui débouche dans ce compartiment du four. Cette plaque, munie de la feuille de verre planée, est poussée sur des rails dans l'autre partie du four, l'*arche,* qui est moins chaude; elle y occupe la place B. Le verre étant assez froid, on l'enlève avec une longue fourche en fer et on le dépose à plat sur un chariot en tôle C qui reçoit 8 à 12 feuilles et qui se meut sur des rails dans une galerie à recuire d'une longueur de 15 à 20 mètres. Les chariots sont reliés les uns aux autres par des crochets ; ils entrent vides par l'ouverture placée près de la grille et sortent pleins et presque froids à l'autre extrémité.

Le four à *pont mouvant* de M. Segard,

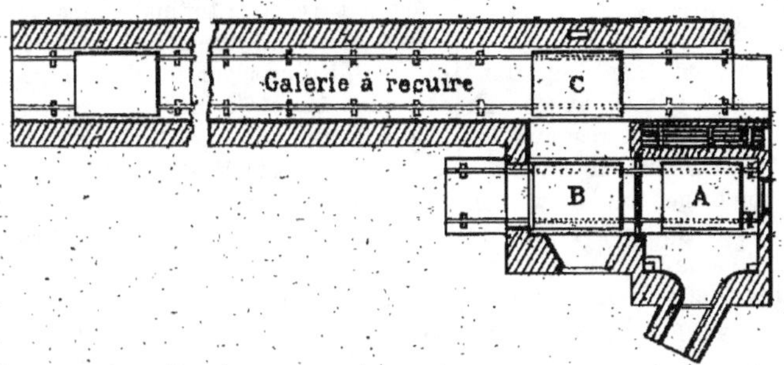

Fig. 598. — Plan du four à pierres roulantes.

d'Anzin, se compose essentiellement de deux chariots, qui portent chacun une pierre à étendre. La disposition générale du four étant la même que celle représentée (*fig.* 598), les dessins (*fig.* 599 et 600) ne donnent que les deux pierres roulantes et le mécanisme pour les manœuvrer.

Le chariot B, portant sa pierre à étendre, se meut sur des roues fixes au moyen de rails qui y sont adaptés. Le chariot A, qui a aussi sa pierre, se trouve à 15 centimètres au dessous du chariot B, sous lequel il doit passer. Il se meut au moyen de ses roues.

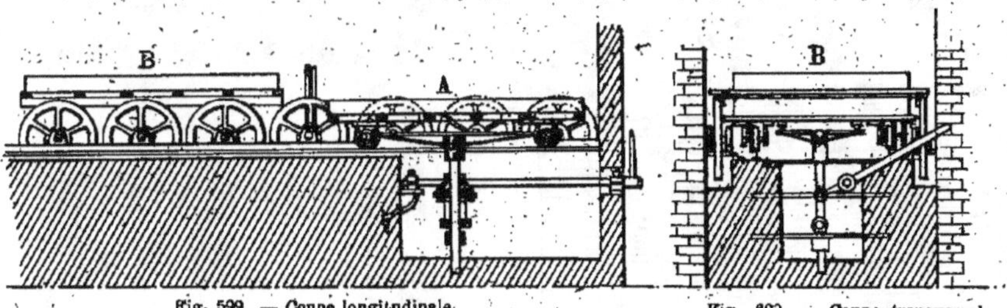

Fig. 599. — Coupe longitudinale.

Fig. 600. — Coupe transversale.

Pour étendre les manchons, le chariot A étant dans le four à refroidir, on fait l'étendage sur le chariot B. Aussitôt qu'il est terminé, on pousse ce chariot avec un crochet dans le second compartiment. Le chariot A revient. Avec un levier en fer, on l'élève de 15 centimètres avec la plate-forme sur laquelle il est venu se placer de manière à se trouver à la même hauteur que le chariot B. On y place le manchon à étendre. Pendant qu'il s'ouvre, on enlève avec une fourche la feuille qu'on vient d'étendre, pour la poser sur un chariot en tôle qui se trouve dans la galerie contiguë.

Le nouveau manchon étant étendu, on abaisse le chariot sur ses rails, on le renvoie dans le four à refroidir et on amène par-dessus le chariot supérieur B, sur lequel on étend une autre feuille de verre.

Par ce système, on étend 600 manchons par vingt-quatre heures, avec une consommation de 10 hectolitres de houille. Ce travail est fait par deux étendeurs, deux tireurs de chariot et deux gamins. La dépense est moitié de ce qu'elle est avec le four à une seule pierre roulante.

FOUR A REFROIDIR LE VERRE A VITRE, DE M. BIEVEZ.

1335. Un perfectionnement important a été apporté, depuis quelques années, au four à recuire le verre, après que les manchons ont été étendus. Il est dû à un ancien ouvrier belge, M. Bievez de Haine-Saint-Pierre (Belgique). L'idée de M. Bievez consiste à faire mouvoir sur tringles métalliques et par ces tringles, les feuilles de verre aplanies sur l'aire d'un four à réverbère.

L'appareil se compose du four proprement dit et d'une série de cadres ou châssis verticaux, pouvant se mouvoir dans un plan vertical. Ces cadres sont guidés par des coulisses en fonte fixées, de part et d'autre, dans la maçonnerie du four, et leurs côtés supérieurs, qui s'élèvent au-dessus de la voûte, sont reliés entre eux par une barre longitudinale. Ils sont équilibrés par des contre-poids, de telle sorte qu'il suffit d'un léger effort pour les faire mouvoir. Les côtés inférieurs portent des galets, dans la gorge desquels reposent des tringles parallèles en fer. Les extrémités de ces tringles se prolongent jusqu'à l'ouverture du four, où elles sont réunies par une traverse, qui permet, par une simple traction, de leur imprimer à toutes, en même temps, un mouvement de translation horizontal. A l'état de repos, les tringles et les galets sont logés dans les rainures pratiquées dans la sole du four, laquelle sole est formée d'une

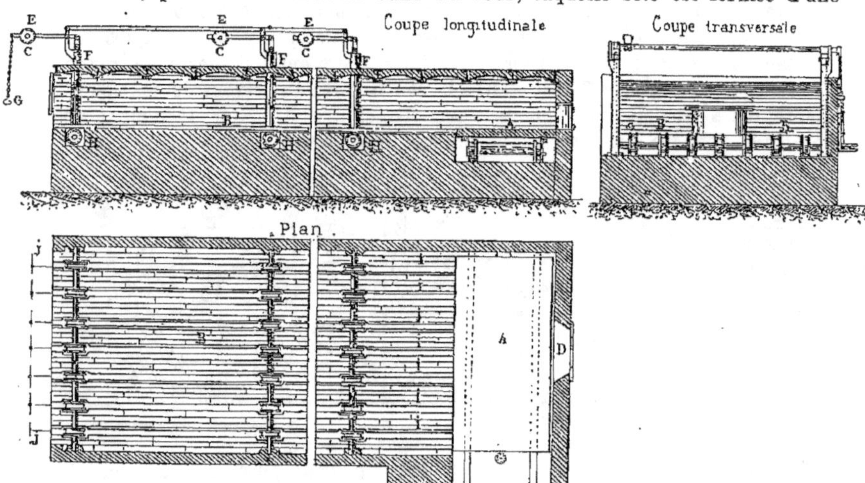

Fig. 601. — Four à refroidir le verre, de M. Bievez.

A. Pierre roulante sur laquelle se trouve la feuille de verre étendue. — B. Sole du four à recuire avec les tiges de fer mobiles et les galets sur lesquels elles se meuvent. — C. Bras de levier pour soulever les galets. — D. Ouverture pour la manœuvre des feuilles de verre. — E. Contrepoids servant à équilibrer les cadres F.

quantité de pièces réfractaires posées bout à bout. Nous donnons (*fig.* 601) la disposition de ce four.

Opération. Le chariot A ayant amené une première feuille de verre, l'étendeur se rend à l'ouverture D et, au moyen d'une courte fourche, fait glisser la feuille sur la sole du four, en lui faisant occuper la première des neuf places qu'elle doit successivement parcourir. Dès que le chariot amène une seconde feuille, un aide agit sur la chaîne de manœuvre G, et lève, d'un seul coup, tous les cadres ou châssis, ainsi que les tringles I. Par suite de ce mouvement, la première feuille de verre se trouve soulevée et, dans cette nouvelle position, elle est soutenue par l'espèce de grillage que forment les tringles. Pendant qu'elle est ainsi soulevée, on imprime, à l'aide de la traverse J, un mouvement de traction aux tringles en les faisant glisser sur les galets H, de manière à faire avancer la feuille de verre d'une quantité un peu supérieure à sa largeur; puis, abandonnant, peu à peu, la chaîne de manœuvre G, on laisse redescendre, lentement, tout ce système sur la sole, et l'on n'a plus qu'à repousser les tringles qui, logées de nouveau dans leurs rainures, reviennent en place sans entraîner la feuille, qui se trouve ainsi amenée à sa deuxième position. La place est alors faite à la seconde feuille, et l'étendeur peut la faire glisser des chariots sur la sole du four. Dès que cette seconde feuille est introduite, on manœuvre l'appareil comme précédemment, c'est-à-dire qu'on fait place à la troisième feuille, tout en faisant avancer les deux premières et ainsi de suite. De cette manière, chaque feuille chemine successivement et se refroidit graduellement jusqu'à sa sortie du four.

Le refroidissement complet dure une demi-heure. La recuisson est suffisante et la coupe du verre très régulière.

§ V. — FABRICATION DU VERRE A VITRE EN PLATEAUX.

1336. Le verre en *plateaux*, en *plats* ou à *boudines*, qu'on nomme aussi verre *en couronne*, n'est plus fabriqué en France depuis la fin du XVIIIe siècle; il a été avantageusement remplacé par le procédé des cylindres.

Les matières premières qu'on emploie encore en Angleterre pour fabriquer le verre en plateaux sont les mêmes que pour le verre à vitre ordinaire. La disposition des fours et des creusets est également la même. Ces fours ne servent que pour la fonte. Le travail se fait dans des fours accessoires.

La matière étant convenablement fondue, affinée et écrémée, l'ouvrier commence le soufflage. Il cueille à plusieurs reprises avec sa canne assez de verre pour faire une pièce de dimensions ordinaires; il allonge la paraison; il la roule sur une large plaque de fer bien polie, de manière à la rendre cylindrique, et il souffle pour lui donner la forme d'une poire.

En chauffant la pièce et en soufflant de nouveau, il augmente ses dimensions et il lui fait prendre une forme presque sphérique; une troisième chauffe, suivie d'un nouveau soufflage, augmente son volume aux dépens de son épaisseur.

L'ouvrier commence, en même temps, à former la *boudine* ou *bouton*, en roulant la canne sur le bord du marbre et en incisant ce bouton le long d'une barre de fer placée horizontalement en-dessous du marbre. Il *tranche* ensuite le verre près de l'extrémité de la canne en la promenant entre deux galets mobiles et tangents qui y produisent un sillon régulier tracé à l'endroit où le verre sera plus tard séparé de la canne.

La pièce, réchauffée à l'ouvreau d'un autre four, est soufflée en appuyant la canne sur un support S (*fig.* 102), tandis que le gamin maintient contre le bouton une pièce de fer qui en limite l'étendue et l'épaisseur. La pièce ayant la forme d'un globe *g* est réchauffée de nouveau et, par suite d'un mouvement rapide de rotation imprimé à la canne appuyée sur un

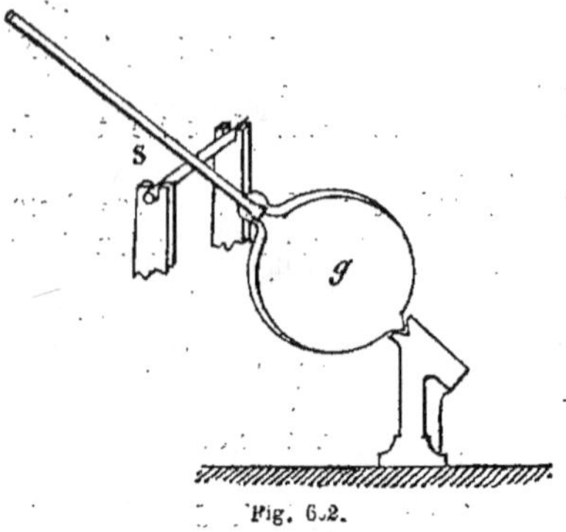

Fig. 602.

crochet mobile, cette pièce prend la forme d'un cylindre aplati (*fig.* 603). Un ouvrier s'approche, tenant à la main une longue baguette en fer appelée *pontil*, munie à son extrémité d'une petite masse de verre fondu. Il presse cette masse contre une pointe en fer, de manière à lui donner la forme d'une petite capsule, puis l'applique,

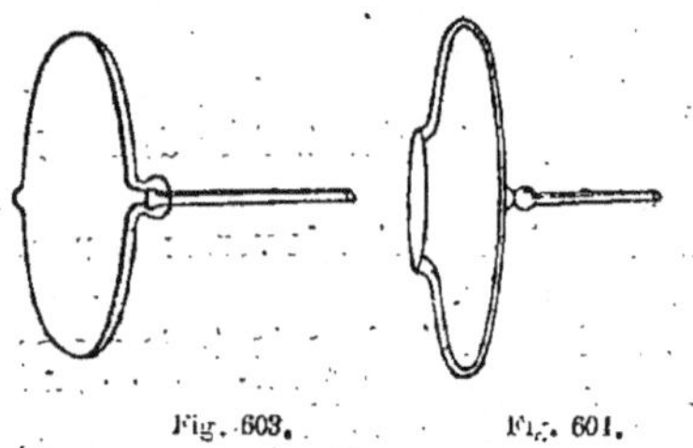

Fig. 603.   Fig. 604.

quand elle en a pris la forme, sur le bouton qui fait saillie, auquel il adhère solidement.

En touchant le verre avec un corps froid près de son point d'attache avec la canne, celle-ci s'en trouve séparée et y laisse une ouverture circulaire d'environ 5 centimètres de diamètre (*fig.* 604). L'extrémité de la pièce, qui se trouvait près de la canne, qui maintenant est détachée, se nomme le *nez*, et c'est elle qui a donné son nom au fourneau, ou *trou de nez*, devant lequel on chauffe pour l'opération suivante :

Le verre fixé solidement sur son nouveau support et bien ramolli au petit ouvreau dans sa partie ouverte, qui est plus épaisse, est placé sur le crochet devant un grand ouvreau. L'ouvrier tourne alors avec adresse le *pontil* dans la main,

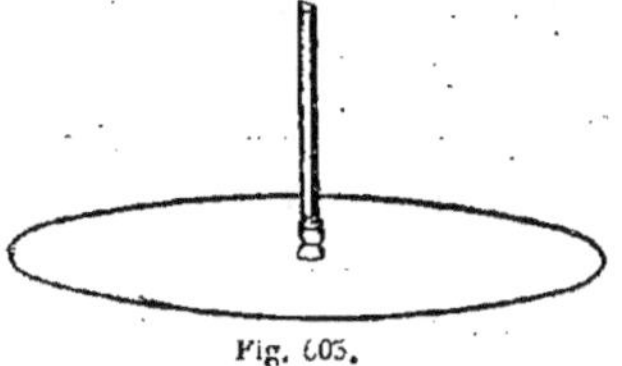

Fig. 605.

d'abord doucement, ensuite avec une vitesse plus grande. Le diamètre de l'ouverture annulaire augmente rapidement. Le verre prend la forme d'un grand disque ayant ordinairement 1^m,50 de diamètre (*fig.* 605). Le plateau, renversé sur une petite sole recouverte de cendres, est détaché de son pontil par le contact d'un corps froid, puis il est pris avec une longue fourche et enfourné dans le four à recuire. Ces plateaux recuits et refroidis doucement sont coupés au diamant et portés au magasin.

§ VI. — VERRES A VITRE DE COULEURS.

1337. Le plus ordinairement, les verres sont utilisés à l'état incolore. Quelquefois, au contraire, on exécute à leur surface des dessins colorés, ou bien on les colore uniformément dans toute la masse.

On peut employer deux procédés distincts pour colorer les verres. L'un consiste à appliquer la matière colorante à la surface du verre comme sur une toile : c'est une véritable peinture. Pour le second, on incorpore la matière colorante dans le verre lui-même pendant sa fusion : c'est une véritable teinture.

La fabrication des verres colorés est très ancienne. Autrefois, il était plus difficile d'obtenir des verres blancs, qui exigent des matières premières purifiées, que de fabriquer des verres colorés. Il est donc naturel de voir les vitres de couleur employées bien avant les vitres ordinaires blanches.

Les verres de couleur ont été fabriqués en grande quantité du douzième au quinzième siècle. Leur fabrication était étroitement liée à celle de la peinture sur verre et à la fabrication des vitraux.

Les verres colorés comprennent donc les verres colorés dans toute leur masse, et les verres formés d'un verre incolore, recouvert d'une couche de verre coloré.

Les substances employées pour colorer le verre ou le cristal, sont en général des oxydes métalliques que le commerce fournit dans un état de pureté aussi grand qu'on peut le désirer. Les oxydes que l'on emploie doivent toujours être essayés, soit avec un verre ordinaire, soit avec un verre plombeux.

Les verres colorés étant destinés souvent à être doublés, c'est-à-dire à être superposés les uns aux autres, doivent se dilater également sous l'influence de la chaleur. On ne peut arriver à ce résultat que par tâtonnements.

Les verres colorés plombeux sont ceux qui remplissent le plus facilement ces conditions, étant appliqués sur du verre ou sur du cristal incolore.

A quantité égale, un oxyde colorant quelconque donne une coloration d'autant plus intense que le verre dans lequel on l'incorpore est plus *basique* et inversement s'il est *acide*.

Les oxydes métalliques employés dans la coloration des verres sont susceptibles de donner des teintes différentes :

1º Suivant l'état d'oxydation dans lequel on les emploie ;

2º Suivant la nature des verres dans lesquels on les incorpore : sodiques, potassiques ou plombeux ;

3º Suivant le degré de température auquel on les soumet ;

4º Suivant la durée de cette température.

L'effet qui se produit dans ces deux derniers cas, est une modification dans l'état d'oxydation du métal.

Nous donnons ci-après le tableau des colorations diverses données, d'après M. Henrivaux, par les oxydes ou corps colorants, dans les verres et dans le cristal.

Lorsqu'on veut obtenir des verres de couleurs claires avec des oxydes doués d'un pouvoir colorant considérable, on fait usage de l'artifice suivant :

L'ouvrier cueille à l'extrémité de sa canne une certaine masse de verre incolore, puis, lorsqu'elle a acquis une consistance convenable, il la plonge dans un pot renfermant du verre coloré et y fixe ainsi une couche plus ou moins épaisse ; puis il donne à la matière, par le soufflage, la forme d'un cylindre qu'il étend ensuite d'après les procédés ordinaires de fabrication.

On donne à ces sortes de verres le nom de *verres doublés*.

Les verres colorés dans toute la masse se font en mélangeant l'oxyde choisi aux autres éléments qui entrent dans la composition des matières mises dans les pots.

Par exemple, pour le verre violet, la composition sera la suivante :

Sable............................	100 parties
Sel de soude.....................	30 —
Craie............................	25 —
Nitrate de soude.................	5 —
Bioxyde de manganèse.............	8 —

En remplaçant, dans cette composition, le bioxyde de manganèse par 6 parties d'oxyde noir de cuivre et 4 parties d'oxyd-

OXYDES COLORANTS	VERRES SODIQUES	VERRES POTASSIQUES	VERRES PLOMBEUX
Oxyde de cobalt.	Bleu violacé terne.	Bleu un peu vert brillant.	Bleu.
Bioxyde de cuivre.	Bleu céleste tournant au vert.	Bleu céleste très brillant.	Vert.
Protoxyde de cuivre.	Rouge pourpre jaunâtre.	Rouge pourpre plus jaune.	Rouge pourpre sang.
Oxyde de chrome.	Vert jaune herbe.	Vert jaune brillant.	Jaune rougeâtre.
Oxyde d'uranium.	Jaune vert peu dichroïde.	Jaune serin très dichroïde.	Jaune topaze très peu dichroïde.
Peroxyde de manganèse.	Violet rougeâtre sombre.	Violet améthiste sombre.	Violet bleuté.
Peroxyde de fer.	Vert bouteille.	Vert bouteille plus jaune.	Jaune vert sombre.
Protoxyde de fer.	Vert bleu.	Vert bleu presque bleu.	»
Oxyde d'or.	(Or précipité) marron et bleu.	Rouge et rose.	Rouge et rose.
Oxyde d'argent.	Jaune serin et jaune orangé dichroïde si le verre est désoxydant.		»
Carbone et soufre.	Jaune serin.	Jaune d'or.	Noir (hyalite).
Antimoniate de plomb.	Opaque blanc.	Opaque blanc à une température élevée devient transparent.	Orangé opaque avec addition de fer est plus foncé.

de fer, on obtient une belle couleur vert-pré.

Pour le verre jaune :

Sable	100 parties
Sel de soude	45 —
Craie	35 à 40 —
Sciure de bois vert de peuplier.	4 —

Pour le verre rouge :

Sable	100 kilos
Minium	90 —
Carbonate de potasse	32 —
Oxydes de plomb et d'étain	15 —
Oxyde brun de cuivre	0ᵏ700
Battitures de fer	0ᵏ750
Borax	4ᵏ000

Cette composition, d'après M. Bontemps, donne de très beaux verres rouges.

Verre cannelé.

1338. Les verres à vitres cannelés se

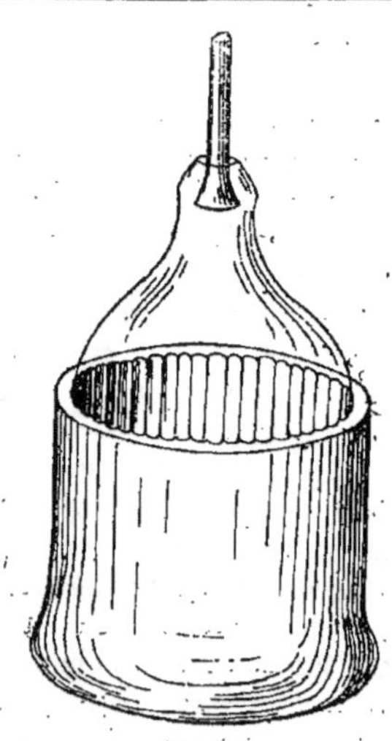

Fig. 605.

font exactement de la même façon que les verres à vitres ordinaires, avec cette différence qu'au commencement du travail, quand la paraison présente la forme allongée d'une poire épaisse, on la souffle dans un moule en fonte, en laiton ou en bois représenté (*fig.* 606) qui imprime les cannelures. Celles-ci se reproduisent sur le verre et se conservent pendant la suite du travail de soufflage.

Verre dépoli.

1339. Le dépolissage du verre se fait ordinairement au moyen du grès.

1340. *Dépolissage au grès.* On scelle avec du plâtre plusieurs feuilles de verre placées dans un bac rectangulaire en bois, qui reçoit un mouvement d'oscillation en tournant autour d'un axe horizontal fixé au milieu de sa longueur. On donne à cette caisse qui contient du grès, des cailloux et de l'eau, un mouvement de va-et-vient. En frottant sur la surface du verre, le grès, entraîné par les cailloux, produit des rayures qui rendent rugueuse la surface du verre. Le grain de ce verre est gros ; il se tache et se salit facilement.

Pour avoir le verre mat avec un grain plus fin, on emploie l'émeri en poudre que l'on met en suspension dans l'eau. On frotte la feuille à la main avec un tampon imbibé d'eau et d'émeri.

Le dépolissage peut aussi se faire en projetant du sable à la surface de la feuille de verre.

Verre mousseline.

1341. Le verre mousseline est un verre qui a reçu, sur l'une de ses faces ou sur les deux, un émail blanc qui y forme des dessins variés.

L'émail est un verre opaque à base de plomb et d'étain, qui fond à la surface du verre à vitre à une température à laquelle celui-ci est seulement ramolli.

Le verre à émailler est nettoyé, puis posé sur une table. On étend sur l'une de ses faces l'émail préalablement broyé à la meule et mélangé avec de l'eau gommée.

Lorsque la couche d'émail est sèche, on applique une feuille de laiton dans laquelle sont découpés les dessins que l'on veut reproduire : c'est le *pochoir*. On enlève au moyen d'une brosse l'émail qui se trouve sur les parties du verre que le laiton ne recouvre pas. Celles qui sont préservées du contact de la brosse conservent la poudre d'émail qui y adhère. Les poussières qui se détachent étant vénéneuses, il sera utile de prendre pour les ouvriers des précautions spéciales.

La fusion de l'émail se fait habituellement dans un four à moufle dans lequel on empile les feuilles les unes au-dessus des autres, en interposant entre chacune d'elles une couche mince de plâtre en poudre. Cette fusion a lieu à la température du rouge sombre. Les feuilles sont ensuite recuites comme dans le procédé ordinaire de fabrication des vitres.

§ VII. — TREMPE ET RECUIT DU VERRE. — VERRE DURCI. — VERRE INCASSABLE.

1342. La trempe est l'opération par laquelle un corps, après avoir été chauffé, est brusquement refroidi. Pour tremper le verre, on l'immerge, chauffé au rouge, dans un bain qui a une température donnée. C'est-à-dire que le verre, lorsqu'il a reçu sa forme définitive, au lieu d'être porté dans un four appelé *arche*, où il se refroidit progressivement après avoir subi l'opération du recuit, est au contraire réchauffé au rouge et plongé dans un bain de graisse. La trempe est d'autant plus énergique que le corps a été plus fortement chauffé et que le refroidissement a été plus considérable et plus rapide.

Les effets de la trempe sont purement physiques. La trempe change la constitution moléculaire du verre qui devient moins dense et ses fragments, lorsqu'on les brise, n'ont pas des arêtes vives comme le verre ordinaire. Pressés dans la main, ils ne blessent pas.

Tous les liquides ne sont pas propres à la trempe. Dans l'eau, le verre se brise. La graisse parfaitement épurée et les huiles vierges exemptes de tout mélange donnent de bons résultats.

La trempe du verre exigeant un bain dont la température varie entre 150 et 300 degrés, on ne peut employer la graisse pure. On a alors recours à un mélange de trois quarts d'huile de lin et de un quart de graisse.

La graisse pure est employée pour la trempe du cristal, de préférence à l'huile. Tout cristal peut se tremper dans un bain de graisse pure dont la température varie de 60 à 120 degrés centigrades.

Lorsque le verre est soumis à un refroidissement gradué, il devient capable de résister à des chocs assez forts et à des variations de température assez brusques. Nous savons que lorsque le verre a été refroidi brusquement, il prend un état particulier qui le rend très cassant. On lui fait perdre cette propriété par une opération qu'on appelle le *recuit* et qui consiste à chauffer les objets préparés jusqu'à une température voisine du rouge, en évitant toutefois de les ramollir, et en les abandonnant, comme nous l'avons déjà vu, à un refroidissement très lent. Ils peuvent alors supporter toutes les variations de température sans se casser.

La trempe bien exécutée augmente considérablement la solidité du verre qui peut alors résister à des chocs qu'il ne supportait pas. Le verre trempé peut subir sans accident des changements brusques de température.

Un des effets remarquables de la trempe est d'augmenter notablement l'élasticité du verre. Une feuille arquée, placée à terre sur son côté convexe, peut devenir plane, supporter sans se rompre le poids d'un homme, et reprendre sa forme bombée primitive lorsque ce poids est supprimé.

À côté de ces avantages, le verre trempé présente aussi, dans certains cas, quelques inconvénients. Sa surface est souvent couverte de points noirs. Il ne se coupe plus au diamant comme le verre ordinaire, dont il ne conserve pas toujours l'éclat et la transparence. Le verre durci par la trempe pourra, dans un temps donné, recevoir de nombreuses applications. Il est déjà employé pour la fabrication des vitres pour serres, qui constituent des carreaux incassables par la gelée. Des tuiles en verre durci recevront également une application avantageuse dans les constructions.

Cristallisation du verre. — Dévitrification.

1343. Les verres à plusieurs bases peuvent éprouver diverses altérations quand ils sont fondus et refroidis lentement. La silice se partage alors entre les bases et forme des composés définis qui cristallisent. Les propriétés du verre se trouvent dans ce cas complètement modifiées.

Ce phénomène se présente sur toutes les espèces de verres, mais plus particulièrement sur les verres à bases terreuses. Ceci explique pourquoi, dans la fabrication des bouteilles, l'ouvrier évite avec tant de soin de réchauffer plusieurs fois la masse de verre qu'il veut façonner.

Ce phénomène, dont on doit la découverte à Réaumur, est connu sous le nom de *dévitrification* du verre.

On a fait, dans ces dernières années, quelques tentatives pour utiliser cette propriété curieuse à la fabrication d'objets capables de remplacer la porcelaine. A cet effet, il suffit de chauffer au milieu d'une masse de sable l'objet qu'on en a préalablement rempli pour s'opposer à sa déformation.

Le verre à vitre et le verre à bouteille sont surtout d'une dévitrification très facile.

La dévitrification du verre peut s'opérer fréquemment sans perte de poids. L'analyse a appris que dans d'autres cas, au contraire, le verre dévitrifié contient une moindre proportion de potasse ou de soude.

Les changements chimiques qu'on observe dans la dévitrification du verre à bouteilles consistent donc :

1° Dans la perte d'une partie de la potasse ou de la soude ;

2° Dans la formation d'un ou plusieurs silicates définis susceptibles de cristalliser.

En résumé, la dévitrification est une cristallisation du verre due à la formation de composés définis infusibles à la température existante au moment de la dévitrification. Tantôt, cette infusibilité s'obtient par la volatilisation d'une portion de la base alcaline, tantôt par un simple partage, celle-ci passant alors dans la portion du verre qui conserve l'état vitreux.

L'analyse suivante, faite sur du verre dont une portion avait été dévitrifiée, prouve que c'est à la dernière cause qu'il faut rapporter le phénomène.

	Verre transparent	Même verre dévitrifié
Silice............	64.7	68.2
Alumine.........	3.5	4.9
Chaux...	12.0	12.0
Soude.	19.8	14.9
Total. ...	100.0	100.0

Gravure du verre.

1344. L'acide fluorhydrique exerce sur les silicates une action spéciale qu'on met à profit pour la gravure sur verre. Pour préparer cet acide, on chauffe dans une cornue en plomb une partie de fluo-

rure de calcium pulvérisé et trois parties et demie d'acide sulfurique concentré. L'acide fluorhydrique, condensé dans un récipient en plomb contenant une certaine quantité d'eau, est conservé dans une bouteille faite avec le même métal ou en gutta-percha.

Le verre à graver reçoit sur une de ses faces un enduit de cire et d'essence de térébenthine, de vernis de graveur ou d'huile de lin siccative. On fait le dessin avec une pointe, comme pour la gravure à l'eau-forte ; la transparence du vernis à l'huile de lin en permet facilement le

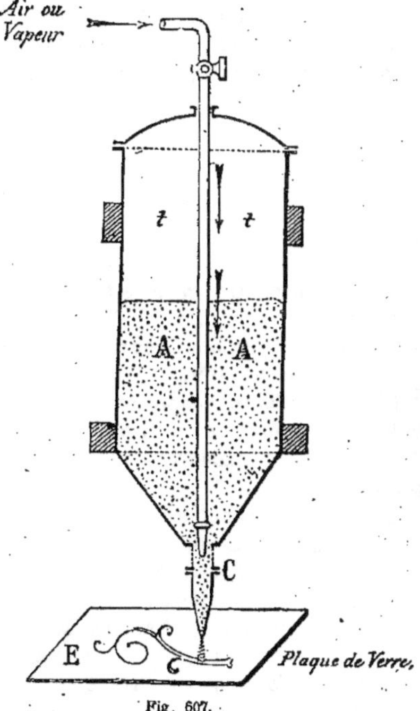

Fig. 607.

décalquage. Le côté couvert de vernis étant entouré d'un bourrelet de cire, on fait mordre l'acide sur le verre pendant un temps plus ou moins long, selon la profondeur des tailles qu'on veut obtenir. Un lavage à l'eau, puis à l'essence ou à l'alcool, enlève la cire ou le vernis. Comme l'acide n'attaque que les parties qui ont été dénudées par le burin, le verre de couleur à deux couches permet de produire très facilement des dessins blancs sur un fond coloré, lorsque ce fond a été protégé par une réserve. Ce procédé, dont nous ne donnons que le principe, est actuellement exploité industriellement et a subi de grandes modifications.

Il existe un autre procédé de gravure, purement mécanique, qui consiste à corroder le verre en projetant du sable à sa surface au moyen d'un jet d'air ou de vapeur : ce verre se trouve rapidement dépoli.

L'appareil dont on se sert est très simple. Il consiste en une trémie t (*fig.* 607) contenant du sable bien sec A, qui s'écoule d'une manière continue par un tube C dont on règle la longueur et l'inclinaison de manière à graduer à volonté la chute du sable. Cet écoulement se fait par un tube étroit placé un peu au-dessous du tube qui amène le jet de vapeur ou le vent d'une machine soufflante. Des trous d'air, comme dans les trompes, sont pratiqués à une petite distance du tube qui amène le vent. Le sable, entraîné violemment par ce jet, est projeté avec force sur le corps E qu'on soumet à son action. En faisant varier la quantité de sable, le volume et la vitesse de l'air, ainsi que le diamètre du jet, on produit des effets plus ou moins rapides.

Les parties du verre qui doivent rester intactes sont recouvertes d'un patron en papier ou d'un vernis élastique qui forme les réserves.

§ VIII. — DÉFAUTS DU VERRE.

1345. Il est très rare de trouver du verre exempt de défauts. Ces défauts sont, au contraire, assez nombreux. Nous indiquerons les principaux.

I. — *Bouillons, loupes* ou *bulles.* Les bulles proviennent d'un affinage insuffisant ou de la maladresse de l'ouvrier souffleur.

La présence des bulles s'explique par le dégagement des gaz qui accompagnent la fonte du verre. Toutes ces bulles de diverses natures arrivent en un certain temps à la surface du verre, et si elles se trouvent dans le verre quand on le travaille, c'est qu'on n'aura pas continué la fonte assez longtemps pour qu'elles puissent toutes se dégager.

On donne plus particulièrement le nom de *bouillons* aux bulles qui résultent d'un défaut de soin de l'ouvrier verrier, qui par de nombreux cueillages de verre, peut enfermer de l'air entre deux de ces cueillages et donner lieu ainsi à des bouillons.

Dans la fabrication, le verrier est responsable des bouillons, comme le fondeur est responsable des bulles.

II. — *Points ou mousses.* Les points ou la mousse, qui ne sont autre chose que des bulles extrêmement fines et très rapprochées, sont de la même nature que les bulles; mais elles constituent un défaut beaucoup plus grave, elles prouvent que le verre est trop visqueux.

III. — *Infondus ou pierres ; nœuds ou grains.* Ce sont des points blancs plus ou moins gros qui se voient quelquefois dans le verre et qui peuvent provenir de plusieurs causes. Quelquefois, ce sont des grains de sable qui ne se sont pas dissous dans la masse du verre, ou bien encore des fragments de briques provenant de la voûte du four. Ces pierres peuvent également provenir des creusets de mauvaise fabrication, de creusets chauffés trop hâtivement ou portés à une température trop élevée.

IV. — *Fils ou filandres.* Les fils ou filandres sont des fils de verre étrangers à la matière du verre en fusion et qui proviennent soit des larmes dont nous allons parler, soit de la matière du creuset lui-même.

V. — *Larmes.* Les larmes sont produites par la volatilisation de l'alcali à une très haute température, lequel attaque la voûte du four, produit un silicate coloré et tombe sous forme de gouttes dans le verre en fabrication. Ces gouttes, d'une nuance verdâtre, à la suite desquelles est un long fil, comme celui des larmes bataviques, ne se mêlent pas avec le verre, à cause de leur dureté. Quand elles se trouvent sous un cueillage, elles gâtent complètement la pièce que ce cueillage devait produire.

Depuis l'adoption des fours à gaz, ce défaut est devenu moins fréquent. Les pierres sont, au contraire, plus nombreuses. Dans tous les cas, si on aperçoit une larme sur le dessus du pot, on *écrème* le verre pour l'enlever.

VI. — *Stries ou côtes.* C'est ainsi qu'on nomme de petits filets saillants qui se forment par un soufflage trop brusque pendant la vitrification. Les stries proviennent aussi du défaut d'homogénéité du verre.

VII. — *Ondes.* Les ondes indiquent aussi un défaut d'homogénéité dans le verre. Si, par exemple, on a fait un premier renfournement dans un pot et que le renfournement suivant ne soit pas d'une composition parfaitement identique, il en résultera du verre *ondé.* On peut souvent détruire ces ondes en *mâclant* le verre, opération qui consiste à le brasser de bas en haut avec un fer carré de six à sept centimètres, qu'on ne laisse pas chauffer assez pour que le verre s'y attache. Si on n'a pas assez brassé, on reprend un autre fer à mâcler.

VIII. — *Cordes.* Les cordes ressemblent aux ondes, mais elles vont jusqu'à faire saillie sur la pièce soufflée.

IX. — *Graisse.* Le verre gras ne se rencontre guère que quand il est composé avec une potasse mal purifiée contenant du sulfate et qu'il y a absence de chaux, dans le cristal, par exemple.

X. — *Gale.* Certains verres, lorsqu'ils se refroidissent au delà d'un certain point, deviennent ce qu'on appelle *galeux*, c'est-à-dire que leur surface devient rugueuse, se couvre d'aspérités qui paraissent être du verre d'une autre nature. Le verre, dans cet état, cesse d'être malléable, se souffle mal, ne s'étend pas ; on est obligé de cesser de le travailler.

XI. — *Le gauchis.* On nomme ainsi le manque de rectitude que présente quelquefois la surface du verre.

Outils du vitrier.

1346. Les instruments employés par le vitrier sont peu nombreux. En voici l'énumération :

1347. *Règles.* La règle de vitrier a $1^m,00$ et plus de longueur, selon la dimension des feuilles de verre à couper.

Elle est faite en bois mince, flexible et léger.

Sa largeur est de 4 à 5 centimètres, et son épaisseur de 4 à 5^m millimètres au plus ; car, au dessus de cette épaisseur, elle ne ploierait pas suffisamment pour prendre le gauche des feuilles et son poids pourrait briser ces feuilles en l'appliquant dessus. Cette règle sert à guider le diamant pour la coupe du verre, elle est de plus divisée en centimètres et peut servir pour prendre les mesures.

1348. *Compas.* Le compas sert à diviser les panneaux et à dessiner les patrons de modèle.

1349. *L'équerre.* C'est celle dont tout le monde connaît l'usage.

1350. La *latte* à battre le mastic.

1351. La *pince* (*fig.* 608) sert à arracher les pointes et quelquefois à gruger le verre.

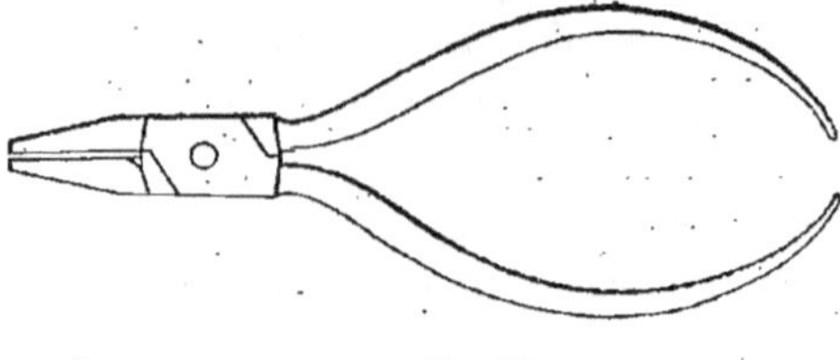

Fig. 608.

1352. Le *marteau* (*fig.* 609) est en fer et très léger. D'un côté, il offre une tête plate

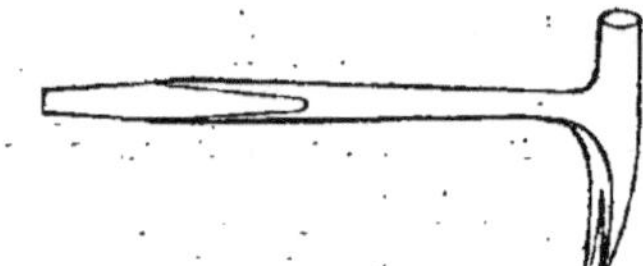

Fig. 609. Marteau de vitrier.

qui sert à enfoncer les pointes; de l'autre, une panne fendue en pied de biche qui sert à les arracher.

Fig. 610. — Couteaux de vitrier.

1353. Le *couteau à lame flexible* pour mastiquer, appuyer et lisser dans les feuillures (*fig.* 610) se compose d'une lame *a* et d'un manche *b*. Le vitrier a également d'autres couteaux à lames courtes et fortes sur le champ desquels il frappe avec son marteau pour enlever les anciens mastics: ce sont les *couteaux* à démastiquer.

1354. Les *pointes* sont de petits clous dépourvus de tête qui, étant enfoncés dans les feuillures des cadres ou des croisées, fixent les vitres. Ces pointes ont de 15 millimètres à 2 centimètres de longueur.

1355. Le *grégeoir* ou *grésoir* (*fig.* 611) sert à grésiller les bords du verre lorsqu'il est d'une forme circulaire, concave ou de tout autre forme qui ne peut être coupée avec le diamant, tels que dans les vitraux

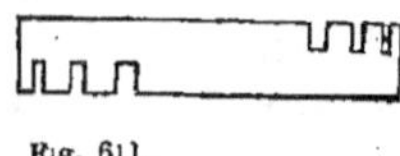

Fig. 611.

gothiques ou de fantaisie qui sont destinés à remplir des panneaux en fer étiré.

1356. Le *diamant* à couper le verre (*fig.* 612). Ce diamant *d* est enchâssé dans une espèce de rabot *A* fixé sur un manche *B* en bois dur ou en ivoire d'environ 10 centimètres de longueur. Sur une des faces en *x y* sont incrustés deux yeux en os. La pièce *A*, est percée à son axe d'un trou par lequel on introduit le diamant *d* dans son fût *A* et lorsqu'on a déterminé le sens de la coupe du diamant, on le scelle au moyen de l'étain ou de la résine, en ayant soin, toutefois, de tenir les yeux du rabot du côté qui doit glisser sur la règle.

Les diamants qu'on emploie à la confection de ces outils sont toujours bruts. On préfère ceux qui ont une légère teinte incarnat et qui présentent le plus de coupes ou de facettes.

Le diamant pouvant s'altérer, le soin à prendre pour sa conservation consiste à

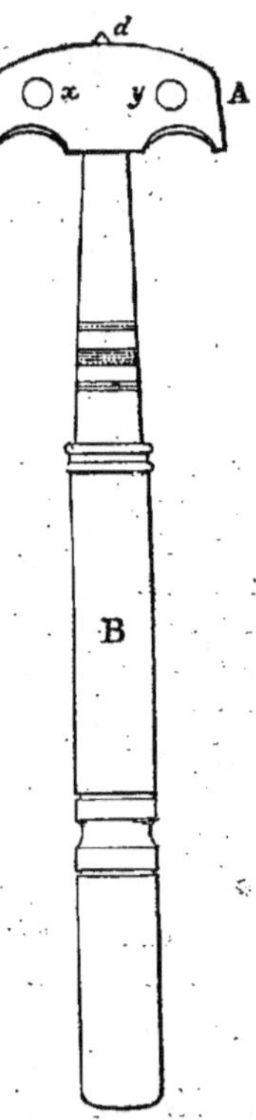

Fig. 612. — Diamant de vitrier (grandeur naturelle).

visiter de temps en temps si l'étain qui le soude est encore capable de le retenir. Si l'on avait quelques craintes de le voir s'échapper de son enveloppe, on pourrait y souder quelques grains d'étain qu'on ferait fondre au chalumeau et avec précaution autour de la pierre.

1357. *Le carton à diviser.* Ce carton, dont la surface est lissée, reste constamment sur la table de l'atelier ; il est divisé sur les deux sens par centimètres qui sont tracés et croisés sur le côté apparent. C'est sur ce carton, ou sur la table même, si elle est très plane, unie et divisée également, que l'ouvrier coupe son verre conformément aux dimensions qu'il a prises sur place et marquées à la craie sur sa règle.

1358. *Plomb et soudure.* Les vitriers emploient le plomb étiré en verges pour tenir les panneaux de verre blanc ou de couleur et en forment des panneaux qui s'enchâssent dans les bâtis en fer des croisées et des rosaces d'églises, pour assembler les parties coloriées des sujets religieux qui remplissent les grands panneaux du milieu.

Ils se servent également de soudure pour souder les angles de ces panneaux.

La bonne soudure se compose ordinairement d'une partie de plomb et de deux parties d'étain fin. C'est celle des ferblantiers. Mais comme l'étain est plus cher que le plomb, ils opèrent souvent avec le mélange des plombiers, qui consiste seulement en deux parties de plomb et une seulement d'étain.

1359. Les *attaches* ou *liens en plomb*. Ce sont des bandelettes en plomb de 10 à 12 centimètres de longueur sur 8 millimètres de largeur. On en fait usage pour la vitrerie des châssis des combles.

Leur principal usage est d'empêcher que les vitres ne glissent dans leurs feuillures.

1360. Le *tire-plomb* est en fer ; il sert à étirer les lames de plomb destinées à assembler les vitraux à compartiments.

Le *tailloir* (*fig.* 613). Couteau ayant la

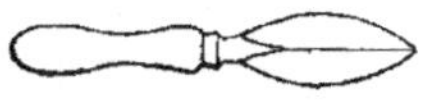

Fig. 613.

forme d'un grand grattoir de bureau et qui sert à découper les bandelettes de plomb.

1361. Le *fer à souder* (*fig.* 614) est une

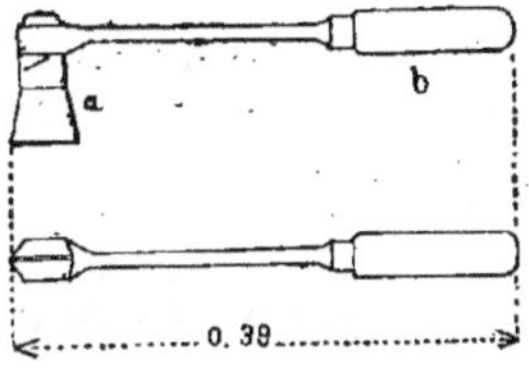

Fig. 614.

espèce de marteau à long manche que l'on chauffe assez pour déterminer la fusion de la soudure qui sert à réunir les bandelettes des panneaux en plomb.

§ IX. — DIMENSIONS DES VERRES A VITRES DU COMMERCE.

1362. Les verres à vitrages ordinaires du commerce se vendent en caisses qui contiennent, suivant l'épaisseur :

1° Verre simple, 60 feuilles par caisse, d'une surface de $0^{m2},45$, soit pour la caisse $27^{m2}00$.

2° Verre 1/2 double, 40 feuilles par caisse, d'une surface de $0^{m2},45$, soit pour la caisse $18^{m2},00$.

3° Verre double, 30 feuilles par caisse, d'une surface de $0^{m2},45$, soit pour la caisse $13^{m2},50$.

Nous donnons ci-après le tableau des mesures marchandes des verres à vitres.

MESURES JUSTES		HORS MESURES	
Verre poli	Verre dépoli et cannelé	Verre poli	
0m69 × 0m66	0m69 × 0m54	0m93 × 0m42	1m23 × 0m72
0m72 × 0m63	0m75 × 0m51	0m97 × 0m45	1m26 × 0m75
0m75 × 0m60	0m81 × 0m48	0m99 × 0m48	1m29 × 0m78
0m81 × 0m57	0m84 × 0m45	1m02 × 0m51	1m32 × 0m81
0m87 × 0m54	0m90 × 0m42	1m05 × 0m54	1m35 × 0m81
0m90 × 0m51	0m96 × 0m39	1m08 × 0m57	1m38 × 0m87
0m96 × 0m48		1m11 × 0m60	1m41 × 0m90
1m02 × 0m45		1m14 × 0m63	1m44 × 0m93
1m08 × 0m42		1m17 × 0m66	1m47 × 0m96
1m14 × 0m39		1m20 × 0m69	1m50 × 0m99
1m20 × 0m36			
1m26 × 0m33			

TABLEAU DES MESURES MARCHANDES DES VERRES A VITRES

Il existe, dans le commerce, quatre choix de verres à vitres.

Les verres demi-doubles sont payés moitié en plus des verres simples.

Les verres doubles sont payés le double des verres simples.

Poids du verre au mètre superficiel.

1363. On peut admettre les nombres suivants pour le poids de un mètre carré de verre:

Verre simple, un poids minimum de 4 kil. le mètre carré;

Verre 1/2 double, un poids de 5 à 6 kil. le mètre carré;

Verre double
- 3 m/m d'épaisseur, un poids de 7,57 à 8 kil. le mètre carré;
- 4 m/m d'épaisseur, un poids de 10 kil. 09 le mètre carré.

L'inclinaison à donner aux vitrages est de 20 à 30 degrés ou une pente de 0m,36 à 0m,58 par mètre.

1364. Nous donnerons plus loin, en parlant des verres coulés, les expériences comparatives sur la résistance des verres à vitres et des verres coulés.

§ X. — DIVERS EMPLOIS DU VERRE. — VERRE COULÉ.

1365. Au nombre des produits spéciaux qui se sont introduits depuis quelques années dans les constructions civiles et les travaux publics, et dont l'emploi se généralise de plus en plus, on peut signaler les verres pour toitures et vitrages de la Cie de Saint-Gobain.

Ces produits, désignés sous le nom de *verres de toitures, verres coulés à reliefs* ou *verres striés*, répondent à un véritable besoin des constructions de l'époque actuelle, grâce à leurs grandes dimensions, à leur solidité et surtout à leur prix modéré.

Les feuilles de verre ont de 4 à 6 millimètres d'épaisseur. Il y en a de deux sortes:

1° Le *verre blanc,*

2° Et le verre *demi-blanc*. Mais remarquons de suite que pour les usages auxquels ces verres sont destinés, le ton demi-blanc présente tous les avantages que l'on recherche dans leur emploi et qui sont le bas prix, la diffusion de la lumière sans absorption sensible, grandes dimensions et solidité.

Ces verres présentent une face polie et une face à reliefs, tels que rayures, petits et grands losanges.

Le verre grand losange produit de très beaux effets quand il est employé pour de grandes baies verticales. Aussi son usage se répandra-t-il certainement pour les églises qui n'ont pas le moyen d'avoir des vitraux peints, d'autant plus que la Cie de-Saint-Gobain fabrique ces verres avec le ton coloré qui lui est demandé.

Les dimensions des feuilles peuvent aller, en fabrication ordinaire, jusqu'à 2^m20 sur 0^m,75, l'épaisseur peut être illimitée, mais il est inutile, en pratique, de dépasser de 4 à 6 millimètres.

Dans les constructions importantes qui se font naturellement dans les grandes villes, dans les centres industriels, dans les grands ateliers et dans les gares de chemins de fer, il peut être important de laisser pénétrer le jour jusque dans les parties les plus reculées.

Le verre à vitre soufflé ne répond pas toujours à toutes les nécessités. Dans certains cas, la translucidité est inutile ou même gênante, à cause du soleil, et l'on ne peut la supprimer qu'en perdant beaucoup de lumière, soit par le dépolissage (ce qui diminue la solidité du verre), soit par des velums ou toiles grises, soit par le badigeon.

La faible épaisseur du verre à vitre simple fait qu'on ne l'emploie avec sécurité qu'en feuilles de petites dimensions. Quant aux verres doubles ou triples et aux glaces sans tain, qui présentent de la solidité, le prix en est trop élevé pour les constructions où l'on doit éviter des dépenses de luxe.

Les verres spéciaux de Saint-Gobain participent donc à la fois du verre à vitre et de la glace sans tain. Ils ont le bas prix des uns et la solidité des autres, et remplissent ainsi la lacune qui les séparait.

Ils conviennent surtout pour couvrir et vitrer les magasins, les grands ateliers, les cales des chantiers de construction, les hangars à grande portée, tels que halles, marchés et gares de chemins de fer, les serres, les passages, les cours intérieures, les lanternes d'escaliers etc... On en fait également des lames de persiennes très économiques pour marchés.

Quand on emploie les grandes feuilles, elles se posent sur les chevrons mêmes qui peuvent être en bois ou en fer profilés, dits fers à vitrages, ce qui offre l'avantage que l'on ne voit pas de joint dans la toiture, tout en diminuant les chances de fuites.

Des gares couvertes de cette manière sont parfaitement éclairées sans insolation directe et, indépendamment des facilités pour le service et la surveillance, il en résulte une économie considérable sur les frais d'éclairage des salles et bureaux qui les entourent.

Employées pour croisées, les feuilles de ce verre permettent de supprimer les châssis en bois ou en métal que l'on remplace par des montants en bois qui ont toute la hauteur des baies à vitrer et sont maintenues aux deux extrémités dans le mur.

On les espace de façon à partager les baies en un certain nombre d'intervalles égaux qui peuvent varier au gré des constructeurs. Cette disposition est très recommandable pour les bâtiments destinés à servir d'entrepôts, pour les ateliers, les remises de chemins de fer, les filatures, etc. Ces verres se fabriquent aussi en verre de couleur, dont l'emploi produit des effets très agréables.

Résistance.

1366. Pour démontrer la solidité de ces verres, il est utile d'indiquer sommairement les résultats d'expériences faites comparativement à d'autres verres à vitres.

On a expérimenté sur dix feuilles de chaque espèce de verre avec des balles de plomb de poids différents et à une hauteur fixe de 18^m00.

La vitesse moyenne des balles de plomb arrivant sur les feuilles de verre était, au moment du choc, de 18 à 19 mètres par seconde.

Le tableau suivant résume les résultats obtenus.

| EXPÉRIENCES COMPARATIVES SUR LA RÉSISTANCE DES VERRES A VITRES ET DES VERRES COULÉS | | | | | |
DÉSIGNATION	Nombre de feuilles.	Épaisseur moyenne des feuilles.	Cassé par une balle de plomb tombant de 18 mètres de hauteur et pesant en moyenne.	Dimensions maximum d'emploi.	OBSERVATIONS
Verre double ordinaire....	10	0m0035	8 grammes	0m45	On remarquera que le dépolissage fait perdre au verre toute sa force. Le verre triple ne s'emploie plus, il coûte plus cher que la glace brute.
Verre double dépoli........	10	0m008	2 —	0m45	
Verre triple ordinaire.....	10	0m006	22 —	»	
Verre triple dépoli........	10	0m006	6 —	»	
Verre coulé rayé..........	10	0m005	16 —	1m65	
Verre petits losanges.....	10	0m005	16 —	1m65	
Verre grands losanges.....	10	0m005	16 —	1m65	

1367. D'autres essais de résistance à la flexion du verre de Saint-Gobain ont été faits, nous les résumons dans le tableau ci-contre.

Ces résultats mettent bien en relief la supériorité, comme résistance, à égalité d'épaisseur, du *verre poli* sur le *verre brut.*

Emplois des verres à reliefs.

1368. Le *verre cannelé* et le verre à *petits losanges*, dont nous donnons (*fig.* 615

| RÉSULTATS OBTENUS PAR M. THOMASSET (1876-1877) ET COMMUNIQUÉS A LA SOCIÉTÉ DES INGÉNIEURS CIVILS. | | | | |
| | VERRE BRUT | | VERRE POLI | |
Numéros.	Épaisseur.	Coefficient de rupture par centimètre carré R =	Épaisseur.	Coefficient de rupture par centimètre carré R =
	millim.	kil.	millim.	kil.
1	30	291.75	10	397.2
2	30	212.86	10	351.9
3	30	292.65	10	405.0
4	27	290.65	12	288.0
5	26	277.63	11.7	282.70
6	24	230.80	11.5	381.13
7	23	272.80	11.5	281.40
8	20	275.70	9.7	
9	18	239.50		
10	16.2	261.30		
11	16	203.39		
12	13	229.20		
13	11.7	271.80		
14	11.2	2.9.77		

Verre brut. Moyenne des essais R = 260.44.
Verre poli.   —   —   R = 313.460.

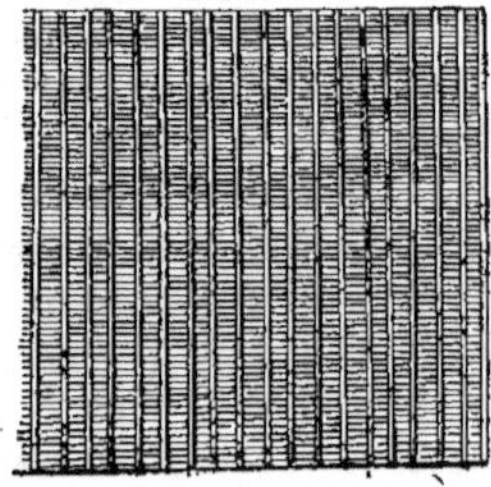

VERRE CANNELÉ

Fig. 615.

et 616) le dessin en grandeur d'exécution, s'emploient concurremment pour cloisons, portes, fenêtres, dans les écoles, bureaux, magasins, locaux industriels, gares, halles, marchés, serres, vérandas, cours vitrées, habitations, etc...

Fig. 616.

Le verre simplement cannelé s'applique tout spécialement à la toiture.

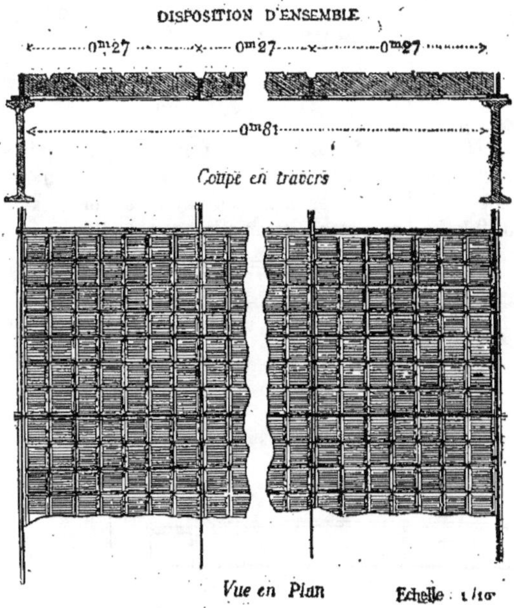

DISPOSITION D'ENSEMBLE

0^m27   0^m27   0^m27

0^m81

Coupe en travers

Vue en Plan   Echelle : 1/10

Fig. 617. Dalles quadrillées.

Le poids des feuilles est d'environ 12 kil. 500 par mètre carré.

L'épaisseur varie de 4 à 6^m/^m.

Les feuilles de 2^m00 de longueur sur

0^m50 de largeur rentrent dans les dimensions courantes.

Le verre *grand losange* produit de très beaux effets dans les grandes baies verticales : aussi son emploi est-il tout indiqué pour clore les églises, les chapelles, etc...

DALLES QUADRILLÉES.

1369. Indépendamment des glaces minces ou verres à reliefs, on emploie aussi depuis quelques années des *dalles* ou glaces brutes épaisses, de 20 30 et 35 millimètres. Quand les glaces ont plus de 14 millimètres d'épaisseur, elles prennent le nom de dalles. Ces pièces servent généralement à l'éclairage des sous-sols, et se posent sur des châssis en fer, comme l'indique la figure 617. Ces dalles peuvent être moulées suivant toutes formes et dessins, au gré de l'acheteur.

Les moules que la Compagnie de Saint-Gobain emploie couramment permettent de livrer, à bref délai, des dalles carrées ou rectangulaires, dont les dimensions peuvent varier suivant deux échelles, soit de 3 centimètres en 3 centimètres, soit de 4 centimètres en 4 centimètres, jusqu'à 0^m,60 de côté et même au delà.

L'épaisseur de ces dalles varie de 20 à 35 millimètres, et le poids du mètre carré, de 50 à 80 kilogrammes.

La vente se fait au poids ou à la superficie.

Dans le calcul des charges à faire supporter à la flexion au verre convenablement recuit de Saint-Gobain, on peut compter, comme coefficient à la rupture, $R = 250$ k. par centimètre carré de section.

DIMENSIONS ET POIDS.

1370. Dalles brutes de fabrication courante.

$$2^m00 \times 0^m81 = 1^m62.$$

Épaisseur 15 à 16 $^m/^m$, poids	65^{k}00
— 20 à 21 —	82^{k}00
— 25 —	105^{k}00
— 31 —	125^{k}00
— 37 à 38 —	150^{k}00

PAVÉS EN VERRE.

1371. Ces pavés représentés (*fig.* 618) servent à éclairer les sous-sols sous les passages fréquentés par les voitures. La

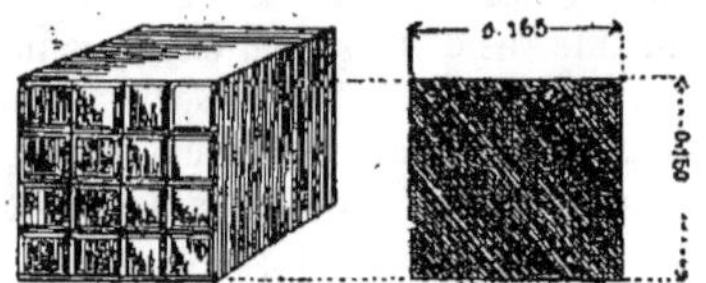

Fig. 618. — Pavés en verre.

face de service peut être moulée suivant tous reliefs. Comme les dalles, ces pavés se posent sur mastic de vitrier, et sont maintenus par des châssis en fer T; ils se vendent au poids. Le poids du pavé indiqué ci-dessus en croquis est de 9 k. 00.

TUILES EN VERRE.

1372. Il est facile d'apprécier les services que rendent les tuiles en verre. Pouvant se substituer aux tuiles en terre cuite d'une toiture, elles permettent d'éclairer un grenier, un hangar, un atelier, au point voulu, sans qu'il soit nécessaire de recourir à un ouvrier de métier, ni de faire sur la toiture une installation spéciale et coûteuse.

La Compagnie de Saint-Gobain fabrique les tuiles des modèles les plus répandus : Montchanin, E. Muller, etc...

Nous donnons (*fig.* 619-620) deux modèles de tuiles en verre.

Indications générales pour la pose des verres à reliefs, des glaces brutes, des dalles et des pavés.

VERRES A RELIEFS DE 4 A 6 MILLIMÈTRES D'ÉPAISSEUR.

1373. La face à reliefs se place généralement du côté d'où vient la lumière.

Ces verres se posent en feuillures, avec masticage, comme le verre à vitres.

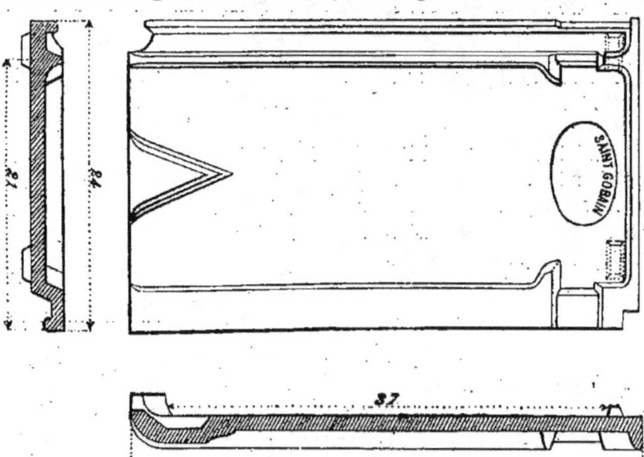

Fig. 619. — Tuile de Saint-Gobain (à rayures) se raccordant avec le type de Montchanin n° 1 (Grand moule) poids 2 k. 750 = 14 au mètre carré.

Pour les châssis inclinés, comprenant plusieurs feuilles sur la hauteur, les verres sont chevauchés avec un recouvrement de 5 centimètres environ, et en laissant entre eux un intervalle de 4 à 5 millimètres. Les feuillures ont de 25 à 30 millimètres de profondeur.

Pour les châssis verticaux, il suffit que les feuillures aient de 13 à 15 millimètres.

Sur les châssis en fer, l'application se fait au moyen de chevilles espacées d'environ 50 centimètres.

Quelquefois le masticage est remplacé par une baguette ou tringle moulurée, fixée par des pointes ou des vis dans les feuillures.

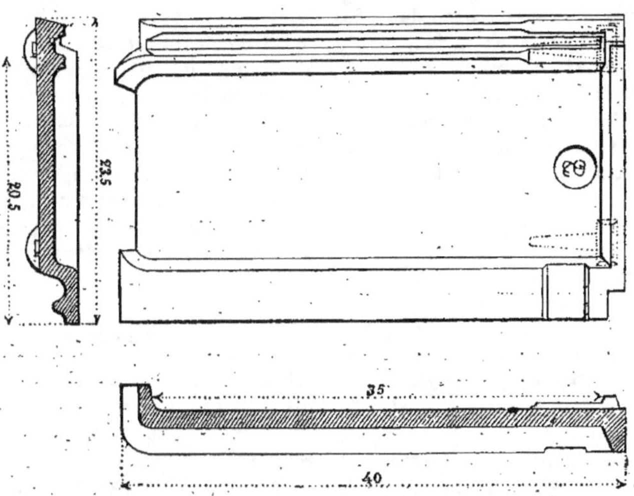

Fig. 620. — Tuile en verre se raccordant avec le type Muller à recouvrement. — Poids 3 k. 208 = 14 au mètre carré.

GLACES BRUTES DE 10 A 13 MILLIMÈTRES D'ÉPAISSEUR.

Leur grande résistance en rend l'emploi économique pour le vitrage des grandes baies, où le verre de moindre épaisseur et les châssis sont d'un entretien onéreux et difficile, ainsi qu'il arrive dans les halles à marchandises, les ateliers de produits chimiques, les locaux humides, etc.

La pose doit être faite de manière à mettre ces glaces à l'abri des effets de tassements et de coïncements.

Aussi est-il indispensable de laisser un jeu de 15 à 20 millimètres entre la rive supérieure des glaces et les tableaux ou voussures des baies.

Quand les glaces doivent être posées dans une feuillure en maçonnerie, on cloue dans le fond de la feuillure une tringle en bois de 10 millimètres d'épaisseur et de 15 millimètres de largeur, garnie d'une bande de feutre, puis on place la glace en la faisant reposer, à la partie inférieure, sur deux cales en bois épaisses de 10 à 15 millimètres, disposées à quelques centimètres des angles, et en laissant latéralement un jeu d'au moins 5 millimètres avec la maçonnerie.

On maintient ensuite la glace avec un tasseau ou un couvre-joints en bois, garni de feutre, de 25 à 30 millimètres de large, fixé par des pattes scellées dans la maçonnerie.

Après la pose, du côté de l'extérieur, le joint inférieur et les joints montants peuvent être calfeutrés avec du ciment à prise lente ; la partie supérieure doit rester libre.

On opère d'une manière analogue pour les constructions en charpente, et les montants de division verticale en fer à ⊥.

DALLES QUADRILLÉES ET PAVÉS.

1374. Les dalles se posent dans des châssis en fer à ⊤, avec un jeu de 3 à 4 millimètres tout autour.

Pour les dalles quadrillées, la face supérieure doit s'élever au-dessus du bord du châssis de toute l'épaisseur du relief, c'est-à-dire de 3 à 4 millimètres.

La dalle est préalablement posée de niveau à l'aide de quelques cales minces en bois blanc ; puis elle est mastiquée au mastic de vitrier, ou plus généralement elle est coulée avec du ciment pour les *dallages en plein air*, et avec du plâtre (fond de la feuillure) et du ciment (joints montants) pour les *carrelages abrités*.

Le ciment est à prise rapide ou à prise lente, suivant que l'on est plus ou moins pressé de mettre le dallage en service.

Les pavés en verre se posent de la même façon que les dalles dans des cellules en fer ou en fonte.

Vitraux.

1375. Les vitraux peints mis en plomb ont été pendant longtemps employés presque uniquement à former les verrières des églises. Depuis quelques années, les architectes se servent des vitraux peints enchâssés dans des baguettes de plomb, comme d'un important moyen de décoration pour les habitations particulières.

L'usage de sertir les différentes pièces d'un vitrail par du plomb est fort ancien. Ce métal était d'ailleurs le meilleur que l'on pût choisir, car il est souple, peu oxydable et d'un prix minime.

Voici comment on procède pour la pose et l'encadrement de la simple vitrerie de couleur composée seulement de fragments découpés géométriquement, telle qu'on l'emploie le plus communément pour les portes et les fenêtres de nos appartements.

Le dessin étant choisi, à l'aide d'un papier à report, l'ouvrier trace le motif sur un papier fort, puis, avec un tire-ligne, détermine les épaisseurs de cœur de plomb, en se tenant à cheval sur le trait (le cœur de plomb est l'équivalent de l'âme du fer ⊥). Ce tracé obtenu, reproduisant exactement le dessin du modèle, l'ouvrier découpe le papier, en ménageant l'épaisseur du trait tracé par le tire-ligne. Les morceaux de découpage donnent le contour que devront avoir les pièces du vitrail. On assemble ces morceaux, et, en se servant de chacun d'eux comme de calibres, on coupe au diamant des verres de ton correspondant au dessin.

MISE EN PLOMB.

1376. L'ouvrier procède ensuite à la mise en plomb proprement dite. Pour cela il assemble les verres sur un calque, sur lequel est reporté le motif calque posé sur une grande table en bois dressée avec soin. Il châsse les verres dans les plombs sur l'angle gauche de la table, où des règles à biseaux destinées à recevoir le plomb extérieur font un angle droit. Quand le panneau est monté, il rabat les ailes du plomb et fait les soudures nécessaires aux intersections. Il ne reste plus qu'à contresouder le panneau sur l'autre face et à mastiquer les plombs.

Il faut éviter les *charnières*, c'est-à-dire de longues lignes parallèles qui ne présenteraient plus assez de résistance au ploiement des panneaux. On croisera alors les plombs, de façon à rompre les lignes. Il ne faut pas se contenter de faire buter les plombs les uns contre les autres comme, l'indique la *fig.* 621, ce qui serait défectueux. Il faut, au contraire, que chaque extrémité de baguette rentre sous l'aile du plomb voisin (*fig.* 622).

Les bouts employés sont de dimensions et de force différentes selon le poids et la grandeur des verres. Ces dimensions varient de 0ᵐ,003 de large jusqu'à 0ᵐ,012.

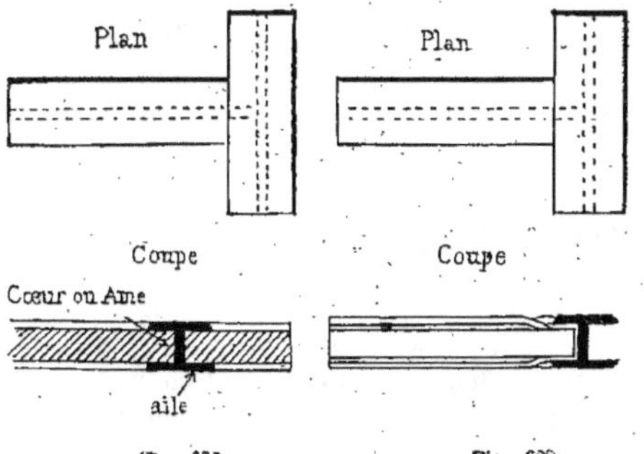

Fig. 621.   Fig. 622.

La largeur d'un plomb est indiquée par celle de sa face dorsale.

On entend par *l'ouverture du plomb* la hauteur comprise entre les deux ailes de la baguette. L'ouverture est faite pour recevoir, selon les cas, des verres simples, demi-doubles ou doubles. Il est préférable d'employer des verres assez épais.

POSE DES VITRAUX D'APPARTEMENTS.

1377. Il y a trois manières de faire cette pose.

1° Comme les verres ordinaires, en feuillure ;

2° Dans des châssis de chêne indépendants

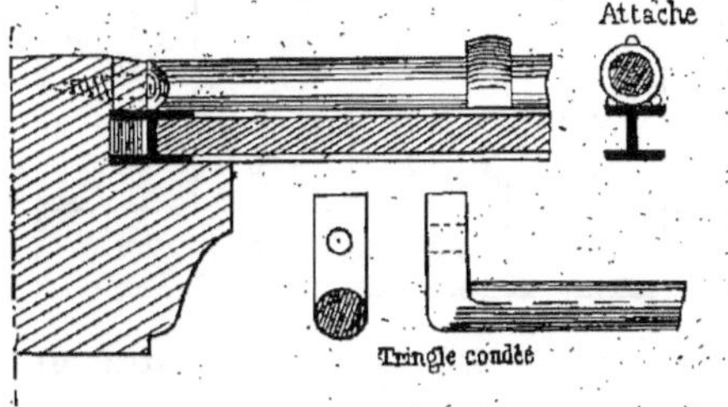

Fig. 623.

de la fenêtre et rapportés sur les ventaux ;

3° Soit enfin en application sur les vitrés.

déjà en place et qui supportent les panneaux de couleur.

Dans le premier cas (*fig.* 623), le panneau est appuyé sur la feuillure et maintenu

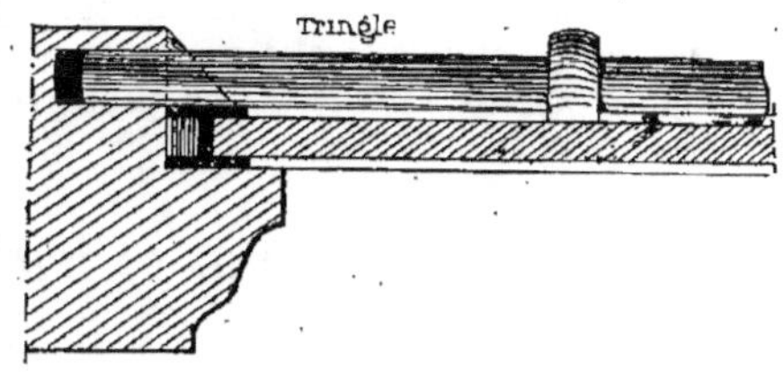

Fig. 624.

par des tringles métalliques coudées fixées après le montant par des vis sur le coude de la tringle. De distance en distance sont

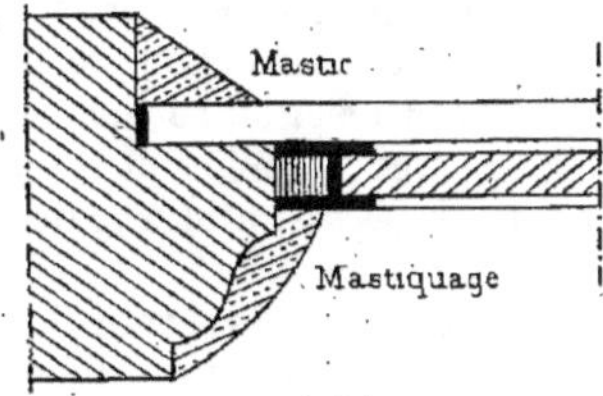

Fig 625.

soudées sur les tringles des attaches en plomb. De plus, les bords sont mastiqués

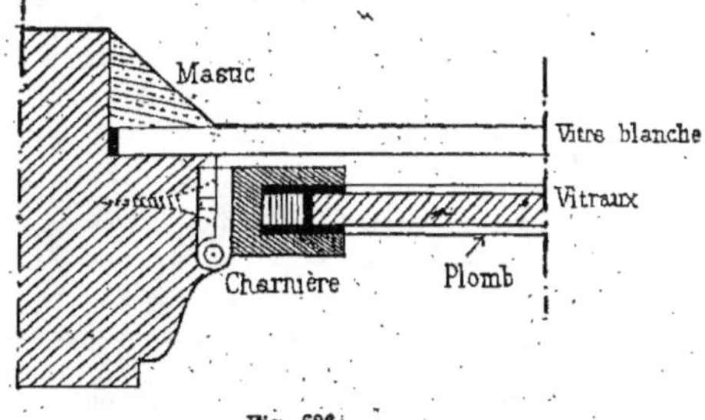

Fig. 626.

soigneusement. On se sert aussi de tringles non coudées, dont les extrémités pénètrent dans des trous forés dans le montant (*fig.* 624).

La même disposition est adoptée pour les châssis rapportés et indépendants, dont le cadre vient s'emboîter sur le bâti de la fenêtre. Si l'on veut appliquer les vitraux peints sur des glaces déjà posées, un simple masticage sur les bords suffit (*fig.* 625). Souvent, on peut avoir intérêt à se ménager par moment le jour blanc. Alors on monte le vitrail peint (*fig.* 626) sur un petit fer en ⊔ qui forme cadre et que l'on attache à charnière sur le bâti de la fenêtre. Il est alors placé comme un volet intérieur que l'on peut ouvrir.

§ XI. — FABRICATION DES GLACES.

1378. La fabrication des glaces a longtemps été le monopole des Vénitiens qui les préparaient par un procédé de soufflage analogue à celui qu'on emploie pour la fabrication du verre à vitres en tables.

F 1688, Abraham Thévart imagina de couler les glaces. Son établissement, construit d'abord dans la rue de Reuilly, au faubourg Saint-Antoine, fut transféré peu de temps après à Saint-Gobain, près la Fère, ou il existe encore.

En France, on ne fait actuellement que des glaces coulées. En Allemagne, au contraire, il existe peu de fabriques de glaces coulées. A Venise et en Bohême, on fabrique une grande quantité de glaces soufflées.

Glaces coulées. — Composition.

1379. Les éléments du verre à glace sont la silice, la chaux et la soude. Voici, d'après M. Peligot, plusieurs compositions de verre à glace qui montrent que les proportions de ces éléments peuvent varier dans d'assez grandes limites.

DÉSIGNATION DES ÉLÉMENTS	VERRE de Saint-Gobain.	VERRE de Saint-Gobain (ancienne fabrication).	VERRE à glace de deux fabriques anglaises (analyse de M. Salvétat).		VERRE de Ravenhead (Saint-Hellens) (analyse de M. Benrath).	VERRE d'Amelung, de Dorpat (analyse de M. Benrath).
Silice..........................	73.2	72.0	75.2	74.5	75.0	71.0
Chaux........................	13.6	8.5	6.9	4.7	6.5	14.3
Soude.........................	12.8	19.0	17.0	19.1	18.0	12.4
Alumine et oxyde de fer.........	0.4	0.5	0.9	1.7	0.5	2.3
TOTAUX	100.0	100.0	100.0	100.0	100.0	100.0

1380. Les glaces fabriquées depuis une vingtaine d'années avec le sulfate de soude contiennent, en outre, une petite quantité de ce sel qui n'a pas été décomposé pendant la durée de la fusion du verre. Le dosage actuel du verre à glace se rapproche de la composition suivante :

Sable.................................	270
Sulfate de soude......................	100
Pierre calcaire........................	100
Charbon.............................	6 à 8
Calcin................................	300

Composition moyenne du mélange chargé à Sant-Gobain, dans les pots :

Sable très blanc.......................... 300
Carbonate de soude sec................. 100
Chaux éteinte à l'air.................... 43
Calcin 300

Ces proportions sont approximatives et doivent varier avec la pureté des matières premières et avec l'allure des fours de fusion.

On ajoute à la composition une quantité variable d'oxyde de manganèse et d'acide arsénieux.

Le sable employé doit être blanc et exempt de produits ferrugineux ; il doit être lavé, débourbé, pour séparer les parties argileuses, calcaires et ferrugineuses qu'il renferme ; ce sable est ensuite séché. La substitution du sulfate de soude au sel de soude a réalisé un progrès important au point de vue de l'abaissement du prix de revient. Ce sel, avant d'être employé, doit être purifié afin d'enlever l'acide sulfurique libre et le fer qu'il renferme.

Le calcaire, avant d'être pulvérisé, est concassé, puis on sépare les morceaux qui paraissent contenir du fer.

Ces diverses matières sont employées sèches et très divisées, pesées à la bascule et mélangées à la pelle en y ajoutant la proportion voulue de calcin en morceaux lavés et séchés.

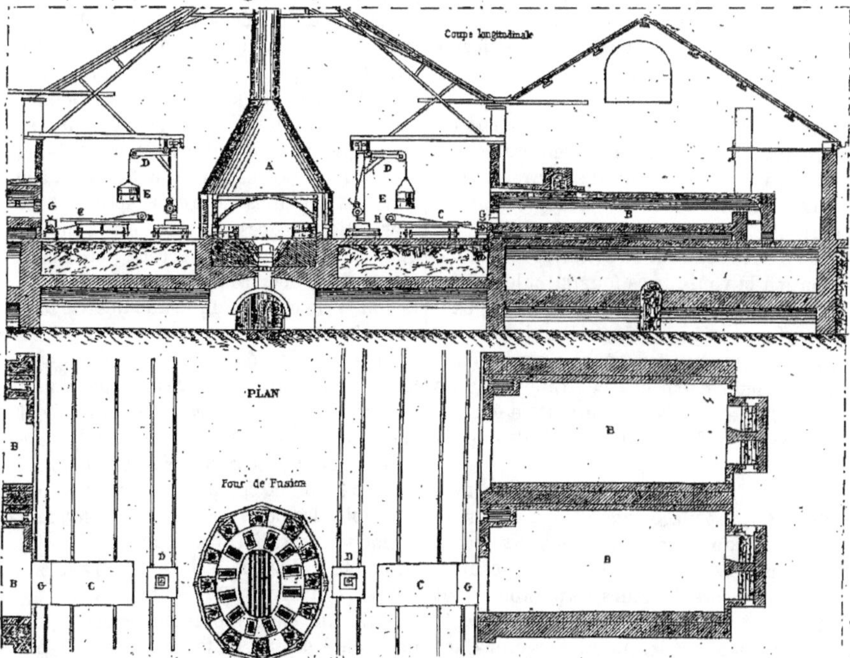

Fig. 627. — Disposition d'une halle pour la fabrication des glaces.

Fonte du verre.

1381. Le four de fusion représenté (fig. 627) a douze cuvettes ; il est de forme elliptique. La grille, dont la largeur est de 0^m,60, occupe toute la longueur du four, soit 5^m,30. Autour de la grille, règne symétriquement une banquette ou siège sur laquelle sont placés les pots renfermant les matières à fondre. Douze ouvreaux, dont le seuil est au niveau de la banquette, servent à introduire et à sortir les pots. Au-dessus de ces portes sont des ouvertures plus petites, qu'on ferme avec des plaques en terre réfractaire percées de plusieurs trous nommés *pigeonniers*.

En enlevant ces plaques, les ouvriers introduisent par ces ouvertures la composition dans les pots au moyen de pelles.

La grille est découverte sur les deux tiers environ de sa longueur. A ses extrémités, elle passe sous une tonnelle ou voûte pratiquée dans le massif du siège. Au-dessous se trouve une voûte circulaire à laquelle viennent aboutir quatre galeries qui se coupent à angle droit, pour amener l'air nécessaire à la combustion.

Quand le four est achevé, on y fait un feu très doux dans les premiers jours, sans quoi le siège, fait d'ailleurs avec de bons matériaux, serait promptement détruit.

Quand le four est en activité, la flamme monte à la voûte de ce four, circule autour des pots et s'échappe par les petites cheminées, pratiquées dans l'intérieur des pieds droits du four, pour se rendre dans une grande cheminée centrale A, munie d'une hotte qui recouvre tout le four et entraîne au dehors les produits de la combustion.

Le four, comme l'indiquent les croquis (*fig.* 627), est placé dans l'axe d'une halle de 26^m,00 de largeur qui contient quatre fours espacés de 16^m,00 de centre à centre. De chaque côté des fours, et parallèlement au grand axe de la halle, sont placés symétriquement les fours à recuire les glaces ou *carcaisses* B.

La table à couler C se meut sur des galets et des rails en fer. A l'un de ses bouts, se trouve la grue mobile D destinée à manœuvrer les cuvettes ou pots.

Chaque carcaisse a trois foyers pour le chauffage, une large ouverture à l'avant pour entrer et sortir les glaces, des ouvertures pour donner graduellement accès à l'air froid quand on veut refroidir le four, un carneau pour conduire les fumées à une cheminée desservant plusieurs carcaisses.

Autrefois, le verre était fondu dans des pots, puis transvasé et affiné dans d'autres qu'on enlevait avec la grue pour le déverser sur la table de coulage, Ce transvasement, qu'on appelait *trejétage* est aujourd'hui abandonné. La fonte, l'affinage et le coulage se font avec le même pot ou cuvette.

Les cuvettes ovales occupant moins de place dans le four sont généralement préférées. Elles ont de 0,75 à 1^m,00 de hauteur, une épaisseur de 6 à 7 centimètres pour les côtés et 0^m,10 pour le fond. Elles contiennent de 300 à 500 kil. de verre fondu. Chaque cuvette porte sur le pourtour extérieur et vers le milieu de la hauteur, une rainure creuse qui permet de la saisir avec des tenailles de forme spéciale. La fabrication de ces cuvettes est la même que celle des pots de verrerie; elles sont introduites déjà rouges dans le four de fusion. Une cuvette de bonne qualité doit pouvoir fournir 30 coulées.

Quand la coulée vient d'être terminée, le four de fusion est garni de ses douze pots vides qu'on replace successivement sur leur siège. Le tiseur réchauffe son four. Quelques heures après, on enfourne une partie de la composition de manière à remplir les pots. La matière, en fondant prend un retrait considérable, et bientôt elle n'offre plus que le 1/3 ou le 1/4 de son volume primitif. Trois heures après, on fait un deuxième enfournement, puis un troisième. Si la fonte ne se fait pas également bien dans tous les pots, le tiseur s'en aperçoit et fait mettre quelques pelletées de calcin dans le pot qui se trouve en retard.

Sept à huit heures après, ie verre est

fondu : mais il est rempli de bulles qu'un feu violent et soutenu doit faire disparaître. C'est ce qu'on appelle *l'affinage* qui dure de 5 à 6 heures.

Après ce temps, le verre a pris une transparence complète. Seulement il est trop chaud et trop liquide pour être coulé. Il faut le laisser reposer pendant quelques heures dans les cuvettes, en modérant la température, dans le but de lui donner un état convenablement pâteux. C'est ce qu'on nomme *faire la braise*.

La fusion des matières, l'affinage et la braise durent 24 heures. Un four consomme en moyenne 6,000 kil. de houille par coulée et peut, avec 12 cuvettes, fournir 80 à 100 mètres carrés de glaces ayant 10 millimètres d'épaisseur; soit 2,000 à 2,500 kil.

Coulage.

1382. Les creusets sont successivement enlevés du four à l'aide d'une pince spéciale ; ils sont placés sur un chariot en fer qu'on traîne au pas de course au pied de la grue ou potence. On *écrême* ensuite le verre. Cette opération consiste à enlever au moyen d'instruments plats ou recourbés qu'on nomme *sabres, grappins*, etc., les saletés qui se trouvent à la surface du verre.

Après ce travail, une tenaille terminée par deux longues branches, saisit la cuvette à sa ceinture et à l'aide de la grue on l'amène au-dessus de la table de coulage, puis, par un mouvement de bascule, on renverse brusquement le creuset dont le contenu tombe sur cette table qui a été préalablement saupoudrée de sable fin. Le verre, pâteux, commence à s'étendre de lui-même. On continue l'étendage à l'aide d'un gros rouleau en fonte R qui circule sur la table dans le sens de sa longueur. Ce rouleau pèse environ 4,000 kil. La largeur de la glace, son épaisseur, sont réglées par des tringles de fer sur lesquelles le rouleau porte par ses extré-

mités. Aussitôt que le rouleau a laminé le flot du verre, on pousse la glace ainsi produite dans le four à recuire ou carcaisse B. En moins d'une heure, il faut couler douze glaces ayant chacune, en moyenne, de 6 à 8 mètres carrés, les enfourner dans les carcaisses et rentrer les cuvettes dans le four.

Dans la *carcaisse*, la glace séjourne pendant trois ou quatre jours, en se refroidissant graduellement. Chacun de ces fours à recuire peut contenir deux ou quatre glaces . La théorie du recuit consiste en ce que la masse vitreuse étant maintenue pendant un certain temps dans un état voisin de la fluidité, la chaleur augmente le volume des parties extérieures et les rend assez peu résistantes pour permettre aux particules internes de se dilater et de se disposer régulièrement entre elles.

A sa sortie de la carcaisse, la glace est découpée, équarrie à l'aide de diamants ou à l'aide de petites roulettes d'acier trempé au mercure et enchâssées et mobiles dans une monture en fer.

Travail mécanique des glaces. — Douci, savonnage, polissage.

1383. *Le douci.* — La glace *brute* est d'abord dégrossie au moyen de lames de fonte avec interposition de gros sable, de sable fin, puis d'émeri de plusieurs grosseurs.

1384. *Le savonnage.* — Les surfaces douciés sont frottées verre sur verre avec de l'émeri très fin de quatre numéros.

1385. *Le polissage.* — Les glaces savonnées sont frottées avec des feutres, avec interposition d'oxyde de fer rouge ou colcotar.

I. — Douci.

1386. *Le douci* se subdivise en deux opérations :

1° *Le dégrossissage*; 2° *Le doucissage*.

Le dégrossissage s'opérait autrefois par le frottement de glace sur glace, scellées l'une et l'autre avec du plâtre sur des pierres, et avec du sable interposé. Aujourd'hui, on scelle au plâtre une grande glace ou deux moyennes sur une table ou banc de pierre parfaitement dressé. Au-dessus de ce banc, se trouve une table garnie de bandes de fonte. Cette table, d'une dimension inférieure à la table fixe ou banc, vient s'appliquer sur la glace et se meut au moyen de leviers qui la font glisser par un mouvement de va-et-vient demi-circulaire sur toutes les parties du banc, et entament la surface de la glace au moyen du gros sable ou du grès pulvérisé que l'on jette sur la glace, sur laquelle coule en même temps un filet d'eau.

Les grains de sable ou de grès, pressés par les bandes de fonte contre la glace, s'usent assez rapidement. Dès qu'on sent que leur action diminue, on essuie la glace, on met une nouvelle couche de sable et ainsi de suite.

La glace étant dégrossie, on procède au *douci*. Pour cela, on opère glace sur glace en scellant une ou plusieurs glaces également dégrossies sur une table en châssis que l'on applique sur la glace fixe, à laquelle on imprime mécaniquement le même mouvement qu'avait la table garnie de bandes de fonte et, au lieu de sable, on interpose successivement des émeris de plus en plus fins qui achèvent le travail du douci.

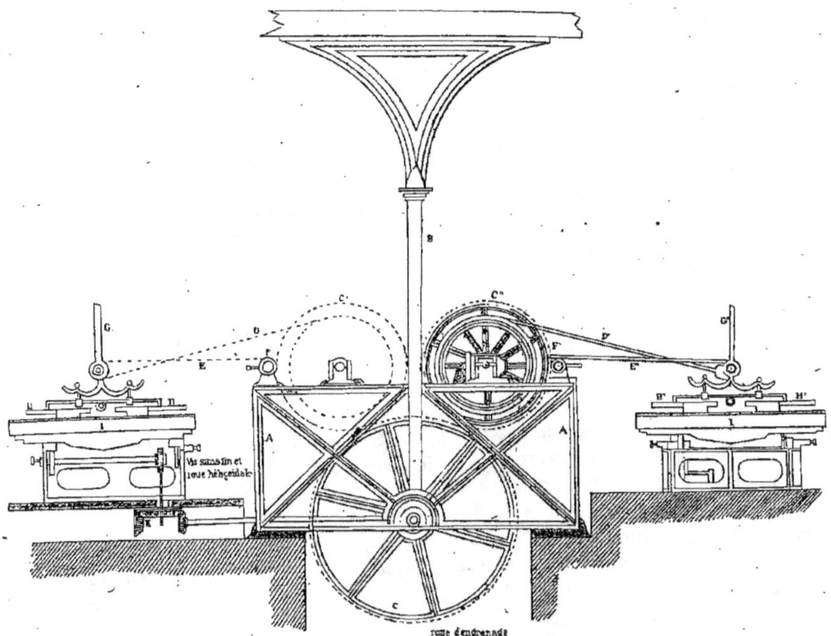

Fig. 628. — Machine à polir les glaces.

A. Bâtis. — B. Colonne. — C. Roue d'engrenage motrice. — C'C". Roue de transmission du mouvement des polissoirs. — D D'. Bielles. — E E' Guides des polissoirs. — F F' Embrayages des roues C' et C" servant à arrêter le mouvement de l'une des tables. — G G'. Balanciers des polissoirs. — H H'. Polissoirs en bois. — I I. Tables de pierres supportées par un cadre en fonte douées d'un mouvement perpendiculaire à celui des polissoirs. — K. Engrenage donnant le mouvement de translation à la table

II. — Savonnage.

1387. Après le douci, il reste souvent sur la surface des glaces, et surtout aux angles, des imperfections, des inégalités, des piqûres d'émeri qui demandent à être retouchées. C'est par l'opération du savonnage que l'on remédie à ces défectuosités. L'ouvrier, après avoir fixé la glace sur le banc parfaitement plan, la frotte aux places à retoucher avec de l'émerie fin, qu'il arrose d'un peu d'eau. Il étend cet émeri avec une petite glace d'environ 25 centimètres sur 15 dont les coins et arêtes sont adoucis pour que les angles ne déchirent pas la surface de la glace.

L'ouvrier passe cette petite glace, appelée *pontil*, sur les parties à corriger en appuyant dessus avec les deux mains. Lorsque tous les défauts sont corrigés, l'ouvrier doit faire un travail léger sur toute la surface pour amener toute cette surface à un grain bien égal.

III. — Polissage.

1388. Les glaces étant savonnées des deux côtés, on les soumet à la troisième opération, celle du polissage. Depuis fort longtemps, le polissage ne se fait plus à la main, mais au moyen d'appareils mécaniques de deux sortes : les plus anciens, qui impriment aux feutres ou polissoirs un mouvement de va-et-vient rectiligne; les nouveaux qui leur impriment un mouvement de translation circulaire.

Dans les uns comme dans les autres, la table est animée d'un mouvement rectiligne de va-et-vient. Elle doit être carrée dans les anciens et peut être en parallélogramme dans les nouveaux. Parfois, elle repose simplement sur un chariot, d'autres fois elle y est rivée.

Le polissage s'obtient en frottant les glaces avec des feutres garnis de colcotar (peroxyde de fer rouge, aussi pur et aussi ténu que possible). Les brosses garnies de feutre et de colcotar sont mises en mouvement, ainsi que la table mobile sur laquelle les glaces sont scellées.

Il faut 8 à 10 heures pour polir d'un côté 5 à 6 mètres carrés de glace.

Nous donnons (*fig*. 628) un croquis d'une machine à polir les glaces.

§ XII. — ÉTAMAGE ET ARGENTURE DES GLACES.

1389. Dans l'origine, les miroirs étaient faits de métal, principalement de cuivre ou de bronze. Les plus riches possédaient des miroirs d'argent.

Les anciens paraissent encore s'être servis de l'obsidienne et même avoir connu l'usage des miroirs de verre. Ces derniers sortaient des verreries de Sidon et l'on donnait à la lame de verre le pouvoir de réfléchir les objets en fixant à sa face postérieure une feuille d'argent ou d'or. C'est aux Vénitiens que l'on doit la création de l'industrie du verre à glace, vers le seizième siècle.

Des essais entrepris par Henri II et par Henri IV pour établir cette industrie en France ne réussirent pas, et ce n'est qu'en 1665 que Colbert fonda, à Tourlaville près Cherbourg, le premier établissement de glaces qu'ait eu la France.

Jusqu'en 1840, la métallisation des glaces s'est faite exclusivement à l'aide de l'amalgame d'étain, manipulation des plus insalubres par suite des vapeurs mercurielles que respiraient les ouvriers. Outre ce grave inconvénient, les glaces ne pouvaient voyager qu'après un séchage de 12 jours environ et encore l'étamage était-il extrêmement fragile. En 1840, un chimiste anglais, Drayton, eut l'idée de remplacer l'étamage par l'argenture. En réduisant une dissolution ammoniacale d'azotate d'argent par des huiles essentielles facilement oxydables, il obtenait sur la surface du verre une mince pellicule d'argent qui lui donnait le pouvoir réflecteur.

Ce procédé n'était pas d'une application pratique. Il est devenu réellement industriel depuis que M. Petitjean a imaginé de substituer, comme réducteur, l'acide tartrique aux huiles essentielles.

La réduction de l'argent s'opère en quelques instants, en chauffant vers 40 degrés. Il ne reste plus qu'à égoutter, sécher et recouvrir d'un vernis qui protège la mince pellicule d'argent. L'opération est rapide et parfaitement salubre ; néanmoins les glaces ainsi argentées prennent souvent une teinte jaunâtre, qui noircit à la longue. L'adhérence de la feuille d'argent au verre est imparfaite et souvent la lame d'argent des miroirs exposés à l'action directe des rayons solaires se détache du verre sur une étendue plus ou moins grande, comme il est facile de le voir sur certaines glaces étamées ornant les devantures des magasins.

Les glaces argentées expédiées au delà de l'Équateur noircissent par suite des émanations qui se dégagent de la cale des navires.

M. Lenoir, l'inventeur si connu par son moteur à gaz et son électro-graphique, est arrivé à faire disparaître ces inconvénients en terminant l'opération par l'amalgamation de la couche d'argent déposée sur la glace. Il suffit pour cela d'arroser la face argentée avec une dissolution étendue de cyanure double de potassium et de mercure. La réaction est instantanée et, par une double substitution, une partie de l'argent se trouve amalgamée ; le reste se retrouve dans la liqueur. Ici, plus de vapeurs mercurielles et néanmoins tous les avantages du mercure au point de vue de la réflexion et de la parfaite limpidité des glaces, le maniement des cyanures quand ils sont en solution très étendue ne présente aucun danger.

En un mot, la transformation d'une glace en miroir se fait en appliquant sur une de ses faces une mince lame ou couche d'un métal réfléchissant. On étame, on argente et on platine les glaces. Il nous reste à dire quelques mots sur ces trois procédés.

Étamage des glaces.

1390. Sur une grande table de marbre bien plane, on étend une feuille d'étain un peu plus grande que la glace à étamer. A l'aide d'une brosse spéciale, on rend cette feuille adhérente à la table en ayant soin de faire disparaître tous les plis. On mouille l'étain en promenant sur sa surface un peu de mercure, et l'étain commence à s'amalgamer. On ajoute ensuite du mercure, et on forme ainsi une couche liquide de quelques millimètres d'épaisseur. Le châssis en bois qui maintient la table de marbre porte sur ses côtés des rainures où s'écoule le mercure en excès.

En tête de la table de marbre, l'ouvrier place une petite bande de papier sur laquelle il pose le bord de la glace à étamer. Cette glace maintenue horizontalement est poussée de façon à ce qu'elle appuie dans la couche de mercure. L'ouvrier en poussant la glace chasse l'excès de mercure et doit éviter l'interposition de bulles d'air entre la glace et le métal.

La glace étant ainsi placée horizontalement dans le mercure et sur la feuille d'étain est chargée de poids. On incline ensuite la table pour donner à l'excès de mercure un écoulement facile. Cet égouttage dure vingt-quatre ou quarante-huit heures. On maintient la glace inclinée jusqu'à ce que l'étain soit sec, ce qui dure quinze jours, un mois et plus.

Les ateliers dans lesquels se fait l'étamage doivent être bien ventilés. Cette ventilation est favorisée en répandant de l'ammoniaque sur le sol. Les ouvriers devront prendre des boissons iodurées pour atténuer l'influence pernicieuse des vapeurs de mercure.

Le tain des glaces ainsi obtenu se compose donc spécifiquement d'étain et de mercure. C'est le mercure qui fournit à la glace la propriété de réfléchir les images, sans décomposition, sans amoindrissement trop sensible de la lumière, et c'est l'étain qui sert à retenir le mercure sur la surface de la glace où il est appliqué. L'étain ne joue ici que le rôle accessoire. Il n'en a pas moins donné son nom au résultat de l'opération, au tain des glaces. Il entre dans une proportion à peu près égale à celle du mercure dans ce qui constitue l'amalgame étendu et fixé, au moyen d'une simple pression, à l'une des faces de la glace. Sans étain le vif-argent ne pourrait y adhérer le moins du monde. Le gardien remplit donc là une fonction essentielle, mais dans la dénomination du fait le nécessaire a prévalu sur l'indispensable. Le mot est tellement en usage aujourd'hui, que le tain des glaces vînt-il à ne plus contenir trace d'étain, qu'il ne s'en appelle pas moins le tain des glaces, et l'on dit encore aujourd'hui : *étamage à l'argent, tain d'argent*, bien que l'argentage se pratique sans l'emploi d'une parcelle d'étain.

Le véritable étamage des glaces présente de nombreux inconvénients. C'est un amalgame solidifié de mercure et d'étain, mais qu'on ne peut rendre absolument fixe à cause du peu d'affinité réciproque entre l'étain et le mercure, Il demande d'abord un certain temps à se former ; il faut de quinze à vingt jours pour étamer une glace au mercure avec de l'étain et, pendant des mois, pendant des années, le mercure tend à se séparer de l'amalgame en abandonnant l'étain qui reste en place sans utilité. Le mercure s'écoule vers le bas des glaces où on le trouve si fréquemment en globules. Dans le maniement et dans le transport des glaces, le tain exige de grandes précautions. On ne peut le toucher, y poser les doigts sans le détériorer. Si l'on retourne les glaces dans les déménagements, si l'on met en haut ce qui a été désigné pour être en bas, le tain de la glace est perdu. Le mercure prend aussitôt, au travers de l'étain, un autre chemin que celui qu'on lui a ménagé dès le premier jour de son amalgame. De là des taches et autres défectuosités qui exigent une nouvelle opération d'étamage.

Le salpêtrage des murs ou la simple humidité des locaux où se trouvent les glaces occasionnent des taches dans leur tain.

Enfin, la chaleur lumineuse du soleil et du gaz sont aussi des causes d'assez fréquentes détériorations dans l'étamage tel qu'il est pratiqué de très ancienne date. On sait d'ailleurs qu'on parvient toujours, au moyen de la chaleur à extraire le mercure des différents métaux avec lesquels il a la propriété de s'amalgamer ; mais avec la plupart de ces métaux, il faut une chaleur plus ou moins intense, tandis qu'avec l'étain la chaleur solaire ou une autre équivalente suffit pour volatiliser le mercure qui abandonne alors l'étain en supprimant ainsi toute propriété de réflexion spéculaire.

Argenture des glaces.

1391. L'argentage des glaces, c'est-à-dire le tain établi et constitué par un dépôt chimique d'argent, est venu apporter, il y a trente ans environ, une certaine amélioration dans la miroiterie. Après des essais d'abord peu satisfaisants, on a fini par obtenir des glaces argentées, ou avec tain d'argent, qui pouvaient, jusqu'à un certain point, lutter avec l'ancien système. On les obtenait en peu de jours, ce qui présentait un avantage quand on ne pouvait attendre une opération plus longue.

Le milieu de l'atelier d'argenture est occupé par une grande table carrée, en fonte, à double fond, bien plane, parfaitement horizontale, remplie d'eau que des tuyaux de vapeur, disposés en serpentin, élèvent à une température de 30 à 40 degrés centigrades.

Cette table est recouverte d'une toile vernie sur laquelle est étendue une couverture de coton. Sur cette table, on dépose à plat les glaces bien découpées et lavées à l'eau distillée, auxquelles on va faire subir l'opération qui remplace l'étamage. La solution argentifère, dont nous donnons ci-après la composition, est versée sur la glace; elle y reste par le seul fait de l'attraction moléculaire des bords de la glace. Sept à huit minutes après que le liquide a été versé, des marbrures d'argent précipité se montrent çà et là. Ces taches brillantes se propagent comme des taches d'huile et en trente minutes la glace est complètement argentée. On l'incline alors, puis on la lave au moyen d'une peau de chamois imbibée d'eau distillée, afin d'entraîner la partie qui ne s'est pas déposée et qui s'écoule avec le liquide. Ensuite, on replace la glace horizontalement. On verse à sa surface une liqueur aussi limpide que la précédente, composée des mêmes éléments, mais qui en diffère par les proportions. Quinze minutes après, un second dépôt destiné à compléter et à renforcer le premier, s'étant ajouté à celui-ci, l'argenture de la glace est achevée.

La quantité d'argent déposée est de 6 à 7 grammes par mètre carré. On place ensuite la glace de champ dans l'atelier où la température doit être de 25 à 28 degrés.

Lorsque le dépôt est sec, on le recouvre d'une couche de vernis qui sèche très rapidement, puis d'une couche de peinture au minium ou d'une feuille de papier collé sur le vernis.

COMPOSITION DES LIQUEURS.

1392. La première liqueur déposée se prépare ainsi:

100 grammes de nitrate d'argent sont dissous dans 62 grammes d'ammoniaque pur à 0,870 ou 0,880 de densité, puis on ajoute 600 grammes d'eau distillée. Cette dissolution étant filtrée, on y ajoute seize fois son volume d'eau distillée; puis, goutte à goutte, en agitant sans cesse, 7 grammes 1/2 d'acide tartrique dissous préalablement dans 30 grammes d'eau distillée.

La seconde liqueur se prépare de la même façon, mais on ajoute une dose double d'acide tartrique.

Ce procédé a encore des inconvénients. L'argent vierge, déposé par voie humide sur la surface des glaces, y est peu adhérent. Nous avons vu qu'on le préservait des accidents de contact, et qu'on le garantissait contre les effets de l'humidité, du salpétrage et des émanations dangereuses, au moyen d'une couche de peinture appliquée sur la surface extérieure de l'argent.

Malgré cette précaution, le tain produit par l'argentage ne conserve pas toujours sa blancheur primitive. La peinture ne constitue pas une couverture assez parfaite, un préservatif infaillible, elle laisse pénétrer jusqu'à l'argent les gaz avec lesquels il forme des combinaisons chimiques à la suite desquelles le tain d'argent pur jaunit ou noircit, par place. En outre, l'action solaire suffisamment prolongée ou une chaleur équivalente, ont l'inconvénient de produire des boursouflures et souvent même de détacher, sous forme de lanières, la pellicule d'argent qui est plus adhérente à la peinture de recouvrement qu'à la surface de la glace.

Les résultats de l'argentage, sa durée même laissent donc pencher la balance en faveur des anciens procédés qui, malgré leurs défauts, sont préférables. Aussi, l'étamage des glaces à l'argent pur est-il de 30 à 40 0/0 meilleur marché que celui au mercure, que l'on peut appeler *mercure étamé* pour le distinguer d'une nouvelle application de l'argent avec le mercure dont nous allons dire quelques mots.

Amalgamation des glaces argentées.

1393. Les nouveaux procédés d'étamage des glaces produisent le tain des glaces par un argentage d'abord, suivi d'un mercurage, c'est-à-dire d'une couche de mercure appliquée, au moyen d'un liquide spécial, sur l'argent vierge préalablement déposé et avec lequel un amalgame solide se détermine instantanément par la décomposition du liquide limpide qui contient le mercure en dissolution, sans que rien dans son aspect puisse indiquer sa présence. Ce nouveau procédé, dont nous avons déjà parlé en commençant cet article, est dû à M. Lenoir qui a imaginé d'arroser le dépôt d'argent formé sur la glace (avant l'application du vernis et de la peinture) avec une solution étendue de cyanure de mercure, de potassium et d'oxalate d'ammoniaque dans des proportions déterminées. Un amalgame d'argent prend naissance ; celui-ci est plus blanc, plus adhérent que l'argent; l'excès d'argent rentre en dissolution et est éliminé par un lavage.

L'argentage de la glace se fait en deux opérations successives. C'est d'abord un premier dépôt d'argent qui demande trois quarts d'heure pour s'effectuer convenablement, et ensuite un deuxième dépôt qui ne demande qu'un quart d'heure : le tout sous l'influence d'une température humide de 35 à 40 degrés.

La seconde couche d'argent, qui s'incorpore à la première, a pour but de rendre la couverture d'argent plus continue et moins poreuse. (Le premier liquide, employé à deux reprises, est une dissolution aqueuse contenant du nitrate d'argent, de l'ammoniaque et de l'acide tartrique.)

Ce nouveau procédé exploité en grand par M. Maugin-Lesur, miroitier, donne des glaces très blanches et se rapprochant comme aspect de la glace étamée.

Toutes les opérations de ce nouvel étamage peuvent se faire en trois heures. Le prix de revient est inférieur à celui de l'étamage à l'étain mercuré.

Platinage des glaces.

1394. Le procédé de platinage du verre a été décrit par M. Ladersdorff, qui l'a expérimenté dès 1840. M. Dodé a remis ce procédé à la mode et l'a modifié il y a une quinzaine d'années.

Il consiste à prendre la vitre ou la glace bien nettoyée et à étendre également à sa surface, à l'aide d'un pinceau, une solution ainsi composée : essence de lavande, 15 parties; chlorure de platine, 3 parties; mélangées dans un mortier et conservées dans un flacon bouché à l'émeri. Passer au moufle ou sur la pierre à étendre jusqu'à ce que le verre soit assez ramolli pour que le platine y adhère. On laisse refroidir, puis on en applique une seconde couche ainsi composée : essence de lavande, 15 parties ; chlorure de platine, 4 parties; sous-nitrate de bismuth en poudre impalpable, 2 parties, mélangées et conservées comme précédemment, et l'on repasse ensuite au feu.

Lorsque les objets qui ont reçu le lustre sont refroidis, on les frotte, dit M. Ladersdorff, avec un chiffon de coton chargé de craie lavée et humide. Leur éclat est ainsi beaucoup relevé, et d'ailleurs le frottement enlève les dernières traces d'essences ou les cendres qui sont restées à la surface par la combustion de cette matière. Le platinage est bien inférieur comme aspect à l'étamage et à l'argenture; il est sombre et communique cette teinte aux objets réfléchis. Ce procédé n'est plus adopté dans le commerce.

§ XIII. — GLACES SOUFFLÉES.

1395. Les glaces soufflées se fabriquent pr·sque en totalité en Bohême et à Venise. Les glaces de Bohême sont toutes à base de potasse et présentent d'ordinaire une légère teinte verdâtre dans 'a tranche.

La proportion d'alcali est plus forte que dans le verre à vitres blanc, ce qui les rend plus fusibles.

On les fabrique dans des fours généralement rectangulaires, contenant, sur chaque banquette, trois pots circulaires, dont la durée est de 3 à 4 mois et la charge de 180 kil. Il y a, par four de fusion, six fours d'étendage annexés à autant de fours à recuire.

La manipulation est la même que pour le verre à vitres et consiste à souffler de grands cylindres que l'on ouvre ensuite suivant une génératrice. Les glaces soufflées ont toujours des dimensions restreintes. On considère comme un véritable tour de force une glace soufflée de $2^m,16$ sur $1^m,10$.

§.XIV. — GLACES BRUTES MINCES, DITES VERRES A RELIEFS.

1396. Le but de la fabrication des glaces minces a été de produire, pour la vitrerie et la couverture des serres et des bâtiments, des glaces plus minces que les glaces coulées ét par des moyens p'us économiques.

On prend le verre fondu dans le creuset au moyen d'une poche à long manche qui peut en contenir de 15 à 20 kil. On verse ces poches, manœuvrées par trois hommes, sur une petite table, sur laquelle on fait passer un rouleau comme dans le grand coulage. On coule généralement ce verre de 3 à 4 millimètres d'épaisseur.

Cette épaisseur est réglée, comme pour les grandes glaces, au moyen de deux règles fixées sur les côtés de la table. On imprime généralement à ces glaces une cannelure ou un quadrillage (d'où est venu le nom de verres à reliefs) qui dissimule en grande partie les bouillons et autres défauts résultant de ce mode de coulage.

Le procédé de fabrication ressemblant beaucoup, comme matières premières et manipulations diverses, à celui des verres à vitres, il est inutile de nous y arrêter plus longtemps.

§ XV. — DORURE DU VERRE.

1397. On recouvre depuis quelque temps des glaces d'une couche très mince d'or brillant ou mat pour en faire principalement des bordures-cadres. Le procédé pour les produire doit être analogue à celui dont on fait usage pour l'argenture. Il est dû à M. Schwarzenbach, de Berne. On dissout dans de l'eau distillée et bouillante du chlorure d'or bien pur.

Cette liqueur est rendue normale, de telle sorte qu'un litre contienne 0 gr. 300 d'or métallique. On la rend alcaline en y ajoutant une quantité suffisante d'une dissolution de carbonate de soude. D'autre part, on prépare une seconde liqueur, dissolution saturée d'hydrogène protocarboné (gaz des marais) dans l'alcool. On étend cette liqueur de son volume d'eau.

25 centimètres cubes de cette dernière liqueur sont ajoutés à 200 centimètres cubes de la dissolution alcaline d'or, et le mélange est versé entre la surface de la glace à dorer (bien nettoyée d'avance) et une feuille de verre placée au-dessous, à une distance de 3 millimètres. Après deux ou trois heures de contact, la dorure est terminée; on lave le verre et on le sèche.

§ XVI. — DIMENSIONS ET PRIX DES GLACES DE SAINT-GOBAIN. TABLEAUX.

1398. Nous donnons ci-après, sous forme de tableaux, les dimensions et les prix des glaces non étamées, des manufactures de Saint-Gobain, Chauny et Cirey.

(Ces prix, donnés comme simple renseignement, peuvent varier avec le cours.)

TARIF DU PRIX DES GLACES NON ÉTAMÉES
DES MANUFACTURES DE SAINT-GOBAIN, CHAUNY ET CIREY

Centimètres de largeur \ CENTIMÈTRES DE HAUTEUR

largeur	18	21	24	27	30	33	36	39	42	45
	f. c.	f. c.	f. c.	f. c.	f. c.	f. c.	f. c.	f. c.	f. c.	f. c.
6	».40	».45	».50	».60	» 65	».70	».75	».85	».90	».95
9	».60	».65	».75	».85	».95	1.05	1 10	1.30	1.35	1.45
12	».80	».90	1.05	1.15	1 30	1.43	1.55	1.70	1.80	1.95
15	».95	1.10	1.30	1.50	1.60	1.80	1.95	2.15	2.35	2 50
18	1.15	1.35	1.55	1.75	1.95	2.15	2.40	2.60	2.90	3. »
21		1.65	1.80	2.10	2.35	2 55	2 80	3 05	3.30	3.55
24			2.10	2.40	2.75	2.95	3.25	3.50	3.80	4.10
27				2.75	3.05	3.30	3 65	4.05	4.35	4.70
30					3.40	3.75	4.10	4.50	4.85	5.25
33						4.45	4.55	5. »	5.40	5.85
36							5. »	5.55	6. »	6.50
39								6.05	6.55	7.10
42									7.15	7.65
45										8.30

Centimètres de largeur \ CENTIMÈTRES DE HAUTEUR

largeur	48	51	54	57	60	63	66	69	72	75
	f. c.	f. c.	f. c.	f. c.	f. c.	f. c.	f. c.	f. c.	f. c.	f. c.
6	1.05	1.10	1.20	1.25	1.30	1.35	1.45	1.50	1.55	1.65
9	1.55	1.70	1.75	1.90	1.95	2.10	2.15	2.30	2.40	2.45
12	2.10	2.25	2.40	2.55	2.65	2.80	2.95	3.10	3.25	3.40
15	2.65	2.85	3.05	3 20	3 40	3.60	3.75	3.95	4.10	4.30
18	3.2	3.45	3.65	3.90	4.10	4.3	4.55	4.80	5. »	5.25
21	3.80	4.10	4.35	4.60	4.90	5.15	5.40	5.60	6. »	6.25
24	4.40	4.75	5. »	5.35	5.65	6. »	6.30	6.65	7. »	7 30
27	5. »	5.40	5.70	6.10	6.50	6.90	7.15	7.60	8. »	8 40
30	5.65	6.05	6.40	6.90	7.30	7.65	8.15	8.60	8.95	9.45
33	6.30	6.75	7.15	7.65	8 15	8.60	9.05	9.55	10.10	10.55
36	6 95	7.45	8. »	8.45	8.95	9.50	10.10	10.60	11.10	11.70
39	7.60	8.15	8.80	9.30	9.90	10.45	11.05	11.65	12.35	12.95
42	8.30	8.90	9.50	10.15	10.80	11.45	12.10	12.75	13.4	14.10
45	8.95	9.60	10 30	11. »	11.70	12.40	13.15	13.95	14.65	15.35
48	9.75	10.40	11.10	11.90	12.60	13.45	14.25	15.10	15.85	16.65
51		11.25	11.95	12.85	13.65	14.50	15.35	16.25	17 05	18. »
54			12.85	13.70	14.65	15.60	16.45	17.40	18 35	19.25
57				14 70	15 05	16.60	17.60	18 65	19.50	20.35
60					16 65	17.70	18.70	19.70	20.60	21.50
63						18.80	19.75	20.75	21.70	22.70
66							20.80	21.85	22.90	23.90
69								22.90	24. »	25.30
72									25.30	26.60
75										28 15

Centimètres de largeur \ CENTIMÈTRES DE HAUTEUR

largeur	78	81	84	87	90	93	96	99	102	105
	f. c.	f. c.	f. c.	f. c.	f. c.	f. c.	f. c.	f. c.	f. c.	f. c.
6	1.70	1.75	1.80	1.90	1.95	2. »	2.10	2.15	2.30	2.35
9	2.60	2.75	2.80	2.95	3.05	3.10	3.25	3.30	3.45	3.60
12	3.50	3.65	3.85	3.95	4.10	4.30	4.40	4.55	4.75	4.90
15	4.50	4.70	4.85	5.10	5.25	5.45	5.65	5.85	6.05	6.25
18	5.55	5.70	6. »	6.25	6.50	6.70	6.95	7.15	7.50	7.65
21	6.55	6.90	7.10	7.40	7.65	8. »	8.30	8.60	8.00	9.25
24	7 60	8. »	8 30	8.65	8.95	9.35	9.75	10. »	10.40	10.80
27	8.80	9.10	9.50	9.95	10.35	10.80	11.10	11.55	12.05	12.40
30	9.90	10.35	10.80	11.30	11.70	12.15	12.60	13.15	13 65	14 10
33	11.05	11.60	12.10	12.50	13.15	13.65	14.25	14.75	15.35	15.85
36	12.35	12.85	13.45	14 05	14.65	15.20	15.85	16.45	17.10	17 70
39	13 50	14.15	14.80	15.45	16.20	16.85	17.55	18.20	18.85	19.45
42	14.80	15.60	16.25	16.95	17.75	18.55	19.10	19.75	20.35	21.05
45	16.20	16 95	17.70	18.55	19.25	19.90	20.60	21.30	21.95	22.75
48	17 55	18.35	19.10	19.90	20.60	21 30	22.10	22.90	23.60	24.45
51	18.85	19.65	20.40	21 20	21.95	22.80	23.60	24.50	25.30	26.40
54	20.10	20.85	21.70	22.55	23.40	24.40	25.30	26.30	27.45	28.35
57	21.25	22.15	23. »	23.90	25.05	26.05	27.05	28.20	29 40	30.35
60	22.50	23.40	24.15	25.60	26.60	27.75	28.90	30.15	31.35	32.45
63	23.75	24.90	25.95	27.10	28.35	29.60	30.80	32.10	33 35	34.65
66	25.10	26.35	27.55	28 80	30.15	31.40	32.75	34.05	35.45	36 85
69	26.50	27.80	29.10	30.55	31.90	33.30	34.70	36.15	37.55	39.00
72	28.10	29.45	30.80	32.25	33.65	35.10	36.75	38.20	39.70	41.30
75	29.50	30.95	32.45	34.05	35.55	37.05	38.60	40.35	42. »	43.65
78	31. »	32.70	34.20	35.75	37.50	39.05	40.70	42.60	44.20	45.90
81		34.25	36. »	37.65	39.35	44.15	42.85	44.80	46.55	48.50
84			37.70	39.50	41.50	43.25	45. »	47.0	48.75	50.70
87				41.35	43.35	45.20	47.25	49.70	51.70	53.65
90					45 20	47.30	49.75	51.70	53.65	55.55
93						49.75	51.70	53.65	56.55	58.50
96							54.60	56.55	58.50	61.45
99								59.50	61.45	63.40
102									63.40	65. »
103										68.90

Centimètres de largeur \ CENTIMÈTRES DE HAUTEUR

largeur	108	111	114	117	120	123	126	129	132	135
	f. c.	f. c.	f. c.	f. c.	f. c.	f. c.	f. c.	f. c.	f. c.	f. c.
6	2.40	2.45	2.55	2.60	2 65	2.75	2 80	2.85	2.95	3.05
9	3.70	3.75	3 90	4.05	4.10	4 25	4.35	4.50	4.55	4.70
12	5. »	5.20	5.35	5.55	5.65	5.80	6. »	6.10	6 30	6.50
15	6.50	6.65	6.90	7.10	7.20	7.50	7.65	7.95	8.15	8.40

Table I — CENTIMÈTRES DE HAUTEUR (colonnes) / Centimètres de largeur (lignes)

largeur \ hauteur	108	111	114	117	120	123	126	129	132	135
	f. c.	f. c.	f. c.	f. c.	f. c.	f. c.	f. c.	f. c.	f. c.	f. c.
18	8.»	8.20	8.45	8.80	8.95	9.30	9.50	9.80	10.»	10.35
21	9.50	9.90	10.15	10.45	10.80	11.05	11.45	11.85	12.10	12.40
24	11.10	11.50	11.90	12.35	12.60	13.05	13.45	13.80	14.25	14.65
27	12.85	13.25	13.70	14.15	14.65	15.15	15.60	16.»	16.45	16.95
30	14.65	15.15	15.65	16.20	16.65	17.15	17.70	18.25	18.70	19.25
33	16.45	17.»	17.60	18.20	18.70	19.25	19.75	20.30	20.80	21.30
36	18.35	18.95	19.50	20.10	20.60	21.20	21.70	22.30	22.80	23.40
39	20.10	20.65	21.25	21.85	22.50	23.10	23.75	24.45	25.10	25.80
42	21.70	22.35	23.»	23.75	24.45	25.20	25.95	26.85	27.55	28.35
45	23.40	24.10	25.05	25.80	26.60	27.55	28.35	29.30	30.15	30.95
48	25.30	26.25	27.05	28.10	28.95	29.95	30.80	31.70	32.75	33.65
51	27.45	28.30	29.40	30.30	31.35	32.30	33.35	34.30	35.45	36.40
54	29.45	30.35	31.55	32.70	33.65	34.85	36.»	37.»	38.20	39.35
57	31.55	32.70	33.75	34.95	36.20	37.45	38.55	39.80	41.10	42.25
60	33.65	34.90	36.»	37.20	38.80	39.90	41.25	42.65	44.»	45.20
63	36.»	37.20	38.55	39.90	41.30	42.70	44.15	45.55	47.05	48.50
66	38.20	39.65	41.10	42.60	44.»	45.55	47.05	48.55	49.75	51.70
69	40.50	42.05	43.05	45.05	46.60	48.25	49.75	51.70	53.65	54.60
72	42.85	44.40	46.20	47.90	49.75	50.70	52.65	54.60	56.55	58.50
75	45.20	47.15	48.75	50.70	52.60	54.60	55.60	57.55	59.50	61.45
78	47.80	49.75	51.70	53.65	55.60	57.55	59.50	60.45	62.40	64.35
81	50.70	51.70	54.60	56.55	58.50	59.95	62.40	63.40	65.»	67.60
84	52.65	54.60	56.55	59.50	61.45	62.40	64.30	66.80	68.90	70.40
87	55.50	57.55	59.50	61.45	63.40	65.»	67.60	68.90	71.50	72.80
90	58.50	60.45	61.40	63.90	66.30	68.90	70.40	72.80	74.10	76.70
93	60.45	62.40	64.35	66.30	68.90	71.50	72.80	75.40	76.70	79.30
96	63.40	65.»	67.»	68.90	71.50	72.60	76.70	78.»	80.60	81.90
99	65.»	67.60	68.90	72.80	74.10	76.70	78.»	80.60	83.20	84.50
102	68.90	70.20	72.80	74.10	76.70	79.30	80.60	84.50	85.80	88.40
105	70.20	72.80	75.40	76.70	79.30	81.90	84.50	87.10	88.40	92.30
108	72.80	75.40	76.70	80.60	81.90	84.50	87.10	89.70	92.30	94.90
111		76.70	80.60	81.90	84.50	88.40	89.70	92.30	96.20	97.50
114			81.90	84.50	88.40	91.»	92.30	96.20	98.80	101.»
117				88.40	91.»	93.60	96.20	98.80	101.»	104.»
120					93.60	96.20	100.»	103.»	105.»	108.»
123						100.»	103.»	105.»	108.»	112.»
126							105.»	108.»	112.»	116.»
129								112.»	116.»	118.»
132									118.»	122.»
135										125.»

Table II — CENTIMÈTRES DE HAUTEUR (colonnes) / Centimètres de largeur (lignes)

largeur \ hauteur	138	141	144	147	150	153	156	159	162	165
	f. c.	f. c.	f. c.	f. c.	f. c.	f. c.	f. c.	f. c.	f. c.	f. c.
96	84.50	87.10	88.40	91.»	93.60	96.20	97.50	100.»	103.»	105.»
99	88.40	89.70	92.30	94.90	96.20	100.»	101.»	104.»	107.»	109.»
102	91.»	92.30	96.20	97.50	100.»	104.»	105.»	108.»	110.»	113.»
105	93.60	96.20	100.»	101.»	104.»	107.»	109.»	112.»	116.»	118.»
108	97.50	100.»	103.»	105.»	108.»	110.»	113.»	116.»	120.»	122.»
111	100.»	104.»	107.»	109.»	112.»	114.»	117.»	120.»	123.»	126.»
114	104.»	107.»	109.»	112.»	116.»	118.»	121.»	123.»	127.»	130.»
117	108.»	110.»	113.»	116.»	120.»	122.»	125.»	129.»	131.»	135.»
120	112.»	114.»	117.»	120.»	123.»	126.»	130.»	133.»	135.»	139.»
123	114.»	117.»	121.»	123.»	127.»	130.»	134.»	136.»	139.»	143.»
126	118.»	121.»	123.»	127.»	130.»	134.»	138.»	140.»	144.»	147.»
129	121.»	125.»	127.»	131.»	135.»	139.»	142.»	146.»	148.»	152.»
132	125.»	129.»	131.»	135.»	139.»	143.»	146.»	149.»	153.»	157.»
135	129.»	131.»	135.»	139.»	143.»	147.»	151.»	155.»	159.»	162.»
138	131.»	135.»	139.»	143.»	147.»	151.»	155.»	159.»	162.»	166.»
141		139.»	143.»	147.»	151.»	155.»	159.»	162.»	166.»	170.»
144			147.»	151.»	156.»	159.»	162.»	166.»	172.»	175.»
147				155.»	159.»	164.»	168.»	172.»	177.»	181.»
150					164.»	168.»	172.»	177.»	181.»	186.»
153						173.»	177.»	182.»	186.»	190.»
156							182.»	186.»	190.»	195.»
159								190.»	195.»	200.»
162									200.»	205.»
165										211.»

Table III — CENTIMÈTRES DE HAUTEUR (colonnes) / Centimètres de largeur (lignes)

largeur \ hauteur	138	141	144	147	150	153	156	159	162	165
	f. c.	f. c.	f. c.	f. c.	f. c.	f. c.	f. c.	f. c.	f. c.	f. c.
6	3.10	3.20	3.25	3.30	3.40	3.45	3.50	3.60	3.65	3.70
9	4.80	4.95	5.»	5.15	5.25	5.40	5.55	5.65	5.70	5.85
12	6.65	6.75	6.95	7.10	7.30	7.50	7.60	7.80	7.95	8.15
15	8.50	8.80	8.95	9.25	9.45	9.65	9.90	10.10	10.35	10.55
18	10.60	10.90	11.10	11.45	11.70	12.05	12.30	12.55	12.90	13.15
21	12.75	13.05	13.45	13.70	14.10	14.50	14.80	15.20	15.60	15.85
24	15.10	15.40	15.85	16.30	16.65	17.10	17.55	18.»	18.35	18.70
27	17.40	17.95	18.35	18.80	19.25	19.65	20.10	20.70	20.85	21.30
30	19.70	20.15	20.60	21.05	21.50	21.95	22.45	22.95	23.40	23.90
33	21.95	22.30	22.80	23.40	23.90	24.50	25.10	25.70	26.35	27.»
36	24.»	24.65	25.30	25.95	26.60	27.45	28.10	28.80	29.65	30.15
39	26.50	27.25	28.10	28.80	29.60	30.30	31.»	31.90	32.70	33.40
42	29.10	30.05	30.80	31.60	32.45	33.35	34.20	35.05	36.»	36.80
45	31.90	32.85	33.65	34.65	35.55	36.40	37.50	38.30	39.35	40.35
48	34.70	35.60	36.75	37.70	38.60	39.70	40.70	41.85	42.85	44.»
51	37.55	38.55	39.70	40.75	42.»	43.25	44.20	45.50	46.55	47.80
54	40.50	41.80	42.85	44.15	45.20	46.55	47.85	48.75	50.70	51.70
57	43.55	44.85	46.20	47.40	48.75	49.75	51.70	52.65	54.60	55.60
60	46.60	48.05	49.75	50.70	52.65	53.65	55.60	56.55	58.50	59.50
63	49.75	51.70	52.65	54.60	55.60	57.55	59.50	60.45	62.40	63.40
66	53.65	54.60	56.55	58.50	59.50	61.45	62.40	63.70	65.»	66.30
69	56.55	58.50	60.45	61.45	63.40	64.35	66.30	67.60	68.90	70.20
72	60.45	61.45	63.40	64.85	66.30	68.90	70.20	71.50	72.80	74.10
75	63.40	64.35	66.30	68.90	70.20	71.50	72.80	74.10	76.70	78.»
78	66.30	67.20	68.90	71.50	72.80	74.10	76.70	78.»	80.60	81.90
81	68.90	71.50	72.80	74.10	76.70	78.»	80.60	81.90	84.50	85.80
84	72.80	74.10	76.70	78.»	79.30	80.60	83.20	84.50	87.10	88.40
87	75.40	76.70	79.30	80.60	81.20	84.50	87.10	88.40	91.»	92.30
90	78.»	80.60	81.90	84.50	85.80	88.40	91.»	92.30	94.90	96.20
93	80.60	83.20	85.60	88.40	89.70	92.30	94.80	96.20	98.80	100.»

Table IV — CENTIMÈTRES DE HAUTEUR (colonnes) / Centimètres de largeur (lignes)

largeur \ hauteur	168	171	174	177	180	183	186	189	192	195
	f. c.	f. c.	f. c.	f. c.	f. c.	f. c.	f. c.	f. c.	f. c.	f. c.
6	3.85	3.90	3.95	4.05	4.10	4.15	4.30	4.35	4.45	4.50
9	6.»	6.10	6.25	6.30	6.50	6.55	6.70	6.85	6.95	7.10
12	8.30	8.45	8.65	8.85	8.95	9.15	9.35	9.50	9.75	9.90
15	10.80	11.»	11.30	11.50	11.70	11.95	12.15	12.40	12.60	12.95
18	13.45	13.70	14.05	14.30	14.65	14.90	15.20	15.60	15.85	16.20
21	16.25	16.60	16.95	17.40	17.70	18.15	18.55	18.80	19.10	19.45
24	19.10	19.50	19.85	20.20	20.60	20.95	21.30	21.70	22.10	22.45
27	21.70	22.15	22.55	22.95	23.40	23.85	24.40	24.90	25.20	25.80
30	24.45	25.05	25.60	26.15	26.60	27.15	27.75	28.35	28.95	29.50
33	27.55	28.20	28.60	29.50	30.15	30.75	31.40	32.10	32.75	33.40
36	30.80	31.55	32.25	32.90	33.65	34.40	35.10	36.»	36.75	37.50
39	34.20	34.95	35.75	36.65	37.50	38.30	39.05	39.90	40.70	41.75
42	37.70	38.55	39.50	40.45	41.30	42.20	43.25	44.15	45.»	45.95
45	41.30	42.25	43.35	44.25	45.20	46.35	47.30	48.50	49.75	50.70
48	45.»	46.20	47.25	48.30	49.75	50.70	51.70	52.15	54.60	55.60
51	48.75	49.75	51.70	52.65	53.65	54.60	56.55	57.55	58.50	60.45
54	52.65	54.60	55.60	56.55	58.50	59.50	60.45	62.40	63.40	64.35
57	56.55	58.50	59.50	61.45	62.40	63.40	64.35	66.30	67.60	68.90
60	61.45	62.40	63.40	65.»	66.30	67.60	68.90	70.20	71.50	72.80
63	64.35	66.30	67.60	68.90	70.20	71.50	72.80	74.10	75.40	76.70
66	68.90	70.20	71.50	72.80	74.70	75.40	76.70	78.»	80.60	81.90
69	72.80	74.10	75.40	76.70	78.»	80.60	81.90	83.20	84.50	85.80
72	76.70	78.»	79.30	80.60	81.90	84.50	85.80	87.10	88.40	91.»
75	79.30	80.60	83.20	84.50	85.80	88.40	89.70	92.30	93.60	96.20
78	83.20	84.50	87.10	88.40	91.»	92.30	94.90	96.20	97.50	100.»
81	87.10	88.40	91.»	92.30	94.90	95.20	98.80	100.»	103.»	104.»
84	91.»	92.30	94.90	95.20	100.»	101.»	104.»	106.»	108.»	109.»
87	94.90	97.50	100.»	101.»	104.»	105.»	110.»	112.»	112.»	114.»
90	100.»	101.»	104.»	105.»	108.»	110.»	112.»	116.»	117.»	120.»
93	104.»	105.»	108.»	110.»	112.»	116.»	117.»	120.»	122.»	123.»
96	108.»	109.»	112.»	114.»	117.»	120.»	123.»	127.»	129.»	131.»
99	112.»	114.»	116.»	120.»	122.»	123.»	127.»	129.»	131.»	135.»
102	116.»	118.»	121.»	123.»	126.»	129.»	131.»	134.»	136.»	139.»
105	120.»	123.»	125.»	127.»	131.»	134.»	136.»	139.»	143.»	144.»
108	123.»	127.»	130.»	133.»	135.»	139.»	143.»	144.»	147.»	151.»
111	129.»	131.»	135.»	138.»	140.»	143.»	147.»	149.»	152.»	156.»
114	133.»	135.»	139.»	143.»	146.»	148.»	151.»	155.»	159.»	161.»
117	138.»	140.»	143.»	147.»	151.»	153.»	157.»	160.»	162.»	166.»
120	143.»	146.»	148.»	152.»	155.»	159.»	162.»	165.»	169.»	172.»
123	147.»	151.»	153.»	157.»	160.»	164.»	166.»	170.»	174.»	178.»
126	151.»	155.»	159.»	162.»	165.»	169.»	173.»	177.»	179.»	183.»
129	156.»	159.»	162.»	166.»	170.»	174.»	178.»	182.»	186.»	190.»
132	161.»	164.»	168.»	172.»	175.»	179.»	183.»	187.»	191.»	195.»
135	165.»	169.»	173.»	177.»	181.»	186.»	190.»	194.»	198.»	201.»
138	170.»	175.»	178.»	182.»	186.»	193.»	199.»	199.»	203.»	208.»
141	174.»	179.»	183.»	187.»	191.»	196.»	200.»	205.»	209.»	213.»

Table I

Centimètres de largeur	CENTIMÈTRES DE HAUTEUR									
	168	171	174	177	180	183	186	189	192	195
	f. c.	f. c.	f. c.	f. c.	f. c.	f. c.	f. c.	f. c.	f. c.	f. c.
144	179.»	185.»	188.»	194.»	198.»	201.»	205.»	211.»	214.»	220.»
147	185.»	191.»	194.»	198.»	203.»	208.»	212.»	217.»	221.»	225.»
150	190.»	194.»	199.»	204.»	208.»	213.»	217.»	222.»	227.»	233.»
153	195.»	200.»	205.»	209.»	213.»	218.»	224.»	229.»	233.»	238.»
156	200.»	205.»	209.»	214.»	220.»	225.»	229.»	234.»	240.»	244.»
159	205.»	209.»	214.»	221.»	225.»	230.»	235.»	240.»	244.»	250.»
162	211.»	216.»	221.»	225.»	231.»	237.»	240.»	246.»	251.»	256.»
165	216.»	221.»	226.»	231.»	237.»	242.»	247.»	252.»	256.»	260.»
168	221.»	226.»	233.»	237.»	242.»	247.»	252.»	256.»	261.»	266.»
171		233.»	237.»	243.»	248.»	252.»	257.»	263.»	268.»	272.»
174			243.»	248.»	252.»	257.»	263.»	268.»	273.»	278.»
177				252.»	257.»	263.»	68.»	273.»	278.»	283.»
180					264.»	268.»	273.»	279.»	283.»	290.»
183						273.»	279.»	285.»	290.»	295.»
186							285.»	290.»	295.»	302.»
189								295.»	302.»	307.»
192									307.»	313.»
195										318.»

Table II

Centimètres de largeur	CENTIMÈTRES DE HAUTEUR									
	198	201	204	207	210	213	216	219	222	225
	f. c.	f. c.	f. c.	f. c.	f. c.	f. c.	f. c.	f. c.	f. c.	f. c.
159	255.»	259.»	264 »	268.»	272.»	277.»	282.»	287.»	291.»	296.»
162	260.»	264.»	269 »	274.»	279.»	283.»	289.»	294.»	299.»	303.»
165	265 »	270.»	276.»	279.»	285.»	290.»	295.»	300.»	305.»	311.»
168	272.»	276.»	281.»	287.»	291 »	296 »	302.»	307.»	311.»	317.»
171	277.»	282.»	287.»	292.»	298.»	303.»	308.»	313.»	318.»	3'4.»
174	283 »	289.»	294.»	299.»	304.»	309.»	315.»	3 0.»	326.»	330.»
177	289.»	295.»	299.»	305.»	311.»	316.»	321.»	326.»	331.»	338.»
180	295.»	300.»	3.7.»	311.»	317.»	322.»	328.»	334.»	339.»	344 »
183	302.»	307.»	312 »	318.»	322.»	329.»	334.»	341.»	346.»	352.»
186	307.»	312.»	318.»	324.»	330.»	335 »	342 »	347.»	354.»	359.»
189	313.»	318.»	325.»	330.»	337.»	342 »	348.»	354.»	360 »	365.»
192	318.»	325.»	330.»	337.»	343.»	350.»	355.»	361.»	368.»	373.»
195	325.»	330.»	338.»	343.»	350.»	356.»	361.»	369.»	374.»	381.»
198	331.»	338.»	343.»	350 »	356.»	363.»	369.»	376.»	381.»	389 »
201		343.»	350.»	357.»	363.»	369.»	376.»	382.»	389.»	395 »
204			357.»	363.»	369.»	377.»	382 »	389.»	396.»	403.»

Table III

Centimètres de largeur	CENTIMÈTRES DE HAUTEUR									
	198	201	204	207	210	213	216	219	222	225
	f. c.	f. c.	f. c.	f. c.	f. c.	f. c.	f. c.	f. c.	f. c.	f. c.
6	4.55	4.70	4 75	4.80	4.90	4.95	5 »	5.15	5.20	5.25
9	7.15	7.35	7.50	7.55	7.65	7.85	7.95	8.05	8.20	8.40
12	10.»	10.25	10.40	10.60	10.80	11.»	11.10	11.40	11.50	11.70
15	13.15	13.45	13.65	13.95	14.10	14.30	14.65	14.80	15.15	15.35
18	16.45	16.85	17.10	17.40	17.70	18 05	18 35	8.65	18.90	19.25
21	19.75	20 10	20 40	20.75	21.05	21.40	21.70	22.05	22 35	22.70
24	22.85	23.25	23 60	24.»	24.45	24.90	25.30	25.75	26.25	26.60
27	26.35	26.85	27.45	27.80	28.35	28.85	29 45	29.95	30.35	30.95
30	30.15	30.75	31.35	31.90	32.45	33.»	33.65	34.25	34.90	35.55
33	34.05	34.80	35.45	36.15	36.80	37.55	38.20	38.75	39.65	40.35
36	38.20	39.»	39.70	40.50	41.30	42.05	42.85	43.65	44.40	45.20
39	42.60	43.40	44.20	43.55	45.95	47.»	47.85	48 70	49.70	50.70
42	47.05	47.90	48.75	49.75	50.70	51.70	52.65	53 65	54.60	55 60
45	51.70	52 05	53.65	54.6	55.00	56.55	58 50	59.5.	60.45	61.45
48	56.55	57.55	58 50	60.45	61.43	62.45	63.40	64.35	65.»	66.30
51	61.45	62.45	63.40	64.35	65.»	66.30	68.90	70.20	70.20	71.50
54	65.»	66.30	67.60	68.90	70.20	71.50	72.80	74.10	75 40	76.70
57	70.20	71.50	72.80	74.10	75.40	76.70	78.»	79.30	80.60	81.90
60	74.10	75.40	76.70	78.»	79.30	80 60	81.90	83 20	84.50	85.80
63	78.»	80 60	81.90	83.20	84.50	85.80	87.10	88.40	89.70	92.30
66	83.20	84.50	85.80	88.40	89.70	91.»	92.30	93.60	96.20	97.50
69	88 40	89 70	91.»	92.30	93.60	96.20	97.50	100.»	101.»	103.»
72	92.30	93.60	96.20	97.50	100.»	101.»	103.»	104.»	107.»	108.»
75	97.50	98.80	100.»	103.»	104.»	107.»	108.»	110.»	112.»	113.»
78	101.»	104.»	105.»	108.»	109.»	11?.»	113.»	116.»	117.»	120.»
81	107.»	108.»	110.»	112.»	116.»	117.»	120.»	121.»	123.»	125.»
84	112.»	113.»	116.»	118.»	120.»	122.»	123.»	127.»	129.»	131.»
87	116.»	120.»	121.»	123.»	125.»	127.»	130.»	131.»	135.»	136.»
90	122.»	123.»	126.»	129.»	131.»	131.»	135 »	139.»	140.»	143 »
93	127.»	129.»	131.»	134.»	136.»	139.»	142.»	143.»	147.»	149.»
96	131.»	135.»	136.»	139.»	143.»	144.»	147.»	151.»	152.»	155.»
99	138.»	139.»	143 »	146.»	147.»	151 »	153.»	156.»	159.»	162.»
102	143.»	146.»	148.»	151.»	153.»	156.»	159.»	162.»	165.»	168.»
105	147.»	151.»	153.»	156.»	159.»	162.»	165.»	168.»	172.»	174.»
108	153.»	156.»	159.»	162.»	165.»	169.»	172.»	174.»	178.»	181.»
111	159.»	162.»	165.»	168.»	172.»	174.»	178.»	182.»	185.»	187.»
114	164.»	168.»	170.»	174.»	178.»	181.»	185.»	187.»	191.»	194.»
117	170.»	174.»	177.»	181.»	183.»	187.»	190.»	194.»	198.»	201.»
120	175.»	179.»	182.»	186.»	190.»	192.»	198.»	201.»	205.»	209.»
123	182.»	186.»	192.»	192.»	196.»	200.»	204.»	208.»	212.»	216.»
126	187.»	191.»	195.»	199.»	203.»	207.»	211.»	214.»	218.»	222.»
129	194.»	198.»	201.»	205.»	209.»	213.»	217.»	221.»	225.»	229.»
132	193.»	204.»	206.»	212.»	216.»	220.»	225 »	229.»	233.»	237.»
135	205.»	209.»	213.»	218.»	222.»	226.»	231 »	235 »	240.»	244.»
138	212.»	216.»	221.»	225.»	229.»	233.»	237.»	242.»	244.»	250.»
141	217.»	222.»	226 »	231.»	237.»	240.»	244.»	248.»	252.»	256.»
144	225.»	229.»	233.»	239.»	242.»	247.»	251.»	255.»	259.»	264.»
147	248.»	235.»	240.»	241.»	243.»	252.»	256.»	261.»	265.»	269.»
150	230.»	242.»	246.»	250.»	255.»	259.»	264.»	268.»	272.»	276.»
153	237.»	247.»	252.»	250.»	260.»	261.»	269.»	274.»	7.	283.»
156	248.»	252.»	257.»	263.»	266.»	272.»	276.»	279.»	285.»	290.»

Table IV

Centimètres de largeur	CENTIMÈTRES DE HAUTEUR									
	228	231	234	237	240	243	246	249	252	255
	f. c.	f. c.	f. c.	f. c.	f. c.	f. c.	f. c.	f. c.	f. c.	f. c.
6	5.35	5.40	5 55	5.60	5.65	5.70	5.80	5.85	6.»	6.05
9	8.45	8.60	8.80	8.90	8.90	9.10	9 30	9.45	9.50	9.60
12	11.90	12.10	12.35	12.50	12.60	12.85	13.05	13.20	13.45	13.65
15	15.65	15.85	16.20	16.40	16.05	16.05	17.15	17.50	17.70	18.»
18	19.50	19.75	20.10	20.35	20.60	20.85	21.20	21.45	21.70	21.95
21	23.»	23.35	23.75	24.05	24.45	24.90	25.20	25.70	25.95	26.40
24	27.05	27.55	28.10	28.40	28.95	29.45	29.55	30.35	30.80	31.35
27	31.55	32.10	32.75	33.10	33.05	34.25	34.85	34.45	36.»	36.40
30	36.20	36.80	37.50	38.15	38 60	39.35	39.90	40.65	41.30	42.»
33	41.10	41.85	42.60	43.30	44.»	44.80	45.55	46.20	47.05	47.80
36	46.20	47.05	47.85	48.70	49.75	50.70	50.70	51.70	52.65	53.65
39	51.70	52.65	53 65	54 60	55.00	56.55	57.50	58.50	59.50	60.45
42	50.55	58.60	59.50	60.45	61.45	62.40	62.85	63.40	64.35	65.»
45	62.40	63.40	64.35	65.»	66.30	67.60	68.25	68 90	70.20	71.50
48	67.60	68.90	69.15	70.50	71.50	72.80	73.45	74.10	75.40	76.70
51	72.80	74.10	74.75	75.40	76.70	78.»	79.30	80.60	81.90	83.20
54	78.»	79.30	80.60	81.90	83.20	84.50	85.15	85.80	87.10	88.40
57	83.20	84.50	85.80	87.10	88.40	89.70	91.»	92.30	93.60	94.90
60	88.40	89.70	91.»	92.80	93.60	94.90	96.20	97.50	100.»	101.»
63	93.60	94.90	96.20	97.50	100.»	101.»	103.»	104.»	105.»	107.»
66	98.80	100.»	101.»	104.»	105.»	107.»	108.»	110.»	112.»	113.»
69	104.»	105.»	108.»	109.»	112.»	113.»	114.»	116.»	118.»	120.»
72	109.»	112.»	113.»	116.»	117.»	120.»	121.»	122.»	123.»	126.»
75	116.»	117.»	120.»	121.»	123.»	125.»	127.»	129.»	131.»	133.»
78	121.»	123.»	125.»	127.»	130.»	131.»	134.»	135.»	139.»	139.»
81	127.»	129.»	131.»	134.»	135.»	138.»	139.»	143.»	144.»	147.»
84	133.»	135.»	138.»	130.»	143 »	147.»	147.»	149.»	151.»	153.»
87	139.»	142.»	143.»	147.»	148.»	151.»	153.»	156.»	159.»	161.»
90	146.»	147.»	151.»	153.»	155.»	159.»	160.»	162.»	165.»	168.»
93	151.»	155.»	157.»	159.»	162.»	165.»	166.»	170.»	173.»	175.»
96	159.»	161.»	162.»	166.»	169.»	172.»	174.»	178.»	179.»	182.»
99	164.»	166.»	170.»	173.»	75.»	178.»	182.»	185.»	187.»	190.»
102	170.»	174.»	177.»	179.»	182.»	185.»	188.»	192.»	195.»	198.»
105	178.»	181.»	183.»	186.»	190.»	104.»	196.»	198.»	203.»	205.»
108	185.»	187.»	190.»	194.»	196 »	200.»	204.»	207.»	211.»	213.»
111	191.»	194.»	198.»	201.»	205.»	208.»	212.»	214.»	218.»	222.»
114	198.»	201.»	205.»	209.»	212.»	216.»	220.»	222.»	226.»	230.»
117	205.»	209.»	212.»	216.»	220.»	224.»	227.»	231.»	234.»	238.»
120	212.»	216.»	220.»	224.»	227.»	231.»	235.»	239.»	242.»	246.»
123	220.»	224.»	227.»	231.»	235.»	239.»	243.»	246.»	250.»	252.»
126	226.»	230.»	234.»	239.»	242.»	246.»	250.»	252.»	256.»	260.»
129	234.»	238.»	242.»	246.»	248.»	252.»	256.»	260.»	264.»	268.»
132	240.»	244.»	248.»	252.»	256.»	261.»	264.»	268.»	272.»	276.»
135	248.»	252.»	256.»	260.»	264.»	268.»	272.»	276.»	279.»	283.»
138	253.»	257.»	263.»	266.»	270.»	274.»	278.»	282.»	287.»	291.»
141	260.»	264.»	268.»	273.»	277.»	281.»	286.»	290.»	294.»	299.»
144	268.»	272.»	276.»	279.»	283.»	283.»	292.»	298.»	302.»	307 »
147	74.»	278.»	283.»	287.»	291.»	295.»	300.»	304.»	309.»	313.»
150	281.»	285.»	290.»	294.»	289.»	303.»	307.»	312.»	317.»	322.»
153	287.»	291.»	296.»	302.»	307.»	311.»	315.»	320.»	25.»	330.»
156	295.»	299.»	303.»	308.»	313.»	318.»	322.»	328.»	333.»	338.»
159	302.»	307.»	311.»	316.»	321.»	326.»	330.»	335.»	341 »	346.»
162	308.»	313.»	318.»	322.»	326.»	333.»	338.»	343.»	348.»	351.»
165	315.»	320.»	325.»	330.»	335.»	341.»	346.»	351.»	356.»	361.»

CENTIMÈTRES DE HAUTEUR

Centimètres de diamètre	228	231	234	237	240	243	246	249	2 2	255
	f. c.	f. c.	f. c.	f. c.	f. c.	f. c.	f. c.	f. c.	f. c.	f. c.
168	322.»	326.»	333.»	338.»	343.»	348.»	354.»	359.»	364.»	369.»
171	329.»	334.»	339.»	346.»	50.»	56.»	361.»	367.»	373.»	377.»
174	337.»	342.»	347.»	352.»	357.»	364.»	369.»	374.»	381.»	386.»
177	343.»	350.»	354.»	360.»	365.»	372.»	377.»	382.»	388.»	394.»
180	350.»	356.»	361.»	368.»	373.»	380.»	385.»	391.»	396.»	403.»
183	357.»	364.»	369.»	376.»	381.»	387.»	393.»	399.»	406.»	412.»
186	365.»	370.»	377.»	383.»	389.»	395.»	400.»	408.»	413.»	420.»
189	373.»	378.»	385.»	390.»	395.»	403.»	409.»	416.»	422.»	428.»
192	380.»	386.»	393.»	399.»	404.»	412.»	417.»	424.»	430.»	437.»
195	387.»	393.»	400.»	407.»	412.»	419.»	426.»	432.»	439.»	446.»
198	394.»	400.»	408.»	415.»	420.»	428.»	434.»	441.»	447.»	455.»
201	402.»	408.»	416.»	422.»	429.»	435.»	443.»	430.»	456.»	46..»
204	409.»	416.»	424.»	430.»	437.»	443.»	451.»	458.»	465.»	472.»

CENTIMÈTRES DE HAUTEUR

Centimètres de largeur	258	261	264	267	270	273	276	279	282	285
	f. c.	f. c.	f. c.	f. c.	f. c.	f. c.	f. c.	f. c.	f. c.	f. c.
174	393.»	398.»	403.»	408.»	415.»	420.»	426.»	432.»	438.»	443.»
177	400.»	406.»	412.»	417.»	424.»	430.»	435.»	442.»	447.»	454.»
180	408.»	415.»	420.»	428.»	433.»	439.»	445.»	451.»	458.»	463.»
183	417.»	424.»	430.»	435.»	442.»	448.»	455.»	461.»	467.»	474.»
186	426.»	432.»	439.»	445.»	451.»	458.»	464.»	471.»	477.»	484.»
189	431.»	441.»	447.»	455.»	460.»	467.»	474.»	481.»	486.»	494.»
192	443.»	451.»	456.»	463.»	471.»	477.»	482.»	490.»	497.»	504.»
195	452.»	459.»	465.»	472.»	478.»	486.»	494.»	500.»	507.»	513.»
198	461.»	468.»	474.»	482.»	489.»	495.»	503.»	510.»	517.»	524.»
201	471.»	477.»	484.»	491.»	498.»	506.»	513.»	520.»	526.»	534.»
204	478.»	486.»	494.»	500.»	508.»	515.»	525.»	530.»	537.»	545.»

CENTIMÈTRES DE HAUTEUR

Centimètres de largeur	258	261	264	267	270	273	276	279	282	285
	f. c.	f. c.	f. c.	f. c.	f. c.	f. c.	f. c.	f. c.	f. c.	f. c.
6	6.10	6.25	6.30	6.45	6.50	6.55	6.65	6.70	6.75	6.90
9	9.80	9.95	10.»	10.20	10.35	10.45	10.60	10.80	10.40	11.»
12	13.80	14.05	14.25	14.50	14.65	14.80	15.10	15.20	15.40	15.65
15	18.25	18.55	18.70	19.»	19.25	19.45	19.70	19.90	20.15	20.35
18	22.30	22.55	22.80	23.15	23.40	23.75	24.»	24.40	24.65	25.05
21	26.85	27.10	27.55	28.»	28.35	28.80	29.10	29.60	30.05	30.35
24	31.70	32.25	32.75	33.30	33.65	34.20	34.70	35.10	35.60	36.20
27	37.»	37.65	38.20	38.80	39.35	39.90	40.50	41.15	41.80	42.25
30	42.65	43.35	44.»	44.70	45.20	45.95	46.60	47.30	48.05	48.75
33	48.55	49.75	50.20	50.70	51.70	52.65	53.65	54.60	55.05	55.60
36	54.60	55.60	56.55	57.55	58.50	59.50	60.45	61.45	61.75	62.40
39	60.45	61.45	62.40	63.40	64.35	65.»	66.30	67.60	68.25	68.90
42	66.30	67.60	68.90	70.20	70.85	71.50	72.80	74.10	74.75	75.40
45	72.15	72.80	74.10	75.40	76.05	76.70	78.»	79.30	79.95	80.60
48	78.»	79.30	80.60	81.90	82.55	83.20	84.50	85.80	87.10	88.40
51	83.85	84.50	85.20	87.10	88.40	89.70	91.»	92.30	93.60	94.90
54	89.70	91.»	92.30	93.60	94.90	96.20	97.50	98.80	100.»	10.»
57	96.20	97.50	98.80	100.»	101.»	103.»	104.»	105.»	107.»	108.»
60	103.»	104.»	105.»	107.»	108.»	109.»	112.»	113.»	114.»	116.»
63	108.»	110.»	112.»	113.»	116.»	117.»	118.»	120.»	121.»	123.»
66	116.»	117.»	118.»	120.»	122.»	123.»	125.»	127.»	129.»	130.»
69	121.»	123.»	125.»	127.»	129.»	131.»	133.»	134.»	135.»	138.»
72	127.»	130.»	131.»	134.»	135.»	138.»	139.»	142.»	143.»	146.»
75	135.»	136.»	139.»	140.»	143.»	144.»	147.»	149.»	151.»	153.»
78	142.»	143.»	146.»	148.»	151.»	152.»	155.»	157.»	159.»	161.»
81	148.»	151.»	153.»	155.»	159.»	160.»	162.»	165.»	166.»	169.»
84	156.»	159.»	161.»	162.»	165.»	168.»	170.»	173.»	174.»	178.»
87	162.»	166.»	168.»	169.»	173.»	175.»	178.»	181.»	183.»	186.»
90	170.»	173.»	175.»	178.»	181.»	183.»	186.»	190.»	191.»	194.»
93	178.»	181.»	183.»	186.»	190.»	192.»	194.»	198.»	200.»	203.»
96	186.»	188.»	191.»	194.»	198.»	200.»	203.»	205.»	209.»	212.»
99	194.»	196.»	199.»	201.»	205.»	209.»	212.»	214.»	217.»	221.»
102	201.»	205.»	208.»	211.»	213.»	217.»	221.»	224.»	226.»	230.»
105	209.»	213.»	216.»	220.»	222.»	225.»	229.»	233.»	237.»	239.»
108	217.»	221.»	225.»	227.»	231.»	234.»	238.»	240.»	244.»	248.»
111	225.»	229.»	233.»	237.»	240.»	243.»	246.»	248.»	252.»	256.»
114	234.»	237.»	240.»	244.»	248.»	251.»	253.»	257.»	260.»	264.»
117	242.»	244.»	248.»	252.»	256.»	259.»	263.»	265.»	268.»	272.»
120	248.»	252.»	256.»	260.»	264.»	266.»	270.»	273.»	277.»	281.»
123	256.»	260.»	264.»	268.»	272.»	274.»	278.»	282.»	286.»	289.»
126	264.»	268.»	272.»	276.»	279.»	283.»	287.»	290.»	294.»	298.»
129	272.»	276.»	279.»	283.»	287.»	291.»	295.»	299.»	303.»	307.»
132	279.»	283.»	287.»	291.»	295.»	299.»	303.»	307.»	311.»	315.»
135	287.»	291.»	295.»	299.»	303.»	305.»	311.»	315.»	320.»	324.»
138	95.»	299.»	303.»	307.»	311.»	315.»	320.»	324.»	329.»	333.»
141	303.»	307.»	311.»	315.»	320.»	324.»	329.»	333.»	338.»	342.»
144	311.»	315.»	318.»	324.»	328.»	333.»	337.»	342.»	346.»	350.»
147	318.»	322.»	326.»	331.»	337.»	342.»	346.»	350.»	355.»	359.»
150	326.»	330.»	335.»	341.»	344.»	350.»	354.»	359.»	364.»	369.»
153	334.»	338.»	343.»	348.»	354.»	357.»	363.»	368.»	373.»	377.»
156	342.»	347.»	352.»	357.»	361.»	367.»	372.»	377.»	382.»	387.»
159	350.»	355.»	360.»	365.»	370.»	376.»	381.»	386.»	391.»	396.»
162	357.»	364.»	369.»	373.»	380.»	385.»	390.»	395.»	400.»	406.»
165	367.»	372.»	377.»	382.»	389.»	393.»	399.»	404.»	409.»	416.»
168	374.»	381.»	386.»	391.»	396.»	403.»	408.»	413.»	420.»	424.»
171	383.»	389.»	394.»	400.»	406.»	412.»	417.»	424.»	429.»	434.»

CENTIMÈTRES DE HAUTEUR

Centimètres de largeur	288	291	294	297	300	303	306	309	312	315
	f. c.	f. c.	f. c.	f. c.	f. c.	f. c.	f. c.	f. c.	f. c.	f. c.
6	6.95	7.»	7.10	7.15	7.30	7.40	7.50	7 55	7.60	7.65
9	11.10	11.30	11.45	11.55	11.70	11.90	12.05	12.10	12.35	12.40
12	15.85	16.»	16.25	16.45	16.65	16.90	17.10	17.35	17.55	17.70
15	20.60	20.80	21.05	21.30	21.50	21.80	21.95	22.25	22.45	22.70
18	25.30	25.70	25.95	26.35	26.60	27.05	27.45	27.65	28.10	28.35
21	30.80	31.35	31.60	32.10	32.50	32.90	33.35	33.65	34.20	34.65
24	36.75	37.10	37.70	38.20	38.60	39.20	39.70	40.30	40.80	41.30
27	42.85	43.50	44.15	44.80	45.20	45.90	46.55	47.20	47.85	48.50
30	49.75	50.70	51.15	51.70	52.65	53.65	53.95	54.60	55.60	56.55
33	56.35	57.55	58.50	59.50	60.45	61.45	61.45	62.40	63.40	64.20
36	63.40	63.70	64.35	65.»	66.30	67.60	68.90	70.20	70.85	71.50
39	70.20	71.50	72.15	72.80	73.45	74.10	74.75	75.40	76.70	78.»
42	76.70	77.35	78.»	78.65	79.30	80.60	81.25	81.90	83.20	84.80
45	81.90	83.20	83.85	84.50	85.80	89.05	8 70	91.»	92.30	92.80
48	89.70	91.»	91.65	92.80	93.60	94 90	95.55	96.20	97.50	98.80
51	96.20	97.50	98.15	98.80	100.»	101.»	103.»	104.»	105.»	107.»
54	103.»	104.»	105.»	107.»	108.»	109.»	110.»	112.»	113.»	114.»
57	108.»	109.»	113.»	114.»	116.»	117.»	118.»	120.»	121.»	123.»
60	116.»	117.»	120.»	122.»	123.»	125.»	126.»	127.»	130.»	131.»
63	125.»	126.»	127.»	129.»	131.»	133.»	134.»	135.»	138.»	139.»
66	131.»	134.»	135.»	138.»	139.»	140.»	143.»	144.»	146.»	147.»
69	139.»	142.»	143.»	146.»	147.»	149.»	151.»	152.»	155.»	56.»
72	147.»	149.»	151.»	153.»	155.»	157.»	159.»	61.»	162.»	165.»
75	155.»	157.»	159.»	161.»	164.»	166.»	168.»	170.»	172.»	174.»
78	162.»	166.»	168.»	170.»	1 2.»	174.»	177.»	179.»	182.»	183.»
81	172.»	174.»	177.»	178.»	18.»	183.»	186.»	188.»	190.»	194.»
84	179.»	182.»	185.»	187.»	190.»	192.»	195.»	198.»	200.»	203.»
87	185.»	191.»	194.»	196.»	199.»	201.»	205.»	207.»	209.»	213.»
90	198.»	200.»	203.»	205.»	208.»	211.»	213.»	217.»	220.»	222.»
93	205.»	209.»	212.»	214.»	217.»	221.»	224.»	226.»	229.»	233.»
96	214.»	217.»	221.»	225.»	227.»	230.»	233.»	237.»	240.»	242.»
99	225.»	227.»	230.»	234.»	237.»	240.»	243.»	246.»	248.»	252.»
102	242.»	244.»	248.»	252.»	255.»	257.»	260.»	244.»	265.»	269.»
105	251.»	253.»	256.»	260.»	264.»	266.»	269.»	272.»	276.»	279.»
108	259.»	263.»	265.»	268.»	272.»	276.»	278.»	282.»	285.»	287.»
111	268.»	270.»	274.»	277.»	281.»	283.»	287.»	291.»	295.»	298.»
114	276.»	279.»	283.»	286.»	290.»	292.»	296.»	300.»	303.»	307.»
117	283.»	287.»	291.»	295.»	299.»	303.»	307.»	309.»	313.»	317.»
120	292.»	296.»	300.»	304.»	307.»	311.»	315.»	318.»	322.»	321.»
123	302.»	305.»	309.»	313.»	317.»	321.»	325.»	329.»	333.»	337.»
126	311.»	315.»	318.»	322.»	326.»	330.»	334.»	338.»	342.»	346.»
129	318.»	322.»	326.»	331.»	335.»	339.»	343.»	347.»	352.»	356.»
132	328.»	331.»	337.»	341.»	344.»	350.»	354.»	357.»	361.»	365.»
135	337.»	342.»	346.»	350.»	354.»	359.»	363.»	368.»	372.»	377.»
138	346.»	350.»	355.»	359.»	364.»	369.»	373.»	377.»	382.»	386.»
141	355.»	360.»	364.»	369.»	373.»	378.»	382.»	387.»	393.»	396.»
144	364.»	369.»	373.»	378.»	383.»	389.»	393.»	398.»	403.»	408.»
147	373.»	378.»	383.»	389.»	393.»	398.»	403.»	408.»	412.»	417.»
150	382.»	389.»	393.»	398.»	403.»	408.»	412.»	419.»	424.»	428.»
153	393.»	399.»	403.»	408.»	412.»	417.»	424.»	428.»	434.»	439.»
156	402.»	407.»	412.»	417.»	422.»	428.»	433.»	439.»	445.»	450.»
159	412.»	416.»	422.»	428.»	433.»	438.»	443.»	350.»	455.»	460.»
162	420.»	426.»	432.»	438.»	443.»	448.»	455.»	460.»	465.»	471.»
165	430.»	435.»	442.»	447.»	454.»	459.»	465.»	471.»	477.»	482.»
168	439.»	445.»	452.»	458.»	463.»	471.»	476.»	482.»	87.»	494.»
171	451.»	456.»	463.»	468.»	474.»	480.»	486.»	493.»	498.»	506.»
174	460.»	467.»	472.»	478.»	485.»	460.»	498.»	503.»	510.»	516.»
177	471.»	476.»	482.»	489.»	495.»	502.»	508.»	515.»	521.»	528.»

Centimètres de largeur	CENTIMÈTRES DE HAUTEUR									
	288	291	294	297	300	303	306	309	312	315
	f. c.	f. c.	f. c.	f. c.	f. c.	f. c.	f. c.	f. c.	f. c.	f. c.
183	480.»	486.»	493.»	499.»	506.»	512.»	519.»	525 »	533.»	539.»
186	490.»	497.»	503.»	510.»	517.»	524.»	530.»	537.»	543.»	550.»
189	500.»	507.»	513.»	521.»	528.»	534.»	541.»	549.»	555.»	562.»
192	510.»	517.»	525.»	532.»	538.»	545.»	552.»	560 »	567.»	573.»

Centimètres de largeur	CENTIMÈTRES DE HAUTEUR									
	288	291	294	297	300	303	306	309	312	315
	f. c.	f. c.	f. c.	f. c.	f. c.	f. c.	f. c.	f. c.	f. c.	f. c.
195	521.»	528.»	536.»	542.»	549.»	556.»	564.»	571.»	578.»	585.»
198	532.»	538.»	546.»	552.»	560.»	568.»	576.»	582.»	590.»	597.»
201	541.»	549.»	556.»	564.»	572 »	580.»	588.»	591.»	602.»	610.»
204	552.»	560.»	568.»	576.»	582 »	500 »	598.»	606.»	614.»	621.»

PRIX DES GRANDES GLACES EN BLANC PAR MÈTRE CARRÉ

SUPERFICIES en mèt. et décim.		PRIX au mètre carré.	SUPERFICIES en mètre et décimètre.		PRIX au mètre carré.	SUPERFICIES en mètre et décimètre.		PRIX au mètre carré.
depuis	jusqu'à	fr. c.	depuis	jusqu'à	fr. c.	depuis	jusqu'à	fr. c.
6.60	—	97.50	9.20	— 9.40	115. »	12. »	— 12.20	145. »
6.60	— 6.80	98.75	9.40	— 9.60	116.25	12.20	— 12 40	147.50
6.80	— 7. »	100. »	9.60	— 9.80	117.50	12.40	— 12.60	150. »
7. »	— 7.20	101.25	9.80	— 10. »	118.75	12 60	— 12.80	152 50
7 20	— 7.40	102.50	10. »	— 10.20	120. »	12.80	— 13. »	155. »
7.40	— 7.60	103.75	10.20	— 10.40	122.50	13 »	— 13.20	157 50
7.60	— 7.80	105. »	10.40	— 10 60	125. »	13.20	— 13.40	160. »
7.80	— 8. »	106.25	10.60	— 10.80	127.50	13 40	— 13.60	162 50
8. »	— 8.20	107.50	10.80	— 11. »	130. »	13.60	— 13 80	165. »
8.20	— 8.40	108.75	11. »	— 11.20	132.50	13.80	— 14. »	167.50
8.40	— 8.60	110. »	11.20	— 11.40	135. »	14. »	— 14.20	170. »
8.60	— 8.80	111.25	11.40	— 11.60	137.50	14.20	— 14.40	172.50
8.80	— 9. »	112 50	11.60	— 11.80	140. »	14.40	— 14.60	175. »
9. »	— 9.20	113.75	11.80	— 12. »	142.50	14.60	— 14 80	177.50
						14.80	— 15. »	180. »

§ XVII. — DIVERS EMPLOIS DES GLACES.

1299. On fait depuis quelques années un grand usage de glaces non-seulement pour les vitrines des magasins dont elles font ressortir l'étalage, mais encore pour les fenêtres des habitations.

Un des emplois les plus importants des glaces est la fabrication des glaces étamées et des miroirs. Les principales qualités qu'une glace doit remplir pour être employée sont :

1° La planimétrie;

2° L'égalité d'épaisseur;

3° La finesse du poli;

4° La blancheur;

5° La pureté du verre.

Les défauts les plus saillants sont le manque de planimétrie ou d'égalité d'épaisseur, qui produit, dans les glaces étamées, la déformation des objets réfléchis, les rayures provenant du douci ou du poli; une coloration sensible, qu'elle soit verte, brune, jaune ou violette; le ressuyage, c'est-à-dire la faculté que possède le verre trop chargé d'alcali de se ternir en se couvrant d'efflorescences cristallines de carbonate de soude, les points, les stries, les larmes, les crachats, les ondes, les cordes, les fils, etc...

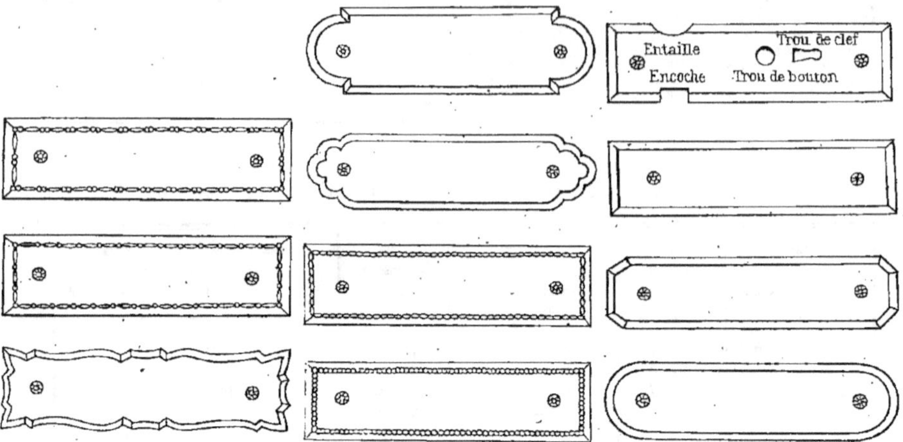

Fig. 629 — Divers types de plaques de propreté.

C'est surtout, eu égard à ces défauts, que les glaces sont débitées en morceaux plus ou moins grands pour faire de petites glaces. Lorsque les morceaux sont trop petits pour fabriquer des miroirs, on les emploie avantageusement à la confection de plaques de propreté, dont nous donnons plusieurs types (fig. 629).

CHAPITRE XII

DES MASTICS

SOMMAIRE

I. — Définitions et notions générales.
II. — Diverses espèces de mastics, leurs compositions, leurs emplois :
1° Mastic Dihl ; 2° Mastic ou ciment d'oxycholrure de zinc. Confection de ce mastic. Son emploi. 3° Mastic hydraulique ordinaire ; 4° Mastic des fontainiers ; 5° Mastic des vitriers ; 6° Mastic des tailleurs de pierres ; 7° Mastic au blanc d'œuf ; 8° Ciment anglais ou plâtre aluné; 9° Mastic à chaud pour pierres non polies; 10° Mastic pour le scellement du fer dans la pierre; 11° Mastic gras pour jointoiement de tuyaux en fonte ; 12° Mastic de menuisier; 13° Mastic rouge au minium ; 14° Mastic métallique de M. Serbat; 14° Mastic de gutta-percha de M. Danne.

§ I. — DÉFINITIONS ET NOTIONS GÉNÉRALES.

1400. Les mastics sont composés de matières ou substances diverses, que l'huile de lin ou le feu doivent, le plus souvent, mélanger ou dissoudre.

Ils servent à faire des joints qui, presque toujours, réclament une assez grande solidité.

Dans la plupart des cas, il suffit, pour faire des joints assez résistants et de longue durée, d'employer simplement, soit un mortier de ciment pur ou mélangé de sable, soit un mortier fin de chaux hydraulique ; mais, lorsque les joints sont exposés à la présence prolongée de l'humidité ou de l'eau, tels que pour les chéneaux, gargouilles, dallages, vasques, tuyaux de descente, etc., il devient indispensable de rendre les joints très étanches. Alors, on emploie des *mastics* qui ont une adhérence plus intime avec la pierre ou les autres corps avec lesquels ils sont en contact. Les mastics servent également à réparer les défectuosités que l'on trouve dans les pierres de construction, à boucher les crevasses, à rejointoyer certaines pierres, etc...

§ II. — DIVERSES ESPÈCES DE MASTICS. — LEURS COMPOSITIONS ET LEURS EMPLOIS.

1401. Nous donnons ci-après quelques renseignements sur les mastics les plus employés dans les constructions.

I. — Mastic Dihl.

1402. Ce mastic est imperméable et il

acquiert promptement une grande dureté. Il est formé de 9 parties de brique pilée ou d'argile bien cuite et d'une partie de litharge (oxyde de plomb). On le gâche à l'huile de lin ou avec de l'huile de noix. Dans cette opération, il faut environ 25 litres d'huile pour un quintal de mastic afin de le réduire en pâte molle. Pour l'employer, il faut avoir soin d'enduire d'abord, avec une huile grasse, les parties sur lesquelles le mastic doit être appliqué, afin d'empêcher que l'huile de lin, qui entre en combinaison dans le mastic, ne soit absorbée par les parois de la pierre. Ce mastic s'emploie souvent pour rejointoyer les dallages dans les lieux humides et les parements des maçonneries en pierre de taille destinées à être peintes à l'huile ou exposées à l'air marin, comme celles des phares par exemple. Ce mastic se vend 30 francs le quintal lorsqu'il est jaune et 55 francs lorsqu'il est blanc.

Les mastics à base d'oxyde de plomb comme le mastic Dihl sont assez nombreux, mais leur usage est bien moins fréquent depuis l'emploi du ciment naturel, qui, dans la plupart des cas, les remplace avec avantage, tant sous le rapport de la simplicité de confection du mortier que sous celui du degré de dureté qu'on obtient presque instantanément.

II. — Mastic ou Ciment d'oxychlorure de zinc.

1403. Ce ciment est à base d'oxyde de zinc. Il se compose d'une poudre blanche d'oxyde de zinc, gâchée avec une dissolution d'oxychlorure de zinc et appliquée sur la pierre après l'avoir enduite de cette eau de gâchage. Il durcit assez vite, prend la dureté du marbre et il a la propriété de coller fortement. Ce ciment est employé de préférence au mastic Dihl pour joints de dallages, pour coller et raccommoder la pierre; il n'a pas l'inconvénient de la tacher. Il a été employé à la réparation de la colonne de Juillet. On le trouve dans le commerce, ainsi que l'eau destinée au gâchage.

1404. *Confection de ce mastic.* Dans une gamelle, faire un mélange d'eau et de poudre, puis battre le tout afin d'avoir un mastic serré (ne jamais l'employer clair).

Pour les grandes écornures ou crevasses, il faut ajouter au mélange ci-dessus une petite quantité de poussière de pierre et battre le tout; cette addition est inutile pour les petites crevasses. Le mastic doit se faire en très petite quantité, car il faut toujours l'employer frais.

On peut, par un mélange convenable, lui donner la teinte que l'on voudra en y ajoutant des couleurs. Il ne faut pas mettre la couleur choisie en une seule fois dans le mastic contenu dans la gamelle. Le mélange se fait sur la paroi de ladite gamelle, au fur et à mesure des besoins et suivant la quantité que l'on doit employer de suite.

1405. *Emploi du mastic.* Avant la pose du mastic sur la pierre, on mouille les écornures avec la dissolution d'oxychlorure de zinc en se servant d'un pinceau. Il ne faut pas que l'endroit où l'on doit faire le rebouchage soit ni trop mouillé ni trop sec. Une légère humidité suffit pour y appliquer le mastic qui doit être bien serré au fer. Trois jours après l'application, on passe au grès. Certains ouvriers passent au grès au bout de deux jours, mais, à ce moment, la surface seule du mastic étant sèche et l'intérieur étant encore frais, il ne faut pas trop mouiller et frotter doucement.

Le mastic appliqué sur la pierre et bien passé au fer, se crevasse toujours en séchant si, après la pose, on ne l'arrose pas avec la dissolution déjà désignée. Cet arrosage doit être répété deux ou trois fois à des intervalles déterminés par la température du jour.

III. — Mastic hydraulique ordinaire.

1406. Les bahuts et les tablettes couronnant les murs et les autres points exposés à la pluie et aux intempéries de l'air sont souvent rejointoyés avec le mastic ordinaire, composé d'une partie de chaux vive mesurée en poudre éteinte dans l'eau ou du sang de bœuf et de deux parties de ciment auquel on ajoute une petite quantité de limaille fine de fer. On bat ce mélange jusqu'à ce qu'il forme une pâte douce et parfaitement homogène.

IV. — Mastic des fontainiers.

1407. Ce mastic est composé de 20 kilogrammes de limaille de fer et de 1 kil. 50 de sel que l'on met infuser pendant vingt-quatre heures dans deux litres de vinaigre auquel on ajoute quelquefois de l'urine et quatre aulx. Au bout de ce temps, on obtient, par ce mélange, un mastic qu'on emploie immédiatement. Pour avoir de bons résultats de ce mastic, la limaille dont il est fabriqué ne doit pas être déjà oxydée (rouillée).

Après son emploi, il prend une dureté qui ne fait qu'augmenter avec le temps et il unit énergiquement les pierres qu'il soude entre elles.

Il est d'un bon emploi partout où les eaux peuvent séjourner longtemps en donnant une grande étanchéité aux joints.

V. — Mastic des vitriers.

1408. *Préparation.* On prend du blanc d'Espagne en poudre, bien sec et on en forme un cône tronqué. A l'extrémité supérieure, on fait un trou dans lequel on met un peu d'huile de lin, laquelle s'unissant au blanc constitue une sorte de pâte. On verse une nouvelle quantité d'huile de lin jusqu'à ce que le blanc soit tout à fait réduit en pâte. Alors, on pétrit à la main cette combinaison en y faisant entrer le plus de blanc d'Espagne qu'elle peut absorber.

On la bat ensuite par morceaux de 2 à 3 kilos. Plus ce mastic est battu, plus il est homogène et mieux il se lie avec les corps sur lesquels on l'applique. On peut même, à défaut d'huile de lin, employer des *fèces* d'huile (c'est ainsi qu'on nomme les dépôts qui se forment au fond des barriques d'huile).

Ce mastic peut se conserver en le tenant à l'abri de l'air et enveloppé d'une toile cirée imbibée d'eau. Sans ce moyen, il se dessèche et durcit beaucoup. On le ramollit en le pétrissant de nouveau entre les mains, comme on peut le durcir en y ajoutant du blanc d'Espagne, ou un peu de céruse, ou enfin de la litharge.

Les proportions de matières employées sont les suivantes : 18 à 20 décagrammes d'huile pour 1 kilogramme de blanc.

Ce mastic peut être teinté pour se raccorder avec les peintures des boiseries sur lesquelles il doit être posé.

VI. — Mastic des tailleurs de pierres.

1409. Les tailleurs de pierres se servent souvent, pour boucher les ébréchures et cacher les défauts de la pierre calcaire, d'un mastic qu'ils composent de la manière suivante : faire fondre ensemble une partie de cire et deux parties de colophane, puis ajouter à ce mélange une portion plus ou moins forte de pierre pilée. Ce mastic est ensuite façonné en bâtons cylindriques que l'on conserve pour l'emploi.

VII. — Mastic au blanc d'œuf.

1410. Ce mastic est composé de chaux vive pulvérisée, gâchée avec de l'albumine ou blanc d'œuf auquel on ajoute quelquefois du fromage blanc. Il est employé à coller les pierres, les marbres, etc.

VIII. — Ciment anglais ou plâtre aluné.

1411. Un ciment, destiné à imiter la

pierre et à prendre sa dureté, est souvent très utile pour faire disparaître les joints qui gêneraient le bon effet des sculptures. et ornements. Le plâtre aluné, découverte récente, présente des qualités qui peuvent être utilisées dans bien des cas, à cet usage.

Nous avons déjà parlé de sa fabrication en décrivant le plâtre aluné (n° 1271).

Son prix est de 22 fr. par quintal. Par coloration, il peut être modifié dans son ton de plâtre et prendre l'apparence de la pierre.

IX. — Mastic à chaud pour pierres non polies.

1412. Pour le rebouchage des pierres non polies, on peut employer un mastic composé comme suit:

1/4 de soufre;
1/2 de résine;
1/4 de cire blanche.

A ce mélange, on ajoute une pincée de gomme laque et un peu de poussière de la pierre. Cette pierre doit être pulvérisée plus ou moins finement, suivant que les trous à boucher sont petits ou plus grands.

Un autre mastic à chaud, bon à faire certains joints et à refaire des angles cassés, est formé d'une partie de goudron, 1/2 partie de colophane et 1/5 de poudre de tuileaux, qu'on fond en remuant sur un feu lent. On peut encore employer la colophane chaude mélangée de grès en poudre.

X. — Mastic pour le scellement du fer dans la pierre.

1413. Ce mastic est composé d'une partie de chaux hydraulique, deux parties de poudre de tuileaux et de 1/2 partie de limaille de fer. Il est mis en pâte au moyen d'huile de lin.

1414. Un autre mastic connu sous le nom de *mastic de fer, ou de fonte,* employé pour relier entre elles des pièces en fer ou en fonte, se forme en mélangeant en-

semble de 50 à 100 parties de limaille de fer avec une partie de sel ammoniac en poudre. Pour s'en servir, on humecte le mélange. Il est très employé pour calfeutrer les joints des chaudières. On y ajoutait autrefois un peu de fleur de soufre, mais comme cette addition corrodait fortement le fer, on y a renoncé.

XI. — Mastic gras, pour jointoiement de tuyaux en fonte.

1415. Ce mastic est formé de minium, de poudre de tuileaux, de sable fin, et d'huile de lin bien mélangés.

XII. — Mastic de menuisier.

1416. Le mastic de menuisier est destiné à réparer les défauts que présente le bois travaillé, trous, gerçures etc... Il est formé d'ocre, de céruse ou de blanc d'Espagne et d'huile de lin. On y mêle quelquefois aussi un peu de sable fin ou de poudre de tuileaux.

XIII. — Mastic rouge au minium.

1417. Le mastic rouge est composé de parties égales de minium et de céruse.

On dissout la céruse dans une certaine quantité d'huile de lin pour former une pâte molle que l'on saupoudre de minium. On malaxe le mélange au marteau pendant 4 heures, de manière à lui faire prendre la consistance du mastic ordinaire de vitrier. A ce moment il ne doit plus adhérer aux doigts. La principale propriété de ce mastic est de sécher assez promptement et de prendre, au bout de quelques heures, une dureté assez grande. Il ne résiste pas à une trop grande chaleur.

XIV. — Mastic métallique de M. Serbat.

1418. Ce mastic est préparé avec les oxydes de manganèse, de fer, de zinc, le sulfate de plomb et l'huile siccative. On procède de la manière suivante :

On prend parties égales de peroxyle de manganèse (manganèse du commerce), d'oxyde de fer, d'oxyde de zinc et de sulfate de plomb en poudre fine, soit 100 parties de chaque substance. On délaie les 100 parties d'oxyde de zinc et les 100 parties de sulfate de plomb dans 36 parties d'huile de lin ou toute autre huile siccative, puis on broie.

Lorsque l'oxyde de zinc et le sulfate de plomb sont bien broyés, on épaissit cette pâte de sulfate de plomb, d'oxyde de zinc et d'huile en la pétrissant avec les mains ou par tout autre moyen et en y ajoutant, par petites portions, une quantité suffisante des deux cents parties d'oxyde de manganèse et de fer, jusqu'à ce que cette pâte ait acquis assez de consistance pour être battue.

On la place alors dans des mortiers en fonte, où elle est pilée au moyen de pilons en fer pendant douze heures environ, en y ajoutant, par petites portions et au fur et à mesure que la pâte se ramollit par l'action du battage, le reste des deux cents parties des oxydes de manganèse et de fer. On reconnaît que le mastic est fait et bon à être employé lorsqu'il a acquis assez de consistance et de liant pour être facilement roulé entre les doigts sans se rompre. Il faut qu'il ait l'aspect du mastic désigné dans le commerce sous le nom de mastic au minium.

Ce mastic peut remplacer le mastic fait avec le blanc de céruse et le minium, on peut aussi l'employer comme le mastic de fonte.

XV. — Mastic de gutta-percha.

1419. Ce mastic est composé de gutta-percha mêlée dans de certaines proportions avec de la résine, de la litharge et une matière dure et inaltérable pulvérisée, telle que du verre, du sable, de l'émeri, de la pierre ponce, etc. Ce mastic ne se gerce pas, se conserve bien au contact de l'eau, supporte bien les variations ordinaires de température et n'est pas attaquable par les acides. Sa base, qui est la gutta-percha, le rend imperméable et lui donne une certaine élasticité.

Il peut être employé à mastiquer les vitres, les fentes de parquets, etc.

CHAPITRE XIII

STUCS

SOMMAIRE

I. — Définitions et notions générales.

1420. Le stuc est une composition, ou sorte d'enduit, connue des anciens Romains et qui, au moyen de la peinture et du polissage, parvient à imiter parfaitement le marbre. C'est au moyen de chaux mêlée à de la poudre calcaire, de craie, de plâtre et de différentes autres matières qu'on obtient cet enduit, qui acquiert, en peu de temps, une grande dureté.

Dans les constructions, on se sert de stuc pour revêtir des colonnes, des pilastres, des murs; pour faire des moulures, des bas-reliefs, pour protéger des parois extérieures exposées à l'air ou à l'humidité; mais, dans ce cas, on doit employer des matériaux qui résistent bien à l'action de l'eau. Les poudres et différents ingrédients qui entrent dans la composition des stucs doivent, dans tous les cas, être réduits à l'état de poudre très fine; ils doivent, de plus, pouvoir se solidifier promptement après l'emploi.

II. — Diverses espèces de Stucs. — Stuc à la chaux. — Stuc au plâtre.

1421. On distingue deux espèces de stuc :

1° Le *stuc à la chaux,*
2° Le *stuc fait avec du plâtre.*

1422. Le stuc à la chaux, qui est le meilleur, doit être rangé parmi les ciments ; mais sa couleur désagréable l'empêche d'être employé, du moins pour la décoration architectonique. On peut cependant, lorsqu'on a quelque humidité à craindre, l'utiliser comme première couche sur laquelle on applique ensuite une préparation plus agréable à l'œil.

1423. Le stuc fait avec du plâtre ne résiste pas à l'humidité et aux intempéries de l'air ; mais, employé dans l'intérieur des habitations, il résiste très bien et il a, sous plusieurs rapports, des avantages sur le stuc à la chaux. Il devient plus dur, peut être coloré de diverses manières et enfin est susceptible d'un très beau poli.

III. — Préparation et emploi des Stucs.

1424. *Stuc à la chaux.* Le stuc à la chaux se fait avec un mélange de chaux bien blanche et bien cuite et de marbre blanc ou d'albâtre gypseux en poudre très fine passée au tamis de soie. On recommande d'éteindre la chaux par immersion et de la broyer sur un marbre avec une molette, comme pour la peinture. Après quatre ou cinq mois d'extinction, on mélange cette chaux avec parties égales de poudre de marbre ou d'albâtre, sans y ajouter d'eau, et l'on broie jusqu'à ce que le mélange soit parfait. La pâte ainsi préparée s'applique sur un enduit convenablement dressé, construit de la manière ordinaire et parfaitement sec.

En Italie, on exécute les stucs en trois couches. Le stuc en chaux se fait avec du mortier de chaux et du sable tamisé et très fin. On mélange ce mortier avec soin. On fait une sorte de bassin sur une palette, avec une certaine quantité de ce mortier. On y verse de l'eau, sur laquelle on sème à la main la quantité de plâtre nécessaire pour l'absorber, puis on se hâte de faire le mélange du plâtre gâché et du mortier, afin de l'employer le plus promptement possible. Ce mélange, qui renferme deux parties de plâtre gâché pour une de mortier, sert à former la masse des corniches et des moulures, ou la couche intérieure des enduits pleins. Pour les dernières couches de l'ébauche, la quantité de plâtre gâché n'est plus que de une partie pour trois de mortier.

La masse étant ainsi formée, on la laisse sécher jusqu'à ce qu'elle ne contienne plus d'humidité à l'intérieur, avant de poser la dernière couche, ou le stuc proprement dit, composée, comme nous venons de le dire, d'un mélange de quantités égales de chaux et de marbre en poudre tamisée. Une fois qu'on a préparé une certaine quantité de cette pâte, on mouille l'ébauche, c'est-à-dire les premières couches, jusqu'à ce qu'elles n'absorbent plus d'eau, et, avec un pinceau, on applique par dessus un peu de stuc qu'on a délayé dans un vase; enfin, avec une spatule ou une truelle, on applique une couche de stuc dur.

A mesure que le stuc sèche et durcit, on lui donne le poli en le frottant avec un linge mouillé un peu rude, et avec des brunissoirs en acier ou même avec la partie charnue du doigt dans les endroits chargés de moulures ou de relief.

Le stuc à la chaux peut s'employer à l'extérieur comme à l'intérieur. Seulement, dans le premier cas, l'ébauche ou les premières couches doivent être faites entièrement avec du mortier de chaux hydraulique.

1425. *Stuc au plâtre*. Pour la préparation du stuc au plâtre, on prend de la pierre à plâtre d'excellente qualité et on la fait cuire dans un four analogue à un four à cuire le pain. Au sortir du four, le plâtre est pulvérisé et tamisé. On le gâche ensuite avec une dissolution assez claire de colle de Flandre (colle forte) à laquelle on ajoute souvent de la colle de poisson ou de la gomme arabique. Si le stuc doit imiter du marbre coloré, on met les couleurs dans l'eau collée qui doit être chaude, afin que le plâtre ne durcisse pas trop vite. Si l'on veut obtenir du stuc blanc, il faut employer une colle incolore, de la colle de poisson par exemple.

On étend le stuc en plâtre de la même manière que les autres enduits, en le lissant avec la truelle.

Lorsque les ouvrages de stuc doivent avoir beaucoup de relief, comme des chapiteaux, des corniches etc., on commence par en faire l'ébauche ainsi qu'il suit :

On fixe, dans la surface sur laquelle l'ouvrage doit être placé, des clous qu'on laisse saillir plus ou moins, suivant l'épaisseur que le relief doit avoir. On mouille la place où sont les ferrements, puis on couvre cette surface de bon plâtre en lui faisant prendre la forme que doit avoir l'ouvrage. On donne ainsi trois couches successives de plâtre pour terminer l'ébauche.

Quand l'ébauche est terminée, on l'humecte avec de l'eau ; ensuite, on applique le stuc. Quand l'ouvrage est sec, on le polit d'abord avec une pierre ponce ou une pierre à aiguiser dont le grain est très fin. On frotte l'enduit avec la pierre que l'on tient d'une main et, de l'autre, on tient une éponge imbibée d'eau avec laquelle on nettoie l'endroit que l'on vient de frotter. On donne le dernier poli avec un morceau de feutre imbibé d'huile et de tripoli en poudre. On continue par lui donner le lustre avec l'eau de savon d'abord, et enfin on termine avec le morceau de feutre imbibé d'huile seulement. On doit avoir bien soin de frotter sans désemparer jusqu'à ce que le lustre soit obtenu; sans cette précaution, le stuc se ternirait. On doit également prendre garde de ne commencer le polissage qu'après avoir parfaitement dressé les surfaces; car les flaches, qui deviennent plus sensibles par l'effet du lustre, seraient d'un effet désagréable.

IV. — Stucs de différentes couleurs.

1426. Lorsqu'on veut imiter des marbres diversement colorés, on a de petits vases renfermant de l'eau collée dans laquelle on détrempe une couleur particulière. On gâche ensuite, avec chacune de ces eaux, une petite quantité de plâtre, dont on forme une galette. Toutes ces galettes sont placées les unes au-dessus des autres, à mesure qu'elles sont formées; on coupe ensuite la pile par tranches qu'on applique de suite sur la surface que doit recouvrir l'enduit.

On est parvenu à représenter des paysages au moyen du stuc. Pour cela, on prépare le fond sur lequel doit être placé le paysage; puis, sur ce fond, on place un papier sur lequel les contours du dessin sont marqués par des trous d'épingle. On prend ensuite de la poudre d'une couleur différente de celle du fond et on ponce le papier; on obtient ainsi le contour du dessin. On enlève, avec de petits outils, la matière qui se trouve dans l'intérieur du contour, à une profondeur de 3 à 4 millimètres. On détrempe ensuite plusieurs couleurs dans de l'eau collée et on gâche un peu de plâtre avec ces eaux, dans le creux de la main, puis on l'applique en quantité suffisante sur la partie du creux du tableau qui doit avoir cette teinte.

CHAPITRE XIV

DES PEINTURES

SOMMAIRE

§ I. — DÉFINITIONS ET NOTIONS GÉNÉRALES.

1427. La peinture en bâtiments est l'art de couvrir de diverses couleurs la surface du bois, du fer, de la maçonnerie etc., dans le but de les conserver et d'obtenir des décorations agréables à la vue.

Atelier et magasin.

1428. Les locaux indispensables à tout entrepreneur de peinture en bâtiments sont :

1° Une *broierie* située au rez-de-chaussée, dans un endroit frais, mais non humide. C'est dans cet atelier que sont déposées les couleurs en poudre, en pierre, ou en trochisques. C'est également dans cette broierie que peut se faire la préparation des couleurs avant l'emploi. Les parties les moins utilisables peuvent être occupées par les tonneaux de céruse, d'ocres et autres couleurs qui sont le plus en usage : des seaux, camions, brosses, échelles, grattoirs et autres outils usuels.

2° Une *cave* doit servir de dépendance à la broierie. C'est là qu'on conservera les colles, les huiles, les eaux secondes et les essences.

3° Un *atelier*, qui doit être parfaitement sec. Cet atelier peut être placé au rez-de-chaussée ou au premier étage. C'est dans cette pièce qu'on peint, qu'on dore et qu'on vitre les objets qui demandent un soin particulier, ou qui, pouvant facilement se transporter, épargnent des pertes de temps ruineuses, en même temps qu'ils évitent à leur propriétaire l'odeur désagréable de la peinture, ainsi que l'embarras et les saletés que causent la plupart des ouvrages préparatoires.

4° Enfin, pour les entrepreneurs qui font aussi la vitrerie, il faut prévoir un second magasin ou dépôt de feuilles de verre de toutes dimensions, dressées de champ dans des cases en tringles de sapin, avec un établi et une table bien dressée et métrée sur les deux sens pour couper le verre. Il faut également un endroit frais pour y déposer le mastic dont on se sert à chaque instant.

§ II. — OUTILS ET MATIÈRES EMPLOYÉS PAR LES PEINTRES.

1429. Les principaux outils dont se servent les peintres sont les suivants :

1° Les *brosses*. Les couleurs composées s'étendent avec des brosses de soie de porc ou de sanglier, de diverses grosseurs.

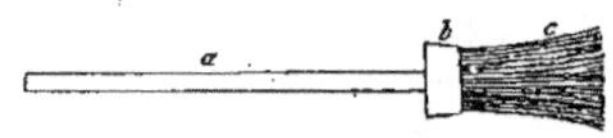

Fig. 630. — Brosse ordinaire.

Ces brosses sont formées de soies blanches ou grises *c* (*fig.* 630), liées autour d'un manche en bois blanc *a* au moyen d'une ficelle ou d'un lien en métal *b*. On désigne sous le nom de *brosses à quartier*, celles pour la formation desquelles on a employé à peu près 200, 250 et 275 grammes de soies ; *brosses à main*, celles qui sont formées de 150 à 180 grammes de soies ; *brosses d'apprêt ou taupettes*, celles de 30 à 125 grammes de soies ; *brosses d'un pouce*, celles qui renferment moins de 30 grammes de soies. Enfin, celles qui sont moins fortes s'appellent *brosses à rechampir* et *brosses à filets*.

En achetant des brosses, il faut avoir soin d'examiner si le lien est formé de deux nœuds et surtout si la soie traverse bien toute la longueur du lien.

On fait aussi des brosses plates appelées *queues de morue*. Elles sont toujours en soie blanche et ces soies sont établies en forme de balai (*fig.* 631).

2° *Échelles*. Les échelles dont se servent les peintres sont ordinairement en bois léger (bois d'aulne). Les échelons sont espacés de 0ᵐ,32, renflés en leur milieu et présentant une partie méplate afin de moins fatiguer les pieds. Le haut des montants est percé pour recevoir une tringle en fer rond avec un écrou à tête qu'on appelle *clef*. La réunion de deux bras forme une échelle double. Pour limiter l'écartement des bras, on fixe une corde nouée à deux échelons vers le tiers de la hauteur de l'échelle.

3° *Échafaudages*. Les peintres se servent pour peindre, badigeonner et nettoyer les bâtiments d'échafaudages mobiles, c'est-à-dire d'échafaudages qui, au moyen de divers systèmes mécaniques, peuvent monter ou descendre à la volonté des ouvriers, parallèlement au plan de la façade des maisons. Il existe plusieurs systèmes que nous croyons inutile de décrire ici.

4° *Camions*. Les camions sont des vases

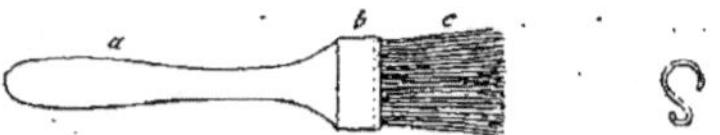

Fig 631. — Brosse dite queue de morue.
Fig. 632. — Crochet.

destinés à contenir les couleurs et ingrédients employés en peinture et en dorure. On fait aujourd'hui de petits camions en tôle ou en fer-blanc, qui sont propres, commodes et durables. On emploie aussi des camions en terre non vernissée qui peuvent aller au feu et dans lesquels on peut faire fondre la colle. Ceux qui sont vernissés ne doivent pas être mis sur le feu ; ils sont plus spécialement destinés à contenir l'eau seconde et les parties acides, ainsi que les couleurs à l'eau qui se gâteraient si elles étaient mises en contact avec la tôle des autres camions.

5° *Crochet*. Le crochet représenté (*fig.* 632) sert à suspendre les camions à l'échelle sur laquelle le peintre est monté ; il a ordinairement la forme d'une *S* et il est fabriqué en fort fil de fer ou en laiton. La partie large s'accroche aux échelons de l'échelle, et la partie étroite du bas reçoit le camion.

6° *Couteaux*. Le couteau à *broyer* est composé d'une lame en acier mince et

Fig. 633 — Couteau à broyer.

flexible. Sa longueur ordinaire est de 30 centimètres et sa largeur 6 centimètres. L'extrémité est terminée en rond (*fig*. 633). Ce couteau est emmanché dans un manche rond de 15 centimètres de longueur. Les broyeurs se servent encore d'un autre couteau appelé *amassette*. Il est

Fig. 634. — Couteau amassette.

ordinairement en corne, d'autres fois en bois. Sa forme varie, on lui donne souvent celle de la figure 634. Ces couteaux sont destinés à ramasser les couleurs fines dont les nuances s'altéreraient au contact du fer.

Fig. 635. — Couteaux à reboucher.

Le couteau à *reboucher* (*fig.* 635) est composé d'une lame *a* en acier de 0^m,14 de longueur, taillée en biseau de manière à présenter un angle aigu et un angle obtus. Cette lame va en s'amincissant jusqu'au tranchant, de manière à être légèrement flexible. Le manche est rond, quelquefois plat. Cette dernière forme est préférable.

Le *couteau à enduire* (*fig.* 636) se compose d'une lame rectangulaire en métal, insérée dans un manche en bois. Il sert à étaler et à lisser avec rapidité des cou-

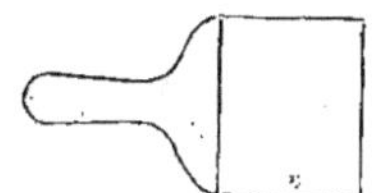

Fig. 636. — Couteau à enduire.

leurs épaisses dont on le charge, sur des surfaces unies.

7° *Balais*. Les *balais ordinaires* servent à nettoyer les pièces, avant et après l'exécution d'un travail délicat.

Les *balais à poser l'encaustique* sont de même que les précédents, mais les crins en sont plus longs, plus touffus et d'un meilleur choix. Leur longueur est ordinairement de 0^m,12, afin qu'ils puissent entrer dans le seau contenant l'encaustique.

Les *brosses à épousseter* servent à épousseter les objets avant la peinture, et à les débarrasser de la poussière qui les charge et qui salirait cette peinture.

8° *Entonnoirs*. Les entonnoirs servent à transvaser les liquides. Leur forme est assez connue pour qu'il soit inutile de les décrire. Ils sont ordinairement en verre et en fer-blanc.

9° *Cuillères*. Ce sont de grandes cuillères à pot servant à puiser dans les couleurs détrempées pour remplir les camions.

10° *Poêle ou réchaud à brûler*. Ce réchaud est en forte tôle et a la forme de l'ustensile de cuisine appelé *cuisinière*. Le devant est garni de tringles en fer espacées d'environ 3 centimètres, destinées à retenir le charbon.

11° *Bouteilles, bidons*. Les peintres doivent avoir un assortiment de bouteilles destinées à contenir les liquides employés journellement dans les peintures. Elles sont de plusieurs formes et de plusieurs grandeurs. Ce sont généralement des bouteilles en verre comme celles à vin ordinaire, des *touries* et *dames-jeannes* en grès ou en

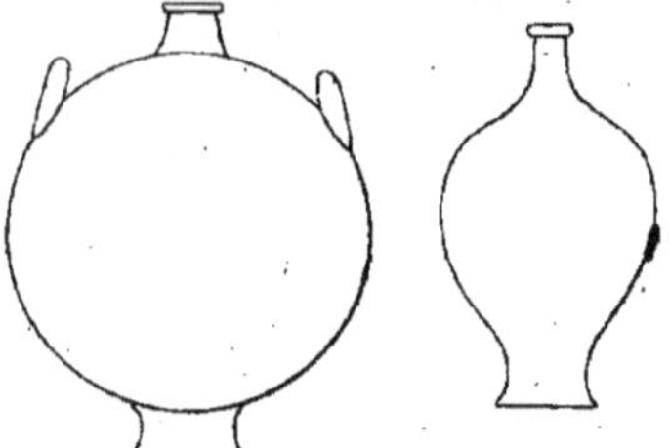

Fig. 637. — Bouteilles.

verre (*fig.* 637) et des *bidons* (*fig.* 638) ou bouteilles en cuivre, en fer-blanc ou en zinc. En général, tous les vases dont on

Fig. 638. — Bidon

se sert pour loger les couleurs doivent être vernissés, en prenant cette précaution elles s'y dessèchent moins.

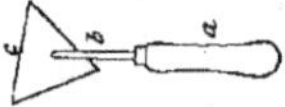

Fig. 639. — Grattoir.

12° *Grattoirs*. Enfin les peintres en bâtiments se servent de *grattoirs* (*fig.* 639), de *limes* ou de *râpes* et de *fers à dégager* (*fig.* 640).

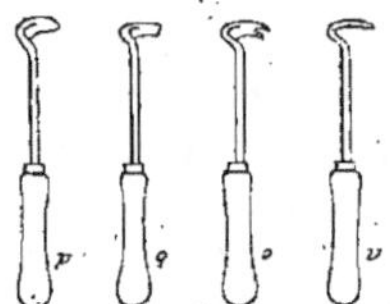

Fig. 640. — Fers à dégager.

1430. Il existe encore d'autres matières que les peintres en bâtiments doivent avoir en magasin ; ce sont :

1° *Eau seconde ou eau de potasse.* Cette eau est composée de 5 litres d'eau de rivière pour 4 kilos de potasse concassée ; elle est employée pour laver et dégraisser les vieilles peintures à l'huile et au vernis.

2° *Pierre ponce.* On se sert de cette pierre pour faire disparaître les petites inégalités qui peuvent se trouver sur les bois, sur les toiles, etc... ; elle est employée aussi à adoucir les soufflures des premières couches de peinture.

3° *Tripoli.* Le tripoli sert aux peintres pour polir et blanchir leurs ouvrages, il sert également pour polir les vernis gras.

4° *Papier de verre.* Ce papier est très employé par les peintres pour rendre bien lisses les surfaces à couvrir de peinture.

5° *Plombagine* ou *graphite*. La plombagine réduite en poudre fine et incorporée avec de l'huile de lin siccative, constitue une couleur qui sert à donner aux ouvrages en fer ou en fonte une nuance d'acier.

1431. Les peintres décorateurs, c'est-à-dire ceux qui imitent les bois et les marbres, et les peintres d'attributs, se servent de palettes, de règles, de compas, de pinceaux etc.

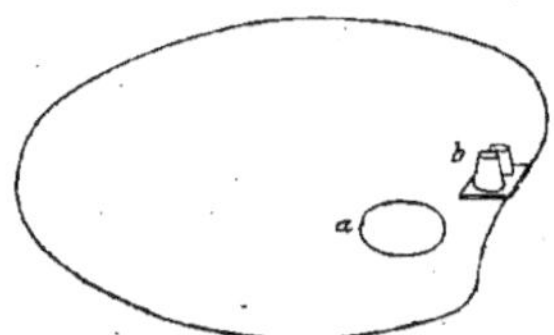

Fig. 641. — Palette.

Palette. La palette représentée (*fig.* 641), est une planche mince de bois très serré, poirier, pommier ou noyer, d'une forme ovale ou carrée. On y pratique, vers le bord, un trou ovale *a* assez grand pour pouvoir y passer le pouce de la main gauche. On y fixe deux godets en fer-blanc *b* qui contiennent de l'huile et de l'essence.

Outre les *peignes, brosses à sec* (*fig.* 642) et *queues de morue*, les peintres de décors se servent ordinairement de *pinceaux* de petites dimensions en martre ou en petit-gris, montés dans des tuyaux ou dans des

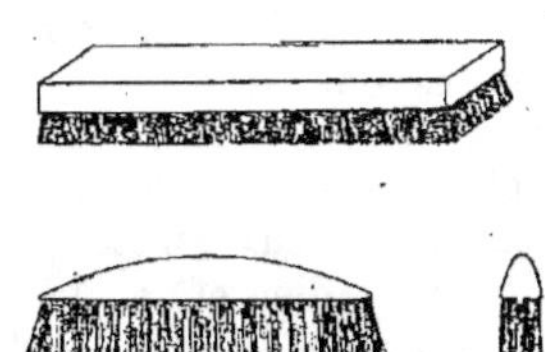

Fig. 642. — Brosses.

tubes en fer-blanc, selon la grosseur, pour réchampir les fonds entre les ornements étrusques ou autres. Ces pinceaux doivent être en *fleur de poils*, c'est-à-dire faire la pointe.

Règles, équerres, compas, fil-à-plomb. Les peintres de décors se servent de ces objets pour distribuer et tracer les moulures, panneaux, tables, joints de coupes de pierres, filets d'incrustation etc... Les règles et les équerres doivent être en bois de poirier, abattues en chanfrein.

Huiles employées en peinture.

1432. Les huiles les plus communément employées sont :

1° L'*huile de lin ;*
2° L'*huile d'œillette ou de pavot ;*
3° L'*huile de noix.*

I. — Huile de lin.

1433. Cette huile sert le plus souvent pour toutes les grosses peintures. Sa couleur est jaune clair, si elle a été exprimée à froid, et jaune-brun si elle l'a été à chaud. Elle exhale une odeur forte qui la fait facilement reconnaître. Sa saveur est désagréable. Elle est très siccative, mais on peut augmenter considérablement cette propriété en la faisant bouillir pendant un certain temps avec de la *litharge.* Elle prend alors le nom de *huile de lin cuite,* ou de *huile de lin lithargirée.* L'huile de lin préparée de cette manière est d'une couleur rougeâtre assez foncée.

La densité de l'huile de lin est 0,9347. Cette huile rancit très facilement, on s'en sert pour détremper, c'est la meilleure, pour la préparation des vernis gras et des couleurs à l'huile.

Le meilleur moyen de blanchir l'huile de lin consiste à mettre 61 grammes de litharge dans 4 litres 550 d'huile. Après avoir remué fréquemment ce mélange pendant deux semaines, on le laisse reposer un ou deux jours, puis on le soutire en y ajoutant un demi-litre d'esprit de térébenthine. Quand l'huile aura été exposée au soleil pendant trois jours, elle sera beaucoup moins colorée. L'huile de lin est extraite, par compression, de la semence du lin ordinaire.

II. — Huile d'œillette ou de pavot.

1434. Cette huile s'emploie pour la préparation et le broyage des peintures fines. Bien préparée, elle est presque incolore (jaune très pâle), d'une saveur douce, rappelant celle de la noisette, sans odeur. Sa pesanteur spécifique est de 0,9243. Elle est à peu près aussi siccative que l'huile de lin, et, comme elle, elle peut l'être rendue davantage par sa cuisson avec la litharge.

Cette huile est tirée des semences de diverses espèces de pavots.

III. — Huile de noix.

1435. L'huile de noix est employée comme l'huile d'œillette, mais, à cause de sa couleur, elle est souvent réservée pour les tons foncés. Elle devient plus belle à l'air que l'huile de lin. Elle est également siccative. On l'extrait du fruit du noyer.

QUANTITÉ D'HUILE NÉCESSAIRE POUR PEINDRE UNE SURFACE DONNÉE.

1436. Il est impossible de donner d'une manière précise des nombres exacts, mais on peut se baser sur les observations suivantes :

I. Les ocres et les terres consomment en général plus de liquide pour être broyées et détrempées, que le blanc de céruse : environ 1/10 en plus.

II. Pour la première couche d'impression de 4 mètres carrés, on peut admettre :

1° De 400 à 425 grammes de blanc de céruse ;

2° Environ 60 grammes de liquide pour le broyer ;

3° 125 grammes pour le détremper ;

Ce qui donne en tout environ 600 grammes de blanc de céruse en détrempe. Si l'on met une seconde couche d'impression, ces nombres se réduisent beaucoup.

III. Pour trois couches d'impression sur une surface de 4 mètres carrés, il faut 1 k. 1/2 de couleur. La consommation pour chacune des trois couches se répartit comme suit : La première couche absorbera 550 grammes, la deuxième 500 grammes et la troisième 450 grammes.

On peut composer ce 1 k. 1/2 de couleur avec 1 kilogramme ou 1 k. 1/4 de couleurs broyées qu'on détrempera dans 6 à 8 décilitres d'huile ou d'huile coupée d'essence pure.

Colles employées par le peintre en bâtiments.

1437. La colle qui sert à encoller sous les couches d'impression et à délayer les couleurs est la *colle de peaux de lapins*, dite *colle au baquet*. Elle est fournie par les fabricants à l'état de gelée tremblante. Elle se fond facilement lorsqu'on la met sur le feu.

Les colles de *brochette* et de *parchemin* sont aussi très employées et peuvent recevoir les vernis.

Ces colles sont fondues dans des mar-mites ou chaudrons à trois pieds, qui sont suspendus à la crémaillère d'une cheminée par l'intermédiaire d'une anse.

Siccatifs.

1438. Les siccatifs les plus communément employés sont :

1° La *litharge* broyée comme la couleur elle-même, et l'*essence de térébenthine*. Le commerce fournit deux espèces de litharge : la *litharge d'or* et la *litharge d'argent*. La première a une couleur jaune tirant sur le rouge, et se vend en pains.

La seconde est d'un jaune pâle, et se débite en paillettes.

Elles sont aussi bonnes l'une que l'autre.

On désigne, dans le commerce, sous le nom de *litharge*, un oxyde de plomb demi-vitreux. La plus grande partie de la litharge qui s'emploie est celle qu'on obtient de l'affinage de l'or et de l'argent par l'intermédiaire du plomb.

2° L'*huile* ou l'*essence de térébenthine*. C'est une liqueur incolore et d'une odeur caractéristique, qui s'extrait par la distillation de la résine liquide qu'on obtient par incision du pin maritime.

Vernis.

Les vernis s'emploient, de même que la peinture à l'huile, pour préserver certains objets du contact de l'atmosphère, et en outre pour donner aux couleurs un brillant qu'elles ne possèdent pas naturellement. Ce sont en général des liquides plus ou moins colorés, plus ou moins visqueux, résultant de la dissolution d'une résine ou d'une gomme-résine dans divers véhicules, dont la nature peut varier suivant la consistance qu'on veut donner à ces compositions et l'usage auquel on les destine. Après l'application, le véhicule s'évapore, et la résine reste étendue sur le corps en couche mince et transparente.

On fait usage en peinture de trois espèces de vernis: les *vernis gras*, les *vernis à l'alcool* ou à *l'esprit de vin* et les *vernis à l'essence.*

1° *Vernis gras.* Ces vernis s'emploient pour les ouvrages exposés à l'air extérieur ou pour recouvrir des peintures d'une couleur sombre. Ils sont le plus souvent le résultat de la dissolution d'une résine dans une huile volatile. Les meilleurs résines à employer sont le *succin* et le *copal.* Le véhicule est l'huile de lin cuite. Dans la composition des vernis gras on fait souvent entrer la *sandaraque,* le *mastic,* la *térébenthine,* etc. Les vernis gras peuvent être colorés en rouge, en jaune, en noir ou différemment par l'addition de divers ingrédients.

Les vernis gras se distinguent des autres vernis par leur état visqueux et par l'absence d'odeur d'alcool ou d'essence de térébenthine.

2° *Vernis à l'alcool.* Les vernis à l'alcool sont ceux qu'on emploie le plus fréquemment. Ils sont le résultat de la dissolution d'une ou de plusieurs résines dans l'alcool.

3° *Vernis à l'essence.* Les vernis à l'essence sont composés d'une ou de plusieurs résines incorporées dans l'essence de térébenthine. On en fait peu d'usage dans la peinture en bâtiments à cause de l'odeur forte et pénétrante qu'ils répandent et de leur lenteur à sécher.

Propriétés que doivent posséder les vernis.

1° Après dessiccation, ils doivent rester brillants sans aspect gras ni terne.

2° Ils doivent adhérer fortement à la surface des corps et ne pas s'écailler.

3° Ils doivent conserver leurs qualités pendant de longues années sans se colorer et sans perdre leur éclat.

4° Leur dessiccation doit être aussi rapide que possible, sans que la dureté de la pellicule résineuse en soit diminuée.

Couleurs en pains ou en poudre dont se servent les peintres.

BLANCS.

1° Blanc de craie ou de molleton dit *blanc de Meudon,* pour les détrempes.

2° Blanc de céruse, pour les ouvrages à l'huile.

3° Blanc de Clichy, pour les mêmes ouvrages.

4° Blanc de zinc, pour les mêmes ouvrages.

5° Blanc léger dit *blanc d'argent,* pour les décors et les glacis.

NOIRS.

1° Noir léger (noir de fumée).

2° Noir d'os (de charbon animal).

3° Noir d'ivoire, de Cassel, de Cologne.

4° Noir de lampe.

5° Noir d'Allemagne.

6° Noir de composition (de bleu de Prusse).

7° Noir de hêtre, de pêche, de vigne (pour les décorateurs).

JAUNES ET BRUNS.

1° Ocre, terre d'ombre naturelle et calcinée.

2° Ocre, terre de Sienne naturelle et brûlée.

3° Ocre, terre d'Italie naturelle et brûlée.

4° Ocre de Rut naturel et brûlé.

5° Bistres.

6° Brun Van-Dyck.

7° Terra merita (curcuma), pour les carreaux et les parquets.

8° Graine d'Avignon (jaune de grains) pour les mêmes ouvrages.

9° Jaune de chrome.

10° Jaune de Naples.

11° Jaune minéral.

12° Massicot, céruse calcinée (teinte dure).

ROUGES ORANGÉS VIOLETS.

1° Rouge de Prusse.

2° Ocre rouge (brun rouge).

3° Rouge d'Angleterre (colcotar).

4° Rouge de Mars.

5° Vermillon de la Chine.

6° Cinabre (Vermillon de Hollande), pour les décors.

7° Pourpre de Cassius, pour les décors.

8° Minium.

9° Brun orange (orangé de Mars)

10° Orangé de chrome.

11° Laqué plate (de cochenille).

BLEUS.

1° Bleu de Prusse.

2° Bleu minéral (bleu d'Anvers).

3° Bleu de cobalt (de Thénard).

4° Outremer artificiel, pour les décorateurs.

5° Cendres bleues, employées par les décorateurs.

6° Bleu d'émail (verre pulvérisé), pour les fonds azurés des enseignes magasins.

VERTS.

1° Vert de montagne.

2° Vert de Scheele.

3° Vert de grains.

4° Vert-de-gris ou verdet.

5° Vert de Vienne, de Schwenfurt et de Brunswick.

6° Vert de vessie.

7° Vert de chrome.

8° Vert de titane.

ENCAUSTIQUES.

On les prépare au fur et à mesure des besoins.

§ III. — TRAVAUX PRÉPARATOIRES A FAIRE AVANT DE PEINDRE.

I. — Époussetage.

1439. Ce travail consiste à enlever des plafonds, murs ou boiseries déjà peints en détrempe, la poussière qui s'y est attachée, ou les blancs dont la colle n'existe plus, et qui, par cette raison, s'écaillent ou s'enlèvent très facilement.

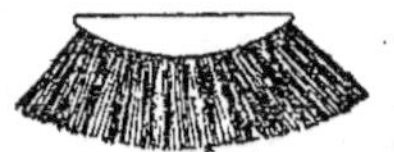

Fig. 643. — Époussette.

Ce travail se fait avec une brosse sans manche représentée (*fig.* 643) que l'on nomme époussette.

II. — Lessivage et grattage.

1440. Le lessivage se fait sur les anciennes peintures en employant l'eau seconde. Ce lessivage doit être effectué avec le plus grand soin lorsqu'il faut conserver de riches décorations. Dans certains cas, le lessivage à l'eau seconde ne suffit pas et un *brûlage* devient nécessaire. Cette opération consiste à étendre ou asperger avec la brosse, de l'essence de térébenthine sur la surface que l'on veut mettre à vif, à l'enflammer, puis à la gratter de suite. On peut encore se servir d'un réchaud fait exprès, que l'on promène sur toute la surface, et lorsque les peintures ont été suffisamment atteintes par le feu, il suffit de les gratter. Ce travail de brûlage se fait de préférence sur les portes cochères, devantures de boutiques et autres objets en bois placés à l'extérieur.

Les peintures et les papiers vernis qui sont simplement enfumés se lavent avec une éponge imbibée d'une dissolution légère de savon noir ou d'eau seconde coupée d'eau et très faible.

Les grattages se font pour enlever toutes les couches étendues précédemment, sur les objets que l'on veut repeindre entièrement; ils exigent de très grandes précautions lorsque la surface à mettre à vif présente des moulures et ornements dont il est très important de ne pas dénaturer la forme.

III. — Rebouchages.

1441. Les rebouchages sont de deux sortes : à l'huile ou à la colle.

Le rebouchage à l'huile (mastic ordinaire, composé de blanc de Meudon et d'huile de lin ou mastic teinté) ne se fait que lorsque l'objet a déjà reçu au moins une couche de peinture (couche d'impression), car, appliqué sur le bois cru, le mastic à l'huile tiendrait mal.

Le rebouchage ordinaire consiste donc à boucher tous les trous ou fentes qui peuvent se trouver dans l'objet à peindre. Lorsqu'on veut faire de belles peintures, ou lorsque l'on a des plâtres poreux à peindre, on rebouche en *enduit*, c'est-à-dire que l'on couvre toute la surface de l'objet avec du mastic pour en cacher les moindres défauts.

Dans le cas d'un rebouchage en enduit, on peut faire infuser du blanc de Meudon dans de l'huile, de manière à faire un mastic très clair que l'on couche à la brosse comme on ferait de la peinture ; puis, après quelques heures, on promène sur la surface un large couteau pour aider le mastic à pénétrer dans toutes les cavités.

Le rebouchage à la colle n'a lieu qu'après l'application de la couche d'encollage, et s'exécute de deux manières : au *mastic* ou à la *teinte morte.*

Le mastic dont on se sert dans le premier cas est celui dont nous avons parlé précédemment ; il ne s'applique que lorsque l'encollage est sec. La teinte morte est la teinte en pâte épaisse, et qui n'est pas encore détrempée dans la colle ; elle ne s'applique que lorsque l'encollage est froid.

§ IV. — PRÉPARATION DES COULEURS.

I. — Pulvérisation.

1442. Avant de broyer les couleurs, il faut d'abord les réduire en poudre et les tamiser. A cet effet, on se sert, pour les matières communes, d'un mortier en fonte. On le recouvre d'une poche en peau au centre de laquelle passe le pilon. Cette poche, fixée autour du mortier par une corde, a pour but de garantir les ouvriers de la poussière qui s'échapperait et d'empêcher la déperdition des matières colorantes qui ne peuvent sortir du pilon. On emploie aussi, suivant les cas, des mortiers en cuivre, en verre, en porcelaine ou en agate.

Les matières réduites en poudre doivent être tamisées. On se sert d'un tamis connu sous le nom de *tamis à tambour.* Il se compose de trois pièces qui entrent les unes dans les autres. La partie inférieure destinée à recevoir la poudre tamisée se nomme le *tambour*, et reçoit intérieurement la seconde pièce désignée sous le nom de *tamis*. (La toile de ce tamis peut être en fil métallique, en soie ou en crin.) Enfin, la dernière pièce, le *couvercle* s'emboîte sur le tamis pour fermer le tout.

II. — Broyage.

1443. Les couleurs ayant subi les opérations précédentes sont encore dans un état de division trop grossier pour être employées. Pour les amener à un état convenable, il faut les broyer, soit sur une table de marbre ou de pierre dure, soit sous des meules. Après avoir réduit en poudre les couleurs qu'on veut broyer, il faut les imbiber d'un liquide propre à aider la division des molécules, et à en retenir les parties les plus subtiles. On emploie ordinairement pour cet usage, *l'huile*, *l'eau* et *l'essence*.

Les couleurs broyées sont placées dans des vases en grès vernissé jusqu'au momen de l'emploi.

Lorsqu'on n'en fait pas immédiatement usage, on les recouvre d'une couche d'eau, afin de les soustraire au contact de l'air et de les empêcher de s'épaissir. Cette eau doit être renouvelée souvent.

C'est au moment de se servir des couleurs qu'on les *détrempe*, c'est-à-dire qu'on y ajoute la quantité d'huile nécessaire pour leur donner le degré de limpidité qu'on désire.

§ V. — MÉLANGE DES COULEURS POUR COMPOSER LES TEINTES (*d'après M. Maviez*).

Blancs et gris.

Blanc d'émail...	Céruse, 400. / Bleu de Prusse, 1.
Gris clair ou gris blanc.........	Céruse, 150. / Noir d'ivoire, 1.
Gris argentin...	Blanc, 200. / Indigo, 1.
Gris de perle...	Blanc, 100. / Noir de charbon, 1.
Gris de fantaisie.	Blanc, 400. / Noir, 1.
Blanc azuré.....	Blanc, 100. / Indigo, 1.
Gris de lin.....	Blanc, 100. / Laque ou noir d'ivoire, 1.
Gris ardoise....	Blanc, 10. / Noir, 1.

Teintes jaunes.

Couleur de pierre	Blanc, 15. / Ocre jaune, 1.
Nankin...........	Blanc, 40. / Rouge de Prusse, 1. / Ocre jaune, 0, 1/2.
Chamois........	Blanc, 30. / Jaune de chrome, 1. / Vermillon, 1.
Chamois foncé..	Blanc, 10. / Terre de Sienne, 1.
Jaune serin.....	Jaune minéral pur.
Citron..........	Blanc, 40. / Jaune de chrome, 1. / Bleu de Prusse, 1.
Jonquille.	Blanc, 5. / Jaune de chrome, 1.
Couleur d'or...	Blanc; jaune de chrome 1/10, ou bien jaune minéral 3/4, et vermillon 1/100.
Couleur de soufre...........	Blanc; jaune minéral 4/5, bleu de Prusse 1/400.

Café au lait, etc.

Café au lait.....	Blanc: terre de Sienne 1/20, terre d'ombre 1/30.
Couleur bois de noyer foncé..	Blanc; terre d'ombre 1/10, ocre rouge 1/30.
Jaune paille....	Blanc, 40. / Jaune de chrome, 1.

Teintes rouges.

Rose...........	Blanc; laque carminée ou laque de garance 1/10; en diminuant graduellement la proportion de la laque, on a des roses plus ou moins clairs.
Lilas..........	Blanc; laque 1/15, bleu de Prusse 1/60.
Lilas solide.....	Blanc, carmin de garance 1/20, outremer 1/32.
Rouge pour carreaux.......	Ocre rouge pur ou bien rouge de Prusse.
Rouge cerise...	Vermillon de la Chine pure.
Cramoisi.......	Parties égales de laque carminée et de vermillon.
Ecarlate.......	Vermillon pur.
Pourpre........	Parties égales de laque et de vermillon, et 1/20 de bleu de Prusse.
Fonds de bois d'acajou......	Blanc; terre de Sienne calcinée 1/15, mine orange 1/20.
Amaranthe.....	Brun-rouge, laque 1/4, blanc 1/4.

Teintes bleues.

Bleu azuré......	Blanc; 1/120 de bleu de Prusse ou bien 1/130 d'outremer.
Bleu barbeau...	Blanc; bleu de Prusse 1/50, laque 1/500.

Teintes noires.

Noir...	Couleur simple.
Noir velouté....	Bleu de Prusse pur.

Teintes oranges.

Orange.	Blanc; jaune de chrome 1/5, vermillon 1/40.
Aurore ou bien souci.	Blanc; jaune de chrome 1/10, mine-orange 1/5.

Teintes vertes.

Vert d'eau.	Blanc; jaune de chrome de 1/6 à 1/2; bleu de Prusse de 1/100 à 1/150.
Vert-pré.	Blanc; autant de jaune de chrome et 1/12e de bleu de Prusse; en mettant 1/3 de jaune de chrome et 1/36 de bleu de Prusse, on obtient une nuance plus claire.
Vert pomme.	Cendre verte et 1/6 de jaune de chrome. On l'obtient plus clair en employant : blanc; même quantité de cendre verte et 1/12e de jaune de chrome.
Vert de treillage pour les villes.	Blanc; 1/2 en vert-de-gris. Pour les treillages destinés à la campagne, on ajoute au blanc 2 de vert-de-gris.

Vert de Saxe.	Jaune de chrome et 1/10 de bleu de Prusse.
Vert d'atelier.	Jaune de chrome 1/4, indigo 1/10.
Vert américain.	Blanc; ocre jaune 1/2; noir de charbon 1/8; bleu de Prusse 1/20.
Vert bronze.	Blanc; jaune de chrome 1/4; bleu de Prusse 1/16; noir 1/16.
Vert olive.	Blanc; ocre jaune 1/2; noir 1/5. On l'obtient plus clair en augmentant le blanc.

Teinte violette.

Violet tirant sur le rouge.	Laque carminée et 1/20 de bleu de Prusse ou laque de garance et 9/20 de bleu d'outremer.

Teintes brunes.

Chocolat à l'eau.	Blanc; parties égales de terre d'ombre et 1/4 de rouge de Prusse.
Chocolat dit au lait.	Blanc; terre d'ombre et rouge de Prusse, 1/10 de chacun.
Marrons.	Rouge brun et 1/20e de vermillon.

§ VI. — PEINTURE A LA COLLE, DITE EN DÉTREMPE.

1444. Au lieu d'incorporer les couleurs dans l'huile pour les étendre sur les murs, les boiseries, etc..., on les délaye quelquefois dans une dissolution plus ou moins concentrée de colle-forte ou d'autre matière gélatineuse.

La peinture exécutée avec des couleurs ainsi préparées porte le nom de *peinture en détrempe* ou *à la colle*.

Les peintures à la colle, quoique d'une moindre durée que les peintures à l'huile, se conservent assez longtemps lorsqu'elles sont bien préparées, bien appliquées et à l'abri de la pluie. Cette peinture s'emploie sur les plâtres, les bois, les papiers, mais il faut avoir le plus grand soin de ne jamais la coucher que sur une surface complètement sèche; autrement, elle se tacherait, se piquerait et serait immédiatement détruite.

Ces peintures, très économiques, se composent principalement d'eau, de colle de peau, c'est-à-dire provenant de peaux d'animaux, et de *blanc de Meudon*, connu aussi sous le nom de *blanc d'Espagne*.

L'eau qui sert à détremper les substances colorées doit être pure, douce et légère (l'eau de rivière est préférable à l'eau de puits qui est toujours chargée de sulfate de chaux).

Règles à observer pour la peinture en détrempe.

1° Il faut avoir soin, avant de peindre, d'enlever toutes les parties grasses en les grattant ou en les lessivant à l'eau de potasse, et de couvrir les ferrures d'un vernis qui les empêche de se rouiller et de tacher la peinture à la colle.

2° Bien purger les bois résineux de la résine qu'ils contiennent, avant de peindre, ce travail se fait avec l'essence ou l'eau-forte.

3° La couleur détrempée doit filer au bout de la brosse lorsqu'on la retire du pot. Si elle s'y tient attachée, c'est qu'il n'y a pas assez de colle.

4° Les premières couches de peinture doivent être posées très chaudes sans être bouillantes.

La dernière couche avant le vernis peut être posée froide.

5° Pour les beaux travaux, il est utile de préparer les sujets à peindre au moyen d'*encollages* et de blancs d'apprêts qui, en rendant la surface très égale et très unie, servent de fond.

Ces encollages doivent toujours se faire en blanc.

6° Lorsqu'il y a des nœuds sur les bois à peindre, il faut préalablement les frotter avec une tête d'ail pour mieux faire prendre la colle.

7° La solidité de la peinture à la colle est en raison directe de la proportion plus ou moins grande d'eau qu'on ajoute à la colle.

Encollages.

1445. Les encollages s'obtiennent en délayant quatre parties de blanc d'Espagne bien écrasé dans six parties de colle pure; il faut les appliquer chauds. Une chaleur de 35 à 40 degrés suffit pour bien faire pénétrer la couleur. Une chaleur plus forte ferait éclater les bois. Les couches doivent être appliquées successivement de moins en moins chaudes, afin de ne pas détremper les couches précédemment posées.

1446. *Encollages des plafonds*. Les plafonds ne doivent être que très peu collés, attendu qu'ils ne sont exposés à aucun contact. Le contraire a lieu pour les murs et les boiseries qui sont exposés à l'air. Pour ces derniers, toutes les couches seront ressuyées en une pâte très ferme, comme une sorte de mastic.

Diverses espèces de détrempe.

1447. On distingue quatre espèces de peinture en détrempe :

1° La *détrempe commune ;*

2° La détrempe dite *blanc mat ;*

3° La *détrempe vernie* dite *Chipolin* (peu employée aujourd'hui).

4° La *détrempe à la chaux.*

I. — DÉTREMPE COMMUNE.

1448. Cette détrempe est celle dont on fait usage pour les ouvrages qui n'exigent ni beaucoup de soins, ni beaucoup de préparations, tels que les plafonds, les rampants d'escaliers etc..... On la fait ordinairement en infusant des terres dans l'eau et en les détrempant ensuite avec de la colle.

1449. *Grosse détrempe en blanc et en nuances diverses.* On écrase du blanc d'Espagne dans l'eau où il doit infuser pendant deux heures. On fait également infuser dans l'eau du noir de fumée ou du noir d'os et noir d'ivoire. On mêle ensuite ces deux matières au fur et à mesure des besoins. Ce mélange donne une certaine teinte que l'on détrempe dans la colle suffisamment épaisse et chaude. On applique ensuite cette détrempe sur le sujet à peindre en couche mince et bien unie. Quand cette couche est sèche, on peut en remettre une seconde, puis une troisième.

La quantité de matière à employer est:

1° — 1 kil. de blanc d'Espagne ou de blanc de Meudon (2 pains);

2° — 4 à 5 décilitres d'eau pour les infuser ;

3° — Une quantité suffisante de charbon, qu'on fait infuser à part;

4° — 50 décagrammes de colle pour détremper le tout.

On peut employer la détrempe de couleur, qui se compose toujours de 3/4 de couleurs broyées à l'eau et 1/4 de colle.

1450. *Détrempe pour plafonds.* Lorsque les plafonds et les planchers sont neufs, on prend du blanc de Meudon, auquel on joint un peu de noir de charbon, et après les avoir fait infuser séparément, on détrempe le tout avec de la colle de gants, qu'on a soin de couper par moitié avec de l'eau, afin d'éviter que la colle étant forte ne fasse écailler la couche. On donne alors deux couches tièdes de cette teinte.

1451. *Quantité de détrempe pour peindre une surface donnée.* On compte qu'il faut en moyenne 1/2 kilo de couleur pour peindre en détrempe sur une couche d'encollage une surface unie de 4 mètres carrés.

Soit 125 grammes de couleur par mètre carré.

Un kilogramme de couleur en détrempe se compose de 75 décagrammes de couleur broyée à l'eau et 25 décagrammes environ de colle pour la détremper.

II. — DÉTREMPE DITE BLANC MAT, OU BLANC DE ROI.

1452. Cette détrempe se prépare comme la détrempe vernie, et on l'applique ensuite, en en donnant deux couches d'une moyenne chaleur.

Mais ce blanc, très beau et très fin pour des appartements qu'on occupe rarement, se détériore facilement dans les appartements constamment habités.

III. — DÉTREMPE DITE CHIPOLIN.

1453. Dans certains cas, la détrempe est polie à la pierre ponce comme la peinture à l'huile, puis recouverte d'un vernis. On parvient à exécuter de cette manière des peintures très belles et très solides surtout pour les intérieurs. La peinture connue sous le nom de *chipolin* est une peinture formée d'un grand nombre de couches de détrempe poncées avec le plus grand soin, et recouverte de deux ou trois couches de beau vernis à l'alcool.

IV. — DÉTREMPE A LA CHAUX.

1454. La détrempe à la chaux est employée pour blanchir les parements extérieurs des murs. Comme son nom l'indique, cette couleur est faite avec de la chaux, la plus belle qu'on puisse avoir, et qu'on a soin de bien laver. On la met dans un vase; on y ajoute un peu de bleu et de la térébenthine, afin de lui donner du brillant. Ce mélange est ensuite détrempé dans de la colle de peau en y ajoutant un peu d'alun. On l'applique enfin, à deux ou trois couches, sur les murs avec une grosse brosse.

Les couches doivent être posées très minces. Cette détrempe ne peut s'appliquer que sur les plâtres neufs.

1455. *Détrempe pour murs intérieurs.* Après avoir fait infuser à l'eau le blanc ou telle autre terre colorée choisie, on détrempe à la colle de peau. En mêlant de l'ocre jaune au blanc de craie, on obtiendra un ton jaune de pierre convenable pour les corridors et cages d'escalier. On peut encore y ajouter une pointe d'ocre rouge destinée à soutenir la teinte. Pour toute espèce de couleur en détrempe, il faut avoir soin que la couleur ne devienne pas grumeleuse par l'addition de la colle.

Badigeons.

1456. On appelle ainsi la couleur dont on peint le dehors des maisons lorsqu'elles sont vieilles. On blanchit ainsi ces maisons en leur donnant par le badigeon l'aspect d'une pierre récemment taillée. Pour faire cette couleur, on ajoute à un seau de chaux éteinte un demi-seau de pierre tendre mise en poudre, dans laquelle on mélange quelquefois de l'ocre de rut, selon le ton de couleur de pierre qu'on désire obtenir.

On détrempe ensuite le tout dans un seau d'eau, où l'on aura fait fondre 1/2 kilogramme d'alun. On applique la couleur ainsi préparée, ce qu'on appelle *badigeonner*, avec une grosse brosse. Il ne faut pas oublier, quand on se sert d'ocre de rut, que la teinte devient un peu plus foncée par son exposition à l'air. En général, on obtient une teinte jaunâtre plus agréable à l'œil en la rompant avec une pointe de rouge.

On obtient un badigeon conservateur, d'après M. Bachelier, en prenant 23 parties de chaux récemment éteinte et tamisée, 7 parties de plâtre tamisé, 8 parties de céruse en poudre et 9 parties de fromage mou bien égoutté, dit fromage à la pie.

On mêle bien le tout, on le broie, on y ajoute un peu d'ocre jaune ou rouge, suivant la teinte qu'on veut obtenir.

Le badigeon de Lassaigne se compose de 100 parties de chaux vive, 5 d'argile blanche et 2 d'ocre jaune. Il faut commencer par éteindre la chaux avec peu d'eau, la délayer ensuite dans une plus grande quantité pour en faire un lait de chaux. On délaye l'argile en la laissant dans l'eau pendant un certain temps, et ensuite on la mélange le plus complètement possible avec le lait de chaux.

On laisse séjourner ce mélange dans des baquets pendant un jour, en ayant soin de remuer de temps à autre.

Ensuite on y ajoute de l'ocre jaune pour le colorer, et on l'applique à l'aide de pinceaux ou de brosses sur les pierres calcaires ou sur les plâtres. Ce badigeon résiste très bien à la pluie et au frottement.

Peinture à la pomme de terre.

1457. L'invention de la peinture à la pomme de terre est récente : elle est due à M. Cadet Devaux.

Elle se compose de :

Pommes de terre cuites à l'eau et pelées, 1 kilogramme.

Blanc d'Espagne ou autres matières colorantes, 2 kilogrammes.

Eau, quantité suffisante pour liquéfier comme la peinture ordinaire en détrempe, 8 litres environ.

On écrase les pommes de terre encore chaudes, on les délaye avec moitié environ d'eau, on y mêle le blanc détrempé séparément dans une quantité d'eau égale. On remue bien le mélange, on le passe au travers d'un tamis pour en séparer les grumeaux, et enfin on l'emploie comme la détrempe ordinaire.

§ VII. — PEINTURES A L'HUILE ET VERNIES.

1458. La peinture à l'huile ne diffère de la peinture en détrempe que par l'huile qu'on emploie au lieu d'eau pour broyer et détremper les couleurs. Par l'huile, ces couleurs se conservent plus longtemps, et comme elles sèchent moins promptement que la détrempe, les peintres ont plus de temps pour unir et pour finir, ils peuvent aussi retoucher à plusieurs reprises. Cette peinture est en tous points préférable à la peinture en détrempe.

Il y a deux sortes de peinture à l'huile :
1° La peinture à l'*huile simple*;

2° La peinture à l'*huile vernie, ou polie.*

La première n'exige aucun apprêt ni vernis. Pour la seconde, au contraire, elle a besoin, pour sa perfection, d'être préparée par des *teintes dures*, et d'être vernie lorsqu'elle est appliquée.

Règles à observer pour la peinture à l'huile.

1° Pour des couleurs claires, telles que le blanc, le gris, etc.., qu'on veut broyer et détremper à l'huile, c'est de l'huile d'œillette qu'il faut faire emploi. Si les couleurs sont plus sombres, on peut faire usage d'huile de noix. Enfin, pour détremper, on peut se servir d'huile de lin pure.

2° Toute couleur détrempée à l'huile pure, à l'huile coupée d'essence ou mélangée à un autre siccatif ne doit jamais filer au bout de la brosse.

3° Les couleurs broyées et détrempées à l'huile doivent être posées à froid. Cependant pour préparer une muraille ou des plâtres neufs et humides à recevoir de suite plusieurs couches, on peut appliquer la première couche à l'huile bouillante.

4° Toute partie que l'on doit peindre à l'huile doit recevoir à l'avance une ou deux couches d'*impression*, c'est-à-dire un enduit de blanc de céruse broyé, des détrempé à l'huile.

5° Il faut avoir soin de remuer de temps en temps la couleur avant d'en prendre avec la brosse, afin qu'elle soit toujours également liquide et du même ton. Autrement les matières se précipitant au fond du pot, le dessus s'éclaircit et le fond devient épais. Lorsque, malgré cette précaution, on reconnaît que le fond s'épaissit on y ajoute de l'huile.

6° Lorsqu'on a à peindre des portes, des croisées, etc.., placées à l'extérieur qu'on n'a pas l'intention de vernir, il faut faire les impressions à l'huile de noix pure, en y mélangeant de l'essence avec ménagement; par exemple, 6 à 8 décagrammes par kilogramme de couleur. Trop d'essence brunirait les couleurs et les ferait tomber en poussière.

7° Si les objets à peindre sont intérieurs, ou lorsqu'on a l'intention de vernir la peinture, la première couche doit être broyée et détrempée à l'huile, et la dernière à l'essence bien pure.

Si l'on emploie la peinture à 3 couches et vernie, la première couche doit être détrempée à l'huile, et les deux dernières à l'essence pure. Lorsqu'on ne veut pas vernir, la première couche doit être à l'huile pure, et les deux dernières à l'huile coupée d'essence.

8° Pour peindre sur les métaux, cuivre, fer ou autres matières dures dont le poli s'oppose à l'application de l'impression et de la peinture, il convient de mettre un peu d'essence dans les premières couches d'impression. Cette essence fait pénétrer l'huile.

Quand on doit peindre des ferrures rouillées, il faut avoir soin de les dégarnir de toute leur rouille avant d'étendre la première couche qui est souvent du *minium*.

9° S'il se trouve des nœuds dans le bois que l'on doit peindre et que la couleur ou l'impression ne prennent pas aisément sur ces parties, il est bon, si l'on peint à l'huile simple, de préparer de l'huile à part en y mettant beaucoup de litharge, de broyer un peu de cette huile ainsi préparée avec l'impression ou la couleur, et de la réserver pour les parties nouées.

10° Pour les couleurs qui sèchent difficilement, comme les noirs de charbon, d'os et d'ivoire, etc., on a recours à l'emploi des *siccatifs* ou substances qu'on mêle dans les couleurs broyées et détrempées à l'huile pour les faire sécher.

11° L'huile doit être employée avec ménagements, surtout pour les tons clairs. Les tons mats, si appréciés pour les salons et les chambres à coucher, ne s'obtiennent souvent qu'au moyen de fortes proportions d'essence. Ce genre de peinture est attaquable par l'eau seconde.

12° En général, les peintures destinées à être vernies doivent être composées avec beaucoup d'essence; sans cette précaution, le vernis serait exposé à se gercer très vite.

13° Dans la peinture à l'huile, il faut que les coups de brosse soient tous donnés uniformément, et autant que possible parallèlement les uns aux autres.

14° Il faut éviter de travailler avec trop de couleur sur la brosse et d'engorger les moulures.

15° Il faut se garder d'appliquer une seconde couche avant que la précédente soit parfaitement sèche. On s'assure qu'une couche est sèche lorsqu'en y appliquant légèrement le dos de la main, elle n'y adhère en aucune façon.

16° Il faut éviter que les objets récemment peints ne soient exposés à l'ardeur du soleil, parce que la couleur est sujette à *bouillonner*, c'est-à-dire à se couvrir d'une multitude de grosses ampoules qui nuisent à sa durée et à son aspect. Lorsqu'il est impossible de faire autrement, il convient d'employer des couleurs peu délayées dans l'huile, mélangées d'un peu d'essence.

17° Lorsqu'on doit peindre sur des murs humides ou salpêtrés, on commence par enlever l'enduit en plâtre ou l'enduit de mortier qui les recouvre, et l'on en applique de nouveau bien fait avec de bonnes substances hydrauliques. Cela fait, on étend avec une large brosse un certain nombre de couches d'une préparation composée comme suit:

Une partie de cire fondue dans trois parties d'huile de lin cuite avec 1/10° de litharge. On peut aussi employer:

Deux à trois parties de résine ordinaire fondues dans une partie d'huile de lin, cuite avec 1/10° de litharge. Ces préparations, connues sous le nom d'enduits hydrofuges, s'étendent à chaud (100 degrés) sur le mur préalablement chauffé. Ces murs absorbent un certain nombre de couches, puis on peut passer la couche d'impression à la céruse.

Peinture à l'huile pour ouvrages intérieurs.

I. — SUR LES MURS.

1459. On commence par *abreuver*, c'est-à-dire donner une ou deux couches d'huile de lin bouillante, de manière à en saturer le mur ou le plâtre, de façon qu'ils n'en puissent plus boire. On ajoute assez souvent à l'huile une certaine dose de minium qui la rend très siccative. Ils sont alors en état de recevoir l'*impression*. On donne une couche de blanc de céruse broyé à l'huile de noix et détrempé avec trois quarts d'huile de noix et un quart d'essence. On donne ensuite deux autres couches de blanc de céruse broyé à l'huile de noix, et détrempé à l'huile coupée d'essence, si l'on ne veut pas vernir, et à l'essence pure, si on a l'intention de vernir. C'est ainsi qu'on peint ordinairement les murailles en blanc. Si l'on adopte une autre couleur, il faut la broyer et la détremper dans la même quantité d'huile et d'essence.

Les peintures à l'huile sur les murs les plus simples comprennent donc au moins:
Une couche d'huile,
Une couche d'impression,
Et deux couches de peinture.

II. — SUR LES BOIS.

1460. *Portes, croisées, volets extérieurs.*

On donne une couche de blanc de céruse broyé à l'huile de noix, et pour que cette couche couvre mieux le bois, on détrempe le blanc un peu épais avec de la même huile, dans laquelle on met du siccatif, ensuite on rebouche au mastic à l'huile.

Cette opération consiste à remplir bien exactement avec du mastic de vitrier, si la couleur est d'une teinte sombre, et avec du mastic de céruse lorsque la teinte est claire, tous les trous, les fentes, et les gerçures du bois. On y fiche le mastic à l'aide d'une spatule ou d'une lame de couteau flexible. On donne une seconde couche d'un pareil blanc de céruse broyé à l'huile de noix et détrempé avec un 1/8 d'essence. Si l'on désire avoir un petit gris, il faut ajouter à ce blanc un peu de bleu de Prusse et de noir de charbon qu'on aura broyé à l'huile de noix. Si par dessus ces deux couches on veut en ajouter une troisième, il sera convenable de la détremper de même à l'huile de noix et 1/4 d'essence, en observant que les deux dernières couches soient détrempées moins claires que les premières, c'est-à-dire qu'il y ait moins d'huile. La couleur en est plus belle et moins sujette à bouillonner et à se gercer par l'ardeur du soleil.

Si l'on emploie la peinture à l'huile sur les bois durs, tels que le chêne, le noyer, etc. il conviendra d'appliquer la première couche détrempée à l'essence, en augmentant la quantité d'essence par chaque couche; enfin, la dernière sera à l'essence pure, si l'on doit vernir.

1461. *Lambris d'appartement.* Il faut préserver le lambris de l'action de l'humidité. On peut y parvenir en donnant sur le derrière du lambris deux ou trois couches de gros rouge broyé et détrempé à l'huile de lin. On pose ce lambris lorsqu'il est sec.

Pour le peindre à l'huile, on donne d'abord une couche de blanc de céruse broyé à l'huile de noix, et détrempé à la même huile coupée d'essence. On donne ensuite deux autres couches de la couleur qu'on aura adoptée pour le lambris, couleur qu'il faudra broyer à l'huile et détremper à l'essence pure.

Si l'on désire que les moulures et sculptures du lambris ainsi peint soient *réchampies,* c'est-à-dire qu'elles tranchent d'une autre couleur, on broie à l'huile de noix la couleur dont on fait choix pour réchampir et, après l'avoir détrempée à l'essence pure, on en donne deux couches. Deux ou trois jours après, les couleurs étant bien sèches, on donne une ou deux couches de vernis blanc.

III. — SUR LES FERRURES.

1462. On étend d'abord une couche de beau minium qui adhère plus fortement au fer que les autres couleurs; puis, quand elle est sèche, on passe une ou deux couches de couleur de la nuance que l'on veut avoir.

Remarques. Quand on se propose de peindre à trois couches et d'obtenir la couleur de bois, ou bien de deux tons, ou bois d'acajou, de chêne, d'orme, de noyer, de palissandre, etc... la première couche doit être en gris ardoise foncé et les deux autres d'après les nuances convenues.

Si l'on veut obtenir une peinture à 3 couches ton de pierre, granit jaune, jaune antique, brocatelle, etc., on doit donner la première couche en gris perlé et les deux autres d'après le ton convenu.

PEINTURE DES ACCESSOIRES DE BATIMENTS.

1463. *Fers peints en noir.* On broie avec de l'huile de lin du noir de fumée d'Allemagne, que l'on détrempe avec 3/4 d'huile de lin et 1/4 d'huile grasse. On met sur le fer une couche de minium et deux couches de cette peinture.

1464. *Ferrures en couleur d'acier.* On broie séparément à l'essence, du blanc de céruse, du bleu de Prusse, de la laque fine et du vert-de-gris cristallisé. Ce mélange, en plus ou en moins, de chacune de ces couleurs avec le blanc, donne le ton de couleur d'acier que l'on peut désirer. Ce ton étant obtenu, on en prend gros comme une noix que l'on détrempe dans un petit pot avec 1/4 d'essence et 3/4 de vernis blanc. Les ferrures bien nettoyées sont peintes à deux ou trois couches, puis vernies, en employant le vernis gras.

1465. *Ferrures en couleur bronze.* La couleur bronze se produit en couchant une teinte plate de vert américain, qu'on rehausse par du jaune d'or, préparé ainsi que le vert américain, à l'essence et au vernis gras blanc, comme pour la couleur d'acier.

Les ferrures destinées à être bronzées au bronze en poudre se peignent au vert, à l'huile grasse. Lorsque la peinture est encore assez fraîche pour poisser, on prend le bronze en poudre avec une brosse, et on en frotte toutes les arêtes et les parties saillantes. On peut encore fixer le bronze avec de la colle de pâte, lorsque les ferrures doivent être vernies.

1466. *Fers et fontes, tels que grilles, balcons, etc.* Si ces objets exposés à l'action de l'air sont vieux et ont déjà été peints, il faut les lessiver à l'eau seconde et les gratter à vif. On les recouvre d'une ou deux couches de minium, et cette première impression étant sèche, on les peint à l'huile de la couleur qui a été choisie, telle que noir, vert, bronze, bleu d'acier, brun Van-Dyck imitant le bronze florentin. Ces couches sont préparées à l'huile et au vernis gras.

PEINTURE DE DÉCORS.

1467. La peinture de décors a pour but l'imitation de divers objets qui doivent concourir à l'embellissement des bâtiments. Il ne s'agit plus ici de travaux manuels, de procédés d'exécution, ni de manutention plus ou moins utiles. Les artistes ont chacun leur manière de faire. Plusieurs manipulent eux-mêmes leurs couleurs et les emploient par des moyens qui leur sont particuliers. Aucune limite n'est posée à cette peinture; tout est de son domaine. L'imitation des bois, des marbres, des bronzes, celle des ouvrages d'architecture, la peinture des lettres, la peinture d'attributs, celle des ornements coloriés, des fruits, des fleurs et des oiseaux, ainsi que celle des figures, etc., sont exécutées par les peintres en décors qui sont de véritables artistes.

§ VIII. — DU VERNISSAGE.

1468. Les vernis s'appliquent, soit à nu sur les corps que l'on veut recouvrir, soit sur une peinture dont on les a couverts préalablement et dont on veut augmenter le brillant et l'intensité. Dans tous les cas, ils doivent être totalement blancs ou transparents, ou bien offrir une légère nuance de la couleur du corps ou de la peinture que l'on veut vernisser.

Lorsqu'on veut vernir un sujet, on applique simplement, sans préparation, une ou même plusieurs couches du vernis dont on a fait choix; ou, si l'on craint qu'il ne s'imbibe dans le sujet, on le prépare par un encollage à froid.

Si l'objet doit rester à l'intérieur, on choisit ordinairement un vernis à l'alcool; si c'est pour le dehors, comme celui-ci ne résisterait pas aux injures du temps, on préfère un vernis gras.

Précautions à observer.

1469. L'application des vernis exige les précautions suivantes:

1° On doit opérer dans un endroit très net, et, autant que possible, à l'abri de la poussière.

2° Le vernis doit être enfermé et conservé dans des vases bien frais et bien bouchés, et sans la moindre humidité.

On n'en extrait à la fois que la quantité strictement nécessaire à l'opération dont on a à s'occuper. Il faut avoir soin de bien reboucher le vase qui contient le reste.

3° On ne doit prendre que peu de vernis à la fois sur la brosse pour l'étendre à grands traits régulièrement et rapidement. Pour prendre le vernis avec la brosse, on ne fait que l'effleurer et, en retirant la main, on tourne deux ou trois fois la brosse, pour couper le filet que le vernis traîne après lui. Il faut éviter de revenir sur les parties déjà couvertes et en même temps de laisser des endroits non vernis qui formeraient tache.

4° Il faut étendre le vernis le plus également et le plus uniment qu'il est possible. La couche ne doit avoir au plus que l'épaisseur d'une feuille de papier. Si elle est trop épaisse, elle se ride en séchant. Quand même elle ne se riderait pas, le vernis a plus de peine à sécher. Si la couche de vernis est trop mince, il est sujet à être facilement enlevé.

5° Il ne faut jamais appliquer une seconde couche sans que la première ne soit absolument sèche, ce qui se reconnaît lorsqu'en passant légèrement le dos de la main, il n'y fait aucune impression, ou lorsque l'ongle ne peut pas l'attaquer.

6° Si le vernis appliqué devient terne, inégal, si l'on n'en espère pas un bon effet, le moyen le plus facile et le plus prompt d'y remédier, c'est de l'enlever et de tout recommencer. On court souvent risque de le gâter davantage en s'obstinant à vouloir le raccommoder. Le vernis frais s'enlève facilement avec de l'esprit-de-vin lorsqu'il est à l'alcool et avec de l'essence, quand il est à l'huile.

7° Si le vernis est trop épais et ne s'étend pas bien, il faut l'éclaircir, s'il est à l'alcool, en y mettant un peu d'alcool rectifié; s'il est à l'huile, en y introduisant de l'essence.

8° Les vernis s'emploient ordinairement à froid. Cependant une chaleur modérée convient au vernis à l'alcool. A cette chaleur, il s'étend et se polit de lui-même.

Le vernis gras demande une chaleur plus forte et subit aisément celle d'un four très échauffé.

9° On applique les vernis avec des pinceaux de poil de blaireau faits en forme de patte d'oie, et qui s'appellent *blaireaux à vernis*, ou avec des pinceaux de soie très fine.

Lorsque les parties à vernir sont très petites, on se sert de très petits pinceaux enchâssés dans des plumes.

10° Lorsqu'on veut vernir, on peut évaluer à 6 ou 7 centilitres de vernis la quantité nécessaire pour un mètre carré. Il en faut un peu moins, lorsqu'on emploie le vernis gras.

11° Lorsque le vernis s'applique immédiatement sur des boiseries, leur surface doit au préalable avoir été parfaitement polie par un frottage à la *pierre ponce* ou au *papier de verre*. On polit quelquefois de même les peintures qui doivent être vernies. Lorsqu'on veut procéder de cette manière, on a soin de délayer les couleurs dans un peu plus d'essence que de coutume, afin de hâter leur dessiccation.

Peinture au vernis.

1470. La peinture au vernis est celle où le vernis est employé comme corps collant pour fixer les couleurs. Tous les vernis peuvent être employés, mais les vernis gras l'emportent sur tous par la solidité et par la beauté qu'ils procurent à la peinture.

La peinture au vernis gras peut s'exécuter comme celle à l'huile vernie polie, en détrempant le massicot broyé à l'essence dans un vernis gras siccatif pour former les couches de teinte dure, et en composant les couches de teinte de couleurs broyées à l'essence dans du vernis gras. La peinture ordinaire au vernis gras peut s'exécuter de la manière suivante. Les couleurs doivent être broyées à l'huile ou à l'essence, et détrempées au vernis. Il ne faut broyer les couleurs à l'essence qu'au moment de les employer.

La consistance des teintes devra être la même que pour la peinture ordinaire: 55 décagrammes de couleur par litre de vernis sont suffisants.

Les peintures au vernis doivent être couchées sur des fonds préparés convenablement à l'huile ou à la colle. Une impression et un rebouchage sont indispensables pour fond à l'huile.

Celui à la colle doit être préparé par un ou deux encollages selon la porosité du sujet, et rebouché.

Chaque couche de peinture au vernis devra, lorsqu'elle sera sèche, être poncée au papier de verre très fin.

Les vernis à l'esprit-de-vin sont plus

siccatifs, produisent des peintures presque aussi belles que celles au vernis gras, mais moins solides.

La peinture au vernis à l'essence est inférieure aux précédentes, tant sous le rapport de l'apparence que sous celui de la solidité, mais elle est moins dispendieuse.

§ IX. — GOUDRONNAGE.

1471. Avant de terminer la peinture, il nous reste à dire quelques mots du goudronnage.

Le goudron, quoique spécialement réservé à l'enduit des bois de charpente exposés aux intempéries de l'air, tels que ceux des palissades, ponts, estacades etc., s'applique également bien sur les murs exposés aux pluies. On l'étend bouillant au moyen d'une brosse, par couches minces, qu'on tâche de faire pénétrer, autant que possible, dans toutes les fentes du bois de la maçonnerie ou du crépi. On met ordinairement trois couches. Il ne faut employer que le *goudron minéral*, car le goudron végétal est soluble dans l'eau.

Il faut environ 1/3 de litre de goudron pour peindre en trois couches un mètre carré de bois, qui a déjà été goudronné, et un 1/2 de litre pour couvrir une égale surface de bois neuf.

§ X. — DORURE.

1472. On distingue un grand nombre de procédés de dorure. Nous dirons simplement quelques mots de la *dorure à l'huile* et de la *dorure au feu*.

La dorure à l'huile s'emploie pour dorer divers objets de serrurerie. Voici comment elle s'exécute. Après avoir bien nettoyé et décapé le fer par un lavage à l'acide azotique faible, on y étend une couche d'un mordant appelé or-couleur, qui n'est autre chose que de l'huile de lin ou d'œillette, rendue très siccative et très gluante par son mélange avec de la litharge, de la céruse et une longue exposition à l'air. Lorsque l'or-couleur est assez sec pour aspirer et retenir l'or, on l'étend en feuilles, soit entières, soit par morceaux en se servant, pour le prendre, de coton bien doux et bien cardé ou d'un couteau.

A mesure que l'or est posé, on passe dessus un gros pinceau de poils très doux ou une patte de lièvre pour l'attacher et comme pour l'incorporer avec l'or-couleur. A l'aide d'un plus petit pinceau, on répare les gerçures qui se sont produites pendant la pose. Cette dorure est très solide et résiste très bien aux pluies, si elle a été bien faite. Les entrepreneurs cherchent parfois à substituer le cuivre à l'or ou d'autres alliages qui se ternissent très vite. Mais, comme on le sait, l'or est tout à fait inattaquable par les acides sulfurique et azotique : ce sera un bon moyen pour reconnaître la fraude, les autres métaux étant facilement attaqués. L'or se vend en feuilles dans de petits livrets contenant 24 feuilles : il est d'une ténuité excessive.

La dorure au feu est peu employée dans les bâtiments. Cependant on s'en sert pour dorer les pointes de paratonnerres

Elle est encore plus solide que la précédente.

Pour l'obtenir, on fait d'abord un amalgame d'or plus ou moins riche, c'est-à-dire qu'on fait dissoudre une certaine quantité d'or en poudre ou en feuilles, dans du mercure. On couvre avec cet amalgame la pièce à dorer bien polie et décapée, puis on la met au four. Le mercure s'évapore et l'or reste en s'incrustant dans les pores du métal dilaté. Lorsque le mercure est bien évaporé, on retire la pièce du feu et on la plonge dans de l'eau acidulée. En recommençant l'opération deux et même trois fois, la pièce est suffisamment couverte d'or. Lorsqu'on reconnaît que la couche est suffisamment épaisse et bien uniforme, on donne le brillant à l'or en le frottant fortement avec un brunissoir d'ivoire, d'agate ou d'acier.

Aujourd'hui cette dorure malsaine pour les ouvriers est souvent remplacée par la dorure galvanique.

Bronzure.

1473. L'opération de la bronzure, dont nous avons déjà parlé, est fort simple.

On commence par peindre l'objet en vert sombre, puis on rehausse de couleur plus claire et plus jaunâtre les angles, les saillies et toutes les parties exposées à être frottées. Quand la couleur commence à sécher, on frotte sur ces mêmes parties, avec une patte de lièvre, du *bronze en poudre* qui s'y incorpore et se fixe quand la peinture sèche. On peut aussi argenter de la même manière.

CHAPITRE XV

TENTURES. — PAPIERS PEINTS.

SOMMAIRE

§ I. — DÉFINITIONS ET NOTIONS GÉNÉRALES.

1474. Ce sont les Chinois qui ont, les premiers, pensé à recouvrir de dessins et de fleurs les papiers destinés à décorer les appartements et à servir de tentures.

L'introduction des papiers peints en Europe date du XVIe siècle. Les Hollandais, qui tenaient cette découverte des Chinois et des Japonais, s'en servirent les premiers. En Angleterre et en France, cette industrie ne commença à prendre quelque importance qu'en s'appuyant sur la fabrication des toiles peintes, dont elle emprunta les procédés. C'est ainsi que, en 1780, Chelsea, Georges et Frédéric Echardt imprimèrent des papiers peints en même temps que des tissus de soie ou de toile. Il en fut de même de François de Rouen; mais ce ne fut qu'à Paris, entre les mains de Reveillon (dont la fabrique fut saccagée au commencement de la Révolution), que cette industrie commença à prendre son essor. Elle a été longtemps toute française et on peut même dire toute parisienne, car c'est au faubourg Saint-Antoine qu'elle a fait tous ses grands progrès, qu'elle a pris son grand développement.

Aujourd'hui il existe des fabriques de papiers peints dans presque tous les États de l'Europe; mais aucune de ces fabriques ne peut rivaliser avec celles de France. Notre supériorité, dans ce genre d'industrie, est incontestable. Aussi, la quantité de papiers peints que nous exportons, chaque année, est-elle considérable.

§ II. — COULEURS EMPLOYÉES.

1475. En général, on n'emploie pour la fabrication des papiers peints que des couleurs ordinaires et à bon marché.

1° *Couleurs blanches.* Les principales sont : le *blanc de plomb* ou *céruse pure*, le *blanc d'Espagne*, le *sulfate de chaux*, le *sulfate de baryte*. Le blanc de zinc ayant peu de consistance et ne couvrant pas assez, n'est pas employé.

2° *Couleurs jaunes.* Elles sont souvent prises parmi les végétaux, comme les laques faites avec les matières colorantes de la *gaude*, de la *graine d'Avignon*, stil de grain, de la *graine de Perse*, le *curcuma*. Cependant certains ocres de fer : le jaune minéral, le massicot, le jaune de chrome, le chromate de baryte, le jaune de cadmium, le sulfure d'arsenic, l'orpiment, etc.., qui sont des composés minéraux, sont fréquemment utilisés dans la fabrication des papiers peints.

3° *Couleurs rouges.* On emploie la matière colorante des *bois du Brésil*, rarement la *cochenille*. On se sert aussi des laques de *garance* de Fernambouc, du *colcotar*, et, en général, des ocres rouges.

4° *Couleurs bleues.* Les plus employées sont : les *bleus de Prusse*, l'*outremer*, le *bleu Thenard*, le *smalt*, l'*indigo*, le *carmin bleu* et les *cendres bleues*. (Les cendres bleues tournent facilement au vert lorsqu'elles sont exposées au soleil.)

5° *Couleurs violettes.* Ce sont, en général, des mélanges de couleurs bleues et de couleurs rouges.. On se sert aussi de la *laque minérale* et du *violet végétal.*

6° *Couleurs vertes.* Les verts arsénicaux, comme le *vert de Scheele*, le *vert-de-gris*, le *vert de Schweinfurt*, le *vert de Mitis*, le *vert anglais*, le *vert minéral*, l'*ocre verte* le *cinabre vert* étaient les plus utilisés.

Aujourd'hui, les couleurs vertes arsénicales tendent à disparaître et à être remplacées par des *verts de chrome.*

7° *Couleurs brunes, noires et grises.* Pour les bruns, on emploie ordinairement la *terre d'ombre;* et pour les noirs, on se sert du *noir d'os* ou *d'ivoire;* par des mélanges de ces derniers avec la *céruse* ou la *craie*, on obtient des teintes grises variées; des mélanges de bleu de Prusse et de craie donnent le *gris de perle* ou bleuâtre.

Les couleurs terreuses se broient et se délayent avec de la colle de Flandre; les couleurs liquides, comme les extraits de plantes tinctoriales, s'épaississent avec de l'amidon, puis elles sont délayées dans de la colle de Flandre.

§ III. — FABRICATION DES PAPIERS PEINTS. DIVERSES OPÉRATIONS.

1476. La fabrication du papier peint se compose de plusieurs opérations que nous décrirons succinctement. Ce sont:

1° le choix;
2° le rognage et le collage du papier;
3° le fonçage;
4° l'étendage;
5° le lissage;
6° le satinage et l'impression des pièces.

1477. *Choix du papier.* Toute sorte de papier est propre à l'impression, pourvu qu'il soit collé. La beauté et la bonté du papier sont évidemment subordonnées à la beauté de l'impression.

1478. *Rognage du papier.* Le papier doit être rogné bien carrément, afin que les lisières soient le plus parallèles possible, ce qui facilite beaucoup l'opération du collage. L'instrument dont on se sert est la presse et le couteau du relieur.

1479. *Collage du papier.* Avant l'emploi du papier sans fin, chaque rouleau était généralement composé de vingt-quatre feuilles collées bout à bout par le côté le plus large et formait une pièce. Ce collage des feuilles se pratique encore dans quelques papeteries ; mais, grâce à la fabrication mécanique du papier et aux perfectionnements introduits dans le collage du papier destiné à l'impression, l'assemblage à la colle des vingt-quatre feuilles de l'ancien rouleau est supprimé.

1480. *Fonçage.* Pour presque toutes les sortes de papiers peints, à l'exception de celles à très bas prix, on recouvre le papier d'une teinte plate à l'aide d'une couche de couleurs préparées comme presque toutes celles employées pour la fabrication des papiers peints, c'est-à-dire tenues en suspension dans de la colle et épaissies avec du blanc, habituellement de la craie, pour lui donner de l'opacité.

Pour foncer le rouleau de papier, le *fonceur* l'étend sur une table et prend, de chaque main, une brosse dont les soies sont très longues. Avec la brosse de la main droite, il prend la couleur placée dans un baquet au bout de la table et l'étend sur toute la surface du papier ; puis, avec la brosse de la main gauche, il passe sur les parties non couvertes, en faisant des mouvements circulaires. Viennent ensuite un ou deux enfants qui passent légèrement de longues brosses rondes ou carrées sur toute l'étendue du rouleau, pour unir le fond et éviter les nuances qui apparaîtraient si ce travail n'était pas fait régulièrement. Ensuite, ils placent deux baguettes droites, un peu plus longues que la largeur du rouleau et prennent chacun une latte de 1^m,80 à 2^m,00 de longueur.

La partie supérieure de la table possède une rainure pour recevoir la baguette. On enlève le papier de la table, et on le place sur des tringles fixées au plafond, afin de le faire sécher : c'est ce qui constitue l'*étendage*. Chaque atelier possède son *étendoir*.

Aujourd'hui, par suite de nombreux perfectionnements, le fonçage du papier, au lieu de se faire à la main, s'opère mécaniquement.

La machine à foncer comprend :

1° Un système de cylindres sur lesquels circule le papier, qui reste tendu entre deux d'entre eux, à la partie intérieure ;

2° Un rouleau fournisseur qui plonge d'une part dans un baquet plein de couleur, et d'autre part presse sur le papier à mesure qu'il se déroule.

Enfin, tout le travail d'égalisation est effectué par une série de grosses brosses rondes, animées d'un mouvement épicycloïdal assez rapide, qui étalent la couleur et rendent la teinte uniforme.

1481. *Lissage ou glaçage des pièces.* Lorsque la pièce est sèche, elle est portée au lissage. Cette opération s'exécute à l'aide d'un instrument, appelé *lisse*, qui consiste en une pièce verticale de bois emmanchée à fourchette dans une autre pièce de bois fixée au plancher et assez longue pour faire un peu ressort. La première pièce est aussi à fourchette par le bas pour recevoir une espèce de galet en cuivre de 27 millimètres de diamètre sur 135 millimètres de longueur. Les extrémités de ce galet sont arrondies pour ne pas couper le papier. La lisse est assez longue pour arriver jusqu'au bord d'une forte table en bois dur et très unie sur laquelle le lissage s'opère. La pièce supérieure, qui fait ressort, oblige la lisse à appuyer sur la table, avec une pression à peu près égale. L'ouvrier pose le papier à l'envers sur la table, c'est-à-dire la couleur en dessous. Il prend la lisse à pleine main et unit parfaitement le papier en le faisant mouvoir en tous sens ; il a soin de ne pas polir la couleur, qui doit rester mate pour certains papiers peints.

1482. *Satinage.* Le satinage se pratique lorsqu'il faut que le fond soit poli ou lustré. Cette opération se fait avec le même instrument décrit précédemment, dont on remplace le galet métallique par une brosse rude à poils de sanglier. La pièce de papier est posée, la couleur en dessus. L'ouvrier la saupoudre avec de la poudre de *talc* et opère le polissage de la couleur par un frottement énergique avec la brosse.

Si le fond doit être simplement *lissé*, la base de la couleur est le blanc de Meudon. Si le fond doit être *satiné*, la base est du plâtre très fin.

1483. *Impression.* Le papier, recouvert uniformément de la teinte plate qui forme le fond, est soumis à l'impression des couleurs du dessin à l'aide de planches semblables aux blocs des imprimeurs sur étoffes, avec cette différence qu'elles sont en général plus larges. Elles sont nécessairement garnies de picots aux quatre coins pour déterminer les *rentrures* qui sont une des difficultés de la fabrication à cause des retraits et des allongements du papier, sous l'influence de l'humidité surtout en raison de la grande longueur du rouleau. A côté de la presse est construite une cuve en pierre remplie d'eau, nommée *baquet*. Une peau trempant continuellement dans l'eau et recouverte d'un morceau de feutre est fortement tendue sur cette cuve.

Un enfant, appelé *tireur*, étale avec un pinceau de la couleur sur le feutre et la disperse uniformément au moyen d'une balle. L'ouvrier imprimeur recouvre la planche de couleur en l'appuyant sur cette étoffe et l'applique sur la feuille de papier en exerçant dessus, à plusieurs reprises et dans différents points, une forte pression avec un long levier en bois fixé sur le derrière de l'établi. Il enlève ensuite la planche avec précaution, la recouvre de nouveau de couleur et l'applique sur la feuille de papier, en faisant en sorte que les pointures des angles inférieurs tombent juste dans les trous que les angles supérieurs ont laissés sur le papier.

Après chaque application de la planche, la feuille est tirée par l'enfant, qui la dépose au fur et à mesure sur un chevalet qu'il éloigne peu à peu, de manière que la pièce ne tombe pas à terre.

Quand l'ouvrier a successivement appliqué la planche sur toute la surface du papier, il l'étend pour le laisser sécher; puis, par un semblable travail, il applique, en se servant de repères, toutes les teintes à l'aide de planches gravées convenablement en laissant sécher entre chaque opération.

La table à imprimer est recouverte de plusieurs doubles de draps pour former une espèce de matelas, afin que l'impression se fasse mieux.

Quand la pièce est imprimée, l'ouvrier examine si le dessin est correct et corrige les manques ou autres défauts à l'aide d'un pinceau. Cette dernière opération de l'impression prend le nom de *pinceautage*. L'ouvrier *pinceaute* à chaque couleur différente qu'il imprime.

1484. *Impression à l'aide de rouleaux.* La machine à rouleaux gravés en relief (convenant le mieux pour l'impression du papier, n'absorbant pas la couleur, ne pouvant, par suite, supporter aucune pression après l'application de cette couleur) est arrivée aujourd'hui à un état de perfectionnement très remarquable. M. Leroy a le premier, à Paris, employé des machines de ce genre à un ou deux rouleaux, qui ont fonctionné industriellement et d'une manière très satisfaisante. Le principe de ces machines est le même que celui des métiers à surface pour impression sur étoffes. C'est à l'aide d'un drap sans fin, convenablement tendu, et en partie plongé dans la couleur, qu'on parvient à répartir celle-ci sur les cylindres.

Cette machine réussit très bien pour faire des rayures de tout genre avec une grande économie.

Les rouleaux en cuivre jaune, facilement obtenus à l'aide du tour, viennent déposer la couleur sur le papier. Sur les surfaces larges cette application est difficile, et il peut arriver souvent que la teinte ne soit pas uniforme, car la pression et la vitesse du mouvement déterminent des marbrures. Pour cette fabrication, M. Leroy a atteint la perfection par l'addition d'un châssis portant de petites brosses correspondant aux parties saillantes du rouleau qui rencontrent le papier après l'action de celui-ci, et égalisent la couleur. Dans cette machine, le papier est pressé sur les cylindres imprimeurs par un gros cylindre couvert de molleton, qui tourne seulement par l'effet de la pression qu'il exerce sur les cylindres. Une manivelle donne le mouvement aux axes des rouleaux qui sont commandés par des engrenages.

De nos jours, dans les fabriques de papiers peints bien outillées, on fait usage de machines à imprimer à plusieurs couleurs. Le grand obstacle à l'adoption de ces machines résidait dans la difficulté de l'exécution des cylindres gravés, devant être de diamètres égaux pour être bien en rapport, et nécessairement bien plus coûteux que les planches gravées. Malheu-reusement, les procédés mécaniques ne reçoivent une application vraiment économique que pour les papiers à bon marché. Jusqu'à ce jour ils ne peuvent rivaliser, comme exécution et comme prix, avec les fabrications à la planche plate.

1485. *Rouleaux gravés en creux.* L'emploi des rouleaux gravés en creux, absolument semblables à ceux qui servent pour l'impression des étoffes, convient pour quelques genres de papiers peints peu chargés en couleur.

C'est ainsi que M. Zuber de Rixheim, près Mulhouse, les emploie dans sa belle fabrique pour faire des dessins très délicats.

Pour imprimer les papiers rayés, M. Zuber a inventé une machine qui est formée essentiellement d'un petit réservoir composé d'autant de compartiments qu'on veut produire de bandes. Ces compartiments, percés d'ouvertures régulières, représentent une série de tirelignes liés entre eux et immobiles. On les remplit de couleur et on fait glisser le papier par dessous. De cette manière, les couleurs se transmettent sur toute la longueur du papier, avec une régularité parfaite.

§ IV. — PAPIERS DE LUXE.

1486. Dans ce qui précède, nous nous sommes occupés de la fabrication des papiers mats ou communs. Les procédés employés reçoivent quelques modifications ou compléments pour des fabrications accessoires dans lesquelles on doit distinguer :

1° Les papiers satinés, auxquels on donne le *brillant* ou *satin* au moyen d'un mélange de sulfate de chaux ou d'*alumine* qu'on introduit dans la couleur et en les soumettant à l'action de la brosse ;

2° Les papiers *veloutés*, qu'on obtient en fixant sur le papier de la laine teinte et moulue, avec un mordant composé de céruse broyée et d'huile de lin cuite et lithargirée. On ajoute souvent un peu d'essence de térébenthine dans le but de prévenir la piqûre des teignes sur la tonture. Ces papiers prennent aussi le nom de *papier tontisse*, par suite de l'application sur leur surface de *tontures* de draps différemment colorés.

Application de la tonture.

La tonture ne s'applique qu'après **que**

les couleurs ont été totalement imprimées sur le papier et que la pièce est terminée sous ce rapport dans l'atelier d'impression. A l'aide d'une planche spéciale, on applique le mordant aux endroits voulus sur la pièce. Une fois le mordant appliqué, on place cette pièce à plat dans une longue caisse ou tambour, muni d'un couvercle et dont le fond est formé d'une peau de veau fortement tendue. L'ouvrier saupoudre de laine et ferme le tambour en abaissant le couvercle ; puis, avec deux baguettes longues il frappe en cadence le fond en peau. La tontisse s'élève comme une fumée et retombe sur la pièce, où elle est retenue fortement par les places sur lesquelles on a appliqué le mordant. La pièce est ensuite retirée de la caisse, secouée par derrière pour faire tomber la tonture non attachée, puis portée au séchoir.

3° Enfin, les papiers *dorés* et *argentés* subissent les mêmes opérations que les papiers veloutés, c'est-à-dire qu'on imprime d'abord le dessin qu'on veut obtenir avec le *mordant gras*, puis on le recouvre avec des feuilles minces de métal. Le papier doré se fait avec l'*or faux* ou *or d'Allemagne :* il n'en est pas de même du papier argenté, pour lequel on emploie toujours l'argent pur.

1487. *Papiers-marbres et papiers-bois.* Les papiers peints présentant l'aspect des marbres ou des bois, et qu'on emploie de préférence pour tapisser les salles à manger, se font également à la planche et au rouleau.

1488. *Carton-cuir repoussé pour tentures.* L'art des cuirs repoussés, dorés, argentés, coloriés, vernis, longtemps abandonné, a été repris il y a quelques années par un artiste de Bruxelles.

Le cuir animal a été remplacé, dans cette fabrication, par le papier-parchemin inventé par M. Louis Figuier, et dont les premiers chimistes d'Allemagne et d'Angleterre se sont appliqués à faire ressortir les qualités extraordinaires de résistance et de durée.

Presque entièrement composés de corps gras et résineux, ils repoussent l'humidité et le salpêtre des murailles, ne se moisissent et ne se déchirent pas comme les papiers peints appliqués à la colle de farine, qui fermente et moisit, papiers qu'il faut si souvent renouveler.

Malgré toutes ces qualités, le prix des tentures en cuir repoussé ne dépasse guère celui des papiers peints et, quelquefois, leur est inférieur.

Linoleum et Lincrusta-Walton.

1489. Le *Linoleum* est fabriqué avec de la poudre de liège et de l'huile de lin oxydée. Il se fait en teintes unies, couleur bois, marron et avec dessins variés. Les couleurs sont appliquées sur la pâte chaude et incrustées. Le linoleum s'emploie en applications sur les murs humides, comme tentures, panneaux décoratifs, soubassements, pouvant rester avec sa simple nuance, et aussi se peindre aux raccords.

Le linoleum comporte quatre épaisseurs différentes.

La première, de 1/4 de centimètre, peut surtout s'employer comme tentures par sa flexibilité et sa légèreté.

La deuxième, de 1/2 centimètre, uni ou avec dessins, sert indifféremment pour tentures, tapis de pieds, couloirs, passages, escaliers, etc. Il s'emploie même dans les cuisines et offices.

La troisième s'emploie spécialement dans les bureaux et couloirs d'administrations, aussi pour la pose sur les dalles, et les carrelages.

La quatrième, de un centimètre, uni, sert surtout pour les endroits où on désire étouffer le bruit des pas et pour les pièces de grande fatigue.

1490. *Entretien.* Il existe chez les fabricants un liquide spécial qui, par un simple frottage, conserve à ce produit l'éclat du neuf, tout en lui laissant sa souplesse primitive.

1491. La *Lincrusta-Walton* est une matière dont les propriétés sont multiples. Elle peut prendre tous reliefs comme le bois sculpté, les cuirs repoussés, le carton-pierre, etc. Elle est inaltérable à l'humidité et absolument imperméable à l'eau. Exposée à une température élevée, elle ne se dilate ni ne se fend et résiste également bien au froid ; elle n'absorbe aucune odeur et est, par suite, parfaitement hygiénique. Son apparence est chaude et confortable. Elle est et sera d'un grand secours dans les décorations en tous styles pour appartements, châteaux, villas, bureaux, établissements de bains, magasins, cafés, salles de concert, théâtres, hôtels, banques, monuments publics, tels que : églises, musées et autres, bateaux à vapeur, wagons, etc., etc. On en fait des tentures, panneaux, lambris, corniches, frises, bordures, moulures, panneaux pour meubles, pour portes, reliures, etc., etc.

INSTRUCTIONS POUR LE COLLAGE.

1492. Le plus grand soin devant être pris dans la coupure droite des arêtes formant joint, l'emploi d'une réglette en fer est nécessaire. La réglette est placée sur l'arête de la *Lincrusta-Walton* et la matière est coupée, suivant cette arête, avec un couteau tranchant, celui-ci étant incliné en dehors par rapport à la réglette, de manière à tailler en biseau la matière et assurer ainsi le meilleur contact. L'ouvrier peut alors procéder à la fixation de la matière au mur. Elle se fait au moyen d'un composé d'un tiers de *colle double de peau* et de deux tiers de pâte de froment, le tout aussi épais que possible.

On étend cette colle en couches minces avec une brosse raide. La pièce ainsi préparée est fixée au mur, au-dessous de la corniche, avec des pointes à la partie supérieure et, graduellement avec une brosse dure, elle est pressée sur le mur en vérifiant le joint jusqu'à la partie inférieure. En faisant ce travail, l'ouvrier doit avoir soin de presser en partant du milieu et en allant vers les bords, de manière à éviter l'entrée de l'air sous la pièce, ce qui empêcherait l'adhérence. On doit éviter que les murs soient recouverts de papier. Le collage doit se faire sur le plâtre ou sur le bois à nu. On peut même, si on le désire, clouer la lincrusta sur des joints avec des pointes sans tête et cachées autant que possible dans les ornements.

La manipulation de la *Lincrusta-Walton* est plus facile que celle du papier peint, en ce qu'il n'y a pas à craindre les taches. Le fait se présenterait-il pendant l'opération, qu'un peu d'eau de savon, d'esprit-de-vin ou d'essence de térébenthine appliqués avec une éponge, une fois le mur tapissé, enlèveraient bien vite toute poussière ou tache.

Toutes baguettes, moulures, etc., doivent être fixées sur la *Lincrusta-Walton* ou à joints vifs.

En temps froid, elle devra être mise dans une pièce chauffée, afin de la rendre d'une manipulation plus facile.

Papiers de fantaisie

1493. On comprend sous cette dénomination tous les papiers dorés et argentés peints ou imprimés, unis, gaufrés, découpés, les papiers-porcelaine blancs ou peints, destinés le plus souvent à la reliure et aux cartonnages.

§ V. — ÉCHANTILLONS DE PAPIER DE TENTURE.

1494. Le papier de tenture comprend deux échantillons : le *carré* et le *grand-raisin*. Ces échantillons sont de diverses qualités, varient de prix suivant les dessins et la mode, et se vendent au rouleau contenant 24 feuilles.

Le *rouleau de papier carré* porte, tout ébarbé, 8ᵐ,75 de longueur et 0ᵐ,47 de largeur. Étant posé, il couvre environ 4 mètres superficiels. Le plus commun se vend 0 fr. 40, et celui de la meilleure qualité 0 fr. 90 le rouleau.

Le rouleau de *grand-raisin* ou *bulle* sans fin porte tout ébarbé 10ᵐ,40 de longueur et 54 centimètres de largeur. Étant posé, il couvre environ 5ᵐ,50 centimètres carrés. Le fond uni se vend depuis 1 fr. jusqu'à 3 fr. le rouleau ; ce prix s'élève de 4 à 5 fr. en jaune minéral, et jusqu'à 7 et 8 fr. en cendre bleue ou verte, ou en vert anglais. Les bordures se vendent également au rouleau sur papier carré ou sur papier raisin. Les bordures ordinaires sur carré, contenant 8 bandes, valent de 1 à 2 fr. le rouleau. Les bordures ordinaires sur grand-raisin et mieux faites valent jusqu'à 3 fr. Les bordures plus riches peuvent atteindre des prix très élevés.

1495. *Toile et papier sous tenture.* Avant de coller le papier de tenture, on applique ordinairement du papier gris ou une toile tendue et revêtue de papier gris sur les surfaces que doit recouvrir le papier de tenture.

TRAVAUX PRÉPARATOIRES.
OBSERVATIONS.

1° Quand les murs sont revêtus d'un enduit de plâtre uni et bien sec, et que le papier de tenture est commun, il est inutile d'appliquer du papier gris sous la tenture ; mais il est toujours bon de donner d'avance un encollage au plâtre. Cet encollage devient inutile lorsque le plâtre a été précédemment revêtu d'un papier de tenture et on n'a d'autre soin à prendre alors que celui d'enlever le vieux papier.

2° Quand les murs sont vieux, il faut les gratter, les épousseter et, s'ils sont raboteux, il faut les rendre unis, soit en les grattant, soit en plaçant des tringles sur lesquelles on tendra de la toile pour obtenir une surface unie. On encolle le mur ou bien on pose du papier gris sous tenture dans ces deux cas.

3° Quand les murs sont humides, il est indispensable de les garnir de châssis sur lesquels on tend de la toile, qui se trouve ainsi isolée du mur et que l'on couvre d'abord de papier gris et ensuite de papier de tenture. L'emploi d'enduits hydrofuges, de feuilles de zinc ou tôle galvanisée, permet la suppression de ces châssis.

4° La pose du papier gris sous tenture est toujours avantageuse, parce que ce papier spongieux prend bien la colle et elle devient indispensable dès que le papier de tenture n'est pas tout à fait commun.

1496. *Colle employée.* On se sert de colle de pâte ordinaire. On y ajoute quelquefois des têtes d'ail ou de l'essence de térébenthine pour la rendre insecticide (15 à 18 décagrammes d'essence par 1/2 kilo de colle.)

1497. *Pose du papier de tenture.* La pose du papier de tenture est assez simple et assez connue pour qu'il soit inutile de nous y arrêter.

FIN DE LA PREMIÈRE PARTIE

TABLE DES MATIÈRES